최신

조선용어사전

영한 · 한영

해광도서편찬회 편

해 광 출 판 사

머 리 말

최근 우리나라의 조선공업은 비약적인 발전을 하고 있습니다. 그러나 기술선진국에서는 과학의 최첨단을 달리는 우주과학에 뒤따라서 조선업계에서도 원자력선을 비롯하여 그 발전상은 그칠 줄 모르고 있습니다.

우리들에게 주어진 과제는 훌륭한 조선국이 되기 위해서 수준 높은 전문 기술자를 많이 보유하여 기술 도입식을 탈피하고 스스로 연구, 개발하는 진보된 방향으로 나아가야 할 것입니다. 기술혁신에는 최근의 정확한 지식을 가져야 하며, 국내를 비롯하여 특히 기술선진국의 여러가지 자료나 참고 서적을 신속히 완전 소화시켜야 할 필요가 있습니다. 그렇게 하기 위해서는 사물을 잘 표현하여 오해가 초래되지 않도록 인도해 주는 용어의 집대성이 극히 중요 합니다.

본서는 이와 같은 것을 고려하여 가장 필요로 하는 용어만을 집약하여 새롭고 선명한 도면과 함께 그림마다 번호를 붙여서 간단히 참고로 할 수 있도록 하였으므로 더 한층 이용 가치가 높으리라 생각됩니다.

본서의 편역에 협조해 주신 관련 대학의 교수님께 깊은 감사를 드리며, 이 분야의 여러분들에게 다소라도 도움이 된다면 다행한 일이라 생각합니다.

해광도서편찬회

일 러 두 기

1. 본서는 조선용어를 주로 하였으나 그 외에도 조기(造機), 항해(航海), 철강, 전기, 전기, 용접, 건축 등 조선과 연관된 용어도 수록하였다.

2. 조선용 술어는 원칙적으로 학술용어에 충실하려 하였으나 현저하게 다른 것은 관용어에 따랐고, 기타는 이희승편 「한글대사전」에 준하였다.

3. 복합어는 그 머리글자로 수록한 후 이외에 기본어부에도 수록하였다.
(예) Net tonnage는 net부(部)와 Tonnage부에도 수록하였다.
일부 용어는 몇 군데에 중복되게 수록하였는데 그 설명은 반드시 동일하지 않으며, 상황에 따라 약간의 표현 차이가 있을 수 있으나 전체적인 의미는 크게 다르지 않게 하였다.

4. 영한편에서 술어의 배열은 A,B,C ~ 의 어순에 따르고, 영어단어 둘 이상이 결합하여 1개의 술어를 형성한 것이 2개 이상 계속해서 나오는 경우에는 최초 술어의 제 1 어를 인덱스와 같이 다루고, 제 2 이하의 술어에서는 제 1 어를 〈 ── 〉로서 대용(代用)하여 찾아보기에 편리하도록 하였다.
(예) Angle
── bar는 Angle bar를 뜻하며,
Double ── bar는 Double angle bar를 말한다.

5. 한영편에서는 번역어(譯語)를 주로 하였으며, 설명이나 도면은 수록하지 않았으므로 영한편을 참조하기 바란다.

6. 〈關〉(관)은 관련된 어구(語句), 〈英〉은 주로 영국식 용어, 〈美〉는 미국식 용어, 〈鎔〉은 용접, 〈電〉은 전기, 〈木〉은 목조선(木造船), 〈航〉은 항해관계 용어 이며, 한글로 된 용어 뒤에 (　　)안에 한자를 표기한 것은 이해를 돕기 위해, 기타는 주의 또는 간단한 설명이다.

英韓篇

A

"A" class division 〔Fire resisting division **A**급 구획(級區劃) (내화(耐火)구획)〕

A-1 American bureau of shipping, **ABS, AB** 미국 선급협회(美國船級協會)의 「제조후 검사(製造後檢査)하여 입급(入級)된 배」의 부호(符號). ✠ **A-1** 「제조중 검사하여 입급된 배」, 또는 ✠ **A-1** Ⓔ「제조중 검사하여 입급되고, 또한 그 의장품(艤裝品)이 **AB**규격(規格)에 합격(合格)된 배」의 부호.

100 A Lloyds registry of shipping, **LR,** 로이드 선급협회의 「제조후 검사하여 입급된 배」. ✠ 100A 「제조중 검사하여 입급된 배」. 또는 ✠ **100A-1** 「제조중 검사하여 입급되고, 또한 그 의장품이 **LR**규격에 합격된 배」의 부호.

AB or **ABS** American bureau of shipping 미국선급협회(美國船級協會).

A.C.C. Automatic combustion control 자동 연소제어(自動燃燒制御).

A.P.I. Hydrometer (American petroleum institute hydrometer 미국석유협회(美國石油協會) **A.P.I.** 비중계(比重計)).

A-Strake **A**조판(條板), 또는 Garboard strake 용골익판(龍骨翼板)(Fig. 80 ⑨).

Abandonment 폐기(廢棄), 위임(委任)(保險) 〔배가 조난(遭難)해서 전손(全損)이 되든지, 또는 복구비(復舊費) (구조비(救助費)포함)가 선가(船價)의 3/4이상이 될 때 피보험자(被保險者)는 배에 대한 일체(一切)의 권리를 보험자에게 위임하여 보험금 전액을 받을 수 있다.〕

Abaft 선미측(船尾側)에, 후방(後方)에.

Abeam 선폭(船幅) 방향에.

Abel's close test 에벨 밀폐시험(密閉試驗) (석유(石油)의 Flash point 인화점(引火點)을 검사하는 표준(標準)시험법).

Aboard 선내(船內)에 (on board와 같은 의미).

Abrasion 문질러서 줄인다. ——test 마모시험(摩耗試驗).

Abreast 정열(整列)하여.

Abscissa 횡좌표(橫座標) (Fig. 124A).

Absolute 절대적(絶對的). ——pressure 절대압력(壓力). ——temperature 절대온도(溫度) (−273°C를 기준으로 하여 측정(測定)한 온도). ——velocity 절대속도(速度).

Absorb 흡수(吸收). **Absorption** machine (Refrigeration) 흡수식 냉동기(冷凍機). Ammonia——machine 암모니아식 흡수냉동기(암모니아가 팽창(膨脹)할 때 주변의 온도를 흡수하는 특성을 이용한 냉동기).

Fig. 1 Abutting plate

인접판(隣接板)

Abutting plate 인접판(隣接板) (Fig. 1). (그림의 A,B판).

AC Alternating current 교류전기(交流電氣). ——arc welding 교류 아아크 용접(鎔接).

ACB Automatic circuit breaker 〖電〗 자동 회로차단기(自動回路遮斷器).

Accelerate 가속(加速). Accelerated draught 가속 통풍(通風). **Acceleration** 가속도(加速度). Graviational——중력(重力)에 의한 가속도(980 cm/sec^2). **Accelerometer** 가속도계(計).

Access 접근(接近), 통로(通路). ——dcor 검사(檢査)덮개 (Crank case 크랭크 덮개, Gear case 톱니바퀴 상자 등을 손질하기 위하여 만든 문). ——hole 교통공(交通孔)(건조 중 일시적 교통을 위하여 격벽(隔壁) 등에 뚫은 구멍, 이것은 다음에 폐쇄한다). **Accessibility** 접근의 난이도(難易度).

Accessory 부속품(附屬品).

Accident 사고(事故), 재난(災難).

Accommodation 거주(居住). 설비(設備). Passenger——여객(旅客)설비. ——ladder 현측(舷側) 사다리 (Fig. 2). ——plan 거실 배치도(配置圖).. ——quarter or space 거주구역(區域).

Fig. 2 Accommodation ladder

현측(舷側)사다리

Accumulation test 축기시험(蓄氣試驗) (모든 변(辨)을 폐쇄하고 안전변(安全辨)을 7분간 이상 뿜어본다). **Accumulator** 어큐뮬레이터(축적기(蓄積器)). Air—— 공기(空氣)어큐뮬레이터. Hydraulic—— 수력(水力)어큐뮬레이터. Steam——증기(蒸氣)어큐뮬레이터.

Accuracy 정밀도(精密度).

Acetylene gas generator welding 아세틸렌 가스 발생 용접(鎔接) ——welding 아세틸렌 용접 〔아세틸렌에 산소(酸素)를 가하여 점화하면 높은 열이 발생한다. 이 열을 이용하여 모재(母材)와 용접봉(鎔接棒)(강(鋼), 동(銅) 등)을 녹여서 붙인다. Gas welding 가스 용접이라고도 한다〕.

Acid 산(酸). ——bath or pickling tank 세산(洗酸)탱크(강판(鋼板)의 Scale 흑피(黑皮) 기타 불순물을 없애기 위하여 황산(黃酸) 기타의 산으로서 씻는다). ——brittleness 세산약화(弱化) (산으로서 씻으면 약하게 된다). ——process 산성법(酸性法) (제강작업중(製鋼作業中) 용제(溶劑)로서 산성 물질(物質)을 사용하는 방법. 염기성(鹽基性) 물질을 사용할 때는 Basic process 염기법(鹽基法)이라 한다). ——resisting paint 내산(耐酸)페인트. ——steel 산성법으로 만든 강(鋼). **Acidity** 산도(酸度).

Across 횡단(橫斷). ——the fibre or grain 섬유(纖維)를 횡단하여(강(鋼) 기타의 재료를 늘어뜨린 방향과 직각(直角)으로).

Act of god 천재(天災)(불가항력(不可抗力)).

Acting face or driving face 압력면(壓力面) (Propeller).

Action 작용(作用). Galvanic ——전식(電蝕) 작용(다른 금속을 액체중에 함

께 두면 양 금속간에 기전력(起電力)이 발생하여 potential전위(電位)가 높은 곳 positive electrode or anode 양극(陽極)에서 낮은 곳 Negative. el. or cathode 음극(陰極)으로 전류가 흘러서 양극측이 침식 당한다. 각 금속을 전위의 높은 것부터 배열해 보면, **Ca** 칼슘→**Mg** 마그네슘→**Al** 알루미늄→**Mn** 망간→**Zn** 아연→**Fe** 쇠→**Co** 코발트→**Ni** 니켈→**Sn** 주석→**Pb** 납→**Cu** 구리→**Sb** 안티모니→**Ag** 은→**Hg** 수은→**Pt** 백금→**Au** 금의 순서이다. 따라서 선체(船體)의 강(鋼)과 청동(靑銅)이 해수중에 함께 있게 되면 강이 침식당한다. 이를 방지하려면 구리의 근방에 아연판(亞鉛板)을 붙여서 강의 부식을 예방하고 아연판이 부식되었을 때 적당히 바꾼다).

Actual 실제(實際)의. ——pitch 실측(實測)피치. ——effective pitch virtual pitch 유효(有效)피치 (프로펠러). ——thrust 유효 드러스트(유효추력(推力)) (이론적 또는 계산상의 추력과 구분한다). ——throat 실제의 목의 두께(喉厚) 〖鎔〗 (Fig. 416).

Adamant bend 경질금속(硬質金屬) 벤드. (灰이젝터)

Adamson's ring 애담슨 링.

Added weight method 부가중량법(附加重量法).

Addendum 추가(追加). ——circle 톱니의 선단 원(先端圓).

Additional 추가한. ——strength 보강(補强). ——strengthening 보강구조(構造).

Adhesion 부착(附着).

Adiabatic compression 단열압축(斷熱壓縮). ——expansion 단열팽창(膨脹) (기체에 열을 가하지 않고 팽창시킨다).

Adjustable 조정가능(調整可能). ——eccentric 조정편심기(偏心器). ——bearing 조정축수(軸受). ——pitch propeller 가변(可變) 피치 프로펠러(피치를 조정할 수 있는 추진기(推進器)). ——thrust block 조정 드러스트 축수. ——toe piece(cam) 조정선단(先端). **Adjusting** 조정한다. ——block 조정축수. ——gear or device 조정장치(裝置). Link——gear 링크, 조정장치. Valve lift——gear 조정변(辨), 인양(引揚)장치(Fig. 453 ⑦). ——screw 조정나사. ——valve 조정 변(辨).

Admiralty anchor 애드미럴티 앵커(보통앵커, 유간(有桿)앵커) (Fig. 3).——

——constant or coefficient 애드미럴티 계수(係數).

$$C=\text{계수}=\frac{W^{\frac{2}{3}}\times V^{3}}{\text{I.H.P.}}$$

W=Displacement (Tons) 배수량(排水量) (톤으로서).

V=Speed (Knots) 속력(速力) (노트로서).

I.H.P.=Indicated Horse Power 지시마력(指示馬力).

——gun-metal 애드미럴티 포금(砲金).

Admission 진입(進入). ——air silencer 진입공기 소음기(空氣消音器). ——

line 진입계(系). ——port 진입구(口). ——valve 진입변(瓣).

Adrift 표류(漂流).

Advance 전진(前進). ——turning circle 선회종거(旋回縱距)(직선항로(直線航路)에서 원(圓)항로로 바꿀 때까지의 거리) (Fig. 401). ——constant 전진계수(係數). **Advanced** speed 전진속도(速度). ——starting valve 조종원변(操縱元瓣). ——timing 전진시기(時期).

Advice 주의(注意), 경고(警告). ——note 어드바이스 노우트(검사원 서명(檢査員署名)의 재료표(材料表)).

Adze 도끼(斧).

Aerial or **Antenna** 안테나(공중선(空中線)). ——conveyer 가공(架空)콘베이어(운반장치(運搬裝置)). ——or aero motor 항공발동기(航空發動機). ——or aero post 항공우편(航空郵便). ——propeller vessel 공중(空中) 프로펠러선(船) (흘수(吃水)가 낮은 곳에 사용된다).

Aero 공기(空氣)에 관한. ——dynamics 공기역학(力學). ——plane 비행기(飛行機). ——hydro-plane 수상(水上)비행기. ——nautics 항공학(航空學). ——pneumatic fire detecting system 공기에 의한 화재경보기(火災警報器)(각실(各室)에 동관제(銅管製)의 코일(coil)을 비치하여 온도상승에 의한 코일이 신장(伸張)되어 전기가 접촉되면 자동적으로 화재를 알리는 장치). ——turbine 항공터어빈. **Aerostal** 비행선(飛行船) 또는 비행기.

Affect 작용(作用)하다. 영향(影響)하다. **Affected** zone 변질부(變質部)〔용접열(鎔接熱) 때문에 변질(강해진다)된 부분〕(Fig. 473 ④).

Afloat 부양상태(浮揚狀態).

Aft or After 후방(後方)에, 선미(船尾)에, ——body 후부선체(後部船體) (關 : Fore body 전부(前部)선체). ——engine 선미기관(船尾機關). ——hold or after hold 후부선창(船艙) (Fig. 12 ㊽). ——peak or after peak 선미창(船尾艙) (Fig. 145 ㉓). ——or after perpendicular 선미수선(垂線) (Fig. 243AP) 〔關 : Fore perp. 선수수선(船首垂線〕 (Fig. 243 FP)).

After burning or ignition 후연(後燃)(가스) ——draft 선미흘수(吃水) (Fig. 358 ④). ——generation 지연발생(遲延發生) 〔鎔〕. ——popet 선미포피트 (進水臺) 〔關 : Fore popet 선수포피트(Fig. 241)〕. ——hood plate 선미재(船尾材)가 붙은 외판(外板) (Fig. 289, 290). ——peak bulkhead 선미격벽(隔壁) (Fig. 145 ⑯).

Against wind 맞바람(향풍(向風)).

Age of vessel 선령(船令). ——hardening 시효경화(時効硬化)(주철(鑄鐵)이나 강재(鋼材) 기타 재료가 세월이 지남에 따라 강하게 되는 성질). **Aging** 시효(時効), 숙성(熟成) (위와 같은 의미, 또는 세월이 지남에 따라서 내부조직이 안정되는 것).

Agreement 계약(契約). 연맹(聯盟).

Aground 승양(乘揚), 좌초(座礁).

Ahead 전방(前方), 전진(前進). **Go**——전진. ——cam 전진 캠. ——dumming 전진더밍. ——exhaust cam 전진배기(排氣)캠. ——ignition cam 전진점화(點火)캠. ——injection cam 전진분사(噴射)캠. ——power 전진력(力) ——stage 전진단(段) 〔關 : Astern stage 후진단(後進段) 공히 turbine〕. ——turbine 전진 터어빈〔關 : Astern turbine 후진 터어빈〕.

Air 공기(空氣) ——accumulator 공기 어큐물레이터. ——after cooler 공기 최종냉각기(最終冷却器). ——and filling pipe 공기관(管) 겸용 주수관(兼用注水管). ——and light space 채광 통풍장소(採光通風場所). ——and sounding pipe 측심관 겸용 공기관(測深管兼用空氣管). ——blast 공기 블라스트. ——blast atomizer 공기 분사 분무기(噴射噴霧器). ——blower 송풍기(送風機). ——bottle 압축공기병(壓縮空氣甁) (주로 Diesel용). ——brake or Pneumatic brake 공기 브레이크 (제동기(制動機)). ——bubble break water 공기방파제(防波堤). ——casing 공기벽 케이싱(위벽(圍壁)). ——chamber or vessel 공기실(室). ——channel or wind tunnel 풍동(風洞, 風路). ——cock 공기코크. ——compressor 공기압축기(壓縮機). Two or three stage ——compressor 2단(二段) 또는 3단 공기압축기. (Fig. 121). ——conditioner 공기조절장치(調節裝置) (실내의 온도 및 습도(濕度)를 공기로서 조절하는 장치). ——conditioning chamber 공기조화실(調和室). ——conduit or condit 〘美〙 공기로(空氣路). ——cone (oil burner) 에어콘 (연유(燃油)장치로서 기름을 분무상태(噴霧狀態)로 불어넣을 때 생기는 원추형(圓錐形)의 공기층(空氣層)) (Fig. 276). ——container 공기류(溜). ——cooled cascade blade 공냉익열(空冷翼列) (가스 터어빈). ——cooled cylinder 공냉실린더(공기로서 냉각(冷却)하는 실린더). ——cooler 공기냉각기(冷却器). ——cooling machine 공기냉각기(冷却機). ——cooling system(refrigeration) 공기냉각식(式) (공기로서 냉각하는 냉동장치(冷凍裝置)). ——course or passage 공기통로(通路). ——deflection 공기전향(轉向). ——drawing 공기흡입(吸込). ——duct 풍로(風路). ——ejector 공기 이젝터. ——escape or ——extractor 공기빼기(拔). ——gap check (motor) 갭 체크 (모우터의 공격검사(空隔檢查)). ——hammer or ——gun 공기해머 〔關 : pneumatic hammer와 같은 의미, (타병(打鋲)이나 코오킹 등에 사용(Fig. 296)〕. ——hardening steel 자경강(自硬鋼). ——hatch 공기구(口). ——heater 공기가열기(加熱器) (관(罐)에 보내기 전에 공기를 예열(豫熱)한다) (Fig. 66⑨). ——hole 공기공(孔). ——induction valve 공기유도변(誘導辨). ——injection or blast injection or suction valve 공기분사변(噴射辨). ——injection or blast injection diesel engine 공기분사식 디이젤기(機) (기름과 함께 공기를 흡입하여 분무상태(噴霧狀態)로 하는 디이젤기) 〔關 : Solid injection engine 무공기 분사식〕. ——inlet suction port 공기

흡입구. ——inlet silencer 공기흡입 소음기(消音器). ——inlet valve 공기입구변(入口辨). ——inter cooler 공기 중간 냉각기(中間冷却器)(Fig. 121 ⑥). ——lock or——locker 공기제지통로(制止通路). ——louvre (루우블)공기 조절문(調節門) (객실이나 골마루의 벽이나 천장 등에 설치하는 조절기). ——pipe 공기관(管). ——outlet angle 공기 출구각(出口角) (가스 터어빈). ——plug (man hole cover 등의) 공기전(栓) (man hole cover 등의 구석에 남아있는 공기를 빼기 위한 전(栓)). ——pocket 공기뭉치. ——port 공항(空港). ——scuttle, side light or side scuttle 환창(丸窓) (Fig. 363). ——pre-heater 공기예열기(豫熱器). ——pressure gauge 공기압력계(壓力計). ——pump 공기펌프(저압(低壓)실린더로부터 배기(排氣)를 뽑아내는 펌프) (Fig. 303). Dual——pump 복식(複式) 공기펌프. Rotary——pump 회전(回轉) 공기펌프. ——pump lever 공기펌프 레버. ——quenching 공기소입(燒入). ——rate 공기율(率) (가스 터어빈). ——register 정풍기(整風機). ——reservoir 압축공기류(溜).——resistance 공기저항(抵抗).——separator 공기분리기(分離器). ——silencer 공기소음기(消音器). ——slide 공기격자(格子) (공기는 통과하고 밖에서는 보이지 않는 격자문) (Fig. 226). ——space 에어 스페이스. ——starting cam 공기 시동(始動)캠. ——starting valve 공기시동변(辨). ——storage tank 공기 저장 탱크. ——suction pipe 공기흡입관. ——suction port or inlet 공기흡입구. ——tank 공기상자(箱子) (보우트) (Fig. 59 ③). ——test 기밀(氣密)시험. ——thermometer 공기온도계(溫度計). ——tight 기밀(氣密) 〔關 : Dust tight 먼지 막음(塵制止〕. Oil tight 유밀(油密). Watertight 수밀(水密). Weather tight 풍우밀(風雨密)). ——tight joint 기밀접수(氣密接手) (管). ——tight work 기밀공사(工事). ——trap or Siphon trap 공기트랩(취기(臭氣)가 통하지 않도록 하는 공기제지(制止). ——trunk 풍로(風路)(거실(居室) 등에 공기를 보내는 트렁크). ——valve 공기변(辨). ——vent 공기공(孔). ——vessel or ——chamber 공기실(室). ——whistle 기적(氣笛). Blast——or Injection——분사(噴射)공기. Compressed——압축(壓縮)공기. Foul——오염공기. Manoeuvering——조종용(操縱用)공기. Starting——시동(始動)공기. ——acetylene gas welding 공기 아세틸렌 용접(鎔接).

Aircraft 항공기(航空機). ——carrier 항공모함(母艦).

Airless injection engine or Solid injection engine 무공기 분사기관(無空氣噴射機關) (공기는 보내지 않고 기름만 보내서 분무상으로 하는 기관) (디이젤).

Airplane or Aeroplane 비행기(飛行機).

Airship 비행선(飛行船).

Alarm 경고(警告). 구급(救急). ——bell 경령(警鈴). ——lamp 경급등(警急燈). ——signal 경급신호(信號). ——thermometer 경보온도계(警報溫度

計) (온도가 일정값(一定値)까지 상승하면 자동적으로 Bell이 작동하는 장치). ——valve 주의(注意)를 요(要)하는 변(辨).

Alclad 알크래드(알루미늄의 합판(合板)) (Duralmin 판 위에 순수한 알루미늄을 씌워서 압연(壓延)한 판. 듀랄루민은 부식되기 쉬우므로 순수 알루미늄으로 싸서 부식을 방지한다).

Algebraic overload trip 〔電〕 대수적 과부하 (代數的過負荷)트립기. ——reserve circuit trip 〔電〕 대수적 역류(代數的逆流)트립기.

Alcohol engine 알코올기관(機關). ——thermometer 알코올 온도계(溫度計) 〔關 : Mercury thermometer 수은(水銀)온도계.〕

Alignment 중심(中心)을 맞추는 것 (축(軸) 등의 중심을 통하는 것, 용접(鎔接)때 상호위치(相互位置)를 정비(整備)하는 것).

Alkalinity 알칼리도(度).

All gear system 전치차식(全齒車式).——round reversing gear 전주 역전장치(全周逆轉裝置). ——weld metal test specimen 전용착 금속시험편(全溶着 金屬試驗片).

Alley way 통로(通路). Shaft——축로(軸路). 〔關 : Shaft tunnel과 같은 의미〕.

Alligator punching machine 악어 입 압발기(押拔機). ——shearing machine 악어 입 세어기(機) (Fig. 354).

Allowable 허용범위(許容範圍). ——stress or Working stress 허용응력(許容應力).

Allowance 공차(公差) 〔關 : Margin, Tolerance와 같은 의미〕.

Alloy 합금(合金). Copper——동(銅)합금. Ferro——철(鐵) 합금. Fusible——or Fusible metal 가융(可融)합금(예를 들면 white metal). Light——경(輕) 합금 (주로 알루미늄 또는 마그네슘의 합금). Resistance——저항(抵抗) 합금(특히 전기저항이 큰 것). ——steel 합금강(鋼) (주로 Molibuden이나 Silicon 등의 특수한 원소(元素)를 포함하는 강(鋼)을 말하며, 탄소(炭素)를 포함하는 강은 합금강이라 하지 않는다).

Alloying element 합금원소(合金元素).

Almanac 항해력(航海曆) (천체(天體)의 매일매일의 위치를 나타내는 표(表)).

Along 따라(沿)서. ——the fibre or grain 섬유(纖維)에 따라서, 압연(壓延)방향으로 〔關 : Across the fibre 섬유를 횡단하여〕. ——side 현(舷)을 가지런히 하여.

Alternate deposition 〔鎔〕 교대법(交代法) (엇갈리게 용접해 가는 법). on——frame 프레임 하나 건너서. **Alternating** current **AC** 〔電〕 교류(交流) (single, two, three phase 단상(單相) 이상(二相), 삼상(三相) 교류(交流)). ——current generator or alternator 교류발전기(交流發電機). **AC** motor 교류전동기(電動機). ——stress 교반응력(交番應力). (상호 반대측(相互反對

側)에서 작용하는 응력, 예를 들면 차축(車軸)과 같은 것). ——fixed and flashing light 연성 부동섬광(連成不動閃光) (항해표지(航海標識)). ——fixed and group flashing light 부동 연성 군섬광(不動連成群閃光)(항해표지(航海標識)). ——flashing light 섬호광(閃互光)——group occulting light 군명암광(群明暗光)(항해표지(航海標識)).

Altimeter 고도계(高度計). **Altitude** 고도(高度), 표고(標高).

Alum 명반(明礬).

Aluminium 알루미늄(공업용(工業用) 순알루미의 순도(純度)는 약 90% 정도). ——alloy or Light alloy 알루미 합금(合金)(대표적인 것은 Duralmin이고 **Al**과 **Cu**와의 합금, 이 물질은 부식에 약하기 때문에 내식(耐蝕) 알루미로서는 **Mg** 마그네슘이나 **Si** 실리콘 등을 넣어서 방식(防蝕)하고, 또한 주물(鑄物)로 하는 재료도 된다). Extruded——압출(押出)알루미(알루미는 무르기 때문에 Roll을 하지 않더라도 형재(型材)는 압출하면 된다. 단, 판은 강(鋼)처럼 Roll한다).

Amazon packing 아마존 패킹 (패킹의 일종).

Ambient temperature 주위온도(周圍溫度) (기계(機械), 주로 발전기(發電機) 또는 전동기(電動機)로부터 6척(尺) 정도 떨어진 곳의 온도).

Amendment plan 정정도(訂正圖).

American bureau of shipping, **A.B.** 또는 **A.B.S.** 미국선급협회(美國船級協會).

Amidship 선체 중앙부(船體中央部).

Ammeter or Ampere meter 전류계(電流計).

Ammonia 암모니아. Aqua——암모니아수(水). Liquid——액체(液體) 암모니아(압축(壓縮)하여 액체로 한 것). ——absorption machine 암모니아 흡수냉동기(吸收冷凍機). ——anhydrite 무수(無水) 암모니아. ——compression machine 암모니아 압축기(壓縮機). ——condenser 암모니아 응축기(凝縮機). ——helmet 암모니아 헬멧(방독면(防毒面)). ——machine 암모니아 냉동기(암모니아가 팽창할 때 흡수(吸收)하는 열 때문에 주위가 냉각된다). ——purifier 암모니아 청정기(淸淨器) (冷凍).

Ammunition 탄약(彈藥).

Amorphous graphite 무정형(無定形) 흑연(黑鉛), 분상(粉狀)흑연.

Ampere 전류 단위(電流單位) 암페아. ——meter or ammeter 전류계(電流計).

Amplifier 증폭기(增幅器).

Amplitude 증폭(增幅), 출몰방위각(出沒方位角) 〔航〕.

Analysis 분석(分析). Chemical——화학(化學)분석. Flue gas——연돌(煙突)에서 나오는 가스의 분석. ——pitch 실측(實測)피치(프로펠러). Qualitative——정성(定性)분석. Quantitative——정량(定量)분석. Spectral——분광(分光)분석(빛을 분석하여 그 물질을 추정(推定)하는 방법). **Analytical**

method 해석법(解析法).

Anchor 앵커, 묘(錨) (Fig. 3,4,5).——arm 앵커 아암(팔). ——apeak 앵커가 수직(垂直)으로 서는 것.——ball 정박구(碇泊球).——bill 앵커 끝(선단(先端)) (Fig. 4⑦). ——buoy 앵커부이(묘쇄(錨鎖)가 끊어져도 그 소재(所在)를 알도록 하여두는 부표(浮標)). ——cable 앵커 케이블 (Fig.107). ——capstan 앵커 캡스턴——chock 앵커 대(台). ——crane or davit 앵커 크레인 또는 다빗 (Fig. 6). ——crown 크라운 (Fig. 4 ④). ——fluke 앵커 플루우크. (Fig. 4⑥).——gear 앵커 양하장치(揚下裝置).——lamp or——light 정박등(碇泊燈) (Fig. 234).——lining 앵커 라이닝 (Fig. 104). ——palm 앵커파암(Fig. 4 ⑥). ——piece for deck composition 갑판 탑재물용 금구(甲板塔載物用金具) 〔탑재물이 잘 부착(附着)되도록 하기 위하여 붙인다〕. 〔關 : Holdfast와 같은 의미〕. ——ring 앵커 링. ——rope 앵커 로우프. ——shackle 앵커 섀클(Fig. 4①). ——shank or shaft 앵커생크 또는 샤프트 (Fig. 4 ③). ——stock 앵커스톡 (Fig. 4②). ——swivel 앵커스위벨(Fig. 395). ——testing 앵커시험(試驗) 여기에는 Proof test 보증시험(保證試驗), Bend test 굽힘시험, Percussive or Drop test 낙하(落下)시험, Hammer test 추타(槌打)시험, Strain test 변형(變形)시험 등이 있다. At——투묘(投錨)하고 있다. To cast——투묘한다. To cat the——앵커를 들어 올리다. To drag——앵커를 끌다, 주묘(走錨)하다. To fish ——수묘(收錨)하다. To heave——앵커를 끌어 올리다. To weigh ——발묘(拔錨)하다.

Fig. 3 Anchor

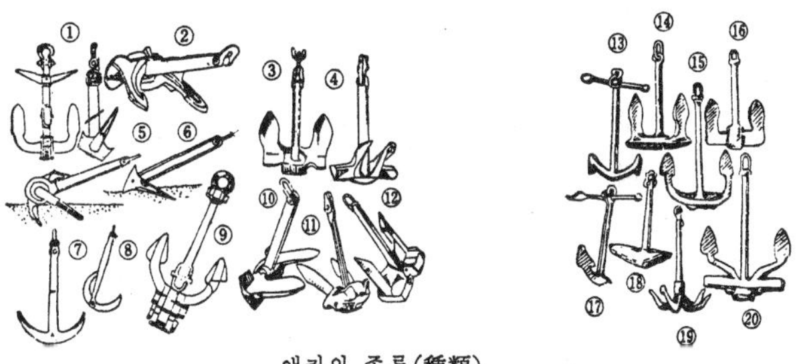

앵커의 종류(種類)

① Martine 마아틴. ② Hall 허얼. ③ Allison 앨리슨. ④ Gruson-hem 그라우손 헴. ⑤ Tyzac 타이잭. ⑥ Smith 스미스. ⑦ Common 보통형(普通型). ⑧ Trottman 트롯트맨. ⑨ Inglefield 잉글피일드. ⑩ Admiral 해군형(海軍型) ⑪ National 내쇼날. ⑫ Eells 이일스. ⑬ Rodgers 로저스. ⑭ Byers 바이어스. ⑮ Bald 밸드. ⑯ Admiral 해군형(海軍型). ⑰ Single arm 싱글 아암. ⑱ Mushroom 버섯형(型). ⑲ Grapnel 네개(四個)의 끝. ⑳ Dreadnaught 드레드노오트.

Bower —— or Bower 대(大) 앵커. Grapnel —— 네발톱 앵커 Kedge ——소(小)앵커, Mooring or Buoy ——계선(繫船) 앵커. Sea —— or Drogue 시이앵커(Fig. 5) (구명정(救命艇) 기타 소형선(小型船)이 풍우(風雨)에 의하여 표류(漂流)할 때 사용한다). Spare or Sheet ——예비(豫備)앵커. Starboard or Best ——우현(右舷) 앵커. Stock or Common ——스톡앵커〔유간(有桿)앵커 (Fig. 4Ⓑ)〕. Stockless ——스톡리스앵커(무간(無桿)앵커) (Fig. 4Ⓐ). Stream ——중(中)앵커.

Anchorage 묘지(錨地), 정박료(碇泊料).

Anemometer 풍속계(風速計). **Anemoscope** 풍위계(風位計).

Aneroid barometer 아네로이드 기압계(氣壓計) (강관(鋼管)을 나선형(螺旋形)으로 굽혀서 기압에 의하여 생기는 굽힘의 정도에 따라 기압을 측정한다)

Angle 각(角), 산형재(山形材) (Fig. 345). ——bar 산형재 (Fig. 345). Double——bar 이중산형재. ——butt strap 산형재 목판(目板) (Fig. 326). ——clip 단(短)산형재 (Fig. 8). ——collar or Collar ——산형재 받침(Fig. 9). ——gauge 각도(角度) 게이지. ——of advance 전진각(前進角). ——of attack 영각(迎角). ——of bend 굴곡(屈曲)각. ——of deviation 흔들림각. ——of encounter 마주보는 각. ——of entrance 수절각(水切角) (Fig. 7). ——of heel 횡경사(橫傾斜)각. ——of incidence 입사(入射)각. ——of maximum stability 복원력(復原力)의 최대각도(最大角度) (Fig. 373Ⓐ). ——of obliquity 압력(壓力)각. ——of rake (프로펠러) 경사(傾斜)각. ——of repose 식각(息角) (석탄(石炭)등이 자연적으로 원추형(圓錐形)으로 쌓였을 때의 각도). ——of roll 횡요(橫搖)각. ——of run 출사(出射) 각 (Fig. 7). ——of trim 트림각 (배가 종(縱)으로 경사된 각도) (Fig. 358).

Fig. 4 Anchor parts

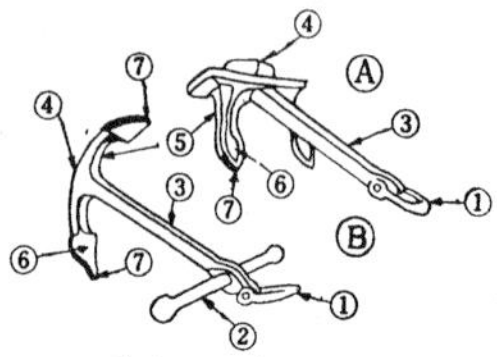

앵커의 부품명(部品名)

Ⓐ Stockless anchor 스톡리스 앵커(무간묘(無桿錨)).
Ⓑ Stock anchor 스톡 앵커 (유간묘(有桿錨)).
① Shackle 섀클
② Stock 스톡
③ Shank 생크
④ Crown 크라운
⑤ Arm 아암
⑥ Fluke or Palm 플루우크 또는 파암
⑦ Bill or Pea 빌 또는 피이

Fig. 5 Sea anchor

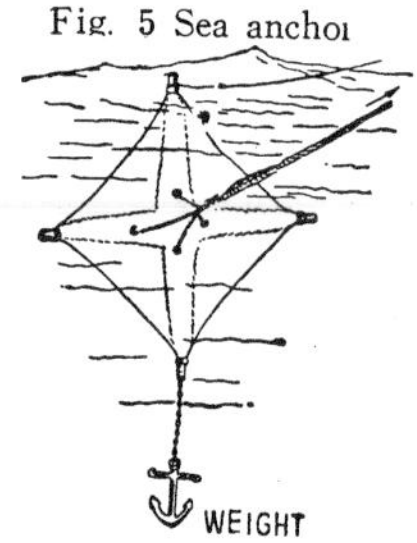

시이 앵커

Fig. 6 Anchor davit

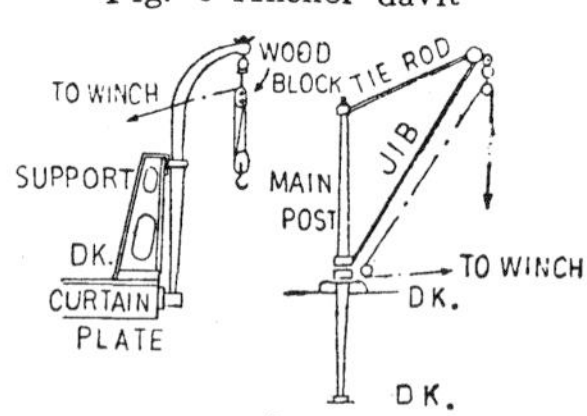

앵커 다빗

——planing machine 산형재 평삭기(平削機). ——shearing machine 산형재 세어 (Fig. 355). ——smith 산형재 화조(火造)의 ——stiffener 산형재 스티프너(Fig. 8②). ——strut 산형강(鋼) 지재(支材) (Fig. 259 ⑤). ——tie bar 연결(連結) 산형재 (Fig. 10). ——valve 앵글변(辨)(L형(型)변). (Fig. 445 Ⓑ). ——welding 각부 용접(角部鎔接). Attachment ——취부(取付) 산형재. Boundary ——주위(周圍)산형재(Fig. 8 ④). Bulb —— or——bulb 구(球) 산형재(Fig. 345 ④). Coaming—코오밍산형재(Fig. 211②). Crank—— 크랭크각도. Gunwale——or Gunnel—— 건넬앵글(현연(舷緣)산형재) (Fig. 259 ⑥). Gusset ——거세트산형재 (Fig. 48 ©). Gutter ——거터산형재(현측수도(舷側水道)산형재). Helm or Rudder ——헬름각(타각(舵角)). Lug——, Lug piece or lug 단산형(短山形) (Fig. 8③) 〔關:——clip과 같은 의미〕. Nozzel ——노즐각(분사구(噴射口)의 각도). Pitch ——피치각(프로펠러 날개의 경사(傾斜)각도). Reverse ——bar 부(副)산형재(Fig. 259⑳). Rolling——횡요(橫搖)각도. Slip——슬립앵글(실각각(失脚角)). Stringer ——스트링거 산형재(데크스트링거 양상측판(梁上側板)과 외판(外板)을 붙이는 산형재)(Fig. 259 ⑥). 양상측판이 폭로갑판(暴露甲板)일 때는 현연(舷緣)산형재라 한다.

Angular acceleration 각 가속도(角加速度)(직선적인 가속도에 대한 말). ——motion 각운동(角運動), 회전(回轉)운동. ——velocity 각속도(角速度).

Fig. 7 Angle of entrance

수절각(水切角)

A: Entrance angle 수절각
B: Angle of run 출사각(出射角)

Fig. 8 Angle lug

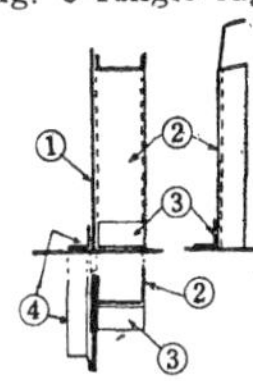

단산형재 취부(短山形材取付)

① Bulkhead 격벽(隔壁)
② Stiffener 스티프너
③ Lug angle 단산형재
④ Boundary angle 주위(周圍) 산형재

Fig. 9 Angle collar

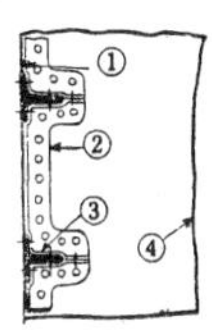

산형재(山形材)받침

① Shell 외판(外板)
② Angle collar 산형재 받침
③ Frame 프레임(肋骨)
④ Deck 갑판(甲板)

Annealing 소냉(燒冷) (주물(鑄物), 단조물(鍛造物) 등을 400°C~800°C 정도로 가열한 후 서서히 냉각시켜서 내부응력(內部應力)을 제거하는 방법). Gas——가스소냉. Steam——증기(蒸氣)소냉. ——furnace 소냉로(爐) (소둔로(燒鈍爐)).

Annual 해마다(매년(每年)). ——ring 연륜(年輪) 〖木〗 ——survey 연차검

사(年次檢查), 중간(中間)검사.

Annular 환형(環形). ——conductor 환상도체(環狀導體). ——valve 환상변(辨).

Annulus combustion chamber 환상연소실(環狀燃燒室) (가스터어빈). ——drag coefficient 환주 항력계수(環周抗力係數).——loss 환주손실(環周損失)(가스터어빈).

Fig. 10 Angle tie bar

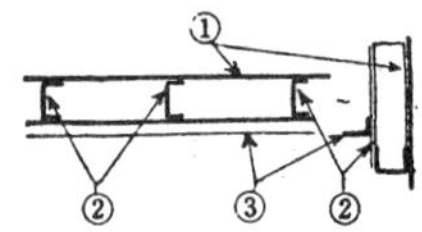

연결산형재(連結山形材)

① Shell 외판(外板)

② Frame 프레임(늑골, 肋骨)

③ Tie bar 연(連結)결산형재

Announciator 경보기(警報器), 표시기(表示器).

Anodic protection 아노우드식(式) 방식(防蝕)(전기적 양극에 부식하기 쉬운 금속을 두고 주변의 음극적 금속을 보호하는 방법) (→ action)

Answering pennant or Code flag 회답기(回答旗).

Antechamber 예연실(豫燃室).

Antenna or Aerial 안테나, 공중선(空中線).

Anteroom 대기실(待機室).

Anthracite 무연탄(無煙炭).

Anti 반대를 표시하는 전치사(前置辭). ——acidic paint 내산(耐酸) 페인트. ——corrosive paint or ——corrosive composition 방청(防錆) 페인트〔關 : No. 1 paint와 같은 의미〕. ——fouling paint or ——fouling composition 오물(汚物)방지 페인트(해초나 해충이 선저(船底)에 부착하는 것을 방지하는 도료) 〔關 : No. 2 paint와 같은 의미〕. ——friction composition 감마제(減摩劑).——friction grease 감마 그리이스.——friction metal 감마메탈. ——incrustation material 청관제(淸罐劑) (보일러에 붙은 오물을 없애는 재료). ——priming pipe 증기(蒸氣)가 발생하는 것을 방지하는 관(管). ——rolling tank 횡요(橫搖)방지탱크(배의 횡요를 조정하기 위한 물탱크)〔關 : Top side tank와 같은 의미〕. (Fig. 403). ——septics 방부제(防腐劑),

Antimony 안티모니.

Anvil 앤빌 (Fig. 11). ——block 앤빌대(臺)

API. American Petroleum Institution 미국석유협회(美國石油協會). ——scale 그 표준비중(標準比重)(석유).

Fig. 11 Anvil

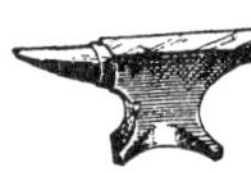

앤 빌

Apparatus 기구(器具), 장치(裝置). Diving ——잠수(潛水)기구. Life saving ——구명(救命)기구. 구명부기(浮器). Steering ——or Steering gear 조타(操舵)장치.

Apparent 겉보기의(외견상(外見上)). ——pitch 겉보기 피치(프로펠러) (계산상의 피치와 구별한다). ——slip 겉보기 실각(失脚)(반류(伴流)를 고려하지 않는 실각, 즉, 실제로 배가 진행한 거리와 프로펠러의 회전수에 의하여 계산한 거리와의 비율) ——wave period 파(波)의 겉보기 주기(周期)(운동에 의한 힘의 영향을 고려하지 않은 주기). ——weight (Pitching & Rolling) 겉보기 중량(重量)(배의 종요(縱搖) 및 횡요(橫搖)) (운동에 의한 힘의 영향을 고려하지 않은 중량).

Appendage 부가물(附加物). Hull ——선체(船體)부가물(형칫수, 型寸法)로부터 외측(外側)의 것, 예를 들면 외판(外板), 프로펠러 및 보스의 팽출(膨出)된 부분).

Appliance 기구(器具), 장치(裝置), 설비(設備) Closing ——폐쇄(閉鎖)장치(예를 들면 수밀문(水密門). 해치 폐쇄장치 등). Fire extinguishing ——소화(消火)설비. Life saving ——구명(救命)설비. Workshop ——공장용구(工場用具).

Apprentice 견습사관(見習士官), 실습생(實習生).

Approach speed 접근속도(接近速度).

Appropriation 전용(專用).

Approval 승인(承認). **Approved** 승인된. —maker 승인된 제조자(製造者). ——pattern 승인형(型)(구명정(救命艇)이나 선용품(船用品) 등은 일일이 승인된 형에 의하여야 한다).

Approximate 근사적(近似的). ——calculation 근사계산(計算). ——formula 근사공식(公式), ——method 근사방법(方法).

Apron 부선수재(副船首材) 〖木〗, 선수(船首)불워크의 보강판(補强板), 판제선수(板製船首)의 최상판(最上板)(鋼船).

Aqua ammonia 암모니아수(水).

Arbitration 중재(仲裁)(선박의 충돌 기타 분쟁은 많은 경우 민간인(전문가)의 중재로서 해결된다). ——bar 본체(本體)와 별도로 주조(鑄造)된 시험용재(試驗用材).

Arc 호(弧), 호광(弧光)(도체(導體) 두개를 접착하여 전류를 통하고, 다음에 양측을 조금 떼면 양편 사이에 호광이 생기면서 심한 고열(高熱)이 일어난다). ——brazing 아아크 땜질하다. ——end 아아크 발생단(發生端) (鎔接棒), ——lamp 아아크등(燈), ——soldering 아아크땜질, ——stabilizer 아아크 안정제(安定劑).——voltage 아아크전압(電壓). ——welding 아아크용접(鎔接) (☞ Electric welding).

Arch 문형(門形). ——or bridge, crown piece, of stern frame 선미골재(船尾骨材)의 프로펠러 구멍의 정부(頂部) (Fig. 386⑦).——framing 아아치형 프레임. ——principle 아아치식 구조(가능한 한 직선부를 없앤 선체구조).

Arching 선미수하(船尾垂下) (목선(木船)에 많이 생긴다).

Area 면적(面積). Contraction or Reduction of ——단면축소(斷面縮少)(시험편을 인장하여 끊었을 때 단면적이 원면적(原面積)보다 축소된다). Develope ——프로펠러 날개의 전개면적(展開面積). Disc ——전원(全圓)면적(프로펠러 날개의 선단(先端)을 주(周)로 하는 원(圓)면적). Expanded ——프로펠러 날개의 전개면적. Funnel ——연돌(煙突)단면적. Grate ——화격자(火格子)면적(보일러). Projected ——투영(投影) 면적(프로펠러), Rudder ——타(舵)면적. Sail ——범포(帆布)면적. Sectional ——단면적(斷面積), Wetted surface ——침수(浸水)면적(外板), ——coefficient 면적계수(係數)(노즐). ——of midship section 중앙(中央)단면적, ——of water plane 수선(水線)면적. ——of wetted surface 침수(浸水)면적. ——ratio 면적비(比) (프로펠러)(전개(展開), 투영(投影), 전원(全圓) 등의 면적비).

Argon arc welding 아르곤 아아크용접(鎔接).

Arm 팔, 완(腕), 병기(兵器), Anchor ——앵커아암(Fig 4⑤), Crank ——크랭크완(Fig. 130③). Eccentric ——편심거리(偏心距離), Righting ——or lever 복원정(復原挺)(Fig. 257 및 373의 GZ). Rudder ——타완(舵腕)(타의 보강골(舵補强骨)) (Fig. 330⑧). ——chair 팔을 걸치는 의자(椅子).

Armature 접편(接片), 전기자(電機子), ——coil 전기자 코일, ——core 전기자 철심(鐵心). ——winding 전기자 권선(捲線).

Arming hole 채토공(採土孔) (수용측연 (手用測鉛))에 있는 저토(底土)를 채집하는 구멍)

Armoured 외장(外裝)된 (강선(鋼線)을 감아서 보호된). ——cable 외장 케이블. ——hose 외장호오스. ——wire 외장선.

Arrange 정리(整理)하다. 배열(配列)하다. **Arrangement** 배치(配置). 장치(裝置). General ——일반배치도(一般配置圖) (Fig. 12). Heating ——난방(暖房)장치. Inter lock ——or locking gear 연동(聯動)장치. Machinery——기관(機關)배치. Mooring ——계선(繫船)장치. Panting ——팬팅구조(構造)(선수미 방요장치(船首尾防撓裝置)) (Fig. 82). Steering ——조타(操舵)장치 (Fig. 377).

Arsenal 병기제작소(兵器製作所).

Arsenic bronze 비청동(砒靑銅).

Art metal furniture 판금가구(板金家具).

Articles for ships 선용품(船用品).

Artificial 인공적(人工的) (Natural 자연적의 대칭(對稱)). ——draught〔英〕——draft〔美〕인공통풍(通風) (강제(强制)통풍) ——seasoning 인공건조(乾燥) (증기(蒸氣)나 난풍(暖風) 등으로 건조한다). ——ventilation or Mechanical ventilation 인공 통풍, 인공환기(換氣)(선실, 선창(船室, 船艙) 등을 기계력(機械力)으로서 환기한다).

Asbestos 석면(石綿) (방열재(防熱材)로서 사용). ——board or——sheet 석면판(板). ——cloth 석면포(布). ——cord 석면줄. ——insulated cable 석면절연(絶緣) 케이블. ——packed cock 석면을 넣은 코크. ——packing

석면 패킹(방열용으로서 벽에 붙이거나 증기밀(蒸氣密)을 위해서 채운다). ——plate 석면 판(板). ——ring 석면환(環). ——tape 석면 테이프.

Fig. 12 General arrangement (A)

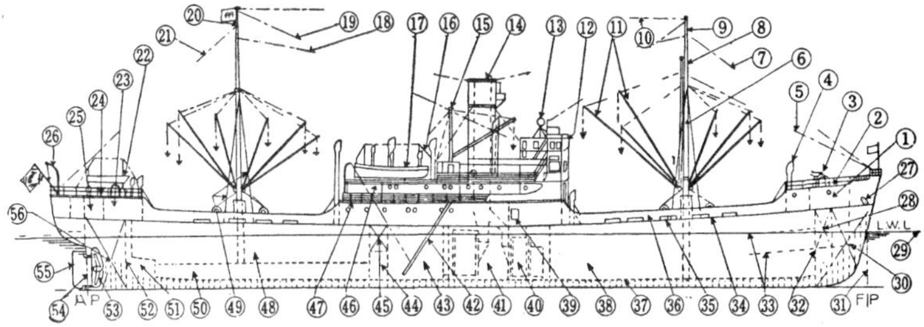

Fig. 12 (B)

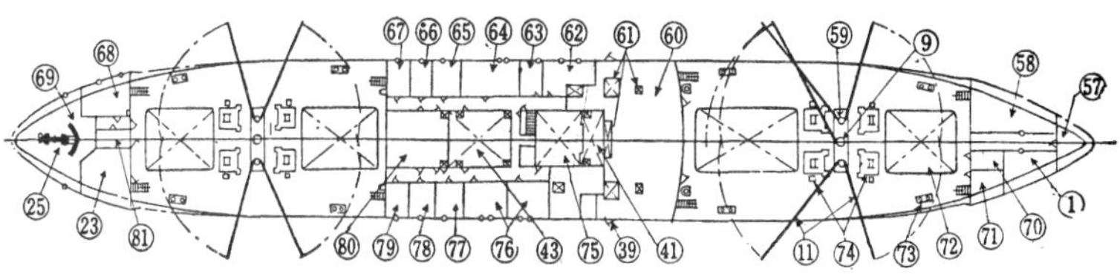

일반배치도(一般配置圖)

Ⓐ Side elevation (or profile) 측면도(側面圖) Ⓑ Upper deck plan 상갑판평면(下甲板平面) Ⓒ Forecastle (or Fcl) deck plan 선수루갑판평면도(船首樓甲板平面圖) Ⓓ Boat deck plan 보우트갑판 평면도(甲板平面圖) Ⓔ Bridge deck plan 선교루갑판 평면도(船橋樓甲板平面圖) Ⓕ Poop deck plan 선미루갑판평면도(船尾樓甲板平面圖).

① Forecastle, Fcl 선수루(船首樓) ② Fcl deck 선수루갑판(船首樓甲板) ③ Steam windlass 증기(蒸氣) 윈드리스(양묘기(揚錨機)). ④ Ventilator (cowl head) 통풍통(通風筒) ⑤ Lower Stay 로어스테이, 하단지삭(下段支索)) ⑥ Lower mast 로어(하부(下部))마스트 ⑦ Upper Stay 엎퍼스테이(상단지삭(上段支索)) ⑧ Top mast 톱마스트(상부(上部)마스트) ⑨ Fore mast 포어마스트(⑥과 ⑧을 포함하여) ⑩ Antenna 안테나 ⑪ Derrick Boom 데릭 부움 ⑫ Navigation bridge 항해선교(航海船橋) Flying bridge 최상(最上)선교 ⑬ Direction finder 방위측정기(方位測定器) ⑭ Funnel 연통 ⑮ Ventilator (Mushroom) 통풍통(通風筒) ⑯ Boat davit 보우트다빗 ⑰ Life boat 구명정(救命艇) ⑱ Royal Stay 로얄스테이 ⑲ Fore stay 포어스테이(전부지삭(前部支索)) ⑳ Main mast 메인 마스트 ㉑ Back stay 백스테이(후부지삭(後部支索)) ㉒ Temma 전마선(傳馬船) ㉓ Cargo space 화물

Fig 12(F) Fig 12(E) Fig 12(D) Fig 12(C)

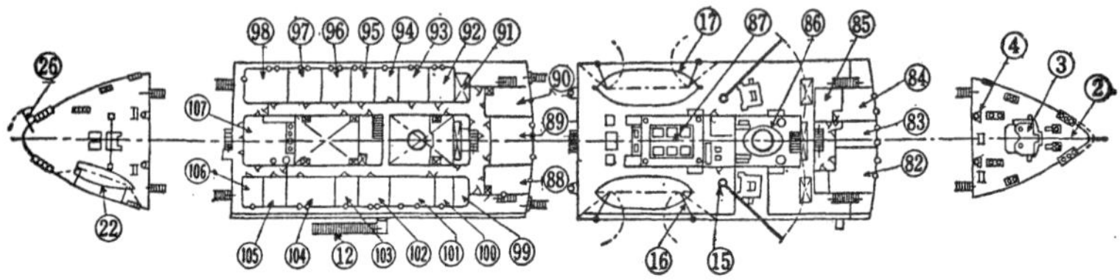

적입장소(貨物積入場所) (24) Poop deck 선미루갑판(船尾樓甲板) (25) Steering engine room 조타기실(操舵機室) (26) Anchor davit 앵커다빗 (27) Hawse pipe 호스파이프 (28) Chain locker or Cable locker 체인로커(묘쇄고(錨鎖庫)). (29) L.W.L. Load Water line 만재흘수선(滿載吃水線) (30) Fore peak tank 선수창(船首艙) (31) F.P. Fore perpendicular 선수수선(船首垂線) (32) Collision bulkhead 선수격벽(船首隔壁) (33) Panting Stringer 팬팅 스트링거(선측종통재(船側縱通材)) (34) Upper deck 상갑판(上甲板) (35) Freeing port 방수구(放水口) (36) Bulwark 불워크 (37) Double bottom 이중저(2重底) (38) Fore hold 전창(前艙) (39) Coaling port 재탄문(載炭門) (40) Boiler 보일러 (41) Stoke hole or stoke hold 연소실(燃燒室) (42) Accommodation ladder 현측(舷側) 사다리 (43) Engine room 기관실(機關室) (44) Thrust recess 드러스트 리세스 (45) Fresh water tank 청수(淸水)탱크 (46) Boat deck 보우트갑판 (47) Bridge deck 선교루(船橋樓)갑판 (48) Aft hold or After hold 후창(後艙) (49) Shroud 슈로우드 (50) Shaft tunnel 축로(軸路) (51) Tunnel recess 터널리세스 (52) Aft peak bulkhead 선미격벽(船尾隔壁) (53) Propeller 프로펠러 (54) A.P. Aft perpendicular 선미수선(船尾垂線) (55) Rudder 타(舵) (56) Aft peak tank 선미창(船尾艙) (57) Store 창고 (58) Cargo space 화물 적입장소 (59) Ventilator 통풍통 (60) Cargo space or Reserve bunker 화물창 또는 예비 석탄고 (61) Coal hatch 재탄구(載炭口) (62) Bath 욕실(浴室) (63) WC 변소 (64) Sailer's room 선원실 (65) Quarter master's room 조타수 실(操舵手室) (66) Carpenter's room & Store keeper's room 목공 및 창고수실(倉庫守室) (67) Boatswain's room 보오슨, 갑판장 실 (68) Provision store 식량고(食糧庫) (69) Steering engine room 조타기실(操舵機室) (70) Lamp room 램프 실. (71) Paint room 페인트 실. (72) Hatchway 해치(창구(艙口)). (73) Bollard 볼라드. (74) Steam winch 증기(蒸氣)윈치. (75) Boiler room 보일러 실. (76) Firemen's room 기관원 실(機關員室). (77) Donkeymen's room 돈키맨실(부기관계실(副機關係室)). (78) Store Keeper's room & Oiler's room 창고수 및 조기수실(操機手室). (79) No. 1 Oilers room 조기장(操機長) 화부장 실(火夫長室). (80) Crew's mess room 메스루움(하급선원식당(下級船員食堂)). (81) Provision store 식량창고(食糧倉庫). (82) Captain's room 선장실(船長室). (83) Second officer's room 2등항해사실(二等航海士室). (84) Chief Operator's room 일등통신사실(一等通信士室). (85) Wireless telegraph office 무선실(無線室). (86) Funnel 연통(煙筒). (87) Engine room skylight 기계실 천창(機械室天窓). ⑱ First or chief Officer's room 일등항해사실(一等航海士室). ⑲ Saloon 살루운(食堂). ⑳ Purser's room 사무장실(事務長室). ㉑ Coal hatch 석탄구(石炭口). ㉒ Third officer & Apprentice's room 삼등항해사 및 실습생(實習生)실. ㉓ Clerk & Third Operator's room 사무원 및 삼등통신사실. ㉔ WC 변소. ㉕ Third engineer & Apprentice's room 삼등기관사 및 실습생실. ㉖ Second engineer's room 이등기관사실. ㉗ First engineer' room 일등기관사실. ㉘ Chief engineer's room 기관장실(機關長室). ㉙ Coal hatch 석탄구(石炭口). (100) Pantry 배전실(配電室). (101) Officer's mess room 사관 식당(士官食堂). (102) Second operator's room 이등통신사실. (103) First steward's room 주방장실. (104) Cook & Boy's room 쿡 및 보이실. (104) Cold store 냉장실(冷藏室). (106) Provision store 식량창고(食糧倉庫). (107) Galley 조리실(調理室).

Ash 재, 회(灰). ——bag 회대(灰袋). ——boat 회선(灰船). ——bucket 회버킷. ——chute or ——shoot 회사관(灰捨管). ——cock 회콕. ——damper or pit door 회류문(灰溜門). ——discharge gear 회사장치(灰捨裝置). ——door 회출문(灰出門). ——ejector pump 회사펌프(회를 물에 넣어서 함께 배 밖으로 방출한다). ——expeller 회 방사기(放射器). ——free fuel 무회연료(無灰燃料). ——gun 회 방사기. ——hoe or Mud rake 회갈퀴. ——hoist 회양기(灰揚機). ——pan or tray 회받이(灰受). ——pit 회류(灰溜) (Fig. 66⑫). Closed——pit 밀폐(密閉)회류(회류를 기밀(氣密)로 하고 그곳에서 강제로 통풍한다) 〔關 : Closed stoke hold 화연실(火燃室)을 기밀로 하는 강제통풍〕 (Fig. 66⑫). ——shoot 회사통(灰捨筒).

Ashore 육상(陸上)에.

Aspect ratio 종횡비(縱橫比).

Asphalt 아스팔트.

Assemble 모우다. 조립(組立)하다. **Assembly** 조립(組立), 집회(集會).

Assign 추정(推定)하다. **Assignment** 지정(指定). Freeboard ——건현(乾舷) 지정.

Assistant 보조(補助), 조수(助手). ——cylinder(Slide valve) 완충(緩衝) 실린더(활변(滑辨)의 뒷면에 증기를 넣어 마찰을 적게한다). ——doctor 간호원(看護員). ——surveyor 보조검사원(檢査員). **Assisted** draught or——draft 보조통풍(補助通風) (강제통풍이 약한 것).

Astern 후방(後方)에 〔關 : Ahead 전방(前方)에〕. ——exhaust cam 후진배기(後進排氣)캠. Go——후진. ——cam 후진캠. ——dummy 후진 더미. ——ignition cam 후진점화(點火)캠. ——nozzle 후진노즐. ——power 후진력(後進力). ——stage 후진단(段). ——turbine 후진 터어빈.

ASTM American Standard for Testing Material 미국재료시험규격(美國材料試驗規格).

Athwart 횡(橫)으로, 키일에 직각으로, 보우트의 타석(舵席). ——ship 배의 횡방향으로.

Atmosphere 대기(大氣). **Atmospheric** condenser 대기압식 복수기(大氣壓式復水器). ——exhaust 대기 중 배출(排出). ——line 대기선(大氣線). ——pressure 대기압(大氣壓).

Atomic energy 원자(原子)에너지. ——hydrogen welding 원자수소용접(原子水素鎔接)(수소가스 중에서의 용접). ——powered ship 원자력선(原子力船). ——propulsion 원자력추진(原子力推進).

Atomization 무화(霧化). **Atomize** 분무상태(噴霧狀態)로 하다. **Atomizer** 분무기(噴霧器).

Attachment 취부(取付). 부속장치(附屬裝置). ——angle 취부산형강(山形鋼)(Fig. 8). ——plug 삽입(挿入)플러그. Bracket ——브래킷 취부(Fig. 84, 85, 86, 87). Lug——단(短) 산형재 취부〔關 : Angle clip과 같은 의미〕(Fig. 8).

Attack angle 앙각(仰角).

Attemperator 온도저감기(溫度低減器).

Attraction 인력(引力).

Audible indicator 가청식 표시기(可聽式標示器)(예를 들면 벨, 부저).

Fig. 13 Auger

나사송곳

Auger 나사송곳(Fig. 13) (목재나 석탄 등에 구멍을 뚫는 도구).

Augmented resistance 증가저항(增加抵抗).

Authorized construction 공인구조(公認構造) (보우트. 기타 선용품(船用品)은 공인된 것이라야 한다. 공인된 건조(建造)).

Auto 자동적(自動的). ——alarm 자동경보기(警報器). ——converter 직류변압기(直流變壓器). ——pilot 자동조타기(操舵機). ——punch (hard tester) 자동경도시험기(硬度試驗機). ——steerer 자동조타장치(操舵裝置).

Autogenous welding 가스용접(鎔接).

Automatic 자동적(自動的). ——alarm 자동경보수신기(警報受信機). ——arc welding 자동아아크 용접. ——combustion control. **A.C.C.** 자동연소제어(燃燒制御). ——controlling valve 자동제어변(辨). ——driver 자동드라이버(Fig. 14). ——feed water regulator 자동급수조정기(給水調整器). ——fuel oil reservoir 자동연료유 조절류(燃料油調節溜). ——frequency control 자동주파수 제어(周波數制御). ——non-return valve 자동역지변(逆止辨). ——scavenging valve 자동소기변(掃氣辨) (diesel), ——tension engine 자동긴장기(緊張機). ——sprinkler system 자동산수장치(撒水裝置). ——steering 자동조타(操舵). ——transfo-

Fig. 14 Automatic driver

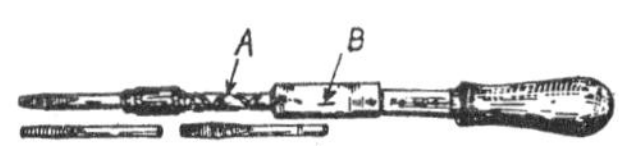

자동 드라이버

A. 나사홈 B. 홈에 끼는 돌기물(突起物)

rmer 단권변압기(單捲變壓器). ──welding 자동용접(鎔接).

Automobile crane 자동차(自動車)크레인. ──ferry 자동차 도선(渡船).

Auxiliary 보기(補機). ──boiler 보조(補助)보일러. ──circulating pump 보조순환(循環)펌프. ──condenser 보조복수기(復水器). ──diesel 보조디이젤기(機). ──engine or Donkey engine 보조기관(機關). ──exhaust 보기배기(補機排氣). ──exhaust range 보기배기계(系). ──feed check valve 보조급수변(給水辨). ──engine sailer 기범선(機帆船). ──feed line 보조급수계(系). ──feed pump 보조급수 펌프. ──generator 보조발전기(發電機). ──machinery 보기(補機). ──rudder 보조타(舵) (예를 들면 운하타(運河舵)). (Fig. 331). ──starting valve 보조시동변(始動辨). ──steam 보기증기(蒸氣). ──steam pipe 보조증기관(管). ──stop valve 보조제지변(制止辨).

Available 이용(利用)할 수 있는. ──energy 유효(有效)에너지. ──heat 유효열량(熱量).

Average 평균(平均), 해손(海損). General ──공동(共同)해손(배 전체를 구하기 위하여 일부를 희생했을 때, 그 손해를 남은 재산으로서 균등하게 부담하는 해손). Particular ──단독해손(單獨海損) (손해를 입은 재산소유자가 단독으로 부담하는 해손). ──adjuster 해손청산인(請算人).

Aviator 비행기(飛行機), 비행사(飛行士). **Aviation** spirit 비행기용 연료(飛行機用燃料).

Awning 천막(天幕). Side ──측막(側幕). ──boom 천막형재(桁材). ──deck vessel 복갑판선(複甲板船). ──rafter or ──ridge 천막종목(縱木). ──spar 천막횡목(橫木). ──stanchion 천막주(柱). ──stretcher 천막 펴는 뼈대.

AWG American wire gauge 미국선경단위(美國線徑單位).

AWS American welding society 미국용접협회(美國鎔接協會)

Axe 도끼(斧).

Axial 축방향(軸方向). ──blade clearance 날개의 축방향 틈. ──blower 축항송풍기(軸向送風機). ──compressor 축항압축기(壓縮機). ──engine 축류발동기(軸流發動機). ──fan 축류송풍기. ──flow pump 축류펌프. ──flow turbine or Parallel flow turbine 축류터어빈. ──pitch 축방향피치. ──thrust 축방향 드러스트(추력(推力)). ──velocity 축류속도(速度).

Fig. 15 Azimuth compass

방위(方位)컴퍼스

Axis 축(軸). ──of oscillation 동요축(動搖軸). ──of a weld 용접(鎔接)축. Horizontal ──횡축(橫軸) (Fig. 124). Neutral ──중립축(中立軸)(물체가 굽힘을 받았을 때, 응력이 생기지 않는 점을 연결한 축) (Fig. 39). Vertical

——종축(縱軸) (Fig. 124).

Azimuth 방위각(方位角). ——circle 방위환(環). ——compass 방위컴퍼스 (Fig. 15). ——mirror 방위 경(鏡). ——table 방위표(表). ——vane 방위 바람개비.

B

"B" class division (Fire retarding division) B급구획(級區劃) (방수구획(防水區劃)).

B Breadth moulded or molded 배의 형폭(型幅)(Fig. 146 ⑫).

B Strake B조 외판(條外板).

BA Bulb angle 구산형재(球山形材) (Fig. 345 ④)

B.H.P. Brake horse power 제동마력(制動馬力).

B.T.U. or **B.Th.U** British thermal unit 영식열단위(英式熱單位).

Fig. 16 Back piece

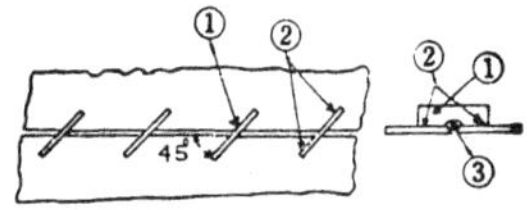

배재(背材)

① Back piece 배재(背材) ② Tack weld 가부용접(假付鎔接) ③ Scallop 스켈롭

Fig. 17 Floating strong back

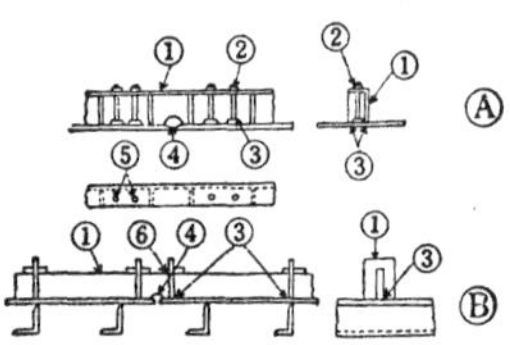

강력배재(强力背材)

Ⓐ Strong back 강력배재. Ⓑ Floating strong back 유동배재(遊動背材)

① Back 배재(背材) ② Bolt 보울트 ③ Tack weld 가부용접(假付鎔接) ④ Scallop 스켈롭 ⑤ Bolt hole 보울트구멍, 타원형. ⑥ wedge 쐐기.

B.V. Bureau veritas 뷰우류 베리타스(프랑스 선급협회(船級協會)).

Babbit metal 바비트메탈(주석 90%, 안티모니 7%, 구리 3%의 합금(合金), 축수(軸受) 등의 감마재(減摩材)로서 사용한다).

Back 배재(背材)〔鎔〕. (Fig 16). ——angle 뒷면에 붙여지는 산형재(山形材). ——board (boat)배판(背板). ——cavitation 배면(背面) 캐비테이숀. ——chip(weld) 뒷면 자르기(한 번 용접한 후, 뒷면으로부터 처음 용접된 부분을 잘라낸다)〔關 : Hack chipping과 같은 의미〕. ——column 후주(後柱)(機關). ——end plate 후부경판(後部鏡板) (Fig. 65 ⑩). ——firing (oil engine) 불올 일으킴. ——hand welding 수동용접 후진용접법(手動鎔接後進鎔接法). ——header 후부(後部) 헤더 (수관(水管)보일러). ——hook 뒷면제지(制止) 후크. ——lash 뒷면(裏面) 틈사이 (치차(齒車)의 잇날 접촉면 반대의 틈사이, ——piece 배재(背材) (Fig. 16). ——pitch of rivets 횡(橫)피치 (Fig. 18의 P). ——plate of combustion chamber 연소실배판(燃燒室背板) (Fig. 65 ⑤). ——pressure 배압(背壓) (반대측으로부터의 압력). ——

pressure trip 배압에 의한 손실(損失). ——pressure turbine 배압터어빈. ——pressure valve 배압변(辨)(디이젤 기(機)). ——stay(mast) 백스테이(후부지삭(後部支索)) (Fig. 12 ㉑). ——step method 〖鎔〗 후진법(後進法) (Fig. 19) 〔關 : Progressive block method 전진(前進)블록법〕. ——step sequence 후퇴법(後退法) (Fig. 19) (진행방향과 반대로 용접하는 방법). ——tube plate 후부관판(管板)(혹은 경판(鏡板)) (Fig. 67 ①). Back-up circuit breaker 후비차단기(後備遮斷器). ——water 도약수(跳躍水) (外車) Floating strong ——유동(流動) 강력배재 (Fig. 17).

Fig. 18 Back pitch of rivets

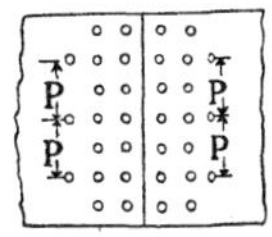

P 횡(橫)피치

Fig. 19 Back step method

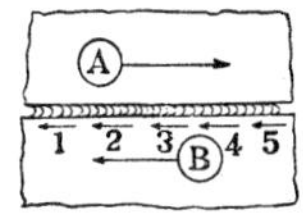

후진법(後進法)

Ⓐ Direction of progress 진행방향(進行方向).
Ⓑ Direction of deposition 용접방향(鎔接方向) 1, 2, 3, 4, 5 용접순서

Backing 반전(反轉) (機). 후진(後進) 〖船〗. ——angle 뒷면에 붙이는 산형재(山形材). ——pass 뒷면용접(鎔接). ——ring 뒷면에 붙이는 환(環). ——power or Astern power 후진력(後進力). ——strap or strip 〖鎔〗 뒷면에 붙이는 당금(當金) (뒷권을 잘라낼 수 없는 곳에는 처음부터 당금을 붙여서 용접한다). 〔關 : Chill plate 냉금(冷金)과 같은 의미〕.

Băckward curved vane 뒷쪽으로 굽혀진 날개(원심압축기(遠心壓縮機)).

Baffle board or——plate 조절벽판(調節壁板) (Fig. 122 ⑧).

Bag 자루, 대(袋). Ash ——회대(灰袋). ——rack 의장(衣裝)선반. Sand ——사대(砂袋).

Baggage room or Luggage room 수하물실(手荷物室).

Bailer or Baler 물 퍼내는 사람(보우트).

Bait 입갔(餌)(漁船). ——tank or ——well 활어창(活魚艙).

Bakelite 베이클라이트(석탄산(石炭酸)과 포르말린으로부터 만들어지는 수지성물질(樹脂性物質)로서 전기절연(絕緣) 등에 사용한다).

Baker 빵굽는 사람 ——oven 빵굽는 솥. **Bakery** 빵굽는 곳〔關 : Baking room 과 같은 의미〕.

Balance 평형(平衡). ——cylinder 평형실린더. ——disc 평형반(盤) (스탈터어빈). ——lever 평형정(挺). ——piston 평형피스톤. ——weight or Counter weight 평형추(錘). (평형을 취하기 위한 추)(Fig. 130 ④). **Balanced** engine 평형기계(機械). ——reaction rudder 평형반동타(反動舵). ——rudder 평형타(舵) (Fig. 334 ©). Full ——rudder 평형타 (Fig. 334 ©). Semi——rudder 반(半)평형타 (Fig. 338 Ⓑ) 〔關 : Unbalanced rudder 비(非) 평형타〕 (Fig. 334 Ⓐ).

Balancing 평형법(平衡法). Dynamical——동적(動的) 평형법(운동을 고려한 평형, 예를 들면 추진기(推進器)가 회전하고 있을 때의 평형을 취하는 법).

Statical——정적(靜的) 평형(운동을 고려하지 않는 평형). ——machine 평형 시험기(試驗機).

Balcony 발코니 로대(露臺), 함미 전망복도(艦尾展望廊下).

Bale capacity 베일 용적(容積) (자루에 넣은 화물을 적재할 수 있는 용적, 즉, 비임, 프레임, 기타 선내(船內)에 돌출된 것으로부터 안쪽으로 측정한 용적).——cargo 베일(자루에 넣은) 화물.

Baler or Bailer 물 퍼내는 사람(보우트).

Ball & socket 구(球)와 소케트(축수(軸受))(Fig. 20).——and socket joint of coupling 구 접수(球接手).

Fig. 20 Ball & socket

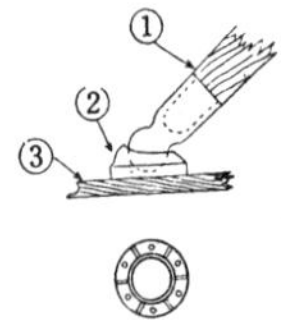

구(球)와 소케트
① Derrick boom 데릭부움
② Socket 소케트
③ Deck 갑판(甲板)

Ball bearing 구 축수(球軸受) (Fig. 28). ——joint 구 접수(球接手). ——mill 구 입통(球入筒) (전통(轉筒)에 철구(鐵球)와 석탄(石炭)을 넣어서 함께 돌리면 석탄이 가루가 되어 미분탄(微粉炭)이 된다. 석탄 이외의 재료, 예를 들면, 주석이나 납(鉛) 등에도 이용하여 미분말(微粉末)을 만든다). ——launching 볼 진수(進水) (헤드 대신에 철구(鐵球)를 배열하여 진수한다).——test 볼 테스트(철구(鐵球)를 재료 위에 떨어 뜨려서 튀어오르는 높이, 또한 재료면에 철구를 일정 깊이까지 밀어넣는 힘으로서 재료를 시험하는 방법). ——thrust bearing 드러스트 구축수. ——valve 구변(球辨) (Fig. 444, 445).

Ballast 밸러스트, 각하(脚荷)(선각(船脚)을 증가시키기 위해서, 또는 배의 경사를 변경시키기 위해서 적재하는 것. 보통은 Water——물, Sand——모래, Shingle ——자갈(砂利), Scrap——쇠부스러기 등이 사용된다). ——pump 밸러스트 펌프. ——suction 밸러스트 흡입관(吸込管). ——tank 밸러스트 탱크. Sailing in ——밸러스트 항해(航海) (공창(空艙)항해)).

Ballasted condition 밸러스트 상태(狀態), (공선(空船)).

Balsa wood 벨사 재(材)(남양(南洋)지방에서 나는 오동나무보다 가벼운 목재로서 구명환(救明環)을 만든다든지 혹은 코르크대용으로서 방열재(防熱材) 등에 사용한다).

Balustrade 난간(欄干).

Fig. 21 Face bar

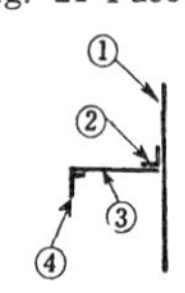

면재(面材)
① Shell plate 외판(外板) ② Shell angle 외판에 붙이는 산형재(山形材) ③ Web plate 웨브 플레이트 ④ Face bar 면재(面材)

Band 대금(帶金). ——brake 대(帶)브레이크. ——plate 대판(帶板). ——rest 대금수(帶金受). ——saw 줄톱(帶鋸). ——stand 악대석(樂隊席). ——steel 대강(帶鋼)(나무상자를 졸라매는데 사용된다). Brake——브레이크 대, Breast——or Breast rope 흉대(胸帶).

Bank 암초(暗礁). —— or Thwart 노젓는 자리(보우트).

Banking fire 묻어놓은 불씨(埋火) (남은 불이 꺼지지 않도록 보존한다).

Fig. 22 Fire bar

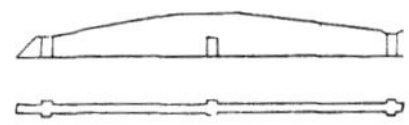

화격자봉(火格子棒)

Bar 막대기, 봉(棒). ——grating 봉격자(格子). ——keel 방형(方形) 키일(Fig. 228 Ⓐ). ——link 봉 링크(Fig. 248, 249). ——stem 방형 선수재(船首材). ——thermometer 봉상 온도계(棒狀溫度計). Bus——or omnibus 모선(母線)(발전소, 변전소 등에서 대전력선(大電力線)을 접속할 때 사용하는 동봉(銅棒)). Capstan——or Hand spike 캡스턴 바아(캡스턴을 인력(人力)으로 돌릴 때의 자루). Channel ——구형재(溝形材) (Fig. 345 ③). Face——면재(面材). (Fig. 21). Flinder's——플린더어스바아(컴퍼스 수정용 철봉(鐵棒)). Fire ——or Grate ——화격자봉(火格子棒) (Fig. 22) Guide ——or Guide plate 안내봉(案內棒) 또는 판(板) (機). Hatch——(batten) 해치바아 (Fig. 211 ⑨⑱). Heel ——or Heel piece 히일 피이스(Fig. 386 ④). Locking——바텐바아(Fig.211⑱). Merchant ——시장(市場)에 있는 봉재(棒材). Pricker ——불(火)젓는 봉. Rivet——리벳 재(材). Rocking —— or Rocking lever 흔드는 봉. Round ——환봉(丸棒), Scaling ——녹(銹)긁는 봉. Slice ——. Fire slice or Poker 불(火)젓는 봉. Tie——or Tie rod 지지봉(支持棒) (Fig. 10 ③).

Bare 벗은, 나(裸). ——charter 나용선(裸用船). ——copper winding 동접속체(銅接續體). ——deck 나갑판(裸甲板)〔關 : Coated deck 피복(被覆)갑판〕. ——electrode or —— rod 나용접봉(鎔接棒). ——hull weight 나선체 중량(裸船體重量) (appendage 부속물을 포함하지 않은 중량).

Barge 바아지. Coal——석탄(石炭)바아지. Hopper ——or Hopper 개저(開底)바아지(모래나 뻘을 운반하는 바아지로서 밑면을 열수 있게 되어있다. 이것을 열면 모래나 뻘이 자동적으로 배출된다).

Bark or **Barque** 바아크, 삼본(三本) 마스트 범선(帆船)의 일종.

Barkentine or **Barquentine** 바아켄친, 삼본(三本)마스트 범선의 일종.

Barnacle 조개삿갓(해충(海虫)의 일종으로서 선저에 기생한다).

Barocyclonometer 구풍계(俱風計).

Barograph 기록기압계(記錄氣壓計).

Barometer 기압계(氣壓計). Aneroid ——아네로이드 기압계(무수(無水) 기압계, 기압에 의하여 신축하는 원곡관제(円曲管製)의 기압계),

Barometric hight 기압지시도(氣壓指示度).

Barrel 통, 동(胴), 배럴(용적(容積)의 단위(單位), 1 Barrel =42 American gallon =35 British gallon). Capstan——캡스턴 동(胴). Cylinder ——실린더 동(胴) (Fig. 136 ①).

Barrow 손수레. Coal——석탄(石炭) 손수레.

Base 저(底), 대(臺), 기초(基礎). ——line, **B.S.** 기선(基線)〖船〗 (Fig. 146 ⑨). ——metal 모재(母材) (鎔) (parent metal, mother metal이라고도 한다. 용접하게 될 재료), ——plate 초판(礎板) (Fig. 173 ②).

Basic design 기본설계(基本設計). —— flux 염기성 용제(鹽基性溶劑) 〖鎔〗 ——method 염기법(鹽基法). ——open hearth 염기성 평로(平爐) 〔關 : Acidic open hearth 산성(酸性)평로, 용제에 염기물(Basic) 혹은 산성물(Acidic)을 사용하는데 따라 구분된다〕. ——steel 염기성 강(鋼)(Basic으로 된 강).

Fig 23 Bath (venetian) & Bath tub

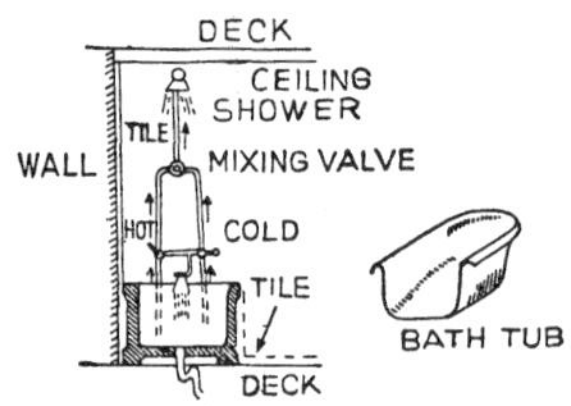

욕실(浴室)과 탕주(湯舟)

Basin 계선거(繫船渠) (Wet dock라고도 한다). Fitting out ——의장안벽(艤裝岸壁). ——trial or Dock trial 계류운전(繫留運轉).

Bath 욕실(浴室) (Fig. 23). ——brick 바스 브리크. ——room 욕실. ——tub 탕주(湯舟) (Fig. 23).

Batten 바텐 (질이 좋은 목재로 만든 정규(定規)로서 이것을 굽히면 굴곡없는 곡선(Fair curve)이 얻어지기 때문에 현도장(現圖場)에서나 제도(製圖)에서 없어서는 안되는 것이다). Cargo ——or Hold ——산타(散打)로서 내장(內張)한 것(Fig. 259 ㉜). Hatch ——해치 바텐(Fig. 211 ⑨) ——seat 바텐시이트. **Battening** arrangement 졸라매는 장치(裝置).

Battery 전지(電池). ——fed lamp of explosion proof 폭발방지 회중전등(爆發防止懷中電燈)(점멸(點滅)해도 불꽃이 밖으로 나오지 않도록 이중(二重)으로 피복된 전등으로서 오일탱크에서 사용된다). Dry——건전지(乾電池), Secondary—— 2차(二次)전지. Storage——축전지(蓄電池). Tray——전지의 액체용기(液體容器).

Bauer-Wach exhaust steam turbine 바우엘왓하(**B.W.**) 배기(排氣) 터어빈(증기기관의 배기를 다시 터어빈에 넣어서 동작하는 방법).

Baume's scale 보우메 눈금(물보다 가벼운 액체비중(液體比重)을 나타내는 눈금, 석유의 비중은 현재는 **API**로서 표시하는 것이 보통).

Bauxite 보우크사이트(알루미늄의 원료로서 수산화(水酸化) 알루미늄, 이것을 전기분해 해서 알루미늄이 생긴다).

Bay man 간호인(看護人).

Bayonet base 차입구금(差込口金) 〖電〗. ——joint 차입접수(差込接手). ——moulding 베이요네트 모울딩(Fig. 24).

Beacon 입표(立標). 항로표지(航路標識)〖航〗(항로를 지도하기 위한 전파(電波)). ——light 괘등(掛燈)입표. ——sign 표지신호(標識信號). ——station

표지국(標識局).

Bead 비이드 〔鎔〕(용접봉에서 용착금속을 놓는 것). Finish——다듬질 비이드(블록법에서 최후에 연속하여 가벼운 비이드를 놓는 것). Sealing——새는 것(漏)을 방지하는 용접(개선측(開先側)을 용접하고 최후에 뒷면을 떼어내어 뒷면에서 흘리는 대신에 처음부터 개선의 뒷면으로부터 비이드를 놓고 개선측으로부터 떼어내는 방법을 취할 때의 최초의 뒷면 용접 비이드). String or Stringer ——스트링 비이드(직선(直線)비이드 일직선의 운봉(運棒)으로서 비이드를 놓는 것). Weaving ——위빙비이드(횡진(橫振)비이드, 용접봉을 횡으로 흔들면서 비이드를 놓고 진행하는 방법).

Beader 연곡기(緣曲器). **Beading** 스트레이트 비이드 용접(용접봉을 동요하지 않고 용착금속을 놓는 것).

Beam 비임, 양(梁)(배 또는 해협(海峽)등의 폭(幅). ——bracket 비임브래킷, 양주재(梁附材)(Fig. 84 ③). ——clamp 부(副) 비임수재(受材) 〔木〕(Fig.496 ⑪) ——compasses 비임 컴퍼스(trammels라고도 한다) (Fig. 422). ——bender 비임 굽히는 기계(機械). ——draft ratio 폭흘수비(幅吃水比). ——engine 비임기관(機關) (초기기선(初期汽船)에 있었던 것). ——grab 비임그래브(비임잡이) (Fig. 26). ——knee 비임니이(beam bracket와 같은 의미)(Fig. 84).——length ratio 폭장비(帶長比). ——mould or——mold 비임형(型) ——runner 비임러너(Fig. 25) ——sea 횡파(橫波). ——shelf 비임수재(受材) (Fig. 496 ⑩). ——theory 비임이론(理論). ——trawler 비임트로올러(2척(二隻)이 배열되어 망(網)을 끄는 트로올러), ——wind 횡풍(橫風). Breast ——선루단(船樓端)비임. Box ——상자형(箱子形)비임. Built-up ——조립(組立)비임. Camber——캠버어비임 (Fig. 146 ②). Deck ——갑판(甲板)비임. Half ——전통(全通)하지 않는 비임(예를 들면 창구(艙口)양단의 비임) 〔關 : Through ——전통비임〕. Hatch end ——해치단(端)의 비임. Hold

Fig. 24 Bayonet moulding

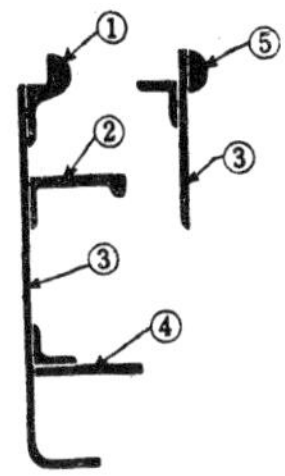

베이요네트 모울딩

① Bayonet moulding 베이요네트 모울딩 ② Horizontal stiffener 수평(水平)스티프너 ③ Hatch coaming 해치코오밍 ④ Deck 갑판(甲板) ⑤ Half round bar 반원봉(半圓棒)

Fig. 25 Beam runner

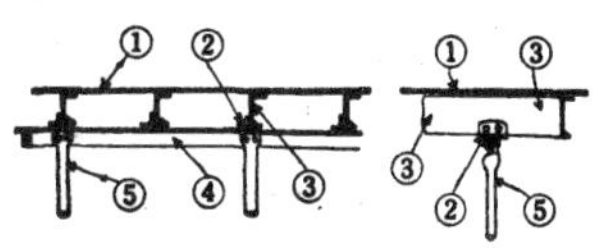

비임 러너

① Deck 갑판(甲板) ② Lug Piece 단산형재(短山形材). ③ Beam 비임 ④ Beam runner 비임러너 ⑤ Pillar or Stanchion 주(柱).

——홀드 비임(창내(艙內)에 있는 갑판(甲板)을 깔지 않는 비임). Intermediate ——중간(中間) 비임(양단에 프레임이 없다든지, 있더라도 밖의 프레임보다 약한 프레임에 붙여진 비임). Panting ——팬팅비임(팬팅을 방지하기 위하여 특별히 설치된 비임) (Fig. 82 ⑨). Round-up of——캠버어(Fig. 146 ②). Shifting——or Hatch——해치비임(Fig. 211 ⑫) Skid ——스키드비임(갑판을 깔지않는 비임, 보우트 등을 놓기 때문에 창내에 있을 때는 Hold beam이라 한다). Sponson——장출(張出)비임(하부갑판(下部甲板)으로부터 장출되어 있는 곳의 비임). Strength or strong ——특설(特設)비임. (예를 들면 기관실 개구부(機關室 開口部)의 중앙에서는 보통보다 강한 비임을 설치한다). Tier of Beams 비임층(層). Towing——인강수(引綱受) 비임(예선(曳船)의 선미(船尾)에 있는 비임). Transom ——선미(船尾) 비임)(Fig. 98 ⑦).

Fig. 26 Beam grab

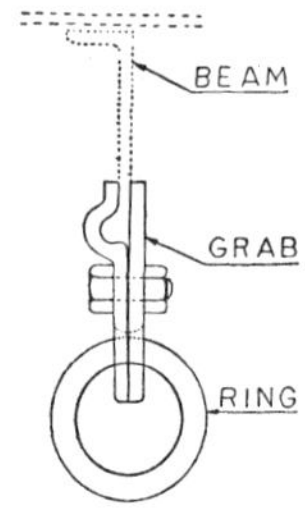

비임잡이

Fig. 27 Bearing

축수(軸受)

Bean oil 대두(大豆)기름.

Bearding line 비어딩 라인(木船)(선수재(船首材), 키일 역재(力材) 등의 프레임과의 교점(交點)을 나타내는 선).

Bearer 수대(受臺). Boiler——or Boiler seating, Boiler stool 보일러대(臺). Fire bar ——화격자(火格子)받침.

Fig. 28 Ball bearing

구축수(球軸受)

Fig. 29 Main bearing

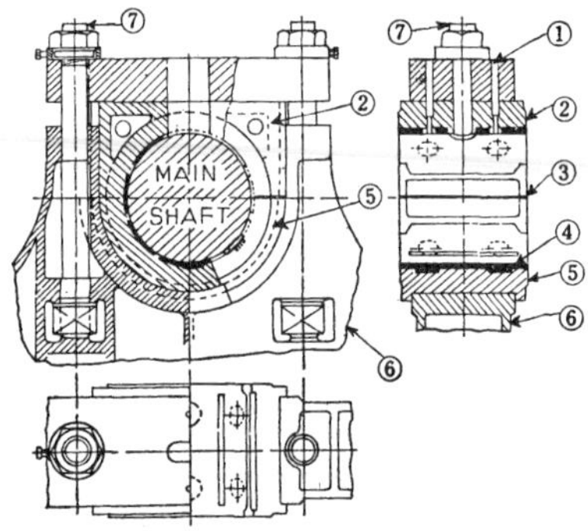

주축수(主軸受)

① Oil inlet 유입구(油入口) ② Up Keep 상부압금(上部押金) ③ Liner (brass sheet) 라이너 브라스판(板) ④ White metal 화이트메탈 ⑤ Bottom keep 하부수금(下部受金) ⑥ Sole plate 대판(臺板) ⑦ steel stud bolt 취부(取付) 보울트(鋼).

Fig. 30 Roller bearing

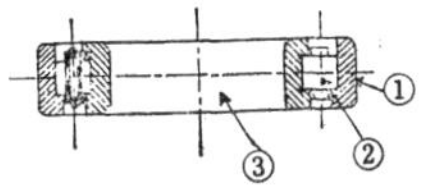

로울러 축수(軸受)
① Frame 뼈대 ② Roller 로울러
③ Shaft recess 축(軸)리세스

Fig. 31 Tunnel shaft bearing

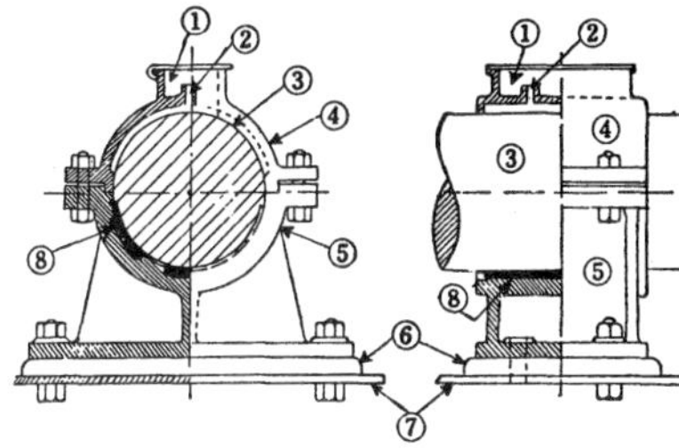

중간축수(中間軸受)
① Oil well 유류(油溜) ② Oil inlet 유입구(油入口) ③ Tunnel shaft 중간축(中間軸) ④ Up keep 상부압금(上部押金) ⑤ Bottom bearing 하부수금(下部受金) ⑥ Wood plate 목대(木臺) ⑦ Plumber block 축수대(軸受臺) ⑧ White metal 화이트메탈

Fig. 32 Bell

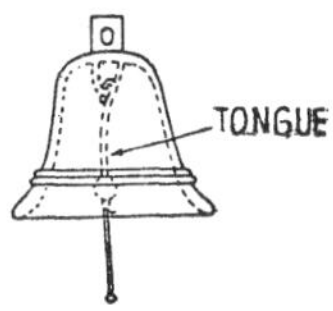

벨(鐘)

Fig. 33 Belay pin

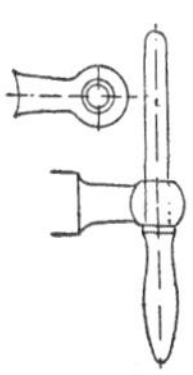

비레이 핀

Fig. 34 Main bearing

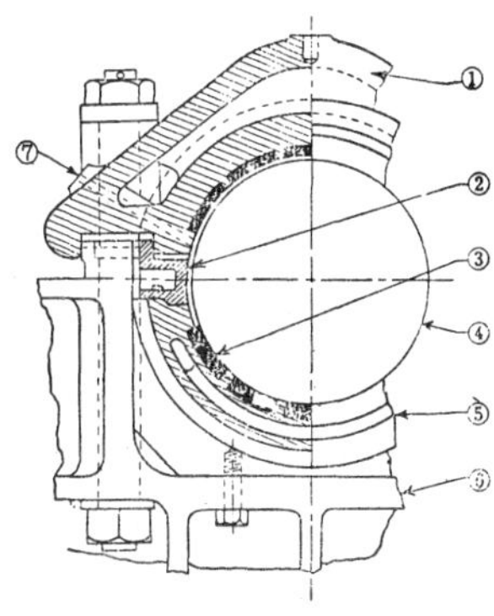

주축수(主軸受)
① Upper keep 상부압금(上部押金) ② Liner 라이너 ③ White metal 화이트메탈 ④ Main shaft 주축(主軸) ⑤ Bottom keep 하부수금(下部受金) ⑥ Engine seat 기관대(機關臺) ⑦ Lubrication oil 윤활유 통로(潤滑油通路)

Bearing 축수(軸受) (Fig. 27). 방위(方位). Ball——구축수(球軸受) (Fig. 28). Cross——크로스 방위법(方位法)(교차(交叉)하는 두 방위를 측정하여 배의 위치를 추정하는 방법). Elastic sleeve——탄성(彈性) 슬리이브 축수(탄성이 있는 통(筒)을 축의 외측(外側)에 넣어서 간접으로 축을 지지하는 축수). Engine——bed or Engine seating 기관대(機關臺) (Fig. 172, 173). Flexible——신축(伸縮)축수. Floating frame——유동(流動)축수. Journal——저어널축수 (Fig. 130 ①). Main——주(主)축수 (Fig. 29, 34). Open type——개방형(開放形)축수. Roller—— 구(球)가 든 축수(Fig. 30). Thrust ——or Thrust block 드러스트 축수(Fig. 417). Tunnel shaft—— or Plumber or Plumber block 중간(中間)축수 (Fig. 31). ——cap or ——keep 축수 눌름. ——compass 방위컴퍼스(Fig. 15). ——metal 축수메탈, ——pressure 지지압(支持壓). 축수압(壓). ——resolution 방위분해법(分解法). ——ring 축수 링. ——temperature 축수의 온도(溫度).

Beat 울림(唸).

Beaufort scale (Wind force) 뷰우포오트 풍력계단(風力階段) (☞ Wind scale).

Becket 베케트(취망(取網), 또는 그 금구(金具)).

Bed 상(床), 대(臺), 침대(寢臺). ——home on plate 판(板)에 꼭맞도록 붙이는 것. ——lamp 침대등(燈). ——plate 베드플레이트(Sole plate 솔플레이트, foundation plate 기초판(基礎板), 모두 같은 의미) (Fig. 173 ⑤, 228 ⑦). ——stead 침대.

Belay pin 비레이 핀(Fig. 33).

Belaying cleat or Cleat 비레이 클리이트

Fig 35 Bell crank

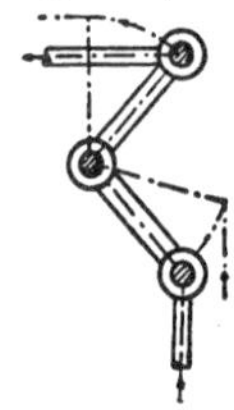

벨 크랭크

Fig. 36 Bend test of welding

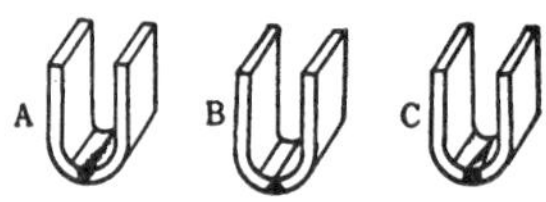

굽힘시험편(曲試驗片)

A. Root bend 뒤굽힘
B. Face bend 앞굽힘
C. Side bend 옆굽힘

Fig. 37 Guided bend

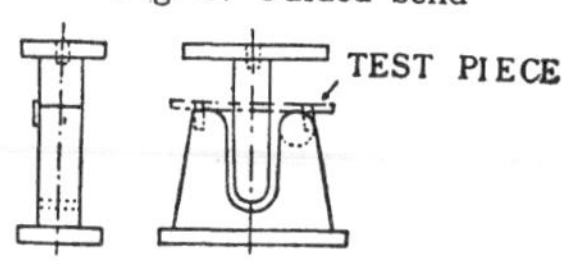

형곡(型曲)

Fig. 38 Bend of rope

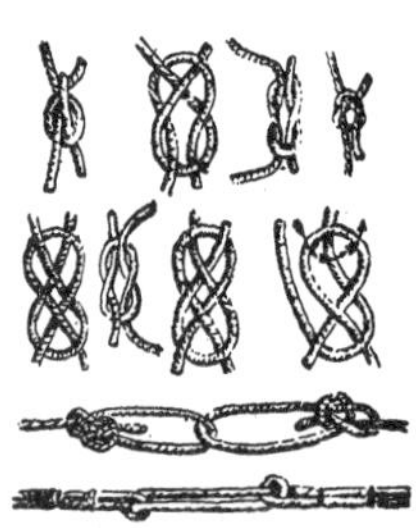

강(鋼)의 결목법(結目法)

(Fig. 113, 114)

Belfry 종(鐘)걸이.

Bell 벨(호령(呼鈴), 호종(號鐘)) (Fig. 32). Alarm ——경령(警鈴). ——buoy 벨부이(부이의 소재를 알도록 자동적으로 종을 치는 부이). ——crank 벨 크랭크(Fig. 35). ——mouth 벨 마우스(흡입구(吸込口)). ——push 눌름단추. ——whistle 종형 기적(鐘形汽笛). Call ——호령(呼鈴). Diving ——잠수(潛水)벨. Fog—— 무중호종(霧中號鐘). Signal——호종(號鐘). Trembling——전령(電鈴).

Fig. 39 Bending of bar

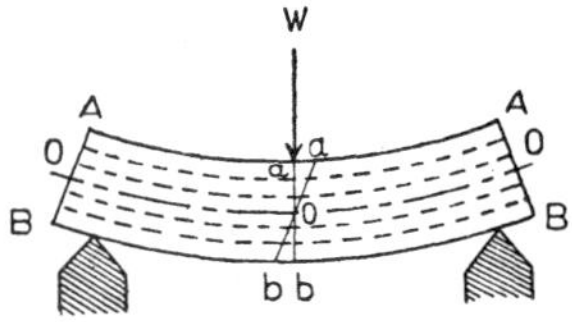

봉의 굽힘

AA. Compression 압축(壓縮)
BB. Tension 인장(引張)
OO. Neutral axis 중립축(中立軸)

Bellows 주름통, 송풍기(送風器).

Belt conveyer or Rotary conveyer 벨트 콘베이어(벨트로 석탄(石炭), 광석(鑛石), 소맥(小麥) 등을 연속적으로 운반하는 장치. ——driving 벨트구동(驅動) ——pulley 벨트차(車) (Fig. 302).

Bench 작업대(作業臺). 긴의자(長椅子). Deck—— 갑판(甲板)의자. Vice ——만력대(萬力臺) (Fig. 468).

Bend 굽힘. 결목(結目)〔綱〕(Fig. 38). Adamant——(Ash ejector) 애드맨트 벤드(회방사기(灰放射器)의 사복부(蛇腹部)). ——test 굽힘시험(試驗)(강재(鋼材)에는 굽힘시험을 요한다. 용접(鎔接)에는 Face——앞굽힘, Free——자유(自由)굽힘, Guided——형(型)굽힘, Root——뒤굽힘, Side——옆굽힘 등이 있다) (Fig. 36, 37) Cold——test 냉간(冷間) 굽힘시험. Connecting——(pipe) or——piece 벤드접속용 곡관(接續用曲管) (Fig. 266). Expansion——신축(伸縮) 벤드(증기관(蒸氣管) 기타의 관(管)이 신축하는 것을 조정하기 위하여 굽힌다, Loop라고 하는 경우도 있다). U——U자관(字管). Hot——test 열간(熱間)굽힘시험. Temper——test 가열(加熱) 굽힘시험(시험편(試驗片)을 약 600°F로 가열하여 80°F의 물에 넣어서 식힌 것을 굽힌다).

Fig. 40 Bending moment

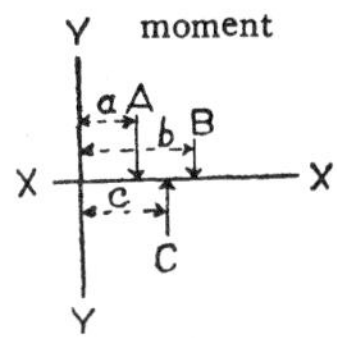

굽힘모우먼트

ABC 각각 봉(棒) XX에 작용하는 힘
abc 각각 ABC의 Y축으로부터의 거리
BM=Bending moment
=Aa+Bb−Cc

Bending 굽히는 것(Fig. 39). ——machine 굽힘기계(機械). ——moment, **BM** 굽힘모우먼트(Fig. 40). ——press 굽힘프레스(수력(水力) 또는 압축공기(壓縮空氣)로 굽힌다). ——roll 굽힘 로울(로울로서 굽힌다). Plate—— roll 판(板) 굽힘기계(機械) (Fig. 188). ——slab 벤딩슬래브(봉소 정반, (蜂巢定盤) ——block이라고도 한다)(Fig. 42). ——strength 굽힘강도(强度). ——stress

굽힘응력(應力). ——test 굽힘시험(試驗) (Fig. 36, 37).

Bent 굽힘. ——frame 증곡(蒸曲) 프레임〔木〕.

Benzene, Benzine, Benzol 벤젠(청소제(淸掃劑), 용제(溶劑), 페인트용제 등에 사용한다. 코울타르의 분류물(分溜物)).

Berth 침대(寢臺), 묘지(錨地), Building ——or Building slip 조선대(造船臺). ——declivity 선대(船臺)의 경사(傾斜). ——ladder (cabin) 침대사다리. ——lamp 침대등(燈). ——number 선대(船臺) 번호, 계선(繫船)번호. ——order 버어스오오더. ——schedule 선대 사용예정표(使用豫定表). Iron——철제침대(鐵製寢臺).

Fig. 41 Bessemer converter

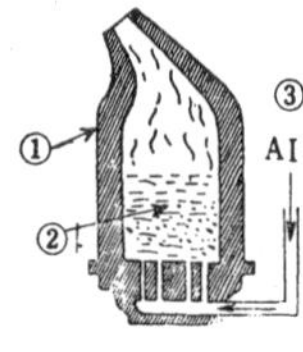

베시머 전로(轉爐)

① Furnace 로(爐) 전도(轉倒)할 수 있다. ② Molten metal용철(溶鐵) ③ Air 공기(空氣).

Bessemer converter 전로(轉爐) (Fig. 41) (녹은 선철(銑鐵)중에 공기 또는 산소(酸素)를 흡입하면 철 내의 탄소(炭素) 기타 등과의 화합열(化合熱)로 인하여 탄소 등이 연소하여 강(鋼)이 된다(시간은 약 15분에서 30분 정도). 그 강은 노를 전도하여 유출한다. 노의 내벽을 Dolomite로서 도장(塗裝)한 것을 Thomas converter라 한다). ——steel 베시머 강(鋼)(전로강(轉爐鋼))

Fig. 42 Bending slab

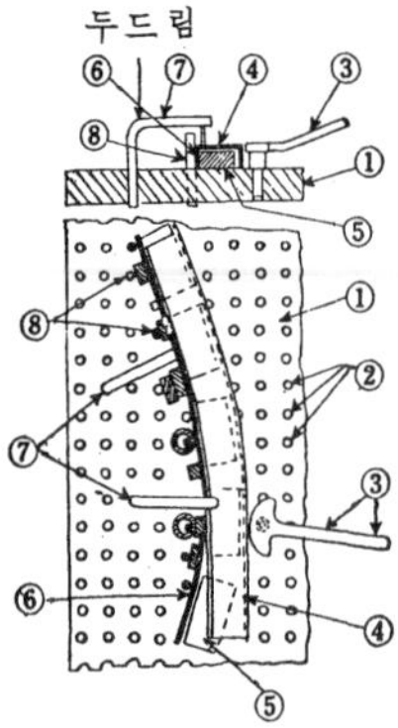

봉소정반(蜂巢定盤)

① Bending slab 봉소정반(蜂巢定盤) ② Setting hole 봉소공(蜂巢孔) ③ Squeezer 압곡기(壓曲器) ④ Z bar 굽힐 수 있는 Z봉(棒) ⑤ Iron block 철편(鐵片) ⑥ Set iron 형판금(型板金) ⑦ Dog 도그 ⑧ Set pin 제지(制止)핀.

Fig. 43 Bevel

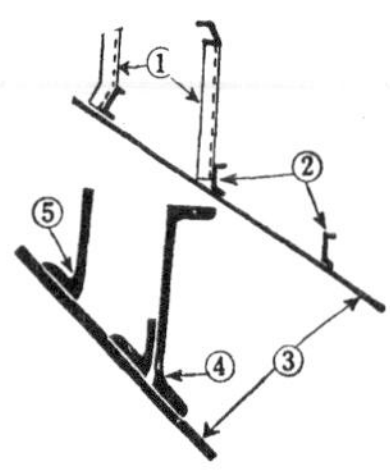

베 벨

① Beam 비임 ② Frame 프레임 ③ Shell plate 외판(外板) ④ Open bevel 오픈베벨(開角) ⑤ Closed bevel 크로스드베벨(폐각, 閉角).

이 강은 상기와 같이 간단히 단시간으로서 되지만 재질이 균일하지 않기 때문에 선체용 기타 중요한 곳의 사용이 인정되지 못하지만 최근에는 제작법이 개량되어 양질의 강이 얻어짐으로 차차 널리 사용되는 경향에 있다).

Best bower or First bower 우현 대앵커(右舷大錨).

Between deck or Tween deck 갑판간(甲板間)의 장소.

Bevel 베벨 (Fig. 43). 개선(開先)〔鎔〕 (Fig. 44). ——angle 베벨각도(角度)(개선각도) (Fig. 44). ——board 베벨판(板)(베벨을 그린 판(板)). ——faced hammer 사면(斜面)해머. ——faced holding 사면당반(斜面當盤). ——frame 베벨이 있는 프레임(Fig. 43). ——gear 베벨 톱니바퀴 장치(裝置)(Fig. 45). ——wheel 베벨 톱니바퀴 (Fig. 45). **Bevelled** glass or mirror 주연(周緣)을 끊어낸 거울(鏡).

Beveller (Bending slab) 벤딩슬래브 (Fig. 46).

Bevelling board 베벨판(板). ——frame 베벨측정기(測定器). (現圖場), ——machine 베벨기(機) (Fig. 47).

Bi colored light 양색등(兩色燈).

Bib cock 나사가 붙은 코크, 수전(水栓).

Bidet 국부 세정기(局部洗淨器).

Bilge 빌지, 오수(汚水), 선저 만곡부(船底彎曲部). ——block 복반목(腹盤木)(進水臺) (Fig. 374 ⑥). ——board or Limber board 빌지보오드(선측 오수도(船側汚水道)의 복판(覆板)). (Fig. 259 ㉛). ——cord 빌지코오드(활선대(滑船臺)의 측방(側方)비임. ——construction 빌지구조(構造) (Fig. 48, ⒶⒷⒸⒹⒺⒻ). ——ejector 빌지분사기(噴射器). ——hat 빌지햇(갑판(甲板)이나 정판(頂板)에 만들어진 오수류(汚水溜)). ——injection 빌지흡입장치(吸込裝置). ——keel 빌지키일(횡요(橫搖)방지가 목적) (Fig. 49). ——keelson 빌지키일손 (Fig. 79⑪, 80⑤). ——pipe 빌지관(管). ——plate 빌지외판(外板) (Fig. 80④). ——plug 빌지플러그(오수(汚水)뽑는 것이 목적). ——pump 빌지펌프. Emergency——pump 비상용(非常用)빌지펌프. ——radius 빌지반경(半徑)(Fig. 48 ⑥). ——shore 복지주(腹支柱). ——strake 빌지종재(縱材)〔木〕. 외판(外板) (鋼板) (Fig. 48 ③, 80④). ——stringer 빌지종재(縱材)〔木〕 (Fig. 496 ⑳). ——suction 빌지흡입(吸込). ——suction box 빌지 흡입상자(箱子) (Fig. 50). ——suction pipe 빌지관(管). ——water 오수(汚水). ——way 오수도(汚水道). ——well 오수류(汚水溜). Direct——suction or Independent——suction 독립(獨立) 빌지흡입.

Bilged compartment 침수구획(浸水區劃).

Bill board 앵커 선단(先端) 수좌(受座). ——of loading (B.L.) 선하증권(船荷證券).

Billet 빌레트(Ingot 강괴(鋼塊)를 3인치각(三吋角)에서 10인치각, 길이를

Fig. 44 Bevel for welding

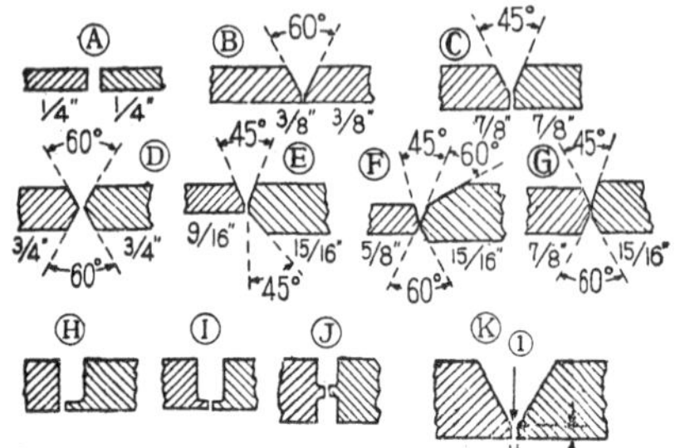

용접(鎔接) 홈(溝), 개선(開先)) ③ ②

Ⓐ I-groove I형(形)홈. Ⓑ V-groove V형(形)홈. Ⓒ V-groove V형(形)홈. Ⓓ X-groove X형(形)홈. Ⓔ V-groove V형(形)홈. Ⓕ V-groove V형(形)홈. Ⓖ X-groove X형(形)홈. 이상 판후(板厚)에 의한 홈의 형과 칫수(寸法) (A.B. Rule에 의함). Ⓗ J-groove J형(形)홈. Ⓘ U-groove U형(形)홈. Ⓙ H-groove H형(形)홈. Ⓚ Part name of groove 홈의 각부명칭(各部名稱). ① Root 홈저부(底部). ② Face or shoulder 평행부(平行部). ③ Gap or Opening 간격(間隔).

Fig. 45 Bevel gear

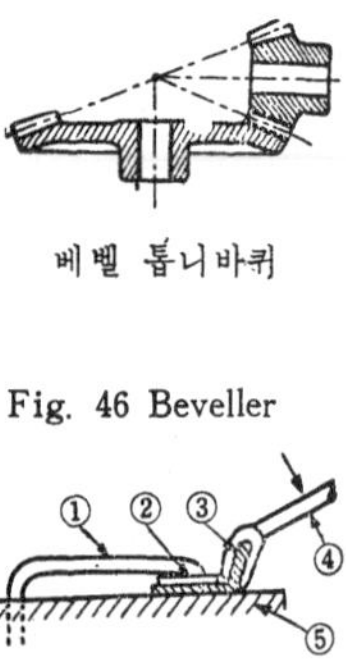

베벨 톱니바퀴

Fig. 46 Beveller

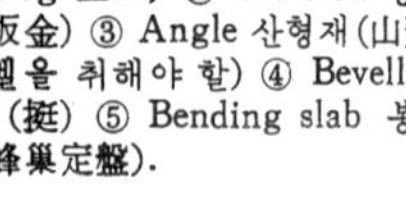

베벨정(挺)

① Dog 도그, ② Set iron 형판금(型板金) ③ Angle 산형재(山形材)(베벨을 취해야 할) ④ Beveller 베벨정(挺) ⑤ Bending slab 봉소정반(蜂巢定盤).

Fig. 47 Bevelling machine

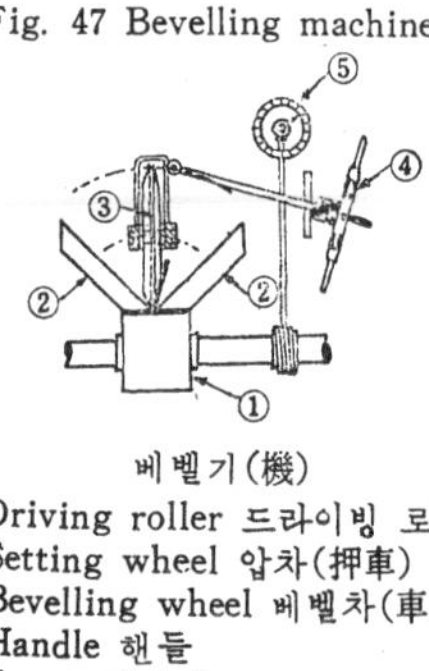

베벨기(機)

① Driving roller 드라이빙 로울러
② Setting wheel 압차(押車)
③ Bevelling wheel 베벨차(車)
④ Handle 핸들
⑤ Gauge 게이지

②에서 누르고, ④에서 ③에 베벨 각도(角度)를 조절하여, ③으로서 뽑아낸다. 뽑아낸 길이를 ⑤에서 읽으면서 ④에서 각도를 변화시키고 산형재(山形材)에 필요한 베벨을 만들어 뽑아낸다.

Fig. 48 Bilge construction

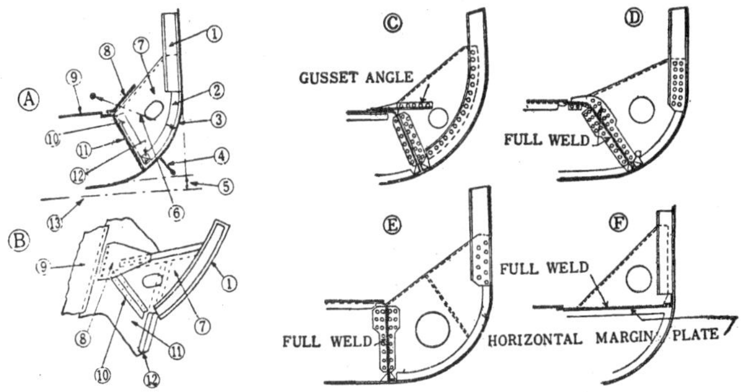

선저 만곡부 구조(船底灣曲部 構造)

Ⓐ Bilge with gusset plate 거세트판(板)을 가진 빌지. Ⓑ Bilge in perspective view 동상 투시도(同上透視圖). Ⓒ Bilge with gusset angle 거세트산형재(山形材)를 갖는 빌지. Ⓓ Bilge without gusset 거세트를 갖지 않는 빌지. Ⓔ Modified form 동변형(同變形). Ⓕ Bilge of horizontal margin plate 수평연판(水平緣板)의 빌지. ① Hold frame 창내(艙內)프레임. ② Bilge frame 빌지프레임. ③ Bilge strake 빌지외판(外板). ④ Bilge keel 빌지키일. ⑤ Rise of floor.(英) Dead rise(美) 선저(船底)기울기. ⑥ Bilge radius 빌지반경(半徑). ⑦ Tank side bracket(이중저외측(二重底外側)브래킷. ⑧ Gusset plate 거세트판(板). ⑨ Tank top 탱크정판(頂板). ⑩ Vertical angle 종산형재(縱山形材). ⑪ Margin plate 연판(緣板). ⑫ Margin angle 연판취부 산형재(緣板取付山形材). ⑬ Base line B.S. 기선(基線).

10피이드 정도의 각재(角材)로 압연(壓延)한 형재(型材)압연의 1차제품(一次製品))(關 : Bloom 봉재단조(棒材鍛造)의 1차 제품).

Bin 빈(산하(散荷)를 넣는 큰 상자(箱子)).

Binary fluid cycle 유체병용(流體併用)사이클. ——survey 2년(二年)마다의 검사(檢査). ——vapour 2증기(二蒸氣).

Binder 고착제(固着劑)(용접봉 피복(鎔接棒被覆) 기타 피복용).

Binding strip or Binding wire 조이는 금구(金具)(터어빈).

Binnacle 빈나클(컴퍼스상자(箱子)). ——lamp 빈나클 등(燈)(컴퍼스만을 비치는 등).

Binoculars or——glasses 쌍안경(雙眼鏡).

Bipot mast 2각(二脚) 마스트.

Bird's nest or Crow's nest 마스트 정부(頂部)의 전망대(展望臺)(Fig. 254 ©).

Bismuth 창연(蒼鉛).

Fig. 49 Bilge keel or Rolling chock

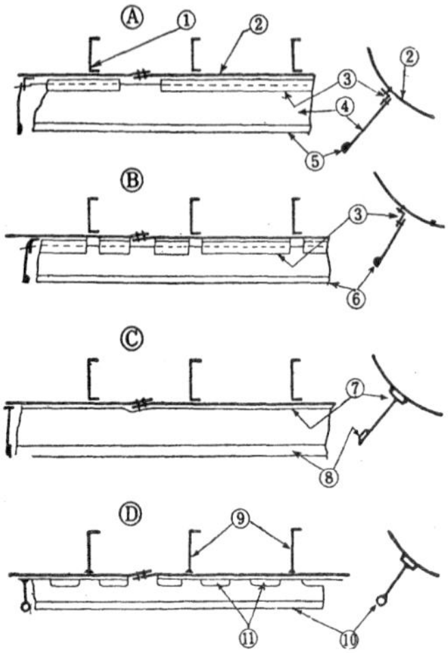

빌지키일(또는 횡요(橫搖) 제지(制止)키일)

Ⓐ Bulb plate 구판(球板)을 Angle 산형재(山形材)로서 Shell 외판(板)의 Butt 접수(接手)부만을 뚫은 형(型).
Ⓑ 동상 구조로서 외판접수부 이외는 Frame 프레임을 붙인 곳도 뚫은 형(型).
Ⓒ 외판에 Base plate 대판(臺板)을 붙이고, 그 선단에 Strip조판(條板)을 붙여서 Bilge plate 빌지판을 붙이는 구조로서 외판 접수부도 밀폐(密閉)한 형(型).
Ⓓ 외판에 대판을 붙이고 선단에 pipe 관재(管材)를 붙인 빌지판을 붙인구조로서 빌지판의 설치에는 Serration 돌출물(突出物)을 붙인 형(型).
① Frame 프레임. ② Shell 외판(外板) ③ Fitting Angle 취부산형재(取付山形材). ④ Bulb plate 구판(球板) 또는 plate판. ⑤⑥ Bulb 구(球) ⑦ Base plate 대판(臺板). ⑧ Face strip 조판(條板). ⑨ Frame 프레임. ⑩ Pipe관(管) ⑪ Serration 돌출물(突出物)).

Bit 비트(또는 바이트), 삭공구(削工具).

Bitt 계선주(繫船柱) (Fig. 70) Carrick—or Windlass—윈드러스 주(柱). Mooring—계선주. Towing—인강(引綱)비트.

Bitumastic or **Bituminous** cement 역청(瀝青)시멘트. —coal 역청석탄(石炭). —enamel 역청에나멜, —solution 역청액(液)(이것은 보일러실, 석탄고 등과 같은 부식이 심한 곳에 바른다).

Black ball 흑구(黑球)(조난(遭難)또는 기관정지(機關停止)의 신호(信號)). —coal 흑탄(黑炭). —heart malleable iron 가단흑심주철(可鍛黑心鑄鐵).—lead 흑연(黑鉛). —conical shape 흑색 원추형상물(黑色圓錐形象物) 〔航〕.—lead paint 흑연(黑鉛) 페인트.

Fig. 50 Bilge suction box

Non-return valve

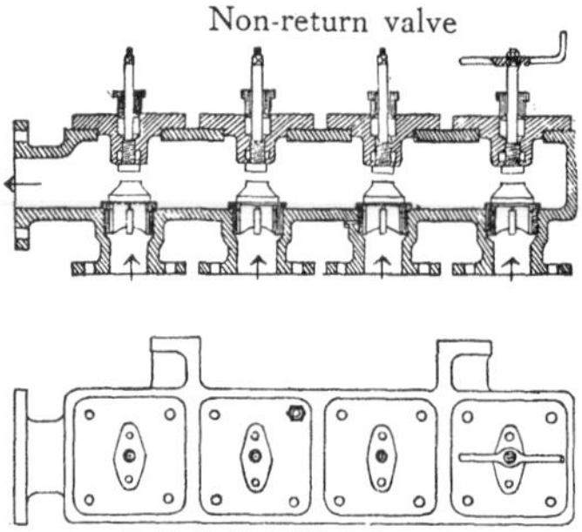

빌지 흡입상자(吸入箱子)

(역지변(逆止辨))

도면(圖面)은 4본(四本)의 오수관(汚水管)으로부터 물을 뽑을 때의 그림. 뽑지 않는 관(管)은 핸들로서 변(辨)을 조인다.

Fig. 51 Blast furnace

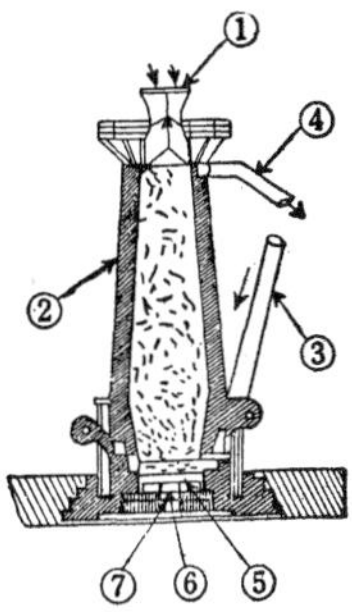

용광로(鎔鑛爐)

① Inlet of ore etc. 석탄 등의 흡입구(石炭等吸入口). 여기에서 Ore 광석(鑛石) Lime stone 석회석(石灰石) Coke 코우크스를 넣는다. ② Furnace 로(爐). ③ Blast air 공기분사구(空氣噴射口). 여기에서 가열된 공기를 흡입하여 코우크스를 연소시킨다. ④ Out let of gas 가스출구(出口). 이 가스는 불완전연소(不完全燃燒)이기 때문에 이것을 다공성 연와조(多孔性煉瓦造)의 예열로(豫熱爐)에서 연소시켜 노를 가열하여 공기를 가열한다. ⑤ Slag 쇠부스러기, 광석이 녹아서 석회석과 함께 쇠부스러기가 되어 용철(溶鐵) 위에 모인다. ⑥ Molten metal 용철. 이것이 선철(銑鐵)이다. ⑦ Tapping hcle 취출구(取出口). 여기서 용철을 뽑아내어 굳어진 것이 선철괴(塊)이다. 용금(溶金) 부스러기는 Tapping hole에서 뽑아내어 그 액(液)을 증기(蒸氣)로서 불면 Slag wool이 되어 각종 방열제(防熱劑)에 사용된다. 또 그 용액을 그대로 물속에 떨어뜨리면 쇠부스러기가 되어 뜬다. 이것을 분말(粉末)로해서 굳어지게 하여 연와(煉瓦)가 되고, 또한 쇠부스러기 시멘트의 재료가 된다.

Blacksmith 철공(鐵工). ——welding 단접(鍛接).

Blade (Turbine, Propeller) 날개. ——angle 날개 취부각(取付角). ——arrangement 익배열(翼配列). ——clearance 날개의 간격(間隔). ——efficiency 날개효율(効率). ——element theory 익소이론(翼素理論)——fore voltex flow 자유와동운동(自由渦動運動). ——height 날개높이. ——inlet angle 날개입구각(入口角). ——lattice 익열(翼列). ——loss 익손(翼損). ——opening 날개간구(間口). ——ring 익륜(翼輪). ——section 익단면(翼斷面). ——stopper(turbine) 날개제지(制止). ——thickness ratio 익후비(翼厚比), ——tip clearance 날개선단(先端)의 간격(間隔). ——velocity coefficient 익속도계수(翼速度係數). ——wheel current meter 익차형 유속계(翼車形流速計). Detachable ——or Loose——취부식(取付式)날개, Elliptical——타원(楕圓)날개, Fixed——, Fixed vane, Guide——, Guidc bucket, Guide vane 고정(固定)날개. Moving——or Moving vane 회전(回轉)날개, Propeller——프로펠러날개.

Blading (turbine) 익배열(翼配列). Reaction ——반동식(反動式) 날개배치(配置).

Blank flange 맹개(盲蓋)〔管〕.

Blast 폭풍(暴風). ——air or Injection air 분사

Fig 52 Block (wood) double sheave

2륜활차(二輪滑車) (로우프용)

Fig. 53 Block (double chain sheave)

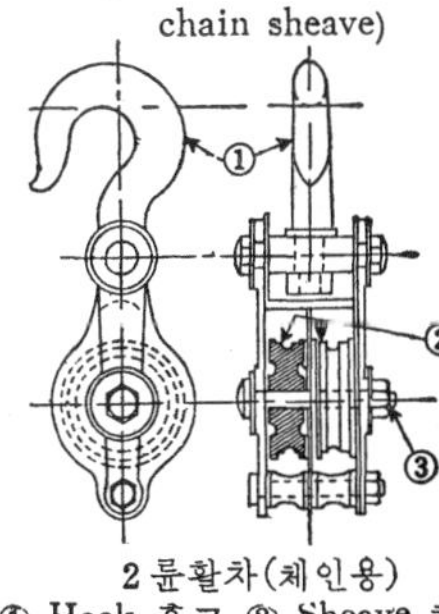

2륜활차(체인용)

① Hook 후크 ② Sheave 체인차 ③ Center pin 중심 핀

Fig 54 Snatch block

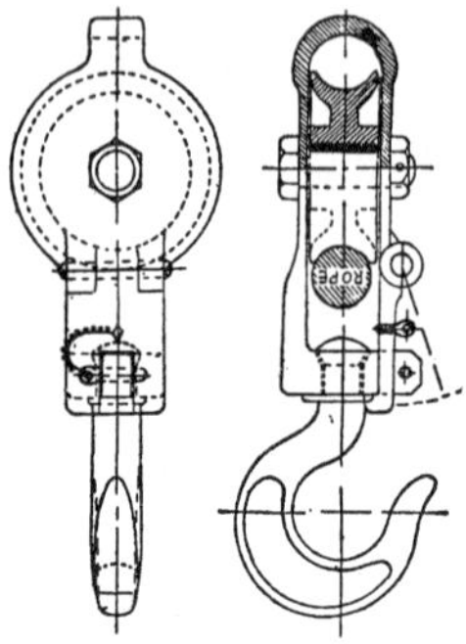

스네치 활차(滑車)

Fig. 55 Block

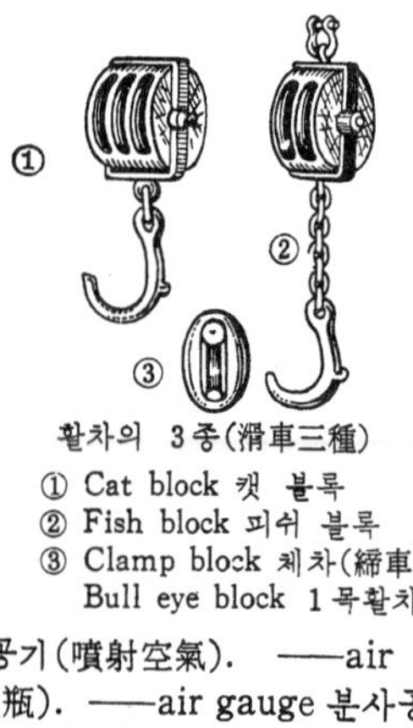

활차의 3종(滑車三種)

① Cat block 캣 블록
② Fish block 피쉬 블록
③ Clamp block 체차(締車)또는
Bull eye block 1목활차(一目滑車)

공기(噴射空氣). ——air bottle 분사공기병(瓶). ——air gauge 분사공기압력계(壓力計) ——air isolating valve 독립(獨立) 분사공기변(辨). ——air pipe 분사공기관(管). ——air strainer 분사공기 여과기(濾過器). ——furnace 용광로(Fig. 51). ——injection, air injection. mechanical injection 공기분사(공기를 흡입하여 기름을 분무(噴霧)상으로 하는 것). ——pipe 송풍관(送風管). ——screen 폭풍제지(暴風制止).

Fig. 56 Block (Wood)

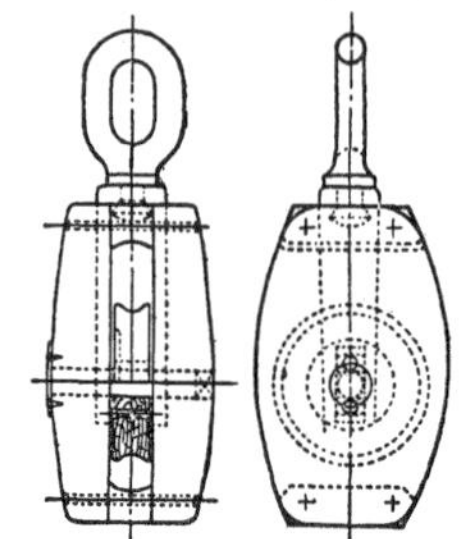

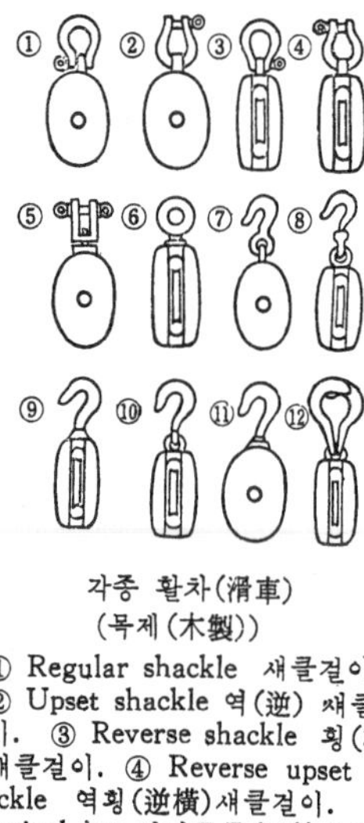

각종 활차(滑車)
(목제(木製))

① Regular shackle 섀클걸이. ② Upset shackle 역(逆) 섀클걸이. ③ Reverse shackle 횡(橫) 섀클걸이. ④ Reverse upset shackle 역횡(逆橫)섀클걸이. ⑤ Swivel jaw 회전금구(回轉金具). ⑥ Swivel eye 회전환금구(回轉丸金具). ⑦Loose front hook 정면(正面) 후크걸이. ⑧ Loose swivel hook 회전(回轉)후크걸이. ⑨ Stiff swivel hook 회수(回首)걸이. ⑩ Loose side hook 측면(側面)후크걸이. ⑪ Stiff front hook 정면후크걸이. ⑫ Side sister hook 자매(姉妹)후크걸이.

Bleed 흡기(吸氣). **Bleeder** valve, Blow off valve Drain valve 흡출변(吸出辨).

Blind cover 맹개 (Fig. 363 ④). ——curtain 채광(採光)커어튼. ——joint 맹접수(盲接手). ——patch 맹판(盲板).

Blister 표피팽출(表皮膨出). ——steel 침탄강(浸炭鋼)(외면(外面)에 탄소(炭素)가 침입하여 표면이 강하게 된 강(鋼)).

Block[1] 활차(滑車) (Fig. 52~56). 반목(盤木) (Fig. 241 ⑪). Adjusting——(parson turbine) 조정축수(調整軸受). Anvil——앤빌(Fig. 11). Bilge——복반목(腹盤木) (Fig. 241. ⑭). Boat—— 보우트 활차 Built——or Made——조립(組立)활차. Cat——캣블록(앵커 인양(引揚)활차). Chain——체인블록(쇄(鎖)활차). (Fig. 57). Differential——차동(差動)활차(대소(大小)활차를 조립시켜서 대활차를 적은 힘으로 돌리고 이것을 소활차에 전달시켜 무거운 물체를 움직이는 기구(機構). 감속장치(減速裝置)의 반대). Double——이륜(二輪)활차(Fig. 52,53). Fiddle——피이들활차(帆船). Fourfold——사륜(四輪)활차. Gin——철골(鐵骨)활차. Guide——, Slide——도(導)활차. Hook——걸이가 있는 활차(Fig. 56 ⑦~⑫). Jewel——구입(球入)활차. Keel——키일반목(Fig. 241 ⑪). Leading——도(導)활차. Link——링크블록(Fig. 247). Made——조립활차. Mortice ——4각(四角))활차. Nozzle ——노즐블록(분구편(噴口片). Plumber or plummer——중간(中間)축수(軸受) (Fig. 31). Running——동(動)활차 Sand——사반목(砂盤木) (진수(進水)할 때 사용한다). Single——단(單) 활차. Slide——, Guide slipper, Guide shoe 활금(滑金). Snatch——절결(切缺)활차(뼈대의 일부를 절결하고 그곳으로부터 로우프가 출입한다) (Fig. 54). Swage——봉소정반(蜂巢定盤)(Bending slab이라고도 한다) (Fig. 42). Swivel——스위벨(전환(轉環)이 있는)활차(Fig. 56 ⑤⑥). Tail——테일(줄)활차. Three fold or Treble——3륜(三輪)활차. Thrust or bearing——드러스트 블록(Fig. 417). Wire——와이어블록(Fig. 58). **Blockage** effect 수로(水路)의 폭(幅)과 깊이(深)의 영향.

Block[2] 〖鎔〗 괴(塊), 집합(集合). 용접장(鎔接場)에서 한덩어리로 만든 구조물(構造物). ——system 블록구성법(構成法). 흐름작업(作業) (예를 들면 선체(船體)를 10개로 구분하고, 각개(各個)는 공장에서 만들어서 조선대(造船臺)

Fig. 57 Chain block

체인 블록

Fig. 58 Wire block & Mono rail

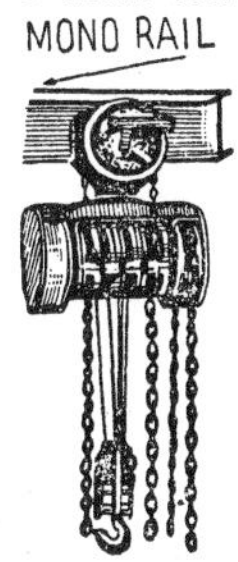

와이어 블록과 모노레일 (단궤도(單軌道))

에서 조립하여 선체를 형성하는 구분작업법). Progressive——method 점진(漸進) 블록법(法) (Fig. 482). Skip——method 비석법(飛石法). Wandering——method 비석법(Skip——method와 같은 의미). ——coefficient or——coef. of fineness 방형계수(方形係數).

$$b=\text{방형계수}=\frac{\text{만재흘수까지의 선체용적}}{\text{배의 길이}\times\text{폭}\times\text{만재흘수까지의 깊이}}$$

——connection 활차의 접수(接手). ——method〔鎔〕 블록법(法) (직선(直線)비이드 한개의 용접봉(鎔接棒)으로서 되는 길이, 주석판의 표면과 동평면(同平面)까지 녹여 올려서 완료하는 방법).

Bloom 블루움, 분괴동(分塊銅) Ingot 강괴(鋼塊)를 조단(粗鍛)하여 각재(角材) 또는 환봉(丸棒)으로 한 봉재(棒材), 단조용 1차제품(鍛造用一次製品)〔關 : Billet와 같은 의미, 단(但) Billet는 주로 압연재(壓延材)에 사용한다〕. **Blooming** mill 분괴압연기(分塊壓延機).

Blow hole (gas pocket) 기공(氣孔)(주물(鑄物)내에 용재(溶材)가 메이지 못하고 남은 공소(空所) 또는 용재중에 포함된 기체가 모여서 공간으로 남아있는 장소, 또는 이와 같은 Ingot 강괴를 압연 또는 단조하므로서 생긴 상처). ——lamp 블로우 램프(분염등(噴焰燈) (Fig. 421). ——pipe 취관(吹管)토오치. Oxyacetylene——pipe 산소(酸素) 아세틸렌 취관. ——off or——out cock 취출(吹出) 코크(보일러 내의 물을 취출하기 위한 코크)(Fig. 116). Surface——off cock or Scum cock 수면취출(水面吹出)코크(보일러 수(水) 표면에 기름등이 떠있는 것을 취출한다). ——out valve 취출변(辨).

Blower 송풍기(送風機). Air——송풍기. Diamond——or(Soot——) 다이아몬드 소제기(掃除器). (관내(管內)에 부착된 오물(汚物)을 증기(蒸氣)로 날려서 청소한다). Scavenging——소기(掃氣)송풍기(디이젤기의 폐기(廢氣)를 소제한다). Supercharging——송풍 과급기(過給機). Tube——관(管)의 오물(汚物)털이. Turbo——터어보 송풍기(터어빈 직결(直結)송풍기).

Blue flame 신호청염(信號青炎). ——heat 청열(青熱)(400°C부근의 열). ——light 청염(青炎)(신호용(信號用)) (청색

Fig. 59 Life boat

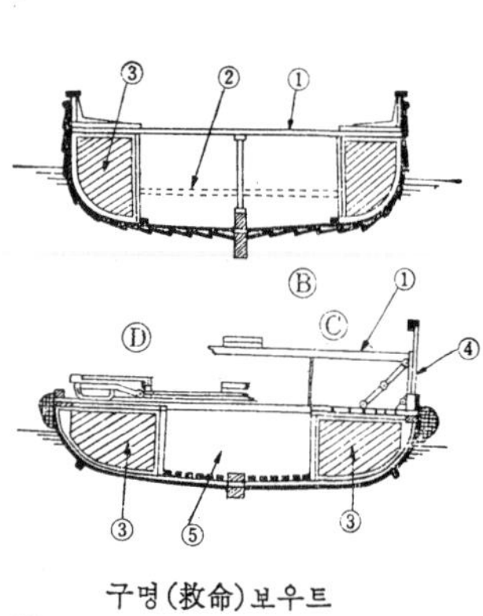

구명(救命)보우트

Ⓐ No. 1-A 제 1 급 갑호정(第1級甲號艇).
Ⓑ No. 1-B 제 1 급 을(乙)호정.
Ⓒ Thwart & bulwark raised 노젓는 자리와 불워크를 세웠을 때.
① Thwart 노젓는 자리. ② Under seat 아래좌석. ③ Air tank 공기상자(空氣箱子). ④ Bulwark 불워크. ⑤ Open place 공소(空所).

을 내는 일종의 불꽃). ——peter 출범기(出帆旗). ——print 청사진(青寫眞). ——shortness 청열 유화(柔化)(강재(鋼材)를 가열 가공하면 점점 온도가 내려가서 적색(赤色)에서 청색으로 될 경우(400°C 근처)에 가공하면 갑자기 물러지는 성질)〔關:Cold shortness 상온(常溫)유화. Red shortness 적열(赤熱)유화〕.

Bluff bow 불러진(膨出된) 선수(船首).

BM bending moment 굽힘 모우먼트(Fig. 40), 부심(浮心)으로부터 메타센터까지의 거리(Fig. 257).

Board of trade 영국 상무원(英國商務院). ——measure B.M 보오드 메저(목재 용적 미국단위(木材容積 美國單位) (1″×12″×12″), 1 ton=40입방(立方)피이트. 1000 B.M=2. 08ton.

Boat 보우트(단정(短艇)). 배, Ash——회선(灰船). ——block 보우트활차(滑車) ——chock 보우트쵸우크(Fig. 60). ——crutch or Rowlock 크러치(Fig. 61). ——compass 보우트 컴퍼스. ——davit 보우트 다빗(Fig. 63,64). ——deck or Hurricane deck 보우트갑판(甲板) ——deck lamp 보우트 덱크램프. ——derrick 보우트용(用)데릭. ——drill 보우트 훈련(訓鍊)(구명정(救命艇)의 양하(揚下) 및 조정(操縱)훈련). ——fall 보우트폴(매달은 삭(索)). ——fitting or gear 보우트용구(用具). ——gripe 보우트 그라이프(보우트가 움직이지 않도록 졸라맨다). ——handling gear 보우트 양하장치(揚下裝置). ——hoisting engine 보우트 호이스트(인양기(引揚機)). ——hook 보우트후크(Fig. 62). ——plug 보우트플러그. ——seaplane 비행정(飛行艇).——skid 보우트 스키이드(보우트를 적재(積載)하기 위하여 돌출(突出)시킨 비임).——spar 보우트 스파아(지목(止木)).——stowage 보우트 적재. ——test 보우트 양하시험(揚下試驗) Canvas——캔버스보우트(범포정(帆布艇)). Cargo——화물선(貨物船). Cold storage 냉장선(冷藏船). Collapsible——접는 보우트(Fig 59Ⓑ). Diesel——or Motor——디이젤선(船) 또는 모우터보우트(발동기선(發動機船)). Double banked——쌍좌정(雙座艇)(보우트). Excursion——회유선(回游船). Ferry——or——ferry 도선(渡船). Fire——소방정(消防艇). Fishing——어선(漁船). Ice——or Ice breaker 쇄빙선(碎氷船). Jolly——잡용(雜用)보우트. Life—— 구명정(救命艇) (Fig. 59). Mixed——화객 혼합선(貨客 混合船) (화물선으로서 여객정원 13명 이상을 갖는 배). Open——무갑판선(無甲板船). Passenger—— 객선(客船) (여객정원 13명이상을 갖는 배). Patrol——순시선(巡視船). Pilot——수선선(水先船). Racing——경조정(競漕艇). Salvage——구조선(救助船). Sludge——or Sewage——오물선(汚物船). Stock——스톡선(선주가 확정되지 않은 배). Tow——or Tug——or Tug 예선(曳船). Tramp——or Tramper 부정기선(不定期船)〔關 : Liner 정기선〕. Water——or Water tender 급수선(給水船). Whale——포경모선(捕鯨母船). Whale catcher——포경선

Fig. 60 Boat chock

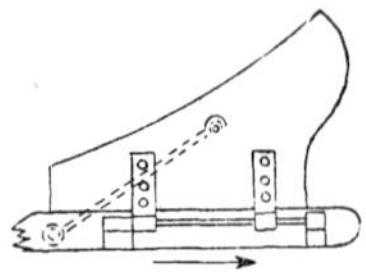

보우트 쵸크
궤금(掛金)을 풀어서 대판을 앞으로 눕히고 위에 있는 보우트를 화살표 방향으로 밀어낸다.

Fig. 61 Boat crutch

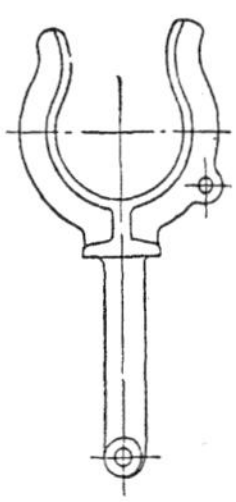

보우트 크러치

Fig. 62 Boat hook

보우트 후크

Fig. 63 (A) Boat davit

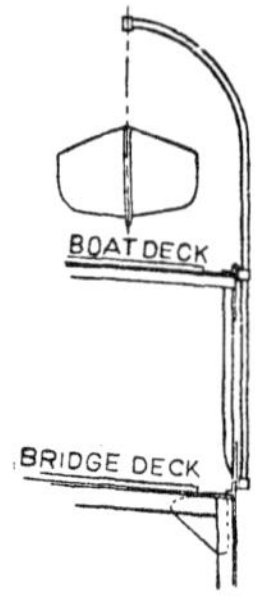

보우트 다빗

Fig. 63 (B) Boat davit (Wellin's quadrant type)

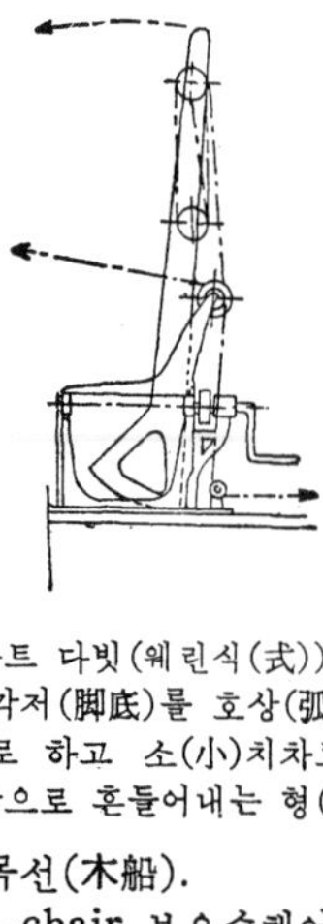

보우트 다빗(웨린식(式))
다빗의 각저(脚底)를 호상(弧狀) 치차(齒車)로 하고 소(小)치차로서 다빗을 배밖으로 흔들어내는 형(型)

Wooden——or Wooden vessel, wooden ship 목선(木船).

Boatswain or Bosun 보오슨, 갑판장(甲板長). ——chair 보오슨체어(높은 곳에서 작업할 때 사용한다). ——store or Deck store 갑판장 창고(倉庫) 또는 갑판부(甲板部)창고.

Bob weight 매달아 흔드는 것. ——stay 보브 스테이(Fig. 382).

Body plan 정면선도(正面線圖) (Fig. 246). ——post or Stern post 선미주(船尾柱).

Boiler 보일러 (Fig. 65~69). 기관(汽罐). Auxiliary——보조(補助)보일러. ——bearer, saddle, seating, stool 보일러대(臺). ——casing 보일러 케이싱(위벽(圍壁)).〔船〕. ——cleading 보일러 피복(被覆). ——clearance 주위의 틈사이. ——clothing or lagging 보일러 래깅(피복(被覆)). ——compound 보일러 청정제(淸淨劑). ——drum 보일러동(胴). ——efficiency 보일러율(率). ——fitting 보일러 취부물(取付物). ——graphite 보일러용(用) 흑연(黑鉛). ——horse power 보일러 마력(馬力)(보일러에서 나오는 증기로 동작하는 기관의 마력). ——incrustation 보일러 스케일(증기의 오물(汚物)). ——lagging or clothing 보일러 래깅(피복). ——maker 보일러 제조자(製造者). ——mounting 보일러 취부물(取付物) (valve, cock, gauge 등) (——fitting과 같은 의미). ——opening 보일러 실구(室口)(갑판(甲板)에 뚫어진 개구(開口)). ——pedestal 보일러 발(足). ——plate 보일러 판(板). ——pressure 보일러 압(壓). ——room grating 보일러 실(室)격자(格子). ——room or space 보일러 실(室). ——sea-

Fig. 64 Boat davit (Gravity type)

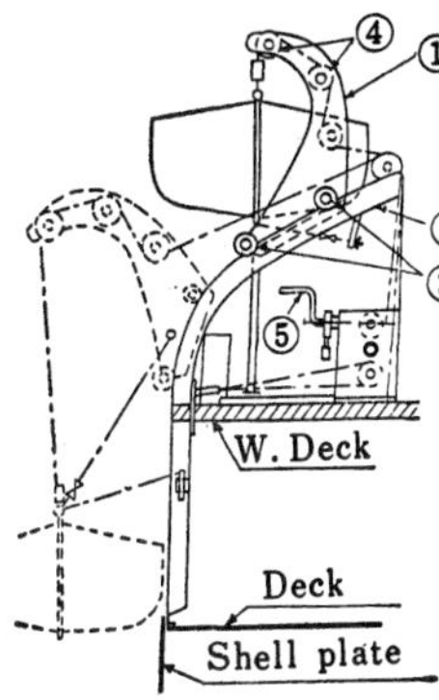

자동활출식(自動滑出式)다빗

① Boat chock 보우트쵸크(자활식(自滑式)).
② Frame 가구(架構).
③ Roller 로울러.
④ 활차(滑車).
⑤ Handle 망(網)을 풀어주면 자동적으로 활출(滑出)된다.

Fig. 65 Boiler (cylindrical, round, scotch)

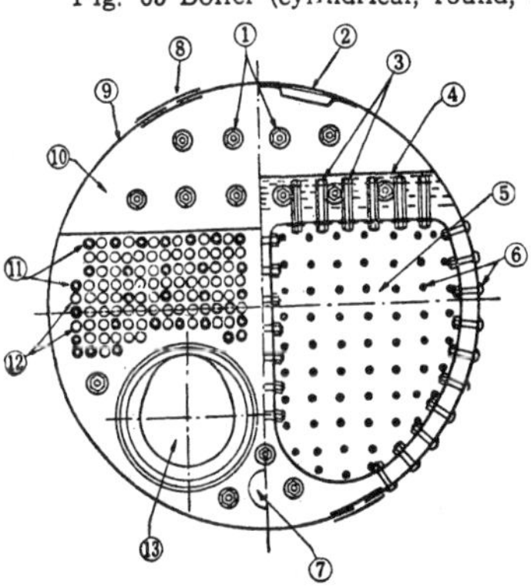

원형(圓型) 보일러

① Main stay 메인스테이.
② Man hole 맨호올.
③ Girder stay 형재 지지(桁材支持).
④ Water level 수면(水面).
⑤ Back plate of combustion chamber 연소실(燃燒室)의 배판(背板).
⑥ Small (screw) stay 나사 지지.
⑦ Man hole 맨호올.
⑧ Butt joint of shell plate 동판(胴板)의 충합접수(衝合接手).
⑨ Shell plate 동판(胴板).
⑩ End plate 경판(鏡板).
⑪ Stay tube 지지관(支持管).
⑫ Plane tube 보통염관(普通炎管).
⑬ Furnace 로통(爐筒).

Fig. 66 Section of scotch boiler

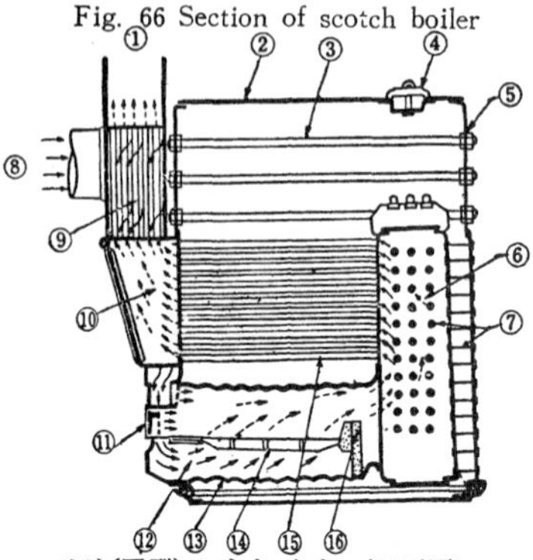

원형(圓型)보일러 단면도(斷面圖)

① To funnel 연돌(煙突)로,
② Shell plate 동판(胴板).
③ Main stay 메인스테이.
④ Man hole 맨호울.
⑤ End plate 경판(鏡板).
⑥ Combustion chamber 연소실(燃燒室)(습식(濕式)).
⑦ Screw (or small) stay 나사 지지.
⑧ From blast engine 송풍기(送風機)로부터
⑨ Air heater 공기 가열층(空氣加熱層).
⑩ Smoke box 연실(煙室).
⑪ Fire door 화구(火口).
⑫ Ash pit (closed) 회류(灰溜)(폐쇄식(閉鎖式)).
⑬ Furnace 로통(爐筒).
⑭ Fire bar 화격자봉(火格子棒).
⑮ Flame tube 염관(炎管).
⑯ Fire bridge 화교(火橋).

ting, saddle, bearer, stool 보일러 대(臺). ——setting 보일러 설치(設置). ——shell plate 보일러 동판(胴板). ——scale 보일러 스케일(오물). ——shop 보일러 공장(工場). ——space or ——room 보일러 실(室). ——stay 보일러 지지(보일러가 움직이지 않도록 선체에 설치된 지지 주(柱)). ——steel보일러 용(用)강재(鋼材). ——stool, saddle, bearing, seating 보일러 대(臺). ——support 보일러 받침. ——trial or test 보일러 시험(試驗). ——tube 보일러 관(管). ——suit 보일러 복(服) (상하 연속된 작업복). ——water 보일러수(水). ——water tank or Reserve feed water tank 예비(豫備) 보일러 용수(用水)탱크. Coal burning or Coal firing 석탄(石炭)을 연료(燃料)로 하는 보일러. Coil——코일 보일러. Cross tube——크로스 튜우브 보일러(관이 교차(交叉)된다). Cylindrical, round or scotch——원형(圓型)보일러(Fig. 65~67). Direct fire tube——직통연관(直通煙管)보일러. Donkey——보조(補助)

Fig. 67 Section of scotch boiler dry combustion type

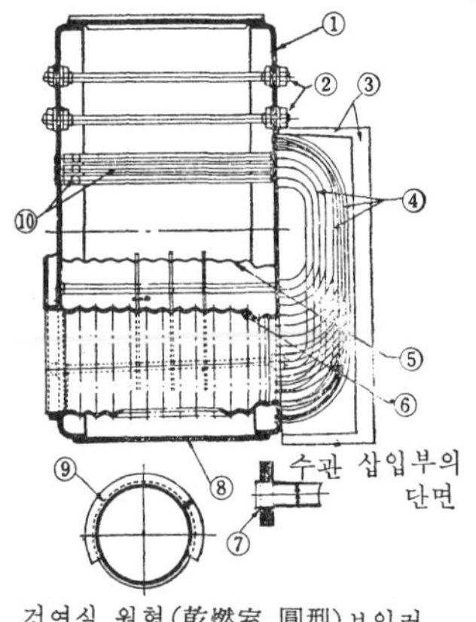

건연실 원형(乾燃室 圓型)보일러

① End plate 경판(鏡板). ② Main stay 메인스테이. ③ Fire brick 내화연와(耐火煉瓦). ④ Water tube 수관(水管). ⑤ Center furnace 중심화로(中心火爐). ⑥ Side furnace 측화로(側火爐). ⑦ Water tube end 수관취부부(水管取付部). ⑧ Shell plate 동판(胴板). ⑨ Furnace section 화로단면도. ⑩ Flame tube 연관(煙管)(후부에 수관을 붙이고 연소실을 내화연화로 건식으로 구축한다)

보일러. Double ended——양면(兩面)보일러(Fig. 69 Ⓒ Ⓓ). Dry combustion——건연실(乾燃室)보일러 (Fig. 67). Elastic——탄성(彈性)보일러. Exhaust or Waste heat——배기(排氣)보일러(예를 들면 디이젤의 배기를 이용하는 보일러). Express——급속기관(急速汽罐)보일러. External firing——외연(外燃)보일러. Fire tube, Tubular, Smoke tube——염관(炎管)보일러. (Fig. 65~67) (물은 관외(管外), 염(炎)은 관내를 통하는 보일러), Land——육상(陸上)보일러. Locomotive——기차용(汽車用)보일러. Oil burning——, Oil firing——기름을 연료(燃料)로 하는 보일러. Oval——타원형(楕圓型)보일러. Main——주(主)보일러. Marine——박용(舶用)보일러. Mercury——수은(水銀)보일러. Multitubular——다관(多管) 보일러. Rectangular——각형(角型)보일러. Rice——밥짓는 보일러. Return flame——, Return tube——회화(回火)보일러(Fig. 69 ⒸⒹ). Round——원형(圓型)보일러. Scotch——원형(圓型)보일러. Single ended——편면(片面)보일러(Fig. 69Ⓐ). Steam——증기(蒸氣)보일러. Tubular——, Fire tube——

Fig. 68 Water tube boiler (Takuma type)

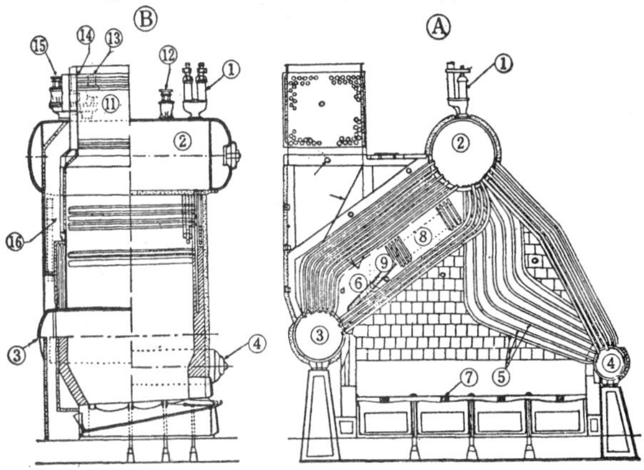

수관(水管)보일러

Ⓐ Transverse section 횡단면도(橫斷面圖), Ⓑ Longitudinal section 종단면도(縱斷面圖).

① Safety valve 안전변(安全辨). ② Steam drum 증기(蒸氣)드럼. ③ Water drum 물드럼. ④ 동전(同前). ⑤ Water wall tube 벽(壁)속에 들어간 수관(水管). ⑥ Water tube 수관(水管). ⑦ Fire bar 화격자봉(火格子棒). ⑧ Superheater 가열기(加熱器). ⑨ Fire bridge 화교(火橋). ⑩ Soot blower 그으름 털이. ⑪ Air heater 공기가열기. ⑫ Auxiliary stop valve 보조제지변(補助制止辨). ⑬ Main stop valve 주(主)제지변. ⑭ Superheater safety valve 과열기안전변(過熱器安全辨). ⑮ Auxiliary-stop valve 보조제지변. ⑯ Smoke box 연실(煙室).

Smoke tube——염관(炎管)보일러. Tubulous——, Water tube——수관(水管)보일러 (염(炎)은 관외(管外), 물은 관내를 통한다). (Fig. 68). Waste heat——, Exhaust——배기(排氣)보일러. Vertical——수립(竪立)보일러.

Boiling point 비등점(沸騰點).

Bollard 볼라드(Fig. 70). ——test 볼라드시험(試驗).

Bolster 볼스터, 구멍뚫는 대(臺) (폰치로 뚫을 때 밑에있는 구멍을 가진 대(臺).

Bolt 보울트 (Fig. 72). ——and nut machine 너트제작기(製作機). ——clippers 보울트 절삭기(切削器)(Fig. 75). ——cutter 보울트나사 절삭반(切削盤). ——forcer or Coupling forcer 보울트 압입기(押込機). ——head 보울트 머리(두(頭)). ——heading machine 보울트 머리제작기(製作機).——point 보울트 끝 (나사가 들어가는 쪽). ——pointer 보울트 끝 제작기. Check——제지(制止)보울트. Clenched——or Clinched——두들겨 붙인 보울트(Fig. 71). Coupling——접수(接手)보울트 (Fig. 338 ④). Deck——갑판(甲板) 보울트 (Fig. 74, 393). Dump——압입(押込) 보울트. Eye——구멍이 있는 보울트(Fig. 180). Foundation——기초(基礎) 보울트.

Fig. 70 Bollard

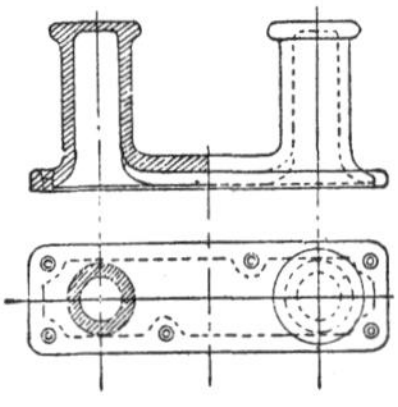

볼 라 드

Fig. 69 Type of boiler

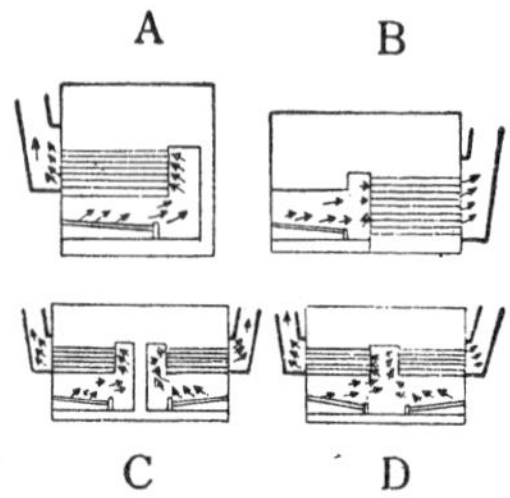

보일러의 종류(種類)

Ⓐ Return flame-single ended 회화 편면(回火片面) 보일러,
Ⓑ Through flame, single ended 관통(貫通)염관, 편면 보일러.
Ⓒ Return flame, double ended 회화 양면(兩面)보일러.
Ⓓ Return flame, through fire, double ended 회화염관, 관통 양면보일러.

Fig. 71 Clenched bolt

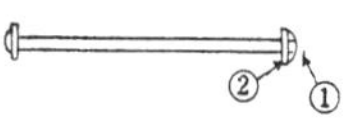

클린치 보울트

② Washer or Rove 좌금(座金)을 끼워서 ①의 부분을 두들겨 붙인다.

Fig. 72 Bolt, Screw bolt

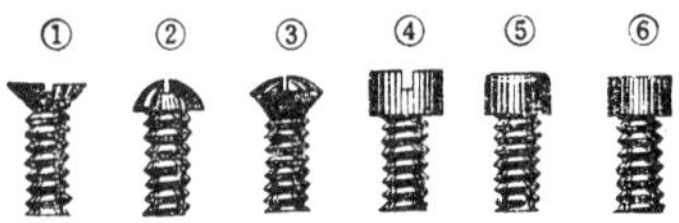

나사 보울트

① Flat head grooved 골(溝)이 있는 평두(平頭).
② Round head grooved 골이 있는 환두(丸頭).
③ Snap head grooved 골이 있는 반(半)환두.
④ Circular head grooved 골이 있는 원형(圓型)두.
⑤ Hexagonal head 육각두(六角頭).
⑥ Square head 사각두(四角頭).

Holding down——거치(据置) 보울트(엔진을 이중저(二重底)에 설치하는 보울트). Hook——후크보울트(Fig. 73). King——귀(鬼)보울트(시멘트 내에 식입(植込)할 때 가지를 붙인 보울트). Lifting——or Screw——인양(引揚)보울트. Rimer or Reamer——리이머 보울트(취부재료(取付材料)를 송곳으로 정확하게 구멍을 만든 다음 보울트로 조인다) 〔關:Stud——식입(植込)보울트. 보울트를 식입하고 재료를 끼워서 조인다〕. Screw——나사보울트 (Fig. 72). Shackle——섀클 보울트(Fig. 352 ③). Slip——문(門)을 조이는 보울트. Stay——지지(支持)보울트. Stud——or Tap——나사입(込)보울트〔關:Reamer——리이머 보울트〕. Taper ——테이퍼보울트(기울기가 있는). Throat——드로우트 보울트.

Bomb 압력병(壓力甁) (압력이 있는 가스를 넣는 용기(容器)).

Bond cable 배와 육지(陸地)를 연결하는 쇄(鎖) (또는 전선(電線)).

Bone pattern 골형(骨型) 〔關:Chevron 산형(山形)과 같은 의미〕 (Fig. 109).

Bonzean curve 본잔 곡선(曲線) (각 분할점(各分割點)에 있어서의 선체 횡재면적(橫截面積)을 나타내는 곡선) (Fig. 76).

Bonnet bolted valve 변개(辨蓋)를 보울트로 조여 놓은 변(辨). Funnel——연돌(煙突)보울트.

Boody hatch 목제(木製)의 창구(艙口)덮개.

Book case 책장, **Booking** counter 매표소(賣票所),

Boom 부움, 봉(棒). Awning——천막(天幕) 형재(桁材). ——rest or support 부움받침. ——socket or step 부움 대(臺)(Fig. 20 ②). ——tablc 부움 대(臺).〔關:Derrick table과 같은 의미〕 (Fig. 254 Ⓑ). Derrick——데릭 부움 (Fig. 148). Jib——지브부움(Fig. 129 ⑧, 382).

Fig. 73 Hook bolt

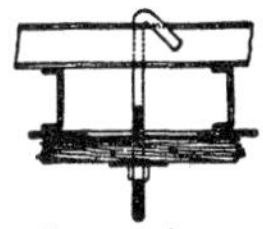

후크 보울트

Fig. 74 Deck bolt

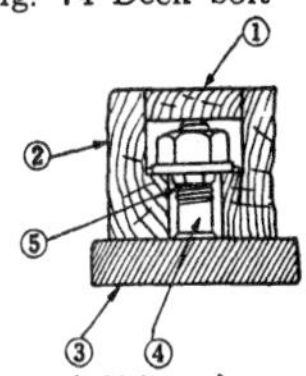

갑판(甲板)보울트

① Wood dowel 목전(木栓). ② Deck plank 갑판(甲板). ③ Deck 갑판. ④ Deck bolt 보울트(강판(鋼板)에 전기용접(電氣鎔接)한다). ⑤ Gromet 그로메트(마포(麻布)에 흰 페인트를 바른 것).

Fig. 75 Bolt clippers

보울트 절삭기(切削器)

Fig. 76 Bonzean curve

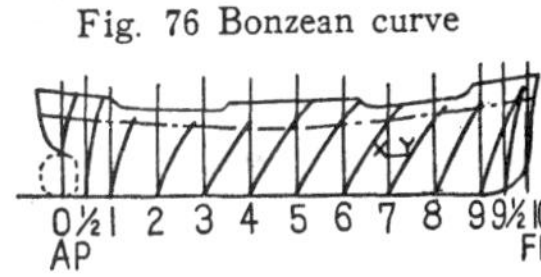

본잔 곡선(曲線)

No. 7 station의 X흘수(吃水)의 넓이는 XY로 나타낸다.

Boomkin, Bumpkin or Spider 범프킨(활차 취부팽출봉(滑車取付膨出棒)).

Booster 부우스터(승압기(昇壓器)) 〖電〗 (로케트의 추진통(推進筒)). ——of pump 펌프의 압력증가장치(壓力增加裝置)(배의 펌프가 부족할 때 육상에서 압력을 보강하는 장치). ——pump, Transfer pump or Shifting pump

부우스터(이송(移送))펌프. ——system 부우스터 식(式)(증력(增力)장치).

Boot topping or **Bootop** paint 수선부(水線部)페인트.

Borax 붕사(硼砂).

Bore 구경(口徑), 구멍, **Boring** machine or Boring mill 구멍뚫는 반(盤).

Bosom piece 복산형재(覆山形材). 흉재(胸材) (Fig. 77).

Boss 보스(Fig. 78, 386 ⑥). Propeller——〖英〗(Hub〖美〗) 프로펠러 보스(Fig. 299. ③. 300 ⑪). ——plate 보스 외판(外板)(보스부분의 외판). ——ratio 내외경비(內外徑比)(가스터어빈).

Fig. 77 Bosom piece

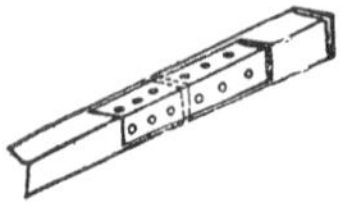

복산형재(覆山形材)

Fig. 78 Bossing

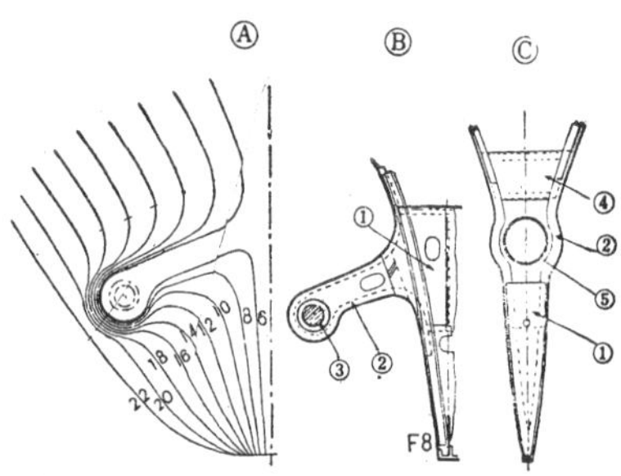

보 싱

Ⓐ Lines of bossing for twin screw 2축선용(二軸船用)보스, 프레임선(線)을 나타내는 그림.
Ⓑ No. 8 Frame 동상(同上) 제8프레임 구조(構造).
Ⓒ Boss frame for single screw 1축선용(一軸船用) 보스구조.
① Deep floor 디프 플로어(심늑판(深肋板)).
② Bossed frame 보스 프레임.
③ Tail shaft 프로펠러축. (선미축).
④ Tie plate 대판(帶板).
⑤ Stern tube 선미관(船尾管).

Fig. 79 Single bottom

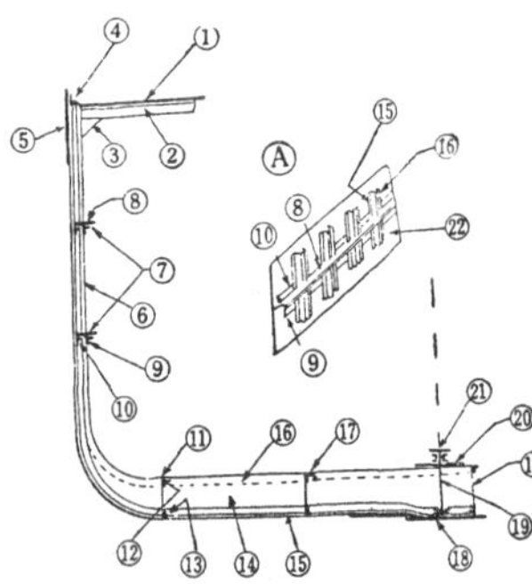

단 저(單底)

Ⓐ Side stringer 선측 종재(船側縱材) (투시도(透視圖)).
① Upper deck 상갑판(上甲板). ② Upper deck beam 상갑판비임. ③ Beam knee or Beam bracket 비임니이. ④Gunwale angle or Gunnel angle 건넬산형재(山形材). ⑤ Upper deck sheer strake 상갑판 시어스트레이크(현측후판(舷側厚板)). ⑥ Hold frame 창내(艙內)프레임. ⑦ Side stringer 선측종재(船側縱材). ⑧ Side stringer plate 데크 스트링거(현측갑판(舷側甲板)). ⑨ Face bar 면재(面材). ⑩ Shell angle 외판부산형재(外板付山形材). ⑪ Bilge keelson 빌지 키일손. ⑫ Top angle 정(頂)산형재. ⑬ Bottom angle 저(底)산형재. ⑭ Floor 플로어(단저늑판(單底肋板)). ⑮ Main frame 정(正)프레임. ⑯ Reverse frame 부(副)프레임. ⑰ Side keelson 사이드키일손. ⑱ Keel plate or K 키일플레이트(용골판(龍骨板)). ⑲ Center keelson 중심선(中心線)키일손. ⑳ Foundation plate 초판(礎板). ㉑ Rider plate 라이더 플레이트(관판(冠板)). ㉒ Shell plating 외판(外板).

Fig. 80 Single bottom

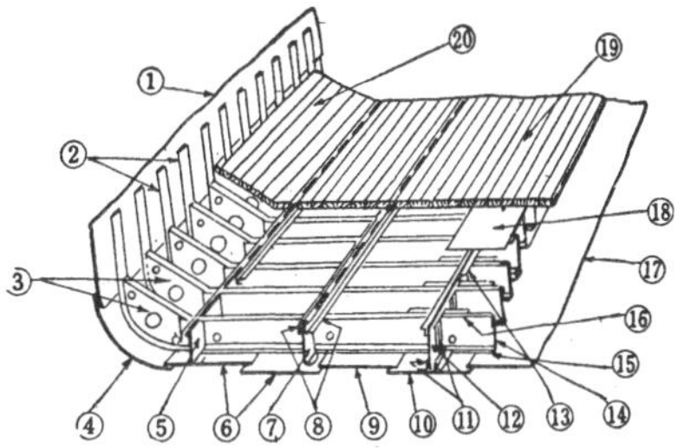

단저(單底)(투시도(透視圖))

① Side shell plating 측외판(側外板). ② Hold frame 창내(艙內)프레임. ③ Bilge brackte 빌지브래킷. ④ Bilge strake 빌지 외판(外板). ⑤ Bilge keelson vertical plate 빌지 키일손연직판(鉛直板). ⑥ Bottom plating 선저외판(船底外板). ⑦ Side keelson vertical plate 사이드 키일손 연직판. ⑧ Side keelson top angle 사이드 키일손 정(頂)산형재(山形材). ⑨ Garboard strake 가보드스트레이크(용골익판(龍骨翼板)). ⑩ Keel plate or K 키일플레이트(용골판(板)). ⑪ Centre keelson bottom angle 중심선(中心線)키일손 저(底)산형재. ⑫ Center keelson vertical plate 중심선 키일손연직판. ⑬ Center keelson top angle 중심선키일손 정(頂)산형새. ⑭ Single bottom floor 단재(單底)플로어. ⑮ Main frame 정(正)프레임. ⑯ Reverse frame 부(副)프레임 ⑰ Garboard strake 가보오드 스트레이크. Rider plate 라이더 플레이트(관판(冠板)). ⑲ Bottom ceiling 선저내장(船底內張). ⑳ Limber board 림버어보오드.

Fig. 81 Bulbous bow

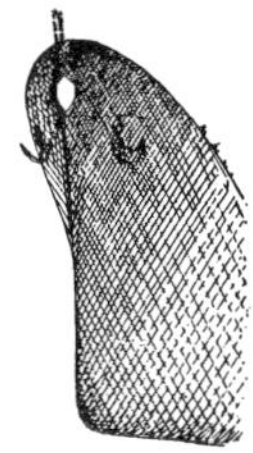

벌버어스 선수(船首)

Fig. 82 Bow construction or Panting construction

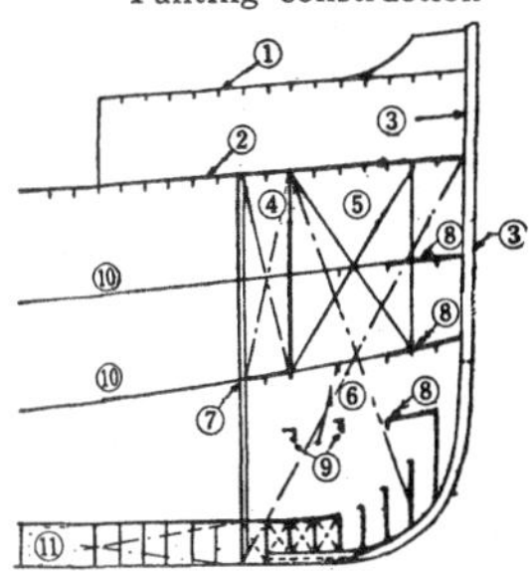

선수구조(船首構造)
(펜팅 구조)

① Forecastle deck 선수루갑판(船首樓甲板). ② Upper deck 상갑판(上甲板). ③ Stem 선수재(船首材). ④ C-hain locker 체인로커(쇄고(鎖庫)). ⑤ Wash plate 제수판(制水板). ⑥ Fore peak hook 선수창(船首艙)탱크. ⑦ Collision bulkhead 선수격벽(船首隔壁). ⑧ Breast heek 브레스트후크(선수주판(船首肘板)). ⑨ Panting beam 팬팅비임(선수가 파도에 부딪치는데 대하여 특별히 설치된 비임의 일종). ⑩ Side stringer 선측종재(船側縱材). ⑪ Double bottom 이중저(二重底).

Bossed frame 보스프레임(Fig. 78 ②).
Bossing 선미팽출부(船尾膨出部) (Fig. 78).

Bottle 압력병(壓力甁).

Bottom 저, 바닥(底),선저(船底). Cylinder ——실린더 저(底) (Fig. 136 ③). Double ——D/B 이중저(二重底) (Fig. 259). Flat ——평저(平底). Inner——내저(內底)(Fig, 259 ㉙). Single——단저(單底) Single—— vessel 단저선(單底船)(Fig. 79).

Bottom blow off (boiler) 보일러 저(底) 취출(吹出)(보일러 수(水)의 오물을

없앨 때 사용한다). ——board 선저(船底)깔판. ——cargo 저하(底荷). ——ceiling 선저(船底)깔판(Fig. 259 ㉚). ——cement 선저(船底)시멘트. ——cover(diesel cylinder) 저개(底蓋)(Fig. 136 ③). ——dead center 하사점(下死點). ——frame 선저프레임. ——girder 저형재(底桁材). ——liner extension 하부(下部)라이너 연장부(延長部)(실린더). ——longitudinal 선저 종재(縱材)(Fig. 191 ⑯, 260㉑). ——member 선저부재(部材). ——paint 선저 페인트. ——plank 선저 외판(外板). 〖木〗. ——plate 선저 외판(外板). ——plug 선저플러그(오수(汚水)를 빼는 구멍). ——sheathing 선저 포판(包板)(피복(被覆)). 〖木〗. ——transverse 저부횡재(底部橫材)(종(縱)프레임의 배에서 선저의 곳곳에 설치한 강력횡재(強力橫材)) (Fig. 260 ⑲).

Fig. 83 Bow construction in frames

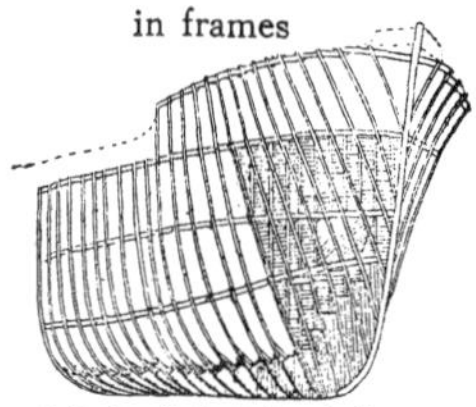

프레임이 세워졌을 때의 선수구조투시도(船首構造透視圖)

Bottoms 선복량(船腹量).

Boundary angle 주위(周圍) 산형재(山形材)(Fig. 8. ④). ——layer 경계층(境界層). ——line 외판선(外板線). ——plank or Margin plank 목갑판(木甲板)의 연판(緣板) (Fig. 192 ⑤).

Bow 선수(船首). Bluff——팽출(膨出)된 선수. Bulbous——벌버어스바우(선수재(船首材)의 하부가 구상(球狀)을 하고 있다) (Fig. 81). ——chock 바우쵸크(파절판(波切板)). ——construction or Panting construction 선수구조(構造) (Fig. 82). ——line 바우라인 (Fig. 245). ——propeller 선수프로펠러(도선(渡船)이나 쇄빙선(碎氷船)등에서 전후(前後)로 가지 않으면 안되는 배에서 설치하는 경우가 있다). ——rudder 선수타(舵)(선미(船尾)뿐이 아니고 선수에 설치된타). ——sheave 선수로울러 (海底電線布設船). ——wave 선수파(船首波). **Bowline** knot 바우라인 노트(로우프의 결목법(結目法)). (Fig. 38).

Fig. 84 Beam bracket or Beam knee

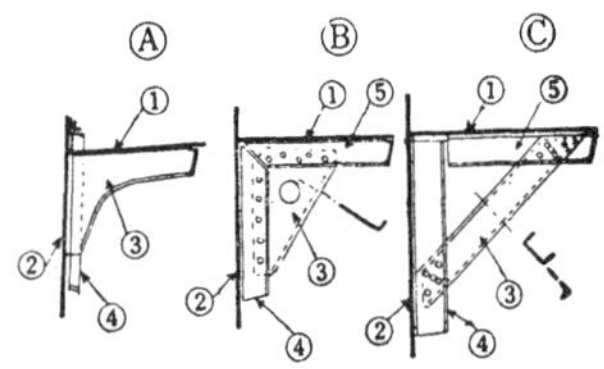

비임브래킷

① Deck 갑판(甲板). ② Sheer strake 시어 스트레이크. ③ Beam bracket or knee 비임브래킷. ④ Frame 프레임. ⑤ Beam 비임.

Fig. 85 Eye bracket

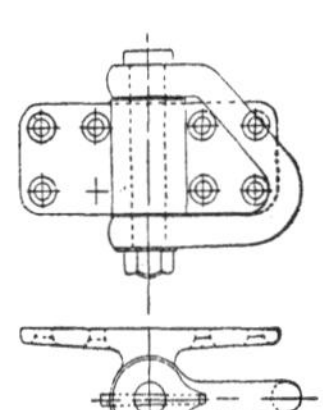

아이 브래킷

Bower or——anchor 대(大) 앵커(묘(錨)) (Fig. 3). First——, Best——, Starboard——우현(右舷) 대

앵커. Second——, Small——, Port——, 좌현(左舷)대앵커.

Bowl (Compass) 바울(Fig. 119 ⑥).

Bowsprit 바우스프리트 (Fig. 382).

Box beam 상자형(箱子形)비임. ——nut 대(袋)너트. ——or Muff coupling 통형접수(筒形接手). ——or Socket spanner or wrench 〔美〕상자(箱子)스패너.

Brace 브레이스, 거멀장, Heel——or gudgeon 최하호금(最下壺金), 최하타수(舵受) (Fig. 386 ①). Ratchet——or drill 핸드볼(손으로서 ratchet(Fig. 311)을 돌려서 구멍을 만든다). Rudder——or gudgeon 타호금(舵壺金)(Fig. 386 ①).

Bracket 브래킷(주재(肘材)) (Fig. 84, 86, 87). Beam——or Beam knee 비임니이브래킷(Fig. 84). ————eye 아이브래킷(Fig. 85). Flanged——플랜지드브래킷(브래킷의 내연(內緣)을 곡연(曲緣)한 것). Shaft——축(軸) 브래킷(Fig. 86). Tank side——이중저 외측(二重底外側) 브래킷(Fig. 48 ⑦, 259 ⑫), Tripping——전도방지(轉倒防止)브래킷(Fig. 87). Through——관통(貫通)브래킷(Fig. 88).

Bracket arm 브래킷아암(브래킷을 가진 완재(腕材))· ——floor(Open floor, Skeleton floor) 조립(組立)플로어 〔關:Solid floor 실체(實體)플로어, 경목공(輕目孔)을 가진 한장의 판(板)으로된 플로어, 조립 플로어는 그 대신 형재(形材)를 브래킷으로 조립한 것이다〕(Fig. 259 ⑳㉑). ——frame 브래킷 프레임. ——lamp 브래킷 램프(Fig. 236 ②). **Bracketed** girder 브래킷을 붙인 형재(桁材). ——longitudinal system 브래킷이 붙은 종골식(縱骨式)(횡격벽(橫隔壁)있는 곳에서 양측의 종(縱) 프레임을 격벽에 접속(接續)하는 구조, Bracketless는 브래킷을 사용하지 않고 양측의 종프레임도 그대로 두는 구조). **Bracketless** system (Isherwood)브래킷이 없는 이샤우드식(式) (종골식(縱骨式)).

Fig. 86 Shaft bracket

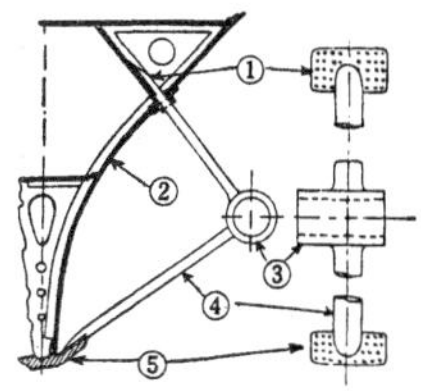

축(軸)브래킷

① Palm 파암.
② Shell plate 외판(外板).
③ Boss 보스.
④ Strut 지재(支材)(단면 타원형(斷面楕圓形)).
⑤ Stern frame 선미재(船尾材).

Fig. 87 Tripping bracket

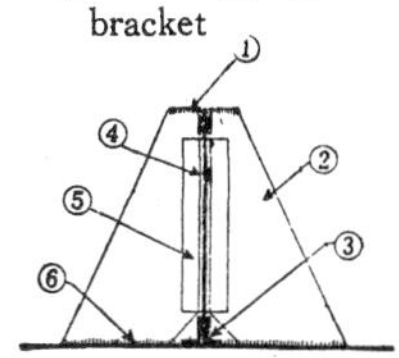

전도방지(轉倒防止)브래킷

① Top angle 정산형재(頂山形材).
② Tripping bracket 전도방지 브래킷.
③ Bottom angle 저부(底部)산형재.
④ Longitudinal girder 종형재(縱桁材).
⑤ Vertical angle 수립(竪立)산형재.
⑥ Bottom plate 선저판(船底板).

Braided 편조(編組)한. ——cable 외부를 편조하고 절연(絕緣)한 케이블. ——cable with cotton 목면(木棉) 편조 케이블. ——wire 편조선(編組線).

Brail 줄임줄(교강(絞綱))

Brake 브레이크(제동기(制動機)). Air——or Pneumatic ——공기(空氣)브레이크. Foot——발로 밟는 브레이크. Friction——마찰(摩擦)브레이크. Hydraulic ——수력(水力)브레이크 Magnetic — 자력(磁力) 브레이크. Pneumatic ——or Air——공기브레이크. ——band 브레이크 대(帶). ——disc 브레이크 판(板). ——drum 브레이크 동(胴). ——horse power, BHP 브레이크 마력(馬力), 제동마력(축(軸)의 회전(回轉)이 정지(停止)될 때까지 Brake를 걸 때의 마력). ——shoe 브레이크 편(片). ——stopper 브레이크 식(式) 쇄제지(鎖制止).

Fig. 88 Through bracket

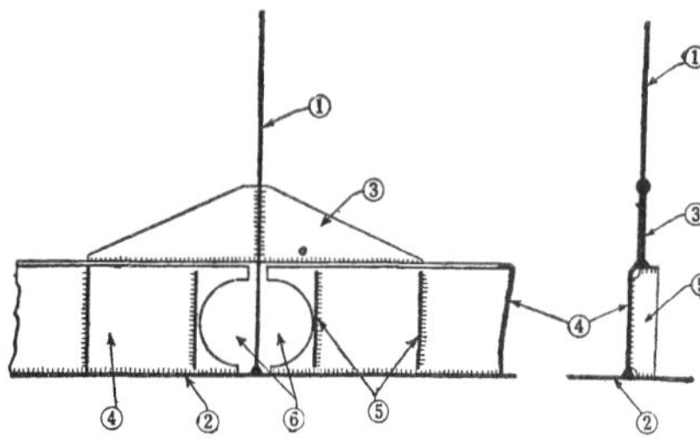

① 횡격벽(橫隔壁). ② Bottom plate 외판(外板) ③ Through bracket 관통(貫通) 브래킷 ④ Bottom longitudinal 선저(船底) 종(縱)프레임. ⑤ Stiffener 스티프너. ⑥ Round slot 원형 절결(圓形切缺). 종프레임은 격벽있는 곳에서 절단하고, 그대신 브래킷은 횡격벽을 관통시키고 용접으로 수밀을 한다. 격벽과 외판은 용접하지만 그 부분은 too stiff 과강(過剛)이 되기 때문에 프레임을 원형으로 절결하여 탄력(彈力)을 갖게 한다.

Branch box 분기상자(分岐箱子) 〔電〕. ——circuit 분기회로(回路)〔電〕. ——pipe 분기관(管).

Brand 각인(刻印). 상표(商標).

Brass 황동(黃銅)(동(銅) 2, 아연(亞鉛) 1정도의 비율로된 합금(合金)이고, 압축력(壓縮力)에는 약하지만 녹이 슬지않기 때문에 널리 사용된다. 또 혼합물(混合物) 여하에 따라 상당히 강력한 것도 생기며, 주물(鑄物)도 된다). ——브라스, 이금(裏金), ——casting 황동 주물(鑄物). ——grill 황동남비. ——soldering 황동땜질, Crank——크랭크이금(裏金). Link——링크이금. Naval——네이벌황동, Sheet——황동박판(薄板). Top——상이금(上裏金).

Brayton cycle 브레이톤 사이클(가스터어빈).

Braze, Brazing 땜질, 황동땜질, 〔關:Solder 땜질, 이것은 황동보다 무른 합금(合金)으로서 땜질하는 의미〕

Breach of regulation 규칙위반(規則違反).

Bread room 빵 저장실(貯藏室).

Breadth 폭(幅). ——depth ratio 폭과 깊이의 비(比). ——extreme 전폭(全幅). ——maximum 최대(最大) 폭. ——moulded or——molded 형폭(型幅) (B로 표시한다) (Fig. 146).

Break 선루단(船樓端). ——away flutter 이탈(離脫)(가스터어빈), ——bulkhead 선루단 격벽(隔壁). ——deck 선루갑판(甲板). ——joint 교대(交代)접수(接手). ——water 방파물(防波物)(선수루갑판(船首樓甲板) 후단(後端)부근에 1피이트 정도의 높이로서 만든다).

Breakage 하물(荷物)틈(하물과 하물, 하물과 벽사이의 틈), 파손(破損).

Breaker 물통(보우트용(用)).

Breaking joint 교대(交代)접수(接手). ——strength 파괴강도(破壞强度)〔關:Ultimate strength와 같은 의미(Fig. 152 d)〕——test 파괴시험(試驗)(절단(切斷)될 때까지 인장(引張)한다).

Breaming 선저(船底)를 불로 태우는 것(선저에 기생(寄生)하는 해충(海虫)을 불태운다)〖木〗.

Breast band or——rope 흉대(胸帶).——beam 선루단(船樓端)비임.——drill 가슴으로 바치는 송곳〔關:Ratchet bit brace와 같은 의미〕〔Ratchet (Fig. 311)를 가슴에 받여서 구멍을 뚫는 기구〕. ——hook 브레스트 후크(Fig. 82 ⑧). ——rail or——work 선루(船樓)손잡이. ——stay(boiler) 브레스트 지지(支持)(보일러가 움직이지 않도록 설치한다).

Breather vane 부리이더어 배인(호흡변(呼吸辨))(나사의 장치로서 내부압력(內部壓力)이 소정이상(所定以上)이 되면 변(辨)이 열려서 압력을 내린 후 다시 닫힌다. 유조(油槽)에 많이 사용된다). **Breathing** apparatus 호흡기구(呼吸器具).

Breeches buoy 하의(下衣)가 붙은 부이. ——pipe 이지관(二枝管).

Brick cork or Cork——코르크연와(煉瓦). Fire——내화(耐火)연와 ——work 연와를 적재(積載)하는 것.

Bridge 선교(船橋). 선교루(樓) (Fig. 145 ⑤). ——deck 선교루 갑판(甲板)(Fig. 145 ⑤). ——gauge 브리지형(型)게이지——house 선교갑판실(船橋甲板室).——piece or——arch 아아치 선미재(船尾材)의 추진기 정재(推進器頂材) (Fig. 386⑦). ——spot welding 편면 당금점용접(片面當金點鎔接)(판(板)을 충합(衝合)시키고 그 위에 복판(覆板)을 얹어서 복판과 판을 점용접(點鎔接)으로 연결한다). Captain's——선장(船長)선교. Connecting——연락교(連絡橋)(선미루(船尾樓), 선교루(船橋樓), 선수루(船首樓)간을 연결하는 골마루)). Docking——선미선교(배를 도크할 때 사용한다). Flying——최상(最上)선교. ——front bulkhead 선교루 전단격벽(前端隔壁)(Fig. 145 ⑱). Gangway——건너는 골마루〔關:Flying Passage와 같은 의미〕. Navigation——항해(航海)선교(Fig. 145 ②). Pilot——수선(水先)선교. Pontoon——부교(浮橋). 주교(舟橋).

Bridle 밧줄. ——chain 하물쇄(荷物鎖). ——rope 하물강(綱).

Brig 브리그, or **Brigantine** 브리간틴, 마스트가 두개인 범선(帆船)의 일종.

Brine 브라인(농염수(濃鹽水), 보통 냉각용은 약 −40°C). ——agitatcr 브라인

교반기(攪拌機). ——cooler 브라인냉각기(冷却器). ——mixer 브라인 혼합기(混合機). ——pipe 브라인관(管). ——pump 브라인 펌프. ——system (refrigeration) 브라인식(式)(冷凍).· ——tank 브라인탱크. Calcium—— 칼슘 농염수. Double pipe— -cooler 2중관(二重管) 브라인 냉각기. Salt ——or Natrium——농염수.

Briquett or Artificial coal 연탄(煉炭).

Brinell number 브리넬 경도지수(硬度指數). ——testing machine 브리넬식 경도시험기(試驗機)(강구(鋼球)를 재료표면(材料表面)에 3000kg(혹은 500kg)의 힘으로 30초(秒)동안 압입(押込)하여 그 들어간 깊이로서 경도를 표시한다).

British thermal unit, BTU 영식 열단위(英式熱單位)(60°F의 물 1파운드를 63°F까지 상승시키는데 요하는 열량).

Brittle fracture 취성파괴(脆性破壞). ——material 위성재료(변형(變形)하는 일이 적고 파쇄(破碎)되는 재료).

Broad leaved tree 광엽수(廣葉樹). ——side 현측(舷側)에.

Broken space 하물(荷物)사이의 틈. ——stowage 브로큰 스토웨이지(하물사이의 틈).

Bronze 청동(青銅) (동(銅) 87~91%, 주석 5.5~8.5%, 아연(亞鉛) 2.6%의 비(比)로 된 합금(合金), 강도(强度)를 요하고 녹이 슬어서는 곤란한 곳에 사용한다. Gun metal 포금(砲金)이라고도 한다). Alminium——알루미늄 청동(青銅). Arsenic——비청동(砒青銅). ——casting 청동주물(鑄物). Manganese——망간청동(강(强)하기 때문에 프로펠러 블레이드에 사용된다). Nickel——니켈 청동. Phosphor ——인(燐) 청동(Sn+P+C>99.5%).

Broom 브루움(강편(鋼片)). Ingot 괴강(塊鋼)을 조단(粗鍛)한 것으로서, 축(軸) 또는 봉재(棒材)로 단조(鍛造)하는 1차제품(一次製品))〔關:Billet, 압연용(壓延用)의 1차제품〕. ——box 청소구 상자(清掃具箱子).

Brow 브로우(물이 들어가는 것을 방지한다)(Fig, 89)〔關:Wriggle과 같은 의미〕. ——plate 도판(道板). 보판(步板)(Fig. 90).

Brown coal or Lignite 갈탄(渴炭). ——tube 음극선관(陰極線管) (電).

Brush 브러시(쇄모(刷毛), 쇄자(刷子))〔電〕. ——holder 브러시 유지기(維持器)〔電〕. Carbon——탄소(炭素)브러시. File——or File card 줄 브러시. Tube——관(管)브러시(관내 청소용(管內清掃用)),

Fig. 89 Brow

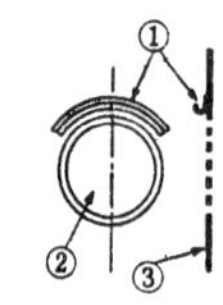

브로우

① Brow 브로우.
② Side scuttle 환창(丸窓).
③ Shell plate 외판(外板).

Fig. 90 Brow plate

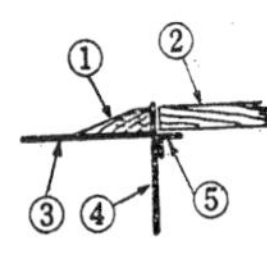

도판(道板)

① Brow plate 도판(道板)(손수레 등을 통하기 위함) ② Hatchboard 해치보오드. ③ Second deck 제2갑판(甲板). ④ Hatch coaming 해치코오밍. ⑤ Carrier 수금(受金).

Wire——와이어 브러시.

Brussel's carpet 부뤼셀 주단(모포(毛布)).

BTU or **BTHU** British thermal unit 영식 열단위(英式熱單位).

Bubbling point 기포발생점(氣泡發生點) (캐비테이숀).

Bucket 바께쓰. 통(桶). 날개. Ash——회(灰)바께쓰. ——dredger or Ladder dredger 바께쓰선(船)(바께쓰를 무한궤도식(無限軌道式)으로 연결하여 준설(浚渫)한다), ——rack 바께쓰대(臺). ——trap or Float trap 플로우트 트랩. Coal——석탄(石炭)바께쓰. Deck——갑판(甲板)바께쓰. Draw——퍼올리는 바께쓰. Fire——소방(消防)바께쓰. Guide——, Guide blade, Guide vane 정익(靜翼)(터어빈).

Buckle 좌절(座折), 요절(腰折)(연직판(鉛直板)이 압력(壓力)을 받아서 중앙부분(中央部分)이 굴곡(屈曲)된다).

Buckler 호오스 파이프의 뚜껑.

Buff grinder 버프 반(盤)(헝겊으로 연마(硏摩)한다). **Buffing** 연마(硏磨). 부드러운 것으로 문지른다. ——machine 버프 반(盤)(헝겊으로 문지르는 기계(機械)).

Buffer 완충기(緩衝器). ——spring 완충 나사.

Buffet 식기(食器) 대(臺).

Builder 건조자(建造者). **Building** berth or——slip 선대(船臺). ——dock 건조(建造) 도크(선체(船體)가 완성될 때까지 도크 내에 두고, 완성된 후에는 물을 넣어 배를 끌어낸다. 그리고 기계(機械)나 의장품(艤裝品)을 적재(積載)한다).

Built block or Made block 조립 활차(組立滑車). ——mast or Made mast 조립 마스트. Built-up 조립〔關: Solid 일체제품(一體製品)〕. ——beam 조립비임. ——crank 조립크랭크(Fig. 130). Half or Semi——crank반(半)조립크랭크——frame 조립프레임(정(正)프레임과 부(副)프레임으로서 조립한다). ——propeller 조립프로펠러(보스와 날개로 조립된다) (Fig. 299). ——sequence 적층순서(積層順序)〔鎔〕. ——stern frame 2재(二

Fig. 91 Corrugated bulkhead

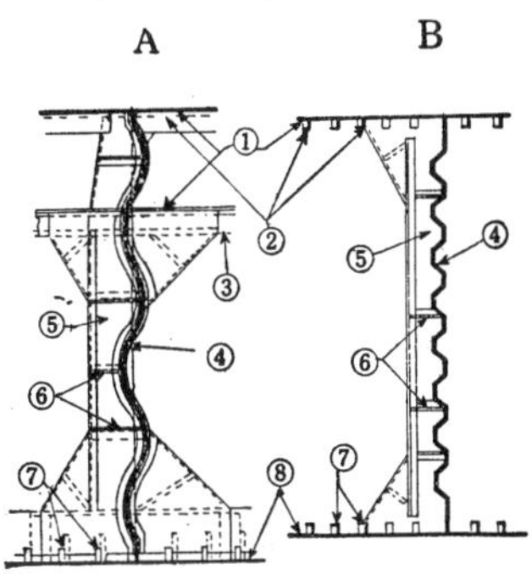

파형격벽(波形隔壁)
(횡파(橫波)의 경우를 나타냄)

A Corrugated bulkhead 파형격벽(波形隔壁).
B Fluted bulkhead 파형격벽.
① Deck 갑판(甲板). ② Beam비임. ③ Longitudinal beam 종(縱)비임. ④ Bulkhead plate 격벽판. ⑤ Vertical web stiffener 수립(竪立)웨브(강력재(强力材))스티프너. ⑥ Horizontal web stiffener 횡(橫)웨브스티프너. ⑦ Bottom longitudinal 선저종재(船底縱材). ⑧ Bottom plating 선저판(船底板).

材)(또는 그 이상)로서 만들어진 선미골재(船尾骨材), 조립골재(骨材).

Bulb angle, BA 구산형재(球山形材) (Fig. 345 ④). ——plate 구판(球板) (Fig. 49 ④). ——rudder 벌브타(舵). ——tee 구(球) T형재(形材).

Bulbous bow or——stem 구형선수(球形船首)(선수재(船首材) 하부를 구형으로 한 것)(Fig. 81).

Bulge 벌지(팽출부(膨出部), 선측(船側)에 있다). ——test or Dishing test 팽출시험(膨出試驗)(박판(薄板)을 일정한도(限度)까지 압출(押出)하여 파손여부를 본다). **Bulging** shell 팽출된 외판(外板).

Bulk 한 묶음으로 한다. ——cargo 산하(散荷). 산적하물(散積荷物) (상자나 포대(袋)에 넣지않고 그냥 적재한다. 예를 들면 석탄, 소맥, 석유 등). ——freighter 산적 화물선. ——oil carrier 유조선(油槽船).

Bulkhead 격벽(隔壁) (Fig. 145). Aft or After——선미(船尾)격벽. Break——선루단 격벽(船樓端隔壁) ——deck 격벽 갑판(甲板)(수밀(水密) 격벽이 도달되어 있는 최상(最上)갑판) (Fig. 145 ⑥). ——door 격벽문(門). ——flange (frame) 프레임의 격벽 변(邊). ——floor 격벽밑의 플로어. ——lamp 격벽등(燈) (Fig. 236③). ——liner 격벽라이너. ——plan 격벽구조도(構造圖). ——recess 격벽 리세스. ——stiffener 격벽스티프너. ——sluice 격벽출입구(出入口). ——sluice door 수밀문(水密門) (Fig. 471). ——stop valve 격벽에 취부된 제지변(制止辨). ——stuffing box 격벽 패킹상자(箱子) (Fig. 384 ⑦). Center line——중심선(中心線)격벽. Collision——선수(船首)격벽 (Fig. 12 ㉜, 82 ⑦, 145 ⑩). Corrugated——파형(波形)격벽(Fig. 91 A), Fire proof——방화(防火)격벽. Fire resisting——내화(耐火)격벽. Fluted——파형(波形)격벽(Fig. 91B). Longitudinal——종(縱)격벽(Fig. 260 ⑬). Main——주(主)격벽. Non-watertight——비(非)수밀격벽. Oiltight——유밀(油密)격벽. Partial——부분(部分) 격벽(선측(船側)에서 선측까지 도달되지 않는 격벽). Recess——리세스격벽 (Thrust recess, Tunnel recess와 같은 곳의 주변(周邊)격벽). Ring——환상(環狀)격벽. Screen——분할(分割)격벽. Stepped——단(段)이 있는 격벽. Stuffing——선미(船尾)격벽(Fig. 384 ⑦). Swash——제수(制水) 격벽(물의 동요를 방지하는 격벽, 격벽판에는 구멍을 낸다). Transverse——횡(橫)격벽. Wash——제수(制水)격벽 〔關:Swash bulkhead와 같은 의미〕. Watertight——, WT——수밀(水密)격벽.

Bull eye 원형(圓形)유리, 1목활차(一目滑車) (Fig. 55 ③). ——eye lamp 원형 등(燈). ——ring 패깅

Fig. 92 Bulwark

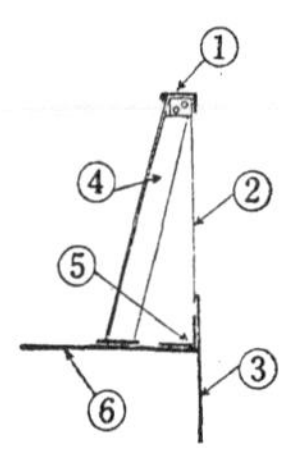

불워크

① Hand Rail 핸드레일. ② Bulwark plate 불워크판(板). ③ Sheerstrake 시어스트레이크(현측후판(舷側厚板)). ④ Stay or Stanchion 주(柱). ⑤ Gunnel bar 건넬바아. ⑥ Deck 갑판(甲板).

유지기(維持器). ——riveting 수력(水力)또는 고압공기(高壓空氣)로 조인 리벳. ——trawler 쌍두리 저인망 어선(底引網漁船).

Bullet 총탄(銃彈).

Bulwark 불워크(현장(舷墻)) (Fig. 92). ——freeing port or——port 불워크 배수구(排水口)(Fig. 12 ㉟). ——line 불워크선(線) (Fig. 245). ——plating 불워크판(板) (Fig. 92 ②). —— stanchion (or stay) 불워크주(柱) (Fig. 92 ④). —— strake 불워크 종통재(縱通材)〔木〕.

Bump 슬래밍(선수저 충격(船首底衝擊))(☞ Slamming).

Bumped head or Dished head (boiler) 접시형 경판(鏡板) (Fig. 158).

Bumpkin, Boomkin or Spider 범프킨(활차 취부용 돌출봉(滑車取付用突出棒)).

Bunk 침상(寢床)(상자형으로 된 침대(寢臺)).

Bunker 연료고(燃料庫), 탄고(炭庫), ——capacity 연료고 용량(容量). ——coal 벙커용 탄(用炭). Coal——석탄고(石炭庫). Cross——횡치(橫置)탄고. (양현(兩舷)에 도달하는 것). Oil——연유고(燃油庫). Pocket——포케트(조금씩 낸다)탄고, Side——사이드벙커(기관실(機關室)의 양측에 있다). **Bunkering** station 연료 적입지(燃料積込地).

Bunting 기포(旗布).

Buoy 부이. 부표(浮標). Anchor——앵커부이(앵커의 위치를 표시하기 위하여 붙여둔다). Bell——벨 부이(종이 울린다). Breeches——하의(下衣)가 붙은 부이. ——anchor 부이앵커(부이를 연결하는 앵커). ——**hook** 계선(繫船)걸이. ——rope 부이로우프. ——tender 설표선(設標船). Life——구명(救命)부이. Light——라이트부이(등이 붙어 있다). Nun——눈(능형(菱形))부이. Ring life——or Life ring 구명부이. Telephone ——전화(電話)가 붙어있는 부이.

Buoyancy 부력(浮力), Center of——부심(浮心), Reserve——예비(豫備)부력. ——chamber 부력실(浮力室) (Fig. 119 Ⓐ의 ③, Ⓒ의 ⑥), ——curve 부력곡선(曲線) (Fig. 391 ②). ——smoke signal 발연 부신호(發煙浮信號). ——tank 부력탱크(침선 인양용(沈船引揚用)).

Buoyant apparatus 구명부기(救命浮器).

Burden or Burthen 재화력(載貨力). **Burdened** vessel 진로 속력유지선(進路速力維持船)(충돌예방법).

Burgoo 2지기(二肢旗).

Burner 버어너. 분염기(噴炎器). 화구(火口). Oil——기름버어너(Fig. 273). ——diaphragm 버어너막판(膜板). ——master valve 버어너주변(主辨). ——tank 버어너탱크. ——tip 버어너구금(口金).

Bureau Veritas, BV 프랑스 선급협회(船級協會). ——of custom 세관(稅關).

Burnish 연마(硏磨)(경재(硬材)로서),

Fig. 93 Butt strap

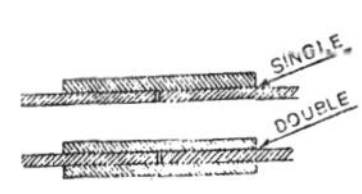

충합판(衝合板)

Single butt strap 편면 복판(片面覆板).

Double butt strap 양면 복판(兩面覆板).

Burr 거칠게된 자국(리벳을 뽑든지, 판을 전단(剪斷)했을 때 생긴다).
Burring machine 표면을 고르게 하는 기계(機械).
Bursting 파괴(破壞). ——pressure 파열압력(破裂壓力).
Burthen 재화력(載貨力).
Burton system or Burtoning system 고패를 매는 것 (荷役). (derrick boom 1개는 hatch 상부에 인양용(引揚用)으로 고정하고, 다른 1개는 현외(舷外). 로 장출(張出)하여 하강용(下降用)으로 고정하여, 그 사이를 Winch 2대(二臺)로서 조작하는 하역법(荷役法)).
Bus bar 버스바아(모선(母線))(발전소(發電所)나 변전소(變電所)에서 대전력선(大電力線)을 접속(接續)할 때 사용하는 동봉(銅棒)) (Omnibus bar라고도 한다).
Bush 부쉬, 감륜(嵌輪). **Neck**——네크부쉬(Fig. 387 ⑧). Stern——선미관(船尾管) 부쉬(Fig. 387 ④).
Bushel 부쉘. 1 bushel=1848입방(立方)인치=8갈론≒2말(두(斗)).
Butchery 육실(肉室).
Butt 충합횡연(衝合橫緣) (Fig. 93). Lapped——중합(重合)횡연. Shift of——횡연피거(避距) (Fig. 94), Master——system 선체(船體)를 두개 또는 세개로 분할건조(分割建造)하고, 최후에 용접(鎔接)하는 건조방식(方式).
Butt joint 충합접수(衝合接手) (Fig. 93, 326 Ⓖ). ——resistance welding 충합저항용접(抵抗鎔接)(용접할 판재(板材)를 배열해 두고 양측(兩側)을 (+) (−)로 연결하여 대전류(大電流)를 순간적으로 흘려서 저항용접을 행한다). ——seam resistance welding 버트시임 저항 용접.

Fig. 94 Shift of butt

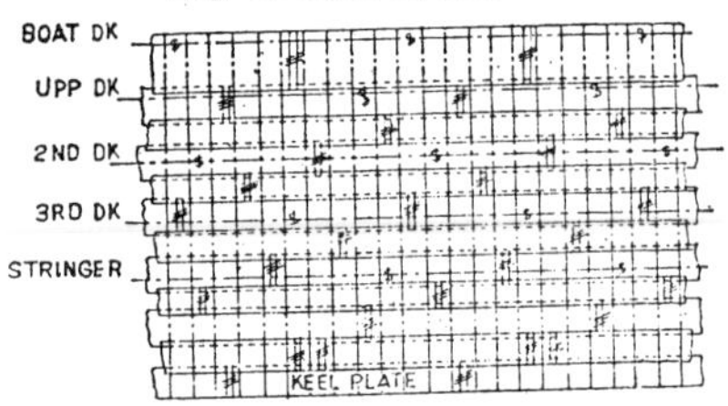

횡연피거(橫緣避距)

Butt strap 목판(目板), 복판(覆板)(Fig. 93). ——strap joint 목판접수(接手). Double——strap 양면복판(兩面覆板)(Fig. 93). Inside——strap 내측(內側)복판. ——weld 충합 용접(衝合鎔接), 충합단접(鍛接), ——welding 충합용접 또는 단접.
Butter bowl 버터 발(鉢).
Butterfly nut or Thumb nut 나비형(形)나사. ——valve, Clack valve or Flap valve 나비형 변(辨).
Buttock 선미(船尾). ——lines 버톡 라인(Fig. 245).
Butterworth cleaner 버터우스식 청소기(清掃器)(온탕(溫湯)을 뿜어서 기름탱크를 청소한다). ——**heater** 버터우스식 가열기(加熱器). ——**pump** 버터우

스식 펌프.

Buzzer 부저어(신호(信號)).

Bypath or **Bypass** 바이패스(측로(側路)). ——cock 측로 콕. ——factor 바이패스 계수(係數). ——pipe 바이패스 관(管). ——valve 바이패스 변(辨)(핸들의 회전 여하에 따라 좌우(左右) 어느 쪽으로도 통하는 변).

By the head 선수(船首)가 침하(沈下)한다. ——the stern 선미(船尾)가 침하한다(Fig. 358). ——the wind 바람을 받다(범선(帆船)의 돛이 바람을 받아서 범포(帆布)가 활짝 열린 것).

C

C-strake C조 외판(條外板)(키일에어부터 3번째의 외판).

C.W. 지속파(持續波)〔電〕(Continuous wave).

Cabin 선실(船室). 침실(寢室). ——compass 실내(室內) 컴퍼스. ——de luxe 특별실(特別室). ——en suite 특별가족실(特別家族室). ——passenger 1·2등객실(一二等客室). (3등 객실 steerage와 구분할 때). ——plan 선실배치도(配置圖). ——store 선실용품(用品) 또는 그 창고(倉庫). Captain's ——or room 선장실. Inside——내측(內側)선실. Single berth——1인(一人)선실.

Cable 케이블, (묘쇄(錨鎖))(길이의 단위일 때는 1해리(一海浬)의 1/10). Anchor——앵커케이블(Fig. 107). Armoured——외장(外裝) 케이블(절연(絕緣) 케이블의 외부를 철사(鐵糸)등으로 보호한 것). ——compressor 케이블 압축기(壓縮機) (Fig. 95). ——drum 케이블드럼. ——gripe or griper 케이블잡이. ——hanger 케이블눌름. (海底電線敷設船). ——hauling gear 케이블 인양장치(引揚裝置). ——holder 케이블지지기(支持器). ——laid rope 앵커측의 강(綱). ——length 케이블의 일연(一連)(one length of cable 또는 One shot of cable이라 한다. 그 길이는 15 fathoms, 15발, 1발은 6피이트, 즉 1연은 90피이트로서 25m이다). ——picking & paying machine 케이블 권출입기(捲出入機) (敷設船). ——plate 케이블 도판(道板). ——ship 케이블 부설선(敷設船).——socket 케이블 수구(受口)〔電〕. ——stopper or——clench 케이블제지기(制止器). (케이블이

Fig. 95 Cable compressor

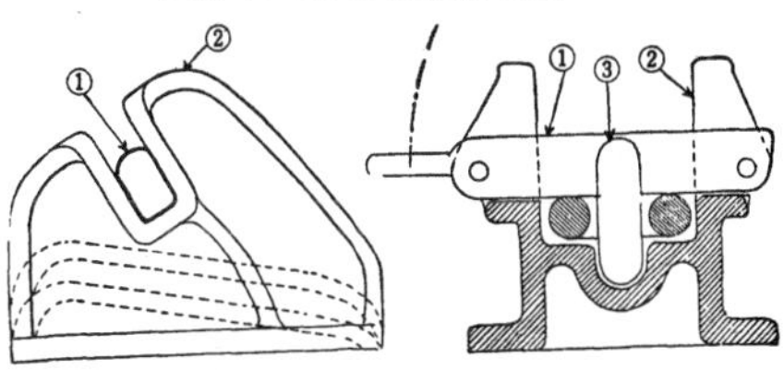

케이블 제어장치(制御裝置)

① Compressor bar 제지봉(制止棒). ② Frame 뼈대. ③ Cable 케이블.

Compressor에 의하여 정지되었드라도, 둥요되는 경우가 있으며, 이를 방지하기 위해서 쇄(鎖)로서 갑판에 조이는 장치(裝置))(Fig. 96).——tank 케이블탱크(敷設船). Chain——체인케이블(Fig. 107). Paper insulated——종이를 감은 케이블. Vulcanized rubber insulated——가류(加硫)고무 절연(絶緣)케이블.

Fig. 96 Cable stopper or clench

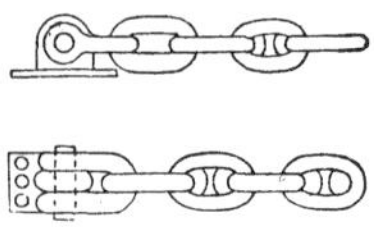

케이블 제지기(制止器)

Cabtyre 〖英〗 or **Captire** 〖美〗 캡타이어 선(線) (두꺼운 고무로 유연성(柔軟性)을 갖게한 것으로서 드릴 또는 전등 등 휴대용 도선(導線)에 사용된다).

Cadet 연습생(練習生). 견습사관(見習士官)〔關 : Apprentice와 같은 의미〕.

Cage 새장(鳥籠). ——mast 새우리 마스트(새우리형으로 조립된 마스트).

Caisson 케이손(도크 입구의 지수(止水)를 위한 문(門))(침상(沈箱)). 방파제(防波堤)등을 만들 때도 사용한다).

Caking coal 점결탄(粘結炭).

Calcium brine 칼슘브라인(냉동용(冷凍用)). ——chloride 염화(鹽化)칼슘.

Calibrating lever or Proving lever 검정용 정(檢定用挺)(시험기용(試驗機用)). **Calibration** 눈금을 정하는 것(계기의 눈금을 정확하게 맞춘다).

Call or Pipe 휘슬. (號角) ——bell 호령(呼鈴). ——bell indicator 호령 표시반(表示盤). ——sign 호출부호(呼出符號).

Callipers or Calipers 캘리퍼(경(徑)이나 길이 등을 측정하는 기구)(Fig. 97). ——with scale 척도(尺度)가 붙은 캘리퍼(노기스라고도 한다). Double——양용(兩用)캘리퍼. Inside and out-side——내외측(內外側) 어느 것이나 측정할 수 있는 캘리퍼.

Calorific power or——value 발열량(發熱量).

Calorifire or **Calorifere** 온수기(溫水器).

Calorimeter 열량계(熱量計).

Calorizing 알루미늄 증기도금(蒸氣鍍金).

Calory 칼로리, 열단위(熱單位)(1그램의 물을 15°C에서 16°C로 상승시키는데 요하는 열량).

Fig. 97 Callipers

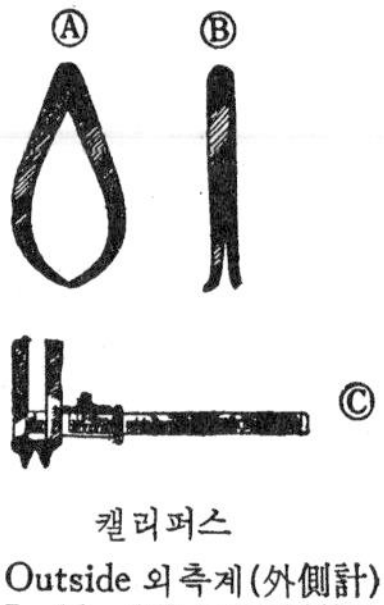

캘리퍼스

Ⓐ Outside 외측계(外側計)
Ⓑ Inside 내측계(內側計)
Ⓒ Callipers with scale

Cam 캠 (Fig. 450⑤). (eccentric 편심기(偏心器)의 일종) Ahead——전진(前進)캠, Air starting——공기시동용(空氣始動用)캠. Astern——후진(後進)캠. ——clearance 캠의 틈사이. ——diagram 캠선도(線圖). ——lever 캠 정(挺). ——roller 캠의 작용을 하는 로울러. ——shaft 캠 축(軸). ——type chamber 통형 연소실(筒形燃燒室)(가스터어빈). Exhaust——(Oil engine) 배기(排氣)캠. Ignitor——점화(點火)캠. Injection——분사(噴射)캠.

Camber of beam or Round up of beam 캠버어 (Fig. 145 ⑱). ——of launching way 활대(滑臺)의 팽출(膨出)(기울기가 원호(円弧)를 하고 있는 경우) ——angle 만곡(彎曲)의 각도(角度). ——line 만곡선(線). ——ratio 두께와 폭(幅)의 비(比).

Camblic insulation 마포절연(麻布絕緣)〔電〕.

Camel 배와 안벽(岸壁)사이에 놓는 방현재(防舷材). 부함(浮函).

Camouflage 위장(僞裝).

Can 관(罐). (milk can, oil can, water can 등).

Canning factory ship 통조림 공선(工船). ——plant 통조림 공장(工場).

Canal 운하(運河). ——barge 운하 바아지. ——rudder 운하타(舵)(운하에서는 속력을 줄이지 않으면 안되기 때문에 넓이를 크게하여야 한다). (Fig. 331). ——toll 운하 통행료(通行料). ——tonnage 운하톤수(噸數)(통과료 계산용의 톤수, 보통 톤수와 다소 차가 있다).

Candelabrum 화촉대(花燭臺).

Cane shaving mattress 등(藤) 부스러기가 든 이불(寢具).

Canoe 카누.

Canopy 천개(天蓋).

Cant or **Counter** 카운터(선미돌출부(船尾突出部))(Fig. 98). ——beam 캔트비임. ——body 캔트부(部). ——frame 캔트프레임(Fig.98⑤) (사늑골(斜肋骨)).

Canted frame 캔트프레임(Fig. 98⑤) (베벨을 취할만큼 취하지 않고 설치된 프레임).

Cantilever 단면 지지양(單面支持梁) (Fig. 99). ——framed ship 캔트레버선(船). ——tank, Gunnel tank, Top side tank or Wing tank 톱사이드탱크(현단(舷端)탱크) (광석(鑛石)이나 철재(鐵材)와 같은 중량물을 적재하면 선체는 Bottom heavy (중심이 너무 밑으로 가서 급격한 동요를 한다)가 됨으로 이를 방지하기 위하여 현측 상부에 탱크를 두어서 완화시킨다)(Fig. 403).

Canvas 캔버스(범포(帆布)). ——boat 캔버스 보우트. ——dodger 방파막(防波幕)(바다가 심하게 거칠 때

Fig. 98 Cant or Counter

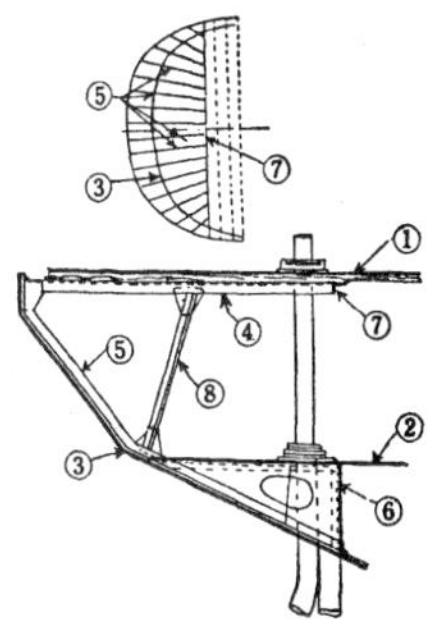

카 운 터

① Poop deck 선미루갑판(船尾樓甲板).
② Upper deck 상갑판(上甲板).
③ Knuckle 너클.
④ Cant beam 캔트비임.
⑤ Cant frame 캔트프레임.
⑥ Transom floor 선미(船尾)플로어.
⑦ Transom beam 선미비임.
⑧ Tie bar or Strut 지지봉(支持棒) 또는 지재(支材).

Fig. 99 Cantilever

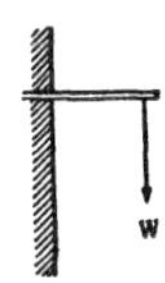

일단지지양
(一端支持梁)

방파제 대신 편다). ——hose 범포호오스. ——work 캔버스 공사(工事).

Cap 눌름, 마스트 뚜껑〔關:Truck와 같은 의미〕. ——nut 캡 너트.

Capacitor 콘덴서(電).

Capacity 양(量), 용량(容量), 능력(能力). Bunker——연료고(燃料庫)용량. Carrying——운반능력량(運搬能力量). Hold——창내(艙內)용적. Lifting——인양(引揚)능력. Measurement——재화(載貨)용적. Refrigrating——냉동(冷凍)능력. Stowage——재화(載貨)용적. Tonnage——적량(積量)(주로 중량(重量)에 대하여 말한다).
Capacity curve 용적곡선(容積曲線). ——plan 용적도(圖). 적양도(중량과 용적을 포함).

Fig. 100 Capstan(Motor driven)

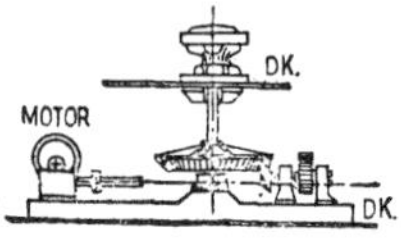

캡스턴(전동(電動))

Fig. 101 Capstan (Steam)

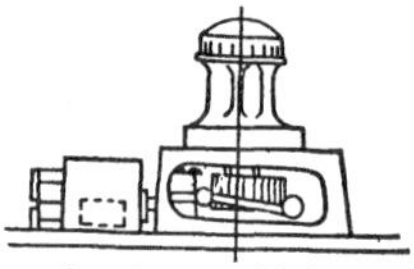

캡스턴(증기(蒸氣))

Capped steel 반진정강(半鎭靜鋼)〔關 : Semi killed steel과 같은 의미〕 (☞ killed steel).

Capstan 캡스턴 (Fig. 100, 101). Anchor——앵커캡스턴. ——bar 캡스턴 봉(棒). ——barrel 캡스턴 동(胴). Elliot——엘리오트 캡스턴(어망 권양기(漁網捲揚機)).

Captain 선장(船長). ——bridge 선장선교(船橋). ——cabin or——room 선장실(室). ——head 변소청소인(便所淸掃人).

Captive baloon 계류기구(繫留氣球).

Fig. 102 Carburetter of petrol oil

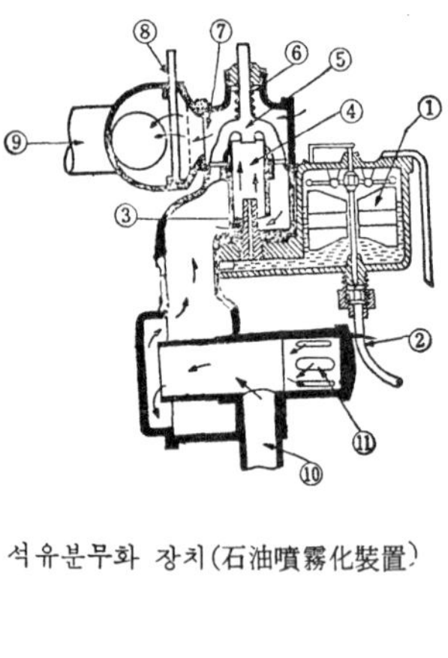

석유분무화 장치(石油噴霧化裝置)

① Float chamber with float 프로우트 및 프로우트실(室). ② Supply of oil 석유(石油)(주로 가솔린)공급관(供給管). ③ Spraying nozzle 분무공(噴霧孔). ④ Choke tube 폐쇄관(閉鎖管). ⑤ Choke tube holder 폐쇄관지지기(支持器). ⑥ Spiral spring 나사용수철. ⑦ Vapour chamber 증기실(蒸氣室). ⑧ Throttle plate 조임변(絞辨). ⑥ Outlet pipe 출구관(出口管). ⑩ Air supply 공기흡입관(空氣吸込管). ⑪ Auxiliary air supply 보조공기관(補助空氣管).

① 내의 Float는 ②로부터의 급유에 의하여 일정수평이 유지된다. ⑩으로부터 따뜻한공기가 공급되고 기름은 ③에서 분무되어 ⑦에 들어가서 ⑧을 통하고 ⑨에 보내진다. Motor가 빠르게되면 ⑤를 밀어 올리고 공기는 ④를 통하지 않고 ⑦에 들어가서 자동적으로 조절된다.

Car ferry or Train ferry 차량도선(車輛渡船)(열차(列車), 트럭 등을 그대로 적재(積載)하여 운반하는 연락선(連絡船)).

Carbite to water gas generator 투입식(投入式) 아세틸렌 발생기(發生器).

Carbon탄소(炭素). ——arc cutting 탄소아아크 절단(切斷). ——arc welding 탄소아아크 용접(鎔接). ——brush 탄소브러시. ——content 탄소함유량(含有量). ——dioxide(CO_2) 2산화탄소(二酸化炭素). ——electrode 탄소전극(電極). ——gland or——ring gland 탄소패킹 눌름. ——holder 탄소봉지지기(棒支持器)(電). ——monooxide 일산화(一酸化)탄소. ——packing 탄소패킹(탄소로서 수밀(水密), 기밀(氣密)을 한다). ——steel 탄소강(鋼). High——steel 고(高)탄소강. Low——steel 저(低)탄소강(함유량(含有量) 0.5%로서 고저(高低)를 구분한다). ——tetra chlorite fire extinguisher 4염화(四鹽化)탄소 소화기(消火器). **Carbonic** acid gas compressor 탄산(炭酸) 가스압축기(壓縮機). ——acid machine 탄산가스 냉동기(冷凍機). **Carbon** tetrachloride 4염화탄소(四鹽化炭素)(CCl_4).

Carbonization 탄화(炭化).

Carburetter 기화기(氣化器) (Fig. 102)..

Carburization or Case carburization 여탄법(與炭法)(철(鐵)을 가열하여 탄소(炭素)와 함께 두면 탄소가 자연적으로 철 내로 침입하여 강하게 된다).

Cardinal point 방위기점(方位起點)〔航〕.

Careen 경선(傾船)손질.

Cargo 화물(貨物). Bale——포장(包裝)화물. Bulk——산적(散積)화물(소맥, 석탄, 기름같은 것). ——batten, Sparring 산타(散打)로서 내장(內張)하는 것(Fig. 259㉜). ——block 하역활차(荷役滑車) (Fig. 52~56). ——boat 화물선(船). ——chain 하역체인. ——caire system (sillca gell) 하물제습장치(除濕裝置). ——cluster 하역램프(Fig. 235). ——fall 하역강(綱)(Fig. 148⑩, 218⑧). ——gear 하역장치. ——handing 하역기구(器具)(여기에는 derrick boom & mounting 데릭부움과 취부금구류(取付金具類)(Fig. 148). cargo hook 화물후크(Fig. 216, 217). block 활차(滑車), shackle 섀클(Fig. 352). eye plate 목판(目板)(Fig. 179). horn

Fig. 103 Cargo port door

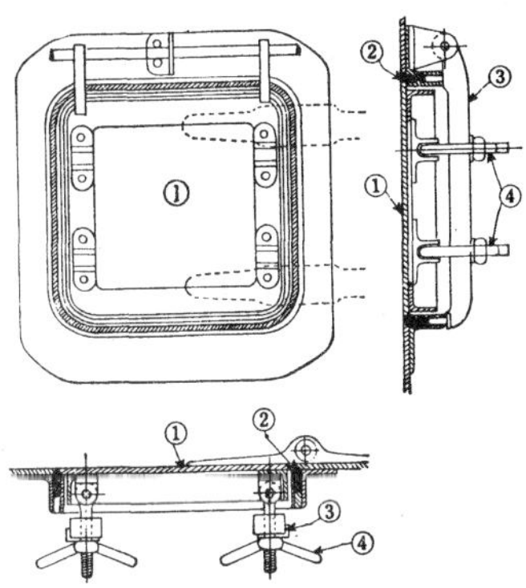

재화문(載貨門)

① Door 문(門). ② Rubber 고무. ③ Strong back or Dog bar 지렛대. ④ Butterfly screw 나비형 나사.

cleat 각형(角形)클리이트(Fig. 114). hatch ring 창구윤금(艙口輪金), (Fig. 211③). cargo port fitting 재화문금구(載貨門金具) (Fig. 103, 297). mast mounting 마스트금구(Fig. 254). rigging screw 삭(索)을 조이는 나사(Fig. 322)등을 포함). ——hatchway 해치(창구(艙口)) (Fig. 211). ——hold 화물창(貨物艙). ——hook 하역(荷役)후크 (Fig. 216, 217). ——lamp 하역등(燈) (Fig. 235, 236). ——net 하역네트. ——oil 기름하물, ——oil pump 기름하물펌프. ——oil tank 기름하물탱크. ——plan 화물적재도(貨物積載圖). ——port 재화문(載貨門) (Fig. 103). ——sling 하역강(綱) (Fig. 148⑫). ——space 화물적재장소. ——winch 하역윈치. ——wire rope 하역와이어로우프(Fig. 148 ⑩). ——wire runner 하역로우프. Dead weight——중량화물(重量貨物)(철제품(鐵製品)과 같은 것). Deck——갑판(甲板) 적재화물. General——잡화(雜貨). 일반(一般)화물. Measurement——용적(容積) 화물(중량보다 부피가 주되는 화물).

Carling or **Carlin** 카어린(부분적 종(部分的縱)비임)(창구(艙口)는 물론, 그 외에도 사용하는 경우가 있다)〔木〕.

Carpenter 목공(木工)——work 목공공사(工事)(여기에는 deck plank 목갑판(木甲板). ceiling & sparring 선저(船底) 및 선측내장판(船側內張板), pipe cover 관(管)보호용 덮개, hatchboard 해치보오드(창구 덮개판), hand rail 핸드레일. awning spar 천막횡목(天幕橫木)등의 공사가 포함된다). ——ring auger 나사송곳(Fig. 13). ——store 목공용 창고(木工用倉庫).

Carpet 융단(모포(毛布)). Axminster——액스민스터 융단. Brussel's——브러셀 융단. ——runner 통로(通路)카페트. Cork——코르크 카페트.

Carriage repp 좌석용 횡직(座席用橫織).

Carrick bitt or Windlass bitt 윈드러스 주(柱).

Carrier 운반자(運搬者). 수금(受金) (Fig. 211 ⑬). **Carry** over loss 배출손(排出損). **Carrying** capacity 운반능력(能力)(이것은 deadweight와 혼동하기 쉬운 것이다. deadweight로부터 연료, 물, 식량, 창고품, 소모품, 예비품을 제외한 것), 즉. 실제로 운반할 수 있는 능력이다. 배가 노후화(老朽化)되면 이 능력은 다소 감소된다). ——vessel 운반선(船).

Cart 손수레(수차(手車)).

Cartouche panel 장식경판(裝飾鏡板).

Cartridge type of fuse 탄약통형(彈藥筒形)의 퓨우즈.

Carvel built 평장(平張). Diagonal——built 사평장(斜平張).

Carving table 육절대(肉切臺).

Cascade 익열(翼列). 캐스케이드——effect 익열영향(翼列影響). ——tank 캐스케이드탱크(콘덴서에 모인 물을 받아서 정화(淨化)하는 탱크). ——tunnel 익열풍동(風洞). ——welding sequence 캐스케이드법(法)(다층용접(多層鎔

接)때 짧은 비이드 위에 점점 길게 겹치는 법).

Case carburization or Carburization 부분적 여탄법(部分的與炭法)(☞ carburization). ──goods 대형상자(大型箱子)에 넣은 화물(貨物) (Chest 중상자, Box 소상자). ──hardening 표면소입(表面燒入)(표면만 소입한다).

Casing 케이싱. 위벽(圍壁). Air──공기(空氣)케이싱(機) 통풍케이싱(通風)(船). Boiler──보일러 실(室)케이싱. Engine──기계실(機械室)케이싱. Fan──날개차(車)케이싱(pump). Fiddley──보일러실 통풍(通風)케이싱. Funnel──연돌(煙突)케이싱. Impeller──or Impeller box 날개차(車)케이싱(pump). Pipe──관(管)케이싱. Slide valve──, Slide chest or Slide box 활변상자(滑辨箱子). Turbine──or Turbine cylinder 터어빈 차실(車室).

Cask 통(桶).

Cast 주물(鑄物). ──iron 주철(鑄鐵). Malleable──iron 가단(可鍛) 주철(주철을 탄(炭)으로 둘러싸서 적당시간 가열하면 단조(鍛造)할 수 있게 된다. 또한 유연성(柔軟性)이 생긴다). Steel──주강(鑄鋼). **Casting** 주물(鑄物). ──in vacuum 진공주조법(眞空鑄造法)(니켈이나 크롬이 함유(含有)된 강재는(鋼材) 수소(水素)가 녹아 들어가서 주물이 냉각됨에 따라서 수소가 응집(凝集)되어 White spot 은점(銀點)이 되어 나타나서 강재의 결점이 된다. 이를 방지하기 위하여 인고트에 주입(鑄込)할 때 진공중에서 처리하여 이와 같은 결점을 방지하는 방법). Centrifugal──원심력(遠心力) 주물(주물이 굳어지는 동안에 회전시켜 원심력을 가하면 분자(分子)가 구석구석까지 도달되고, 또한 미세(微細)하게 되어 주물이 강(强)하게 된다. 진동을 가하여도 같은 결과가 된다). Chilled──칠(냉경(冷硬)) 주물(주물이 굳어질 때 급냉(急冷)을 하면 경(硬)한 주물이 된다). Die──다이(타형(打型)) 주물(형(型)에 주입(鑄込)할 때 압력을 가하여 주입하면 용철(溶鐵)이 형의 구석구석까지 들어가고, 또한 경(硬)한 주물이 된다). Heavy──대형(大形)주물, Solid──일체(一體)주물.

Castle nut 홈(溝)이 있는 너트(Fig. 270).

Casualty 해난(海難) (Sea casualty라고도 한다).

Cat block 캐트블록(앵커를 인양(引揚)하는 활차(滑車)). ──davit or Anchor davit 앵커다빗(Fig. 6). ──fall 캐트폴(앵커를 인양(引揚)하는 강(綱)). ──head 캐트헤드(앵커를 인양하기 위한 돌출봉(突出棒)). ──walk 상설보로(常設步路) 〔關:Flying passage, Flying gangway 모두 같은 의미〕.

Catalyzer 촉매제(觸媒劑).

Cataraman ship 쌍동선(雙胴船).

Catch water 기수분리기(汽水分離器).

Category 부문(部門).

Cathode ray direction finder 브라운관 방위측정기(方位測定機). ——ray tube 음극선관(陰極線管) 또는 브라운 관(管). ——protection 캐소우드방식(防蝕)(음극재를 두어서 전식(電蝕)에 의한 양극재(陽極材)를 방식한다).

Cattle carrier 가축운반선(家畜運搬船). ——stall 가축사(家畜舍).

Caulker or Calker 코오킹 공(工). **Caulking** 코오킹(강판(鋼板)의 접목(接目)을 두들겨서 수밀(水密)로 한다. 목판(木板)사이에는 헝겊을 타입(打込)하여 수밀을 한다). ——chisel or tool 코오킹 공구(工具). 코오킹 타금(打金). ——groove 코오킹 홈(溝)(헝겊용). ——hammer 코오킹 해머. ——mallet 코오킹 말레트(헝겊용 목(木)해머). ——piece or Packing piece (turbine) 식금(植金). ——strip 입금(込金)(접합이 좋지 못하여 코오킹만으로는 수밀이 되지 않을 때 틈사이에 밀어넣는 입금). Pneumatic——tool 공기코오킹 공구(工具) (Fig. 296).

Caustic brittleness 알카리 취성(脆性). ——soda 가성(苛性)소오다.

Cavitation 캐비테이숀(공동현상(空洞現象)),(주로 프로펠러에 관계(關係)한다. 프로펠러 날개가 너무 빨리 회전하면 물이 날개에 따라갈 수 없게 되고, 날개뒤에는 공동이 생긴다. 이것이 심하게 되면 효율이 격감되고, 진동이 심하여 운전할 수 없게 된다). ——number 캐비테이숀 계수(係數). ——tank 캐비테이숀 탱크.

Cavity 공동(空洞). 공소(空所)(鑄物).

Ceiling 내장(內張), 천정(天井), Close——조여서 붙인 내장(內張). Spar——or Sparring or Cargo batten 산타(散打) 내장(Fig. 259 ㉜). Tween deck——갑판간(甲板間)내장. ——block 천정 전선트립기(天井電線引出器).——lamp 천정등(天井燈) (Fig. 236 ①④).

Celcius thermometer 섭씨온도계(攝氏溫度計).

Cell 전지(電池). Dry——건(乾)전지. Secondary ——2차(二次)전지.

Cellular double bottom 구획식 2중저(區劃式二重底).

Celluloid 셀룰로이드.

Cellulose filler 셀룰로우스를 채운 것.

Cement 시멘트. Bitumastic or Bituminous——역청(瀝青)시멘트(녹이 심하게 생기는 보일러 밑이나 탄고(炭庫)등에 바른다). ——box 시멘트 위벽(圍壁)(예를 들면 외판(外板)에 파공(破孔)이 생겼을 때 구멍에는 목전(木栓)을 타입(打込)하고, 그것을 시멘트로 메워서 빠지지 않도록, 또한 수밀(水密)이 되도록 해두면 3개월내지 반년(半年)의 항해(航海)에는 견디어 낸다. 즉, 가수선(假修膳)의 한 방법).——mortar 시멘트 모르타르(시멘트와 모래를 혼합(混合)시킨 것).——wash 물시멘트 도장(塗裝)(시멘트를 물에 녹여서 바른다. 물시멘트라고도 한다). ——work 시멘트 공사(工事). Iron——철(鐵) 시멘트. Portland——보통의 시멘트. Slag— —슬래그시멘트(철(鐵)부스러기 시멘트. 용광로(鎔鑛爐)에서 나오는 쇠부스러기를 가루로 만들어서 만든 시멘트). Solid——매끈시멘트.

Cementation 침탄(浸炭) (철(鐵)을 탄(炭)으로 싸서 열을 가해 두면 점점 탄소가 철의 표면으로부터 침입하여 재질이 경(硬)하게 된다). ——process 침탄법(浸炭法) **Cemented** steel 침탄강(浸炭鋼).

Cementite 시멘타이트(강(鋼)내에 있는 탄소(炭素)의 한 상태(狀態)).

Centre (英) or Center (美) 중심(中心). ——division 중심선구획(中心線區劃). ——furnace 중앙로(中央爐). ——gauge 센터게이지(중심을 맞추는 것). ——girder 중심선 형재(桁材) (Fig. 259 ㉒). ——line bulkhead 중심선격벽(隔壁).——line keelson 중심선 키일손 (Fig. 79 ⑲).——line strake 중심선 내장판(內張板) (Fig. 259㉘). ——line through plate 중심선 관통판(貫通板) (Fig. 229⑦). ——of buoyancy 부심(浮心), 부력중심(浮力中心). (Fig. 257 B). Curve of——of buoyancy 부력 곡선(曲線). (Fig. 221 DBM). ——of disc 원표(円標)의 중심(건현표(乾舷標)) (Fig. 192). ——of floatation 부면(浮面)중심, ——of effort 대응(對應)의 중심. ——of gravity 중심(重心) (Fig. 257G). ——of impact 타격(打擊)의 중심. ——of lateral resistance 횡저항(橫抵抗)의 중심. ——of mass 질량(質量)의 중심. ——of oscillation 진동(振動)의 중심. ——of percussion 타격(打擊)의 중심, ——of pressure 압력(壓力)의 중심. ——punch 센터펀치. ——shaft 중앙축(中央軸). ——square 중심을 내는 정규(定規)(surface gauge라고도 한다) (Fig. 199). Dead——or point 사점(死點)(어느 쪽에도 편중(偏重)되지 않는 점, 예를 들면 piston으로 눌러도 crank가 좌우(左右) 어느쪽으로도 움직이지 않는 상태에 있는 점). ——board 센터보오드(요트에는 전복(轉覆)되지 않도록 깊은 상하(上下)가 가능한 중심선(中心線)키일을 붙인다).

Centering 중심을 내는 것(물체(物體)의 중심선을 내는 것, 혹은 축(軸)의 중심선을 통하는 것. 이때는 Alignment라고도 한다).

Centigrade 백분(百分) 눈금.

Central power station 중앙원동소(中央原動所). ——calorifier or——heating system 중앙난방식(中央暖房式)(기관실(機關室) 내에 열탕(熱湯)탱크를 두고 그곳에서 각실(各室)에 유도(誘導)하여 방(房)을 따뜻하게 하는 방식(方式)). ——fair leader (trawler) 센트럴 페어리이더. ——lateral plane 중심선 횡단면(橫斷面). —— lubrication 집중주유(集中注油).

Centrifugal casting 원심주물(遠心鑄物)(주물이 굳어질 때 회전시켜서 원심력(遠心力)을 가하면 용철(溶鐵)이 구석구석까지 들어가고, 또한 분자(分子)가 미세(微細)하게 되어 견실(堅實)하고 강(强)한 주물이 된다). ——compressor 원심압축기(壓縮機). ——fan 원심 송풍기(送風器). ——force 원심력. ——governor 원심 조속기(調速機). ——lubricator 원심력 주유기(注油器). ——oil purifier 원심유 청정기(油淸淨器). ——pump 원심펌프(Fig.

304). ──separator 원심 분리기(分離器). ──stress 원심 응력(應力).

Centrifuge 원심분리기(遠心分離器).

Centripetal force 향심력(向心力).

Certificate 증서(證書). 증명서(證明書). Classification──선급(船級)증서. Clearance──출항허가서(出航許可書). International safety──국제안전(國際安全) 증서. International wireless──국제무선(國際無線)증서. International load line──국제만재흘수선(國際滿載吃水線)증서. Maker's ──제조자발행(製造者發行)증명서. Provisional classification──가선급(假船級)증서. Seaworthy──내항(耐航)증서. 회항인가서(回航認可書). Tonnage──톤수(噸數)증서. ──of freeboard 건현(乾舷)증서. ──of load line 만재흘수선증서. ──of ship's nationality 선박국적(船舶國籍)증서. ──of ship's survey 선박 검사(檢査)증서. ──for fire extinguishing and detecting apparatus 소방설비(消防設備)증서. ──for refrigerating apparatus 냉동장치(冷凍裝置)증명서.

Chafe 문지르다. **Chafing** 물체(物體)에 쓸리다. ──of cable 케이블이 덜렁덜렁한다. ──of tarpaulin 복포(覆布)가 쓸린다. ──mat 마찰방지(摩擦防止)매트. ──piece or──rod 마찰방지봉(棒) (앵커가 외판(外板)의 끝에 걸려서 손상되는 것을 방지하기 위한 봉(棒))(Fig. 104). ──plate 체인 플레이트(쇄마찰방지판(鎖摩擦防止板)).

Chain 쇄(鎖) (Fig. 107). Bridle──첨쇄(添鎖). Cargo──하역(荷役)체인. ──cable 앵커체인(Fig. 107). ──cable compressor (controller) (체인제어장치(制御裝置) (Fig. 95). ──cable proving house 앵커체인 시험소(試驗所). ──drum 체인드럼(체인권동기(捲胴機)). ──eye plate or──plate 슈라우드 제지판(制止板)〖木〗. 또는 갑판(甲板) 등의 체인 제지판(制止板)(Fig. 179). ──hook 체인 후크. ──intermittent weld 병열단속용접(並列斷續鎔接) (Fig. 477). ──iron 쇄용철(鎖用鐵)(보통의 연철(軟鐵)이 사용되거나 강(鋼)이 사용된다). ──line 쇄선(鎖線, 제도에서 중심선을 표시하는데에 사용함)──locker 쇄고(鎖庫)(Fig. 12 ㉘). ──pipe 체인파이프(윈들러스로부터 체인로커까지의 관(管)). ──plate 슈라우드제지금(制止金)(목선(木船)의 shroud를 선측(船側)에 취부(取付)하는 판(板), 또는 갑판(甲板)에 취부하는 판). ──riveting 병열(並列) 리

Fig. 104 Chafing piece & rod

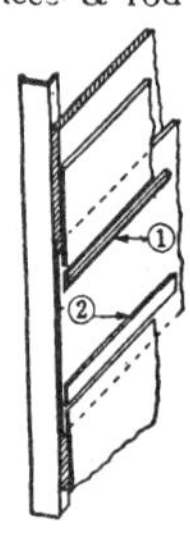

마찰방지봉
(摩擦防止棒)
① Rod 반환봉(半丸棒)
② Piece 사각(四角) 또는 삼각(三角).

Fig. 105 Joining chain shackle

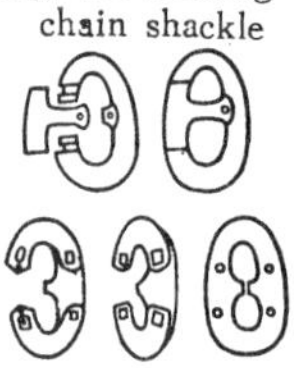

접수쇄(接手鎖)로 대표되는 것

Fig. 106 Plate chain

평판쇄(平板鎖)

벳조임(Fig. 327 ③). ——sling 체인슬링(하역용(荷役用)). ——steel 체인용 강(鋼). ——stopper 체인스토퍼(Fig. 96). ——testing machine 체인 시험기(試驗機). ——tongs 체인을 끼우는 것. ——welding 병열용접(並列鎔接) (Fig. 477Ⓐ)——

Fig. 107 Chain cable

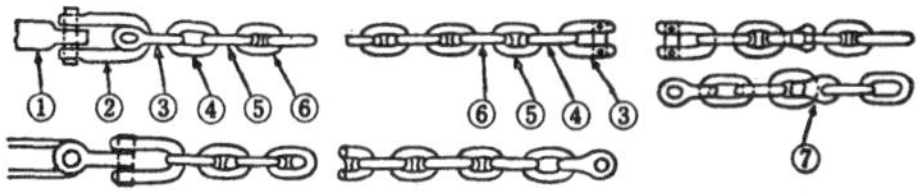

앵커 체인

① Anchor 앵커. ② Anchor shackle 앵커섀클. ③ Chain shackle 체인섀클. ④ End link 단말환(端末環). ⑤ Enlarged link 확대환(擴大環). ⑥ Common link 보통환(普通環). ⑦ Swivel 스위벨 회전환(回轉環).

wheel or Gypsy wheel 집시 차(車) (Fig. 108). Drag——제동(制動)체인(진수(進水)때 배가 너무 멀리 가지 않도록 끌어당기는 삭(索). Ground——식부(植付) 체인(앵커체인의 최종단말(最終端末)은 선체(船體)에 고착(固着)시킨다). Joining——shackle 접수쇄(接手鎖) (Fig. 105) Messenger——작동쇄(作動鎖). Rudder pendant——응급타(應急舵)체인. Short link——단쇄환(短鎖環)체인(스터드가 없는 섀). Sling——슬링체인(하역쇄(荷役鎖)로도 사용). Steering——취타(取舵)체인. Stud——스터드체인(Fig. 107). Plate——평판쇄(平板鎖) (Fig. 106).

Fig. 108 Chain wheel or Gypsy wheel

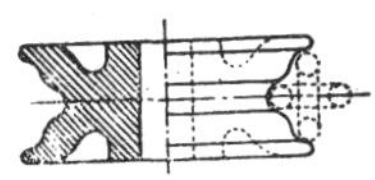

쇄차(鎖車)또는 집시차(車)

Chair 의자(椅子). Arm——팔을 걸치는 의자. Boatswain's——매달린 의자(높은 곳에서 작업할 때 사용한다). Easy——안락(安樂)의자. Folding——접는 의자. Wicker——곡목(曲木)의자.

Chamfer 각(角)을 둥글게 한다. 각도(角度)를 정확하게 한다. 용접의 개선(開先)을 정확하게 한다. 면을 떼어낸다. 톱니바퀴의 선단을 둥글게 하여 잘 물리도록 한다. ——edge 면(面)을 떼어낸 모서리(緣).

Chamfering machine 면취반(面取盤).

Chandelier 샨델리어(천정(天井)에 매달린 장식등(裝飾燈)).

Change of tide 조차(潮差). ——over switch 변환(變換)스위치. ——over valve 절환변(切換辨).

Changer 변환기(變換器). Speed——회전속도(回轉速度)변환기.

Channel 수도(水道). 해협(海峽). ——bar 구형재(溝形材)(Fig. 345 ③). ——steamer 해협 연락선(連絡船). ——theory 유체 이론(流體理論).

Characteristic 특성(特性). 선급부호(船級符號)(☞ class). ——curve 특성곡선(曲線).

Charcoal 목탄(木炭). ——iron 목탄철(木炭鐵). ——pig iron 목탄 선철(銑

鐵)(목탄으로서 제철하면 유해인(有害燐)이나 유황(硫黃)등이 혼합되지 않기 때문에 양질(良質)의 철이 얻어진다).

Charge 비용(費用), 한번에 노(爐)에 들어가는 강원재(鋼原材)의 양(量), 또는 한번에 제강(製鋼)된 강(鋼) (예를 들면 Charge No. 100의 인고트라 한다). Establishment——설비비(設備費). Labor——공인비(工人費). Engineer in——계(係)의 기사(技師). **Charging** switch board 충방전용 배전반(充放電用配電盤).

Charpy impact test 샤아피 충격시험(衝擊試驗)(시험편(試驗片)에 절형(切型)을 만들고, 추(錘)를 일정 높이에서 떨어뜨려 타절항력(打折抗力)을 측정한다).

Chart 해도(海圖). Smoke——연색도(煙色圖)(연소(燃燒)의 완전도(完全度)를 표시하는 도표). ——house or——room 해도실(海圖室). ——lamp 해도등(燈)(Fig. 236 ⑨)(해도 위에만 비친다). ——rack 해도 선반. ——table 해도대(臺). ——weight 해도용 문진(文鎭).

Charter 차아터(용선(傭船)). ——base 용선료(料). ——party 용선 계약서(契約書) 또는 용선자(傭船者). Bare boat——나용선(裸傭船). Time——정기(定期)용선. **Charterer** 용선자(傭船者).

Fig. 109 Chevron pointing

산형(山形)(또는 골재(骨材))표시현상(標示現象).
① Seam 종연(縱緣).
② Fracture 파면(破面).
③ Chevron(or Bone)point 산형(山形)(또는 골재骨材(표시).
④ Origin of fracture 파손기점(破損基點). 파괴기점은 산형표시가 바뀌는 점에서 발견된다.

Chaser 체이서(나사를 끼우는 공구(工具). **Chasing** tool 체이서.

Check 검산(檢算)한다. 조정(調整)한다. ——analysis 성품분석(成品分析). ——bolt 제지(制止)보울트. ——helm 검타(檢舵). ——line or mark 검정용 표선(檢定用標線), ——nut 제지(制止)너트. ——pin 제지(制止)핀. ——plate 제지판(板). ——ring 제한(制限) 링(piston). ——rope 제지로우프. ——valve, Feed valve 역지변(逆止辨)(Fig. 451).

Checker (or checkered) plate 곰보판(板) (보판(步板)등에 사용한다).

Chemical analysis 화학분석(化學分析). ——cleaning 화학 청소(淸掃)(보일러), ——dehydrator 화학 탈수기(脫水器). ——dip brazing 반응(反應)땜질. ——fire extinguisher 약품소화기(藥品消火器). ——research 화학적 연구(硏究). ——test 화학적 시험(試驗)(여기에는 sulphur print 유황사진(硫黃寫眞). macro print 매크로 사진 등이 있다).

Cherry red heat 휜붉은 색열(色熱), 약 600°C.

Chest or sailer's chest 의복상자(衣服箱子). ——of drawers 의농. Flag——기함(旗函). Medicine——

약품함(藥品函). Steam——증기실(蒸氣室). Valve ——or Valve box 변상자(辨箱子) (Fig. 305 ②).

Chevron pointing 산형표시(山形表示)의 현상(現象) (關:bone pattern, Herring bone pointing과 같은 의미, 이 현상에서 균열(龜裂)이 생긴 원점(原點)및 그의 진행경로(進行經路)를 알게된다)(Fig. 109).

Chief engineer 기관장(機關長), 기사장(技師長). ——fisherman 어로장(漁撈長)(漁船). ——mate or first officer 일등항해사(一等航海士). ——steward 주방장.

Chill 냉각(冷却)한다. ——casting 치일주물(鑄物) (인공적(人工的)으로 냉각(冷却)시켜서 경(硬)하게 한 주물). ——plate (weld) 이면당금(裏面當金) 〔關: backing strip과 같은 의미〕. ——room, Chilling room(chamber) 표면냉동실(表面冷凍室)(냉동실 처럼 저온(低溫)은 아니다). ——strip 이당금(裏當金). **Chilled** meat 표면냉동육(表面冷凍肉).

Chine 챠인 (木船) (Fig. 110).

Chinese black 먹(墨). ——white 호분(胡粉).

Chinsing iron 헝겊 타금(打金).

Chipper 절삭기(切削器). **Chipping** 깎아내다. 녹을 두들겨 없애다. ——chisel 평타금(平打金). ——hammer or scaling hammer 녹을 두들겨 없애는 해머.

Chisel 치셀, 타금(打金) (Fig.112). Caulking——or Caulking tool 코오킹 타금(打金). Chipping——평타금(平打金). Cross cut——모자형(帽子形)타금. Hot——열(熱)타금.

Fig. 110 Chine

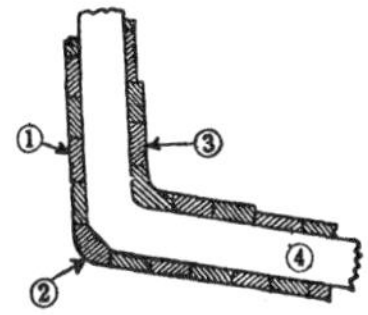

챠 인

① Shell plank 외판(外板).
② Chine 챠인.
③ Bilge stringer 빌지 스트링거.
④ Frame 프레임.

Fig. 111 Lathe chuck

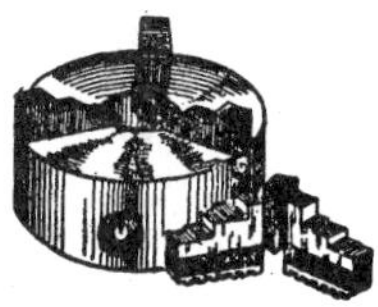

선반(旋盤)의 잡이

Fig. 112 Chisel

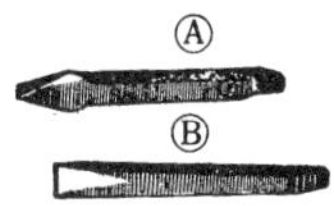

타금(打金)

Ⓐ Cross cut 모자형(帽子形).
Ⓑ Flat 평(平).

Chock 페어리이더. 관(管)이 막히는 것. Anchor——앵커 대(臺). Boat——보오트 쵸크(Fig. 60). Bow——바우쵸크(파절판(波切板)). Filling——끼우는 재료(材料). Rolling——or bilge keel 빌지 키일(Fig. 49).

Chock roller 쵸크로울러(삭(索)이 마찰(摩擦)하는 것을 방지하기 위하여 마찰방지 환(環)을 붙인 페어리이더) (Fig. 182).

Choke line 폐쇄선(閉鎖線)(가스터어빈). ——coil 색류(塞流)코일. **Choking** 폐쇄(閉鎖)(가스터어빈).

Chopping board 도마판(板), 조리대(調理臺).

Chord length 익현장(翼弦長). ——of blade 익현(翼弦). **Chordal** pitch 현(弦)피치.

Chrome plating 크롬 도금(鍍金). ——steel 크롬강(鋼). ——vanadium steel 크롬바나듐강(鋼).

Chronograph or Stop watch 초시계(秒時計).

Chronometer 크로노미터, 시진의(時辰儀)(정밀시계(精密時計).

Chuck lathe 선반(旋盤)의 잡이(Fig. 111).

Chute 슈우트(버리는 구멍(捨口)).

Cinder 타고난 나머지(연소(燃燒)된 나머지).

Circuit 회로(回路)〖電〗. Short——단락(短絡). ——breaker 회로차단기(回路遮斷器). ——interrupting device 회로차단 장치(裝置).

Circular 원주(円柱)의. 회람서문(回覽書文). ——angle of obliquity (reduction gear) 감속장치(減速裝置)의 경사각(傾斜角). ——measure 호도법(弧度法). ——pitch 원주 피치. ——saw 원형(円形)톱. ——section 원호형 단면(円弧形斷面).

Circulating 순환(循環)한다. ——lubrication 순환 주유(注油). ——pump 순환 펌프(Fig. 305). Auxiliary——pump 보조(補助) 순환 펌프——water 순환수(水). ——water strainer 순환수 여과기(濾過器). **Circulation** theory 순환 이론(理論).

Circumferential joint or seam 주접수(周接手). ——pitch 주(周)피치.

Cistern 시스턴(물통). Drain——or Drain tank 드레인탱크. Oil——기름탱크.

Citadel deck house 중앙부 대갑판실(中央部大甲板室)(軍艦).

Clack butterfly or Flap valve 날개 변(辨).

Clad material 합판(合板)(강판(鋼板)에 동판(銅板)을 붙인 것과 같은 것). ——steel 강(鋼)의 합판(예를 들면, Nickel——steel, Monel——steel, Stainless——steel 등).

Clamp or **Cramp** 꺽쇠, 부(副)비임 수재(受材)(Fig. 496⑪).

Clarifier 청정제(淸淨劑).

Clark cycle 클라아크 사이클. ——engine 클라아크 기관(機關).

Class 선급(船級). Characteristic of——선급부호(船級符號)(☞부호표(符號表)).

Classification society 선급협회(船級協會)(세계(世界)의 선급협회는 LR. Lloyd's Register of Shipping 영국 로이드협회. AB. American Bureau of Shipping 미국 선급협회. NK, Japanese Marine Corporation, Nippon Kaiji Kyokai 일본 해사협회, BV, Bureau Veritas 프랑스 선급협회, NV, Det Norske Veritas 노르웨이 선급협회. GL, German Lloyd 독일로이드, RI, Registro Italiano 이탈리아 선급협회, KR, Korean Register, 한국선급협회). ——survey during (under) construction 제조중 선급검사(製造中船級檢査). ——survey after construction 제조후(製造後)선급검사. ——survey after conseruction 제조후 선급검사(製造後船級檢査). ——special survey 특별(特別)선급검사. ——annual survey 연차(年次)선급검사. ——occasi-

선급부호표(船級符號表)

선급협회 / 종별		LR	AB	NK	BV	NV	GL
제조중검사	선체	✠100 A1	✠A1 Ⓔ	NS*	I	1A1	✠100 A4 ⚓
	기관	✠LMC	✠AMS	NMS*		MVKV	✠MC
제조후검사	선체	100A1	A1 Ⓔ	NS	*I	1 A 1	100 A4 ⚓
	기관	LMC	AMS	NMS		MVKV	✠MC

onal survey 임시(臨時)선급검사.

Clausius cycle 크라우시우스 사이클.

Claw 발톱(接手) (Fig. 162 Ⓒ) ——clutch 맞물고 있는 클러치(Fig. 127). ——coupling 맞물고 있는 접수(接手) (Fig. 127). ——hammer 못(釘)을 뽑는 해머.

Cleading 클리이딩(피복(被覆)). Boiler—— 보일러 피판(被板).

Clean tanker 클리인탱커(가솔린과 같은 맑은 기름을 적재하는 탱크선〔關:Dirty tanker 원유(原油)나 연료유(燃料油)와 같은 맑지 못한 기름을 적재하는 탱크선)〕.

Cleaning fire 불바꿈(替火).

Cleanser or Feed filter 급수여과(給水濾過).

Clear hawse slip 해쇄용(解鎖用)슬립(쇄(鎖)가 엉키는 것을 정리하는 도구). ——hold 필러와 같은 방해물이 적은 선창(船艙).

Clearance 틈사이. Axial——or Axial blade 축향(軸向)틈사이. Boiler——보일러 주위(周圍)의 틈사이. Cam——캠 틈사이. Radial——or Radial blade——날개의 반경방향 틈사이. Roller——로울러틈사이. Tip——익단(翼端)틈사이. **Clearance** angle 틈사이 각도(角度). ——adjuster (air compressor) 틈사이 조정기(調整器).

Cleat or Belaying——클리이트(Fig. 113Ⓐ) Hatch——해치클리이트(대금수(帶金受)) (Fig. 113Ⓑ, 211⑲). Horn——뿔형(角形) 클리이트 (Fig. 114) (토핑리프트용).

Fig. 113 Cleat

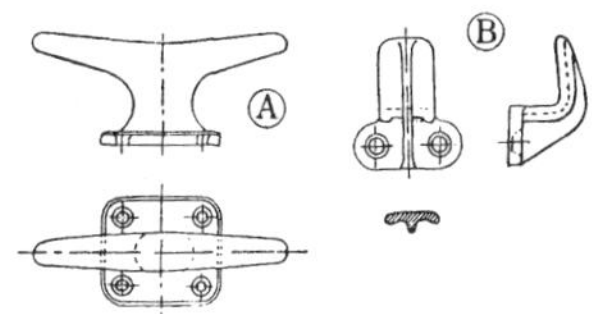

클 리 이 트

Ⓐ Deck cleat 갑판(甲板)클리이트.
Ⓑ Hatch cleat 해치클리이트.
터어보린 눌림 봉(棒)을 제지(制止)한 것(Fig. 211).

Fig. 114 Horn cleat

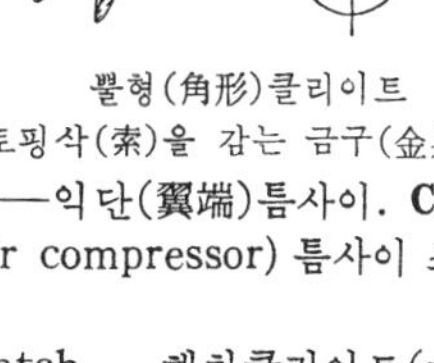

뿔형(角形)클리이트
토핑삭(索)을 감는 금구(金具)

Clenched or **Clinched** bolt 두들긴 못(釘) 클린치(Fig. 71).
Clerk 사무원(事務員). ──office 사무실(事務室).
Clinker (or clincher) 연소하고 남은 것(석탄(石炭)이 타고 남는 것). built 날개형의 판장(板張) (Fig. 291©). ──plating 동상(同上).
Clinometer 클리노미터(경사계(傾斜計)).
Clip 클립(형판(型板)을 강재(鋼材)등에 끼워서 붙이는 금구(金具). ──connection 단산형재 취부(短山形材取付)〖美〗〔關:Lug connection과 같은 의미(Fig. 8) 〖英〗〕. ──hook 클립후크(Fig. 217 ①②).
Clipper 클리퍼(쾌속범선(快速帆船)). ──stem 클리퍼 형(形)의 선수(船首) (Fig. 382).
Cloak room 휴대품 예치소(携帶品預置所). 욕실(浴室)의 탈의장(脫衣場).
Clog case 신장(신을 넣는 상자).
Close 밀접(密接)하다. 밀폐(密閉)하다. ──ceiling 조인 내장(內張) (Fig. 259 ㉚) **Closed** ash pit 밀폐회류(密閉灰溜) (Fig. 66 ⑫). ──exhaust 밀폐배기(排氣). ──exhaust valve 밀폐 배기변(排氣辨). ──fair leader 클로스드 페어리이더.〔關:Suez fair leader와 같은 의미〕(높은 곳에 강(綱)을 걸쳐도 엉키지 않기 위하여 close 시킨다)(Fig. 183). ──feed system 밀폐 급수장치(給水裝置). ──fire room or stoke hold 밀폐 화연실(火燃室). ──joint 맹접수(盲接手). ──superstructure 폐쇄선교(閉鎖船橋). ──type bearing 밀폐형 축수(軸受). ──type fuel valve 밀폐 연료변(燃料辨). ──type thrust bearing 밀폐식 드러스트 축수(軸受).
Closing appliance 폐쇄장치(閉鎖裝置)(해치 또는 격벽(隔壁)의 구멍 등). ──joint (weld) 폐쇄 접수(接手). ──piece 폐쇄 편(片). ──plate 폐쇄판(板) 〔關:Chill plate 냉각(冷却)판과 같은 의미〕. ──weld 폐쇄 용접(鎔接).
Cluster lamp 하역등(荷役燈) (Fig. 235).
Clutch or──coupling 클러치 접수(接手) (Fig. 127). Friction──마찰(摩擦)클러치. Reversing──역전(逆轉)클러치.
CO_2 bottle or cylinder 탄산(炭酸)가스 본베. ──fire extinguisher 탄산가스 소화기(消火器). ──gas compressor 탄산가스 압축기(壓縮機). ──machine 탄산가스 냉각기(冷却機). ──recorder 탄산가스 기록계(記錄計).
Coach spring 궁형(弓形)용수철(차량(車輛)에 많이 사용된다).
Coal 석탄(石炭). Anthracite──무연탄(無煙炭). Artificial──or Briquette 연탄(煉炭). Bitumastic or Bituminous──역청탄(瀝青炭). Black──흑탄(黑炭), Brown──or Lignite 갈탄(渴炭). Bunker──벙커용 탄(炭). ──bag 석탄 대(袋). ──barge 석탄바아지. ──barrow 석탄 손수레(수차(水車)). ──beater 석탄 분쇄기(粉碎機). ──box 선탄 상자(箱子). ──bucket 석탄바께쓰. ──basket 석탄보자기. ──bunker 석탄고(庫). Reserve──bunker or Spare──bunker 예비탄고(豫備炭庫)(평상시는 화

물창(貨物艙)으로 사용하지만, 특히 원거리(遠距離) 항해의 경우에는 탄고로서 사용한다). ——burning boiler 석탄을 연료(燃料)로 하는 보일러. ——carrier or Collier 석탄선(船). ——chute or——shoot 석탄슈우트(재탄통(載炭筒)). ——consumption 석탄소비량(消費量). ——crusher 석탄분쇄기(粉碎機). ——feeder 송탄기(送炭機). ——hammer 석탄 분쇄해머. ——hatch or——scuttle 재탄구(載炭口). ——hoist 양탄기(揚炭機). ——hopper 석탄호우퍼. ——measure or——ring 석탄계량기(計量器). ——passer or——trimmer 석탄인부(人夫)(선내의 석탄을 정리하는 사람). ——port 재탄문(載炭門) (Fig. 103). ——screen 석탄 연소통의 위벽——shoot or——chute 석탄슈우트(石炭筒). ——shovel 석탄 쇼벨. ——tar 코울타르, **Coaling** port 급탄항(給炭港). ——winch 석탄윈치. Dust——미분탄(微粉炭). Gas——가스용 탄(炭). Long flame——장염탄(長炎炭). Lump——괴탄(塊炭). Marine——선용탄(船用炭). Pulverised——미분탄(微粉炭). Semi-bituminous——반역청탄(半瀝青炭). Washed——세탄(洗炭).

Coaming 코오밍(연재(緣材)) (Fig. 24, 211). Hatch——해치코오밍, 승강구(昇降口)코오밍. ——angle 코오밍 산형재(山形材). ——plate 코오밍 판(板) (Fig. 259, ㊱㊱). ——stiffener 코오밍 스티프너(Fig. 24②, 259③).

Coarse grain 조립(粗粒). ——pitch thread 배열(配列)나사.

Coast defence ship 해방함(海防艦). ——guard 경비정(警備艇)〔美〕. ——patrol boat 연안순시정(沿岸巡視艇). ——radio station 해안국(海岸局)(無線). **Coastal** motor boat 연안경비정(沿岸警備艇). ——navigation 연안항법(沿岸航法). **Coasting** vessel or **Coaster** 연해항로선(沿海航路船). ——area 연해구역(沿海區域). ——radius 항행구역(航行區域). ——service 연해구역 항행(沿海區域航行).

Coat hook 의복(衣服)걸이. ——of painting 페인트 도장(塗裝)(예를 들면 One coat of boottop paint 수선(水線) 페인트 1회(一回)도장이라는 뜻). **Coated** electrode 피복(被覆) 아아크 용접(鎔接) (coat flux electrode 매용제(媒溶劑)로서 피복된 봉(棒), bare electrode 나봉(裸棒)). **Coating** material 피복제(被覆劑) 〔鎔〕 (☞ flux).

Fig. 115 Cock

콕

Cock 콕 (Fig. 115). Air——공기(空氣)콕. Asbestos packed——석면(石綿)을 채운 콕. Ash——회(灰)콕. Blow off——or Blow out——취출(吹出)콕 (Fig. 116). ——wheel, Idle wheel or Idler 유차(遊車). 중개차(仲介車). Drain——드레인 콕(Fig. 202③). Fireman's——or Ash——회(灰)콕. Ice——해빙(解氷)콕, Indicator——인디케이터 콕, (Fig. 118, 202 ①), Master——주(主)콕. Pet——or valve 작은 콕 또는 작은 변(辨). Salinometer——검염(檢鹽)콕. Scum——or Surface blow off——수면취출(水面吹出)콕. Sea——해수(海水)콕. Soda——소오다콕. Stop——제지(制止)콕, Switch——절환(切換)콕. Test——시험(試驗)콕. Three way—— 3방(三方)콕 (Fig. 117). Twoway—— 2방(二方)콕. Ventilating——통풍(通風)콕. Water gauge——수면계(水面計)콕 (Fig. 118). **Cocking** up (down) 선수미(船首尾)가 처지는 것.

Fig. 116 Blow off cock

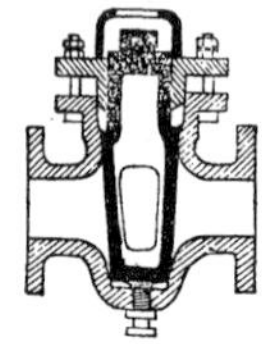

취출(吹出)콕

Cockpit (motor launch) 콕피트(선미좌석(船尾座席)).

Cocoa mat 야자(椰子)매트. ——oil 야자기름.

Code book 만국신호서(萬國信號書). ——calling system 부호 호출법(符號呼出法). ——letter 신호 부호(信號符號) (선명(船名)은 4자로서 된다). ——flag or Answering pennant 회답기(回答旗).

Coefficient 계수(係數). Admiralty——or Admiralty constant 애드미럴티 계수(☞ Admiralty). Block——or Block——of fineness 방형계수(☞ Block coefficient). ——of contraction 수축(收縮) 계수——of expansion 팽창(膨脹)계수. ——of fineness 파이니스 계수. ——of friction 마찰(摩擦)계수. ——of heat convection 열대류(熱對流)계수. ——of kinematic viscosity 동점성(動粘性)계수. ——of linear expansion 선팽창(線膨脹)계수. ——of overall heat transmission 열관류율(熱貫流率). ——of performance 동작(動作)계수. ——of viscosity 점성(粘性)계수. Displacement——배수량(排水量)계수(☞ Displacement). Expansion——팽창(膨脹)계수. Longitudinal——or Prismatic——주형(柱形)계수. (☞ Prismatic). Midship——중앙횡단면(中央橫斷面)계수. (☞ Midship coefficient). Propulsive——or Efficiency——추진(推進)계수. Thrust deduction——(factor, fraction)추력감소(推力減少)계수. Vertical prismatic——수주형(竪柱形)계수. Wake——or Wake factor 반류(伴流)계수, Water-plane area——수선면적(水線面積)계수.

Fig. 117 Three way cock

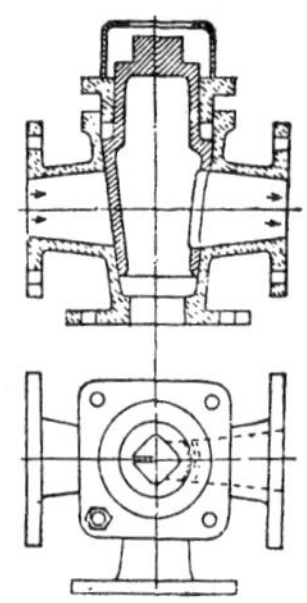

삼방(三方)콕

Coffee mill 커피 분말기(粉末器).

Cofferdam 코퍼댐(기름탱크 사이 또는 기름탱크와 화물창(貨物艙)과를 구획(區劃)하는 협소(挾少)한 공소(空所)).

Cog wheel 톱니바퀴. ——wheel pump or Gear pump 톱니바퀴 펌프.

Cohesion 응집(凝集).

Coil 코일, 선륜(線輪). Armature——전기자(電機子)코일. Choking——초우크코일(전류(電流)를 조정한다). ——(rope) 둥치(환(丸))(예를 들면 two coils of wire rope라 한다). ——boiler 코일보일러. Cooling——냉각(冷却)코일. Field——계자(界磁)코일. Heating——가열(加熱)코일, Series——직권(直捲)코일. Shunt——분권(分捲)코일. Trembler——전령(電鈴)코일.

Coir mat 야자수(椰子樹)껍질의 매트. ——rope 야자수 껍질의 로우프.

Cold air blast system 냉풍식(冷風式). ——air machine 공기식 냉동기(空氣式冷凍機). ——bending test 냉간곡시험(冷間曲試驗). ——drawn pipe 냉간인출관(冷間引出管).——filter (oil burning) 상온(常溫) 유여과기(油濾過器). ——flanging machine 냉간(冷間) 받침 만드는 기계(機械). ——resisting measure 냉간 저항시험(抵抗試驗). ——shortness 냉간 약화(弱化)(인(燐)을 함유한 강(鋼)은 열을 가하여 가공하면 관계없으나. 상온(常溫)에서 가공하면 쉽사리 균열이 생기는 성질이 있다).——starting(heavy oil engine) 상온시동(常溫始動). ——storage 냉장(冷藏) 또는 냉장고(冷藏庫). ——storage boat 냉장선(冷藏船). ——store or refrigerating chamber 냉장고(冷藏庫). ——working 냉간 가공(冷間加工).

Fig. 118 Water gauge cock

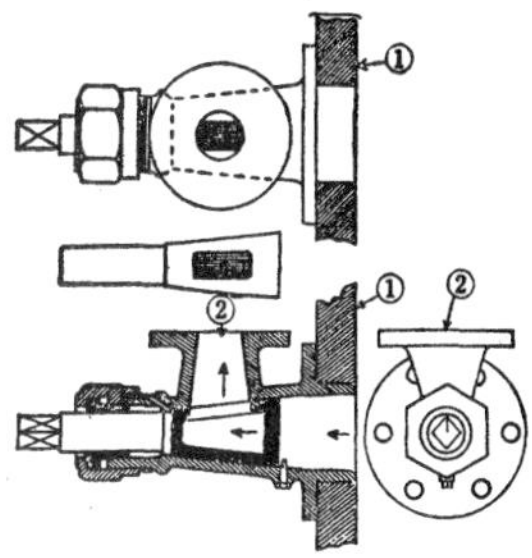

수면계(水面計)코크
①에서 들어가서 ②로 빠진다.

Collapse 압괴(壓壞)하다. **Collapsible** boat 분해조립식(分解組立式) 보우트 (Fig. 59).

Collar 칼라, 테두리〖銘〗. Angle——산형재(山形材)받침(Fig. 9②). Mast hole——마스트칼라(마스트를 갑판에 취부(取付)하는 산형재(山形材) 또는 구(球)산형재). Rudder trunk——러더 트렁크칼라 Safety——안전(安全) 칼라(관(管)의 팽출접수(膨出接手))(Fig. 178). Thrust——or Thrust shaft——드러스트 칼라(Fig. 417②).

Collector ring (電) 집전환(集電環).

Collier 석탄선(石炭船), Self trimming——자연적(自然的)으로 고르게하는 석탄선(자연적으로 적하(積荷)를 고르게 한다).

Collision 충돌(衝突). ——bulkhead 선수격벽(船首隔壁)(Fig. 82 ⑦,145⑩). ——mat 방수(防水)매트(가수선(假修繕)에 사용).

Colloidal fuel 콜로이드(아교질)상 연료(狀燃料).

Colonnade 열주(列柱).

Colour or **Color** conditioning, ——dynamics 색채관리(色彩管理). ——scale 색합표(色合表). ——screen 착색(着色) 글라스(lamp). ——tube 착색관(着色管)(이것은 Thompson sounding machine 톰손 측심기(測深器)에 사용하는 것으로서 글라스 내면에 염화은(鹽化銀)을 바르고, 상단(上端)은 밀봉(密封), 하단은 개방(開放)되어 있다. 이것을 해저(海底)까지 내리면 관내(管內) 공기는 수압(水壓)때문에 수심(水深)에 응(應)하여 수면이 관내에 상

승(上昇)하고, 염화은에 접하면 색(色)이 변하기 때문에 어디까지 물이 올라왔는가를 알수 있고 그것으로서 수심(水深)을 알게 된다).

Column 주란(柱欄), Back——(ing.) 후주(後柱). Front——전주(前柱). Stand- —, Stand pipe, Steady pipe or Standard pillar 관주(管柱) (Fig. 202④), Trestle type——(diesel) 지각형 교각(支脚形 橋脚).

Colza oil 유채기름(종유(種油)).

Comb 유절(油切).

Combination 결합(結合). 조합(組合). ——bevel 베벨측정(測定)과 축심(軸心)을 동시에 측정(測定)하는 공구(工具). ——heater 조합가열기(組合加熱器). ——machinery 조합 기관(機關). ——system 조합식(組合式)(프로펠러). ——turbine 조립식 터어빈(Fig. 434, 435). **Combined** blade 익근(翼根)을 회전부(回轉部)에 별도로 고착(固着)시키는 날개. ——carbon 화합탄소(化合炭素). ——efficiency 종합효율(綜合効率). ——impulse turbine 조합 충동(衝動)터어빈. ——inlet and exhaust valve 흡입배기 병용변(吸入排氣併用辨). ——stress 조합 응력(應力). ——stroke 합계행정(合計行程). ——system 콤바인드 시스템. 조합식. turbine——혼합식(混合式)터어빈.

Combustible loss 미연소 손실(未燃燒損失). ——material 가연재료(可燃材料).

Combustion 연소(燃燒). Complete——완전(完全)연소. Spontaneous——자연(自然) 연소(화학변화 등으로 외부로부터 착화(着火)하지 않고 연소하는 것). ——chamber or Fire box 연소실(室). Dry——chamber 건연실(乾燃室) (Fig. 67). ——chamber crown plate 연소실 천정판(天井板). ——knock 연소 노크. ——recorder 탄산(炭酸)가스 기록계(記錄計). ——pressure 연소압(壓). ——rate 연소율(率). ——stroke, Impulse stroke, Working stroke 연소행정(行程). 작동행정(作動行程) (☞

Fig. 119
Magnetic compass

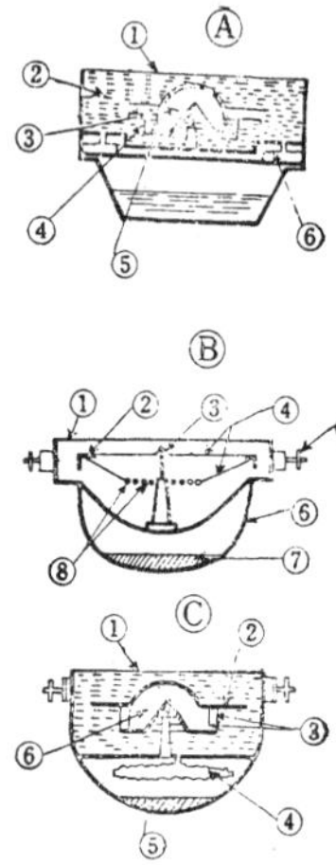

Ⓐ Liquid compass 액체(液體)컴퍼스. ① glass cover 글라스뚜껑. ② Liquid 액체(알코올). ③ Buoyant chamber 부력실(浮力室). ④ Radial filament 방사선(放射線). ⑤ Magnetic needle 자침(磁針). ⑥ Expansion chamber 팽창실(脹膨室).
Ⓑ Dry compass 드라이 컴퍼스. ① Glass cover 유리뚜껑. ② Paper dial 종이문자반(文字盤). ③ Central disc 중심지대(中心支台). ④ Silk line 명주실. ⑤ Gimbal ring 수평환(水平環). ⑥ Bowl 바울. ⑦ Caster oil 캐스터기름. ⑧Magnetic needle 자침.
Ⓒ Liquid compass 액체컴퍼스. ① Glass cover 유리뚜껑. ② Dial 문자반. ③ Magnetic needle 자침. ④ Expansion chamber 팽창실. ⑤ Lead ballast 추(납). ⑥ Buoyant chamber 부력실.

diesel).

Combustor 연소기(燃燒器)(가스터어빈).

Comment 논평(論評). 논의(論議). 의견(意見).

Commercial harvour 상항(商港). ——test 상용시험(商用試驗).

Commissary 식량조리소(食糧調理所).

Committee 위원회(委員會) 또는 위원(委員). Classification——선급(船級)위원회. Managing——관리(管理)위원회. Technical——기술(技術)위원회.

Common 보통(普通). 공통(共通). ——anchor 보통앵커(스톡앵커) (Fig. 4). ——link 보통 환(環)(Fig. 107 ⑥). ——slide valve 보통형 활변(普通形滑辦).

Communicating pipe 연락관(連絡管). ——pole 정류극(整流極)〔電〕 **Communication** box or Direction valve box 통신함(通信函). ——tube 통신통(筒). ——valve 연락변(連絡辦).

Commutation 정류(整流). **Commutator** 정류자(整流子). 전환기(轉換器). 집전자(集電子). ——motor 정류자 전동기(電動機).

Companion 승강구실(昇降口室). ——ladder 승강구 사다리. ——way 승강구.

Comparator 콤패레이터(비교측정기(比較測定機)).

Compartment 구획실(區劃室). Bilge——침수(浸水)구획. Watertight——수밀(水密)구획.

Compass 컴퍼스(나침의(羅針儀)). Azimuth——방위컴퍼스(Fig. 15). Bearing——방위컴퍼스(Fig.15). Boat——보우트컴퍼스. Cabin——실내(室內) 컴퍼스. Dry——드라이컴퍼스(Fig. 119Ⓑ). Fluid——, Liquid——or Wet——액체(液體)컴퍼스 (Fig. 119 Ⓐ). Hanging——, Cabin——or Telltale——매달린 컴퍼스. Magnetic——자기(磁氣)컴퍼스 (Fig. 119). Mother——주(主)되는 컴퍼스. Radio——or Wireless direction finder 무선방위측정기(無線方位測定機), 무전 방향탐지기(無電方向探知機) (Fig. 12⑬). Standard——원기(原基)컴퍼스, Steering——조타(操舵)컴퍼스. ——adjuster 컴퍼스 수정인(修正人). ——Adjustment 컴퍼스(자차(自差))수정. ——bearing 컴퍼스에 의한 방위(方位). ——bowl 컴퍼스바울(Fig. 119Ⓑ⑥). ——bridge 컴퍼스 선교(船橋)(Fig. 145 ①). ——card or——dial 컴퍼스카아드. ——course 컴퍼스 코오스(항로(航路)). ——deck 컴퍼스 갑판(甲板) (Fig. 145①). ——error 컴퍼스 오차(誤差). ——needle or Magnetic needle 자침(磁針). ——plane 등근 대패.

Fig. 120 Component

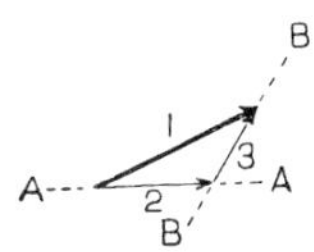

분력(分力)

1의 힘을 AA방향(方向)과 BB 방향으로 분해(分解)하면 2, 3이 된다. 1이 합력(合力), 2, 3이 AA축(軸), BB축방향의 분력.

Compasses 컴퍼스(제도기(製圖器)). 양각기(兩脚器)〔關:Divider와 같은 의미〕.

Beam——팔이 있는 컴퍼스〔關:Trammel과 같은 의미〕. (Fig. 422). Proportional——or Proportional divider 비례(比例)컴퍼스.

Compensating 보강(補强). 수정(修正). ——gear 보상장치(補償裝置). ——ring 보강 링(爐). ——tank 보강(補强)탱크. **Compensator** 〖電〗 보상기(補償器).

Complete annealing 완전소냉(完全燒冷)(잔류응력(殘留應力)이 없어질 때까지 소냉시킨다). ——combustion 완전 연소(燃燒). ——cycle 전(全)사이클. ——superstructure vessel 전통선루선(全通船樓船). ——survey 완성검사(完成檢査).

Complex 콤플렉스(가스터어빈).

Component 분력(分力) (Fig. 120)

Composite beam 합성(合成)비임.——electrode 복합(複合) 아아크 용접봉(鎔接棒). ——joint 혼용접수(混用接手). ——vessel 목철 교조선(木鐵交造船)

Composition 용제(溶劑)〖鎔〗. 혼합물(混合物)(갑판피복(甲板被覆)에 사용한다).

Compound beam 조립(組立)비임. ——dynamo 복권직류발전기(複捲直流發電機). ——engine 2단팽창기관(二段膨脹機關). ——gauge 연성(압력)계(連成(壓力)計). ——impulse turbine 연성충동(連成衝動)터어빈. ——motor 복권전동기(複捲電動機). ——reaction turbine 연성반동(連成反動) 터어빈. ——stress 조합응력(組合應力). ——wound 보상권선(補償捲線).

Compressed air 압축공기(壓縮空氣).——cork 압축코르크, ——oxygen 압축산소(酸素). **Compressibility** 가축성(可縮性).

Compressing cylinder (freezer) 압축(壓縮)실린더(冷却機).

Compression 압축(壓縮). ——efficiency 압축 효율(効率). ——ignition engine 압축 점화기관(點火機關). ——machine (refrigeration) 압축식 냉각기(冷却機). Ammonia——machine. 암모니아 압축냉각기(壓縮冷却機). ——member 압축 측용재(壓縮側用材).——pressure 압축압(壓縮壓). ——ratio 압축비(壓縮比). ——stroke 압축행정(行程)(Fig. 155). ——temperature 압축 온도(溫度). ——stress 압축응력(應力) (Fig. 39).

Compressor 압축기(壓縮機). 제쇄기(制鎖器). Air——공기(空氣)압축기. Chain cable——(controller) 케이블 제어장치(制御裝置) (Fig. 95). Three stage air——(diesel) 3단공기(三段空氣)압축기 (Fig. 121).

Concave fillet welding 오목구석살 용접(鎔接). ——lens 오목렌즈(Fig.244).

Concentrated load 집중하중(集中荷重).

Concentric 동심원(同心圓). **Concentrically** stranded conductor동심원에 꼬인 케이블. **Concentricity** 동심성(同心性).

Concrete 콘크리이트.——mixer 콘크리이트 믹서.——ship or Plastered ship 콘크리이트 선(船). Ferro——vessel 철근(鐵筋) 콘크리이트선.

Condensate depression 복수온도강하(復水溫度降下). ——pump (kinetic air pump) 복수(復水)펌프.

Condenser 복수기(復水器) (Fig. 122). 축전기(蓄電器)——Ammonia——암모니아 응축기(凝縮器). Auxiliary——보조(補助)복수기. Contraflow——역류(逆流)복수기. Double pipe——이중관(二重管)응축기. Ejector——이젝터 복수기. Jet——제트복수기. Main —— 주(主)복수기. Open air——대기(大氣)복수기. Outside——, Side——or Submerged——선저(船底)복수기. Surface——표면(表面)복수기. Uniflux——정류(整流)복수기. Variable——가변(可變)복수기. Winch——or Auxiliary——보조(補助)복수기. ——relief valve 복수기 안전변(安全辨). ——tube 복수관(復水管). ——tube ferrule 복수관 페룰(구금(口金)) (Fig. 122⑪). **Condensing** engine 복수기가 있는 기관(機關). Non-condensing engine 복수기가 없는 기관. ——plant 복수장치(裝置).

Fig. 121 Three-stage air compressor

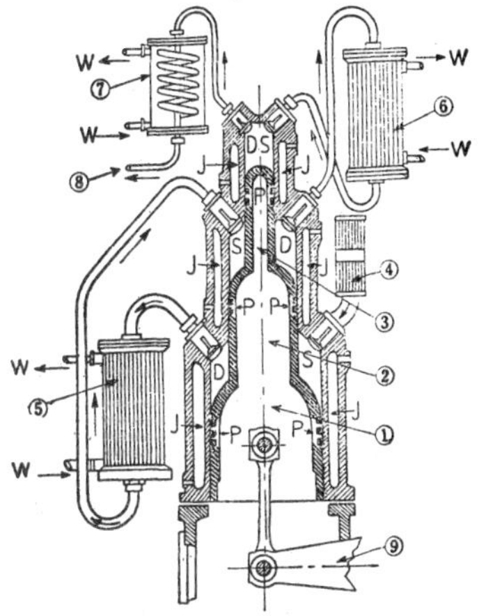

3단 공기압축기(三段空氣壓縮機)

① LP stage 저압(低壓). ② IP stage 중압(中壓). ③ HP stage 고압(高壓). ④ Admission air silencer 진입공기(進入空氣)사이렌서. ⑤ Inter cooler 중간냉각기(中間冷却器). ⑥ Inter cooler 중간냉각기. ⑦ After cooler 최후의 냉각기. ⑧ Delivery of HP 송출관(送出管). ⑨ Lever 원동기정(原動機挺). J. Jacket 자켓(순환수통로(循環水通路). S. Suction 흡입. D. Delivery 송출. W. Water 물. P. Piston ring 피스톤 링.

Condition 현상(現狀), 상태(狀態), 조건(條件), Light——경하(輕荷)상태(선체, 기관 기타의 비품(備品)을 완비(完備)하고, 연료수(燃料水), 예비품, 창고품(倉庫品), 승무원(乘務員) 및 그의 수하물(手荷物), 식량(食糧)등을 적재하지 않는 상태(복수기(復水器) 안의 물과 보일러 수(水)는 포함된다)). Normal——상비(常備)상태. Riddled——침수(浸水)상태. Service——사용(使用)상태, 항해(航海)상태, Trial——시운전(試運轉)상태. ——curve 상태곡선(曲線)(터어빈).

Conduction 전도(傳導). **Conductivity** 전도성(傳導性). 전도율(傳導率). Thermal——열(熱)전도율. **Conductor** 도체(導體). Electric——전기(電氣)도체. Lightning——피뢰장치(避雷裝置). 피뢰침(針). Non-conductor 부도체(不導體).

Conduit or Condit 도관(導管). Air——공기(空氣)도관.

Cone gauge 코온(원추형(圓錐形) 정규(定規)(프로펠러 보스용). ——pulley 원추형 벨트차(車).

Conical pointed rivet 원추포인트의 리벳(Fig. 324⑮).

Connecting bend 접속용(接續用) 벤드(관(管)이 구부러지는 곳에 사용하는 곡관(曲管)). ——bridge 연락교(連絡橋)(Flying passage와 같은 의미). ——rod 연접봉(連接棒) (Fig. 123).

Constant 상수(常數), 정수(定數), Advance——전진(前進)계수. Admiralty——or coefficient 애드미럴티 계수(☞ Admiralty). Cylinder——실린더정수. Thrust——드러스트정수. Torque——토오크정수. **Constant** 일정(一定)한. ——current welding machine 정전류용접기(定電流鎔接機). ——energy welding machine 정전력(定電力) 용접기. ——pitch 일정 피치. ——pressure cycle 정압(定壓) 사이클. ——rating 연속정격(連續定格). ——reaction blade 등반동(等反動)날개. ——temperature cycle 정온(定溫) 사이클. ——tension winch 정장력(定張力)윈치. ——voltage welding machine 정전압(定電壓)용접기. ——volume cycle 정용적(定容積)사이클.

Fig. 122 Condenser

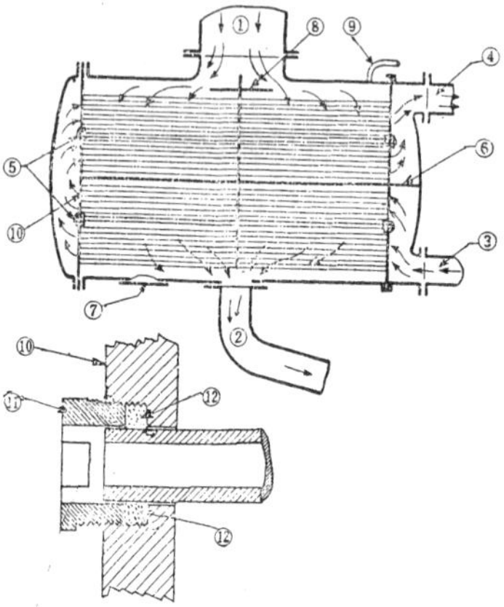

① Eduction pipe 배기관(排氣管)(실린더에서). ② Air pump suction 공기(空氣)펌프로 가는 흡입관(吸入管). ③ Delivery from circulation pump 순환(循環)펌프로부터의 출구(出口). ④ Discharge from condenser 복수기(復水器)로부터의 출구 ⑤ Stay 스테이 ⑥ Division plate 사절판(仕切板). ⑦ Hand hole 손구멍. ⑧ Baffle plate 조절판(調節板). ⑨ Supplementary feed 보급수관(補給水管). ⑩ Tube plate 관판(管板). ⑪ Ferrule 페룰(구금(口金)). ⑫ Packing space 패킹장소.

Fig. 123 Connecting rod (double end)

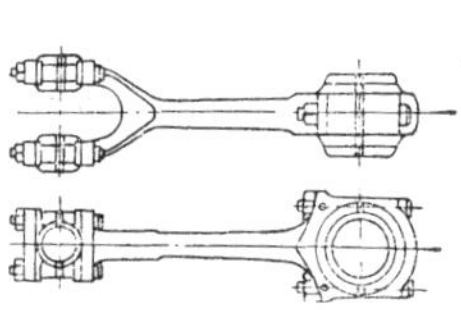

연접봉(連接棒)

Constantan wire 콘스탄탄선(線).

Construction 구조(構造). ——plan 구조도(圖). ——profile 구재배치도(構材配置圖) (배를 중심(中心)에서 종(縱)으로 절단(切斷)하고 구조 및 구재배치, 그리고 치수(寸法)등을 기입한 도면). ——store 보조(補助)재료.

Constructor 조선기사(造船技師).

Consumable stores 소모품(消耗品). **Consumption** 소비량(消費量). Coal—— 석탄(石炭)소비량(일정(一定)항해에 있어서 매일평균(每日平均)의 소비량). Fuel——연료(燃料)소비량. Oil——기름소비량. Steam——증기(蒸氣)소비량.

Contact 접점(接點). ——bar 접촉봉(接觸棒). ——dummy or Facial dummy 접촉 더미(터어빈). ——jaw 접촉(接觸)턱. ——maker 접촉장치(裝置)〖電〗. ——segment 접촉면(面). ——type 접촉형(型)(터어빈 또는 더미). **Contactor** 접촉기(接觸器) 〖電〗.

Contamination 오염(汚染)(기름으로 해면(海面)이 더러워짐).

Contingent survey or Occasional survey 임시검사(臨時檢査).

Continuous current or Direct current, DC 직류(直流)〖電〗. ——liner 일체(一體) 라이너(tail shaft). ——survey 계속(繼續)검사. ——pass 연속용접(連續鎔接). ——wave or CW 지속 전파(持續電波)〖電〗. ——weld 연속용접.

Contour 윤곽(輪廓). ——line 등고선(等高線)(電波).

Contra-flow condenser 역류복수기(逆流復水器). ——heat changer, regenerator 역류형 열교환기(逆流形熱交換機). Contra-propeller 콘트라 프로펠러. ——rudder 콘트라 타(舵) (Fig. 332).

Contract 청부계약(請負契約). ——plan 계약도면(圖面). ——price 청부가격(價格). ——work system 청부제도(制度). **Contracted** method 편축제도법(偏縮製圖法). **Contraction** 축소(縮小). Volume——용적(容積)축소(연소(燃燒)). ——or Reduction of area 단면(斷面)축소(인장시험편(引張試驗片)이 절단(切斷)될 때의 단면이 수축되는 것). **Contractor** 청부자(請負者).

Control board 관제판(管制板). ——equipment 제어장치(制御裝置). ——panel 관제패널〖電〗. ——platform 연락대(連絡臺). ——valve box 조종변(操縱辨)의 상자(터어빈). **Controller** 제어기(制御器)〖電〗. **Controlling** box or Manoeuvering box 조종상자. ——gear 조종장치. ——room or ——station 발령소(發令所). ——valve 조종변(辨). Automatic——valve 자동(自動)제어변(辨).

Convection 대류(對流). ——heater 대류가열기(加熱器). **Convector** 대류방열기(放熱器).

Convergent nozzle 선세(先細) 노즐. ——divergent nozzle 중세(中細) 노즐.

Conversion 환산(換算). ——table 환산표(表).

Converter 변환장치(變換裝置). 변류기(變流器)〖電〗. 전로(轉爐)(製鐵)(Fig. 41). Auto-converter 자동 변환기(自動變換器). Bessemer ——베시머전로(Fig. 41). Phase——상수(相數)변환기. Rotary——회전(回轉)변환기. ——steel 전로강(鋼)(전로제강(製鋼)은 간단히 단시간(短時間)에 제강되기 때문에 경제적이지만 품질이 균일(品質均一)하지 못하기 때문에 선체(船體), 기타 중요부분에는 사용하지 않으며, 최근에는 개량되어서 점차 널리 사용하게 되었다).

Convex fillet welding 중고(中高)구석살 용접(鎔接). ——lens 중고(中高 : (볼록))렌즈(Fig. 244). ——moulding 팽출(膨出)연금(緣金)(Fig. 24①⑤).

Conveyer 콘베이어(운반장치(運搬裝置)). Aerial——가공(架空)콘베이어(광산(鑛山)등에서 골짜기를 건너서 운반할 때 사용한다). Belt——벨트콘베이어(석탄광석(石炭鑛石)등을 대피(帶皮)에 싣어서 연속적으로 운반한다). Screw——나사콘베이어(나사를 회전(回轉)시켜서 곡류(穀類)등을 운반한다).

Convoy 호송선단(護送船團). Sailing under——호위(護衛)를 하면서 항해(航海)한다(조난선(遭難船)의 경우).

Cook 요리인(料理人). **Cooking** stove or——range 요리레인지——utensil 조리구(調理具). ——store 요리 용품고(料理用品庫).

Coolant 쿠울랜트 소입용 액(燒入用液). **Cooled** turbine 냉각식(冷却式)터어빈. **Cooler** 냉각기(冷却器). Air——공기(空氣)냉각기. Brine——브라인 냉각기. Electrolyte——전해식(電解式)냉각기 Fore —— 예냉기(豫冷器). Jacket water——자켓수(水)냉각기. Lubricating oil——윤활유(潤滑油)냉각기. Oil——기름냉각기. **Cooling** air jacket 냉각용 공기(冷却用空氣)자켓. ——area 냉각면적(面積). ——blade 냉각식(冷却式)날개(가스터어빈). ——coil 냉각코일(공기압축기(空氣壓縮機)). ——effect 냉각효과(効果). ——pipe 냉각관(管). ——surface 냉각면(面). ——test 냉각시험(試驗). ——water 냉각수(水). ——water jacket 냉각수자켓(통로(通路)). ——water pump 냉각수 펌프.

Cooper's store 음료품 창고(飮料品倉庫). **Cooperage** store 소도구창고(小道具倉庫).

Coordinate 좌표(Fig. 124). Polar——극(極)좌표.

Cope iron 연금(緣金).

Copper 구리(동(銅)). ——alloy 동합금(合金). ——hammer 동해머. —— loss 동손(銅損)〔電〕. ——sheathing 동으로 피복(被覆)한 판(板)〔木〕. ——smith 동공(銅工). ——tube 동관(銅管). ——wire 동선(銅線). Electrodeposit——전기분동(電氣分銅). Sheet——박동판(薄銅板).

Copy press stand 복사(複寫) 프레스 대(臺). **Copying** machine 복사기(機).

Coral boat 산호채집선(珊瑚採集船).

Fig. 124
Co-ordinate

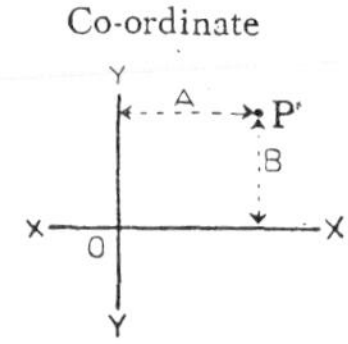

좌표(座標)
XX, YY, Axis축(軸)
A. Abscissa of PP점의 횡(橫)좌표.
B. Ordinate of PP점의 종(縱)좌표.

Cordage 로우프류(類). ——space 로우프류를 넣는 장소(場所).

Core 심(心) 중자(주물(鑄物)의). Armature——전기자 철심(電機子鐵心). ——electrode 유심(有心) 아아크 용접봉(鎔接棒). ——loss 심손(心損)〔電〕. ——plug 중자전(中子栓). ——sand 중자사(中子砂). —— wire 심선(心線).

Single——cable 단심선(單心線). Double-three——cable 2,3심선(二,三心線). **Coring** 심을 남기는 것.

Cork 코르크——board 코르크판(板). ——carpet 코르크카페트. ——fender 코르크펜더(방현재(防舷材)). ——mat 코르크매트, ——paint 코르크페인트(코르크가루를 페인트에 혼합한 것으로서 선실천정(船室天井)등에 발라 이슬이 맺히는 것을 방지한다). Brick——or——brick 코르크기와. Compressed——압축코르크. Dust——cr——dust 분상(粉狀)코르크. Granulated——입상(粒狀)코르크. Slab——코르크판(板). **Corking** fork 코르크빼는 것.

Corner doubling 구석 2중장(二重張). (Fig. 125,211⑤). ——joint 구석접수(接手). ——reflector 구석레플렉터.

Fig. 125
Corner doubling

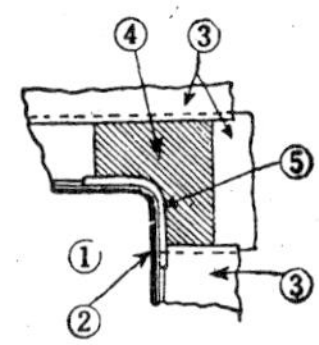

구석 2중장(二重張)
① Deck opening 갑판개구(甲板開口). ② Coaming plate 연판(緣板). ③ Deck plate 갑판(甲板). ④ Corner doubling 구석 2중장. ⑤ Corner angle 구석산형재(山形材).

Corrected mass flow 수정유량(修正流量)(가스터어빈). ——revolution per minute 수정회전수(回轉數)(가스터어빈). ——speed 수정속력(速力). **Correction** 수정(修正). Smith——스미스수정법(法). Temperature——온도(溫度)수정. ——curve 수정곡선(曲線). ——factor 수정계수(係數).

Corresponding speed 대응속도(對應速度)(상사선(相似船)끼리, 또는 모형선(模型船)과 실선(實船)과의 속력비(速力比)는 치수(寸法)의 평방(平方)에 비례(比例)한다. 그때의 속도를 말한다).

Corridor 회랑(回廊). 통로(通路).

Corrosion 부식(腐蝕). Galvanic——전식(電蝕)(이금속(異金屬)을 수중(水中)에 넣어두면 양(兩)금속간의 전식에 의하여 한쪽 금속이 부식된다. 예를 들면 동제(銅製) 프로펠러 근처의 철재(鐵材)가 부식된다. 또한 외판(外板)과 리벳의 재질(材質)이 다르면 리벳 머리가 부식된다) (☞Action). Grooving——구형(溝形) 부식(부식이 층(層)을 형성(形成)하며 구형(溝形)으로 나타난다. 단철재(鍛鐵材)에 많이 생긴다). Fatigue——피로(疲勞)부식(응력(應力)에 의하여 생기는 부식). Pitting——점식(點蝕)(압연(壓延)때 mill scale 철(鐵)을 감은 것이 녹이 슬어 떨어지면 곰보형으로 부식한다. 또, 탱커에서 원유(原油)를 운반하는 탱크 내에 원유에 따라서는 원유 내의 산류(酸類)때문에 심한 전식이 생기는 경우가 있다). ——crack 부식균열(龜裂)(부식이 원인이 되어서 균열이 일어나는 것). ——resisting alloy 내식 합금(耐蝕合金). ——test 부식시험(試驗).

Corrugated 파형(波形). ——bulkhead 파형 격벽(隔壁)〔關:fluted bulkhead와 같은 의미〕(Fig. 91). ——furnace 파형로통(爐筒) (boiler). (Fig. 66⑬, 67⑥). ——hatch cover 파형 해치커버. ——header 파형관(管)헤더. ——sheet iron 파형 트렁크판(板). ——shell 파형외판(外板). ——vessel 파형

외판선(船). **Corrugation** 기복(起伏).

Cot bed 침대(寢臺).

Cotter 커터, 쐐기마개. ——block 가로붙인 반목(盤木). Gib &——쐐기. ——pin 제지(制止)마개.

Cotton canvas 면(綿)캔버스. ——seed oil 면실유(棉實油). ——twine 면봉사(綿縫糸).

Couch 긴 의자(長椅子), 취침용 긴 의자.

Counter 카운터(Fig. 98). 계산기(計算器). 수부대(受付臺). ——balancing 평형(平衡)맞춤. ——bore 단부(端部)의 홈(프로펠러 보스의 구입부(溝入部)(Fig. 402⑧). ——flow 역류(逆流). ——flow heat exchanger 역류형 열교환기(逆流形熱交換器). ——shaft 중개축(中介軸). ——timber 선미(船尾)프레임(木船). ——weight or Balance weight 평형추(錘). ——weight system 분동권(分銅捲)(荷役). Revolution——적산회전계(積算回電計).

Fig. 126 Couple

우력(偶力)

1, 2, 의 힘이 그림과 같이 작용할 때 우력이라 한다.

Countersinking 못대가리 구멍만드는 공구(리벳구멍). **Countersink** or **Countersunk** point 못(釘)의 끝(리벳). ——rivet 접시리벳 (Fig. 324).

Fig. 127 Clutch coupling

클러치 접수(接手)

Couple 우력(偶力) (Fig. 126). Righting——복원(復原)우력(stability). Torsional——비틂우력.

Fig. 128 Universal coupling

자재(自在)접수

Coupling 접수(接手). Ball & socket——(joint)구(球)접수. Box——, Muff——, Sleeve——통형(筒形)접수, Clutch——or Clutch 클러치접수(Fig. 127). Flange——or Flange joint 플랜지접수(Fig. 335 ③)——bolt 접수보울트(Fig. 338 ④). ——bolt forcer 접수보울트 압입기(押込機), ——flange 접수플랜지(Fig. 335③). Flexible——신축(伸縮)접수. Friction——마찰(摩擦)접수. Horizontal——수평(水平)접수(Fig. 335). Hydraulic——or Hydraulic transmitter 수력(水力)접수. Loose——루우스접수 Rudder——타(舵)접수(Fig.335). Scarph——스카아프접수(Fig. 338). Shaft——축(軸)접수. Universal——or Universal joint 자재(自在)접수(Fig. 128). Vertical——수직(垂直)접수 (Fig. 338).

Coupon 주출시험편(鑄出試驗片)(시험편을 취하기 위하여 주출해 둔 부분).

Course 코오스, 진로(進路). 항로(航路). Air——or passage 공기도(空氣道).

Measured mile——표주간(標柱間)코오스(시운전용(試運轉用)). Water——수도(水道). ——recorder or Battle tracer 침로기록계(針路記錄計). ——stability 침로안전성(安全性).

Cover 덮개. Piston——피스톤덮개. ——glass 보호(保護)유리. **Covering** board 현연재(舷緣材)〖木〗. ——plate 복판(覆板).

Cowl head ventilator 담배대형(形) 통풍통(通風筒)(Fig. 467).

Coxswain 정장(艇長)(보우트).

Crab factory ship 게공선(蟹工船). ——mother ship 게공모선(蟹工母船). ——winch 이동(移動)윈치(갑판(甲板)위를 자력(自力)으로 이동).

Crack 파열(破裂). ——arrester or barrier 파열제지(制止). Quenching——소열(燒裂)(소입(燒入)으로 인하여 생긴 파열). Season——방치(放置)파열(시효(時效)에 의하여 스스로 균열이 가는 것).

Cracking of crude oil 원유(原油)의 분리(分離) 또는 분해(分解).

Cradle 크래들(Fig. 241)(진수대(進水臺)).

Craft 배(船). **Craftmanship** 기술능력(技術能力)(workmanship과 같은 의미).

Cramp or Clamp 꺽쇠. 부(副)비임 수재(受材)〖木〗. (Fig. 496⑪).

Crane 크레인(기중기(起重機)). Derrick——or Derrick 데릭 크레인. Floating——크레인선(船). Gantry——or Gantry 갠트리 크레인. Hammer head——해머형(形)크레인. Hydraulic——수압(水壓)크레인(Fig. 218). Jib——지브 크레인(Fig. 129). Locomotive——로코 크레인(궤도(軌道)위를 움직이는 크레인). Magnet——전자(電磁) 크레인(자력(磁力)으로 철물(鐵物)을 붙여서 든다). Overhead travelling——천정주행(天井走行)크레인. Wall——벽(壁)크레인. Wharf——부두(埠頭)크레인. Crane-man's house 크레인 조종실(操縱室).

Fig. 129 Jib crane

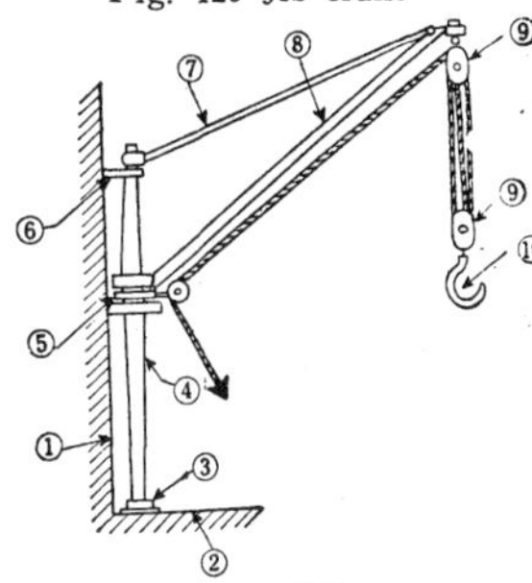

지브크레인

① Wall 벽(壁). ② Ground 대지(台地). ③ Socket 기둥받침. ④Shaft 축(軸). ⑤ Bearing 중간축수(中間軸受). ⑥ Bearing 상부(上部)축수. ⑦ Tie bar 지지봉(支持棒). ⑧ Boom 부움. ⑨ Block 활차(滑車). ⑩ Hook 걸이.

Crank 크랭크 (Fig. 130). Bell——벨 크랭크(Fig. 35). Built up——조립(組立)크랭크(journal 축(軸), web 팔, pin 핀을 따로따로 만들어서 조립한 것). ——angle 크랭크 사이의 각도(角度). ——arm or——web 크랭크팔. ——brass 크랭크 브라스(이금(裏金)). ——case 크랭크실(室). ——case type 크랭크실 밀폐식(室密閉式)(내연기(內燃機)). ——chamber 크랭크실(室). ——effort 크랭크 회전력(回轉力). ——effort diagram 크랭크 회전력선도

(線圖). ——journal 크랭크축(軸). ——pin 크랭크핀. ——pin bearing 크랭크핀받침. ——pin bolt 크랭크핀 보울트. ——pin metal or brass 크랭크 핀 메탈. ——case scavenging 크랭크실 소기(室掃氣). ——pit 크랭크 구멍. ——shaft 크랭크축(軸) (journal, web, pin을 합친 전체)(Fig. 130). ——shaper 크랭크 절삭반(切削盤). ——vessel 중두선(重頭船) 〔關:top heavy vessel과 같은 의미〕. Built up——shaft 조립(組立)크랭크. Disc——원판(圓板)크랭크, Half built up or Semi built up——shaft 반조립(半組立)크랭크. Sequence of——크랭크순위(順位). Shrunk welded——shaft 가열감입(加熱嵌入)한 크랭크축. Solid——일체(一體)크랭크(조립크랭크의 대칭(對稱)). **Crankless** pump or Non-crank pump 크랭크가 없는 펌프.

Fig. 130
Crank (Balanced)

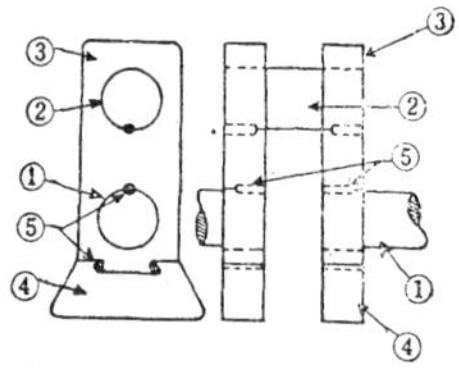

크랭크(평형추(平衡錘)가 있는 것)
① Journal 저어널.
② Crank pin 크랭크핀.
③ Web 웨브.
④ Balance weight 평형추.
⑤ Screw pin 나사핀.

Crash back 전력후퇴(全力後退).

Crate 크레이트. 상자(箱子). **Crater** 크레이터〖鎔〗(비이드의 최후에 생기는 식입(植込)).

Creep 크리이프, 미끄러짐, (강재내(鋼材內)의 분자(分子)의 미끄러짐이라든지, 리벳 접수(接手)의 미끄러짐 등). ——of rotor or relaxation of rotor 로우터의 미끄러짐 또는 쇠모(衰耗).

Creosote 크레오소트(목제(木製)타르의 분류물(分留物)인데 산적(散積)을 하면 80°F로 가열(加熱)하지 않으면 침전응고(沈澱凝固)한다.

Crest 파정(波頂). ——value 최대치(最大値)(곡선도(曲線圖)).

Fig. 131 Crevice

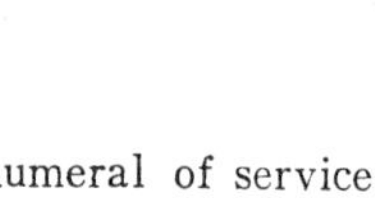

틈 사 이

Cretonne curtain 크레톤직(織)커어튼.

Crevice 선수협소부(船首狹小部), 틈사이(Fig. 131).

Crew 선원(船員). 하급(下級)선원(수부장(水夫長) 이하, 고급선원(高級船員) officer는 견습사관(見習士官)이상). ——list 해원명부(海員名簿). ——quarter 선원거주구역(居住區域). ——space 선원실(船員室).

Crimp over 판(板)의 단(端)을 굽힌다. 연취(緣取)한다.

Cringle 크링글(강(綱)의 결목(結目)).

Criterion 표준(標準). ——numeral 표준수(數). ——numeral of service 용도(用途)의 표준수.

Critrcal cavitation number 임계(臨界) 캐비테이션 수(數). ——cooling velocity 임계 냉각속도(冷却速度). ——damping constant 임계 감쇠정수(減衰定

數). ——mach number 임계마하 수(數). ——number of——revolution 위험회전수(危險回轉數)(원동기(原動機)의 종류에 따라 축(軸)크랭크. 프로펠러 등 회전부분 재료배치(回轉部分材料配置)에 의하여 어느 일정 회전수에서 이상진동(異常振動)을 나타내는 경우가 있다. 그 회전수는 반드시 고속도(高速度)에 한정되지는 않는다. 예를 들면 100회전으로 계획된 것이 70 또는 80 회전에서 진동이 나타나는 수가 있다. 이 회전수를 Critical No.라 한다). ——point 임계점(點). ——pressure 임계압(壓). ——reynold 임계 레이놀드수(數). ——speed임계속도. ——temperature 임계온도(溫度)(고체(固體)가 액체(液體)로 되는 온도)(Fig. 414 B—C, E—G), ——torsional vibration 위험(危險) 비틂 진동(振動). ——velocity 임계속도(速度).

Crockery 도자기류(陶磁器類).

Crook or Natural——천연곡재(天然曲材).

Cross 횡단(横斷)하여, ——bar 횡봉(横棒). ——beam횡비임. ——channel vessel 해협연락선(海峽連絡船). ——bearings 크로스방위법(方位法). ——bitt 십자형(十字形) 비트(기둥(柱)). ——bunker 크로스(횡치(横置)) 탄고(炭庫)(현(舷)에서 현까지 도달된 것). ——compound engine 병렬 2단팽창기관(並列二段膨脹機關). ——compound turbine 횡병열고저압(横並列高底壓)터어빈. ——curve 크로스커어브(Fig. 372). ——cut chisel 모자형(帽子形)타금(打金). ——cut saw 옆으로 당겨서 자르는 톱(鋸). ——flow regenerator or——flow heat exchanger 직교류형 열교환기(直交流形交換器). ——head 크로스헤드(Fig. 132). ——head lubricating pump(diesel) 크로스헤드 주유(注油) 펌프. ——head pin 크로스 헤드 핀, 거어죤 핀, 피스톤 핀, ——head shoe 크로스헤드 슈우(활면(滑面)). ——head type (diesel) 크로스 헤드식(式) 〔關:trunk piston type 통형(筒形) 피스톤식〕 (diesel). ——mark 크로스마아크(프로펠러축(軸)에 나타나는 횡방향 손상(横方向損傷)). ——scavenging 횡소기(横掃氣). ——sea 역파(逆波). ——section 횡재면(横截面). ——tree 마스트정부(頂部)의 횡형재(横桁材). ——tube boiler 크로스 튜우브 보일러.

Fig. 132
Cross head

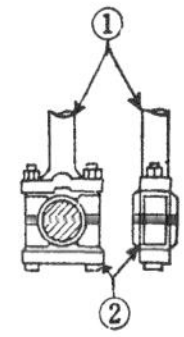

크로스 헤드

① Connecting rod 연접봉(連接棒).
② Crosshead 크로스 헤드.

Crossed card or——diagram 크로스시압도(示壓圖). ——rod type (Eccentric) 교차형 편심봉(交叉形偏心棒). **Crossing** vessel 횡절선(横切船).

Crow-bar 지렛대.

Crown 정부(頂部). ——block of hoisting 권양기(捲揚機)의 두부활차(頭部滑車). ——of stern frame 선미재정재(船尾材頂材)(Fig. 386⑦). ——plate 관판(冠板)(선체(船體)). 천정판(天井板)(보일러).

Crow's nest or Bird's nest 새장모양의 전망대(展望臺)(Fig. 254©).

Crucible 도가니, ——furnace 도가니로(爐). ——steel 도가

니강(鋼)(강(鋼)을 도가니에서 만들면 잡불(雜物)이 들어갈 기회가 적어서 양질(良質)의 강이 얻어진다).

Cruciform construction 십자형 구조(十字形構造).

Crude oil 원유(原油)(지중(地中)에서 나온 그대로이며, 흙 기타 잡물이 포함된다).

Cruiser stern 순양함형 선미(巡洋艦型船尾)〔關: knuckled stern 너클형 선미〕(Fig. 383).

Cruising circle 순항권(巡航圈). ——speed 순항속력(速力). ——turbine 순항터어빈.

Crusher 크러셔(분쇄기(粉碎機)). Coal——석탄(石炭)분쇄기. Standard——test piece 표준(標準) 분쇄시험재(試驗材).

Crushing strength 분쇄강도(强度). ——stress 분쇄응력(應力). ——test 분쇄시험.

Crutch 선미(船尾)브래킷〘木〙, 크러치(Row lock와 같음)(Fig. 61).

Cubic capacity 재화용적(載貨容積).

Cuddy 작은 선실(小船室).

Cup board 식기대(食器臺).

Cupola 용선로(鎔銑爐).

Cupping test 팽출시험(膨出試驗)(박판시험(薄板試驗)).

Current meter 유속계(流速計). ——plate 정류판(整流板). ——sailing 유조항법(流潮航法). ——transformer 변류기(變流器)〘電〙.

Curtain plate 커어튼판(板), 연판(緣板)(Fig. 133③). ——ring 커어튼링(環). ——rod 커어튼봉(棒). ——tassel 커어튼 조임줄.

Curvature 곡율(曲率). Radius of——곡율반경(半徑).

Curve 곡선(曲線). Bonzean——본젠곡선(Fig. 76). Characteristic——특성(特性)곡선. Correction——수정(修正)곡선. Cross——of stability 복원성(復原性)의 크로스커어브(Fig. 372). Extinction——감쇠(減衰)곡선. Fair

Fig. 133 Curtain plate

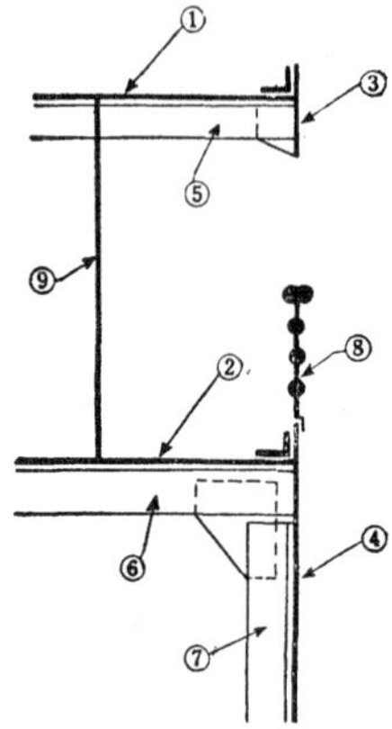

커어튼판(板)

① Boat deck. 보우트데크. ② Bridge deck 선교루갑판(船橋樓甲板). ③ Curtain plate 커어튼판. ④ Shell plate 외판(外板). ⑤ Boat deck beam 보우트데크비임. ⑥ Bridge deck beam 선교루갑판비임. ⑦ Frame 프레임. ⑧ Open rail 개방(開放)손잡이. ⑨ Cabin wall 선실벽(船室壁).

Fig. 134 Cut up

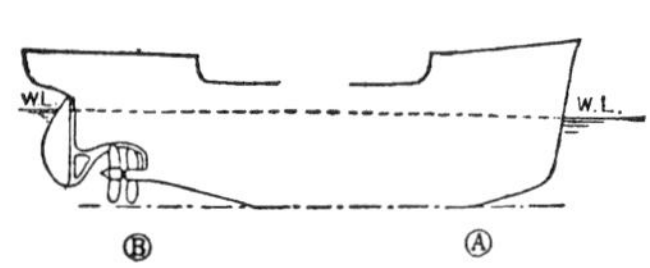

잘라올림(切上)

Ⓐ Stem cut up 선수(船首)잘라 올림.
Ⓑ Stern cut up 선미(船尾)잘라 올림.

——페어커어브(선(線)의 곡도(曲度)에 무리가 없는 것). Flooding——가침장(可浸長)곡선. French——운형자(제도용(製圖用)). Launching——진수(進水)곡선. Load——하중(荷重)곡선. Pressure——압력(壓力)곡선. Solid——입체(立體)곡선. Strength——강력(强力)곡선. (Fig. 391). Weight——중량(重量)곡선 (Fig. 391①). ——of center of buoyancy 부심(浮心)곡선(Fig. 221)(DBM). ——of declining angle 감쇠각도(減衰角度)곡선. ——of extinction 감쇠곡선. ——of metacenter 메타센터곡선(Fig. 221)——of displacement 배수량(排水量)곡선. (Fig. 221 W). ——of stability 복원력(復原力)곡선 (Fig. 373). **Curvilinear** motion 곡선운동(運動).

Cushion 쿠션, 완충물(緩衝物). ——valve 완충변(辨). **Cushioning** 완충작용(作用).

Custom duty 관세(關稅). ——house 세관(稅關).

Cut off 조임(締切). ——valve 조임변(辨).

Cut out of fuse 퓨우즈조임. ——box 조임상자(箱子). ——gear 조임장치(裝置).

Cut up 잘라올리다(切上)(Fig. 134).

Cutlery 칼붙이류(刀物類).

Cutter 커터(보우트). 칼붙이(刀物). Bolt——보울트나사 절삭반(切削盤). Disc——마찰원판(摩擦圓板) 톱(鋸)(마찰열(熱)로서 봉(棒)등을 절단한다). High speed——고속도(高速度)쇠붙이. Milling——플라이스반(盤). Rock——쇄암선(碎岩船) Revenue——세관감시선(稅關監視船).

Cutting blow pipe 절단(切斷)토오치. ——edge 절단주변(周邊). ——flame 절단염(炎). ——pliers 철사(鐵糸)끊는 것(Fig. 293). —— process 절단방법(方法)〔鎔〕. ——tip 절단화구(火口). ——torch 절단

Fig. 135 Cycle

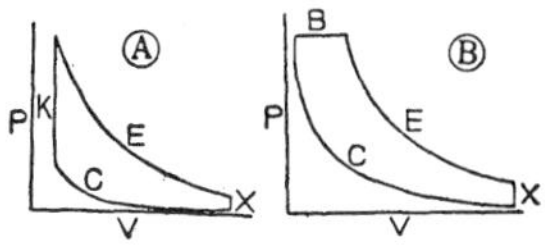

사 이 클

Ⓐ O cycle 오토사이클, 이것은 경유기관(輕油機關)의 사이클. Ⓑ Diesel cycle 디이젤사이클, 이것은 디이젤기관(機關)의 사이클. P. Pressure 압력. V. Volume 부피. C. Compression 압축, K. Combustion 연소, B. Burning 연소, E. Expansion 팽창, X. Exhaust 배기.

Fig. 136 Cylinder (steam)

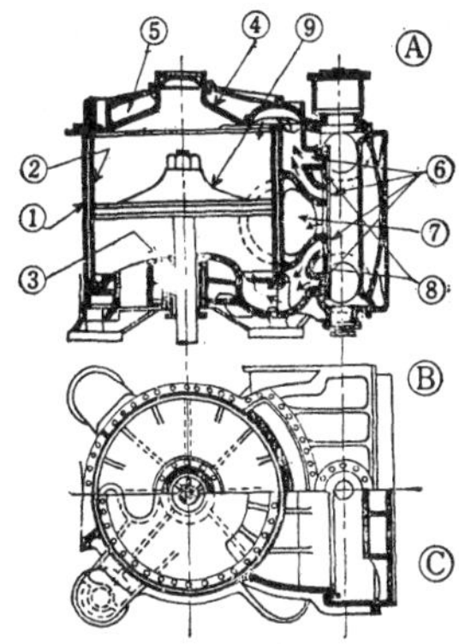

실린더 증기(蒸氣)

Ⓐ Vertical section 종단면도(縱斷面圖). Ⓑ Plan 평면도(平面圖). Ⓒ Sectional plan 횡단(橫斷)평면도. ① Wall 통벽(筒壁) (or Barrel)동(胴). ② Liner 라이너. ③ Bottom 밑(底). ④ 덮개 또는 Cover head 헤드. ⑤ Steam jacket 증기 재킷. ⑥ Steam port 증기구(口), ⑦ Exhaust port 배출구(排出口) ⑧ False face of slide valve 활변(滑辨)의 취부면(取付面). ⑨ Piston 피스톤.

토오치(가스절단기(切斷器)).

Cutwater or False stem 수절(水切)〖木〗. ——stem or Clipper stem 곡선 선수재(曲線船首材)(Fig. 382).

Cyc-Arc welded screw 사이크 아아크용접 고착(鎔接固着)나사. (Fig. 393 Stud weld).

Cycle 사이클 (Fig. 135). Constant pressure——정압(定壓)사이클. Constant temperature——정온(定溫)사이클. Constant volume——정적(定積)사이클. ——diagram 사이클선도(線圖). ——efficiency 사이클효율(効率). ——irregularity 회전부정율(回轉不整率). Diesel——디이젤사이클(Fig. 135Ⓐ). Dual or Mixed——듀얼사이클. Four——or Four stroke——4사이클(Fig. 155①) Otto——오토사이클 (Fig. 135 Ⓑ). Two or——Two stroke——2사이클(Fig. 155②).

Fig. 137 Cylinder cover

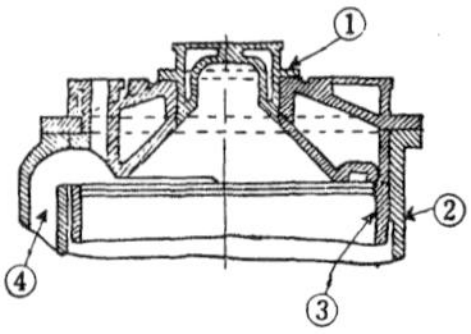

실린더 덮개

① Man hole cover 인공(人孔)덮개. ② Cylinder barrel or wall 실린더동(胴). ③ Liner 라이너. ④ Steam pass 증기통로(蒸氣通路).

Fig. 138 Cylinder wall

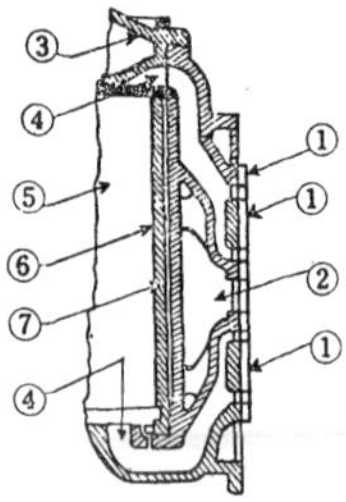

실린더 벽(壁)

① False face 취부면(取付面).
② Exhaust port 배기구(排氣口).
③ Cylinder cover 실린더 덮개.
④ Steam port 증기구(蒸氣口).
⑤ Cylinder 실린더.
⑥ Liner or Inner wall 라이너.
⑦ Cylinder wall 실린더 벽.

Fig. 139 Cylinder indicator

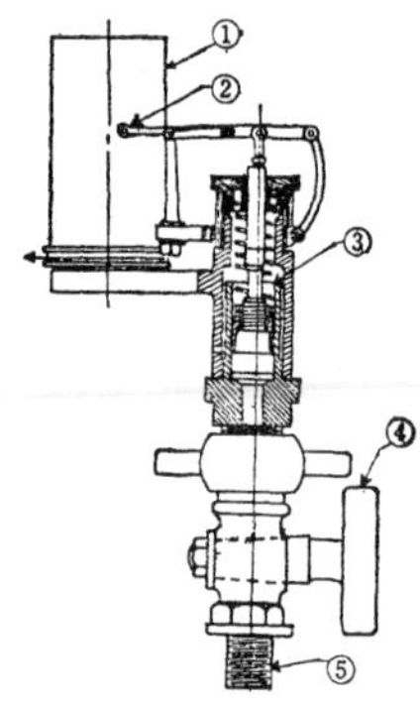

실린더 인디케이터

① Recorder 기록기(記錄器). ② Pencil 연필(鉛筆). ③ Trunk piston 통형(筒形) 피스톤. ④ Wood handle 나무핸들. ⑤ Pipe to cylinder 실린더로 가는 관(管). 원통(圓筒) ①은 등속회전(等速回轉)하고 있다. 지금 실린더에 설치된 콕를 열면 압력(壓力)으로 피스톤 ②를 상하(上下)시켜, 연필을 원통 위에 가볍게 상하 시킴으로써, 피스톤 내(內)의 압력을 나타내는 곡선을 그리게 된다.

Cyclical order 사이클 순서(順序).
Cyclone 사이클론(폭풍(暴風)).
Cylinder 실린더 (Fig. 136). Air——공기(空氣)실린더. Air cooled ——공냉(空冷)실린더. Assistant——완충(緩衝)실린더(slide valve). Balance——평형(平衡)실린더. Compressing——(refrigeration) 압축(壓縮)실린더. ——barrel 실린더동(胴)(Fig. 137②). ——bottom 실린더밑(底)(Fig. 136 ③). ——column or Engine column 실린더기둥(Fig. 175⑥). ——constant 실린더 정수(定數). ——cover 실린더덮개(Fig. 137). ——face or Valve face 활면(滑面). ——feet 실린더다리. ——gas 가스병(瓶). ——head 실린더헤드(Fig. 136④). ——indicator 실린더 인디케이터(Fig. 139). ——jacket cooling water pump 실린더 냉각수(冷却水)펌프. ——lagging 실린더래깅. ——liner 실린더 라이너(Fig. 136 ③, 138⑥). ——lubricating pump 실린더 주유(注油)펌프. ——oil 실린더기름. ——ratio 실린더 비(比). ——volume실린더용적(容積). ——wall 실린더벽(壁) (Fig. 138 ⑦). Expansion ——(freezer)팽창(膨脹)실린더. High pressure——고압(高壓)실린더. Hydraulic——수압(水壓)실린더. Intermediate ——or Intermediate pressure ——중압(中壓)실린더. Low. pressure——저압(低壓)실린더. Multiple——다통(多筒)실린더. Oil brake——기름브레이크 실린더. Oscillating——요동(搖動)실린더. Oil——기름실린더. Steam——증기(蒸氣)실린더. Water——물 실린더. Working——작동(作動)실린더.
Cylindrical boiler or Scotch boiler 원형(圓形)보일러(Fig. 65, 66, 67). ——plug gauge 실린더 내경측기(內徑測器).

D

D depth moulded 배의 형심(型深) (Fig. 146).
D slide valve or Common slide valve D형 활변(形滑辦) (Fig. 138).
D.C. 직류(直流)〔電〕. ——arc welding 직류 아아크용접(鎔接).
Dagger or Dog shore 제지지주(制止支柱) (Fig. 241 ⑬).
Dialy tank 소출(小出)탱크.
Damage 손상(損傷), 손해(損害), ——plan 손상도면(圖面). ——survey report 손상검사 보고서(檢査報告書), 또는 손해감정서(鑑定書).
Damask 대마스크.
Damped oscillation 감쇠진동(減衰振動)(배를 어느 각도(角度)기울였다가 놓으면 동요(動搖)가 일어나는데 그 동요는 점차로 줄어들어서 결국(結局)정지하게 된다). ——wave 감쇠파(波).
Damper 차단판(遮斷板). Ash——or Ash pit door 회류문(灰溜門). ——gear 차단장치(裝置). **Damping** coefficient 감쇠계수(減衰係數). ——constant 감

쇠정수(定數).

Danger angle 위험각도(危險角度)〔航〕. ——message 위험통보(通報). **Dangerous** cargo or goods 위험화물(貨物).

Danish trawler 저인망어선(底引網漁船).

Danube rule 다뉴브 규칙(規則).

Dark red heat 암적열(暗赤熱). ——room 암실(暗室).

Dash plate 파도(波濤)를 꺾는 판(板). ——pot 대쉬포트(충격(衝擊)을 완화(緩和)하기 위한 기름병(甁)).

Data 재료(材料). 문헌(文獻). ——book 데이터 북.

Date of built 제조기일(製造期日). ——of completion 완성기일(完成期日). ——of keel laid 기공(起工)기일. ——of launch 진수(進水)기일.

Davit 다빗. Anchor ——or Cat——앵커다빗(Fig. ⑥), Boat——보우트 다빗(Fig. 63). Fish——앵커다빗(조주(釣柱))(Fig. ⑥). Gravity—— ——중력(重力)다빗 (Fig. 64). Quadrant——쿼드런트 다빗(Fig. 63 Ⓑ), ——socket 다빗소케트(호금(壺金)).

Dazzle system 미장법(迷裝法).

Daylight signaling light 주간신호등(晝間信號燈).

Fig. 140
Dead eye

데드아이

Dead 죽음. ——beat 흔들리지 않고 빨리 정지되는 장치. (예를 들면, 자장내(磁場內)에 매달은 철진자(鐵振子))—— centre or——point 사점(死點)(크랭크 축(軸)이 수직(垂直)으로 정지(停止)되었을 때처럼 밀어도 당겨도 움직이지 않는 점). ——eye 데드아이(3목활차(三目滑車). (Fig. 140, 238). ——flat 데드플래트(선체 중앙평행부(船體中央平行部) Parallel body와 같은 의미). ——front switchboard 전면(前面)을 방위(防衛)한 배전반(配電盤)〔關: Live front s.b. 전면을 방위하지 않은 배전반〕. ——light(선창(船窓)). 맹개(盲蓋). ——load or Static load 사하중(死荷重) 또는 정(靜)하중 〔關:Live load 동하중(動荷重)〕. ——plate 구판(口板)(爐). ——point 사점(死點). ——reckoning 추정항법(推定航法). ——rise or Rise of floor 선저구배(船底勾配) (Fig. 145 ⑩). ——slow 극미속(極微速). ——weight capacity 적재중량(積載重量). ——weight cargo 중량화물(重量貨物) (용적(容積)보다는 중량(重量)으로서 적재량(積載量)이 결정되는 화물(貨物)). ——weight gauge tester 추식 압력계 시험기(錘式壓力計試驗機). ——weight safety valve 추안전변(錘安全辨). ——weight scale 재화척도(載貨尺度)(Fig. 141), ——weight testing machine 추시험기(錘試驗機). ——weight tonnage 재화중량톤수(載貨重量噸數) (배가 적재(積載)할 수 있는 최대(最大)의 중량톤수, 단, 그 중에는 식료, 음료, 보일러수(水), 창고품(倉庫品), 승무원 및 그 휴대품 등을 포함하기 때문에 실제

로 운반할 수 있는 톤수는 재화중량톤수로부터 상기 각종(上記各種)의 중량을 뺀 나머지이다. 이것을 Carrying capacity 라 한다). ——wood 역재(力材) (주로 목선(木船)에 사용한다) (Fig. 494 ⑨).

Deaeration 탈기(脫氣)(관수(罐水)에서 가스를 빼낸다).

Deaerator 공기분리기(空氣分離器).

Deal 판재(板材).

Decanter 음료수병(飮料水瓶).

Decimal 소수(小數). ——equivalent 소수치(小數値).

Deck 갑판(甲板) (Fig. 145), Awning—— 복(覆)갑판. Boat——보우트 갑판 (Fig. 145 ③), Break——선루(船樓)갑판. Bridge——선교루(船橋樓)갑판. Bulkhead ——격벽(隔壁)갑판(격벽의 정부(頂部)를 연결하는 갑판)(Fig. 145 ⑥), ——beam 갑판 비임. ——bench 갑판 벤치. ——bolt 갑판보울트(Fig. 74, 393). ——bucket 갑판버킷. ——cargo or——load 갑판적화물(積貨物). ——center line 갑판중심선(中心線). ——chair 갑판의자(椅子). ——composition 데크컴퍼지션(거주구역(居住區域) 또는 통로 등 실내(通路 等 室內)에 두께 50mm 정도로 발라서 목갑판(木甲板)의 대용으로 한다. 재료(材料)는 능고토광(菱苦土鑛)을 굳힌 것). ——covering 갑판상장(床張). ——department 갑판부(部) 〔關:engine department 기관부(機關部)〕. ——end plate 목갑판 단수판(木甲板端受板)(Fig. 192 ⑤), ——erection 선루(船樓). 갑판상 구조물(甲板上構造物). ——fittings 갑판금물(金物). ——girder 갑판하(甲板下) 형재(桁材) (Fig. 142). ——girder clear of tank 탱크 외부형재(外部桁材). On——girder 갑판상형재(甲板上桁材). ——hands 갑판원(甲板員). ——hook 데크후크(갑판주재(甲板肘材))〔木〕. ——house 갑판실(室)(상갑판 이상(上甲板以上)에 있는 선루(船樓)이외의 포위(包圍)된 구조물(構造物)). Citadel——house 중앙부 대갑판실(中央部大甲板室). Steel——house 강제(鋼製)갑판실. ——inventry 갑판 속구목록(屬具目錄). ——ladder 갑판사다리(Fig. 143). ——light or glass 갑판채광(採光)유리 (Fig. 144). ——line 갑판선(甲板線). Statutory——line 법정(法定)갑판선(Fig. 192③). ——load 갑판적재화물(積載貨物). ——log book or Log book 항해일지(航海日誌). ——machinery 갑판기계(機械)(윈들러스, 윈치, 조타기(操舵機), 캡스턴 등).

Fig. 141 Dead weight scale

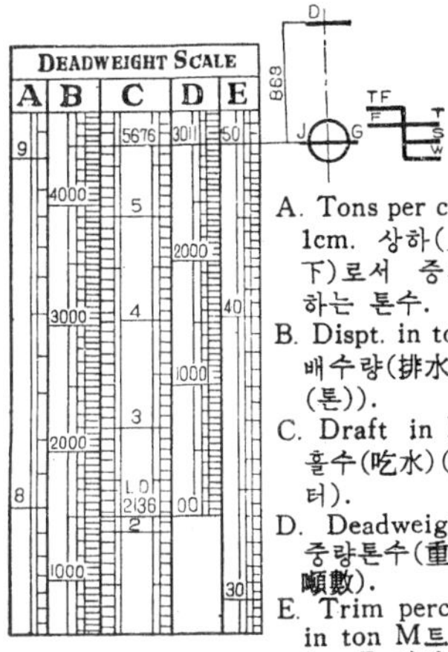

재화척도(載貨尺度)

A. Tons per cm. 1cm. 상하(上下)로서 증감하는 톤수.
B. Dispt. in tons 배수량(排水量(톤)).
C. Draft in M 흘수(吃水)(미터).
D. Deadweight 중량톤수(重量噸數).
E. Trim percm. in ton M트림 1cm를 변화하기 위한 모우먼트(톤×미터).

——machinery work 갑판기구작업(機具作業)(여기에는 상기 갑판기계작업(上記 甲板機械作業)외에 냉동기(冷凍機), 소독기(消毒器), 송풍기(送風機)등의 공작(工作)을 포함한다). ——officer 갑판부사관(士官)(선장(船長), 1, 2, 3등항해사(一, 二, 三等航海士), 견습사관(見習士官)). ——opening 갑판창구(艙口), 기관실구(機關室口), 천창(天窓)등). ——opening corner 갑판구(甲板口) 구석. ——passenger 갑판여객(旅客)(천막(天幕)은 쳤으나 거실(居室)은 아니다). ——pillar 갑판필러. ——pipe 갑판관(管). ——pipe or Chain cable pipe 쇄관(鎖管)(갑판에서 쇄고(鎖庫)로 통하는 관). ——plan 갑판평면도(平面圖)(Fig. 12). ——planer 목갑판 평삭반(木甲板平削盤). ——planking목갑판(木甲板). ——plating 강(鋼)갑판. ——prism light 갑판채광(採光) 프리즘(Fig. 144 ②). ——pump 갑판펌프. ——runner 갑판하종재(下(縱材)(Fig, 25). ——scupper 갑판배수공(排水孔). ——seat 갑판의자(椅子). ——sheathing 갑판피복(被覆)(목갑판(木甲板) 또는 도갑판(塗甲板)). ——side line or Sheer line 갑판현측선(舷側線). ——socket(derrick & c) 갑판소케트(호금(壺金))(Fig. 20 ②). ——stopper 앵커쇄제지(鎖制止)(Fig. 96), 회전제지(回轉制止). ——store or Boatswain's

Fig. 142 Deck girder

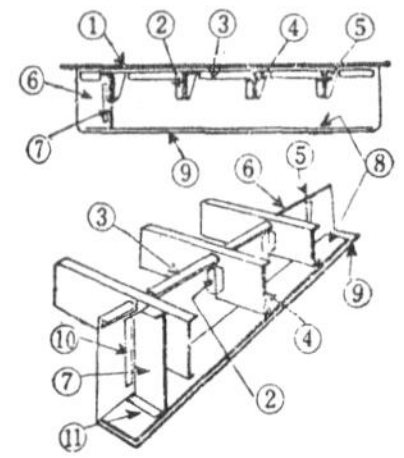

갑판 하형재(甲板下桁材)

① Deck 갑판(甲板). ② Lug piece 단산형재(短山形材). ③ Deck angle or Connecting clip 갑판취부(取付)산형재. ④ Beam비임. ⑤Slot for beam비임을 통과시킬 절결부(切缺部). ⑥Girder plate 형판(桁板). ⑦ Tripping bracket 전도방지(轉倒防止)브래킷. ⑧ Rider plate 관판(冠板). ⑨ Flange 플랜지. ⑩ Vertical angle 수직(垂直)산형재. ⑪ Flange 플랜지.

Fig. 143 Deck ladder

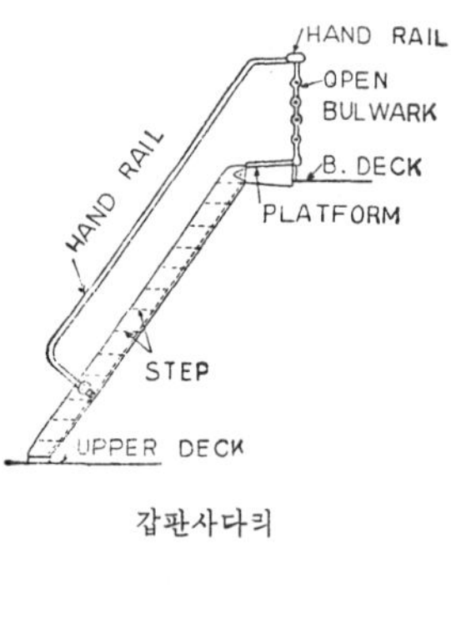

갑판사다리

Fig. 144 Deck light

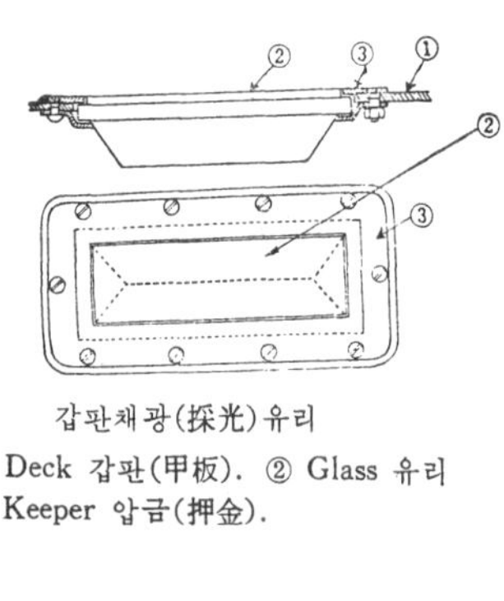

갑판채광(採光)유리

① Deck 갑판(甲板). ② Glass 유리 ③ Keeper 압금(押金).

store 갑판창고(倉庫) 또는 수부장(水夫長)창고. ——stringer 데크 스트링거(갑판의 가장 외측(外側) 현측후판(舷側厚板)에 설치하는 판) (Fig. 259 ④). ——tank 갑판탱크. ——watch or Hack watch 갑판시계(時計)(천측용(天測用)). Erection——선루(船樓)갑판. Exposed——or Weather——폭로(暴露)갑판. Flush——평(平)갑판(갑판 위에 선루가 없는 갑판). Forecastle or Fcl.——선수루(船首樓)갑판(Fig. 145 ⑧). Freeboard——프리보오드 갑판(그 갑판을 기준으로 하여 프리보오드를 측정(測定)하는 갑판. 보통은 상갑판(上甲板)이지만, 파제지(波制止)갑판선에서는 제 2(第二)갑판). Harbour——하아버 데크(터릿선(船)의 갑판)(Fig. 439), Hurricane——허리케인 갑판. Lower——하(下)갑판. Main——주(主)갑판. Orlop——최하(最下)갑판. Platform——대(臺)갑판. Poop——선미루(船尾樓)갑판. Promenade——유보(遊步)갑판(보우트 갑판 위의 갑판)(Fig. 145 ④), Quarter——선미(船尾)갑판. Raised——선저루(船底樓)갑판, 융기(隆起)갑판, Raised quarter

Fig. 145 Deck and bulkhead

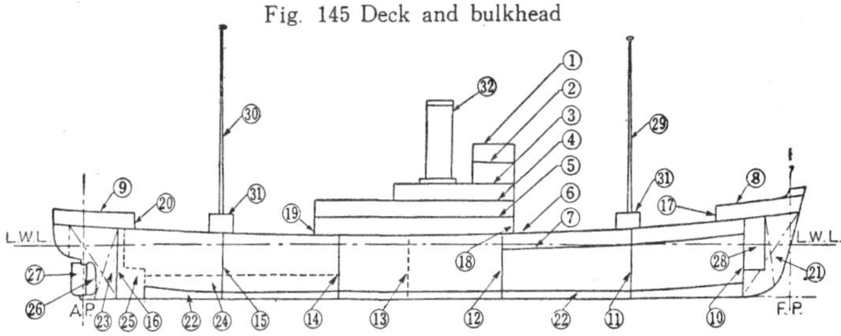

갑판(甲板)과 격벽(隔壁)

① Compass deck 컴퍼스 갑판. ② Navigation deck (or Flying bridge) 항해(航海)갑판. ③ Boat deck 보우트갑판. ④ Promenade deck 유보(遊步)갑판. ⑤ Bridge deck 선교루(船橋樓)갑판. ⑥ Upper deck 상(上)갑판. ⑦ Second deck 제이(第二)갑판. ⑧ Forecastle (FCL) deck 선수루(船首樓)갑판. ⑨ Poop deck 선미루(船尾樓)갑판. ⑩ Collision bulkhead 선수(船首)격벽. ⑪ No. 2 bulkhead 제 2(第二)격벽. ⑫ No. 3 (or machinery front) bulkhead 제 3(第三)(또는 기관실단실(機關室端室))격벽. ⑬ Screen bulkhead 사절(仕切)격벽. ⑭ No. 4 (or Machinery aft) bulkhead 제 4(第四)격벽(또는 기관실후단(機關室後端)). ⑮ No. 5 bulkhead 제 5(第五)격벽. ⑯ Aft peak (or stuffing box) bulkhead 선미격벽. ⑰ Forecastle aft bulkhead 선수후단격벽. ⑱ Bridge front bulkhead 선교루전단(前端)격벽. ⑲ Bridge aft bulkhead 선교루후단격벽. ⑳ Poop front bulkhead 선미루전단격벽. ㉑ Fore peak tank 선수창(船首艙). ㉒ Double bottom 2중저(二重底). ㉓ Aft peak taak 선미창(船尾艙). ㉔ Shaft tunnel 축로(軸路). ㉕ Tunnel recess 터널리세스(축로단실(軸路端室)). ㉖ Screw aperture 프로펠러회전(回轉)틈사이. ㉗ Rudder 타(舵). ㉘ Chain locker 쇄고(鎖庫). ㉙ Fore mast 전부(前部)마스트. ㉚ Main mast 후부(後部)마스트. ㉛ Mast housing 마스트하우스(장각실(檣脚室). ㉜ Funnel 연돌(煙突).

——선저루미(船底樓尾)갑판, Second——제 2 (第二)갑판(Fig.145 ⑦). Shade——차일(遮日)갑판. Sheathed——피복(被覆)(나무로서) 갑판. Shelter——차랑(遮浪)갑판. Spar——경(輕)갑판. Sponson——장출(張出)갑판. Strength——강력(强力)갑판(배의 강력을 계산할 때 최상층(最上層)의 강력재료(材料)로서 작용하는 갑판). Sun——햇빛을 받는 갑판. Tonnage——측도(測度)갑판. Trunk——트렁크갑판(Fig. 430). Turret——터릿갑판(Fig. 437), Turtle back——or Whale——터어틀백(거북등(龜背))갑판(Fig. 437). Tween——갑판간의 장소. Upper——상(上)갑판(전장(全長)에 걸친 연속되는 최상(最上)갑판)(Fig. 145 ⑥), Wagon——차량(車輛) 갑판(철도연락선(鐵道連絡船)). Waist——중앙부(中央部)상갑판. Weather——노천(露天)갑판.

Declivity 기울기. **Declining** angle 감쇠각(減衰角).

Decompression valve(diesel) 감압변(減壓辨).

Decoration 장식(裝飾).

Deddendum 치근(齒根)의 높이. ——circle 치근원(齒根圓).

Deep floor 디이프 플로어(심늑판(深肋板))(Fig. 78 ①). ——fillet welding 심용입(深鎔込)구석살용접(鎔接)(Fig. 478). ——frame 디이프 프레임(정부늑골(正副肋骨)로서 형성되는 늑골과 동일강도(同一强度)를 가지는 깊이의 늑골). ——sea lead 심해측연(深海測鉛)(중량(重量) 28파운드, 100~120발까지의 심해에 사용한다). ——sounding machine 심해용 측심기(深海用測深器). ——tank 디이프 탱크(창내(艙內)의 일구획을 탱크로 한 것).

Defacement 마모계(摩耗計). **Defacing** 판면(板面)을 손상(損傷)시킨다(불합격판재(不合格板材)의 합격각인(合格刻印)을 말소(抹消)하는 것).

Definition 정의(定義).

Deflection 휘임(歪曲). ——angle 변형각도(角度) 전향(轉向)각도(가스터어빈). Torsional——비틂각도. **Deflectometer** 변형계(變形計). **Defle-**

Fig. 146 Depth & Breadth

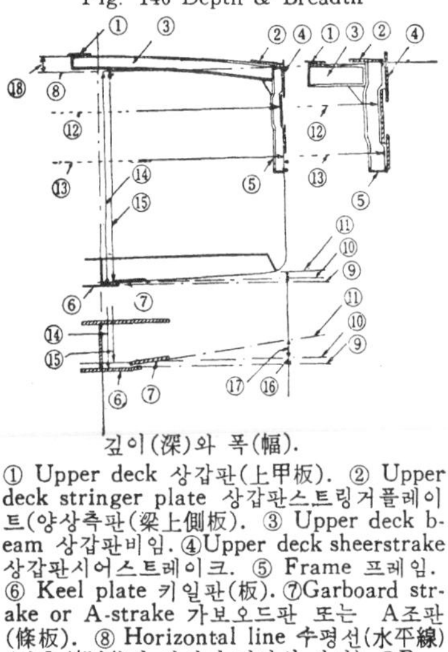

깊이(深)와 폭(幅).

① Upper deck 상갑판(上甲板). ② Upper deck stringer plate 상갑판스트링거플레이트(양상측판(梁上側板). ③ Upper deck beam 상갑판비임. ④Upper deck sheerstrake 상갑판시어스트레이크. ⑤ Frame 프레임. ⑥ Keel plate 키일판(板). ⑦Garboard strake or A-strake 가보오드판 또는 A조판(條板). ⑧ Horizontal line 수평선(水平線)(선측(船側)에 있어서 비임의 상면). ⑨Base line 기선(基線)(흘수선규정(吃水線規定). LR, NK에서는 비임판 상면). ⑩ Base line AB에서는 가보오드판 상면). ⑪ Rise line of bottom 선저경사면(船底傾斜面). ⑫ Molded breadth 형폭(型幅). ⑬ Registered breadth 등록폭(登錄幅)(최대폭). ⑭ Molded depth 형심(型深)(LR. NK). ⑮ Molded depth형심(AB). ⑯ Rise of floor 선저경사. ⑰ Dead rise (AB) 선저경사. ⑱ Camber or round up of upper deck 상갑판의 캠버.

Fig. 147
Depth recorder

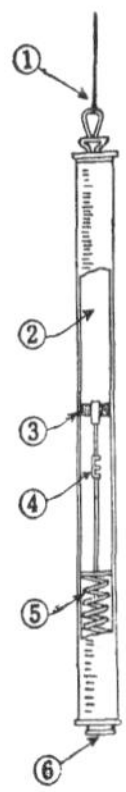

측심계(測深計)

① Line 강(綱). ② Air chamber 공기실(空氣室). ③ Piston 피스톤. ④ Recorder 기록기(記錄器). ⑤ Spring 용수철. ⑥ Water inlet 물입구(入口). 수압(水壓)으로서 Recorder가 밀어올려지면 그곳에서 정지되기 때문에 그곳으로부터 수심(水深)을 측정(測定)한다.

Fig. 148 Derrick working diagram

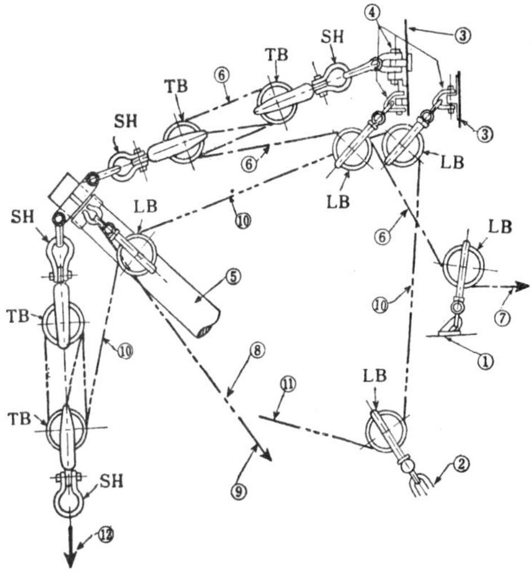

① Derrick table 데릭대(臺). ②Eye plate on deck 갑판(甲板)상의 목판(目板). ③ Out rigger 아웃리거(Fig. 254 Ⓐ). ④ Eye bracket on out rigger 아웃리거에 달린 아이브래킷(Fig. 85). ⑤ Derrick boom 데릭부움. ⑥ Topping lift wire 리프트와이어(부움을 올렸다 내렸다 하는 로우프). ⑦To winch 윈치로. ⑧ Guy rope 거이강(綱). ⑨ To side 선측(船側)으로 (부움을 선외(船外)로 흔들어내는 강(綱)). ⑩ Cargo wire 화물강(貨物鋼). ⑪ To winch 윈치로. ⑫ To cargo sling 화물(貨物)슬링. (SH) Shackle 섀클(TB) Treble block 3륜활차(三輪滑車)(LB) Leading block 도활차(導滑車).

ctor 편침계(偏針計). ——wheel 휘여진 차(車).

Deformation 변형(變形). ——gauge 변형게이지.

Degaussing system 소자장치(消磁裝置).

Degree of freedom 자유도(自由度). ——of reaction 반동도(反動度). ——of uniformity 균등도(均等度).

Dehumidification 탈습(脫濕).

Dehumidifier 탈습기(脫濕器).

Delivered horse power 전달마력(傳達馬力). **Delivery** 인도(引渡). 출구(出

ㅁ). ——cock 송출(送出)콕. ——head 송출수두(水頭). ——pipe 송출관(管). ——pressure 송출압(壓). ——valve 송출변(辨). ——valve box 송출변 상자(箱子).

Delta connection 3각결선(三角結線)〔電〕. ——plate 3각판(三角板)(구석에 구멍을 내고 3방강취(三方綱取)할 때 사용한다).

Demagenetization 소자(消磁).

Demijhon 등나무 줄기로 피복한 병(藤被覆瓶).

Demurrage 정선료(停船料).

Density 농도(濃度). 밀도(密度).

De-oiler 유수분리기(油水分離器).

Deoxidizer 탈산제(脫酸劑).

Departure 동서거(東西距)〔航〕. 기정점(起程點)〔航〕.

Depolarization 감극(減極).

Deposit metal 성금(盛金)〔鎔〕. 용착금속(鎔着金屬)(Fig. 473 ②)——zone 용착금속부(部). **Deposition** efficiency 용착율(鎔着率). ——rate 용착속도(速度).

Depreciation 감가상각(減價償却).

Depth 깊이(심(深)) (Fig. 146).. ——charge 폭뢰(爆雷). ——of blade 유로폭(流路幅)(날개). ——of fusion 용입(鎔込)의 깊이〔鎔〕(Fig. 473 ③). ——of hold 창내(艙內)의 깊이. ——recorder 측심기(測深器) (Thomson's sounding machine의 부속품(附屬品))(Fig. 147). ——sounder 측심기(Fig. 366). Moulded or Molded 〔美〕——형심(型深) (Fig. 146).

Derrick 데릭(Fig. 148). Boat——보우트데릭. Heavy——중량물(重量物)데릭. ——boom 데릭 부움(Fig. 148 ⑤). ——arrangement 데릭장치(裝置)(Fig. 148). ——post 데릭포스트(Fig, 12 ⑮) (통풍통(通風筒)을 겸한다). ——shoe 데릭슈우——socket 데릭 소케트(Fig. 20 ②). ——table 데릭대(臺)(Fig. 148 ①, 254 Ⓑ).

Design 설계(設計). Initial or Preliminary——초기(初期)설계. Provisional——가(假)설계. ——staff 설계계(設計係).

Designation 지정(指定). 지정항(指定港).

Designed drag or Trim by stern 선미(船尾) (Fig. 358 ⑤). 트림 ——speed 계획속력(計劃速力). ——trim 계획트림.

Desk 책상(册床).

Fig. 149
Diagram factor of steam engine

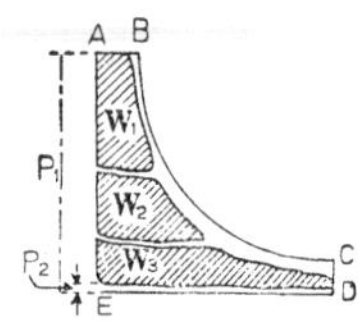

인디케이터 선도계수(線圖係數)

$$= \frac{\text{넓이}(W_1+W_2+W_3)}{\text{넓이}(ABCDEA)} \fallingdotseq 50-66\%$$

W_1, W_2, W_3은 각각 실린더 내(內)의 일.

P_1 Initial pressure 초압(初壓).

P_2 Back pressure 배압(背壓).

B Cut off 체결점(締結點)

Despatch boat 통보함(通報艦).

Destroyer 구축함(驅逐艦). ——leader 대형 구축함.

Destruction test 파괴시험(破壞試驗)(실물(實物) 또는 시험편(試驗片)을 파괴하여 시험한다).

Desuperheater 과열전환기(過熱轉換器).

Detachable blade or Loose blade 분리식(分離式) 날개(프로펠러). ——valve face or False face 변(辨)의 붙여진 면(面).

Detached or Partial superstructure 부분선루(部分船樓).

Detail 상세(詳細). ——design 상세설계(設計). ——drawing or plan 상세도(圖).

Detector 검파기(檢波器). 탐지기(探知器). Direction——or Finder 방향(方向)탐지기. Fire——화재(火災)탐지기. Gas——가스탐지기(Fig. 197). Ground——검루기(檢漏器)〔電〕.

Detectoscope 수중청음기(水中聽音器).

Developed area (propeller blade) (프로펠러 날개) 전개면적(展開面積). ——area ratio 전개면적비(比). **Developement** 전개(展開).

Deviation (compass) 자차(自差), 편향(偏向).

Devil's claw 디빌스 클라우(큰 열쇠)

Dezincification 탈아연(脫亞鉛).

Diagonal built 대각선조립(對角線組立). ——carvel built 사평조립(斜平組立). ——engine 사기관(斜機關). ——ligament 관간 사거리(管間斜距離). ——line 대각선(對角線)(선도(線圖)에서는 빌지에서 빌지까지 직각으로 그은 직선(直線)), 사선(斜線). ——pitch 사(斜)피치. ——plate 사대판(斜帶板)〔木〕. ——stay 사지지(斜支持). ——tie plate 사대판(斜帶板)〔木〕.

Diagram 도표(圖表). 선도(線圖). 계통도(系統圖). 배선도(配線圖). Energy ——에너지선도. Factor of——or——factor 인디케이터 선도 계수(係數)(Fig. 149), Harmonic——조화곡선도(調和曲線圖). Indicator——or Indicator card 인디케이터 선도(Fig. 150, 151). Load-elongation——하중신장곡선도(荷重伸長曲線圖)(Stress strain——과 같은 의미. 단, 지수(指數)가 다르다) (Fig. 152). Metacentric (또는 GM)——메타센터곡선. Piping——관계도(管系圖). Pressure-volume or P.V.——압력용적(壓力容積)선도. Skeleton ——골조도(骨組圖). Stress-strain——응력변형도(應力變形圖) (Fig. 152). Temperature-entropy——온도(溫度)엔트로피도. Total heat entropy——엔탈피엔트로피도. Valve——변(辨)선도. Vector——벡터도. Velocity——(turbine) 속도(速度)선도. Zeuner valve——쥬우너변(辨)선도. ——efficiency 선도효율(效率). ——factor 선도계수(係數). **Diagramatic** sketch 약도(略圖).

Dial 눈금반(盤). Compass——or Compass card 컴퍼스반(盤).

Fig. 150
Indicator diagram of
steam engine

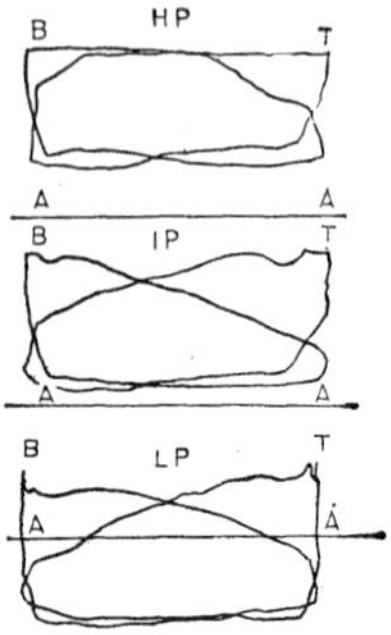

인디케이터 선도(線圖)

HP 고압(高壓) IP 중압(中壓) LP 저압(低壓).
B피스톤이 하부에 있을 때.
T피스톤이 상부에 있을 때.
AA 기압선(氣壓線).

Fig. 151 Indicator diagram of
diesel engine

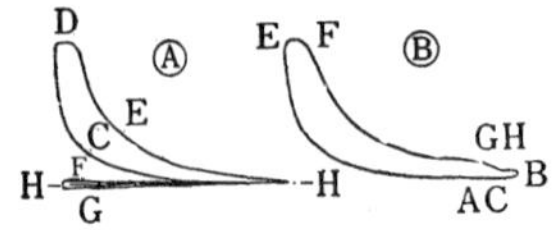

디이젤기관(機關)의 인디케이터(線圖)

Ⓐ-Cycle engine 4사이클기관. C. Compression 압축(壓縮). D. Combustion 연소(燃燒). E. Expansion 팽창(膨脹). F. Exhaust 배기(排氣). G. Suction 흡입(吸込). H. Atmospheric pressure 기압선(氣壓線). Ⓑ 2-Cycle engine 2사이클기관. B. Scavenging valve open 에서는 배기변(辨)이 열리고 B-C Atmospheric pressure 대기압(大氣壓). C. Exhaust valve shut 배기변이 닫힘. A. Scavenging valve shut 배기변이 닫힘. A-E. Compression 압축. E-F. Combustion 연소. F-G. Expansion. 팽창. G. Exhaust valve open 팽창배기변이 열림. H. Scavenging valve open 소기(掃氣)변이 열림.

Fig. 152 Stress-strain diagram

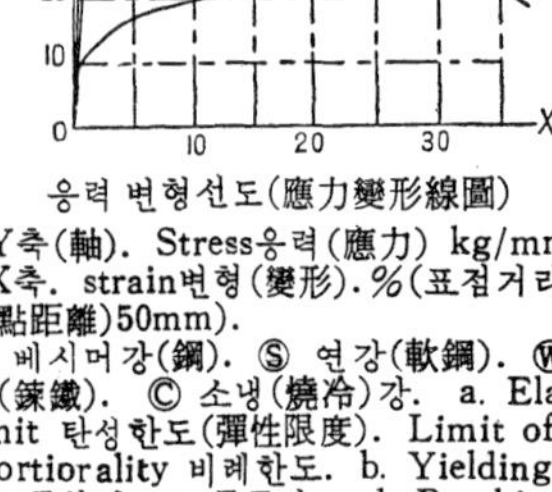

응력 변형선도(應力變形線圖)

OY축(軸). Stress응력(應力) kg/mm²
OX축. strain변형(變形).%(표점거리(標點距離)50mm).
Ⓑ 베시머강(鋼). Ⓢ 연강(軟鋼). Ⓦ 연철(錬鐵). Ⓒ 소냉(燒冷)강. a. Elastic limit 탄성한도(彈性限度). Limit of proportionality 비례한도. b. Yielding point 굴복점. c. 굴곡점. d. Breaking or Ultimate strength 파괴강도. e. Breaking point 파괴점. d-e간을 Plastic 소성상태라 한다.

Fig. 153 Diaphragm plate

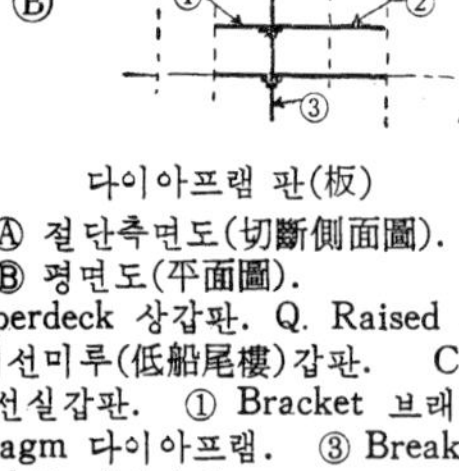

다이아프램 판(板)

Ⓐ 절단측면도(切斷側面圖).
Ⓑ 평면도(平面圖).

U. Upperdeck 상갑판. Q. Raised quarter deck 저선미루(低船尾樓)갑판. C. Cabin deck 선실갑판. ① Bracket 브래킷. ② Diaphragm 다이아프램. ③ Break bulkhead 선미루 전단격벽.

Fig. 154 Diamond liner

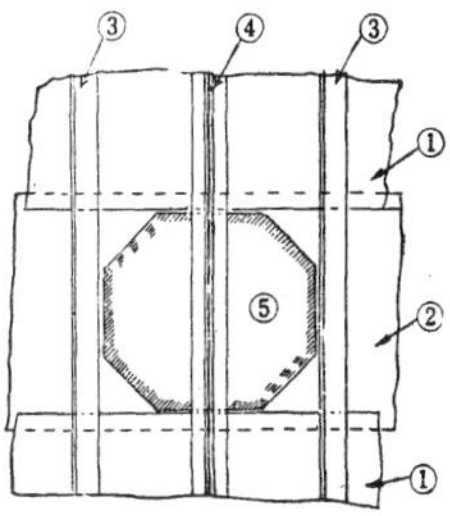

다이아몬드형(形)라이너

① Inner strake 내판(內板). ② Outer strake 외판(外板). ③ Frame 프레임. ④ Bulkhead 격벽(隔壁). ⑤ Diamond liner 다이아몬드형(形)라이너.

Fig. 155—① 4-cycle diesel engine

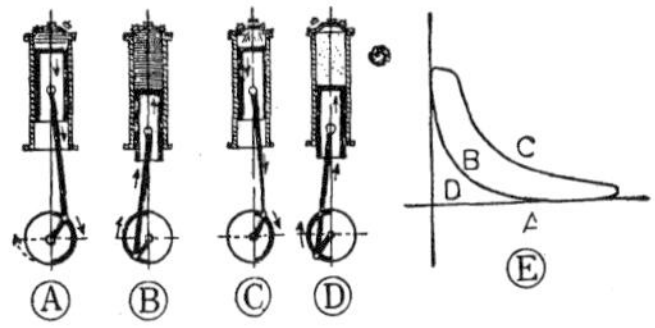

4사이클 디이젤기관

Ⓐ. Intake stroke 흡입행정(吸込行程). Ⓑ. Compression stroke 압축(壓縮)행정. Ⓒ. Working or Expansion stroke 일행정 또는 팽창(膨脹)행정. Ⓓ. Exhaust stroke 배기(排氣)행정. Ⓔ. Cycle diagram 사이클선도(線圖).

Fig. 155—② 2-cycle diesel engine

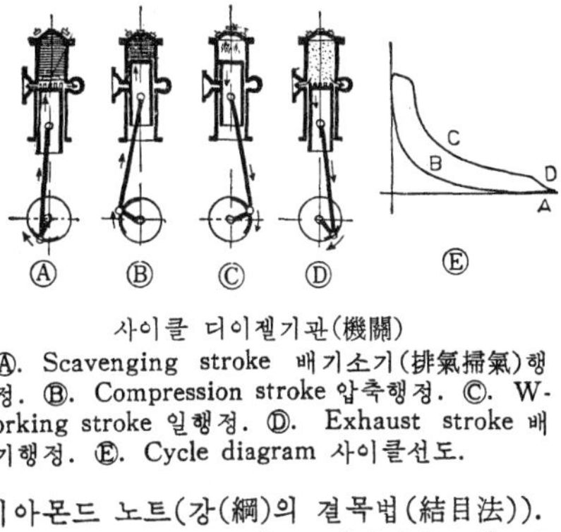

사이클 디이젤기관(機關)

Ⓐ. Scavenging stroke 배기소기(排氣掃氣)행정. Ⓑ. Compression stroke 압축행정. Ⓒ. Working stroke 일행정. Ⓓ. Exhaust stroke 배기행정. Ⓔ. Cycle diagram 사이클선도.

Diameter 직경(直徑). Inside—— 내경(內徑). Mean——평균경(平均徑). Nominal——공칭경(公稱徑). Outside——외경(外徑). Tactical——선회경(旋回徑)(Fig, 401 Y). ——factor 직경계수(係數). ——ratio 내외경비(內外徑比)(가스터어빈 실린더). **Diametral** pitch 직경피치.

Diamond blower 다이아몬드블로워(송풍기(送風機)). ——knot 다이아몬드 노트(강(綱)의 결목법(結目法)). ——liner 다이아몬드형(形)라이너(Fig. 154). ——plate 다이아몬드형 판(板). ——stay 다이아몬드형 지지(支持).

Diaphragm (turbine) 다이아프램(사절반(仕切盤)). ——plate 다이아프램판(板)(Fig. 153).

Dicky or **Dickey**(boat) 정장좌석(艇長座席).

Die (복수(複數) Dice) 나사 절삭반(切削盤), 타형(打型). ——casting 다이캐스팅(형타주물(型打鑄物)). ——forging 형타단조(鍛造)(금형(金型)에 넣어서 단조한다). ——stock 다이스 돌림.

Dielectric 유전체(誘電體). ——strength of insulation 절연내력(絶緣耐力). ——test 절연내력시험(試驗).

Diesel boat 디이젤선〔船〕. ——electric drive or——electric propulsion 디이젤 전기추진(電氣推進) (Diesel로서 발전(發電)하고 그것으로서 전동기를 움직이며, 추진은 전동기(電動機)에 의한다). ——engine 디이젤기관(機關) (Fig, 155, 156, 157), Semi-diesel engine 세미 디이젤기관 ——generator 디이젤발전기(發電機). ——oil 디이젤기름(油). ——yacht 디이젤 요트 Geared——boat 기어드 디이젤선(회전수(回轉數)를 낮추기 위해서 Reduction gear 감속기(減速器)를 가진 디이젤선(船)). —cycle 디이젤사이클(Fig. 155).

Fig. 156 Plan of 4-cycle diesel engine

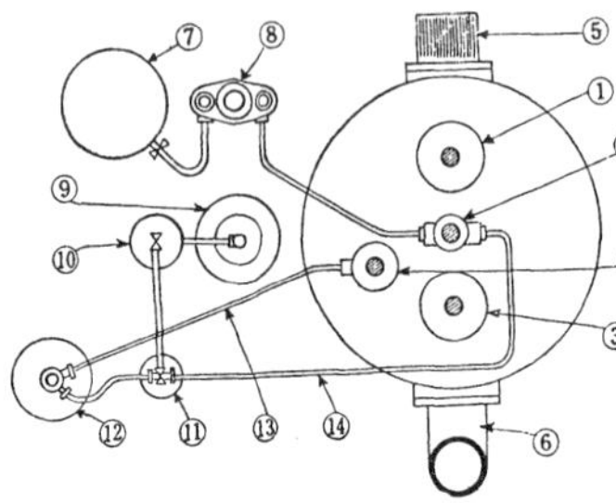

4사이클 디이젤기관 평면도 (機關平面圖)

① Air inlet valve 공기변(空氣辨). ② Fuel valve 연료변(燃料辨). ③Exhaust valve 배기변(排氣辨). ④ Starting valve 시동변(始動辨). ⑤ Suction air silencer 흡입공기소음기(吸入空氣消音器). ⑥ Exhaust pipe 배기관(管). ⑦ Fuel oil tank 연료유(燃料油)탱크. ⑧ Fuel pump 연료펌프. ⑨ 3-stage compressor 3단압축기(三段壓縮機). ⑩ After cooler 압축후냉각기(壓縮後冷却器). ⑪ HP air bottle 고압공기병(高壓空氣甁). ⑫ LP air bottle 저압(低壓)공기병. ⑬ Air pipe to starting valve 시동변으로 가는 공기관. ⑭ Air pipe to fuel valve 연료변으로 가는 공기관.

Difference of latitude 변위(變緯)〔航〕 ——of longitude 변경(變經)〔航〕.

Differential 차동(差動)(대소활차(大小滑車) 또는 치차(齒車)를 조립(組立)시켜서 소력(小力)으로 대차(大車)를 회전시켜 이를 소차(小車)에 전달하고 소차로서 중량물(重量物)을 움직이는 기구(機構)). ——block 차동활차(滑車). gear ——차동장치(裝置) 또는 치차(齒車). ——drain trap or Expansion drain trap 드레인트랩(온차식(溫差式)트랩). ——governor 차동조속기(調速器). ——valve 차동변(辨).

Diffuser 확산기(擴散器). ——efficiency 확산효율(効率). ——pump 확산펌프.

Dilatometer 팽창계(膨脹計). ——characteristic 팽창계 특성(特性).

Dimension 치수(寸法). 차원(次元). **Dimensionless** 무차원(無次元).

Dingy boat 딩기보우트(보통의 보우트이며, 구명정(救命艇)이 아니다).

Dining room 식당(食堂). ——saloon 식당(食堂).

Dioptric lens 굴절(屈折)렌즈(Fig. 244).

Dip brazing 액체(液體)에 담가서 땜질하는 것. ——rope 쇄(鎖)등을 구멍에 통과시킬 때, 유도용(誘導用) 강(綱). **Dipper** 바가지(퍼내는 도구). ——dreadger 바가지식 준설선(浚渫船). **Dipping** and heaving 상하동(上下動). ——process 침액도포법(浸液塗布法).

Direct acting engine 직동기관(直動機關). ——bilge suction 직접(直接) 빌지흡입(吸込). ——coupled 직결(直結)된. ——current or continuous current D.C. 직류(直派)〔電〕. ——drive 직결구동(直結驅動); ——expansion system(refrigeration) 직접팽창식 냉동(直接膨脹式冷凍). ——fire tube boiler 직통연관(直通煙管) 보일러. ——reversing gear 자기역전장치(自己逆轉裝置).

Direction of deposition 용착방향(鎔着方向)〔鎔〕. ——of process 용접진행방향(鎔接進行方向). ——detector or finder 방향탐지기(方向探知機). ——valve box or Communication box 변함(辨函). Wireless ——finder or Radio compass 무선방위측정기(無線方位測定機).

Director valve(diesel) 배분(配分)밸브

Dirigible baloon 비행기구(飛行氣球).

Dirty tanker 더러워진 탱커(fuel oil, crude oil, diesel oil과 같은 색(色)이 있는 기름을 운반하는 탱커).

Fig. 157 Plan of 2-cycle diesel engine

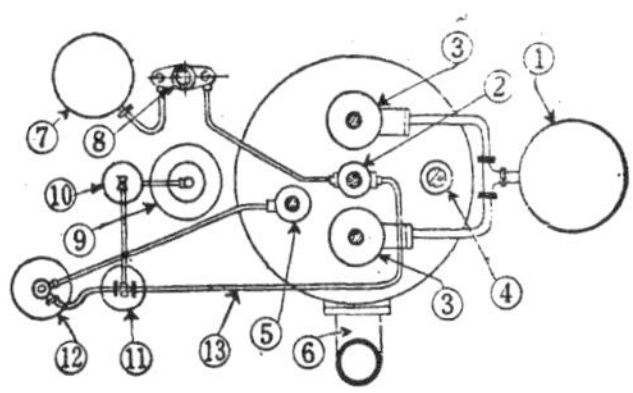

2사이클 디이젤기관 평면도(機關平面圖)

① LP air pump for scavenge air 소기용저압공기(掃氣用低壓空氣)펌프. ② Fuel valve 연료변(燃料辨). ③ Scavenge air valve 소기변. ④ Safety valve 안전변(安全辨). ⑤ Starting valve 시동변(始動辨). ⑥ Exhaust pipe 배기변(排氣辨). ⑦ Fuel oil tank 연료유탱크. ⑧ Fuel pump 연료펌프. ⑨ 3-stage compressor 3단압축기(三段壓縮機). ⑩ After cooler 압축후냉각기(冷却器). ⑪ LP air bottle 고압(高壓)공기병. ⑫ LP air bottle 저압공기병(瓶). ⑬ HP air pipe to fuel valve 연료변으로 가는 고압공기관(管).

Disc or **Disk** 원반(圓盤). 익차(翼車). 기석(碁石)(Rudder pindle을 받는 저금(底金)). Balance——(stal turbine) 평형반(平衡盤). Brake——브레이크반(盤). centre of——(freeboard) 원표중심(圓標中心)(Fig. 192). ——and drum turbine 원판동(圓板胴)터어빈. ——area(propeller) 전원면적(全圓面積). ——area ratio or area ratio (propeller) 면적비(面積比). ——clutch 원반(圓盤)클러치. ——crank 원반크랭크. ——cutter 마찰(摩擦) 원형(圓形)톱. (마찰로서 강재 등을 절단한다). ——oiled bearing 판주유식 축수(板注油式軸受). ——rotor 원판회전자(回轉子)(가스터어빈). ——valve 원판변(圓板辨). ——wheel 익차(翼車). Supporting——(stal turbine)익차

Discard 단(端)을 절취(切取)하다.

Discharge 토출(吐出), 유량(流量), 방전(放電), ——current 방출량(放出量). ——pipe 토출관(管). ——valve 토출변(辨).

Disconnecting gear 해체장치(解體裝置). ——switch 단로(斷路)스위치.

Discontinuity 중단(中斷). 불연속(不連續).

Disengaging gear 해체장치(解體裝置).

Dish washing machine 접시씻는 기계(機械). ——end plate 접시형(形) 경판(鏡板) (보일러) (Fig. 158) **Dished** head or bumped head (boiler) 접시형 경판(Fig. 158). **Dishing** test or bulge test 팽출시험(膨出試驗)(박판(薄板)을 접시형으로 압출(押出)하는 시험)〔關:Cupping test와 같은 의미〕.

Fig. 158 Dished head

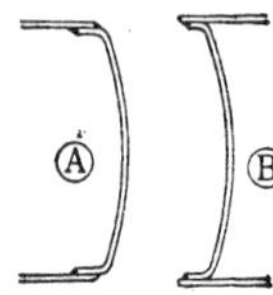

접시형(形)경판(鏡板)
Ⓐ Double welded joint 2중용접 접속(二重鎔接接續).
Ⓑ Single welded joint 단(單)용접 접속.

Dismantle 해체(解體)하다.

Dispensary 진찰실(診察室), 의무국(醫務局), 약국(藥局).

Displaced or draw card 인장시압도(引張示壓圖), ——volume 배수용적(排水容積). ——weight 배수중량(排水重量). **Displacement** 배수량(排水量), 변위량(變位量)(위치(位置)가 이동하였을 때의 거리). Curve of——배수량 곡선(曲線)(Fig. 221). Full load or light load——만재(滿載) 또는 경하(輕荷)배수량. Skeleton——나(裸)배수량(Bare——와 같은 의미). Volume of——배수용적(排水容積). **Displacement** boat(motor boat) 배수형(排水型) 보우트 외판(外板)이 내측(內側)으로 굽혀진 보우트). ——coefficient 배수량계수(係數).

$\frac{\Delta}{(L/100)^3}$ Δ=배수량(톤), L=배의 길이(Ft 또는 M)——length ratio 배수량과 길이의 비(比). ——scale 배수량 척도(尺度)(Fig, 141). ——sheet 배수량계산표(計算表). ——tonnage 배수톤수(噸數).

Distance piece 간격금(間隔金)(간격을 막기 위한 철편(鐵片))(Fig. 159).——table 거리표(距離表)(航路).

Disolved acetylene 용해(溶解) 아세틸렌.

Distillation of water or oil 물 또는 기름의 증류(蒸溜). **Distilled** water 증류수(蒸留水). **Distiller** 증류기(蒸留器). **Distilling** condenser 증류복수기(復水器) ——plant 증류장치(裝置). ——ship 증류수 공급선(蒸溜水供給船).

Distorsion 틀어짐.

Distress message 조난통보(遭難通報). ——signal 조난신호(信號).

Distributing board 분전반(分電盤). ——header 관(管)의 헤더. ——valve 분배관(分配管). **Distribution** board 분전반(分電盤). ——box or——cabinet 분전함(分電函), 배선함(配線函), **Distributor** 분배기(分配器)(미분탄화구용(微粉炭火口

Fig. 159
Distance piece

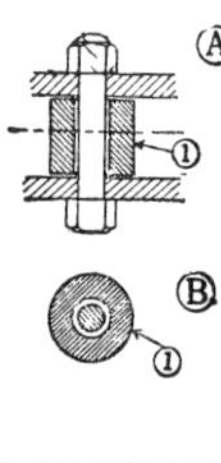

간격금(間隔金)
Ⓐ 측면도(側面圖).
Ⓑ 단면도(斷面圖).
Ⓒ Distance piece 간격금.

用)).

Diver 잠수부(潛水夫). ——report 잠수부 보고(報告).

Divergent nozzel. 확대(擴大)노즐(노즐의 선단(先端)이 확대된 것).
Diverging wave 발산파(發散波). 8자파(八字波).

Divided flow (or. double flow) turbine 분류(分流)터어빈.

Dividers 디바이더(양각기(兩脚器))(제도용(製圖用)) Proportional or Proportional Compasses 비례(比例)컴퍼스(제도용).

Diving apparatus 잠수기구(潛水器具). ——bell 잠수종(鐘). ——dress 잠수복(服). ——rudder 수평타(水平舵). ——valve 침강변(沈降辨).

Division plate or Partition plate 사절판(仕切板). 구획판(區劃板).

Dock 도크, 선거(船渠). Dry——건(乾)선거. Floating——부(浮)선거. Graving——or Graven——건선거. Wet——or Basin——계선(繫船)선거, 계선안벽(岸壁). ——gate 선거문(門). ——master 선거장(長). ——labourer's act 항만노동법(港灣勞動法). ——man 선거공(工). ——sill 선거깔판(선거문지방). ——shore 측지주(側支柱)(Fig. 374 ④). ——trial 계류운전(繫留運轉).

Dockyard 조선소(造船所). Naval——or Navy yard 해군공창(海軍工廠).
Dockage 도크요금(料金). **Docker** 도크공(工). **Docking** 도킹입거(入渠). Undocking 출거(出渠). ——bridge 선미선교(船尾船橋)(도킹 때 지휘대(指揮臺)로서 설치된 선교). ——keel 도킹키일(도킹을 위하여 설치된 키일). ——telegraph 도킹텔레그래프(전령기(傳鈴器)).

Doctor or surgeon 선의(船醫).

Dodger 차랑벽(遮浪壁)(강제목제(鋼製木製)는 물론 포제(布製)도 있다).

Dog 지레대, 빗장, 눌름금구(金具) (Fig. 42 ⑦, 46 ①, 241 ⑭). ——back or strong back 문(門)을 거는 빗장. 눌름금구. ——shore or——dagger 도그쇼어(Fig. 241 ⑬). ——stay 빗장지지주(支持柱).——vane 풍견(風見).

Dolly 돌리이(Fig. 209)(holding up hammer와 같은 의미). ——bar 리벳타당금(打當金).

Dolphin 돌고래, 계주(繫柱). ——striker 돌핀 스트라 커(또는 마아친 겔)(Fig. 382).

Dolomite 백운석(白雲石).

Dome 돔(천개(天蓋)). Steam——증기(蒸氣)돔. ——skylight 돔천창(天窓).

Donkey boiler 보조(補助)보일러. ——engine or Auxiliary engine 보기(補機). 보조기관(補助機關). ——man 보조보일러 화부(火夫). ——pump 펌프.

Door mat 문간 매트(구두닦는 것). ——sill 대합실(待合室). ——way 출입구(出入口).

Dotted line 점선(點線).

Double acting engine 복동기관(複動機關). ——angle bar 2중산형재(二重

山形材). ——arm marker or Reverser 리버어서(2중완서기(二重腕書器)). ——banked boat 쌍좌(雙座)보우트. ——bar link 2매(二枚)링크. ——beat (or seat) valve 양좌변(兩座辨)(Fig. 462). ——block 2륜활차(二輪滑車)(Fig. 52, 53). bottom 2중저(二重底)(Fig. 259). Cellular——bottom 구획식 2중저(區劃式 二重底)(현재의 2중저는 모두 본식(本式)——bunk 2단침상(二段寢床). ——butt strap 양면목판(兩面目板)(Fig. 160). ——callipers 양면(兩面)퍼스(내외경 양용(內外徑兩用))(Fig. 97). ——card 복시압도(複示壓圖). ——compound 복축(複軸)(가스터어빈). ——cylinder engine 2(二)실린더기관(機關). ——effect evaporator 복효증발기(複効蒸發器). ——end punch 양단(兩端)펀치(타관기(打貫機)). ——end shear 양단시어(전단기(剪斷機)). ——curvature 2중곡(二重曲). ——ended boiler 양면(兩面)보일러(Fig. 69). ——ender 양두선(兩頭船)(도선(渡船)처럼 어느쪽이나 진행(進行)하는 배). ——expansion engine or Compound engine 2단 팽창기관(二段膨脹機關). ——flow or Divided flow turbine 분류(分流)터어빈. ——frame 2합재(二合材)프레임. ——funnel 2중연돌(二重煙突). ——groove 양면(兩面)그루우브〖鎔〗(Fig. 44). ——helical gear 2중산치치차(二重山齒齒車). ——hull 2중선곽(二重船廓)(외판(外板)이 2중(二重)으로 되어있다). ——injector 복식(複式)인젝터. ——J groove 양면 J형(形)그루우브〖鎔〗(Fig. 44①). ——nut 2중(二重)너트. ——pillar 2중필러(양주(梁柱)). ——pipe brine cooler 2중관(二重管)브라인 냉각기(冷却器). ——pipe condenser 2중관 응축기(凝縮器). ——plate rudder 복판타(複板舵)(Fig. 332, 333). ——pole 2극(二極). ——pole switcn 2극스위치. ——ported slide valve 양구활변(兩口滑辨). ——purchase winch 복동

Fig. 160 Double butt strap

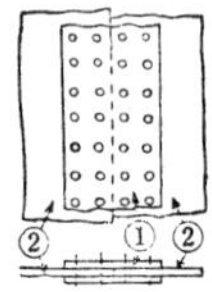

양면목판(兩面目板)
① Butt strap 목판(目板).
② Plate 접속(接續)되는 판(板).

Fig. 161 Double shear

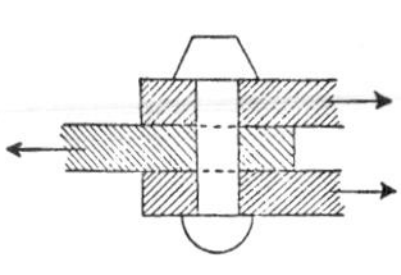

2면전단(二面剪斷)
그림처럼 힘을 받으면 리벳은 double shear를 받는다.

Fig. 162 Dovetail and dowel

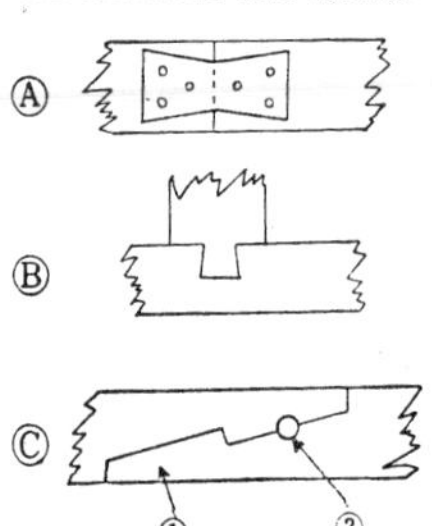

빗장형(形)과 도웰
Ⓐ Dovetail plate joint 빗장형판접수(形板接手). Ⓑ Dovetail joint 빗장접수. Ⓒ Scarph joint 스카아프접수. ① Keel 키일〖木〗. ②Dowel pin or Water stopper도웰핀(목전(木栓)) 또는 수지전(水止栓).

(複動) 윈치. ——reduction gear 2단감속장치(二段減速裝置). ——riveted joint 2열(二列) 리벳접수(接手)(Fig. 160). ——riveting 2열(二列) 리베팅조인(Fig. 327). ——seat or——beat valve 양좌변(兩座辨)(Fig, 461, 462). ——shear 2중전단(二重剪斷)(Fig. 161). ——thread 2조(二條)나사. ——throw crank shaft 2련(二連)크랭크축(軸). ——throw switch 쌍투(雙投)스위치. ——U groove (Fig. 44). H형(形)그루우브. ——V groove X형(形)그루우브〖鎔〗(Fig. 44). ——welded joint 양면용접 접수(兩面鎔接接手) (Fig. 158 Ⓐ). ——wire system〖電〗2선식(二線式)(왕복선(往復線)으로 송전(送電)하는 방법(方法)〔關:Single wire system 단선식(單線式). 왕선(往線)은 전선(電線)을 사용하지만 복선(復線)은 선체(船體) 또는 대지(大地)를 이용하는 방법〕. Macintyre——bottom 맥킨타이어 2중저(二重底). partial——bottom 부분2중저(部分二重底). **Doubling** 2중장(二重張). ——plate 이중장판(二重張板).

Doublet 복취출점(複吹出點).

Dough mixer 반죽 교반기(攪伴器).

Dovetail 빗장형(形) (Fig. 162). ——joint 빗장접수(接手) (Fig. 162 Ⓑ). ——mortise 빗장홈(溝) (Fig. 162 Ⓐ). ——plate 2중판(二重板) (Fig. 162 Ⓐ).

Dowel 목전(木栓). 도웰(Fig. 162 ©). ——pin 도웰핀, **Doweling** 빗장접수(接手).

Down cast or commer 강수관(降水管)(보일러). ——cast header 강수관 헤더. ——cast and up-take ventilator 급기(給氣) 및 배기(排氣)통풍통(通風筒). ——grade and up-grade 내림 또는 올림 기울기. ——hill direction welding 하향용접(下向鎔接) (Fig. 413 ①). ——stroke 하향행정(下向行程).

Downton pump 다운턴 펌프, 비륜(飛輪)펌프.

Draft〖美〗or draught〖英〗흘수(吃水). 통풍(通風). 하서(下書).

Drag 드래그, 항력(抗力). 저항(抵抗). ——chain 제동쇄(制動鎖)(진수(進水)시 배가 심하게 주행(走行)하지 않도록 끌어당기는 강(鋼)). ——of gas cutting 가스절단(切斷)의 끄리(가스절단 때, 진행을 빨리하면 불꽃이 남아서 절구(切口)가 비스듬히 된다). ——link or Suspension rod 링크인봉(引棒) (Fig. 248 ⑥). ——lift ratio 항양비(抗揚比).

Drain 국부(局部)에 남은 증기(蒸氣)가 물이된 것, 기계(機械)등에서 유출(流出)된 폐유(廢油). ——cistern or tank 드레인 탱크. ——cock 드레인 콕. ——hole 드레인구멍. ——pipe 드레인파이프. ——plug 드레인플러그. ——trap, steam trap 드레인 트랩(긴 증기관(蒸氣管)의 도중(途中)에 드레인을 뽑아내는 장치(裝置)). Differential water or Water expansion——trap 차동식(差動式) 드레인트랩. ——valve, bleeder, valve or Blow off valve (diesel) 드레인변(辨). **Drainage** 배수장치(排水裝置). **Draining** bilge 오수(汚水) 배출(排出).

Draught 〔英〕. Draft 〔美〕 흘수(吃水). 통풍(通風). 하서(下書). Accelerated——가속(加速)통풍. Artificial——인공(人工)통풍. Assisted——보강 통풍. ——forward 선수(船首)흘수. ——gauge 통풍계(通風計), 흘수계(吃水計), ——mark 흘수표(標), ——man 제도공(製圖工). ——scale 흘수척도(尺度). Forced——강제(强制)통풍(boiler). Form——or Geometrical ——형상(形狀) 흘수(형상으로부터 계산한 흘수). Full——, full load —— or Load——만재(滿載)흘수. Funnel or Natural——자연(自然)통풍. Induced——흡출(吸出)통풍, Mean——평균(平均)흘수. Moulded 〔英〕 or Molded 〔美〕——형(型)흘수(키일상면(上面)으로부터의 흘수, AB에서는 가보오드판(板)상면으로부터의 흘수), Natural or Funnel——자연(自然)통풍. strength——강력(强力)흘수(강도계산(强度計算)에서 나오는 흘수). ——aft 선미(船尾)흘수. Summer——mark 하기흘수표(夏期吃水標)(Fig. 192 ⑥).

Draw bucket 퍼 올리는 버킷. ——card 늘린 시압도(示壓圖). ——vice **or Vice** 장선만력(張線萬力).

Drawer 늘림. Chest of——s 의함(衣函).

Drawing 그림, 제도(製圖). Detail——상세도(詳細圖). Sheer——, Sheer draught or Sheer lines 선도(線圖)(선형(船型))(Fig. 245). Wire——조임작용(作用). 선을 뚫는 것. Working——제작도(製作圖). 현장도(現場圖). **Drawing** office 제도실(製圖室). ——room 응접실(應接室). ——table 제도대(製圖臺).

Drawn tube, solid——tube or Seamless tube 인발관(引拔管). 접속부(接續部)가 없는 관(管). Cold——tube 냉간(冷間)인발관. Hot——tube 열간(熱間)인발관.

Dredger 준설선(浚渫船). Bucket——버킷 준설선(버킷를 무한궤도(無限軌道)에 연속적(連續的)으로 연결하여 토사(土砂)를 퍼올린다). Dipper——바가지형 준설선(긴자루 끝에 달린 바가지로 토사를 퍼올린다). Grab(grapple) —— 그래브식 준설선(양쪽으로 벌어지는 바가지로 토사를 퍼올린다). Rock cutter——파암(破岩) 준설선(무거운 추(錘)를 떨어뜨려서 암석을 준설한다). Hopper——저개(底開)준설선. Sand pump——or Suction——사토흡입(砂土吸込) 준설선(모래와 물을 함께 흡입한다).

Dresser or Dressing table 조리대(調理臺). ——with sink 싱크가 있는 조리대. **Dressing** 선식(船飾), Full——만선식(滿船飾). ——line 선식기강(船飾旗綱).

Drier or **Dryer** 건조제(乾燥劑). 건조기(乾燥機).

Drift 타입구(打込具)(Fig. 165). 유정(流程). 표류(漂流). 횡류(橫流). Tube ——or Tube plug 관전(管栓) (Fig. 389). ——angle 편각(偏角). ——net

유망(流網). **Drifter** 유망어선(流網漁船). **Drifting** test 압확시험(押擴試驗)(pipe).

Drill 드릴, 송곳(Fig. 163). Breast——가슴으로 받치는 드릴. High speed——고속(高速)드릴. Multiple——복식(複式)드릴 반(盤), Ratchet——or Ratchet brace 핸드볼(가슴에 받치고 드릴을 래칫(Fig. 311)의 회전(回轉)으로 돌려서 구멍을 뚫는다). Radial——래디얼볼반 Upright——or——press 볼반(盤). Wall radial——벽(壁)이 있는 래디얼 볼반——chack 드릴잡이(Fig. 164). ——frame hoist 볼반호이스트(상하장치(上下裝置)). ——press or upright 직립(直立)볼반. ——test 구멍뚫는 시험(試驗). **Driller** 구멍뚫는 공원(工員). 구멍뚫는 기계(機械). **Drilling** machine 볼반. Radial——machine 래디얼볼반(선회(旋回)하는 아암(팔(腕))에 드릴이 붙어있다).

Fig. 163 Drill

드 릴

Fig. 164 Drill chack

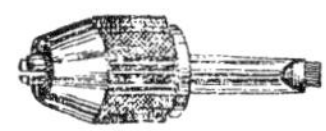

드릴잡이

Fig. 165 Drift

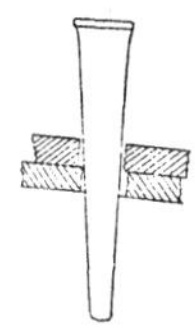

타입구(打込具)

Drip cover 적개(滴蓋)(물방울이 떨어지는 것을 방지한다). ——tray or pan 물방울 받침. ——proof type 방적형(防滴形).

Driven wheel 수차(受車). **Driving** anchor, floating anchor, sea anchor 시이앵커(Fig. 5). ——cylinder 구동(驅動)실린더(텔레모우터). ——face 압력면(壓力面)(프로펠러). ——fit 두들겨서 끼우는 것. ——surface or Acting surface(propeller) 압력면(壓力面). ——wheel 동륜(動輪).

Drop (launching) 낙하(落下)(진수대(進水臺)를 떠나서 선수(船首)가 숙어지는 것). ——forging 낙하단조(鍛造). ——hammer or——stamp 드롭해머(낙하하는 해머로서 단조한다). ——keel 깊은 키일(심용골(深龍骨))(요트). ——strake 지판(止板)(Fig. 376 ②). ——test 낙하시험(試驗).

Drum 드럼, 관(罐)(대형(大型). 소형(小型)은 Can). 동(胴). Brake——브레이크동(胴). Cable——(cable steamer) 케이블드럼(권취기(捲取機)). Chain——체인드럼. Friction——마찰(摩擦)동(胴). Rotor——(turbine) 로우터동(胴). Steam——증기드럼. Stepped——단(段)이 있는 동(胴). Warping——강권동(綱捲胴). ——head(turbine) 경판(鏡板). ——rotor 드럼로우터(동형 회전자(胴形回轉子)). ——stage(turbine)동단(胴段).

Dry air pump 건식공기(乾式空氣)펌프. ——back boiler 건조실(乾燥室)보일러. ——battery 건전지(乾電池). ——cargo 드라이카아고(건조화물(乾燥貨物)). ——cell 건전지. ——combustion chamber 건연실(乾燃室)(Fig.67).

——compass 드라이컴퍼스(Fig. 119 Ⓑ). ——dock 건(乾)도크. ——process 건식(乾式)(보일러 보존법(保存法), 〔關:Wet process 보일러에 만수(滿水)하여 보존한다〕. ——provision 건물(乾物). ——rot 부패(腐敗)〖木〗. steam 건조증기(乾燥蒸氣). **Dryer** or **Drier** 건조제(乾燥劑). 건조기(器). **Drying** room 건조실. **Dryness** 건조도(度). ——factor or——fraction 건조율(率).

D.S. disconnecting switch 해접(解接)스위치〖電〗.

Dual 2중(二重)의. ——air pump 복공기(複空氣)펌프. ——class 2중선급(二重船級). ——cycle or Mixed cycle 듀얼사이클. ——duct 2중풍로(風路). ——voltage DC system 2중전압 직류방식(二重電壓直流方式).

Duck 더크(경범포(輕帆布)). Holland——화란(和蘭)범포. ——cover 더크커버(覆).

Ducol steel 듀콜강(鋼)(탄소강(炭素鋼)에 1.2~1.4% 정도의 망간이 들어있는 고장력강(高張力鋼) 60~75kg/mm²).

Duct 관로(管路). ——keel 덕트(방형(方形))키일. ——loss 덕트로스.

Ductile material 신장성(伸長性)이 있는 재료(材料)(강역(强力)에 대해서 상당히 길게 신장(伸長)되는 재료)〔關:Brittle material 상기의 반대(反對)〕. **Ductility** 연성(延性).

Dull red heat 암적열(暗赤熱)(어두운 곳에서 붉게 보이는 정도).

Dump card or pelorus 방위반(方位盤)(Fig. 119 Ⓑ ②).

Dummy 더미. Ahead——전진(前進)더미. Astern——후진(後進)더미. Contact——or Facial——접속(接續)더미. Labyrinth——래브린스 더미(Fig. 233). Radial——레디얼더미. ——funnel or——stack 모의연돌(模擬煙突). ——piston(turbine)평형(平衡)피스톤. ——ring 더미 링.

Dump bolt 압입(押込)보울트. ——test 종압시험(縱壓試驗). (리벳).

Dunnage 화물(貨物)깔판. ——board or wood 화물 나무깔판. ——mat 화물매트.

Duplex atomizer 복식 분무기(複式噴霧器). ——burner 복식버어너. ——cable 2심선(二心線)케이블. ——injector 복식 인젝터. ——nozzle 복식노즐(가스터어빈). ——pump 복식펌프(Fig. 305).

Duplicate 2중(二重). 부본(副本).

Duralmin 듀랄루민(light metal) (알루미늄과 동(銅)의 합금(合金)).

Duroscope 휴대용 경도계(携帶用硬度計),

Dust coal or Slack coal 미분탄(微粉炭). ——collar angle 제진산형재(制塵山形材)(Fig. 9). ——cork or Cork——미분코르크. ——proof or——tight 진밀(塵密).

Dynamic balance test 동적 평형시험(動的平衡試驗). ——test 동적시험. **Dynamical** balancing 동적 평형법(法)(회전(回轉)중의 평형을 본다).——

load 동하중(動荷重). ——pressure 동압(력)(動壓(力)). ——stability 동적복원력(動的復原力)(파간(波間)에서의 복원력). ——strength 동적인 힘에 대한 강도(强度). ——stress 동응력(動應力). ——thrust 동적추력(推力).

Dynamo 직류발전기(直流發電機). Compound——복권(複捲)직류발전기. ——engine 발전기용 기관(機關). ——room 발전기실. Emergency——비상용(非常用)직류발전기. Series wound——직권(直捲)직류발전기. Shunt ——분권(分捲)직류발전기. **Dynamometer** 동력계(動力計).

E

Ⓔ 미국선급협회(美國船級協會) A.B.에서 의장품(艤裝品)이 그 rule에 합격(合格)한 사실을 나타내는 부호(符號), 여기서 의장품이라는 것은 Equipment Anchor 앵커, Cable 케이블. Wire rope for stream anchor cable 중묘용 강색(中錨用鋼索)을 의미한다. 원표(圓標)가 없는 그대로의 E이면 Rule에 정확히 합격된 것은 아니지만 사용해도 무방하다는 것을 의미하는 부호이다.

E.A.C. Electrical apparatus certified 전기설비(電氣設備)가 AB rule에 합격(合格)한 것을 나타낸다.

E.H.P. (Effective horse power) 유효마력(有效馬力).

Earing 이어링(이강(耳綱)).

Earning capacity 돈을 모을 수 있는 능력(能力)(예를 들면 운반량(運搬量)등).

Earth 어어스, 접지(接地)〘電〙.〔關:Ground와 같은 의미〘美〙〕. ——connection 지선공사(地線工事). ——detector 검루기(檢漏器)〘電〙. ——lamp 검루등(檢漏燈).

Easing gear (valve) 변상승장치(辨上昇裝置). Exhaust valve——gear or Lifting gear 배기변(排氣辨)상승장치.

Easy chair 안락의자(安樂椅子).

Ebb or——tide 썰물(간조(干潮)).

Ebonite 에보나이트(고무를 화류(和硫)할 때 압력(壓力)과 열(熱)을 가하여 견강(堅硬)한 재료가

Fig. 166 Eccentric

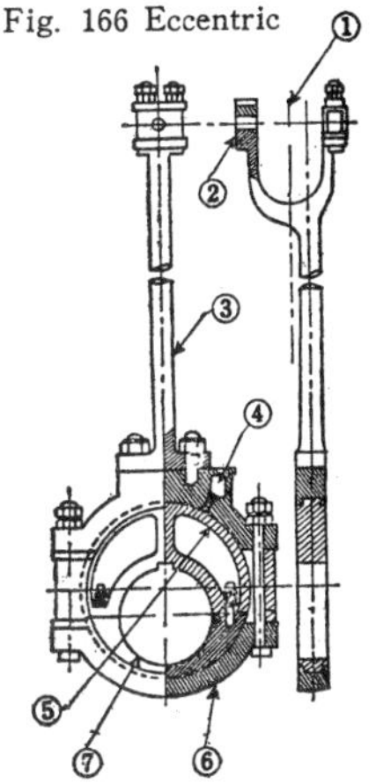

편심기(偏心器)

① Centre line of valve rod 활변봉 중심선(滑辨棒中心線). ② Upper bearing 상부축수(上部軸受). ③ Eccentric rod 편심봉(偏心棒). ④ Oil well 유류(油溜). ⑤ Eccentric sheave 편심내륜(偏心內輪). ⑥ Eccentric strap 편심외륜(偏心外輪). ⑦ Main shaft 주축(主軸).

된다. 주로 전기절연물(電氣絕緣物)로서 사용된다).

Eccentric 편심기(偏心器) (Fig. 166). Ajustable——조정(調整)편심기. Loose——유동(游動)편심기. ——arm, ——radius, ——throw or Eccentricity 편심거리(距離). ——load 편심하중(荷重). ——rod 편심봉(偏心棒) (Fig. 166 ③). ——sheave or——pulley 편심내륜(內輪)(Fig. 166 ⑤). ——sleeve(diesel) 편심슬리이브. ——strap 편심외륜(外輪)(Fig. 166 ⑥). ——arm, ——radius, ——throw or Eccentricity 편심거리(距離). 편심율(率).

Echo box 에코우(반향상자(反響箱子))〔電波〕. ——sounding machine or ——sounder 반향측심기(測深機)(Fig, 367).

Economical life 경제생명(經濟生命)(수지보상(收支補償)이 없을 때는 경제생명이 없다고 인정(認定)한다). ——speed 경제속력(速力)(연료소비(燃料消費)기타를 생각해서 가장 경제적인 속력, 완전히 설계되어 있다면——speed 가 Sea speed or Service speed 항해속력(航海速力)이 되지 않으면 않된다).

Economizer 에코노마이저(연도 급수가열기(煙道給水加熱器)).

Eddy 와동(渦動). ——making resistance 조와저항(造渦抵抗)(유체(流體)중의 물체(物體)가 유선형(流線型)이 되어있지 않기 때문에 와동이 생긴다. 와동이 발생되면 그 에너지에 해당(該當)되는 양만큼 저항증가(抵抗增加)가 나타난다). ——plate 수절판(水切板)(가능한 한도내에서 와동이 발생하지 않도록 하는 판(板)).

Edge 연(緣) Chamfer——면취연(面取緣)(각(角)을 없앤 것). ——planer 연삭반(緣削盤). ——preparation 개선가공(開先加工)〔鎔〕. ——strip or——patch 연목판(緣目板) ——weld 가장자리 용접. Following——or——Trailing——후연(後緣)(Fig. 299 ⑩). Knife——나이프에지(Fig. 167). Landing——or Longitudinal seam 종접수(縱接手)(Fig. 168 ②). Leading——전연(前緣)(Fig. 299⑨). Straight——직선정규(直線定規).

Eduction pipe 배기관(排氣管)(고압실린더에서 저압실린더에로, 또는 저압실린더에서 condenser로 통하는 배기관(排氣管))(Fig. 314 ⑪).

Edwards pump 에드워드 펌프(Fig. 303).

Effective breadth 유효폭(有効幅). ——efficiency 유효효율(効率). ——horse power (E.H.P.) 유효마력(馬力). ——length of weld 용접(鎔接)의 유효장(長). ——pitch, virtual pitch, or analysis pitch 유효피치(프로펠러). ——pitch ratio 유효피치비(比). ——pressure 유효압(有効壓). Mean——pressure 평균유효압력(平均有効壓力). ——slip or Virtual slip 유효실각(失脚)(프로펠러). ——slip ratio 유효실각비(比). ——stroke 유효행정(行程). ——thermal efficiency 유효 열효율(熱効率). ——

Fig. 167
Knife Edge

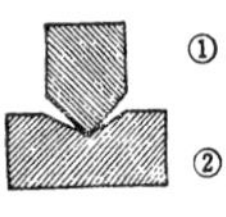

나이프 에지

① Knife 칼날.
② Knife Edge 나이프 에지.

throat thickness 유효 목두께(喉厚)〖鎔〗(Fig. 416). ——wake 유효반류(伴流). ——wave slope 유효파경사(波傾斜). ——value 유효치(値). **Effectiveness** of regenerator 열교환율(熱交換率)(가스터어빈).

Efficiency 효율(效率). Diagram——선도(線圖)효율. Engine——기관(機關)효율. Hull——선체(船體) 효율(선체의 물저항(水抵抗)). Hydraulic——수력(水力)효율. Internal——내부(內部)효율. Joint——접수(接手)효율. Nozzle——노즐효율. Propulsive—— or Propulsive coefficient 추진(推進)계수. Propeller——프로펠러효율. Scavenging ——소기(掃氣)효율(diesel). Stage ——단(段)효율(turbine). Thermal——열(熱)효율. Volumetric——체적(體積)효율(적하(積荷)).

Efflux angle 유출각(流出角)(가스터어빈).

Effusion cooling 누출 냉각(漏出冷却) (가스터어빈).

Egg slicer 계란(鷄卵)집게.

Ejector 이젝터(방사기(放射器). Air——공기(空氣)이젝터. Ash——회(灰)이젝터(☞ ash). Bilge——빌지이젝터. ——condenser 이젝터복수기(復水器).

Elastic after effect 탄성여효(彈性餘効). ——boiler 탄성보일러. ——bulkhead 탄성격벽(隔壁). ——cup washer 탄성 배형좌금(杯形座金). ——deformation 탄성변형(變形). ——limit 탄성한계(限界)(Fig. 152 ⓐ). ——modulus 탄성계수(係數). ——resilience 탄성 변형에너지. ——sleeve bearing 탄성 슬리이브축수(軸受). ——stability 탄성안정(彈性安定). ——strain 탄성변형. ——strain energy 탄성변형 에너지. ——stress 탄성응력(應力). ——vibration 탄성진동(振動). **Elasticity** 탄성. Modulus of——탄성계수. Photoelasticity 광탄성학(光彈性學)(셀룰로이드와 같은 재료(材料)로서 시험편(試驗片)을 만들고, 이것에 광선(光線)을 비쳐서 사진촬영(寫眞撮影)을 하면 시험편이 받고있는 Stress 분포(分布)를 알 수 있다).

Elbow 엘보우 (Fig. 169). Soil piece——오수관(汚水管)의 엘보우.

Fig. 168
Edge strip

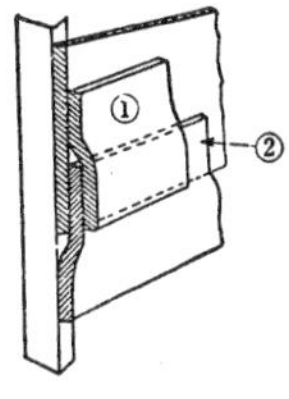

연목판(緣目板)
① Edge strip 연목판.
② Landing edge 종접수(縱接手).

Fig. 169 Elbow

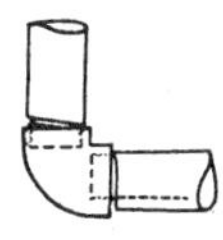

엘보우

Fig. 170 Electric hand drill

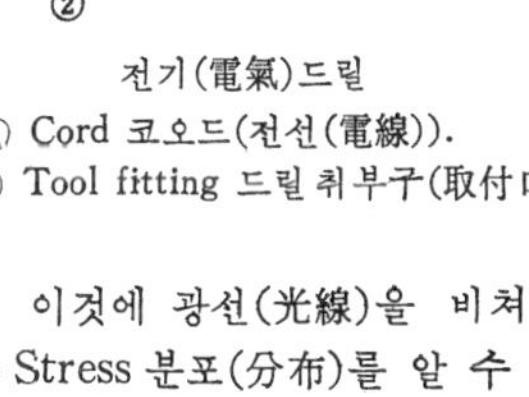

전기(電氣)드릴
① Cord 코오드(전선(電線)).
② Tool fitting 드릴 취부구(取付口).

Electric 전기적(電氣的). ——arc welding 아아크용접(鎔接). ——bath 전기도금(電氣鍍金)탱크. ——bell 전령(電鈴). ——brazing 전기땜질. ——cable 케이블전선(電線). ——circuit 전기회로(回路). ——conductivity 전기전도율(傳導率). ——conductor 전기도체(導體). ——fan 선풍기(扇風機). ——fittings 전기속구(電器屬具). ——furnace 전기로(爐). ——hand drill 전기드릴(Fig. 170). ——generator or Dynamo 발전기(發電機). ——heater 전열기(電熱器). 전기난방기(暖房器). ——heating 전기난방. ——ignition 전기점화(點火). ——ignition engine 전기점화기관(機關). ——indicator 전기식 표시기(電氣式標示器). ——installation 전기장치(裝置). ——lead 전선도판(電線導板). ——light 전등(電燈). ——log 전기측정기(測程器)(전기로서 Log의 회전수(回轉數)를 선교(船橋)에 표시(標示)한다. ——motive force 기전력(起電力). ——motor 발동기(發動機). ——motor generator 전동발전기(電動發電機)(직류(直流)로 전동기(電動機)를 회전시켜서 교류(交流)를 발전하든지 혹은 그 반대일 때 사용한다). ——oven 전기남비. ——portable lamp 휴대용(携帶用)전등. ——propulsion 전기추진(推進). diesel ——propulsion 디이젤전기추진(디이젤로서 발전(發電)을 하고, 그 전기로 전동기(電動機)를 동작(動作)시켜서 추진한다). Turbo-electric propulsion 터어빈 전기추진(디이젤 대신 터어빈을 사용한다). ——radiator 전기방열기(電氣放熱器). ——resistance welding 전기저항용접(抵抗鎔接)(전기저항열(抵抗熱)로서 용접(鎔接)한다. ——resistance wire strain gauge 전기저항선 변형계(抵抗線變形計). ——steel 전로강(電爐鋼). ——steering engine 전기조타기(操舵機)(quadrant 타병호(舵柄弧)에 톱니를 넣어서 그것을 물고 도는 작은 톱니바퀴를 전동기로 작동하는 방식(方式)(Leonard system). ——test 전기시험(試驗)(저항, 절연, 전도(抵抗, 絕緣, 傳導)등의 시험). ——thermostat 전기더어모 스태트(전기로 난풍(暖風)을 만들어 보낸다). —— ——transformer 변압기(變壓器). ——watch 전기시계(時計). ——welding 전기용접(鎔接). ——winch 전동윈치. ——windlass 전동 윈들래스. ——wiring plan 전로배선도(電路配線圖), 배선도. ——work 전기공사(工事).

Electrical 전기관계(電氣關係)의. ——engineer 전기기사(技師). ——equipment 전기장치(裝置) 또는 설비(設備). ——steering system 전기조타장치. **Electrician** 전기공(電氣工). **Electro-**deposit copper 전기분동(電氣分銅). ——hydraulic steering system 전동유압(電動油壓)조타기(타병(舵柄)에 횡봉(橫棒)을 붙이고, 그 봉을 펌프로서 좌우(左右)로 작동시켜서 조타한다, 여기에는 Jahney type와 Helshaw type가 있다). ——magnet 전자석(電磁石). ——magnetic coupling 전자접수(電磁接手). 전자우력(偶力). ——magnetic brake 전자브레이크. ——plating 전기도금(鍍金). ——plate wares 전기도금한 접시종류(種類).

Electrode 전극(電極). 용접봉(鎔接棒). Bare—— 나(裸)용접봉. Carbon——

탄소(炭素)용접봉. Coated——피복(被覆)용접봉(용제(鎔劑) Flux로 피복된 봉). ——tip 전극팁(피복봉의 피복되어있지 않은 선단(先端)). ——trip 운봉법(運棒法)〔鎔〕.

Electrolysis 전기분해(電氣分解), 전해(電解). **Electrolyte** 전해질(電解質). 전해액(液). ——copper 전기동(電氣銅). ——cooler 저항냉각기(抵抗冷却器). **Electrolytic** corrosion 전식(電蝕)(액체(液體)중에 이금속(異金屬)을 넣어두면 금속간에 전류(電流)가 흘러서 기전력(起電力)의 높은 측이 부식(腐蝕) 당한다). (☞ action).

Electronic navigation 전파항법(電波航法). ——tracer 전자관(電子管) 트레이서(가스절단(切斷)).

Elevation (Front) 정면도(正面圖). ——(Side) 측면도(側面圖).

Elevator or Lift 승강기(昇降機).

Elliot cycle 엘리오트 사이클(가스터어빈).

Ellipse 타원(楕圓). ——low 타원법칙(法則)(가스터어빈). ——valve diagram 타원변선도(辨線圖). **Elliptical** blade 타원날개. ——stern 타원 선미(船尾) 〔關: Square stern 각형(角形)선미(평면도(平面圖)를 보고)〕. ——valve diagram 타원 변선도.

Elongation 신장(伸張). ——% 신장율(率)(시험편(試驗片)을 인장(引張)해서 절단(切斷)하였을 때, 원래(元來)길이에 대한 늘어난 길이의 비(比)).

Embarkation arrangement 승정장치(乘艇裝置). ——deck 승정갑판(甲板)(보우트에 오를 경우의 갑판). ——gangway 승정입구(入口). ——lamp 승정등(燈).

Embossing press 두들겨 내는 프레스.

Embrittlement characteristic 취성화특성(脆性化特性).

Emerged wedge 노출(露出)쐐기형〔關: Immersed wedge 침하(沈下)쐐기형〕. (Fig. 171).

Emergency air compressor 비상공기압축기(非常空氣壓縮機). ——bilge pump 비상 빌지펌프. ——dynamo 비상발전기(發電機). ——governor 비상조속기(調速器). ——switch 비상스위치. ——valve 비상변(辨). ——steering geer 비상조다장치(操舵裝置).

Emigrant ship 이민선(移民船).

Emplacement 장소(場所)를 정(定)하는 것.

Emulsification 유화(乳化).

Enclosure 둘러싸다. 봉입물(封入物). ——bulkhead 둘러싼 격벽(隔壁).

Fig. 171
Emerged & Immersed wedge

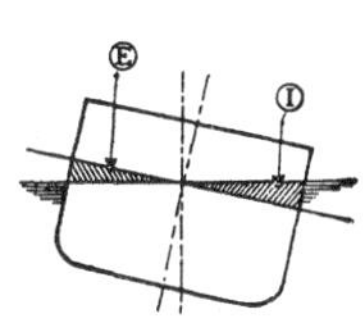

노출(露出) 및 침하(沈下)쐐기형(形)

① Immerged wedge 침하쐐기형.

Ⓔ Emerged wedge 노출쐐기형.

Encumbrance 장해물(障害物).

End bulkhead 단격벽(端隔壁). ——coaming 단(端)코오밍(창구단 횡연판(艙口端橫緣板)(Fig. 259 ㊱). ——lap 단 랩(덮는 것(重)). ——link 단말(端末)링크(Fig. 107 ④). ——on 곧 바로〖航〗. ——plate 경판(鏡板)(Fig. 66, 67). Back——plate 후부(後部)경판(Fig. 66, 67). Dished——plate 접시형(形)경판(Fig. 158). ——thrust 단향(端向)드러스트.

Endurance limit 피로한도(疲勞限度)(동방향(同方向)또는 반대방향의 연속적(連續的)인 하중(荷重)으로 인한 절단(切斷)때까지의 강도(强度)). ——test 내구시험(耐久試驗).

Energy 에너지, 세력(勢力). Available——이용가능(利用可能)한 에너지. Kinetic——운동(運動)에너지. Potential——포텐셜에너지(잠재세력(潛在勢力)). ——diagram 에너지 선도(線圖)(turbine).

Engine 기계(機械). 기관(機關). Air cooled——공냉(空冷)기관. Airless injection——무기분사(無氣噴射)기관(디이젤). Alcohol——알코올기관, Ash hoisting——회상기(灰上機). Atmospheric——대기압(大氣壓)기관. Automatic tension——자동긴장기(自動緊張機). Auxiliary or Donkey——보조(補助)기관. Balanced——평형기계. Boat hoisting——양정기(揚艇機). Compound or Double expansion——2단팽창(二段膨脹)기관. Condensing——복수기(復水器)가 있는 기관. Diagonal——사(斜)기관. Direct acting——직동(直動)기관. Diesel——디이젤기관(Fig. 155, 156, 157). (경우에 따라서는 Internal combustion engine 내연(內燃)기관이라고도 한다). Donkey or Auxiliary——보조(補助)기관. Double cylinder——2실린더기관. Dynamo——발전기용(發電機用)기관. ——bed, bearer or seat 기관대(臺)(Fig. 172, 173). ——casing 기관실 위벽(圍壁). ——column 실린더기둥(柱)(Fig. 174, 175). ——department 기관부(部). ——efficiency 기관효율(効率)$=\frac{\text{축마력(軸馬力) S.H.P.}}{\text{실마력(實馬力) I.H.P.}}$. ——fitting 기관취부물(取付物). ——floor or——room floor 기관실상(室床). ——frame 기관프레임(가구(架構)). ——opening 기관실구(室口). ——oil or Machine oil 엔진기름(PAI 미국석유협회 비중단위(美國石油協會比重單位) 170 인화점(引火點) 140정도). ——room 기관실(室). ——room grating 기관실 상격자(床格子). ——room skylight 기관실 천창(天窓). ——room sleeper 기관실상수(床受). ——room telegraph or——telegraph 기관실 텔레그래프(전령기(傳令器))(Fig. 176). ——seating or——bed. 기관대(臺)(Fig. 175). ——store keeper 기관고수(庫守). ——workshop 기관공장(工場). Experimental——실험용(實驗用)기관. Explosion——폭발(爆發)기관. Fan——송풍(送風)기관. Feed——급수기(給水機). Fire——송방(消防)펌프.. Four cycle or Stroke——4사이클기관(Fig. 156). Gas——가스기관. Gasoline——가솔린기관. Heavy oil

——중유(重油)기관. Horizontal——수평형(水平形)기관. Hot bulb——소구(燒球)기관. Hydraulic——수력(水力)기관. Ice——제빙기(製氷機)기관. Internal combustion——내연(內燃)기관. Irreversible or Non-reversible——비역전(非逆轉)기관. Land——육용(陸用)기관. Main——주(主)기관. Marine——박용(舶用)기관. Multiple expansion——다단팽창(多段膨脹)기관. Non-condensing——복수기(復水器)가 없는 기관. Non-expansive ——비팽창(非膨脹)기관. Non-reversible——비역전(非逆轉)기관. Oil——기름기관. Oscillating——통진(筒振)기관. Paraffin——or Paraffin oil——석유(石油)기관. Quadruple expansion 4단팽창(四段膨脹)기관. Reciprocating——or Reciprocator 왕복동(往復動)기관(Fig. 313, 314), Return actior——역전(逆轉)기관. Return connecting rod——회귀연접봉(回歸連接棒)기관. Reversible——가역(可逆)기관. Reversing——역전(逆轉)기관. Rotary——회전(回轉)실린더발동기. Semi diesel——세미디이젤기관. Simple——1단팽창(一段膨脹)기관. Single acting——단동(單動)기관. Single cylin-

Fig. 172 Engine bed

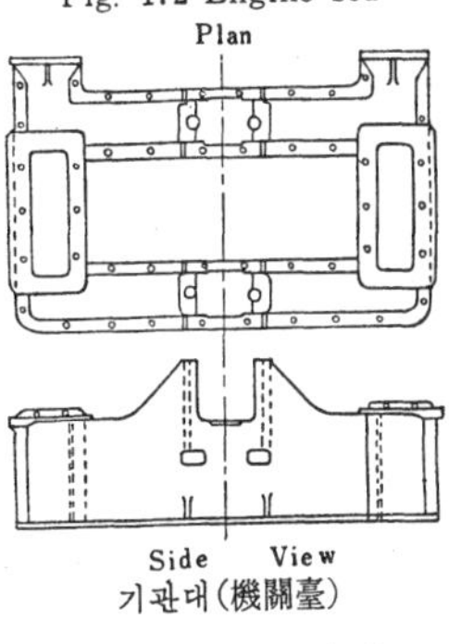

기관대(機關臺)

Fig. 173 Engine bed

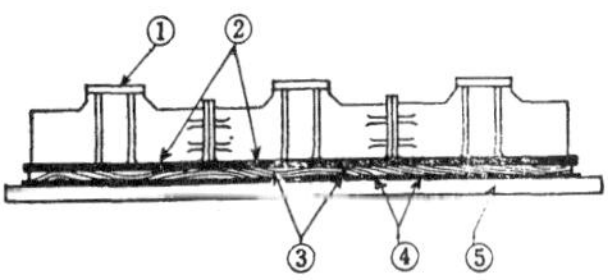

기관대(機關臺)

① Column seat 실린더주대(柱台). ② Bed plate 대판(台板). ③ Chock piece (Wood)쐐기판(板). ④ Chock piece(Iron) 좌금(座金). ⑤ Sole piece 소올피이스대(機關台).

Fig. 174 Engine column & Guide shoe

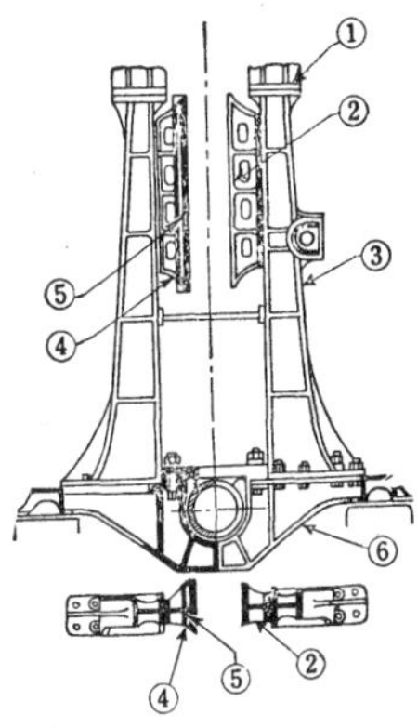

실린더주(柱) 및 활금(滑金)

① Flange of cylinder 실린더의 플랜지 ② Go stern guide shoe 후퇴활판금(後退滑板金). ③ Engine column 실린더주. ④ Ahead guide shoe 전진(前進)활금판. ⑤ Cooling water jacket 냉각수(冷却水)재킷. ⑥ Engine bed 기관대(機關台).

der——단(單)실린더기관. Siding cylinder double acting——이동(移動)실린더 복동(複動)기관. Starting——시동(始動)기관. Steam——증기(蒸氣)기관. Steering——조타기(操舵機)(Fig.377, 379). Tandem——텐뎀(종(縱)으로 배열(配列)된)기관. Triple expansion——3단팽창(三段膨脹)기관(Fig. 313, 314), Trunk——트렁크기관. 통형(筒形)피스톤기(機)(Fig. 287). Turning——터어닝엔진(회전용기관(回轉用機關))(Fig. 436). Two cycle or Stroke——2사이클기관(Fig. 155). Vertical——연직형(鉛直形)기관.

Engineer 기관사(機關士)·기사(技師). Chief——기관장(長). 기사장(長) Electrical —— 전기(電氣)기사. First——1등(一等)기관사. Fourth——4등(四等)기관사. Guarantee —— 보증(保證) 기사(제조기관(製造機關)의 성적보증(成績保證)을 위하여 기관의 실지운전(實地運轉)을 기관안정(安定)시까지 입회(入會)하는 기사, 예를 들면, 신조선 인도후(新造船引渡後), 수개항해(數個航海)동안 동승(同乘)하는 기사). Junior——차석(次席)기관사. Second——2등(二等)기관사. Senior——상석(上席)기관사. Third——3등(三等)기관사. Engineer's log book 기관일지(機關日誌). ——office 기관사 사무실(事務室). ——store 기관부창고(倉庫). ——workshop 기관사 공작실(工作室).

Engrave 파다, 새기다.

Enlarged link 확대쇄환(擴大鎖環)(Fig. 107 ⑤).

Fig. 175
Engine cylinder, column & bed

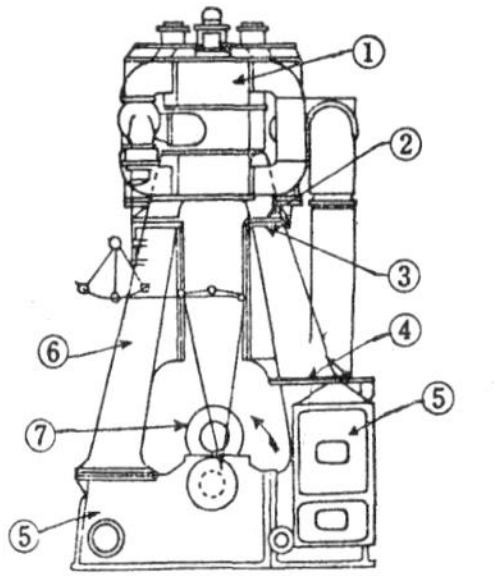

기관(機關)실린더, 주(柱), 대(臺).

① Cylinder 실린더. ② Flange of cylinder 실린더의 플랜지. ③ Flange of column 실린더주의 플랜지. ④ Flange of bed 기대(機台)의 플랜지. ⑤ bed 기관대(機關台). ⑥ Column 기주(機柱). ⑦ Crank 크랭크.

Fig. 176
Engine telegraph

기관실(機關室) 텔레그래프

Fig. 177 Equilibrium

① ② ③

평형(平衡)

① Unstable 불안정(不安定).
② Stable 안정(安定).
③ Neutral 중립(中立).

Ensign 국기(國旗). 군함기(軍艦旗). ——staff 선미(船尾)깃대.
Enthalpy 엔탈피(전열량(全熱量)).
Entrance 입구(入口), 수절부(水切部)——angle 수절각(水切角)〔船〕. (Fig. 7). 입구각(入口角)〔機〕. Hall——or Grand——출입구현관(出入口玄關). ——of vessel 선수부(船首部).
Entropy 엔트로피(열역학(熱力學)).
Equalizer pipe 균압관(均壓管) (turbine). ——pole 균압극(均壓極)〔電〕.
Equation of time 시차율(時差率).
Equilibrium 평형(平衡)(Fig. 177). Neutral——중성(中性)평형. Stable——안정(安定)평형. Unstable——불안정(不安定)평형. ——valve 평형변(辨).
Equipment 의장품(艤裝品), 이것은 Anchor 앵커. Chain cable 케이블, Two line 만색(挽索), Hawser 대색(大索), Warp 대색(大索)(색류(索類)는 Wire rope 강색(綱索)과 Manila rope 마색(麻索)이 있다)을 의미한다. ——number 의장수(艤裝數)=배의(폭(幅)+깊이)×길이+선루(船樓)의(길이×높이)×3/4+갑판실(甲板室)의(길이×높이)×1/2(이 수로서 의장품의 치수 수량(寸法數量)이 결정된다).
Equivalent carbon 탄소당량(炭素當量).——cone angle 상당 원추각(相當圓錐角). ——diameter 상당직경(直徑). ——evaporation 상당증발량(蒸發量). ——girder 상당형재(桁材). ——mean effective pressure(reduced to low pressure cylinder) 저압(抵壓)실린더에 환산(換算)한 상당 평균압력(平均壓力). ——nozzle area 상당노즐 넓이. ——orifice 등가(等價)오리피스(공(孔)). ——radius 상당반경(半徑). ——twisting moment 상당 비틂 모우먼트.
Eraser 지우개. ——rubber 고무 지우개. Ink——잉크 지우개.
Erection 선대조립(船臺組立). 배의 상부구조물(上部構造物). ——cost 건설비(建設費)(이것은 Material cost 재료비(材料費)와 Fabrication cost 공사비(工事費)로서 형성된다). ——deck 선루갑판(船樓甲板). ——end 선루단(船樓端). ——man 조립공(組立工)(선대(船臺)). ——procedure 구조물 조립방식(構造物組立方式).
Ergonomics 인간공학(人間工學)(인간생활(人間生活)을 생각하고, 공기(空氣), 광선(光線), 온도(溫度), 음향(音響), 색채(色彩), 기구(器具)등을 연구(研究)하는 공학).
Erosion 침식(浸蝕). ——resistance 내식성(耐蝕性). ——shield 침식보호(保護).
Erriccen test 압출시험(押出試驗)(박판(薄板)을 압출하여 표면에 균열이 생기는 깊이를 측정한다).
Escape scuttle 도망구(逃亡口). ——trunk 도출(逃出)트렁크(축로(軸路)에서 직접 갑판(甲板)으로 도출하는 통로(通路)). ——valve 토출변(辨)(Fig. 448).

Estimation 견적(見積). Power of——Powering 마력추정(馬力推定).

Etch test 부식시험(腐蝕試驗). **Etching** 식각법(蝕刻法)(강단면(鋼斷面)을 연마(硏摩)하여 부식제(腐蝕劑) 작용시키면 부식된 곳과 안된 곳이 생겨서 조성분자상태(組成分子狀態)를 알수있게 된다. 또한 내식도료(耐蝕塗料)로서 문자(文字)를 쓰고 부식시키면 문자만이 부상(浮上)된다). ——solution 부식 약(藥)(현미경사진(顯微鏡寫眞)을 만들 때 상(像)을 뚜렷하게 하기 위하여 재료표면(材料表面)을 부식시키는 약제(藥劑)).

Eutectic point 공정점(共晶點)(합금(合金)이 공정을 형성(形成)하는 온도(溫度). ——welding 공정용접(共晶鎔接)(저온(低溫)용접).

Evaporation 증발(蒸發). Equivalent——증발당량(當量). Factor of——증발계수(係數). **Evaporative** capacity 증발용량(容量). ——factor 증발계수. ——power 증발력(力). **Evaporator** 증발기(蒸發器). Double effect——or Multiple effect——복효(複效)증발기.

Even keel 등흘수(等吃水)(Trim없이 떠있는 상태)(Fig. 358).

Excess 과잉(過剩). ——of air 과잉공기(空氣). ——of hatchway 해치초과적량(超過積量)(톤수규정(噸數規定)을 초과한 해치의 톤수).

Exchanging water hole 환수공(換水孔).

Exciter 여자기(勵磁機)〔電〕 **Exciting** current. 여자전류(電流).

Exclusive surveyor 전임검사원(專任檢査員)〔關:Non-exclusive surveyor 촉탁검사원〕.

Excursion 실습(實習). 견학(見學). ——boat 회유선(回游船). ——limit 회유항로 한도(回游航路限度).

Exemption certificate 면제증서(免除證書).

Exfoliation 이탈(離脫).

Execution of work 공작법(工作法).

Exhaust 배기(排氣). 배출(排出). Ahead or Astern——cam 전진(前進) 또는 후진(後進)배기 캠. ——Atmospheric——대기(大氣)배출. Auxiliary—— 보기(補機)배기. Bauer-Wach——steam turbine 바우엘 왓하 배기터어빈. Closed——밀폐(密閉)배기. ——boiler or Waste heat boiler 배기 보일러(배기를 이용하는 보일러, 예를 들면 diesel 배기보일러).——cam 배기용(用)캠. ——cavity (slide valve) 배기공동(空洞). ——circle 배기원(圓). ——gas turbine 배기가스 터어빈.——fan 배기송풍기(送風機). ——lap 배기랩. ——loss 배기손실(損失).——manifold 배기매니포올드.——nozzle 배기노즐, 분출구(噴出口). ——pipe 배기관(管). ——port or slot 배기구(排氣口). ——receiver or Thermal receiver 배기류(排氣溜). ——steam 배기. ——stroke 배출행정(排出行程)(diesel)(Fig. 155②Ⓓ). ——tank 배기탱크. ——turbine 배기터어빈. ——system(ventilation) 배기식 환기(排氣式換氣). ——valve 배기변(辨)——valve lifting gear or——valve easing gear 배출변(辨)인상장치(引上裝置). Main——주기(主機)배기. Multiple——다기(多岐)배기. Open——보통배기(普通排氣).

Existing ship 현존선(現存船).

Exit angle (turbine) 출구각(出口角). ——area 출구면적(面積).

Expanded area (propeller blade) 프로펠러 날개의 전개면적(展開面積). ——metal 익스팬디드 메탈(금속판(金屬板)을 타발(打拔)하여 구멍을 만들고, 그것을 확대시켜 망상(網狀)으로 한 것). **Expander** or Tube expander 관확대기(管擴大器)(Fig. 432).

Expansion 팽창(膨脹), 전개(展開), Adiabatic——단열(斷熱) 팽창. Coefficient of——팽창계수(係數). Isobaric——등압(等壓)팽창. Isothermal——등온(等溫)팽창. Over——과도(過度)팽창. Under——부족(不足)팽창. ——bend 신축조절용(伸縮調節用) 만곡(彎曲) 벤드(긴 관계(長管系)의 팽창수축(膨脹收縮)을 조정(調整)하기 위하여 도중(途中)에 만곡을 만든다). ——coefficient 팽창계수(係數). ——cylinder 팽창실린더(냉동기(冷凍機)).——drain trap 온차식(溫差式)드레인 트랩. ——efficiency 팽창효율(效率)(가스터어빈). ——engine 팽창기관(機關). ——hatchway 팽창해치(기름의 팽창에 대비하여 해치를 만든다)(Fig. 430Ⓑ④). ——hoop or ring 팽창계륜(繼輪)(화로(火爐)). ——joint 팽창접수(接手)(Fig. 178). ——plan 전개도(展開圖). ——ratio 확대율(擴大率)(가스터어빈). ——stroke 팽창행정(行程)(Fig. 155 ① Ⓒ). ——test 확대시험(擴大試驗)(관(管)을 확대시키는 시험). ——trap or Differential trap 온차식(溫差式)트랩. ——trunk 팽창트렁크(기름의 팽창에 대비하여 기름탱크 정부(頂部)에 만든다)(Fig. 430Ⓑ④). ——valve 팽창변(辨)(팽창하면 자연적(自然的)으로 분출(噴出)된다).

Fig. 178 Expansion joint(steam pipe)

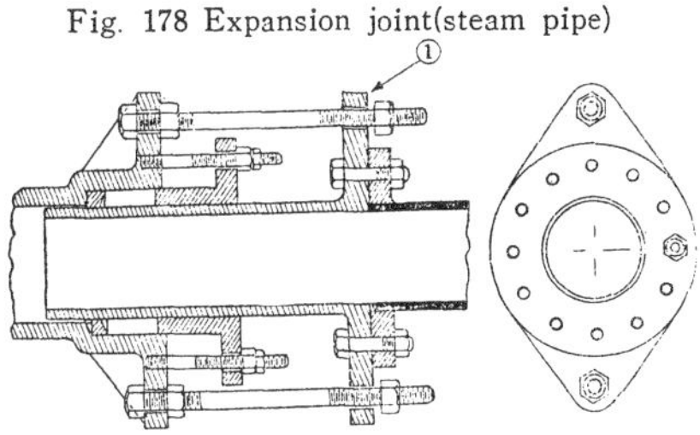

팽창접수(膨脹接手)

① Safety collar 안전(安全)받침

Experiment 시험(試驗). Inclining——경사시험(傾斜試驗)(Fig. 257). (배를 횡방향(橫方向)으로 경사시켜서 선체의 중심(船體重心)을 결정하는 시험). Model——모형(模型)시험. Propeller——behind model 프로펠러 선후시험(船後試驗)(모형선(模型船)에 프로펠러를 달아서 행하는 시험). Propeller——in open 프로펠러 단독(單獨)시험. Rolling——횡요(橫搖)시험(배를 탱크 내에서 횡요시켜서 그 성질을 조사한다. 특히 bilge keel의 영향 등). Tank——탱크시험(모형선(模型船)을 만들어 탱크에 띄워서 각종 속도(各種速度)

에 대한 저항(抵抗)을 측정하고, 그 결과로서 실선(實船)의 소요마력(所要馬力)을 결정하는 시험). **Experimental** engine 실험(實驗)을 위해서 만든 기관(機關). ——tank 시험용 탱크.

Explosion 폭발(爆發). ——chamber 폭발실(室). ——engine or **Explosive** engine 폭발기관(機關)(예를 들면, diesel engine과 같은 것). ——stroke 폭발행정(行程)(경우에 따라서는 연소(燃燒)행정이라고도 한다)(Fig. 155②©). ——test 폭발시험(試驗).

Exposed core 폭로(暴露)된 부분(部分)(아아크 용접봉(鎔接棒)의 일부를 피복(被覆)하지 않고있는 부분). ——deck 폭로갑판(甲板) 〔關:Weather deck와 같은 의미〕.

Express boiler 급속기관(急速汽罐)보일러. ——liner 고속정기선(高速定期船). ——steamer 고속선(高速船).

Expunge 삭제(削除). 취소(取消)(특히 선급(船級)에 사용한다).

Extensimeter or **Extensometer** 신장계(伸長計)(시험편(試驗片)의 신장(伸長)된 길이를 정밀히 측정하는 계기(計器)이고, 그것으로 작성된 Diagram이 stress-strain diagram이 된다)(Fig. 152).

Extension scale 신장척도(伸長尺度). ——of curve 곡선(曲線)의 연장부(延長部).

External combustion engine 외연기관(外燃機關). ——firing boiler 외연보일러. ——pressure 외압(外壓).

Extinction curve 감쇠곡선(減衰曲線).

Extra 여분(餘分)의. 첨가(添加)된. ——feed valve, make up valve or supplementary feed valve 보급변(補給辨). ——proportion 과당비례(過當比例)(船體)(길이와 깊이, 폭과 깊이의 비가 규격이외(規格以外)되는 배).

Extraction pump 인출(引出)펌프.

Extreme breadth 전폭(全幅)(Fig. 146). ——length or Length over all 전장(全長)(Fig. 243).

Fig. 179
Eye plate or Eye pad

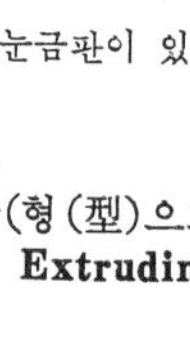

눈금판이 있는

Fig. 180
Eye bolt

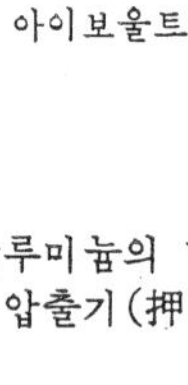

아이보울트

Extruded alminium 압출(押出)알루미늄(형(型)으로 압출한 알루미늄의 형재(型材)). ——meterial 압출재(押出材). **Extruding** machine 압출기(押出機). **Extrusion** process 압출법(押出法).

Eye 눈(목(目)). Anchor——앵커구멍(shackle을 통과시키는 구멍). Bull's——

눈알 유리. 1목활차(一目滑車)(Fig. 55③), Dead—— 3녹활자(三目滑車)(Fig. 140). ——bolt 아이보울트(Fig. 180). ——brow of side scuttle 현창(舷窓)의 창(Fig. 89). ——plate or Pad 눈금이 있는판(目付板), 아이플레이트 또는 패드(Fig. 179). ——slit 아이슬리트(직선(直線)을 통과시키는 틈사이).

Eyelet hole 작은 구멍.

F

Fabricate 공작(工作)(소재(素材)로부터 조립(組立)될 때까지의 가공(加工), 특히 같은 형으로 양산(量産)을 한다). ——block 윤절(輪切)블록(鎔)(선체를 윤절로하여 국부적 조립(局部的組立)을 하고, 그것을 조선대(造船臺)에서 배로 완성시킬 때의 각 블록). **Fabricated** ship 조립선(組立船)(윤절블로크를 조립시켜서 완성된 배, 또는 동일방침(同一方針)에 의하여 동형(同型)으로 양산(量産)된 배). **Fabrication** cost 공사비(工事費).

Face bar 면재(面材) (Fig. 21). ——bend 표곡(表曲)〔鎔〕(Fig. 36). ——cavitation 캐비테이숀 압력면(壓力面). ——lathe 정면선반(正面旋盤). ——mask 면(面). ——of weld 용접표면(鎔接表面). ——pitch or Apparent pitch 겉보기(外見上)피치, 압력면(壓力面)피치. ——shield 핸드시일드, 차광순(遮光盾)(鎔). **Facial** dummy or Contact dummy 접촉(接觸)더미. **Facing** 바로 향(向)한다. ——ring 보울트용 좌금(座金). ——up 접합(接合). ——surface 접면(接面).

Factor 계수(係數). 율(率). Correction——수정(修正)계수. Diagram——선도(線圖)계수. Dryness——건조율(乾燥率). Evaporative——증발(蒸發)계수. Load——하중(荷重)계수〔電〕 Power——역율(力率)〔電〕, 출력(出力)계수. Quality——성질(性質)계수. Reheat——복열(復熱)계수 Safety——안전(安全)율. Thrust deduction——드러스트 감소(減少)계수. Wake——or Wake coefficient 반류(伴流)계수. ——of evaporation 증발(蒸發)계수. ——of indicator diagram 인디케이터 선도(線圖)계수. ——of safety 안전율. ——of subdivision 구획(區劃)계수.

Factory ship 공작선(工作船). 공선(工船)〔漁〕.

Fig. 181 Fair lead

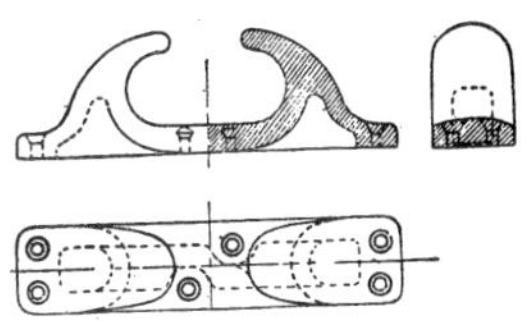

페어리이드

Fig. 182 Fair lead(two rollers)

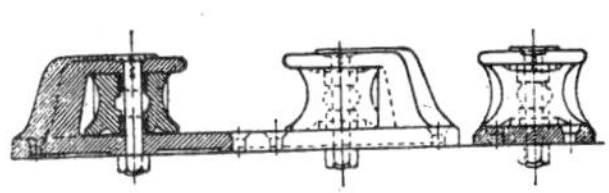

페어리이드(로울러가 든 것)

Fig. 183
Closed fair lead
(Canal fair lead)

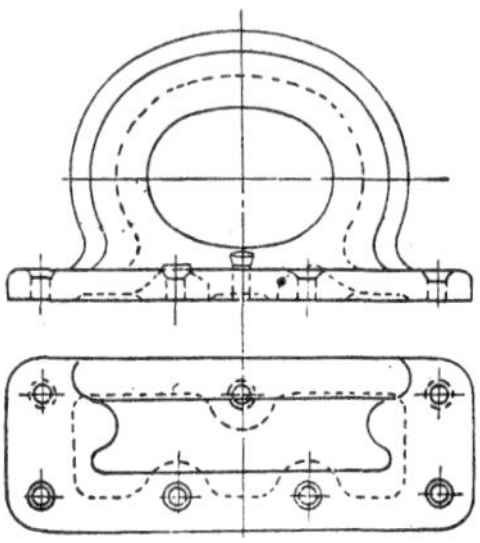

운하(運河)페어리이드

Fahrenheit thermometer 화씨온도계(華氏溫度計)(빙점(氷點)은 32°, 비등점(沸騰點)은 212°, 섭씨 C=화씨(F−32)×5/9),

Fair 변화(變化)가 순조(順調)롭고 무리가 없는 것(간추릴 때 쉽게 간추려지는 것)(예를 들면, 리벳 구멍 등이 잘 간추려져 있는 것). ——current 순류(順流). ——curve 페어커어브 순곡선(順曲線)(무리(無理)없는 곡선——in place-현장(現場)에서 고치는 것——lead or leader 페어리이더(Fig. 181, 182, 183), Closed——lead or Canal——lead 크로스드 페어리이드, 또는 운하(運河)페어리이드(강(綱)을 양안(兩岸)에서 당길 때일지라도 빠지지 않도록 폐쇄(閉鎖)되어 있다(Fig. 183)). ——lead truck 페어리이드 트럭(강(綱)을 인도(引導)하는 바퀴). ——water piece 도수편(導水片)(가능(可能)한 한도내(限度內)에서 와동(渦動)이 생기지 않도록 물을 유도(誘導)하는 판(板), 또는 주물(鑄物)등). ——way buoy 항로입구(航路入口)부이. Roller——leader 로울러가 있는 페어리이더(Fig. 182). **Fairing** 순정(順整). 페어로 하는 것. ——of rivet holes 리벳 구멍을 정열(整列)한다. ——strong back 정형용 압금(整形用押金)〔鎔〕(Fig. 16). **Fairness** limit 허용변형량(許用變形量)

Fall 매달린 강(綱). Boat——보우트포올(보우트의 승강강(昇降綱)). Cargo——하역강(荷役綱)(Fig. 218 ⑧). **Falling** home or——in, tumble home 텀블홈(현측(舷側)을 안쪽으로 굽히는 것)(Fig. 433). ——out or Flaring 프레어(동상(同上)외측(外側)으로 굽히는 것). ——tide 간조(干潮).

False bottom 가저(假底). ——face(cylinder) 취부면(取付面) (Fig. 138①). ——indication 틀리게 나타낸 것(오시(誤示)). ——keel 가용골(假龍骨)(키일 상면(上面)에 보호용(保護用)으로 다시 붙인 박판(薄板))〔木〕(Fig. 496 ㉘). ——reading 틀리게 읽는 것(오독(誤讀)). 오측(誤測). ——stem or cutwater 취부(取付)스팀, 수절(水切)〔木〕.

Fan 선풍기(扇風機), 송풍기(送風機). Centrifugal——원심(遠心)송풍기, Electric——전기(電氣)선풍기. Exhaust——배기(排氣)송풍기, Motor——전기(電氣)송풍기. Turbo-fan 터어보 선풍기. ——casing 선풍기 케이싱. ——engine 송풍기관(機關). ——motor 선풍기, 송풍전동기(電動機). ——resistance or Windage resistance 송풍저항(抵抗).

Fanning action 교반작용(攪伴作用)(터어빈).

Fashion plate 패션플레이트(판재 선수재 정부판(板材船首材頂部板), apron

plate라고도 한다.

Fastener 패스너(조임금구(金具), 재크), **Fastening** 고착(固着)——nail 고착하는 못(釘).

Fantail stern 부채꼴 선미(船尾)(캔트프레임 및 캔트프레임으로 된 선미)(Fig. 98).

Fast steamer 쾌속기선(快速汽船).

Fatal accident 인명사고(人命事故).

Fathom 발 1 Fathom=6 feet. 120 F=one coil of rope 강 1권(綱1捲). 15 F=앵커케이블 1연(一連)=one shackle〖英〗=one shot 〖美〗=one length 〖美英〗=15 fathoms≒25 meter.

Fathometer 측심기(測深機).

Fatigue 피로(疲勞). ——limit 피로한도(재료(材料)에 하중(荷重)을 동방향(同方向) 또는 반대(反對)방향으로 연속부하(連續負荷)하면 비교적(比較的) 적은 힘으로도 재료가 절단(切斷)된다. 이것을 Fatigue에 의하여 절단되었다고 말한다). ——test 피로시험(試驗)(반복(反覆)시험).

Faucet joint 구접수(溝接手).

Faying flange 패잉 플랜지(판(板)에 취부(取付)하는 쪽의 플랜지). ——surface 접면(接面)(Fig. 184). ——surface of punched plate 두들겨 뚫은 판의 접면(Fig. 184).

Fig. 184 Faying surface

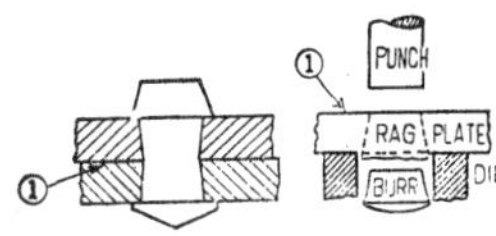

접면(接面)

①이 접면, Punch로 두들겨 구멍을 뚫으면 그림처럼 단말(端末)이 넓혀지기 때문에 두들긴 쪽을 접면으로 하지 않으면 리벳이 조여지지 않는다.

Feather key 키이(Fig. 230). ——and groove board 구접장판(溝接張板)(Fig. 185). ——edge chafing piece 마찰제지판(摩擦制止板)(Fig. 104). ——mattress 털이 든 매트레스. ——pillow 털이 든 벼개. **Feathering** paddle wheel 날개외차(外車). (외륜선(外輪船)). ——propeller or Reversing propeller 역전(逆轉)프로펠러. ——step 상평답판(常平踏板)(언제든지 수평으로 되어있는 선측(船側) 사다리의 탑판).

Fig. 185 Feather and groove board

구접장판(溝接張板)

Feed or——water 급수(給水). Auxiliary——check valve 보조(補助)급수 역지변(逆止辨). Extra——valve, Make up valve, Supplementary——valve 급수보급변(給水補給辨). ——engine 급수기(機). ——filter or cleanser 급수여과기(濾過器). ——heater 급수가열기(加熱器). Multicoil——heater 멀티(다수(多數))코일 급수가열기. ——pipe 급수관(管). Internal——pipe 급수내관(內管). ——pump 급수펌프(Fig. 306). ——regulator 급수조정기(調整器). ——tank or Hot well tank 급수탱크.

——valve 급수변(瓣)(Fig. 449). ——water or——급수, ——water reserve tank 예비(豫備)급수탱크. ——water softener 급수연화장치(軟化裝置)(연수(軟水)로 만든다). Main——check valve 주(主)급수 역지변. Make up——or Supplementary——보(補)급수. Reserve——예비(豫備)급수. ——check valve, ——valve or check valve 급수역지변(Fig. 451).

Feeder 급수로(給水路). 배전선(配電線). 유입기(油入器). Coal——급탄기(給炭機). Oil——유입기(油入器). ——circuit 급전회로(給電回路). ——or Trimming hatch 꽉꽉 채우는 해치.

Feeler 틈사이. ——gauge or——searcher 틈사이 게이지(Fig. 200)..

Felt 모지(毛紙).

Female rotor 회전자(回轉子)받침.

Fencing 울타리.

Fender 방현재(防舷材). Cork——코르크 방현재. Rattan——등(藤)방현재. Roll——로울러 방현재. Rope——로우프제(製)방현재.

Ferrite 페라이트(금상학(金相學) 상의 순철(純鐵)). ——grain size 페라이트 입도(粒度).

Ferro-alloy 철합금(鐵合金). ——concrete vessel 철근(鐵筋)콘크리이트선. ——manganese 망간철(鐵). ——silicon 실리콘철(Ferro manganese와 더불어 제강재료(製鋼材料)).

Ferrule 페룰(구륜(口輪))(Fig. 122 ⑪). Wood——목제(木製)페룰.

Ferry or——boat 도선(渡船). Car——or Train——열차(列車)도선(열차를 그대로 적재(積載)하여 연락(連絡)한다). Railway——철도연락선(鐵道連絡線).

Fetch 취송거리(吹送距離).

Fibre 파이버(펄프를 결합제(結合劑)로 압착(壓着)하여 후지(厚紙)처럼 만든 것으로서 간단한 방수절연(防水絶緣)등에 사용한다). 섬유(纖維). Across the——섬유를 횡단(橫斷)하여, Along the——섬유에 따라서(강(鋼)은 압연방향(壓延方向)으로 섬유가 연장(延長)된 것이라고 생각한다). ——glass 유리직물(織物)(유리를 세사(細糸)로 늘어뜨려서 짠 포물(布物)).

Fid 피드(장지전(檣止栓))(Fig. 255⑤). ——hole 피드구멍. **Fidded** top mast 전(栓)으로 제지(制止)된 상부(上部) 마스트(Fig. 255).

Fiddle 제지골재(制止骨材). ——block 피들활차(滑車)(범선(帆船)). ——head 선수식(船首飾).

Fiddley casing 보일러실 통풍(通風)케이싱. ——deck 보일러실 통풍구(口)를 설치(設置)하는 갑판(甲板). ——grating 동상(同上) 통풍구 덮개의 격자(格子).

Field 계자(界磁). Magnetic——자계, Revolving or Rotating——회전계자(電). Shunt——분권(分捲)계자. ——coil 계자코일. ——glasses 쌍안경(雙眼鏡). ——joint 육상용접(陸上鎔接)(조선대(造船臺) 또는 선상(船上)용접

과 구별한 말, 즉 yard에서 하는 용접). ――magnet 계자(界磁)――regulator 계자조정기(調整器). ――rheostat 계자저항기(抵抗器). ――winding 계자권선(捲線).

Fife rail 화이프 레일(범강제지(帆綱制止)).

Figure head 선수상(船首像)(Fig. 382).

Filament 섬조(纖條). ――of lamp 램프의 발광선(發光線).

File 줄톱, 줄, 서류(書類)철, ――brush or card 줄톱 부러쉬.

Filler 틈사이. ――gauge or Thickness gauge 틈사이게이지(Fig. 200).――rod 용가재(鎔加材)(주로 봉(棒)을 녹여서 용접(鎔接)(예를 들면, 가스용접할 때의 봉).

Fillet 구석살. ――of cement 시멘트의 구석도포(塗布)(Fig. 186). Deep――weld 심용입(深鎔込)구석살용접(鎔接)(Fig. 478). ――gauge 구석살게이지. ――welding 구석살용접(Fig. 478).――weld in normal shear 전면(前面)구석살용접――weld in parallel shear 측면(側面)구석살용접. ――weld size 구석살용접의 크기.

Fig. 186
Fillet of cement

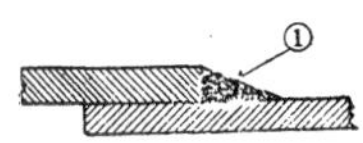

시멘트 구석도포(塗布)
① Cement

Filling 틈사이를 메운다. ――chock 틈사이 재료(材料)(늑골(肋骨)이 갑판(甲板)을 관통(貫通)하는 곳에서 갑판의 수밀(水密)을 위하여 사용한다)(Fig. 187).――pipe 주입관(注入管).

Fig. 187 Filling chock

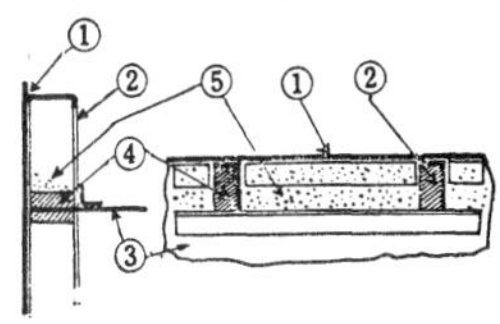

틈사이 재료(材料)
① Shell 외판(外板).
② Frame 프레임.
③ Second deck 제 2 갑판(第二甲板).
④ Filling chock 틈사이 재료.
⑤ Cement 시멘트.

Film cooled blade 필름냉각(冷却)날개(가스터어빈). ――cooling 필름 냉각(가스터어빈). ――lubrication 유막윤활(油膜潤滑).

Filter 여과기(濾過器). Cold――(Oil burning) 상온유(常溫油)여과기. Feed――or Cleanser 급수(給水)여과기. Fresh water――담수(淡水)여과기. Fuel oil――연료유(燃料油)여과기. Hot oil――가열유(加熱油) 여과기. Lubricating oil――윤활유(潤滑油) 여과기. Oil――or Oil strainer 기름여과기 ――lens 필름렌즈(사진용(寫眞用)).

Fin 핀, 지느러미, 도수편(導水片). ――stabilizer 안정(安定)핀.

Final coating 최후도장(最後塗裝). ――weld 폐쇄용접(閉鎖鎔接). 최후의 다듬이 용접.

Fine 깨끗한, 정묘(精妙)한, 섬세(纖細)한. ――line 세선(細線). ――ship 세척선(細瘠船)(반대는 Full ship 비대선(肥大船)). ――thread 세목(細目)

나사. **Fineness** 파인네스(비척(肥瘠)의 정도(程度)).
Finger piece or plate 지판(指板)(문짝의 손잡이 상하(上下)에 붙여진 판(板)).
Finish 최후의 손질. ——bead 다듬이비이드(back method weld에 의한 최후용접(最後鎔接)에 연속하여 가벼운 비이드를 놓는 것). ——turn inspection 다듬이 검사(檢査). **Finishing** temperature 다듬이온도(溫度)(강(鋼)을 압연(壓延)할 때 등).
Finite cascade 유한익렬(有限翼列)(가스터어빈).
Fir-tree blade 톱니 날개(가스터어빈).
Fire alarm 화재경보(火災警報). ——bar 화격자봉(火格子棒)(Fig. 22, 66). ——bar bearer 화격자받침. ——boat 소방정(消防艇). ——box 화실(火室). ——combustion chamber 연소실(燃燒室)(Fig. 66). ——box quality 화재에 접(接)하는 재료(材料)〔關:Flange quality 플랜지 재료〕. ——brick or Refractory brick 내화(耐火)연와(煉瓦). ——bridge 화벽(火壁)(Fig. 66 ⑯). ——bucket 소방(消防)버킷. ——clay 내화점토(粘土). ——cleaning 화상위(火床上)의 찌꺼기를 청소(淸掃)하는 것. ——detector 화재탐지기(探知器). ——detecting device 화재탐지장치(裝置)(여기에는, Lux-rich system(각 창내 공기(各倉內空氣)를 선교(船橋)에 모아서 창내의 화재를 아는 방법(方法), Aero pneumatic system 공기식 탐지기(空氣式探知器)(각 실내(各室內)에 코일을 감은 동관(同管)을 배치(配置)하고, 실내공기 온도상승(溫度上昇)에 의하여 생기는 코일의 신축(伸縮)을 이용하여 전령(電鈴)으로서 경보하는 방법). Fuse metal system 〔각 실에 Fuse를 배치하여 실내온도 상승으로 Fuse가 녹아서 전령경보하는 방법, (능미식(能美式)이라고도 한다)등이 있다〕. ——door or Furnace door 화구문(火口門)(Fig. 66⑪), 방화(防火)문. ——drill 소방훈련(消防訓鍊). ——engine 소방기(機). ——extinguisher 소화기(器). ——extinguishing agent 소화재료(消化材料)(여기에는 ① steam 증기(蒸氣)(각실(各室)에 증기관(管)을 인도(引導)하여 화재시에는 증기를 흡입(吸込)하고 공기(空氣)를 추출(追出)하여 소화(消化)한다). ② SO_2 Gas 이황산(二硫酸)가스식(SO_2 Gas 발생기(發生機)로서 SO_2 Gas를 발생시켜 화재가 일어난 곳에 뿜어서 소화한다). ③ Foamit Gas(산성(酸性)과 알카리성(性)의 액(液)을 별도로 저장(貯藏)하였다가 화재시에는 양자를 혼합(混合) 시켜서 CO_2가스를 발생시켜서 소화한다. 이 가스는 기포(氣泡)상태이기 때문에 기름종류의 화재에 알맞으며 휴대용(携帶用)으로도 사용된다). ④ CO_2 Gas(CO_2가스를 압축병(壓縮瓶)에 보관하였다가 화재시 화재발생부에 뿜어서 소화한다. 이 방식은 최근 거의 보편화(普偏化)되어있다. 즉 대형선(大型船)에서는 50파운드들이 본베를 100~120개정도 적재(積載)하고 있다). Extinguishing gas 소화(消化)가스. 〔여기에는 CO_2가스 Flue gas 기연소(旣燃燒)가스, 보일러에서 연소된 가스를 냉각청정(冷却淸淨)한 것으로서 기름탱크 등에는 항상 이 가스를 채워

두는 방법이 있으며). 증기(蒸氣)등이 있다]. ——foam 소화기포(消化氣泡). ——grate 화격자(火格子). ——hose 소화호오스. ——main pipe 소화주관(主管). ——mask 소화마스크. ——place 난로(暖爐). ——point or Firing point 발화점(發火點). ——point of oil 기름의 발화점(기름이 연속연소시(連續燃燒時)의 인화점(引火點)보다 약 50°F 높다). ——pricker 프리커. ——proof bulkhead 방화격벽(防火隔壁). ——pump 소화펌프. ——rake 불젓개. ——resisting bulkhead 내화(耐火)격벽. ——resisting division 내화구획(區劃). ——resisting wood 내화목재(木材). ——retarding paint 내화페인트. ——retarding bulkhead 방화구획의 격벽(B구획). ——room grating 보일러실 바닥격자(室床格子). ——slice, slice bar or Poker 불젓개봉(棒). ——smothering gas 진화성(鎭火性)가스(보통은 증기(蒸氣)). ——tube boiler or Tubular boiler 연관(煙管)보일러. Direct——tube boiler 직통(直通)연관보일러. **Fireman** 기관원(機關員), 화부(火夫). ——cock or Ash cock 회(灰)콕. ——man's tank 기관원용 탱크. ——wood 목재연료(木材燃料). **Firing** order 점화순서(點火順序). ——point or Fire point 발화점(發火點). ——pressure 연소압(燃燒壓). ——shovel 화부(火夫)쇼벨. ——tool 화부공구(工具).

First aid box 구급상자(救急箱子). ——bower or Best bower, Starboard bower 우현대(右舷大)앵커. ——class passenger 일등객(一等客). ——coat of paint 최초(最初)에 도포(塗布)하는 페인트. ——cost 원가(原價). ——engineer 일등기관사(機關士). ——intermediate cylinder 제일중압(第一中壓)실린더. ——mate or——officer 일등항해사(航海士). ——number (로이드)(Framing No. or Transverse No.) 제일수(第一數). ——saloon passenger 일등객(一等客). ——wireless operator 일등통신사(通信士).

Fish 고기. 범형재(帆桁材)등을 보강(補强)하는 첨재(添材). ——carrier 어획물 운반선(漁獲物運搬船). ——davit 앵커를 매다는 기둥. ——eye 은점(銀點)(주(主)로 Nickel steel 또는 용접(鎔接)에 나타나는 은광색(銀光色)의 휘점(輝點), 또는 인장시험편(引張試驗片)이 절단(切斷)될 때 그 단면(斷面)에 나타나는 휘점). ——finder 어군탐지기(魚群探知機). ——hold or well 활어창(活魚倉). ——meal factory ship 휘쉬미일(어족(魚族)의 사료(飼料))공선(工船). ——plate 첨판(添板). ——plate of rail 손잡이의 계목판(繼目板).

Fisheries examination boat 어업시험선(漁業試驗船). ——guidance boat 어업지도선(指導船). ——patrol boat or——inspection boat 어업취체선(取締船). ——research boat 어업조사선(調査船). ——training boat 어업연습선(練習船).

Fishing boat 어선(漁船). ——chief 어로장(漁撈長). ——fleet 어선대(隊). ——gear 어구(漁具). ——harbour or——port 어항(漁港), ——light 어등(漁燈) ——patrol 어업감시선(漁業監視船). ——platform 고기 낚는

대(臺). ——research boat 어업조사선(漁業調査船). ——restriction 어업 제한(制限).

Fit 감입(嵌入). Driving——두들겨서 끼우다. Force——압력(壓力)을 가(加)하여 끼우다. Running——or Working——움직여서 끼우다. Shrinkage——가열(加熱)하여 끼우다. ——up 붙이다. **Fitter** 다듬이공(工), ——shop 다듬이 공장(工場).

Fitting 취부품(取付品), 의장품(艤裝品)(이 의장품 중에는 Equipment 즉, 앵커 케이블, 로우프류는 포함(包含)되지 않는다). Boat——or Boat gear 보우트 용구(用具). Boiler——보일러용구. Deck——갑판금물(甲板金物). Electric——전기기구(電氣器具). Engine——기관(機關)취부물. Portable——분해(分解)할 수 있는 물품(物品). Under water——수선하(水線下)취부물. ——locker 선구고(船具庫). ——out basin 의장선거(船渠) 또는 안벽(岸壁). ——shop 다듬이 공장(工場).

Fix 정적(靜的), 고착(固着), **Fixed** and flashing light 연성부동섬광(連成不動閃光). ——and group flashing light 연성부동군(群)섬광〖航〗. ——blade, Guide blade or——vane(turbine) 고정(固定)날개. ——end 고정단(固定端). ——gas 고정가스. ——light 부동광(航). ——oil 비휘발성유(非揮發性油). ——stroke pump 불변행정(不變行程)펌프. ——type of joint 고정형접수(固定型接手)(사측(四側) 또는 이측(二側)을 고정시켜 두고 용접(鎔接)하는 방법(方法))(Fig. 476). ——way or Launching way 고정대(固定臺)(진수대(進水臺))(Fig. 241).

Fixture 취부야구(取付冶具). 비품(備品).

Flag 기(旗). Cord——or Answering——회답(回答)기. House——선주(船主)기. Pilot——수선(水先)기. Quarantine——검역(檢疫)기. Signal——신호(信號)기. ——chest 기 상자(箱子). ——locker 기보관소(保管所). ——staff 깃대.

Flakes 백점(白點), 은점(銀點)(White spot와 같은 의미, 강재내(鋼材內)에 수소(水素)가 많이 포함(包含)되어 있을 때 생기는 현상(現象)으로서 재료의 약점(弱點)이 된다, Ni, Cr, Steel에 많이 나타난다).

Flame 불꽃(염(炎)). ——adjustment 염조정(調整). ——annealing 염소둔(炎燒鈍). ——arrester 방염(防炎). ——cleaning 염청소(炎淸掃). ——cone 염심(炎心). ——or gas cutting machine 가스절단기(切斷器). ——gouge 가스절단. ——machining 가스절삭(切

Fig. 188
Flanging machine or
Keel bender

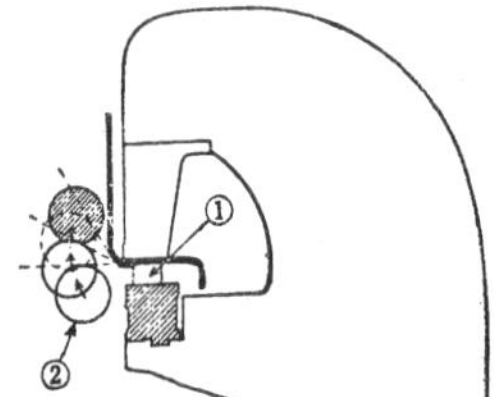

곡연기(曲緣機)
① Hydraulic ram 수력압출(水力壓出).
② Bending roller 굽힘로울러.
①을 누르고 수력(水力)으로 ② 처럼 밀어올려서 굽힌다.

削). ——piloting baffle 보염판(保炎板). ——planer 프레임 플레이너(염(炎)으로서 표면(表面)을 평활(平滑)케 한다). ——plate 염판(炎板)(diesel의 연료변(燃料辨)). ——shrinking 소축법(燒縮法)(가스로서 국부적(局部的)으로 가열(加熱)하여 냉각(冷却)하면 수축(收縮)하게 되고, 이를 이용(利用)하여 변형(變形)을 없앤다).

Flange 프랜지, 곡연(曲緣)(판의 일변(一邊)을 굽히는 것, 또는 굽혀진 것), 변(邊)(산형(山形), 구산형(球山形), 구형재(溝形材)등의 짧은 변). Bulkhead——of frame 프레임 격벽(隔壁)측에 붙은 변. Coupling——접수(接手)프랜지(Fig. 335). Shell——of frame 프레임의 외판(外板)측에 붙은 변. ——coupling or joint 플랜지접수(接手)(Fig. 335③). **Flanged** bracket 프랜지가 있는 브래킷판(板)(브래킷의 유변(游邊)을 곡연한 것). ——edge weld 프랜지 연용접(緣鎔接). **Flanger** or **Flanging** machine 받침 만드는 기계(機械)(주로 관(管)), 곡연기(曲緣機)(Fig. 188). Cold——machine 냉간(冷間)받침 만드는 기계. Hot——machine 열간(熱間)받침 만드는 기계. ——press 프랜지 프레스. ——quality material 프랜지재질(材質)(보통재(普通材)보다 무르고 잘 늘어지는 재료). ——test 프랜지시험(試驗)(받침 만드는 시험)(관(管)).

Flap 평판(平板)덮개. ——door 덮개문(門). ——valve, butterfly valve or Clack valve 나비형 변(形辨).

Flare 외곡(外曲)(현측(舷側)이 외측(外側)으로 굽어져서 장출(張出)된다, 선수미(船首尾)에서 파(波)가 외측(外側)으로 굽혀져 흐르는 Fall out이라고 하는 경우도 있다). ——back 화염(火炎)이 역류(逆流)한다.

Flash 섬광(閃光). ——back 불씨 불〔鎔〕. ——butt welding 불꽃 접합용접법(接合鎔接法)(전류(電流)를 통하고 두장의 판(板)을 조금 떼면 저항(抵抗)으로서 고열(高熱)이 발생(發生)하고, 판이 국부적(局部的)으로 녹기 때문에 그것을 압착(壓着)하여 용접한다). ——light 회중전등(懷中電燈). ——light signal 섬광신호(信號). ——light torsion meter 섬광 비틂동력계(動力計)(비틂점(點)을 섬광으로 사진(寫眞)을 찍어서 동력을 계산(計算)한다). ——point 인화점(引火點)(기름을 가스로 보고 그것에 시험염(試驗炎)을 접근시켜서 발화토록 한

Fig. 189
Flat heads and covers

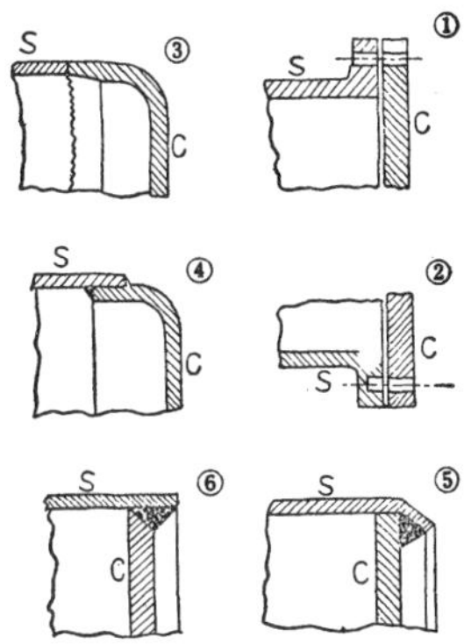

평동(平胴)과 덮개

① Reamer bolt 리이머보울트 조임.
② Stud bolt 스터도보울트 조임.
③ Weld 용접(鎔接).
④ Weld or riveting 용접 또는 리벳조임.
⑤⑥ Weld 용접(s, shell 동판(胴板) c, cover 덮개판).

다, 그때의 온도(溫度)를 인화점이라 한다, 표준(標準)은 폐식(閉式)의 Abel test와 Pensky test 등이 있고, 기름의 인화점은 발화점보다 약 50°F 낮은 것이 보통이다). ——tester 인화점 시험기(引火點試驗器). **Flashing** signal 섬광신호(信號).

Flat 평탄(平坦), 상(床). ——bar 평강(平鋼), ——bottom 평저(平底). ——bow 평탄 선수선저(船首船底). ——chisel 평타금(平打金). ——head 평동(平胴)(Fig. 189). ——iron 평철(平鐵). ——plate keel 평판(平板)키일(Fig. 259 ㉓). ——position weld 하향용접(下向鎔接)(Fig. 413①). ——seam 평장종연(平張縱緣). ——slidc valve 평활변(平滑辨)(Fig. 457). Self balanced——slide valve or Match-box type of——slide valve 평형(平衡) 평활변. ——valve 평변(平辨). ——welding 하향용접(Fig. 413①). **Flattening** test 편평(偏平)시험(管).

Flaw 상처(傷處). ——detector 탐상기(探傷器).

Fleet 함대(艦隊). 선대(船隊). Fishing——어선(漁船)대. Mercantile——상선(商船)대. Volunteer——의용(義勇)함대.

Flensing 해부원(解剖員)(포경선(捕鯨船)).

Fleon 프레온 가스(냉방용(冷房用)).

Flettner's tripple rudder 플레트너 타(舵).

Flexibility 신축(伸縮). **Flexible** bearing 신축축수(軸受). ——cable or——cord 유연전선(柔軟電線). ——coupling or joint 신축접수(接手)(Fig.128). ——pipe 신축관(管). ——shaft 신축 축(軸). ——steel wire rope 유연 와이어로우프. Special——steel wire rope 특수(特殊)유연 와이어 로우프.

Flinder's bar (compass) 플린더스 바아(수정용 철봉(修正用鐵棒)).

Float 플로오트(부자(浮子)). ——gauge 플로오트 눈금. ——ring 유동(流動)링(Fig. 285③). ——trap or bucket trap 플로오트 트랩(☞ trap). Paddle wheel——외차익(外車翼). **Floating** anchor, Sea anchor or Driving anchor 시이앵커(Fig. 5). ——crane 크레인선(船). ——dock 부(浮)도크. ——factory 공선(工船). ——frame bearing 부동축수(浮動軸受). ——lever 유동정(遊動艇). ——loader or unloader 부동식 적재(浮動式積載) 또는 하역선(荷役船)(주(主)로 석탄(石炭), 광석(鑛石)등의 하역에 사용한다). ——strong back 유동 강력배재(遊動强力背材)(Fig. 17).

Flogging or Pounding stress 선수(船首)가 파도에 부딪혀서 생기는 응력(應力)(Slamming stress와 같은 의미).

Flood 침입(浸入). 해수(海水). ——gate 수문(水門). ——tide 만조(滿潮). ——valve 장수변(張水辨). **Floodable** length 가침장(可浸長). ——length curve 가침장 곡선(曲線). **Flooding** board 장수판(張水板). ——calculation 가침장 계산(計算). ——curve 가침장 곡선(한계점(限界點)을 넘어서 침하(沈下)하는 일이 없이, 침수할 수 있는 최고점(最高點)을 연결(連結)한 곡

선). ——pipe 장수관(張水管). ——test 장수시험(張水試驗). ——valve 장수변(張水辨).

Floor 플로어(늑판(肋板))(Fig. 80), 상(床). Bracket——, open——or skeleton——조립(組立)플로어 (Fig. 259). Bulkhead——격벽(隔壁)플로어(격벽밑의 플로어), Deep——심늑판(深肋板)(Fig. 78). Engine——or engine room——기관실상(機關室床), Half ——반늑근재(半肋根材). 〔木〕. Rise of ——선저(船底)기울기〔關: dead rise와 같은 의미〔美〕〕(Fig. 146). Solid——실체(實體)플로어. Transom——트랜솜플로어(선미늑판(船尾肋板))(Fig. 98). Water-tight——수밀(水密)플로어. ——pin 현도장(現圖場)에서 사용하는 못(釘). ——plate 플로어판(板)(Fig. 79⑭). 상판(上板). ——space 상면적(床面積). ——timber 늑근재(肋根材)〔木〕.

Flourescent lamp 형광등(螢光燈).

Flourite 형석(螢石).

Fig. 190 Flue gas extinguisher

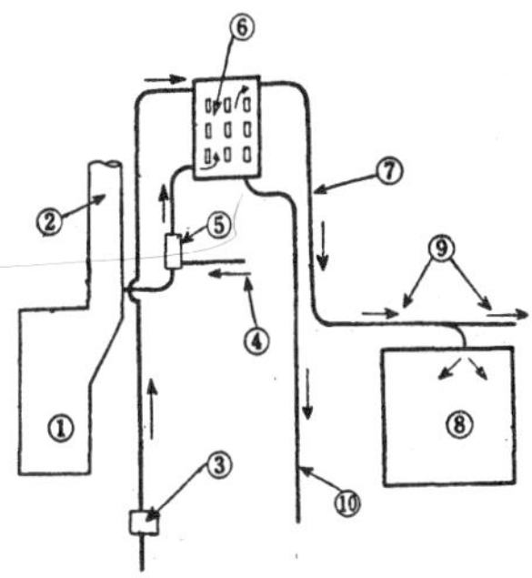

연도(煙道)가스 소화법(消火法)

① Boiler 보일러. ② Funnel 연돌(煙突). ③ Sea water pump 해수(海水)펌프. ④ Steam 증기(蒸氣). ⑤ Ejecter 토출기(吐出器). ⑥ Cooling purifier 냉각청정제(冷却清淨劑). ⑦ Flue gas 연도가스. ⑧ Tank 탱크. ⑨ Pipe to tank 가스배급관(配給管). ⑩ Sea water delivery 해수배출관(海水排出管).

flow 흐름. ——coefficient 유량계수(流量係數). ——indicator 흐름 지시기(指示器). ——meter 유량계(流量計). Laminar——층류(層流). Outward——외측류(外側流). Turbulent——난류(亂流). **Flowing** 횡류(橫流). 횡활이동(橫滑移動).

Fluctuation 변화(變化). Load——하중(荷重)의 변화.

Flue 연도(煙道). 노통(爐筒). ——**gas** 연도가스. ——gas analysis 연도가스 분석(分析). ——gas extinguisher system 연도가스 소화법(消火法)(Fig. 190).

Fluid 유체(流體). ——cargo 유체화물(貨物). ——compass or Wet compass 액체(液體)컴퍼스(Fig. 119). ——fire extinguisher 액체소화기. ——inlet angle 유입각(流入角). ——outlet angle 유출각(流出角). ——pressure 유체압력(壓力).

Fluke 앵커 끝(Fig. 4⑥).

Flush 평평(平平)한, ——bunker scuttle 평재탄구(平載炭口). ——decker or ——deck vessel 평갑판선(平甲板船)(선루(船樓)가 없는 배). ——fillet weld

평구석·삽용접(鎔接). ——head rivet 접시형두(形頭)리벳(Fig. 324). ——system 평장식(平張式)(Fig. 291). ——weld 평용접. **Flushing** 세척(洗滌)(주로 기름으로서 기계내부(機械內部)를 씻는다).

Fluttering 파닥파닥 두들긴다 (터어보 링이나 천막(天幕)등).

Flux 촉매제(觸媒劑)(전기용접봉(電氣鎔接棒)에 피복(被覆)하여서 전호(電弧)를 안정(安定)시키고 연소(燃燒)된 것을 녹여주는 것). ——injection cutter 플럭스 가스절단기(切斷機)(보통(普通)가스 절단(切斷)으로서는 쉽게 절단되지 않는 금속(金屬)을 절단할 때, 발생 산화물(發生酸化物)을 Flux를 불어넣어 제거(除去)하면서 절단하는 절단기). Magnetic——자속(磁束).

Fly wheel 관성차(慣性車). ——wheel pump 관성차가 붙은 펌프. **Flying** boat 비행정(飛行艇). ——boom or——jib boom 지브 부움(Fig. 129, 382). ——bridge 최상선교(最上船橋)(Fig. 12⑫, 145②). ——passage 상설보도(常設步道)(탱커에 사용된다). 〔關:Gangway or Fore & aft gangway와 같은 의미〕.

Foam glass 포(泡) 유리(흑색(黑色)이며 물에 뜨기 때문에 코르크의 대용(代用)이 된다).

Foamite 포오마이트(기포(氣泡)가 되어서, 기름표면(表面)을 덮어 진화(鎭火)하는 방화제(防火劑). ——extinguisher 기포소화기(氣泡消化器).

Focal center of lens 렌즈의 촛점(焦點).

Foettinger hydraulic coupling 포오에팅거 수력접수(水力接手)(Vulcan gear 라고도 한다).

Fog 안개(무(霧)). ——bell 무중(霧中)벨. ——horn 무중호각(號角). ——signal 무중신호(信號). ——signal station 무중신호소(所)(航路). ——target 무중표적(標的).

Foil strain gauge 박금제 변형계(薄金製變形計).

Folding chair 겹쳐지는 의자(椅子). ——lavatory 겹쳐지는 세면대(洗面臺). ——measure 접는 자(尺). ——scale 접는 자(尺).

Follow up mechanism 추종장치(追從裝置). **Following** edge——후연(後緣)(Fig. 299⑩). ——sea or——wave 추파(追波). ——wake 반류(伴流).

Foot 다리(脚). 발(足). ——brake 발로 누르는 브레이크. ——candle 풋캔들(발광단위(發光單位)). ——grating 발받침 격자(格子). ——hold 발걸이. ——pound 풋파운드(운동단위(運動單位)). ——rope 풋로우프(도강(渡綱)). ——step or Step 계단(階段). ——valve 풋변(辨)(흡입변(吸込辨)).

Force 힘(력(力)). Centrifugal——원심력(遠心力). Centripetal——향심력(向心力). ——fit 압력(壓力)을 가(加)하여 끼우다. ——pump 밀어올리는 펌프. Mcment of——힘의 모우먼트(Fig. 40). Racking——사각(四角) 마름모꼴(능형(菱形))로 변형(變形)시키는 힘(Fig. 308). Real turning

——진회전력(眞回轉力). Shearing——전단력(剪斷力). Turning——회전력(回轉力), 선회력(旋回力), **Forced** draught or——draft 강제통풍(强制通風), 압입(押込)통풍, ——draft front 강제통풍화구(火口). ——lubrication 강제주유(注油) 또는 윤활(潤滑). ——lubricator 압입주유기(押込注油器). ——rolling 강제횡요(橫搖). ——vibration 강제진동(振動).

Fore 전방(前方). ——and aft 선수미(船首尾). ——and aft rigged 종범장치(縱帆裝置). ——and aft runner 종재(縱材). ——and aft sail 종범(縱帆). ——and after 창구(艙口)덮개받침 종재(縱材)(Carling이라 하는 경우도 있다). ——body 전부선체(前部船體). ——cooler 예냉기(豫冷器). ——foot 목선(木船)의 선수역재(船首力材). ——hold 전부선창(前部船艙)〔關:Aft or after hold 후부(後部)선창〕. ——mast 전부(前部)마스트. ——peak 선수창(船首艙)(Fig. 12, 145㉑). ——peak water tank 선수(船首) 물탱크(Fig. 12 ㉚). ——perpendicular 선수수선(船首垂線)(Fig. 245). ——poppet 선수포피트(Fig. 241). ——sail 전범(前帆). ——stay 전부(前部)스테이(Fig. 12). **Forecastle fcl.** 선수루(船首樓)(Fig. 12). Monkey——단(短)선수루, 저(底)선수루, Sunken——저(底)선수루. Top gallant——선수루, ——deck 선수루 갑판(甲板). **Forelock** 포어로크(앵커 또는 섀클의 제지(制止)핀)(Fig. 352 ②). **Foreman** 직장(職長).

Forge 단조(鍛造). ——and bellow 바람통. ——shop 단조공장(工場). ——weld quality 단접재질(鍛接材質)〔關:Fuse weld quality 용접(鎔接)으로서 소접(燒接)하는 재질〕. **Forged** iron 단철(鍛鐵). ——steel 단강(鍛鋼). **Forging** 단조(鍛造). 단조품(品). Die——형(型)단조. Drop——낙하(落下) 단조(형(型))위에 중량물(重量物)을 반복낙하(反復落下)시켜서 단조한다). Heavy——대형(大型)단조품. Solid——원형상태(原形狀態)로 단조하는 것. Stamp——형(型)단조. ——hammer 단조해머. ——machine 단조기(機). ——test 단조시험(試驗). ——tongs 단조물잡이(Fig. 418).

Fork end 양다리(兩脚) (Fig. 123).

Form draught or Geometrical draught or——draft 형상흘수(形狀吃水). ——freeboard or Geometrical freeboard 형상 프리보오드, 배의 형상(形狀)에서 정해지는 건현(乾舷)〔關:Strength freeboard 강력건현(强力乾舷)〕. ——resistance 형성저항(抵抗).

Forward 전방(前方). ——curved vane 전곡(前曲)날개. ——draft 선수흘수(船首吃水). ——perpendicular 선수수선(船首垂線)(Fig. 245). ——welding 전진용접(前進鎔接).

Foul air 탁(濁)해진 공기(空氣). ——anchor 포울앵커. **Fouling** 오손(汚損) 선저(船底)에 해초(海草)나 해충(海虫)이 붙는 것〔關:Anti-fouling paint 오손방지(防止)페인트〕.

Foundation 기초(基礎). ——bolt 기초보울트. ——plate, (sole or bed) plate

기초판(基礎板)(Fig. 228 ⑦).

Foundry 주물장(鑄物場). Iron——주철장(鑄鐵場).

Four 4. ——cycle or——stroke cycle 4사이클(Fig. 155). ——fold block 사륜활차(四輪滑車). ——point bearing 사점방위법(四點方位法).

Fraction 단수(端數). 부분(部分).

Fracture 파면(破面), 절구(折口). ——test 파면시험(試驗).

Fragile disc 가쇄반(可碎盤)(온도가 상승(溫度上昇)하면 반 (盤)이 파쇄(破碎)되어 cutter valve가 자동조작(自動操作)되는 기구(機構)).

Frame 프레임(늑골(肋骨)). Bent——증기(蒸氣)로서 굽혀놓은 프레임〔木〕. Bevel——베벨프레임(Fig. 43). Bevelling —— 베벨측정기(測定器)(現圖場). Bossed——보스프레임(Fig. 78). Bracket——브래킷 프레임(Fig. 259⑪). Built up——조립(組立)프레임. (정(正)프레임재(材)와 부(副)프레임재를 조합(組合)한 프레임). Cant—캔트프레임(Fig. 98). Deep——디프프레임(조립프레임과 같은 강도(强度)를 가지는 단재(單材)프레임). Engine —— 기계(機械)프레임. ——bar 프레임재(材). ——body plan 프레임 정면도(正面圖)(Fig. 246). ——bracket 프레임 브래킷(Fig. 80 ③). ——erection 늑골(肋骨)이 모두 세워진 것(Fig. 83). ——liner 프레임 라이너(프레임과 외판(外板) 사이에 들어가는 라이너). ——modulus 프레임 저항율

Fig. 191 Framing system

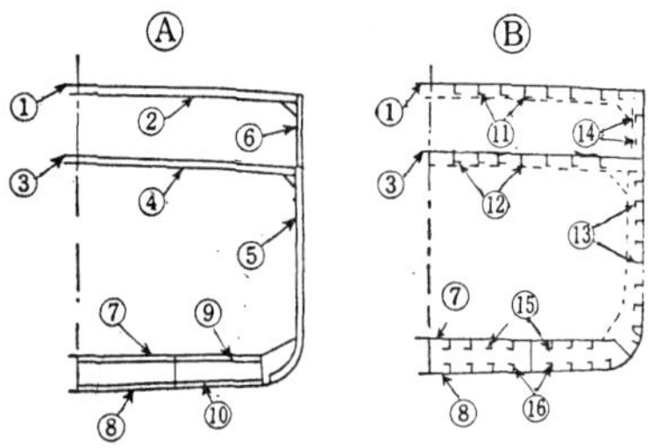

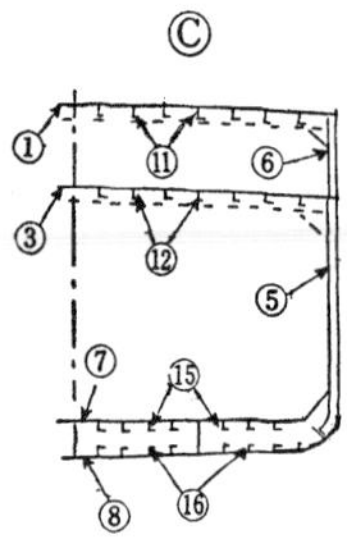

프레임조립 방식(組立方式)

Ⓐ Transverse system 횡식(橫式). Ⓑ Longitudinal system 종식(縱式). Ⓒ Combined system 혼합식(混合式). ① Upper deck 상갑판(上甲板). ② Upper deck beam 상갑판비임. ③ Second deck beam 제이갑판(第二甲板). ④ Second deck beam 제이갑판 비임 ⑤ Hold frame 창내(艙內)프레임. ⑥ Tween deck frame 갑판간(間)프레임. ⑦ Tank top 이중저정판(二重底頂板). ⑧ Bottom 선저(船底). ⑨ Reverse frame 부(副)프레임. ⑩ Main frame 주(主)프레임. ⑪ Upper deck longitudinal 상갑판종(縱)비임. ⑫ Second deck longitudinal 제이갑판 종비임. ⑬ Hold side longitudinal 창내선측(船側)종비임. ⑭ Tween deck side longitudinal 갑판간 선측 종비임. ⑮ Tank top longitudinal 이중저 정판 종비임. ⑯ Bottom longitudinal 선저종비임.

(抵抗率). ——number 프레임번호(番號). ——saw 현걸이 톱(弦掛鋸). ——space, F.S. 프레임 스페이스(프레임 심거(心距)). Hold——창내(艙內) 프레임(Fig. 191 ⑤, 259⑪). Intermediate——중간(中間)프레임(정부(頂部)에 비임이 없는 프레임 또는 중간(中間)에 넣은 약(弱)한 프레임). Main——주(主)프레임(Fig. 191⑩). Midship——중앙부(中央部)프레임. Relief——or Relief ring 조압환(調壓環)(피스톤). Reverse——부(副)프레임(Fig. 191 ⑨). Rudder——러더프레임(Fig. 333). Stern——선미골재(船尾骨材)(Fig. 386). Transverse——횡(橫)프레임 Web——특설늑골(特設肋骨)(곳곳에 있는 특히 강(强)한 프레임). Tween deck——갑판간(甲板間) 프레임(Fig. 191⑥). **Framing** number, transverse No or First No (LR) 제일수(第一數)(로이드). ——system 프레임 조립방식(組立方式)(Fig.191).

Free 자유(自由), 구속(拘束)되지 않은 ——bend test 자유굽힘 시험(試驗) 〔關:guided bend test형(型)굽힘시험〕 (Fig. 36, 37). ——surface 자유면(自由面). ——oscillation 자유진동(振動). ——piston compressor 자유피스톤 압축기(壓縮機). ——piston engine 자유피스톤 기관(機關). ——port 자유항(港). ——type of joint 자유형 접수(型接手)(구속하지 않고 용접(鎔接)한다)(Fig. 476). ——vibration 자유진동(振動). ——voltex 자유와동(渦動). ——water 자유수(水). ——water effect 유동수 영향(遊動水影響).

Freeboard 프리보오드(건현(乾舷), 흘수선(吃水線)으로부터 프리보오드 갑판 현측 종판상면(舷側縱板上面)까지의 거리(距離))(Fig. 192⑥). Certificate of—— 프리보오드 증서(證書). Form——or Geometrical——평상(平狀)프리보오드(평상으로부터 계산(計算)한 건현). Strength——강력(强力)프리보오드(강력면에서 계산한 건현). Vessel with——흘수제한선(吃水制限線). ——assignment 프리

Fig. 192 Freeboard mark

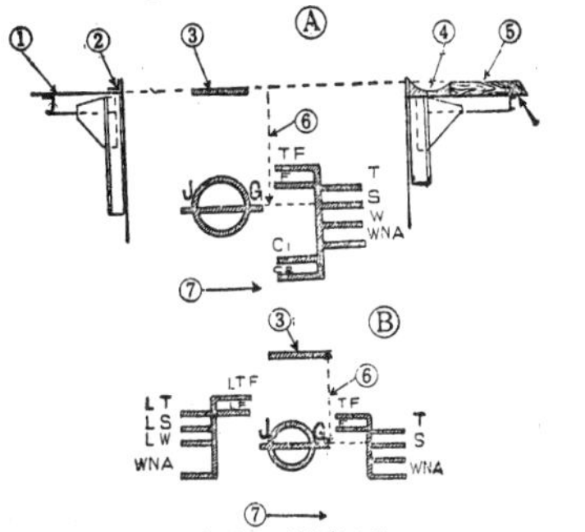

건현표(乾舷標)

A: Freeboard mark of mixed boat 화객선(貨客船)의 프리보오드 마아크(건현표).
B: Freeboard mark of lumber trader 목재운반선(木材運搬船)의 프리보오드.
① Freeboard deck 프리보오드 갑판(甲板). ② Gunwale or gunnel bar 건넬(현단재(舷端材)). ③ Freeboard deck mark Statutory deck line 프리보오드 갑판마아크. ④Gutter water way 커터수도(水道). ⑤ Wood deck 목갑판(木甲板). ⑥ Freeboard 프리보오드(건현). ⑦ Stem 선수방향(船首方向).
TF:Tropical fresh 열대청수(熱帶淸水). F:Fresh 청수. T:Tropical 열대. S:Summer 하기(夏期)(해수(海水)), W:Winter 동기(多期). WNA:Winter North Atlantic 동기북대서양(北大西洋). C_1 : 객선 C_2:객선, 단(但)화물실 물품(貨物室物品)을 객실(客室)에서 유용(流用)했을 경우. LT:Lumber tropical 목재(木材)열대. L:은 모든 목재적재(積載)의 경우를 표시한다.

보오드 지정(指定). ——deck 프리보오드 갑판(甲板)(보통(普通)은 상(上)갑판, 차랑(遮浪)갑판선에서는 제이(第二)갑판). ——mark 프리보오드 마아크 (Fig. 192). ——ratio 프리보오드 비(比). ——rule 프리보오드 규칙(規則).

Freeing pipe 가스 도출구(逃出口)(탱커). ——port or Wash port 방수구(放水口) (Fig. 12 ㉟). Bulwark——port 불워크 배수구(排水口)(Fig. 12㉟).

Freezer 냉동기(冷凍機). Sharp ——급속(急速)냉동기. **Freezing** carrier 냉동운반선(冷凍運搬船). ——chamber 동결실(凍結室), ——mixture 동결제(劑). ——of bearing surface 축수면(軸受面)의 소부(燒付). ——point 동결점(點), 응고점(凝固點), ——room 동결실.

Freight 화물(貨物). ——rate 운임율(運賃率). ——ton 용적(容積)톤(잡화(雜貨)≒40입방(立方)피이트, 석탄(石炭)≒45입방피이트, 청수(淸水)=35입방피이트, 연료유(燃料油)=38~40 입방피이트). **Freighter** or Freight vessel 화물선(貨物船). Bulk——산적(散積)화물선.

French 프랑스의, ——curve 구름자(제도용(製圖用)).

Frequency 주파수(周波數). 진동수(振動數). 빈도(頻度). ——changer 주파수변환기(變換機). ——meter 주파계(計). ——modulation 주파수변조(變調)(電波).

Fresh 신선(新鮮)한, 청수(淸水), ——fish carrier 선어운반선(鮮魚運搬船). ——provision 생선식료(生鮮食料). ——water filter 청수여과기(濾過器). ——water pump 청수펌프. ——water tank 청수탱크.

Friction 마찰(摩擦). Coefficient of——마찰계수(係數). Skin——표면(表面)마찰. ——brake 마찰브레이크. ——clutch 마찰클러치. ——coupling 마찰접수(接手). ——drum 마찰동(胴). ——loss 마찰손실(損失). ——saw 마찰 원형톱(円形鋸). **Frictional** loss 마찰손실. ——resistance 마찰저항(抵抗). ——wheel 마찰차(車)(마찰로서 전동(轉動)한다).

Frigate 프리게이트선〔船〕.

Front 앞, 전방(前方), 정면(正面). Sea——해안선(海岸線). ——bulkhead 전단격벽(前端隔壁). ——column 전주(前柱)〔機〕. ——elevation 정면도(正面圖). ——fillet weld 전면(前面)구석살용접(鎔接). ——header 전부관 헤더(수관(水管)보일러). **Frontal** area 전면면적(前面面積)(가스터어빈).

Froth fire extinguisher 포소화기(泡消化器). **Frothing** 포발생(泡發生).

Froude number 프루우드 수(數)(비교율(比較率)).

Frozen 동결된(凍結). ——cargo 냉동(冷凍)화물. ——meat 냉동육(肉).

FRP Fiber reinforced plastic 보강(補强) 플라스틱판(板).

Fruit 과실(果實). ——carrier 과실운반선(運搬船).

Frying pan 튀김 남비

Fuel 연료(燃料). Colloidal——콜로이달 연료. Liquid——액체(液體)연료. ——consumption 연료소비량(消費量). ——controlling lever, ——regulating lever or——regulating handle 연료가감(加減)핸들. ——distributing box 연료분배상자(分配箱子). ——economy 연료경제(經濟). ——gas 연료가스. ——oil or Oil——연료유(油)(인화점(引火點)150 °F정도). ——oilatomizer 연료유 분무기(噴霧器)(Fig.193). ——oil filter 연료유여과기(濾過器). ——oil priming pump 시동(始動)연료유펌프. ——oil pump or——pump 연료유펌프. ——oil service pump 상용(常用)연료유펌프. ——cil system 연료유배치(配置)(Fig. 194). ——oil tank 연료유탱크. ——valve or——injection valve 연료분사변(噴射辨). Closed type——valve 밀폐형(密閉形)연료변(辨). Opεn type——valve 개방형(開放形)연료변.

Fulcrum 지점(支點). ——shaft, rocker——shaft or Rocking lever shaft 지점축(軸)(diesel).

Full 가득차다, 충만(充滿). ——and change high water 삭망(朔望)(음력(陰曆) 초하루와 보름)만조(滿潮). ——balanced rudder 전평형타(全平衡舵)(Fig. 334©). ——depth welding 전후용입용접(全厚溶込鎔接). ——dress or——dressing ship 만선식(滿船飾). ——fillet weld 전후(全厚)구석살용접(鎔接). ——form 비

Fig. 193 Fuel oil atomizer

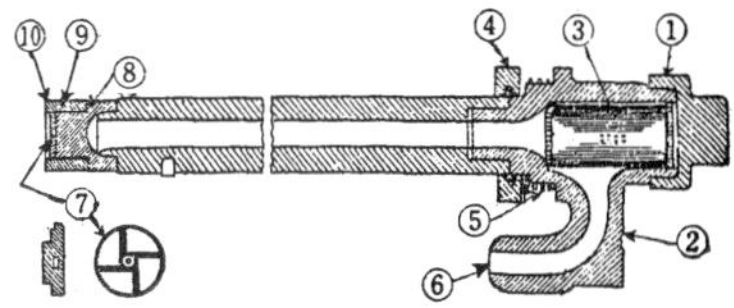

연료유 분무기(燃料油噴霧器)

① Burner cap 분무기덮개. ② Burner body 동본체(同本體). ③ Oil strainer 기름여과기(濾過器). ④ Collar 받침. ⑤ Spring 용수철. ⑥ Oil inelt 주유구(注油口). ⑦ Sprayer 분무판(板). ⑧ 4 drilled holes 네개의 구멍. ⑨ Annular groove 환상(環狀)의 홈. ⑩ Burner tip 분무기 선단(先端).

Fig. 194 Fuel oil system

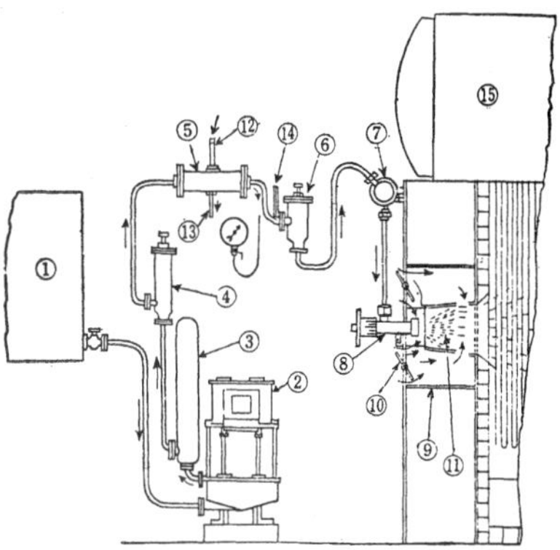

연료유 연소장치(燃料油燃燒裝置)

① Fuel oil tank 연료유탱크. ② Fuel pump 연료펌프. ③ Air chamber 공기실(空氣室). ④ Cold filter 냉간(冷間)여과기(濾過器). ⑤ Heater 가열기(加熱器). ⑥ Hot filter 가열여과기. ⑦ Distribution header 배분관(配分管). ⑧ Burner 분연기(噴燃器). ⑨ Air tight box 기밀함(氣密函). ⑩ Air door 공기문(空氣門). ⑪ Air cone 원추형 공기층(圓錐形空氣層). ⑫ Heating steam 가열용 증기(加熱用蒸氣). ⑬ Drain 드레인. ⑭ Thermometer 온도계(溫度計). ⑮ W.T. Boiler 수관(水管)보일러.

대선(肥大船). ——load전하중(全荷重). 만재(滿載). ——load draught or ——draft 만재흘수(滿載吃水). ——lift valve 전상승변(全上昇辨). ——load condition 만재상태(滿載狀態). ——pointed rivet 완전(完全)히 팽출(膨出)시킨 리벳. ——power trial 전력 시운전(全力試運轉). ——pressure 전압력(全壓力). ——scantling vessel 중구선(重構船). ——size 현척(現尺). ——ship 비대선(肥大船). ——speed 전속(全速). ——strength 전강력(全强力). ——welding or Heavy welding 중용접(重鎔接). **Fuller** or **Fullering** tool 둥근 홈을 파는 공구(工具). **Fullness** 충만 정도(充滿程度).

Fumigation 증기(蒸氣)를 쐬우다(훈증(燻蒸)). 소독(消毒). 유황증(硫黃蒸)(최근(最近)에는 청산가리(青酸加里)가스가 사용된다).

Funnel 연돌(煙突). Dummy——or Dummy stack 모의연돌(模擬煙突)(외견상(外見上)으로 설치(設置)한 연돌). Telescopic——신축(伸縮)연돌. Water——깔때기. ——apron,——bonnet,——cape,——hood,——umbrella 연돌덮개. ——area 연돌면적(面積). ——casing 연돌케이싱. ——cover 연돌커버. ——draft or Natural draught 자연통풍(自然通風). ——guy, ——shround, ——stay 연돌지지(支持), ——mark 연돌마아크.

Furnace 로(爐), 로통(爐筒). Annealing——소냉로(燒冷爐). Blast——용광로(鎔鑛爐)(Fig. 51). Center——중앙로(中央爐). Corrugated——파형로통(波形爐筒)(Fig. 66⑬). Electric——전기로(電氣爐). Plane——평형로(平形爐). Reheating——재열로(再熱爐). Reverberatory——반사로(反射爐). Wing——측로(側爐). ——brazing 로내(爐內)의 뗌질. ——crown 로(爐)의 천정(天井). ——deformation indicator 로통변형측정기(爐筒變形測定器). ——door or Fire door 화구로(火口爐)(Fig. 66⑪). ——front or——mouth 로(爐)앞의 금물(金物). ——roller 로통로울러, ——throat 로의 목(로후(爐喉)). ——volume 로 용적(爐容積).

Fig. 195 Furring.

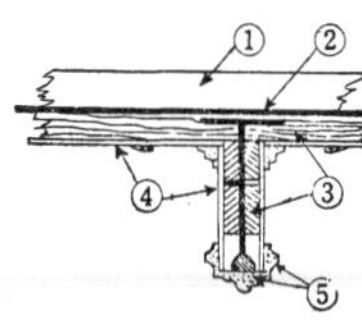

판자(板子)받침

① Deck sheath 목갑판(木甲板).
② Deck plate 강(鋼)갑판.
③ Furring 판자받침.
④ Panel 벽판(壁板).
⑤ Moulding 연식(緣飾).

Furring 판자(板子)받침(Fig. 195). ——tile 벽면(壁面)에 붙이는 타일.

Fuse 퓨우즈, ——board 퓨우즈 반(盤). ——box 퓨우즈 상자(箱子). ——case 퓨우즈 케이스. ——element 퓨우즈 엘레먼트(요소(要素)). ——metal fire detecting system 휴즈식 화재경보기(火災警報器)(온도상승(溫度上昇)으로 퓨우즈가 녹아서 전령(電鈴)이 울리게 되는 경보장치(裝置)). ——switch 퓨우즈가 붙어있는 스위치. ——welding 불가압용접(不可壓鎔接)(단접(鍛接))에 대한 용접, 예를 들면 전기(電氣)용접 또는 가스용접). ——weld quality

용접재질(鎔接材質)〔關:forge weld quality 단접(鍛接)재질〕. **Fusible** alloy 용융합금(可融合金). ——plug 가용전(可融栓). **Fusion** welding 용융(鎔融) 용접(Fuse welding와 같은 의미). ——zone 융합부(融合部)〖鎔〗(Fig. 473).
Futtock 중간늑골(中間肋骨)〖木〗.

G

G.L. German Lloyd 독일선급협회(船級協會).
G.M. Metacentric height 메타센터 높이(Fig. 257).
Gaff 갑후(帆).
Gage 〖美〗 or Gauge 〖英〗 게이지, 계측구(計測具) (Fig. 198～201).
Galley 조리실(調理室), 갤레이(선종(船種)). ——dresser 조리대(調理臺). ——ladle 국자, 바가지.

Fig. 196 Gallows

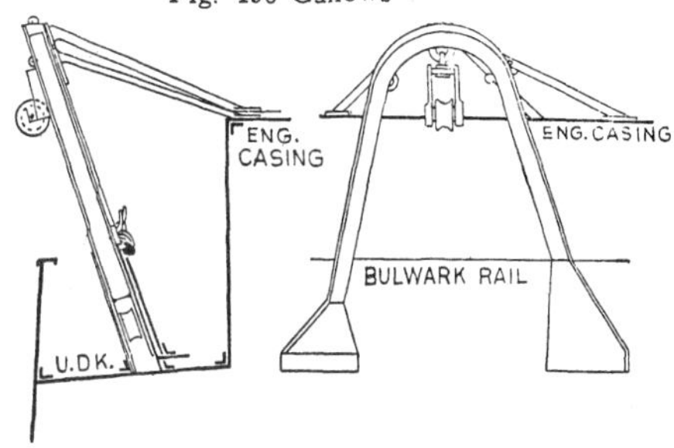

갤 로 우

Gallon 갤론(British gallon은 60°F 기압(氣壓) 30″에 있어서 물 10 pound 의 무게를 말한다, 예를 들면 기름의 비중(比重) specific gravity $SG=\frac{기름무게}{물무게}$, 기름의 SG가 0.900이라면 1영(英) 갤론에서 9파운드이다. 1미(美)갤론=231입방인치. 물의 무게 1(英)갤론=1.2×1(美)갤론).
Galloway tube 갤로웨이관(管)(보일러)(횡단수관(橫斷水管)).
Gallows 갤로우스(트롤러)(Fig. 196).
Galvanic action 전식(電蝕)작용(作用)(액체 중(液體中)에 나른 금속(金屬)을 넣어두면 양자간(兩子間)에 전류(電流)가 흘러서 한쪽은 부식(腐食)되어 간다. 그것은 금속의 기전력(起電力)에 의한다(☞ action).
Galvanized steel 아연도금강(亞鉛鍍金鋼). ——iron 아연철판(鐵板).
Galvanizer 도금공(鍍金工). **Galvanizing** 아연도금.
Galvanometer 전류계(電流計).

Fig. 197. Gas detector

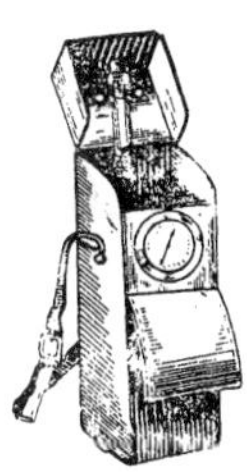

가스검지기(檢知器)

Gamma ray inspection 감마선검사(線檢査)(감마선으로서 강재내부(鋼材內部)의 상처(傷處)를 검사한다).

Gang 조(組)(예를 들면 2 gangs of caulkers 코오킹공(工) 2조). ——board or——plank 도판(道板)(선루간(船樓間)의 보랑(步廊)). ——way or——way port 현문(舷門)(불워크의 일부를 잘라서 문으로 한 곳, 선원(船員) 및 선객출입구(船客出入口)). ——way or——way bridge 탱커의 선루간 보랑(flying passage와 같은 의미). ——way ladder cr Accommodation ladder 현측(舷側)사다리 (Fig. 2).

Gantry, Gauntry or Gantry crane 갠트리 크레인(조선용 고가(造船用高架) 크레인).

Gap 갭, 틈사이. Air——(motor) 에어갭. ——of bevel 개선(開先)의 개도(開度)(Fig. 44③). Spark——불꽃 갭. ——effect 갭의 영향(影響).

Garbage box 쓰레기통(특히 조리실(調理室)에서 나오는 쓰레기).

Garboard flanging machine 가보오드 판곡기(板曲機)(Fig. 188). ——strake 가보오드판(板) (Fig. 80 ⑨, 228 ⑤).

Gas 가스, Carbonic acid——탄산(炭酸)가스. Flue——연도(煙道)가스. ——annealing 가스소냉(燒冷). ——cutting machine 가스절단기(切斷器). ——detector 가스검지기(檢知器)(Fig. 197)(주로 탱크 내의 기름가스 유무(有無)를 검사(檢査)한다. 석유(石油)가스가 공기중(空氣中)에 3%~8% 존재하면 폭발(爆發)하므로 위험(危險)하다). ——ejector pipe 가스이젝터(배출관(排出管)). ——engine 가스기관(機關). Suction——engine 석손가스기관. ——generator(수성(水性)가스발생로(發生爐)). ——gouging 가스를 연소(燃燒)시켜서 표면(表面)을 깨끗이 한다. ——mask 방독면(防毒面). ——pipe 가스관(管). ——pressure welding 가스압접(壓接). ——producer 가스발생기(發生器). ——shield 가스시일드(발생(發生)가스로서 산화방지(酸化防止)를 한다)〔鎔〕. ——table 가스표(表)(가스터어빈). ——thermometer 가스온도계(溫度計). ——thread 가스관(管)에 사용하는 나사. ——welding 가스용접(鎔接). Perfect——이상기체(理想氣體).

Gasket 가스켓〔축(軸)등을 수기밀(水氣密)로 하기 위하여 축 둘레에 끼우는 감륜(嵌輪) Grammet와 같은 의미(Fig. 74 ⑤). 패킹을 의미하는 경우도 있다〕(범(帆)을 조이는 강(綱)).

Gasoline or **Gasolene** 가솔린 (API 60°정도). ——engine 가솔린기관(機關).

Gastight bulkhead 가스밀격벽(密隔壁).

Gate 문(門), 탕구(湯口)(주물(鑄物)). ——riser 압탕(押湯)(주물(鑄物)). ——shear or Guillotin shear 문형(門形)시어(Fig. 354). ——valve or Sluice valve 게이트변(辨)(Fig. 471).

Gauge 〔英〕 Gage 〔美〕 게이지, 계측기(計測器)(Fig. 198~201). Air pressure——공기압력계(空氣壓力計). Angle——각도(角度)게이지. Blast air

——(diesel) 분사공기 압력계(噴射空氣壓力計). Bridge——브리지형(橋型)게이지. Center——센터게이지(심(心) 맞추는 게이지)(Fig. 199). Compound——연성계(連成計)(급기압력계(給氣壓力計)의 일종). Cone——(propeller boss)코온게이지, Draught——통풍계(通風計). 흘수계(吃水計), Deformation——변형(變形)게이지. Fillet——구석살 게이지. ——board 계기반(計器盤). ——factor 게이지계수(係數). ——glass 수면계(水面計)유리(Fig. 202②). ——glass protector 수면계 유리위벽(圍壁).——lamp 계기등(計器燈). ——length 표점거리(標點距離)(시험편(試驗片)(Fig. 406①). ——mark 표점(標點). ——pressure 게이지압(壓). ——system 리미트게이지 공작법(工作法)(극대 극소(極大極少)의 게이지를 만들어두고, 그 범위외(範圍外)의 제품(製品)을 실격(失格)으로 하는 공작법). ——tester 게이지 시험기(試驗機). Glass water——수면계(水面計)(Fig. 220②). Limit——한계(限界)게이지(Fig. 198). Nut & bolt——너트보울트 게이지. Pitch——피치게이지. Plenum——플레넘게이지(급기압력계(給氣壓力計)). Poker——포오커게이지. Pressure——압력(壓力)게이지. Surface——심(心)맞추기 게이지(Fig. 199). Taper——테이퍼 게이지. Thickness——, Feeler or Searcher——틈사이 게이지(Fig. 200), Thread——나사 게이지. Vacuum——진공계(眞空計). Water——수면계(水面計) (Fig. 202). Wire——철사(鐵糸)게이지(Fig. 201).

Fig. 198 Limit gauge

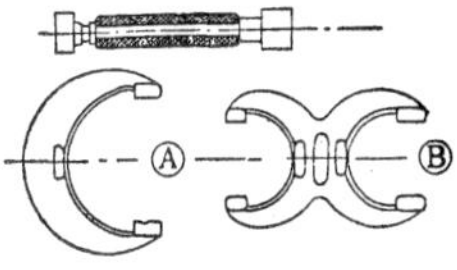

리미트 게이지

Ⓐ C Type C형(型). Ⓑ X Type X형.

Fig. 199 Surface gauge

심(心)맞추는 게이지

Fig. 200 Thickness gauge

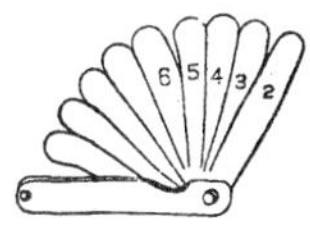

틈사이 게이지

Gauze wire or Wire——세목금망(細目金網)(방화용(防火用)).

Gear 장치(裝置), 톱니바퀴, Adjusting——조정(調整)장치. Anchor——앵커승강(昇降)장치. Bevel——베벨기어(Fig. 45). Boat——or Boat fittings 보우트용구(用具). Boat handling——보우트승강(昇降)장치. Cable hauling——케이블인양(引揚)장치. Cargo——하역(荷役)장치. Compensating——보상(補償)장치. Controlling——조종(操縱)장치. Damper——댐퍼장치(throttle과 같은 의미 Fig. 463). Differential——차동(差動)장치(☞ differential) Disengaging——걸고 푸는 장치. Easing——(valve)변상승(辨上昇)장치. ——case 톱니바퀴상자(箱子). ——cutting machine 치절반(齒切盤). ——

hopper 치절공구(齒切工具). ——pump or Cog wheel pump 톱니바퀴 펌프. ——ratio 치수비(齒數比). ——wheel 대치차(大齒車). Governor——조속(調速)장치. Hand——수동(手動)장치. Hunting——추종(追從)장치. 반전(反轉)장치(Fig. 378). Hydraulic——수압(水壓)장치. Inter locking——or Inter lock arrangement 연동안전(連動安全)장치(예, 지하철(地下鐵)의 자동문(自動門)이 닫혀지지 않으면 발차기구(發車機構)가 동작(動作)하지 않는 것과 같은 장치). Lifting——인양(引揚)장치. Lubricating——윤활(潤滑)장치. Manoeuvering——조종(操縱)장치. Reduction——감속(減速)장치(Fig. 315). Reversing——역전(逆轉)장치. Rudder——조타(操舵)장치(Fig. 377), Single——일단치차(一段齒車)장치. Spare——or Spare part 예비품(豫備品). Starting——시동(始動)장치. Steering——or Steering apparatus 조타(操舵)장치(Fig.377)· Switch ——스위치 장치. Transmissicn——전달(傳達)장치. Trip——분해(分解)장치. Turning——회전(回轉)장치(Fig. 436). Valve——동변(動辨)장치. Vulcan——(Hydraulic transmission)블캔 심체전도기(深體傳導器). Worm——웜울치차(齒車)장치(Fig. 4)7). **Geared** diesel vessel 감속(減速)장치가 있는 디이젤선(船). ——turbine 감속장치가 있는 터어빈. Single reduction——turbine 일단감속(一段減速)장치가 있는 터어빈.

Gearing 전도장치(傳導裝置).

G.E.M. Ground Effect Machine 지면효과기(地面効果機)(선저(船底)에서 압축공기(壓縮空氣)를 분출(噴出)하여, 선체(船體)를 공중(空中)으로 부상(浮上)시켜서 주행(走行)한다. Hover craft라고 한다).

General 일반적(一般的), ——arrangement 일반배치도(一般配置圖)(Fig. 12). ——average 공동해손(共同海損). ——cargo 일반화물(貨物). 잡화(雜貨). ——service pump(G.S. Pump) or Service pump 잡용(雜用)펌프. ——work 잡공사(雜工事).

Fig. 201
Wire & Sheet metal gauge

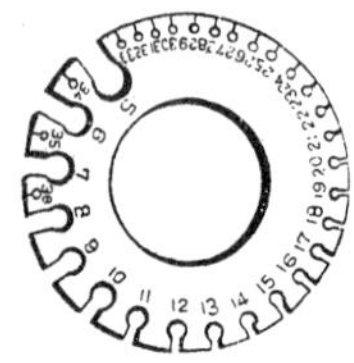

철사(鐵糸)및 박판(薄板)게이지

Fig. 202 Water gauge

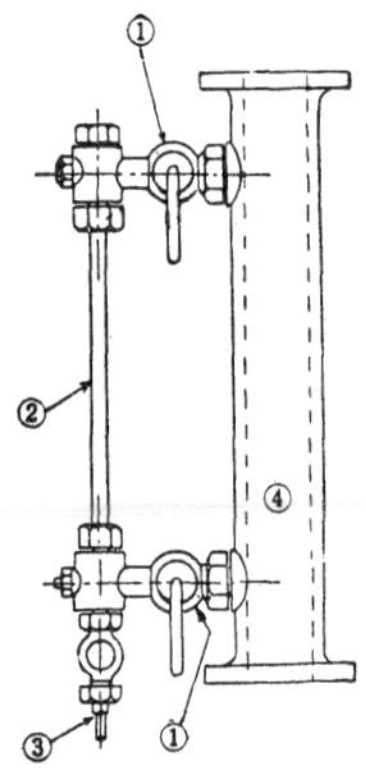

수면계(水面計)

① Gauge cock 취부(取付)콕. ② Gauge glass 게이지유리. ③ Drain 드레인. ④ Stand column, Stand pipe, 관주(管柱).

Generating 발생(發生), ——set 발전장치(發電裝置). ——tube 증발관(蒸發管)(수관(水管)보일러). **Generator** 발생기(發生器), 발전기(發電機). Alternate current——A.C.——or Alternator 교류(交流)발전기. Auxiliary——보조(補助)발전기. Diesel——디이젤발전기. ——gas 발생기 가스. High frequency——고주파(高周波) ——or Shunt wound——분권(分捲)발전기. High tension direct current 고압직류(高壓直流)발전기. Motor——전동(電動)발전기. Shunt——or Shunt wound——분권발전기. Steam——증기(蒸氣)발생기, 증기발전기, Synchronous——동기(同期)발전기. Turbo-generator 터어빈 발전기.

Generatrix 직선모선(直線母線).

Geo-navigation 지분항법(地分航法). 지측항법(地測航法).

Geometrical freeboard 형상(形狀) 프리보오드(형상으로부터 계산(計算)한 프리보오드).

Geyser action 분비작용(噴沸作用).

German 독일, ——Lloyd G.L. 독일선급협회(船級協會), ——silver 양은(洋銀).

Ghost 유령(幽靈). ——line or Ghost 고오스트(주(主)로 단조물(鍛造物)에 나타나는 현상(現象)으로서, 강괴 중(鋼塊中)의 잡물(雜物)이 타연(打延)되어서 선상(線狀) 또는 층상(層狀)으로 나타나는 상처(傷處)).

Gib 쐐기형 홈. ——and cotter 홈(溝)커터(쐐기). ——headed key 머리가 있는 키이(쐐기).

Gig 기그(보우트의 일종).

Gill netter 자망어선(刺網漁船).

Gimbal 짐발(컴퍼스를 항상 정상(恒常正常)으로 유지(維持)하는 기구(機構) (Fig. 119Ⓑ)). ——joint 수평자재접수(水平自在接手).

Gimlet 짐레트(수동(手動)의 나사 절삭기(切削器)).

Gin block 철골활차(鐵骨滑車).

Girder 형재(桁材). Bottom——저(底)형재. Bracketed——브래킷 취부용(取付用)의 형재. Deck——갑판하(甲板下)형재(Fig. 142). Equivalent——동등효력(同等效力)의 형재. ——space 형재간격(間隔). ——stay 형재지지(支持) (Fig. 203). ——work 형재구조(構造). Side

Fig. 203
Girder stay of combustion chamber

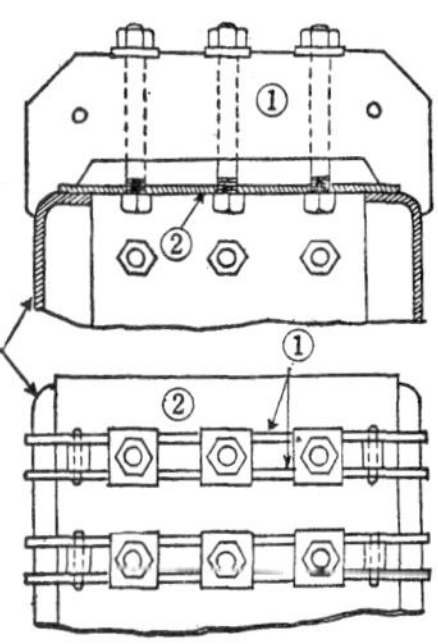

연소실(燃燒室)의 형재지지(桁材支持)
① Girder 형판(桁板). ② Crown plate 천정판(天井板). ③ End plate of combustion chamber 연소실의 경판(鏡板).

——측(側)형재(Fig. 259⑱). Slotted——절입(切込)형재(Fig. 142).

Girdling 포위형 절입(包圍形切込).

Girth 동주(胴周), 거어스(프레임에 따라서 측정(測定)한 길이). ——curve 거어스곡선(曲線)(Fig. 204).

Fig. 204 Girth curve

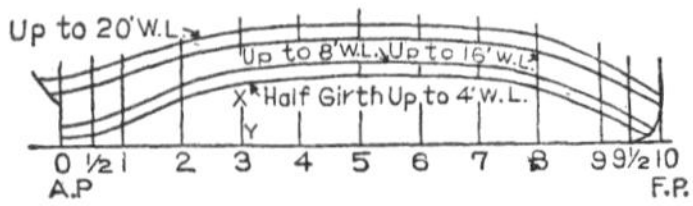

거어스곡선(曲線)

Section 3에 있어서 4' 흘수(吃水)까지의 거어스는 XY로서 표시(表示)된다.

Gland or Packing 패킹 눌름. 피스톤링 눌름(押). Carbon——or Carbon ring 탄소(炭素)패킹 눌름. Steam——증기(蒸氣)패킹. Stern——or Stern tube——선미관(船尾管) 패킹눌름(Fig. 387③). **Gland** bush 글랜드부쉬(Fig. 387 ④). ——exhaust condenser 글랜드 복수기(復水器).

Glass 유리, 안경(眼鏡), ——cloth or fibre 유리포(布)(유리를 세섬유(細纖維)로 해서 짠 포(布)). ——gauge 수면계(水面計)(Fig. 202 ②). ——holder 유리뼈대(현창(舷窓))(Fig. 363②). ——rack 컵대(臺). ——tumbler 큰컵. ——ware 유리기구(器具). ——water gauge 수면계(水面計)(Fig. 202②). ——wool 유리 우울(포(布)). ——woven fibric 유리직포(織布).

Globe 구형(球形). ——lantern 구형등(球形燈). ——valve or Glove valve 구형변(球形辨)(Fig. 444, 445).

Globule 용적(溶滴)〔鎔〕(Fig. 474).

Glue 풀, 접착제(接着劑), Marine——선용(船用)풀.

Glycerine 글리세린.

Gnarl (나무의)옹이, 혹.

Go ahead 전진(前進), ——stern 후진(後進).

Goniometer 전파방위계(電波方位計). 측각기(測角器).

Goggles 보호안경(保護眼鏡)〔鎔〕.

Goglet 물병(水甁).

Gohst line 연결된 균열(龜裂)(단조품(鍛造品)에 나타난다).

Goliath crane 문형(門形)크레인.

Gong 징(악기의). ——buoy 공그부이(징 울리는 소리가 나는 부이).

Goose or Swan neck ventilator 거위(새)목 형(形)의 통풍통(通風筒) (Fig. 467).

Gouge 구멍타금(打金), 원형(圓形)끌 **Gouging** 구멍을 뚫는다.

Governing plunger (Fuel pump of diesel engine) 조절(調節)플런저. **Governmental** regulation 국가규정(國家規定). **Governor** 조속기(調速器). Emergency——비상용(非常用)조속기. Relay——간접(間接)조속기. ——controller shaft or——controlled shaft 조속기가 있는 조절축(調節軸). ——gear 조속기장치(裝置). ——motor 조속기용 전동기(電動機).

Grab 잡는 장치. ——bucket 잡는 버킷(준설기(浚渫機)). ——dredger (Grapple or Priestman dredger) 그랩선〔船〕(☞ dredger). Beam—— 비임그랩(Fig. 26). ——rope 손잡이강(綱). ——rod 발을 거는 봉(棒). ——stand 송곳 등의 공구(工具)로서 작업(作業)을 하기 위하여 외판(外板)에 가설(假設)된 발판(板).

Grain 섬유(纖維). 입자(粒子). Across the——섬유를 횡단(橫斷)하여, Along the——섬유에 따라서, With the——섬유에 따라서, Fine——미세(微細)입자. ——cargo capacity 곡류 화물용량(穀類貨物容量), 산적(散積)화물용량, ——carrier 곡물수송선(穀物輸送船). ——size 입도(粒度).

Gramophone 축음기(蓄音器).

Grand entrance or Entrance hall 출입구 광장(出入口廣場).

Granulated cork 입상(粒狀)코르크.

Graphic 도시(圖示). ——panel 도해표시판(圖解表示板). **Graphical** method 도시법(圖示法). ——solution 도해법(圖解法).

Graphite 흑연(黑鉛). Amorphous——무정형 흑연(無定形黑鉛). Boiler—— 보일러용(用) 흑연(黑鉛). ——packing 흑연패킹. ——paint 흑연 페인트.

Grapnel or——anchor 끝이 4개있는 앵커(Fig. 3⑲).

Grate area 화격자 면적(火格子面積). ——bar or Fire bar 화격자 봉(棒)(Fig. 22). **Grating** 격자(格子). Bar——봉(棒)격자. Fire room——보일러실 상(室床)격자. Foot——발판격자. Engine room——기관실(機關室)격자. Hatch——해치격자(화객선(貨客船)에서 해치를 일시적(一時的)으로 객용(客用)으로 할 때 사용한다). ——platform 격자대(臺).

Graving, Graven or Dry dock 건(乾)도크〔關:wet dock, 의장(艤裝)도크〕.

Gravity 중력(重力). Center of——중심(重心). Specific——비중(比重). ——davit 중력형(重力型) 다빗(Fig. 64). ——tank 중력탱크(높은 곳에 설치하여 중력으로 유출(流出)시켜서 사용하는 물탱크 또는 기름 탱크). ——wave 중력파(波). **Gravitational** acceleration 중력가속도(加速度).

Gray pig iron 회선철(灰銑鐵)(보통주물(普通鑄物)에 사용하는 선철)〔關:White pig iron 백(白)선철, 제강재료(製鋼材料)에 사용〕.

Grease 그리이스, Anti-friction——감마(減摩)그리이스. ——cup 그리이스 컵. ——lubrication 그리이스 윤활(潤滑). ——packing 그리이스 패킹. **Greaser** 주유공(注油工).

Great circle course 대권항로(大圈航路). **Greater** coasting area 근해구역(近海區域). ——coasting service 근해구역 항행(航行).

Green light 녹색등(綠色燈). 우현등(右舷燈). ——side light 우현등.

Greenwich mean time 그리니치 평균시각(平均時刻).

Grid 격자(格子). 압금(押金)(관(管)이나 선(線)등을 벽 또는 프로어 등에 취부(取付)하는 금구(金具)). Pipe——관(管)압금.

Griddle plate 소반(燒盤).
Gridiron 격자선대(格子船臺). ——valve 격자변(辨).
Grill 고기(肉)굽는 장치(裝置). ——room 그릴실(室), 간이식당(簡易食堂).
Grind 연마(研磨). ——stone 연마석(石) **Grinder** or **Grinding** machine 그라인더, 연삭반(研削盤). 분쇄기(粉碎機).
Gripe 꽉 잡는것. ——lashing 보우트를 조여서 매는 강(綱).
Gromet, Grommet or **Grummet** 그러메트(Fig. 205)(전선(電線)이 비임 등을 관통(貫通)할 때 끼우는 보호 환(保護環), 목갑판(木甲板)을 비임 또는 갑판에 조여맬 때 보울트 주위에 감는 환상(環狀)의 패킹(Fig. 74⑤).
Groove 그루우브. 홈(溝). ——angle 그루우브 각도(角度)(鎔)(Fig. 44). ——weld 그루우브용접(鎔接)(Fig. 44). **Grooved** head nut 홈너트(너트 두부(頭部)에 홈을 만들고 보울트에는 전(栓)을 통하여 너트가 되도는것을 방지(防止)한다). **Grooving** corrosion 구형부식(溝形腐食)(부식이 모여서 구형을 형성(形成)한다)〔關:Pitting corrosion 점식(點蝕)〕(☞ corrosion). ——machine 홈을 내는 기계(機械). ——and tonguing 구형접수(溝形接手)(Fig. 162Ⓑ).

Fig. 205
Grommet

그러메트

Gross 총계(總計). ——tonnage 총톤수(總噸數)(선체 위폐부분 총용적(船體圍閉部分總容積)에서 상갑판(上甲板)이상에 있는 추진항해위생안전(推進航海衛生安全)에 관한 장소(場所)를 공제(控除)한 전용적(全容積)을 100입방(立方)피이트로서 나눈 수(數), 즉 용적톤수(容積噸數)이다). 〔關:Net tonnage 순(純)톤수. 이것은 총톤수에서 상갑판이하(上甲板以下)에 있더라도 상기 각항(上記各項)에 해당(該當)되는 용적을 뺀 나머지의 용적, 즉 상업용(商業用)에 이용(利用)할 수 있는 전용적(全容積)을 나타내는 톤수).
Ground 〖美〗, earth 〖英〗 접지(接地)〖電〗. ——chain 근부(根部)의 체인(앵커 케이블과 선체(船體)를 연결(連結)하는 체인). ——connection 어어스 접속(接續). ——detector 검루기(檢漏器)〖電〗. ——detector alarm or ——indicator 접지경보기(接地警報器)〖電〗——insulation 어어스 절연법(絕緣法). ——return circuit 복류지선(復流地線)(복류선)(復流線)을 설치하는 대신에 대지(大地)를 복류선으로 사용하는 것). ——swell 연안파(沿岸波). ——tackle 정박용구(碇泊用具). ——way (Fixed or Standing way) 고정대(固定臺), 진수대(進水臺)(Fig. 241). **Grounding** 좌초(座礁), 상가(上架).
Group 모임, 집단(集團). ——feed system 군 급수식(群給水式). ——flashing light 군섬광(群閃光). ——occulting light 군명암광(群明暗光)〖航〗. ——valve 집합변(集合辨). ——velocity 군속도(群速度).
Guarantee engineer 보증기사(保證技師)(신조선(新造船)이나 기계(機械)를 매주(買主)에게 인도(引渡)할 때 그 조종(操縱)의 지도(指導) 및 성능보증(性

能保證)을 위해서 파견(派遣)되는 기사). ——speed 보증속도(速度). ——work 보상공사(補償工事).

Guard 보호(保護). ——bar 보호봉(棒). ——plate 보호판(板). ——rail 가아드레일(난간(欄干)). ——ring 보호환(環). ——ship 경비정(警備艇).

Gudgeon 거어존(Fig. 386①) (호금(壺金)). Heel——or Heel brace 최하(最下)호금. Rudder——or Rudder brace 타(舵)호금(Fig. 386①). ——pin or Crosshead pin 거어존핀, 크로스해드 핀.

Guide 인도(引導). ——bar or plate 안내봉(案內棒). 활판(滑板). ——blade, bucket or vane 안내날개(터어빈). ——block, shoe, slipper or Slide block 활금(滑金). ——piston 가이드 피스톤. ——pulley 안내차(案內車)(Fig. 302). ——roller 도쇄(導鎖), 로울러(Fig. 328) **Guided** bend test 형곡시험(型曲試驗)(Fig. 37). ——cutting apparatus 형 절단장치(型切斷裝置)(가스 절단시(切斷時) 유도편(誘導片)에 따라서 절단한다).

Guillotin shear or Gate shear 길로틴 시어(Fig. 354).

Gullet 절취공구(切取工具).

Gumming 고무화(化)(기름이 고무형태(形態)로 되는 것).

Gun 포(砲). Ash——회방사기(灰放射器). ——boat boiler 저원(低圓)보일러. Life line throwing——구명삭 발사포(救命索發射砲). Machine——기총(機銃). Paint——페인트 스프레이어. 페인트 취부관(吹付管)(Fig. 369). ——metal 포금(砲金)(동(銅)) 90, 주석 10정도로 한 합금(合金), 축수변(軸受辨)등에 널리 사용된다). **Gunning** putty 퓨티 펌프(코오킹으로서는 물을 막을 수 없을 때 사용한다) (Fig. 206).

Fig. 206 Gunning putty

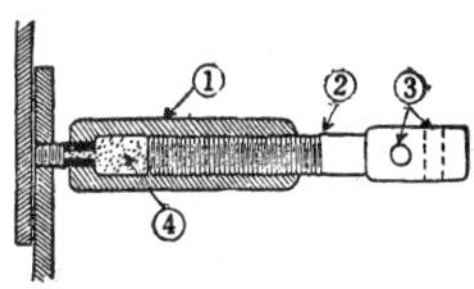

퓨티펌프
① Cylinder 실린더.
② Ram 램.
③ Handle hole 핸들용.
④ Putty or redlead 파티 또는 광명단(光明丹).

Gunwale or **Gunnel** 건넬, 현단(舷端). ——angle bar 건넬산형재(山形材)(Fig. 259⑥). ——tank, Cantilever tank or Top side tank 건넬탱크(중량물 적재선(重量物積載船)에서 중심점(重心點)이 과도하게 내려가서 동요(動搖)가 심해짐으로 이의 방지(防止)를 위하여 사용하는 탱크)(Fig. 403). Rounded——원형(圓型)현단(갑판(甲板)의 구석을 원형으로 한다).

Gunny bag 마대(麻袋). ——cloth or Hessian cloth 마포(麻布)(조제(粗製)).

Gusset angle 거세트 산형재(山形材)(Fig. 48). ——plate 거세트판(板)(Fig. 48). ——stay 거세트, 지지판(支持板), 지지주(支持柱)(Fig. 98⑧).

Gust 돌풍(突風).

Gutter or——water way 거터수도(水道)(Fig. 192④). ——angle 거터산형재(山形材). ——percha(G.P.) 거터퍼어처.

Guy 가이, 장강(張綱)(Fig. 148⑧). Funnel,——Funnel shroud or Funnel stay 연돌지지(煙突支持), Wire——(boat davit) 지지강(支持綱). ——block 가이활차(滑車). 지지(支持)활차.

Gymnasium 운동실(運動室). **Gymnastic** apparatus 운동구(運動具).

Gypsy wheel or Sprocket wheel 집시휘일(Fig. 108).

Gyro 팽이의 이치(理致)를 이용(利用)한 것. ——pilot 쟈이로 파일로트, 자동조타장치(自動操舵裝置). ——compass 쟈이로 컴퍼스(쟈이로의 원리(原理)를 응용(應用)한 컴퍼스). ——compass repeater 쟈이로 컴퍼스 리피이터(주(主)컴퍼스에서 분기(分岐)된 부(副)컴퍼스). ——graph 회전수 도시기(回轉數圖示器). ——scope 쟈이로 스코우프(전륜의(轉輪儀)). ——stabilizer 쟈이로 스테이빌라이저, 쟈이로 안정기(安定器).

H

Hack saw 쇠톱(금속(金屬)을 절단(切斷)한다). ——watch or Deck watch 천측용 갑판시계(天測用甲板時計).

Hafergut method 용접법(鎔接法)의 일종(一種)(장대(長大)한 한 개의 용접봉(鎔接棒)을 개선(開先)속에 넣고, 한쪽에서 전류(電流)를 통하여 자동적(自動的)으로 용접하는 방법(方法)).

Hair crack 머리털 정도로 미세(微細)한 균열(龜裂). ——mattress 털이 든(毛入)매트레스.

Half beam 하아프 비임(전폭(全幅)에 걸쳐지지 않는 비임). ——breadth plan. 반폭선도(半幅線圖)(Fig. 245). ——built up or Semi-built up crank shaft 반조립(半組立)크랭크축(軸)(Fig. 130). ——floor 반늑근재(半肋根材)(木船), ——hitch 하아프 히치(로우프의 결목법(結目法). ——round bar 반원봉(半圓棒)(Fig. 24⑤). ——speed 반속(半速).

Hall pointed convex tool 구두 철면공구(球頭凸面工具).

Halliyard or Halyard 핼리야아드(범기 승강강(帆旗昇降綱)).

Halved door 상하(上下) 두 장으로 된 문(門). **Halving** joint 상결접수(相缺接手)(Fig. 207).

Fig. 207
Halving joint

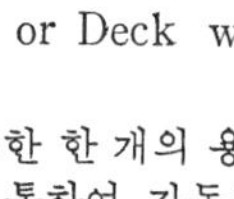

상결접수(相缺接手)

Hammer 해머, 망치. Bevel faced——사면(斜面)해머 Bevel faced holding——사면당반(斜面當盤), Caulking——코오킹 해머. Chipping or Scaling——치핑 해머(녹쓴 것을 두들겨서 떼어내는 해머). Claw——못(釘)뽑는 해머. Coal——석탄(石炭)해머. Copper——동제(銅製)해머. Drop——or Drop stamp

——드롭 해머, (무거운 해머를 낙하(落下)시켜서 단조(鍛造)한다). Flattening——or Flattening iron 당금(當金) (Fig. 208). Forging——단조(鍛造)해머. ——head crane 추형(槌形)크레인——dressing 해머 다듬이질. ——of engine 크랭크가 최상최하점(最上最下點)을 지날 때 내는 소리. ——spark ignition or Make and break ignition 전로 개폐점화(電路開閉點火). ——test 추타시험(槌打試驗). Hand——핸드해머. Holding up——당(當)해머(당반(當盤))(Fig. 209). Maul——대(大)해머. Pneumatic——공기(空氣) 손(手)해머(Fig. 296). Riveting——리베팅해머. Scaling——or Chipping——녹쓴 것을 두들겨 떼어내는 해머. Set——당(當)해머. Sledge——대(大)해머. Steam——증기(蒸氣)해머.

Fig. 208
Flattening hammer

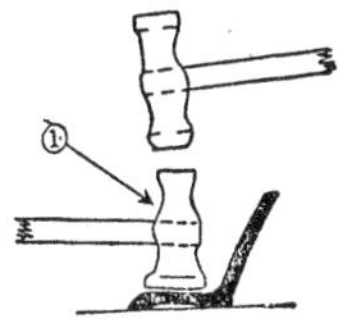

당금(當金)해머
① Flattening hammer 당금

Fig. 209 Holding up hammer

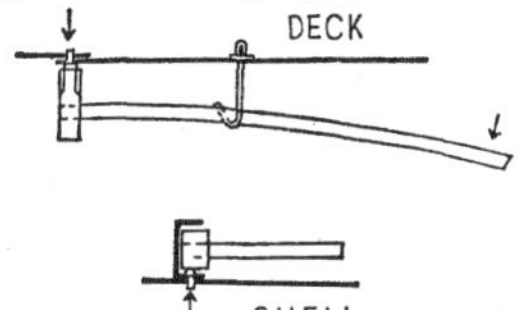

당반(當盤)해머

Hammered point 리벳의 추타(槌打)다듬이질.

Hammock 해모크. ——netting 해모크를 넣는 상자(箱子).

Hand 수동(手動). ——bore 핸드보올(구멍 뚫는 것). ——face shield 핸드시일드. ——firing or stoking 손으로서 불을 지피는 것. ——flag signal 수동신호(手動信號), 수기(手旗)신호. ——flare 수동 신호염(炎). ——gear 수동장치(裝置). ——grip 잡이(握). ——hammer 핸드해머. ——hole 손구멍. ——lamp 들고다니는 램프. ——lead 수동측연(測鉛)(7~14파운드 정도의 무게를 가진 납에 줄을 매달아서 25~30발 정도의 깊이까지의 해심(海深)을 측정한다). ——log 수동측정기(手動測程器) (Fig. 250). ——pump or Manual pump 수동펌프. ——rail or Open rail 손잡이(Fig. 210). ——rail stanchion 손잡이 기둥(柱). ——riveting 수타(手打)리벳. ——rope 손잡이줄(綱). ——saw 수동톱(鋸). ——shield 용접면(鎔接面)(용접할 때의 방광면(防光面). ——spike or Capstan bar 캡스턴봉(棒). ——steering gear 수동 조타장치(操舵裝置)(Hand wheel 쇄(鎖)등으로서 Tilller 틸러에 취부(取付)하고, 손으로서 키(舵)를 잡는다, 단(但),길이 60미터 이하(以下)의 배에 한정된다). ——stoking 손으로서 불을 지피는 것. ——tachometer 수용 회전계(手用回轉計). ——vice 수동말력(萬力). ——welding 수동용

Fig. 210
Hand rail or
Open rail

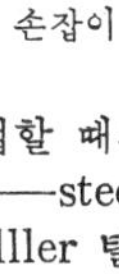

손잡이

접(鎔接). ——wheel 핸들. Reversing——wheel 역전(逆轉)핸들바퀴.

Handle 핸들, Fuel controlling——or Fuel controlling lever 연료유 가감(燃料油加減)핸들.

Hanger 거는 기구(器具), 못걸이(掛), ——shaft 걸이 축(Fig. 353). ——shed 비행기 격납고(飛行機格納庫). **Hanging** compass, Cabin compass or Teltale compass 걸이컴퍼스. ——knee 연직(鉛直)비임니이〖木〗〔關:lodging knee 횡(横)비임니이〕. ——rudder 걸이 타(掛舵)(Fig. 334 Ⓓ).

Harbour or **Harbor** 항구(港口). ——deck 하아버어 데크(타레트선(船)의 아래 측 갑판)(Fig .439). ——dues 항구세금(稅金). ——master 항만장(港灣長). ——plan 항구정박도(停泊圖). ——radar 항만용(港灣用)레이다아. ——regulation 항구규칙(規則). ——shelter 대피정박소(待避停泊所). ——work 축항(築港).

Hard drawn copper pipe 경인동관(硬引銅管). ——over 전회전(全回轉)〖航〗. ——patch 리벳조임 또는 용접당금(鎔接當金)〔關:soft patch 보울트조임 당금(當金)〕. ——port 타(舵)의 좌현 전회전(左舷全回轉). ——solder 경질(硬質)땜질. ——starboard 타의 우현(右舷)전회전. ——water 경수(硬水). ——wood 견재(堅材)(티이크같은 강한 목재(木材))〔關:soft wood 유재(柔材), 송(松), 삼(杉)같은 무른 목재(木材)〕. **Hardenability** 소입성(燒入性), 경화성(硬化性). **Hardened** steel 소입강(燒入鋼). **Hardening** 소입(燒入), 경화(硬化)(강(鋼)을 탄소(炭素)에 싸서 가열(加熱)하면 탄소가 침입(浸入)되어 표면(表面)이 경화된다). Case——표면(表面)소입. **Hardness** 경도(硬度). ——number 경도지수(指數). ——tester 경도시험기(試驗機).

Harmonic diagram 조화곡선도(調和曲線圖). ——motion 조화운동(運動).

Harpin 하아핀(프레임의 가지지봉(假支持棒))(Fig. 321 ③).

Harpoon gun 포경포(捕鯨砲). ——line 작살(고래)줄.

Harveyed steel 하아베이강(鋼)(하아베이 방법(方法)으로 경화(硬化)시킨 장갑강판(裝甲鋼板)).

Hat 작은 물통(오수(汚水)의). Bilge——빌지류(溜). ——hook 모자(帽子)걸이. ——rack 모자대(台).

Hatch or **Hatchway** 해치, 창구승강구(艙口昇降口)(Fig. 211). Booby——모자형(帽子形)해치. Grating——격자(格子)덮개(제 2 갑판(第二甲板)의 해치를 덮개로서 폐쇄(閉鎖)하여 선객용(船客用)으로 사용한다). Trimming——or Feeder——트리밍해치, 꽉꽉 채우는 해치, ——or——board or——cover 해치보오드(Fig. 211 ⑯). ——bar 해치바아. ——batten 해치바텐(Fig. 211 ⑱). ——cleat 해치클리이트(Fig. 211⑲). ——carline or Carling 해치카아린(종(縱)비임). ——coaming 해치코오밍(Fig. 211⑩⑪). ——end beam 해치엔드(端)비임. ——end coaming 해치엔드 코오밍(Fig. 211⑩). ——opening 해치입구(入口). ——rest 해치보오드 받침. (Fig. 211 ⑬). ——side coam ing 해치사이드코오밍(Fig.211⑪). ——survey 창구검사(艙口檢查)(주(主)로 적재화물(積載貨物)을 검사한다). ——tarpaulin 해치타아포올린(Fig. 211⑰). ——web or Shifting beam or——beam 해치비임(Fig. 211⑫). ——wedge 해치쐐기(Fig.211⑧). **Hatchway** 창구(艙口). Coal——or Scuttle 재탄구(載炭口). Excess of—— 창구초과톤수(超過噸數) (창구용적(容積)에서 공제(控除)되는 용적은 규정(規定)되어 있으나, 실재(實際)창구용적이 규정용적을 초과한 분(分)을 말한다). Expansion—— 팽창(膨脹) 해치(Fig. 430Ⓑ④)(화물(貨物)(주로 기름)의 팽창을 수용(收容)하는 창구). Expansion trunk——팽창 트렁크해치(상기(上記)팽창량(量)을 수용하기 위하여 특별히 위벽(圍壁)을 가진 창구)(Fig. 430Ⓑ④). Saddle——새들 해치(석탄 적재(石炭積載)를 위하여 창구중앙(中央)에 말안장 모양의 돌기물(突起物)이 있는 것). Trunk——트렁크해치(갑판간(甲板間)에 위벽을 만들어서 화물이 중(中)갑판에는 관계없이 직접 하창(下艙)을 통할 수 있는 창구). **Hatching** 절단면(切斷面)이라는 것을 표시(表示)하기 위한 병렬사선(並列斜線)(제도(製圖)).

Fig. 211 Hatchway

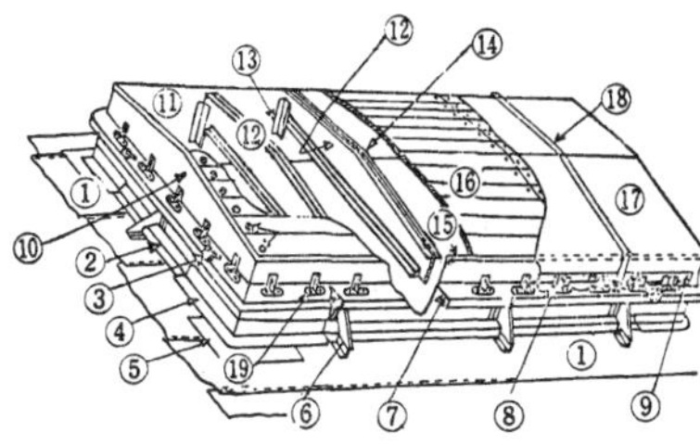

해치(창구(艙口))

① Upper deck 상갑판(上甲板). ② Deck angle 갑판취부 산형재(取付山形材). ③ Hatch ring 환(環). ④ Corner angle 구석산형재. ⑤ Corner doubling 구석이중장(二重張). ⑥ Coaming stay 코오밍지주(支柱)(또는 브래킷). ⑦ Horizontal stiffener 횡(橫)스티프너. ⑧ Wedge 쐐기(木製). ⑨ Batten bar 바텐바아(棒). ⑩ End coaming 단(端)코오밍. ⑪ Side coaming 측(側)코오밍. ⑫ Shifting beam or hatch beam 해치비임 ⑬Hatch beam carrier 해치비임받침. ⑭ Hatchboard handle 해치보오드 손걸이. ⑮ Half round bar or Moulding bar 반원(半圓)봉. ⑯ Hatchboard 해치보오드. ⑰ Tarpaulin or Hatch cover 타아포올린. ⑱ Locking bar or Batten bar 바텐봉. ⑲ Hatch cleat 해치클리이트.

Hatchet 손도끼(斧). 큰 망치.

Hauling line 인양강(引揚綱).

Hawse buckler 묘쇄관(錨鎖管)덮개. ——hole 강공(綱孔)(강이 출입하는 구멍). ——pipe 호오스파이프(묘쇄관(錨鎖管))(Fig. 12㉗). ——plug 호오스플러그. ——timber 호오스팀버〘木〙. **Hawser** 대강(大綱). Mooring—— 계선용(繫船用)대강. Steel——와이어로우프(Fig. 490)(강삭(鋼索)).

Head 머리(頭), 변소(便所). ——of water or Water——수두(水頭). ——figure 선수식(船首飾)(Fig. 382). ——ledge or Ledge 해치코오밍(木船). ——line 선수부(船首部)밧줄. ——pump 수두펌프. ——reach 헤드리이치〘航〙. ——resistance 전면저항(前面抵抗). ——room 상부(上部)틈사이.

Curtail——room 상부 틈사이를 줄이는 것. ——rope 헤드로우프(범(帆)). ——sea 향파(向波). ——seat or Fore seat 정장좌석(艇長座席). ——steward 주방장. ——valve or Delivery valve 송출변(送出辨). Captain's ——선장(船長)변소. ——wind 맞바람(향풍(向風)).

Header 관(管)의 헤더(수관(水管)보일러). 지지형재(支持桁材)〔鎔〕. Back ——후부(後部)관 분기부. Down cast——강수로(降水路)관 분기부. Front ——전부(前部)관분기부. Up cast——승로(昇路)관 헤더. ——plate 관 헤더판(板).

Heart 허어트(범(帆)), 중공활자(中孔滑車). ——wood 심재(心材), 적색재(赤色材)(木材)〔關:Sap 백색재(白色材)〕.

Hearth 화상(火床). Open——평로(平爐). (Fig. 212).

Heat 열(熱), 열량(熱量). Available——이용할 수 있는 열량. Blue——청열(靑熱)(철(鐵)이 적색(赤色)으로 가열(加熱)되었든 것이 식어서 청색으로 되었을 때의 열). Cherry red——팥(小豆)색(色)열. Latent——잠열(潛熱)(철(鐵)이 고체(固體)에서 액체(液體)로 녹을 때는 잠열을 흡수하고, 액체에서 고체로 응고(凝固)할 때는 잠열을 발산한다)(Fig. 414) Sensible——현열(顯熱). Specific——비열(比熱). Transmission of ——열의 전도(傳導). ——affected zone 열에 의한 변질부(變質部)〔鎔〕(Fig. 473). ——balance 열평형(熱平衡). ——conductivity 열 전도율(率). ——content or——capacity 열용량(容量). ——drop 열낙차(落差). ——engine 열기관(機關). ——exchanger 열교환기(交換器). ——extraction coefficient 냉각계수(冷却係數). ——insulating material 단열재(斷熱材), 보온재(保溫材). ——insulation 열차단(遮斷). ——insulation test 열차단시험(試驗). ——load 열부하(負荷). ——rate 열소비율(消費率). ——recovery 열회수(回收). ——generator 축식(蓄式)열교환기. ——release 열발생(發生). ——resisting material 내열(耐熱)재료. ——run test 운전(運轉)에 의한 발생 열량시험(주로 motor 또는 generator). ——treatment 열처리(處理). ——treated steel 조열강(調熱鋼)

Fig. 212 Open heath

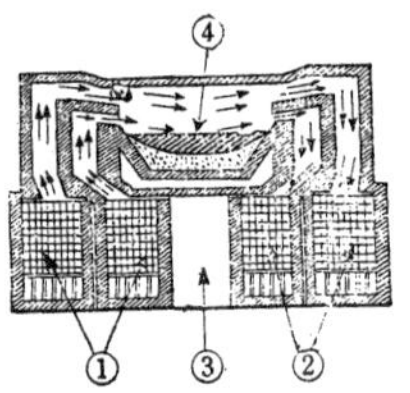

평로(平爐)

① Preheating furnace for gas 가스예열로(豫熱爐). ② 동상(同上). ③ Path to chimney 연로(煙路). ④ Molten metal 용철(熔鐵), 로(爐)안에 선철(銑鐵) 30~70%, 쇠부스러기 30~70% 비율(比率)로 덜어서, ①에서 가스를 연소(燃燒)시켜 가열(加熱)한다. 쇠위에서 연소된 가스는 ③에서 연돌(煙突)로 빠진다. 조금줄은 다음 가스를 반대로 통하게하면 ②는 예열되어 있기때문에 효율(効率)이 올라간다. 평로용량(容量)은 50~150톤일 때 약 6~12시간(時間)으로서 보통의 연강(軟鋼)이 된다.

(소냉(燒冷)이라든지, 내응력제거(內應力除去) stress released등을 한 normalized된 강(鋼)).

Heater 가열기(加熱器), 난방기(暖房器). Air——공기(空氣)가열기. Electric——전열기(電熱器). Feed——급수(給水)가열기. High pressure——고압(高壓)가열기. Low pressure——저압(低壓)가열기. Multiflow——다류식(多流式)가열기. Oil——기름가열기. Rivet——or Rivet forge 리벳로(爐). Steam——증기(蒸氣)가열기. Straight flow——직통(直通)가열기. **Heating** arrangement 난방장치(暖房裝置). ——boiler 난방보일러. ——coil 가열(加熱)코일. ——coil igniter 가열코일 점화기(點火器)——flame 가열염(炎). ——gate 예열구(豫熱口)〘鎔〙. ——plan 난방배치도(配置圖). ——surface 전열면(傳熱面). ——system 난방방식(方式). ——tongs 리벳잡이(Fig. 418).

Heave 상승(上昇), 배의 상하동(上下動). ——anchor 앵커를 감아드리는 것, 발묘(拔錨). **Heaving** line 투강(投綱).

Heavy 무거운, ——cargo 중량화물(重量貨物). ——casting 대형주물(大形鑄物). ——deck vessel 중갑판선(重甲板船). 중구선(重構船). ——derrick 중량물(重量物)데릭. ——forging 대형단조물(鍛造物). ——oil 중유(重油). ——oil engine 중유기관(機關). ——welding or Full welding 중용접(重鎔接). ——wood 중목재(重木材).

Heel 산형재(山形材)의 각부(角部) (Fig. 326 ①). Mast——마스트히일(마스트의 근부(根部)). ——or List 배의 횡경사(橫傾斜). Angle of——횡경사각(角). ——disc 타(舵)의 호금(壺金). ——bar or——piece 히일피이스(Fig. 386④). ——brace or——gudgeon 최하(最下)호금(Fig. 386①). ——knee 히일니이(근곡재(根曲材)〘木〙. ——plate of shell 선미재(船尾材)에 붙이는 외판(外板)〔關:hoop plate와 같은 의미〕(Fig. 289, 290). **Heeling** error (컴퍼스) 경선차(傾船差).

Height ratio of blading 익고비(翼高比).

Heliarc welding 헬리아아크 용접(鎔接)(비활성(非活性)가스용접)(전극(電極) 텅스텐은 녹지않고 용착봉(鎔着棒)이 용착된다. 아아크는 헬륨 플라스틱으로 싼 특허품(特許品).

Helic welding 헬릭용접(鎔接)(heliarc과 같은 형식(形式)의 비활성가스 용접의 일종).

Helical angle 나선각(螺旋角). ——gear 사치 치차장치(斜齒齒車裝置). Double——gear or Herring bone gear 헬링보운 톱니바퀴(Fig. 315). Single——gear 단(單)사치 치차장치. ——spring 나선 용수철. ——teeth 나선상(狀)이빨. **Helicoidal** surface 나선면(面).

Helium gas 헬륨가스.

Helm 헬름 타병(舵柄), 조타각(操舵角)), ——angle or Rudder angle 조타

각. ──indicator 헬름 인디케이터(조타각 지시기(指示器). ──order 조타 호령(號令).

Helmet shield 헬멧〔鎔〕(방광면(防光面)).

Hematite 적철광(赤鐵鑛).

Hemp 마(麻). ──cloth 마직물(麻織物). ──core 마의 심강(心綱). ──rope 마 로우프.

Herring bone gear or Double helical gear 헤링 보운 톱니바퀴(Fig. 315). ──bone pipe 헤링 보운 관(管). ──bone pointing 산형표시(山形標示)의 현상(現象)(Fig. 109) (☞ chevron).

Hessian cloth 헤산포(布)(대마(大麻)와 황마(黃麻)로 짠 조포(粗布)).

High 높은. ──alloy steel 고합금강(高合金鋼). ──carbon steel 고탄소강(炭素鋼). ──cellulose type 고셀룰로오스계(系)(용접봉(鎔接棒)). ──frequency generator 고주파 발전기(高周波發電機). ──frequency motor generator 고주파 전동(電動)발전기. ──iron oxide type 고산화철계(高酸化鐵系)〔鎔〕. ──lift valve 고양정변(高揚程辨). ──low tooth packing 고저치(高低齒)패킹. ──potential test 고전압시험(高電壓試驗). ──pressure cylinder 고압(高壓)실린더. ──pressure heater 고압가열기(高壓加熱器). ──speed cement 고속(高速)시멘트. ──speed cutter 고속절단기(切斷機). ──speed drill 고속드릴. ──speed steel 고속도강(高速度鋼)(고속절삭(切削)에 사용하는 합금강(合金鋼))(텅스텐 기타를 포함한다). ──speed vessel 고속선(高速船). ──suction 상부흡입구(上部吸込口)(해수변(海水辨)). ──tension 고압(高壓)〔電〕. ──tension D.C. generator 고압직류발전기(直流發電機). ──tension ignition 불꽃점화(點火). ──tension steel 고장력강(高張力鋼). ──titanic type 고(高)티탄계(系)〔鎔〕. ──voltage test 고전압시험(高電壓試驗). ──water 고조(高潮).

Higher calorific value 고열량(高熱量).

Fig. 213 Hitching of rope

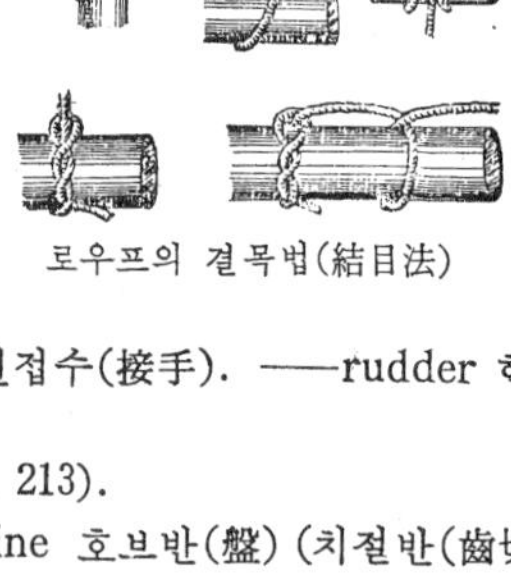

로우프의 결목법(結目法)

Hinge 힌지, **Hinged** cover 힌지가 있는 덮개. ──door 힌지가 있는 문(門). ──joint 핀접수(接手). ──rudder 힌지가 있는 타(舵).

Hitching of rope 로우프의 결목법(結目法)(Fig. 213).

Hob 호브(치절공구(齒切工具)). **Hobbing** machine 호브반(盤) (치절반(齒切盤)).

Hogging 호깅, 배의 중앙(中央)이 올라간다(Fig. 215). 〔關:Sagging 새깅, 배

의 중앙이 내려간다(Fig. 214)〕.

Hoist 호이스트(승강장치(昇降裝置)). Ash——회인양(灰引揚)장치. Coal——양탄(揚炭)장치. Drill frame——보올반(盤)호이스트. **Hoisting** drum 권양동(捲揚胴).——pad 보우트 승강용 목판(木板).——speed 권양속도(速度).

Hold 선창(船艙). After——or Aft——후창(後艙)(Fig. 12 ㊽). Cargo——화물창(貨物艙). Depth of——창의 깊이. Fore——전창(前艙)(Fig. 12㊳). Insulated——방열선창(防熱船艙). Stoke——화실(火室). ——batten, Cargo batten or Sparring batten 산타내장(散打內張)(Fig. 259㉜).——beam 홀드비임, Widely spaced——beam 특설(特設)홀드비임(늑골(肋骨) 6개 건너서 설치(設置)되는 강력(强力)비임. 여기에는 갑판(甲板)을 취부하지 않는다). ——capacity 창내용적(艙內容積).——fast for deck composition 데크 콤포지숀(도장물(塗裝物))용 정착금물(定着金物)〔關 : Anchor piece와 같은 의미〕. ——frame 창내(艙內)프레임(Fig. 259⑪).——keelson 창내키일손(木船). ——ladder 창내 사다리. ——pillar or——stanchion 창내 필러 (Fig. 259㉝). ——stringer 창내종재(縱材)(Fig. 12㉝). ——well 창내수류(水溜). **Holder** 홀더(鎔). 당반(當盤), 당반공(工), **Holding** down bolt 거치(据置)보울트 (주로 기관(機關)에 사용한다). ——up hammer 당(當)해머(Fig. 209).

Holland 화란제(和蘭製). ——cover 마포제(痲布製)덮개. ——duck 화란경범포(輕帆布).

Hollow 파저(波底). ——blade 속이 빈(中空)날개. ——pillar 속이 빈 필러. ——shaft 속이 빈 축(軸).

Holm's light, self-igniting, water light or rescue signal light 홀름라이트 구명염(救命炎)(구명환(環)에 붙여서 투하(投下)하면 자동점화(自動點火)하여 환(環)의 소재(所在)를 알게 된다).

Holy stone 갑판 연마석(甲板硏磨石).

Homeward voyage 귀항(歸航).

Hood 차양(遮陽)(brow와 같은 의미)(Fig. 89). 해치덮개, 거북등형(形)의 선미루(船尾樓)(Fig. 438).

Hook 후크, 걸이(掛)(Fig. 216). Back——이면지지(裏面支持)후크(문(門)). Boat——보우트 후크(Fig. 62). Breast——브레스트 후크(Fig. 82 ⑧). Buoy——계선(繫船)후크. Cargo——하역(荷役)후크(Fig. 217). Chain——체인이 있는 후크. Clip——클립후크(Fig. 216②④), Coat——옷걸이. Deck——데크후크〔木〕. Hat——모자걸이. ——block 걸이가 있는 활차(滑車)(Fig. 56). ——bolt 후크보울트(Fig. 73).——

Fig. 214 Sagging

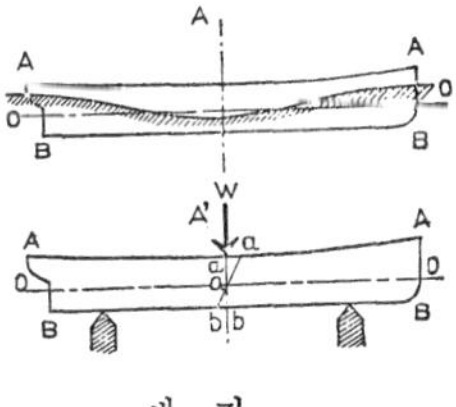

새 깅

scarph 걸이형(形)스카아프(Fig. 342). Packing——screw 패킹 뽑는 것. Slip——슬립제지(制止)후크. Swivel——회전(回轉)고리후크(Fig. 217③). Towing——인강(引綱)후크.

Hopper 깔때기. ——barge 후퍼어선(船)(선저판(船底板)을 개폐(開閉)할 수 있는 구조(構造)로서 저판을 열면 내부하물(內部荷物)이 밑으로 나오게 된다. ——dredger 후퍼어 준설선(浚渫船).

Horizontal 수평(水平). ——axis 횡축(橫軸)(Fig. 124). ——characteristics 수평특성(特性)(가스터어빈). ——coupling 수평접수(接手)(Fig. 335). ——girder 수평형재(桁材). ——groove welding 횡(橫)그루우브용접(鎔接), 횡향개선용접(橫向開先鎔接).——engine 횡치기관(橫置機關). ——fillet welding 수평 구석살 용접(鎔接). ——position welding 횡향용접(橫向鎔接)(Fig. 413⑤). ——rudder 수평타(水平舵). ——stiffener 수평스티프너(Fig. 211⑦). ——welding 횡향용접.

Horn cleat 각형(角形)클리이트(Fig. 114).

Horse power. HP 마력(馬力).

마력단위 비교표(馬力單位比較表)

HP (British)	PS (Metric)	KW
1	1.01383	0.74565
0.98635	1	0.73559
1.3410	1.3596	1

Boiler——power 보일러마력. Brake——power, BHP 브레이크 마력(축(軸)이 정지(停止)될 때까지 브레이크를 걸 때의 마력). Delivered——power 전달(傳達)마력. Effective——power 유효(有效)마력. ——shoe 마제편(馬蹄片)(Fig. 417). ——shoe type thrust bearing 마제형(形)드러스트 축수(軸受)(Fig. 417). Indicated——power. IHP 지시(指示)마력(지압도(指壓圖)에서 계산(計算)된 마력). Net——power 순(純)마력. Nominal or Registered——power 공칭(公稱)마력(정부(政府)또는 선급협회(船級協會)의 산식(算式)에 의한 마력이며, 실지(實地)마력과는 별관계(別關係)가 없으나 선원자격(船員資格)이라든지 검사요금(檢查料金)등의 지수(指數)가 된다). Normal H.P. 항속최대(航續最大)마력. Propeller or Screw

Fig. 215 Hogging

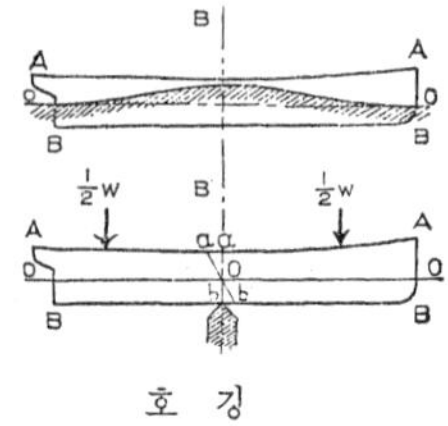

호 깅

Fig. 216 Hook

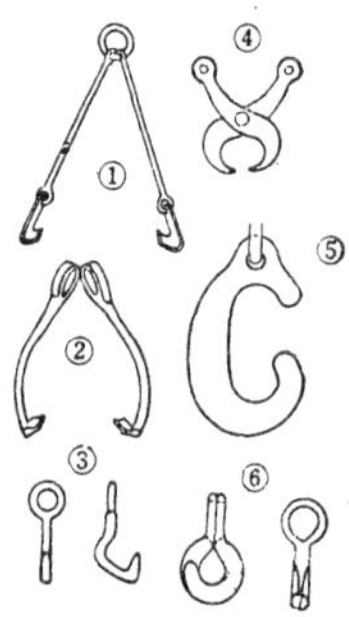

후크(걸이(掛))

① Can hook 통걸이. ② Box hook 상자(箱子)걸이. ③ Lumber hook 재목(材木)걸이. ④ Rail hook 레일걸이. ⑤ Cargo hook 하물(荷物)걸이. ⑥ Sister hook 자매(姊妹)걸이.

power 프로펠러 마력. Shaft——power, SHP 축(軸)마력(이것은 축의 비틂을 이용(利用)하여 계측(計測)하지만 실질적(實質的)으로는 제동마력 BHP와 동일하다. 왕복동기관(往復動機關)에서는 IHP 또는 SHP, 터어빈 또는 디이젤기관에서는 BHP 또는 SHP로서 표시하는 것이 보통이다. 배를 추진(推進)시키는데 필요(必要)로 하는 유효(有效)마력 Effective horse power EHP=IHP×기계효율(機械效率)(=BHP)×프로펠러 효율). Thrust——power 추력(推力)마력. Tow rope——power 유효마력.

Fig. 217. Cargo hook

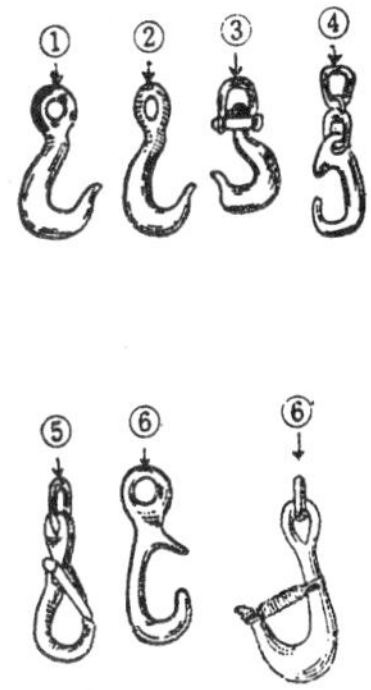

화물(貨物)후크

① Plain hook 평(平)걸이. ② Reserve eye hook 눈(眼)이 있는 것. ③ Double swivel hook 회전(回轉)고리후크. ④ Swivel cargo hook 화물용(貨物用)회전고리후크. ⑤ Hook with safety tong 안전(安全)후크. ⑥ Hatch hook 하역(荷役)후크. ⑥' Mouthed hook 걸이덮개가 있는 후크.

Horsing iron 코오킹 타금(打金).

Hose 호오스. Armoured——외장(外裝)호오스(호오스 외측(外側)에 와이어를 감아서 보호(保護)한 것). Canvass—— 포(布)호오스. Fire——소화(消火)호오스. ——chipping 평타금(平打金) ——connection 호오스접수(接手). ——directcr 호오스통(筒)의 끝. ——rack 호오스걸이(掛). ——reel 호오스리일(권차(捲車)). ——test 호오스 시험(試驗)(주수(注水)시험). Leather——가죽(皮)호오스. Metalic——금속(金屬)호오스.

Hospital 병실(病室). ——ship 병원선(病院船).

Hot 열기(熱氣). ——air heating 온기난방(溫氣暖房). ——air seasoning 열기로 쪄내는 것. ——bending test 열간(熱間)굽힘시험(試驗). ——bulb engine 소구기관(燒球機關). ——bulb ignition 소구식 점화법(點火法). ——chisel 열 타금(熱打金). ——drawn tube 열간 인발관(熱間引拔管). ——filter 열간 기름여과기(濾過器). ——flanging machine 열간반침 만드는 기계(機械). ——rolling 열간압연(壓延). ——plate 열판(熱板). ——press nut machine 열간 너트 압조판(壓造板), ——shortness or Red shortness 적열(赤熱)무른 정도(적열된 경우에 한(限)하여 무르게 되는 성질. 인(燐)이 포함된 재료(材料)에서 가끔 나타난다). ——water heating 온수식 난방(溫水式暖房). ——water process 온수(溫水)다듬이 질(鎔). ——well 온수류(溫水溜)(저압(低壓)실린더를 나온 배기류(排氣溜). ——well tank or Feed tank 온수탱크. ——working 가열가공(加熱加工)(關:Cold working 냉간(冷間)가공).

Hound 하운드(Fig. 255⑧).

Fig. 218 Hydraulic crane on board

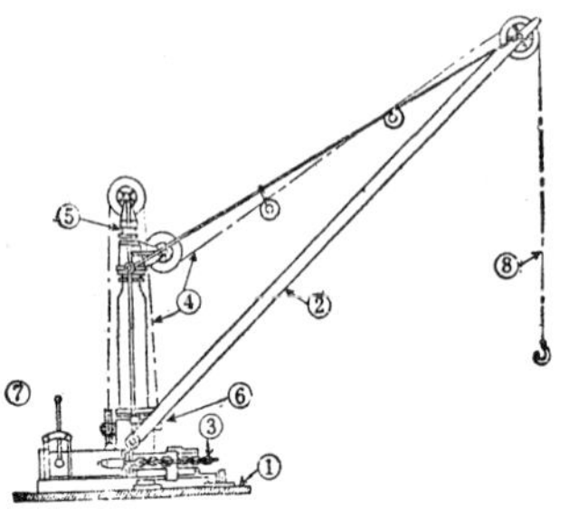

선내 수압(船內水壓)크레인

① Deck 갑판(甲板). ② Derrick boom 데릭부움. ③ Turning chain 회전용(回轉用)체인. ④ Cargo chain 화물(貨物)체인. ⑤ Ram 램(수력으로서 램을 밀어내고 화물을 매달아 올린다). ⑥ Chain fixed 여기에는 화물체인의 끝을 고정(固定)한다. ⑦ Handle 핸들. ⑧ Cargo fall 화물강(貨物鋼).

Fig. 219
Hydraulic pump arrangement

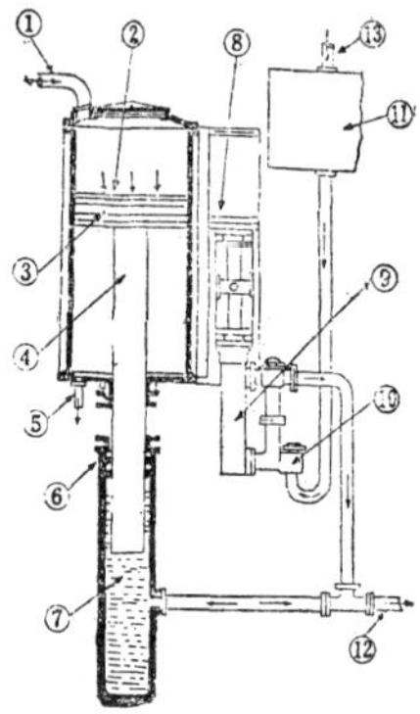

수압(水壓)펌프장치(裝置)

① Steam 증기진입(蒸氣進入). ② Accumuater piston 가압(加壓)피스톤. ③ Packing ring 패킹환(環). ④ Ram 램. ⑤ To condenser 복수기(復水器)쪽으로. ⑥ Packing leather 가죽(皮)패킹. ⑦ Pressure water 압축수(壓縮水). ⑧ Pump engine 펌프기관(機關)(피스톤안에 보급수(補給水)를 보내서 램을 밀어 올린다). ⑨ Water pump 보급(補給)펌프. ⑩ Suction valve 보급수변(辨). ⑪ Supply pump 보급수 탱크. ⑫ To crane 크레인으로(가압수(加壓水)를 보낸다). ⑬ From crane 크레인으로부터(크레인으로서 일을 하고 압력이 없어진 물이 돌아온다).

Hours underway 항행시간(航行時間).

House 집, ——flag 선주기(船主旗). mast **Housing** 마스트 근부 갑판실(根部甲板室).

Hover craft 호우버 크래프트(선저(船底)에서 공기(空氣)를 분출(噴出)시키고 배를 부상(浮上)시켜서 주행(走行)한다).

Hub 〖美〗 or Boss 〖英〗 보스(Fig. 299 ③ 프로펠러, Fig. 386 ⑥ 선미골재(船尾骨材)). ——ratio 보스(比).

Hull 선곽(船廓) 선체(船體), double——이중(二重)선곽. ——appendage 선체 부가물(附加物)(예를 들면, 키, 프로펠러, 선미팽출부(船尾膨出部), 빌지 키일 등). ——efficiency 선체효율(効率). ——number 조선번호(造船番號). ——specification 선체사양서(仕樣書). ——strength 선체강도(强度). ——structure 선체구조(構造).

Human engineering 인간공학(人間工學)(☞ Ergonomics).

Humidification 급습(給濕). **Humidistat** 조습(調濕). **Humidity** 습도(濕度).

Hump speed 험프속도(速度) (수상기(水上機)의 이수시(離水時)속도).

Hunting gear 추종장치(追從裝置)(Fig. 378).

Hurricane 허리케인(폭풍(暴風)). ——deck 허리케인 갑판(甲板)〖美〗 보우트 갑판. ——lamp 허리케인 램프(폭풍용 램프).

Hydrant 소화전(消火栓). 급수전(給水栓).

Hydraulic 수력(水力). ——accumulator 압력수류(壓力水溜). ——brake 수력브레이크. ——coupling or transmitter 수력접수(接手). ——crane 수력크레인(Fig. 218). ——cylinder 수력실린더. ——dynamometer 수력동력계(動力計). ——efficiency 수력효율(効率). ——engine 수력기관(機關). ——gear 수력장치(裝置). ——jack 수력재크(Fig. 361). ——plant 수압(水壓)플랜트. ——press 수력프레스. ——pressure or Water pressure 수압(水壓). ——propeller or Jet propeller 제트 프로펠러. ——pump 수압펌프(Fig. 219). ——ram 수압램(Fig. 219 ④). ——reduction gear or——transformer 수압감속(減速)장치. ——riveter 수압리벳기(機). ——steering gear 유압 조타기(油壓操舵機). ——tank 수압탱크. ——test or Water test 수압시험(試驗). ——transmitter 수압접수(接手). ——trigger 수압트리거(Fig. 241⑫). ——winch 수압윈치. **Hydraulics** 수력학(水力學).

Fig. 220 Hydrokineter

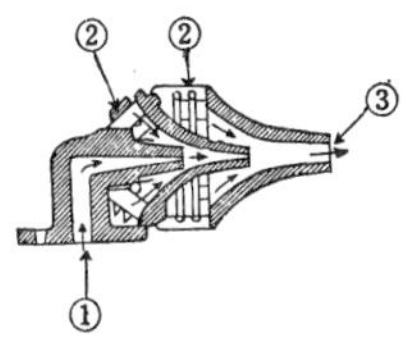

하이드로우카이네터

① Inlet of steam 증기입구(蒸氣入口) (보조(補助) 보일러로부터). ② Side port 측공(側孔). ③ Nozzle 노즐(분출공(噴出孔)).

Hydro chloric acid 염산(鹽酸). ——dynamics 유체역학(流體力學). ——dynamic pitch angle 유체역학적 피치각(角). ——electric steering gear 전동 유압조타장치(電動流壓操舵裝置)(모우터로 유압펌프를 동작(動作)시켜서 타를 조종한다).

Hydroextractor 탈수기(脫水機). **Hydrofoil** 하이드로포일(수중익(水中翼)).

Hydrogen collecting apparatus 〖鎔〗 수소포집기(水素捕集器). ——test 수소시험(水素試驗).

Hydrographic survey 수로측량(水路測量).

Hydrokineter 하이드로우카이네터(보일러 수 순환촉진기(循環促進器)) (Fig. 220). **Hydrometer** 부상(浮上)저울. 비중계(比重計). Sensible——정밀(精密)비중계. ——scale 비중계 눈금(기름의 비중은 보통 API scale에 의한다).

$$API=\frac{141.5}{SG=\frac{60°F\ Oil}{60°F\ Water}}-131.5$$

SG=Specific Gravity 비중(比重).

$$SG=\frac{60°F\ Oil}{60°F\ Water}=\frac{141.5}{API+131.5}$$

API scale에서는 비중이 적어지면 눈금이·올라간다. 때로는 보우메 (Beaume) 로서 측정(測定)하는 경우도 있다.

$$Beaume=\frac{140}{SG=\left(=\frac{60°F\ Oil}{60°F\ Water}\right)}-130$$

Hydrophilic 친수성(親水性), **Hydrophobic** 소수성(疎水性).

Hydrophone 수중청음기(水中聽音器). **Hydroscope** 심도계(深度計). **Hydrostatic** curves 배수량 등곡선도(排水量等曲線圖)(Fig. 221). ──pressure 정수압(靜水壓). ──test 정수압시험(試驗). **Hydrozen** welding 원자 수소용접(原子水素鎔接).

Hygrometer 습도계(濕度計).

Hyperbolic navigation 쌍곡선 항법(雙曲線航法).

Hysteresis loss 잔류자기손(殘留磁氣損)(전자석(電磁石)).

Fig. 221 Hydrostatic curves

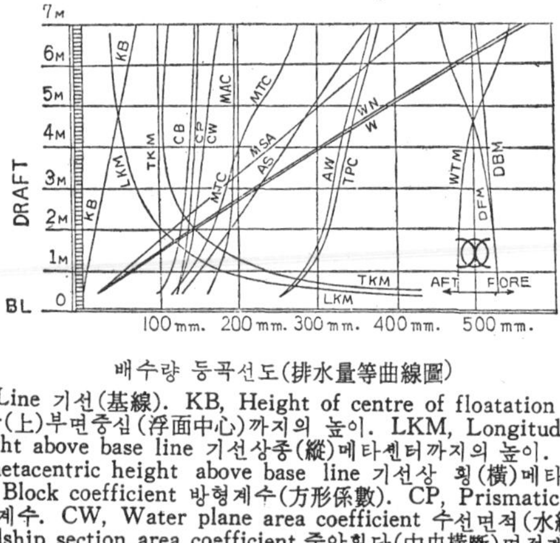

배수량 등곡선도(排水量等曲線圖)

BL, Base Line 기선(基線). KB, Height of centre of floatation above base line 기선상(上)부면중심(浮面中心)까지의 높이. LKM, Longitudinal metacentric height above base line 기선상종(縱)메타센터까지의 높이. TKM, Transverse metacentric height above base line 기선상 횡(橫)메타센터까지의 높이. CB, Block coefficient 방형계수(方形係數). CP, Prismatic coefficient 주형(柱形)계수. CW, Water plane area coefficient 수선면적(水線面積)계수. MAC, Midship section area coefficient 중앙횡단(中央橫斷)면적계수. MTC, Moment to change trim 1cm 매(每)센티트림모우멘트. MSA, Midship section area 중앙횡단면적. AS, Wetted surface area 침수(浸水)면적. WN, Displacement ex appendix 부가물(附加物)없는 배수량(排水量). W, Displacement 배수량(부가물포함(包含)). AW, Water plane area 수선면적. TPC, Tons per cm. immersion 매(每)센치배수량. WTM, Displacement correction per one meter change of trim 트림 1미터변화(變化)에 대한 배수량의 수정치(修正值). DFM, Distance from midship to centre of floatation 중앙(中央)으로부터 부면중심(浮面中心)까지의 거리(距離). DBM, Distance from midship to centre of buoyancy 중앙으로부터 부력(浮力)중심까지의 거리.

I

I.C.W. Interrupted continuous wave 〖電〗 단속 지속파(斷續持續波).

I.H.P. Indicated horse power 지시마력(指示馬力).

I.M.C.O. Inter-Governmental Maritime Consulative Organization 정부간 해사협의기관(政府間海事協議機關).

I.S.C. International Organization for Standardization 국제표준화기관(國際標準化機關).

Ice anchor 빙(氷)앵커. ——boat or——breaker 쇄빙선(碎氷船). ——belt 빙대(氷帶)(쇄빙선에 얼음이 부딪히는 외판(外板)). ——box or——locker 냉장고(冷藏庫). ——chamber 냉장고. ——cock 해빙수(解氷水)콕. ——cream machine 아이스크림 제조기(製造機), ——crusher 쇄빙기(碎氷機)(漁船). ——doubling or Lining 대빙이중장(對氷二重張). ——engine 제빙기(製氷機). ——fender 대빙방현재(對氷防舷材). ——free port 부동항(不凍港). ——hold 빙창(氷艙). ——machine 제빙기. ——making capacity 제빙능력(能力). ——mold 빙형(氷型). ——pricker 빙돌쇄빙기(氷突碎氷器). ——room 빙고(氷庫). ——strengthening 대빙보강(對氷補强). ——tank 제빙탱크.

Ideal efficiency (프로펠러) 이상효율(理想効率).

Identical 동형(同型)의, **Identification** 확인(동일(同一)한 것을 확인(確認)하는 것), ——signal 표지신호(標識信號)(航路).

Idle gear 유동치차(遊動齒車). ——labour 손이 빈 공원(工員). ——pulley or **Idler** 유동차(遊動車). ——resistance 부대저항(附帶抵抗). ——thrust 부대추력(推力). ——torque 부대토오크(회전역율(回轉力率)). ——wheel or Cock wheel 유동차(遊動車).

Ignitability 점화성(點火性). **Igniter** 점화기(點火器). ——cam 점화 캠. **Ignition** 점화. Electric——전기(電氣)점화. Hammer spark——or Make and break——전로개폐(電路開閉)점화. Hot bulb——소구(燒球)점화. Jump spark——불꽃점화. Pilot——(Diesel) 도(導)점화. Preignition or Premature——조(早)점화(鎔). Surface——표면(表面)점화. **Ignition** ball or Hot bulb 소구(燒球)점화. ——lag 점화지연(遲延). ——pug 점화플러그.

Illumination 조명(照明), 조도(照度).

Immersed wedge 침하(沈下)쐐기부분(部分)(Fig. 171). **Immersion** 침하(沈下). Tons per centimeter——매(每)센티배수톤수(排水噸數) (Fig. 221 TPC).

Immigrant ship 이민선(移民船).

Impact hardness testing machine 충격식 경도시험기(衝擊式 硬度試驗機). ——test 충격시험. ——wrench 충격렌치.

Impedance 임피이던스(전기회로(電氣回路)에서 저항(抵抗)과 리액턴스와의 합성(合成)저항).

Impeller 날개 차(車)(centrifugal pump).——box or——casing 날개차 케이싱.

Impermeater 임퍼어미터(가압 적유기(加壓滴油器)).

Impervious sheathed wire 임퍼어비어스 와이어(불투성 피복선(不透性被覆線)). **Impinging** corrosion 충격부식(衝擊腐蝕).

Impulse 충격(衝擊). ——blading 충격식 날개식부(植付)(터어빈). ——stroke, Combustion stroke or Working stroke 운동행정(運動行程), 연소(燃燒)행정, 작동(作動)행정(Fig. 155). ——reaction turbine 충격반동(反動)터어빈. ——turbine 충격터어빈. Combined—— turbine 조합(組合)충격터어빈. Compound——turbine 연성(連成)충격터어빈. ——valve or Pass valve 도피구변(逃避口辨).

In and out system or Raised and sunken system 내외장(內外張) (Fig. 291①).

Inboard 선내(船內). ——engine 선내기관(船內機關). ——profile 선내 측면도(側面圖). ——shaft 내측 축(內側軸). ——turning 내회전(Twin screw ship 쌍축선(雙軸船)).

Incandescent lamp 백열등(白熱燈).

Incident angle 입사각(入射角).

Inclining experiment 경사시험(傾斜試驗)(배의 중심(中心)에 진자(振子)를 매달고, 기지중량물(既知重量物)을 한쪽 현(舷)에 적재(積載)하여 배를 교대(交代)로 경사시켜서 배의 중심(重心)높이를 측정(測定)하는 시험).

Included angle 포위 선단각도(包圍先端角度)〖鎔〗 (Fg. 44). **Inclusion** 개재물(介在物).

Incombustible or non-combustible material 불연재료(不燃材料).

Increasing pitch 점증(漸增)피치. ——speed 점증속력(速力).

Increment welding 장치 용접법(長置鎔接法)(Fig. 477Ⓓ).

Incrustation 탕(湯)찌꺼기, 탕오물(汚物)(보일러).

Indent 오목(凹)하게 들어가다, **Indentation** 오목. 들어감 ——test 압입시험(押込試驗)(☞ Erriccen test).

Independent 독립(獨立). ——bilge suction or Direct bilge suction 독립 빌지흡입(吸込). ——rudder pintle 압입타(押込舵)핀틀.

India-rubber hose 고무호오스. **Indian** red 붉은 색깔.

Indicated horse power, IHP 지시마력(指示馬力). ——mean effective pressure 지시 유효압력(有効壓力). ——thrust or Measured thrust 지시추력(推力).

Indicator 지시기(指示器), 표시기(標示器)(Fig. 139), Call bell——호령(呼

鉛)지시반(盤), Electric——전기식(電氣式)표시기. Furnace deformation ——노통 변형측정기(爐筒變形測定器). Helm——헬름지시기(타각(舵角)지시기, 타각을 조타실(操舵室)에서 알 수 있도록 한다). Lamp——항해등(航海燈)표시기(항해등의 점멸(點滅)을 조타실에서 알 수 있도록 한다). Revolution ——회전(回轉)지시기. Rolling——횡요(橫搖)지시기. Time firing——화입시보기(火入時報器), ——card or diagram 인디케이터선도(線圖)(Fig. 150). ——cock 인디케이터 콕(Fig. 202①). ——lamp 표시등(表示燈). ——pipe 인디케이터 관(管).

Individual heating 개별난방(個別暖房). ——member 단독부재(單獨部材).

Induced draught 흡출통풍(吸出通風). ——drag 유도항력(誘導抗力). ——velocity 유도속도(速度). **Inductance** 인덕턴스. **Induction** 유도(誘導). ——brazing 유도 뱀질. ——heating 유도 가열(加熱). ——motor 유도전동기.

Inert-gas (metal) arc welding 이너어트 가스(금속(金屬)아아크용접(鎔接)(불활성(不活性)가스. 예를 들면, 아르곤, 헬륨 등을 뿜어대면서 그 가스 중에서 행하는 아아크 용접법, 알루미늄 등에 사용된다). ——smothering system 불활성(不活性)가스 소화장치(消火裝置).

Infectious hospital 전염병실(傳染病室).

Infinite cascade 무한익렬(無限翼列).

Inflamable material 가연재료(可燃材料). **Inflammability** limit 가연한계(限界). **Inflamation** point 인화점(引火點).

Inflatable life raft 팽창형 구명뗏목(膨脹形救命筏). (CO_2가스로 팽창시켜서 뜨게 한다).

Infra red ray 적외광선(赤外光線).

Ingot 인고트, Steel——강괴(鋼塊)(평로(平爐)에서 나온 강(鋼)을 주형(鑄型) Ingot case or——mould에 넣어서 주조(鑄造)한 압연재(壓延材)의 소재(素材)). ——steel 용제강(鎔製鋼).

Inherent stress 고유응력(固有應力).

Inhibition 억제(抑制). **Inhibitor** 억제제(抑制劑).

Initial cost 원가(原價). ——design 초기설계(初期設計). ——pressure 초압(初壓). ——stability 초기 복원성(復原性)(배를 10°~15° 경사(傾斜)시켜도 metacentre 높이는 변화하지 않는다, 그 때의 복원성). ——strain 초기변형(變形). ——stress 초응력(初應力). ——velocity 초속(初速).

Injection 분사(噴射). 주사(注射). Air——, Blast—— or Mechanical——공기(空氣)분사(diesel), Airless or Solid——무기(無氣)분사. Bilge——빌지 흡입장치(吸込裝置). ——cam 분사 캠, ——loss 분사손실(損失). **Injector** 인젝터(주사기(注射器)). Double——복식(復式)인젝터.

Inland sea service 내해항로(內海航路), 연해(沿海)항로〔關:Coasting service와 같은 의미〕.

Inlet 입구(入口). Air——or Air suction port 공기 흡입구(空氣吸込口).——angle 입구각(入口角). ——bucket (원심압축기(遠心壓縮機)) 앞날개(前翼). ——port 흡입구(吸込口). ——valve, foot valve, Suction valve 입구변(入口辨).

Inner bottom 내저(內底)〔關:Tank top of double bottom과 같은 의미〕(Fig. 259 ㉘㉙), ——case of stern tube 선미관 감륜(船尾管嵌輪) (Fig. 387⑫). ——port 내항(內港). ——hull 내곽(內廓)(이중외판(二重外板)). ——plating or——strake 내층판(內層板)(Fig. 291④). ——post or Propeller post 프로펠러 포스트(주(柱))(Fig. 386⑤). ——shaft 내측 축(內側軸).——skin 내곽판(內廓板).

Input 입력(入力).

Insert 압입(押込). ——plate 압입판(板)(중간(中間)에 넣는 판(板)).

Inside butt strap 내측 목판(內側目板), 내측복판(覆板)(Fig. 93). ——cabin 내측객실(客室). ——callipers 캘리퍼스. ——diameter 내경(內徑). ——lap 내측 랩(slide valve), ——measure 내측치수(寸法). ——strake 내층판(內層板)(Fig. 291④).

Inspection or Survey 검사(檢査). ——after construction 제조(製造) 검사. ——during construction 제조중(中)검사. ——door 검사용 문(門). **Inspector** or Surveyor 검사원(員). Owner's——or Superintendent 선주감독(船主監督).

Install 장비(裝備). **Installation** 거치(据置), 설비(設備), 장치(裝置), Electric—— 전기(電氣)장치. Wireless——무선(無線)장치.

Instantaneous trip 순간 분해장치(瞬間分解裝置).

Instrument 기구(器具), 기재(器材).

Insulate 방열(防熱), 절연(絕緣), **Insulated** hold 방열 선창(船艙). ——filed winding 절연된 계자권선(界磁捲線). **Insulation** 절연, 방열, 단열(斷熱), 보온(保溫). ——resistance 절연저항(抵抗). ——resistance test 절연저항시험(試驗)〖電〗.

Fig. 222 Integraph

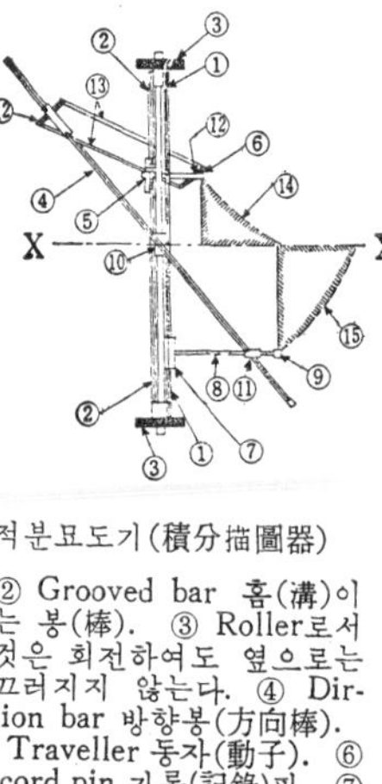

적분묘도기(積分描圖器)

①② Grooved bar 홈(溝)이 있는 봉(棒). ③ Roller로서 이것은 회전하여도 옆으로는 미끄러지지 않는다. ④ Direction bar 방향봉(方向棒). ⑤ Traveller 동자(動子). ⑥ Record pin 기록(記錄)핀. ⑦ Traveller 동자. ⑧ Scale 눈금, ⑦에 직각(直角)으로 설치한다. ⑨ Tracing point 추적침(追跡針). ⑩ Pivot 피보트. ⑪ Vernier 부척(副尺). ⑫ Small roller 적은 로울러. ⑬ Parallel bar 평행봉(平行棒). ⑭ First integral curve 제일적분곡선(第一積分曲線). ⑮ Given curve 주어진 곡선, ⑨에서 ⑮를 추적하면 제일적분곡선이 생긴다.

Intact part 무상처 부분(無傷處部分), ——stability 무손상시(無損傷時)의 복원성(復原性).

Intake manifold 흡입(吸込) 매니포울드(흡입구가 모인 것)(Fig. 50).

Integral part 일체(一體)로 된 부분(部分).

Integraph 적분묘도기(積分描圖器)(Fig. 222)(평면도(平面圖)의 면적(面積)및 그의 제 2, 제 3 적분곡선(第二, 第二積分曲線)이 자동적(自動的)으로 그려진다).

Integrating wattmeter 적산전력계(積算電力計). **Integration** 적분(積分). **Integrator** 적분기(積分器)(Fig. 223).

Integrity requirement 확실(確實)한 요구(要求).

Intensity 강도(强度).

Inter action 상호작용(相互作用). ——changeability 호환성(互換性). ——condenser 중간복수기(中間復水器). ——cooler 중간냉각기(冷却器). ——costal plate 단절판(斷切板)(각 플로어간에 판(板)을 삽입하여 하나하나 플로어에 취부(取付)하여 일연(一聯)의 형재(桁材)로 만든 구조(構造)(Fig. 229⑬). ——ference 간섭(干涉). ——lock arrangement or——locking gear 연동안전장치(聯動安全裝置)(☞ gear). ——pole 보극(補極).

Interim record 가등록(假登錄).

Interior 내부(內部)의, ——communication cable 선내 통신용(船內通信用)케이블.

Intermediate 중간(中間)의. ——back 중간 익좌(翼座). ——beam 중간비임. ——cylinder or——pressure cylinder 중압(中壓) 실린더 ——frame 중간프레임. ——inspection 중간검사(檢査). ——leak off 중간루발(漏拔). ——pressure turbine 중압(中壓)터어빈.——

Fig. 223 Integrator

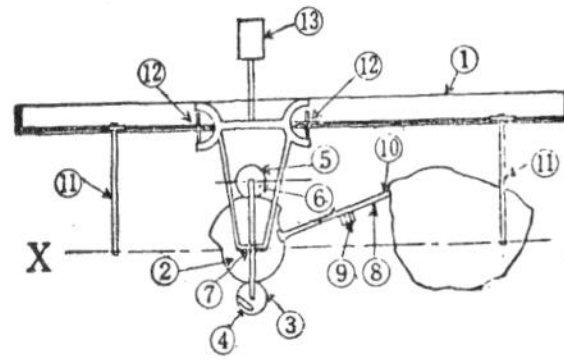

적분기(積分器)

① Steel rail with groove 홈(溝)이 있는 강(鋼)레일. ② Disc 원반(圓盤). ③ Roller 로울러. ④ Wheel 차륜(車輪). ⑤ Roller 로울러. ⑥ Wheel 차륜. ⑦ Pivot 피보트. ⑧ Lever 레버. ⑨ Wheel 차륜. ⑩ Pointer 지침(指針). ⑪ Gauge 정규(定規). ⑫ Wheel in Groove 홈을 통하는 차륜. ⑬ Counter weight 평형추(平衡錘). XX Axis 축(軸).

Fig. 224
Interpolation and exterpolation

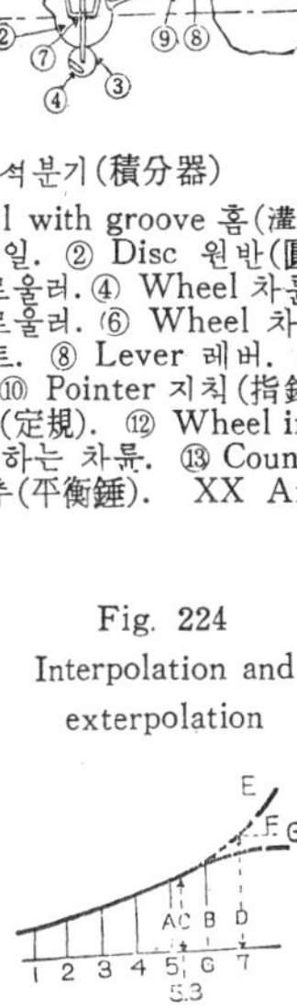

보간법(補間法)과
보외법(補外法)

1에서 6까지가 기지(旣知)일 때 보간법에 의하여 5.3을 알려면, 5—6사이를 직선(直線)으로 보고 5—6의 비에서 C를 추정한다. 또 D를 보외법으로서 알려면 BD산의 곡선은 AB간의 곡선을 fair하게 연장(延長)한 것으로 하여 7에서 수선(垂線)을 세워 D를 추정한다. 보외법에서는 곡선이 E가 된다고 보고 D를 추정하는데, 실지로는 E가 될지 G가 될지 모르기 때문에 보외법은 신뢰성이 적고 또한 하나의 모험이다.

shaft or——tunnel shaft 중간축(軸). ——shaft bearing 중간축수(軸受) (Fig. 31). ——ship 화객선(貨客船). ——stop valve 중간제지변(制止辨). ——survey 중간검사(檢査).

Intermittent welding or Tack welding 단속용접(斷續鎔接). 가용접(假鎔接)(Fig. 477). ——fillet weld 단속 구석살용접.

Internal buoyancy 내부 부체(內部浮體). ——combustion engine 내연기관(內燃機關). ——combustion turbine 내연터어빈. ——efficiency 내부효력(內部効力). ——feed pipe 급수내관(給水內管). ——steam pipe 증기(蒸氣)내관 ——stress 내부응력(應力).

International 국제적(國際的). ——code of signal 국제통신서(通信書). ——convention for the safety of life at sea 해상(海上)에 있어서 인명안전(人命安全)을 위한 국제조약(國際條約). ——load line certificate 국제만재흘수선증서(滿載吃水線證書). ——load line convention 국제만재흘수선조약(條約). ——signal flag 국제신호기(國際信號旗). ——voyage 국제항해(國際航海).

Interrupted continuous wave 단속지속파(斷續持續波). ——quick flashing light 단속 급섬광(急閃光)(航路). ——spot welding 단속 점용접(點鎔接).

Interstage valve 단간변(段間辨).

Invariant 불변량(不變量).

Interpolation 보간법(補間法)〔關:Exterpolation 보외법(補外法)〕(Fig. 224).

Inventory 속구목록(屬具目錄), 비품(備品)목록, Deck——갑판부(甲板部)속구목록.

Inverse square law 자승 역비례규칙(自乘逆比例規則). ——time limit 역시한(逆時限).

Inverted angle weld 산형재 역부용접(山形材逆付鎔接). ——Y type column 역(逆) Y형 기관주(型機關柱).

Inverter 인버어터(역도장치(逆倒裝置)).

Invoice 사절(仕切), 송장(送狀). ——weight 송장면 중량(面重量), 출고(出庫)중량.

Involute teeth 인벌루트 치차(齒車)(Fig. 225).

Inward turning (Twin screw propeller ship) 내회전(內回轉).

Fig. 225
Involute curve

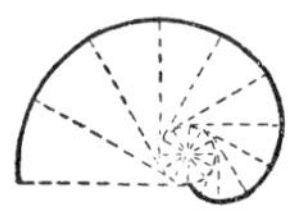

인벌루트 곡선(曲線)

Iridium 이리듐 원소(元素)(금속(金屬)).

Iron 철(鐵)(보통은 강(鋼)도 포함하여 말한다). Angle——산형(山形)철(Fig 345). Black heart——흑심가단주철(黑心可鍛鑄鐵). Cast—— 주철(鑄鐵). Chain——쇄용(鎖用)철, Charcoal——목탄(木炭) 철(목탄으로 만든 철). Chinsing——호우코온타금(打金). ——cope 연금(緣金). Flat ——평로(平爐). Forged——단철(鍛鐵). Horsing——호우코온타금, ——berth 철제침

대(鐵製寢臺). ——cement 철시멘트. ——foundry 주조공장(工場). ——loss 철손(鐵損)〔電〕. ——pipe size, IPS 철관호칭치수(鐵管呼稱寸法)(반드시 실측(實測)치수와 동일하지 않다). ——solid pillar 철제중실(中實)기둥. ——worker' shop 철공장. ——works 철공소(鐵工所). Lumber——원재가(圓材架), 마스트형재(桁材). Pig——선철(銑鐵). Puddled——연철(鍊鐵). Reaming——리이머타금(打金). Scrap——철부스러기. Set——형판금(型板金)(Fig. 42⑥). Sheet——박철판(薄鐵板). Soldering——땜질인두. White heart malleable 백심(白心)가단 주철. Wrought——연철(鍊鐵). 단철(鍛鐵).

Irreversible or non-reversible engine 비가역기관(非可逆機關).

Isentropic expansion 등(等)엔트로피 팽창(膨脹).

Isherwood system 이샤우드식(式). 종(縱)프레임 조립법(組立法)

Isobaric system 등압팽창(等壓膨脹).

Isochronous governor 등시성 조속기(等時性調速器). ——rolling 등시횡요(等時橫搖).

Isoentropic efficiency 등(等)엔트로피 효율(効率). ——expansion 등엔트로피 팽창(膨脹).

Isolated danger buoy 고립장해(孤立障害)부이.

Isothermal change 등온변화(等溫變化). ——compression 등온압축(壓縮). ——expansion 등온팽창(膨脹). ——line 등온선(線).

Isotope 동위원소(同位元素).

Itemize of weight 중량구분(重量區分), ——of work 공사구분(工事區分).

J

J groove (鎔) J형(形)그루우브(개선(開先))(Fig. 44).

Jack 선수기(船首旗). 압상기(押上器). Hydraulic——수압(水壓)압상기(Fig. 361). ——or jacob's ladder 줄사다리. ——screw or screw——나사압상기(Fig. 344), ——staff 선수기 깃대. ——stay 재크스테이(강삭지지(綱索支持)). ——stay bracket 재크스테이용(用)브래킷.

Jacket (steam or water) 증기(蒸氣) 또는 물자켓(보온(保溫), 냉각(冷却)용 증기 또는 물의 통로(通路)). Cooling water——냉각수(冷却水)자켓, Life——구명동의(救命胴衣). ——reinforced cable 보강(補强)케이블. ——water cooler 자켓수 냉각기(水冷却器).

Jacob's ladder 줄사다리.

Jalousie 널판 발문(門)(Fig. 226).

Jam nut (lock nut, check nut) 얇은(薄)너트(회전방지(回轉防止)너트)(Fig. 271). ——riveter 잼 리베터(협소(挾少)한 곳에서 사용하는 리벳조

임기(器)). **Jamming** of anchor in hawse pipe 호오스 파이프 속에서 케이블이 구부러져서 움직이지 않게 된다. ——plank of deck 목갑판(木甲板)의 단판(端板)(Fig. 192⑤).

Fig. 226
Jalousie farming

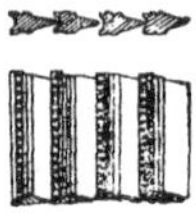

널판발문

Jamp scavenging 점프소기(掃氣)(소기를 실린더벽(壁)에 따라 흡입(吸込)하여 배기(排氣)와 같이 배기공(孔)으로부터 배출(排出)한다(2-cycle diesel)〔關:loop scavenging 소기가 실린더안에서 1회전(一回轉)하여 배기공으로부터 빠져 나간다〕.

Jaw clutch 맞무는 것, 클러치(Fig. 127).

Jenny (Liner) 연승차(延繩車)(漁船).

Fig. 227
Joggle joint

단(段)이 있는 접수(接手)

Jerk pump 저어크펌프(적시(適時)에 연료유(燃料油)를 보내는 펌프). ——test 급충(急衝)시험.

Jet condenser 제트(분사(噴射)) 복수기(復水器). ——propeller or hydraulic propeller 제트 프로펠러. ——propulsion 제트추진(推進). ——pump 제트펌프. ——thrust 제트 드러스트. ——velocity 분사속도(速度).

Jettison 화물을 버리는 것(배의 위급(危急)을 구출(救出)하기 위하여 화물(貨物)을 버린다). **Jetsam** 버린 화물(貨物).

Jetty 돌출(突出)된 방파제(防波堤).

Jewel block 로울러가 든 활차(滑車).

Jib 지브. ——boom 지브부움(Fig. 382, 129⑧). ——crane 지브크레인(Fig. 129). ——stay 지브지삭(支索)(Fig. 382).

Jig 지그, 보조공구(補助工具).

Jigger mast 지거어 마스트(최후(最後)마스트).

JIS Japanese Industrial Standard 일본공업규격(日本工業規格).

Joggle 단(段)이 있는, ——joint 단이있는 접수(接手)(Fig. 227). **Joggling** machine 단을 만드는 기계(機械).

Joiner 가구공(家具工). ——work 가구공사(이 공사(工事)에는 passenger room 객실(客室), crew's quarter 선원실(船員室), deck store 갑판창고(甲板倉庫), locker 창고, refrigerating room 냉장실(冷藏室), bath 욕실(浴室), lavatory 세면실(洗面室), chart room 해도실(海圖室), wireless office 무전실(無電室), freight office 하물계실(荷物係室), provision store 양식고(糧食庫), galley 조리실(調理室), pantry 저장실(貯藏室), saloon 식당(食堂)등의 실내(室內)공사를 포함(包含)한다.

Joining shackle 연속용(連續用) 섀클(Fig. 352).

Joint 접수(接手). Air tight——기밀(氣密)접수. Ball——구(球)접수. Ball & socket——구(球)접수(Fig. 20). Bayonet——차입(差込)접수. Blind

——맹(盲)접수. Break——교대(交代)접수. Butt——충합(衝合)접수(Fig. 93, 160). Double riveted——2열(二列) 리벳접수(Fig. 326). Dovetail——빗장접수(Fig. 162). Expansion——팽창(膨脹)접수(Fig. 178), Faucet——구(球)접수. Flange——or Flange coupling 플랜지 접수(Fig. 335). Gimbal——수평자재(水平自在)접수(Fig. 119Ⓑ⑤). Hinged——핀접수, Horizontal——수평(水平)접수(Fig. 335). ——efficiency 접수효율(効率). ——sequence 접수순서(順序). Knuckle——너클접수. Lap——중(重)접수(Fig. 227), Metalic——금속(金屬)접수. Oil tight——유밀(油密)접수. Pin——핀접수. Sleeve——, box or Muff coupling 슬리이브접수(Fig. 364). Sliding——활(滑)접수, Spigot or faucet——삽입(揷込)접수. Steamtight——기밀(氣密)접수. Swivel——회전(回轉)접수(Fig. 107 ⑦, 395), Telescopic——신축(伸縮)접수. Universal——or coupling 자재(自在)접수(Fig. 128). Water tight——수밀(水密)접수. Welded——용접(鎔接)접수, 단접(鍛接)접수.

Joist bar I형봉(型棒)〔關: I section bar와 같은 의미〕.

Jolly boat 졸리, 잡용(雜用)보우트.

Journal(shaft) 저어널(축(軸))(Fig. 130①). Crank——크랭크저어널(Fig. 130). ——bearing 축수(軸受).

Jumbo boom 헤비(중(重))데릭부움.

Jump spark ignition 불꽃점화(點火).

Jumper locker 점퍼어 로커(작업복 보관함(作業服保管函)). ——stay 점퍼어 스테이(수평지삭(水平支索)).

Junction box 전로접속함(電路接續函), 집관함(集管函), 등측함(燈側函), ——buoy 연락용(連絡用)부이.

Junior engineer 차석기관사(次席機關士). ——officer 차석항해사(航海士), 하급사관(下級士官).

Junk 정크선(船), (중국(中國)선). ——ring 압환(押環)(Fig. 285, 286). ——ring bolt 압환보울트(Fig. 285, 286).

Jury mast 가(假)마스트. ——rudder 부타(副舵).

K

Kabavita 캐바바이타(화목(樺木)을 건조(乾燥)하여 두유(豆油)로 쪄서 경목재(硬木材)로 사용한다, 특히 Lignumvitae 대용으로서 선미관 감륜(船尾管嵌輪)에도 사용한다).

Kapok 카포크. (구명(救命)부이나 동의(胴衣)를 넣어두는 것에 사용한다).

Kedge or——anchor 소(小) 앵커.

Keel 키일(용골(龍骨)) (Fig.259㉓). Bar——방형(方形)키일(Fig. 228⑥). Bilge——빌지키일〔關:Rolling chock와 같은 의미〕(Fig. 49), Docking——도킹 치일.Duct——덕트(상자형(箱子形))키일. Even——등흘수 (等吃水) (trim). (배가 수평(水平)으로 떠있다). False——부(副)용골 (Fig. 494⑪)〔木〕. Flat plate——평판(平板)키일 (Fig 259. ㉓). ——bender 키일굽힘기(機)(Fig. 188). ——block 키일반목(盤木)(Fig. 374⑥). ——grade 키일경사(傾斜). ——laid 키일거치(据置),기공(起工). ——line 키일선(線). ——piece or heel piece 히일피이스(선미재(船尾材)의 전방연장부(前方延長部)(Fig. 386④)). ——plate 키일판(板). Lower——부(副)키일〔木〕. Rubbing or Slab——슬랩키일〔木〕. Side bar ——측판(側板)키일(Fig. 228⑨). Vertical——견(堅)용골(때로는 Centre keelson 중심선(中心線)키일손 또는 Centre girder 중심선형재(桁材)라 하는 경우도 있다) (Fig. 80⑫).

Keelson 키일손(내용골(內龍骨)) (Fig. 228). Bilge——빌지 키일손(Fig. 79⑪). Centre line ——중심선(中

Fig. 228 Keel & Keelson

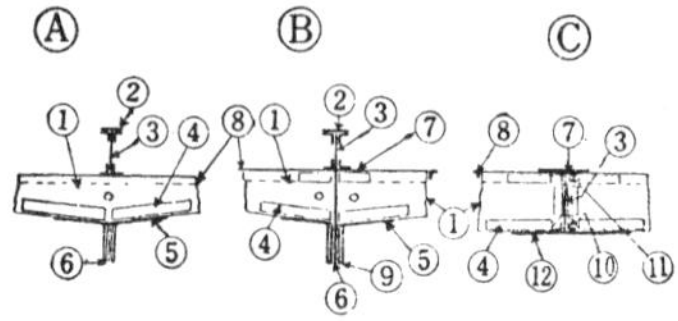

키일 및 키일손

Ⓐ Bar keel 방형(方形)키일. Ⓑ Side bar keel 측판(側板)키일. Ⓒ Flat plate keel 평판(平板)키일. ① Floor plate 플로어판(板). ② Rider plate 라이더 플레이트. ③ Keelson plate 키일손 판. ④ Frame 프레임. ⑤ Garboard plate 가보오드판. ⑥ Bar keel 방형키일. ⑦ Foundation plate 기초판. ⑧ Reverse frame 부(副)프레임. ⑨ Side bar keel 측판키일. ⑩ Bottom angle 저부산형재, ⑪ Top angle 정부(頂部) 산형재, ⑫ Keel plate 키일판.

Fig. 229 Centre line keelson

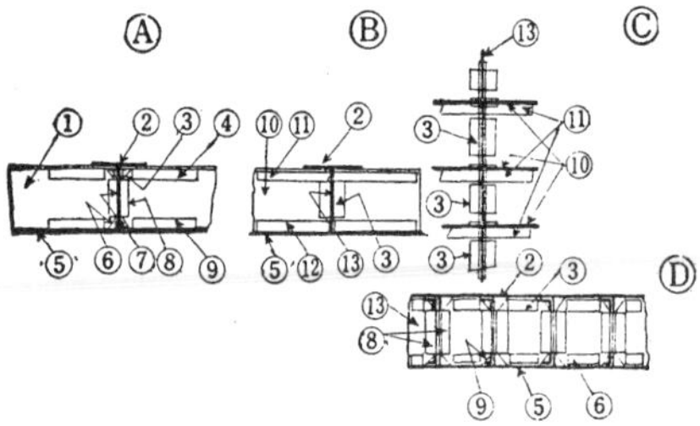

중심선(中心線)키일손

Ⓐ 중심선에서 플로어가 2분(二分)된 것. Ⓑ 현측(舷側)에서 현측까지 플로어가 연속(連續)된 것, Ⓒ B의 평면도(平面圖). Ⓓ B의 측면도(側面圖).
① Floor plate 플로어판, ② Rider plate 라이더 플레이트. ③ Top angle 정산형재(頂山形材). ④ Reverse frame 부(副)프레임재. ⑤ Keel plate 키일판. ⑥ Bottom angle 저(底)산형재. ⑦ Centre through plate Vertical keel 중심선 관통판(貫通板). ⑧ Vertical angle 연직(鉛直)산형재. ⑨ Main frame 정(正)프레임. ⑩ Floor plate 플로어판. ⑪ Reverse frame 부프레임재. ⑫ Main frame 정프레임재. ⑬ Keelson plate 키일손판(Fig. 79).

心線)키일손(Fig. 79⑲, 229). Side——측(側)내용골(Fig. 79⑰). Sister ——부(副)키일손〔木〕.

Keep or cap 눌름(押). Bearing——or Bearing cap 축수(軸受) 눌름. ——plate 압판(押板).

Kenter shackle 케이블 접속용(接續用)섀클(Fig. 105).

Kentledge 밸러스트로서 적재(積載)한 선철(銑鐵).

Kerf 절단(切斷)한 자국.

Kerosine or **Kerosene** 석유(石油), API 47°, 인화점(引火點) 112°F~125°F.

Key 키이(Fig. 230). 열쇠. ——or Cotter 쐐기. ——board 열쇠판(板)(많은 열쇠를 걸어둔다). ——seating milling machine 키이홈(溝)프라이스반(盤). ——way 키이 홈(Fig. 268). ——way cutting machine 키이홈 절삭반(切削盤).

Killed steel 키일드 강(鋼), 진정강(鎭靜鋼) (Ingot 강괴(鋼塊)를 주조(鑄造)할 때 Molten metal 용강(溶鋼)에 탈산제(脫酸劑), 예를 들면 Si 규소(硅素). Mn 망간 등을 비교적(比較的)많이 넣어서 될수 있는대로 탈산한 용강을 주입(鑄込)하면 강(鋼)에서 많은 가스가 발산(發散)하고 Ingot에는 정부(頂部)에 pipe가 꺼진부분이 생기고 불순물(不純物)이 pipe 주변(周邊)에 모인다. 그 정부를 끊어버리고 하부(下部)만을 압연(壓延)하면 비교적 순수(比較的 純粹)한 강재(鋼材)가 얻어진다. 이것을 killed steel이라 한다. 그렇지 못한 것을 rimmed steel 림드강(연부강(緣付鋼))이라 한다. 그리고 양자중간물(兩者中間物)을 semi-killed steel 세미키일드강(반진정강(半鎭靜鋼))이라 한다).

Kilo-ton 킬로 톤(噸). 1000톤.

Kinematic viscosity 동점성(動粘性), **Kinematics** 운동학(運動學).

Kinetic air pump 카이네티 공기(空氣)펌프. ——energy 운동에너지. ——pump 카이네틱 펌프. ——tank 카이네틱 탱크. **kinetics** 동역학(動力學).

King bolt 귀(鬼)보울트(콘크리이트에 매입(埋込)하는 기초(基礎)보울트로서 하단(下端)에 갈구리가 붙여져 있다). ——post 킹포스트(쌍립(雙立)데릭)〔關: samson post 교형(橋型)포스트와 같은 의미〕.

Fig. 230 Key on shaft

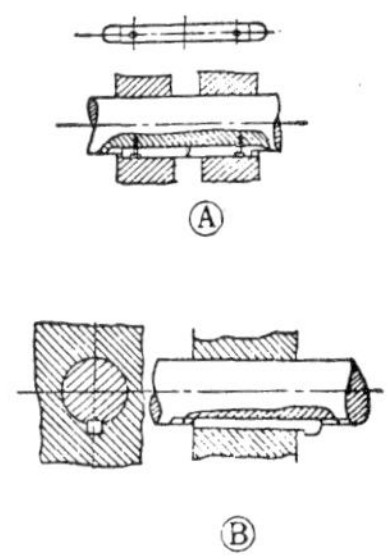

축(軸)과 키이

Ⓐ Feather key 페터키이 (감입(嵌込)).

Ⓑ Drift key 타입(打込)키이

Fig. 231 Kink

킹 크

Fig. 232 Knot of rope

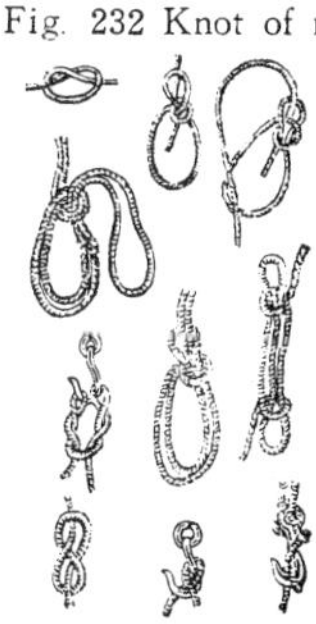

로우프의 결목법(結目法)

Kingstone valve 킹스톤판(瓣), 해수취입판(海水取入瓣).

Kink 킹크(wire 등이 원형(圓形)으로 조여지는 것)(Fig. 231).

KM 용골(龍骨) 상면에서 메타센터까지의 높이(Fig. 257).

Knee 니이 Beam——비임니이(Fig. 84). Hanging——수직(垂直)니이〖木〗. Heel——히일니이(근곡재(根曲材))〖木〗. Lodging——횡(橫)니이〖木〗. ——plate 니이판(板). ——rider 니이라이더(특별히 긴 비임니이)〖木〗.

Knife edge 나이프 에지(Fig. 167) ——switch 나이프 에지 스위치.

Knight head 나이트 헤드 〖木〗(Fig. 382).

Knob 손잡이(握)(문고리).

Knock off 작업완료(作業完了). ——pin or Dowel pin 맞춘못(釘)(Fig. 162 ©). **Knocking** 노킹(두들기는 것).

Knot 노트, 배가 한시간에 항행(航行)하는 마일 수. ——of rope 로우프의 결목법(結目法)(Fig. 232). ——of wood 목절(木節).

Knuckle 너클(절각(折角))(Fig. 383②). ——joint 관절접수(關節接手)(Universal joint)와 같은 의미)(Fig. 128). ——line 너클선(線). ——moulding 너클식재(飾材).

Kort nozzle 코오트 노즐

L

L. Length of ship 배의 길이(Fig. 243).

L.R. Lloyds register of shipping 로이드 선급협회(船級協會).

Fig. 233 Labyrinth

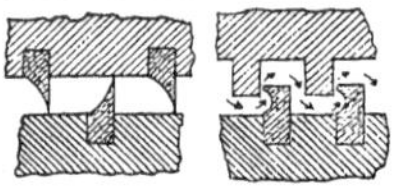

래비린스

Label 표찰(標札), 짐고리표(荷札).

Laboratory 실험실(實驗室), 연구실(硏究室). ——test 실험실에서의 시험.

Labyrinth dummy 미로(迷路)더미(터어빈)(기밀장치(氣密裝置)의 일종)(Fig. 233). ——packing 래비린스 패킹.

Lack of fusion 용해부족(溶解不足)〖鎔〗.

Lacquer 래커.

Ladder 사다리. Accommodation——현측(舷側)사다리(Fig. 2). Berth——침대 사다리. Companion——승강구 사다리. Gangway——선측 사다리. Hold——창내(艙內)사다리. Rope——or Jacob's——줄사다리. Tween deck——갑판간(甲板間)사다리(Fig. 143). Weather——폭로(暴露)사다리. ——cleat, ——cup, ——foothold 사다리의 발판.

Ladies 숙녀용 변소. ——room 부인실.

Laffing machine 연마기(研磨機)(실린더의 내면을 연마한다).

Lagging 래깅(방열을 위하여 보일러나 파이프의 외부를 쌓는다). Boiler——or ——cloth 보일러 래깅. ——current 전류(電流)의 늦음. ——material 보온재(保溫材).

Laiting room 산실(產室).

Lake steamer 호수 기선(湖水汽船).

Lamda ratio 램다 비(比).

Laminar boundary layer 층류경계층(層流境界層). ——flow 층류(層流).

Lamination 레미네이션(단면의 갈라짐, 얇은 곳에서는 못쓰게 된다).

Lamp 등(燈)(Fig. 234, 236). Anchor——or Anchor light 정박등(停泊燈) (Fig. 234). Arc——아아크등. Blow ——블로우램프(불꽃을 뿜어서 국부를 가열한다). Bracket——브래킷 램프(Fig. 236 ⑤). Bulkhead——격벽등(隔壁燈)(Fig. 236 ③). Bull's eye——눈알 등. (각등(角燈)) Cargo——카아고 램프, 하역등 (Fig. 235). Chart——해도대등(海圖臺燈)(Fig. 236⑨). Cluster —— 하역등 (Fig. 235). Earth ——검루등(檢漏燈). Electric portable——가반식(可搬式)전등(Fig. 236 ⑦) Gauge ——계기등(計器燈) Incandescent——백열등(白熱燈). ——chimney 램프유리통. ——cover 등 커버. ——holder or——socket 소케트〔電〕. ——indicator 항해등 표시기(航海燈標示器). —— locker or——room 램프루움. ——trimmer's scissors 램프심지용 가위. Mast head——마스트 등(Fig. 234).

Fig. 235 Cluster lamp

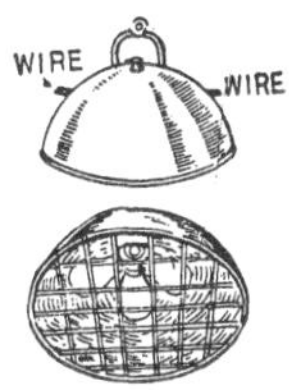

하역등

Fig. 234 Navigation lamp

Anchor lamp　Side lamp　Mast head lamp

정박등(碇泊燈)현등(舷燈)마스트등

항해등(航海燈)

Fig. 236 Lamp

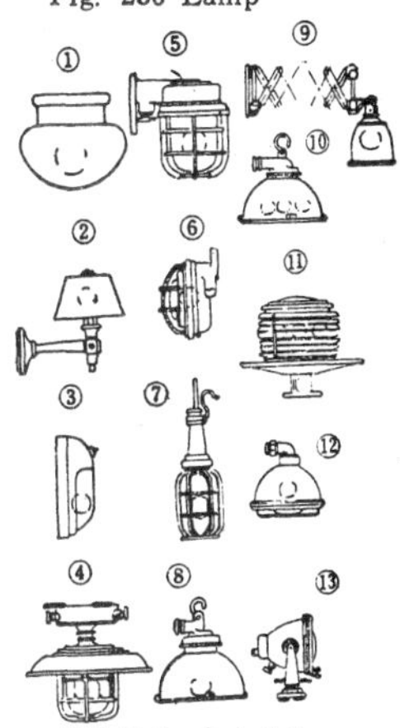

항해등의 여러가지

① Ceiling lamp (Globe) 천정등(天井燈)(뚜껑붙이). ② Bracket lamp 브래킷등. ③ Bulkhead lamp 격벽등(隔壁燈). ④ Ceiling lamp 천정등(天井燈). ⑤ Bracket lamp 브래킷등. ⑥ Bulkhead lamp 격벽등(隔壁燈). ⑦ Hand lamp 핸드램프. ⑧ Cargo lamp 하역등(荷役燈). ⑨ Chart lamp 해도대등(海圖臺燈). ⑩ Cargo lamp or cluster lamp 하역등(荷役燈). ⑪ Signal lamp or morse lamp 신호등(信號燈). ⑫ Wall lamp 벽붙이등. ⑬ Search lamp or light 탐조등(探照燈), 투광기(投光器).

Mercury——수은등(水銀燈). Morse——or Signal——신호등(信號燈)(Fig. 236⑪). Navigation——or Ship light 항해등(航海燈)(Fig.234)(이것은 정박등, 현등, 마스트등, 선미등의 총칭(總稱)이다). Pennant or Pendant——펜단트등. Pilot——파일로트등. 표시등(表示燈). Red globe——홍옥등(紅玉燈)(조난신호 또는 움직일 수 없는 배를 표시한다). Relieving——예비등(豫備燈). Safety——안전등(安全燈). Side——or Side light 현등(舷燈) (Fig. 234). Signal——신호등(信號燈)(Fig. 236⑪). Spirit——알코올등.

Fig. 237
Landing of deck

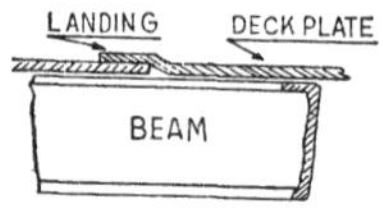

갑판의 겹침

Fig. 238
Reeving a lanyard

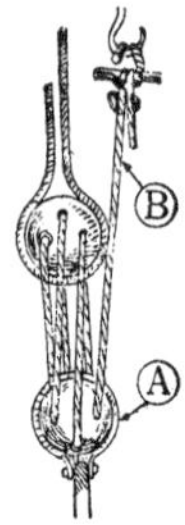

줄의 체결법(締結法)
Ⓐ Dead eye 3목 활차(三目滑連).
Ⓑ Lanyard 묶는 줄.

Land 육상(陸上). ——boiler 육용(陸用)보일러.
 Landing of deck 갑판의 겹침(Fig. 237). ——edge or Longitudinal seam 종연(縱緣). ——ship or ——craft 상륙용 주정(上陸用 舟艇).

Lang's lay 랭 꼬임(綿)(☞ lay).

Lanyard 랜 야아드(Fig. 238Ⓑ).

Lap 랩, 겹친면. Exhaust——배기(排氣)랩. Inside & Outside——(Slide valve), 내측(內側)랩과 외측(外側)랩(슬라이드 밸브). ——joint 겹침접수(接手)(Fig. 227, 291). ——seam weld 겹침 봉합용접(縫合鎔接). ——weld 겹침 용접. **Lapped** butt 겹침횡연(橫緣)(Fig. 160).
 Lapping 비벼맞추기〔關 : Facing과 동의(同意)〕.

Fig. 239 Lathe

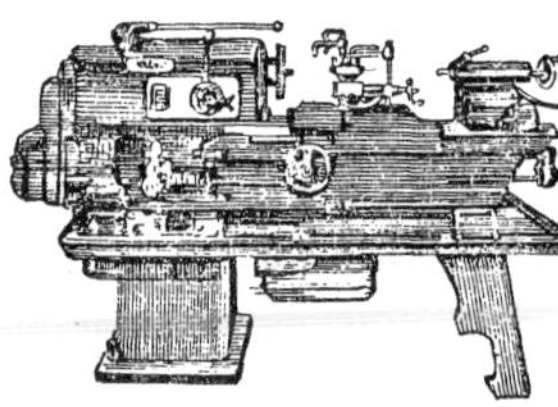

전동기 구동선반(電動機驅動旋盤)
Motor driven engine lathe

Lard oil 돼지 기름.

Lashing 래싱(줄로 묶는다). ——wire 눌림 쇠(터어빈), 눌림줄(해치).

Latch 래치, 거는 쇠.

Latent defect 보이지않는 데가림. ——heat 잠열(潛熱)(Fig. 414).

Lateral 횡방향(橫方向). ——bending 가로 굽힘. ——contraction 가로 방향의 축소(縮少). ——force 가로 방향의 힘.

Fig. 240
Lathe dog

재료의
회전멈추기

——load 적하횡압(積荷橫壓). ——pressure 횡압력(橫壓力). ——stability 횡복원성(橫復原性). ——under water area 수중측면적(水中側面積).

Lathe 선반(旋盤)(Fig. 239). Face—— 정면반(正面盤). Turret—— 터어렛선반. Wood —— 목공선반(木工旋盤). ——dog 재료의 회전멈추기(Fig. 240). ——dust 선반에서 나온 찌꺼기, 더래이 분(粉).

Latitude by pole star 극성위도법(極星緯度法).

Lattice girder 격자형(格子形)거어더.

Launch 라안치, 소정(小艇). Motor—— 발동기정(發動機艇). Steam——기정(汽艇). ——or **Launching** 진수(進水)(Fig. 241). Side way—— 횡진수(橫進水). ——calculation 진수계산(進水計算). ——cradle or——making-up 진수(進水)크레들(Fig. 241). ——ceremony 진수식(進水式). ——curves 진수곡선(進水曲線). ——drag 진수(進水) 드레그(진수 타력(惰力)을 막기 위한 저항물(抵抗物), 보통은 체인을 사용한다). ——platform 진수식대(進水式臺). ——way 진수대(進水臺). under water——way 수중진수대(水中進水臺). ——weight 진수 중량(進水重量).

Fig. 241 Launching way

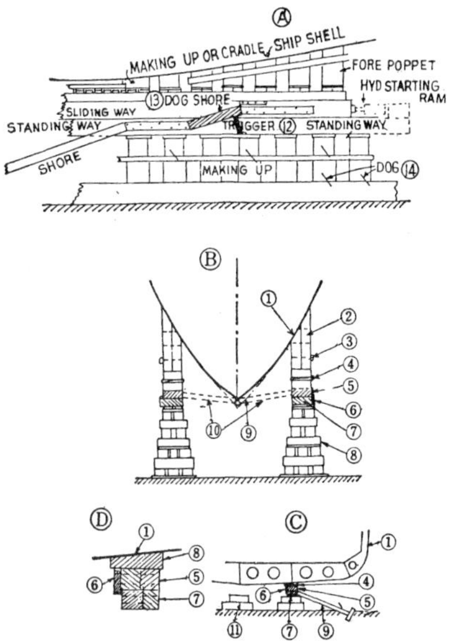

진 수 대

Ⓐ General side view 측면도(側面圖). Ⓑ Sectional front view 정면단면도(正面斷面圖). Ⓒ Sectional view near midship 중앙부근 단면도(中央附近斷面圖). Ⓓ Details of sliding & standing way 미끄럼대 및 고정대(固定臺)의 상세도(詳細圖). ① Ship hull 선체(船體). ② Fore poppet 전부(前部)퍼피트. ③ Ribband 리브밴드(미끄럼 멈추기). ④ Wedge 쐐기. ⑤ Sliding way 미끄럼대. ⑥ Ribband 브리밴드(미끄럼 멈추기). ⑦ Standing or fixed way 고정대(固定臺). ⑧ Making-up or cradle 크레들(반목(盤木)). ⑨ Plate or Chain 판(板) 또는 쇠사슬. ⑩ Shore 지주(支柱). ⑪ Keel block 키일 반목(盤木). ⑫ Trigger 트리거(떼어내는 기계). ⑬ Dog shore or dagger 도그 쇼어(지주(支柱)). ⑭ Dog 걸쇠(Trigger ⑫를 떼어내고, Dagger ⑬을 떨어뜨려서 배는 활주(滑走)를 시작한다).

Laundry 세탁실(洗濯室).

Lavatory 수세실(手洗室), 세면소(洗面所). Folding——접어펴기 세면대(洗面臺).

Law of comparison 비교법(比較法)(모형(模型)과 실선(實船)과를 비교할 때의 법칙). ——of similarity 상사법칙(相似法則).

Lay 줄을 꼬는 방법(方法). Right and left——우좌연(右左撚)오른쪽으로 꼬은 새끼줄 Strand 6줄, 12줄 등을 왼쪽으로 꼬아서 wire rope를 만드는 것이 보통이다. strand와 rope가 같은 방향으로 꼬인 것은 Lang ray 공연(共撚)이라고 한다)(Fig. 491). ——out 계획(計劃)한다, 정리(整理)한다, 전개(展開)한다, lines선도(線圖)로부터 현도장(現圖場)으로 옮긴다. **Laying off** 조선기하화법(造船幾何畫法)(lines로부터 현도(現圖)에 옮기는 기하화법(幾何畵法), enlarging 확대법(擴大法), expansion 전개법(展開法), fairing 순정법(順整法)의 3방법이 있다).

Lazaret or **Lazaretto** 전염병실(傳染病室), 갑판간 창고(甲板間倉庫).

Lazy tong 신축(伸縮)막대(Fig. 236⑨).

LCM Landing Craft Machinaried 공병상륙정(工兵上陸艇).

LD Steel Linzel Düssenfer Steel 순산소 상향취입 전로강(純酸素上向吹込轉爐鋼).

Lead 납, 측연(測鉛). Deep sea——심해측연(深海測鉛)(무게 28파운드, 깊이 100~120발까지 측정한다). Hand——수용측연(手用測鉛)(무게 14파운드, 깊이 25~30발까지 측정한다) Red——paint 연단(鉛丹)페인트. Sounding——측연(測鉛). ——alloy sheathing 연피(鉛被). ——covered wire 연피선(鉛被線). ——hammer 납 해머. ——line 측연강(測鉛綱). ——man platform 측심연 조작대(測深鉛操作臺). ——pipe flange 연관(鉛管)플랜지(Fig. 242). ——quenching 납소입(鉛燒入)(용해된 납속에 넣어서 소입(燒入)한다). ——sheathed cable 연피(鉛被)케이블. ——wire 연선(鉛線).

Lead 나아가다, 인도(引導)하다, 도선(導線), 어기다, 선개(先開)(활변(滑辨)). ——of shafting 축(軸)을 설치하는 방법. **Leading** block 도활차(導滑車)(Fig. 148). ——chain 도쇄차(導鎖車). ——current 전류(電流)의 빠름. ——edge 전연(電緣)(프로펠러)(Fig. 299⑨). ——light 도등(導燈).

Leak or **Leakage** 새는 것. Tip——익단(翼端)의 누설(漏泄)(터어빈). ——chamber or condenser 누기복수기(漏氣復水器)(터어빈).

Leather 가죽. ——hose 가죽 호오스. ——packing 가죽 패킹.

Leaving loss 배출손(排出損).

Ledge or Head——해치 코오밍재(材).

Lee board 리이 보오드(침대(寢臺)의 침구(寢具)를 멈추는 횡목(橫木)). ——side or Leeward side 풍하측현(風下側舷). ——way 풍압편위(風壓偏位), 횡류(橫流)〔航〕.

Leg of fillet weld 필리트용접(鎔接)의 발. ——of angle 산형재(山形材)의 발(Fig. 345①②).

Left 왼편. ——hand lay 좌연(左撚)(☞ lay). ——handed propeller 좌회전(左回轉)프로펠러.

Fig. 242 Lead pipe flange

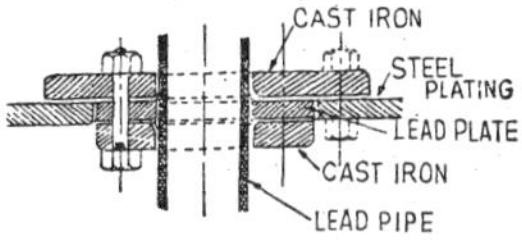

연관접수(鉛管接手)

Length 길이(L) (Fig. 243). ——between perpendiculars 수선간장(垂線間長). ——breadth ratio 길이 폭 비(長幅比). ——depth ratio 길이 깊이의 비(長深比). ——of beam arm 비임 아암의 길이(목선(木船)). ——of side arm 사이드 아암의 길이(목선(木船)). ——of chain cable 케이블(묘쇄(錨鎖)) 1연(連)의 길이. 우리나라에서는 25미터, 영국, 미국에서는 15발(=90피이트). ——of ship 배의 길이(Fig. 243). (L로 표시한다. 만재흘수선(滿載吃水線)에 있어서 선수재(船首材)의 전면(前面)으로부터 선미재(船尾材)의 후단(後端)까지). Length in freeboard rule 흘수선 규정(吃水線規程)의 길이. Length in classification rule 선급협회의 길이(이상의 길이는 모두 동일하다). Register length in nationality certificate 국적증서(國籍證書)에 있어서의 길이(이것은 상갑판(上甲板)에서 측정(測定)하므로 약간 다르다). ——on water line 수선길이(水線長). ——over all 배의 전장(全長). **Lengthening** piece (chain cable) 앵커에 붙은 쇠사슬(앵커를 선체측(船體側)에 붙이는 쪽은 ground chain이라고 한다).

Fig. 243 Length of ship

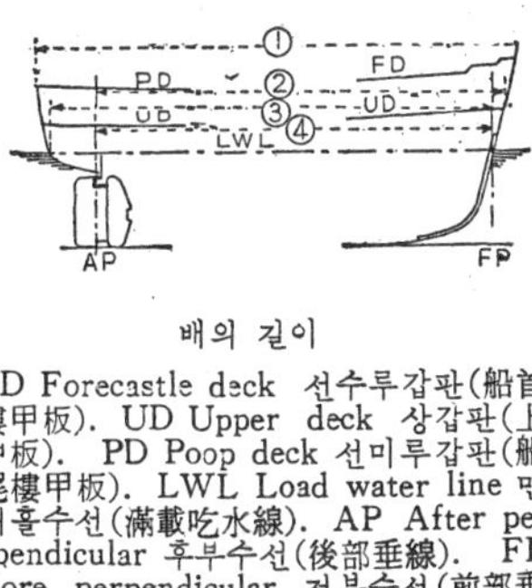

배의 길이

FD Forecastle deck 선수루갑판(船首樓甲板). UD Upper deck 상갑판(上甲板). PD Poop deck 선미루갑판(船尾樓甲板). LWL Load water line 만재흘수선(滿載吃水線). AP After perpendicular 후부수선(後部垂線). FP Fore perpendicular 전부수선(前部垂線). ① Length over all 전장(全長). ② National registered length 국적증서(國籍證書)의 길이. ③ Length of load water line 만재흘수선(滿載吃水線)의 길이. ④ Length between perpendiculars 수선간장(垂線間長)(AP에서는 Stern frame 선미재 후단(船尾材後端), 단, 본선(本船)과 같이 직선부(直線部)가 없는 것은 Rudder stock 러더스톡의 중심(中心)까지로 한다. 또 보통 배의 길이라 하면 ④를 의미한다. (흘수선규정(吃水線規程), 강선규정(鋼船規程), 선급협회규칙(船級協會規則) 단, ③의 96%가 ④보다도 긴 경우에는 ③의 96%를 L로 한다).

Lens 렌즈. Dioptric——굴절평철(屈折平凹)렌즈(Fig. 244).

Lethal gas or——liquid 유독(有毒)가스 또는 액체(液體) 가스(Hydrocyanic acid 청산(青酸). Carbonyl chloride 카아보닐 클로라이드. Cyagen 청소(青素). Mustard gas 자극성(刺戟性)가스. 더욱 이에 준(準)하는 것으로서는 Ammonia 암모니아, Chlorine 염소(鹽素), Natural or manufactured gas 천연(天然) 또는 시정(市井)가스, Propane or butan 프로판 또는 부탄 등이 있다).

Level 수평(水平), 수평기(水平器).

Levelling pipe 연락관(連絡管).

Lever 지레. ——ratio 지레 비(比)(시험기(試驗機)). ——safety valve 지레식 안전변(安全辨). **Leverage** 지레 비(比).

Life belt 구명대(救命袋). ——boat 구명(救命)보우트(Fig. 59). ——buoy 구명(救命)부이. ——ring 구명(救命)부이 부환(浮環). ——buoy flare 구명염(救命炎). ——jacket 구명(救命) 자켓—— line 구명삭(救命索)(구명정(救命艇) 현측(舷側)의 줄, 기타 안전(安全)을 위하여 발판 둘레에 붙이는 줄도 life line이라고 한다). ——line throwing gun 구명삭 발사포(救命索發射砲).——preserver 구명구(救命具). Ring——preserver 구명(救命)부이(부환(浮環)). ——raft 뗏목. 구명(救命)——saving appliances or apparatus 구명설비(救命設備)(이에는 life boat, life buoy, life raft, buoyant apparatus 구명부기(救命浮器), life jacket, boat davit 등을 포함(包含)한다).

Fig. 244 Lens

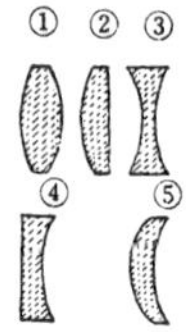

렌 즈

① Bi-convex 양면철면(兩面凸面). ② Plano-convex 편면철면(片面凸面). ③ Bi-concave 양면요면(兩面凹面). ④ Plano-concave 편면요면(片面凹面). ⑤ Convexo-concave or concavo-convex or meniscus 철요면(凹凸面).

Lift or elevator 승강기(昇降機), 현장형취(現場型取), 양정(揚程)또는 양력(揚力)(辨)), 조강(吊綱)(조선장(造船場)). Topping——데릭부움 조삭(吊索)(Fig. 148⑥). ——by the stern 선미부양(船尾浮揚)(진수(進水)). (진수(進水)할 때 선수(船首)가 수중활대(水中滑臺)위에 있을 때 선미(船尾)가 부양(浮揚)한다. ——coefficient 양력계수(揚力係數). ——pump 흡상(吸上) 펌프. **Lifting** beam 리프팅 비임. ——bolt or——screw 인상(引上)보울트. 시동(始動)보울트. ——capacity 인양능력(引揚能力). ——gear 변(辨)올리는 장치(裝置), 조상장치(吊上裝置). Exhaust valve——gear or Exhaust valve easing gear 배기변(排氣辨)조상장치(吊上裝置). ——moment 인양(引揚)모우먼트.

Ligament 파이프 틈(보일러)(띠 모양으로 된 구간(區間)).

Light alloy 경합금(輕合金), 알루미늄합금(合金). ——beacon 등표(燈標). ——buoy 라이트 부이(등불이 있는 부이).——cargo 경량화물(輕量貨物). ——condition 경하상태(輕荷狀態)(공선상태(空船狀態)에서 연료(燃料), 식료(食料), 음료수(飮料水), 승조원(乘組員), 창고품(倉庫品), 예비품(豫備品)을 제외(除外)한 때의 상태(狀態)). ——continuous welding 연속경용접(連續輕鎔接).——draft 경하흘수(輕荷吃水).——fillet welding 필리트경용접(輕鎔接). ——ship 등대선(燈臺船).——water line 경하흘수선(輕荷吃水線).——welding 경용접(輕鎔接).——wood 경목재(輕木材). **Lightening** hole 경목공(輕目孔). **Lighter** 부선(艀船). **Lighthouse**등대(燈臺). ——list

등대표(燈臺表). ——tender 등대 순시선(燈臺巡視船). **Lightning** arrester 피뢰기(避雷器). ——conductor 피뢰침(避雷針).

Lignite or Brown coal 갈탄(褐炭).

Lignumvitae 리그넘바이트(남양산(南洋產)견재(堅材)로서 선미관(船尾管) 등에 사용(使用)한다.

Limber 림버어, 오수로(汚水路). ——board 림버어보오드, 오수도(汚水道) 덮개 (Fig. 259㉛). ——hole 림버어호올, 오수구(汚水口). ——strake 측내 후판(側內厚板)(목선(木船))(Fig. 496㉓). 빌지부(部)외판강선(外板鋼船) (Fig. 259⑭).

Lime 석회(石灰). Milk of——석회유(石灰乳). ——juice 라임 즙(汁).

Limit 한계(限界). ——gauge 한계(限界)게이지(최대(最大)최소(最小)의 한계(限界)를 정한 게이지). ——of elasticity or Elastic——탄성한도(彈性限度)(Fig. 152a).——of proportionality 비례한도(比例限度)(stress와 strain이 직선적(直線的)으로 변화(變化)하는 한계(限界)) (Fig. 152, 0—a). ——ring or restrained packing ring 제한(制限)링(피스톤). **Limited** service 제한부항로(制限付航路). (예를 들면 ✚AI "Short coasting service" 또는 "River service"등).

Line 선(線). ——hauler 연승권양기(延繩捲揚機). ——throwing gun 구명삭 발사포(救命索發射砲). ——welding (Resistance welding) 선용접(線鎔接). **Linear** velocity 직선속도(直線速度). **Lines** 선체선도(船體船圖)(Fig. 245, 246).

Fig. 245 Lines (elevation)

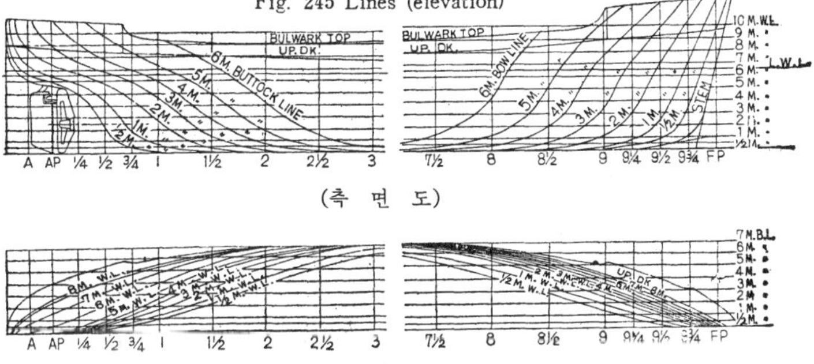

(측 면 도)

(평 면 도)

선체선도(船體線圖)

Buttock line 선미곡선(船尾曲線). Bow line 선수곡선(船首曲線). W.L. Water line 수평곡선(水平曲線). A.P. After perpendicular 후부수선(後部垂線). F.P. Fore perpendicular 전부수선(前部垂線). 1/4, 1/2, 3/4, 1, 11/2 등 Sequare station 수직분할선(垂直分割線).

Fig. 246 Lines

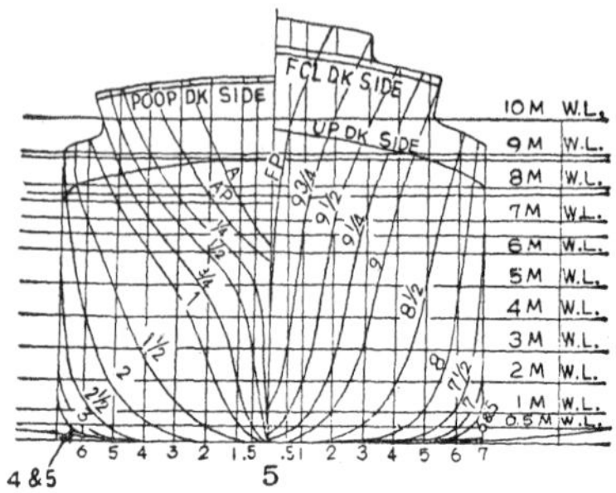

정면도(正面圖)

배 길이를 10등분(等分)하는 선(線)을 Square station이라고 한다. No.4, No.5, No.6은 똑같기 때문에 그림에서는 생략(省略)한다. 이 부분(部分)을 parallel body(Dead flat body) 평행부(平行部)라고 한다.

Fig. 247 Link block

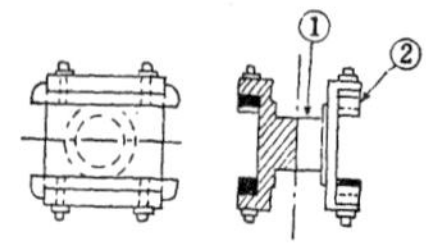

링크 블록

① Pin 핀.
② Slide metal 활금(滑金).

Fig. 248 Link motion

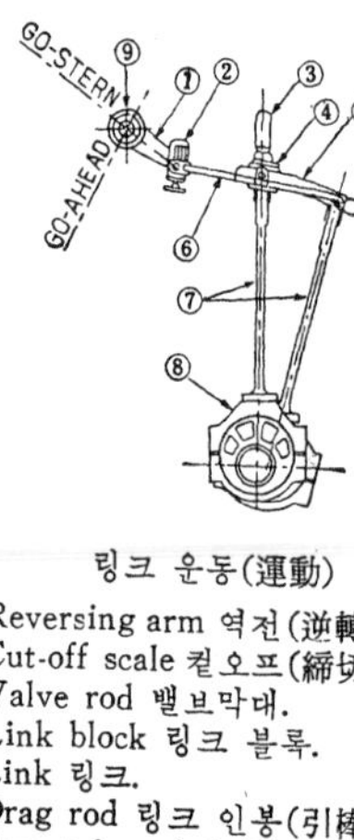

링크 운동(運動)

① Reversing arm 역전(逆轉)아암
② Cut-off scale 컽오프(締切)눈금.
③ Valve rod 밸브막대.
④ Link block 링크 블록.
⑤ Link 링크.
⑥ Drag rod 링크 인봉(引棒).
⑦ Eccentric rod 편심(偏心)막대.
⑧ Eccentric 편심기(偏心器).
⑨ Weigh shaft 역전축(逆轉軸).

Linen locker 리넌 실(麻織物室).

Liner 라이너, 진금(塡金), 목판(目板), 피복(被覆), 철물, 정기선(定期船). Bulkhead ——격벽(隔壁)라이너. Cylinder——실린더 라이너(Fig.136②, 137③, 138⑥). Diamond ——다이아몬드 라이너(Fig. 154⑤). Frame ——늑골(肋骨)라이너(늑골(肋骨))과 외판(外板)사이의 틈을 메꾸는 쇠). Atlantic ——대서양행 객선(大西洋行客船). Express ——고속객선(高速客船).

Lining 라이닝, 뒷쪽바르기. Anchor——앵커 엇갈림 첨부판(添附板). ——piece or Liner 라이너, 틈쇠(裏金).

Link 링크(Fig. 107). 밸브의 링크운동(運動)(Fig. 248). Bar——막대링크. Common——보통(普通)링크(Fig. 107⑥). Double bar——2매(二枚)링크. Drag——or suspension rod 링크인봉(引棒)(Fig. 248⑥). End——단말(端末)링크(보통(普通)링크보다 좀 크게 되어있다). Enlarged——확대(擴大)링크(Fig. 107⑤). ——adjusting gear 링크 조정장치(調整裝置). ——block 링크블록(Fig. 247). ——brass 링크브라스, 링크 틈쇠(裏金). ——motion

링크운동(運動) Fig. 248, 249). ——switch 텀블러 스위치. ——work 링크장치(裝置). Short——chain 단쇄(短鎖)케이블(스터드 없는 쇠사슬). Slot——후벼서 뺀 링크. **Linking** down, up, ——in, out 링크를 아래 위로 움직여서 증기량(蒸氣量)을 가감(加減)하는 조작(操作).

Linoleum 리놀륨, 까는 것.

Linseed oil 아마인(亞麻仁)기름.

Lip 립(입술모양의 쇠)(safety valve).

Liquefaction 액화(液化).

Liquid 액체(液體). ——ammonia 액체(液體)암모니아. ——cargo 액체화물(液體貨物). ——compass or Spirit compass 액체(液體)컴퍼스(Fig. 119). ——fuel 액체연료(液體燃料). ——rheostat 액체 가감저항기(液體加減抵抗器).

List 표(表). ——or Heel 횡경사(橫傾斜)(선체(船體)의).

Litre or **Liter** 리터(용적(容積)).

Live 산 것, 움직이다. ——fish carrier 활어운반선(活魚運搬船). ——front switchboard 방호(防護)하지않은 배전반(配電盤). 〔關 : Dead front switchboard 방호(防護)된 배전반(配電盤)〕. ——load 활하중(活荷重). **Living** quarter 거주구역(居住區域).

LMG Liquid methane gas 압축(壓縮)메탄가스 액체(液體).

LNG Liquid natural gas 압축(壓縮)천연(天然)가스 액체(液體).

Load 하중(荷重), 부하(負荷). Dead——사하중(死荷重), 움직이지 않는 하중(荷重). Deck——갑판화물(甲板貨物), 갑판하중(甲板荷重). Eccentric——편심하중(偏心荷重). Full——전하중(全荷重), 만재(滿載). Live——활하중(活荷重), 동하중(動荷重)(예를 들면 차축(車軸)에 걸리는 하중(荷重). ——curve 하중곡선(荷重曲線)(Fig. 391①). ——draught or Full draft 만재흘수(滿載吃水). ——elongation diagram 하중신장곡선도(荷重伸張曲線圖)(Fig. 152). ——line disc 만재흘수원표(滿載吃水圓標). Maximum——최대하중(最大荷重). Over——과부하(過負荷), 과적재(過積載). Peak——피이크 하중(荷重)(일시적(一時的)인 급격(急激)에 의하여 증가(增加)하는 하중(荷重)). Proof——보증하중(保證荷重). Safe——안전하중(安全荷重). Test——시험하중(試驗荷重). Working——사용하중(使用荷重). ——factor 하중계수(荷重係數)(주로 전력(電力)). ——line 만재흘수선(滿載吃水線). ——line assignment 만재흘수선(滿載吃水線)의 지정(指定). ——line certificate 만재흘수선 증서(滿載吃水線證書). **Loadage** 적재량(積載量), 부하율(負荷率). **Loaded** condition 만재상태(滿載狀態). **Loading** certificate 적하검사 증명서(積荷檢査證明書). ——condition 재하상태(載荷狀態). ——survey 적부검사(積付檢査).

Lobby 로비, 낭하실(廊下室).

Local 국부적(局部的). ——rigidity 국부적 강성(局部的 剛性). ——strain 국

부(局部)스트레인. ——stress 국부응력(局部應力).

Location 소재(所在), 있는 장소(場所).

Lock 자물쇠, 수문(水門). Air——or Air locker 공기(空氣)의 둑. 공기 멈추기 통로(通路). Row——노(櫓)걸이(Fig. 61). Rudder——pintle 로크 핀틀, 키 멈추기 핀틀. ——nut or Jam nut 멈추기 너트(Fig. 271). **Locker** 로커, 창고. Chain——체인 창고(倉庫)(Fig. 12 ㉘). Flag——기함(旗函). Ice——or Ice box 냉장고(冷藏庫), 얼음상자. Lamp——선등실(船燈室). Linen——리넨실(室). Paint——페인트 창고(倉庫). Sail——범고(帆庫). **Locked-in** stress 로키드 인 스트레스(갇혀있는 응력(應力)). **Locking** bar 로킹바아, 멈추기막대. ——pin 멈추기 핀. ——pintle 키 멈추기 핀틀.

Locomotive boiler 기관차(機關車)보일러. ——crane 로커 크레인(기관차(機關車)붙이 이동(移動)크레인).

Lodging knee 횡주재(橫肘材)〖木〗. (關 : Hanging knee 종주재(縱肘材)).

Loft or Mould loft 현도장(現圖場). ——man 현도장 공원(現圖場工員).

Log 측정기(測程器), 둥근나무, Electric——전기측정기(電氣測程器). Hand——수용측정기(手用測程器)(Fig. 250). Patent——페이턴트 로그, 예항측정기(曳航測程器)(Fig. 251). ——book 항해일지(航海日誌). Deck——book 선용 항해일지(船用航海日誌) Engineer's——book 기관일지(機關日誌). Official——book 공용 항해일지(公用航海日誌). Ship's——book 선용 항해일지(船用航海日誌). ——glass, Sand glass 모래시계(砂時計)(Fig. 250©). ——line측정줄(測程繩).

Logarithmic decrement 대수감쇠율(對數減衰率). ——scale 대수척도(對數尺度).

Logger 자동기록계(自動記錄計).

Fig. 249 Link motion

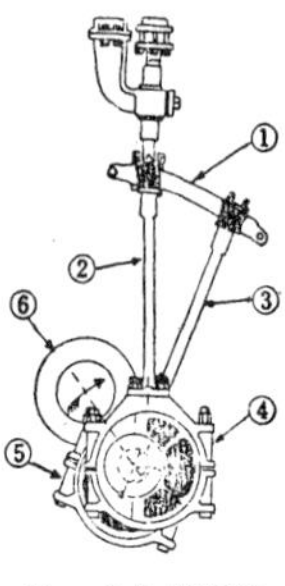

링크운동(運動)

① Link 링크. ② Go-ahead rod 전진봉(前進棒). ③ Go-stern rod 후진봉(後進棒) (☞ eccentric Fig. 166). ④ Go-ahead sheave 전진(前進)쉬이브. ⑤ Go-stern sheave 후진(進後)쉬이브. ⑥ Crank 크랭크.

Fig. 250 Hand log

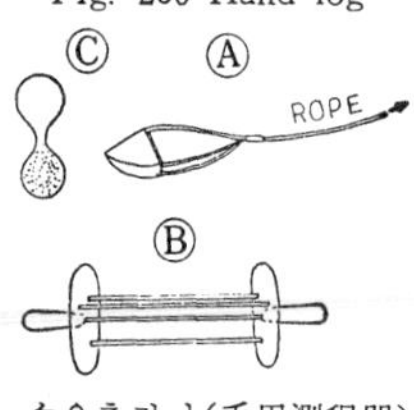

수용측정기(手用測程器)

Ⓐ Hand log 수용측정기(手用測程器). Ⓑ Reel 리일, 줄감기. Ⓒ Sand glass 모래 시계(時計)모래시계를 거꾸로 하면 모래가 한쪽에서 다른쪽으로 유입(流入)되지만 그시간(時間)은 일정(一定)하다. 보통 14초(秒)와 28초(秒)짜리가 있으며 이사이에 Log의 삼각판(三角板)으로서 줄이 당겨진 길이를 재면 배의 속력(速力)을 알 수 있다. 이 줄에는 일정한 길이마다 마디(knot)가 맺혀 있어 모래시계(時計)가 한쪽으로 옮기는 것을 끝날 때까지의 마디의 수(數)를 배가 한시간에 달리는 마일수(數)가 되도록 마디 사이의 길이가 정해져 있다. 따라서 배의 속력(速力)은 knot로 표시(表示)한다.

Loll 정지각(靜止角) (부(負) GM인 배의 경우).

Long and short armed floor 장단늑근재(長短肋根材) 〖木〗. ——and short armed frame 장단식 늑골(長短式肋骨)〖木〗. ——bridge 장선교루(長船橋樓). ——flame coal 장염탄(長炎炭). ——floor frame 장늑근재(長肋根材)(목선(木船)). ——forecastle 장선수루(長船首樓). ——international voyage 장국제항해(長國際航海)〖漁〗. ——liner 〖漁〗 연승어선(延繩漁船). ——increment 장용접(長鎔接)(한개의 용접봉(鎔接棒)을 사용하여 가능한의 긴 용접)(Fig. 477ⒸⒹ). ——over lap 긴 겹침(판자(板)). ——poop 장선미루(長船尾樓)(Fig. 440Ⓓ). ——shoreman 앞바다에서 일하는 사람. ——splice 긴 스플라이스(줄)(Fig. 368). ——ton 영〖英〗톤, 2240파운드 〔關 : short ton 미〖美〗톤. 2,000파운드〕.

Fig. 251 patent log

팬던트 로그

① Revolver 회전자(回轉子).
② line (Rope) 줄, 대체로 배의 길이의 1배(倍)반.
③ Governor 조절륜(調節輪).
④ Recorder 기록반(記錄盤).
⑤ Seat 취부대(取付臺).
①의 회전수(回轉數)에 따라서 항주(航走)한 거리(距離)가 측정되고, 이것을 시간으로 나누어 실제(實際)의 속력을 알 수 있다. 또한 계측(計測)한 동안의 항정(航程)을 알 수 있다.

Longitudinal 종방향(縱方向)의 종재(縱材), 종통재(縱通材). ——bending 종굴곡(縱屈曲). ——bulkhead 종격벽(縱隔壁)——coefficient or Prismatic coefficient 주형계수(柱形係數).——center of buoyancy 종방향 부력중심(縱方向浮力中心). ——framing 종늑골(縱肋骨)(Fig. 191Ⓑ). ——member 종부재(縱部材)(종강력(縱强力)을 구성(構成)하는 재료(材料), 예를 들면 갑판(甲板)외판(外板) 각종의 종통재(縱通材)키일선 등). ——metacentre 종메타센터(Fig. 257). ——seam 종연(縱緣), 장재접수(長材接手). ——shearing test 측면(側面)모서리 용접 전단시험(鎔接剪斷試驗)〖鎔〗. ——stability 종안정성(縱安定性). ——strength 종강력(縱强力). ——system 종식구조(縱式構造)(船體)(Fig. 191Ⓑ). ——vibration 종진동(縱振動).

Look out 살펴보는 것.

Loop loss 교손실(絞損失). ——scavenging 루우프 소기(掃氣)(배기(排氣)가 실린더 내에서 한바퀴 돌아 소기공(掃氣孔)으로 배출(排出)된다. 〔關:Jamp scavenging 한바퀴 돌지않고 배출(排出)된다〕.

Loose coupling 루우즈접수(遊動接手). ——eccentric 유동편심기(遊動偏心器). ——fit 동감합(動嵌合). ——liner(diesel) 유동(遊動)라이너. ——plate 양판(揚板). —— propeller blade or detachable blade 탈착식(脫着式). 날개(프로펠러).

Loran 로오란(long range navigation의 약자(略字))(loran station으로부터 나온 전파(電波)를 잡아서 자기 배의 위치(位置)를 찾아낸다). ——receiver, ——indicator, ——receiver indicator 로오란 수신기(受信機). ——station 로오란 국(局). ——table 로오란 표(表).

Loss 손실(損失). Copper——동손실(銅損失)〔電〕. Core——심손실(心損失)〔電〕. Exhaust——배기손실(排氣損失). Friction——or Frictional——마찰 손실(摩擦損失). Radiation——방사손실(放射損失). ——of buoyancy method, lost buoyancy method 부력소실법(浮力消失法). Total——전손(全損) **Lost** motion 작용(作用)없이 움직이는 것.

Loud speaker 확성기(擴聲器).

Lounge 라운지, 화랑(畵廊).

Louvre or **Louver** 루우버, 천정창(天井窓)(통풍통(通風筒)으로부터 천정(天井)이나 벽(壁)등에 붙여진 공기(空氣)의 출구(出口)).

Low alloy steel 저합금강(低合金鋼). ——carbon steel 저탄소강(低炭素鋼)〔關:High carbon steel 고탄소강(高炭素鋼), 대략(大略)0.5%가 그 경계(境界)가 된다〕. ——pressure 저압(低壓). ——pressure cylinder 저압(低壓)실린더. ——pressure heater 저압가열기(低壓加熱器). ——suction valve(injection) 하부흡입(下部吸込)밸브——temperature annealing 저온소둔(低溫燒鈍)(보통은 600°C~700°C~800°C에서 소둔(燒鈍)되지만 용접부(鎔接部)의 내응력(內應力)을 제거(除去)하기 위하여는 300°C~400°C에서 소둔된다. 이것을 stress relief heating이라고 하기도 한다). ——tension 저압(低壓)〔電〕. ——voltage battery 저압 전지방식(低壓電池方式). ——water 저조(低潮), 수면의 지나친 강하(降下). (보일러). ——water alarm 저수 경보기(低水警報器)(보일러). **Lower** deck 하갑판(下甲板). ——end buoy 강(江)어귀의 하단(下端)부이. ——keel 부(副)키일〔木〕. ——stock, Main piece, Main stock 타심재(舵心材)(두부(頭部)베어링 top bearing 이하(以下)의 심재(心材))(Fig. 330⑨). ——tween deck 하부중갑판(下部中甲板).

LPG Liquidized or Liquid Petroleum Gas 압축석유(壓縮石油) 가스 액체(液體).

LST Landing Ship, truck 상륙정(上陸艇)(트럭).

Lubricant 윤활제(潤滑劑). **Lubricating** gear 윤활장치(潤滑裝置). ——oil 윤활유(潤滑油)(API 40°정도, spindle oil, light yellow spining oil(인화점(引火點) 320°F 정도). ruby oil 등이 있다). ——oil cooler 윤활유 냉각기(潤滑油冷却器). ——oil filter 윤활유 여과기(潤滑油濾過器). ——oil pump or——pump 윤활유(潤滑油)펌프. Cylinder——pump 실린더 주유(注油)펌프. ——oil tank 윤활유(潤滑油)탱크. ——ring 윤활(潤滑)링. **Lubrication** 윤활(潤滑). Forced——강제주유(强制注油). **Lubricator** 주유기(注油器), 기름치기. Centrifugal——원심주유기(遠心注油器). Pressure——

or Forced——강제 주유기(强制注油器). Ring——or Ring oiler 링주유기(注油器). Sight feed——시적 주유기(視滴注油器). Syphon——사이펀식(式)주유기(注油器)(빨아 올리기).

Lug, ——angle or——piece 단산형강(短山形鋼), 취부대(取付臺)(예를 들면 Lagging (보일러)의 취부(取付)와 같은 소형(小形)의 것). Shell——외판붙이 단산형강(外板付短山形鋼). ——pad 활차(滑車)를 붙이기 위하여 갑판(甲板)에 붙인 목판(目板)(Fig. 179). ——attachment 단산형재취부(短山形材取付)(미국에서는 Clip이라고도 한다).

Luggage room or Baggage room 소하물실(小荷物室).

Lumber 만재(挽材), 목재(木材)〔關 : Log는 통나무, Timber는 소형만재(小形挽材), Lumber는 대형만재(大形挽材)〕. ——carrier 목재운반선(木材運搬船). ——load line 목재 만재흘수선(木材滿載吃水線)(Fig. 192). ——free board 목재건현(木材乾舷)(Fig. 192). ——iron 원재(圓材)걸이. 마스트 행목(桁木)걸이. ——port or Raft port 목재적재구(木材積載口) 또는 항구(港口). ——trader 목재운반선(木材運搬船).

Lump coal 괴탄(塊炭).

Lux rich fire detecting system 럭스 리치식(式)화재경보기(火災警報器)(각실(各室)에서 가는 파이프로서 실내(室內)의 공기(空氣)를 빨아내어 선교(船橋)에서 모아, 그 연기나 냄새로 화재(火災)의 유무(有無)를 알아낸다).

Lurch 급경사(急傾斜)(시간적으로).

Lyle gun 구명삭 발사포(救命索發射砲).

Lysholm helical love positive displacement type compressor 리쇼름 (비틀림) 다엽 용적형압축기(多葉容積型壓縮機).

M

Mach angle 마하 각(角). ——number 마하수(數)(음속(音速)을 1마하로 한다).

Machine 기계(機械). Absorption——흡수냉동기(吸收冷凍機). Air cooling——공기냉각기(空氣冷却機) Ammonia——암모니아식(式)냉동기(冷凍機). Balancing——평형시험기(平衡試驗機). Bending—— 굽힘기계(機械). Bevelling——베벨기(機)(Fig. 47). Bolt and nut——보울트너트 제작기(製作機). Bolt heading——보울트 머리제작기(製作機). Boring——보링반(盤). Burring——돌기제거기(除去機). Cable picking and paying——케이블 감기풀기 기계(布數船). Carbonic acid——탄산(炭酸)가스냉동기(冷凍機). CO_2 ——탄산(炭酸)가스 냉동기(冷凍機). Cold air——공기식(空氣式)냉동기(冷凍機). Compression——압축냉동기(壓縮冷凍機). Drilling——보울반

(盤)(Boring——이라고 할 때도 있다). Extruding——압출기(押出機). 알루미늄 압출기(押出機). Flanging——악출기(鍔出機)(管), 곡연기(曲緣機)(Fig. 188). Forging——단조기(鍛造機). Grinding——or Grinder 연삭반(研削盤). Grooving——홈붙이 기계. Hobbing——호빙반(盤), 나사깎기 기계. Hot press nut——열간(熱間)너트 압조기(壓造機). Ice——제빙기(製氷機). Joggling——단(段)붙이 기계. Key way cutting——키이홈 반(盤). ——gun 기관총(機關銃). ——finish 기계다듬질. ——riveting 리벳 기계조임. ——shop 기계공장(機械工場). ——tool 공작기구(工作機具). ——shop tool 공구(工具). ——work 기계가공(機械加工). Milling——프라이스 반(盤). Mincing——조각기계(彫刻機械). Molding——모올드 제작기(製作機), 조형기(造型機). 테붙이기계(機械). Mortising——납혈반(枘穴盤)(4각의 구멍을 뚫는 기계). Nut forcing——너트체부기(締付機). Pipe screw cutting——or Pipe threading——파이프 나사깎기 기계. Planing——평삭기(平削機). Punching——펀칭 기계. ——punching and shearing——펀칭 및 쉬어링 겸용기(兼用機). Refrigerating——or Refrigerator 냉동기(冷凍機). 냉각기(冷却機). Rivet——or Rivet making——리벳제조기(製造機). Riveting——or Riveter 리베터, 리벳체부기(締付機). Scarphing——스카아프 반(盤). Screw——or Screwing——나사깎기 기계. Shaping——or Shaper 형삭기(形削機)(Fig. 356). Sharpening——연마기(研磨機). Shearing——쉬이머(Fig. 354, 355). Slotting——슬로팅기계(機械). Sounding——측심기(測深機)(Fig. 366, 367). Testing——시험기(試驗機). Threading——나사 깎기 기계(機械). Upsetting——거입기(据込機). Washing——세탁기(洗濯機). Welding——용접기(鎔接機). **Machinery** 기관(機關), 기계(機械), Auxiliary——보기(補機), 보조기관(補助機關). Combination——조립기관(組立機關). Deck——갑판기계(甲板機械). Ice making——제빙기(製氷機). ——arrangement 기관배치(機關配置), 기계배치(機械配置). ——room or ——space 기관실(機關室), 기계실(機械室). ——specification 기관 사양서(機關仕樣書). ——weight 기관중량(機關重量).

Macintyre double bottom 매킨타이어식(式)이중저(二重底)(현재는 없음).

Macro print 매크로사진(寫眞)(금속표면(金屬表面)을 닦아 부식제(腐蝕劑)로 부식(腐蝕)시켜 사진(寫眞)을 찍어 함유물(含有物)이나 흠(傷處)등을 시험하는 방법(方法)). ——test or——structure test 육안조직시험(肉眼組織試驗)(Sulpher print 유황사진(硫黃寫眞)도 이에 포함된다)(**Macroscopic** test와 동의(同意)).

Made block or Built block 조립활차(組立滑車). ——mast 기목(寄木)마스트.

Magazine 화약고(火藥庫).

Magna-flux inspection 자기 탐상검사(磁氣探傷檢査)(주물(鑄物) 또는 단조물

(鍛造物)에 자장(磁場)을 만들어 철분(鐵粉)을 뿌리면, 만약 흠이나 주소(鑄巢)등의 결점(缺點)이 있으면 철분(鐵粉)이 거기에 모인다. 이 방법으로 다듬질한 축류(軸類)를 시험(試驗)하면 Ghost line이나 Hair crack 모상(毛傷)까지 발견(發見)할 수 있다. 선미재(船尾材)와 같은 대형주물(大型鑄物)의 중요부(重要部)에도 응용(應用)된다).

Magnesia 마그네시아, 갑판도료재(甲板塗料材)(Deck composition 등에 사용된다). magnesium chloride 염화(鹽化)마그네슘.

Magnet crane 전자(電磁)크레인(조강(吊綱) 끝에 강력(强力)한 자장(磁場)을 만들어 철류(鐵類)를 흡착(吸着)시켜서 들어 올린다). **Magnetic** blow 자기(磁氣)의 부움(직류용접(直流鎔接)시 전류(電流)로 인하여 생긴 자장(磁場)에 의하여 arc가 한쪽으로 잡아당겨지는 현상(現象)). ——brake 전자(電磁)브레이크. ——compass 자기(磁氣)컴퍼스(보통 배에 비치(備置)되며, Standard compass, Steering compass, Boat compass, Spare compass 등의 종류(種類)가 있다. 구조(構造)로 보아 Dry compass, Liquid compass 등이 있다.)(Fig. 119). ——compass pilot 자기(磁氣)컴퍼스 식(式)자동타취장치(自動舵取裝置). ——course 자침로(磁針路). ——damper 자기(磁氣)흔들기 방지(防止)——deviation 자차(磁差). ——field 자계(磁界). ——flux 자속(磁束). ——inspection 자기시험법(磁氣試驗法). ——needle 자침(磁針). ——pole 자극(磁極)(자석이 가리키는 북극(北極)). ——oil strainer 자력(磁力)기름 여과(濾過). ——strain 자기(磁氣)스트레인. ——variation 자기변동(磁氣變動). **magneto** or——machine 마그네토 발전기(發電機). ——striction type 자(왜)식(磁(歪)式). **magnetron** 영구자전관(永久磁電管).

Mahogany 마호가니, 도화심목(桃花心木).

Maiden voyage 처녀항해(處女航海).

Maier form 마이어형(型)(船形).

Mail 우편(郵便). ——or Mail liner 우편물(郵便物)을 실은 배, 어떤 때에는 정기선(定期船)을 의미(意味)한다. ——flag 우편기(郵便旗). ——room 우편실(郵便室). ——sorting office 우편구분실(郵便區分室). ——steamer 우편선(郵便船). Air——항공우편(航空郵便).

Main 주된. ——bearing 주(主)베어링. ——boiler 주(主)보일러. ——bulkhead 주격벽(主隔壁). ——condenser 주복수기(主復水器). ——deck 주갑판(主甲板), 제 2 갑판(第二甲板). ——drain pipe 주(主)드레인 파이프. ——engine 주기(主機), 주기관(主機關). ——exhaust 주기배기(主機排氣). ——feed check valve 주역지변(主逆止辨). ——frame 정늑골재(正肋骨材) ——gear wheel 주대치차(主大齒車). ——hatchway 주창구(主艙口). ——injection valve 주분사변(主噴射辨). ——mast 메인마스트, 후(後)마스트(2본(本)의 경우). ——piece 타심재(舵心材)(Fig 330⑨). ——pipe 주관(主管). ——rudder 주타(主舵). ——shaft 주축(主軸). ——starting valve

주시동변(主始動辨). ——stay 메인스테이, 주공재(主控材)(보일러). ——steam 주증기(主蒸氣). ——steam pipe 주증기관(主蒸氣管). ——stop valve 주지변(主止辨). ——switch 주(主)스위치. ——turbine 주(主)터어빈. ——vertical zone 주수직 구역(主垂直區域). ——wheel 주치차(主齒車). Water——소화수관(消火水管).

Major coasting service 근해구역 항행(近海區域航行).

Make and break ignition or Hammer spark ignition 전로개폐점화(電路開閉點火). **Make up** feed or Supplementary feed 보급수(補給水). ——valve, Supplementary valve, Extra feed valve 보급변(補給辨). **maker's** certificate 제조자 발행증명서(製造者發行證明書).

Male rotor 숫컷(雄), 회전자(回轉子)(리숄므 압축기계(壓縮機械).

Malleable cast iron 가단주철(可鍛鑄鐵).

Mallet 맬릿. 망치. Caulking——코오킹 망치. Serving——써어빙 맬릿(줄을 굳게 감을 때 쓴다)(Fig. 348).

Man hole 맨호울, 인공(人孔). ——hole door or——hole cover 맨호울 덮개, ——rope 맨 로우프, 핸드레일 줄. ——rope rove (accom, ladder) 현측(舷側) 사다리의 핸드레일 줄.

Mandrel 심봉(心棒), 기준축(基準軸)(구멍의 정조(精粗)를 test하는).

Maneuvability 조종성(操縱性) **Maneuvering** air compressor 조종용 공기압축기(操縱用空氣壓縮機). ——box or Controlling box(크레인)조종(操縱)박스. ——gear 조종장치(操縱裝置). ——platform 조종대(操縱臺). ——air reservoir 조종용 공기조(操縱用空氣槽). ——shaft 발정축(發停軸). ——valve 조종변(操縱辨).

Manganese bronze 망간청동(青銅)(구리 51~59%, 아연(亞鉛) 38~42%, 망간 2~6%, 알루미늄 0.2~1.0%, 강도(强度), 내식(耐蝕)이 좋으므로 특히 프로펠러 날개에 사용된다).

Manger boad or Break water 파(波)를 피하는 것.

Manifest 적하명세서(積荷明細書), 선하증권(船荷證券).

Manifold 매니포울드(다수(多數)의 밸브를 한곳에 모운 것)(Fig. 50). 변기(辨寄). Exhaust——배기(排氣) 매니포울드. ——box 배류(配流)박스. ——valve 매니포울드 밸브.

Manila rope 마닐라 로우프(강력(强力)은 1/2″(둘레)—0.08(톤), 1″~0.34, 1½″~0.74, 2″~1.38, 2½″~2.16, 3″~3.10, 3½″~4.23, 4″~5.52, 5″~8.64, 6″~12.41、7″~16.91, 8″~22.08, 9″~27.95, 10″~34.5 정도이다. 안전율(安全率)은 보통 8로 한다).

Manometer 마노미터, 시력기(示力器), 압력계(壓力計), **manometric** coefficient 시력계수(示力係數).

Mantel piece 난로(暖爐) 앞의 장식(裝飾).

Manual alarm system 수동경보장치(手動警報裝置). ——handling 수동(手動). ——weld 수동용접(手動鎔接). ——pump or Hand pump 수동(手動)펌프.

Maplus deck composition 매플러스 갑판도료(甲板塗料)(산화(酸化) 마그네슘을 원료(原料)로 하여 목갑판(木甲板) 대신에 사용한다).

Marble 대리석(大理石).

Margin 여유(餘裕), 공차(公差). ——angle 연판 취부산형재(緣板取付山形材)(Fig. 252 ②). ——line 한계선(限界線)(구획만재흘수선(區劃滿載吃水線)). ——of safety 안전한도(安全限度). ——plank or Boundary plank 목갑판 연판(木甲板緣板)(Fig.192⑤). ——plate 연판(緣板)(二重底)(Fig. 252⑨). Corrosion—— 부식(腐蝕)을 감안(勘案)한 여유(餘裕).

Marnen 마아낸(마(麻)를 짜서 기름을 침투(浸透)시킨 수밀(水密)의 것).

Marine 선용(船用). ——boiler 선용(船用)보일러. ——coal 선용탄(船用炭). ——engine 선용기관(船用機關)——engineer 조기기사(造機技師). ——glue 마아린글루우(피치를 주로한 목갑판(木甲板)의 코오킹된 부분 위에 바른 풀). ——office 해운관청(海運官廳). ——railway 인양선대(引揚船臺). ——research ship 해양관측선(海洋觀測船). ——turbine 선용(船用)터어빈. **Mariner** 해원(海員).

Fig. 252 Margin plate

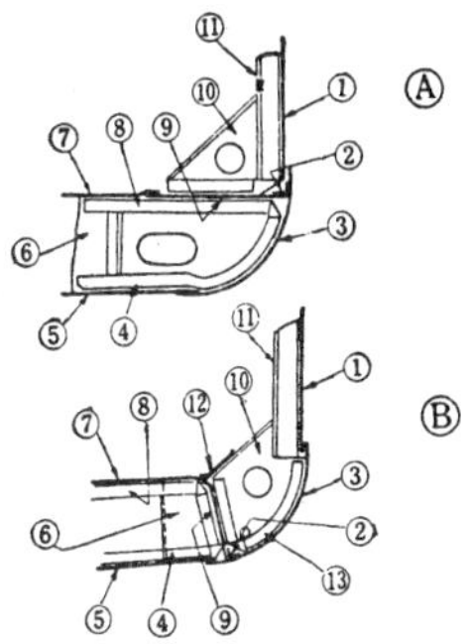

이중저 연판(二重底緣板)

Ⓐ Horizontal margin plate 수평연판(水平緣板).
Ⓑ Vertical margin plate 수직연판(垂直緣板).
① Side plating 선측외판(船側外板). ② Margin angle 연판취부산형재(緣板取付山形材). ③ Bilge shell plate 빌지외판(彎曲部外板). ④ Main frame 정늑골재(正肋骨材). ⑤ Bottom plate 선저외판(船底外板). ⑥ Floor plate 늑판(肋板). ⑦ Tank top 정판(頂板). ⑧ Reverse frame 부늑골재(副肋骨材). ⑨ Margin plate 연판(緣板). ⑩ Tank side bracket 이중저 외측(二重底外側)브래킷. ⑪ Hold frame 창내늑골(艙內肋骨). ⑫ Gusset plate 거세트판(板). ⑬ Bilge angle 빌지산형재(山形材).

Maritime authority 해운관청(海運官廳). ——bureau 해운국(海運局). ——disaster inquiry agency 해난심판소(海難審判所). ——law 해사법(海事法). ——safety board 해상보안청(海上保安廳).

Mark line 차월선(差越線).

Marking 마아킹.

Marline 마아린(細綱). ——spike 마아린 스파이크(줄을 이을 때 등에 사용(使用)하는 줄을 꿰매는 바늘)

Fig. 253 Marline spike

마아린 스파이크

(Fig. 253).

Married fall system 버어튼 식(式)(荷役), 데릭부움 2개와 양화(揚貨)윈치 2대를 사용하여 부움을 움직이지 않고 화물을 선측(船側)에서 창내(艙內)로 또는 반대로 운반하는 하역법(荷役法), 이에 대하여 선회(旋回)부움식 swing boom system은 부움 1개, 윈치 1대로 화물을 달아 부움을 가이 (guy)로서 움직여 화물을 선측(船側)에서 창내(艙內)로 또는 그와 반대로 운반하는 하역법(荷役法)이 있다. **marrying** wedge 시반목(矢盤木).

Martensite 마르텐사이트, 강조직(鋼組織)의 명칭(名稱).

Martingale or Dolphin striker 마아팅게일 (Fig. 382).

Mass 질량(質量). Rotating——회전질량(回轉質量). ——production 대량생산(大量生産)(많은 경우 동일한 것을 만든다).

Mast 마스트 Built——or Made——기목(寄木)마스트. Fore——앞마스트(Fig. 145㉙). Jury——가(假)마스트. Main——주(主)마스트 또는 후(後)마스트(2개의 경우)(Fig. 145㉚). ——coat 마스트 코오트(마스트 갑판(甲板) 위의 쐐기 복포(覆布)). ——collar 마스트 칼라. ——colcur paint 마스트 색도료(色塗料)(황(黃)). ——fitting 마스트 철물(鐵物)(Fig. 254). ——head light or ——lamp 마스트등(燈)(Fig. 234). ——heel 마스트 히일(뿌리부분). —— hole 마스트 구멍(갑판(甲板)). ——hoop 마스트후우프. ——hound 마스트 하운드(Fig.255⑧). ——housing 마스트 하우징(마스트 뿌리부분의 갑판실(甲板室))(Fig. 145㉛). ——lamp 마스트 램프(Fig. 234). ——opening 마스트 구멍(상갑판(上甲板)). ——partner 마스트 구멍판(板)(구멍을 뚫은 갑판의 판자). —— ——rake 마스트의 경사(傾斜). ——sheave

Fig. 254 Mast fitting

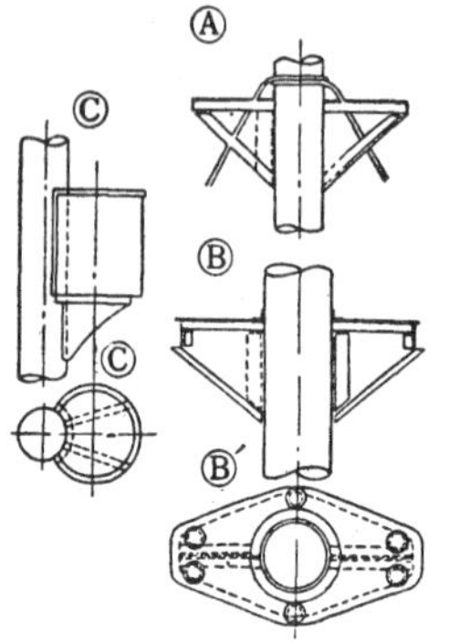

마스트 철물(鐵物)

Ⓐ Out rigger 아우트리거.
ⒷⒷ' Derrick table 데릭대(臺).
ⒸⒸ' Crow's nest 감시대(監視臺).

Fig. 255 Mast head

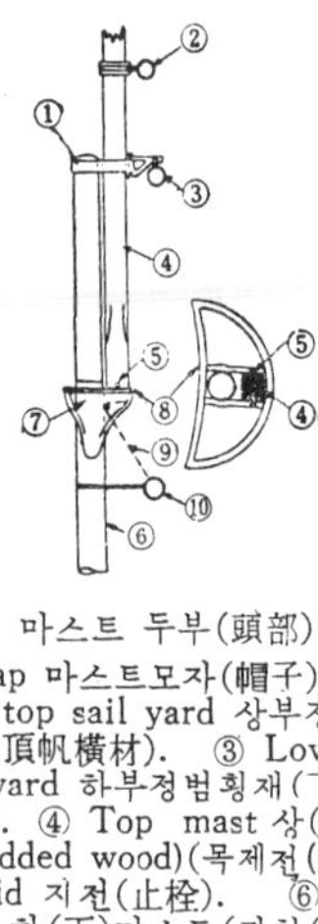

마스트 두부(頭部)

① Cap 마스트모자(帽子). ② Upper top sail yard 상부정범횡재(上部頂帆橫材). ③ Lower top sail yard 하부정범횡재(下部頂帆橫材). ④ Top mast 상(上)마스트(Fidded wood)(목제전(木製栓)). ⑤ Fid 지전(止栓). ⑥ Lower mast 하(下)마스트(강철(鋼鐵)). ⑦ Check 브래킷. ⑧ Hound 하운드. ⑨ Sling chain 조쇄(吊鎖). ⑩ Lower yard 하부횡재(下部橫材).

마스트활차(滑車)(Fig. 256). ——step 마스트 스탭(밑판자). ——table 마스트 테이블(Fig. 254Ⓑ). ——wedge 마스트 쐐기(갑판(甲板)의 마스트 구멍 주변(周邊)에 박는다). Middle——중(中)마스트. Mizen——후(後)마스트 (3개 이상의 경우). Telescopic——신축(伸縮)마스트. Top——상(上)마스트 (Fig. 255④). Tripod——3각(三脚)마스트.

Fig. 256 Mast sheave

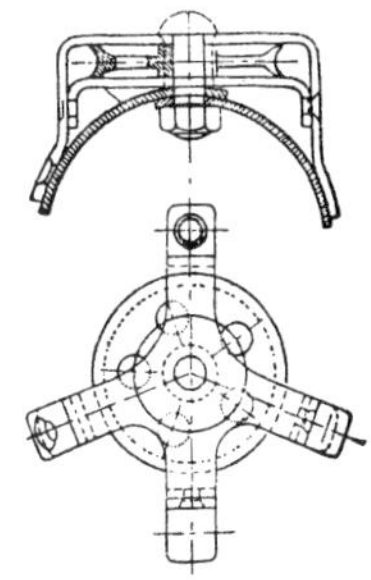

마스트 활차(滑車)

Master or —marine 선장(船長). ——cock 주(主)코크. ——compass 마스터 컴퍼스. ——log 마스터 로그(선장일지(船長日誌). ——station 주국(主局)(電波). ——valve 주변(主辨). ——wheel 대치차(大齒車).

Mat 매트. 돗자리. 구두털기. Chafing——마모방지(磨耗防止)매트. Cocoa——코코아제(製)매트. Coir——종려제(棕櫚製)매트. Collision——방수(防水)매트(외판(外板)등의 구멍을 임시로 막는 매트). Cork——코르크 매트. Door——창문 매트, 구두털기. ——bag 가마니.

Match-box type of slide valve or Self balanced flat slide valve 평형 평좌활변(平衡平座滑辨).

Mate 항해사(航海士), 운전사(運轉士). Chief——or Chief officer or first officer 일등항해사(一等航海士).

Material 재료(材料). Extruded——압출재(押出材). Incombustible or Non-combustible——불연성 재료(不燃性材料). Inflamable——가연성 재료(可燃性材料). Insulating——절연재료(絶緣材料). Non-absorbent——불침재료(不浸材料)〔電〕. Non-conducting——부도체재료(不導體材料). Refractory——내화재료(耐火材料). Rejected——(시험(試驗))불합격재료(不合格材料). Rolled——압연재료(壓延材料).

Maternity 산실(產室).

Matrix 매트릭스, 모형(母型).

Matting runner 통로용(通路用)매트.

Mattress 이불. Cane shaving——등(藤)나무 부스러기를 넣은 이불. Feather——새털들이 이불. Hair——털들이 이불. Spring——스프링들이 이불. Straw——짚을 넣은 이불.

Maul hammer 대(大)해머.

Maximum 최대(最大). ——blade width ratio 최대 익폭비(最大翼幅比). ——load 최대하중(最大荷重). ——section coefficient 최대 횡단면적계수(最大橫斷面積係數). ——speed 최대속력(最大速力). ——thickness line 최대 익후선(最大翼厚線)(프로펠러). ——working pressure 최대 사용압력(最大使用

壓力).

Mayday (maiday) 메이데이(무선전화(無線電話)에 의한 구난신호(救難信號)).

MCR power Max. continuous rating power 최대연속정격출력(最大連續定格出力).

Mean 평균(平均). ——blade width ratio 평균익폭비(平均翼幅比)(프로펠러). ——diameter 평균직경(平均直徑). ——draught 평균흘수(平均吃水). ——effective pressure 평균 유효압력(平均有效壓力). ——of means 평균(平均)의 평균(平均). ——pitch 평균(平均)피치. ——pressure 평균압력(平均壓力). ——speed 평균속력(平均速力). ——water plane 평균수선면(平均水線面).

Measure 계측(計測). 되(升). **Measured** mile 표주간거리(標柱間距離). ——mile trial 표주간 시운전(標柱間試運轉). ——or Indicated thrust 지시(指示)드러스트. **Measurement** capacity 재화용적(載貨容積). ——cargo 용적화물(容積貨物)(중량(重量)보다 부피가 문제(問題)가 된다. 즉, 부피 화물). ——of Moorson system 무어슨식 측도법(測度法). ——tonnage 용적톤수(容積噸數)(100입방(立方)피이트 1톤).

Meat carrier 식육 운반선(食肉運搬船).

Mechanical 기계적(機械的)인, ——equivalent of heat 열의 일당량(當量). ——injection, Air injection or Blast injection 공기분사(空氣噴射). ——reduction gear 치차감속장치(齒車減速裝置)(Fig. 315). ——stoker 기계(機械)로 불을 때는 장치(裝置)(석탄(石炭)). ——test or physical test 기계적 시험(機械的試驗)(이것에는 Tensile 인장(引張), Bend 굴곡(屈曲), Drop 추락(墜落), Hammering 추타(鎚打), Shock 충격(衝擊), Fatigue 피로(疲勞), Repeating 반복(反覆), Hydraulic 수압(水壓)등의 시험(試驗)이 있다). ——ventilation 기계력 환기(機械力換氣). **Mechanically** propelled lifeboat 기계추진장치(機械推進裝置)붙이 구명정(救命艇). **Mechanician** 기계공(機械工).

Medicine chest 약상자(藥箱子).

Meeting rudder or ship 당타(當舵).

Megaphone or Speaking trumpet 전성기(傳聲器).

Megger 메가 〔電〕.

Melting point 용융점(溶融點). ——rate 용융속도(溶融速度).

Mercantile fleet 상선대(商船隊). ——marine 상선대(商船隊).

Merchant (or market) bar 시장봉재(市場棒材)(시장(市場)에서 거래(去來)되는 봉재(棒材)). ——ship 상선(商船). ——shipping act 상선법(商船法)〔英〕

Mercury boiler 수은(水銀)보일러. ——lamp 수은등(水銀燈). ——plant 수은 증발장치(水銀蒸發裝置). ——test 수은시험(水銀試驗). ——thermometer 수은온도계(水銀溫度計). ——turbine 수은 터어빈.

Meridian latitude 자오선 위도법(子午線緯度法).

Mesh 그물 또는 체의 눈(가는 입자(粒子)의 미세도(微細度)).

Mess room 메스루움, 직원식당(職員食堂).

Messenger chain 작동(作動)체인. ——wire 작동(作動)와이어.

Metacentre 메타센터(Fig. 257). Longitudinal——종(縱)메타센터. Transverse——횡(橫)메타센터. Curve of——메타센터곡선(曲線). **Metacentric** diagram GM곡선(曲線). ——height 메타센터 높이, GM ——radius 메타센터 반지름(GM반지름).

Fig. 257
Transverse metacentre

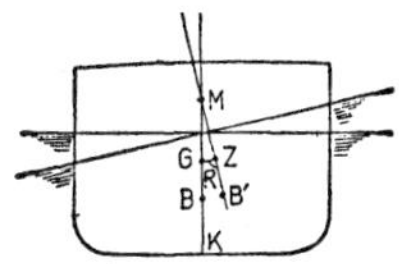

횡(橫)메터센터

G. Centre of gravity 중심점(重心點), B. Centre of buoyancy 부력중심(浮力中心), 부심(浮心). B'. 경사(傾斜)하였을 때의 부심(浮心). M. Metacentre 메터센터. Z. G.로부터 B'M에 수선(垂線)을 내린 점(點). GM. Metacentric height 메터센터 높이. GZ. Righting lever 복원정(復原挺). KM.Metacentric height above keel 키일 상(上)메터센터 높이. KG. Height of C.G. above keel 키일상(上)중심 높이. (이상(以上)은 배를 조금 횡(橫)으로 경사시켰을 때의 메터센터이며, 종(縱)으로 경사시킬 때도 같은 관계(關係)가 성립(成立)한다).

Metal 금속(金屬). Anti-friction——감마금속(減摩金屬). Babit(or babbitt) ——배빗 합금(合金)(감마금속(減摩金屬)의 일종(一種)). Bearing——베어링금속(金屬). Deposit——용착금속(溶着金屬)〖鎔〗. Expanded —— 전신철물(展伸鐵物)(박판(薄板)에 국부적으로 구멍을 뚫어 이것을 신전(伸展)시켜서 망상(網狀)으로 한 것). Fusible ——or alloy 가용합금(可溶合金). Monel ——모넬메탈(☞ monel), Muntz——먼츠 메탈. Non-ferrous——비철금속(非鐵金屬). Sheet——박판금(薄板金). White——화이트 메탈(주석연(錫鉛)의 합금(合金)으로 감마금속(減摩金屬)의 일종(一種)). Yellow——옐로우 메탈, 놋쇠류. ——arc cutting 금속(金屬) 아아크 절단(切斷). ——arc welding 금속(金屬) 아아크 용접(鎔接)(보통의 전기용접(電氣鎔接)으로서 용접봉(鎔接棒)과 재료(材料)와의 사이에 전호(電弧)를 날려 그 열(熱)을 이용하여 재료를 녹힘과 동시에 용접봉(鎔接棒)을 녹혀 양재(兩材)의 사이를 채워서 용접(鎔接)한다. ——bath 금속욕(金屬浴)(금속 예를 들면 납(鉛)을 녹혀두고 이것에 가열(加熱)된 재료를 담구어 소입(燒入)한다. 이것을 Lead bath quenching라고도 한다). ——dip brazing 금속욕(金屬浴) 땜. ——electrode 금속(金屬)아아크 용접봉(鎔接棒). ——touch 메탈 터치(금속 접촉(金屬接觸)). **Metalic** 금속성(金屬性)의. ——coating 금속피복(金屬被覆). ——contact 금속접촉(金屬接觸). ——hose 금속호오스. ——joint 금속접수(金屬接手). ——packing 금속 패킹. ——paper 연지(鉛紙).

Metallurgy 야금학(冶金學).

Meteorological observatory 기상대(氣象臺). ——service 기상사무(氣象事務). ——station 기상관측소(氣象觀測所).

Meter or **Metre** 계기(計器), 미터. Ampere——or ammeter 전류계(電流計). Frequency——주파계(周波計). Hydrometer 비중계(比重計). Hygrometer 습도계(濕度計). Oil——유량계(油量計). Steam——증기(蒸氣)미터. Torsion——비틂계. Water——수량계(水量計). Watt——전력계(電力計). Watt hour——적산전력계(積算電力計). Volt——전압계(電壓計). Visco——or Viscosimeter 점도계(粘度計). ——candle 미터 촉광(燭光)(촉광단위(燭光單位)). **Metric** ton 미터 톤.

1미터톤=1,000kg 킬로톤이라고 한다.
=2204.6파운드=0.9842영〔英〕톤(롱톤)
=1.1023 미〔美〕톤(쇼어트톤)

1영〔英〕톤(long ton)=2240파운드=1.016킬로톤
=1.12미〔美〕톤 (short ton)

1미〔美〕톤(short ton)=2,000파운드=0.9072킬로톤
=0.8929 영〔英〕톤.

Methyl-chloride 염화(鹽化)메틸.

Mica 운모(雲母). **Micanite** 마이카나이트(인조운모(人造雲母)).

Micro-structure 현미경조직(顯微鏡組織).

Micrometer 마이크로 미터. ——calipers 마이크로미터 붙이 캘리퍼어스. Micro-vibrograph 미진동계(微振動計). **Microscopic** test 현미경시험(顯微鏡試驗) 또는 검사(檢査).

Middle 중앙(中央). ——body 중앙부(中央部)(船體). ——mast 중앙(中央)마스트.

Fig. 258 Manhole cover

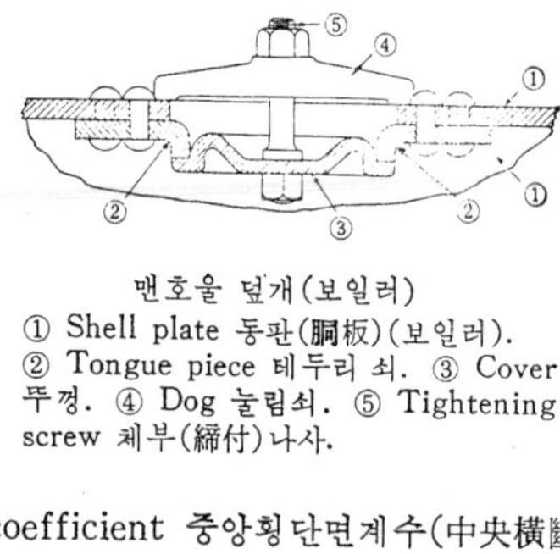

맨호울 덮개(보일러)
① Shell plate 동판(胴板)(보일러). ② Tongue piece 테두리 쇠. ③ Cover 뚜껑. ④ Dog 눌림쇠. ⑤ Tightening screw 체부(締付)나사.

Midship 선체중앙부(船體中央部). ——coefficient 중앙횡단면계수(中央橫斷面係數)$=\dfrac{\text{만재흘수선(滿載吃水線)까지의 횡단면적(橫斷面積)}}{\text{배의 폭}\times\text{만재흘수(滿載吃水)}}$

$\fallingdotseq 0.75\sim0.98$

——frame 중앙부 늑골(中央部肋骨). ——house 중앙부 갑판실(中央部甲板室). ——section 중앙 횡단면도(中央橫斷面圖)(Fig. 259, 260).

Mild steel 연강(軟鋼), 보통강(普通鋼)(탄소(炭素) 0.10~0.30%를 포함하고 장력(張力) 35~55kg/mm² 정도, Soft steel라고도 말한다. 이에 대하여 장

력(張力)이 이 이상의 것을 고장력강(高張力鋼) High tension steel 또는 경강(硬鋼) Hard steel이라고 한다).

Mile 마일.

1 Nautical mile=6080피이트(영(英))=1852미터.

1 Geographical mile, Land mile=5280피이트≒6/7 Nautical mile(=지구 위도(地球緯度) 1°— 1/16).

——post 마일 포스트(측정 거리(測定距離)의 양단(兩端)에 세워진 기둥)(속력시험용(速力試驗用)).

Milk of lime 석회유(石灰乳).

Mill 수차 창고(水車倉庫). Rolling——압연기(壓延機). ——number 압연번호(壓延番號). ——oxide or ——scale 미일 스케일. 까만 녹, 압연흑피(壓延黑皮)(압연(壓延)했을 때 남는 표면(表面)의 산화물(酸化物), 강재(鋼材)가 녹슬면 떨어진다). ——sheet. 압연 명세표(壓延明細表). **Milling** cutter 밀링 커터. ——machine 밀링반(盤). (그 중에서 knee type는

Fig. 259 Midship section

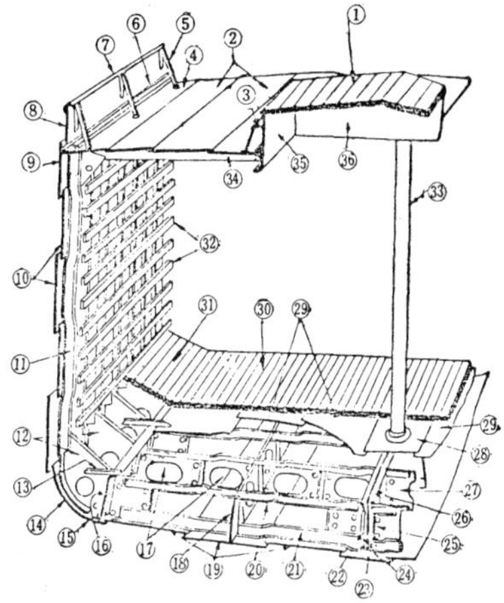

선체 중앙횡단면도 투시도(船體中央橫斷面圖透視圖)

① Hatch board 해치 보오드. ② Upper deck plate 상갑판(上甲板). ③ Horizontal stiffener 수평방요재(水平方撓材). ④ U.D. Stringer plate 상갑판 스트링거. ⑤ Bulwark stay 블워크 지주(支柱) 또는 스트러트. ⑥ Gunwale or gunnel angle 건넬 앵글. ⑦ Bulwark hand rail 블워크 핸드레일. ⑧ Bulwark plate 블워크 판(板). ⑨ U.D. Sheer strake 상갑판 현측후판(上甲板舷側厚板). ⑩ Side plating 선측외판(船側外板). ⑪ Hold frame 창내늑골(艙內肋骨). ⑫ Tank side bracket 이중저 외측(二重底外側)브래킷. ⑬ Gusset angle 거세트 앵글. ⑭ Bilge strake 빌지 외판(外板). ⑮ Margin angle 연판(緣板)붙이 산형재(山形材). ⑯ Margin plate 연판(緣板). ⑰ Man hole of solid floor 실체늑판(實體肋板)의 맨호울. ⑱ Intercostal plate of side girder 사이드 거어더의 단절판(斷切板). ⑲ Bottom plating 선저외판(船底外板). ⑳ Reverse frame of skeleton (or open) floor 조립늑판(組立肋板)의 부늑재(副肋材). ㉑ Main frame 정늑재(正肋材). ㉒ Centre girder or vertical keel 센터 거어더. ㉓ Keel plate 용골판(龍骨板). ㉔ Bottom angle of centre girder 센터거어더의 하연(下緣)앵글. ㉕ Vertical angle 수산형재(竪山形材), ㉖ Top angle 상연(上緣)앵글. ㉗ Soild floor 실체늑판(實體肋板). ㉘ Centre line strake of tank top 이중저 중심선 내저판(二重底中心線內底板). ㉙ Tank top plating or inner bottom plating 이중저(二重底)의 내저판(內底板). ㉚ Bottom ceiling 선저내장(船底內張). ㉛ Limber board 림버보오드(오수로(汚水路)덮개). ㉜ Side sparring 선측내장(船側內張), ㉝ Wide spaced pillar 특설(特設)필러. ㉞ U.D. Beam 상갑판(上甲板)비임. ㉟ Side coaming of hatchway 해치의 사이드 코오밍. ㊱ Endcoaming 단(端)코오밍.

Fig. 260 Midship section, Oil tanker

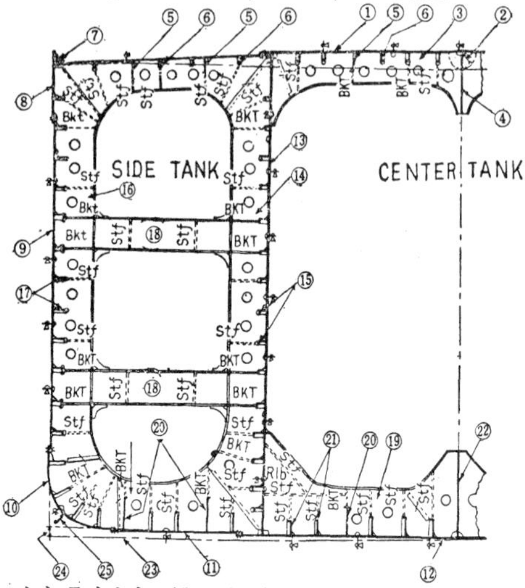

선체 중앙단면도(유조선)(船體中央斷面圖(油槽船))

① U.D. Upper deck 상갑판(上甲板). ② Camber (or round up) of upper deck 상갑판(上甲板)의 캠버. ③ Transverse deck girder 상갑판(上甲板)횡(橫) 거어더(또는 Web beam 특설(特設)비임). ④ Upper deck longitudinal centre girder 상갑판(上甲板)센터거어더. ⑤ U.P. longitudinal girder 상갑판(上甲板)종(縱)거어더. ⑥ U.D. longitudinal 상갑판(上甲板)종(縱)비임. ⑦ U.D. stringer angle 상갑판 현측산형재(上甲板舷側山形材). ⑧ U.D. Sheer strake 상갑판 현측후판(上甲板舷側厚板). ⑨ Side shell plate 선측외판(船側外板). ⑩ Bilge strake 만곡부 외판(彎曲部外板). ⑪ Bottom plate 선저외판(船底外板). ⑫ Keel plate 키일 판(板). ⑬ Longitudinal bulkhead 종격벽(縱隔壁). ⑭ Web stiffener on longitudinal bulkhead 종격벽(縱隔壁)에 붙인 특설(特設)스티프너. ⑮ Longitudinal stiffener 격벽(隔壁)의 종방요재(縱防撓材). ⑯ Web frame 특설늑골(特設肋骨). ⑰ Side longitudinal 선측종통재(船側縱通材). ⑱ Strut beam 스트러트 비임(지량(支梁)). ⑲ Bottom transverse 선저횡재(船底横材). ⑳ Bottom longitudinal girder 선저 종(縱)거어더. ㉑ Bottom longitudinal 선저 종늑골(縱肋骨). ㉒ Center line longitudinal girder 중심선(中心線)종거어더. ㉓ Base line 기선(基線). ㉔ Rise of floor or Dead rise (美) 선저(船底)기울기. ㉕ Bilge keel 빌지 키일 (or rolling chock, 방요(防搖)키일).

물건이 상하(上下)하고, Bed type는 잇날이 상하(上下)하는 식이다). Key seating——machine 키이 홈을 파는 기계(機械).

Mimeograph 등사판(謄寫版).

Mincing machine 조각기계(彫刻機械)(가늘게 눈금을 새기는 기계).

Mine 광산(鑛山). 기계수뢰(機械水雷). ——dropping gear 기뢰낙하장치(機

雷落下裝置). ——field 기뢰(機雷)밭. ——layer or boat 기뢰부설선(機雷敷設船). ——sweeper 소해정(掃海艇).

Mineral oil 광유(鑛油). ——wool 광질면(鑛質綿)(예를 들면 암면(岩綿)등).

Miniature bulb 꼬마 전구(電球).

Minimum 최소(最小) ——freeboard 최소건현(最小乾舷). ——thickness 최소의 두께.

Minus 마이너스. ——lap 마이너스 랩. ——thread 마이너스 나사.

Mitre valve or conical valve 원추(圓錐)밸브. ——group valve 집합변(集合辨). ——wheel 마이터치차(齒車).

Mitten 벙어리 장갑.

Mixed boat 화객선(貨客船). ——cargo 혼재화물(混載貨物). ——cycle or dual cycle 양용(兩用)사이클. ——firing or——fuel burning 혼소(混燒). ——steam 혼증기(混蒸氣). **Mixing** chamber 혼합실(混合室). ——hole 혼합공(混合孔)(가스터어빈). **Mixture** 혼합물(混合物). Freezing——냉동제(冷凍劑).

Mizzen mast 후(後)마스트(3본(本)마스트 이상의 경우).

Mobile oil 모빌유(油)(자동차 윤활유(自動車潤滑油)). ——station 이동국(移動局)(무전(無電)).

Mocking up 상자형 형취(箱子形型取).

Model 모형(模型). ——experiment 모형시험(模型試驗). ——test 모형시험(模型試驗).

Modify 변화(變化)하다. 경감(輕減)하다. **Modified** form 변형(變形)한 것, 개량(改良)한 것.

Modulus of elasticity 탄성계수(彈性係數). ——of rigidity 전단탄성계수(剪斷彈性係數). ——of section 단면계수(斷面係數). I/Y (재료(材料)의 단면적(斷面積) 관성(慣性) 모우먼트. Moment of Inertia, I, 관성(慣性) 모우먼트를 중립축(中立軸) Neutral axis까지의 거리(距離)를 Y로 나눈 것이며, 재료(材料)의 저항율(抵抗率)을 나타내는 숫자(數字)).

Moist steam 습한 증기(蒸氣). **Moisture** 습기(濕氣).

Molasses 당밀(糖蜜). ——tanker 당밀운반용(糖蜜運搬用)탱커.

Mold (or mould) 주형(鑄型), 형판(型板). ——loft 현도장(現圖場). **Molded** or **Moulded** breadth, **B,** 형폭(型幅)(Fie. 146). ——depth, **D,** 형심(型深)(Fig. 146). ——dimension 형(型)치수. ——draught or draft 형흘수(型吃水)(Fig. 146). **Molder** 주형공(鑄型工). **Molding** or **Moulding** 모울딩, 테두리장식(緣飾). ——machine 모울딩 제작기(製作機), 조형기(造型機).

Mollier diagram 몰리어 선도(線圖).

Molten 녹은. ——gravel 용적(溶滴). ——metal 용융금속(溶融金屬), ——pool 용융지(溶融池)(Fig. 474).

Moment 모우먼트, 역률(力率), 율(率), Bending——굴곡(屈曲)모우먼트(Fig. 40). Turning——or torque 토오크(회전율(回轉率)). Twisting——비틂 모우먼트. ——of couple 우력(偶力)모우먼트(Fig. 126). ——of force 힘의 모우먼트. ——of inertia, I, 관성(慣性)모우먼트. ——of momentum 운동량(運動量)모우먼트.

Momentum 운동량(運動量). ——theory 운동량 이론(運動量理論).

Monel metal 모넬메탈(니켈 Ni 69%, 구리 Cu 28%, 기타 철, 망간, 실리콘 등을 포함하는 합금(合金)).

Monkey forecastle 단선수루(短船首樓), 저선수루(低船首樓). ——spanner (英) or wrench 자재(自在)스패너(Fig. 261, 499). ——stay 몽키스테이(마스트와 마스트를 잇는 스테이).

Mono 단(單). ——rail hoist 단식(單式)레일 권양기(捲揚機)(Fig. 429).

Monolithic ship 단체 구조선(單體構造船).

Monsoon 몬슨, 계절풍(季節風).

Fig. 261
Monkey spanner

자재(自在) 스패너

Moorage 계선장(繫船場). **Mooring** anchor 계선(繫船)앵커. ——arrangement 계선장치(繫船裝置). ——bitt 계선(繫船)비트(기둥). ——buoy 계선(繫船)부이. ——hawser 계선대삭(繫船大索). ——hole or port 계선공(繫船孔)(Fig. 262). ——cup 외판(外板)에 만들어진 부선(艀船)매는 줄에 쓰는 움푹한 것. ——line 계선삭(繫船索). ——pipe 계선관(繫船管)(Fig. 262). ——rope 계선(繫船)로우프(Fig. 263). ——shackle 계선(繫船)섀클. ——swivel 계선(繫船)스위벨(Fig. 264. 359). ——trial or dock trial 계류운전(繫留運轉). ——winch 계선(繫船)윈치.

Moorings 계선구(繫船具).

Mop 몹(소제도구(掃除道具)).

Fig. 262
Mooring port

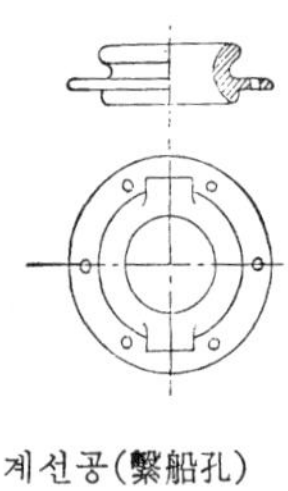

계선공(繫船孔)

Morse lamp 모올스 신호등(信號燈)(Fig. 236⑪).

Mortise 장부구멍(보통 4각(角)의 구멍). ——block 회전틀 활차(滑車). **Mortising** machine 장부구멍기계.

M.O.T. Ministry of Transport 교통부장관고시(交通部長官告示)〔英〕.

Mother compass 모(母)컴퍼스. ——material 모재(母材). ——ship 모선(母船).

Motive power 원동력(原動力).

Motor 전동기(電動機), 발동기(發動機). A.C. ——교류전동기(交流電動機), Commutator——정류자 전동기(整流子電動機). Compound——복권전동기(複捲電動機). Fan——선풍기(扇風機), 송풍전동기(送風電動機). Governor——

조속기용 전동기(調速機用電動機). Induction——유도전동기(誘導電動機). Starting servomotor 시동(始動)서어보 모우터. Synchronous——동기전동기(同期電動機). ——boat 발동기선(發動機船). Coastal——boat 연안경비정(沿岸警備艇). ——essence 발동기용 연료(發動機用燃料). ——fan 전동송풍기(電動送風器). ——generator 전동발전기(電動發電機). High frequency——generator 고주파 전동발전기(高周波電動發電機). ——lifeboat 발동기(發動機)부 구명정(救命艇). ——launch 발동기정(發動機艇). ——ship, M.S. 내연기선(內燃機船). ——spirit 발동기용 연료(發動機用燃料). ——starter 전동기 시동장치(電動機始動裝置).

Fig. 263
Mooring rope

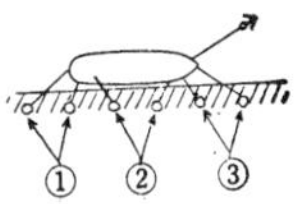

계선(繫船)로우프

① Stern rope 선미(船尾)로우프. ② Spring rope 옆구리 로우프. ③ Stem rope 선수(船首)로우프.

Mould 〖英〗 or Mold 〖美〗 주물형(鑄物型). Ice——빙형(氷型). ——or Template 형판(型板). beam——비임형판(型板). ——or Mold loft 현도장(現圖場). ——breadth 형폭(型幅)(Fig. 146). ——depth 형심(型深). ——draft 형흘수(型吃水) **Moulding** or **Molding** 모울딩, 테두리장식(裝飾). Knuckle——너클모울딩(굽힌 곳에 붙여진 연식(緣飾)). Stern——선미(船尾)모울딩(선미(船尾) 너클에 붙여진 반원봉재(半圓棒材).

Mousing 고리(열쇠가 빠지지 않도록 입구를 매는 것). (Fig. 217⑥).

Mouth piece 송화구(送話口), 펌프의 흡입구(吸込口).

Mounting 취부(取付)된 것(상하좌우(上下左右)로 취부(取付)된 것을 총칭한다. 예를 들면 Boiler——라고 하면 valve, gauge, pipe등 일체(一切)의 부착물(附着物)을 의미한다).

Fig. 264
Mooring swivel

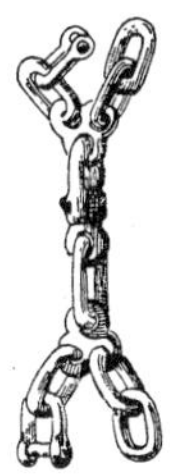

계선(繫船)스위벨

Movable 가동(可動), ——head 동반(動盤)(시험기(試驗機)). **Moving** blade or vane 회전(回轉)날개(터어빈).

Mud box 진흙 박스. ——anchor 진흙용 앵커. ——hole 진흙 구멍. ——rake or ash hoe 재(灰)긁기.

Muff coupling or box coupling 슬리이브 접수(接手)(Fig. 364).

Muffler or silencer 소음기(消音器).

Multi-coil feed heater 복열(複列)코일 급수가열기(給水加熱器). ——conductor cable 다심(多心)케이블. ——diesel propulsion 다(多)디이젤추진(推進). ——flow heater 다류식 가열기(多流式加熱器). ——stage or **Multiple** stage 다단식(多段式). ——centrifugal fan 다단식 원심송풍기(多段式遠心

送風機). ——centrifugal pump 다단식 원심(多段式遠心)펌프. ——cylinder 다(多)실린더식(式). ——drill 복식(復式)보울반(盤). ——effect evaporator 다효증발기(多効蒸發器). ——effect refrigerator 다효냉동기(多効冷凍機). ——electrospot welding machine 다극점 용접기(多極點鎔接機). ——exhaust 다기배기(多岐排氣). ——expansion engine 다단팽창기관(多段膨脹機關). ——layer process 중층법(重層法)〔鎔〕. ——lever testing machine 복정 재료시험기(複挺材料試驗機). ——operator welding machine 복식 용접기(複式鎔接機). ——punching machine 복식 압발기(複式押拔機). ——resistance welding 복식저항용접(複式抵抗鎔接). ——screw ship 다축선(多軸船). ——stage centrifugal pump 다단원심(多段遠心)펌프. ——stage compressor 다단압축기(多段壓縮機)(Fig. 121). ——vane difuser 다익(多翼)디퓨저. **Multiplex** safety glass 다층안전(多層安全)유리. **Multitubular** boiler 다관(多管)보일러.

Muntz metal 먼츠메탈(구리 약 60%를 포함하는 아연(亞鉛)과의 합금(合金). 보울트 재료 등에 쓰인다).

Mushroom 버섯형(形). ——anchor 버섯형 앵커(Fig. 3⑱). ——valve 버섯형밸브. ——ventilator 버섯형 통풍통(通風筒)(Fig. 466).

Music hall or room 음악실(音樂室). ——saloon 음악실(音樂室).

Muster list 소집표(召集表).

N

N.H.P. Normal horsepower 연속최대마력(連續最大馬力).

N.K. The Japanese Marine Corporation, Nippon Kaiji Kyokai 일본해사협회(日本海事協會).

N.V. Det Norske Veritas 노르웨이 선급협회(船級協會).

Nail puller 못빼기.

Naked displacement 형 배수량(型排水量). ——hull 형 선체(型船體).

Name plate 명찰(名札).

Natrium or salt brine 나트륨 브라인(농염냉각수(濃鹽冷却水)).

Natural convector 자연대류방열기(自然對流放熱器). ——crook timber 자연곡재(自然曲材)〔木〕. ——or funnel draught 자연통풍(自然通風). ——frequency 고유진동수(固有振動數). ——period 고유주기(固有周期). ——rolling 자연횡요(自然橫搖). ——seasoning 자연건조(自然乾燥). ——vibration 고유진동(固有振動).

Nautical 항해용(航海用), 선박용(船舶用), 수상용(水上用). ——almanac 항해력(航海曆). ——astronomy 항해천문학(航海天文學). ——instrument

항해계기(航海計器), 항해용구(航海用具). ——mile 해리(海里), 마일(哩). 6080 피이트〖英〗, 6076피이트(국제(國際)마일). ——table 항해표(航海表). ——term 항해용어(航海用語), 해원용어(海員用語).

Naval 바다의, 해군(海軍)의, ——architecture 조선학(造船學). ——brass or bronze 네이벌 황강(黃鋼)(구리 63%, 주석 1%, 불순물(不純物) 1%, 아연(亞鉛) 35%의 합금(合金)). ——constructor 해사조선기사(海事造船技師.)——dockyard or navy yard 해군공창(海軍工廠). ——engineer 해군기관관(海軍機關官).

Navigable condition 가항상태(可航狀態). —— water 가항수로(可航水路).

Navigation 항해(航海). ——area 항행구역(航行區域). ——bridge or flying bridge 항해선교(航海船橋)(Fig. 145②). ——lamp or light 항해등(航海燈)(Fig. 234). ——light indicator 항해등 표시반(航海燈表示盤). ——law 항해법규(航海法規). **Navigational** aids 항로표지(航路標識).

Navy 해군(海軍). ——yard 해군공창(海軍工廠).

Neap tide 소조(小潮).

Neck bush 네크 부쉬(Fig. 387⑧).

Needle valve 니이들(針)밸브.

Negative buoyancy tank 부부력(負浮力)탱크. ——slip 부실각(負失脚). ——stability 부복원력(負復原力)(처음부터 경사(傾斜)되어 있는 배).

Neon lamp 네온 등(燈).

Net horse power 순마력(純馬力). ——rack 그물(網)선반. ——tonnage 순톤수(純噸數)(☞ tonnage).

Neutral 중성(中性). ——axis 중성축(中性軸), 중립축(中立軸)(Fig. 39). ——equilibrium 중성평형(中性平衡)(Fig. 177). ——flame 중성불꽃(中性炎) (산화(酸化)불꽃도 환원(還元)불꽃도 아닌 불꽃). ——over-current relay 중성극 과전류계전기(中性極過電流繼電器). —— rating 정격전류치(定格電流值).

Nickel, Ni, 니켈. ——bronze 니켈청동(青銅). ——chrome bronze 니켈 크롬청동(青銅). ——steel 니켈강(鋼)(철 96.2%, 니켈 3.5%, 탄소(炭素) 0.3%, 강력(强力)하고 내식성(耐蝕性)이 풍부하다. 화염(火炎)이나 고열 고압증기용(高熱高壓蒸氣用)으로 사용된다). ——chrome steel 니켈크롬강(鋼)(축류용(軸類用)).

Fig. 265
Nippers

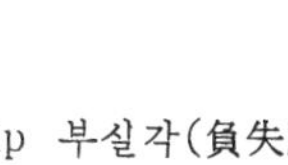

철선(鐵線)가위

Night glasses 야간용 쌍안경(夜間用 雙眼鏡). ——shift 야근(夜勤). ——watch 야간당직(夜間當直).

Nip 마찰(摩擦), 파먹기(喰込), 로우프의 비틈. **Nippers** 철선(鐵線) 가위(Fig. 265).

Nipple 젖꼭지 모양의 돌기(突起). ——bent piece 파이프의 직각접수(直角接手)(Fig. 266). ——joint 니플이음(Fig. 267).

Nitric acid 초산(硝酸). **Nitrous** oxide 이산화질소(二酸化窒素), NO_2.

No-load voltage 무부하전압(無負荷電壓).

Nodal drive 절구동(節驅動). ——point 절점(節點). **Node** 절(節)(진동(振動)에서 방향이 바꾸어지는 곳).

Nominal diameter 공칭직경(公稱直徑). ——horse power, NHP 공칭마력(公稱馬力) (이 마력(馬力)은 세금(稅金)이나 요금(料金), 선원자격(船員資格)등을 규정(規定)하기 위하여 어떤 규정(規程)에 따라서 계산한 마력(馬力)이며, 기관(機關)의 실제마력(實際馬力)에는 직접적(直接的)인 관계(關係)가 없다). ——size 호칭(呼稱)치수.

Fig. 266
Nipple piece

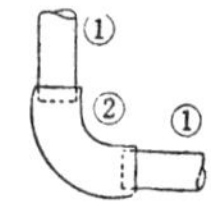

니플
① Pipe 파이프.
② Nipple piece 니플

Fig. 267
Nipple joint

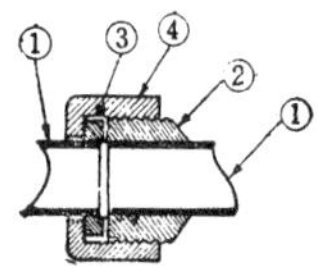

니플 이음
① Tube 파이프. ② Soldered flange 납땜 프렌지. ③ Paking 팩킹. ④ Box nut 복스 너트.

Non 불(不), 비(非). ——absorbent material 불침재(不浸材)——combustible or incombustible material 불연재(不燃材). ——condensing engine 무복수기 기관(無復水器機關). ——conducting 부도성(不導性). ——continuous liner 비일체(非一體)라이너. ——crank or crankless pump 크랭크 없는 펌프. ——detachable 비가탈식(非可脫式). ——destructive inspection 비파괴검사(非破壞檢査)(절단(切斷)한다든가, 굽힌다든가 접는다든가 하는 것과 같이 본체를 상하지 않고, X광선(光線)이나 초단파(超短波)나 자력선(磁力線)등으로 검사(檢査)하는 방법(方法)). ——expansive 비팽창식(非膨脹式). ——exclusive surveyor 촉탁검사원(囑託檢査員). ——ferrous 비철(非鐵). ——flamable paint 내화(耐火)페인트. ——fragile 깨지지 않는 성질(性質). ——freezing mixture 부동혼합제(不凍混合劑). ——metalic inclusion 비금속 개재물(非金屬介在物)(철강(鐵鋼)속에 있는 연와(煉瓦)의 부스러기, 쇠똥 등). ——magnetic steel 비자석강(非磁石鋼). ——passenger ship 비여객선(非旅客船). ——powered vessel 비동력선(非動力船). ——pressure welding 융접(融接). ——return valve 역지판(逆止瓣), 불환판(不還瓣). ——reversible 비가역(非可逆). ——under command light 운전 부자유등(運轉不自由燈). ——uniform pitch propeller 변동(變動)피치 프로펠러. ——watertight 비수밀(非水密).

Normal 정상(正常)의. ——condition 상비상태(常備狀態). ——horsepower 연속 최대마력(連續最大馬力). ——pitch 수직(垂直)피치, 정(正)피치(프로

펠러). ——slide valve 정활판(正滑瓣). ——speed 상용속력(常用速力). ——thrust 상용추력(常用推力). **Normalizing** 소준(燒準)(철강(鐵鋼)속에서 생기고 있는, 즉 급냉(急冷)기타의 원인(原因) 때문에 분자(分子)사이의 혼란(混亂)을 조정(調整)하기 위하여 적당히 가열(加熱)하여 서서히 냉각(冷却)시킨다).

Nose 루우트 면(面), 전단(前端)(용접(鎔接)). ——keyway 코모양의 쐐기홈(Fig. 268). (키이의 끝이 곡선(曲線)이 되어 있고 4각단(四角端)이 되어 있지않는 홈). ——plate 선수(船首)브래킷〔關:Breast hook와 동의(同意)〕. **Nosing** 옥연(玉緣).

Not under command (or control) light 홍등(紅燈)(운전불능(運轉不能)을 표시(標示)하기 위하여 홍등(紅燈)두개를 상하(上下)로 게양(揭揚)한다. 주간(晝間)에는 흑옥(黑玉)).

Notch 노치(切缺)(Fig. 269). ——bar test 노치봉시험(棒試驗)(시험봉(試驗棒)에 노치를 만들어 해머로 굽혀서 시험하는 샤어피이식(式)). ——brittleness 노치취성(脆性). ——effect 노치효과(効果). ——root 노치저부(底部). ——sensibility 노치감도(感度). ——toughness 노치강성(剛性).

Fig. 268 Nose Keyway

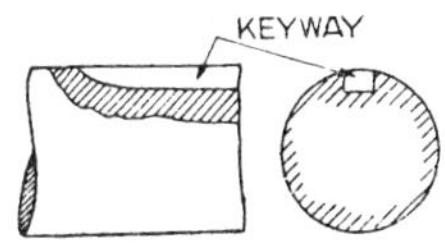

비형(鼻形)쐐기홈

Nozzle 노즐(분출구(噴出口)), 화구(火口)(가스터어빈). Astern——후진(後進)노즐. Convergent——끝이가는(細末)노즐. Convergent divergent——중간이 가는(中細)노즐. Divergent——끝이 넓은(廣末)노즐. ——angle 노즐 각(角). ——area coefficient 노즐단면계수(斷面係數). ——block 노즐블록. ——box 노즐 박스. ——choking flow 쵸우크 유량(流量). ——control governor 노즐가감기(加減器). ——cut-out governing 노즐 체절조속(締切調速). ——efficiency 노즐효율(効率). ——loss 노즐손실(損失). ——throat 노즐의 목.

Nuclear power propulsion 원자력추진(原子力推進). ——reactor 원자로(原子爐).

Nugget 누게트 저항용접 용착부(抵抗鎔接溶着部).

Number 수(數), 번호(番號). Equipment——의장수(艤裝數)(☞ equipment) First Framing or Transverse——제일수(第1數)(로이드). Hardness——경수(硬數). Hull——조선번호(造船番號). Ingot——강괴번호(鋼塊番號). Mill——압연번호(壓延番號). Roll——압연번호(壓延番號). Scantling——or numeral(치수를 정하는 수(數)). 치수 수(數). **Number** of revolution 회전수(回轉

Fig. 269 Notch

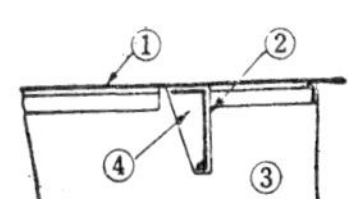

노치(切缺)

① Bulkhead 격벽(隔壁). ② Vertical stiffener 수직방요재(垂直防撓材). ③ Horizontal stiffener 횡방요재(橫防撓材). ④ Notch 노치(切缺).

數). critical——of revolution 위험회전수(危險回轉數) (기관(機關)에 따라서 특히 진동(振動)이 급격하게 증가하는 회전수(回轉數)가 있다. 그 회전수(回轉數)는 반드시 최고회전수(最高回轉數)에 한(限)하는 것이 아니다). ——of stroke 행정수(行程數). ——one (oiler) 급유장(給油長). **Numerical** penant 숫자기(數字旗).

Nun buoy 눈(마름모꼴)부이.

Nurse 간호부(看護婦). **Nursery** 아동실(兒童室).

Fig. 270 Castle nut

홈붙이 너트

Fig. 271 Jam nut

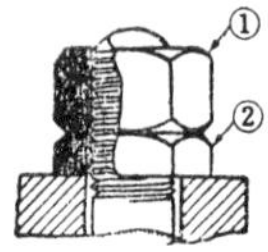

멈춤너트

① Nut 너트.
② Jam nut 잼 너트(상하(上下) 역(逆)의 경우도 있다)

Nut 너트. Butterfly——나비형(蝶形)너트(Fig. 103④). Castle——홈붙이 너트(Fig. 270). Check, Jam or Lock——멈춤 너트(Fig. 271). Thumb——집기너트. ——and bolt gauge 너트 보울트 게이지. ——forcing machine 너트 체부기(締付機). ——forming machine 너트 압조기(壓造機).

O

Oak 오오크(견재(堅材)).

Oakum 오오컴(코오킹할 때 쓴다).

Oar 오올(櫂).

Obliged vessel (피양(避讓)) 의무선(義務船)〔航〕.

Observation 관측(觀測), 천측(天測). ——or test tank 검유(檢油)탱크.

Oblique fillet 사방향(斜方向)필렛. **Obliquity** rod 사향봉(斜向棒)(디이젤).

Occasional or contingent survey 임시검사(臨時檢査)(조난(遭難), 수선(修繕) 기타 요목(要目)의 변경시(變更時)에는 임시검사(臨時檢査)가 필요(必要)하다).

Ocean going or sea going vessel 항양선(航洋船). ——service 원양항로(遠洋航路). ——weather ship 정점 관측선(定點觀測船).

Oertz rudder 오오츠 타(舵)(Fig. 333).

Offet form 편심형(偏心形).

Off center arrangement 편심배치(偏心配置). ——the wind 풍하측(風下側)에. **Off-position** 부동작 위치(不動作位置)〔機〕, 차단위치(遮斷位置)〔電〕. **Offsets** 오프셋(배의 선도(線圖)에서 축선(軸線)으로부터의 거리표(距離表)).

Officer 사관(士官), 직원(職員). Chief, ——, First ——or Chief mate 일등항해사(一等航海士). Deck ——갑판부 사관(甲板部士官). Junior——차석항해사(次席航海士). Petty——하사관(下士官), 상급속원(上級屬員). Senior——상석항해사(上席航海士). Warrant——준사관(准士官). **Official** log book 공용 항해일지(公用航海日誌). ——number 선박번호(船舶番號). ——speed trial 공시운전(公試運轉)(속력계측(速力計測)).

Ogee ring 오지이 링(보일러).

Ogival section 활모양 단면(斷面).

Oil 기름. Boiler——보일러 기름. Cargo——화물유(貨物油). Colza——종유(種油)(등유(燈油)). Clean ——경유(輕油), 청징유(清澄油). Cotton seed——면실유(綿實油). Crude——원유(原油)(유전(油田)에서 퍼낸 그대로의 기름). Cylinder——실린더기름. Diesel——디이젤기름. Engine or Machine ——엔진 기름, 기계유(機械油). Fuel——연료유(燃料油). Heavy——중유(重油). Lard ——돼지기름. Linseed——아마인유(亞麻仁油). Lubricating——윤활유(潤滑油). Rape seed—— 종유(種油). Shale——셸유(油). Sperm——경유(鯨油). Whale——경유(鯨油). ——bag 오일 백(Fig. 272). ——brake 오일브레이크. ——bunker 연료고(燃料庫). ——burner 오일버어너(Fig. 273). ——burning arrangement 기름 연소장치(燃燒裝置)(Fig. 276). ——burning boiler 기름 때는 보일러. ——can 기름주입기(注入器), 기름통. ——carrier or tanker 유조선(油槽船). ——cistern 기름단지. ——clarifier 오일클레리파이어(청징제(清澄劑)). ——cloth 기름걸레. ——consumption 기름소비량(消費量). ——cooler 기름냉각기(冷却器). ——cup 기름받이. ——cylinder 기름실린더. ——drain tank 오일 드레인 탱크. ——engine 석유기관(石油機關). Heavy——engine 중유기관(重油機關), ——extractor or separator 기름분리기(分離

Fig. 272
Oil bag

오일 백

구명정(救命艇)의 비품(備品), 대체로 동제(銅製)의 단지(壺)가 많이 사용된다. 황천(荒天)시에는 Sea anchor에 붙여 물속에 담그고 조금씩 뿌려서 파도(波濤)를 잔잔하게 한다.

Fig. 273 Oil burner

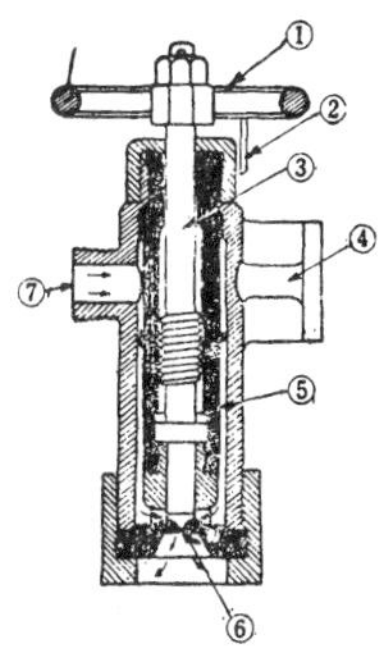

오일버어너

① Handle 핸들. ② Indicator 인디케이터. ③ Valve stem 밸브막대(瓣棒). ④ Bed box 취부대(取付臺). ⑤ Valve body 밸브보디(瓣體). ⑥ Nozzle 노즐. ⑦ Oil inlet 기름 주입구(注入口).

Fig. 274 Oil pan

주유구

Fig. 275 Oil groove

유로(油路)

器), ——feeder 주유구(注油具). ——filling port 주유구(注油口). ——filter or strainer 기름여과(油濾過), ——fuel tank or ——fuel storage tank 연료유(燃料油)탱크. ——gauge 유량계(油量計). ——groove 유로(油路)(Fig. 275). ——head tank 기름 중력조(重力槽)(중력(重力)으로 인하여 유출(流出)시키는 탱크). ——heater 기름 가열기(加熱器). ——hole 기름구멍. ——in bulk 산적유(撒積油)(기름을 그대로 선창(船艙)(탱크로 되어 있다)에 실어서 운반(運搬)한다). —meter 유량계(油量計). ——oven 기름의 연소구(燃燒口). ——pan 주유구(注油具)(Fig.274). ——pollution 기름이 수면(水面)을 더럽히는 것. ——port 급유항구(給油港口). ——pump 기름펌프—— quenching 기름에 의한 소입(燒入)(가열(加熱)된 재료(材料)를 기름 속에

Fig. 276 Oil burning arrangement.

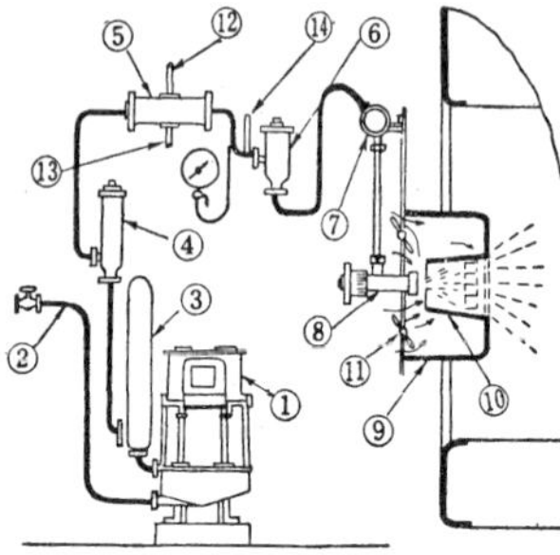

기름 연소 장치(燃燒裝置)

① Pump 펌프. ② Oil pipe from tank 기름탱크로부터의 기름파이프. ③ Air chamber 공기실(空氣室). ④ Low temperature filter 저온여과기(低溫濾過器). ⑤ Heater 가열기(加熱器). ⑥ High temperature filter 고온여과기(高溫濾過器). ⑦ Distribution pipe 분배(分配)파이프. ⑧ Oil burner 오일 버어너. ⑨ Air tight box 공기밀(空氣密)박스. ⑩ Conical air box 원추형 공기실(圓錐形空氣室). ⑪ Throttle door 공기조절(空氣調節)문. ⑫ Steam pipe to heater 가열기(加熱器)로 가는 증기(蒸氣)파이프. ⑬ Exhaust pipe 배기(排氣)파이프. ⑭ Thermometer 온도계(溫度計).

Fig. 277 Four cycle oil engine

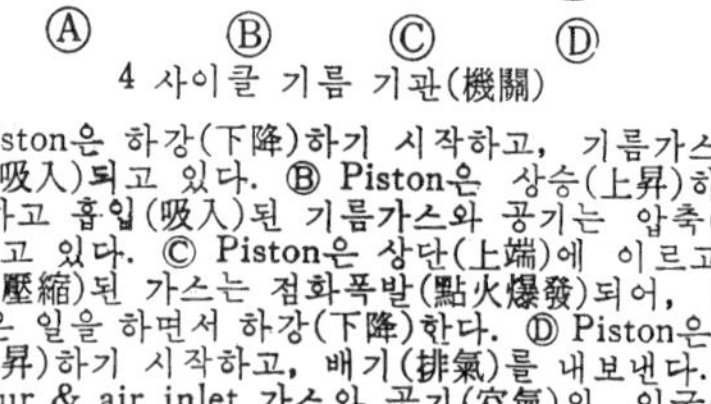

4 사이클 기름 기관(機關)

Ⓐ Piston은 하강(下降)하기 시작하고, 기름가스는 흡입(吸入)되고 있다. Ⓑ Piston은 상승(上昇)하기 시작하고 흡입(吸入)된 기름가스와 공기는 압축(壓縮)되고 있다. Ⓒ Piston은 상단(上端)에 이르고, 압축(壓縮)된 가스는 점화폭발(點火爆發)되어, Piston은 일을 하면서 하강(下降)한다. Ⓓ Piston은 상승(上昇)하기 시작하고, 배기(排氣)를 내보낸다. ① Vapour & air inlet 가스와 공기(空氣)의 입구(入口). ② Spark plug. 점화플러그. ③ Exhaust 배기관(排氣管). ④ Control rod for exhaust valve 배기밸브용 제어봉(排氣辨用制御棒). ⑤ Crank case 크랭크 실(室).

투입(投入)하여 소입(燒入)한다). ——purifier 기름 청정기(淸淨器). Centrifugal ——purifier 원심(遠心)기름청정기(淸淨器). ——scraping ring 기름 끌어올리기 링——separater 분리기(分離器). ——sprayer 분유기(噴油器). ——strainer 기름여과기(濾過器). ——stone 기름 숫돌. ——switch 기름들이 스위치. ——syringe 주유기(注油器)(펌프식)(Fig. 396). ——tank 기름탱크. ——tank vent 기름탱크 통풍통(通風筒)(Fig. 464). ——test 유밀시험(油密試驗). ——tester 기름시험기(試驗器). ——tight 유밀(油密). ——tight pitch 유밀(油密)피치(리벳). ——tight work 유밀공사(油密工事). ——toughening 고열화(高熱化)된 재료를 기름에 넣어서 취성(脆性)의 것을 강성(剛性)의 것으로 한다. **Oiler** 조기수(操機手), 유조선(油槽船).

Omnibus bar 모선(母線)〖電〗(Bus bar와 동의(同意)).

On-position 동작위치(動作位置), 접속위치(接續位置)〖電〗. ——board 선상(船上)에, 선내(船內)에. ——deck girder 갑판상(甲板上)지어더.

Opaque glass 불투명(不透明)유리, 젖빛(乳色) 유리.

Open air condenser 대기복수기(大氣復水器). ——bevel 오픈베벨(Fig. 43④). ——boat 무갑판선(無甲板船). ——circuit voltage 개로전압(開路電壓). ——cycle 개방(開放)사이클. ——exhaust 보통배기(普通排氣). ——feed system 개방급수식(開放給水式). ——floor, skeleton or bracket floor 조립늑판(組立肋板). ——hearth 평로(平爐)(Fig. 212). ——joint 오픈이음. ——port 개항(開港). ——propeller efficiency 단독 프로펠러 효율(効率). ——rail 오픈레일, 손잡이(Fig. 210). ——roadstead 개방묘지(開放錨地). ——rod type(eccentric) 개봉형(開棒形). ——type bearing 개방형(開放形)베어링. **Opening** 입, 벌어짐, 개구(開口). Boiler——보일러 실구(室口). Deck——갑판구(甲板口). Engine——기관실구(機關室口). Hatch——해치 구(口). ——of bevel 개선(開先)의 벌어짐(Fig. 44).

Fig. 278 Two cycle oil engine

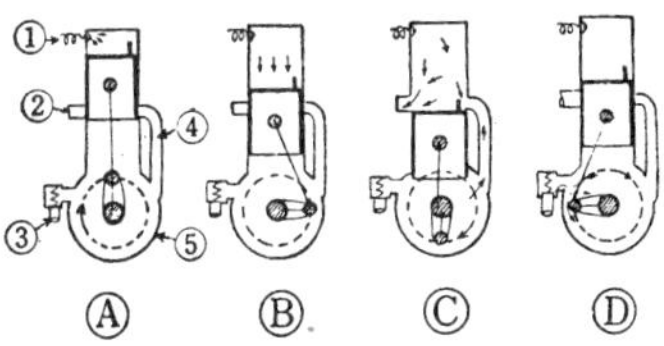

2 사이클 기름기관

Ⓐ Piston이 상단(上端)까지 움직여서 폭발(爆發)이 시작된다. Ⓑ 위의 폭발(爆發)로 말미암아 crank는 직각(直角)이 되어 일하는 행정(行程)을 시작한다. Ⓒ 일을 마치고 piston은 최하단(最下端)에 위치하여 배기(排氣)가 시작된다. 동시에 기름가스가 실린더에 진입(進入)한다. Ⓓ Piston은 상승(上昇)하기 시작하고 가스를 압축(壓縮)한다. ① Spark plug 발화(發火)플러그. ② Exhaust 배기관(排氣管). ③ Vapour inlet from carburetter 기화기(氣化器)로부터의 기름가스 흡입구(吸入口). ③을 지나서 발화전(發火栓) ①에 인도(引導)된다. ④ air pipe 공기관(空氣管). ⑤ Crank case 크랭크실(室).

Opposed piston type 대향(對向)피스톤 형(形).
Optical marking 포우토 마아킹.
Orbital motion 궤도운동(軌道運動).
Ordinary lay 보통(普通)꼬임. (로우프). (☞ lay).
Ordinate 세로 오우디네이트(縱線)(Fig. 124).
Ore carrier 광석 운반선(鑛石運搬船).
Oregon pine 오레곤 소나무, 미송(美松).
Orifice 구멍, 오리피스.
Orlop deck 최하갑판(最下甲板)(4층 갑판선(四層甲板船)이상).
Oscillating cylinder 요동(搖動)실린더. ——engine 진통기관(振筒機關). ——fan 수진선풍기(首振扇風機). **Oscillation** 진동(振動). Axis of——동요축(動搖軸). Damped——감쇠동요(減衰動搖).
Otter board 오터보오드(저인망(底引網)의 전개(展開)를 유도(誘導)해 주는 판(板)(Fig. 425).
Otto cycle 오토우 사이클(Fig. 135Ⓐ).
Outboard 선외(船外)에, 선외(船外)의, 외측(外側)에, 배의 중심선(中心線)을 이탈(離脫)해서. ——machinery or motor 선외기(船外機)(보우트 또는 요트의 선미(船尾)에 있는 착탈(着脫)이 가능(可能)한 발동기(發動機). ——profile 선체의 종방향 측면도(船體縱方向 側面圖). **Out-Reach** 아우트 리이치, 장출량(張出量)(Derrick boom이 선외(船外)로 장출(張出)하는 길이).
Outer bottom 외저(外底). ——harbour 외항(外港). ——hull 외곽(外廓)(잠수함(潛水艦)). (이중곽(二重廓)의 경우). ——plating 외측판(外側板)(Fig. 291③). ——shaft 외측축(外側軸). ——strake 외측판(外側板).
Outfit 의장품(艤裝品). Sanitary——위생 의장품(衛生艤裝品).
Outlet 출구(出口). ——blade angle 공기출구각(出口角). ——velocity 출구속도(出口速度).
Out put 출력(出力). ——density 출력밀도(出力密度).
Outrigger 아우트리거(Fig. 254Ⓐ).
Outside butt strap 외측목판(外側目板). ——cabin 외측선실(外側船室). ——callipers 외측 (外側)캘리퍼 (외경(外徑)을 재는 것) (Fig. 97). ——condenser 선저 복수기(船底復水器). ——diameter 외경(外徑). ——lap 외측(外側)랩(활변(滑辨)). ——planking 외판(外板)(목선(木船)). ——plating 외판(外板). ——staging 외판(外板)발판(Fig. 374).
Outward flow 바깥쪽으로 흐름. ——voyage 왕항(往航).
Oval boiler 타원(楕圓)보일러.
Oven 부뚜막, 오븐. Baker's——빵 굽는 오븐.

Fig. 279 Over lap

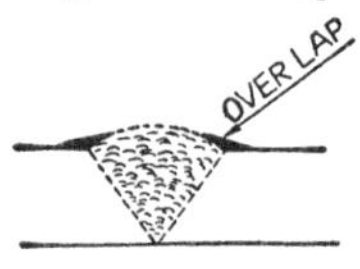

오우버 랩

Electric——전기(電氣)오븐. Oil——기름 연소(燃燒)아궁이.

Over all characteristic 종합특성(綜合特性). ——all dimension 최대(最大) 치수. ——all efficiency 종합효율(綜合效率). ——all length 전장(全長). ——all loading 기름창구(艙口)를 다 열어서 가득히 실은 것. ——all temperature rise 종합 온도상승(綜合溫度上昇). ——balance 지나친 평형(平衡). ——board 선외(船外)로. ——changing switch 체인지(切換)스위치. ——charge 초과장입(超過裝入). ——current trip 과전류(過電流)트립기(器)——expansion 과팽창(過膨脹). ——flow pipe 익출관(溢出管). ——hang 장출(張出)(cantilever와 동의(同意))(Fig. 99). ——hauling 해방(解放). ——haul inspection 해방검사(解放檢査). ——head travelling crane 천정(天井)크레인. ——head weld 상향용접(上向鎔接)(Fig. 413③). ——lap 누접(累接). 오우버 랩〔鎔〕(Fig. 279). ——load 과부하(過負荷). 과적재(過積載). ——load relay 과전류계전기(過電流繼電器). ——load trial 과부하 시운전(過負荷試運轉). ——load trip 과부하 트립기. ——speed governor 과속조속기(過速調速器). ——speed limit 초과속도 한계(超過速度限界). ——time 잔업(殘業).

Owner's inspector 선주감독(船主監督). ——trial 선주시운전(船主試運轉).

Oxide paint 산화금속(酸化金屬) 페인트. **Oxiding** flame 산화염(酸化炎)(취관(吹管)).

Oxter plate 옥스터판(板)(Fig. 289).

Oxy-arc cutting 산소(酸素)아아크 절단(切斷).

Oxygen gouging 산소(酸素)가우징(산소를 연소(燃燒)시켜서 ingot의 표면(表面)을 파는 것). ——lance 산소(酸素)구멍뚫기(구멍뚫기).

Oxy-acetylene blow pipe 산소(酸素)아세틸렌 취관(吹管). ——torch 산소(酸素)아세틸렌 취관(吹管). ——welding 산소(酸素)아세틸렌 용접(鎔接). (보통의 가스용접(鎔接)).

Oxyhydrogen welding 산수소 용접(酸水素鎔接).

Oxy-propane cutting 산소(酸素)프로판 절단(切斷).

P

P.P.I. Plane Position Indicator (레이다아)플레인 포지션 인디케이터.

R.R.R. pulse recurrance rate 펄스 반복수(反復數)(전파(電波)).

Psi pound per square inch ——평방(平方)인치 당(當) 파운드(미국 힘의 단위(單位)).

P.V.D. pressure volume diagram 압력 용적선도(壓力容積線圖).

Packet boat 정기선(定期船). 우편선(郵便船).

Packing 패킹, 채우는 것. Asbestos——석면(石綿)패킹. Carbon——탄소(炭素)패킹. Graphite——흑연(黑鉛)패킹. Grease——그리이스 패킹. Leather——가죽 패킹. Metalic——금속(金屬)패킹. Rope——로우프 패킹. Soft——소프트 패킹. Spanyarn——연사(撚糸)패킹. ——gland 패킹눌림. ——hook or screw 패킹후크(빼내는데 쓰는 고리). ——piece or caulking piece (turbine) 코오킹 피이스. ——ring 패킹 링(Fig. 284⑤, 285③). Restrained——ring or limit ring 제한(制限)링(피스톤). ——stick 패킹스틱(압입봉(押込棒)).

Pad 받침대(受臺). Thrust——드러스트 받침(Fig. 417⑨). wood——목침(木枕)(보기대(補機臺)). **Pad** eye 아이플레이트(Fig. 280Ⓑ). **Padding** 용접(鎔接). (판(板)의 표면(表面)이상으로 쌓아올린 부분(部分) reinforce와 동의(同意)).

Paddle box 외차(外車)덮개. ——steamer 외차기선(外車汽船). ——wheel 외차(外車). ——wheel float 외차익(外車翼).

Padlock 자물쇠.

Paint 도료(塗料) 페인트. Acid resisting——내산(耐酸)페인트. Anti-corrosive——방청(防錆)페인트. Anti-fouling——방오(防汚)페인트(해초 해충(海草海虫)을 막는 도료(塗料)). Black lead——흑연(黑鉛)페인트. Boot top or topping——수선(水線) 페인트. Bottom——선저 (船底) 페인트. Cork——코르크 페인트(도료(塗料)에 코르크 가루 또는 입자(粒子)를 혼합(混合)하여 칠해서 천정(天井)등에 결로(結露)되는 것을 막는다). Graphite—흑연(黑鉛)페인트. Mast colour——마스트색(色) 페인트(황(黃)). Non-flamable ——내화(耐火)페인트. Oil——오일 페인트. Oxide——산화금속(酸化金屬)페인트. Red lead——연단(鉛丹)페인트, 광명단(光明丹). Stone colour——푸른 계통(系統)의 페인트. White lead——백연(白鉛)페인트. White zinc——백아연(白亞鉛)페인트. ——gun 도료분무기(塗料噴霧器)(Fig. 369). ——locker 도료창고(塗料倉庫). ——scraper 페인트 스크래이퍼(도료를 떼내는 도구(道具)). ——sprayer 도료(塗料)스프레이어(취부기(吹付器)). (——gun과 동의 (同意))(Fig. 369). **Painter** 페인트공(工), 배의 밧줄.

Fig. 280
Palm plate & Pad eye

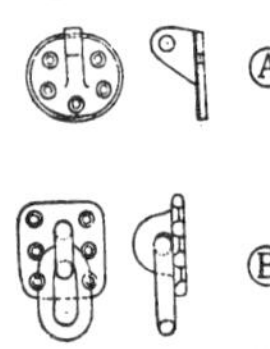

파암 판(板)과
아이 플레이트

Ⓐ Palm plate 파암 판(板). 줄매는 판(板).
Ⓑ Eye plate 아이 플레이트(目付板).

Palm 파암, 취부철물(取付鐵物)(양주(梁柱), 지주(支柱)등을 취부(取付)하는 밑판). ——손바닥에 대는 받침(Fig. 281). ——house 야자실(椰子室), 온실(溫室). ——of anchor 앵커의 파암(Fig. 4). ——plate 파암판(板)(줄을 매는데 쓴다)(Fig. 280Ⓐ). ——stay 파암 스테이(파암이 달린 지주(支柱)).

Pan head rivet 팬 헤드 리벳(Fig. 324⑦).

Panama fair lead 파나마 페어리이드(closed fair lead라고도 한다)(Fig. 183). ——canal tonnage 파나마 운하톤수(運河噸數)(통과요금(通過料金)의 기준(基準)이 되는 톤수(噸數)이며 panama rule에 의하여 규정(規定)되고 우리나라의 톤수(噸數)와는 약간 다르다).

Fig. 281 Palm

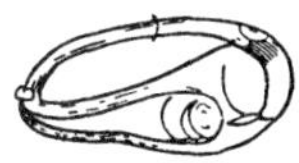

손바닥용(用)받침

돛을 꿰맬 때 손바닥에 데는 가죽 받침

Panel 패널. Cartouche——장식경판(裝飾鏡板). Graphic——도해표시(圖解表示)패널. Plaster——석고내장(石膏內張). Tapestry——양탄자내장(洋緞子內張). **Panel** breaker 패널브레이커(패널에 붙인 차단기(遮斷器)). ——construction 평면(平面) 블록구조(構造)〔鎔〕. ——work 패널공사(工事). **Paneling** 패널.

Panting 팬팅. ——action 팬팅작용(作用)(선수미(船首尾)를 파도가 때리는 작용(作用), slamming과 동의(同意)). ——arrangement 선수미(船首尾)의 팬팅 구조(構造)(Fig. 82). ——beam 팬팅비임(팬팅 때문에 특설(特設)된 비임)(Fig 82⑨). ——stress 팬팅응력(應力)(배가 파도를 맞거나 또는 종요(縱搖)할 때 선수미(船首尾)가 상하(上下)하여 선수미(船首尾)에 생기는 (應力)). ——stringer 팬팅 스트링거(팬팅에 대비(對備)한 종재(縱材)(Fig. 82⑩).

Pantograph (or pantagraph) 축도기(縮圖器), 가선(架線)받침(전동차(電動車)).

Pantry 배선실(配膳室).

Paper insulated cable 지권(紙捲)케이블.

Parachute signal 패러슈우트 신호(信號).

Paraffin 파라핀. ——or oil engine 석유기관(石油機關).

Parallel body 평행부(平行部)(Fig. 245). ——flow heat exchanger or generator 병류형 열교환기(並流形熱交換器). ——flow or axial flow turbine 축류(軸流)터어빈. ——operation 병열운전(並列運轉)〔電〕. ——ruler 평행(平行)자. ——running 병열운전(並列運轉)(電). ——system 병열식(並列式)〔電〕. ——welding 스트레이트 비이트 용접(鎔接). **Parallelo-**gram 평행사변형(平行4邊形). ——piped 평행주형(平行柱形).

Parcelled end 헝겊으로 싼 단말(端末)(케이블).

Parent form 원형(原型). ——metal 모재(母材)〔鎔〕.

Part load 부분부하(部分負荷)(가스터어빈). ——renew 부분적(部分的)바꾸기.

Partial awning deck vessel 부분복갑판선(部分覆甲板船). ——bulkhead 부분격벽(部分隔壁). ——double bottom 부분이중저(部分二重底). ——or detached superstructure 부분선루(部分船樓). ——gear system 부분감속식

(部分減速式). **Partially** protected poop front bulkhead 부분적(部分的)으로 보호(保護)된 선미루 전단격벽(船尾樓前端隔壁).

Particular 요목(要目). ——average 단독해손(單獨海損)〔關:General average 공동해손(共同海損)〕. ——sheet 요목표(要目表).

Partition plate or division plate 간막이판(仕切板).

Pass 패스(한개의 용접봉(鎔接棒)으로서 용착(溶着)된 금속(金屬)의 길이). ——key 예비(豫備)자물쇠. ——valve or impulse valve 패스 밸브(拔道辨).

Passage 통로(通路). ——of turbine 유로(流路)(가스터어빈).

Passenger 여객(旅客). Cabin——구획침실여객(區劃寢室旅客), 1.2등객(一二等客). Deck——갑판여객(甲板旅客)(남양(南洋)이나 남지나(南支那)지방에 한정(限定)되어 천막갑판(天幕甲板)위에 잡거(雜居)하는 여객(旅客)). First saloon——1등객(一等客). Prescribed number of——여객정원(旅客定員). Second saloon——2등객(二等客). Steerage——하급선객(下級船客), 3등여객(三等旅客). ——accommodation 여객설비(旅客設備). ——boat 객선(客船). Single class——boat 단급여객선(單級旅客船)(배 전체를 2등객이나 3등객용으로 만든 배).

Passing tongs 불집게(리벳)(Fig. 418).

Patch 패치, 당금(當金). Blind——맹판(盲板). Edge——에지 패치, 연당금(緣當金)(외판(外板)이 겹쳐진 곳의 리벳머리나 누접판(累接板)이 마감(摩減)된 때의 복판(覆板))(Fig. 168, Fig. 380 stem shoe도 그의 일종(一種)). Hard——리벳잠그기 당금(當金). Soft——보울트 잠그기 당금(當金).

Patent log 페이턴트 로그, 예항측정기(曳航測程器)(Fig. 251).

Patrol boat 순시선(巡視船).

Pattern 원형(原型), 목형(木型). Approved——승인형(承認型). **Patterner** 목형공(木型工).

Pawl 캡스턴 역지봉(逆止棒).

Pay 마아린류, 타르 등을 시임(縱線)에 메꾸는 것, 지불(支拂). ——master 주계관(主計官).

Peak 피이크, 첨단(尖端). 선수미(船首尾). ——frame 피이크 프레임(선수미양단(船首尾兩端)의 늑골(肋骨)). ——load 피이크 하중(荷重)(☞ Load). ——tank 피이크 탱크, 선수미창(船首尾艙)(Fig. 12㉚㊻).

Pear shape 수류형(水流形).

Pearl boat 진주채취선(眞珠採取船).

Pearlite 퍼얼라이트. 철강조직부(鐵鋼組織部)의 이름.

Peat 진흙탄(泥炭).

Pecker 페커, 곡괭이.

Pedestal 베어링, 대(台)(Fig. 31⑦ plumber block과 동의(同意)). Open——

type 양변기(洋便器)의 형(型).
Peeler 가죽을 벗기는 도구(道具).
Peening 피이닝, 추타법(鎚打法)〔鎔〕(비이트를 가볍게 두들겨 용접내응력(鎔接內應力)을 제거(除去)하는 법). ——hammer 피이닝 해머. ——tool 피이닝용 공구(工具)(Fig. 420).
Peep hole 엿보는 구멍.
Pegamoid 페가모이드, 무늬든 의혁(擬革).
Pelorus or dumb card 덤브 카아드, 방위반(方位盤)(Fig. 119Ⓑ②).
Pen tray 펜 담는 것.
Pendant or **Pennant** 펜단트, 장기(長旗), 단삭(短索), 단쇄(短鎖). Answering——회답기(回答旗). Towing——예강(曳綱)을 취부(取付)하는 줄. ——lamp 펜단트 등(燈).
Pendulum impact testing machine 진자 충격시험기(振子衝擊試驗機).
Penetration 용입(溶込)〔鎔〕(Fig. 473③). **Penetrometer** X선경도계(X線 硬度計).
Percent 퍼센트, %, ——shear 전단면율(剪斷面率). **Percentage** 백분율(百分率). Wake——반류율(伴流率).
Percussion or impact test 충격시험(衝擊試驗). ——welding 충격용접(衝擊鎔接)(철(鐵)을 적열(赤熱)시켜 두들겨서 용접하는 단접(鍛接)(혹은 콘덴서에 축전(蓄電)된 큰 전력(電力)으로서 압접(壓接)에 의하여 하는 저항용접(抵抗鎔接)).
Perfect fluide 이상유체(理想流體). ——gas 이상기체(理想氣體).
Perforated plate 구멍난 판(板). ——ring, pulversing or pulveriser ring, 다공(多孔)링.
Performance test 작동(作動)(성능시험)(性能試驗).
Pergament or parchment paper 황산지(硫酸紙).
Period 주기(周期). Natural——고유주기(固有周期). Rolling——횡요주기(橫搖周期). Wave——파주기(波周期). ——of encounter 조우주기(遭遇周期). ——of pitching 종요주기(縱搖周期). ——of rolling 횡요주기(橫搖周期).
Periodical survey 정기검사(定期檢査)(이것에는 special survey 특별(特別) 또는 정기검사(定期檢査)와 Annual survey 연차(年次) 또는 중간검사(中間檢査)의 2종(二種)이 있다).
Peripheral velocity 주속도(周速度).
Periscope 잠망경(潛望鏡).
Permanent coal bunker 상비 석탄고(常備石炭庫), ——set 영구(永久)스트레인(휘어진 그대로 있고 원상복귀(原狀復歸)하지 않는 스트레인). ——repair 본수리(本修理)〔關:Temporary repair 가수리(假修理)〕.
Permeability 침수율(浸水率), 도자율(導磁率).

Permissible length 가허장(可許長)(구획 만재흘수선 규칙(區劃 滿載吃水線規則)).

Perspective drawing 투시도(透視圖).

Pet cock or valve 작은 코크 또는 밸브.

Petrol 석유(石油), 경유(輕油). **Petroleum** 석유(石油). ──vapour 석유(石油)가스.

Petty officer 하급사관(下級士官), 상급속원(上級屬員).

Phase 상(相), 위상(位相)〔電〕. Single──단상(單相). Two, Three──2상, 3상(二相, 三相). ──advancer 진상기(進相機). ──angle 위상각(位相角). ──converter 상수변환기(相數變換機). ──difference 위상차(位相差). ──lag 늦은 위상(位相). ──sequence 상(相)시이퀀스(상순서(相順序)).

Phenolic resin 석탄산(石炭酸)으로서 처리(處理)된 수지(樹脂).

Phosphor bronze 인청동(燐靑銅)(인(燐) 0.5%, 주석(錫) 5%, 동(銅) 94.5%의 합금(合金)이며, valve, bearing, propeller 등에 사용된다).

Photoelastic test 광탄성 시험(光彈性試驗). **Photo-elasticity** 광탄성(光彈性)(셀룰로이드 기타의 재료로서 어떤 모양의 시험편(試驗片)을 만들어 이것에 load를 걸면 그 stress의 생긴 모양을 편광사진(偏光寫眞)으로 볼 수 있다).

Photostat 사진복사기(寫眞複寫機).

Physical property 물리적 성질(物理的性質). ──research 물리적 연구(物理的硏究). ──test 물리적 시험(物理的試驗)〔關:chemical test 화학적 시험(化學的試驗)〕.

Pick up rivet or weld 픽업 리벳 또는 픽업 용접(鎔接)(중간에서 마쳤던 일을 후에 계속하는 것). ──test 발출시험(拔出試驗).

Picker 돌봉(突棒)(oil engine).

Pickling 산(酸)씻기, 피클링, ──tank or acid bath 산세(酸洗)탱크.

Piece work 단가(單價)일. ──work rate 단가일 율(率).

Pier 잔교(棧橋).

Pig iron 선철(銑鐵). Charcoal──iron 목탄선철(木炭銑鐵)(목탄(木炭)으로서 제철(製鐵)된 철(鐵)). Gray──iron 회색 선철(銑鐵)(주물용(鑄物用)). White──iron 백선철(白銑鐵)(제강용(製鋼用)).

Pigment 안료(顔料).

Pilaster 주형(柱形).

Pilferage 좀도둑.

Piling sheet bar 파이링 판(板)(매립(埋立)때 물 막는 벽 등에 사용된다).

Pillar or stanchion 필러, 기둥, hold──창내(艙內)필러. Hollow──중공(中空)필러. Portable──포오터블 필러(取外필러). Quarter──측(側)필러. Solid──중실(中實)필러. Standard──, steady pipe, stand pipe or stand column (water gauge) 관주(管柱)(Fig. 202④). Tubular——관(管)필러. Widely spaced——특설(特設)필러. **Pillar** buoy 원주(圓柱)부이. ——plan 필러 배치도(配置圖).

Pillow 베개. ——case 베개 덮개. Feather——틀 베개.

Pilot 도선사(導船士), 수로지(水路誌). Gyro——자이로 파일로트, 자동조타장치(自動操舵裝置). ——boat 인도선(引導船). ——bridge 파일로트 브리지. ——chart 파일로트 챠아트(해도(海圖)). ——flag 파일로트 기(旗). ——house 타취실(舵取室)(소형선(小形船)). ——ignition(diesel) 도점화(導點火). ——ladder 도선사용(導船士用)사다리. ——lamp 표시등(작동하고 있나, 있지않나를 나타낸다). ——room 파일로트 실(室). ——station 파일로트 스테이션(도선사(導船士)모임). ——valve 파일로트 밸브. ——vessel 인도선(引導船). **Pilotage** 도선안내(導船案內), 도선안내료(導船案內料).

Pin block 핀 반목(盤木). ——hole 핀 구멍(주물(鑄物)등에 생기는 아주 작은 구멍). ——joint 핀 이음.

Pinion 소치차(小齒車)(Fig. 309). Three bearing——3 베어링 치차(齒車). ——shaft 소치차 축(小齒車軸).

Pinnace 핀너스(보우트).

Pintle 핀틀(타침(舵針))(Fig. 337). Locking——로킹핀틀(타지(舵止)핀틀).

Pipe 관(管), 호각. Air & sounding——측심겸용 공기관(測深兼用空氣管). Bilge——빌지파이프. Blast air——(diesel) 분사공기관(噴射空氣管). Blast——송기관(送氣管). Blow——취관(吹管). Breeches——2지관(二枝管). Brine——브라인관(管). Bypath——바이패스 관(管), 측로관(側路管). Chain——체인 파이프(윈들러스로부터 체인창고(艙庫)로 인도하는 파이프). Communicating——연락관(連絡管). Cooling——냉각관(冷却管). Deck——갑판관(甲板管). Delivery——송출관(送出管). Discharge——토출관(吐出管). Drain——드레인 관(管). Eduction——배기관(排氣管). Equalizing——균압관(均壓管)(터어빈). Exhaust——배기관(排氣管). Feed——급수관(給水管). Filling——주입관(注入管). Flexible——가요관(可撓管). Flooding——장수관(張水管). Freeing——(oil tanker) 가스 도출관(逃出管). Gas ejector——가스 이젝터(배출관(排出管)). Hawse——호오즈 파이프(Fig. 12㉗). Indicator——인디케이터 관(管). Lead——연관(鉛管). Leveling——연락관(連絡管). Mooring——무어링 파이프(계선관(繫船管))(Fig. 262). Oil——오일 파이프(油管). Overflow——일출관(溢出管). Sanitary——위생관(衛生管). Scupper——배수관(排水管). Soil——오물관(汚物管). Sounding——측심관(測深管). Steam——증기관(蒸氣管). Steam heating——증기 가열관(蒸氣加熱管). Steel——강관(鋼管). Suction——or tail——(pump) 흡입관(吸込管). Summer——하기 유조관(夏期油槽管). Supply——공급관(供給管). Tail or Suction——(pump) 흡입관(吸込管). Telescopic

——모자식관(母子式管). Voice——or tube 전성관(傳聲管). Wash deck——갑판 세정관(甲板洗淨管). Waste steam——폐기관(廢氣管). Water service——배수관(配水管). ——or call 호각(號角)——arrangement 배관도(配管圖). ——casing 파이프 케이싱(위벽(圍壁)). ——chair 파이프 받침. ——conduit 관로(管路). ——grid 관격자(管格子). ——holder 파이프 받침. ——joint piece 관(管)이음(Fig. 232). ——passage 관통로(管通路). ——reamer 파이프 리이머. ——recess 파이프 리세스. ——screw cutting machine or threading machine 파이프 나사깎기 기계(機械). ——tunnel 관통로(管通路)(선저(船底)의 여러 파이프를 모아서 선저(船底)를 종통(縱通)하는 통로(通路)내에 격납(格納)한 것). ——wrench or Spanner 파이프 렌치(Fig. 283).

Fig. 282 Pipe joint piece

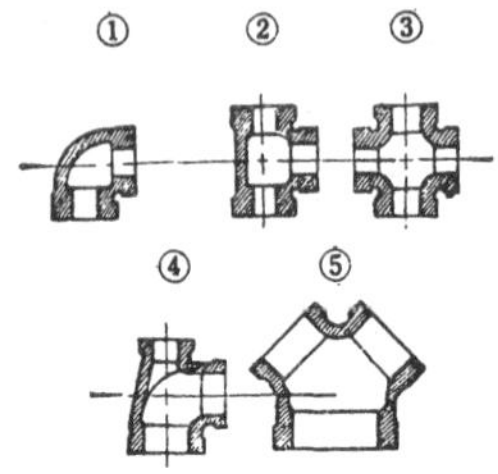

파이프 이음

① Bent piece 곡계수(曲繼手). ② T piece T형 이음. ③ Cross piece 十자형 이음. ④ T piece T형 이음(구경(口徑)이 다른 것). ⑤ V piece V형 이음.

Fig. 283
Pipe wrench or spanner

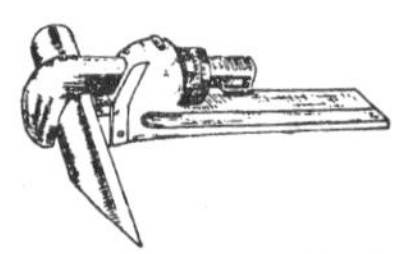

파이프 렌치

Piping 배관(配管). ——diagram 관계도(管系圖). ——plan 배관도(配管圖). ——work 배관공사(配管工事).

Piston 피스톤(Fig. 234, 237). Balance——평형(平衡)피스톤. Dummy——더미 피스톤. Guide——가이드 피스톤. Oil cooled——유냉(油冷)피스톤. Step——or guide——단(段)붙이 피스톤. Trunk——트렁크 피스톤(Fig. 287), 통형(筒形)피스톤. V-shape——V형 피스톤(Fig. 235, 236). ——cooling oil pump 피스톤 냉각유(冷却油)펌프. ——displacement 피스톤 배제용적(排除容積). ——head or crown 피스톤 해드(diesel). ——ring or——packing ring 피스톤 링(Fig. 284). ——rod 피스톤 로드(Fig. 284). ——seiging 피스톤의 소부(燒付). ——skirt 피스톤 스커어트(Fig. 237 ⑩). ——valve 피스톤 형(통(筒))밸브.

Pitch 피치(역청(瀝靑)), 심거(心距)(리벳 등), 나사의 산(山)사이의 거리. Actual——, Analysis——, Virtual——, Effective——실측(實測)피치, Apparent——겉보기의 피치. Axial——축방향(軸方向)피치. Chordal——현(舷)피치, Circular——주(周)피치. Circumferential——주(周)피치. Diagonal——사(斜)피치. Face——압력면(壓力面)피치(프로펠러). Increasing——점증(漸增)피치. Oil-tight——유밀(油密)피치(리벳). Mean——평균(平均)피치. Normal——정(正)피치. Watertight——수밀(水密)피치(리벳). ——angle 피치각(角). ——circle 피치원(圓)(Fig.309). ——gauge 피치 게이지(정규(定規)). ——ratio 피치 비(比)(추진기(推進器)의 피치와 지름과의 비(比)). ——template 피치형판(型板).

Pitching 배의 종요(縱搖). Period of——종요주기(縱搖周期).

Pitchometer 피치계(計).

Pitting corrosion 점식(點蝕)(반점(斑點)이 생기는 부식(腐蝕)).

Pivot 회전축두(回轉軸頭). **Pivoted** bolt 축(軸)이 되는 보울트. ——jib crane 피보트 회전(回轉)크레인(Fig.129). **Pivoting** point 전심(轉心).

Plain bracket 평(平)브래킷〔關 : Flanged bracket 플렌지 브래킷(브래킷의 유변(遊邊)을 굽힌 것〕. ——furnace 평형 로통(平形爐筒)〔關 : corrugated furnace 파형 로통(波形爐筒)〕.

Plan 계획(計劃), 평면도(平面圖), Accommodation——거실 배치도(居室配置圖). Arrangement——배치도(配置圖). Body——정면선도(正面線圖)(Fig. 246). Bulkhead——격벽 구조도(隔壁構造圖). Cabin——선실 배치도(船室配置圖). Capacity——용적도(容積圖). Cargo——화물적부도(貨物積付圖). Deck——갑판평면도(甲板平面圖). Electric wiring——전로배선도(電路配線圖). Half breadth——반폭선도(半幅線圖)(Fig. 245). Heating——난방장치도(暖房裝置圖). Pillar——필러 배치도(配置圖). Piping——배관도(配管

Fig. 284 Piston

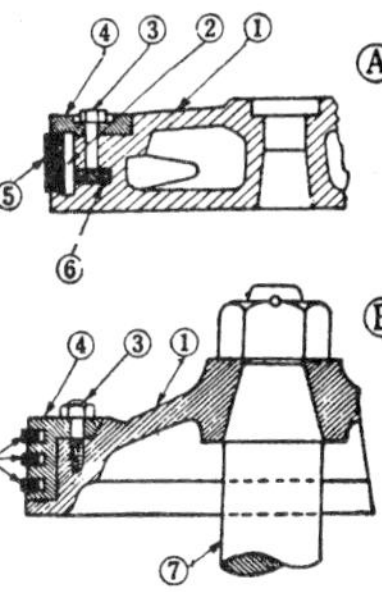

피 스 톤

Ⓐ Box shape piston 상자형 피스톤(주철(鑄鐵)). Ⓑ Bevel piston 베벨형 피스톤(주강(鑄鋼)).
① Piston body 피스톤 본체(本體). ② Spring recess 스프링 러세스(스프링 넣는 곳). ③ Junk ring bolt 정크링 눌림 보울트. ④ Junk ring 정크 링(부환(浮環)). ⑤ Piston ring 피스톤 링. ⑥ Junk ring nut 정크 링 너트. ⑦ Piston rod 피스톤 로드.

Fig. 285 V-Shape piston

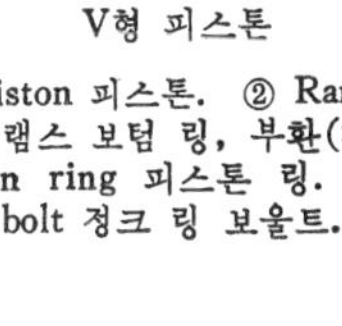

V형 피스톤

① Piston 피스톤. ② Ramsbottom ring 램스 보텀 링, 부환(浮環). ③ Piston ring 피스톤 링. ④ Junk ring bolt 정크 링 보울트.

圖). Pumping and drainage —— 주배수 장치도(注排水裝置圖). Rigging—— 범장도(帆裝圖), 강구 배치도(綱具配置圖). Rudder——타도(舵圖). Sheer—측면선도(側面線圖)(Fig. 245). Shell expansion ——외판 전개도(外板展開圖). Stowage——화물적부도(貨物積付圖). Water service—— 배수관도(配水管圖). Ventilation —— 통풍관 배치도(通風管配置圖).

Fig. 286.
V-shape piston

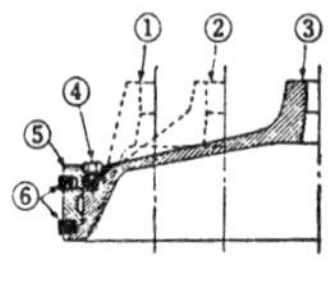

V형 피스톤

① High pressure 고압용(高壓用). ② Intermediate pressure 중압용(中壓用), ③ Low pressure 저압용(低壓用). ④ Junk ring bolt 정크 링 보울트. ⑤ Junk ring 정크 링. ⑥ piston ring 피스톤 링.

Fig. 287.
Trunk piston
(2-cycle diesel)

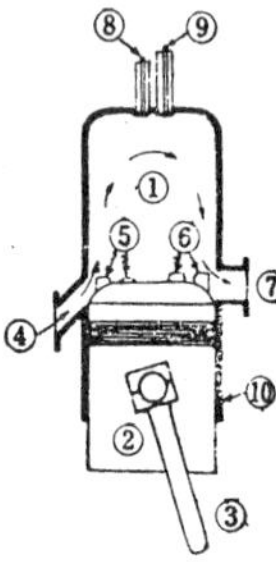

통형(筒形)피스톤

① Cylinder 실린더. ② Piston 피스톤. ③ Piston rod 피스톤 로드(棒). ④ Scavenging air inlet 소기흡입구(掃氣吸込口). ⑤ Scavenging port 소기공(掃氣孔). ⑥⑦ Exhaust port 배기공(排氣孔). ⑧ Fuel valve 연료변(燃料辨). ⑨ Starting valve 시동변(始動辨). ⑩ Skirt 스커어트.

Plane scarph 평면 스카아프(이음)(hook scarph Fig. 342에 대한 말).

Planing machine 평삭기(平削機). Angle——machine 산형재 평삭반(山形材平削盤). Edge——machine 연 평삭반(緣平削盤). ——speed 활주속도(滑走速度).

Planished plate 광택(光澤)붙이 판(板).

Plank 판자(板) 〖木〗. Bilge——만곡부 외판(灣曲部外板)(목선(木船)). Bottom——선저외판(船底外板). (목선(木船)). Boundary——or margin——목갑판 연판(木甲板緣板)(Fig. 192⑤). Stage——발판(Fig. 374①). ——sheer or covering board 현연재(舷緣材)(Fig. 496⑧). 〖木〗

Planimeter 플래니미터(면적(面積)을 측정하는 기구(器具)). (Fig. 288).

Planomiller 평삭(平削)프라이스 반(盤).

Plant 설비(設備). 장치(裝置). Condensing——복수설비(復水設備). Distilling——증류장치(蒸溜裝置). Hydraulic——수압(水壓)플랜트. Pneumatic——압축공기 설비(壓縮空氣設備). Power——원동소 설비(原動所設備). Refrigerating——냉동장치(冷凍裝置).

Plaster panel 석고내장(石膏內張). **Plastered** ship 콘크리이트 선(船).

Plastic deformation 소성변형(塑性變形)(수지성 물질(樹脂性物質)을 고체화

(固體化)시키는 종류에 속하는 변형방법(變形方法)). ——design 탄성한도(彈性限度)를 넘는 힘을 고려(考慮)에 두는 설계(設計). ——state 소성상태(塑性狀態), **Plasticity** 점성(粘性).

Plate 판(板), 극판(極板)〔電〕. ——Oxter——옥스터판(板)(Fig. 289). Sketch——스케치 판(板)(Fig.292). Tuck——터크 판(板)(Fig. 290). ——bending roll 판(板) 벤딩 로울(Fig. 188). ——edge preparation 판연준비(板緣準備)〔鎔〕(개선(開先)맞추기. ——guard 플레이트 가아드(접시가 탁자(卓子)에서 떨어지지 않게 하는 것). ——floor 실체늑판(實體肋板). ——keel 평판용골(平板龍骨) (Fig. 259㉓). —— mangle or —— straightener 플레이트 스트레이터너, 주름펴기 기계(機械). 판벽(板僻) 없애는 기계. ——rack 배선실(配膳室)의 식기장(食器藏). ——saw 평판(平板)톱. ——stem 평판 선수재(平板船首材). ——system 판빙식(板氷式)(제빙(製氷)). ——type regenerator 판식 열교환기(板式熱交換器). **Plater** 철판공(鐵板工), 강판공(鋼板工), **Plating** system 판(板)을 대는 방법(方法)(Fig. 291).

Fig. 288 Planimeter

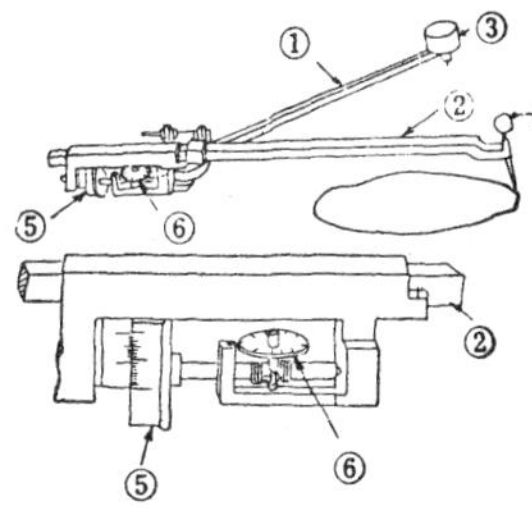

플래니미터

① Arm 아암, ② Arm 아암, ③ Fixed point 고정점(固定點). ④ Tracer 추적침(追跡針). ⑤ Wheel 회전바퀴. ⑥ Indicator 인디케이터. ③을 어떤 한 점에 고정(固定)시키고. ④로서 측정할 Area 면적을 일주(一週)시키면, ⑤가 회전하여 ⑥에 기입(記入)된 숫자(數字)와 ⑤의 눈금으로서 이 면적이 표시된다.

Platform deck 대갑판(臺甲板).

Pleasure yacht 유람(遊覽)요트.

Plenum gauge 프레넘 게이지, 급기압력계(給氣壓力計). ——system or supply system 급기식(給氣式)(환기(換氣)).

Pliers 플라이어, 뻰찌, 철선(鐵線)가위(Fig. 293).

Plimsoll's mark (LWL) 프림솔 표(標), 건현표(乾舷標)(Fig. 192).

Plowing 선수(船首)의 몰수(沒水).

Plug 플러그 (전(栓)), 현창외개(舷窓外蓋). Air——공기전(空氣栓)(맨호울 덮개의 구석에 있다). Bilge——빌지 플러그(방수전(放水栓)). Bottom——선저(船底) 플러그 전(栓)). Core——코어 플러그(中子栓). Drain——드레인 플러그. Fusible——가융(可融)플러그. Ignition or spark——점화(點火)플러그. Tube——or tube drift 튜우브 플러그(Fig. 389). ——and socket 접선접속(接線接續)소케트. ——hole 플러그 구멍. ——or slot weld 플러그 용접

(栓鎔接) (Fig. 487).

Plumb bob 추(錘)(Fig. 294). ——line 연직선(鉛直線), **Plumber** or **plummer** 관공(管工). ——block 중간 베어링(Fig. 259). ——shop 관공장(管工場). ——work 관작업(管作業) (이것은 Bilge pump 빌지펌프. Air and sounding pipe 공기겸 측심관(空氣兼測深管). Fire main 소방수관(消防水管). Scupper 배수구(排水口). Water service 해수 청수설비(海水淸水設備). Piping for bath, galley, washing basin, pantry etc. 목욕실(沐浴室), 조리실(調理室), 세면장(洗面場) 배선실(配膳室)등의 관공작(管工作), Soil piping 오수관(汚水管), Wash deck pipe 갑판세정관(甲板洗淨管). Telemotor pipe 텔레모우터 파이프. Voice tube 전성관(傳聲管)등의 작업(作業) 및 Grid for refrigerating, steam, heater, exhaust etc. 냉동관(冷凍管), 증기관(蒸氣管), 가열관(加熱管), 배기관(排氣管) 등의 취부공사(取付工事)를 포함한다)

Plumbing drain 위생(衛生) 드레인. ——fixture 위생자기(衛生瓷器).

Plummet 경사계(傾斜計).

Plunger 플런저(Fig. 219④). ——pump 플런저 펌프(램으로서 송수(送水)하는 펌프). ——ram 플런저 펌프의 램(Fig. 219④, 335④).

Ply 층(層). Two-Three-Four—— 2장 겹치기, 3장 겹치기, 4장 겹

Fig. 289 Oxter plate

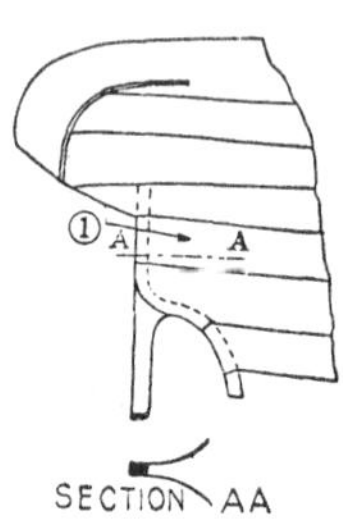

옥스터 판(板)

① Oxter plate

Fig. 290 Tuck plate

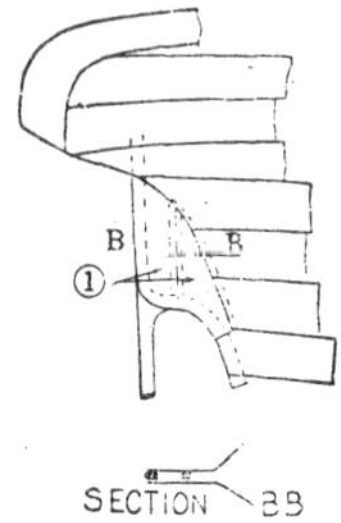

터크 판(板)

① Tuck plate

Fig. 291 Plating system

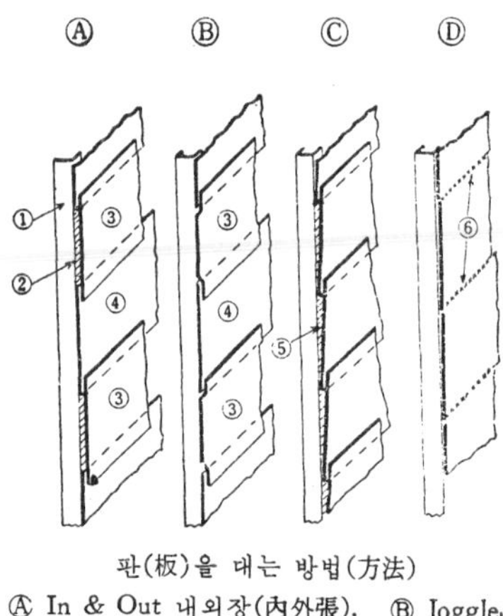

판(板)을 대는 방법(方法)

Ⓐ In & Out 내외장(內外張). Ⓑ Joggled 단부장(段付張). Ⓒ Clinker 개장(鎧張). Ⓓ Flush 평장(平張)(鎔接).
① Frame 프레임. ② Liner 라이너. ③ Outer strake 외층판(外層板), ④ Inner strake 내층판(內層板), ⑤ Tapered liner 3각(角)라이너. ⑥ Butt weld 충접용접(衝接鎔接).

치기. **Plying** Limit 항행 구역제한(航行區域制限). ——wood 베니어 합판(合板).

Pneumacator or teledepth 기압측심계(氣壓測深計)(탱크 내의 양(量)을 잰다).

Pneumatic brake 공기(空氣)브레이크. ——hammer 공기(空氣)해머 (Fig. 296). ——plant 압축공기 설비(壓縮空氣設備). ——riveting 공기(空氣)리베팅. ——starting valve 공기시동(空氣始動)밸브. ——tube 기송관(氣送管). ——tube fire alarm system 공기관식 화재경보장치(空氣管式火災警報裝置).

Pocket bunker 포켓 벙커(소탄고(小炭庫)).

Point 코(항해(航海)), 끝(리벳), 점(點)(방위각 단위(方位角單位)). ——of release 릴리이즈 점(點)(해방점(解放點)). ——of decalescence 실휘점(失輝點). ——of recalescence 재휘점(再輝點).

Poise weight 평형분동(平衡分銅).

Poisson's rate 포아슨 비(比).

Poke welding 수동점용접(手動點鎔接).

Poker or slice bar 불막대. ——gauge 포우커 게이지(간격계(間隔計)).

Polar coordinate 극좌표(極座標). ——moment of inertia 관성극(慣性極)모우먼트. **Polarity** of ground 접지(接地)의 극성(極性).

Pole 극(極)〔電〕. ——and line fishing boat 1본조 어선(一本釣漁船). Commutating——정류극(整流極). Inter——보극(補極). Magnetic——자극(磁極). ——changing switch 전극(轉極)스위치. ——mast 봉

Fig. 292 Sketch plate

스케치 플레이트

4변(邊) 가운데 어떤 변이 직각(直角)이 아닌 판(板).

Fig. 293 Pliers

플라이어 뻰찌

Fig. 294 Plumb bob

추(錘)

Fig. 295 Plumber block

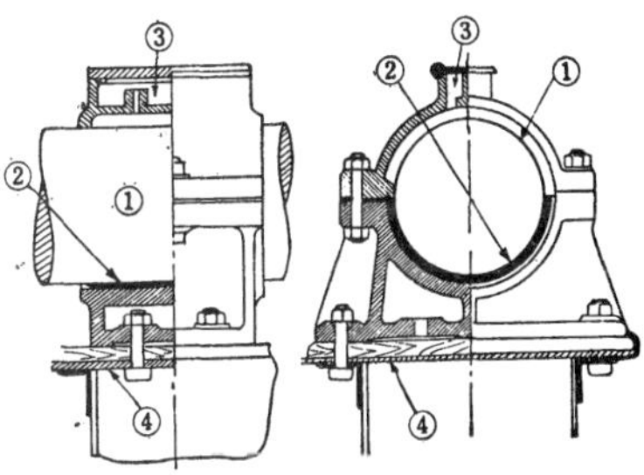

중간 베어링

① Tunnel or Intermediate shaft 중간축(中間軸). ② White metal 화이트 메탈(감마용(減摩用)). ③ Oil box 기름 단지. ④ Built up stool 조립(組立)받침대.

(棒)마스트. ——piece 극편(極片). ——shoe 극편(極片).

Poliage 당초(唐草)무늬.

Police patrol 순시선(巡視船).

Polychroplane sheathed cable 폴리클로플렌 피복(被覆) 케이블.

Polyphase 다상(多相). **Polytropic** efficiency 폴리트로픽 효율(効率)(가스 터어빈).

Pontoon 상자형선(箱子型船). ——bridge 부교(浮橋). ——crane 폰투운(浮)크레인. ——hatch cover 철상자형(鐵箱子型)해치 보오드. ——raft 폰투운 래프트.

Poop 선미루(船尾樓). Long——장선미루(長船尾樓). Sunken——저선미루(低船尾樓). ——deck 선미루갑판(船尾樓甲板). ——front bulkhead 선미루 전단격벽(船尾樓前端隔壁).

Poppet 포피트(진수대(進水臺)(Fig. 241), 오올 걸치는 대(臺). ——pressure 포피트 압력(壓力). ——valve or **puppet** valve 포피트 밸브.

Porcelain bowl 도기제 변기(陶器製便器).

Porosity 다공성(多孔性). **Porous** deposit 다공성 용착금속(多孔性 溶着金屬). 〔關 : Solid or compact deposit의 반대(反對)〕.

Port 좌현(左舷), 문(門), 항(港), 구(口). Admission——진입구(進入口). Air——원형창(圓形窓), 공기구(空氣口). Air suction ——or Air inlet —— 공기흡입구(空氣吸込口). Cargc——재화문(載貨門)(Fig. 297). (현측(舷側)에 뚫은 구멍. 갑판(甲板)에서는 Hatch라고 한다). Coal——재탄문(載炭門). Coaling——급탄항(給炭港). Exhaust——or slot 배기구(排氣口). Gangway——or gangway 현문(舷門). Lumber or raft——목재 적입구(木材積込口)또는 항(港). Scavenging——(diesel)소기공(掃氣孔)(Fig. 287⑤). Steam——증기구(蒸氣口)(Fig. 136⑥). Ullage——(oil tank) 유면 측정공(油面測程孔). Wash or freeing——방수구(放水口)(Fig. 12㉟). **Port** bower, second or small bower 좌현(左舷) 대(大)앵커. ——clearance 출항면장(出港免狀)——flap or——lid 배수공 플랩. ——hole 현창(舷窓). ——light 현창(舷窓)

Fig. 296
Pneumatic hammer

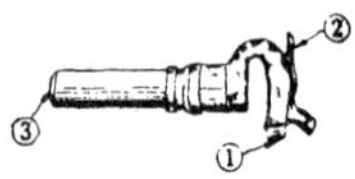

공기(空氣)해머

① Compressed air coupling 압축공기관 취부구(壓縮空氣管取付口). ② Valve handle 밸브 핸들. ③ Tool fitting 공구 취부구(工具取付口).

Fig. 297 Cargo port

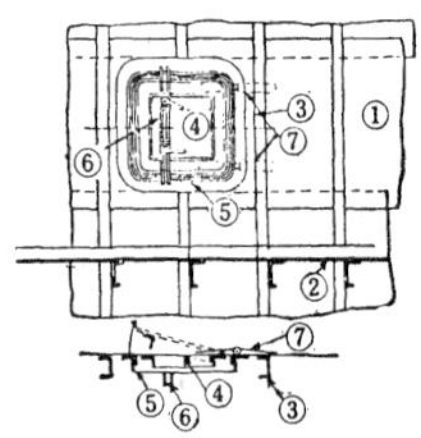

재화문(載貨門)

① Shell 외판(外板). ② Deck 갑판(甲肋). ③ Frame 늑골(肋骨). ④ Door 도어. ⑤ Collar angle 주위 산형재(周圍山形材). ⑥ Back bridge or dog stay 배재(背材). ⑦ Hinge 경첩.

(Fig. 363). ——of registry 선적항(船籍港). ——scavenging(diesel) 구멍 소기법(掃氣法)(Fig. 287). ——speed 어떤 항구(港口)의 하역속도(荷役速度). ——timber 선미 종익재(船尾縱翼材)〘木〙. ——of call 기항지(寄港地). ——of destination 목적항(目的港). ——of discharge 양화지(揚貨地). ——of distress 피난항(避難港). ——of entry 통관항(通關港). ——of loading 적하항(積荷港).

Portable fittings 가반속구(可搬屬具). ——fire extinguisher 가반식 소화기(可搬式消火器). ——forge 가반식로(可搬式爐). ——frame squeezer 늑골 압곡기(肋骨押曲器)(Fig. 42③). ——lamp 포오터블 등(Fig. 236). ——pillar 휴대용(携帶用)필러. ——pump 가반식(可搬式)펌프.

Portal crane 문형(門形)크레인.

Portland cement 보통의 시멘트.

Position of weld 용접자세(鎔接姿勢)(Fig. 413). **Positioner** 〘鎔〙. 포지셔너(되도록 하향용접(下向鎔接)이 될 수 있도록 피용접물(被鎔接物)을 정비(整備)하는 치구(治具)).

Post portal 문형(門形)필러, 또는 데릭 기둥. ——heating 후열(後熱)(용접 후 용접응력(鎔接應力)을 제거(除去)하는 열처리(熱處理)).

Potato masher 감자 매셔(짓찧고 이겨주는 기구).

Potential energy 포텐셜 에너지(潛勢力). ——transformer 계기용 변압기(計器用變壓器). ——wake 유선반류(流線伴流).

Pour point 유동점(流動點).

Pounding or flogging stress 파운딩 응력(應力)(파도(波濤)에 맞아서 생기는 응력(應力) Slamming과 동의(同意)).

Powder cutting 분말절단(粉末切斷).

Power 동력(動力), 힘, Ahead——전진력(前進力). Astern——후진력(後進力). Calorific——발열력(發熱力). Evaporative——증발력(蒸發力). Full——전력(全力). Horse——HP 마력(馬力). ——estimation or powering 마력추정(馬力推定). ——factor 출력계수(出力係數)(프로펠러), 역율(力率)〘電〙. ——house 동력실(動力室). ——out-put station 동력부(動力部). ——plant 동력설비(動力設備), 원동소(原動所), ——pump 동력(動力)펌프. ——ratio 출력비(出力比). ——stroke 발동행정(發動行程), 작업행정(作業行程)(Fig. 135). ——turbine 출력(出力)터어빈.

Powering 마력추정(馬力推定).

Fig. 298 Pricker

PPI, Plane Position Indicator 평면 표시기(平面表示器).

Pratique 교통허가증(交通許可證), 입항 허가증(入港許可證).

프리커

Precipitation test 침전시험(沈澱試驗).

Preclude 예방하다.

Pre combustion chamber 예연실(豫燃室). ——cooler 예냉기(豫冷器). ——fabrication 지상조립(地上組立). ——heating 예열(豫熱). ——ignition(or premature ignition) 조기점화(早期點火).

Preliminary design 초기설계(初期設計). ——report 초기보고(初期報告). ——trial 예행운전(豫行運轉).

Premises 토지(土地), 안벽(岸壁), 건물(建物).

Preseribed number of passengers 여객정원(旅客定員).

Prereservatives 방부제(防腐劑).

Prespringing 탄성역변형(彈性逆變形).

Pressure 압(壓), 압력(壓力). Absolute——절대압(絶對壓). Air injection——공기 분사압력(空氣噴射壓力). Atmospheric —— 대기압(大氣壓). Back——배압(背壓). Bearing——베어링 압력(壓力). Boiler——보일러 압(壓). Bursting —— 파열압(破裂壓). Centre of ——압력(壓力)의 중심(中心). Combustion —— 연소압(燃燒壓). Compression——압축압(壓縮壓). Critical——임계압(臨界壓). Effective—— 유효압

Fig. 299 Propeller

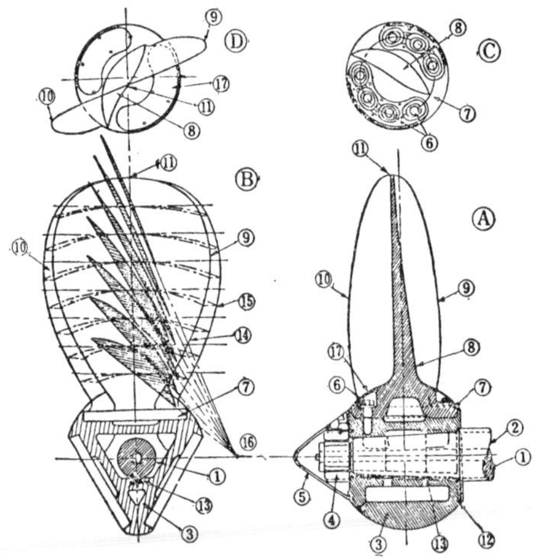

프 로 펠 러

Ⓐ Projection of blade on longitudinal plane 종평면(縱平面)에 투사(投射)한 프로펠러 날개의 투영도(投影圖). Ⓑ Projection of blade on athwart ship plane 횡평면(橫平面)에 투사한 프로펠러 날개의 투영도(投影圖). Ⓒ Root section & blade flange 뿌리에 있어서의 단면(斷面)및 플렌지. Ⓓ Plan of blade 날개의 평면도(平面圖). ① Tail shaft (stern shaft, screw shaft) 선미축(船尾軸). ② Sleeve 슬리이브(Brass 제(製)). ③ Hub(미국) Boss(영국). ④ Stern nut 선미축(船尾軸)너트. ⑤ Cap, Fair water 캡, 페어워터(帽體)(와류(渦流)를 적게 하기 위하여 붙인다). ⑥ Bolt 보울트. ⑦ Blade flange 날개의 플렌지. ⑧ Root 뿌리 부(管). ⑨ Leading edge 전연(前緣). ⑩ Following edge 후연(後緣). ⑪ Tip 선단(先端). ⑫ Red lead hole 광명단 유입구(光明丹 流込口)(기타의 방부제(防腐劑)). ⑬ Key 키이, 쐐기. ⑭ True projection 진투사선(眞投射線). ⑮ Approximate development 전개면(展開面)의 근사선(近似線). ⑯ Pitch point 경사선(傾斜線)의 중심(中心). ⑰ Bolt cover plate 취부(取付)보울트의 복판(覆板).

(有効壓). External——외압(外壓). Fluid——유체압력(流體壓力). Full——전압(全壓). Gauge——게이지압(壓). High——고압(高壓). Hydraulic or water——수압(水壓). Initial——초압(初壓). Low——저압(低壓). Mean——평균압(平均壓) Poppet——포피트 압력(壓力). Steam——증기압(蒸氣壓). Terminal——종압(終壓). Test——시험압(試驗壓). Way end——고정대 단압(固定臺端壓)(진수(進水)). Working——사용압(使用壓). ——angle 압각(壓角). ——coefficient 압력계수(壓力係數)(압축기(壓縮機)). ——compounded turbine 압력복식(壓力複式)터어빈. ——container 압력용기(壓力容器). ——curve 압력곡선(壓力曲線). ——drop 압력 저하(壓力低下). ——filter 압력여과기(壓力濾過器). ——gauge 압력계(壓力計). ——or forced lubricator 강압주유기(强壓注油器). ——head 압력수두(壓力水頭). ——log 압력(壓力)로그. ——loss coefficient 압력손실계수(壓力損失係數). ——pump 압력(壓力)펌프. ——ratio 압력비(壓力比). ——reducing valve 감압판(減壓瓣)(Fig. 453). ——stat or pressostat 압력조절(壓力調節)탱크. ——terminal 압력단자(壓力端子)〔電〕. ——test 압력시험(壓力試驗). ——thermit welding 가압(加壓) 테르밋 용접(鎔接). ——vacuum relief valve 호흡변(呼吸辨)(Breather valve라고도 한다). ——vacuum diagram (P.V. diagram) 압력용적선도(壓力容積線圖). ——vessel 압력용기(壓力容器). ——welding 압접(壓接), 단접법(鍛接法).

Prevailing wind 탁월풍(卓越風).

Preventer 방지재(防止材). ——stay 프리벤터 스테이(중량물(重量物)을 달 때 특히 데릭·포스트의 후방(後方)에 붙이는 강력한 와이어 로우프 스테이).

Prewhirl 예선회(豫旋回).

Pricker 프리커(범포(帆布)에 구멍을 뚫는 송곳)(Fig. 298). ——or ——bar 불가래.

Priestman dredger 그래브식 준설선(浚渫船)(Grab dredger라고도 한다).

Primary air 1차 공기(一次空氣). ——pinion 1단 소치차(一段小齒車). ——zone 1차 연소권(一次燃燒圈).

Prime mover 원동기(原動機). ——vertical 동서권(東西圈).

Priming 프라이밍(보일러 속의 물이 끓어서 아주 많은 양의 수분(水分)을 포함하는 것). ——pump 시동(始動)펌프. ——valve 시동(始動)밸브.

Principal axis 주축(主軸). ——dimensions 주요(主要)치수. ——particulars 주요항목(主要項目). ——stress 주응력(主應力). ——surveyor 수석검사원(首席檢査員).

Prismatic or longitudinal coefficient 주형계수(柱形係數).

$$=\frac{\text{만재흘수(滿載吃水)까지의 용적(容積)}}{\text{배길이}\times\text{만재흘수(滿載吃水)에 있어서의 중앙횡단면적}}$$

≒0.55～0.80

Private trial 예행운전(豫行運轉).

Prize 나포선(拿捕船).

Procedure 건조법(建造法), 건조방안(建造方案) 및 실시요령(實施要領). ——quarlification 용접법 시험(鎔接法試驗).

Profile 선체 종단면도(船體縱斷面圖). 측면도(側面圖). ——construction 강재배치도(鋼材配置圖). ——drag 형상저항(形狀抵抗).

Progressive block method 점진(漸進)블록법(블록으로 만들어진 것을 비스듬히 쌓아 올려서 차례로 진행(進行)시켜 나가는 방법(方法)). (Fig. 482). ——speed trial 체증속력 시운전(遞增速力 試運轉). ——spot welding 연속 점용접(連續點鎔接).

Projected area 투영면적(投影面積) (프로펠러). ——area ratio 투영 면적비(投影面積比). ——plan 투영도(投影圖). ——weld 돌기용접(突起鎔接). **Projection** 돌기물(突起物). ——welding 돌기용접(突起鎔接)(주로 종연(縱緣)). ——spot welding 돌기 점용접(突起點鎔接) (점용접(點鎔接)때 미리 돌기(突起)를 만들어 두고 용접한다). **Projector** 투광기(投光器)

Fig. 300 Propeller fitting

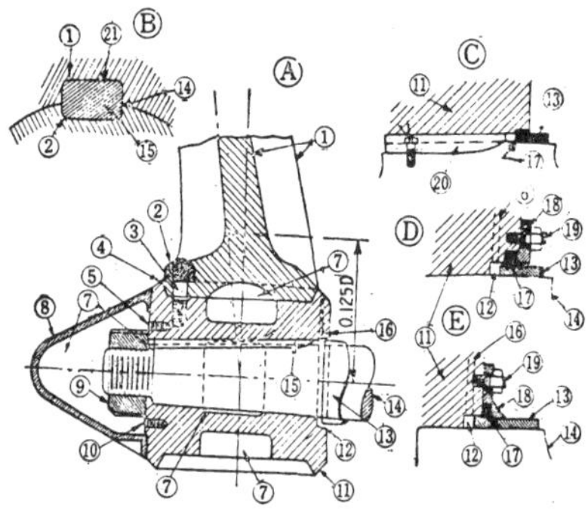

프로펠러 취부(取付)

Ⓐ Sectional elevation 절단면도(切斷面圖). Ⓑ Key fitting 쐐기 취부(取付). Ⓒ Key & Rubber 키이와 고무 링. Ⓓ External gland 외부(外部) 눌림 철물(鐵物). Ⓔ External gland 외부(外部) 눌림 철물(鐵物). ① Blade 날개. ② Stud cover 스터드 커버. ③ Stud 스터드. ④ Fitting of stud 스터드 끼워넣기. ⑤ Locking device 회전(回轉)멈추기. ⑥ Filling groove 채우기 구멍. ⑦ Filling material 장전물(裝塡物)(수밀(水密)을 보전(保全)하는데 필요한 그리이스, 타르, 광명단(光明丹)과 같은 것). ⑧ Cap 캪. ⑨ Tail shaft nut 선미축(船尾軸)너트. ⑩ Locking device 회전 멈추기. ⑪ Boss (英). (or hub)(美) 보스. ⑫ Counter bore 끝파기. ⑬ Sleeve 축(軸)의 슬리이브. ⑭ Tail shaft 선미축(船尾軸). ⑮ Key 쐐기. ⑯ Filling & Vent hole (장전물(裝塡物)의 주입공(注入孔) 및 통기공(通氣孔)(이것은 두개 이상 있으며 장전(裝塡)후에는 막는다). ⑰ Rubber ring 고무 링. ⑱ External gland 외부 눌림쇠(이것으로 고무를 압착(壓着)시켜 수밀(水密)로 한다). ⑲ Stud for gland 눌림쇠용 스터드. ⑳ Key way 키이 홈. ㉑ Clearance between Key and boss (or hub) 키이와 보스 사이의 틈.

(Fig. 236⑬). ——compass 프로젝터 컴퍼스.

Promenade deck 유보갑판(遊步甲板)(선교루갑판(船橋樓甲板)의 직상갑판(直上甲板)(Fig. 145⑤).

Proof load 보증하중(保證荷重). ——mark 검인(檢印). ——stress 보증응력(保證應力). ——test 보증시험(保證試驗), 내력시험(耐力試驗)(쇠사슬).

Propeller 프로펠러, 추진기(推進器)(Fig. 299). Aerial——공중(空中)프로펠러. Bow——선수(船首)프로펠러. Built up——조립(組立)프로펠러. Contra——콘트라 프로펠러(콘트라 러더에 적응(適應)하는 프로펠러). Feathering or reversing——역전(逆轉)프로펠러. Jet or hydraulic——제트 프로펠러. Left (Right) handed——좌(우)회전(左(右)回轉)프로펠러. Screw——나선 프로펠러. Shrouded——보호(保護)된 프로펠러. Solid——일체(一體)프로펠러. Vane——베인 프로펠러.

Propeller apperture 프로펠러 공(孔)(프로펠러가 회전(回轉)하는 러더(舵)와 선체(船體)와의 틈)(Fig. 495⑪). ——blade 프로펠러 날개. Loose or detachable blade——탈착식(脫着式)날개(프로펠러). Tip of——blade 익단(翼端)(Fig. 299⑪). ——Boss 〖英〗 or hub 〖美〗 보스(Fig. 299③). ——boss fitting (watertight) 보스 취부(取付)(Fig. 300) (수밀(水密)). ——efficiency 프로펠러 효율(効率)$=\dfrac{\text{프로펠러 마력 propeller H.P.}}{\text{실마력(實馬力) I.H.P.}}$ ——experiment behind model 프로펠러 선후시험(船後試驗)(모형선(模型船)에 취부된 프로펠러 시험) ——experiment in open 프로펠러 단독시험(單獨試驗). ——fan. 프로펠러 송풍기(送風器). ——form parameter 프로펠러 형(形)파라미터. ——horse power or screw horse power 프로펠러 마력(馬力).——post 프로펠러 포스트(Fig. 386⑤). ——shaft, stern or tail shaft 선미축(船尾軸)(Fig. 299①, 384⑭, 387㉓). ——strut 샤프트 브래킷(Fig. 84④). ——thrust 프로펠러 드러스트. ——vessel 공중(空中)프로펠러 선(船).

Fig. 301 Protractor

각 도 계

Fig. 302 pulley

풀 리

Proportional compasses or dividers 비례(比例) 컴퍼스. ——limit 비례한도(比例限度)(재료(材料)의 응력(應力)과 스트레인이 직선적(直線的)으로 비례(比例)하는 한도(限度))(Fig. 152ⓐ).

Propulsion 추진(推進). Electric——전기추진(電氣推進). Diesel electric——디이젤 전기추진(電氣推進)(디이젤로서 전기(電氣)를 일으켜 전동기(電動機)로 추진(推進)시

킨다). ——equipment 추진설비(推進設備). **Propulsive** coefficient or efficiency 추진계수(推進係數).

$$=\frac{\text{실효마력(實效馬力)Effective H.P.}}{\text{실마력(實馬力)I.H.P.}}$$

$$=\frac{\text{실효마력(實效馬力)}}{\text{추진마력(推進馬力)}}\times\frac{\text{추진마력(推進馬力)}}{\text{추진기마력(推進機馬力)}}$$

$$\times\frac{\text{추진기마력(推進機馬力)}}{\text{축마력(軸馬力)}}\times\frac{\text{축마력(軸馬力)}}{\text{실마력(實馬力)}}$$

$\fallingdotseq 56\%$

Protective coating 보호도장(保護塗裝). ——deck 방어갑판(防禦甲板).

Protest 해난보고서(海難報告書)(선장(船長)).

Protractor 각도계(角度計)(Fig. 301).

Proving establishment or house 시험소(試驗所). ——lever or calibrating lever 검정용(檢定用) 지렛대(시험기(試驗機)를 검정(檢定)할 때 하중(荷重)을 거는데 쓰며 힘을 증가(增加)시킨다.

Provision 양식(糧食). Dry——마른 양식(乾糧食). Wet——젖은 식료품(食料品). ——store 식료고(食料庫).

Provisional design 가설계(假設計). ——certificate 가증서(假證書).

Public health service's sanitary requirement 보건국 위생규칙(保健局衛生規則). ——room 공실(公室)(식당(食堂), 사교실(社交室), 음악실(音樂室)등과 같은 공중용실(公衆用室).

Puddled iron 혼합연철(混合鍊鐵). **Puddling** process 혼합 단련법(混合鍛鍊法).

Pulley 풀리, 활차(滑車)(Fig. 302). Idle——or idler 유활차(遊滑車). ——block 활차장치(滑車裝置).

Pulling speed 인장속도(引張速度)(시험기(試驗機))

Pulse recurrence rate P.R.R. 펄스(파동(波動)). 반복수(反復數)(전파(電波)). **Pulsation** welding 맥동용접(脈動鎔接)(저항 점용접(抵抗點鎔接)시에 압력(壓力)을 준 그대로하고 전류(電流)를 단속(斷續)시켜서 용접하는 것).

Fig. 302
Air pump, Edward's type

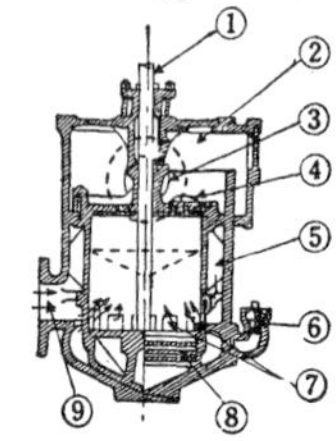

공기(空氣)펌프

① Piston rod 피스톤 로드(棒). ② Valve box 밸브박스(辨箱). ③ Discharge 배출구(排出口). ④ Valve 밸브. ⑤ Inlet 입구(入口). ⑥ Escape valve 도출(逃出)밸브. ⑦ Injection 주수공(注水孔). ⑧ piston 피스톤. ⑨ Inlet 입구(入口).

Fig. 304
Centrifugal(spiral) pump

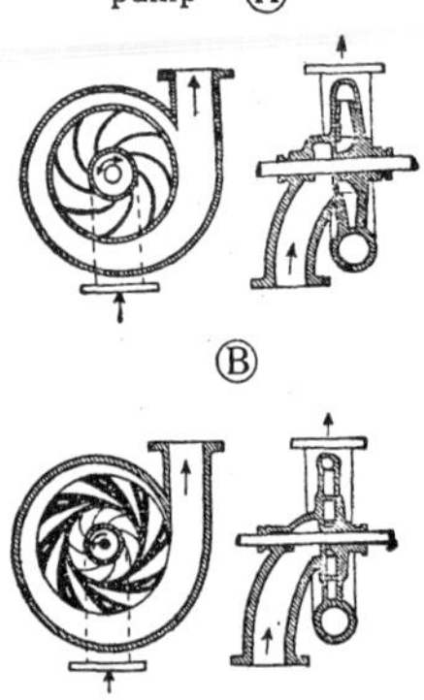

원심 나선(螺旋)펌프

Ⓐ Volute pump 볼류트 펌프.
Ⓑ Turbine pump 터어빈 펌프.

Pulverised coal 미분탄(微粉炭). **Pulveriser** 미분쇄기(微粉碎機). 분무기(噴霧器). **Pulverising** ring or perforated washer 다공(多孔)링.

Pump. 펌프. Air——공기(空氣)펌프(저압(低壓)실린더로부터 배기(排氣)를 빼는 펌프)(Fig. 303). Ash ejecting——회방사(灰放射)펌프. Ballast——밸러스트 펌프. Bilge——빌지 펌프. Booster, Transfer or shifting——이송(移送)펌프. Brine——브라인(염수(鹽水))펌프. Cargo oil——화물유(貨物油)펌프. Centrifugal——원심(遠心)펌프. 소용돌이 펌프(Fig. 304). Circulating——순환(循環)펌프(Fig. 305). Cog wheel——or gear——치차(齒車)펌프. Crank——크랭크 펌프. Crankless or Non-crank——크랭크 없는 펌프. Cylinder jacket cooling——실린더 재키트 냉각수(冷却水)펌프. Deck——갑판(甲板)펌프. Donkey——보조(補助)펌프. Double acting——복동(複動)펌프. (Fig. 305). Downton—다운톤 펌프, 비륜(飛輪)펌프. Duplex——복식(複式)펌프. Edwards——애드워어즈 펌프(공기(空氣)펌프)(Fig. 303). Extraction——인출(引出)펌프. Feed——급수(給水)펌프(Fig. 306). Fire——소화(消火)펌프. Fly wheel——플라이휘일 붙이 펌프. Force——밀어올리기(押上)펌프. Fresh water——청수(淸水)펌프. Fuel——연료유(燃料油)펌프. Gear——치차(齒車)펌프. General service——or service——, G.S.——잡용(雜用)펌프. Hand or Manual——수동(手動)펌프. Kinetic——카이네틱 펌프. Lift——빨아올리기(吸上)펌프. Lubricating——윤활유(潤滑油)펌프. Oil cooler——기름냉각(冷却)펌프. Oil——기름펌프. Oil tank——기름탱크 펌프. Piston cooling——피스톤 냉각(冷却) 펌프

Fig. 305
Circulating pump
(double acting)

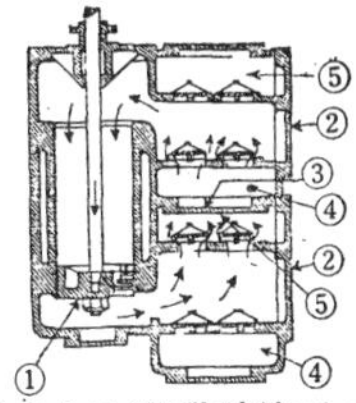

복동순환(複動循環)펌프

① Piston 피스톤. ② Valve box 밸브 박스. ③ Division plate 간막이 판(板). ④ Inlet 주입구(注入口). ⑤ Discharge 배출구(排出口).

Fig. 306 Feed water pump

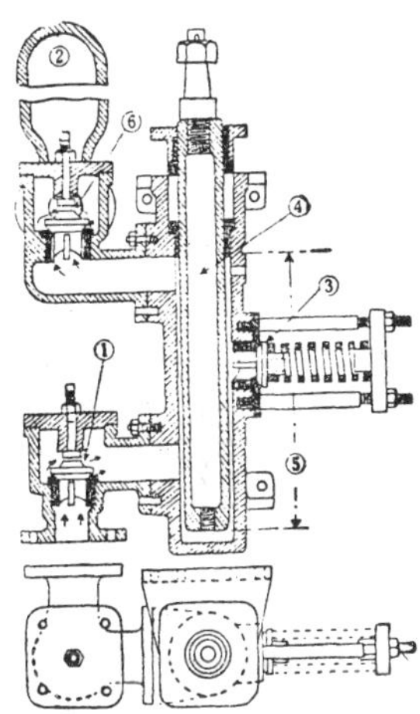

급수(給水)펌프

① Inlet valve 입구(入口)밸브. ② Air vessel 공기실(空氣室). ③ Relief valve 조압(調壓)밸브. ④ Plunger 플런저. ⑤ Stroke 행정(行程). ⑥ Outlet valve 출구(出口)밸브.

(물 또는 기름). Plunger——플런저 펌프(Fig. 306). Portable——가반식(可搬式)펌프. Power——동력(動力)펌프. Pressure——(Kinetic air) 압력(壓力)펌프. Priming——시동(始動)펌프. Rotary——회전(回轉)펌프. Sanitary——위생(衛生)펌프. Scavenging——소기(掃氣)펌프(디이젤). Service——잡용(雜用)펌프. Shifting——이송(移送)펌프. Simplex——단(單)실린더 펌프. Single acting——단동(單動)펌프〔關:Double acting 복동(複動)〕. Soda——소오다 펌프. Suction or lift——흡상(吸上)펌프. Supercharging——과급(過給)펌프. Transfer——이송(移送)펌프. Turbine——터어빈식 펌프(Fig. 304Ⓑ). Volute——볼류트 펌프(Fig. 304 Ⓐ). Weir's——웨어즈 펌프. Worthington——워딩턴 펌프. ——barrel 펌프 동(胴). ——bucket 펌프 버킷. ——chamber 펌프 통(胴). ——dredger 펌프 준설선(浚渫船) (☞ dredger) ——lever 펌프 레버. ——room 펌프실(室) **Pumping** & drainage plan 주배수 장치도(注排水裝置圖).

Punch 펀치. 압발(押拔), 압발기(押拔機). Centre——센터 펀치. Double end——양단압발기(兩端押拔機). Multiple——or multiple punching machine 복식압발기(複式押拔機). Quick working——고속(高速)펀치. ——table 펀치 자재대(自在臺). **Punching** and shearing machine 압발 전단 겸용기(押拔剪斷兼用機). ——test 펀팅 타발시험(打拔試驗).

Punkah-Louvre system 펀카 루우블식 환기(換氣)(천정이나 벽에 밥공기형 취출기(吹出器)를 붙여서 임의(任意)의 방향으로 뿜어내는 식(式)).

Purchase 퍼어체이스(활차(滑車)의 줄 배치법(配置法)). (Fig. 398④).

Purifier 청정기(淸淨器).

Purser 사무장(事務長). ——department 사무부(事務部)——store keeper 사주고수(司厨庫手).

purse-sein netter (Purse seiner) 건착망어선(巾着網漁船).

Push button 눌름 단추〔電〕. ——barge 미는 부선(艀船). ——fit 압입(押込)(압력(壓力)을 주어서 밀어넣는 것. 예를 들면 stern tube를 끼울 때 등). ——rod 압봉(押棒)(diesel). ——valve 압입봉(押込棒)(diesel).

Putty 퍼티. ——pump 퍼티 펌프(Fig. 206).

Pyrometer 고온계(高溫計).

Q

Quadrant 쿼드런트(타병호(舵柄弧))(Fig. 379②). ——davit 쿼드런트 다빗(Fig. 63Ⓑ). ——tiller 쿼드런트 틸러, 타병(舵柄)(Fig. 379①).

Quadruple expansion engine 4단 팽창기관(四段膨脹機關). ——riveting 4열(列)리벳치기. ——screw 4축선(四軸船). **Quadruplicate** 4통(四通).

Qualification test 자격시험(資格試驗)(주로 용접(鎔接)).
Qualitative analysis 정성분석(定性分析).
Quality factor 성질계수(性質係數). ——of steam 증기성질(蒸氣性質).
Quantitative analysis 정량분석(定量分析). **Quantity** control governing 유량 가감조속(流量加減調速).
Quarantine 검역(檢疫). ——flag 검역기(檢疫旗). ——port 검역항(檢疫港). ——vessel 검역선(檢疫船).
Quarter 선실(船室), 거주실(居住室). ——deck 후갑판(後甲板). ——grain 판목(板目). ——master 타취수(舵取手). ——pillar 측(側)필러. Crew—— 선원 거주구역(船員居住區域).
Quasi propulsive coefficient 준추진계수(準推進係數).
Quay 안벽(岸壁). 계선안벽(繫船岸壁). ——crane 안벽(岸壁)크레인. ——wall 안벽(岸壁).
Quench bend test 급냉곡시험(急冷曲試驗). ——diving 급속잠입(急速潛入). ——flashing light 급섬광(急閃光)(항로(航路)). **Quenching** 급냉(急冷), 소입(燒入)〔關 : Annealing 소둔(燒鈍), 소입(燒入)의 반대(反對), 소입(燒入)이란 탄소(炭素)를 많이 함유(含有)하고 있는 강철(鋼鐵)을 고열(高熱)로 가열(加熱)하여 갑자기 냉각(冷却)시키면 아주 딱딱하게 되며, 특히 칼날 등은 드는 정도가 좋아진다. 급냉(急冷)때 물을 쓰는 경우에는 Water quenching, 기름에 넣을 때에는 Oil quenching, 납을 녹혀두고 그속에 넣을 때에는 Lead quenching이라 한다〕. ——crack 소입(燒入)시에 생긴 금(燒割). ——liquid 소입용 액체(燒入用液體). ——stress 소입응력(燒入應力).
Quick make and break type switch 고속 단속형(高速斷續型)스위치. ——working punch 고속(高速)펀치.
Quilt rivet 꿰매는 리벳(Fig. 325).
Quintuple riveting 5열(列)리베팅.

R

R.P.M. Revolution Per Minute 매분회전수(每分回轉數).
Rabbet 레비트〖木〗(Fig. 307).
Race knife 마아킹 침(針). **Racing** 공전(空轉), 급전(急轉)(프로펠러가 파도 때문에 수상(水上)에서 공전(空轉)하는 것). ——boat 경주(競走)보우트.
Rack 랙, 치판(齒板)산반, 틀, 가(架). ——and pinion 랙과 피니온(小齒車)(Fig. 309). Arm——총가(銃架). Bag——의상(衣裳)선반, Bucket——버킷 대(台). C-hart——해도(海圖)선반. Glass——컵 선반. Hat——

Fig. 307 Rabbet

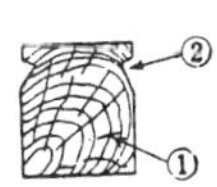

레비트
① Keel 키일.
② Rabbet 레비트.

모자선반. Hose——호오스 선반. plate——접시선반(배선실(配膳室)). Toilet——화장(化粧)선반

Racking force 래킹 힘(네모진 것을 마름모꼴로 만드는 힘)(Fig. 308).

Racon, radar beacon의 약칭(略稱), 레이다아에 의한 방향지시(方向指示).

Radar, radio detection and ranging의 약칭(略稱) 레이다아(무선탐시기(無線探視器). ——chart 레이다아용 해도(海圖). ——mast 레이다아용 마스트.

Radial blade clearance or——clearance 반지름방향(方向)의 틈. ——davit 레이디얼 다빗(선회(旋回)하는 다빗). ——drilling machine 레이디얼 보올반(盤). ——dummy ring 레이디얼 더미 링. ——equilibrium 반지름방향(方向)의 평형(平衡)(가스 터어빈). ——fin type 빗모양(터어빈의 패킹). ——flow turbine 반경류(半徑流) 터어빈. ——impeller 원심(遠心)날개차(車), 임펠러. ——paddle wheel 고정(固定)날개 외차(外車). ——stress 반경방향 속도(半徑方向速度). ——valve gear 레이디얼 동변장치(動辨裝置). ——velocity 반경방향속도(半徑方向速度). ——boiler 방사(放射)보일러. ——heat 방사열(放射熱).

Radiating surface 방열면(放熱面). **Radiation** 방사(放射), 폭사(輻射). ——loss 방사손실(放射損失).

Radiator 방열기(放熱器). Steam——증기 방열기(蒸氣放熱器)(Fig. 309).

Radio 무선(無線), 라디오. ——active isotope 방사성 동위원소(放射性同位元素). ——beacon 무선표지(無線標識). ——beacon and direction finding 무선방위 신호소(無線方位信號所). ——beacon station 무선표지국(無線標識局). ——buoy 라디오 부이. ——compass or wireless direction finder 무선방위 측정기(無線方位測定機), 전파방위의(電波方位儀), 방향탐지기(方向探知機). ——log 무선일지(無線日誌). ——navigation 전파항법(電波航法). ——officer 통신사(通信士). ——telegraph or wireless telegraph 무선전신기(無線電信機). ——graph 방사성 사진(放射線寫眞). **Radiographic** search of weld 용접부

Fig. 308
Racking force

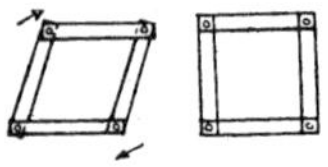

래킹힘

Fgi. 309
Rack & pinion

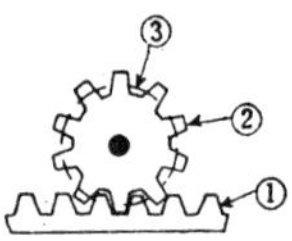

랙과 피니온

① Rack 랙
② Pinion 피니온(光齒車).
③ Pitch circle 피치원(圓).

Fig. 310 Steam radiator

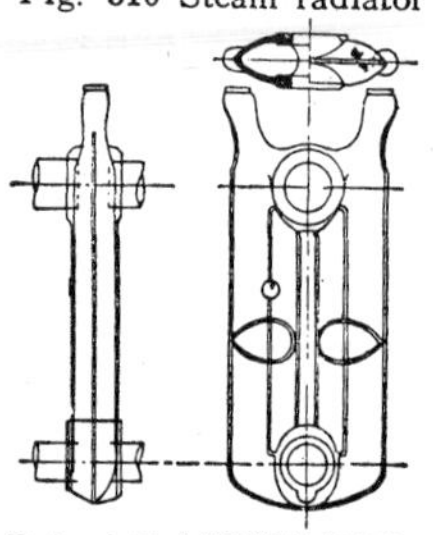

증기 방열기(蒸氣放熱器)

(鎔接部)의 X광선 투과시험(X光線透過試驗). ——test or inspection 방사광선 투과시험(放射光線透過試驗).

Radius 반경(半徑). Eccentric——. Eccentric throw, Eccentric arm, Eccentricity 편심거리(偏心距離). ——of action 행동반경(行動半徑). ——of curvature 곡율반경(曲率半徑). ——of gyration 회전반경(回轉半徑).

Radojet air pump 라도제트 공기(空氣)펌프.

Raft 뗏목(筏). Life——구명대(救命筏). Pontoon——상자대(箱子筏). ——port or lumber port 목재 적취구(木材積取口) 또는 항(港).

Rag or fin 랙(구멍 등을 뚫을 때 그 부분이 걸어 올려진 것).

Rail 레일, 손잡이, Breast——or work——선루단(船樓端)레일. Fife——화이프 레일(돛줄 멈추기). Guard——가아드 레일(난간(欄干)). Hand——핸드레일(Fig. 210, 259⑦). Open——오픈 레일(Fig. 210). Roughtree——or main——손잡이 레일. Storm——스토옴레일(폭풍우(暴風雨)등의 경우 잡고 걷기 위하여 통로(通路)등에 붙여 둔 손잡이)(Fig. 390). Taff——선미(船尾)레일.

Railway ferry 철도연락선(鐵道連絡船). ——repp or repp 밭이랑 직물(畝織物).

Raised and sunken system or in and out system 내외장(內外張)(Fig. 291). ——deck 저선루 갑판(低船樓甲板), 융기갑판(隆起甲板). ——quarter deck 저선미루 갑판(低船尾樓甲板).

Rake 경사(傾斜). Mast——마스트경사(傾斜). ——ratio 경사비(傾斜比).

Raked stem 경사선수(傾斜船首)(Fig. 381).

Ram 램(Fig. 306④)(플랜저에 속하는 돌출봉(突出棒))(충각(衝角)). ——impact testing machine 램식 충격시험기(衝擊試驗機). ——jet 램제트. ——ratio 램 비(比). **Ramming** stay 램 지지강(支持鋼)(충돌방지(衝突防止)).

Ramp 사도(斜道).

Rams bottom ring 램스 보텀 링(Fig. 285②).

Range or cooking——레인지, 부뚜막. ——finder 측거의(測距儀). ——light or lamp 후부(後部)마스트 램프. ——mark 도표(導標)(항로(航路)). ——of stability 복원성 범위(復原性範圍)(Fig. 373).

Rankine cycle 랭킨 사이클.

Rape seed oil 평지씨 기름(菜種油).

Rat proof or guard 방서(防鼠).

Fig. 311
Ratchet wheel

래칫 치차(齒車)

Ratchet or——wheel 래칫치차(爪齒車)(Fig. 311). ——brace or drill 핸드 드릴, 래칫치차(齒車)를 가진 가반식(可搬式)드릴. ——gear 래칫 치차장치(齒車裝置).

Rated out put 〔電〕 정격출력(定格出力). ——speed 정격속도(定格速度).

Rate of deposition 용착속도(溶着速度). ——speed 정격속력(定格速力)(소정항로(所定航路)에서 정해진 조작(操作)에 의하여 계속운전(繼續運轉)을 할 때의 설계속력(設計速力)). **Rating** 정격(定格)〔電〕, 등급(等級)(선원(船員) 등).

Ratio 비(比). Area——or Dic area——면적비(面積比)(프로펠러). Breadth depth——폭 깊이 비(幅深比). Diameter——직경비(直徑比). Gear——치차비(齒車比). Freeboard——건현비(乾舷比)(건현(乾舷)과 깊이의 비(比)). Length breadth——장폭비(長幅比). Length depth——장심비(長深比) Lever——지레비(比)(시험기(試驗機)). Pitch——피치 비(比)(프로펠러의 피치와 직경(直徑)과의 비(比)). Power——출력비(出力比). Speed length——속력장비(速力長比)〔(속력(速力)(노트)=C×√배의 길이(피이트). 이 C는 화물선(貨物船) 0.5~0.6, 고속객선(高速客船) 0.7~1.0 정도〕. Speed——속력비(速力比). Surface——or area——면적비(面積比). **Rational** function 정수함수(整數函數).

Ratline, Ratlin, Ratling 단삭(段索), 줄사다리.

Rattan chair 등(藤)나무 의자. ——fender 레텐펜더(등나무 방현재(藤防舷材)).

Raw material 원료(原料). ——water 원수(原水).

Reactance 리액턴스.

Reaction blading 반동식(反動式)날개 붙이기. ——rudder 반동타(反動舵). ——stage 반동단(反動段). ——stress 구속응력(拘束應力). ——turbine 반동(反動)터어빈.

Reading 눈금 읽는 것 —— & writing saloon 독서실(讀書室).

Real slip 진실각(眞失脚). ——slip ratio 진실각 비(眞失脚比).

Ream 송곳으로 구멍을 크게 한다. **Reamer** or rimer 리이머, 구멍소제(孔浚)(Fig. 312). ——bolt 리이머 보울트(리이머된 구멍에 맞추는 보울트). **Reaming** 리이머 하기. ——iron 리이머(Fig. 312). ——machine 리이머반(盤).

Recalescent point 재휘점(再輝點)〔航〕.

Recarburizer 복탄제(復炭劑).

Receiver 리사이버. 수기실(收氣室), 수신기(受信機), 수동기(受動機) (텔레모우터). Exhaust or thermal——배기모음(排氣溜). Scavenge air——소기모음(掃氣溜)(디이젤). **Receiving** set 수신기(受信機).

Fig. 312 Reamer

리이머

Ⓐ Spiral cut 나사형 잇날.
Ⓑ Straight cut 직선형 잇날.

Receptacle 리셉터클〔電〕.

Reception 초대연(招待宴). ——room 응접실(應接室).

Recess 리세스(구석진 곳). Bulkhead —— 격벽(隔壁)리세스. Pipe——파이프 리세스(파이프를 통하게 하기 위한 비교적 좁은 움푹한 곳) Thrust block——드러스트 베어링 실(室)(Fig.12㊹). Tunnel —— 터널 리세스(축로단실(軸路端室)) (Fig. 384④). Valve ——변상자실(辨箱子室) ——bulkhead 리세스를 만드는 격벽(隔壁).

Reciprocating engine or **Reciprocator** 왕복기관(往復機關) (Fig. 313, 314). ——plant 왕복기관 원동설비(往復機關原動設備).

Reclaimed land 매립지(埋立地). ——pig iron 재제선철(再製銑鐵). ——rubber 재제(再製)고무.

Reclassification 재입급(再入級)(선급(船級)).

Recommend 요구(要求), 지령(指令). Recommeended practice for electrical installation on shipboard by american institute of electrical engineers 미국 전기공학회(美國 電氣工學會)에 의한 선박 전기시설(船舶電氣施設)에 관한 기준공작법(基準工作法).

Fig. 313 Reciprocating engine(Section) IHP 1,500

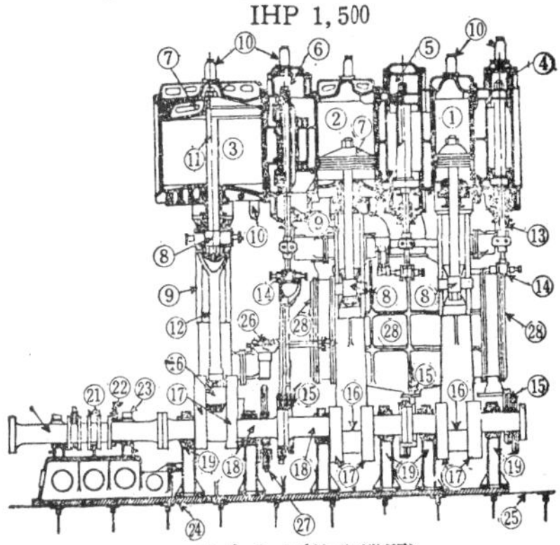

왕복기관(往復機關)

① High pressure cylinder 고압(高壓)실린더. ② Intermediate pressure cylinder 중압(中壓)실린더. ③ Low pressure cylinder 저압(低壓)실린더. ④ Piston valve of H.P. cylinder 고압(高壓)실린더의 피스톤형 밸브. ⑤ Piston valve of I.P. cylinder 중압(中壓)실린더의 피스톤형 밸브. ⑥ Double ported slide valve of L.P. cylinder 저압(低壓)실린더의 복공활변(複孔滑辨). ⑦ Piston 피스톤. ⑧ Piston cross head 피스톤 크로스 해드. ⑨ Cross head guide 크로스해드 활면(滑面). ⑩ Escape valve 도출변(逃出辨). ⑪ Piston rod 피스톤 로드. ⑫ Connecting rod 접속봉(接續棒). ⑬ Valve spindle or stem 활변봉(滑辨棒). ⑭ Link block 링크 블록. ⑮ Eccentric 편심기(偏心器). ⑯ Crank shaft pin 크랭크 축(軸)핀. ⑰ Arm 아암. ⑱ Journal 져어널. ⑲ Main bearing 주(主)베어링. ⑳ Thrust shaft 드러스트축(軸). ㉑ Collar 칼라. ㉒ Horse shoe bearing 말굽(馬蹄)형 베어링. ㉓ Thrust bearing 드러스트 베어링. ㉔ Foundation plate 대판(臺板). ㉕ Tank top 2중저 정판(二重底頂板). ㉖ Turning gear 회전장치(回轉裝置). ㉗ Turning wheel 회전(回轉)바퀴. ㉘ Condenser 복수기(復水器).

Recommendation 요구(要求), 지령(指令). ——route 추천항로(推薦航路).

Record 기록(記錄). American bureau of shipping의 선명록(船名錄)의 명칭(名稱). **Recorder** 기록기(記錄器), 기록원(記錄員).

Rectangle 직각형(直角形). **Rectangular** boiler 각형(角形)보일러.

Recuperative heat exchanger 전열식 열교환기(傳熱式熱交換器). **Recuperator** 복열실(復熱室).

Red flare 신호홍염(信號紅炎). ——globe lamp 홍옥등(紅玉燈). ——globular shape 홍색(紅色)구슬형 형상물(形象物). ——lead 광명단(光明丹). ——lead paint 연단(鉛丹)페인트. ——light 홍등(紅燈). ——signal light 신호홍염(信號紅炎). ——shortness or hot shortness 적열취성(赤熱脆性)(가열(加熱)된 강재(鋼材)가 어두운 곳에서 빨갛게 보일 정도까지 되었을 때 가공(加工)을 하면 갑자기 부러지는 수가 가끔 있으나 그 온도(溫度)를 넘으면 보통의 강재(鋼材)와 동일하게 된다. 이 현상(現象)은 유황(硫黃) 또는 인(燐)이 많이 함유(含有)된 강철(鋼鐵)에서 가끔 일어난다). ——side light 좌현등(左舷燈), 좌현 홍등(左舷紅燈).

Fig. 314 Reciprocating engine (Plan)
I.H.P 1,500

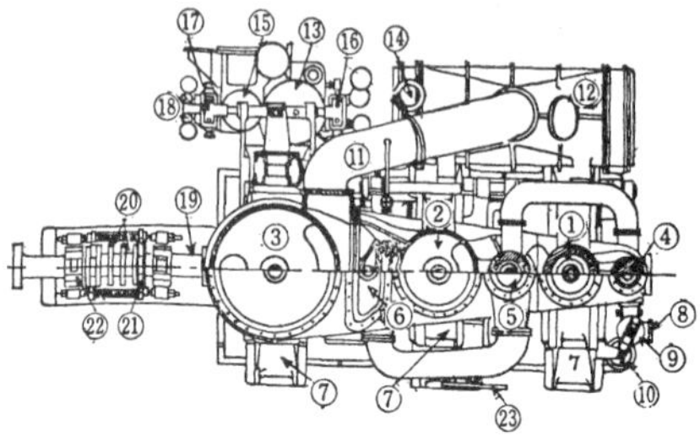

왕복기관(往復機關)

① High pressure cylinder 고압(高壓)실린더. ② Intermediate pressure cylinder 중압(中壓)실린더. ③ Low pressure cylinder 저압(低壓)실린더. ④ Piston valve of H.P.C. 고압실린더의 피스톤형 활변(滑辨). ⑤ Piston valve of I.P.C. 중압실린더의 피스톤형 활변(滑辨). ⑥ Slide valve of L.P.C. 저압실린더의 활변(滑辨). ⑦ Engine column 실린더 기둥. ⑧ Steam pipe from boiler 보일러로부터의 증기관(蒸氣管). ⑨ Stop valve 스톱 밸브. ⑩ Stop valve handle 스톱 밸브 핸들. ⑪ Eduction pipe 배출관(排出管). ⑫ Condenser 복수기(復水器). ⑬ Air pump 공기(空氣)펌프. ⑭ Discharge pipe 배출관(排出管). ⑮ Circulating pump 순환(循環)펌프. ⑯ Feed water pump 급수(給水)펌프. ⑰ Bilge pump 빌지펌프. ⑱ Valve box 밸브 복스. ⑲ Thrust shaft 드러스트 축(軸). ⑳ Thrust shaft collar 드러스트 축(軸)칼라. ㉑ Horse shoe bearing 말굽형 베어링. ㉒ Thrust bearing 드러스트 베어링. ㉓ Reversing handle 역전(逆轉)핸들.

Reducing flame 환원염(還元炎). Pressure——valve 감압변(減壓辨). **Reduction** 경감(輕減)(치수 등). ——gear 감속장치(減速裝置)(Fig. 315). Double——gear 2단 감속장치(二段減速裝置). Hydraulic——gear or hydraulic transformer 수압 감속장치(水壓減速裝置). Mechanical——gear 치차 감속장치(齒車減速裝置)(Fig. 315). Single——gear 1단 감속장치(一段減速裝置).

Reduction of area or Contraction of area 감소(시험편(試驗片)을 당겨서 끊으면 끊어진 자리는 시험편(試驗片)의 원단면(原斷面)보다 적게 된다).

Reel 리일, 권취차(捲取車). Hose——호오스리일. Wire——와이어 리일. **Reeled** riveting 리일드 리베팅(Zigzag형과 병열형(並列型)과의 혼합형(混合形)(Fig. 327).

Reference line 기준선(基準線). **Referent** ship 참고선(參考船).

Refined structure 세립조직(細立組織). —— zone 미세화부(微細化部)〔鎔〕.

Refractory material 내화재(耐火材).

Fig. 315 Reduction gear

감속장치(減速裝置)

Fig. 316 Refrigerating system (Ammonia process)

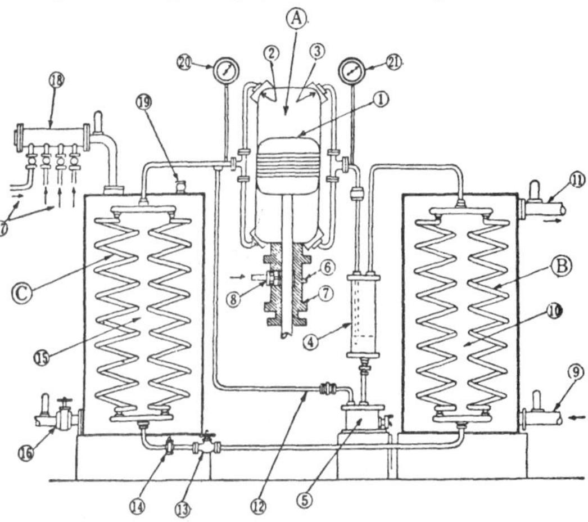

암모니아 냉동장치(冷凍裝置)

Ⓐ Compressor 압축기(壓縮機). Ⓑ Condenser 복수기(復水機). Ⓒ Brine cooler 브라인 냉각기(冷却器). ① Compressor cylinder 압축(壓縮)실린더. ② Inlet 흡입(吸込). ③ Delivery 압출(押出). ④ Oil separater 기름제거기(除去器). ⑤ Rectifier 조정기(調整器). ⑥ Leather packing 가죽 패킹. ⑦ Metal packing 금속(金屬)패킹. ⑧ Oil pressed for sealing 기름을 넣어서 기밀(氣密)을 유지(維持)하도록 한다. ⑨ Sea water suction 해수 흡입구(海水吸込口). ⑩ Sea water 해수(海水)(냉각용(冷却用)). ⑪ Delivery 배수구(排水口). ⑫ Ammonia gas 암모니아 가스. ⑬ Regulator 조정기(調整器). ⑭ Charging cock 송입(送入)콕. ⑮ Brine 브라인. ⑯ Brine out let 브라인 출구(出口). ⑰ From cold chamber 냉동창(冷凍艙)으로부터 돌아오는 브라인. ⑱ Brine return valve chest 브라인 밸브 체스트. ⑲ Air escape 공기빼기. ⑳ Evaporator gauge 증발계(蒸發計). ㉑ Condensor gauge 복수기(復水器)게이지.

Refrigerant 냉매제(冷媒劑)(예를 들면 CO_2, Ammonia 등). **Refrigerated** carrier 냉동선(冷凍船). **Refrigerating** capacity 냉동능력(冷凍能力). ——chamber or cold store 냉장고(冷藏庫). ——machine or Refrigerator 냉동기(冷凍機). Multiple effect refrigerator 복효식 냉각기(複効式冷却機). ——plant or system 냉동장치(冷凍裝置)(Fig. 316). ——temperature 냉동온도(冷凍溫度)〔대체의 온도(溫度)는 화씨(華氏)로서, Apple 사과 32~40, Asparagas 아스파라가스 34~35, Banana 바나나 30~45, Beef 쇠고기 선육(鮮肉)) 37~39, Beer 맥주(Cask 통들이) 33~42, (Bottle 병들이)45, Butter 버터 32~35, Cabbage 캐비지 32~35, Cantaloup 켄터루우프 멜론 46, Carrot 당근 34, Celery 셀러리 32~35, Cider 사이다 30~40, Claret 클래럿 포도주 45~50, Cream 크림 35, Cucumber 오이 38~40, Egg 계란 32~35, Fish 생선고기(鮮魚) 25~30, 냉어(冷魚) 17, Fruit 과일 26~55, Furs 수피(獸皮)(날 것) 35, 제품(製品) 25~28, Game 총렵물(銃獵物) 25~28, Grape 포도 36~38, Gingerale 진저에일 36, Ham 햄 30~35, Hop 호프 33~44, Honey 벌꿀 45, Lard 라아드 34~45. Meat 육류(肉類) 34~35, Melon 멜론 33~36, Mutton 염소고기 33~36, Oil 기름류 35, Onion 양파 34~40, Orange 오렌지 45~50, Oyster 굴(통들이)25, 접칠들이 34~40, Peach 복숭아 45~55, Pear 배 34~36, Plum 매실 38~42, Pork 돼지고기 34, Potato 감자 36~40, Chicken 닭고기 28~30, Sardine 정어리(통조림) 35, Tomato 토마토 38~42, Veal 소우육(小牛肉) 32~36, Water melon 수박 35, Vegetable 야채 34~40, Wine 주류(酒類) 40~45〕. **Refrigeration** 냉동(冷凍). ——cycle 냉동(冷凍)사이클

Refuse shoot 쓰레기 통(筒).

Regenerated turbo-prop engine 재생식(再生式)(터어빈과 프로펠러 직결(直結)엔진. ——cycle 재생(再生)사이클. ——heat exchanger 축열식 열교환기(蓄熱式熱交換器). **Regenerator** 열교환기(熱交換器)(가스 터어빈) 또는 배기(排氣)보일러(예를 들면 Diesel의 배기(排氣)로서 가열(加熱)하는 보일러. Waste heat boiler, exhaust boiler와 동의(同意)).

Register book 선명록(船名錄)(이에는 선명(船名), 주요치수, 톤수(噸數), 신호부자(信號符字), 기관요항(機關要項). 제조자(製造者). 소유자(所有者), 제조년월일(製造年月日)등이 기재(記載)되어 있다). **Registered** tonnage 등부톤수(登簿噸數)(이에는 gross tonnage 총톤수(總噸數), net tonnage 순톤수(純噸數)가 있다). ——or nominal horse power 공칭마력(公稱馬力)(실마력(實馬力)과는 다르다). **Registry** 등록(登錄).

Regular lay 보통 꼬임(로우프)(☞ lay). **Regulating** valve 조정변(調整辨). **Regulation** test at operating temperature 정격부하(定格負荷)의 온도(溫度)에 있어서의 조정시험(調整試驗). **Regulator** 조정기(調整器)〔電〕. Field ——자계조정기(磁界調整器). Resistance——저항 조정기(抵抗調整器). Shunt——분권 조정기(分捲調整器).

Reheat chamber 재연실(再燃室). ——factor 재열계수(再熱係數). **Reheating** cycle 재열(再熱)사이클. ——furnace 재열로(再熱爐).

Reinforced concrete 철근(鐵筋)콘크리이트. ——hatchway coaming 보강(補强)해치 코오밍. Reinforcement 보강(補强), 보강(補强)쌓기(Fig. 317). **Reinforcing** steel band or steel hoop 실린더 보강(補强)링(더이젤).

Fig. 317
Reinforcement

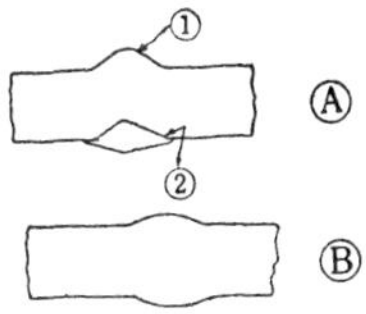

보강(補强)쌓기

Ⓐ Incorrect 불량(不良).
Ⓑ Correct 양호(良好).
① Too high 지나치게 높다.
② Over lap 겹침.

Rejected material 불합격재료(不合格材料)(시험(試驗)에서).

Relative bearing 상대방위(相對方位). ——motion 상대운동(相對運動). ——rolling 상대횡요(相對橫搖). ——rotative efficiency 프로펠러 효율비(效率比). ——speed 상대속력(相對速力). ——value 상대치(相對値). ——velocity 상대속력(相對速力). ——wind 상대풍(相對風).

Relaxation 리랙세이션(쇠모(衰耗)). 이완(弛緩).

Relay 계전기(繼電器). ——governor 간접 조속기(間接調速器). ——piston 릴레이 피스톤.

Release 릴리이스, 해방(解放)(활변(滑辨)). Point of——해방점(解放點). ——line 릴리이스 선(線). **Releasing** device 해방장치(解放裝置)(진수(進水)).

Relief frame or ring 조압(調壓)링. ——valve 안전변(安全辨). Condenser ——valve 복수기 안전변(復水器安全辨).

Relieving lamp 예비등(豫備燈). ——tackle 예비 타취용(豫備舵取用)태클.

Reluctance 자기저항(磁氣抵抗).

Remainder (Material) 잔재(殘材).

Remelted cast iron 용해(溶解)를 반복한 주물(鑄物)(선철(銑鐵)은 용해(溶解)시킬 때마다 질(質)이 딱딱하게 된다).

Remote control 원격제어(遠隔制御)(예를 들면 선교(船橋)에서 engine을 조종(操縱)하는 등).

Remove 떼어낸다.——, **fair &refit** 떼어내고 굽은 곳을 바르게 하여 복구(復舊)시키는 것.

Renovating or settling **tank** 맑은 탱크. **Renovation.** 개장(改裝).

Rent 갈라진 틈.

Repair ship 공작선(工作船). **Repairing** chief 수리주임(修理主任). ——dock 수리(修理)도크.

Repeated stress 반복(反復)하는 응력(應力)(같은 방향(方向) 또는 반대로).

Repeater (컴퍼스)리피이터(주(主)컴퍼스로부터 분기(分岐)된 컴퍼스).

Repp or railway——이랑 직물(畝織物).

Requirement 요구(要求).

Rescue boat 구난선(救難船), ——signal light or Holm's light 홀므스 라이트(구명염(救命炎)).

Reserve buoyancy 예비부력(豫備浮力)(만재흘수 이상(滿載吃水以上)의 수밀용적(水密容積)). ——coal bunker or spare coal bunker 예비석탄고(豫備石炭庫)(평시(平時)에는 화물창(貨物艙)에 사용한다). ——feed water tank or boiler water tank 예비급수(豫備給水)탱크. ——oil bunker 예비 연료유고(豫備燃料油庫).

Reservoir 저장소(貯藏所), 저장기(貯藏器), Air——압축공기(壓縮空氣)탱크. Maneuvering——조종용(操縱用)공기저장기(貯藏器). Starting air——시동용 공기저장기(始動用 空氣貯藏器).

Residual magnetism 잔류자기(殘留磁氣). ——resistance 잉여저항(剩餘抵抗). ——stress 잔류응력(殘留應力)(열처리(熱處理) 또는 기계처리(機械處理)하였기 때문에 생긴 내부응력(內部應力) Internal stress를 해방(解放)한 후에도 잔류(殘留)되어 있는 응력(應力)). **Residuary** resistance 잉여저항(剩餘抵抗).

Resilience 탄성(彈性)에너지.

Resistance 저항(抵抗). Air——공기저항(空氣抵抗). Augmented——증가 저항(增加抵抗). Eddy making——조와저항(造渦抵抗). Fan or windage——조풍저항(造風抵抗). Form——형상저항(形狀抵抗). Frictional——마찰저항(摩擦抵抗). Head——정면저항(正面抵抗). Skin——표면 마찰저항(表面摩擦抵抗). Tow rope——예삭저항(曳索抵抗). Wave making——조파저항(造波抵抗). Windage——조풍저항(造風抵抗) ——alloy 저항합금(抵抗合金). ——brazing 저항(抵抗)납땜. ——butt welding 저항 충접용접(抵抗衝接鎔接). ——coefficient 저항계수(抵抗係數). ——cone(stal turbine) 원추저항기(圓錐抵抗器)(전기추진(電氣推進)). ——flash butt welding 플래쉬 버트용접(鎔接). ——regulator 저항조정기(抵抗調整器)〖電〗. ——switch 저항(抵抗)스위치. ——test 저항시험(抵抗試驗). ——welding 저항용접(抵抗鎔接). ——wire strain gauge 저항선(抵抗線)스트레인 게이지.

Resisted rolling 저항횡요(抵抗橫搖).

Resolution 분해능(分解能)(전파(電波)).

Resonance 공진(共振).

Restrained packing ring or Limit ring 제한(制限)링.

Restraint method 억제법(抑制法)〖鎔〗(용접하는 재료를 움직이지 않도록 눌러두고 용접한다).

Resultant 합력(合力).

Restricted water 제한수로(制限水路).
Retarder 지장물(支障物).
Return acting engine or——connecting rod engine 귀환 연접봉기관(歸還連接棒機關). ——bent pipe 되돌림 벤트 파이프(끝단을 굽힌 파이프)(Fig. 318). ——flame (or tube) boiler 역화(逆火)보일러. ——gear 추종장치(追縱裝置). ——stroke 귀환행정(歸還行程).
Reuleaux valve gear 루울로욱스 밸브 선도(線圖).
Revenue cutter 세관감시선(稅關監視船).
Reverberatory furnace 반사로(反射爐), 내화로(耐火爐). **Reverse** and reduction gear. 역전 감속장치(逆轉減速裝置). ——frame 부늑골재(副肋骨材). ——polarity 역극성 용접(逆極性鎔接)(직류용접(直流鎔接)에서 용접봉(鎔接棒)을 (+)에, 모재(母材)를 (−)에 접속(接續)하는 법). **Reversed** angle bar 부산형재(副山形材). ——screw steering gear 역나사 타취장치(舵取裝置) (Fig. 319). **Reverser** 리버어서 **Reversible** engine 가역기관(可逆機關). **Reversibilily** 가역성(可逆性). Non-reversible or irreversible engine 비가역기관(非可逆機關)
Reversing arm 역전(逆轉)아암. ——arrangement or gear 역전장치(逆轉裝置)(Fig. 320). All round——gear 전주 역전장치(全周逆轉裝置) Direct——gear 자기 역전장치(自己逆轉裝置). ——hand wheel 역전 핸들바퀴. ——index 역전 표시판(逆轉標示板). ——lever 역전 레버. ——(or weigh) shaft 역전축(逆轉軸). ——switch 전극(轉極)스위치. ——test 역전시험(逆轉試驗). ——(or astern) turbine 후진(後進-

Fig. 318
Return bent pipe

되돌림 벤트 파이프

Fig. 319 Reversed screw steering gear

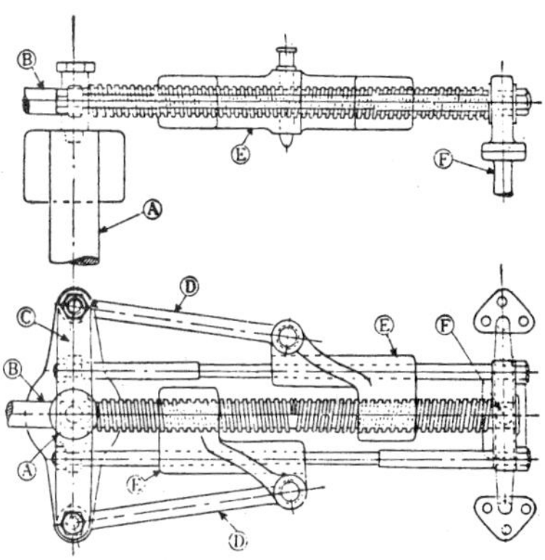

역나사 타취기(舵取機)

Ⓐ Rudder stock 러더 스톡, 타두재(舵頭材). Ⓑ Turning shaft with reversed screw 거꾸로 깎은 나사를 가진 회전축(回轉軸). Ⓒ Steering york 틸러(타병(舵柄)). Ⓓ Link 링크. Ⓔ Nut 너트. Ⓕ Fixed shaft 고정축(固定軸). 회전축(回轉軸)을 회전시키면 york가 돌아서 전타(轉舵)된다.

터어빈.

Revolution 회전(回轉). Number of——회전수(回轉數). ——coefficient 회전계수(回轉係數). ——counter 회전계(回轉計). ——indicator 회전지시기(回轉指示器). ——per minute, RPM. 1분간의 회전수(回轉數). ——telegraph 회전수 통신기(回轉數通信器) **Revolving** field 회전자계(回轉磁界)〔電〕.

Reynolds number 레이놀드 수(數)

Rheostat 가감 저항기(加減抵抗器) Liquid——액체 가감저항기(液體加減抵抗器). Water——물 저항기(抵抗器).

Rhumb card 럼브 카아드(컴퍼스).

Rib 립, 역골(力骨).

Ribband 립벤드, 가취부판(假取付板)(Fig. 321).

Rice boiler 라이스 보일러, 취반기(炊飯器). ——store 쌀창고(米穀倉庫).

Riddled condition 침수상태(浸水狀態).

Fig. 320 Reversing arrangement

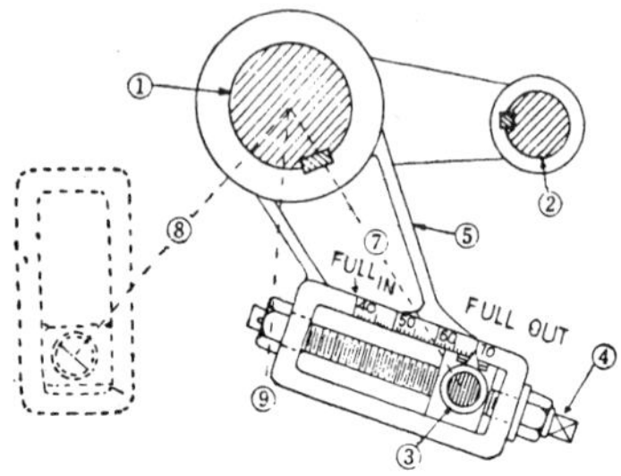

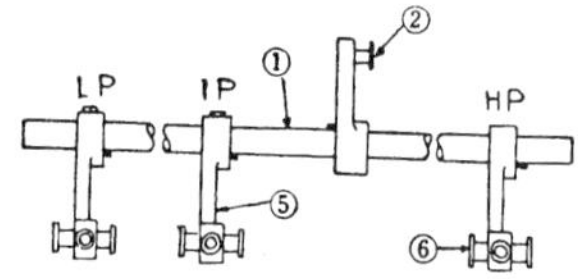

역전장치(逆轉裝置)

① Reversing shaft 역전축(逆轉軸). ② Link pin 링크 핀. ③ Drag link pin 드래그 링크 핀. ④ Adjusting handle 조정(調整)핸들(단기도(斷氣度)를 조정(調整)한다). ⑤ Bell crank 산형(山形)크랭크. ⑥ Link block 링크 블록. ⑦ Ahead 전진(前進). ⑧ Astern 후진(後進). ⑨ Mid position 정지위치(停止位置).

Rider keel 라이더 키일(부늑골(副肋骨))〔木〕. ——keelson 라이더 키일손(木船). ——plate 라이더 플레이트(관판(冠板))(Fig. 228②).

Ridge pole 천막종목(天幕縱木). ——rope 천막용(天幕用)로우프. ——support 천막 종목지지(天幕縱木支持).

Riding bitt 계선(繫船)비트(줄매는 기둥).

Rigger 강구공(綱具工). **Rigging** 강구장치(綱具裝置). Running——동삭(動索)(화물용(貨物用)로우프와 같이 항상 움직이는 로우프). Standing——정삭(靜索)(지삭(支索)과 같이 고착된 그대로 둔 로우프). ——& sail work 삭범공사(索帆工事)(이 공사(工事)에는 Rigging 의장(艤裝)로우프, Cargo wire 하역삭(荷役索), Boat wire 보우트용 로우프 류(類), Awning cover 복포(覆布)커버류(類), Sail 장범공작(裝帆工作)등을 포함(包含)한다). ——end fittings 로우프류 단말 고착철물(端末固着鐵物)(Fig. 322). ——loft 강

구공장(綱具工場). ——plan 범장도(艤裝圖). ——screw 리깅 스크루우(로우프 체부용(締付用)나사)(Fig.322). ——shop 강구공장.

Rigid type of joint 강형 접수(剛型接手)〔鎔〕(Fig. 476). Local——국부적 강접(局部的 剛點). **Rigidity** 강성(剛性). Modulus of——전단 탄성계수(剪斷彈性係數).

Right 오른편. ——hand lay 우연(右撚), Z꼬임(로우프). (☞ lay).——handed propeller 우회전(右回轉) 프로펠러——handed screw 우회전(右回轉)나사.

Righting arm or lever 복원정(復原挺)(Fig. 257, 372). ——couple 복원우력(復原偶力).

Rim 갓(緣), 바퀴테두리(輪緣), ——lock 면(面)붙이 자물쇠. **Rimmed** steel 연부강(緣付鋼)(lngot 강괴(鋼塊)를 만들 때 Mangan이나 Silicon을 되도록 적게하고 강철(鋼鐵)내에 생기는 가스를 되도록 적게하여 생긴 가스를 되도록 가는 입상(粒狀)으로 분산(分散)하도록 주조(鑄造)한 강재(鋼材). 이것을 압연(壓延)하면 압연(壓延)할 때의 열(熱)과 압력(壓力)으로 인하여 가스 세립(細粒)은 철강(鑄鋼) 내에 밀려서 강재(鋼材)는 용착(溶着)되므로 그다지 해(害)가 되지 않는다. 이들 가스입자(粒子)는 주변부근(周邊附近)에 층(層)을 만들어 모이므로 연부강(緣付鋼)이라고 한다. 이와 대조적(對照的)인 것이 killed steel 진정강(鎭靜鋼)이며, 이것은 반대로 철강(鐵鋼)내의 가스를 되도록 발산(發散)시킨 것이다. 연부강(緣付鋼)은 판(板)으로서의 보류율(步留率)이 대략 70% 이상이나 진정강(鎭靜鋼)은 60% 이하가 된다. 연부강(緣付鋼)은 용접할 때 가스를 많이 발생(發生)하여 성적

Fig. 321 Ribband

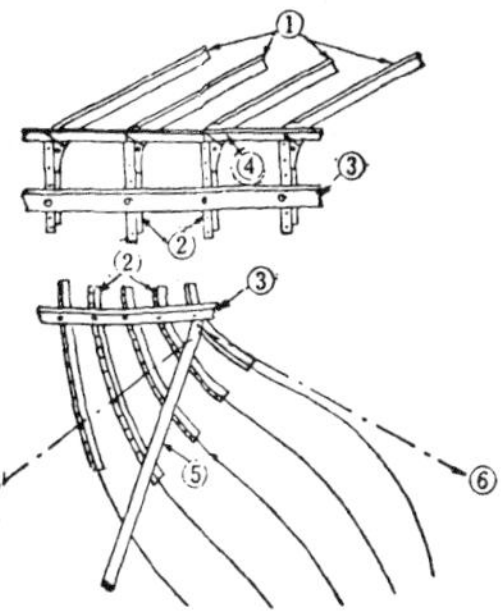

립 벤드

① Beam 비임. ② Frame 프레임. ③ Ribband 립 벤드. ④ Sheering batten 쉬어링 베튼. ⑤ Shore 지주(支柱). ⑥ Stay or guy 지색(支索).

Fig. 322 Rigging end fittings.

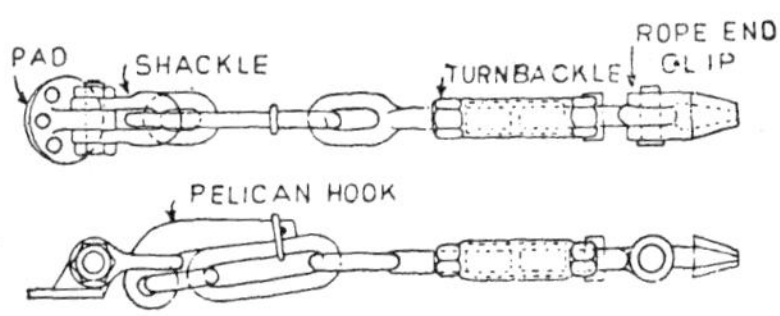

강구 고착철물류(綱具固着鐵物類)

Pad 패드(근부판(根付板)). Pelican hook, rigging slip or senhouse slip 센 하우스 슬립, 활구(滑鉤). Turnbackle 터언 백클(鋼締具). Rope end clip 로우프 단말 고착철물(端末固着鐵物).

(成績)이 좋지 않다. 25mm 이상의 용접해야 할 판(板)에는 부적당(不適當)하다. 용접 뿐만 아니라 단조재료(鍛造材料)로서도 후재(厚材) 또는 대형재(大型材)에는 연부강(緣付鋼)은 Lamination 층(層) 또는 Ghost line 상층(傷層)이 생기는 가능성(可能性)이 많으므로 진정강(鎮靜鋼)쪽이 적당하다).

Rimer or Reamer 리이머. ——bolt 리이머 보울트(구멍을 리이밍 한 구멍에 끼우는 보울트, 이것과 대조적(對照的)인 것은 stud bolt 스터드 보울트(植込보울트), 보울트를 식입(植込)해 두고 이것에 구멍뚫인 판(板)을 조인다. 그러나 Reamer bolt로서 조이는 쪽이 확실하다).

Fig. 323 Ring bolt

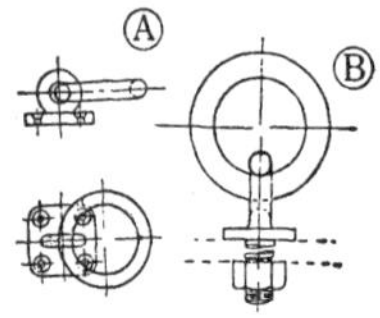

링붙이 보울트

Ⓐ Ring plate or ring pad 환부목판(環付目板). Ⓑ Ring bolt 링 보울트.

Ring 링, 고리(環). Anchor——앵커 링. Annual——년륜(年輪)〔木〕. Asbestos——석면환(石綿環). Blade——날개륜(輪). Bull——패킹 지지(支持)링. Check——제한환(制限環). Coal——or measure 석탄(石炭)용 되. Collector——집전환(集電環). Compensation——보강(補强)링. (화로(火爐)의 동체(胴體) 강력부족면(强力不足面)에 사용한다). Dummy——더미 링(터어빈). Curtain— 커어튼 링. Expansion——or hoop 신축계륜(伸縮繼輪)(로통(爐筒)). Facing— 보울트용 링. Float—— 유동(遊動)링(피스톤)(Fig. 285 ②). Guard——보호환(保護環). Junk——압륜(押輪) (피스톤)(Fig. 286). Life——, life buoy 구명(救命)부이(부환(浮環)). Limit——, Restrained packing——제한(制限)링. Packing

Fig. 324. Rivet

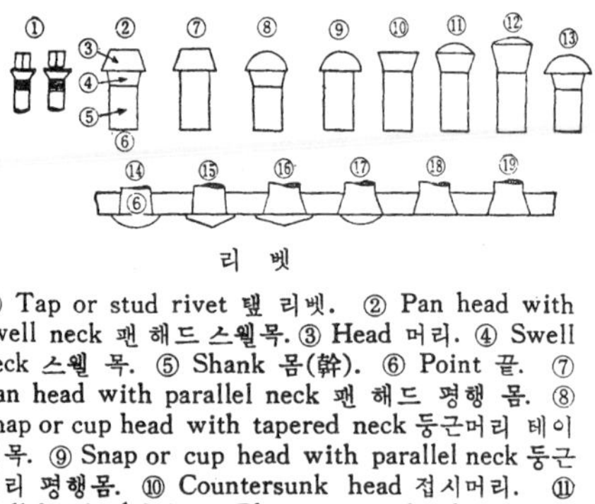

리 벳

① Tap or stud rivet 탭 리벳. ② Pan head with swell neck 팬 해드 스웰목. ③ Head 머리. ④ Swell neck 스웰 목. ⑤ Shank 몸(幹). ⑥ Point 끝. ⑦ Pan head with parallel neck 팬 해드 평행 몸. ⑧ Snap or cup head with tapered neck 둥근머리 테이퍼목. ⑨ Snap or cup head with parallel neck 둥근머리 평행몸. ⑩ Countersunk head 접시머리. ⑪ Bull head 소머리. ⑫ Plug or cone head 플러그 머리. ⑬ Mushroom head 버섯 머리. ⑭ Hammered boiler point 보일러의 해머된 끝. ⑮ Hammered point 해머된 끝. ⑯ Raised countersunk 쌓아올린 접시의 끝. ⑰ 같음. ⑱ Full countersunk 접시의 끝. ⑲ Flat countersunk 플레트 접시의 끝.

Fig. 325
Tack or quilt rivet

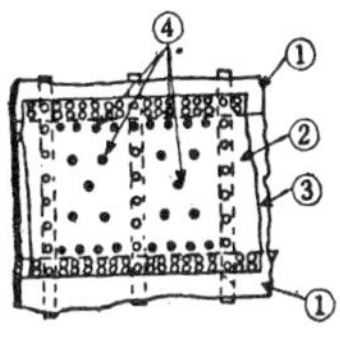

택 리벳

① Outer strake 외층판(外層板). ② Doubling 이중장(二重張). ③ Inner strake 내층판(內層板). ④ Tack or quilt rivet 택 리벳.

Fig. 336 Rivet connection & section bars

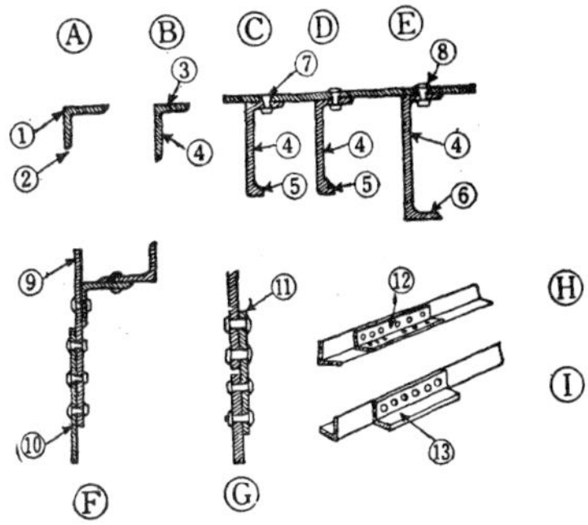

리벳 접속(接續)및 형재(型材)

Ⓐ Angle of equal legs 동변산형재(等邊山形材). Ⓑ Angle of unequal legs 부등변산형재(不等邊山形材). Ⓒ Bulb angle (old type) 구산형재(球山形材) 구형(舊型). Ⓓ 같음(신형(新型)). Ⓔ Channel 구형재(溝形材). Ⓕ Lap joint 랩(누접(累接))이음. Ⓖ Butt joint 버트(충접(衝接))이음. Ⓗ Bosom joint 보섬(가슴대기)이음. Ⓘ Back piece joint 백피이스(등대기)이음. ① Heel 히일. ② Toe 선단(先端). ③ Flange 플랜지. ④ Web 웨브, 역재(力材). ⑤ Bulb 구(球). ⑥ Flange 플랜지. ⑦ Countersunk rivet with snap head and flush point. 둥근머리 납작끝의 접시 리벳. ⑧ Countersunk rivet with snap head and high point 둥근머리 높은 끝의 접시 리벳. ⑨ Inner strake 내층판(內層板). ⑩ Outer strake 외층판(外層板). ⑪ Butt strap 버트 복판(覆板). ⑫ Bosom piece 보섬 피이스(胸材). ⑬ Back piece 백 피이스(背材).

——or Piston——패킹 링 (Fig. 284~286). Perforated——, Pulverizing——다공(多孔)링. Ramsbottom——램스 보텀 링(Fig. 285②). Relief——or frame 조압환(調壓環). Seating——좌환(座環). Short circulating——단락(短絡)링. Slip——슬립 링(활동환(滑動環)). (Fig. 332 Pelican hook와 동의(同意)). ——strengthening 보강(補强)링(노통(爐筒)). ——bolt 링 붙이 보울트(Fig. 323). ——bulkhead 환상격벽(環狀隔壁). ——life buoy 구명(救命)부이. ——lubricator or——oiler 주유(注油)링. ——main 환상간선(環狀幹線). ——oiled bearing 링 주유(注油)베어링. ——plate or pad 환부목판(環付目板) (Fig. 323).

Rise of floor 〖英〗 or Dead——선저

Fig. 327 Riveting

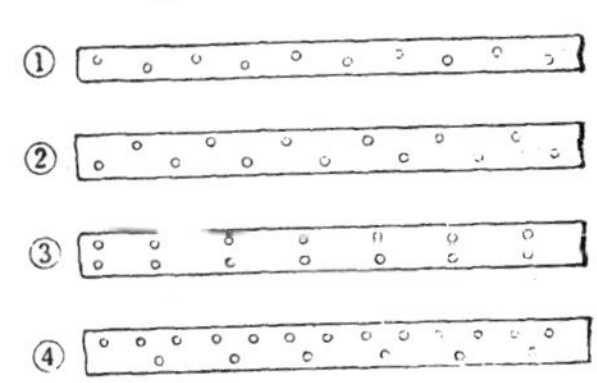

리벳 잠그기

① Reeled 리일드. ② Zigzag 지그재그. ③ Chain 병열(並列). ④ 2열(列) 후열(後列)한개씩 빼기.

(船底)기울기(Fig. 146⑯). **Riser** 입상관(立上管)(펌프로부터 갑판(甲板)까지). Gate——(casting) 압탕(押湯). **Rising** fire main 입상 소방주관(立上消防主管). ——tide 상조(上潮). ——wood 상연부(上緣部)(목선(木船)키일).

River boat or steamer 하천선(河川船).

Rivet 리벳, 정(鋲)(Fig. 324). Conical point——둥근 끝(丸先)리벳. Counter sunk——접시(皿)리벳. Flush head——평두(平頭)리벳. Pan head——과두(鍋頭)리벳. 팬 해드 리벳. Row of——리벳 열(列). Snap head——둥근머리(丸頭)리벳. Tack & Quilt——택(또는 봉(縫))리벳(Fig. 325). Tap——틀어넣기(또는 탭)리벳(Fig. 324①). ——and bolt header 리벳 및 보울트 두부 성형기(頭部成形機). ——bar 리벳 재(材). ——connection 리벳 접속(接續)(Fig. 326). ——forge or heater 화상(火床). ——head 리벳 머리. ——hole 리벳 구멍. ——machine 리벳 제조기(製造機). ——point 리벳 끝. **Riveted** joint 리벳 이음(Fig. 326). Single, Double, Treble, Quadruple ——joint 1,2,3,4열(列)리벳이음. Tack (or quilt)——택 리벳(Fig. 325). Tap——탭 리벳. ——seam 리벳 종연(縱緣). ——structure 리벳 구조물(構造物). **Riveter** 리벳공(工). 리벳 잡그는 기계(機械). Hydraulic——수압(水壓)리벳 체결기(締結機). Pneumatic——공기(空氣)리벳체결기(締結機). (Fig. 296). **Riveting** 리벳잡그기(Fig. 327). Chain——병열(並列)리벳 잡그기. Double——2열(列)리벳잡그기. Hand——수동 리벳잡그기. Hydraulic ——수압(水壓) 리벳잡그기. Machine——기계(機械)리벳잡그기. Pneumatic——공기(空氣)리벳잡그기. Reeled——리일드 리벳잡그기(병열(並列)과 지그재그와의 혼합배열(混合配列)(Fig. 327①). Three ply——3매(枚)겹치기 리벳잡그기. Staggered or Zigzag——지그재그형 리벳잡그기(Fig. 327②), ——hammer 리벳 해머. ——machine 리벳 체결기(締結機).

Roadstead 정박지(停泊地), 하천항만(河川港灣).

Rock cutter 쇄암선(碎岩船). ——wool 암면(岩綿)(현무암(玄武岩)을 녹혀 증기(蒸氣)로 불어 내어서 면화상(綿花狀)으로 한 것, 보온재(保溫材), 방화재(防火材)등에 사용한다).

Rocker fulcrum, rocking lever shaft, fulcrum shaft 지점축(支點軸)(diesel).

Rocket 로케트, 화전(火箭). ——propulsion 로케트 추진(推進). ——signal 로케트 신호(信號).

Rocking bar or lever 로킹 레버. ——lever shaft 지점축(支點軸). ——shaft 요동축(搖動軸),

Rod 막대. 봉(棒) Connecting——접속봉(接續棒)(Fig 123). Curtain——커어튼 봉(棒). Eccentric——편심봉(偏心棒)(Fig. 166③). Piston——피스톤 로드(Fig. 284⑦). Push——압봉(押棒) (diesel). Slide valve——or spindle 활변봉(滑辨棒)(Fig. 313⑬). Sounding——측심봉(測深棒). 청음봉(聽音棒)(측심봉(測深棒)은 탱크 내의 수심(水深)을 재는 막대, 청음봉(聽音棒)은 기

계(機械) 표면(表面)에 대어서 내부 운전(內部運轉)의 소리를 듣는 막대). Steering——타취봉(舵取棒). Tail——선봉(先棒)(피스톤). Tappet——타페트봉(棒), 철자봉(凸子棒). Valve——(or spindle, stem) 변봉(辨棒)(Fig. 459③).

Rodent 쥐의 해(害).

Roll 압연(壓延). ——fender 로울펜더(굴림 방현재(防舷材)). ——number 압연번호(壓延番號). ——welding 단접(鍛接) **Rolled** material 압연재료(壓延材料).

Roller 로울러, 굴림대. Cam——캠 로울러. Furnace——로통(爐筒)로울러. Straightening——, Plate straighter, Plate mangle 판(板)버릇 수정기(修正機)(또는 로울러). ——bearing 로울러 베어링(Fig. 30). ——bitt 로울러 비트(Fig. 328). ——chain 로울러 체인(Fig. 429). ——clearance 로울러 틈. ——fair leader 로울러붙이 페어리이더(Fig. 182). ——launching 로울러 진수(進水)(활제(滑劑)로서 해드를 사용하는 곳에 로울러를 사용한다). ——path 로울러 패스(굴림대의 길). ——tube expander 로울러붙이 파이프 누르는 기계(Fig. 432).

Rollet 로우레트, 눈금 새기는 공구(工具).

Rolling 횡요(橫搖). Forced——강제횡요(强制橫搖). Isochronous——등시성 횡요(等時性橫搖). Natural——자연횡요(自然橫搖), period of——횡요주기(橫搖周期). Resisted——저항횡요(抵抗橫搖). Unresisted——무저항횡요(無抵抗橫搖). ——angle 횡요각도(橫搖角度). ——chock or bilge keel 로울링 쵸크, 빌지키일(배의 횡요(橫搖)를 막기 위하여 선저외측(船底外側)의 만곡부(灣曲部)에 키일을 붙인다). (Fig. 49). ——experiment 횡요시험(橫搖試驗). ——indicator 횡요지시기(橫搖指示器). ——mill 압연기(壓延機), 압연공장(壓延工場). ——period 횡요주기(橫搖周期). ——pin 로울링 핀. ——recorder 횡요 기록기(橫搖記錄器). ——stay 로울링 지주(支柱)보일러(요동(搖動)할 때 보일러를 지지(支持)하기 위한 지지봉(支持棒)).

Fig. 328 Roller bitt

로울러 비트

Fig. 329 Rose box

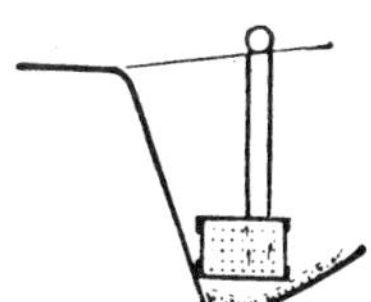

찌꺼기 제거기(除去器)

Room heater 난방기(暖房器).

Root 개선(開先)의 루우트〖鎔〗(홈의 밑바닥)(Fig. 44①). 뿌리(프로펠러)(Fig 299 ⑧). ——bend 뒷굽힘(裏曲)(Fig. 36). ——face or shoulder 개선(開先)의 루우트 면(面)(Fig. 44②). ——or gap opening 루우트 사이의 간격(間隔)(Fig. 44③). ——penetration 저부(底部)의 용입(溶込). ——radius 루

우트 반경(半徑). —running 뒤용접(裏鎔接). —blower 루우트 송풍기(送風機). —compressor 루우트 압축기(壓縮機).

Rope 로우프, 강(綱), 삭(索). Anchor—앵커 로우프. Breast—or band 브레스트 로우프(안전(安全)을 위하여 몸에 매는 줄). Buoy—계선(繫船) 로우프. Cable laid—앵커 로우프 연강(撚綱)(3연소삭(三撚小索)을 3연(三撚)한 것). Check—멈추기 로우프. Foot—푸우트 로우프(건너주는 줄). Hemp—마(麻)로우프. Man—손잡이 줄(현측(舷側)사다리용). Manila—마닐라 로우프. Ridge—천막용(天幕用)로우프. Tarred—타르로우프. Three stranded—3연강(三撚綱)(Fig. 491). Tow—or line 인강(引綱). Wire—와이어 로우프(Fig. 490). —belt 로우프 벨트(벨트 대신 로우프를 사용한 것). —fender 로우프 펜더(방현재(防舷材)). —ladder or Jacob's ladder 줄 사다리. —yarn packing 줄 패킹.

Rose box, strum box, strainer 찌꺼기 제거기(除去器)(Fig. 329).

Rot of wood 목재의 부후부(腐朽部).

Rotameter 로타미터(작은 바퀴를 곡선(曲線)에 따라 움직여 곡선(曲線)의 길이를 재는 계기(計器).

Rotary air pump 회전 공기(回轉空氣)펌프. —amplifier exciter 회전 증폭여자기(回轉增幅勵磁器). —converter 회전변류기(回轉變流機). —or belt conveyer 벨트 콘베이어(대식 운반장치(帶式運搬裝置). —disc regenerator 회전 원판식 열교환기(回轉圓板式熱交換器). —drum regenerator 회전(回轉)드럼식 열교환기(熱交換器). —engine 회전(回轉)실린더 발동기(發動機). —pump 회전(回轉)펌프. —scavenging valve 회전 소기변(回轉掃氣辨)(diesel).

Rotating field 회전자계(回轉磁界)〖電〗. —mass 회전질량(回轉質量). —radio beacon 회전 무선표지(回轉無線標識). **Rotation** 회전(回轉).

Rotor 로우터, 축차(軸車). Drum—로우터 드럼. Solid shaft—중실축(中實軸)로우터. Wheel—휘일로우터. Wound—권선형 회전자(捲線型 回轉子). —drum 로우터 드럼(터어빈). —shaft or spindle 로우터 축(軸). —ship 로우터선(船). (돛

Fig. 330 Rudder and stern frame

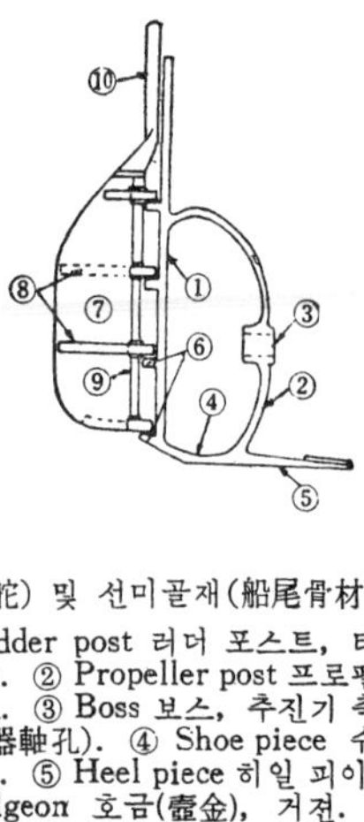

타(舵) 및 선미골재(船尾骨材)

① Rudder post 러더 포스트, 타주(舵柱). ② Propeller post 프로펠러 포스트. ③ Boss 보스, 추진기 축공(推進器軸孔). ④ Shoe piece 슈우피이스. ⑤ Heel piece 히일 피이스. ⑥ Gudgeon 호금(壺金), 거전. ⑦ Rudder plate(single) 타판(舵板)(단판(單板)). ⑧ Rudder arm 보강골재(補强骨材). ⑨ Main piece or lower stock 타심재(舵心材). ⑩ Rudder stock or upper stock 러더 스톡.

Fig. 331 Canal rudder

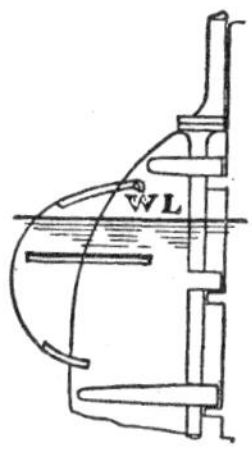

운하타(運河舵)

대신 로우터에 의하여 풍력으로 움직이는 배). ——wheel 익차(翼車). Arms of——wheel 익차병(翼車柄). ——winding 로우터 권선(捲線).

Roughtree or Man rail 손잡이(현측(舷側)사다리).

Round bar 둥근 막대(丸棒). ——house 원실(圓室)(중심선(中心線) 위에 있는 임의(任意)의 갑판실(甲板室)). ——stern 원형선미(圓形船尾)(Fig. 98). ——up or camber of beam 캠버, 량시(梁矢)(Fig. 146⑱). **Rounded** gunwale 원형(圓形) 건웰(갑판) 양현(兩舷)의 모진 부분을 둥글게 한 것) (Fig. 439).

Rove 좌금(座金)(Fig. 71②).

Row lock 로우로크, 클러치(Fig. 61). ——of rivets 리벳 열(列)(Fig.327).

R.P.M. Revolution per minute 1분간 회전수(一分間回轉數).

Rubber insulated cable 고무 절연(絕緣) 케이블. ——tile 고무 타일, 고무깔 것.

Fig. 332 Contra rudder

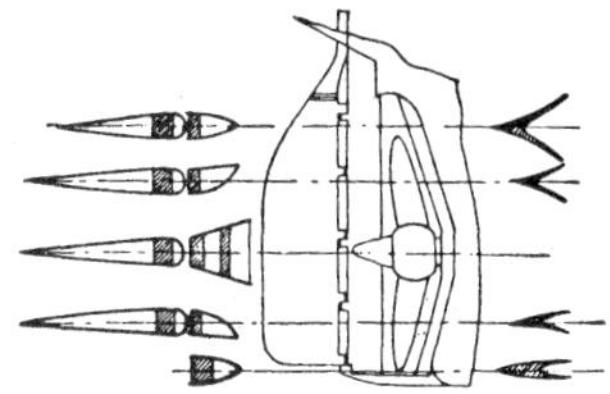

콘트라 타(舵)

Fig. 333 Oertz rudder

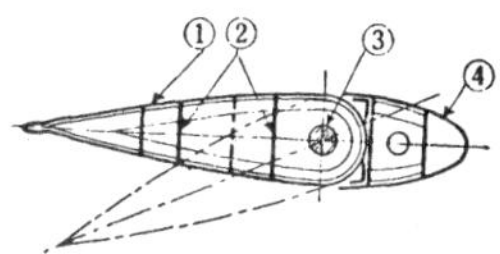

엘츠 타(舵)

① Rudder plate(double) 타판(舵板)(복판(複板)). ② Rudder frame 타골재(舵骨材). ③ Main piece 타심재(舵心材). ④ Cap 캡.

Fig. 334 Type of rudder

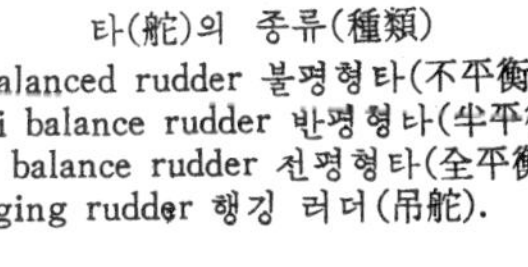

타(舵)의 종류(種類)

Ⓐ Unbalanced rudder 불평형타(不平衡舵).
Ⓑ Semi balance rudder 반평형타(半平衡舵).
Ⓒ Full balance rudder 전평형타(全平衡舵).
Ⓓ Hanging rudder 행깅 러더(吊舵).

Rubbing or Slab keel 슬랩 키일, 부가(付加)키일(Fig. 496㉘). ——strake or strip 습재(摺材)(Fig. 104).

Rubbish shoot or chute 쓰레기 통.

Rudder 키, 타(舵)(Fig. 330). Balanced——평형타(平衡舵)(Fig. 334). Balanced reaction——평형 반동타(平衡反動舵). Bow——선수타(船首舵). Canal——운하타(運河舵)(Fig.331) (타면적(舵面積)을 증가시켜 타효율(舵効率)을 좋게 한 취부타(取付舵)). Contra——콘트라 타(舵)(Fig. 332). Double plate——복판타(複板舵)(Fig. 332, 333). Flettner——플래트너 타(舵). Full balanced——전평형 타(全平衡舵)(Fig. 334). Hanging——행깅 타(조타(吊舵))(Fig. 334). July——가타(假舵). Main——주타(主舵). Oertz——엘츠타(舵)(Fig. 333). Semi-balanced——반평형타(半平衡舵)(Fig. 334). Single plate——단판타(單板舵)(Fig. 330). Twin——2매타(二枚舵)(한 배가 두장의 타(舵)를 가진다). Type of——타(舵)의 종류(種類)(Fig. 334). Unbalanced——불평형타(不平衡舵)(Fig. 334). ——or Helm angle 타각(舵角). ——area 타면적(舵面積). ——arm 타(舵)의 아암, 보강골재(補强骨材) (Fig. 330 ⑧). ——blade 타판(舵板). ——brace or gudgeon 타호금(舵壺金), 거젼(Fig. 386①). ——carrier 타(舵)받침(Fig.336). ——coupling 타(舵)이음(Fig. 335, 338). ——frame 타(舵)프레임. ——head, stock or upper stock 러더 해드, 러더 스톡(Fig. 330 ⑩, 335①, 338①). ——lock or——locking pintle 로킹핀틀(타(舵)멈추기 핀틀). ——pendant chain 응급타(應急舵)체인. ——pintle 러더핀틀(Fig. 337). Independent——pintle 끼워넣기 핀틀. ——pintle strap 핀틀 대금(帶金). ——pit 타(舵)를 빼내는 구멍. ——plan 타도(舵圖). 타판(舵板). ——plate 타판(舵板). ——post 러더 포스트(Fig. 330①). ——quadrant 러더 쿼드런트(Fig. 379②). ——stock 러더 스톡(Fig. 330 ⑩). ——stop or stopper 타(舵)멈추기. ——tiller 러더 틸러(Fig.

Fig. 335 Rudder coupling (Horizontal)

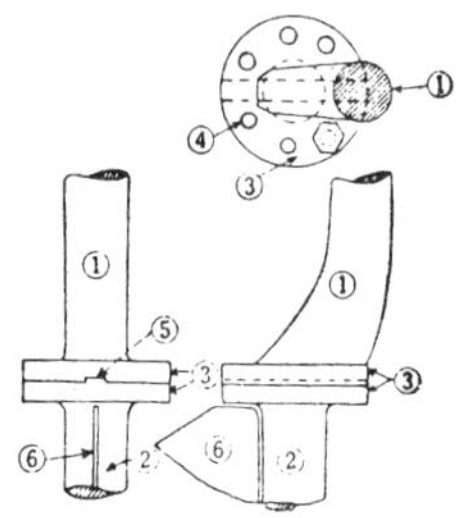

타(舵)이음(수평형(水平型)).
① Rudder stock 러더 스톡.
② Main piece 타심재(舵心材).
③ Flange 플랜지(횡형(橫型)).
④ Bolt 보울트. ⑤ Key 키이.
⑥ Rudder plate 타판(舵板).

Fig. 336. Rudder carrier

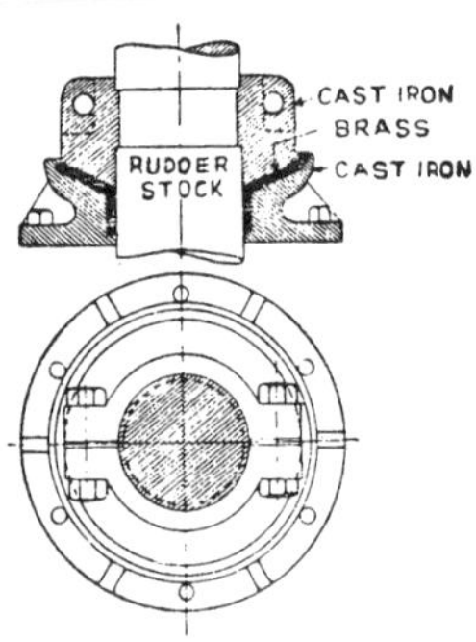

타(舵)받침

Fig. 337 Rudder pintle.

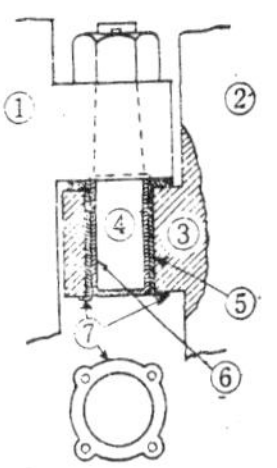

러더 핀틀

① Rudder 타(舵). ② Stern frame 선미골재(船尾骨材). ③ Gudgeon 호금(壺金). ④ Pintle 핀틀. ⑤ Lignumvitae strip 리그넘 바이트링. ⑥ Brass sleeve 브라스 슬리이브. ⑦ Brass check ring 브라스 체크 링.

379①). ——trunk 러더 트렁크. ——trunk collar 러더 트렁크 칼라. ——yoke 횡(橫)틸러.

Rug 맷드, 신발에 의한 찰상(擦傷).

Rules of the roads. 해상충돌예방법(海上衝突豫防法).

Run 패스(용접(鎔接)), 선미단부(船尾端部), 항주(航走) ——of mine coal 절입탄(切込炭). ——off plate 맞추기판(板)〔鎔〕(Fig. 339). ——off tab 맞추기 받침판(Fig. 339). ——out 런 아웃, 진동량(振動量)(로우터 샤프트). **Runner** 러너 날개바퀴(가스터어빈).

Runabout 소형(小型) 모우터 보우트.

Fig. 338 Rudder coupling(Vertical)

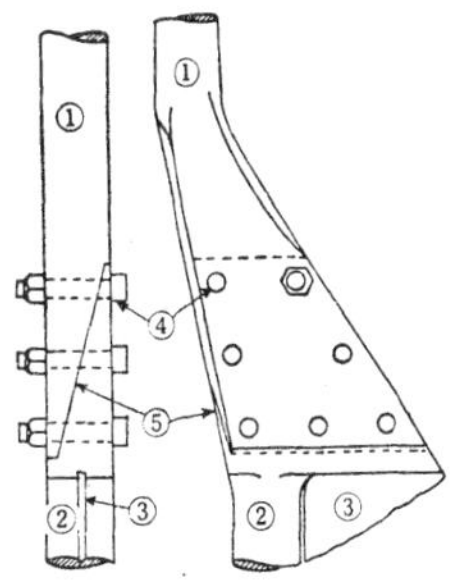

타(舵) 이음 (수직형(垂直型)).

① Rudder stock 러더 스톡. ② Main piece 타심재(舵心材). ③ Rudder plate 타판(舵板)(단판(單板)). ④ Bolt 보울트. ⑤ Scarph 스카아프 이음(수직형(垂直型)).

Fig. 339 Run off tab

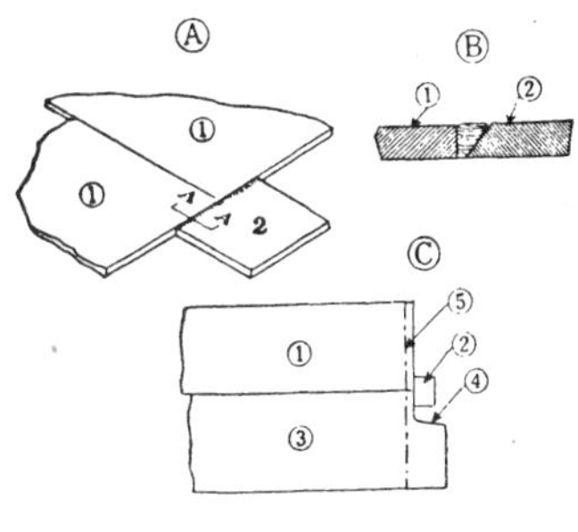

맞추기 받침판

Ⓐ Plan 평면도(平面圖). Ⓑ Section A A단면도(A斷面圖). Ⓒ Plan 평면도(平面圖) ① Plate 판(板). ② Tab 맞추기 받침판. ③ Plate 후판(厚板). ④ Cut off 컽오프(切捨部). ⑤ Cutting line 절단선(切斷線). ①③의 판(板)두께가 다를 때에는 두터운 쪽을 ④와같이 절취(切取)②하여 ①③을 용접(鎔接)한 후 ⑤의 선(線)에서 끊어 없앤다.

Rung 사다리 단(段).

Running 운전(運轉). ——block 동활차(動滑車). ——balance test 운전중(運轉中)의 평형시험(平衡試驗). ——expense or cost 운항비(運航費). ——fit or working fit 동감합(動嵌合). ——repair 해상 수리(海上修理). 평시(平時)의 수리(修理)(특별한 수선(修繕)). ——rigging or wire 동삭(動索)(하역삭(荷役索)과 같이 항상 감거나 풀거나 하는 줄)〔關:standing rigging 정삭(靜索)〕. ——store 소모품(消耗品).

Rupture test 파괴시험(破壞試驗). 용단시험(溶斷試驗)〔電〕.

Rust 녹. ——blister 녹이 부풀어 오른 것. ——joint 녹 이음.

Rustless or Stainless steel 불청강(不銹鋼). 스테인레스 강(chrome 크롬이나 nickel 니켈을 많이 포함한 강재(鋼材)).

S

Sabathe cycle 사바테 사이클.

Sadle hatchway 새들 해치, 안장형 창구(鞍裝形艙口). (주로 석탄창구(石炭艙口)에 사용되고 중앙(中央)에 안장형(鞍裝形)이 있어서 양측(兩側)으로 석탄(石炭)을 나누어 준다). ——stay 안장형판(鞍裝形板).

Safe load 안전하중(安全荷重). **Safety** of life at sea convention 해상안전조약(海上安全條約), 1949. ——cap 안전(安全)캡(덮개). ——certificate 안전증서(安全證書). ——collar 안전(安全)칼라(파이프의 팽창(膨脹)이음)(Fig.178) (빠져나가는 것을 막는 칼라). ——device 안전장치(安全裝置). ——equipment certificate 안전설비증서(安全設備證書). ——factor 안전율(安全率). ——glass 안전(安全)유리. Multiplex——glass 다층(多層)안전유리. Triplex——glass 3층안전(三層安全)유리. ——lamp 안전등(安全燈). ——radio telegraphy certificate 안전 무선전신 증서(安全無線電信證書)——radio telephony certificate 안전 무선전화 증서(安全無線電話證書). ——stay 안전 스테이. ——stop 안전멈춤(安全制止)(스탈 터어빈). ——valve 안전변(安全辨). (Fig. 456). Dead weight——valve 추식 안전변(錐式安全辨). Lever——valve 레버식 안전판(安全瓣). Spring——valve 스프링식 안전판(安全瓣)(Fig. 456). ——valve easing or lifting gear 안전변 조상장치(安全辨吊上裝置). ——valve setting 안전변 봉쇄(安全辨封鎖).

Sagging 새깅(중앙(中央)이 처진 현상(現象))(Fig. 214).

Sail 돛, 범(帆). Fore——포어세일. Lug——or lug 러그세일. Main——메인세일. Square——횡범(橫帆). Stay——스테이세일. Storm——스톰 세일. Top——톱 세일. Wind——윈드 세일, 범포제 통풍통(帆布製通風筒). ——area 범면적(帆面積). ——locker 범고(帆庫). ——loft 제범공장(製帆工場).

Sailer 범선(帆船), 갑판원(甲板員). ——chest 의복장(衣服藏), **Sailing** permit 출항허가(出港許可). ——ship 범선(帆船). ——vessel with auxiliary engine 보조기관(補助機關)붙이 범선(帆船), 기범선(機帆船). **Sailor** 범선(帆船), 갑판원(甲板員).

SAL log 샐 로그(측정의(測程儀), 선저(船底)에 구멍을 뚫어 거기에 pitot tube를 끼워 항행(航行)에 따라서 생기는 유압 변화(流壓變化)에 따라서 배의 행정(行程)을 측정(測定)하는 정밀(精密)한 측정기(測程器)).

Salamander stove 샐라맨더 스토브.

Salinometer 염분계(鹽分計). ——cock 검염(檢鹽)콕. ——pot 염분계(鹽分計) 포트(통(筒)).

Salmon and trout factory ship 연어 송어모선(鮭鱒母船).

Saloon 살룬, 식당(食堂), 공실(公室). Dining——식당(食堂). Music——음악실(音樂室). Reading and writing——독서실(讀書室).

Salt bath 염욕(鹽浴)(염류액(鹽類液)으로서 소입(燒入)한다). ——or natrium brine 나트륨 브라인(농염수(濃鹽水))(냉각용(冷却用)). **Salting** carrier 염장품 운반선(鹽藏品運搬船).

Salvage 해난구조(海難救助) 또는 구조비(救助費). ——boat 구난선(救難船). ——work 구난작업(救難作業).

Sampan 삼페인, 통선(通船).

Sample 공시재(供試材), 시험편(試驗片)(시험용(試驗用)), 견본(見本). **Sampling** 견본(見本)을 받는 것. ——line 견본 채집용 배관(見本採集用配管)(밸흙 등).

Samson or King post 삼손 포스트, 문형(門型)기둥.

Sanctuary 신전(神殿).

Sand 모래. ——bag 모래포대. ——ballast 모래 밸러스트. ——blast 모래불기. ——block 모래반목(盤木)(진수(進水)). ——blower 모래불기 기계(機械)(Fig. 340). ——box 모래박스(방화용(防火用)). ——glass 모래시계(時計)(Fig. 250©). ——pump dredger 모래 흡상(吸上)펌프선(船)(모래를 빨아올려서 준설(浚渫)한다.

Sanitary 위생(衛生). ——outfit 위생 의장품(衛生艤裝品). ——pipe 위생(衛生)파이프. ——pump 위생(衛生)펌프. ——tank 위생

Fig. 340 Sand blower

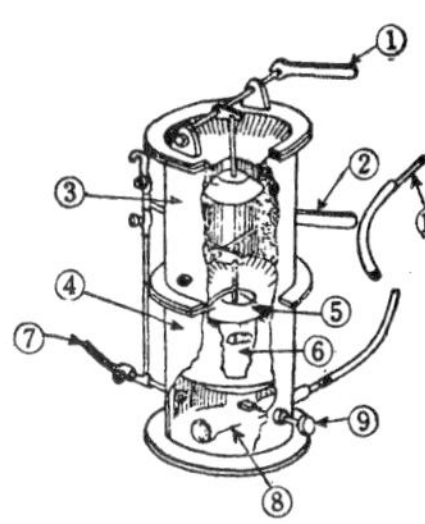

사취기(砂吹器)

① & ② Valve handle 밸브 핸들. ③ Upper tank 상부(上部)모래 박스. ④ Lower tank 하부(下部)모래박스. ⑤ Valve 밸브. ⑥ Sand 모래. ⑦ Pressure air 압축공기(90 lbs/□'') ⑧ Sand pipe 모래파이프. ⑨ Valve 밸브. ⑩ Sprayer 취출구(吹出口).

(衛生)탱크.

Sap wood 흰 겉재(材)〔木〕〔關 : Heart wood 심재(心材)〕.

Sash 샤슈, 갑옷 창(窓). ——door 샤슈 문.

Saturated steam 포화증기(飽和蒸氣).

Sauce pan 끓이는 남비.

Save all-oil 기름 받침. ——drip pan 물방울 받침.

Saw 톱, Band——벤드 톱. Circular——둥근 톱. Cross cut——가로켜기 톱. Frame——프레임 톱. Friction——마찰(摩擦)톱(마찰(摩擦)만으로 형재(型材)등을 절단(切斷)한다). Hack——쇠 켜는 톱. Plate——평(平)톱. ——dust 톱밥. ——mill 제재공장(製材工場). ——sharpener 톱날 세우는 기계.

Scaffolding or Scaffold 발판의 판자(Fig. 374).〔關 : Stage plank와 동의(同意)〕.

Scale 스케일, 자(尺), 척도(度). 탕(湯)의 녹, 흑청(黑錆). Baume's——보우메 눈금. Beaufort——뷰포우트 풍력계급(風力階級)(☞ wind scale). Colour——색깔 표(表). Dead weight——재화척도(載化尺度)(Fig. 141). Displacement——배수량척도(排水量尺度)(Fig. 141). Extension——신장척도(伸長尺度). Logarithmic——대수척도(對數尺度). Mill or Oxide 검은 녹, 흑피(黑皮). Shrinkage——or rule 주물(鑄物)자. ——effect 척도영향(尺度影響). **Scaling** bar 녹 떼는 막대. ——or chipping hammer 치핑 해머(청락(錆落)해머). ——rate 스케일 생성율(生成率).

Scallop 스켈롭(Fig. 341). ——at frame edge 프레임 끝의 스켈롭. **Scalloped** boiler strap 파연목판(波緣目板) **Scalloping** 스켈롭(Fig. 341).

Scanner or Scanning 주사(走査)안테나. ——monitor 현장 표시기(現場表示器)(원격조정(遠隔操縱)).

Scantling 재료(材料)치수. ——draft 재료(材料)치수로부터 정하는 흘수(吃水). ——number 치수수(數)(재료의 치수를 계산(計算)하는 기본수(基本數)).

Scar 흠〔鎔〕.

Scarf or **Scarph** 스카아프 이음. Hook——후크 형(形)스카아프. (Fig. 342). ——or tongue weld 스카아프(감(嵌))단접(鍛接)(Fig. 419). **Scarphed** coupling 스카아프 이음. (Fig. 338). **Scarphing** machine 스카아프 반(盤).

Scavenge air belt or passage 소기통로(掃氣通路)(diesel). **Scavenging** air receiver 소기저장기(掃氣貯藏器). ——blower 소기송풍기(掃氣送風機). ——efficiency 소기효율(掃氣効率). ——port 소기공(掃氣孔)(Fig. 287⑤). ——pump 소기(掃氣)펌프. ——stroke 소기행정(掃氣行程)(Fig. 277Ⓓ). ——valve 소기변(掃氣辨). Rotary——valve 회전소기변(回轉掃氣辨).

Schematic plan 대표도(代表圖). 조직도(組織圖).

Schooner 스쿠우너, 범선(帆船)의 일종(一種).
Scotch boiler 스카치 보일러 원형(圓形)솥.
Scout 정찰정(偵察艇).
Scow 〖美〗 or Barge 부선(艀船).
Scrap 스크렙, 깎아내어진 금속(金屬). ——iron 고철(古鐵). ——steel 고물 강철(古物鋼鐵).
Scraper 스크레이퍼, 청락(錆落). Tube——파이프 소제구(掃除具). 관내 소제기(管內掃除器).
Scratch test 스크래치 시험(경도시험(硬度試驗)).
Screen 스크리인(사절판(仕切板)). Blast——폭풍(爆風)막이. Coloured——착색(着色)스크리인(선등(船燈)). Sea——물보라 막기. Side light——현등격판(舷燈隔板). Smoke——연막(煙幕). Sun——햇빛 막는 막(幕). Wind——방풍막(防風幕). Wood——목제사절판(木製仕切板). ——board 사절판(仕切板)(현등(舷燈)). ——bulkhead 사절격벽(仕切隔壁).
Screw 나사, 나선(螺旋), Adjusting or Stretching——조정나사(調整). Jack——or——jack 나사 재크(Fig. 344). Rigging——리깅 스크루우(줄을 당겨서 매는 나사)(Fig. 322 Turnbackle과 같다). Right handed——오른 나사. Packing——or hook 패킹 후크(패킹 빼내기). Quadruple——vessel 4축선(四軸船). Set——멈추기 나사. Single——vessel 단축선(單軸船). Thread of——나사의 산(山). ——aperture 프로펠러 공(孔)(프로펠러가 회전하는 부분의 간격(間隔)(Fig. 495⑪). ——bolt 나사 보울트. ——conveyer 나사식 콘베이어(곡류 석탄 등 운반(穀類石炭等運搬)). ——cutting machine 나사 깎는 기계(機械). ——down tap 나사 깎는 텝. ——down valve 나사밸브(Fig. 445). ——driver 나사 드라

Fig. 341 Scalloping

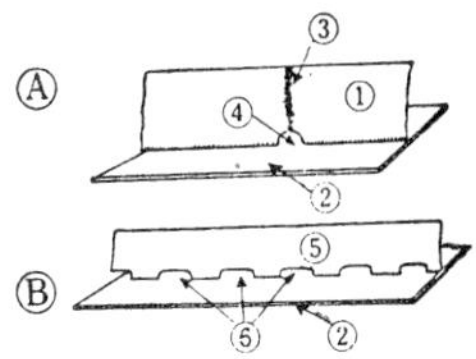

스 켈 롭

Ⓐ Scalloping at welding butt 용접선(鎔接線)에 있어서의 스켈롭. Ⓑ Scalloping or serration 셀레이션. ① Bulkhead or stiffener 격벽(隔壁)또는 스티프너. ② Tank top or plate 이중저 내저판(二重底內底板). ③ Butt joint 버트(衝接)이음. ④ Scallop 스켈롭(중량절감용(重量節減用). ⑤ Stiffener 스티프너. ⑥ Scalloping or serration 스켈롭 또는 톱날형 스켈롭.

Fig. 342 Scarph(Hook)

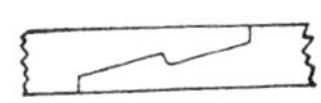

후크형 스카아프

Fig. 343 Screw driver

나사 드라이버

Fig. 344 Screw jack

스크루우 재크

이버(Fig. 343). ——or propeller horse power 프로펠러 마력(馬力). ——or screwing machine 나사 깎는 기계(機械).

Screw propeller 보통의 프로펠러. ——shaft, propeller shaft, tail shaft, stern shaft 선미축(船尾軸)(Fig. 299①, 384⑭, 387①㉓). ——ship 나선 추진선(螺旋推進船). ——spanner 〖英〗 or wrench 〖美〗 자재(自在) 스패너 (Fig. 499). ——or small stay 스크루우 스테이(Fig. 66⑦). ——steering gear 나사식 타취장치(舵取裝置)(Fig. 319). ——stopper 나사붙이 앵커 체인 멈추기(制止器)(Fig. 96). ——stud or stud bolt 스터드 보울트(Fig. 74④). **Screwed** nipple 나사가 깎인 니플(파이프 이음)(Fig. 266). **Screwing** machine 나사 깎는 기계(機械).

Scrive or **Scribe** board 스크라이브 보오드, 절입 현도장(切込現圖場). ——knife 스크라이브 나이프.

Scrubber 스크리버(연마용(硏磨用)솔).

Scudding 순주(順走).

Scull 스컬(쾌주(快走)보우트).

Scullery 그릇씻는 곳.

Scum cock or Surface blow off cock 수면(水面)으로 뿜어내는 콕. ——dish or pan 스컴 팬, 물 때 모우기(보일러 물의 표면(表面)에 뜨는 지게미를 모우는 접시). ——valve or surface blow off valve 수면취출변(水面吹出辨).

Scupper 배수구(排水口). ——pipe 배수관(排水管).

Scuttle 구멍(孔), 현창(舷窓)(Fig. 363). ——butt 음료수 통(飮料水筒)(소형(小形)).

Sea anchor, driving or floating anchor 시이 앵커(폭풍(暴風)시 배를 파도에 바로 세우기 위하여 이 앵커를 투입(投入)하여 표류(漂流)하면서 날씨가 좋아질 때까지 기다린다)(Fig. 5). ——chest 해수(海水)박스(해수 취입구(海水取入口)의 보호(保護)박스). ——cock 해수(海水)콕. ——or ocean going vessel 항양선(航洋船). ——condition 해면상태(海面狀態). ——connection 해수연락(海水連絡). ——injection valve or——valve 해수(海水)밸브. ——kindness 능파성(凌波性). ——mile or nautical mile 리(浬), 해리(海浬)

1 sea mile=6080피이트.

——screen 물보라 막기, ——speed 항해속력(航海速力). ——trial 해상시운전(海上試運轉). ——worthiness 내항성(耐航性), 능파성(凌波性).

Seal weld 누지용접(漏止鎔接), **Sealing** bead 매립(埋立)비이드(받침쇠(裏金)를 멈추는 비이드)〖鎔〗.

Sealer 물개 렵선(獵船).

Seam 이은자리(보일러), 종연(縱緣)〖船〗. Circumferential——or joint 주위

시임(周圍繼目)(보일러). Flat——평장종연(平張縱緣). Longitudinal——or joint 종연(縱緣)이음.

Seaman 선원(船員), 수부(水夫). Able——숙련수부(熟練水夫). ——head 병원변소(兵員便所). ——competency certificate 해기면장(海技免狀). **Seamanship** 운용술(運用術).

Seamless tube 무계목관(無繼目管). ——drawn or solid drawn tube 무계목인발관(無繼目引拔管).

Seaplane, hydro-aeroplane, flying boat 수상비행기(水上飛行機).

Search light or——light projector 투광기(投光器), 탐조등(探照燈) (Fig. 236 ⑬).

Searcher, feeler, thickness gauge 딕크니스 게이지(Fig. 200).

Season crack 금(말랐기 때문에 생긴 금) **Seasonal** area 계절구역(季節區域). ——zone 계절대(季節帶)(건현(乾舷)). **Seasoning** 말르는 방법(方法)(주물(鑄物)이라도 세월이 지남에 따라 변형(變形)하므로 그것이 없어질 때까지 기다리는 것도 Seasoning이라고 한다). Artificial——인공 고갈법(人工枯渴法). Hot air——열기 고갈법(熱氣枯渴法). Natural——자연 고갈법(自然枯渴法). Steam——증기 고갈법(蒸氣枯渴法). Water——침수 고갈법(浸水枯渴法)(냇물에 담그어 떫은 맛을 뺀다).

Fig. 345 Section

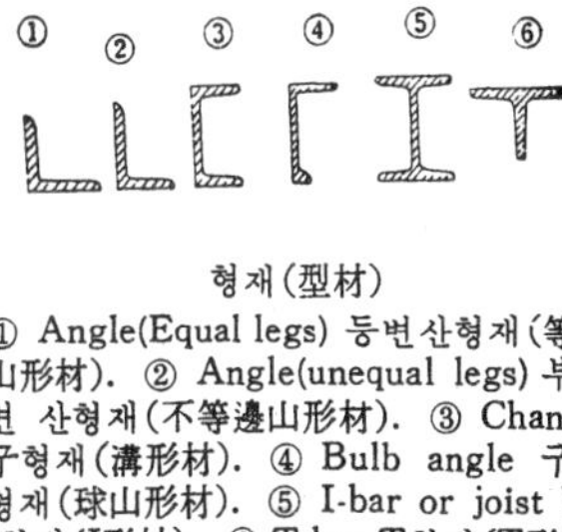

형재(型材)

① Angle(Equal legs) 등변산형재(等邊山形材). ② Angle(unequal legs) 부등변 산형재(不等邊山形材). ③ Channel 구형재(溝形材). ④ Bulb angle 구산형재(球山形材). ⑤ I-bar or joist bar I형재(I形材). ⑥ T-bar T형재(T形材).

Seating 대좌(臺座). ——arrangement 제기계 배치도(諸機械配置圖). ——ring 환상(環狀)워셔.

Second bower, port or small bower 좌현(左舷) 대(大)앵커. ——deck 제 2 갑판(第二甲板). ——engineer 2등기관사(二等機關士). ——mate or officer 2등항해사(二等航海士). ——saloon or class passenger 2등선객(二等船客). ——wireless operator 2등통신사(二等通信士). **Secondary** battery 2차전지(二次電池)(습(濕)). ——cell 2차전지(二次電池)(건(乾)). ——cooling air 2차냉각공기(二次冷却空氣). ——flow 2차(二次)흐름. ——loss 2차손실(二次損失). ——pinion 2차 소치차(二次小齒車).

Section or **Shape** 형재(形材) (압연재(壓延材)

Fig. 346 Seizing rope

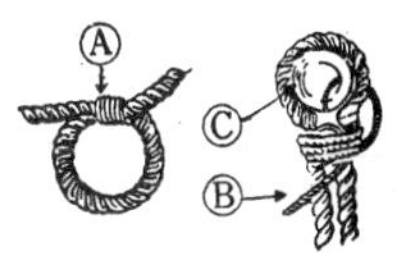

체 삭(締索)

Ⓐ Throat seizing 체강(締綱), 목 맺음. Ⓑ Round seizing 둥글게 맺음. Ⓒ Thimble 팀블.

(Fig. 345). Standard——표준형재(標準形材). ——box 구전(區電)박스. ——assembly 윤절(輪切) 블록〔鎔〕. ——board 구전반(區電盤). ——modulus 단면 계수(斷面係數), I/Y.—— paper 방안지(方眼紙). ——steel 형강(形鋼). ——switch 구분(區分)스위치. **Sectional** area 단면적(斷面積). ——boiler 조합(組合)보일러, ——header 조합(組合) 파이프 해더.

Sector 분호(分弧)(항로(航路)). ——of calibration 전파(電波) 오차수정(誤差修正).

Secure hand 손걸이.

Sediment chamber, box, collector 침전물(沈澱物)모우기.

Seger cone 제거 코운(내화(耐火)벽돌을 시험하는 표준시재(標準試材)).

Segregation 편석(偏析)(강철(鋼鐵)내에 집합(集合)한 이질조직(異質組織)).

Seizing 베어링이 타서 Brass류(類)에 긁힌 상처를 만드는 것. ——rope 체삭(締索)(Fig. 346). ——wire 꿰매는 철사. ——wire rope 잡용강삭(雜用鋼索).

Self-balanced flat slide valve 평형 평활변(平衡平滑辨). ——closing stop valve 자동(自動)스톱 밸브. ——contained battery-fed lamp of an exprosion proof type 폭발방지형 자기 급전 전지(爆發防止型自己給電電池)붙이 램프(기름 탱크용) ——ignition water light or Holmes light 홀므즈 라이트, 구명염(救命炎). ——righting type 자동복원형(自動復原形). ——priming pump 유도수(誘導水)없이 시동(始動)하는 펌프. ——propulsion test 자항시험(自航試驗). ——trimming collier 자동(自動)트리밍 적하석탄선(積荷石炭船).

Fig. 347 Senhouse slip or peleican slip

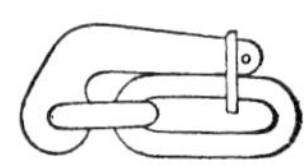

센하우스 슬립

Semaphore 셈마포어 신호(信號)(정거장의 입구(入口)에 있는 것과 같은 완목(腕木)을 오르내리는 신호법(信號法)).

Semi-automatic welding 반자동 용접(半自動鎔接). ——balanced rudder 반평형타(半平衡舵)(Fig. 334Ⓑ). ——bituminous coal 반유연탄(半有煙炭). ——box beam 반(半)박스 비임. ——closed cycle 반밀폐(半密閉)사이클. ——or (half built up) crank shaft 반조립(半組立)크랭크 축(軸). ——diesel engine 세미 디이젤기(機), 소옥기관(燒玉機關). ——killed steel 세미키일드 강(鋼), 반진정강(半鎭靜鋼), ——portable fire extinguisher 이동식 소화기(移動式消火器). ——portal crane 반문형(半門型)크레인. ——steel 준강(準鋼). ——rigid type of joint 반강형 접수(半剛型接手)〔鎔〕. (Fig. 476). ——submerged shipway 습식선대(濕式船台)(일부(一部)가 도크식이며 나머지 부분은 slip way(활대(滑臺))선대(船臺)로 되어있는 선대(船臺)).

Sending set 송신장치(送信裝置).

Senhouse slip 센하우스 슬립(Fig. 347).

Senior engineer 상석기관사(上席機關士). ——officer 상석항해사(上席航海士).

Sensibility 감도(感度). **Sensible** heat 현열(顯熱). ——hydrometer 정밀(精密)하이드로미터. ——paper 감광지(感光紙).

Sentinel valve 파수변(把守辨).

Separation point 박리점(剝離點). **Separator** 분리기(分離器). Centrifugal——원심분리기(遠心分離器). Oil——or extractor 기름분리기(分離器). Steam——기수 분리기(氣水分離器)(Fig. 349).

Sequence of crank 크랭크 순위(順位). ——of welding 용접순서(鎔接順序).

Series coil 직권(直捲)코일. ——flow turbine 직열류형(直列流形)터어빈. ——model 계통적 모형(系統的 模型). ——system 직열식(直列式)〔電〕. ——welding 직열용접(直列鎔接). ——wound dynamo 직권 직류발전기(直捲直流發電機).

Serration(or Scallop) 셀레이션, 톱날형 노치〔鎔〕. (Fig. 341).

Serve 줄감기(wire rope의 단말(端末)을 감아서 멈춘다). **Serving** board 줄감기 판(板)(Fig. 348). ——mallet 줄감기 해머(Fig. 348).

Service bolt 가체(假締)보울트(리벳을 잠그기 전에 임시로 잠그는 것). ——condition 사용상태(使用狀態), 항해상태(航海狀態), ——or general——pump, G.S. pump 잡용(雜用)펌프. Fuel oil——pump 상용 연료유(常用燃料油)펌프. ——speed 항해속력(航海速力). ——tank 소출(小出)탱크.

Fig. 348 Serving mallet and serving board

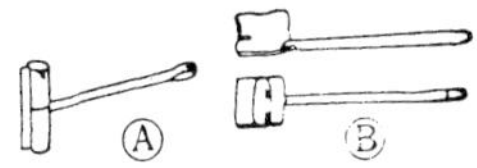

줄감기 해머와 줄감기 판(板)
Ⓐ Serving mallet 줄감기 해머
Ⓑ Serving board 줄감기 판(板)

Fig. 349 Steam separator

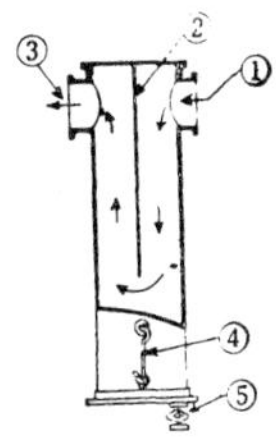

기수분리기(氣水分離器)
① Inlet 입구(入口). ② Diaphragm 다이아프램 격판(隔板). ③ Outlet 출구(出口). ④ Gauge glass 수준기(水準器). ⑤ Drain cock 드레인 콕.

Servo-motor 시동기(始動機). Starting——motor 시동기(始動機).

Set back 젖힘(프로펠러 날개). ——hammer 셀 해머(Fig. 350). ——in 선루(船樓)를 외현(外舷)으로부터 안으로 당겨 설치(設置)하는 것. ——iron 형판(型板)(Fig. 42⑥). ——screw 멈춤나사.

Settling tank or Renovating tank 침강(沈降)탱크, 정화(淨化)탱크(Fig. 351).

Sewage or **Sludge** boat 오물운반선(汚物運搬船). ——pump 오물(汚物)펌프.

Sewing welding 전봉용접(電縫鎔接)(박철관(薄鐵管)의 이음을 용접하는데 사

Fig. 350 Set hammer

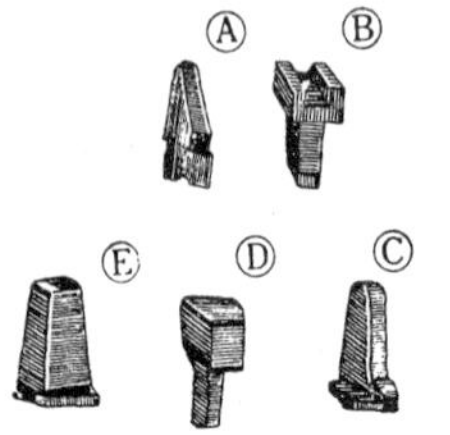

셑 해머

Ⓐ Round bar cutter 원형봉(圓形棒)커터. Ⓑ Stamp iron 형(원)찍기. Ⓒ 같음. Ⓓ Round iron 원형(圓形). Ⓔ Square iron 각형(角型).

Fig. 351 Settling tank of oil

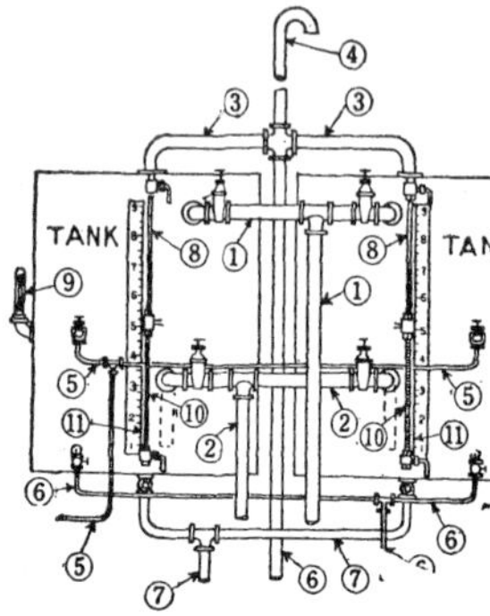

정화(淨化)탱크

① Inlet from pump 펌프로부터의 기름파이프. ② Outlet from tank 본(本)탱크로부터의 취출관(取出管). ③ Overflow to double bottom tank 2중저(二重底)기름탱크에 이르는 익출관(溢出管). ④ Vent 통풍관(通風管). ⑤ Steam supply to heating coil 가열관(加熱管)에 들어가는 증기(蒸氣). ⑥ Exhaust of heating coil 가열관(加熱管)의 배기관(排氣管). ⑦ Drain 드레인. ⑧ Gauge glass 물과 기름의 깊이를 나타내는 게이지. ⑨ Thermometer 온도계(溫度計). ⑩⑪ 게이지 눈금.

용한다).

Sextant 6분의(六分儀)(태양 또는 성좌(星座)의 고도(高度)를 재어서 본선(本船)의 위치(位置)를 측정(測定)하는 도구).

Shackle 섀클(Fig. 107, 352). Anchor——앵커 섀클. Mooring——계선(繫船)섀클. one, two, three shackles〔英〕 or shots 〔美〕 of chain cable 앵커 케이블의 1,2,3 연(連), 1연(連)의 길이 15발 Fathom=15×6=90피이트〔英, 美〕=25m〔한국〕. ——bolt 섀클보울트(Fig. 352).

Shade deck 차양갑판(遮陽甲板).

Shaft 축(軸). Anchor——or shank 앵커 샤프트(Fig. 4③). Cam——캠 축(軸). Center——중앙축(中央軸). Counter——중계축(仲介軸), Crank——크랭크 축(軸)(Fig. 13)). Flexible——가요성축(可撓性軸). Fulcrum, Rocker fulcrum, rocking lever, shaft 지점축(支點軸)(diesel), Governor controlled or Controller——조속기(調速器)

Fig. 352 Shackle

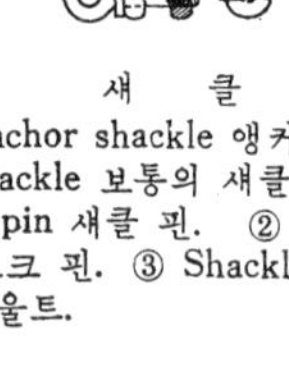

섀 클

Ⓐ Anchor shackle 앵커 섀클. Ⓑ Shackle 보통의 섀클. ① Shackle pin 섀클 핀. ② Forelock pin 로크 핀. ③ Shackle bolt 섀클 보울트.

붙이 조절축(調節軸). Hollow——중공축(中空軸), Intermediate——중간축(中間軸)(Fig. 334 ⑬ Main——주축(主軸). Maneuvering——발정축(發停軸). Pinion——소치차축(小齒車軸). Propeller, screw, stern or tail——선미축(船尾軸)(Fig. 299 ① 384 ⑭). Reversing or Weigh——역전축(逆轉軸)(Fig. 248⑨). Rocking——요동축(搖動軸). Rotor——or spindle 로우터 축(軸). Screw——선미축(船尾軸). ——alley or——tunnel 축로(軸路)(Fig. 384 ⑤). ——bearing 베어링. ——box 관동재(管胴材)〔木〕. Adjustable——bearing 조정(調整)베어링. ——bracket 축(軸)브래킷(Fig. 86). ——coupling 축(軸)이음. ——hanger 샤프트 행거(Fig. 353). ——horse power, S.H.P. 축마력. ——line 축선(軸線). ——passage, trunk or tunnel 축로(軸路). ——rake 축의 경사(軸傾斜). ——sleeve 축(軸) 슬리이브(피금(被金)). (Fig. 337②). ——stool 축받침. ——tube(차(車))축관(軸管). Solid——중실축(中實軸). Starting——시동축(始動軸). Steering——타취축(舵取軸). Stern——선미축(船尾軸). Thrust——드러스트 축(軸)(Fig. 313⑳, 417⑧), Tailing——후거(後去) 멈추기 붙이 축(軸). Tunnel——or intermediate——중간축(中間軸)(Fig. 295 ①). Weigh or Reversing——역전축(逆轉軸)(Fig. 248⑨). Wing——측축(側軸) Worm——워엄 축(軸), 나사깎기 차축(車軸). **Shafting** 축계(軸系).

Shake 갈라짐(龜裂)〔木〕.

Shale 쉘(석유(石油)를 포함(包含)하는 암석(岩石)의 일종(一種)). ——oil 쉘 기름.

Shallow draught vessel 천흘수선(淺吃水船). ——water effect 천수영향(淺水影響).

Shape or section 형재(形材)(압연재(壓延材))(Fig. 345). ——of bevel

Fig. 353 Shaft hanger

샤프트 행거

Fig. 354 Shearing machine

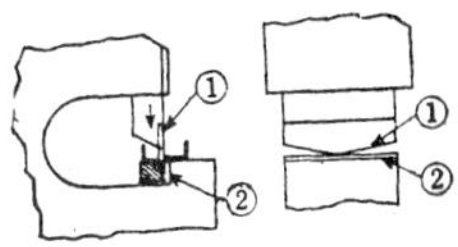

전단기(剪斷機)

① Upper knife 윗날(上刃).
② Lower knife 아랫날(下刃).

Fig. 355 Angle shearing machine

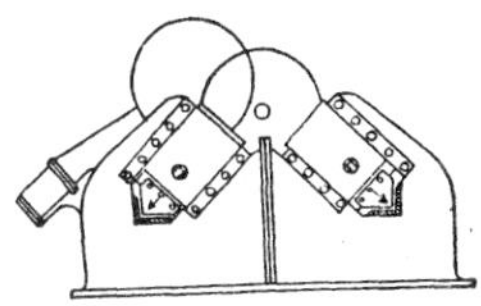

산형재 전단기(山形材剪斷機)

Fig. 356 Shaping machine or Shaper

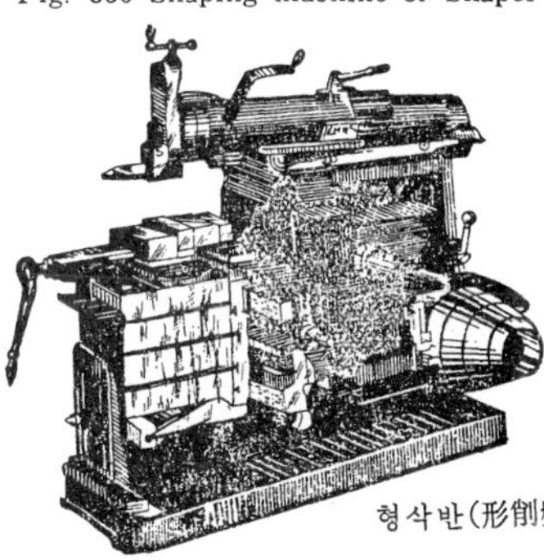

형삭반(形削盤)

개선(開先)의 형상(形狀)〔鎔〕(Fig. 44). **Shaping** machine or shaper 형삭반(形削盤)(Fig. 356).

Sharp freezer 급속냉동기(急速冷凍機).

Sharpening machine 연마기(硏磨機).

Shear 시어, 전단(剪斷), 전단기(剪斷機). Alligator——악어입 시어(Fig. 354). Angle——or Shearing machine 산형재(山形材)시어(Fig. 355). Double——양면(兩面)시어(Fig. 161). Double end——양단(兩端)시어. Gate or Guillotin 문형(門型)시어(Fig. 354). Single —— 단(單)시어. ——lag 전단(剪斷)늦음. ——legs 두 다리 크레인(Fig. 357). **Shearing** force 전단력(剪斷力). ——machine 시어기(機). ——stress 전단응력(剪斷應力).

Fig. 357 Shear legs

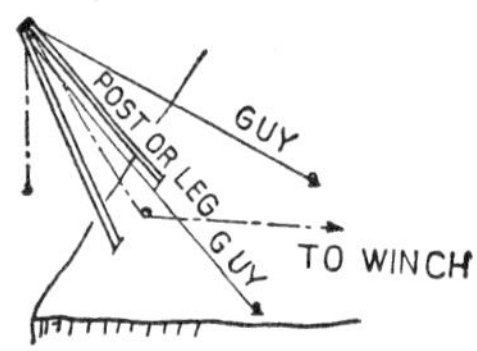

두다리 크레인

Sheathed deck 피복갑판(被覆甲板)(강갑판(鋼甲板)위에 목갑판(木甲板) 또는 피복재료(被覆材料) deck composition을 바른 것). ——vessel 피복선(被覆船).

Sheathing 피복(被覆), 선저포판(船底包板)〔木〕. Copper——동포판(銅包板). Deck——갑판피복(甲板被覆). Wood——목피복(木被覆).

Sheave 쉬이브(綱車). Bow——선수 활차(船首滑車)(부설선(敷設船)). Eccentric——편심내륜(偏心內輪)(Fig. 166⑤). Stern——선미활차(船尾滑車).

Shed 오두막.

Sheep pen 양(羊)우리.

Sheer 쉬어(Fig. 358), 현호(舷弧). ——drawing, Draught or Lines 선도(線圖)(Fig. 245). ——plan 측면선도(側面線圖). ——plank 현측후판(舷側厚板)〔木〕. (Fig. 496⑨), ——pole 쉬어 포올(Fig. 360)——strake 현측후판(舷側厚板)(Fig. 259⑨).

Fig. 358 Sheer & Trim

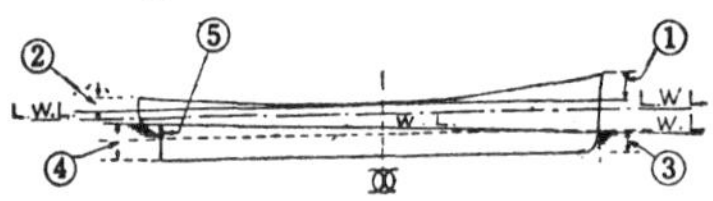

쉬어와 트림

① Sheer at stem 선수(船首)쉬어. ② Sheer at stern post 선미(船尾)쉬어. ③ Fore draught 선수흘수(船首吃水). ④ Aft draught 선미흘수(船尾吃水). ⑤ Trim by stern 선미(船尾)트림. W.L. Water line 흘수선(吃水線). L.W.L. Load water line 만재흘수선(滿載吃水線).

Sheet anchor 예비(豫備)대(大)앵커. ——brass 놋쇠판(板). ——copper 동박판(銅薄板). ——iron 철후판(鐵厚板). ——iron shop 박판공장(薄板工場). ——lead 납박판(鉛薄板). ——

Fig 359 Sheave(Single)

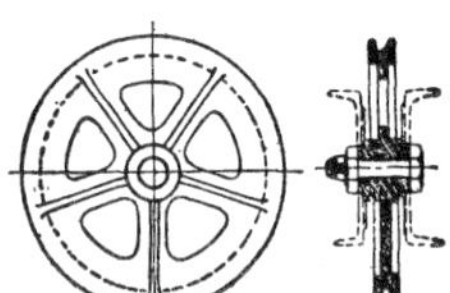
쉬 이 브

metal 박판금(薄板金). ——metal worker 박판공(薄板工), 판금공(板金工). ——steel 박강판(薄鋼板). ——zinc 아연박판(亞鉛薄板).

Shelf 양수재(梁受材)〔木〕(Fig. 496⑩), 선반.

Shell 외곽(外郭), 외판(外板), 유탄(榴彈)(신호(信號)). Boiler——보일러 동(胴). Bulging——팽출외판(膨出外板). Corrugated——파형외판(波形外板). ——angle 외판(外板)붙이 산형재(山形材). ——expansion plan 외판전개도(外板展開圖). ——flange 외판(外板)붙이 플랜지(형재(形材)). ——or outside plating 외판(外板). ——plate 동판(胴板)(보일러). ——plating 외판(外板). ——room 탄약고(彈藥庫).

Shelter deck 차랑갑판(遮浪甲板). ——deck vessel with tonnage opening 톤수경감개구(噸數輕減開口)를 가진 차랑갑판선(遮浪甲板船).

Sheradizing 아연소(亞鉛燒).

Shield 방패. Face——차광(遮光)방패〔鎔〕. ——arc 보호전호(保護電弧). ——plate 방염(防炎)방패.

Shielded arc electrode 피복(被覆)아아크 용접봉(鎔接棒). ——arc welding 쉬일드 아아크용접(鎔接)(방염용접(防炎鎔接)).

Shift of butts 횡연(橫緣)의 피거(避距)(Fig. 94). **Shifting** beam or Hatch web 해치 비임, 가동(可動)비임(Fig. 211 ⑫). ——board 하지판(荷止板). ——board stanchion 하지판(荷止板)기둥(산적(散積)된 소맥(小麥)이 한쪽으로 기울어지지 않도록 기둥을 세워 그 사이에 shifting board를 끼워서 벽을 만든다). ——or transfer or booster pump 이송(移送)펌프. ——guy system 버어튼식(하역(荷役)). (☞ married fall system). ——or monkey spanner or

Fig. 360 Sheer pole

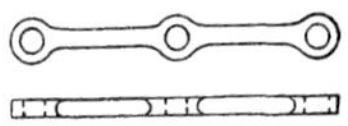

쉬어 포올

Turnbackle 터언버클이 되돌지 않도록 누르는 철물(鐵物).

Fig. 361 Ship jack

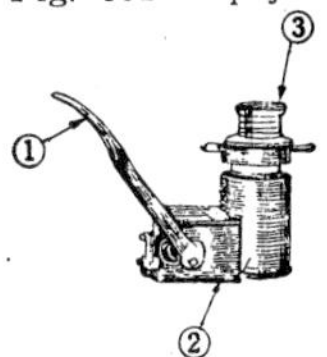

쉽 재 크

① Handle 핸들.
② Pump 펌프.
③ Jack 재크.

Fig. 362 Ship light

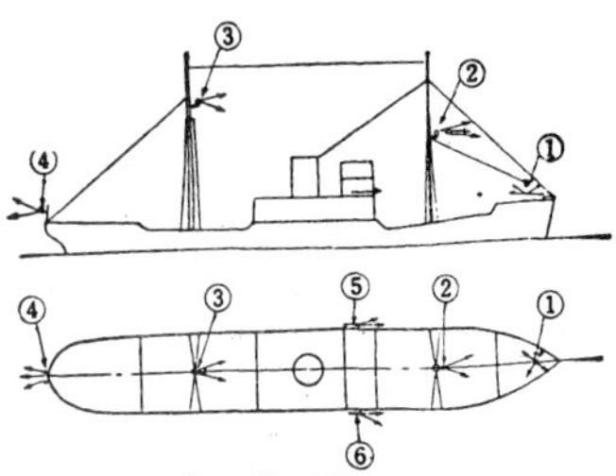

선등(船燈)

① Anchor light(or lamp) 정박등(停泊燈). ② Mast light 마스트 등(燈). ③ Range light 뒤마스트 등(燈). ④ Stern light 선미등(船尾燈). ⑤ Side light (port side) 좌현등(左舷燈)(홍(紅)). ⑥ Side light (Starboard side) 우현등(右舷燈(녹(綠)).

wrench 자재(自在)스패너(Fig. 261).

Shingle ballast 자갈 밸러스트.

Ship 선박(船舶). Ammunition——or boat 탄약선(彈藥船). Armed——무장선(武裝船). Cable——케이블 부설선(敷設船). Cantilever framed——캔티레버 선(船)(Fig. 403). Distilling——증류수 공급선(蒸溜水 供給船). Coast defence——해방선(海防船) Emigrant——이민선(移民船). Existing——현존선(現存船). Fabricated——조립선(組立船)(선체각부(船體各部)를 따로 따로 만들어 최후(最後)에 조선대(造船台)에서 조립(組立)하여 동형선(同型船)을 많이 일시(一時)에 건조(建造)한 배). Factory——공작선(工作船). 공선(工船)(어선(漁船)). Fine——세형선(細形船). Full——비형선(肥形船). Guard——경비선(警備船). Hospital——병원선(病院船). Light——등선(燈船). Merchant——상선(商船). Motor——내연기선(內燃機船)(모우터 선(船)). (Diesel, Hot bulb, Gasoline engine을 설치(設置)한 배). Plastered or Concrete——콘크리이트 선(船). Repair——공작선(工作船). Sailing——범선(帆船). Screw——스크루우 프로펠러선(船). Sister——자매선(姉妹船). Steam——or Steamer 기선(汽船)(법적(法的)으로는 추진기관(推進機關)을 가진 배는 모두 기선(汽船)이라고 한다). Surveying——측량선(測量船). Target——표적선(標的船). Type of——선형(船型)(Fig. 440) Type——표준선(標準船). War——군함(軍艦). ——breaker 선박해체업자(船舶解體業者). ——chandler 선구점(船具店). ——fitter 취부공(取付工). ——inspection certificate 선박검사증서(船舶檢査證書). ——jack 쉽 재크(Fig 351). ——light 선등(船燈)(Fig. 362). ——number 조선번호(造船番號). ——owner 선주(船主). ——plate 선체용 강판(船體用鋼板). ——steel 선체용 강재(船體用鋼材). ——or Shipbuilding yard 조선소(造船所). ——classification 선급(船級). ——curve 선도용(線圖用)곡선자. ——log book 선용항해일지(船用航海日誌). ——way weld 선상용접(船上鎔接). ——wreck 조난선(遭難船), **Shipbuilder** 조선소(造船所). **Shipbuilding** 조선(造船). ——specification 신조선 사양서(新造船仕樣書), 신조명세서(新造明細書)(선체(船體), 기관(機關)을 포함한다). **Shipper** 하송인(荷送人). **Shipping** 해운(海運). 선적(船積). ——order(S.O.) 선적지시서(船積指示書). ——traffic control signal station 선박통신 신호소(船舶通信 信號所), **Ship's** fitting 선구(船具), **Shipwrite** 목선공(木船工). 선대(船台)목수. ——work 선대목수(船台木手)의 일(이에는 laying out 현도공사(現圖工事), Mould loft 현도장공사(現圖場工事), Scribe board 스크라이브 보오드 또는 각기선도(刻記線圖) Template 형판(型板), Fairing & Setting 현장취부(現場取付)의 조정(調整), Launching work 진수공사(進水工事)등이 포함된다).

Shoal 얕은 여울.

Shock absorber 완충기(緩衝器). ——loss 충격손실(衝擊損失).

Shoe or sole piece 슈우 피이스((Fig. 386③). ——plate 슈우 플레이트(발판).

Shoot 슈우트, 버리는 아궁이. Ash——재통(灰筒). Garbage——취사장(炊事場)쓰레기통. Refuse——폐물통(廢物筒).

Shop 공장(工場). Boiler——보일러 공장(工場). Fitter's——사상공장(仕上工場). Fitting——사상장(仕上場). Forge——단철공장(鍛鐵工場). Machine 기계공장(機械工場). Plummer or Plumber——관공장(管工場). Rigging——강구공장(鋼具工場). Sheet iron——박판공장(薄板工場), 판금공장(板金工場). Tool——공구공장(工具工場). Wood worker's——목공장(木工場). Work——공장(工場), 공작장(工作場). Work——appliance 공장용구(工場用具), ——trial 공장 내 시운전(工場內試運轉).

Shore 지주(支柱), 밀어서 버티는 막대(突張棒). Bilge——복지주(腹支柱). ——bridge 횡잔교(橫棧橋). Dog——or shore 도그쇼어(진수대(進水台)) (Fig. 241⑬). Spread——활대 횡지주(滑台橫支柱)(진수대(進水台)). ——gangway 현교(舷橋). (배에서 육상(陸上)으로 건 다리). ——scleroscope 쇼어 경도계(硬度計).

Short blast 단음(短音)(항해(航海)). ——bunker 연료(燃料)가 없어지는 것(잔탄(殘炭)없음). ——circuit 단락(短絡). ——circuit ring 단락환(短絡環). ——circuiting switch 단락(短絡)스위치. ——floor frame 단늑근재(短肋根材)〖木〗. ——international voyage 단국제항해(短國際航海). ——link chain 단환쇄(短環鎖)(stud가 없는 체인). ——ton 미〖美〗톤, 2000파운드. ——water 수면과강(水面過降)(보일러).

Shot of chain 〖美〗, Shackle of chain 〖英〗 앵커 케이블의 1연(連). 영미〖英美〗에서는 15 fathoms 발, 90피이트, 동양에서는 25미터. ——blast 쇼트블러스트(강구(鋼球)를 뿜어서 녹을 뗀다).

S.H.P. Shaft Horse Power 축마력(軸馬力).

Shrinkage 줄어듬. ——allowance 수축량(收縮量). ——crack 수축(收縮)할 때 생긴 금. ——fit 구워 끼우기(소감(燒嵌)). ——rule or scale 주물자(鑄物尺)(주물사(鑄物師)가 쓰는 자). ——stress 수축응력(收縮應力)(가열(加熱)된 강철이 냉각(冷却)하면 수축(收縮)되는데 그 수축(收縮)은 맨 먼저 외측(外側)에 생겨서 외측(外側)이 굳어지고 내부(內部)가 다음에 수축(收縮)되므로 내부(內部)는 자유로이 수축(收縮)할 수가 없고 거기에 응력(應力)이 발생(發生)한다).

Shoulder of bevel 개선평행부(開先平行部)〖鎔〗. (Fig. 44②).

Shroud 슈라우드(마스트 두부(頭部)의 양 현측(兩舷側)을 잇는 강삭(鋼索)(Fig. 12㊾), 포위판(包圍板)(터어빈). Funnel,——stay or guy 연돌지주(煙突支柱) **Shrouded** propeller 보호(保護)된 프로펠러. **Shrouding** ring 눌림쇠(터어빈).

Shrunk welded crank shaft 소감용접(燒嵌鎔接)크랭크 축(軸)(Fig. 130).

Shunt coil, ——or——wound dynamo 분권 직류발전기(分捲直流發電機). ——or——wound generator 분권발전기(分捲發電機). ——regulator 분권 조속기(分捲調速機).

Shut-off valve 차단변(遮斷辨).

Shuttle valve 셔틀 밸브.

Sick bay 병실(病室)〖船〗.

Side arm 사이드 아암(측완(側腕)). ——awning 측막(側幕). ——bar keel 측판(側板)키일(Fig. 228Ⓑ). ——bend test 횡곡시험(Fig. 36©). ——block 복반목(腹盤木). ——board 배선(配膳)선반. ——or lee board 리이 보오드(침대(寢台)의 고정(固定)나무). ——bunker 사이드 벙커(측탄고(側炭庫)). ——ceiling 현측 내장판(舷側內張板)(Fig. 258㉜). ——coaming 사이드 코오밍(측연재(側緣材))(Fig. 211⑪). ——or outside, submerged condenser 선저복수기(船底復水器). ——elevation 측면도(側面圖). ——firing 한쪽만 불을 대기. ——frame 선측(船側)프레임. ——girder 사이드 거어더(Fig. 259⑱). ——house 측실(側室)(중심선(中心線)에서 떨어진 갑판실(甲板室). 〔關 : Round house 중심선(中心線)에 있는 갑판실(甲板室)〕. ——keelson 사이드 키일손(Fig. 80⑧). ——launching 횡진수(橫進水). ——light,——scuttle, Air scuttle 원형창(圓形窓)(Fig. 363). ——light 현등(舷燈)(Fig. 362 ⑤ ⑥). Green——light 우현등(右舷燈). Red——light 좌현등(左舷燈). ——light screen 현등격판(舷燈隔板). ——opening 선측구(船側口). ——plating 선측외판(船側外板). ——port 재화문(載貨門)(Fig. 297). ——scuttle, Air scuttle 원형창(圓形窓)(Fig. 363). ——scuttle blind 원형창 맹개판(圓形窓盲蓋板)(Fig. 363 ④). ——scuttle plug 원형창(圓形窓) 겉덮개(外蓋)——stringer 선측(船側)거어더(Fig. 79⑦). ——thruster 측사전두장치(側射轉頭裝置)(수선하(水線下) 선수외판(船首外板)에 구멍을 뚫어 그자리에서 옆방향으로 분사(噴射)시켜서 저속(低速) 또는 정선중(停船中)의 선수(船首)를 좌우현(左右舷)으로 회전(回轉)시킨다). ——way launching 횡방향진수(橫方向進水). ——water course 선측(船側)빌지 웨이. —— wheel steamer 측외차선(側外車船).

Fig. 363 Side scuttle

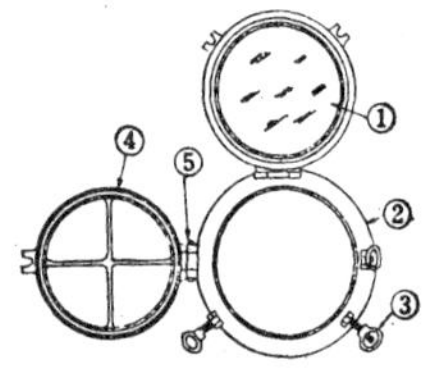

원형창(圓形窓)

① Glass cover 유리 덮개. ② Frame 틀. ③ Butterfly screw 나비형 나사. ④ Blind 맹판(盲板). ⑤ Hinge 경첩.

Siding 폭(幅)(스템 기타).

Sight edge 외연(外緣)(Fig. 168). ——feed lubricator 시적 주유기(視滴注油器). ——vane 방위(方位)보는 것(시준판(視準板)).

Signal 신호(信號). Distress——조난신호(遭難信號). Flashing——섬광신호(尖光信號). Fog——무중신호(霧中信號). Fog——station 무중신호소(霧中

信號所). Morse——모올스 신호(信號). Rocket——로케트신호(信號). Sound——음향신호(音響信號). Submarine——수중신호(水中信號). ——bell 호종(號鐘). ——blue light 신호청염(信號青焰). ——code book 신호서(信號書), 신호기(信號旗), ——flag 선명기(船名旗). ——lamp 신호등(信號燈). ——letters 신호부자(信號符字). ——red light 신호홍염(信號紅焰). ——yard 신호(信號)야아드(기(旗)두는 곳).

Silencer or Muffler 소음기(消音器). Admission air——or air inlet——진입공기 소음기(進入空氣消音器). Air——공기 소음기(空氣消音器)

Silent blow off valve 소음 취출변(消音吹出辨).

Silicate cotton or Slag wool 슬레그 우울, 광재면(鑛滓綿)(용광로(鎔鑛爐)의 광재(鑛滓)를 응고(凝固)하기 전에 증기(蒸氣)로 불어 날려서 만든 면상(綿狀)의 것).

Silk room 실크 루움. 견직물실(絹織物室).

Sill 하연(下緣). 문지방, Dock——도크 입구(入口)의 하연(下緣). Door——문지방.

Silver solder or silver alloy brazing 은(銀)땜.

Similar model 상사모형선(相似模型船) **Similarity** or **Similitude** 상사성(相似性).

Simla rule 심라규칙(規則).

Simple engine 1단 팽창기관(一段膨脹機關). ——pump 단(單)실린더 펌프.

Simplex nozzle atomizer 단식(單式)노즐 분무기(噴霧器). ——rudder 심플렉스형 타(舵).

Simpson's rule 심프슨 법칙(法則). (곡선(曲線))으로 쌓인 넓이의 계산법(計算法)이며, 그 제 1 법 First rule에서는 가로를 10등분 했을 때의 세로의 길이를 $y_0 y_1 \cdots\cdots y_{10}$이라 하면

넓이$=1/3x(y_0+4y_1+2y_2+4y_3+2y_4+4y_5+2y_6+4y_7$
$+2y_8+4y_9+y_{10})$(단, $x=10$등분한 가로의 거리(距離)).

Singing propeller 명음(鳴音)프로펠러.

Single acting engine 단동기관(單動機關). ——acting pump 단동(單動)펌프. ——bar link 1매(枚)링크. ——berth cabin 1인 선실(一人船室). ——bevel groove〔鎔〕 V형 홈. ——block 단활차(單滑車). ——bottom vessel 단저선(單低船)(Fig. 79, 80). —— bunk 1단침대(一段寢台)선반. ——class passenger boat 단급여객선(單級旅客船)(예를 들면 2등만의 객선(客船)). ——conductor earth system 단선(單線)어어스식(式). ——cylinder engine 단(單)실린더 기관(機關). ——ended boiler 편면(片面)보일러(Fig. 69). ——fastening 1본고착(一本固着)(목갑판(木甲板)). ——frame 단재(單材)프레임〔木〕. ——gear 1단 치차장치(一段齒車裝置). ——helical gear 단사 치차장치(單斜齒車裝置). ——lever testing machine 단정 재료시험기(單挺材

料試驗機). ——operator welding machine 단식 용접기(單式鎔接機). ——phase 단상(單相). ——phase alternating current 단상교류(單相交流). ——plate rudder 단판타(單板舵)(Fig. 330⑦). ——pole switch 단극(單極)스위치. ——ported slide valve 단공활변(單孔滑辨). ——purchase winch 단동(單動)윈치. ——reduction gear 1단 감속장치(一段減速裝置). ——riveted joint 1열(列)리벳 이음(Fig. 327). ——screw vessel 1축선(一軸船). ——shear 1면전단(一面剪斷). ——shrouded impeller 편측(片側)슈라우드 날개차(車). ——sided impeller 편측흡입(片側吸込) 날개차(車). ——stage 단단(單段). ——throw crank shaft 단연(單連)크랭크축(軸). ——U groove U형(型)홈〔鎔〕. ——V groove V형(型)홈(Fig.44). ——welded joint 편면용접(片面鎔接)이음(Fig. 158). ——wire with hull return 선체(船體)를 복로(復路)로 한 단선식(單線式)〔電〕.

Sink 싱크, 흡입(吸込)(유체역학(流體力學)). **Sinkage** 침하(沈下).

Siren or **Syren** 사이렌. Steam—— 증기(蒸氣)사이렌. Motor—— 모우터 사이렌.

Sisal rope 사이잘 로우프(용설란(龍舌蘭)으로 만든 줄).

Sister hook 시스터 후크(Fig. 216⑥). ——keelson 부(副)키일손〔木〕. ——ship 자매선(姉妹船).

Skeg (keel or stern frame) 발꿈치(키를 지지하는 곳).

Skeleton diagram 골조도(骨組圖). ——displacement 나배수량(裸排水量). ——or open floor or bracket floor 조립늑판(組立肋板). ——spanner 얇은 스패너.

Skelp 스켈프(판금(板金)을 굽혀서 만든 용접관(鎔接管)).

Sketch plate 스케치 플레이트(Fig. 292) (90°가 아닌 모의각(角)을 가진 각판(角板)).

Skew bevel gear 스큐우 베벨치차(齒車). ——back 스큐우 백(사면(斜面)을 가진 좌금(座金)).

Skid 활판(滑板). ——beam 스키드 비임(갑판(甲板)을 바르지 않은 비임). ——deck 스키드 데크(판(板)을 완전히 바르지 않은 갑판(甲板)).

Skilled labourer 숙련공(熟練工).

Skin 외판(外板). Inner—— 내곽판(內郭板)(이중선곽(二重船郭)). ——friction 표면마찰(表面摩擦). ——friction resistance or——resistance 표면마찰저항(表面摩擦抵抗). ——horse power 마찰유효마력(摩擦有効馬力).

Skip or Wandering method 스키프 용접(鎔接), 비비법(飛飛法) 또는 왕복법 (往復法)(Fig. 483). **Skipjack** fishing vessel 가다랭이 어선(堅漁船). ——pole and line tuna long line fishing boat 가다랭이 낚기, 참치 연승어선(延繩漁船). **Skipper** 소형선 선장(小形船船長).

Sky wave 상공파(上空波)〔電波〕. **Skylight** 천창(天窓). Dome—— 도옴(원형

천창(圓型天窓)). Engine room——기관실 천창(機關室天窓).

Slab 슬랩, 압연판용 강편(壓延板用鋼片). ——cork 코르크판(板). ——rubbing or false keel. 슬랩 키일(Fig. 496㉘). **Slabbed** knee 구워서 잇는 니이.

Slack coal or dust coal 분탄(粉炭). ——rivet 늘어난 리벳. ——tank 기름 탱크에 가득히 채우지 않고 적유(積油)하는 것. ——water 쉬는 조수(潮水). **Slackness** 느슨함.

Slag 슬래그, 쇠똥(광재(鑛滓)). ——brick 슬래그 벽돌. ——cement 슬래그 시멘트. ——of galvanizing bath 아연(亞鉛)바스 슬래그. ——wool or silicate cotton 슬래그 우울(광재면(鑛滓綿)).

Slamming or Bump 슬래밍(선수저 파랑충격(船首底波浪衝擊), 이것은 파장(波長)이 배길이의 0.75~1.45에서 생기고, 파장(波長)과 배길이가 거의 같게될 때 최대(最大)가 된다. 흘수(吃水)가 1/3 부근에서 최대(最大)가 되고 1/2이 되면 최대치(最大値)의 반이 되며, 2/3이상(以上)이 되면 일어나지 않는다. 속력(速力)에 있어서는 배길이가 100m정도이면 7노트 근처에서 일어나게 되고 속력(速力)이 증가(增加)함에 따라서 급격(急激)히 증대(增大)하여 14노트 정도에서 최대(最大)가 된다).

Slapping 슬래핑(기관고장(機關故障)으로 인한 내부 잡음(內部雜音)).

Sled keyway 각형(角形) 키이웨이(쐐기홈).

Sledge hammer 대(大)해머.

Sleeper 상판(床板)받침. Engine room——기관실 상판(機關室床板)받침.

Sleeve or Liner 슬리이브, 피금(被金). Continuous shaft——연속(連續)슬리이브(축피금(軸被金)). ——joint, box or muff coupling 슬리이브 이음. ——joint of pipe 파이프의 슬리이브 이음(Fig. 364). ——valve 슬리이브(통형(筒形))밸브.

Fig. 364 Sleeve joint of pipe

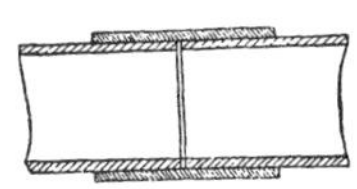

파이프의 슬리이브 이음

Slenderness 세장비(細長比).

Slice bar, Poker or Fire slice 불쏘시개.

Slide or guide block, guide slipper, guide shoe 슬라이드 블록(滑金). ——rule 계산자(計算尺). ——valve 슬라이드 밸브, 활변(滑辨). Common——valve 보통형 활변(普通型滑辨). D——valve D형 활변(D型 滑辨). Double ported——valve 양면활변(兩面滑辨). Flat——valve 평활변(平滑辨). Normal——valve 정활변(正滑辨). ——valve box, casing or chest 정활변(正滑辨). ——valve face or cylinder face 활변면(滑辨面). ——valve rod or spindle 활변봉(滑辨棒). **Sliding** cam shaft type 이동(移動)캠축식. ——cylinder double acting engine 이동(移動)실린더 복동기

관(複動機關). ——door 미닫이 문. ——frame 미끄럼 틀(펌프). ——joint 미끄럼 이음. ——way or bilge way 활대(滑台)(진수(進水))(Fig. 241).

Sling 슬링(조쇄(吊鎖) 또는 줄). Cargo——하역(荷役)슬링(Fig. 148⑫). Chain——체인 슬링, 하역(荷役)체인. ——chain 체인 슬링.

Slip 슬립, 실각(失脚). Apparent——겉보기 슬립, Effective or Virtual——유효(有效)슬립. Negative——부(負)슬립. Real——진(眞)슬립. Building——or building berth 조선대(造船台). ——angle 슬립 각(角). ——bolt 문잠그기 보울트. ——factor 미끄럼 률(率)(가스터어빈). ——hook 미끄럼 고리. ——ratio 실각비(失脚比). effective——ratio 유효실각비(有效失脚比). Real——ratio 진실각비(眞失脚比). ——ring 슬립 링, 활동환(滑動環). ——way 선가(船架), 인양선대(引揚船台).

Slip 전표(傳票). Material order——재료 요구전표(材料要求傳票). Material return——재료 반려전표(材料返戻傳票). Work——공사전표(工事傳票).

Slit 슬리트, 간격(間隔)(견통용(見通用)).

Slop chest 수부복함(水夫服函). ——chute 폐수통(癈水筒).

Slot or Notch 홈구멍, 절혈(切穴)(Fig. 269). ——link 후벼 빼낸 링크. ——or plug weld 플러그(또는 전용접(栓鎔接)(Fig. 481). **Slotted** girder 절입(切込)거어더(Fig. 269). ——web 슬로트웨브. **Slotting** machine 입삭반(立削盤). 끌기계(機械).

Slow speed 미속(微速). Dea'——speed 극미속(極微速).

Sludge 진흙, 오물(汚物). ——or sewage boat 오물 운반선(汚物運搬船). ——or mud hole 진흙구멍.

Slug 강편(鋼片), 쇠로 채운 것. **Slugging** or liner 매금용접(埋金鎔接)(Fig. 479②).

Sluice or Gate valve 사절변(仕切辨). ——door 슬루스 문(수밀(水密) 미끄럼 문)(Fig. 471).

Small or Port bower 좌현(左舷)대(大)앵커. ——or screw stay 나사 스테이(Fig. 66⑦). ——trawler 저인망어선(底引網漁船). ——tube type 소형관형(小形管型)(수관(水管)보일러).

Smith correction 스미스식 수정법(修正法). ——work 화조공사(火造工事). ——stockless anchor 스미스식 스톡리스 앵커(Fig. 3⑥).

Smoke box 연실(煙室). ——box door 연실(煙室)문. ——chart 연색도(煙色圖)(연료(燃料)의 연소도(燃燒度)를 나타내는 모양도(模樣圖)). ——detector 연기탐지기(煙氣探知機). ——helmet 방연(防煙)헬메트. ——pipe fire alarm system 연관식 화재경보장치(煙管式 火災警報裝置). ——screen 연막(煙幕). ——stack, funnel, chimney 연돌(煙突). ——tube boiler 연관(煙管)보일러. **Smoking** room 끽연실(喫煙室).

Smooth water area 평수구역(平水區域).

Smothering arrangement 증기 소화장치(蒸氣消火裝置). **Smothered** arc welding 복광용접(覆光鎔接).

Snap gauge 스냅 게이지(둥근머리 리벳의 머리를 측정하는 측기(測器)). ——head rivet 둥근머리 리벳(Fig. 324 ⑧). **Snaping** or——off 스내핑(절결(切缺))(Fig. 365).

Snatch block 스내치 블록(切欠滑車)(Fig. 54).

Snitting or tail valve 누설변(漏泄辨).

Snipping off or Snapping 스내핑, 절취(切取). ——of stiffener end 스티프너끝의 스냅(Fig. 365).

Fig. 365 Snipping of stiffener end

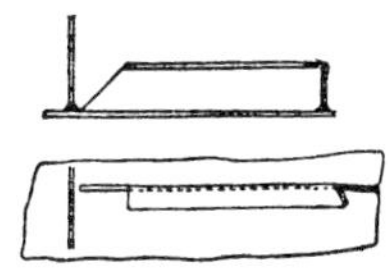

스티프너 끝의 스냅

Snokel 스노켈(잠항정(潛航艇)에서 물위로 머리를 낸 공기급배통(空氣給排筒)).

S.O. Shipping Order 선적지도서.

Social hall 사교실(社交室).

Society of Naval Architects of Korea 대한조선학회(大韓造船學會).

Socket 소케트(수구(受口))(Fig. 20②). Cable——케이블 소케트. Davit——다빗호금(壺金). Deck——갑판(甲板)소케트(데릭 기타)(Fig. 20②). ——and ball joint 구(球)이음(Fig. 20). ——signal 유탄신호(榴彈信號). ——or box spanner or wrench 박스 스패너.

Soda cock 소오다 콕. ——pump 소오다 펌프.

Sofa 소파. ——bed 소파 베드(침대로 전용(轉用)되는 것).

Soft packing 소프트(유(柔))패킹. ——patch 소프트 패치(보울트를 잠글 때 대는 쇠). ——solder 연질(軟質)의 땜납. ——steel 연강(軟鋼). ——water 연수(軟水). ——wood 유재(柔材).

Soil pipe 오수관(汚水管). ——pipe elbow 오수관(汚水管)엘보우(Fig. 169).

SOLAS safety of life at sea. 해상 인명안전 국제조약(海上人命安全國際條約).

Solder 땜납. ——lug 납땜한 취부철물(取付鐵物). Hard——놋쇠 땜납. Silver——은(銀)땜납. Soft——소프트 땜납. Spelter or Hard——놋쇠 땜납. **Soldering** 납땜. ——iron 땜납 인두. ——set 납땜질 도구(道具). ——trowel 땜납인두. **Solderless** terminal(케이블)압력(전)단자(壓力(電)端子).

Sole or **Shoe** piece 슈우 피이스(Fig. 336③). ——bed or foundation plate 기초판(基礎板)(Fig. 228⑦).

Solenoid valve 솔레노이드 밸브(솔레노이드로 움직이는 밸브).

Solid ballast 고체(固體)밸러스트. ——casting 일체주물(一體鑄物). ——cement 시멘트 채우기. ——crank 일체(一體)크랭크. ——curve 입체곡선(立體曲線). ——drawn or drawn tube or seamless tube 인발관(引拔管), 무계관(無繼管). ——floor 1매판(一枚板)플로어, 실체늑판(實體肋板). ——forging 일체단조(一體鍛造). ——fuel 고체연료(固體燃料), ——or airless injection 무기분사(無氣噴射). ——pillar 중실(中實)필러. ——propeller 일체(一體)프로펠러. ——shaft 일체축(一體軸). ——rotor 중실축(中實軸) 로우터. **Solidity** 굳은 정도(程度).

Solitary wave 고립파(孤立波).

Sonar (Sound, Navigation & Ranging의 머리글자)탐신의(探信儀)(음파(音波))Passive——청음기(聽音器).

Soot blower 그을음 블로워. ——door 그을음 출구(出口).

Sorbite 솔바이트, 철강조직(鐵鋼組織)의 명칭(名稱).

S.O.S 조난신호(遭難信號).

Sound bar 청음봉(聽音棒)(가는 막대를 기계(機械)에 대어서 귀로 운전시(運轉時)의 내부음향(內部音響)을 듣는다). ——powered telephone 무전지식 전화(無電池式電話). ——rivet 굳게 잠그어진 리벳. ——signal 음향신호(音響信號). **Sounder** 측심기(測深器). **Sounding** board 측심판(測深板). ——diagram 측심도표(測深圖表). ——lead 측연(測鉛). ——machine 측심기(測深機)(Fig. 366). ——pipe 측심관(測深管). ——rod 측심봉(測深棒)(Deck로부터 sounding pipe를 통하여 눈금을 새긴 sounding rod를 내려 2중저(二重底) 또는 Tank 속의 액체(液體)의 깊이를 잰다). Echo——machine 반향측심기(反響測深機)(Fig. 367). ——scale 측심척(測深尺)(도(度)). ——table 측심표(測深表).

Source 소오스, 취출(吹出)(유체역학(流體力學)).

Spacer 스페이서〖鎔〗(개선(開先)의 간격(間隔)을 정확히 재기 위한 게이지). **Spacing** 심거(心距).

Spade rudder 스페이드 타(舵).

Span 스팬(거어더 사이). Wire——(boat davit) 장삭(張索). ——glass 유리섬유(纖維). ——point 스팬 단점(端點).

Fig. 366 Sounding machine(Deep sea)

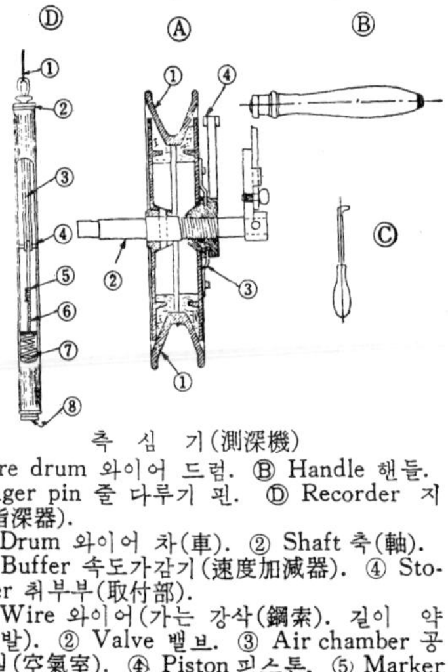

측 심 기(測深機)

Ⓐ Wire drum 와이어 드럼. Ⓑ Handle 핸들. Ⓒ Finger pin 줄 다루기 핀. Ⓓ Recorder 지심기(指深器).

Ⓐ ① Drum 와이어 차(車). ② Shaft 축(軸). ③ Buffer 속도가감기(速度加減器). ④ Stopper 취부부(取付部).

Ⓓ ① Wire 와이어(가는 강삭(鋼索). 길이 약 400발). ② Valve 밸브. ③ Air chamber 공기실(空氣室). ④ Piston 피스톤. ⑤ Marker 지시기(指示器). ⑥ Scale 눈금판. ⑦ Spring 스프링. ⑧ Drain 드레인 빼기. 가는 강삭(鋼索)으로서 Ⓓ를 침하(沈下)시키면 수압(水壓)에 의하여 피스톤이 밀려 올라간다. ⑤ Marker는 가장 깊은 심도(深度)를 지시(指示)한다. 해저(海底)에 닿은 후 들어올리면 피스톤이 원위치(原位置)에 돌아가도 Markes는 최심도(最深度)의 곳에서 머물도록 되어 있다.

Spanner 〖英〗 or Wrench 〖美〗 스패너. Box or socket——박스 스패너. Monkey——자재(自在)스패너(Fig. 261). Screw——자재(自在)스패너(Fig. 498). Skeleton——얇은 스패너. **Spanner** guard(blow off cock) 스패너 멈추기.

Fig. 367 Echo sounding machine (Electric magnetic type)

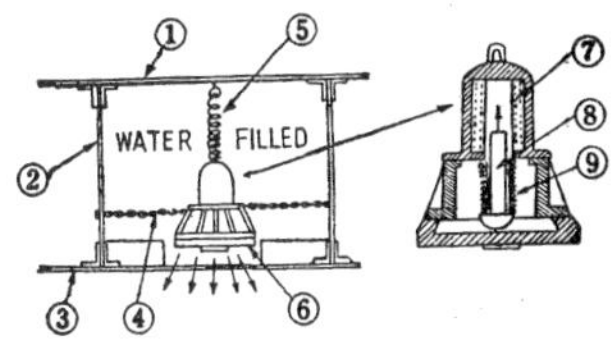

음 향 측 심 기

① Tank top 이중저정판(二重底頂板). ② Floor plate 플로어 플레이트. ③ Bollom plate 선저판(船底板). ④ Chain 체인. ⑤ Spring 스프링. ⑥ Sounder 발신기(發信器). ⑦ Electric coil 전자권선(電磁卷線). ⑧ Hammer 해머. ⑨ Spring 스프링.

Spar 원재(圓材). Awning——stretcher or rafter 천막 횡목(天幕横木)받침. Boat——보우트 스파아(멈추는 나무). ——buoy 원주(圓柱)부이. ——ceiling or sparring 산타장(撒打張)(Fig. 259 ㉜). ——deck 경갑판(輕甲板). ——vanish 스파아 와니스.

Spare 예비품(豫備品). ——anchor 예비(豫備)앵커. ——or reserve coal bunker 예비 석탄고(豫備石炭庫). ——gear or part 예비품(豫備品)(기관부(機關部)). ——list 예비품 목록(豫備品目錄). ——or reserve oil bunker 예비연료유고(豫備燃料油庫). ——room 예비실(豫備室).

Spark arrester 스파아크 구속기(拘束器). ——distributor 스파아크 분배기(分配器). ——gap 스파아크 갭(틈) ——or Ignition plug 점화(點火)플러그. ——system 스파아크식(무전(無電)).

Sparred seat 산타 의자(撒打椅子).

Sparring or spar ceiling 산타장(撒打張). 선측내장(船側內張)(Fig.259 ㉜).

Spattering loss 스파터(비산)손실(飛散損失). ——percentage 비산율(飛散率)〖鎔〗. (용접(鎔接)하지 않고 비산(飛散)하는 용접봉(鎔接棒)의 비산율(飛散率).

Speaking trumpet or Megaphone 메가폰, 전성기(傳聲器). ——or voice tube 전성관(傳聲管).

Special flexible wire rope 특별 유연(特別柔軟)와이어 로우프(Fig. 490). ——steel 특수강(特殊鋼)(보통강(普通鋼) Mild or Soft steel 이외를 총칭(總稱)한다. 함유원소(含有元素)에 따라 High carbon steel, siliçon steel, tangsten steel이라든가, 각 현상(各現象)에 따라 High tension steel, high speed steel 이라든가, 각 용도(角用途)에 따라 tool steel, ship steel, boiler steel 등이 있다). ——survey 특별검사(特別檢査), 정기검사(定期檢査) (4년마다 시행(施行)되는 검사(檢査)). ——survey after or during construction 건조후(建造後) 또는 건조중(建造中)의 특별검사(特別檢査),

입급검사(入級檢查). ——vessel inspection certificate 특수선 검사증서(特殊船檢查證書).

Specie room 금고실(金庫室).

Specific gravity 비중(比重). ——gravity of oil 기름의 비중(比重)(화씨(華氏) 60°에서 잰다. API를 표준(標準)으로 한다). ——heat 비열(比熱). ——heat at constant pressure 정압비열(定壓比熱). ——heat at constant volume 정적비열(定積比熱). ——humidity 절대온도(絕對溫度). ——power 비출력(比出力)(가스터어빈). ——resistance 고유저항(固有抵抗)(추진(推進)). ——speed 비교회전수(比較回轉數)(기계(機械)). ——viscosity 비점도(比粘度). ——volume 비적(比積).

Specification 사양서(仕様書). ——for repairs 수리사양서(修理仕様書). hull ——선체사양서(船體仕様書). Machinery——기관사양서(機關仕様書).

Spectacle blank flange 안경형(眼鏡型)블랭크 플랜지. ——bossing 안경형(眼鏡型) 보스(Fig. 78). ——stern frame 안경형 선미골재(眼鏡形 船尾骨材). (Fig. 78②). (2축기선(二軸汽船) 장출부(張出部)의 선미골재(船尾骨材)). ——type shaft bracket 안경형(眼鏡形) 샤프트 브래킷(Fig. 86).

Spectrum analysis 분광분석(分光分析).

Speed 속력(速力), 속도(速度). Corresponding——대응속도(對應速度)(동형선(同型船)사이 또는 모형(模型)과 실선(實船)사이의 속도(速度)). Critical ——위험속도(危險速度). Cruising——순항속력(巡航速力). Dead slow——극미속력(極微速力). Economical——경제속력(經濟速力). Full——전속(全速). Half——반속(半速). Mean——평균속력(平均速力). Normal——상용속도(常用速度). Pulling——인장속도(引張速度)(시험기(試驗機)). Relative ——상대속력(相對速力). Sea or Service——항해속력(航海速力). Slow——미속(微速). Synchronous——동기속도(同期速度)〖電〗. Tip or Peripheral ——익단속도(翼端速度). Trial——시운전속력(試運轉速力). ——characteristic 속력특성(速力特性). ——coefficient 속도계수(速度係數). ——cone 속력표(速力標). ——exchanger 변속기(變速機). ——length ratio 속장비(速長比). $C=V/\sqrt{L}$ (V=속력(速力)(노트), L=배의 길이(피이트), C는 화물선(貨物船)에서 0.5~0.6, 고속객선(高速客船)에서 0.7~1.0정도). ——of approach 접근속도(接近速度). ——ratio 속력비(速力比). ——telegraph 속력 표시반(速力表示盤). ——trial 속력 시운전(速力試運轉). Progressive ——trial 체증속력 시운전(遞增速力試運轉).

Speeder 변속장치(變速裝置). **Speedometer** 속도계(速度計).

Spelter or Zinc 아연(亞鉛). ——or hard solder 놋쇠땜납.

Sperm oil 고래기름(鯨油).

Spherical buoy 구(球)부이. ——valve 구형(球形)밸브(Fig. 445).

Spider boom or bumpkin 범프킨(활차취부용 장출봉(滑車取付用張出棒). ——

of motor 전동기(電動機)의 틈.

Spiegeleisen 스피이겔아이젠, 경철(鏡鐵)(제강용(製鋼用)).

Spigot 마개. ——of side scuttle 현창(舷窓)의 창틀. ——or faucet joint 물꼭지 이음.

Spike 스파이크(타입정(打込釘), 큰못). Hand——or capstan bar 캡스턴 막대. Marline——마아린 스파이크(강통침(綱通針))(Fig. 253).

Spile 작은 마개.

Spilling 물을 흘리는 것. **Spill** burner atomizer(or control atomizer) 환류식 분무기(還流式噴霧器). ——loss 흘린 손실(損失). ——strip 흘리는 것을 막는 것(터어빈). ——valve 가감변(加減辨)(디이젤 연료변(燃料辨)).

Spindle 스핀들(심봉(心棒), 축(軸)). Rotor——or shaft 로우터 축(軸). Slide valve——or rod 활변봉(滑辨棒). Valve——or rod 변봉(辨棒). ——oil 축윤활유(軸潤滑油).

Spiral 스파이럴(나선형). ——bevel gear 베벨 치차(齒車). ——propeller 스파이럴 프로펠러. ——spring 와선(渦線)스프링.

Spirit or Liquid compass 액체(液體)컴퍼스(Fig. 119). ——lamp 알코올등(燈)——level 액체(液體)레벨(수평기(水平器)). ——room 술 창고(酒庫).

Spirketting 내부요판(內部腰板)〔木〕 (Fig. 496⑫).

Spit pot 타구(침 뱉는 통).

Splash proof 방말(防沫)(물보라 막기)장치(裝置).

Splice 스플라이스(첨판(添板))〔鎔〕. (용접(鎔接)하는 양자(兩者)를 그 위치에 확보(確保)하기 위한 판(板)등). ——of wire rope 와이어 로우프의 꼬임 이음. (Fig. 368).

Spline shaft. 스플라인 축(軸)(축의 둘레가 치차상(齒車狀)으로 된 축(軸)).

Splinter net 파편(破片)막는 망(網).

Split heating 분할난방(分割暖房). ——pin 할(割)핀.

Fig. 368 Splice of wire rope

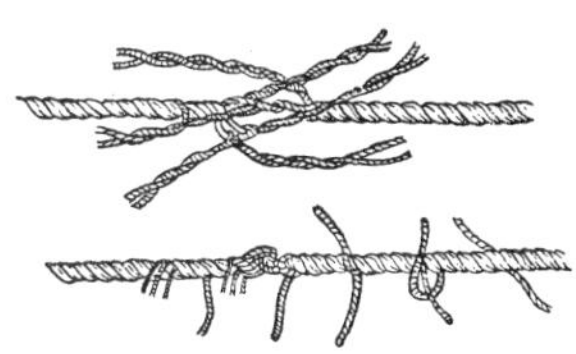

와이어 로우프의 꼬임 이음

Spoke 스포우크(차륜(車輪)의 살).

Sponson beam 장출(張出)비임. ——deck 장출갑판(張出甲板).

Spontaneous combustion 자연연소(自然燃燒)(석탄(石炭)에서는 marsh 메탄 gas($H_2$25+C75)가 발생(發生)한다. 이 가스 1에 10의 공기가 섞이면 400°F 정도에서 발화(發火)한다. 유황(硫黃)이 많은 석탄(石炭)에 습기(濕氣)가 있으면 산화발열(酸化發熱)하므로 상기(上記)의 Marsh gas에 부딪히면 자연히 발화연소(發火燃燒)한다. 이것은 석탄(石炭)에만 한한 현상(現象)이 아니다. 분말광석(紛末鑛石)이나 금속(金屬)등에도 생긴다). ——ignition 자연 발화(自然發火).

Spot 현장(現場). ——inspection 현장검사(現場檢査). ——shrinking 스포트 슈린킹(국부적 수축(局部的 收縮)). (판(板))이 울뚝불뚝할 때는 가스로 국부적(局部的)으로 가열하여 수냉(水冷)하여 굴곡(屈曲)을 수정(修正)한다). ——welding(Resistance welding) 점용접(點鎔接)(박강판(薄鋼板)을 겹쳐서 전기(電氣)를 통하면 저항(抵抗)에 의하여 열을 발생하고 양판(兩板)이 녹아서 용접(鎔接)된다. 전봉법(電縫法)이라고도 말한다).

Fig. 369 Spray gun

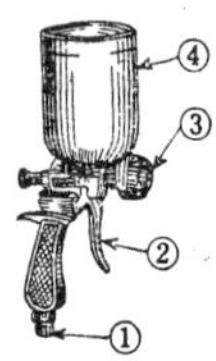

취부도장기(吹付塗裝器)

① Compressed air coupling 압축공기관(壓縮空氣管)이음. ② Valve handle 밸브 핸들. ③ Nozzle 노즐(吹出口). ④ Paint pot 페인트 용기(容器).

Spray gun 취부 도장기(吹付塗裝器)(Fig. 369). ——proof 물보라 막는 장치(裝置). **Sprayer** 스프레이어 분무(噴霧). Oil——분유기(噴油器). Paint——페인트 스프레이어 (Fig. 369).

Spread shore 활대 횡지주(滑台橫支柱)(진수대(進水台)).

Fig. 370 Spring washer

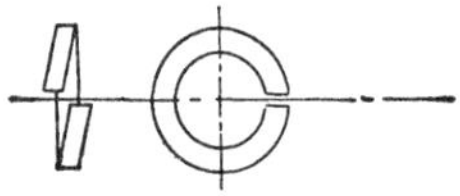

스프링 워셔

Spring 스프링. Buffer——완충(緩衝)스프링. Coach——궁형(弓形) 스프링 (차량용(車輛用)). Piston——피스톤 스프링. Spiral——와선(渦線)스프링. Valve——밸브 스프링. Volute——죽순형 스프링. ——buffer 스프링 완충(緩衝). ——mattress 스프링들이 침구(寢具). ——plate under mast 마스트 아래쪽 상갑판(上甲板)의 2중장(二重張). ——safety valve 스프링 안전변(安全辨). ——steel 스프링 강(鋼) ——tide 대조(大潮). ——washer 스프링워셔. (Fig. 370).

Fig. 371 Square

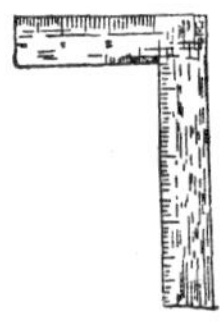

직각자(直角定規)

Sprinkler fire extinguishing system 산수식 소화장치(撒水式消火裝置)(air pressure tank 가압수(加壓水) 탱크의 물을 각실(各室)로 유도(誘導)하여 그 선단(先端)에 Sprinkler head 산수전(撒水栓)과 Automatic valve 자동변(自動辨)을 붙여 두면 각실의 온도(溫度)가 일정한 온도에 달(達)하면 밸브가 자동적(自動的)으로 열려서 산수전(撒水栓)으로부터 분출(噴出)하여 소화(消火)하는 장치(裝置)). ——system 산수식(撒水式). 스프링쿠울러 소화장치(消火裝置).

Sprocket or Gypsy wheel or Wild cat 짚시 휘일(Fig. 108).

Spun steel plate 교출강판(絞出鋼板).
Spunyarn packing 연사(撚糸)패킹.
Spur wheel 평치차(平齒車).
Spurn water or Weather board 물을 차는 판(板).
Square 직각자(直角定規)(Fig. 371). ――or parallel body 선체 평행부(船體平行部)(Fig. 245). ――grooved weld I형 홈 이음(Fig. 44). ――netter 부망어선(敷網漁船). ――rigged vessel 횡범선(横帆船). ――sail 횡범(横帆). ――station 스퀘어 스테이션(Fig. 245). ――stern 각형선미(角形船尾). ――thread 각나사.
Squeegee 고무 걸레.
Squeezer 압곡기(押曲器)(Fig. 42③). Portable frame――이동식(移動式) 프레임 압곡기(押曲器)(Fig. 42③).
Squirel cage type 농형(籠形)〔電〕.
S.S.F. Saybolt furol 세이 보울트 퓨롤. S.S.U. saybolt universal 세이보울트 유니버설.
Stability 안정성(安定性)(Fig. 177). 복원성(復原性), 복원력(復原力)(Fig. 257, 373). Cross curve of――교차곡선(交叉曲線)(Fig. 372). Dynamical――동적 복원력(動的復原力). Initial――초기복원력(初期復原力). Negative――부복원력(負復原力). Range of――복원성 범위(復原性範圍)(Fig. 373 OB). Statical――정적 복원력(靜的復原力). **Stabilizer** 스테비라이저(기계적(機械的)으로 안정(安定)을 유지시키는 장치(裝置)), 안정제(安定劑)(화학적(化學的)으로 물질(物資)의 변화(變化)를 안정(安定)시키는 것). **Stabilizing** baffle 보염판(保焰板)〔鎔〕.
Stable arc welding 안정 전호용접법(安定電弧鎔接法))(용접봉(鎔接棒)을 용접선(鎔接線) 양측에 번갈아 움직여서 진행(進行)하는 법(法)). ――equilibrium 안정평형(安定平衡)(Fig. 177).
Stack 연돌(煙突). ――cutting 겹치기 절단(切斷). Dummy――or funnel 모의 연돌(模擬煙突). Smoke――, funnel or chimney 연돌(煙突).
Staff 깃대, Ensign――선미(船尾) 깃대. Flag――깃대. Jack――선

Fig. 372 Cross curve of stability

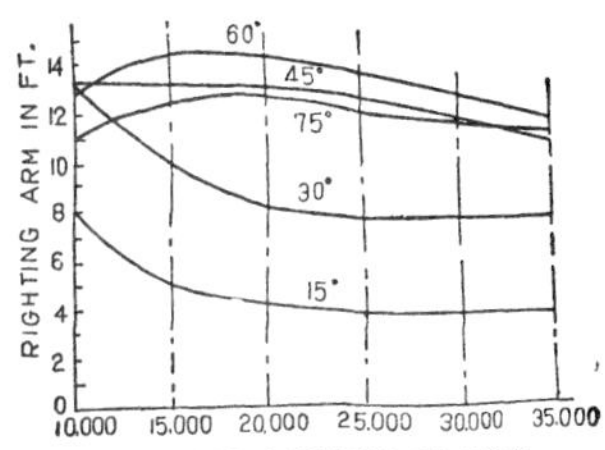

교차곡선(交叉曲線)
이 곡선(曲線)은 615×81×52(피이트)의 객선(客船)에 있어서 KG(키일 상면(上面)으로부터 중심(重心)까지의 거리(距離))를 20피이트로 가정(假定)하여 각 흘수선(吃水線)에 대하여 Righting arm 복원정(復原挺) GZ의 크기를 피이트로 표시(表示)한 것.

수(船首)깃대.

Stage or Scaflord 발판(Fig. 374). ——단(段)(터어빈). Ahead——전진단(前進段). Astern——후진단(後進段). Drum——동단(胴段)(터어빈). Multi or——multiple 다단식단(多段式段). Reaction——반동단(反動段). Wheel——날개차단(段)(터어빈). ——efficiency 단효율(段効率). ——internal efficiency 단내부 효율(段內部効率). ——plank 발판판자(Fig. 374①). ——pressure 단압(段壓). ——temperature 단온도(段溫度). ————valve 단변(段辨).

Stagger 엇갈림. **Staggered** or Zigzag arrangement 지그재그배치(配置(Fig. 477). ——intermittent fillet welding 지그재그형 단속(斷續)필렛 용접(鎔接). ——riveting 지그재그형 리벳 잠그기(Fig. 327②). ——tube layout 지그재그형 관배치(管配置).

Stagnation point 분기점(分岐點). ——pressure 기점압(岐點壓).

Stained glass 스테인드 유리(틀린 색깔의 유리를 끼워서 무늬를 낸다).

Stainless or rustless steel 스테인레스강(鋼)(chrome 또는 nickle을 많이 포함한 강철(鋼鐵)).

Stair case 계단(階段), 계단실(階段室). ——way 계단(階段).

Stalling 실속(失速).

Stamp 형(型), 각인(刻印). ——forging 형단조(型鍛造), 형타(型打).

Fig. 373 Curve of stability

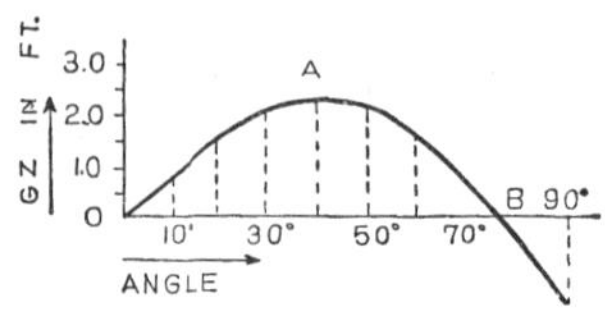

복원성곡선(復原性曲線)

GZ:Righting arm 복원정(復原挺). A: Maximum angle 최대경사각(最大傾斜角). B:Vanishing angle 소실각(消失角). OB: Range of stability 복원범위(復原範圍).

Fig. 374 Stage, etc

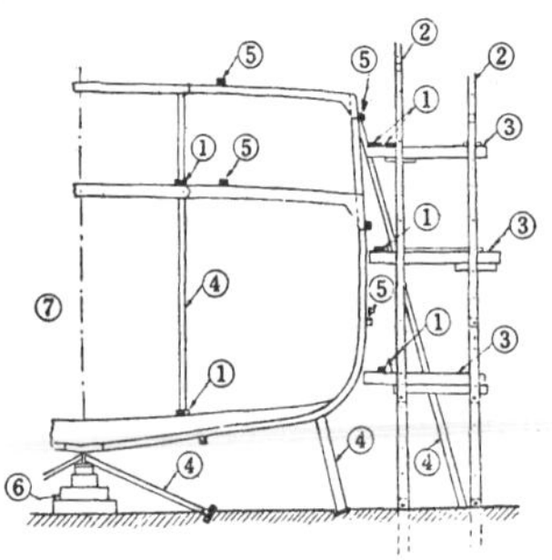

발 판

① Stage plank 발판판자. ② Stage pole 발판 기둥. ③ Thwart 횡목(橫木). ④ Shore 지주(支柱). ⑤ Ribband 리브밴드. ⑥ Keel block 키일 반목(盤木). ⑦ Plumb line 연직추선(鉛直 錘線).

Stanchion or pillar 필라, 기둥(柱). Awning——천막(天幕)기둥. Hold——창내(艙內)필라(Fig. 259㉝). Shifting board——하지판(荷止板)기둥 Step——기둥 깔이(柱座).

Stand by 스탠드 바이, 준비(準備). ——pump 구급(救急)펌프. ——unit 대기장치(待機裝置).

Stand column or pipe, standard pillar or steady pipe 관주(管柱)(수면계(水面計))(Fig. 202④).

Standard 표준(標準), 규격(規格). ——compass 기준(基準)컴퍼스. ——displacement 기준배수량(基準排水量). ——fire test 표준화재시험(標準火災試驗). ——height 표준(標準)높이. ——model 표준모형(標準模型). ——series 표준계열(標準系列). ——ship 표준선(標準船). ——section 기준형재(基準形材). ——type 표준형(標準型). ——voltage system 표준전압방식(標準電壓方式). ——wave 표준파(標準波) **Standardization** 표준화(標準化). ——box 검정기(檢定器)(시험기(試驗機)). ——trial 표준시운전(標準試運轉).

Standing block 고정활차(固定滑車). ——flange 스탠딩 플랜지. ——rigging 정삭(靜索)(shroud나 stay와 같이 취부(取付)한 그대로 두는 강류(綱類)). (동삭(動索)은 running rigging). ——vice 고정(固定)바이스. ——wave 정상파(定常波). ——(or fixed) way 고정대(固定台)(진수대(進水台)). (Fig. 241),

Staple 걸쇠, 멈추는 쇠, **Stapling** or Collar angle 칼라 앵글.

Star or Y connection 성형결선(星形結線)〔電〕.

Starboard 우현(右舷). —or best bower 우현(右舷) 대(大)앵커. —— or green light 우현등(右舷燈). ——hand buoy 우현(右舷)부이.

Starter 시동기(始動器). Motor——전동기 시동장치(電動機始動裝置).

Starting air 시동공기(始動空氣). ——air reservoir 시동공기 저장기(始動空氣貯藏器). ——air timing valve 시동 공기조시변(始動空氣調時辨). —— ——air valve 시동공기변(始動空氣辨). ——or reversing engine 시동기관(始動機關). ——gear 시동장치(始動裝置). ——platform 시동대(始動台). ——servo-motor 시동(始動)서어보 모우터(시동기(始動機)). ——shaft 시동축(始動軸). ——valve or Auxiliary——valve 시동변(始動辨). Advanced——valve 부시동변(副始動辨). Air——valve 공기시동변(空氣始動辨). Main——valve 주시동변(主始動辨). Pneumatic——valve 공기시동변(空氣始動辨).

State line 상태선(狀態線). ——point 상태점(狀態點). ——room 스테이트 루움(구획침실(區劃寢室)).

Static fuel consumption 정지연료 소비량(靜止燃料消費量)(가스터어빈). ——load 정하중(靜荷重). ——pressure ratio 정압비(靜壓比). ——test 정적시험(靜的試驗). **Statical** balancing 정적 평형법(靜的平衡法). ——stability 정적 복원력(靜的復原力).

Station or square——배의 길이의 등분선(等分線)(Fig. 245). ——bill 승무

원 부서표(乘務員部署表). **Stationary** wave 정상파(定常波). ——welding machine 정치 용접기(定置鎔接機).

Stator 고정자(固定子). ——winding 고정자권선(固定子捲線).

Status 현상(現狀), 상태(狀態), 신분(身分).

Statute mile 법정(法定)마일 5280피이트. **Statutory** deck line 법정 갑판선(法定甲板線) (Fig. 192③).

Fig. 375 Main stay

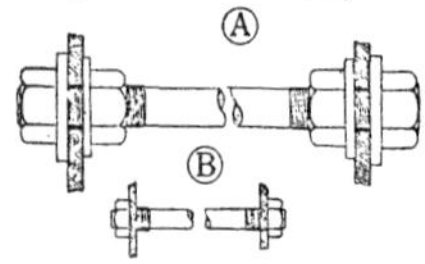

주지주(主支柱)

Ⓐ Double nut and washer 2중(二重)너트 워셔 잠그기.

Ⓑ Single nut and washer 단(單)너트 워셔 잠그기.

Stay 스테이, 지주(支柱). Back——뒤지삭(支索)(마스트)(Fig. 12㉑). Boiler——보일러 스테이. Breast——흉공(胸控)(보일러). Bulwark——불워크 스테이(Fig. 92④, 259⑤) Diagonal——사공(斜控). Dog——도그스테이(Fig. 103③). Fore——앞지삭(支索)(마스트). Funnel——, Shroud or guy 연돌 스테이, Girder——거어더 스테이(Fig. 203). Jack——잭 스테이(핸드레일), 줄멈추기. Jib——집 스테이(줄). Jumper——점퍼어스테이(수평지삭(水平支索)). Main——메인스테이(줄), 주공(主控)(보일러), 주지주(主支柱)(보일러)(Fig. 375, 66③). Palm——손바닥형 스테이(stay의 취부(取付)가 palm형으로 되어 있다). Ramming——램 받침. Rolling——요동방지(搖動防止)스테이(보일러). Safety——안전(安全)스테이. Screw or Small ——스크루우 스테이(보일러)(Fig. 66⑦). Triatic——트리어틱 스테이(수평지삭(水平支索)). ——bolt 스테이 보울트. ——sail 스테이 세일. ——tube or tube——공관(控管), 지주관(支柱管). (Fig. 65⑪).

Steady 스테디(그대로)(키를 잡을 때의 호령(號令)). ——pipe, stand column, stand pipe or standard pillar 관주(管柱)(수면계(水面計)). (Fig. 202④). ——state 정상상태(定常狀態). ——turning 정상선회(定常旋回). ——vessel 안정선(安定船)(정상적(正常的)인 요동(搖動)을 하는 배).

Stealer and drop strake 식입판(喰込板)과 행지판(行止板). (Fig. 376).

Steam 증기(蒸氣). Auxiliary——보기증기(補機蒸氣). Auxiliary——pipe 보기 증기관(補機蒸氣管). Dry——건조증기(乾燥蒸氣). Exhaust——배기(排氣). Internal——pipe 증기내관(蒸氣內管). Main——주증기(主蒸氣). Main——pipe m.s.p. 주증기관(主蒸氣管). Mixed——혼합증기(混合蒸氣). Moist——습증기(濕蒸氣). Quality of——증기성질(蒸氣性質). Saturated——포화증기(飽和蒸氣). Superheated——과열증기(過熱蒸氣). Supersaturated or Under cooled——과포화증기(過飽和蒸氣). Wet——습증기(濕蒸氣). ——accumulator 증기(蒸氣)어큐뮤레이터(저장기(貯藏器)). ——annealing 증기소둔(蒸氣燒鈍). ——blast 증기분사(蒸氣噴射)(기적(汽笛)). ——bleeding 추기(抽氣). ——boiler 증기(蒸氣)보일러. ——calorimeter 증기

열량계(蒸氣熱量計). ——chest 증기실(蒸氣室). ——collector 증기집적(蒸氣集積). ——consumption 증기소비량(蒸氣消費量). ——cylinder 증기(蒸氣)실린더. ——dome 증기(蒸氣)도옴. ——drum 증기(蒸氣)드럼. ——engine 증기기관(蒸氣機關). ——generator 증기발생기(蒸氣發生器). ——gland 증기(蒸氣)패킹 눌림. ——hammer 증기(蒸氣)해머. ——heater 증기 난방기(蒸氣暖房器). ——heating coil 증기가열(蒸氣加熱)코일. ——heating pipe 증기 가열관(蒸氣加熱管). ——heating tube 증기 가열관(蒸氣加熱管). ——jacket 증기(蒸氣)재킷. ——kettle 증기(蒸氣)케틀(탕끓이기) ——lap 외측(外側)랩. ——launch 증기정(蒸氣艇). ——load 증기부하(蒸氣負荷)(터어빈). ——meter 증기(蒸氣)미터. ——oven 증기(蒸氣)솥. ——pipe 증기관(蒸氣管). ——port 증기구(蒸氣口). ——pressure 증기압(蒸氣壓). ——pressure gauge 증기 압력계(蒸氣壓力計). ——radiator 증기방열기(蒸氣放熱器)(Fig. 310). ——seasoning 증기고갈(蒸氣枯渴). ——separator 기수분리기(氣水分離器)(Fig. 349). ——ship or steamer 기선(汽船). ——siren or syren 증기(蒸氣)사이렌. ——smothering system 증기 소화장치(蒸氣消火裝置). ——space 증기(蒸氣) 스페이스(보일러). ——steering system 증기 타취장치(蒸氣舵取裝置)(Fig. 379). ——syren 증기(蒸氣)사이렌. ——table 스팀 테이블(증기표(蒸氣表)). ——test 증기시험(蒸氣試驗). ——tight 증기밀(蒸氣密). ——tight joint 기밀(氣密)이음. ——tiller 증기(蒸氣)틸러(Fig. 379). ——trap, water trap, drain trap 드레인 트랩(먼 곳에 증기(蒸氣)를 보낼 때 도중에서 생긴 드레인을 자동적(自動的)으로 방출(放出)하는 장치(裝置)). ——turbine 증기(蒸氣)터어빈. ——whistle 기적(汽笛). ——winch 증기(蒸氣)윈치. ——windlass 증기(蒸氣)윈들러스. ——yacht 쾌유기선(快遊汽船), 증기(蒸氣)요트. **Steamer** or Steam ship S.S. 기선(汽船)(법률(法律)에서는 기동력(機動力)을 가진 배는 발동기(發動機)를 가지고 있어도 기선(汽船)이라고 한다)〔한국〕. Channel——해협연락선(海峽連絡船). Fast——쾌속선(快速船). Lake——호수기선(湖水汽船). Mail——or mail 우편선(郵便船), 정기선(定期船). Paddle——or boat 외차 기

Fig. 376 Stealer and drop strake

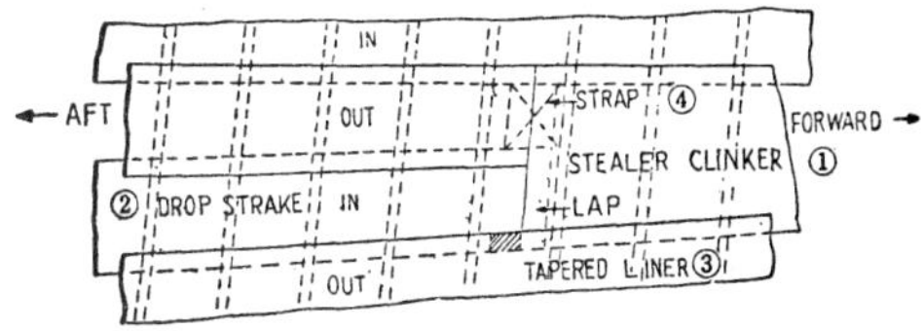

식입판(喰込板)과 행지판(行止板)

① Stealer 식입판(喰込板). ② Drop strake 행지판(行止板). ③ Tapered liner 삼각목판(三角目板). ④ Strap 복판(複板).

선(外車汽船). Passenger——or boat 객선(客船). River——하천선(河川船). Turbine——터어빈 기선(汽船). Whale back——웰백 기선(汽船). 귀배갑판기선(龜背甲板汽船).

Steaming 증기세정(蒸氣洗淨). 증기(蒸氣)찌기(기름탱크). ——test 기양시험(汽釀試驗).

Steel 강(鋼). Alloy——합금강(合金鋼), Angle——산형강(山形鋼). Bar——봉강(棒鋼). Bessemer——베시머 강(鋼), 전로강(轉爐鋼). Blister——침탄강(浸炭鋼). Boiler——보일러용강(鋼). Carbon——탄소강(炭素鋼). Cast——주강(鑄鋼). Cemented——침탄강(浸炭鋼). Chain——체인용강(鋼). Chrome——크롬강(鋼). Chrome-vanadium ——크롬 바나듐강(鋼). Crusible——도가니강(坩堝鋼). (도가니에서 만든 양질(良質)의 강(鋼)). Ducol——듀콜강(鋼)(만강을 많이 포함한 고장력강(高張力鋼)). Electric——전로강(電爐鋼). Forged——단강(鍛鋼). Galvanized——아연도금강(亞鉛鍍金鋼). Hardened——소입강(燒入鋼). High speed——고속도강(高速度鋼)(공구(工具)에 사용하여 고속도(高速度)로 깎을 수 있는 특수강(特殊鋼)). High tension——고장력강(高張力鋼). Ingot——용강(鎔鋼). Mild——연강(軟鋼)(가장 보통으로 사용(使用)되는 강(鋼)). Nickel——니켈 강(鋼)(고장력(高張力)이며 내식성(耐蝕性)이 강하다). Nickel chrome——니켈 크롬강(鋼). Non-magnetic——비자성강(非磁性鋼). Open hearth——평로강(平爐鋼). Rustless or stainless——스테인레스 강(鋼)(크롬니켈을 많이 포함하고 내식성(耐蝕性)이 강하다). Scrap——스크랩강(屑鋼) Section——형강(形鋼) Semi——세미스티일(주철(鑄鐵)이지만 성질(性質)이 거의 강(鋼)에 속하는 것). Sheet——박강판(薄鋼板). Ship——선체용 강재(船體用鋼材)(보통 연강(軟鋼)). Silicon——실리콘 스티일, 규소강(珪素鋼). (전기기구용(電氣器具用)). Special——특수강(特殊鋼)(보통강(普通鋼) soft steel 또는 mild steel 이외의 강(鋼)의 총칭(總稱)이다). Spring——스프링 강(鋼). Tool——공구강(工具鋼). Tungsten——텅스텐 강(鋼). Vanadium——바나듐 강(鋼). ——bar 봉강(棒鋼). ——bay 강재치장(鋼材置場). ——boat or vessel 강선(鋼船). ——bracket 강제(鋼製)브래킷. ——casting 강주물(鋼鑄物), 주강품(鑄鋼品). ——deck house 강제갑판실(鋼製甲板室). ——furniture 강제가구(鋼製家具). ——hatch cover 강제(鋼製)해치 커버. ——hawser 대강색(大鋼索). ——ingot 강괴(鋼塊)(압연재료(壓延材料)). ——pipe 강관(鋼管). ——plate 강판(강선). ——wire 강선(鋼線). ——wire rope 와이어 로우프, 강삭(鋼索). ——work 철강 공작물(鐵鋼工作物). ——works 제강소(製鋼所). ——yard 강재치장(鋼材置場).

Steepness 스티이프니스(파경사(波傾斜)).

Steerability 키가 드는 것.

Steerage 보통선객(普通船客), 3등 선객실(三等船客室). ——passenger 보통

Fig. 377 Steering gear

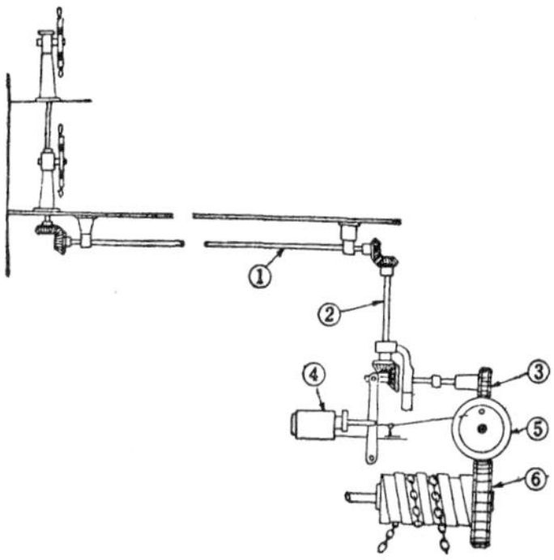

타취장치(舵取裝置)

① Shaft connecting steering wheel and engine 타취차(舵取車)와 타취기(舵取機)를 연락(連絡)하는 축(軸). ② Vertical shaft connected to control valve 제어변(制御辨)에 연락하는 직립축(直立軸). ③ Hunting or return gear from engine to control valve 타취기(舵取機)로부터 제어변(制御辨)으로 반전(反轉)하는 장치(裝置). ④ Control valve 제어변(制御辨). ⑤ Engine worm 타취기(舵取機)의 위엄치차(齒車). ⑥ Worm wheel of chain drum 체인 드럼의 위엄치차(齒車).

Fig. 378 Hunting gear

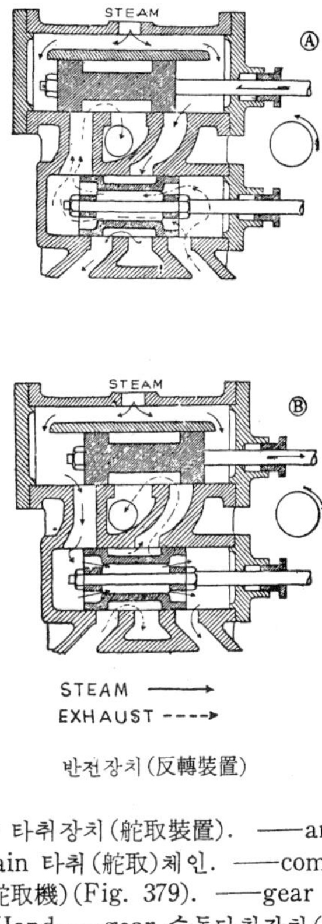

반전장치(反轉裝置)

선객(普通船客). ——way 타효능속도(舵効能速度).

Steering 타취(舵取). ——apparatus or gear 타취장치(舵取裝置). ——arrangement 타취장치도(舵取裝置圖). ——chain 타취(舵取)체인. ——compass 타취(舵取)컴퍼스. ——engine 타취기(舵取機)(Fig. 379). ——gear or apparatus 타취장치(舵取裝置)(Fig. 377). Hand——gear 수동타취장치(手動舵取裝置). Hydraulic——gear 유압타취장지(油壓舵取裝置). Hydroelectric——gear 전동 유압타취장치(電動油壓舵取裝置). Screw——gear 나사식 타취장치(舵取裝置)(Fig. 319). ——oar 타취(舵取)오올(구명정(救命艇)). ——order 타취명령(舵取命令). ——pedestal or stand 타취대(舵取台)(Fig. 379⑧). ——quadrant 타취(舵取)쿼드런트(Fig. 379②). ——rod 타취봉(舵取棒)(Fig. 377①). ——room 타취실(舵取室). ——rudder 종타(縱舵)

잠수함(潛水艦)). ——shaft 타취축(舵取軸)——telegraph 타취(舵取)텔레그래프(전령기(傳令器)). ——tiller 틸러(Fig. 379 ①). ——wheel 타취차(舵取車)(Fig. 379⑨). ——wire 타취강(舵取鋼).

Stem 선수(船首),선수재(船首材)(Fig. 380, 381). Bulbous——구상 선수재(球狀船首材) (Fig. 81). Clipper or Cut water——클리퍼형 선수(船首)(Fig. 382). False——or Cut water 수절(水切)〔木〕. (Fig. 494⑧). Straight——직립선수재(直立船首材((Fig.381 A.B.). ——of T T형재 정점(T形材頂點)〔鎔〕. ——shoe 선수재(船首材)이음 철물(鐵物)(또는 포판(包板)). (Fig. 380).

Stencil paper 등사원지(謄寫原紙). ——stamp 각인(刻印).

Fig. 379 Steam steering gear

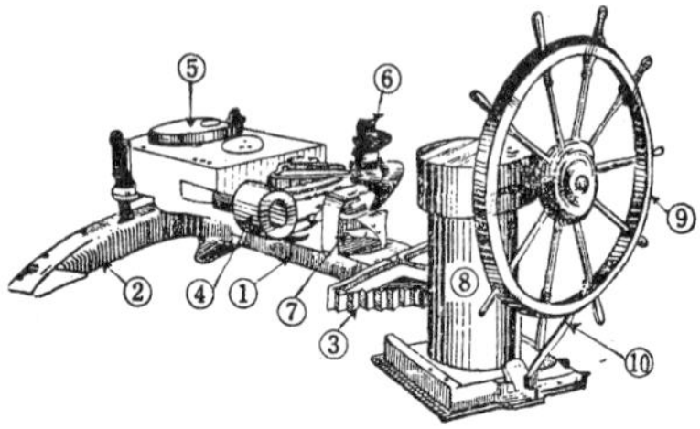

증기타취기(蒸氣舵取機)

(Brown type)(Steam tiller system)(브라우형 틸러에 증기타취기(蒸氣舵取機)를 장비(裝備)한 형(型)). ① Tiller 틸러(러더스톡 타두재(舵頭材)에 고착된 것). ② Quadrant 쿼드런트(갑판(甲板)에 고정(固定)하고, 그 치차(齒車)는 틸러에 붙여서 Engine에 의하여 회전(回轉)하는 아치차(兒齒車)Pinion에 맞물고 있다). ③ 수동용(手動用) 쿼드런트. ④ Steam cylinder 증기(蒸氣)실린더(양쪽에 있다). ⑤ Worm gear(④의 piston에 의하여 회전(回轉)되는 워엄치차(齒車)에 맞물고 치차(齒車)를 회전(回轉)시키는 워엄치차(齒車)가 이 상자 속에 있다). ⑥ Steam inlet 증기관(蒸氣管). ⑦ Exhaust 배기(排氣). ⑧ Stand 수동타취대(手動舵取台). ⑨Hand wheel 타취차(舵取車). ⑩ Handle for stand 대(臺)를 전후(前後)하는 핸들. (이 핸들로서 타취대(舵取台) ⑧을 전후(前後)로 움직여 ③의 치차(齒車)와 맞물게 해서 기동(汽動)으로부터 수동(手動)으로 바꾼다).

Fig. 380 Stem shoe

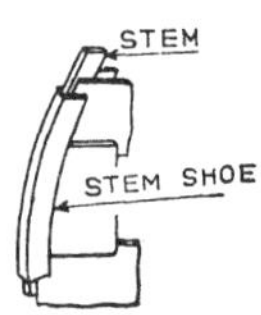

선수포판(船首包板)

Step or Foot——스텝, 발걸이, 디디는 단(段). ——back welding 백 스텝(후퇴(後退))용접법(鎔接法) (Fig. 19). ——or mast——마스트 스텝(마스트의 깔판). ——down transformer 체강변압기(遞降變壓器)〔電〕——guide 소기(掃氣)가이드(디이젤, 피스톤). ——or guide piston 가이드 피스톤(두건(頭巾)모양. ——up transformer 체승변압기(遞昇變壓器)〔電〕. **Stepped** bulkhead 단부격벽(段付隔壁). ——drum 단(段)붙임 드럼.

Stephenson's valve gear 스테픈손 변장치(辨裝置).

Stern 선미(船尾). Cruiser——순양함형 선미(Fig. 383). Elliptical——타원

선미(楕圓船尾)(Fig. 98). knuckle——너클 선미(船尾)(Fig. 383). Round——원형 선미(圓形船尾). Spectacle——frame 안경형 선미골재(眼鏡形船尾骨材)(Fig. 78). Square——각형선미(角形船尾). ——box 관동재(管胴材)(목선(木船)). ——bush 선미(船尾)부쉬. (축 받침). (Fig. 387⑧). ——construction 선미구조(船尾構造)(Fig. 384, 385). ——frame 선미골재(船尾骨材), 선미재(船尾材)(Fig. 386). ——light 선미등(船尾燈). (Fig. 362). ——gland or——tube gland 선미관(船尾管)패킹 눌림——moulding 선미장식(船尾裝飾). ——post or body post 선미재(Fig.386⑤). ——shaft, tail, propeller or screw shaft 선미축(船尾軸)(Fig. 384⑭). ——sheave 선미활차(船尾滑車)(케이블 선(船)). ——seat 정미상판(艇尾床板)(보우트). ——trawler 선미(船尾)트로올선(船). ——tube 선미관(船尾管)(Fig. 384⑯, 387⑩). ——tube gland 선미관(船尾管)패킹 눌림(Fig. 387③). ——walk or balcony 선미복도(船尾複道), 장출(張出)마루(군함(軍艦)). ——wave 선미파(船尾波). ——wheel steamer 선미외차선

Fig. 381 Stem

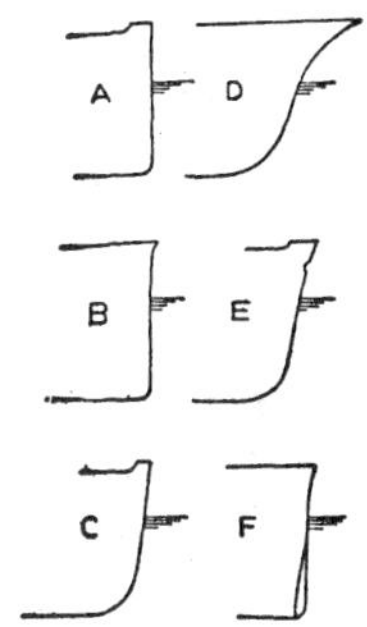

선수(船首)의 종류(種類)

Ⓐ Upright 직립형(直立型). Ⓑ Upright 직립형(直立型). Ⓒ Raked 경사형(傾斜型). Ⓓ Clipper 클리퍼형. Ⓔ Raked, with hawse pipe 호오스파이프를 가진 경사형(傾斜型). Ⓕ Bulbous 구상(球狀).

Fig. 382 Clipper stem

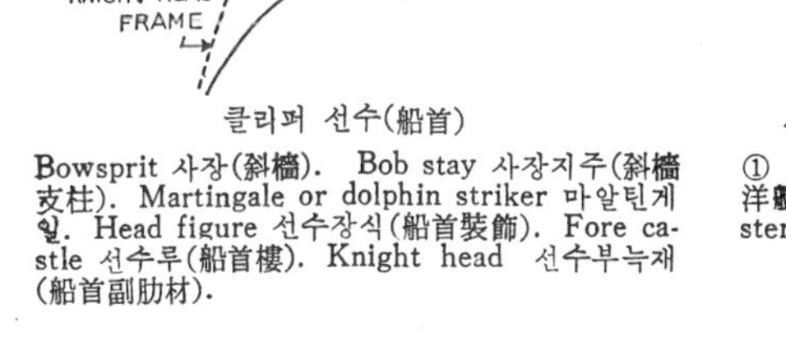

클리퍼 선수(船首)

Bowsprit 사장(斜檣). Bob stay 사장지주(斜檣支柱). Martingale or dolphin striker 마알틴게일. Head figure 선수장식(船首裝飾). Fore castle 선수루(船首樓). Knight head 선수부늑재(船首副肋材).

Fig. 383 Stern

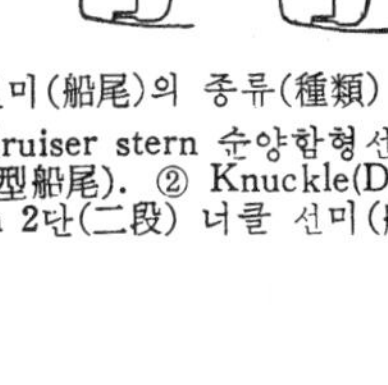

선미(船尾)의 종류(種類)

① Cruiser stern 순양함형선미(巡洋艦型船尾). ② Knuckle(Double) stern 2단(二段) 너클 선미(船尾).

(船尾外車船).

Stevedore 뱃짐을 싣는 사람.

Stew pan 스튜우 남비.

Steward 급사(給仕). Chief ——사주장(司厨長). 주방장. **Stewardess** 스튜어디스. 여급사(女給仕).

Stiff vessel 경두선(輕頭船)(딱딱한 요동(搖動)을 하는 배).

Stiffener 스티프너, 방요재(防撓材)(판면(板面)이 굽어지는것을 막기 위하여 일정한 간격(間隔)으로 형재(型材)를 붙이는 늑골(肋

Fig. 386 Stern frame

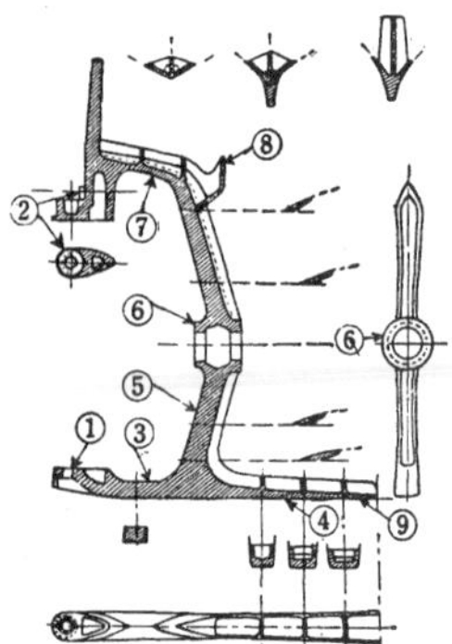

선미골재(船尾骨材)

① Bottom gudgeon 저부호금(底部壺金). ② Top gudgeon 정부호금(頂部壺金). ③ Sole or shoe piece 슈우피이스. ④Heel piece 히일 피이스. ⑤Propeller post 프로펠러 포스트. ⑥ Boss 보스. ⑦ Crown 정재(頂材). ⑧ Rib to take transom floor 선미(船尾)플로어용리브. ⑨ Keel plate 키일.

Fig. 384 Stern construction

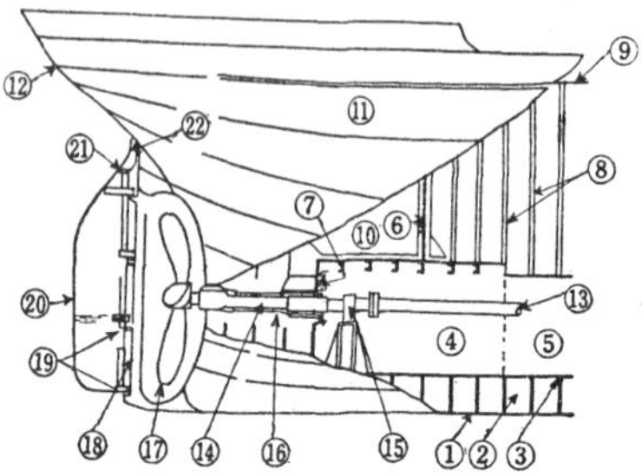

선미구조(船尾構造)

① Keel plate 키일 판(板). ② Double bottom 2중저(二重底). ③ Tank top 정판(頂板), 내저판(內底板). ④ Tunnel recess 터널 리세스(축로단실(軸路端室)). ⑤ Tunnel 터널(축로(軸路)). ⑥ Aft peak bulkhead 선미격벽(船尾隔壁). ⑦ Stuffing box bulkhead 패킹박스 고정용 격벽(固定用隔壁). ⑧ Frame 늑골(肋骨). ⑨ Upper deck 상갑판(上甲板). ⑩ Wash plate in aft peak tank 선미수창(船尾水艙)내의 제수판(制水板). ⑪ Shell plate 외판(外板). ⑫ Knuckle 너클. ⑬ Tunnel or intermediate shaft 중간축(中間軸). ⑭ Tail, propeller or screw shaft 선미축(船尾軸). ⑮ Plumber block or pedestal 중간(中間) 베어링 받침대. ⑯ Stern tube 선미관(船尾管). ⑰ Propeller 프로펠러. ⑱ Rudder post 타주(舵柱). ⑲ Gudgeon 거존, 호금(壺金). ⑳ Rudder 키, 타(舵). ㉑ Rudder coupling 타(舵)이음. ㉒ Rudder stock 러더 스톡.

Fig. 385 Stern construction in frames

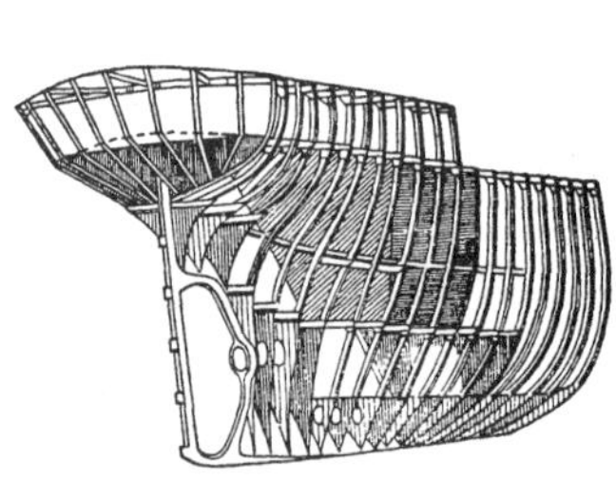

선미구조(船尾構造)
늑골 취부상태(肋骨取付狀態)

Fig. 387 Stern tube

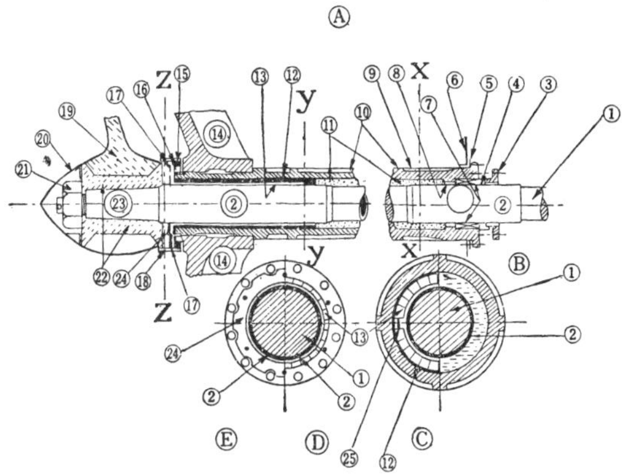

선미관(船尾管)

Ⓐ Sectional elevation 종단면도(縱斷面圖). Ⓑ Section at XX 횡단면도(橫斷面圖). Ⓒ Section at YY 횡단면도(橫斷面圖). Ⓓ & Ⓔ Section at ZZ 횡단면도(橫斷面圖). ① Tail shaft 선미축(船尾軸). ② Sleeve(Bronze) 슬리이브 피금(被金)(놋쇠). ③ Packing gland 패킹 눌림. ④ Gland bush (Bronze) 글랜드 부쉬(놋쇠). ⑤ Liner (Lead or steel)라이너, 목판(目板)(납, 강(鋼)). ⑥ Stuffing box bulkhead 패킹박스 고정격벽(隔壁). ⑦ Packing(cotton) 패킹(목면(木綿)). ⑧ Neck bush 넥 부쉬. ⑨ Seat of cooling water pipe 냉각수관(冷却水管)시이트. ⑩ Stern tube 선미관(船尾管). ⑪ Water way 워터웨이 수실(水室)(해수(海水)). ⑫ Inner case 감륜(嵌輪)(내통(內筒)). ⑬ Bearing(lignumvitae) 베어링(리그넘바이트). ⑭ Stern frame 선미골재(船尾骨材). ⑮ Stern tube nut 선미관(船尾管)너트. ⑯ Distant piece 목판(目板). ⑰ Zinc ring 아연환(亞鉛環)(방식재(防蝕材)). ⑱ Rope guard 로우프 가아드(조선중(操船中)에 로우프가 감기는 것을 막는다). ⑲ Propeller blade (built up type) 프로펠러 날개(조립식(組立式)). ⑳ Fair water cap 페어 워터 캡, 도수모(導水帽)(소용돌이가 생기는 것을 막기 위한 것). ㉑ Tail shaft nut 선미축(船尾軸)멈추는 너트. ㉒ Hub (美) boss(英) 보스. ㉓ Tail shaft(tapered) 선미축(船尾軸)(경사(傾斜)된 것). ㉔ Keep ring for bearing 베어링 멈추기 링(⑬이 빠지지 않도록 하는 것). ㉕ Check plate for bearing 베어링 멈추기 판(板)(⑬이 옆으로 밀리지 않도록 하는 것).

骨), 비임, 플로어 등도 일종(一種)의 스티프너이다). Bulkhead——격벽 방요재(隔壁防撓材)(Fig. 91⑤⑥). Horizontal——횡(橫)스티프너(Fig. 91⑥).

Stiffeness 강성(剛性)(구조물(構造物)). 강직성(剛直性)(안정성(安定性)).

Still water service 정수항로(靜水航路).

Stirrup 보강봉(補强棒)(콘크리이트 선(船)).

Stock 스톡, 선대(船台). ——anchor 스톡 앵커(스톡가 있는 보통 앵커) (Fig.④Ⓑ). ——boat 사입선(仕入船) (조선소(造船所)의 생각에 의하여 미리 건조(建造)하여 구입선주(購入船主)를 기다리는 배). ——engine 사입기관(仕入機關).

Stockless anchor 스톡리스 앵커(스톡이 없는 것)(Fig. 4Ⓐ).

Stoke hold 연소실(燃燒室). Closed——hold or fire room 밀폐연소실(密閉燃燒室). **Stoking** indicator 연소 시보기(燃燒時報器).

Stoker or fire man 스토커, 기관원(機關員). Mechanical——스토커(기계 연소장치(機械燃燒裝置). (기계적(機械的)으로 급탄(給炭)하는 장치(裝置)).

Stone colour paint 푸른 색이 섞인 회색(灰色)페인트.

Stool 대(台), 의자, 대변기(大便器)(Fig. 388). Boiler——,boiler bearer or seating 보일러대(台). Tunnel——중간축(中間軸)베어링 받침. (Fig. 31⑥⑦, 295④).

Stop or Stopper 정지(靜止), 스토퍼. Rudder——타회전(舵回轉)멈추기. Safety——(Stal turbine) 안전(安全)멈추기. ——check valve 나사 멈추기 역지변(逆止辨). ——cock 스톱콕. ——plug 스톱플러그(Fig. 389). ——valve 스톱밸브. Auxiliary——valve 보조(補助) 스톱밸브. Bulkhead————valve 격벽(隔壁)스톱 밸브 Intermediate——valve 중간(中間)스톱밸브. Main——valve 주(主)스톱 밸브. Self closing——valve 자동(自動) 스톱 밸브. ——watch or chronograph 초시계(秒時計). ——water 수지포(水止布), 수지모지(水止毛紙), 수지전(水止栓)(Fig. 162②).

Stopper 멈추기. Blade——날개 스토퍼(터어빈). Brake——브레이크 식(式)체인 스토퍼. Cable or Chain——체인 스토퍼(Fig. 96). Deck——묘쇄(錨鎖). 멈추기, 체인 스토퍼(Fig. 96). 회전(回轉)멈추기)(Deck 위에서 틸러를 멈추는 장치(裝置)). Rudder——타회전(舵回轉)멈추기. Screw——나사 붙이 체인 스토퍼. Tube——관지전(管止栓)(Fig. 389). **Stopping** distance 정지거리(停止距離).

Storage battery 축전지(蓄電池). ——space 저장장(貯藏場). ——tank 저장(貯藏)탱크. Air——tank 압축공기(壓縮空氣)탱크.

Fig. 388 Stool

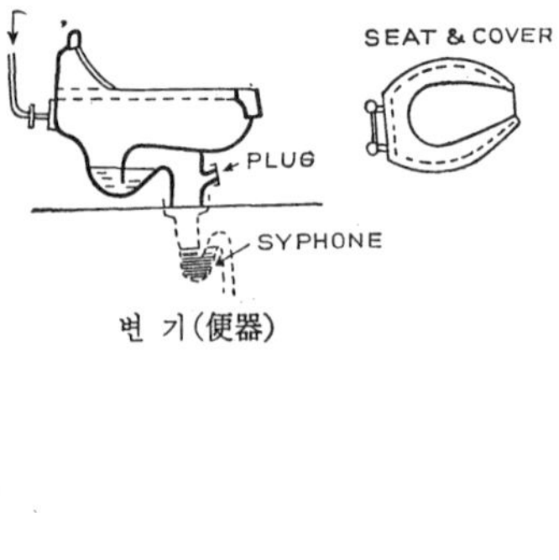

변 기(便器)

Fig. 389 Stop plug

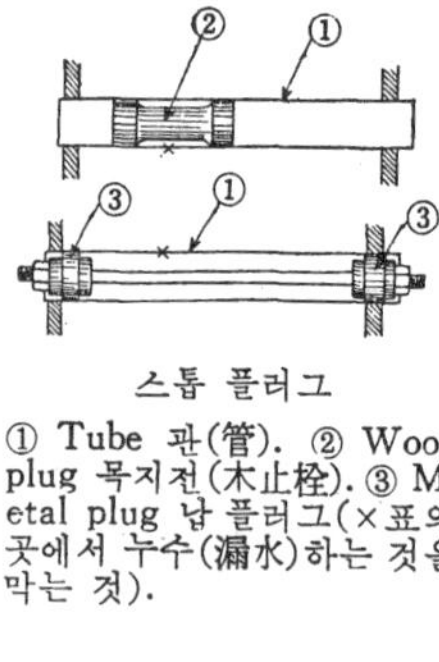

스톱 플러그

① Tube 관(管). ② Wood plug 목지전(木止栓). ③ Metal plug 납 플러그(×표의 곳에서 누수(漏水)하는 것을 막는 것).

Store 창고(倉庫), 창고품(倉庫品). Boatswain's or Deck——갑판부창고(甲板部倉庫), 수부장창고(水夫長倉庫). 갑판장창고(甲板長倉庫). Cabin——선실용품(船室用品), 선실용품고(船室用品庫). Captain room——선장창고(船長倉庫). Carpenter's——목수용품고(木手用品庫). Cook's——요리용품고(料理用品庫), 요리용품(料理用品). Cold——or refrigerating chamber 냉장고(冷藏庫). Consumable——소모품창고(消耗品倉庫). Cooper's——음료품창고(飮料品倉庫). Cooperage——소도구창고(小道具倉庫). Paint——페인트창고(倉庫). Permanent——상비품고(常備品庫). Provision——식료고(食料庫). Rice——미곡창고(米穀倉庫). Running——소모품(消耗品). ——keeper or man 창고수(倉庫手).

Storm rack 식탁(食卓) 제지틀. ——rail 스톰레일(폭풍(暴風)으로 인하여 배가 흔들릴 때 잡도록 통로(通路)에 취부(取付)한 손잡이). ——rail bracket 손잡이 취부(取付)브래킷(Fig.390). ——sail 스톰 세일. ——valve 스톰 밸브, 파지변(波止辨)(Fig. 460).

Fig. 390 Storm rail bracket

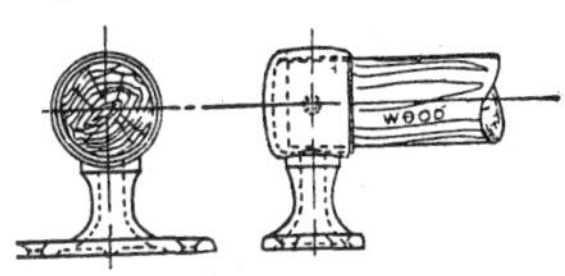

스톰레일 브래킷

Stove 난로(暖爐). Cooking——or range 요리(料理)레인지.

Stowage 적하(積荷), 적부(積付). Boat——보우트 적부(積付). Broken——브로큰 스페이스, 짐틈. ——capacity or measurement 재화용적(載貨容積). factor S/F 적부율(積付率)$=\dfrac{\text{재화용적(載貨容積)}}{\text{창내용적(艙內容積)}}$(잡화(雜貨), 원목(原木) 등에서는 약 60%~70%, 또 용적 1톤(容積 1噸)에 대하여 실을 수 있는 용적(容積)은 사과(궤짝들이) 80ft^3, 콩(포대들이) 60ft^3, 철물(鐵物)(궤짝들이) 50ft^3 등). ——plan 적부도(積付圖), 적재도(積載圖). ——survey 적부검사(積付檢査).

Stowaway 밀항자(密航者).

Straight blade 등후(等厚)날개. ——cargo 한 종류(種類)의 적하(積荷). ——compound 직형(直形)(가스터어빈). ——edge 직선자(直線定規). ——flow heater 직통가열식(直通加熱式). ——lined vessel 직선형 선(直線型船)(프레임 기타를 되도록 직선으로 한 배). ——polarity 정극성(正極性)(직류용접(直流鎔接)에서 용접봉(鎔接棒)을 (−)에, 모재(母材)를 (+)로 하는 용접법(鎔接法)). ——stem 직선형 선수재(直線型船首材). ——through combustion chamber 직류 연소실(直流燃燒室). ——timber 직재(直材)〔木〕. **Straightening** roller, plate straightener or plate mangle 판(板)버릇수정기(修正機).

Strain 스트레인(힘을 가한 후 힘을 제거(除去)하여도 남아있는 변형(變形).

——energy 스트레인 에너지. ——gauge(or meter) 스트레인 계(計). ——hardening 스트레인 경화(硬化)(스트레인이 남으면 재질(材質)은 딱딱해져서 붙어지기 쉽게 된다). Local——국부(局部)스트레인 **Strained** glass 소입(燒入)된 유리, 강화(强化)유리.

Strainer 여과기(濾過器). ——, rose or strum box 먼지 제거함(除去函). Blast air——분사공기 여과(噴射空氣濾過)(디이젤). Circulating water——순환수 여과(循環水濾過). Magnetic——자력여과(磁力濾過). Oil——or filter 기름여과(油濾過).

Strake or **Streak** 조(條), 판(板). Bilge——빌지부종재(縱材)〔木〕. 빌지외판(外板)(Fig. 259⑭). Drop——행지판(行止板)(Fig. 376②). Garboard——용골익판(龍骨翼板). (Fig. 80⑨). Inside——내층판(內層板). Limber——측내후판(側內厚板)〔木〕 Outer——외층판(外層板). Rubbing strake or strip 마찰판(摩擦板)(Fig. 104①②). Sheer——현측후판(舷側厚板)(Fig. 259⑨). Topside——or Strake below sheer——부현측후판(副舷側厚板)(현측후판(舷側厚板)의 다음 판(板)).

Strand 자강(子綱), 스트랜드, 꼬임(와이어 로우프는 먼저 강선(綱線)으로서 스트랜드를 꼬아 그 스트랜드를 3개, 6개 등으로 꼬아서 만든다). (Fig. 490).

Strap 복판(覆板). ——joint 스트랩 용접(鎔接)(양재(兩材)사이에 패치(當金)를 건너두고 용접하는 것).

Straw mattress 짚을 넣은 요.

Stream anchor 중(中)앵커. ——line 유선(流線). ——line flow 유선(流線)흐름. ——line rudder 유선형타(流線形舵). ——line shape 유선형(流線形).

Strength 세기. 강력(强力), Additional——보강(補强). Breaking——파단력(破斷力). Continuity of——강력(强力)의 연속(連續). Crushing——파쇄강도(破碎强度). Full—전강력(全强力). Hull——선체 강력(船

Fig. 391 Strength curve

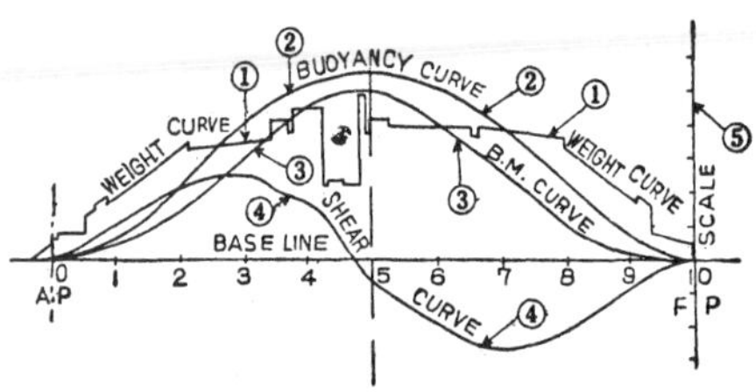

호깅상태(狀態)에 있어서의 강력곡선(强力曲線)

Strength curve in hogging condition (390′×55′×30. 5′ Vessel)
① Weight curve 중량곡선(重量曲線). ② Buoyancy curve 부력곡선(浮力曲線). ③ Bending moment curve 굽힘 모우먼트 곡선(曲線)(중량(重量), 부력곡선(浮力曲線)에서 얻어진다). ④ Shearing curve 전단곡선(剪斷曲線)(위와 동일(同一)). ⑤ Scale 척도(尺度), 일정한 척도(尺度)로서 그 양(量)을 나타낸다.

體强力). Longitudinal——종강력(縱强力). Structual——구조강도(構造强度). Transverse——횡강력(横强力). Ultimate——극한강도(極限强度). Uniform——균일강도(均一强度).

Strength or strong beam 특설 강비임(特設强梁). ——curve 강력곡선(强力曲線)(Fig. 391).

Strength deck 강력갑판(强力甲板)(강력계산상(强力計算上) 유효(有効)하다고 인정(認定)되는 최상층갑판(最上層甲板), 선교루갑판(船橋樓甲板)도 상당(相當)한 길이가 되면 강력갑판(强力甲板)으로서 인정(認定)된다. 보통은 상갑판(上甲板)). ——draught 강력흘수(强力吃水). ——freeboard 강력건현(强力乾舷)(강력면(强力面)에서 보아 고려(考慮)된 건현(乾舷)). **Strengthening** 보강(補强), 보강구조(補强構造). Ice——대빙보강(對氷補强). ——ring 보강(補强) 링(륜(輪))(노통(爐筒)).

Stress 응력(應力). Allowable——허용 응력(許容應力). Alternating——교번응력(交番應力). Combined——조합응력(組合應力). Compressive——압축응력(壓縮應力). Flogging or Pounding——파격응력(波擊應力)(파도에 맞고 생기는 응력(應力) (☞ Slamming). Initial——원응력(元應力), 초기응력(初期應力). Proof——보증내력(保證耐力). Racking——래킹 응력(應力)(Fig. 308). Repeated——반복응력(反復應力). Shearing——전단 응력(剪斷應力). Tangential——접선응력(接線應力). Tensile——인장응력(引張應力). Working——사용응력(使用應力). ——concentration 응력집중(應力集中). ——fatigue 응력피로(應力疲勞). ——free 스트레인을 허용(許容)한다. 〖鎔〗. (Fig. 476ⒶⒷⒸ). ——lock up 응력폐쇄(應力閉鎖)(스트레인을 불허(不許)한다). (Fig. 476ⒻⒼ). ——relief heating 응력제거 가열처리법(應力除去加熱處理法)(용접응력(鎔接應力)을 제거(除去)하기 위하여 300~400°C 혹은 600~650°C로 가열하여 서서히 냉각(冷却)시킨다). ——relieving 응력제거(應力除去). ——strain diagram 응력(應力)스트레인도(圖)(Fig. 152).

Stretcher 발걸이(보우트) 들것. **Stretching** or Adjusting screw 조정(調整)나사.

Stringer 종재(縱材), 종통재(縱通材)(Fig. 79⑦). Bilge——빌지 종재(縱材). Deck——데크 스트링거(Fig. 259④). Hold——창내종재(艙內縱材) (Fig. 79⑦). Panting——팬팅 스트링거(Fig. 82⑩). Side——선측종재(船側縱材)(Fig. 79⑦). ——angle 스트링거 산형강(山形鋼)(Fig. 79④⑨). ——bead 직선(直線)비이드〖鎔〗. ——plate 스트링거 플레이트, 양상측판(梁上側板)(Fig. 259④).

Stripper 잔유 소제장치(殘油掃除裝置)(기름탱크를 main pump로서 뺀 잔유(殘油)를 소제하는 장치(裝置)). ——pump 잔유(殘油)펌프.

Stroke 행정(行程)(Fig. 306 ⑤, 155). Combined——합계행정(合計行程).

Combustion, Impulse, working——연소행정(燃燒行程), 작동행정(作動行程), Compression——압축행정(壓縮行程). Down——하강행정(下降行程). Exhaust——배기행정(排氣行程). Expansion——팽창행정(膨脹行程). Number of——행정수(行程數). Power——발동행정(發動行程). Return——귀환행정(歸還行程). Scavenging——소기행정(掃氣行程). Suction——흡입행정(吸込行程). Up——상승행정(上昇行程). Working——동작행정(動作行程). ——bore ratio 행정내경비(行程內徑比). ——transformer 행정변경기(行程變更器)〔펌프〕. ——volume 행정용적(行程容積).

Strong back 빗장(Fig. 103③), 눌림쇠〔鎔〕. (Fig. 17). ——or strength beam 특설(特設)비임.

Strop 스트롭(활차(滑車)의 감는 줄).

Structural strength 구조강도(構造强度). **Structure** 구조(構造), 구조물(構造物), 조직(組織). Micro——현미경 조직(顯微鏡組織). Riveted——리벳구조(構造).

Strum or Rose box, Strainer 먼지 제거함(除去函).

Strut or stay 지지재(支持材)(Fig. 259⑤). ——beam 지지량(支持梁)(Fig. 260⑱).

Stud 스터드(체인)(Fig. 392). ——bolt or screw stud 스터드 보울트(Fig. 393 Deck bolt). ——link chain cable 스터드 붙이 체인(Fig. 107). ——tube wall 스터드 붙이 관벽(管壁). ——welding 스터드 용접(鎔接)(Fig. 393).

Stuffed seat 면(綿)이든 좌석(座席).

Stuffing box. 패킹 박스. Bulkhead——box 격벽(隔壁) 패킹 박스. ——box bulkhead 선미격벽(船尾隔壁). ——box gland 패킹 박스 눌림.

Stylus 철필(鐵筆).

Subassembly or——of block 소조립(小組立). 블록조립(組立)〔鎔〕.

Sub-circuit 분기회로(分岐回路).

Subcontract 하청(下請).

Subdivision 구획(區劃). ——length 구획 만재흘수선(區劃滿載吃水線)의 양단 수선거리(兩端垂線距離). ——load line 구획 만재흘수선(區劃滿載吃水線). ——rule 구획 만재흘수선 규칙(區劃滿載吃水線規則)

Fig. 393 **Stud welding**

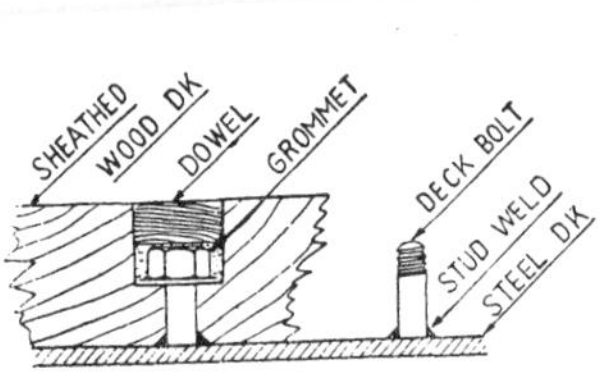

스터드 용접(鎔接)
Sheathed wood deck 피복 목갑판(被覆木甲板). Dowel 도웰(매목(埋木)). Grumment 글루먼트(수밀매물(水密埋物)). Deck bolt 데크 보울트. Stud weld 스터드 용접(鎔接). Steel deck 강 갑판(鋼甲板).

(객선(客船)).

Submarine boat 잠수정(潛水艇). ——signal 수중신호(水中信號).

Submerged arc welding 서어브머지드 아아크 용접(鎔接). (유니온멜트 용접(鎔接)). (용접봉(鎔接棒)을 매제(媒劑)속에 넣어서 용접(鎔接)하는 법(法)). ——body 침수체(浸水體). ——condenser 선저 복수기(船底復水器).

Submit (to) 제출(提出)하다.

Subordinate officer 하사관(下士官).

Subsequent dates 잇달아 며칠간에. ——duplicate generator 잇달아 만드는 동형(同型)의 발전기(發電機).

Suction 흡입(吸込). 흡입작용(吸込作用). Bilge——빌지 흡입(吸込). High or Low——상부(上部)(하부(下部)). 흡입(吸込)(해수취입(海水取入)). Water ballast——물 밸러스트 흡입(吸込). ——or pump dredger 펌프선(船). (펌프 준설선(浚渫船)). ——gas engine 흡입(吸込)가스 기관(機關). ——gas producer 흡입(吸込)가스 발생기(發生器). ——or tail pipe 흡입관(吸込管)(펌프). Air——pipe 공기흡입관(空氣吸込管). Ballast——pipe 밸러스트 흡입관(吸込管). Bilge——pipe 빌지흡입관(吸込管). ——or lift pump 흡상(吸上)펌프. ——stroke 흡입행정(吸込行程). ——foot (or inlet) valve 흡입변(吸込辨). High or Low——valve 상(하)부 흡입변(上(下)部吸込辨)(해수취입(海水取入)).

Suez canal tonnage 수에즈운하 톤수(運河噸數)(통과료 계산용(通過料計算用). ——rudder 수에즈운하 타(運河舵)(Fig. 331). ——searchlight 수에즈운하용 탐조등(運河用探照燈). ——tonnage certificate 수에즈운하 톤수증서(運河噸數證書).

Sugar tongs 설탕집게(각사탕(角砂糖)).

Suit rooms 특별실(特別室).

Sulphur dioxide 아류산(亞硫酸)가스. ——print 설퍼 프린트, 유황사진(硫黃寫眞)(재료(材料)의 단면(斷面)을 잘 닦아서 황산(硫酸)으로 부식(腐蝕)시켜 사진을 현상(寫眞現象)하면 유황(硫黃)이나 기타 잡물(雜物)이나 가스구멍, 틈 등을 알수 있다). ——segregation 유황석출(硫黃析出)(강철(鋼鐵)내부의 유황(硫黃)이 모여서 약점(弱點)이 된다). **Sulphuric** acid 황산(黃酸).

Summer 여름. ——draught mark 하계흘수표(夏季吃水標). ——pipe 하기유조관(夏期油槽管). ——tank 하기유조(夏期油槽)(Oil tanker의 제 2 갑판(第 2 甲板) 위의 현측(舷側)탱크)(Fig. 430Ⓑ③). ——timber load line 하기 목재흘수선(夏期木材吃水線). ——zone 하기대(夏期帶)(건현(乾舷)).

Sump or Well 오수 저장기(汚水貯藏器) 또는 기름 저장기(油貯藏器).

Sun deck 양지갑판(陽地甲板). ——screen 차광막(遮光幕).

Sundry space 잡실(雜室).

Sunken forecastle 저선수루(低船首樓). ——poop 저선미루(低船尾樓). ——rock 암초(暗礁).

Super 초(超). ——cargo 항해(航海)중의 일처리. ——charge 초과급기(超過給器). ——charging blower 과급송풍기(過給送風機). ——charging pump 과급(過給)펌프. ——facial caulking 표면(表面)코오킹. ——finish 초정밀(超精密)다듬. ——heated steam 과열증기(過熱蒸氣). ——heater 과열기(過熱器). ——intendent engineer 선주 감독기사(船主監督技師). ————saturated or undercooled steam 과포화증기(過飽和蒸氣). ——sonic flaw detector 초음파 탐상기(超音波探傷器). ——structure 상부구조(上部構造), 선루(船樓). Detached or Partial——structure 부분선루(部分船樓). ——structure deck 선루갑판(船樓甲板). ——tanker 초대형(超大型)탱커.

Supplementary 보급(補給), ——or make up feed 보급수(補給水). ——extra or make up feed valve 보급변(補給辨).

Supply pipe 공급관(供給管). ——ship 보급선(補給船). ——system or Plenum system 급기식 통풍(給氣式通風).

Supporting disc 익차(翼車)(스타르 터어빈).

Surface 면(面), 표면(表面), Acting or Driving——압력면(壓力面)(프로펠러 날개). Cooling——냉각면(冷却面). Faying——훼잉면(面), 접면(接面)(Fig. 184). Free——자유표면(自由表面). Free——effect 자유면작용(自由面作用)(탱크 내의 물이 가득히 차있지 않을 때는 물의 표면(表面)이 자유(自由)로이 유동(流動)하여 탱크 벽(壁)에 충돌(衝突)하여 손상(損傷)을 일으킨다). Heating——전열면(傳熱面). Radiating——방열면(放熱面). Wetted——침수면(浸水面). ——blow off or Scum cock 수면취출(水面吹出)콕. ——boat 수상선(水上船). ——condenser 측면복수기(觸面復水器). ——defect 표면(表面)흠. ——gauge 서어페이스 게이지. 십내기(Fig. 199). ——grinder 평면 연삭반(平面硏削盤). ——heat transmission 표면전열(表面傳熱). ——ignition 표면점화(表面點火). ——inspection 표면검사(表面檢査). ——plate or table 정반(定盤), ——or area ratio 면적비(面積比)(프로펠러). ——roughness 표면조도(表面粗度).

Surgent (or Doctor surgeon) 선의(船醫).

Surge line (가스터어빈) 서어지선(線). ——tank 서어지탱크(복수기(復水器)의 수면(水面)을 조절(調節)하는 탱크). **Surging** 서어징(가스터어빈), 측압(側壓)(배의 횡요(橫搖)로 인하여 선내(船內)의 물이 선측(船側)에 압력(壓力)을 가하는 것).

Surveillance 검사(檢査).

Survey or Inspection 검사(檢査). Annual——연차검사(年次檢査), 중간검사(中間檢査). Contingent or Occasional——임시검사(臨時檢査). Periodical——정시검사(定時檢査). Special——특별검사(特別檢査), 정기검사(定期檢

査)(4년마다 있는 검사(檢査)). ——fee 검사수수료(檢査手數料). ——report 검사보고서(檢査報告書). **Surveying** ship 측량선(測量船). **Surveyor** or Inspector 검사관(檢査官). 검사원(檢査員). Exclusive——전임검사원(專任檢査員). Non-exclusive——촉탁검사원(囑託檢査員).

Suspension arm 링크 인봉(引棒)아암(Fig. 248①). ——rod or drag link 링크 인봉(引棒).

Swage block 벌집 정반(定盤)(Fig. 42①).

Swan neck or Goose neck ventilator 구우즈넥(기러기 목) 통풍통(通風筒)(Fig. 464).

Swash or Wash plate bulkhead 제수격벽(制水隔壁). ——or wash plate 회전사판(回轉斜板), 제수판(制水板)(흐름을 흩뜨리기 위하여, 또는 흐름의 세력(勢力)을 줄이기 위한 판자(板))(Fig. 82⑤).

Sway 횡류(橫流).

Sweeping tube 관소제(管掃除).

Swell 물결(물결표(表)). 부풀어 오르다. 구워이음(파이프나 막대의 한끝만을 가열(加熱)하여, 열이 없는 쪽을 위로하여 몸통이음을 해서 팽출(膨出)시키는 것)(Fig. 394). ——neck rivet 스웰넥 리벳(根太鋲)(Fig. 324④). ——scale 물결 계급(階級)(부록(附錄)).

Fig. 394 Swell out

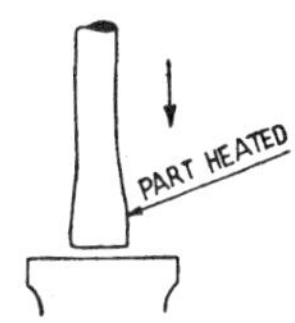

스웰아웃(구워 이음)

Swimming pool 수영(水泳) 푸울.

Swing out boom system 선회(旋回)부움식(하역(荷役))(Fig. 148)(이에 대하여 Married fall system 또는 Shifting out guy system 버튼식이 있다). **Swinging** boom 계선(繫船)부움. ——staging 간이(簡易)하게 내린 발판.

Swirl type atomizer 소용돌이 분무기(噴霧器). ——vane 선회(旋回)날개.

Switch 스위치, 개폐기(開閉器). Change over——변환스위치. Fuse——퓨우즈부(付) 스위치. Main——주(主)스위치. Oil —— 유입(油入)스위치. Over-changing——변환스위치. Pole changing——전극(轉極)스위치. Resistance——저항(抵抗)스위치. Reversing——전극기(轉極器). Section——구분(區分)스위치. Short circuiting——단락(短絡)스위치. Single pole——단극(單極) 스위치.

Switch board 배전반(配電盤). ——box 스위치 박스. ——cock 변환 콕. ——gear 스위치 장치

Fig. 395 Swivel

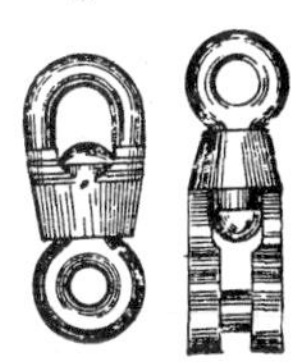

Ⓐ Ⓑ

스 위 블

Ⓐ Swivel 스위블. Ⓑ Swivel shackle 스위블붙이 섀클.

(裝置).

Swivel 스위블(Fig. 395). Mooring——계선(繫船)스위블(Fig. 264). ——block 스위블부 활차(付滑車)(Fig. 56 ⑤,⑥). ——hook 회전(回轉)후크(Fig. 56 ⑧,⑨). ——joint 스위블 이음.

Symmetric method 대칭법(對稱法)〔鎔〕(좌우 전후(左右前後)를 대칭적(對稱的)으로 용접(鎔接)해 나가는 방법(方法)). **Symmetrical** joint 대칭(對稱)이음(판후(板厚)가 달라도 같은 개선각도(開先角度)로서 용접하는 방법). ——blading 대칭식 익배열(對稱式翼配列).

Sympiesometer 변관(變管) 피에조미터 또는 기압계(氣壓計).

Synchronism 동기(同期). **Synchronization** 동조(同調). **Synchronous** generator 동기발전기(同期發電機). ——motor 동기전동기(同期電動機). ——speed 동기속도(同期速度).

Synchroscope 동기검정기(同期檢定器).

Syphon or Siphon lubricator 사이폰(흡상(吸上)). 주유기(注油器). ——trap or air trap 공기형(空氣形)트랩.

Syren or **Siren** 사이렌. Steam——증기(蒸氣)사이렌.

Syringe 주유구(注油具). 주수구(注水具) (Fig. 396) Oil——주유구(注油具).

Fig. 396 Syringe

주유구(注油具)

T

"T" Aerial T형 안테나. T bar T형재(形材). T joint T이음.

Tab 이금(耳金)〔鎔〕(Fig. 339).

Table 표(表), 책상. Azimuth——방위표(方位表). Carving——육절대(肉切台). Chart——해도(海圖)책상. Conversion——환산표(換算表). Derrick——데릭 대(台). (Fig. 148, 254). Dressing——or dresser 조리대(調理台). Nautical——항해표(航海表). Punch——펀치 자재대(自在台). Surface——or plate 정반(定盤). Weighing——대반(台盤)(시험기(試驗機)), 접시저울. ——cover 책상 커버. ——plate 접시(식기(食器)).

Fig. 397 Tachometer

회전 속도계
(回轉速度計)

Tachometer 회전속도계(回轉速度計)(Fig. 397).

Tack or Spike 타입정(打込釘), 태크(범주(帆走)). ——hole 리벳구멍. ——rivet 태크리벳(Fig. 325). ——weld 가용접(假鎔接). ——or intermittent welding 단속용접(斷續鎔接) (Fig. 477) **Tacking** 임시(臨時)붙이기. 풍상측(風上側)으로의 회전(回轉)(범선 항법(帆船航法)).

Tackle 태클, 활차(滑車) (Fig. 398~400). Ground——정박용구(碇泊用具). Luff——러프 태클(Fig. 398⑤). Relieving——예비타취(豫備舵取)태클.

Tactical diameter 선회경(旋回徑)(Fig. 401). ——trial 선회시운전(旋回試運轉)(Fig.401).

Taffrail 선미(船尾)손잡이. ——log 선미루(船尾樓).

Tag 하물(荷物)꼬리.

Tail block 테일(끈 붙이)활차(滑車). ——or suction pipe 흡입관(吸込管)(펌프), 미통(尾筒)(가스터어빈). ——rod 선봉(先棒)(피스톤). ——cr screw, propeller, stern, shaft 선미축(船尾軸)(Fig. 384⑭). ——shaft packing 선미축 방수법(船尾軸防水法)(Fig.402). ——or snifting valve 여과변(濾過辨).

Tallow 타로우 유(油), 수유(獸油).

Tally 부절(符節). 할부(割符). ——man 검수원(檢收員). ——clerk 하물계(荷物係). ——office 하역 사무소(荷役事務所).

Fig. 398. Tackle

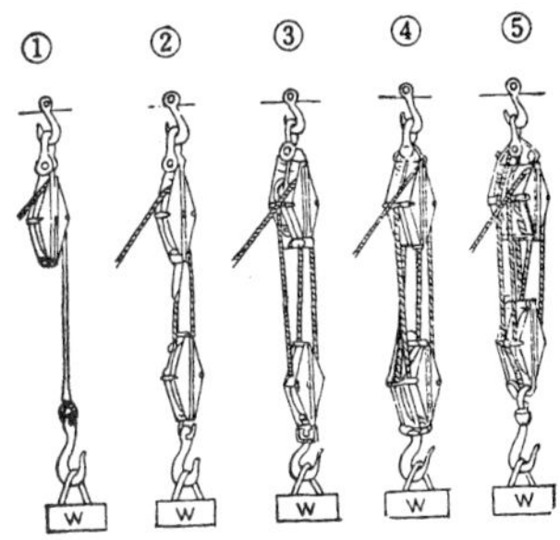

태 클

① Whip 휘프. ② Gun tackle 건 태클. ③ Tail jigger 테일 지거어. ④ Two fold purchase 2중 퍼어체이즈. ⑤ Double luff 더블 러프.

Fig. 399 Sheave

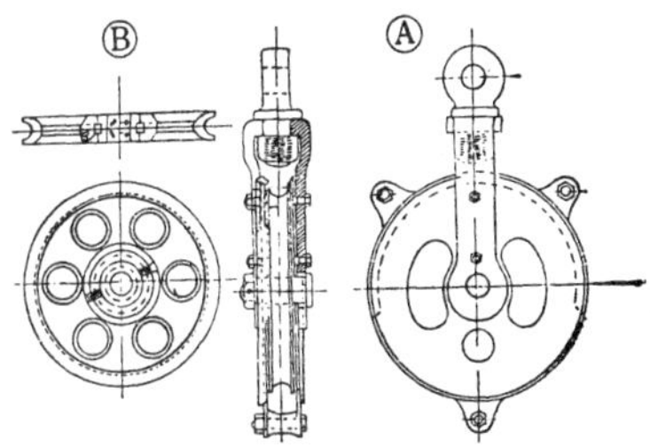

강 차(綱車)

Ⓐ Tackle 태클활차(滑車). Single sheave 1륜차(一輪車). Ⓑ Sheave 쉬이브, 강차(綱車).

Tandem compound 탄뎀(빗모양) 연성(聯成). ——engine 탄뎀 기계(機械). ——launching 탄뎀 진수(進水)(2척(隻) 또는 3척(隻)의 배를 가로 또는 세로로 줄지어 진수(進水)시킨다). ——propeller 탄뎀 프로펠러(2개 또는 3개를 1축(一軸)에 줄지어 고착(固着)한다. ——rudder 탄뎀 타(舵).

Tangential stress 접선방향(接線方向)의 응력(應力).

Tank 탱크. After or Aft peak water——선미수창(船尾水艙). Anti-rolling——방요(防搖)탱크. (Fig.403). Air storage——에어스토레이지 탱크, 공기(空氣)탱크. Air——공기(空氣)탱크 (구명정(救命艇)). (Fig. 59). Ballast——밸러스트 탱크. Boiler water tank 보일러 물탱크, 양관수조(養罐水槽). Brine——브라인 탱크(냉각용(冷却用)). Buoyancy——부력(浮力)탱크. Cable——케이블 탱크. Cantilever(gunwale,top side or wing)——캔티레버(건웰, 톱사이드. 윙)탱크(Fig.403). (횡요(橫搖)를 막기 위하여 설치된다), Deck——갑판(甲板) 탱크, Deep——심수조(深水槽) (선창(船艙)의 일부를 탱크로 한 것). Drain——or Drain cistern 드레인 탱크. Exhaust——배기(排氣)탱크. Experimental——시험(試驗)탱크. Feed——급수(給水)탱크. Feed water reserve——예비급수(豫備給水)탱크. Fireman's——기관원(機關員)탱크. Fore peak water——선수수창(船首水艙). Fresh water——청수(淸水) 탱크. Fuel oil——연료유(燃料油)탱크. Gravity——중력(重力)탱크(높은 곳에 두고 중력(重力)을 이용하여 빼내는 물탱크 또는 기름 탱크). Hot well——온수(溫水)탱크(저압(低壓)실린더로부터의 배기(排氣)를 모은

Fig. 400 Tackle for top life

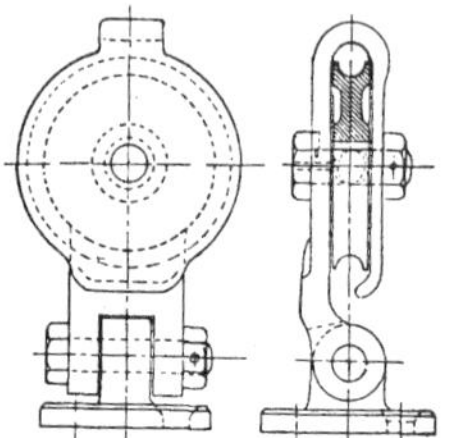

데릭 달아올리기 태클

Fig. 401 Tactical trial

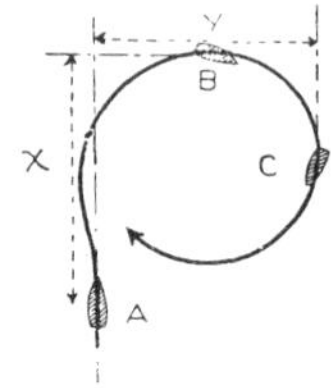

선회시운전(旋回試運轉)

X. Advance 원운동(圓運動)으로 옮길 때까지의 전진거리(前進距離). Y. Tactical diameter 선회경(旋回徑).

Fig. 402 Tail shaft packing

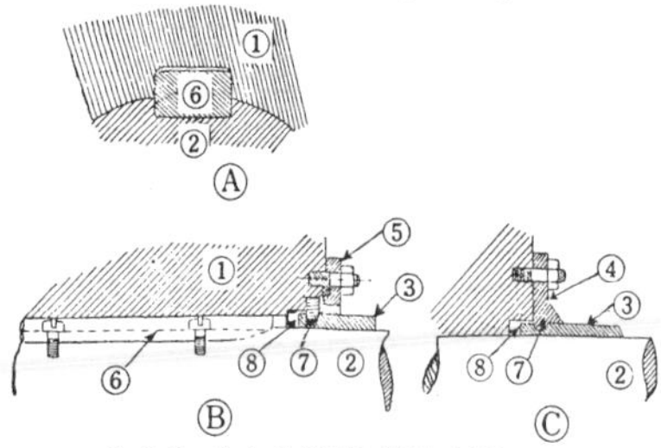

선미축 방수법(船尾軸防水法)

Ⓐ Key & Key way 쐐기와 홈. ⒷⒸ Packing 패킹. ① Boss or hub 보스 또는 허브. ② Tail shaft 선미축(船尾軸). ③ Liner 라이너 피금(被金). ④ Packing gland 패킹 눌림. ⑤ 위와 같음. ⑥ Key 쐐기. ⑦ Rubber 고무. ⑧ Counter bore 도려올린 부분(여기에는 방수제(防水劑) 예를 들면 유제품(油製品)이나 타르와 같은 것을 채운다).

탱크). Hydraulic——수압(水壓)탱크. Ice——제빙(製氷)탱크. Lubricating oil——윤활유(潤滑油) 탱크. Observation or Test——검유(檢油)탱크. Oil——기름 탱크. Oil drain——기름 드레인 탱크. Oil fuel——or Oil fuel storage——연료유(燃料油)탱크. Oil head——기름 중력(重力)탱크. Peak——피이크 탱크, 선수미창(船首尾艙). Pickling——or Acid bath——피크링 탱크(산세(酸洗)탱크). Renovating or Settling——청정(淸淨)탱크(Fig. 351). Reserve feed water or Boiler water——예비급수(豫備給水)탱크. Sanitary——위생수(衛生水)탱크. Service——소출(小出)탱크, 서어비스 탱크. Settling——청정(淸淨)탱크(Fig. 351). Storage——스토레이지 탱크(저장(貯藏)탱크). Summer——섬머 탱크(탱커의 제2갑판(第二甲板)위의 현측(舷側)탱크)(Fig. 430 Ⓑ③). Test——or Observation——검유(檢油)탱크. Topside——or Gunwale——톱 사이드 탱크 또는 건웰 탱크(Fig. 403). Trimming——트리밍 탱크(배의 경사(傾斜)를 조정(調整)하는 탱크). Wing——현측(舷側)탱크(이것은 톱 사이드 탱크와 같이 현측(舷側) 상부(上部)에만 있는 경우도 포함(包含)되지만 Bilge까지 깊게 되어 있는 Tank도 포함(包含)된다). ——experiment 탱크 시험(試驗)(모형선(模型船)을 수조(水槽)에 넣고 소요 동력(所要動力)을 추정(推定)하거나 선형(船型)의 양부(良否)를 연구(硏究)하거나 또는 횡요저항(橫搖抵抗)등을 시험(試驗)한다). ——side bracket 이중저 외측주판(二重底外側肘板). ——top plate 탱크 정판(頂板)(보통은 이중저(二重底)를 의미한다). ——vessel, **Tanker** 탱커(보통은 유조선(油槽船)).

Fig. 403 Anti-rolling tank

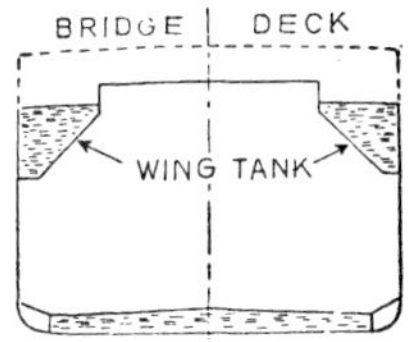

방요(防搖)탱크

Tap 탭, (나사깎는 기구(器具)). (Fig. 404), 물통의 마개, 음수구(飮水口). ——bolt 나사 보울트. ——rivet 나사 리벳(F,g. 324①). ——wrench 탭 렌치(나사 틀기)(Fig. 499).

Fig. 404 Tap

탭

Tape line or measure 줄자.

Taper 체감(遞減)한다. ——bolt 테이퍼(기울기)보울트. ——gauge 테이퍼 게이지(기울기 자). ——liner 테이퍼 라이너(삼각목판(三角目板)). ——pin 테이퍼 핀. **Tapered** blade 테이퍼붙임 날개(가스 터어빈).

Tapestry panel 비단 내장(內張).

Tappet rod 타펫 로드(돌출봉(突出棒)).

Tapping 탕출(湯出)(용광로(鎔鑛爐), 평로(平爐)등에서 용금(鎔金)을 유출(流出)하는 것).

Tar 타르. Coal-tar 코울타르. ——cement 타르 시멘트(타르를 바른 위에 시멘트를 뿌린 것). **T-arred** rope 타르를 침투(浸透)시킨 로우프.

Tare 저울에 다른 물건을 싸는 포대.

Target 표적(標的). 물표(物標)(전파(電波)). ——ship 표적선(標的船).

Tarpaulin 타아포린, 타르 범포(帆布). Hatch——해치복포(覆布) (Fig. 211㉑).

Tchebycheff's rule 체비체프 법칙(法則)(계산법(計算法)).

Teak 티이크 재(材)〖木〗.

Tear test 인장시험(引張試驗). ——& wear 자연쇠모(自然衰耗).

Tee bar T형재(T形材) (Fig. 345). ——bulb steel 구T형강재(球T形鋼材).

Teledepth or Pneumacator 기압측심계(氣壓測深計).

Telegraph 텔레그래프, 전령기(傳令器), 통신기(通信機). Docking——계선(繫船)텔레그래프. Engine——엔진 텔레그래프(Fig. 176). Double dial——양면(兩面)텔레그래프. Single face——편면(片面)텔레그래프. Radio or Wireless——

Fig. 405 Telemotor(Brown type)

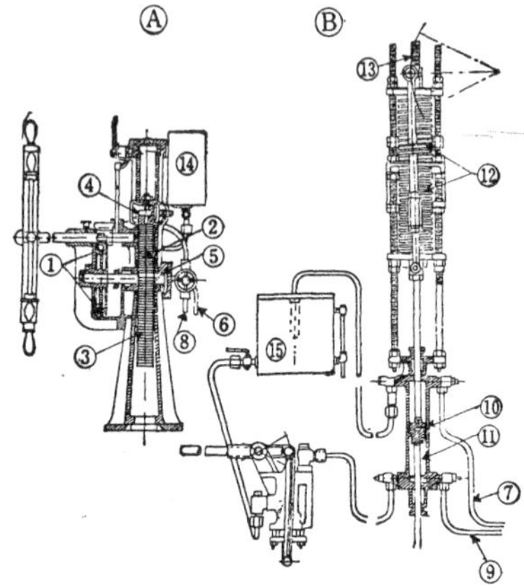

텔레모우터

Ⓐ Moter in bridge 선교(船橋)내에 있는 원동기(原動機). Ⓑ Receiver in steering engine room 타취기실(舵取機室)에 있어서의 수동기(受動器).
① Gear 치차(齒車). ② Cylinder 실린더. ③ Rack 치판(齒板). ④ Piston 피스톤(치판(齒板)에 취부(取付)된다). ⑤ Pinion 자치차(子齒車). ⑥ Upper pipe 상부관(上部管). ⑦ Upper pipe of receiver 수동기(受動器)의 상부관(上部管). ⑧ Lower pipe 하부관(下部管). ⑨ Lower pipe of receiver 수동기(受動器)의 하부관(下部管). ⑩ Piston of receiver 수동기(受動器)의 피스톤. ⑪ Cylinder 실린더. ⑫ Spiral spring 와선(渦線)스프링. ⑬ Valve rod of steering engine 타취기(舵取機)의 밸브로드. ⑭ & ⑮ Tank 보충(補充)탱크.
타취(舵取) 핸들 바퀴를 회전(回轉)시키면 피니온 ⑤가 회전(回轉)하고 치판(齒板)이 상하(上下)하여 피스톤 ④를 상하운동(上下運動)시킨다. 이때 관(管)은 ⑥-⑦ 및 ⑧-⑨를 거쳐서 수동기(受動器)의 피스톤 ⑩을 상하(上下)시키고, 밸브로드 ⑬을 상하(上下)시켜 타취기(舵取機)를 작동(作動)한다. 피스톤 ⑩에는 측로공(側路孔)By-pass hole이 뚫려 있다. 스프링 ⑫는 피스톤 ⑩에 의하여 작동(作動)되지만, 상하(上下)스프링은 처음에는 힘이 평형(平衡)하고 있으며, 이 작동(作動)때문에 불평형(不平衡)이 되고, 거꾸로 피스톤에 압력(壓力)이 미치므로 실린더 내의 액체(液體)는 서서히 측로공(側路孔)을 통하여 반대쪽으로 유입(流入)되며 피스톤은 중립위치(中立位置)에 돌아간다. 즉 밸브는 자동적(自動的)으로 중립위치(中立位置)로 복귀(復歸)하여 타취기(舵取機)는 작동(作動)을 멈추고, 타(舵)는 그 타각(舵角)에서 그대로 멈춘다. 즉 Hunting(추종(追從))의 작용(作用)을 한다. 원동(原動)핸들바퀴를 원래대로 돌이키면 똑같은 작동(作動)이 거꾸로 이루어져서 타(舵)는 중앙(中央)으로 돌아간다.

무선전신기(無線電信機). Revolution——회전전령기(回轉傳令器). Steering ——타취전령기(舵取傳令器).

Telemotor 텔레모우터(수력기구(水力機構)로서 선교(船橋)에서 타취기(舵取機)의 밸브를 조작(操作)하여 조타(操舵)하는 기구(機構))(Fig. 405).

Telephone buoy 전화부(電話付) 부이.

Telescope 망원경(望遠鏡). **Telescopic** funnel 신축연돌(伸縮煙突). ——joint 신축(伸縮)이음(Fig. 178). ——mast 신축(伸縮)마스트. ——pipe 입자관(入子管). ——vent 신축 통기구(伸縮通氣口).

Telltale 표시기(表示器). ——or hanging compass 행잉컴퍼스. ——lamp 자동표시등(自動表示燈).

Temper bend test 가열곡시험(加熱曲試驗)(시험편(試驗片)을 400°C 정도로 가열(加熱)하여 80°F의 물로 급냉(急冷)하여 굽힌다). ——brittleness 소려취성(燒戾脆性). ——colour 소려색(燒戾色). **Tempering** 소려(燒戾)(소입(燒入)이 지나친 것을 다시 구워서 되돌린다).

Temperature 온도(溫度). Absolute——절대온도(絶對溫度), -273°C. Compression——압축온도(壓縮溫度). Critical——임계온도(臨界溫度)(상태(狀態)가 변화(變化)하는 온도(溫度). 예를 들면 액체(液體)로부터 고체(固體)로 변하는 온도(溫度)). (Fig. 414). Finishing——다듬질 온도(溫度)(압연재(壓延材)). ——correction 온도수정(溫度修正). ——entropy diagram 온도(溫度) 엔트로피 선도(線圖). ——rating 온도정격(溫度定格). ——rise coefficient 온도상승계수(溫度上昇係數)(가스터어빈). ——rise rate 온도상승비(溫度上昇比)(가스터어빈).

Template, templet, mould or mold 형판(型板).

Temporary repair 가수리(假修理), 응급수리(應急修理)〔關:Permanent repair 본수리(本修理)〕.

Tenacity 점성(粘性)의 세기.

Tender 보급선(補給船). 입찰(入札). Lighthouse——등대 순시(보급)선(燈臺巡視(補給)船) Water——or water boat 급수선(給水船). ——or Crank vessel 중두선(重頭船)(Top heavy로서 요동(搖動)하는 배).

Tenon & Moritise 장부 및 장부구멍

Tensile strength 인장(引張)세기. ——stress 인장응력(引張應力)——test 인장시험(引張試驗).

Tension 인장(引張), 항장력(抗張力). ——member 인장재(引張材)(인장력(引張力)에 저항(抵抗)하는 재료(材料)). ——winch 장삭(張索)윈치.

Tentative rule 가규칙(假規則). ——specification 가사양서(假仕樣書).

Teredo 선식충(船蝕虫).

Terminal 터어미널, 단자(端子). ——block 단자반(端子盤)(전선(電線)). ——box 단자(端子)박스. ——facilities 입항시설(臨港施設)(토목(土木)). ——pressure 종압(終壓).

Test or **Testing** 시험(試驗)(이것은 Mechanical or Physical test 기계적(機械的) 또는 물리적 시험(物理的試驗, Chemical test 화학적 시험(化學的試驗), Microscopic test 현미경시험(顯微鏡試驗), Radiographic test X광선 사진시험(X光線寫眞試驗), Magna-flux test 전자시험(電磁試驗). Electric test 전기시험(電氣試驗), Thermal test 열학적시험(熱學的試驗)등이 있다). Abel's close——에벨 밀폐시험(密閉試驗)(석유(石油)의 인화점(引火點)을 재는 시험(試驗)). Abrasion——마모시험(摩耗試驗). Air or Airtight——기밀시험(氣密試驗). Bending——굴곡시험(屈曲試驗). Boiler——or boiler trial 보일러시험(試驗). Breaking——파괴시험(破壞試驗)(체인, 케이블, 로우프등). Bulge or Dishing——팽출시험(膨出試驗)(박판(薄板)). Commercial——상용시험(商用試驗). Crushing——파쇄시험(破碎試驗). Cupping——팽출시험(膨出試驗)(박판(薄板)). Drifting——압전시험(押展試驗)(파이프). Drill——천공시험(穿孔試驗)(주물(鑄物)등). Drop——낙하시험(落下試驗)(주물(鑄物)). Dynamic——동적시험(動的試驗). Endurance——내구시험(耐久試驗). Expansion——확대시험(擴大試驗)(파이프). Flanging——곡연시험(曲緣試驗), 플랜지 시험(試驗). Flatening——편평시험(扁平試驗)(파이프 리벳). Forging——단조시험(鍛造試驗). Hammer——추타시험(槌打試驗)(주물(鑄物)). Hose——호오스 시험, 주수시험(注水試驗)(수밀(水密)). Impact——충격시험(衝擊試驗)(경도(硬度)). Insulation——절연시험(絕緣試驗)(케이블 등). Jerk——급충시험(急衝試驗). Laboratory——실험실시험(實驗室試驗). Mercury——수은시험(水銀試驗). Model——모형시험(模型試驗). Non-crustic ——비파괴시험(非破壞試驗)(X광선(光線), 전자(電磁), 초단파(超短波)등으로서 실물(實物) 혹은 시험편(試驗片)을 파괴(破壞)하지 않고 검사(檢査)하는 시험(試驗)). Notched bar——절결봉시험(切缺棒試驗). Oil or Oil tight——유밀시험(油密試驗). Over speed——초과속도시험(超過速度試驗). Percussion or Impact——충격시험(衝擊試驗)(경도(硬度)). Pressure——압력시험(壓力試驗). Proof——보증시험(保證試驗), 내력시험(耐力試驗). (로우프 류(類). 체인 류(類)). Punching——펀칭시험(試驗)(압발(押拔)). Reversing——역전(逆轉) 또는 역행시험(逆行試驗). Static——정적시험(靜的試驗). Steam——증기시험(蒸氣試驗). Steaming——기양시험(汽釀試驗). Temper bend——가열굴곡시험(加熱屈曲試驗). Tensile——인장시험(引張試驗). Twisting——비틂시험(試驗). Water or Hydraulic——수압(水壓) 또는 수밀시험(水密試驗). Water-tight ——수밀시험(水密試驗). ——cock 시험(試驗)콕. ——hammer 테스트 해머, ——head 시험수두(試驗水頭). ——load 시험하중(試驗荷重). ——piece or sample 시험편(試驗片)(Fig. 406~413). ——pressure 시험압력(試驗壓力). ——run 시험조작(試驗操作). ——tank 검유(檢油)탱크.

Testing machine 시험기(試驗機). Chain——machine 체인 시험기(試驗機).

Dead weight——machine 하중(荷重)에 중추(重錘)를 사용하는 시험기(試驗機). Impact handness——machine 충격식 경도시험기(衝擊式硬度試驗機). Multiple lever——machine 복정재료시험기(複挺材料試驗機)(하중(荷重)을 걸 때 레버를 여러개 사용한 것). Pendulum impact——machine 진자 충격시험기(振子衝擊試驗機). Ram impact——machine 램 충격시험기(衝擊試驗機).

Fig. 408 Impact test of deposit metal(A.B. Rule)

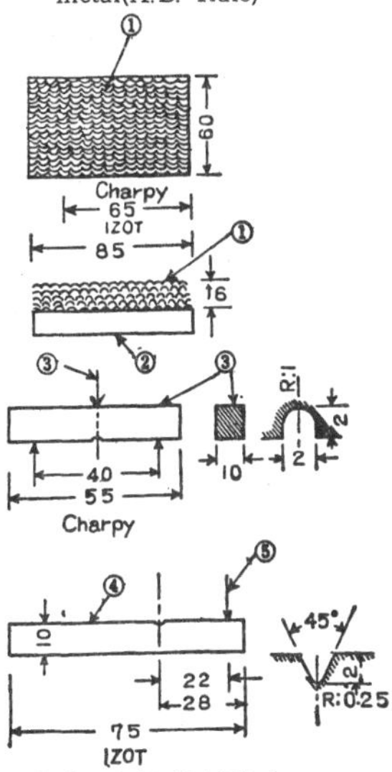

용착금속(溶着金屬)의
충격시험편(衝擊試驗片)

① Deposite metal 용착금속(溶着金屬). ② Base plate 대판(台板). ③ T.P. for Charpy 샤아피용 시험편(試驗片). ④⑤ T. P. for Izot 아이조트용 시험편(試驗片).

Fig. 406 Standard test piece

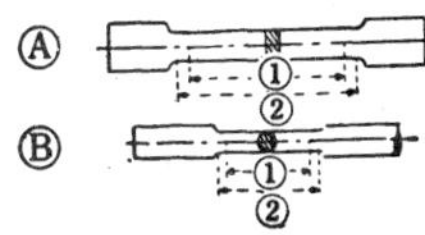

표준시험편(標準試驗片)

Ⓐ 제 1 호(第一號) 주로 강판(鋼板), 형강(形鋼)에 사용한다. ① Gauge length 표점거리(標點距離). 22°mm ② Parallel part 평행부(平行部) 약 22°mm 폭(幅)은 두께에 따라 다르며 두께 23mm를 넘는 것은 40 mm 이하(以下), 9~23mm의 것은 50mm 이하(以下), 9mm 미만(未滿)의 것은 60 mm 이하(以下).
Ⓑ 제 4 호 시험편(第四號試驗片) 주로 단강재(鍛鋼材), 주강재(鑄鋼材), 비철금속(非鐵金屬)에 사용한다.
① 50mm. ② 60mm. 경(徑)은 14mm. 제2호, 제3호 시험편(第二號, 第三號試驗片)은 봉강(棒鋼)에 사용하는 것이며, 경(徑) 25mm 이하는 그대로, 25mm 이상은 26mm 이하로 깎아 표점거리(標點距離)는 경(徑)의 4배(四倍)로 한다.
주의(注意) Rule 규격(規格)에 따라서 약간 다른 것이 있다.

Fig. 407 Tension test piece of deposite metal (A.B. Rule)

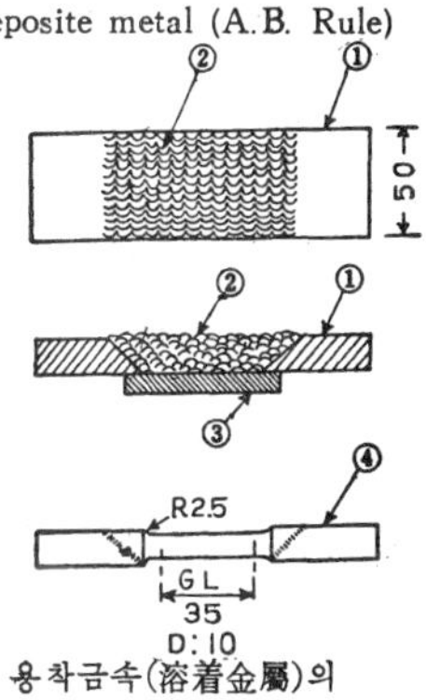

용착금속(溶着金屬)의
인장시험편(引張試驗片)

① Mother plate 모재(母材). ② Deposite metal 용착금속(溶着金屬). ③ Strap 스트랩(裏金). ④ T.P. 완제시험편(完製試驗片)

Textile fibre 직물류(織物類).

Thawing room 해동실(解凍室).

Thermal capacity 열용량(熱容量). ——conductivity 열 전도율(熱傳導率). ——curve 열곡선(熱曲線). (Fig. 414). ——efficiency 열효율(熱効率). ——expansion 열팽창(熱膨脹). ——ratio 온도비(溫度比). ——receiver or exhaust receiver 배기저장기(排氣貯藏器). ——shock 열충격(熱衝擊)(가스터어빈). ——stress 열응력(熱應力). ——test 열학적 시험(熱學的試驗).

Thermit 테르밋(알루미늄 분(粉)을 주체(主體)로 하여 이에 산화철(酸化鐵), 망간 크롬 등을 섞어서 점화(點火)시키면 대단히 높은 열(熱)이 생긴다). ——welding 테르밋 용접(鎔接).

Fig. 409 Free bend test piece of welded plate(A. B. Rule)

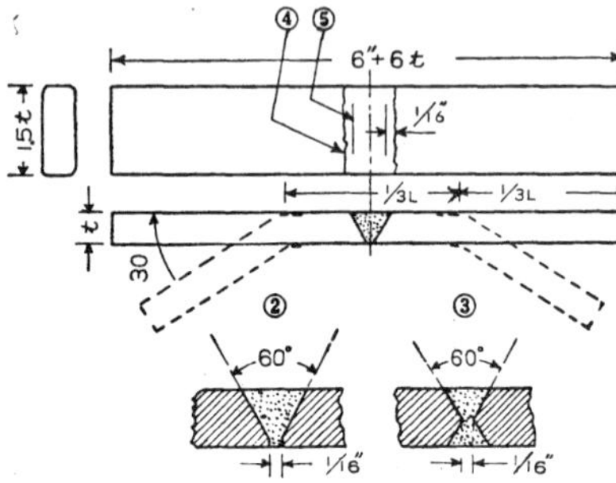

용접판(鎔接板)의 자유굴곡시험편(自由屈曲試驗片)

① Welded plate 용접판(鎔接板). ② 판(板)두께 1/2" 이하(1/2"도 포함). ③ 판(板)두께 3/4" 이상. ④ Scribe line 개선선(開先線). ⑤ 용접외측선(鎔接外側線)(Padding 살붙은 것은 평삭(平削)한다).

Fig. 410 Free bend test pipe of welded pipe (A.B. Rule)

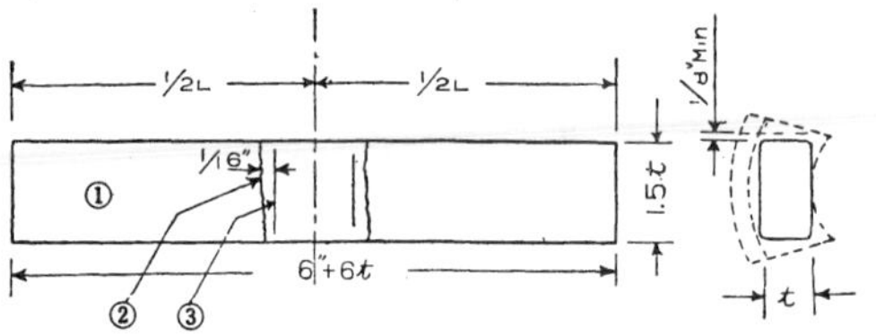

용접관(鎔接管)의 자유 굴곡시험편(自由屈曲試驗片)

① Plate of pipe 관판(管板). ② Scribe line 개선선(開先線). ③ 용접선(鎔接線).

Thermo couple 열전대(熱電對). ——plastic asbestos insulated flame-proof cable 서어모 플라스틱. 아스베스토 절연내염(絶緣耐炎)케이블. ——dynamics 열역학(熱力學). ——fan 서어모 탱크용 송풍기(送風機). ——graph 기록온도계(記錄溫度計). **Thermometer** 온도계(溫度計). Air—— 공기 온도계(空氣溫度計). Alarm—— 경보 온도계(警報溫度計). Alcohol—— 알코올 온도계(溫

度計). Celcius——섭씨 온도계(攝氏溫度計). Fahrenheit——화씨 온도계(華氏溫度計). $(F° = C° \times \frac{9}{5} + 32$, F°=화씨(華氏)눈금, C°=섭씨(攝氏)눈금). Gas——가스 온도계(溫度計). Mercury——수은 온도계(水銀溫度計). Reaumur——열씨 온도계(列氏溫度計).

Thermostat 서어모스태트, 자동 온도 조절장치(自動溫度調節裝置). **Thermotank** 서어모탱크 (보온(保溫) 또는 보냉(保冷) 장치용(裝置用)탱크.

Thick cement 후(厚)시멘트. **Thickness** 두께. ——chord ratio 후현비(厚舷比). ——gauge (feeler, searcher) 간격

Fig. 413 Welding position

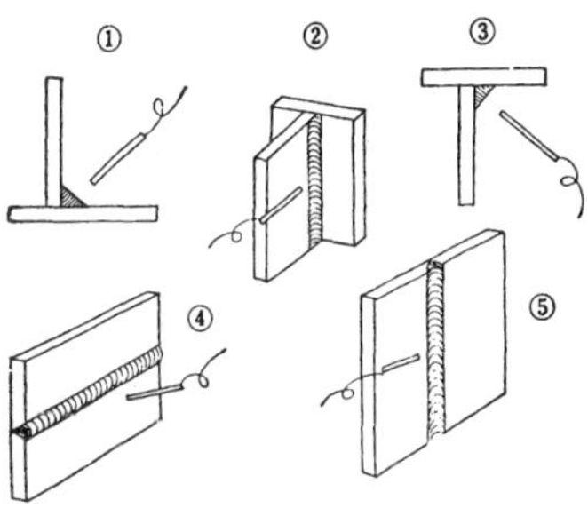

용접자세(鎔接姿勢)

① Flat(Fillet weld)하향(下向) 필렛 용접(鎔接). ② Vertical(Fillet weld) 수직(垂直) 필렛 용접(鎔接). ③ Overhead(Fillet weld) 상향(上向) 필렛 용접(鎔接). ④ Horizontal(Butt weld) 수평 충합 용접(水平衝合鎔接). ⑤ Vertical(Butt weld) 수직 충합용접(垂直衝合鎔接).

Fig. 411 Guided bend test piece of root bend & Free bend (A.B. Rule)

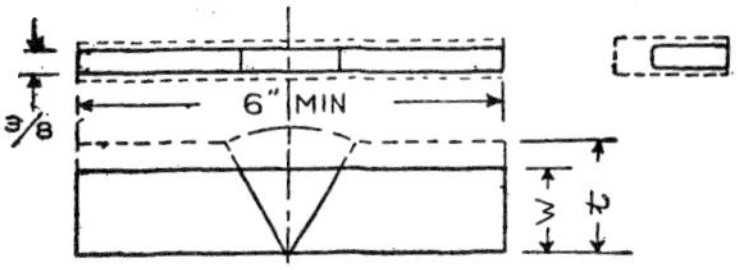

이곡, 표곡용형 굴곡시험편
(裏曲, 表曲用型 屈曲試驗片)

판(板)두께 3/4″~11/2″의 경우 w=t
판(板)두께 1 1/2″이상의 경우 w=1 1/2″

Fig. 412. Test piece of T joint, fillet welding(A.B. Rule)

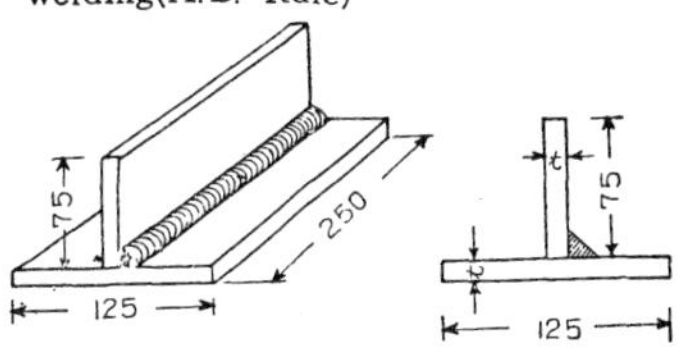

T형 필리트 용접시험편(鎔接試驗片)

Fig. 414 Thermal curve

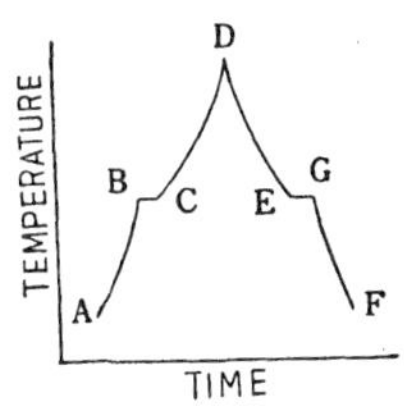

열곡선(熱曲線)

A-D: Heating curve 가열곡선(加熱曲線).
D-F: Cooling curve 냉각곡선(冷却曲線).
B-C, E-G: Critical temperature 임계온도(臨界溫度).
B-C, E-G: Latent heat 잠열(潛熱).

(間隔)게이지(Fig. 200). Maximum or Minimum—— 최대 최소(最大最小)두께.

Thimble 심블(Fig. 415). ——tube 심블 관(管).

Fig. 415 Thimble

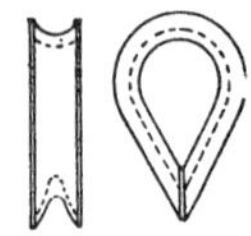

심 블

Thin water way 부양압재(副梁壓材)〖木〗. . (Fig. 496④).

Third deck 제 3갑판(第三甲板). ——engineer 3등기관사(三等機關士). ——mate or officer 3등항해사(三等航海士).

Thompson's sounding machine 톰손식 측심기(測深機)(Fig. 366).

Thole pin 토올 핀(놋좆).

Thread 나사산(山). ——gauge 나사게이지. Bottom of——나사산의 밑바닥. Double——2중(二重)나사. Fine——세목(細目)나사. Gas——가스관(管)용 나사. ——miller 나사 프라이스 반(盤). Minus——마이너스 나사. Plus——플러스 나사. Square——각(角)나사. **Threading** or Screw cutting machine 나사 깎는 기계(機械).

Three 3, ——bearing pinion 3베어링 피니온 ——bladed propeller 3익(三翼)프로펠러. ——deck vessel 3층갑판선(三層甲板船). ——fold block or treble block 3륜활차(3輪滑車). ——islander 3선루형선(三船樓型船), ——phase 3상(三相)(電). ——ply riveting 3매(枚)겹치기 리벳잡그기. ——stage air compressor 3단 공기압축기(三段空氣壓縮機)(Fig. 121). ——stranded rope 3연(撚)로우프(Fig. 490). ——throw crank shaft 3연(聯)크랭크 축(軸). ——way cock 3방향(方向)콕. ——way valve 3방향(方向) 밸브. ——wire system 3선식(三線式)〖電〗.

Fig. 416 Throat depth

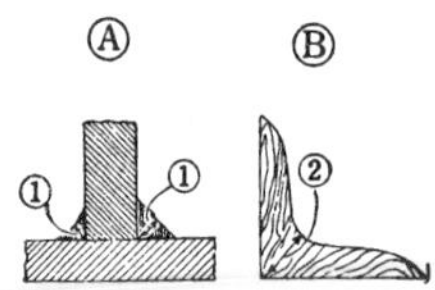

목 두께

Ⓐ Fillet welding 필렛용접(鎔接). Ⓑ Knee 니이(목선(木船)). ①② Throat depth 목두께.

Throat bolt 목 보울트. ——depth 목두께(Fig. 416).

Throttle and cut-off governing 조임과 컽 오프 조속(調速). ——governing 조임조속(絞調速). ——valve 교변(絞辨)(Fig. 463).

Thrust 드러스트, 추력(推力). Actual——실제(實際)드러스트. Axial——축방향(軸方向) 드러스트. Dynamical——동적(動的)드러스트. End——축단(軸端)드러스트. Idle——부대(附帶)드러스트. Indicated or Measured——지시(指示)드러스트. Normal——상용(常用)드러스트. Propeller——프로펠러 드러스트. ——bearing or——block 드러스트 베어링(Fig. 417). Adjustable——block 조정(調整)드러스트 축(軸)받침. Ball——bearing 보올 드

러스트 베어링. Closed type——bearing 밀폐식(密閉式)드러스트 베어링. Horse shoe type——bearing 마제형(馬蹄形)드러스트 베어링. Open type——bearing 개방식(開放式)드러스트 베어링(Fig. 417). ——block recess 드러스트 리세스, 축수실(軸受室)(Fig. 12㊹). ——collar 칼라(Fig. 417②). ——coefficient(or constant) 드러스트 정수(定數). ——deduction coefficient or factor 드러스트 감소계수(減少係數). ——horse power 드러스트 마력(馬力). ——load coefficient 드러스트 하중계수(荷重係數). ——meter 드러스트 계(計). ——pad 드러스트 받침(Fig. 417⑨). ——shaft 드러스트 축(軸)(Fig. 417⑧). ——shoe 드러스트 슈우(Fig. 417⑨) 말굽쇠 형(形)).

Fig. 417 Thrust bearing

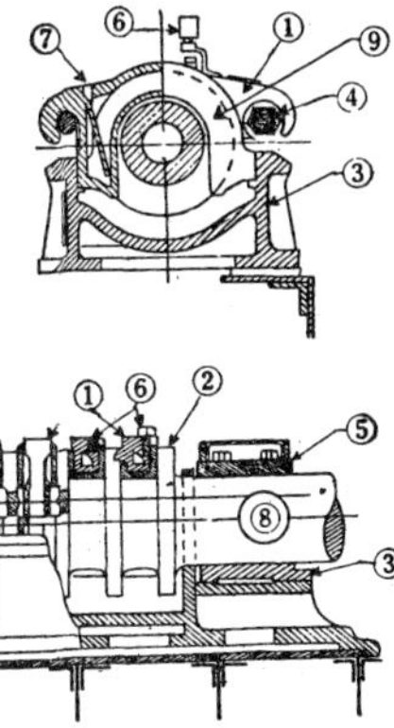

드러스트 베어링

① Thrust block 드러스트 축받침(말굽쇠형). ② Thrust collar 드러스트 축 칼라. ③Thrust bearing 드러스트 축 받침대(台). ④ Tightening rod 체착봉(締着棒). ⑤ End bearing 단말(端末)베어링. ⑥ Oil service 주유장치(注油裝置). ⑦ Water service 주수장치(注水裝置). ⑧ Thrust shaft 드러스트 축(軸). ⑨ Thrust shoe 드러스트 슈우.

Thumb or Butterfly nut 나비 너트. ——screw 나비 나사(Fig. 103④).

Thunder arrester 피뢰기(避雷器).

Thwart or Bank 노 젓는 자리(보우트).

Tick 이불 잇(무늬 린넬).

Tidal current 조류(潮流). **Tide** indicating buoy 조류표(潮流標)부이. ——signal 조류신호(潮流信號). ——signal station 조류 신호소(潮流信號所). ——table 조석표(潮汐表).

Tie angle bar 타이 산형재(山形材)(프레임 유변(遊邊)에 걸쳐서 유변(遊邊)의 상호위치(相互位置)를 확보(確保)하기 위한 것. 산형재(山形材) 대신 판(板)을 사용하면 Tie plate라고 한다)(Fig. 10). ——bar or——rod 타이 로드. ——bolt 타이보울트. ——plate 대판(帶板). Diagonal——plate 사대판(斜帶板)(목갑판(木甲板)을 바를 때 비임의 상호위치(相互位置)를 확보(確保)하기 위하여 비스듬이 바른 대판(帶板)).

Tier of beams 비임 층(層).

Tight weld 내밀용접(耐密鎔接). **Tightness** 타이트니스(수밀(水密) 또는 유밀(油密)인 것).

Tile 타일. Rubber——고무 타일. ——work 타일 공사(工事). **Tiling** 타일 바름(張).

Tiller 틸러, 타병(舵柄)(Fig. 379①). Quadrant——쿼드런트 틸러, 타병호(舵

柄弧)붙임 타병(舵柄). (Fig. 379①). Rudder——러더틸러. steam——증기기관(蒸氣機關)을 갖춘 틸러(Fig.379). Steering——스테링틸러(타병(舵柄)).

Tilting box 사판(斜板)박스(펌프). ——table 운전대(運轉台)(강판 압연 조작대(鋼板壓延操作台)). ——type rice boiler 회전(回轉)(경사(傾斜))가능밥솥.

Timber 목재(木材). (소형(小形)). 〔關:Lumber 목재(木材)(대형(大形)〕. Log 원목(原木)). ——carrier 목재선(木材船). ——deck cargo 갑판적재 목재화물(甲板積載木材貨物). ——head 프레임 정재 연장부(頂材延長部). (목선(木船)). ——load line 목재만재흘수선(木材滿載吃水線). ——pond 저목지(貯木池).

Time ball 시보구(時報球). ——bell 시종(時鐘) ——charter 시한용선(時限傭船)(1년이라든가 반년이라든가 하는 식으로 시일(時日)을 제한(制限)하여 용선(傭船)한다)〔關:나용선(裸傭船). Bare boat charter〕.——firing device 불때기 시보장치(時報裝置). ——fire indicator 연소시보기(燃燒時報器). ——lag 늦음. ——of recovery 전압회복시간(電壓回復時間)(용접(鎔接)). ——rate wage 시간임금(時間賃金). ——work 시간청부(時間請負). ——zone 시각대(時刻帶). **Timer** or **Timing** valve 점화조절변(點火調節辨).

Tin 깡통, ——man's shears 깡통용 가위. ——opener 깡통오프너. **Tinning** test 주석 도금시험(錫鍍金試驗).

Tip 익단(翼端). ——or tipper 경사장치(傾斜裝置). ——clearance 익단간격(翼端間隔)(프로펠러에서는 선미재(船尾材)와의 사이). ——leakage 익단(翼端)에서의 빠짐(터어빈). ——of propeller 프로펠러 날개의 선단(先端). ——speed 익단속도(翼端速度). ——welding 팁 용접(刃附鎔接). (Bite 바이트의 기부(基部)는 보통 철강(鐵鋼)으로 만들고 그 날부분(部分)만을 용접(鎔接)하는 방법(方法)). **Tipping** 선미침하(船尾沈下)(진수(進水)). ——moment 티핑 모우먼트(선미침하(船尾沈下)모우먼트).

Tobin bronze 토빈 청동(青銅).

Toaster 빵 굽는 기구(器具).

Toe 발끝(Fig. 326②), 지단(止端)(용접(鎔接)). ——piece 토우 피이스(Cam의 선단(先端)). Adjustable——piece 조정식(調整式)발끝(캠).

Toggle 목제(木製)마스트의 유목(留木), 큰 못.

Toilet or **Toilette** 화장실(化粧室). ——rack 화장(化粧)선반.

Fig. 418 Tongs

Ⓐ

Ⓑ

화젓가락(火箸)

Tolerance 여유(餘裕), 공차(公差)〔關:Allowance, Margin과 동의(同意)〕.

Ton 톤수(噸數)(주로 중량톤(重量噸), 1톤=2,240 파운드〖英〗, 1톤=2,000파운드〖美〗, 1용적톤(容積噸)=100ft³. 1킬로톤=1000Kg. **Tons** per cm immersion 매(每)센티미터 당(當) 배수톤수(排水噸數) (1센티미터 흘수(吃水)를 증감(增減)함으로써 증감(增減)되는 배수톤수(排水噸數)(Fig. 141).

Fig. 419 Tongue weld

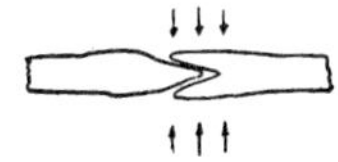

감단접(嵌鍛接)

Tongs 화젓가락(火箸), 불집게(Fig. 418) Heating or passing——리벳 불집게.

Tongue 혀바닥 쇠(램프). ——piece 설편(舌片)(패킹). ——or scarph weld 감단접(嵌鍛接)(Fig. 419).

Tonnage. 적량(積量), 톤수(噸數)(주로 용적(容積)을 나타낸다. 1톤$=100$ ft^3 $=2.8135$m^3). Canal——운하톤수(運河噸數)(운하 통항요금(運河通航料金)의 기준(基準)이 되는 것이며 보통의 톤수(噸數)와는 좀 다르다. 또 Suez와 Panama에 있어서도 각각 다르다). Deadweight——재화톤수(載貨噸數)(☞ Dead). Displacement——배수톤수(排水噸數)(Fig.141). Gross——총톤수(總噸數). (☞ Gross) (보자기를 포함하는 중량(重量)을 의미하는 경우도 있다). Measurement——재화용적톤수(載貨容積噸數). Net——순톤수(純噸數)(☞net). (보자기 기타를 제외(除外)한 중량(重量)을 의미하는 경우가 있다). Registered gross——등록총톤수(登錄總噸數). Under deck——갑판하 톤수(甲板下噸數)(측정갑판 이하(測定甲板以下)의 용적톤수(容積噸數)). ——capacity 적량(積量)(용적(容積)). ——certificate 톤수증서(噸數證書). ——deck 측정갑판(測定甲板)(1층 및 2층 갑판선(二層甲板船)에서는 상갑판(上甲板). 3층이상(三層以上)의 경우에는 최하갑판(最下甲板)으로부터 두번째의 갑판(甲板)). ——dues(or tax) 톤세(噸稅). ——law 적량측정법(積量測定法). ——measurement 적량측정(積量測定)(창내 용적(艙內容積)을 안쪽 치수로서 잰 용적(容積) 총톤수(總噸數) 및 순톤수(純噸數), 1톤$=100$ft^3. 1톤$=2.8135$m^3. 1톤$=1000$m$^3\div353$). ——opening 감톤개구(減噸開口)(차랑갑판선(遮浪甲板船) Shelter deck vessel에서 차랑갑판내(遮浪甲板內)의 용적(容積)을 총톤수(總噸數)로부터 제외(除外)하기 위하여 수밀(水密)로 폐쇄(閉鎖)할 수 없는 해치를 차랑갑판(遮浪甲板)에 뚫은 해치. 이 해치에는 완전(完全)한 수밀구조(水密構造)의 폐쇄장치(閉鎖裝置)는 허용(許容)되지 않는다).

Tool 공구(工具). Caulking——or Chisel 코오킹 끌. Chipping & peening——깎아내기 및 피이닝용 끌. 〖鏨〗. (Fig. 420). Chasing ——체이저(빗모양의 나사깎는 공구(工具)). Firing ——불 때는 도구(道具). Fullering——or fuller 원형(圓形)셀 해머. (Fig. 350). Machine ——공작기계(工作機械). Machine shop ——공구(工具), ——box 도구함(道具函). ——keeper 공구(工具)지기. ——shop 공구공장(工具工場). ——steel 공구강(工具鋼).

Tooth 이(齒). Toothed wheel 치차(齒車).

Top 톱(마스트). ——brass 상부 브라스. ——ceiling 천정내장(天井內張).

——dead centre 상사점(上死點). ——gallant forecastle 선수루(船首樓)(關:Sunken or monkey forecastle 저선수루(低船首樓). ——heavy 톱헤비(중두(重頭)). ——mast 톱마스트. ——member 정부용재(頂部用材). ——off 정부간격(頂部間隔)(기름 윗면과 정판(頂板)과의 사이). ——rail 손잡이. ——plating 정부외판(頂部外板).

Topping lift 조강(吊綱)(또는 체인)(Fig. 148)(데릭을 일으키는 줄). **Topside** black 상부 현측 흑색도료(上部舷側黑色塗料). ——plating 상부현측외판(上舷側外板). ——strake or——strake below sheerstrake 부현측 후판(副舷側厚板)(현측후판(舷側厚板)의 직하외판(直下外板)). ——or cantilever tank 톱사이드 탱크(Fig 403).

Torch 토오치, 취관(吹管). ——ignitor 토오치 점화기(點火器)(세미 디이젤 엔진). ——lamp 토오치 램프, 회중전등(懷中電燈). ——lamp or blower 화염취부기(火炎吹付器). (Fig. 421)

Torpedo 수뢰(水雷). ——boat 수뢰정(水雷艇). ——boat destroyer 구축함(驅逐艦). ——depot boat 수뢰모함(水雷母艦). ——motor boat 수뢰정(水雷艇). ——net boom 방뢰망(防雷網)부움.

Torque or Turning moment 토오크(회전(回轉))모우먼트. Idle——부대(附帶)토오크. ——coefficient (or constant) 토오크계수(係數). **Torguemeter** 토오크 계(計).

Torsiograph 비틂진동 기록계(振動記錄計). **Torsion** 비틂. ——couple 비틂우력(偶力). ——meter 비틂계(計). Flash light——meter 섬광(閃光)비틂 동력계(動力計)(축(軸)에 일정한 간격으로 침을 붙여서 축(軸)의 회전(回轉)에 의하여 생기는 두 침(針)사이의 흔들린 양(量)을 섬광(閃光)으로 사진(寫眞)을 찍어 이때 축(軸)의 비틂림 동력(動力)올 측정(測定)하는 계기(計器)). ——tester 비틂시험기(試驗機). **Tosional** couple 비틂우력(偶力). ——deflection 비틂왜곡(歪曲). ——flexibility 비틂 왜곡성(歪曲性). ——rigidity 비틂강성(剛性). ——vibration 비틂 진동(振動). Critical——vibration 위험(危險) 비틂 진동(振動).

Total head 전양정(全揚程). ——heat 엔탈피(증기(蒸氣)). ——heat entropy diagram 엔트로피, 엔탈피 선도(線圖). ——heat transfer coefficient 열

Fig. 420 Chipping & Peening tool

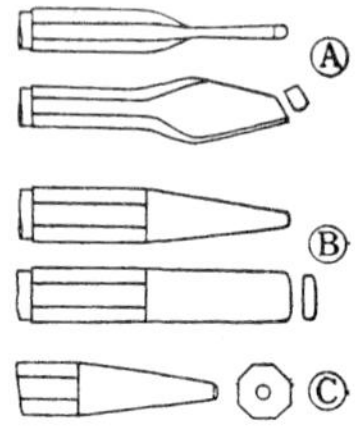

깎아 내기 및 피이닝용 끌

Ⓐ Chipping 평(平)끌. Ⓑ & Ⓒ Peening 피이닝 끌.

Fig. 421 Torch lamp or blower

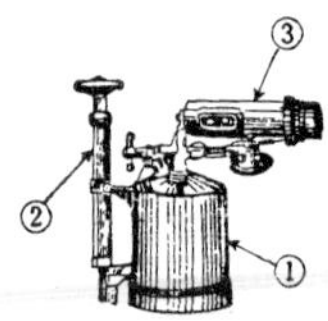

화염취부기(火炎吹付器)

① Oil pan 기름 단지. ② Pump 펌프. ③ Blower 브러워(취출통(吹出筒)).

관류계수(熱貫流係數). ——loss 전손실(全損失)(해난(海難)). ——pressure 전압(全壓). ——resistance 전저항(全抵抗).

Touch up 수선(修繕)칠. Scrape and——up 녹을 벗긴 후 수선(修繕)칠하는 것.

Toughness 점성(粘性)의 세기. ——tester 점성 강도계(粘性强度計).

Tow or Tug boat 터그 보우트(예선(曳船)). ——line or——rope 인강(引綱). ——rope horse power 유효마력(有效馬力), 인강마력(引綱馬力). ——rope resistance 예항저항(曳航抵抗). **Towing** arch 인강(引綱)받침 아아치. ——beam 인강(引綱)받침 비임. ——bitt 인강(引綱)비트(기둥). ——hook 인강(引綱)후크(고리). ——light 예항표시등(曳航標識燈). ——line 인강(引綱) ——pendant 인강취부삭(引綱取付索). ——power 예항력(曳航力).

Toxic fume 유독연(有毒煙).

Trace 트레이스(투사(透寫)). **Tracer** 트레이서, 사도공(寫圖工). **Tracing** 추적(追跡), 투사(透寫), ——cloth 트레이스 포(布). ——paper 사도지(寫圖紙). ——plan 투사도(透寫圖).

Track 궤도(軌道), 항로(航路). ——chart 항적도(航跡圖). ——crane 자동차(自動車) 크레인.

Traction 인장(引張). **Tractor** 트랙터, 인장차(引張車).

Trade 상용(商用). ——mark 상표(商標). ——union 노동조합(勞動組合). ——wind 무역풍(貿易風).

Trailer 트레일러, 견인차(牽引車). **Trailing** edge 후연(後緣)(프로펠러). ——shaft 트레일러 축(軸)(뒤로 물러가는 것을 막는 축(軸)).

Train 열차(列車). ——ferry or car ferry 열차수송선(列車輸送船). **Training** ship 연습선(練習船). Aerial——방공훈련(防空訓練).

Trammel 트라멜(Fig. 422) (Beam compasses와 동의(同意)).

Tramp boat or tramper 비정기선(非定期船)〔關 : Liner or Mail 정기선(定期船)〕.

Transceiver 송수신기(送受信機).

Transfer 전송(轉送)한다, 선회횡거(旋回橫距). (Fig. 401). ——or booster or shifting pump 이송(移送)펌프.

Transformer 변압기(變壓器), 변성기(變成器)〔電〕. Current——변류기(變流器). Potential——계기용 변압기(計器用 變壓器). Step down——체강변압기(遞降變壓器). Step up——체승변압기(遞昇變壓器).

Transient state 과도상태(過渡狀態).

Transit 트랜짓 (측량기(測量機)). **Transition** point 천이점(遷移點). ——temp-

Fig. 422 Trammel

트 라 멜

Rail을 길게하여 Point를 필요(必要)한 점(點)에 고정(固定)시켜서 원(圓)을 그리거나 거리(距離)를 옮긴다.

erature 천이온도(遷移溫度) 〖鎔〗.

Transmission 전도(傳導), 전송(傳送). ——efficiency 전도효율(傳導効率), ——gear 전도장치(傳導裝置). ——of heat 열전도(熱傳導). **Transmitter** 송신기(送信機). 발신기(發信機).

Transom or——floor 트랜솜 프로어(선미늑판(船尾肋板))(Fig. 98⑥). ——beam 선미(船尾)비임(Fig. 98⑦).

Transponder racon(Radio beacon) 전파 발사기지(電波發射基地).

Transport 운송선(運送船).

Transverse 횡(橫). ——bulkhead 횡격벽(橫隔壁). ——framing system 횡식 조립법(橫式組立法)(Fig. 191). ——member 횡부재(橫部材)(Beam, frame, floor 등). ——metacentre 횡(橫)메타센터. (Fig. 257). ——number 제1수(第一數). ——shearing test 전면(前面) 필렛용접 전단시험(鎔接剪斷試驗). (AB). ——stability 횡복원력(橫復原力)(Fig. 257). ——strength 횡강도

Fig. 423 Trawl warp

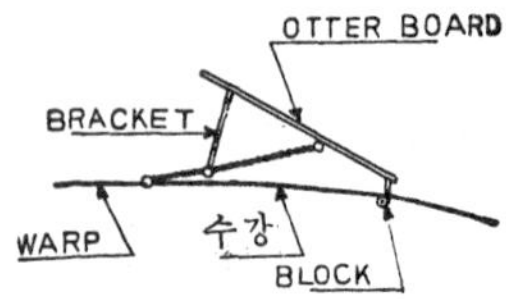

트로올 인강(引綱)

Fig. 424 Trapezoidal rule

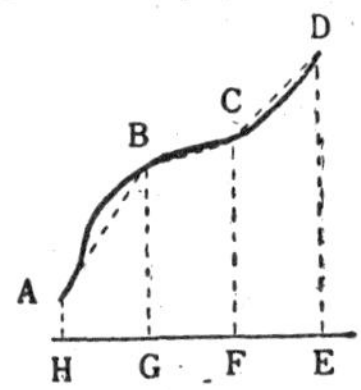

사다리꼴 법칙(法則)

곡선(曲線) ABCDEH로 쌓인 면적(面積)을 계산(計算)할 때 간단하게 AB, BC, CD, 간(間)을 직선(直線)으로 보아서, 사다리꼴의 넓이를 계산(計算)하여 그 합계(合計)를 구하는 근사치 계산법(近似値計算法).

Fig. 425 Trawl otter board

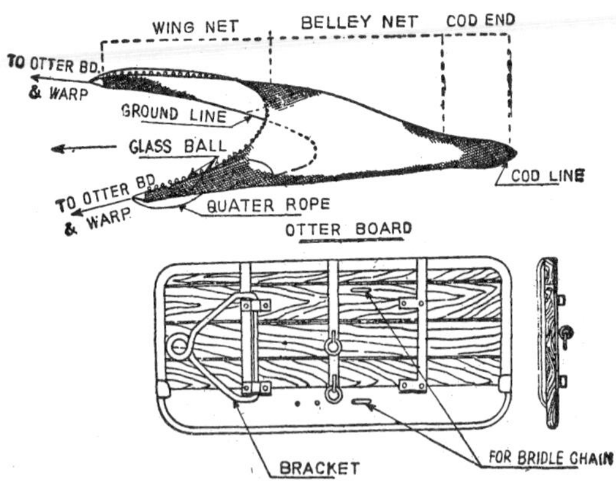

트로올망(網)오터 보오드

(横强度). ——system 횡식 조립법(横式組立法)(Fig.191).

Trap 트랩, 드레인빼기(긴 파이프를 통하여 증기(蒸氣)나 공기(空氣)를 보낼 때 도중(途中)의 드레인을 빼는 장치(裝置). Air or Syphon——공기(空氣)트랩. Bucket or Float——플로우트 트랩. Drain or water——드레인 트랩. Steam——증기(蒸氣) 트랩.

Trapezoidal rule 사다리꼴 법칙(梯形法則)(Fig. 424).——thread 제형(梯形)나사.

Travel 행정(行程). **Traveling** crane 주행(走行)크레인. Overhead——crane 천정주행(天井走行) 크레인. ——gantry 갠트리 크레인.

Trawl warp 트로울 인강(引綱)(Fig. 423, 425). **Trawler** 트로울 선(船)(Fig. 426).

Tray 접시. Ash——재떨이(담배). Soap——비누 접시. Towel——수전 접시.

Tread 사다리의 디딤쇠.

Treasure room 귀중품실(貴重品室).

Treble or Three fold block 삼륜활차(三輪滑車). —— ported slide valve 3중구 활변(三重口滑辨). ——riveting 3열(三列)리벳잡그기.

Tree nail 나무 못.

Trembler coil 전령(電鈴)코일. **Trembling** bell 전령(電鈴).

Trench 홈(溝).

Fig. 426 Trawler

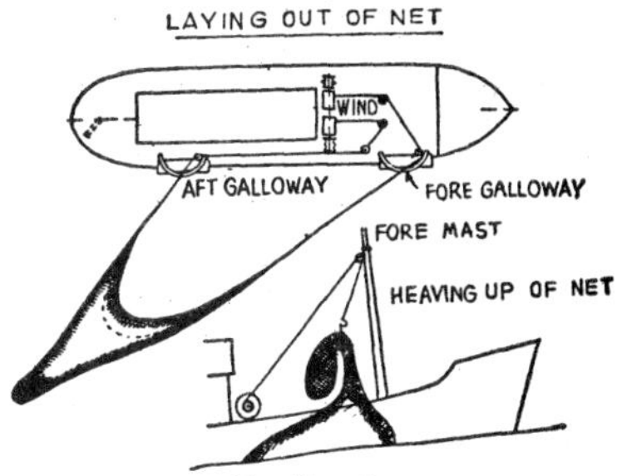

트 롤 러

Fig. 427 Closing of trepanned hole

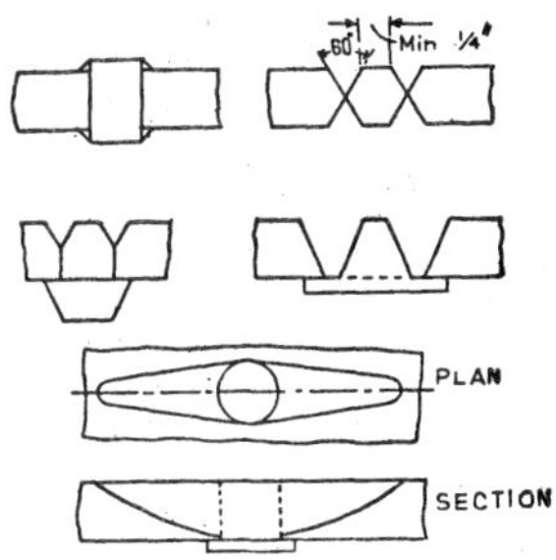

절발공(切拔孔)(시험(試驗)을 위한)을 막는 방법(方法)

Fig. 428 Trigger

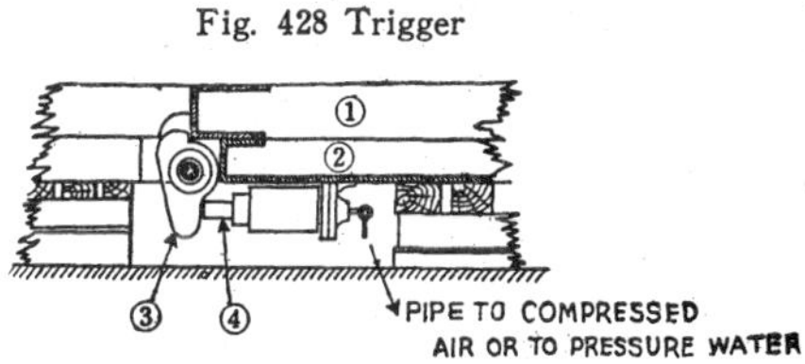

트 리 거(止金)

① Sliding way 활대(滑臺). ② Standing way 고정대(固定臺). ③ Trigger 트리거. ④ Ram 램.

Trepan 원추형(圓錐形)으로 굻어낸다. **Trepanning** 심(蕊)을 남겨두고 안을 파는 것. ——test 트래펀 절발시험(切拔試驗). 〔鎔〕. ——plug hole 절발공(切拔孔). Closing of **Trepanned** hole 절발공(切拔孔)을 막는 방법(方法)(Fig. 427).

Trestle tree 마스트 종(縱)거어더. ——type column 각립형 가구(脚立型 架構)(디이젤 기관(機關)).

Tri-coloured lantern(or light) 3색등(三色燈)(소형정용 현등(小型艇用舷燈).

Trial at anchor 계류운전(繫留運轉). ——condition 시운전상태(試運轉狀態). ——speed 시운전 속력(試運轉速力). ——trip 시운전(試運轉).

Trick valve 트릭 밸브(증기도(蒸氣道)를 이중으로 하여 밸브가 움직이는 거리(距離)를 짧게 한다).

Trigger 멈춤쇠(止金), 트리거(Fig. 428, 241⑫). ——fit 트리거 구멍. Hydraulic—— 수압(水壓) 트리거.

Trim 트림. (배의 전후방향(前後方向)의 경사(傾斜)). (Fig. 358). 정비(整備)한다, 끝을 맞춘다, 석탄(石炭)등의 하물(荷物)을 고른다. ——by bow, ——by head, by——stem 선수(船首)트림. (선수(船首)가 침하(沈下)된 것)(Fig. 358), by—— stern 선미(船尾)트림. (선미(船尾)가 침하(沈下)된 것). **Trimming** hatchway 트림밍 해치(채워넣는 해치, 짐을 고르게 하는 해치). ——moment 트리밍 모우먼트. (트림을 바꾸기 위한 모우먼트). ——table 트리밍 테이블. ——tank 트리밍 탱크.

Trip free air circuit breaker 자유 트립식 기중 차단기(自由引外式氣中遮斷器). ——gear 트립장치(引外裝置). ——test 트립차단시험(引外遮斷試驗). ——wire 트립 와이어(저항(抵抗)).

Triple expansion engine 3단 팽창기관(三段膨脹機關) ——screw steamer 3축기선(三軸汽船). **Triplicate** 3통(通) **Triplex** pump 3실린더 펌프. ——safety glass 3층안전(三層安全)유리. **Tripod** mast 3각(脚)마스트.

Tripping bracket 전도(轉倒) 멈추기 브래킷(Fig. 87). ——of relay 릴레이(계전기(繼電器)의) 트립장치(引外裝置).

Trochoidal wave 트로코이드 파(波).

Troller 주낙 어선(漁船).

Trolly or Trolley hoist 트롤리 크레인(이동권상기(移動捲上機)(Fig. 429).

Trough 누수(漏水)받침. (문틀)홈. ——for steering chain 타취(舵取)체인 받침홈.

True bearing 진방위(眞方位).

Truck 마스트의 정점(頂點), 화물자동차(貨物自動車). ——crane 트럭 붙이 크레인.

Trunk 통형(筒形). ——deck 트렁크 갑판(甲板). (Fig. 430Ⓐ①). ——engine 트렁크 기관(機關). ——hatchway 트렁크 해치(상하 양갑판(上下兩甲板)의

해치를 갑판간(甲板間)을 발라서 트렁크로 한 것)(Fig. 430). ——piston 통형(筒形)피스톤(피스톤이 통형(筒形)으로 된 것)(Fig. 287). ——ventilator 위벽통풍통(圍壁通風筒). ——vessel 트렁크 선(船)(Fig. 430). ——way 트렁크 웨이.

Trunion 트라니온(통이(筒耳)).

Truss girder 형재(形材)로 조립(組立)된 거이더. ——work 형재구조(形材構造).

Tub 나무통, 통. Bath——탕주(湯舟)(Fig. 23).

Tube 관(管). Boiler——보일러관(管). Cold drawn——냉간인발관(冷間引拔管). Communication——통신통(通信筒). Condenser——복수관(復水管). Copper——동관(銅管). Drawn, soild drawn or seamless——인발관(引拔管), 무계관(無繼管). Flame——염관(炎管)(보일러)(Fig. 431). Galloway——가로웨이 관(管)(육용(陸用)보일러). Generating——증발관(蒸發管)(수관(水管)보일러). Hot drawn——열간인발관(熱間引拔管). Speaking or voice——전성관(傳聲管). Stay——or——stay 공관(控管)(Fig. 431①). Steam heating——증기가열관(蒸氣加熱管). Stern——선미관(船尾管)(Fig. 387). Sweeping——관소제(管掃除) Vacuum——or bulb 진공관(眞空管). ——arrangement 관배치(管配置). ——blower 관(管)그을음 뿜어내는 것. ——brush 관(管)브러시. ——cleaner 관소제기(管掃除器). ——drift or plug 관(管) 마개(Fig. 389). ——expander or Expander 관 확대기(管擴大器)(Fig. 432). ——plate 관판(管板)(Fig. 432①). Back——plate 후부관판(後部管板)(보일러)(Fig. 66⑤). ——scraper 관(管)스크레이퍼. ——stopper 관(管)마개(Fig. 389). Smoke——boiler 연관(煙管)보일러(Fig. 66). Water——boiler 수관(水管)보일러(Fig. 69). **Tubular** boiler 연관(煙管)보일러. ——pillar 관(管)필러. ——scaffolding 파이프 발판. **Tubulous** boiler 수관(水管)보일러.

Fig. 429 Trolly hoist with chain block

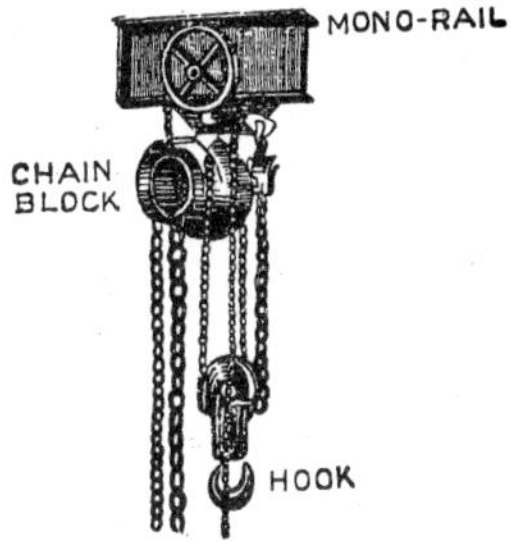

체인 블록 붙이 이동권상기(移動捲上機)

Tuck plate 터크판(板)(Fig. 290).

Tug boat or tow boat 예선(曳船).

Tumble home 텀블 홈(Fig. 433).

Tumbler 큰 컵. ——holder 컵받침. ——or Link switch 텀블러(압상하(押上下))스위치.

Tuna long liner 참치 연승어선(延繩漁船). ——mothership 참치모선(母船).

Tungsten steel 텅스텐 강(鋼).

Tunnel 터널. Air channel or wind―― 풍로(風路). 풍동(風洞). Shaft,――, Shaft trunk, Shaft passage, Shaft alley 축로(軸路)(Fig. 145㉔). ――escape or Escape trunk 터널도망구(逃亡口). ――flat 터널 갑판(甲板). ――recess 축로단실(軸路端室). (Fig. 384④). ――or intermediate shaft 중간축(中間軸). ――shaft bearing or plummer block 중간 축받침(Fig. 295). ――well 터널 웰(빌지모우기)(Fig. 12㉛, 384④).

Turbine 터어빈. ――and reciprocating combined 터어빈과 왕복기(往復機)와의 연성기(聯成機)(Fig. 434, 435). Ahead――전진(前進)터어빈. Astern――후진(後進)터어빈. Axial flow――축류(軸流)터어빈. Back pressure――배압(背壓)터어빈. Cruising――순항(巡航)터어빈. Disc and drum――원판동(圓板胴)터어빈. Divided or Double flow――분류(分流)터어빈. Exhaust――배기(排氣)터어빈〔Recipro의 배기(排氣)를 한번 더 터어빈에 넣어서 이용(利用)하는 방법(方法). (Fig. 434, 435)〕. Exhaust gas――배기(排氣)가스터어빈. Geared――치차감속(齒車減速)터어빈(Fig. 315). Impulse――충동(衝動)터어빈. Intermediate pressure――중압(中壓)터어빈. Low pressure――저압(低壓)터어빈. Main――주(主)터어빈. Marine――박용(舶用)터어빈. Mercury――수은(水銀)터어빈. Parallel or Axial flow――축류(軸流)터어빈. Pressure velocity compound――압력속도 복식(壓力速度復式)터어빈. Radial flow――폭류(輻流)터어빈. Reaction――반동(反動)터어빈. Revers-

Fig. 430 Trunk vessel

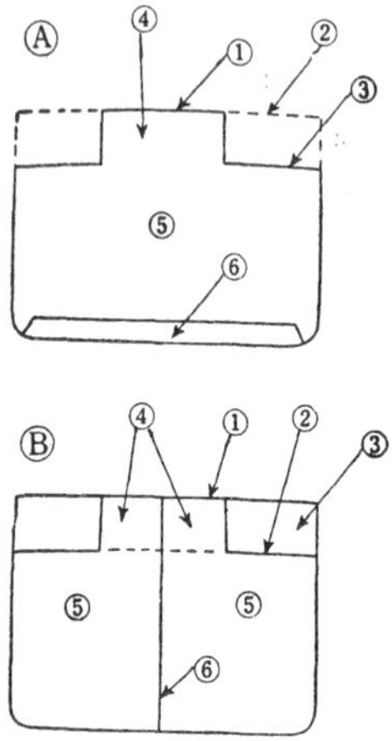

트렁크 선(船)

Ⓐ Trunk vessel 트렁크 선(船). ① Trunk deck 트렁크 갑판(甲板). ② Bridge deck 선교루 갑판(船橋樓甲板). ③ Upper deck 상갑판(上甲板). ④ Trunk 트렁크. ⑤ Hold 선창(船艙). ⑥ Double bottom 이중저(二重底).

Ⓑ Tanker with expansion trunk 팽창(膨脹)트렁크 붙이 탱커. ① Upper deck 상갑판(上甲板). ② Second deck 제2갑판(第二甲板). ③ Summer tank 섬머 탱크. ④ Expansion trunk 팽창(膨脹)트렁크. ⑤ Oil tank 기름탱크(화물(貨物)). ⑥ Longitudinal bulkhead 종격벽(縱隔壁).

Fig. 431 Flame tube

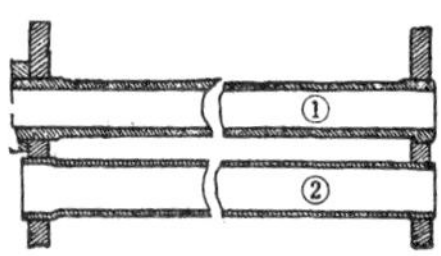

염 관(炎管)

① Stay tube 공관(控管). ② Common tube 보통관(普通管).

Fig. 432 Tube expander

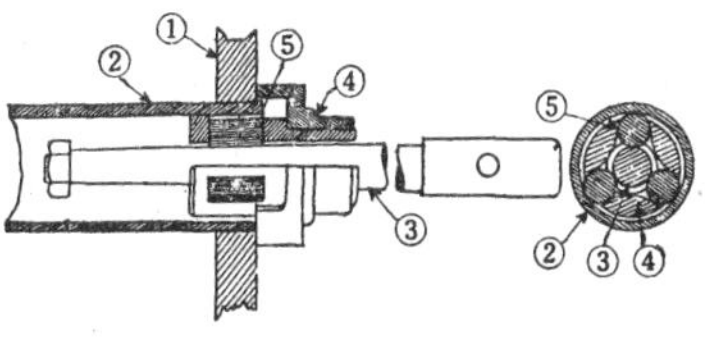

관 확대기(管擴大器)

① Boiler tube plate 보일러의 관판(管板). ② Tube 관(管). ③ Tapered mandril 테이퍼 붙은 심봉(心棒)맨드릴. ④ Casing 함(函). ⑤ Roller 로울러. 맨드릴을 끼워넣고 회전(回轉)시켜 로울러로 밀어서 넓힌다.

Fig. 433 Tumble home

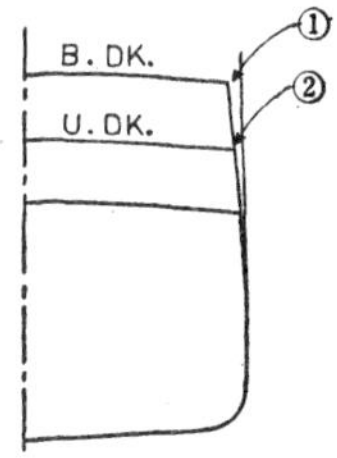

텀블 호옴

① Tumble home at bridge deck 선교루 갑판(船橋樓甲板)의 텀블 호옴. ② Tumble home at U.D. 상갑판(上甲板)의 텀블 호옴.

ing or astern——후진(後進)터어빈. Steam——증기(蒸氣) 터어빈. ——cylinder or ——casing 터어빈 바퀴실(室). —— disc 터어빈 익차(翼車). ——efficiency 터어빈 효율(効率). ——plant 터어빈 원동소(原動所). ——pump 터어빈 펌프(Fig. 304). ——rotor 터어빈 로우터. ——steamer 터어빈기선(汽船). ——wheel 터어빈 날개차(翼車).

Fig. 434 Turbine and reciprocating combined

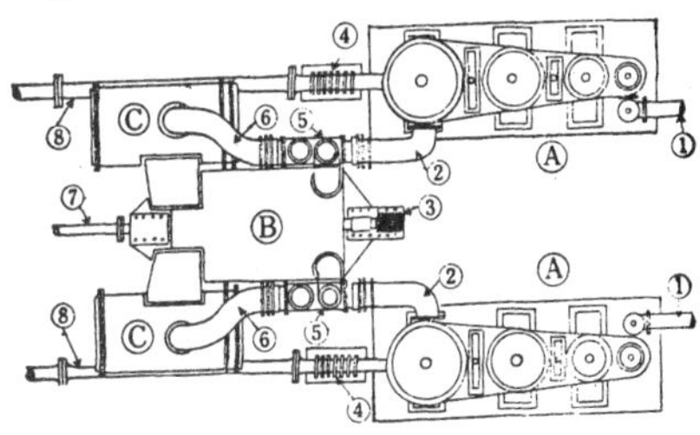

터어빈과 왕복기(往復機)와의 연성기관(聯成機關)

Ⓐ Recipro engine 왕복기(往復機). Ⓑ Turbine engine 터어빈기(機). Ⓒ Condenser 복수기(復水器). ① Steam supply 증기공급관(蒸氣供給管). ② Exhaust from recipro 왕복기(往復機)로부터의 배기(排氣). ③ Thrust for turbine 터어빈 드러스트 축(軸)받침. ④ Thrust for recipro 왕복기(往復機)의 드러스트 추(軸)받침. ⑤ Change valve 절환변(切換辨). ⑥ Exhaust to condenser 복수기(復水器)로 가는 배기(排氣). ⑦ Turbine shaft 터어빈 축(軸). ⑧ Recipro shaft 왕복기축(往復機軸).

Turbo-blower (or fan) 터어보 송풍기(送風機). (터어빈에 직결(直結)된 송풍기(送風機). ——electric drive 터어보 전기추진(電氣推進)(터어빈으로 전기(電氣)를 일으켜서 전동기(電動機)로 추진(推進)한다). ——fan 터어보 송풍기(送風機). ——generator 터어보 발전기(發電機). ——jet 터어보 제트.

Turbulence stimulation 난류 발생장치(亂流發生裝置). **Turbulent** boundary layer 난류 경계층(亂流境界層). ——flow 난류(亂流). ——motion 난류운동(亂流運動).

Turn to 터언 투, 일의 시작. ——of bilge 만곡부(彎曲部)(Fig.48). ——table 터언 테이블, 회전대(回轉臺). **Turned** knee 돌출(突出) 니이(니이를 비임으로부터 돌출(突出)시킨 것). **Turner** 기계공(機械工) **Turning** circle 선회권(旋回圈). ——circle or tactical trial 선회시험(旋回試驗)(Fig. 401). ——engine 터언닝 엔진(Fig. 436). ——force 회전력(回轉力), 선회력(旋回力). ——gear 회전장치(回轉裝置)(Fig. 436). ——moment or torque 회전(回轉)모우먼트. ——speed 회전속력(回轉速力). ——wheel 회전용차륜(回轉用車輪).

Turnbuckle 터언 버클, 줄 당기는 나사(Fig. 322).

Turpentine 테레빈 기름.

Turret deck 터렛 갑판(甲板), harbour deck 피난 갑판(甲板)(Fig. 439). ——lathe 터렛(포탑식(砲塔式) 선반(旋盤). ——vessel 터렛선(船)(Fig. 439).

Turtle back deck 귀배갑판(龜背甲板)(Fig. 437). ——back poop 귀배선미루(龜背船尾樓)(Fig. 438).

Tween deck 갑판간 장소(甲板間場所), 중갑판(中甲板). Lower——deck 하방 중갑판(下方中甲板). Upper——

Fig. 435 Turbine and reciprocating combined

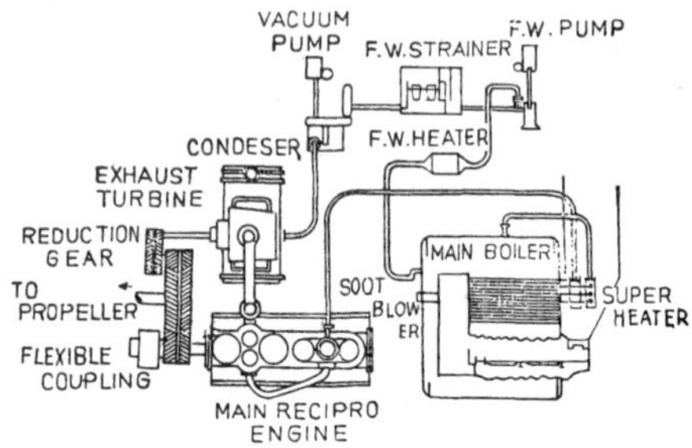

터어빈과 왕복기(往復機)와의 연성기관(聯成機關)

Fig. 436 Turning gear

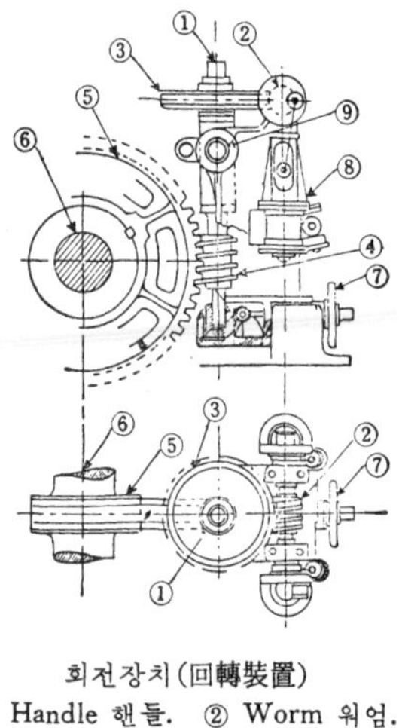

회전장치(回轉裝置)

① Handle 핸들. ② Worm 워엄. ③ Worm wheel 워엄 치차(齒車). ④ Worm 워엄. ⑤ Worm wheel 워엄 치차(齒車). ⑥ Main shaft 주축(主軸). ⑦ Handle 핸들. ⑧ Cylinder 실린더. ⑨ Fulcrum 지점(支點).

Fig. 437 Turtle back deck

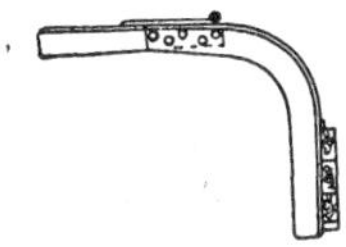

귀배갑판(龜背甲板)

Fig. 438 Turtle back poop or hoop

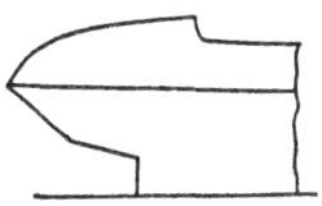

귀배선미루(龜背船尾樓)

Fig. 439 Turret vessel

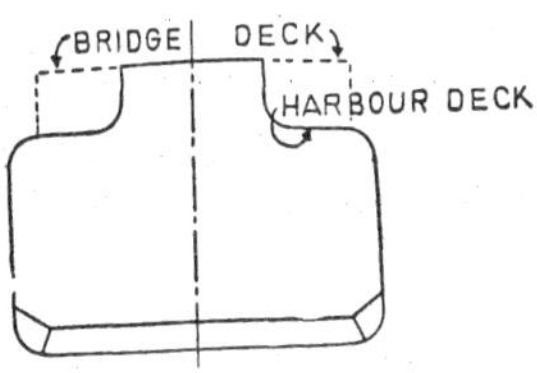

터렛 선(船)
Harbour deck 물가 갑판(甲板)

Fig. 440 Type of ship

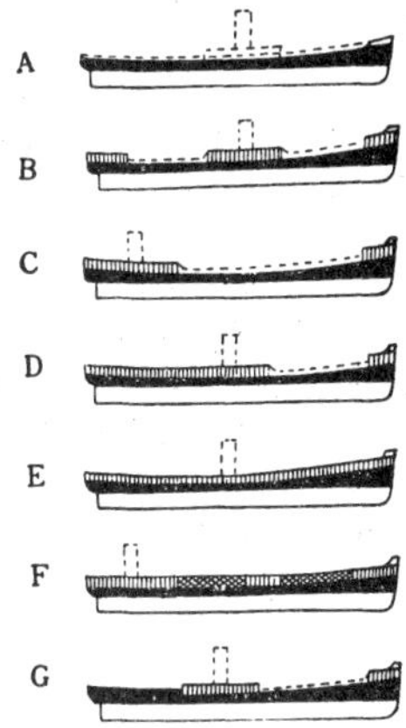

선 형(船型)

Ⓐ Flush decker 평갑판선(平甲板船). Ⓑ Three islander 3선루형선(三船樓型船). Ⓒ Well decker 웰갑판선(甲板船). Ⓓ Well decker with long poop 장선미루(長船尾樓)를 가진 웰 갑판선(甲板船). Ⓔ Complete superstructure vessel 전통선루선(全通船樓船). Ⓕ T-anker with three islands 3 선루형(三船樓型)탱커. Ⓖ Well decker with r-aised quarter deck and bridge comb-ined. 저선미루(低船尾樓)와 선교루(船橋樓)를 접속(接續)시킨 웰 갑판선(甲板船).

deck 상방 중갑판(上方中甲板). ——deck ceiling 갑판간 내장(甲板間內張). ——deck frame 갑판간 늑골(甲板間肋骨). ——deck ladder 갑판간(甲板間)사다리(Fig. 143).

Twin cam shaft type 2개 캠축형(軸形)(역전장치(逆轉裝置)). ——core cable 2심(心)케이블. ——hull boat 쌍동선(雙胴船). ——longitudinal bulkhead 2열 종격벽(二列縱隔壁). ——roller type 2개 로울러형(型)(역전장치(逆轉裝置). ——rudder 2매타(二枚舵)(타(舵)가 두장). ——screw vessel 2축선(二軸船).

Twine 돛을 깁는 실(帆縫糸).

Twisted blade 비틂 날개. **Twisting** moment 비틂 모우먼트. Equivalent——

moment 상당(相當)비틂 모우먼트. ——test 비틂 시험(試驗).

Two bladed propeller 2매날개 프로펠러. ——conductor earthed system 2선 접지식(二線接地式). ——or——stroke cycle 2사이클 기관(機關) (Fig. 155②). ——fold purchase 2중(二重)테이클(Fig. 398④). ——phase 2상(二相). ——phase A.C. 2상 교류(二相交流). ——stage air compressor 2단 공기 압축기(二段空氣壓縮機). ——throw crank shaft 2연(二聯)크랭크축(軸). ——way cock 2방향(二方向)콕. ——wire system 2선식(二線式)〔電〕.

Type of joint 이음의 형(型)〔鎔〕(이에는 자유형(自由型) Free type, 반강형(半剛型) Semi-rigid type, 강형(剛型) Rigid type, 고정형(固定型) Fixed type,의 4종(四種)이 있다)(Fig. 476). ——of ship 선형(船型)(Fig. 440). ——ship 기준선(基準船).

Typhoon 태풍(颱風).

Tyzack section 타이잭 형재(形材).

U

U-bend tube U형관(U形管), U-bolt U형 보울트. U-groove bevel U형 개선(U形開先)(Fig. 44). U-tube heater U형관 가열기(U形管加熱器).

Ullage 알레이지(유면(油面)으로부터 정판(頂板)아랫면까지의 거리(距離), 이것으로 탱크의 유량(油量)을 잰다). ——port 유면측정공(油面測定孔). ——scale or stick 유면계(油面計) 또는 측유봉(測油棒). ——table 알레이지표(表).

Ultimate strength 극한 강도(極限强度).

Ultrasonic (flaw) detector 초음파 탐상기(超音波探傷器). ——thickness indicator 초음파(超音波) 두께 측정기(測定器).

Unaffected zone 원질부(原質部)〔鎔〕. (Fig. 473).

Unbalanced rudder 불평형타(不平衡舵)(Fig. 334).

Undamped oscillation 비감쇠진동(非減衰振動) 또는 동요(動搖). ——wave 비감쇠파(非減衰波).

Under cooled or Supersaturated steam 과포화증기(過飽和蒸氣). ——bead crack 비이드 크랙〔鎔〕. ——command 지휘하(指揮下)에 있는(배에 사용하면 움직일 수 있는 배, 물건에 사용하면 비품(備品)). Not——command 지휘하(指揮下)에 없는(배에 사용하면 움직일 수 없는 배, 고장선(故障船), 물건에 사용하면 지참(持參)해 버리고 지금 가지지 않는 물건). ——cut. 절입(切込)〔鎔〕(Fig. 441). ——deck girder 갑판하(甲板下) 거어더 (Fig. 142).〔關:on deck girder 갑판상(甲板上)거어더〕.——deck tonnage

갑판하(甲板下)톤수(噸數). ——expansion 부족 팽창(不足膨脹). ——upper deck tonnage 상갑판하 톤수(上甲板下噸數). ——water cutting 수중절단(水中切斷). ——water fittings 수선하 취부물(水線下取付物). ——water launching way 수중진수대(水中進水台). ——water welding 수중용접(水中鎔接). ——way 항해중(航海中)(앵커가 해저(海底)를 떠나서 다음 해저(海底)에 닿을 때까지). ——way lamp 항해등(航海燈). ——way or sea trial 해상시운전(海上試運轉). ——writer(해상(海上)) 보험업자(保險業者).

Fig. 441 under cut

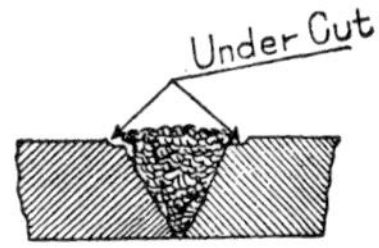

절입(切込)

Unfairness 부정형(不整形)(변화(變化)가 불합리(不合理)한 것, 구멍이나 판(板)이 잘 맞추어지지 않고 있는 것).

Uniflow engine 유니플로우 엔진. ——scavenging 유니플로우 소기(掃氣)(stroke의 최후(最後)에 소기공(掃氣孔)이 열려서 소기(掃氣)를 배출(排出)한다. 예를 들면, 4 cycle Diesel).

Uniflux condenser 정류 복수기(整流復水器).

Uniform strength 균일강도(均一强度).

Union joint 유니온 이음(자유(自由)이음 Universal coupling과 동의(同意)). (Fig. 128). ——melt welding 유니온 멜트식 용접(鎔接). ——nut 유니온 너트(포대 너트). ——piece 직통(直通)이음(管). ——purchase system 버튼식(하역(荷役)). (☞married fall system).

Unit assembly 소조립(小組立)〔鎔〕. ——feed system 개별급수식(個別給水式). ——room 연료(燃料) 펌프실(室).

Universal joint(or coupling) 자유(自由)이음. (Fig. 128). ——screw wrench or monkey spanner 자재(自在)스패너(Fig. 261, 499). ——testing machine 만능재료 시험기(萬能材料試驗機). (인장(引張), 압축(壓縮), 굴곡(屈曲)다같이 할 수 있는 시험기(試驗機)).

Unresisted rolling 무저항 횡요(無抵抗 橫搖).

Unseaworthiness 비내항성(非耐航性).

Unsheathed deck 비피복갑판(非被覆甲板). 나갑판(裸甲板)〔關 : Bare deck와 동의(同意)〕.

Unstable equilibrium 불안정 평형(不安定平衡)(Fig. 177).

Up cast header 승로관(昇路管)해더. ——or down grade 승(강)(昇(降))기울기. ——set welding 엎셋 용접(鎔接)(전기저항(電氣抵抗)에 의하여 용접할 때 강압(强壓)을 가하여 용접(鎔接)하는 방법(方法), Bit의 소접(燒接)에 이용(利用)된다). ——stroke 상향행정(上向行程).

Upholster 가구류(家具類), 가구완제(家具完製). **Upholstered** seat 천을 바른

의자. **Upholstery** 좌석용(座席用) 이불재료(材料), 실내 장식품(室內裝飾品).

Upper bridge 상층선교(上層船橋). ——deck 상갑판(上甲板)(Fig. 145 ⑥). ——end buoy 주(洲)의 상단(上端)에 있는 부이. ——most continuous deck 최상층 전통갑판(最上層全通甲板). ——stock(or Rudder head) 엎퍼스톡, 타두재(舵頭材)(Fig. 330). ——turn of bilge 선측 만곡부상단(船側彎曲部上端). ——tween deck 상부 갑판간 장소(上部甲板間場所).

Upright drill or drill press 직립(直立) 볼반(盤). ——stem 직립선수(直立船首)(Fig. 381).

Fig. 442 Urinal

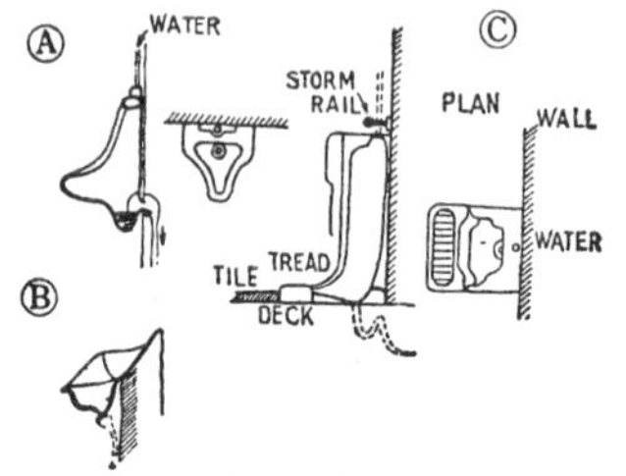

소변기(小便器)

Ⓐ Wall type 벽걸이식(式). Ⓑ Trough type 홈형식(型式). Ⓒ Stall or stand type 입류식(立流式). Storm rail 손잡이(황천시(荒天時)에 잡는다). Tread 발디딤. Tile 타일.

Upset butt welding 엎셋 버트용접(鎔接). **Upsetting** machine 엎세팅 기계(機械)(관(管)또는 로드(棒)의 하단(下端)을 국부적(局部的)으로 가열(加熱)하고 위로부터 두들겨서 아랫부분(部分)을 굵게 swell하는 기계(機械)). (Fig. 394). ——moment 전복(轉覆)모우먼트.

Uptake 엎테이크, 연로(煙路). ——ventilator 배기 통풍통(排氣通風筒).

Upward weld 상진용접(上進鎔接)(아래로부터 위로 진행(進行)시키는 용접(鎔接).

Urinal 소변기(小便器)(Fig. 442).

Urn 커피 끓이는 용기(容器).

Utensil 기구(器具). Cooking——조리 도구(調理道具).

Usability test 사용성능시험(使用性能試驗).

Useful power 드러스트 마력(馬力).

V

V.H.F. very high frequency 미터파수(波數)(전파(電波)).

V-block V블록(Fig. 443).

Vacuum augmentor 진공 증진기(眞空增進器). ——breaker 진공파괴기(眞空破壞器). ——cleaner 진공소제기(眞空掃除器). ——gauge 진공계(眞空計). ——tube or bulb 진공관(眞空管).

Valve 밸브. 변(辨). Adjusting——조정변(調整辨). Admission——진입변(進入辨). Air induction——공기유도변(空氣誘導辨). Air——공기변(空氣辨). Alarm——알람 밸브. Angle——L형변(L形辨)(Fig. 445Ⓑ). Annular——고리 모양 밸브. Back pressure——배압변(背壓辨)(디이젤). Ball——옥변(玉辨)(Fig. 444, 445). Bilge injection——빌지 흡입변(吸込辨). (Fig. 446). Blast air isolating——독립분사공기변(獨立噴射空氣辨). Bleeder, Blow off or Drain——취출변(吹出辨)(디이젤). Bulkhead——격벽변(隔壁辨). Butterfly——나비형변(辨). Bypath——바이패스변(辨)(측로변(側路辨). Change——체인지변(辨). Check, Feed check or Feed——급수역지변(給水逆止辨)(Fig. 451). Combined inlet and exhaust——흡입 배기병용변(吸込排氣併用辨). Communicating——연락변(連絡辨). Conical——원추변(圓錐辨). Control——box 조종변(操縱辨)박스(터어빈). Controlling——조종변(操縱辨). Cushion——완충변(緩衝辨). De-compression——감압변(減壓辨)(디이젤). Delivery——송출변(送出辨). Differential——차동변(差動辨). Directing——box or communication box 진분변(振分辨) 박스. Director——진분변(振分辨)(디이젤). Discharge——토출변(吐出辨)(Fig. 447). Distributing——분배변(分配辨). Diving——침강변(沈降辨). Double beat or Double seat——양좌변(兩座辨)(Fig.461, 462). Double beat stop——이중(二重)스톱밸브(Fig.461, 462), Emergency——비상변(非常辨).

Fig. 443 V-block

V블록

Fig. 444 Ball valve

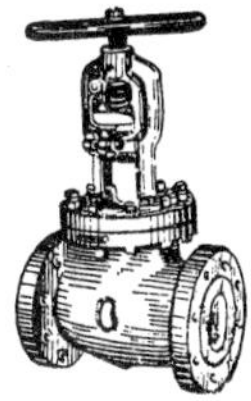

옥변(玉辨)

Fig 445 Ball or globe valve(Screw down)

Ⓐ

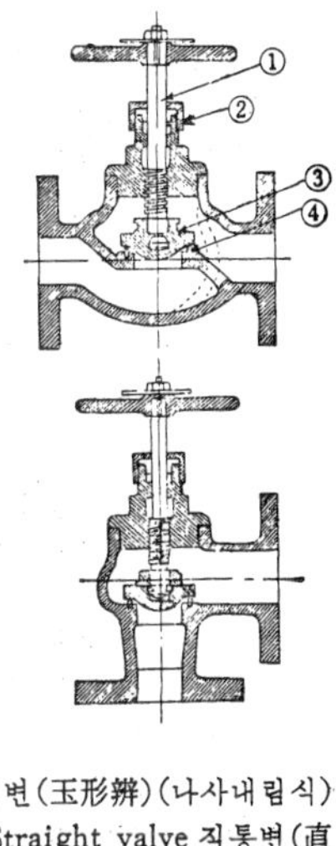

Ⓑ

옥형변(玉形辨)(나사내림식)

Ⓐ Straight valve 직통변(直通辨). ① Valve stem or rod 밸브로드(辨棒). ② Stuffing box 스터핑 박스, 패킹박스. ③ Valve 밸브. ④ Valve seat 밸브시이트(辨座). Ⓑ Bent or angle valve L형변(L型辨).

Fig. 446 Bilge injection valve

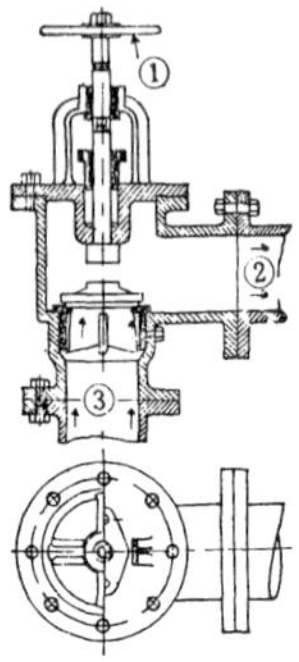

빌지(오수(汚水))흡입변(吸込辨)
① Handle 핸들. ② To main injection chest 주(主)빌지 흡입함(吸込函)으로 ③ From bilge strum 빌지 찌꺼기 여과기(濾過器)로부터.

Fig. 447 Discharge valve

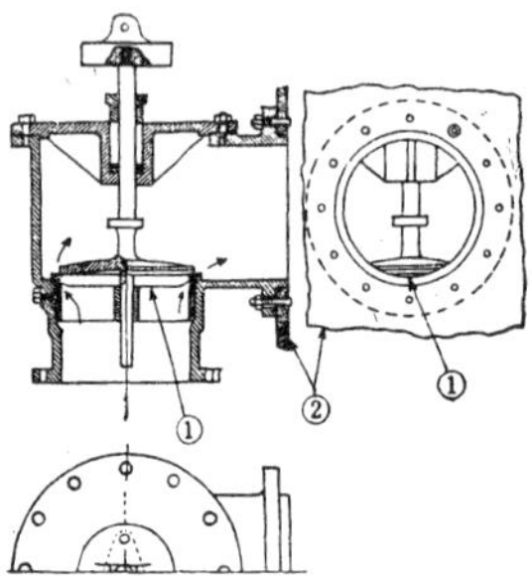

토출변(吐出辨)
① Valve 밸브. ② Ship's side plate 배의 외판(外板).

Fig. 448 Escape valve

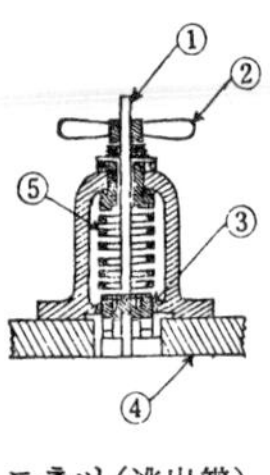

도출변(逃出辨)
① Valve stem 변봉(辨棒). ② Handle 핸들. ③ Valve 밸브. ④ Cylinder top or bottom 실린더 정부(頂部) 또는 저부(底部). ⑤ Spring 스프링.

Fig. 449 Feed valve

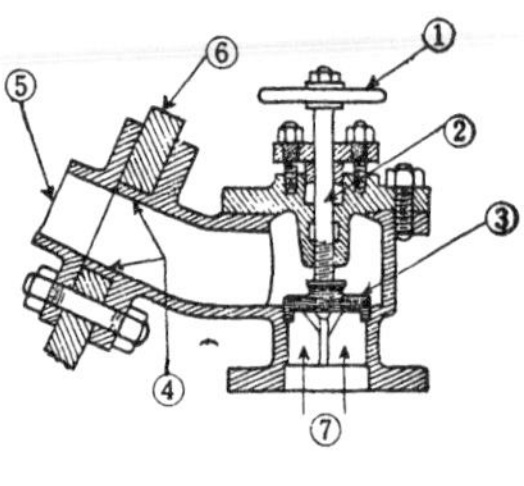

급수변(給水辨)
① Handle 핸들. ② Valve spindle 밸브 스핀들(辨棒). ③ Valve 밸브. ④ Spigot 스피고트. ⑤ Inner tube 내부 급수관(內部給水管). ⑥ Boiler plate 보일러 판(板). ⑦ Feed water from pump 펌프로부터의 급수(給水).

Fig. 450 Exhaust valve (Diesel)

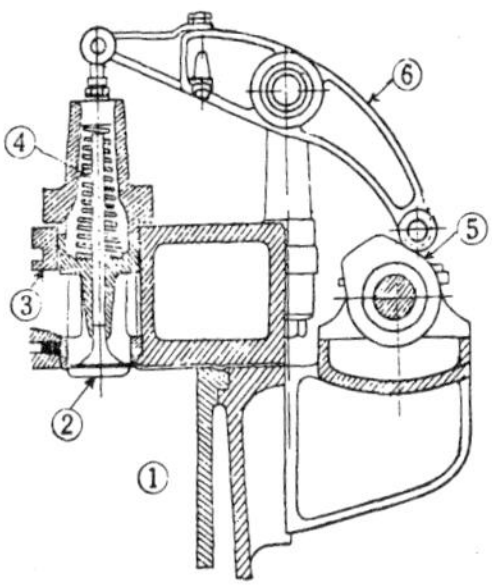

배출변(排出辨)

① Cylinder 실린더. ② Exhaust valve 배출변(排出辨). ③ Cylinder cover 실린더 커버. ④ Spring 스프링. ⑤ Cam 캠. ⑥ Lever 레버.

Fig. 451 Feed check valve

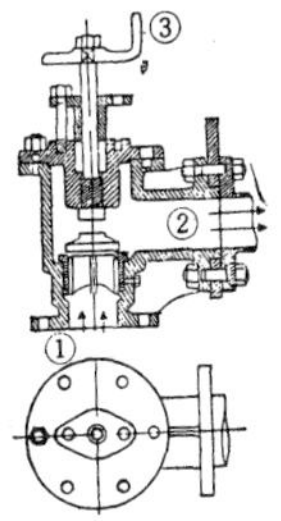

급수역지변(給水逆止辨)

① Inlet 취입구(取入口). ② Outlet 송출구(送出口). ③ Adjusting handle 가감(加減)핸들.

Fig. 452 Fuel inlet valve (Diesel)

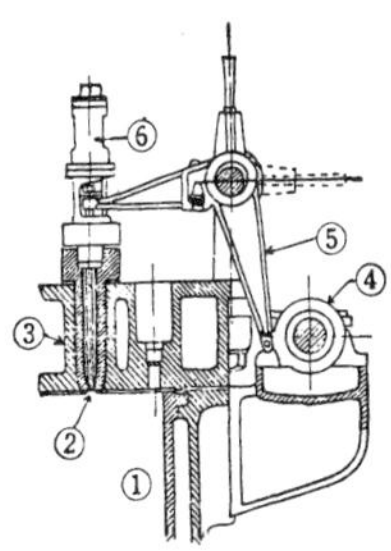

연료변(燃料辨)

① Cylinder 실린더. ② Fuel valve 연료변(燃料辨). ③ Cylinder head 실린더 해드. ④ Cam 캠. ⑤ Cam lever 캠 레버. ⑥ Spring(Inside) 스프링(안쪽에)

Fig. 453 Reducing valve

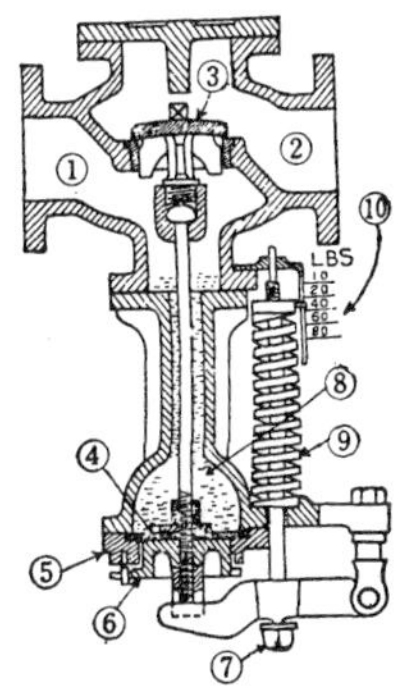

감압변(減壓辨)

① Inlet(High pressure) 입구(入口)(고압측(高壓側)). ② Outlet 출구(出口)(저압측(低壓側)). ③ Valve 밸브. ④ Rubber washer 고무 워셔. ⑤ Piston case 피스톤 케이스. ⑥ Piston 피스톤. ⑦ Adjusting screw 조절(調節)나사. ⑧ Drain 드레인. ⑨ Spring 스프링. ⑩ Scale 눈금.

Fig. 454 Non-return valve

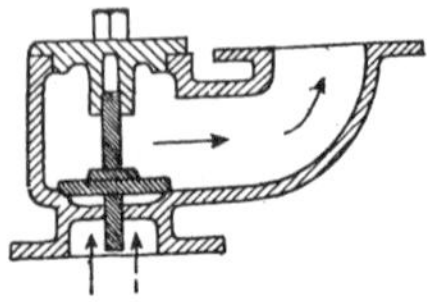

역지변(逆止辨)

Fig. 456 Safety valve

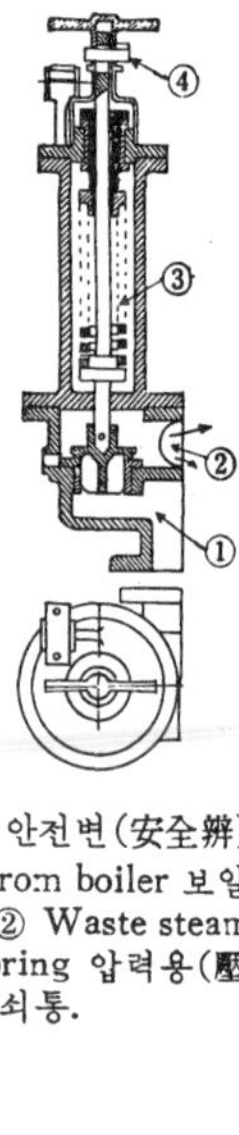

안전변(安全辨)

① Steam from boiler 보일러부터의 증기(蒸氣). ② Waste steam 폐기(廢氣). ③ Load spring 압력용(壓力用)스프링. ④ Lock 열쇠통.

Equilibrium —— 평형변(平衡辨). Escape —— 도출변(逃出辨) (Fig. 448). Exhaust——배출변(排出辨) (Fig. 450). Expansion——팽창변(膨脹辨). Extra feed, Make up or Supplementary——보급변(補給辨).

Fig. 455 Relief valve

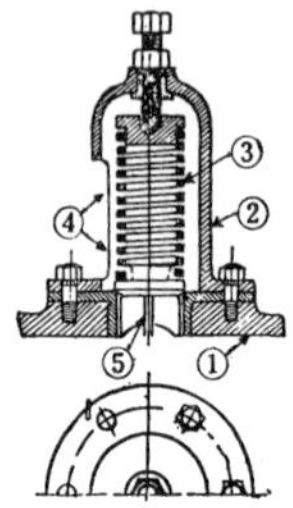

안전변(安全辨)

① Cylinder wall 실린더 벽(壁). ② Valve case 밸브 케이스. ③ Spring 스프링. ④ Waste port 도출구(逃出口). ⑤ Valve 밸브.

Fig. 457 Slide valve

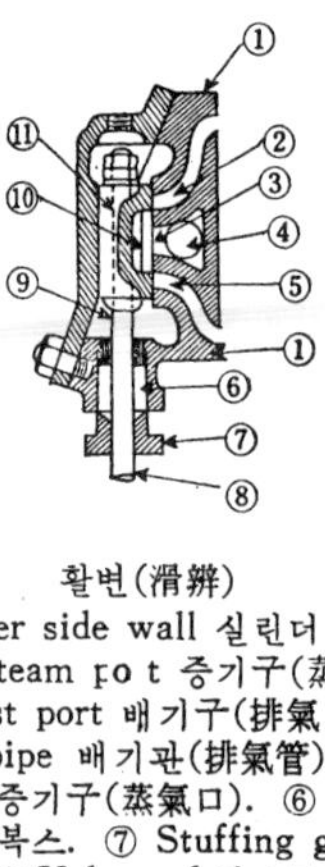

활변(滑辨)

① Cylinder side wall 실린더 측벽(側壁). ② Steam port 증기구(蒸氣口). ③ Exhaust port 배기구(排氣口). ④ Exhaust pipe 배기관(排氣管). ⑤ Steam port 증기구(蒸氣口). ⑥ Stuffing box 패킹 복스. ⑦ Stuffing gland 패킹 눌림. ⑧ Valve rod 밸브로드(辨棒). ⑨ Steam inlet pipe 증기공급관(蒸氣供給管). ⑩ Exhaust cavity 배기 저장기(排氣貯藏器). ⑪ Slide valve 활변(滑辨).

Feed——급수변(給水辨). (Fig. 449). Feed check or Check——급수역지변(給水逆止辨)(Fig.451). Flap or Clack——플랩밸브. Flat——플랫밸브. Flood——장수변(漲水辨). Foot——흡입변(吸込辨). Fuel——or Fuel injection——연료변(燃料辨). Fuel inlet——연료변(燃料辨)(Fig.452)(디이젤). Gate——or Sluice——게이트 밸브사절변(仕切辨). Globe——구형변(球形辨) 또는 옥변(玉辨)(Fig. 444, 445). Gridiron——격자변(格子辨). Group——그룹(군집(群集))밸브. Head or Delivery——송출변(送出辨). Impulse ——or pass——발도변(拔道辨). Inlet——, foot ——or suction——흡입변(吸込辨)(펌프). kingston——킹스턴 밸브(main injection과 동일(同一)). Main injection——주분사변(主噴射辨). Make up——, Supplementary——or Extra feed——보급변(補給辨). Maneuvering——조종변(操縱辨). Master——주변(主辨). Mitre or Conical——원추변(圓錐辨). Mushroom——버섯형 밸브. Needle——니이들 밸브. 침형변(針形辨). (Fig. 452②). Non-return——역지변(逆止辨)(Fig. 454). Pass or Impulse——발도변(拔道辨). Pet——(or Pet cock) 꼬마변(豆辨) 또는 콕. Pilot——파일로트 밸브, 안내변(案內辨). Piston——피스톤 밸브. (통형변(筒形辨)). Puppet or Poppet——포피트 밸브(도변(跳辨)). Priming——시동변(始動辨). Push ——압변(押辨)(디이젤). Reducing or Pressure reducing——감압변(減壓辨)(Fig. 453). Regulating——조정변(調整辨). Relief——안전변(安全辨). (Fig.455). Safety——안전변(Fig.456). Safety——setting 안전변봉쇄(安全辨封鎖). Scavenging——소기변(掃氣辨). (디이젤). Screw down——나사 내림식 밸브(Fig. 445). Scum or Surface blow off——수면취출변(水面吹出辨). Sea——해수변(海水辨). Sea injection or Main injection——주해수변(主海水辨). Sentinel——센티넬 밸브. Shuttle——셔틀 변(辨). Sleeve

Fig. 458 Steam stop valve

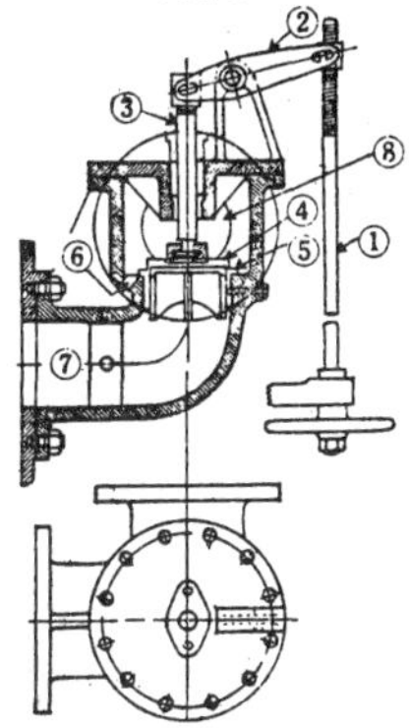

증기정지변(蒸氣停止辨)

① Adjusting handle 조절(調節)핸들. ② Lever 레버 ③ Valve spindle 밸브 스핀들. ④ Valve 밸브. ⑤ Valve seat 밸브시이트. ⑥ Drain hole 드레인 구멍. ⑦ Inlet 흡입구(吸込口). ⑧ Exhaust 배출구(排出口).

Fig. 459 Main stop valve

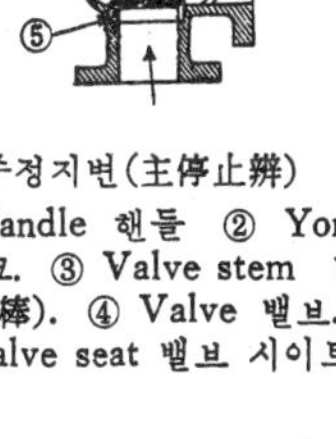

주정지변(主停止辨)

① Handle 핸들 ② York 요오크. ③ Valve stem 변봉(辨棒). ④ Valve 밸브. ⑤ Valve seat 밸브 시이트.

——슬리이브 변(辨)(통형변(筒形辨)). Slide——box, casing or chest 활변함(滑辨函). Sluice——or Gate——사절변(仕切辨). Slide——활변(滑辨) (Fig. 457). Snifting—— or Tail——누변(漏辨). Spherical——옥형변(玉形辨). Spill——가감변(加減辨)(디이젤 연료변(燃料辨)). Stage——단변(段辨). Starting——or Auxiliary starting——시동변(始動辨). Starting air——시동공기변(始動空氣辨). Stephenson's——gear 스테펜손 밸브장치(裝置). Stop——정지변(停止辨)(Fig. 458, 459). Storm——스토옴 밸브, 파지변(波止辨)(Fig. 460). Suction——, foot——or inlet——흡입변(吸込辨). Supplementary——, make up——or extra feed——보급변(補給辨). Tail——or snifting——여과변(濾過辨), 누변(漏辨). Throttle——교변(絞辨) (Fig. 463). Timing——or timer——점화조절변(點火調節辨). Trick——트릭 변(辨). ——box or chest 밸브 박스, 밸브 체스트(辨箱子). ——circle 밸브 원(圓), ——controlled port scavenging 변 조절공 소기(辨調節孔掃氣)(디이젤). ——diagram 변선도(辨線圖). ——gauge 밸브 측정기(測定器). ——gear 밸브장치(裝置). Radial——gear 레디알 밸브 장치(裝置).(왕복기(往復機)). ——guard 밸브 눌림. ——in head scavenging 두변 소기(頭辨掃氣). ——lever 밸브 레버. ——lift 밸브 양정(揚程). ——lift adjusting gear 밸브 양정 조정장치(辨揚程調整裝置). —loop 밸브 루우프(터어빈). ——plate 변반(辨盤). ——recess 밸브 리세스. ——reseater 변좌삭정기(辨座削正器). ——rod or——spindle 밸브스핀들(辨棒). ——rod guide 밸브 로드 가이드(辨棒案內). ——scavenging 밸브 소기법(掃氣法)(디이젤). ——seat 변좌(辨座). ——setting 밸브조정(調整). ——spring 밸브 스프링. ——sticking 변고착(辨固着).

Fig. 460 Storm valve

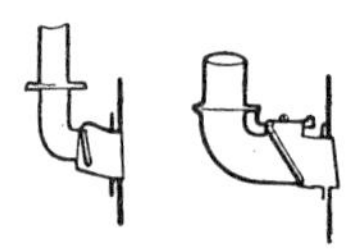

파지변(波止辨)

Fig. 461 Double beat stop valve and connection

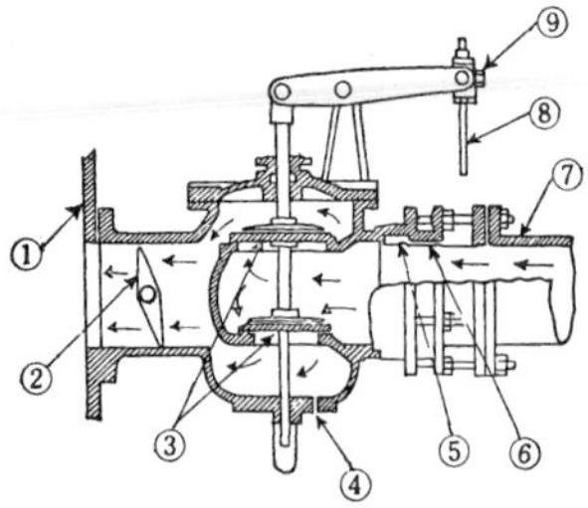

이중정지변(二重停止辨)과 그 접속(接續)

① High pressure cylinder wall 고압(高壓)실린더 벽(壁). ② Throttle valve 교변(絞辨). ③ Double beat valve 이중변(二重辨). ④ Drain hole 드레인 구멍. ⑤ Stuffing box 스터핑 박스. ⑥ Inner tube 내부관(內部管). ⑦ Main steam pipe 주증기관(主蒸氣管). ⑧ Valve handle 밸브 핸들. ⑨ Nut for handle 핸들의 너트.

——travel 밸브 행정(行程).

Vanadium steel 바나듐 강(鋼).

Vane 날개, 풍향계(風向計). Azimuth——방위(方位)보기. Dog——풍신기(風信器). Fixed or Guide——fixed blade, Guide blade or Guide basket 고정(固定)날개(터어빈). Moving——or Blade 회전(回轉)날개. Sight——방위(方位)보기. ——propeller 베인 프로펠러. ——wheel 날개 바퀴. **Vaned** diffuser 베인 붙이 교란기(攪亂器).

Vanishing point of stability 복원성 멸실각(復原性滅失角)(Fig. 373Ⓑ).

Vaporization 증발(蒸發), 기화(氣化) **Vaporizer** 증발기(蒸發器). ——chamber 증발실(蒸發室). **Vaporizing** combustion chamber 기화식 연소기(氣化式燃燒器).

Vapour or Vapor 증기(蒸氣). Petroleum——석유(石油)가스. ——lock 베이퍼 로크(증기(蒸氣)를 채우는 것). ——pocket 베이퍼 포케트(펌프). (증기(蒸氣)가 고이는 것). ——tight 증기밀(蒸氣密)(석유(石油)).

Variable condenser 가변 축전기(可變蓄電器). ——load 변동 하중(變動荷重). ——pitch 가변(可變)피치(프로펠러). ——stroke pump 가변행정(可變行程)펌프. ——voltage welding machine 가변전압용접기(可變電壓鎔接機) **Varying** pitch propeller 변동(變動) 피치 프로펠러.

Fig. 462 Double beat stop valve

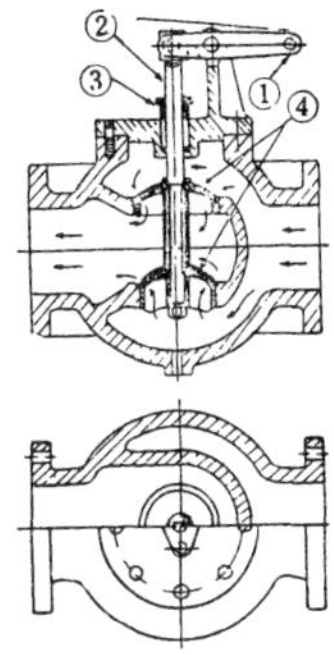

이중정지변(二重停止辨)
① Handle 핸들. ② Stem 변봉(辨棒). ③ Stuffing 패킹. ④ Valve 밸브.

Fig. 463 Throttle valve

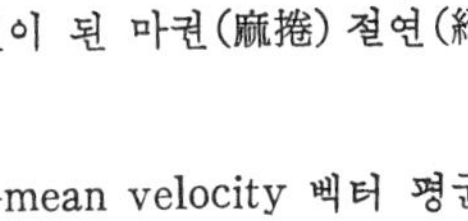

교변(絞辨)

Varnish 바니쉬. ——cambric insulation 바니쉬 칠이 된 마권(麻捲) 절연(絕緣)〔電〕.

Vaseline 바세린.

Vector 벡터. ——diagram 벡터 선도(線圖). ——mean velocity 벡터 평균 속도(平均速度)(가스 터어빈).

Vegetable chamber 야채고(野菜庫).

Velocity 속도. Absolute——절대속도(絕對速度). Angular——각속도(角速度). Critical——위험속도(危險速度). Initial——초속(初速). Linear——선속도(線速度). Peripheral——주속도(周速度). Relative——상대속도(相對速度). ——coefficient 속도계수(速度係數). ——diagram 속도선도(速度線圖)(터어빈). ——head 유속수두(流速水頭).

Veneer 베니어합판(合板), 단판(單板).

Venetian door(or Shutter) 셔터 (Fig. 226).

Vent 통기구(通氣口) Goose neck ——구우즈넥형(기러기 목형)통기통(通氣筒)(Fig. 464). Telescopic —— 신축통기구(伸縮通氣口).

Ventilating cock 통풍(通風)콕. ——flap 통풍(通風) 날개덮개(기계실 천창(機械室天窓)). **Ventilation** 환기(換氣), 통풍(通風). ——and lighting work 통풍채광작업(通風採光作業)(이에는 Ventilator 통풍통(通風筒). Cowlhead 담뱃대형 통두(筒頭). Mushroom 버섯형 꼭지. Side scuttle 현창(舷窓). Deck glass 갑판채광(甲板採光)유리. Skylight 천창공사(天窓工事)등이 포함(包含)된다. Artificial——인공환기(人工換氣). Mechanical——기계환기(機械換氣). ——plan 통풍관 배치도(通風管配置圖). ——trunk 통풍(通風)트렁크.

Ventilator 환기통(換氣筒). Cabin wall——선실벽(船室壁)붙이 통풍기(通風機)(Fig. 465). Cowl head——담뱃대형 환기통(換氣筒)(Fig. 467). Dawn cast——급기환기통(給氣換氣筒). Goose neck——구우즈넥(기러기목)형 환기통(換氣筒). (Fig. 467). Mushroom——버섯형 환기통(換氣筒)(Fig. 466). Trunk——위벽환기통(圍壁換氣筒). Uptake——배기환기통(排氣換氣筒).

Veranda or **Verandah** 베란다.

Vernier 버어니어, 유척(遊尺).

Vertical 세로의. ——axis 종축(縱軸). ——

Fig. 464 Vent (Goose neck)

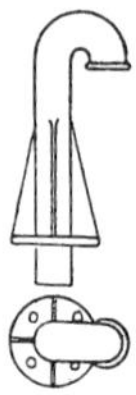

구우즈넥 형 통기통(通氣筒)

Fig. 465 Cabin wall ventilator

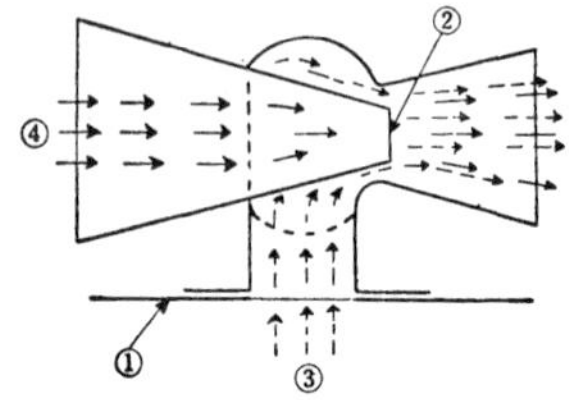

거실용 통풍기(居室用通風器)

① 거실벽(居室壁). ② 취출(吹出)노즐. ③ 실외(室外). ④ 실내(室內). 실외(室外)의 바람이 노즐을 빠져나가면 풍압(風壓)의 차(差)에 의하여 실내(室內)의 공기(空氣)가 빨려 나온다.

Fig. 466 Mushroom ventilator

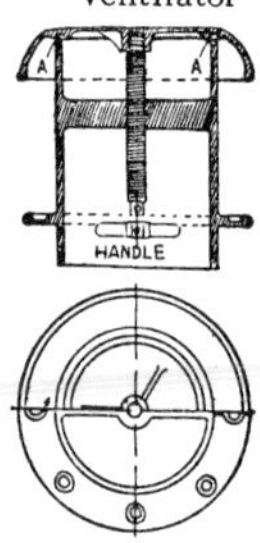

버섯형 환기통(換氣筒)

A rubber packing 고무 패킹

Fig. 467 Cowl head ventilator

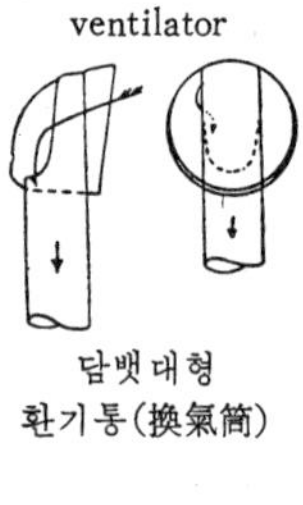

담뱃대형 환기통(換氣筒)

boiler 수직형(垂直型)보일러. ——engine 수직형 기계(垂直型機械). ——ladder 수직(垂直)사다리. ——prismatic coefficient of fineness 수주형 계수(竪柱形係數). ——scarph(or coupling) 세로 이음. (Fig. 388). ——stem 직립선수(直立船首)(Fig. 381). ——welding 수직용접(垂直鎔接), 수직향 용접(垂直向鎔接)(Fig. 413⑤).

Vessel 배, 선(船), 용기(容器), Aerial propeller ——공중(空中)프로펠러 선(船). Age of——선령(船齡). Arctic——북빙양선(北氷洋船). Auxiliary——보조범선(補助帆船), Awning deck ——복갑판선(覆甲板船). Coasting——or coaster 연안 항로선(沿岸航路船). Composite——목철선(木鐵船). Corrugated——파형외판선(波形外板船). Crank or Top heavy——중두선(重頭船)(심하게 요동(搖動)하는 배). Flush deck——평갑판선(平甲板船). Freight or Cargo——화물선(貨物船). Full scantling——중구선(重構船). Geared diesel ——감속장치(減速裝置)붙이 디이젤 기관선(機關船). Heavy deck——중갑판선(重甲板船). High speed——고속선(高速船). Ocean or Sea going——항양선(航洋船). Oil burning——기름 때는 배. Partial awning —부분복갑판선(部分覆甲板船). Quarantine ——검역선(檢疫船). Shallow draught——천흘수선(淺吃水船). Sheathed——피복선(被覆船). Shelter deck——차랑갑판선(遮浪甲板船). Shelter deck——with tonnage opening 감톤개구(減噸開口)(또는 창구(艙口))를 가진 차랑갑판선(遮浪甲板船) (☞ tonnage opening) Single screw——1축선(一軸船). Spar deck——경갑판선(輕甲板船)(과거 Rule에 의한다). Steady——안정선(安定船)(승선기분(乘船氣分)이 좋은 배). Stiff——경두선(輕頭船). (횡요운동(橫搖運動)이 급격(急激)한 배). Straight lined——직선형선(直線形船)(프레임 기타의 재료(材

Fig. 468. Vice

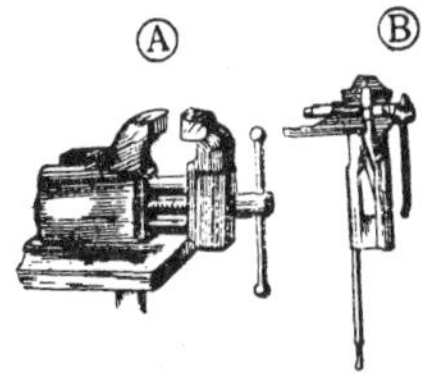

바이스(萬力)
Ⓐ Bench vice 대(台)바이스. Ⓑ Vertical vice 수직형(垂直形)바이스.

Fig. 469 Voith Schneider propeller

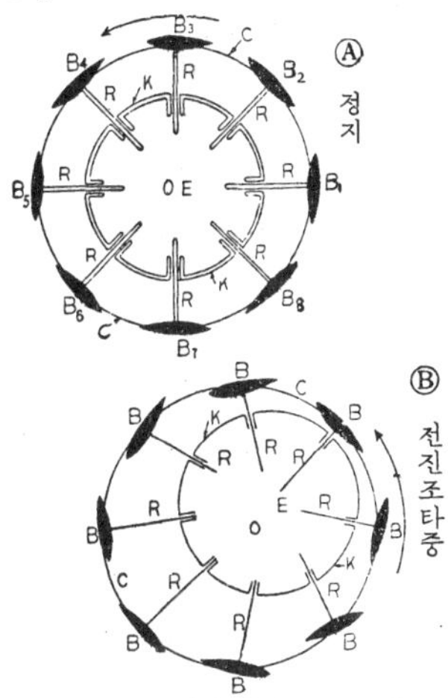

호이드 슈나이더 프로펠러
수개(數個)(보통 4~6개)의 연직형(沿直型)날개(그림은 그 단면(斷面))를 가지고 항상 같은 방향(方向)으로 같은 속도(速度)로 회전(回轉)하고 있다. 배의 전진(前進), 후진(後進), 정지(停止), 방향변환(方向變換)은 날개의 각도(角度)와 중심 위치(中心位置)의 변화(變化)에 따라서 조종(操縱)된다.

料)를 되도록 직선(直線)으로 한 배). Tank——, Oil carrier or Tanker 탱커. Tender——or Crank——중두선(重頭船)(심하게 횡요(橫搖)하는 배)(Stiff의 반대(反對)). Trunk——트렁크 선(船)(Fig. 430). Turret——타레트선(船)(Fig. 439). Twin screw——2축선(二軸船). Well deck——웰갑판선(甲板船)(Fig. 440). Wooden——목선(木船). ——with freeboard 흘수(吃水)가 지정(指定)된 배.

Vestibule 낭하실(廊下室).

Vibrac steel 바이브렉 강(鋼).

Vibrating table 진동대(振動臺)(시험(試驗)). **Vibration** 진동(振動). Forced——강제진동(强制振動). Natural——자연진동(自然振動). Torsional——비틂 진동(振動). **Vibrograph** 기록진동계(記錄振動計).

Victoria cement 빅토리어 시멘트(Oiltight용으로 채우는 것). **Victoric** joint 빅토리어 이음(관(管)이음의 1종(一種)).

Vice 바이스(萬力)(Fig. 468). Hand——핸드 바이스. Standing——취부(取付)바이스. ——bench 바이스 대(台).

Victualler 급양선(給量船).

Virtual eccentricity, 상당편심거리(相當偏心距離). ——, effective, analysis or actual pitch 유효(有效)피치. ——or effective pitch ratio 유효(有效)피치 비(比). ——or effective slip 유효실각(有效失脚). ——mass 겉보기의 질량(質量). ——moment of inertia 겉보기의 관성(慣性)모우먼트.

Viscosimeter or **Viscometer** 점도계(粘度計)(기름을 가는 구멍에서 흘려서 그 속도(速度)를 잰다. Redwood〔英〕 Englas〔獨〕 Saybolt〔美〕등에 따라서 단위(單位)가 다르다).

Viscosity 점성(粘性), 점도(粘度). Coefficient of——점성계수(粘性係數). Specific——비점성(比粘性).

Visible air whistle 발연기적(發煙汽笛). ——arc 명호광(明弧光)(항로(航路)). ——distance 광달거리(光達距離)(항로(航路)). ——indicator 시각표시기(視覺表示器). ——examination 육안시험(肉眼試驗). **Visual** signal 시각신호(視覺信號).

Voice pipe or——tube 전성관(傳聲管).

Void(space) 빈자리.

Voith Schneider propeller 호이드 슈나이더 프로펠러(Fig. 469).

Volatile matter 휘발성 물질(揮發性物質). ——oil or benzine 휘발유(揮發油). **Volatility** 휘발도(揮發度).

Volt meter 전압계(電壓計). **Voltage** drop 전압강하(電壓降下). ——regulation 전압변동율(電壓變動率). ——regulator 전압조정기(電壓調整器).

Volume contraction 용적축소(容積縮小)(연소(燃燒)). ——flow 체적(體積)흐름(가스터어빈). ——ton 용적톤(容積噸). 1톤(噸)$=100ft^3=2.8315m^3$.

——of displacement 배수용적(排水容積). **Volumetric** efficiency 체적효율(體積効率).

Volute chamber 소용돌이 실(室). ——spring 와형(渦形) 스프링.

Vortex 소용돌이(渦). ——theory 와 이론(渦理論).

Vulcan gear 불갠 전도장치(傳導裝置)(수력전도장치(水力傳導裝置)).

Vulcanised rubber insulated cable 가류(加硫)고무 절연(絶緣)케이블. **Vulcanite** 불개나이트 경화(硬化)고무, 에보나이트.

W

Wagon deck 차량갑판(車輛甲板)(열차연락선(列車連絡船).

Wainscot 벽(壁)의 요판(腰板).

Waist deck 중부 상갑판(中部上甲板).

Waiter 급사(給仕). **Waitress** 여급사(女給仕).

Wake 반류(伴流)(배가 전진(前進)하면 배와 물과의 마찰(摩擦)로 인하여 주위(周圍)의 물은 배에 따라서 전방(前方)으로 흐른다), 항적(航跡). Following——반류(伴流). ——coefficient 반류계수(伴流係數). ——factor(or fraction) 반류계수(伴流係數). ——percentage 반류율(伴流率).

Wales 요부외판(腰部外板)(목선(木船))(Fig. 496⑭)).

Walker's log 패텐트 로그(Fig. 251).

Wall crane 벽붙이 크레인(Fig. 129). ——radial drill(or drilling machine) 래디알 보울반(盤).

Wandering block 비석법(飛石法)〔鎔〕(Fig. 483).

War ship 군함(軍艦).

Ward Leonard system 레오너드식(式)(전동타취기(電動舵取機).

Wardrobe 워어드로브, 의장함(衣裝函).

Warming up 난기(暖機)(기기(汽機))(시동전(始動前)에 기관(機關)을 따뜻하게 만든다).

Warp 변형(變形), 굽힘, 젖힘, 계선(繫船)밧줄. Trawl——트롤 밧줄(Fig. 423, 425). **Warped** blade 비틀어진 날개. **Warping** chock 페어리이더. ——due to welding 용접(鎔接)에 의한 굽힘. ——drum 강권동(綱捲胴). ——end 워핑 앤드. (윈치나 윈드러스에 붙은 강권동(綱捲胴). ——winch 워핑 윈치.

Wash basin 세면기(洗面器). ——board 파(波)를 피하는 판(板). ——bulkhead 제수격벽(制水隔壁). ——cement 윗칠(上塗)시멘트, 물시멘트. ——deck pipe 갑판세정수관(甲板洗淨水管). ——deck pump 갑판세조(甲板洗

滌)펌프. ——place 씻는 곳, 세탁장(洗濯場). ——plate 제수판(制水板)(Fig. 82 ⑤). ——or freeing port 방수구(放水口)(불워크)(Fig. 12㉟). ——stand 세면대(洗面臺). ——trough 물대야. ——tube 세탁(洗濯)통.
Washed coal 세탄(洗炭).

Washer 워셔(座金). Elastic cup——탄성배형(彈性杯形)워셔. Perfolated ——, Pulverizer ring 다공판(多孔板) 또는 링(環). Spring——스프링워셔. (Fig. 370).

Washing machine 세탁기(洗濯機). Dish——machine 접시 씻는 기계(機械).

Waste 웨스트. 누더기. ——heat or exhaust boiler 폐열(廢熱)보일러(디이젤의 배기(排氣)로 끓이는 보일러). ——steam pipe 폐기관(廢氣管).

Watch 당직(當直). 청수(聽守)(무전(無電)).

Water ballast or Ballast——물 밸러스트. ——ballast suction 물 밸러스트 흡입(吸込). ——boat or——tender 급수선(給水船). ——boiler 탕비기(湯沸器). ——brake 물 브레이크. ——can 물 담는 관(罐). ——closet W.C. 변소. 대변기(大便器). ——cooling 수냉(水冷). ——course 배수도(排水道). Side——course 선측 배수로(船側排水路). ——cylinder 물 실린더. ——filter 물 여과기(濾過器). ——funnel 깔때기. ——gauge 수면계(Fig. 202). ——gauge glass 수면계(水面計)유리. ——hammering action 수격작용(水擊作用), 수추작용(水槌作用). ——head or head of——수두(水頭). ——horsepower 수마력(水馬力). ——injection 물 분사(噴射). ——jacket 물재킷(냉각수(冷却水)가 지나는 곳). Cooling——jacket 냉각수(冷却水)재킷. ——line 수선(水線). Light——line 경하흘수선(輕荷吃水線). ——line paint 수선부(水線部)페인트. ——meter 수량계(水量計). ——plane area coefficient 수선 면적계수(水線面積係數) (=수선면적(水線面積)÷배의 길이×선폭(船幅)=0.67~0.87(만재흘수선(滿載吃水線)에서). ——or hydraulic pressure 수압(水壓). ——proof 방수(防水), 내수(耐水). ——quenching 물 소입(燒入). ——rate 증기소비율(蒸氣消費率). ——receiver 물용기(容器). ——rheostat 물 저항기(抵抗器). ——screen(보일러) 물 냉벽(冷壁). ——seal 수봉(水封)(물이나 가스로서 공기(空氣)를 봉(封)하는 것). —— ——seasoning 침수고갈(浸水枯渴)(목재(木材)를 물에 담그어 진을 뺀다). ——service 배수장치(配水裝置). ——service plan 배수관도(配水管圖). ——softener 연수기(軟水器). ——space (보일러) 물 부분(部分). ——spout 회오리. ——or Hydraulic test 수압시험(水壓試驗), 수밀시험(水密試驗). ——tender 급수선(給水船). ——tight 수밀(水密). ——tight bulkhead 수밀격벽(水密隔壁). ——tight cable gland 수밀 전선 관통철물(水密電線貫通鐵物). —tight compartment 수밀구획실(水密區劃室). ——tight door 수밀문(水密門)(Fig. 470). ——tight flat 수밀(水密)마루, 수밀 갑판(水密甲板). ——tight floor 수밀 플로어. ——tight joint 수밀(水密)이음. ——

tight pitch 수밀(水密)피치(리벳). ——tight sluice door 수밀(水密) 미끄럼 문(滑門)(Fig. 471). ——tight subdivision 수밀구획(水密區劃). ——tight test 수밀시험(水密試驗). ——tight work 수밀공사(水密工事). ——trap, steamer trap, or Drain trap 증기(蒸氣)또는 드레인 트랩(증기관(蒸氣管)내에 모이는 드레인을 방출(放出)하는 장치(裝置)). ——tube boiler 수관(水管)보일러(Fig. 68). ——tumbler 큰 컵. ——wall 수관벽(水管壁)(수관(水管)보일러)(Fig. 68⑤). ——way or Gutter waterway 거터 워터웨이, 현측수도(舷側水道)(Fig. 192 ④). ——way 워터웨이(Fig. 496⑤). Thin ——way 부(副)워터웨이(Fig. 496④).

Watt hour meter 적산전력계(積算電力計). ——meter 전력계(電力計). Integrating——meter 적산전력계(積算電力計).

Fig. 470 Watertight door

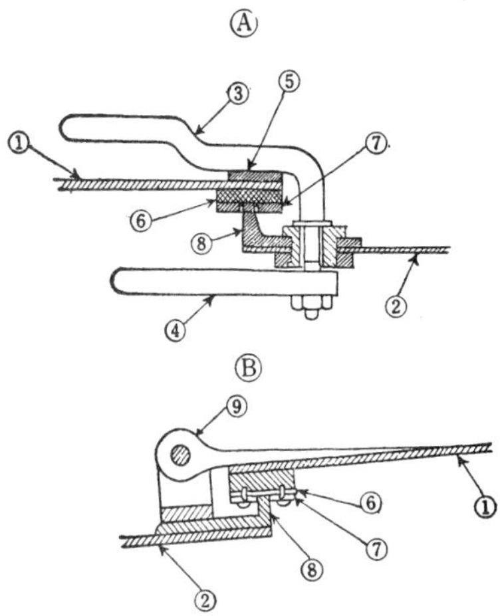

수밀문(水密門)

① Door plate 문짝판(板). ② Bulkhead plate 격벽판(隔壁板). ③ Dog handle 눌림 핸들. ④ Handle 핸들(③의 연동(聯動)). ⑤ Tapered wedge 기울기가 붙은 쐐기. ⑥ Rubber 고무 판(板). ⑦ Strip 눌림 쇠. ⑧ Tongue piece 문틀 연재(緣材). ⑨ Hinge 경첩.

Wave 파(波). Bow——선수파(船首波). Continuous——C.W. 지속전파(持續電波). Damped——감쇠파(減衰波)〘電〙. Divergent——8자파(八字波). Trochoidal—— 트로코이드파(波)(물분자(分子)의 회전(回轉)에 의하여 생기는 파(波). Undamped——비감쇠파(非減衰波). ——creat 파정(波頂). ——front 파선(波先), 파면(波面), ——guide 도파관(導波管)(레이다). ——height 파고(波高). ——hollow 파저(波底). ——horse power 조파 유효마력(造波有効馬力). ——length 파장(波長). ——making length 조파장(造波長). ——making resistance 조파저항(造波抵抗). ——pattern 파모양(波模樣). ——period 파주기(波周期). Apparent——period 파(波)의 겉보기의 주기(周期). ——profile 파형(波形). ——scale 풍랑계급(風浪階級). ——slope 파경사(波傾斜). ——steepness 파조도(波粗度). ——subduer 진파장치(鎭波裝置). ——surface 파면(波面). ——trough 파저(波底). ——

Fig. 471 Watertight sluice door

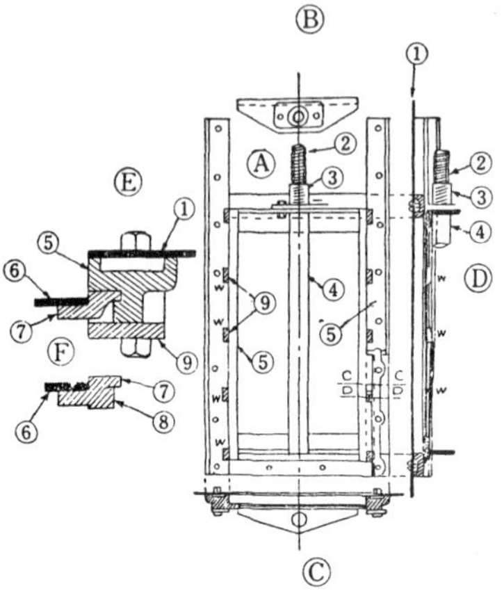

수밀미끄럼 문(水密滑門)

Ⓐ Elevation 정면도(正面圖). Ⓑ Top plan 정부평면도(頂部平面圖). Ⓒ Bottom plan 저부평면도(底部平面圖). Ⓓ Sectional elevation 절단측면도(切斷側面圖). Ⓔ Section CC 단면도(斷面圖). Ⓕ Section DD 단면도(斷面圖). ① Bulkhead plate 격벽판(隔壁板). ② Screw rod 나사봉(棒)(빠르게 하기 위하여 3중으로 만들어져 있다). ③ Nut 너트. ④ Cover for screw rod 나사 로드 커버. ⑤ Cast iron frame 주철(鑄鐵)틀. ⑥ Door 문짝판(板). ⑦ Cast Brass frame 놋쇠틀. ⑧ Cast iron wedge 주철(鑄鐵)쐐기. ⑨ Steel face piece 강철(鋼鐵)눌림쇠.

Fig. 472 Web frame

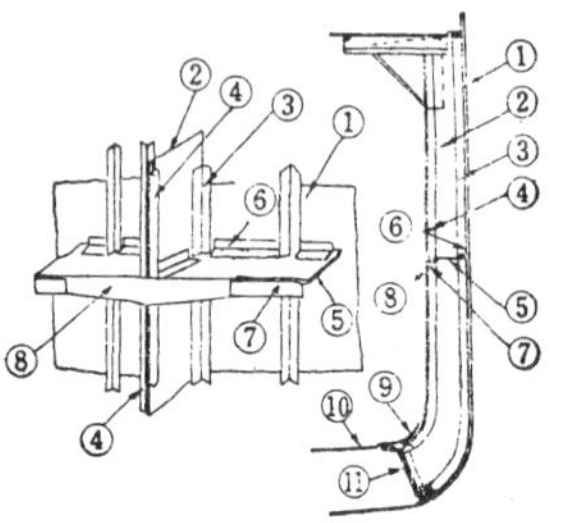

특설(特設)프레임

① Shell plating 외판(外板). ② Web plate 웨브판(板). ③ Shell angle 외판고착산형재(外板固着山形材). ④ Face angle 내연산형재(內緣山形材). ⑤ Stringer plate 종재판(縱材板). ⑥ Shell angle 외저고착산형재(外底固着山形材). ⑦ Face angle 내연산형재(內緣山形材). ⑧ Half diamond plate 반(半) 다이아몬드판(板). ⑨ Gusset plate 거세트 판(板). ⑩ Tank top plate 2중저정판(二重底頂板). ⑪ Margin plate 2중저연판(二重底緣板).

Fig. 473 Welded part

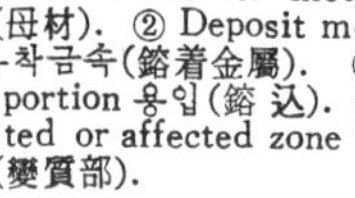

용 접 부

① Parent or mother metal 모재(母材). ② Deposit metal 용착금속(鎔着金屬). ③ Fuse portion 용입(鎔 込). ④ Effected or affected zone 변질부(變質部).

velocity 파속(波速). ——wake 파반류(波伴流).

Wax 왁스(石臘)(Paraphine으로 만든다). Belt——벨트 왁스. egetable——나무 왁스. ——cloth 왁스칠된 직포(織布).

Way end pressure 고정대 단압(固定台端壓)(진수(進水)).

Wear and tear 쇠모(衰耗), 자연쇠모(自然衰耗). **Wearing** 쇠모(衰耗), 하수선회(下手旋回)(범선항법(帆船航法)).

Weather adjustment 천후조정(天候調整). ——board 수반판(水返板). 삽판

(揷板)(비수밀개구(非水密開口)). ——chart 천기도(天氣圖). ——deck 노천갑판(露天甲板), 폭로갑판(暴露甲板). ——effect 천후영향(天候影響). ——forecast 천기예보(天氣豫報). ——helm 웨터 헬름. ——intensity coefficient 천후계수(天候係數). ——ladder 노천(露天)사다리. ——shed 처마. ——ship 기상 관측선(氣象觀測船). ——side 풍상현(風上舷). ——symbol 천기부호(天氣符號). ——tight 노천수밀(露天水密). 풍우밀(風雨密). **Weathering** 풍화작용(風化作用).

Weaving bead 위빙 비이드, 횡요(横搖)비이드 〔鎔〕.

Web 웨브, 역골(力骨). Crank—— or Crank arm 크랭크 아암(Fig. 130③). Hatch—— or shifting beam 해치 비임(Fig. 211⑫). Slotted——절입(切込)웨브(Fig. 269). ——beam 웨브 비임, 특설(特設)비임(Fig. 260③). ——frame 특설(特設)프레임(Fig. 260, 472⑯).

Wedge 쐐기. Emerged——노출(露出)쐐기 부(部). (Fig. 171②). Hatch——해치 쐐기(Fig. 211 ⑧ 체착봉(締着棒) Batten bar를 누르기 위하여 때려 넣는다). Immersed——침하(沈下)쐐기 부(部)(Fig. 171①). Mast——마스트 쐐기(상갑판(上甲板)에서 마스트의 주위에 때려서 넣는다).

Weeping rivet 누수(漏水) 리벳(눈물을 흘릴 정도의 누수(漏水)리벳).

Weigh anchor 앵커 올리기. ——or reversing shaft 역전축(逆轉軸). **Weighing** table 대반(台盤)(시험기(試驗機)), 접시 저울.

Weight 무게, 분동(分銅). —— and capacity 중량(重量)과 용적(容積). Apparent——겉보기의 중량(重量)〔종요(縱搖), 횡요(横搖)〕. Balance or Counter——균형(均衡)잡는 중량물(重量物). Chart——해도용(海圖用)웨이트. Hull——선체중량(船體重量). Launching——진수중량(進水重量). Machinery——기관중량(機關重量). Poise——작은 말 분동(分銅)(저울). ——curve 중량곡선(重量曲線)(Fig. 391①). ——ton 중량톤(重量噸). 1톤=2240파운드〔英톤 또는 롱톤〕. 1톤=2000파운드〔美톤 또는 셔트 톤〕. 1톤=1000kg〔韓킬로톤〕. 1=롱톤1.12셔트 톤=1,016킬로톤. 1셔트톤=0.893롱톤=0.901킬로톤. 1킬로톤=0.984롱톤=1,102셔트톤.

	단 위 (單位)	해 수 (海水)	청 수 (淸水)	연료유 (燃料油)	디이젤 기 름	윤활유 (潤滑油)	가솔린
1 톤	ft^3	35	36	38	41.5	43	50
〃	갤 론		269.3	284.2	310.4	321.6	374.0
〃	베 럴			6.77	7.39	7.39	8.9
1 ($1ft^3$)	파운드	64	62.2	58.94	53.98	52.0	44.8
1 발 렐	파운드			331	303	292.5	251.5

1톤=2240파운드　　1입방(立方)피이트=7.48갤론

1발렐=42갤론=5.61입방(立方)피이트.

이상(以上)의 숫자(數字)는 대략치(大略値)를 나타낸다. 기름은 비중(比重)에 있어서 상당(相當)한 차이(差異)가 있으므로 주의(注意)를 요한다.

Weir's pump 웨이어 펌프(급수(給水)).

Weld metal 용착금속(鎔着金屬). **Welded** joint 용접(鎔接)이음, 단접(鍛接)이음. ——part 용착부(鎔着部)(Fig. 473). **Welding** 용접(鎔接), 단접(鍛接). Acetylene——아세틸렌 용접(鎔接), Arc——아아크 전호용접(電弧鎔接). Electric arc——아아크 용접(鎔接)(Fig. 474). Electric——전기용접(電氣鎔接). System of electric welding 전기용접 방식(電氣鎔接方式)(Fig. 476). Type of electric welding 전기용접 방법(電氣鎔接方法)(Fig. 475). Electric resistance——전기저항용접(電氣抵抗鎔接). Fillet—필리트용접(鎔接)(Fig.478). Full or Heavy——연속용접(連續鎔接), 중용접(重鎔接)(Fig.475①②). Gas——가스 용접(鎔接). Horizontal——수평용접(水平鎔接). (Fig.413④). Intermittent——단속용접(斷續鎔接)(Fig. 477). Intersection of **Welding** 용접(鎔接)의 교차(交叉). (Fig. 480). Light——경용접(輕鎔接)(Fig.475③). Liner——of girder 거어더 라이너 붙이기 용접(鎔接)(Fig. 479). Line——(Resistance welding) 선용접(線鎔接) (저항용접(抵抗鎔接)). Overhead——상향용접(上向鎔接) (Fig.

Fig. 474 Electric arc welding

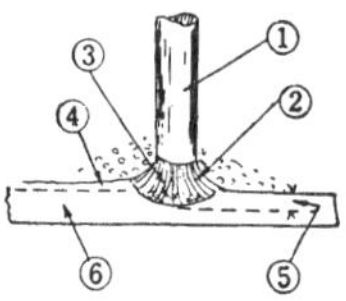

아아크 용접(鎔接)

① Electrod 용접봉(鎔接棒). ② Arc 호광(弧光). ③ Molten pool 용융지(鎔融池). ④ Deposite metal 용착금속(鎔着金屬). ⑤ Fused portion 용입(鎔込). ⑥ Parent metal 모재(母材).

Fig. 476 System of electric welding

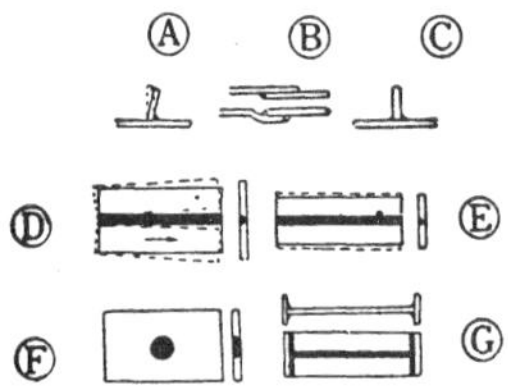

전기용접방식(電氣鎔接方式)

ⒶⒷⒸ Free type 자유형(自由型). Ⓓ Semi rigid type 반강형(半剛型). Ⓔ Rigid type 강형(剛型). ⒻⒼ Fixed type 고정형(固定型).

Fig. 475 Type of electric welding

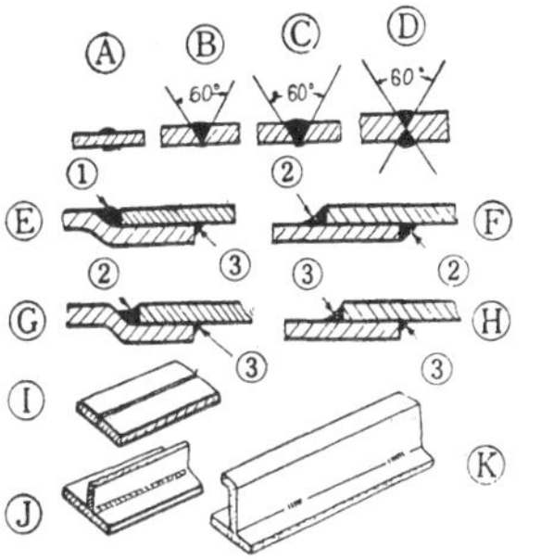

전기용접방법(電氣鎔接方法)

Ⓐ I weld I형 용접(I型鎔接). Ⓑ V weld V형 용접(V型鎔接). Ⓒ V weld with root parallel V형용접(V型鎔接) 개선단 평행부(開先端平行部)를 가진다. Ⓓ X weld X형용접(X型鎔接). Ⓔ Lap weld (Joggled) 겹치기 용접(鎔接). Ⓕ Lap weld 겹치기 용접(鎔接). Ⓖ Lap weld 겹치기 용접(鎔接). 단부용접(段付鎔接). Ⓗ Lap weld 겹치기 용접(鎔接). Ⓘ Butt weld 충합용접(衝合鎔接). Ⓙ Fillet weld 필리트용접(鎔接). Ⓚ Angle inverted(Intermittent) 산형재역부(山形材逆付), 단속용접(斷續鎔接). ① & ② Heavy or full weld 중용접(重鎔接). ③ Light weld 경용접(輕鎔接).

Fig. 477 Intermittent welding

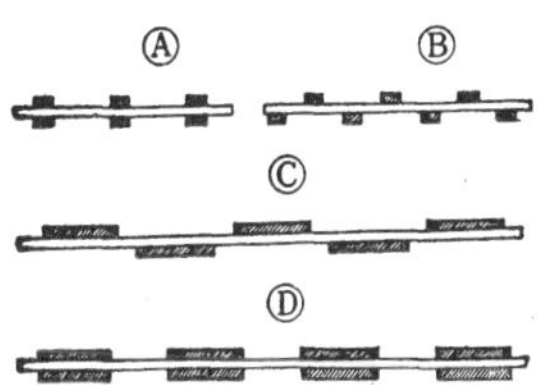

단속용접(斷續鎔接)

Ⓐ Chain welding 병열용접(並列鎔接). Ⓑ Staggered or Zigzag weldin 지그재그형 용접(鎔接). Ⓒ Staggered increment welding 지그재그형 장용접(長鎔接). Ⓓ Chain increment welding 병열장용접(並列長鎔接).

Fig. 478 Fillet welding

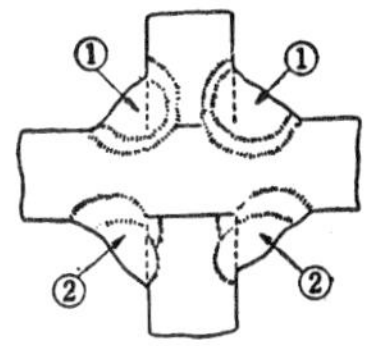

필리트용접(鎔接)

① Deep fillet 깊은 필리트 용접(鎔接).
② Ordinary fillet 보통필리트용접(鎔接).

Fig. 479 Liner welding of girder

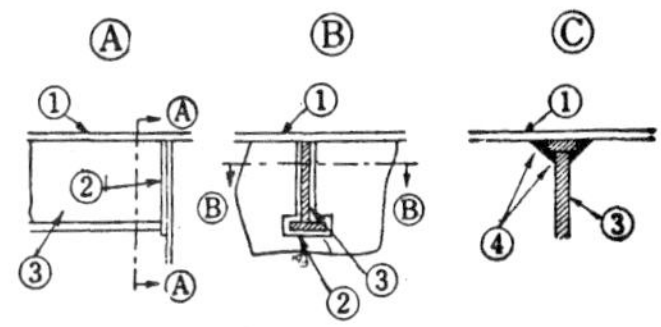

거어더의 이어 붙이기 용접(鎔接)

Ⓐ Elevation 정면도(正面圖). Ⓑ Section AA 단면도(斷面圖). Ⓒ Section BB 단면도(斷面圖). ① Deck 갑판(甲板). ② Liner 이어 붙이는 쇠(라이너) ③ Girder 갑판하(甲板下)거어더. ④ Fillet welding 필리트 용접(鎔接).

Fig. 480 Intersection of welding

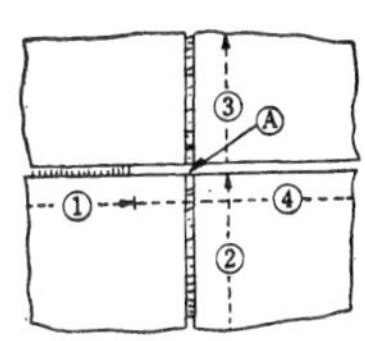

용접(鎔接)의 교차(交叉)

용접(鎔接)의 교차(交叉) ①②③④는 용접(鎔接)의 순서 방향(順序方向)을 나타낸다.

Fig. 481 Plug welding

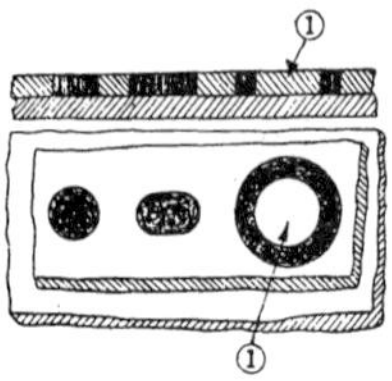

플러그 용접(栓鎔接)
① Cooling metal 냉각(冷却)쇠.

Fig. 482 Progressive block welding

점진(漸進)블록 용접(鎔接)
Ⓐ Plan 평면도(平面圖). Ⓑ Section AA 단면도(斷面圖). Ⓒ Cross Section 횡단면도(橫斷面圖). 1, 2, 3 Sequence of weld 용접순서(鎔接順序). ④ Chip end of beads 비이드의 깎는 선(線).

Fig. 483 Skip back welding

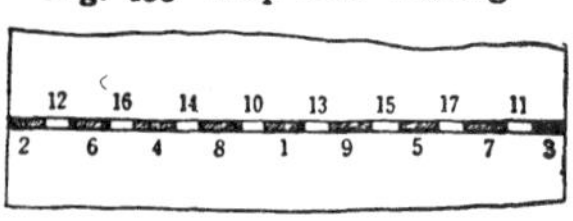

비비용접법(飛飛鎔接法)
1, 2, 3, 4, 5, 6, 7, 8, 9, 10, 11, 12, 13, 14, 15, 16, 17 용접순서(鎔接順序)를 나타낸다.

Fig. 484 Spot welding

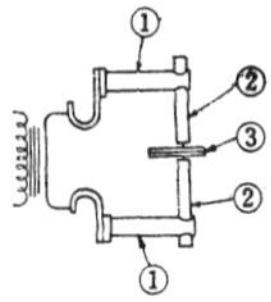

점용접(點鎔接)
① Horn 용접봉 유지기(鎔接棒維持器). ② Electrode 용접봉(鎔接棒). ③ Metal to be welded 용접(鎔接)할 금속(金屬).

Fig. 485 Welding construction

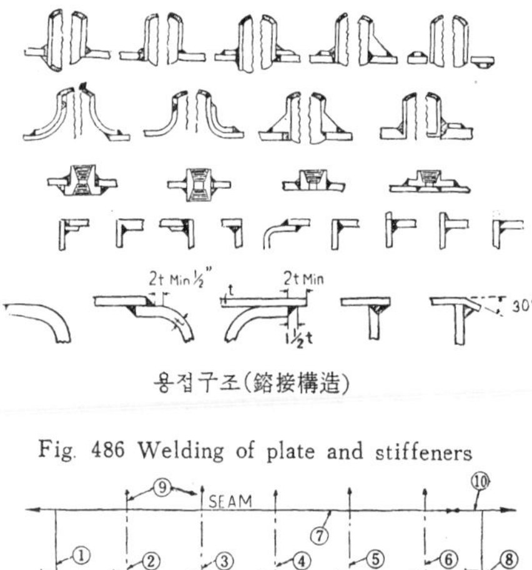

용접구조(鎔接構造)

Fig. 486 Welding of plate and stiffeners

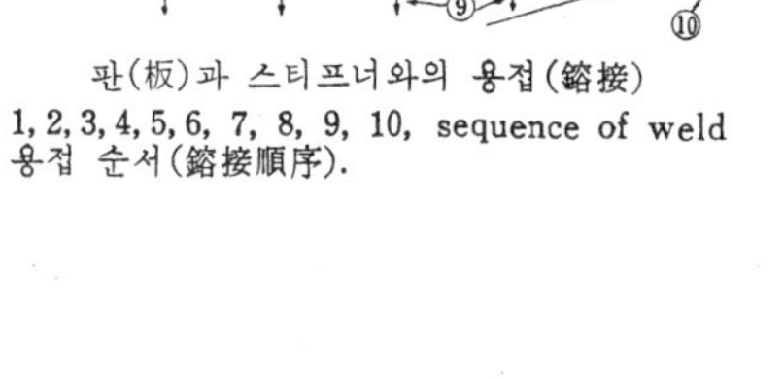

판(板)과 스티프너와의 용접(鎔接)
1, 2, 3, 4, 5, 6, 7, 8, 9, 10, sequence of weld 용접 순서(鎔接順序).

413③). Oxy-acetylene——산소(酸素)아세틸렌 용접(鎔接). Oxy-hydrogen——산수소 용접(酸水素鎔接). Plug——플러그 용접(鎔接). (Fig. 481). Progressive block——점진(漸進)블록 용접(鎔接)(Fig· 482). Skip back welding 스킾 백(비비용접법(飛飛鎔接法)(Fig. 483)). Spot——점용접(點鎔接)(Fig. 484). Tack or Intermittent——가용접(假鎔接), 단속용접(斷續鎔接)(Fig. 477). Thermit——테르밋 용접(鎔接)(☞ thermit). Vertical——입향 용접(立向鎔接)(Fig. 413⑤). ——construction 용접구조(鎔接構造)(Fig. 485). ——machine 용접기(鎔接機). ——of plate and stiffeners 판(板)과 스티프너와의 용접(鎔接), (Fig. 486). ——of splice 첨판의 용접(鎔接). ——arc voltage 아아크 전압(電壓). ——cable 용접(鎔接)케이블. ——current 용접전류(鎔接電流). ——flame 용접 불꽃(鎔接炎). ——head 용접(鎔接)해드(자동용접기(自動鎔接機)의 자주두부(自走頭部)). ——heat 용접열(鎔接熱). ——jig 용접용(鎔接用)지그. ——lead 용접(鎔接)케이블. ——operator 용접공(鎔接工). ——pressure 용접가압력(鎔接加壓力). ——process 용접법(鎔接法)(이것을 분류(分類)하면 (A) Pressure welding 압접법(壓接法), (B) Fuse welding 용융법(鎔融法), (C) Soldering 납땜법(鑞付法)의 3종류(三種類)가 된다. 또 Pressure welding (A)에는 (1) Forging 단접법(鍛接法), (2) Resistance welding 저항용접(抵抗鎔接)의 두 방법(方法)이 있다. 이 중의 Resistance welding에는 (2a) D.C. welding 직류법(直流法)과 (2b) A.C. welding 교류법(交流法)이 있으며, 더욱이 교류법(交流法)에는 (2b—1) Sewing weld 전봉법(電縫法), (2b—2) Spot weld 점용접(點鎔接), (2b—3) Butt weld 충합법(衝合法), (2b—4) Projection weld 방사법(放射法)이 있다. 그 중의 Butt weld(2b—3)에는 Up-set weld 엎셑(据込)법과 Flash weld 불꽃방법이 있다. 다음으로 Fuse welding (B)에는 (1) Arc welding 아아크 용접(鎔接), (2) Thermit welding 테르밋 용접(鎔接), (3) Gas welding 가스용접(鎔接)의 3방법(方法)이 있다. 이 Arc welding (1)은 (1a) A.C. Arc 교류(交流)아아크 법, (1b) D.C. Arc 직류(直流 아아크법으로 2분(二分)되며, A.C. Arc(1a)에는(1a—1) Atom hydrogen arc 원자수소(原子水素)아아크 법(法), (1a—2) Metal arc 금속(金屬)아아크 법(法). (1a—3) Protected arc 보호(保護)아아크법(法)의 세 가지가 있으며, D.C. Arc (1—b)에는 (1b—1) Metal arc 금속(金屬)아아크 법, (1b—2) Carbon arc 탄소(炭素)아아크 법, (1b—3) protected arc welding 보호(保護)아아크 법, (1b—4) Non-protected arc 불보호(不保護)아아크 법의 네가지가 있다. Gas welding(3)에는 (3-a) Air acetylene 공기(空氣)아세틸렌법, (3-b) Oxy-acetylene 산소(酸素) 아세틸렌법, (3-c) Oxygen-other gas 산소(酸素)와 다른 가스의 혼합법(混合法)과의 세가지가 있다. 최후(最後)의 Soldering (C)에는 (1) Hard soldering 놋쇠납땜법과 (2) Soft soldering 납땜법이 있다). ——procedure 용접시공법

(鎔接施工法)(이에는 ① Back step method 후퇴법(後退法), ② Skip back or Wandering method 비비법(飛飛法), ③ Progressive block method 점진(漸進)블록법이 있다). ——quality 단접법(鍛接法). ——rod 용접봉(鎔接棒). ——rod extrusion press 용접봉 자동도장기(鎔接棒自動塗裝機). ——sequence 용접순서(鎔接順序). ——shop 용접공장(鎔接工場). ——source 용접전원(鎔接電源). ——stress 용접응력(鎔接應力). ——symbols 용접기호(鎔接記號). ——technique 용접기술(鎔接技術). ——tip 용접화구(鎔接火口). ——torch 용접(鎔接)토오치, ——transformer 용접변압기(鎔接變壓器) **Weldment** 용접물(鎔接物).

Well 저장(貯藏) 또는 모우는 곳. Bilge——빌지 웰. Hold——창내(艙內) 빌지 웰. Engine room——기계실(機械室)빌지 웰. Hot——온수저장기(溫水貯藏器)(복수기(復水器)로부터 온 탕수(湯水)를 모운 것). Tunnel——터널 빌지웰, 축로(軸路)빌지웰, **Well** 선루간(船樓間)의 상갑판(上甲板). ——deck vessel 웰 갑판선(甲板船)(Fig. 440).

Wet air pump 습식 공기(濕式空氣)펌프. ——combustion chamber boiler 습연실(濕燃室)보일러. (Fig. 66). ——or Liquid compass 액체(液體)컴퍼스(Fig. 119). ——dock or basin 계선(繫船) 도크, 조류입안벽(潮流入岸壁). ——process 습식(濕式)(휴지(休止)보일러의 보존법(保存法)). ——provision 습기(濕氣)가 있는 식료품(食料品), 담은 물건(김치 등). ——steam 습증기(濕蒸氣). **Wetted** surface area 침수면적(浸水面積).

Whale back steamer 귀배갑판기선(龜背甲板汽船)(Fig. 437, 488). ——boat 포경선(捕鯨船). ——catcher 포경선(捕鯨船). ——factory ship 포경공선(捕鯨工船). ——gun 포경포(捕鯨砲). ——mother ship 포경모선(捕鯨母船). ——or turret deck 귀배갑판(龜背甲板). ——oil 경유(鯨油). ——scouting vessel 탐경선(探鯨船). ——winch 고래 인양(引揚)윈치. **Whaler** 포경선(捕鯨船).

Wharf 부두(埠頭), 파지장(波止場). ——crane 부두(埠頭)크레인. **Wharfage** 부두료(埠頭料). **Wharfinger** 부두 관리인(埠頭管理人).

Wheel 차륜(車輪). Bevel——베벨치차(齒車)(Fig. 45). Cock or Idle——or Idler 유차(遊車), 중간차(中間車). Cog——감합치차(嵌合齒車). Disc——익차(翼車)(터어빈). Driven——수동차(受動車). Driving——동차(動車). Fly——프라이 휘일. Frictional——마찰차(摩擦車). Gear——대치차(大齒車), 모치차(母齒車). Gypsy or Sprocket——짚시 바퀴, 쇄차(鎖車)(Fig. 108). Hand——핸들차(車). Mitre——연규 치차(齒車). Paddle——외차(外車). Ratchet——or Ratchet 라켓트 치차(瓜齒車)(Fig. 311). Rotor——익차(翼車). Sprocket——or Wild cat 짚시 바퀴(Fig. 108). Spur——평치차(平齒車). Steering——타취륜(舵取輪). Toothed——치차(齒車). Turbine——터어빈 익차(翼車). Turning——회전륜(回轉輪). Worm——워엄 치차(齒車)

(Fig. 497). ——house 타취실(舵取室). ——rotor 휘일로오터——stage 익차단(翼車段)(터어빈).

Whip 소활차(小滑車)(Fig. 398①).

Whirling 흔들며 도는 것.

Whistle buoy 기적(汽笛)부이〔물의 동요(動搖)에 의하여 항상 기적(汽笛)이 울리도록 된 구조(構造)의 경계용(警戒用)부이〕.

Whist table 트럼프 대(台).

White diamond shape 백색(白色)마름모꼴 형상물(形象物). ——heart malleable iron 백심가단주철(白心可鍛鑄鐵). ——lead paint 백연(白鉛)페인트. ——light 백등(白燈). ——metal 화이트 메탈(주석(錫) 83~87%. 안티모니 8~10%, 동(銅) 5~7%의 합금(合金), 축받침 등에 사용한다). ——pig iron 백선철(白銑鐵). (제강용(製鋼用)). ——spot 백점(白點)(니켈 강(鋼) 등 내에 수소(水素)때문에 생기는 백휘점(白輝點). ——zinc paint 백아연(白亞鉛)페인트.

Whitworth screw thread 위트워드 나사.

Wick cutting scissors 등(燈)심지 가위(램프). **Wicker** chair 곡목(曲木)의자.

Wind scale(Beaufort scale)
풍력 계급(風力階級)(뷰포오트 스케일)

번 호(番號)	바람의 명칭(名稱)		바람의 속도(速度)	
			미터/초	노 트
0	Calm	정 온(靜 穩)	0.0— 0.3	1미만
1	Light air	지경풍(至輕風)	0.3— 1.6	1— 4
2	Light breeze	경 풍(輕 風)	1.6— 3.4	4— 7
3	Gentle breeze	연 풍(軟 風)	3.4— 5.5	7—11
4	Moderate breeze	화 풍(和 風)	5.5— 8.0	11—17
5	Fresh breeze	질 풍(疾 風)	8.0—10.8	17—22
6	Strong breeze	웅 풍(雄 風)	10.8—13.9	22—28
7	Moderate gale	강 의(强 風)	13.9—17.2	28—34
8	Fresh gale	질강풍(疾强風)	17.2—20.8	34—41
9	Strong gale	대강풍(大强風)	20.8—24.5	41—48
10	Whole gale	전강횡(全强風)	24.5—28.5	48—56
11	Storm	폭 풍(暴 風)	28.5—32.7	56—64
12	Hurricane	태 풍(颱 風)	32.7—37.0	64—72

Wide blade (프로펠러) 폭(幅)넓은 날개. ——liner 폭넓은 라이너. **Widely** spaced beam 특설(特設)비임. ——spaced pillar 특설(特設)필러 (Fig. 259 ㉝).

Winch 윈치, 양화기(揚貨機), 권양기(捲揚機). Cargo——하역(荷役)윈치. Coaling——석탄(石炭)윈치 Crab——이동(移動)윈치. Double purchase ——복동(複動)윈치. Electric——전기(電氣)윈치. Hydraulic——수압(水壓) 윈치(Fig. 218). Warping——줄감기 윈치. ——bed 윈치 대(台). ——or auxiliary condenser 보조복수기(補助復水器).

Wind channel 풍동(風洞). ——current or drift 표면류(表面流). ——direction 풍향(風向). ——direction effect coefficient 풍향 영향 계수(風向影響係數). ——force 풍력(風力). ——resistance 풍압저항(風壓抵抗). ——sail 윈드 세일(직포제 환기통(織布製換氣筒). ——scale 풍력계급(風力階級)(부록(付錄)). ——scooper or shoe 바람넣기. ——screen 방풍막(防風幕). ——tunnel or Air channel 풍로(風路). 풍동(風洞). ——velocity 풍속(風速). ——loss 바람손실(損失).

Windage or Fan resistance 조풍저항(造風抵抗).

Winding 권선(捲線). Armature——전기자 권선(電機子捲線). Field——계자권선(界磁捲線). Rotor——로오터 권선(捲線). ——stairs 나선계단(螺旋階段). Stator——고정자권선(固定子捲線).

Windlass 윈드러스, 양묘기(揚錨機). Electric——전기(電氣)윈드러스(Fig. 487). ——or carrick bitt 윈드러스 기둥.

Window 창(窓). Spring balanced——glass 스프링으로 평형(平衡)을 잡은 창(窓)유리(Fig. 489). ——wiper 창(窓)닦이.

Wing bulkhead 익격벽(翼隔壁). ——furnace 측로(側爐). ——tank 현측(舷側)탱크(Fig. 403). ——pump 윙 펌프(Fig. 488). ——transom 선미횡익재(船尾橫翼材)〖木〗.

Winter freeboard 동기건현(冬期乾舷). ——north atlantic load line 동기북대서양 만재흘수선(冬期北大西洋滿載吃水線). ——timber load line 목재동기 만재 흘수선(木材多期 滿載吃水線)(Fig. 192).

Wiped joint of lead pipe 연관(鉛管)의 납땜 이음.

Wire 철사. ——and sheet

Fig. 487 Motor windlass

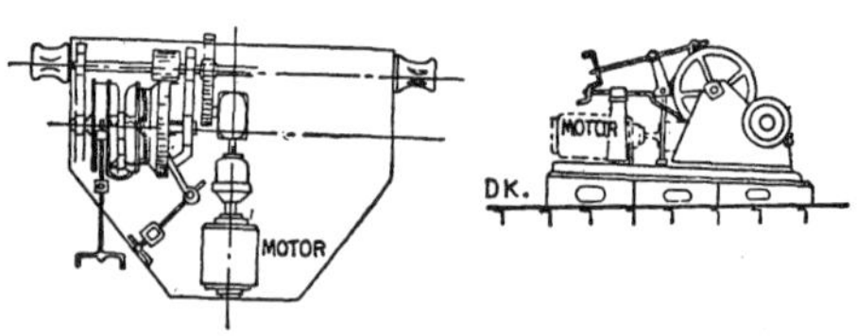

전동(電動)윈들러스

Fig. 488 Wing pump

윙 펌프

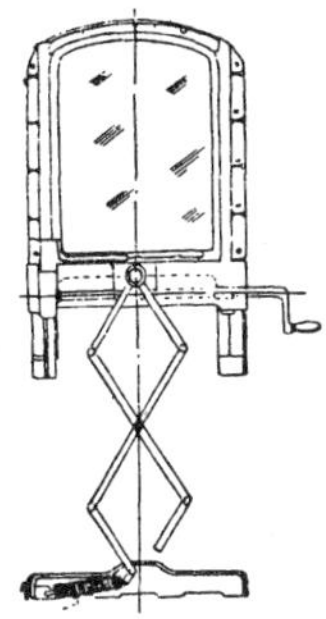

Fig. 489. Window (Spring balanced)

창(窓)(스프링 평형식(平衡式))

Fig. 490 Wire rope(와이어 로우프)

호별(號別)	1호(1號)	2호(2號)	3호(3號)	4호(4號)	5호(5號)	6호(6號)
단 면	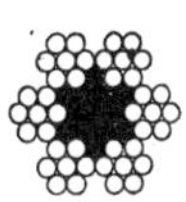	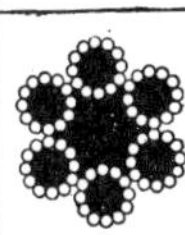		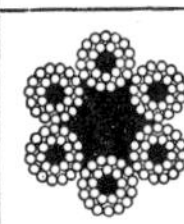	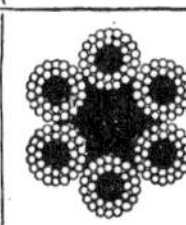	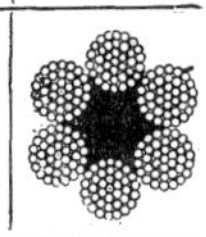
구성(構成)	7본선 6연 (7本線 6撚) 중심섬유(中心纖維)	12본선 6연 (12本線6撚) 중심(中心) 및 각 자승 중심 섬유 (子繩中心纖維)	19본선 6연 (19本線6撚) 중심섬유(中心纖維)	24본선 6연 (24本線6撚) 중심(中心) 및 각자승중심섬유(子繩中心纖維)	30본선 6연 (30本線6撚) 중심(中心) 및 각자승중심섬유(子繩中心纖維)	37본선 6연 (37本線 6撚) 중심섬유(中心 纖維)
구성기호(構成記號)	6×7	6×12	6×19	6×24	6×30	6×37

metal gauge 철사와 박판(薄板)치수 표준(標準) Brown & Sharpe standard(B&S), National wire standard(NW), United State Standard(USS), Birminghum standard(B)등이 있다. (Fig. 201). ——clip 와이어 클립(눌림), ——drawing 조리개작용(絞作用)(증기(蒸氣)), 철사 빼내기, ——gauge 철사게이지(Fig. 201). ——gauze or Gauze——세목 철망(細目鐵網)(방화용(防火用)). ——guard glove 철망(鐵網)으로 보호(保護)된 전등(電燈) 커버. ——guy 공강(控綱)(보오트). ——reel 와이어·리일(와이어감는 바퀴). ——rope 와이어 로우프(Fig. 491). Strength——of rope 와이어 로우프의

Fig. 491 Wire rope (unlaid)

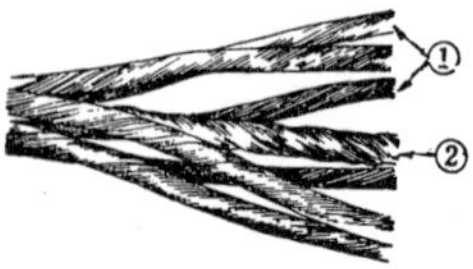

와이어 로우프

강삭(鋼索)(푼 상태(狀態))
① Strand 스트랜드(小綱)
② Hemp core 마심강(麻心綱).

Fig. 492 Worming of rope

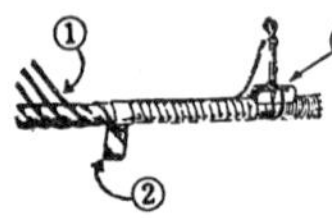

와이어 로우프의 보호(保護)

① Worming 적은 줄을 감는다.
② Parcelling 헝겊을 감는다.
③ Serving mallet 조이는 망치.

Fig. 493 Wood screw

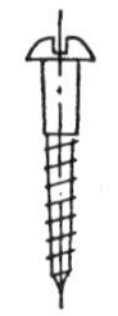

목 나사

Fig. 494 Wood ship construction (Bow part)

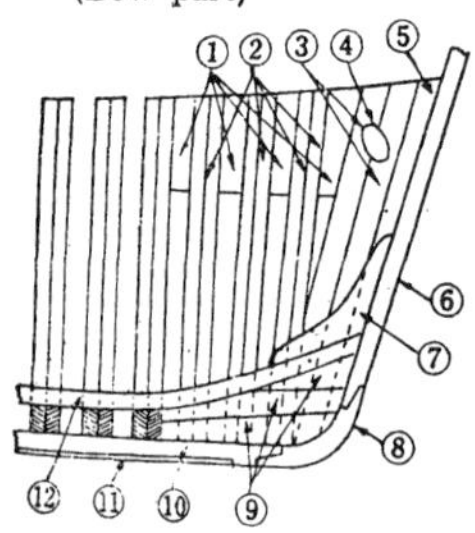

목선 선수구조木(木船船首構造)

① Filling timber 진재(塡材). ② Bevel frame 사늑골(斜肋骨). ③ Hawse timber 묘쇄공재(錨鎖孔材). ④ Hawse pipe 호우즈 파이프. 묘쇄관(錨鎖管). ⑤ Stem frame 선수늑골(船首肋骨). ⑥ Stem 선수재(船首材). ⑦ Bracket 브래킷(곡재(曲材)). ⑧ Gripe 곡재(曲材) 또는 Cut water 컬워터. ⑨ Dead wood 역재(力材). ⑩ Keel 용골(龍骨). ⑪ False keel 가용골(假龍骨). ⑫ Keelson 내용골(內龍骨).

Fig. 495 Wood ship construction (Stern part)

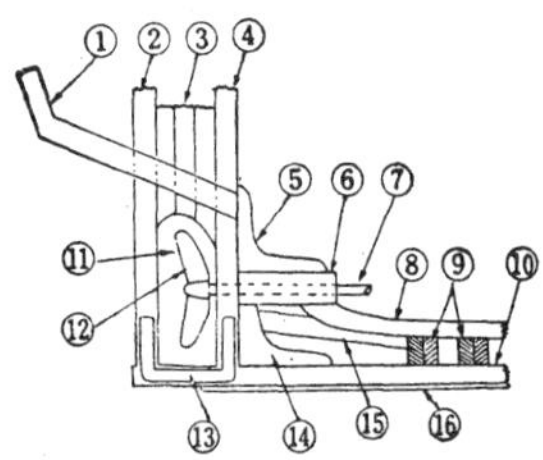

목선 선미구조(木船 船尾構造)

① Port timber 선미 종익재(船尾縱翼材). ② Rudder post 타주(舵柱). ③ Filling timber 진재(塡材). ④ Stern post 선미재(船尾材). ⑤ Bracket 브래킷. ⑥ Shaft box 관동재(管胴材). ⑦ Tail shaft 선미축(船尾軸). ⑧ Keelson 내용골(內龍骨). ⑨ Frame 늑골(肋骨). ⑩ Keel 용골(龍骨). ⑪ Screw aperture 프로펠러간격(間隔). ⑫ Propeller 프로펠러. ⑬ Shoe piece 슈우피이스. ⑭ Bracket 브래킷. ⑮ Dead wood 역재(力材). ⑯ False Keel 가용골(假龍骨).

강도(强度)(자강(子綱) 6가닥×철사(鐵糸) 24가닥의 와이어 로우프의 세기는 대략 다음과 같다. (로우프 둘레는 인치, 파단장력(破斷張力)은 톤,) 1″—2.9, 1 1/2″—6.45, 2″—11.7, 2 1/2—18.2, 3″—26.2, 3 1/2″—35.5, 4″—46.0, 5″—73, 6″—106.0 안전율(安全率)은 6~5). Testing of——rope

와이어 로우프 시험(試驗)(이에는 ① 로우프 시험(試驗). 와이어 로우프를 그대로 당긴다. ② Wire test 강선시험(鋼線試驗)철사(鐵糸) 1가닥씩 당겨서 총계(總計)한다. ③ Twisting test 비틂 시험(試驗). 철사(鐵糸)를 같은 지름의 철사(鐵糸)에 감아서 끊어질 때까지 비틀어서 그 회수(回數)를 헤아린다. ④ Winding test 감아붙이기 시험(捲付試驗). 철사(鐵糸)를 같은 지름의 철사(鐵糸)에 7번 감아붙이고 이것을 풀어서 끊어지지 않느냐를 보는 등의 시험(試驗)이 있다). Worming of——rope 와이어 로우프를 보호(保護)하기 위하여 감는 것 (Fig. 492). **Wiring** 배선(配線), 전로포설(電路布設). ——system 배선방식(配線方式).

Wireless 무선전신(無線電信). ——control 무선조종(無線操縦). ——direction finder or radio compass 라디오 컴퍼스, 무선방향탐지기(無線方向探知器). ——installation 무전장치(無電裝置). ——office or station 무전국(無電局). ——operator 통신사(通信士). ——room 무선실(無線室). ——telegraph 무선전신(無線電信). ——telephone 무선전화(無線電話). ——watcher 무선청취원(無線聽取員).

With the grain 섬유(纖維)에 따라서.

Withdrawal of class 선급탈퇴(船級脫退).

Withhold or Suspend 유보(留保).

Wood bay 목재저장장(木材貯藏場). ——deck 목갑판(木甲板). ——

Fig. 496 Wood ship construction (Midship section)

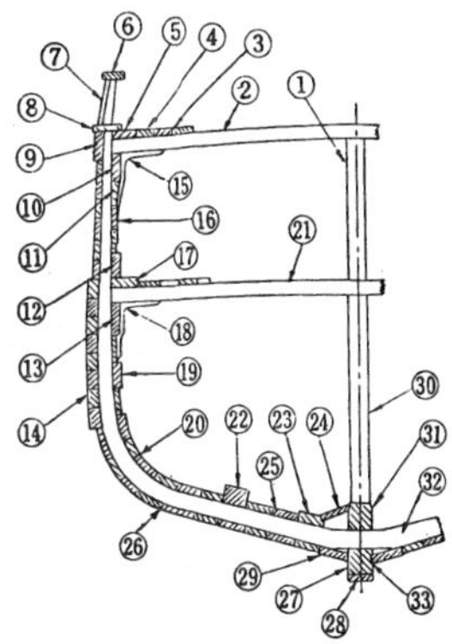

목선 중앙부 구조(木船中央部構造)

① Pillar 필러. ② Upper deck beam 상갑판(上甲板)비임. ③ U.D. plank 상갑판(上甲板). ④ Thin water way 부(副) 워터웨이. ⑤ Water way 워터 웨이(양압재(梁壓材)). ⑥ Bulwork rail 불워크 레일. ⑦ Bulwork 불워크(현장(舷墻)). ⑧ Plank sheer 현연재(舷緣材). ⑨ Sheer plank 현측후판(舷側厚板). ⑩ Beam shelf 양수재(梁受材). ⑪ Beam clamp 부양수재(副梁受材). ⑫ Spirketting 내부요판(內部腰板). ⑬ Beam shelf 양수재(梁受材). ⑭ Wales 외부요판(外部腰板). ⑮ Beam knee 비임니이. ⑯ Ceiling 내장판(內張板). ⑰ Water way 워터웨이(양압재(梁壓材)). ⑱ Beam knee 비임 니이. ⑲ Side stringer 현측(舷側)거어더. ⑳ Bilge strake 빌지외판(外板). ㉑ 2nd deck beam 제 2 갑판(第二甲板)비임. ㉒ Side keelson 측내용골(側內龍骨). ㉓ Limber strake 측내후판(側內厚板). ㉔ Limber board 림버 보오드(오수복판(汚水覆板)). ㉕ Ceiling 내장판(內張板). ㉖ Shell plank 외판(外板). ㉗ Keel 용골(龍骨). ㉘ False keel 가용골(假龍骨). ㉙ Garboard strake 용골익판(龍骨翼板). ㉚ Pillar 필러. ㉛ Keelson 키일손(중심선(中心線)). ㉜ Frame 늑골(肋骨). ㉝ Rabbet of keel 라벳(키일의 절입(切込)). (Fig. 307).

dodger 파제판(波除板)〔木〕. ——ferrule 목제(木製)폐루울(구륜(口輪))(Fig. 122 ⑪). ——furniture 목제가구(木製家具). ——lathe 목공선반(木工旋盤). ——nail 목정(木釘). ——pad 목침(보기대(補機台)등). ——pillar 목제(木製)필러. ——screen 목제(木製)간막이 판(仕切板). ——screw or bis 나무 나사(Fig. 493). ——sheathing 나무피복(被覆). (강갑판(鋼甲板) 위에 목갑판(木甲板)을 깐 것). ——sole under bollard 볼라아드 밑의 목대판(木台板). ——work 목공사(木工事), 목제품(木製品). ——worker's shop 목공장(木工場). ——vessel or ship, **Wooden** vessel or——ship 목선(木船). ——ship construction 목선구조(木船構造)(Fig. 494, 495, 496).

Woodite 우우다이트(진재재료(塡材材料)).

Work shop 공장(工場). Engineer——shop 기관공작장(機關工作場). **Worked** timber 가공재(加工材). **Worker** 작업원(作業員)〔漁船〕.

Working cylinder 작동(作動)실린더. ——done factor 작업률(作業率). ——drawing 제작도(製作圖). 시공도(施工圖). 현장도(現場圖). ——or running fit 동감합(動嵌合). ——light 작업등(作業燈). load 사용하중(使用荷重). ——pressure 사용압력(使用壓力). ——or allowable stress 사용응력(使用應力). ——combustion or impulse stroke 작용 행정(作用行程), 연소 행정(燃燒行程)(석유기관(石油機關)).

Fig. 497 Worm gear

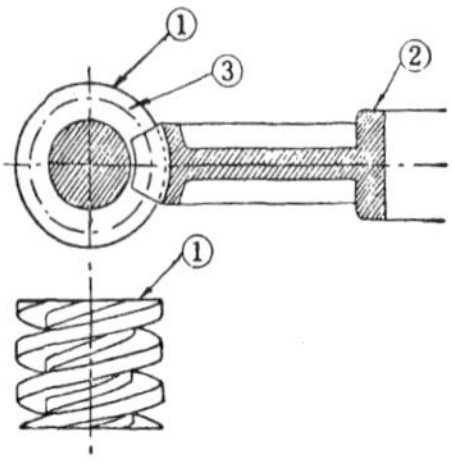

워엄 치차(齒車)

① Worm 워엄. ② Worm wheel 워엄바퀴. ③ Pitch circle 피치원(圓).

Fig. 498 Wrench of spanner

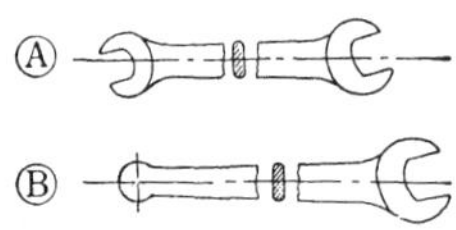

렌치 또는 스패너

Ⓐ Double head 양구(兩口)스패너.
Ⓑ Single head 편구(片口)스패너.

Fig. 499 Wrench or spanner

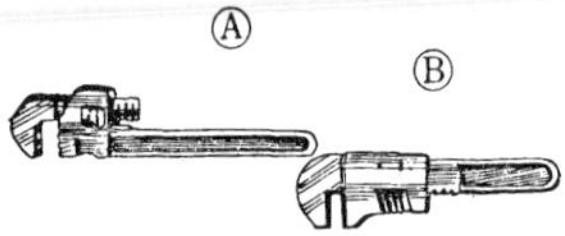

렌 치

Ⓐ Adjustable pipe wrench 조절(調節) 파이프 렌치. Ⓑ Motor wrench 자재(自在)렌치.

Workman 공원(工員). **Workmanship** 공작(工作). **Workshop** appliance 공장용구(工場用具).

Worm 워엄(Fig. 497). ——gear 워엄장치(裝置). ——shaft 워엄축(軸). ——wheel 워엄바퀴.

Worsted 모사(毛糸)(기름통용).

Worthington pump 워딩톤 펌프.
Wound rotor 권선형 회전자(捲線型回轉子).
Wrapper plate 측판(側板)〔보일러〕.
Wreck 난파선(難破船). ――buoy 난선(難船) 부이. ――light buoy 침몰선(沈沒船) 라이트 부이(등표(燈標)).
Wrench 〔美〕 spanner 〔英〕 렌치, 스패너(Fig. 498). Monkey―― 몽키 렌치(자재(自在)렌치). (Fig. 499, 500). Pipe―― 파이프 렌치(Fig. 500), Tap―― 탭 렌치.
Wringle or Brow 현창(舷窓)의 처마(Fig. 89).
Wrist pin 리스트 핀.
Wrought iron 연철(鍊鐵), 단철(鍛鐵).

Fig. 500 Monkey wrench

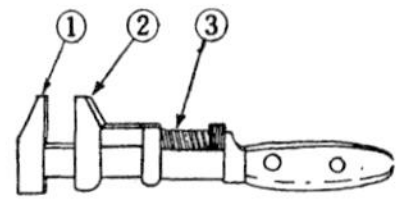

몬키 렌치

① Stationary jaw 고정(固定) 눌름쇠. ② Sliding jaw 가동(可動) 눌름쇠. ③ Adjusting screw 가감(加減) 나사.

X

X-ray inspection X선 검사(X線檢査). ――room X광선실(光線室).

Y

Y or Star connection Y형 결선(Y型結線).
Yacht 요트, 쾌유선(快遊船). Steam―― 쾌유기선(快遊汽船).
Yard 야아드(마스트의 횡(橫)거어더). Building―― 조선소(造船所). ――numder 조선번호(造船番號).
Yarn 야언(작은 줄). ――tester 야언시험기(試驗機).
Yaw heel 요우 히일(배의 종요(縱搖)와 횡요(橫搖)가 함께 합쳐서 선수부(船首部)에 일어나는 요동(搖動)). ――meter 편요계(片搖計). **Yawing** 선수요(船首搖)(선수(船首)에 종요(縱搖)와 횡요(橫搖)가 한곳에서 일어나 회두(回頭)하는 요동(搖動).
Yellow flag 검역기(檢疫旗). ――metal 황색합금(黃色合金). ――pine 황송(黃松), 미송(美松).
Yield point 항복점(降伏點). ――strength 항복 강도(降伏强度)(Fig. 152).
Yoke 요오크(횡목(橫木)으로 된 러더 틸러)〔船〕, 황목(橫木).
Young modulus 영 계수(係數).

Z

Z bar Z형재(Z形材).

Zero centre ammeter 제로 중심전류계(中心電流計).

Zigzag or Intermittent weld 지그재그형 단속용접(斷續鎔接)(Fig. 477). ——riveting. 지그재그 리벳잡그기(Fig. 327).

Zinc 아연(亞鉛). Sheat——박아연판(薄亞鉛板). White——백아연(白亞鉛). ——bath 아연(亞鉛)베스(아연도금(亞鉛鍍金)에 쓰이는 용액(溶液). ——protector 보호아연(保護亞鉛)(강재(鋼材)의 부식(腐蝕)을 막기 위한 아연(亞鉛)). ——slab 아연편(亞鉛片). **Zincing** 아연도금(亞鉛鍍金).

Zone 대역(帶域). ——heating 구역난방(區域暖房).

韓 英 篇

(ㄱ)

가(架) rack
가감(加減)밸브 spill valve
가감 저항기(加減抵抗器) rheostat
가공재(加工材) worked timber
가공(架空)콘베이어 aerial conveyer
가구공(家具工) joiner
가구공구(家具工具) joiner work
가구류(家具類) upholster
가구완제(家具完製) upholster
가규칙(假規則) tentative rule
가다랭이 낚기 skipjack pole and line tuna long line fishing boat
가다랭이 어선(魚堅漁船) skipjack fishing vessel
가단주철(可鍛鑄鐵) malleable cast iron
가단흑심주철(可鍛黑心鑄鐵) black heart malleable iron
가동(可動) movable
가동 비임 shifting beam, hatch web
가득차다 full
가등록(假登錄) interim record
가로 굽힘 lateral bending
가로방향 축소(縱方向縮少) lateral contraction
가로방향 힘 lateral force
가로 붙인 반목(盤木) cotter block
가로켜기 톱(鋸) cross cut saw
가류(加硫)고무 절연(絕緣)케이블 vulcanised rubber insulated cable
가마니 mat bag
가(假) 마스트 jury mast
가반속구(可搬屬具) portable fittings
가반식 로(可搬式爐) portable forge
가반식 소화기(可搬式消火器) portable fire extinguisher
가반식 전등(可搬式電燈) electric portable lamp
가반식 펌프 portable pump
가변 복수기(可變復水器) variable condenser
가변 전압 용접기(可變電壓鎔接機) variable voltage welding machine
가변 축전기(可變蓄電器) variable condenser
가변 피치 variable pitch
가변 피치 프로펠러 adjustable pitch propeller
가변 행정(可變行程)펌프 variable stroke pump
가보오드 판(板) garboard strake
가보오드 판곡기(板曲機) garboard flanging machine
가사양서(假仕樣書) tentative specification
가선급증서(假船級證書) provisional classification certificate
가선(架線)반침 pantograph, pantagraph
가설계(假設計) provisional design
가성(苛性)소오다 caustic soda
가속(加速) accelerate
가속도(加速度) acceleration

가속도계(加速度計) accelerometer
가속 통풍(加速通風) accelerated draught
가솔린 gasoline, gasolene
가솔린 기관(機關) gasoline engine
가쇄반(可碎盤) fragile disc
가수리(假修理) temporary repair
가스 gas
가스 검지기(檢知器) gas detector
가스관(管) gas pipe
가스관용 나사 gas thread
가스기관(機關) gas engine
가스 도출관(逃出管) freeing pipe
가스 드레드 gas thread
가스 밀격벽(密隔壁) gas tight bulkhead
가스 발생기(發生器) gas producer
가스 병(甁) cylinder gas
가스 소냉(燒冷) gas annealing
가스 시일드 gas shield
가스 압접(壓接) gas pressure welding
가스 온도계(溫度計) gas thermometer
가스 용접(鎔接) gas welding, autogenous welding
가스용 탄(炭) gas coaling
가스 이젝터 gas ejector
가스 이젝터관(管) gas ejector pipe
가스 절단(切斷) flame gouge
가스 절단기(切斷器) gas cutting machine flame, gas cutting machine
가스 절단(切斷)꼬리 drag of gas cutting
가스 절삭(切削) flame machining
가스케트 gasket
가스 탐지기(探知器) gas detector
가스표(表) gas table
가슴으로 바치는 송곳 breast drill
가아드 레일 guard rail
가압(加壓)테르밋 용접(鎔接) pressure thermit welding
가역기관(可逆機關) reversible engine
가역성(可逆性) reversibilily
가연성 재료(可燃性材料) inflamable material
가연재료(可燃材料) combustible material, inflamable material
가연한계(可燃限界) inflammability limit
가열가공(加熱加工) hot working
가열감입(加熱嵌入) shrunk welded crank shaft
가열 곡시험(加熱曲試驗) temper bend test
가열 굴곡시험(加熱屈曲試驗) temper bend test
가열 굽힘시험 temper bend test
가열기(加熱器) heater
가열염(加熱炎) heating flame
가열 유여과기(加熱油濾過器) hot oil filter
가열코일 heating coil
가열코일 점화기(點火器) heating coil igniter
가열하여 끼우다 shrinkage fit
가요관(可撓管) flexible pipe

가요성 축(可撓性軸) flexible shaft
가용골(假龍骨) false keel
가용접(假鎔接) intermittent tack welding, tack weld, tack welding, intermittent welding
가용합금(可溶合金) fusible metal, fusible alloy
가융전(可融栓) fusible plug
가융(可融)플러그 fusible plug
가융합금(可融合金) fusible alloy, fusible metal
가이 guy
가이드 피스톤 step piston, guide piston
가이활차(滑車) guy block
가장자리 용접(鎔接) edge weld
가저(假底) false bottom
가죽(革) leather
가죽을 벗기는 도구(道具) peeler
가죽패킹 leather packing
가죽 호오스 leather hose
가증서(假證書) provisional certificate
가청식 표시기(可聽式標示器) audible indicator
가체(假締)보울트 service bolt
가축사(家畜舍) cattle stall
가축성(可縮性) compressibility
가축 운반선(家畜運搬船) cattle carrier
가취부판(假取付板) ribband
가침장(可侵長) floodable length
가침장 계산(可浸長計算) flooding calculation
가침장 곡선(可浸長曲線) floodable length curve, flooding curve
가타(假舵) july rudder
가프 gaff
가항상태(可航狀態) navigable condition
가항수로(可航水路) navigable water
가허장(可許長) permissible length
각(角) angle
각 가속도(角加速度) angular acceleration
각 나사 square thread
각도(角度)게이지 angle gauge
각도계(角度計) protractor
각립형 가구(脚立型架構) trestle type column
각부 용접(角部鎔接) angle welding
각속도(角速度) angular velocity
각운동(角運動) angular motion
각을 둥글게 하다 chamfer
각인(刻印) brand, stamp, stencil stamp
각하(脚荷) ballast
각형(角型)보일러 rectangular boiler
각형 선미(角形船尾) square stern
각형 클리이트 horn cleat
각형 키이웨이 sled keyway
간격(間隔) slit
간격 게이지 thickness gauge
간격금(間隔金) distance piece
간막이판(仕切板) partition plate, division plate
간섭(干涉) inter ference
간이식당(簡易食堂) grill room

간이하게 내린 발판 swinging staging
간접 조속기(間接調速器) relay governor
간조(干潮) falling tide
간호원(看護員) assistant doctor, nurse
간호인(看護人) bay man
갈라진 틈 rent
갈라짐(龜裂) shake, season crack
갈로웨이 관(管) galloway tube
갈탄(褐炭) brown coal, lignite
감가상각(減價償却) depreciation
감광지(感光紙) sensible paper
감극(減極) depolarization
감단접(嵌鍛接) tongue weld, scarph weld
감도(感度) sensibility
감마(減摩) 그리이스 anti-friction grease
감마금속(減摩金屬) anti-friction metal
감마메탈 anti-friction metal
감마선 검사(檢査) gamma ray inspection
감마제(減摩劑) anti-friction composition
감소(減少) reduction of area, contraction of area
감속장치(減速裝置) reduction gear
감속장치가 있는 디이젤선(船) geared diesel vessel
감속장치가 있는 터어빈 geared turbine
감속장치붙이 디이젤기관선(機關船) geared diesel vessel
감속장치의 경사각(減速裝置傾斜角) circular angle of obliquity
감쇠각(減衰角) declining angle
감쇠각도 곡선(減衰角度曲線) curve of declining angle
감쇠계수(減衰係數) damping coefficient
감쇠곡선(減衰曲線) extinction curve
감쇠동요(減衰動搖) damped oscillation
감쇠정수(減衰定數) damping constant
감쇠진동(減衰振動) damped oscillation
감쇠파(減衰波) damped wave
감압(減壓)밸브 reducing valve, pressure reducing valve, de-compression valve
감자 매셔 potato masher
감톤개구(減噸開口) tonnage opening
감톤개구를 가진 차랑갑판선(遮浪甲板船) shelter deck vessel with tonnage opening
감합치차(嵌合齒車) cog wheel
갑옷창(窓) sash
갑판(甲板) deck
갑판간 내장(甲板間內張) tween deck ceiling
갑판간 늑골(甲板間肋骨) tween deck frame
갑판간(甲板間)사다리 tween deck ladder

갑판간의 장소(甲板間場所) between deck, tween deck
갑판간 창고(甲板間倉庫) lazaret, lazaretto
갑판간(甲板間)프레임 tween deck frame
갑판관(甲板管) deck pipe
갑판구(甲板口) deck opening
갑판구 구석 deck opening corner
갑판금물(甲板金物) deck fitting
갑판기계(甲板機械) deck machinery
갑판기구 작업(甲板機具作業) deck machinery work
갑판 도료재(甲板塗料材) magnesia
갑판 버킷 deck bucket
갑판 배수공(甲板排水孔) deck scupper
갑판 벤치 deck bench
갑판부(甲板部) deck department
갑판 보울트 deck bolt
갑판부 사관(甲板部士官) deck officer
갑판부 속구목록(甲板部屬具目錄) inventory deck
갑판부 창고(甲板部倉庫) boatswain's store, deck store
갑판 비임 deck beam
갑판 사다리 deck ladder
갑판상(甲板上)거어더 on deck girder
갑판상 구조물(甲板上構造物) deck erection
갑판상장(甲板床張) deck covering
갑판 상형재(甲板上桁材) on deck girder
갑판선(甲板線) deck line
갑판 세정관(甲板洗淨管) wash deck pipe
갑판 세정수관(甲板洗淨水管) wash deck pipe
갑판 세조(甲板洗滌)펌프 wash deck pump
갑판 소케트 deck socket
갑판 속구목록(甲板屬具目錄) deck inventry
갑판시계(甲板時計) deck watch, hack watch
갑판실(甲板室) deck house
갑판 여객(甲板旅客) deck passenger
갑판 연마석(甲板硏磨石) holy stone
갑판원(甲板員) sailer, deck hands
갑판의 겹침 landing of deck
갑판의자(甲板椅子) deck chair, deck bench, deck seat
갑판장(甲板長) boatswain, bosun
갑판장 창고(甲板長倉庫) boatswain's store, deck store
갑판적재 목재화물(甲板積載木材貨物) timber deck cargo
갑판 적재화물(甲板積載貨物) deck load
갑판 적화물(甲板積貨物) deck cargo, deck load
갑판 중심선(甲板中心線) deck center line
갑판창고(甲板倉庫) deck store, boatswain's store
갑판창구(甲板艙口) deck opening
갑판 채광유리(甲板採光硝子) deck light, deck glass

갑판 채광(甲板採光)프리즘 deck prism light
갑판 탑재물용 금구(甲板塔載物用金具) anchor piece for deck composition
갑판 탱크 deck tank
갑판 펌프 deck pump
갑판 평면도(甲板平面圖) deck plan
갑판 피복(甲板被覆) deck sheathing
갑판 필러 deck pillar
갑판하(甲板下)거어더 under deck girder
갑판하 종재(縱材) deck runner
갑판 하중(甲板荷重) deck load
갑판하 톤수(甲板下噸數) under deck tonnage
갑판하 형재(甲板下桁材) deck girder
갑판 현측선(甲板舷側線) deck side line, deck sheer line
갑판 화물(甲板貨物) deck load
갓 rim
강(鋼) steel, rope
강 갑판(鋼甲板) deck plating
강관(鋼管) steel pipe
강공(綱孔) hawse hole
강괴(鋼塊) steel ingot
강괴번호(鋼塊番號) ingot number
강구공(綱具工) rigger
강구공장(綱具工場) rigging shop, rigging loft
강구 배치도(綱具配置圖) rigging plan
강구장치(綱具裝置) rigging
강권동(綱捲胴) warping drum
강도(强度) intensity
강력(强力) strength
강력갑판(强力甲板) strength deck
강력건현(强力乾舷) strength freeboard
강력곡선(强力曲線) strength curve
강력의 연속(强力連續) continuity of strength
강력 프리보오드 strength freeboard
강력흘수(强力吃水) strength draught
강삭(鋼索) steel wire rope
강선(鋼船) steel boat, steel vessel
강선(鋼線) steel wire
강성(剛性) rigidity, stiffeness
강수관(降水管) down cast or commer
강수 헤더 down cast header
강수로 관분지부(降水路管分支部) down cast header
강압주유기(强壓注油器) pressure lubricator, forced lubricator
강(江)어귀의 하단(下端)부이 lower end buoy
강의 합판(鋼合板) clad steel
강재 배치도(鋼材配置圖) construction profile
강재치장(鋼材置場) steel yard, steel bay
강제 가구(鋼製家具) steel furniture
강제 갑판실(鋼製甲板室) steel deck house
강제 브래킷 steel bracket
강제윤활(潤滑) forced lubrication
강제 주유(强制注油) forced lubrication

강제 주유기(强制注油器) pressure lubricator, forced lubricator
강제 진동(强制振動) forced vibration
강제 통풍(强制通風) forced draught, forced draft
강제 통풍화구(强制通風火口) forced draft front
강제 해치커버 steel hatch cover
강제 횡요(强制横搖) forced rolling
강 조직의 명칭(鋼組織名稱) martensite
강 주물(鋼鑄物) steel casting
강직성(剛直性) stiffness
강판(鋼板) steel plate
강판공(鋼板工) plater
강편(鋼片) slug, broom
강형 접수(剛型接手) rigid type of joint
강화유리(强化硝子) starned glass
개구(開口) opening
개량(改良)한 것 modified form
개로전압(開路電壓) open circuit voltage
개방급수식(開放給水式) open feed system
개방 묘지(開放錨地) open roadstead
개방 사이클 open cycle
개방형(開放型) 드러스트 베어링 open type thrust bearing
개방형(開放型)베어링 open type bearing
개방형 연료(開放型燃料)밸브 open type fuel valve
개방형 축수(開放型軸受) open type bearing
개별 급수식(個別給水式) unit feed system
개별 난방(個別暖房) individual heating
개봉형(開棒形) open road (eccentric)
개선가공(開先加工) edge preparation
개선각도(開先角度) bevel angle
개선의 개도(開先開度) gap of bevel
개선의 루우트 root
개선의 루우트 면(面) root face, shoulder
개선의 벌어짐 opening of bevel
개선의 형상(開先形狀) shape of bevel
개선 평행부(開先平行部) shoulder of bevel
개장(改裝) renovation
개재물(介在物) inclusion
개저(開底) 바아지 hopper barge, hopper
개폐기(開閉器) switch
개항(開港) open port
객선(客船) passenger steamer, passenger boat
객실(客室) passenger room
갠트리 크레인 gantry crane, gantry, travel gantry, gauntry
갤로스 gallows
갤로웨이 관(管) galloway tube
갤론 gallon
갭 gap
갭의 영향(影響) gap effect
갭 체크 air gap check (motor)

거는 기구(器具) hanger
거는 쇠 latch
거리표(距離表) distance table
거멀장 brace
거세트 gusset stay
거세트 산형재(山形材) gusset angle
거세트 판(板) gusset plate
거실 배치도(居室配置圖) accommodation plan
거어더 라이너 붙이기 용접 liner welding of girder
거어더 스테이 girder stay
거어스 girth
거어스 곡선(曲線) girth curve
거위목형 통풍통(通風筒) goose neck ventilator, swan neck ventilator
거입기(据込機) upsetting machine
거존 gudgeon
거존 핀 gudgeon pin, crosshead pin
거주(居住) accommodation
거주구역(居住區域) accommodation quarter, accommodation space, living quarter
거주실(居住室) quarter
거치(据置) installation
거치 보울트 holding down bolt
거칠게 된 자국 burr
거터 산형재(山形材) gutter angle
거터 수도(水道) gutter, gutter water way
거터 워터웨이 gutter waterway water way
거터 퍼어처 gutter percha
건너는 복도 gangway bridge
건넬(舷端) gunnel, gunwale
건넬 산형재(山形材) gunwale angle bar
건넬 앵글(현연 산형재, 舷緣山形材) gunwale angle, gunnel angle
건넬 탱크 gunwale tank, cantilever tank, top side tank
건(乾)도크 graving dock, graven dock, dry dock
건물(乾物) dry provision, premises
건선거(乾船渠) dry dock, graving dock, graven dock
건설비(建設費) erection cost
건식(乾式) dry process
건식 공기(乾式空氣)펌프 dry air pump
건연실(乾燃室) dry combustion chamber
건연실(乾燃室) 보일러 dry combustion boiler
건전지(乾電池) dry battery, dry cell
건조기(乾燥機) drier, dryer
건조도(乾燥度) dryness
건조도크(建造渠) building dock
건조방안(建造方案)및 실시요령(實施要領) procedure
건조법(建造法) procedure
건조실(乾燥室) drying room
건조실 보일러 dry back boiler
건조율(乾燥率) dryness factor, dryness fraction
건조자(建造者) builder
건조제(乾燥劑) dryer, drier
건조 중(建造中)의 특별검사(特別檢查) special survey during construction

건조증기(乾燥蒸氣) dry steam
건조 후(建造後)의 특별검사(特別檢査) special survey after construction
건착망 어선(巾着網漁船) purse-sein netter, purse seiner
건현비(乾舷比) freeboard ratio
건현증서(乾舷證書) certificate of freeboard
건현지정(乾舷指定) freeboard assignment
건현표(乾舷標) plimsoll's mark
걸쇠 staple
걸이가 있는 활차(滑車) hook block
걸이 축(軸) hanger shaft
걸이 컴퍼스 hanging compass, cabin compass, teltale compass
걸이 타(掛舵) hanger rudder
걸이풀이 장치(裝置) disengaging gear
걸이형(形) 스카아프 hook scarph
검루기(檢漏器) ground detector, earth detector
검루등(檢漏燈) earth lamp
검사(檢査) survey Inspection, surveillance
검사관(檢査官) surveyor inspector
검사 보고서 survey report
검사 수수료(檢査手數料) survey fee
검사용 문(檢査用門) inspection door
검사원(檢査員) surveyor, inspector
검산(檢算)한다 check
검수원(檢收員) tally man
검역(檢疫) quarantine
검역기(檢疫旗) quarantine flag, yellow flag
검역선(檢疫船) quarantine vessel
검역항(檢疫港) quarantine port
검염(檢鹽)콕 salinometer cock
검유(檢油)탱크 test tank, observation tant
검은 녹(黑銹) mill scale, oxide scale
검인(檢印) proof mark
검정기(檢定器) standardization box
검정용 정(檢定用挺) calibrating lever, proving lever
검정용 표선(檢定用標船) check line, check mark
검타(檢舵) check helm
검파기(檢波器) detector
겉보기 슬립 apparent slip
겉보기 실각(失脚) apparent slip
겉보기의 apparent
겉보기의 관성(慣性)모우먼트 virtual moment of inertia
겉보기 중량(重量) apparent weight
겉보기 질량(質量) virtual mass
겉보기(外見上)피치 face pitch, apparent pitch
게이지 gage. gauge
게이지 계수(係數) gauge factor
게이지 시험기(試驗機) gauge tester
게이지 압(壓) gauge pressure
게이트 밸브 (사절(仕切)밸브) gate valve, sluice valve
격벽(隔壁) bulkhead
격벽갑판(隔壁甲板) bulkhead deck

격벽 구조도(隔壁構造圖) bulkhead plan
격벽 등(隔壁燈) bulkhead lamp
격벽 라이너 bulkhead liner
격벽 리세스 bulkhead recess
격벽 문(隔壁門) bulkhead door
격벽 밑의 플로어 buckhead floor
격벽 방요재(隔壁防撓材) bulkhead stiffener
격벽밸브 bulkhead valve
격벽 스톱밸브 bulkhead stop valve
격벽 스티프너 bulkhead stiffener
격벽에 취부된 제지(隔壁取付制止)밸브 bulkhead stop valve
격벽 출입구(隔壁出入口) bulkhead sluice
격벽 패킹상자(箱子) bulkhead stuffing box
격벽 플로어 bulkhead floor
격자(格子) grating, grid
격자대(格子臺) grating platform
격자덮개(格子蓋) grating hatch
격자(格子)밸브 gridiron valve
격자선대(格子船臺) gridiron
격자형(格子形)거어더 littice girder
견본(見本) sample
견본을 받는 것 sampling
견본채집용 배관(見本採集用 配管) sampling line
견습사관(見習士官) cadet, apprentice
견인차(牽引車) trailer
견재(堅材) oak, hard wood
견적(見積) estimation
견직물 실(絹織物室) silk room
결목(結目) bend
결합(結合) combination
겹쳐지는 세면대(洗面臺) folding lavatory
겹쳐지는 의자(椅子) folding chair
겹쳐지는 자(尺) folding measure, folding scale
겹치기 절단(切斷) stack cutting
겹친 면(面) lap
겹침 봉합용접(縫合鎔接) lap seam weld
겹침 용접(鎔接) lap weld
겹침 접수(接手) lap joint
겹침 횡연(橫緣) lapped butt
경감(輕減) reduction
경감하다 modify
경갑판(輕甲板) spar deck
경갑판 선(輕甲板船) spar deck vessel
경계층(境界層) boundary layer
경고(警告) advice, alarm
경급등(警急燈) alarm lamp
경급신호(警急信號) alarm signal
경도(硬度) hardness
경도시험(硬度試驗) scratch test
경도시험기(硬度試驗機) hardness tester
경도지수(硬度指數) hardness number
경두선(輕頭船) stiff vessel
경량화물(輕量貨物) light cargo
경령(警鈴) alarm bell
경목공(輕目孔) lightening hole
경목재(輕木材) light wood
경보기(警報器) announciator

경보 온도계(警報溫度計) alarm thermometer
경비선(警備船) guard ship
경비정(警備艇) coast guard, guard ship
경사(傾斜) rake
경사 가능밥솥(傾斜可能釜) tilting type rice boiler
경사각(傾斜角) angle of rake
경사계(傾斜計) plummet
경사비(傾斜比) rake ratio
경사선수(傾斜船首) raked stem
경사시험(傾斜試驗) inclining experiment
경사장치(傾斜裝置) tip, tipper
경선 손질(傾船手入) careen
경선차(傾船差) heeling error
경수(硬水) hard water
경수(硬數) hardness number
경용접(輕鎔接) light welding
경유(鯨油) sperm oil, whale oil
경유(輕油) clean oil, petrol
경인동관(硬引銅管) hard drawn, copper pipe
경제생명(經濟生命) economical life
경제속력(經濟速力) economical speed
경조정(競漕艇) racing boat
경주(競走) 보우트 racing boat
경질금속(硬質金屬) adamant
경질금속 벤드 adamant bend
경질 땜질 hard solder
경철(硬鐵) sbitgeleisen
경판(鏡板) end plate, drum head
경하상태(輕荷狀態) light condition
경하흘수(輕荷吃水) light draft
경하흘수선(輕荷吃水線) light water line
경합금(輕合金) light alloy
경화(硬化) hardening
경화성(硬化性) hardenability
계공모선(蟹工母船) crab mother ship
계공선(蟹工船) crab factory ship
계기(計器) meter, metre
계기등(計器燈) gauge lamp
계기반(計器盤) gauge board
계기용 변압기(計器用變壓器) potential transformer
계단(階段) stair case, stair way, foot step, step
계단실(階段室) stair case
계란(鷄卵)집개 egg slicer
계류기구(繫留氣球) captive baloon
계류운전(繫留運轉) mooring trial, dock trial, basin trial, trial at anchor
계산기(計算機) counter
계산자(計算尺) slide rule
계선거(繫船渠) basin
계선걸이 buoy hook
계선공(繫船孔) mooring hole, mooring port
계선관(繫船管) mooring pipe
계선구(繫船具) moorings
계선 대삭(繫船大索) mooring hawser
계선 도크 hawser wet dock, hawser basin

계선 로우프 mooring rope, buoy rope, warp
계선 번호(繫船番號) berth number
계선 부이 mooring buoy
계선 비트 mooring bitt, riding bitt
계선삭(繫船索) mooring line
계선 섀클 mooring shackle
계선 선거(繫船船渠) wet dock, basin dock
계선 스위블 mooring swivel
계선안벽(繫船岸壁) wet dock, quay, basin dock
계선앵커(繫船錨) mooring anchor, buoy anchor
계선용 대강(繫船用大綱) mooring hawser
계선 윈치 mooring winch
계선장(繫船場) moorage
계선장치(繫船裝置) mooring arrangement
계선주(繫船柱) bitt, mooring bitt
계선 텔레그래프 docking telegraph
계선 후크 buoy hook
계속검사(繼續檢査) continuous survey
계수(係數) coefficient, factor
계약(契約) agreement
계약도면(契約圖面) contract plan
계의 기사(係技師) engineer in charge
계자(界磁) field magnet, field
계자권선(界磁捲線) field winding
계자 저항기(界磁抵抗器) field rheostat
계자 조정기(界磁調整器) field regulator
계자 코일 field coil
계전기(繼電器) relay
계절구역(季節區域) seasonal area
계절대(季節帶) seasonal zone
계절풍(季節風) monsoon
계주(係柱) dolphin
계측(計測) measure
계측구(計測具) gage, gauge
계통도(系統圖) diagram
계통적 모형(系統的模型) series model
계획(計劃) plan
계획 속력(計劃速力) designed speed
계획 트림 designed trim
계획한다 lay out
고기(魚) fish
고기 굽는 장치(裝置) grill
고기 낚는 대 fishing platform
고도(高度) altitude
고도계(高度計) altimeter
고래기름(鯨油) sperm oil, whale oil
고래 인양(鯨引揚)윈치 whale winch
고리 ring
고리모양의 밸브 annular valve
고립 장해(孤立障害)부이 isolated danger buoy
고립파(孤立波) solitary wave
고무 걸레 squeegee
고무 절연(絶緣)케이블 rubber insulated cable
고무 지우개 eraser rubber
고무 타일 rubber tile
고무 호오스 india-rubber hose

고무화(化) gumming
고물 강철 scrap steel
고산화 철계(高酸化鐵系) high iron oxide type
고셀룰로오스계(系) high cellulose type
고속객선(高速客船) express liner
고속단속형(高速斷續型) 스위치 quick make and break type switch
고속도 강(高速度鋼) high speed steel
고속(高速)드릴 high speed drill
고속선(高速船) express steamer, high speed vessel
고속 송곳 high speed drill
고속 쇠붙이 high speed cutter
고속 시멘트 high speed cement
고속 절단기(高速切斷機) high speed cutter
고속 정기선(高速定期船) express liner
고속 펀치 quick working punch
고압(高壓) high pressure, high tension
고압 가열기(高壓加熱器) high pressure heater
고압 실린더 high pressure cylinder
고압 직류발전기(高壓直流發電機) high tension D.C. generator
고양정(高揚程)밸브 high lift valve
고열량(高熱量) higher calorific value
고오스트 ghost, ghost line
고온계 (高溫計) pyrometer
고유응력(固有應力) inherent stress
고유저항(固有抵抗) specific resistance
고유주기(固有周期) natural period
고유진동(固有振動) natural vibration
고유 진동수(固有振動數) natural frequency
고장력 강(高張力鋼) high tension steel
고저치(高低齒)패킹 high low tooth packing
고전압시험(高電壓試驗) high potential test, high voltage test
고정(固定)가스 fixed gas
고정날개(固定翼) fixed rane, guide vane, fixed blade, guide blade guide basket
고정날개 외차(固定翼外車) radial paddle wheel
고정단(固定端) fixed end
고정대(固定臺) fixed way, launching way, ground way, standing way
고정대 단압(固定臺端壓) way end pressure
고정 바이스 standing vice
고정자(固定子) stator
고정자 권선(固定子捲線) stator winding
고정형 접수(固定型接手) fixed type of joint
고정활차(固定滑車) standing block
고조(高潮) high water
고주파(高周波) high frequency generator

고주파 발전기(高周波發電機) high frequency generator
고주파 전동발전기(高周波電動發電機) high frequency motor generator
고착(固着) fix, fastening
고착제(固着劑) binder
고착하는 못(釘) fastening nail
고철(古鐵) scrap iron
고체(固體) 밸러스트 solid ballast
고체 연료(固體燃料) solid fuel
고탄소강(高炭素鋼) high carbon steel
고(高)티탄계 high titanic type
고패를 매는 것 burton system, burtoning system
고합금강(高合金鋼) high alloy steel
곡괭이 pecker
곡류 화물용량(穀類貨物容量) grain cargo capacity
곡목의자(曲木椅子) wicker chair
곡물 수송선(穀物輸送船) grain carrier
곡선(曲線) curve
곡선 선수재(曲線船首材) cutwater stem, clipper stem
곡선운동(曲線運動) curvilinear motion
곡선의 신장부(曲線伸長部) extension of curve
곡연(曲緣) flange
곡연기(曲緣機) flanger, flanging machine
곡연시험(曲緣試驗) flanging test
곡율(曲率) curvature
곡율반경(曲率半徑) radius of curvature
곧 바로 end on
골조도(骨組圖) skeleton diagram
골형(骨型) bone pattern
곰보판(凹凸板) checker plate, checkered plate
공강(控綱) wire guy
공관(控管) stay tube, tube stay
공구(工具) machine shop tool, tool
공구강(工具鋼) tool steel
공구 공장(工具工場) tool shop
공구지기 tool keeper
공급관(供給管) supply pipe
공기(空氣) air
공기 가열기(空氣加熱器) air heater
공기격자(空氣格子) air slide
공기공(空氣孔) air hole, air vent
공기관(空氣管) air pipe
공기관 겸용 주수관(空氣管兼用注水管) air and filling pipe
공기관식 화재경보장치(空氣管式 火災警報裝置) pneumatic tube fire alarm system
공기구(空氣口) air port, air hatch
공기 냉각기(空氣冷却機) air cooling machine, air cooler
공기 냉각식(空氣冷却式) air cooling system
공기도(空氣道) air course, air passage
공기도관(空氣導管) air conduit
공기로(空氣路) air conduit, air condit
공기류(空氣溜) air container
공기 리베팅 pneumatic riveting

공기 리벳 잡그기 pneumatic riveting

공기 리벳 체결기(締結機) pneumatic riveter

공기 멈추기 통로(通路) air lock, air locker

공기 뭉치 air pocket

공기 방파제(空氣防波堤) air bubble break water

공기 밸브 air valve

공기벽(空氣壁) 케이싱 air casing

공기 분리기(空氣分離器) air separator, deaerator

공기분사(空氣噴射) blast injection, air injection, mechanical injection

공기분사(空氣噴射)밸브 air injection valve, blast injection valve, suction valve

공기분사 분무기(空氣噴射噴霧器) air blast atomizer

공기분사식 디이젤기관(機關) air injection diesel engine, blast injection diesel engine

공기분사 압력(空氣噴射壓力) air injection pressure

공기 브레이크(제동기, 制動機) air brake, pneumatic brake

공기 블라스트 air blast

공기빼기(空氣拔) air escape, air extractor

공기 상자(空氣箱子) air tank

공기 소음기(空氣消音器) air silencer

공기 소입(空氣燒入) air quenching

공기손(空氣手)해머 pneumatic hammer

공기 저장탱크 air storage tank

공기시동(空氣始動)밸브 pneumatic starting valve, air stating valve

공기시동(空氣始動)캠 air starting cam

공기식 냉동기(空氣式冷凍機) cold air machine

공기식 탐지기(空氣式探知器) aero pneumatic system

공기실(空氣室) air vessel, air chamber

공기 실린더 air cylinder

공기 아세틸렌 용접(鎔接) air acetylene gas welding

공기 아큐뮤레이터 air accumulator

공기압력계(空氣壓力計) air pressure gauge

공기압축기(空氣壓縮機) air compressor

공기압축류(空氣壓縮溜) air reservoir

공기에 관한 aero

공기에 의한 화재경보기(火災警報器) aero pneumatic fire detecting system

공기역학(空氣力學) aero dynamics

공기예열기(空氣豫熱器) air pre-heater

공기온도계(空氣溫度計) air thermometer

공기위벽(空氣圍壁) air casing

공기 유도(空氣誘導)밸브 air induction valve

공기율(空氣率) air rate
공기 이젝터 air ejector
공기입구(空氣入口)밸브 air inlet valve
공기저항(空氣抵抗) air resistance
공기전(空氣栓) air plug
공기전향(空氣轉向) air deflection
공기제동기(空氣制動機) air brake, pneumatic brake
공기제지통로(空氣制止通路) air lock, air locker
공기조절문(空氣調節門) air louvre
공기조절장치(空氣調節裝置) air conditioner
공기조화실(空氣調和室) air conditioning chamber
공기 중간냉각기(空氣中間冷却器) air inter cooler
공기 최종냉각기(空氣最終冷却器) air after cooler
공기축적기(空氣蓄積器) air accumulator
공기출구각(空氣出口角) air outlet angle, outlet blade angle
공기 케이싱(空氣圍壁) air casing
공기 코오킹 공구(工具) pneumatic caulking tool
공기(空氣) 콕 air cock
공기탱크 air tank
공기통로(空氣通路) air course, air passage
공기트랩 air trap, siphon trap
공기펌프 air pump
공기펌프 레버 air pump lever
공기해머 air hammer, air gun, pneumatic hammer
공기형트랩 syphon trap, trap
공기흡입(空氣吸込) air drawing
공기흡입관(空氣吸込管) air suction pipe
공기흡입구(空氣吸込口) air suction port, air inlet
공기흡입 소음기(空氣吸込消音器) air inlet silencer
공냉기관(空冷機關) air cooled engine
공냉 실린더 air cooled cylinder
공냉익열(空冷翼列) air cooled cascade blade
공동(空洞)cavity
공동해손(共同海損) general average
공병상륙정(工兵上陸艇) LCM Landing craft, machinaried
공 부이 gong buoy
공사구분(工事區分) itemize of work
공사비(工事費) fabrication cost
공사전표(工事傳票) work slip
공선(工船) floating factor, factory ship
공소(空所) cavity
공시운전(公試運轉) official speed trial
공시재(供試材) sample
공실(公室) saloon, public room
공용 항해일지(公用航海日誌) official log book
공원(工員) workman
공인구조(公認構造) authorized construction

공인비(工人費) labor charge
공작(工作) fabricate, work man ship
공작기계(工作機械) machine tool
공작법(工作法) execution of work
공작선(工作船) factory ship, repair ship
공작장(工作場) work shop
공장(工場) work shop, shop
공장 내 시운전(工場內試運轉) shop trial
공장용구(工場用具) work shop appliance
공전(空轉) racing
공정용접(共晶鎔接) eutectic welding
공정점(共晶點) eutectic point
공중선(空中線) aerial
공중 프로펠러 aerial propeller
공중(空中)프로펠러선 (船) aerial propeller vessel
공진(共振) resonance
공차(公差) tolerance, allowance, margin
공칭경(公稱徑) nominal diameter
공칭마력(公稱馬力) registered or nominal horse power, N.H.P
공칭직경(公稱直徑) nominal diameter
공통(共通) common
공항(空港) air port
과급송풍기(過給送風機) super charging blower
과급펌프 super charging pump
과당비례(過當比例) extra proportion
과도상태(過渡狀態) transient state
과도팽창(過度膨脹) over expansion
과두(鍋頭)리벳 pan head rivet
과부하(過負荷) over load
과부하 시운전(過負荷試運轉) over load trial
과부하 트립기 over load trip
과속 조속기(過速調速器) over speed governor
과실(果實) fruit
과실 운반선(果實運搬船) fruit carrier
과열기(過熱器) super heater
과열 전환기(過熱轉換機) desuperheater
과열 증기(過熱蒸氣) superheated steam
과잉(過剩) excess
과잉공기(過剩空氣) excess of air
과적재(過積載) over load
과전류 계전기(過電流繼電器) over load relay
과전류(過電流) 트립기 over current trip
과팽창(過膨脹) over expansion
과포화 증기(過飽和蒸氣) supersaturated steam, under cooled steam
관(罐) drum, can
관(管) pipe, tube
관간 사거리(管間斜距離) diagonal ligament
관격자(管格子) pipe grid
관계도(管系圖) piping diagram
관공(管工) plumber, plummer
관공장(管工場) plummer shop, plumber shop
관 그을음을 불어내는 것 tube blower

관내 소제구(管內掃除具) tube scraper
관동재(管胴材) stern box, shaft box
관로(管路) pipe conduit, duct
관리위원회(管理委員會) managing committee
관 마개 tube drift, tube plug, tube stopper
관 배치(管配置) tube arrangement
관 브러시 tube brush
관성극(慣性極)모우먼트 polar moment of inertia
관성 모우먼트 I, moment of inertia
관성차(慣性車) fly wheel
관성차가 붙은 펌프 fly wheel pump
관세(關稅) custom duty
관 소제(管掃除) sweeping tube
관 소제기(管掃除器) tube cleaner
관(管)스크레이퍼 tube scraper
관압금(管押金) pipe grid
관의 오물(管汚物) tube blower
관의 헤더 distributing header, header
관 이음 pipe joint piece
관 작업(管作業) plumber work
관전(管栓) tube drift, tube plug
관절 접수(關節接手) knuckle joint, universal joint
관제반(管制盤) control board
관제 파넬 control panel
관주(管柱) stand column, stand pipe, steady pipe, standard pillar
관지전(管止栓) tube stopper
관측(觀測) observation
관 케이싱(管圍壁) pipe casing
관통로(管通路) pipe passage, pipe tunnel
관판(管板) tube plate, crown plate
관(管)필러 tube pillar, tubular pillar
관 헤더 판(板) header plate
관 확대기(管擴大器) tube expander expander
광달거리(光達距離) visible distance
광명단(光明丹) red lead
광산(鑛山) mine
광석 운반선(鑛石運搬船) ore carrier
광엽수(廣葉樹) broad leaved tree
광유(鑛油) mineral oil
광재면(鑛滓綿) silicate cotton, slag wool
광질면(鑛質面) mineral wool
광탄성(光彈性) photo-elasticity
광탄성시험 photoela stic test
광탄성학(光彈性學) photo-elasticity
광택(光澤)붙이 판(板) planished plate
괴탄(塊炭) lump coal
교강(絞綱) brail
교대법(交代法) alternate deposition
교대접수(交代接手) breaking joint, break joint
교류(交流) **AC**, alternating current
교류발전기(交流發電機) alternate current generator, A.C generator, alternator
교류 아아크 용접(鎔接) **AC.** alternating arc welding

교류전기(交流電氣) **AC.** alternating current
교류전동기(交流電動機) AC. motor, alternating motor
교반작용(攪伴作用) fanning action
교(絞)밸브 throttle valve
교번응력(交番應力) alternating stress
교손실(絞損失) loop loss
교차곡선(交叉曲線) cross curve of stability
교차형 편심봉(交叉形偏心棒) crossed rod type
교출강판(絞出鋼板) spun steel plate
교통부장관 고시(交通部長官告示) M.O.T. ministry of transport
교통 허가증(交通許可證) pratique
구(口) port
구경(口經) bore
구 계수(球繼手) ball joint, socket joint, ball coupling, socket coupling
구급(救急) alarm
구급상자(救急箱子) first aid box
구급펌프 stand pump
구난선(救難船) salvage boat, rescue boat
구난작업(救難作業) salvage work
구동(驅動)실린더 driving cylinder
구두 철면공구(球頭凸面工具) hall pointed convex tool
구두털이 door mat, mat
구룹 밸브 group valve
구름자(雲型尺) french curve
구리(銅) copper
구멍(孔) scuttle, orifice
구멍판(孔板) perforated plate
구멍 뚫는 공원(工員) driller
구멍 뚫는 기계(機械) driller
구멍 뚫는 대(台) bolster
구멍 뚫는 반(盤) boring machine, boring mill
구멍 뚫는 시험(試驗) drill test
구멍 소기법(掃氣法) port scavenging
구멍소제(孔浚) reamer,
구멍을 뚫는다 gouging
구멍타금(孔打金) gouge
구멍 파스 inside callipers
구명구(救命具) life preserver
구명기구(救命器具), life saving apparatus
구명대(救命帶) life raft, life belt
구명동의(救命胴衣) life jacket
구명뗏목(救命筏) life raft
구명 보우트 life boat
구명부기(救命浮器) buoyant apparatus, life saving apparatus
구명부이 ring life buoy, life ring, life buoy
구명부이 부환(浮環) ring life preserver, life ring
구명삭(救命索) life line
구명삭 발사포(救命索發射砲) life line throwing gun, line throwing gun, lyle gun
구명설비(救命設備) life saving appliances, life saving apparatus
구명염(救命炎) selt-ignition water light, Holmes light, life buoy flare

구명정(救命艇) life boat
구명조끼 life jacket
구(球)밸브 ball valve
구(球)부이 spherical buoy
구분(區分)스위치 section switch, shape switch
구산형재(球山形材) bulb angle, angle bulb
구상 선수재(球狀船首材) bulbous stem
구석(隅)레플렉터 corner reflector
구석살(隅肉) fillet
구석살 게이지 fillet gauge
구석살 용접(隅肉鎔接) fillet welding
구석살 용접(隅肉鎔接)의 크기 fillet weld size
구석 이중장(隅二重張) corner doubling
구석접수(隅接手) corner joint
구속응력(拘束應力) reaction stress
구역난방(區域暖房) zone heating
구(球)와 소케트 ball & socket
구우즈넥 통풍통(通風筒) swan neck ventilator, goose neck ventilator
구우즈넥형 goose neck
구우즈넥형 환기통(換氣筒) goose neck ventilator, swan neck ventilator
구워 끼우기 shrinkage fit
구워서 잇는 니이 slabbed knee
구(球)이음 socket joint, ball joint.
구입통(球入筒) ball mill
구입활차(球入滑車) jewel block
구재 배치도(構材配置圖) construction profile
구전(區電)박스 shape box
구전반(區電盤) shape board
구접수(溝接手) faucet joint
구접수(球接手) ball coupling, socket coupling (joint)
구접장판(溝接張板) feather and groove board
구조(構造) structure, construction
구조강도(構造强度) structual strength
구조도(構造圖) construction plan
구조물(構造物) structure
구조물 조립방식(構造物組立方式) erection procedure
구조비(救助費) salvage
구조선(救助船) salvage boat
구축수(球軸受) ball bearing
구축함(驅逐艦) torpedo boat, destroyer
구 티이형 강재(球T形鋼材) Tee bulb steel
구판(口板) dead plate
구판(球板) built plate
구풍계(俱風計) barocyclonometer
구형(球形) globe
구형등(球形燈) globe lantern
구형(球形)밸브 spherical valve globe valve, glove valve
구형 부식(溝形腐食) grooving corrosion
구형 선수(球形船首) bulbous bow, bulbous stem
구형재(溝形材) channel bar
구형재(球形材) bulb tee

구형 접수(溝形接手) grooving and tonguing
구획(區劃) subdivision
구획계수(區劃係數) factor of subdivision
구획 만재흘수선(區劃滿載吃水線) subdivision load line
구획 만재흘수선 규칙(區劃滿載吃水線規則) subdivision rule
구획 만재흘수선 양단 수선거리(區劃滿載吃水線兩端垂線距離) subdivision length
구획식 이중저(區劃式 二重底) cellular double bottom
구획실(區劃室) compartment
구획 침실여객(區劃寢室旅客) cabin passenger
구획판(區劃板) division plate, partition plate
국가규정(國家規定) governmental regulation
국기(國旗) ensign
국부 세기(局部洗器) bidet
국부 스트레인 local strain
국부응력(局部應力) local stress
국부적(局部的) local
국부적 강성(局部的剛性) local rigidity
국부적 강점(局部的剛點) local rigid
국자 galley ladle
국적증서(國籍證書)에 있어서의 길이 register length in nationality certificate
국제 만재흘수선조약(國際滿載吃水線條約) international load line convention
국제 만재흘수선증서(國際滿載吃水線證書) international load line certificate
국제무선증서(國際無線證書) international wireless certificate
국제신호기(國際信號旗) international signal flag
국제안전증서(國際安全證書) international safety certificate
국제적(國際的) international
국제통신서(國際通信書) international code of signal
국제표준화기관(國際標準化機關) I.S.C international organization for standardization
국제항해(國際航海) international voyage
군급수식(群給水式) group feed system
군명암광(群明暗光) group occulting light
군섬광(群閃光) group flashing light
군속도(群速度) group velocity
군함(軍艦) war ship
군함기(軍艦旗) ensign
굳게 잠긴 리벳 sound rivet
굳은 정도(程度) solidity
굳전(舵板) rudder brace, gudgeon
굴곡 각(屈曲角) angle of bend
굴곡 모우먼트 bending moment
굴곡시험(屈曲試驗) bending test

굴림대 roller
굴림 방현재(防舷材) roll fender
굴절(屈折)렌즈 dioptric lens
굴절평철(屈折平凹)렌즈 dioptric lens
굽은 축수(曲軸受) flexible bearing
굽히는 것 bending
굽힘 warp, bend, bent
굽힘강도(强度) bending strength
굽힘기계(機械) bending machine
굽힘 로울 bending roll
굽힘 모우먼트 BM, bending momemt
굽힘시험(試驗) bending test, bend test
굽힘응력(應力) bending stress
굽힘 프레스 bending press
궁형(弓形)스프링 coach spring
권선(捲線) winding
권선형 회전자(捲線型回轉子) wound rotor
권양기(捲揚機) winch
권양기의 두부 활차(頭部滑車) crown block of hoisting
권양동(捲揚胴) hoisting drum
권양속도(捲揚速度) hoist speed
권취차(捲取車) reel
궤도(軌道) track
궤도운동(軌道運動) orbital motion
궤등입표(軌燈立標) beacon light
귀로친 시어 guillotin shear, gate shear
귀배갑판(龜背甲板) turtle back deck, whale deck, turret deck
귀배갑판 기선(龜背甲板汽船) whale back steamer
귀배선미루 turtle back poop
귀(鬼)보울트 king bolt
귀중품실(貴重品室) treasure
귀항(歸航) homeward voyage
귀환 연접봉 기관(歸還連接棒機關) return acting engine, return connecting rod engine
귀환행정(歸還行程) return stroke
규격(規格) standard
규소강(珪素鋼) silicon steel
규칙위반(規則違反) breach of regulation
균등도(均等度) degree of uniformity
균압관(均壓管) equalizing pipe, equalizer pipe
균압극(均壓極) equalizer pole
균일강도(均一强度) uniform strength
균형(均衡)잡는 중량물(重量物) balance weight, counter weight
그라인더 grinder, grinding machine
그래브선(船) grab dredger
그래브 스탠드 grab stand
그래브식 준설선(浚渫船) grab dredger, grapple dredger, priestman dredger
그랜드 복수기(復水器) gland exhaust condenser
그랜드 부시 gland bush
그로매트 gromet, grommet, grummet
그루우브 groove
그루우브 각도(角度) groove angle
그루우브 용접(鎔接) groove weld
그릇 씻는 곳 scullery

그리니치 평균시각(平均時刻) greenwich mean time
그리이스 grease
그리이스윤활(潤滑)grease lubrication
그리이스 컵 grease cup
그리이스 패킹 grease packing
그릴실(室) grill room
그림(畵) drawing
그물 mesh
그물선반 net rack
그을음 블로워 soot blower
그을음 출구(出口) soot door
극(極) pole
극미속력(極微速力)dead slow speed
극성 위도법(極星緯度法)latitude by pole star
극좌표(極座標) polar coordinate
극판(極板) plate
극편(極片) pole shoe, pole piece
극한강도(極限强度) ultimate strength
근곡재(根曲材) heel knee
근부(根部)의 체인 ground chain
근사계산(近似計算) approximate calculation
근사공식(近似公式) approximate formula
근사방법(近似方法) approximate method
근사적(近似的) approximate
근해구역(近海區域) greater coasting area
근해구역 항행(近海區域航行) great coasting service, major coasting service
글리세린 glycerine
금고실(金庫室) specie room
금속(金屬) metal
금속성(金屬性)의 metalic
금속 아아크 용접(鎔接) metal arc welding
금속 아아크 용접봉(鎔接棒) metal electrode
금속욕(金屬浴) metal bath
금속욕 땜 metal dip brazing
금속 접수(金屬接手) metalic joint
금속 접촉(金屬接觸) metalic contact
금속 패킹 metalic packing
금속 피복(金屬被覆) metalic coating
금속 호오스 metalic hose
급경사(急傾斜) lurch
급기 및 배기 통풍통(給氣排氣通風筒) down cast and up-take ventilator
급기식(給氣式) plenum system, supply system
급기식 통풍(給氣式通風) supply system, plenum system
급기 압력계(給氣壓力計) plenum gauge
급기 환기통(給氣換氣筒) dawn cast ventilator
급냉(急冷) quenching
급냉곡시험(急冷曲試驗) quench bend test
급사(給仕) steward, waiter
급섬광(急閃光) quench flashing light
급속 기양(急速汽醸)보일러 express boiler

급속냉동기(急速冷凍機) sharp freezer
급속잠입(急速潛入) quench diving
급수(給水) feed, feed water
급수가열기(給水加熱器) feed heater
급수관(給水管) feed pipe, water tender
급수기(給水機) feed engine
급수내관(給水內管) internal feed pipe
급수로(給水路) feeder
급수(給水)밸브 feed valve
급수 보급(給水補給)밸브 extra feed valve, make up valve, supplementary feed valve
급수선(給水船) water tender, water boat
급수 여과(給水濾過) cleanser, feed filter
급수 여과기(給水濾過器) feed filter, cleanser
급수 역지(給水逆止)밸브 feed check valve, feed valve, check valve
급수연화장치(給水軟化裝置) feed water softener
급수전(給水栓) hydrant
급수 조정기(給水調整器) feed regulator
급수탱크 feed tank, hot well tank
급수펌프 feed pump
급습(給濕) humidification
급양선(給糧船) victualler
급유장(給油長) number one
급유항구(給油港口) oil port
급전(急轉) racing
급전회로(給電回路) feeder circuit
급충시험(急衝試驗) jerk test
급탄기(給炭機) coal feeder
급탄항(給炭港) coaling port
기(旗) flag
기계(機械) machinery, engine, machine
기계가공(機械加工) machine work
기계공(機械工) turner, mechanician
기계공장(機械工場) machine shop
기계 다듬질 machine finish
기계력 환기(機械力換氣) mechanical ventilation
기계로 불 때는 장치(裝置) mechanical stoker
기계 리벳 잠그기 machine riveting
기계배치(機械配置) machinery arrangement
기계수뢰(機械水雷) mine
기계실(機械室)빌지 웰 engine room well
기계실(機械室) 케이싱 engine casing
기계유(機械油) engine oil, machine oil
기계적 시험(機械的試驗) mechanical test, physical test
기계적인(機械的) mechanical
기계추진장치(機械推進裝置)붙이 구명정(救命艇) mechanically propelled life boat
기계 프레임 engine frame
기계환기(機械換氣) mechanical ventilation
기공(氣孔) blow hole

기공기일(起工期日) date of keel laid
기관(機關) machinery, boiler
기관고수(機關庫手) engine store keeper
기관공작장(機關工作場) engineer work shop
기관공장(機關工場) engine workshop
기관대(機關臺) engine seat, engine bearer, engine bed
기관배치(機關配置) machinery arrangement
기관부(機關部) engine department
기관 부창고 engineer store
기관사(機關士) engineer
기관사 공작실(機關士工作室) engineer workshop
기관사 사무실(機關士事務室) engineer office
기관사양서(機關仕様書) machinery specification
기관실(機關室) machinery room, machinery space, engine room
기관실 격자(機關室格子) engine room grating
기관실구(機關室口) engine opening
기관실상(機關室床) engine floor, engine room floor
기관실 상수(機關室床受) engine room sleeper
기관실 상판(機關室床板)받침 engine room sleeper
기관실 위벽(機關室圍壁) engine casing
기관실 천창(機關室天窓) engine room skylight
기관실(機關室)텔레그래프 engine room telegraph, engine telegraph
기관원(機關員) stoker, fireman
기관원(機關員)탱크 firemen's tank
기관일지(機關日誌) engineer's log book
기관장(機關長) chief engineer
기관중량(機關重量) machinery weight
기관차(機關車)보일러 locomotive boiler
기관총(機關銃) machine gun
기관 취부물(機關取付物) engine fitting
기관 프레임 engine frame
기관효율(機關効率) engine efficiency
기구(器具) apparatus, appliance, instrument utensil
기그 gig
기둥 pillar, stanchion
기둥깔이(柱座) step stanchion
기록(記錄) record
기록기(記錄器) recorder
기록기압계(記錄氣壓計, 無水氣壓計) barograph
기록온도계(記錄溫度計) thermo graph
기록원(記錄員) recorder
기록 진동계(記錄振動計) vibrograph
기뢰 낙하장치(機雷落下裝置) mine dropping gear
기뢰(機雷)밭 mine field
기뢰 부설선(機雷敷設船) mine layer, mine boat

기름(油) oil
기름 가열기(油加熱器) oil heater
기름걸레 oil cloth
기름구멍(油孔) oil hole
기름기관(油機關) oil engine
기름 끌어올리기 링 oil scraping ring
기름 냉각기(油冷却器) oil cooler
기름냉각(冷却)펌프 oil cooler pump
기름단지 oil cistern
기름 드레인 탱크 oil drain tank
기름 들이 스위치 oil switch
기름 때는 배 oil burning vessel
기름 때는 보일러 oil burning boiler
기름받이 oil cup
기름받침 save all-oil
기름 버어너(油燃燒器) oil burner
기름분리기(油分離器) oil separator, oil extractor
기름 브레이크 실린더 oil brake cylinder
기름소비량(油消費量) oil consumption
기름숫돌 oil stone
기름 시험기(油試驗器) oil tester
기름 실린더 oil cylinder
기름에 의한 소입(燒入) oil quenching
기름여과(油濾過) oil filter, oil strainer
기름여과기(油濾過器) oil filter, oil strainer
기름 연소구(油燃燒口) oil oven
기름 연소장치(油燃燒裝置) oil burning arrangement
기름을 연료로 하는 보일러(油燃料汽罐) oil burning boiler, oil firing boiler
기름의 발화점(油發火點) fire point of oil
기름의 비중(油比重) specific gravity of oil
기름이 수면(水面)을 더럽히는 것 oil pollution
기름 저장기(油貯藏器) sump, well
기름 주입기(油注入器) oil can
기름 중력조(油重力槽) oil head tank
기름 중력(重力)탱크 oil head tank
기름 창구(艙口)를 다 열어 가득히 실은 것 over all loading
기름 청정기(油淸淨器) oil purifier
기름 치기 lubricator
기름 탱크 oil tank, oil cistern
기름 탱크에 가득히 채우지 않고 적유(積油)하는 것 slack tank
기름 탱크 통풍통(通風筒) oil tank vent
기름 탱크 펌프 oil tank pump
기름 통(油桶) oil can
기름 펌프 oil pump
기름 하물(油荷物) cargo oil
기름 하물(油荷物)펌프 cargo oil pump
기목(寄木)마스트 built mast, made mast
기밀(氣密) air tight
기밀공사(氣密工事) air tight work
기밀시험(氣密試驗) air test, air tight test

기밀접수(氣密接手) steam tight joint, air tight joint
기범선(機帆船) sailing vessel with auxiliary engine
기 보관소(旗保管所) flag locker
기복(起伏) corrugation
기본설계(基本設計) basic design
기사(技士) engineer
기사장(技師長) chief engineer
기상관측선(氣象觀測船) weather ship
기상관측소(氣象觀測所) meteorological station
기상대(氣象台) meteorological observatory
기상사무(氣象事務) meteorological service
기 상자(旗箱子) flag chest
기석(碁石) disc, disk
기선(汽船) steam ship, steamer
기선(基線) B.S, base line
기송관(氣送管) pneumatic tube
기수분리기(汽水分離器) catch water, steam separator
기술능력(技術能力) craftman ship
기술위원회(技術委員會) technical committee
기압계(氣壓計) barometer
기압계시도(氣壓計示圖) barometric hight
기압측심계(氣壓測深計) pneumacator, teledepth
기양시험(汽釀試驗) steaming test
기어드 디이젤선(船) geared diesel boat
기연소(既燃燒)가스 flue gas
기울기(傾斜勾配) declivity
기재(器材) instrument
기적(汽笛) steam whistle, air whistle
기적부이 whistle buoy
기전력(起電力) electric motive force
기점압(岐點壓) stagnation pressure
기정(汽艇) steam launch
기정점(起程點) departure
기준 배수량(基準排水量) standard displacement
기준선(基準船) type ship
기준선(基準線) reference line
기준축(基準軸) mandrel
기준(基準)컴퍼스 standard compass
기준형재(基準形材) standard section
기차용 보일러(汽車用汽罐) locomotive boiler
기초(基礎) foundation
기초 리벳 tap rivet
기초 멈추기 stop check valve
기초 보울트 foundation bolt
기초 판(基礎板) foundation plate, sole plate, bed plate
기총(機銃) machine gun
기포(旗布) bunting
기포발생점(氣泡發生點) bubbling point
기포소화기(氣泡消火器) foamite extinguisher
기함(旗函) flog chest, flag locker
기항지(寄港地) port of call
기화(氣化) vaporization

기화기(氣化器) carburetter
기화식 연소기(氣化式燃燒器) vaporizing combustion chamber
긴 겹침 long over lap
긴 스프라이스 long splice
긴 의자(長椅子) couch, bench
길이(L) length
길이가 있는 활차(滑車) hook block
길이와 깊이의 비(長深比) length depth ratio
길이와 폭의 비(長幅比) length breadth ratio
깃대 flag, staff
깊은 키일 drop keel
깊이(深) depth
깎아내기 및 피이닝용 끌 chipping tool, peening tool
깎아내다(切削) chipping
깎아내어진 금속(金屬) scrap
깔때기 water funnel, hopper
깡통 tin
깡통 오프너 tin opener
깡통용 가위 tin man's shears
깨끗한(清潔) fine
깨지지 않는 성질(性質) non fragile
꺾쇠 cramp, clamp
꼬마 밸브 pet valve, pet cock
꼬마 전구(電球) miniature bulb
꽉 잡는 것 gripe
꽉꽉 채우는 해치 feeder hatch, trimming hatch
꿰매는 리벳 quilt rivet
꿰매는 철사 seizing wire
끌 기계(機械) slotting machine
끓이는 냄새 sauce pan
끝 point
끝이 가는(末細) 노즐 convergent nozzle
끝이 넓은 노즐 divergent nozzle
끝이 4개 있는 앵커 grapnel, grapnel anchor
끼우는 재료(挿入材料) filling chock
끼워넣기 핀틀 independent rudder pintle
끽연실(喫煙室) smoking room.

(ㄴ)

나갑판(裸甲板) unsheathed deck, bare deck
나무 나비 wood screw, wood bis
나무 못(木釘) tree nail
나무 왁스 vegetable wax
나무통(木桶) tub
나무피복(木被覆) wood sheathing
나배수량(裸排水量) skeleton displacement
나봉(裸棒) bare electrode
나비 나사 thumb screw
나비 너트 thumb nut, butterfly nut
나비형(蝶形)나사 butterfly nut, thumb nut
나비형(蝶形) 너트 butterfly nut, thumb nut
나비형(蝶形)밸브 butterfly valve, clack valve, flap valve

나선(螺旋) screw
나선각(螺旋角) helical angle
나선계단(螺旋階段) winding stairs
나선면(螺旋面) helicoidal surface
나선 용수철 helical spring
나선체 중량(裸船體重量) bare hull weight
나선추진선(螺旋推進船) screw ship
나선(螺旋)프로펠러 screw propeller
나선형(螺旋形)이빨 helical teeth
나사 screw
나사 게이지 thread gauge
나사가 깎인 니플 screwed nipple
나사가 붙은 콕 bib cock
나사깎기 기계(機械) screw machine, screwing machine, hobbing machine, threading machine
나사깎기 차축(車軸) worm shaft
나사깎는 기계 threading machine, screw cutting machine
나사깎는 텝 screw down tap
나사 내림식 밸브 screw down valve
나사 드라이버 screw driver
나사 보울트 tap bolt, screw bolt
나사붙인 체인 스토퍼 screw stopper
나사 산(山) thread, thread of screw
나사 산(山)사이의 거리 pitch
나사 산의 밑바닥 bottom of thread
나사 송곳 carpenter ring auger, auger
나사 스테이 small stay, screw stay
나사식 콘베이어 screw conveyer
나사식 타취장치(舵取裝置) screw steering gear
나사 압상기(押上機) jack screw, screw jack
나사입 보울트 stud bolt, tap bolt
나사 재크 jack screw, screw jack
나사 절삭반(切削盤) die
나사 후라이스반(盤) thread miller
나아가다 lead
나용선(裸傭船) bare boat charter, bare charter
나용접봉(裸鎔接棒) bare electrode, bare rod
나이트 해드 knight head
나이프 에지 knife edge
나이프 에지 스위치 knife switch
나트륨 브라인 salt brine, natrium brine
나포선(拿捕船) prize
낙하(落下) drop
낙하단조(落下鍛造) drop forging
낙하시험(落下試驗) drop test, percussive test
난간(欄干) balustrade
난기(暖機) warming up
난로(暖爐) stove, fire place
난로 앞의 장식(裝飾) mantel piece
난류(亂流) turbulent flow
난류 경계층(亂流境界層) turbulent boundary layer
난류 발생장치(亂流發生裝置) turbulence stimulation
난류운동(亂流運動) turbulent motion
난방기(暖房器) room heater, heater
난방방식(暖房方式) heating system

난방 배치도(暖房配置圖) heating plan
난방 보일러 heating boiler
난방장치(暖房裝置) heating arrangement
난방장치도(暖房裝置圖) heating plan
난선(難船)부이 wreck buoy
난파선(難破船) wreck
날개 blade, bucket, vane
날개 간구(間口) blade opening
날개 높이(翼高) blade height
날개륜(翼輪) blade ring
날개바퀴 vane wheel
날개 밸브 clack valve, butterfly valve, flap valve
날개 선단의 간격(翼先端의間隔) blade tip clearance
날개 스토퍼 blade stopper
날개외차(翼外車) feathering paddle wheel
날개의 간격(間隔) blade clearance
날개의 반경방향 틈사이(翼半徑方向間隙) radial clearance, radial blade clearance
날개의 축방향 틈 axial blade clearance
날개 입구각(入口角) blade inlet angle
날개 제지(翼制止) blade stopper turbine
날개차(翼車) impeller
날개차 단(翼車段) wheel stage
날개차(翼車)케이싱 impeller casing, impeller box, fan casing
날개 취부각(取付角) blade angle
날개형 판장(翼形板張) clinker built, clinker plating
날개 효율(効率) blade efficiency
납땜 soldering
납땜질 도구(道具) soldering set
납땜한 취부철물(取付鐵物) solder lug
납 박판(鉛薄板) sheet lead
납 소입(鉛燒入) lead quenching
납 해머 lead hammer
납혈반(納穴盤) mortising machine
낭하실(廊下室) vestibule
내경(內徑) inside diameter
내곽(內廓) inner hull
내곽판(內廓板) inner skin
내구시험(耐久試驗) endurance test
내력시험(耐力試驗) proof test
내림 기울기 down grade
내밀용접(耐密鎔接) tight weld
내부 부체(內部浮體) internal buoyancy
내부요판(內部腰板) spirketting
내부응력(內部應力) internal stress
내부의 interior
내부 효율 internal efficiency
내산(耐酸) 페인트 acid resisting paint, anti-acidic paint
내수(耐水) water proof
내식성(耐蝕性) erosion resistance
내식합금(耐蝕合金) corrosion resisting alloy
내연기관(內燃機關) internal combustion engine, motor ship

내연기선(內燃汽船) motor ship, MS.
내연기선 터어빈 internal combustion turbine
내열재료(耐熱材料) resisting material
내외경 비(內外徑比) boss ratio, diameter ratio
내외장(內外張) raised and sunken system, in and out system
내용골(內龍骨) keelson
내장(內張) ceiling
내저(內底) inner bottom
내측 객실(內側客室) inside cabin
내측(內側)랩 inside lap
내측 목판(內側目板) inside butt strap
내측 복판(內側覆板) inside butt strap
내측 선실(內側船室) inside cabin
내측 축(內側軸) inner shaft, inboard shaft
내측 치수(內側寸法) inside measure
내층판(內層板) inside strake, inside streak, inner plating, inner strake
내항(內港) inner port
내항성(耐航性) sea worthiness
내항증서(耐航證書) seaworthy certificate
내해항로(內海航路) inland sea service
내화격벽(耐火隔壁) fire resisting bulkhead
내화구획(耐火區劃) fire resisting division
내화로(耐火爐) reverberatory furnace
내화목재(耐火木材) fire resisting wood
내화연와(耐火煉瓦) fire brick, refractory brick
내화재(耐火材) refractory material
내화재료(耐火材料) refractory material
내화점토(耐火粘土) fire clay
내화 페인트(耐火塗料) fire retarding paint, non flamable paint
내회전(內回轉) inward turning, inboard turning
냉각(冷却) chill
냉각계수(冷却係數) heat extraction coefficient
냉각관(冷却管) cooling pipe
냉각기(冷却器) cooler
냉각기(冷却機) refrigerating macihine, refrigerator
냉각면(冷却面) cooling surface
냉각면적(冷却面積) cooling area
냉각수(冷却水) cooling water
냉각수(冷却水)재킷 cooling water jacket
냉각수(冷却水)펌프 cooling water pump
냉각시험(冷却試驗) cooling test
냉각식 날개(冷却式翼) cooling blade
냉각식(冷却式)터어빈 cooled turbine
냉각용 공기(冷却用空氣)재킷 cooling air jacket
냉각코일 cooling coil
냉각효과(冷却效果) cooling effect
냉간 가공(冷間加工) cold working

냉간 곡시험(冷間曲試驗) cold bending test, cold bend test
냉간받침 만드는 기계 cold flanging machine
냉간 약화(冷間弱化) cold shortness
냉간 인출관(冷間引出管) cold drawn pipe, cold drawn tube
냉간 저항시험(冷間抵抗試驗) cold resisting measure
냉간 테두리 내는 기계 cold flanging machine
냉동(冷凍) refrigeration
냉동기(冷凍機) refrigerating machine, refrigerator, freezer
냉동 능력(冷凍能力) refrigerating capacity
냉동 사이클 refrigeration cycle
냉동선(冷凍船) refrigerated carrier
냉동온도(冷凍溫度) refrigerating temperature
냉동운반선(冷凍運搬船) freezing carrier
냉동육(冷凍肉) frozen meat
냉동장치(冷凍裝置) refrigerating plant, refrigerating system
냉동장치 증명서(冷凍裝置證明書) certificate for refrigerating apparatus
냉동제(冷凍劑) freezing mixture
냉동화물(冷凍貨物) frozen cargo
냉매제(冷媒劑) refrigerant
냉장(冷藏) cold storage
냉장고(冷藏庫) cold store, ice box, refrigerating chamber, ice locker, ice chamber, cold storage
냉장선(冷藏船) cold storage boat
냉풍식(冷風式) cold air blast system
너클 knuckle
너클 모울딩 knuckel moulding
너클선(線) knuckel line
너클 선미(船尾) knuckle stern
너클 식재(飾材) knuckle moulding
너클 접수(接手) knuckle joint
너트 nut
너트 보울트 게이지 nut and bolt gauge
너트 압조기(壓造機) nut forming machine
너트 체부기(締付機) nut forcing machine
널판 발문(門) jalousie
네발톱 앵커 grapnel anchor
네온등(燈) neon lamp
네이벌 황동 naval brass, naval bronze
네크 부시 neck bush
년륜(年輪) annual ring
노(爐) furnace
노(爐)걸이 row lock
노 내(爐內)의 땜질 furnace brazing
노동조합(勞動組合) trade union
노르웨이 선급협회(船級協會) N.V det norske veritas
노(爐)앞의 금물(金物) furnace front, furnace mouth
노 용적(爐容積) furnace volume

노의 목(爐喉) furnace throat
노(櫓)젓는 자리 thwart, bank
노즐 nozzle
노즐 가감기(加減器) nozzle control governor
노즐 각(角) nozzle angle
노즐 단면계수(斷面係數) nozzle area coefficient
노즐 박스 nozzle box
노즐 블록 nozzle block
노즐 손실(損失) nozzle loss
노즐의 목 nozzle throat
노즐 체절조속(締切調速) nozzle cut-out governing
노즐효율(効率) nozzle efficiency
노천갑판(露天甲板) weather deck
노천 사다리 weather ladder
노천수밀(露天水密) weather tight
노 천정(爐天井) furnace crown
노출(露出)쐐기형 emerged wedge
노치 notch
노치감도(感度) notch sensibility
노치강성(剛性) notch toughness
노치봉 시험(棒試驗) notch bar test
노치 저부(底部) notch root
노치 취성(脆性) notch brittleness
노치 효과(効果) notch effect
노킹 knocking
노통(爐筒) ring strengthening, flue
노통 로울러 furnace roller
노통 변형 측정기(爐筒變形測定器) furnace deformation indicator
노트 knot
녹(銹) rust
녹 긁는 봉(棒) scaling bar
녹 떼는 막대(銹除去棒) scaling bar
녹색등(綠色燈) green light
녹슨 것을 두들겨 떼어내는 해머 scaling hammer, chipping hammer
녹은 molten
녹을 벗긴 후 수선(修繕)칠 하는 것 scrape and touch up
녹이 부풀어 오른 것 rust blister
녹 이음 rust joint
논평(論評) comment
놋쇠 땜납 hard solder, spelter solder
놋쇠 판(眞鍮板) sheet brass
농도(濃度) density
농염 냉각수(濃鹽冷却水) natrium brine, salt brine
농염수(濃鹽水) salt brine, natrium brine
높은 high
누겟 저항용접 용착부(抵抗鎔接溶着部) nugget
누기복수기(漏氣復水器) leak chamber, leak condenser
누더기 waste
누설(漏泄)밸브 snitting valve, tail valve
누수(漏水)리벳 weeping rivet
누수 받침 trough
누접(累接) over lap
누지 용접(漏止鎔接) seal weld
누출각(漏出角) efflux angle

누출냉각(漏出冷却) effusion cooling
눈(目) eye
눈금 반(盤) dial
눈금 새기는 공구(工具) rollet
눈금을 정하는 것 calibration
눈금 읽는 것 reading
눈금판(目付板) eye plate, eye pad
눈 부이 nun buoy
눈알등 bull's eye lamp
눈알유리 bull's eye
눌름(押) keep, cap
눌름금구(押金具) dog back, push back
눌름단추 bell push, button
눌름쇠 lashing wire strong back, shrounding ring
눌름줄 lashing wire
느슨함 slackness
늑골(肋骨)라이너 frame liner
늑골 압곡기(肋骨押曲器) portable frame squeezer
늑골이 모두 세워진 것 frame erection
늑근재(肋根材) floor timber
늘린 시압도(引張示壓圖) draw card
늘림 drawer
늘어난 리벳 slack rivet
능기갑판(陵起甲板) raised deck
능력(能力) capacity
능파성(淩波性) sea kindness, sea worthiness
능형(菱形)부이 nun buoy
늦은 위상(位相) phase lag
니이 knee
니이들 밸브 needle valve
니이 라이더 knee rider
니이 판(板) knee plate
니켈 nickel, Ni.
니켈 강(鋼) Nickel steel
니켈 청동 Nickel bronze
니켈크롬 강(鋼) nickel chrome steel
니켈크롬 청동(青銅) nickel chrome bronze
니플 이음 nipple joint

(ㄷ)

다공(多孔)링 perforated ring, pulverising ring, pulveriser ring, perforated washer
다공성(多孔性) porosity
다공 용착금속(多孔溶着金屬) porous deposit
다공판(多孔板)또는 링 perfolated washer, pulverizer ring
다관(多管) 보일러 multitubular boiler
다극 점용접기(多極點鎔接機) multiple electrospot welding machine
다기배기(多岐排氣) multiple exhaust
다뉴브 규칙(規則) Danube rule
다단식(多段式) multi stage, multiple
다단식 단(多段式段) multi stage, multiple stage
다단식 원심송풍기(多段式遠心送風機) multiple centrifugal fan

다단식 원심(多段式遠心)펌프 multiple centrifugal pump, multiple stage centrifugal pump
다단 압축기(多段壓縮機) multiple stage compressor
다단 팽창기관(多段膨脹機關) multiple expansion engine
다듬질반(盤) honing machine
다듬질 비이드 finish bead
다듬질 온도(溫度) finishing temperature
다듬이 검사(檢査) finish turn inspection
다듬이공(工) fitter
다듬이 공장(工場) fitting shop, fitter's shop
다듬이 비이드 finish bead
다듬이 온도(溫度) finishing temperature
다(多)디이젤 추진(推進) multi diesel propulsion
다람쥐 농형(籠形) squirel cage type
다류식 가열기(多流式加熱器) multi flow heater
다리(脚) foot
다빗 davit
다빗 소케트 davit socket
다빗 호금(壺金) davit socket
다상(多相) polyphase
다(多)실린더(式) multiple cylinder
다심(多心)케이블 multi conductor cable
다운톤 펌프 downton pump
다이스 돌림 die stock
다이아몬드 노트 diamond knot
다이아몬드 라이너 diamond liner
다이아몬드 블로워 diamond blower
다이아몬드 소제기(掃除器) diamond blower, soot blower
다이아몬드형 지지 diamond stay
다이아몬드형 판(板) diamond plate
다이아프램 diaphragm
다이아프램판(板) diaphragm plate
다이 주물(타형주물 : 打型鑄物) die casting
다이 케스팅 die casting
다익(多翼)디퓨저 multiple vane difuser.
다축선(多軸船) multiple screw ship
다층 안전유리(多層安全硝子) multiplex safety glass
다통(多筒)실린더 multiple cylinder
다효냉동기(多效冷凍機) multiple effect refrigerator
다효증발기(多效蒸發機) multiple effect evaporator

단(單) mono
단(段) stage, scaflord
단가(單價)일 piece work
단가일률(單價一率) piece work rate
단간(段間)밸브 interstage valve
단강(鍛鋼) forged steel
단격벽(端隔壁) end bulkhead
단공활(單孔滑)밸브 single ported slide valve
단국제항해(短國際航海) short international voyage

단권 변압기(單捲變壓器) automatic transformer
단극(單極)스위치 single pole switch
단급 여객선(單級旅客船) single class passenger boat
단 내부 효율(段內部効率) stage internal efficiency
단 늑근재(短肋根材) short floor frame
단단(單段) single stage
단독 부재(單獨部材) individual member
단독 프로펠러 효율 open propeller efficiency
단독 해손(單獨海損) particular average
단동기관(單動機關) single acting engine
단동(單動)윈치 single purchase winch
단동(單動)펌프 single acting pump
단락(短絡) short circuit
단락 링 short circulating ring
단락 스위치 short circuiting switch
단락 환(短絡環) short circuit ring
단(端)랩 end lap
단로(斷路)스위치 disconnecting switch
단말(端末)링크 end link
단면계수(斷面係數) shape modulus, modulus of section, section modulus
단면적(斷面積) sectional area
단면 지지양(單面支持梁) cantilever
단면축소(斷面縮少) contraction area, reduction of area
단(段)밸브 stage valve
단부격벽(段付隔壁) stepped bulkhead
단부(端部)의 홈 counter bore
단(段)붙이 기계(機械) joggling machine
단붙이 피스톤 step piston, guide piston
단붙임 드럼(段付罐) stepped drum
단사 치차장치(單斜齒車裝置) single helical gear
단삭(短索) pendant, pennant
단삭(段索) ratline, ratlin, ratling
단산형(短山形) lug angle, lug, piece lug
단산형강(短山形鋼) lug, lug angle, lug piece
단산형재(短山形材) angle clip, clip connection, lug connection
단산형재 취부(短山形材取付) lug attachment
단상(單相) single phase
단상교류(單相交流) single phase alternating current
단상(單相)어어스식 single conductor earth system
단선수루(單船首樓) monkey forecastle
단속 구석살용접(斷續隅肉鎔接) intermittent fillet weld
단속 급섬광(斷續急閃光) interrupted quick flashing light
단속용접(斷續鎔接) tack welding, intermittent welding

단속 점용접(斷續點鎔接) interrupted spot welding
단속 지속파(斷續持續波) interrupted continuous wave, I.C.W
단쇄(短鎖) pendant, pennant
단쇄 케이블(스터드가 없는 쇠사슬) short link chain
단쇄환(短鎖環)체인 short link chain
단수(端數) fraction
단(單)시어 single shear
단식(單式)노즐 분무기(噴霧器) simplex nozzle atomizer
단식 레일 권양기(捲揚機) mono rail hoist
단식 용접기(單式鎔接機) single operator welding machine
단(單)실린더 기관(機關) single cylinder engine
단실린더 펌프 simplex pump
단심선(單心線) single core cable
단압(段壓) stage pressure
단연(單連)크랭크 축 single throw crank shaft
단열압축(斷熱壓縮) adiabatic compression
단열재(斷熱材) heat insulating material
단열팽창(斷熱膨脹) adiabatic expansion
단 온도(段溫度) stage temperature
단(段)을 만드는 기계(機械) joggling machine
단(端)을 절취(切取)하다 discard
단음(短音) short blast
단(段)이 있는 joggle
단(段)이 있는 격벽(隔壁) stepped bulkhead
단이 있는 동(胴) stepped drum
단이 있는 접수(接手) joggle joint
단자(端子) terminal
단자박스(端子函) terminal box
단자반(端子盤) terminal block
단재(單材)프레임 single frame
단저(單底) signle bottom
단저선(單低船) single bottom vessel
단절판(斷切板) costal plate
단접(鍛接) roll welding, welding, blacksmith welding
단접법(鍛接法) pressure welding, welding quality
단접 이음 welded joint
단접재질(鍛接材質) forge weld quality
단접접수(鍛接接手) welded joint
단정 재료 시험기(單挺材料試驗機) single lever testing machine
단조(鍛造) forging, forge
단조공장(鍛造工場) forge shop
단조기(鍛造機) forging machine
단조물(鍛造物) 잡이 forging tongs
단조시험(鍛造試驗) forging test
단조해머 forging hammer
단철(鍛鐵) wrought iron, forged iron
단철공장(鍛鐵工場) forge shop
단체 구조선(單體構造船) mono lithic ship

단축선(單軸船) single screw vessel
단(端)코오밍 end coaming
단판(單板) veneer
단판타(單板舵) single plate rudder
단향(端向)드러스트 end thrust
단환쇄(短環鎖) short link chain
단활차(單滑車) single block
단효율(段効率) stage efficiency
담뱃대형 환기통(換氣筒) cowl head ventilator
담수 여과기(淡水濾過器) fresh water filter
담은 물건 wet provision
당금(當金) flattening hammer, flattening iron, patch
당밀(糖密) molasses
당밀운반용(糖密運搬用)탱커 molasses tanker
당반(當盤) holding up hammer, holder
당반공(當盤工) holder
당직(當直) watch
당초(唐草)무늬 poliage
당타(當舵) meeting rudder, meeting ship
당(當)해머 holding up hammer, set hammer
대(台) pedestal, stool
대각선(對角線) diagonal line
대각선 조립(對角線組立) diagonal built
대갑판(台甲板) platform deck
대강(帶鋼) band steel
대강(大綱) hawser
대강색(大鋼索) steel hawser
대권항로(大圈航路) great circle course
대금(帶金) band
대금수(帶金受) band rest
대기(大氣) atmosphere
대기복수기(大氣復水器) open air condenser
대기선(大氣線) atmospheric line
대기실(待機室) anteroom
대기압(大氣壓) atmospheric pressure
대기압기관(大氣壓機關) atmospheric engine
대기압식 복수기(大氣壓式復水器) atmospheric condenser
대기장치(待機裝置) stand unit
대기 중 배출(大氣中排出) atmospheric exhaust
대(袋)너트 box nut
대두 기름(大豆油) bean oil
대량생산(大量生産) mass production
대류(對流) convection
대류 가열기(對流加熱器) convection heater
대류 방열기(對流放熱器) convector
대리석(大理石) marble
대마스크 damask, curtain
대반(台盤) weighing table
대반 시험기(台盤試驗機) weighing table
대변기(大便器) stool
대(帶)브레이크 band brake
대빙 보강(對氷補强) ice strengthening

대빙 방현재(對氷防舷材) ice fender
대빙 이중장(對氷二重張) ice doubling, ice lining
대서양행 객선(大西洋行客船) atlantic liner
대수감쇠율(對數減衰率) logarithmic decrement
대수적 과부하(代數的 過負荷)트립기 algebraic overload trip
대수적 역류(代數的 逆流)트립기 algebraic reserve circuit trip
대수척도(對數尺度) logarithmic scale
대쉬포트 dash pot
대식 운반장치(帶式運搬裝置) rotary conveyer, belt conveyer
대앵커(大錨) bower, bower anchor
대역(帶域) zone
대응속도(對應速度) corresponding speed
대응의 중심(對應中心) center of effort
대조(大潮) spring tide
대좌(台座) seating
대칭법(對稱法) symmetric method
대칭식 익배열(對稱式翼配列) symmetrical blading
대칭(對稱)이음 symmetrical joint
대치차(大齒車) gear wheel, master wheel
대판(帶板) band plate, tie plate
대표도(代表圖) schematic plan
대피정박소(待避停泊所) harbor, shelter
대한조선학회(大韓造船學會) society of naval architects of korea
대합실(待合室) door sill
대(大)해머 sledge hammer, maul hammer
대향(對向)피스톤 형(形) opposed piston type
대형 구축함(大形驅逐艦) destroyer leader
대형 단조물(大型鍛造物) heavy forging
대형 목재(大形木材) lumber
대형 상자에 넣은 하물(大形箱子入荷物) case goods
대형 주물(大型鑄物) heavy casting
댐퍼장치(裝置) damper gear
더러워진 공기 (汚染空氣) foul air
더러워진(汚染)탱커 dirty tanker
더미 dummy
더미 링 dummy ring
더미 피스톤 dummy piston
더크(輕帆布) duck
더크 커버 duck cover
덕트 로스 duct loss
덕트 키일 duct keel
덤브 카아드 pelorus card, dumb card
덮개(蓋) cover
덮개 문(蓋門) flap door
데드 아이(三目滑車) dead eye
데드 플랫(船體中央平行部) dead flat
데릭 derrick
데릭 대(台) derrick table

데릭 부움 derrick boom
데릭 소케트 derrick socket, derrick ball
데릭 슈우 derrick shoe
데릭 장치(裝置) derrick arrangement
데릭 부움 조삭(吊索) topping lift
데릭 크레인 derrick crane, derrick
데릭 포스트 derrick post
데이타 북 data book
데크 스트링거 deck stringer
데크 콤포지션(甲板居住區域) deck composition
데크 후크(甲板肘材) deck hook
도가니 crucible
도가니 강(鋼) crucible steel
도가니 로(爐) crucible furnace
도관(導管) conduit, condit
도구함(道具函) tool box
도그 쇼어 dog shore, shore dog dagger
도그 스테이 dog stay
도금공(鍍金工) galvanizer
도기제 변기(陶器製便器) porcealain bowl
도끼(斧) axe
도등(導燈) lead light
도료(塗料) paint
도료 분무기(塗料噴霧器) paint gun
도료 스프레이어 paint sprayer, paint gun
도료 창고(塗料倉庫) paint locker
도마판(板) chopping board
도망구(逃亡口) escape scuttle
도선(渡船) ferry boat, boat ferry, ferry
도선(導線) lead
도선사(導船士) pilot
도선사용(導船士用)사다리 pilot ladder
도선 안내(導船案內) pilotage
도선 안내료(導船案內料) pilotage
도쇄(導鎖) guide roller
도쇄차(導鎖車) leading chain
도수편(導水片) fair water piece, fin
도시(圖示) graphic
도시법(圖示法) graphical method
도약수(跳躍水) back water
도어리이 dolly, holding up hammer
도옴 dome
도옴 천창(圓形天窓) dome skylight
도웰 dowel
도웰 핀 dowel pin
도자기류(陶磁器類) crockery
도자율(導磁率) permeability
도점화(導點火) pilot ignition
도체(導體) conductor
도출(逃出)밸브 escape valve
도출 트렁크(逃出通路) escape trunk
도크 dock
도크 공(工) docker
도크 요금(料金) dockage
도크입구(入口)의 하연(下緣) dock sill
도킹 입거(入渠) docking
도킹 키일 docking keel
도킹 텔레그래프 docking telegraph
도파관(導波管) wave guide

도판(道板) gang board, gang plank, brow plate
도표(導標) range mark
도표(圖表) diagram
도피구(逃避口) 밸브 impulse valve, pass valve
도해법(圖解法) graphical solution
도해표시판(圖解表示板) graphic panel
도화심목(桃花心木) mahogany
도활차(導滑車) guide block, slide block, leading block
독립(獨立) independent
독립 분사공기(獨立噴射空氣)밸브 blast air isolating valve
독립 빌지흡입(吸込) independent bilge suction, direct bilge suction
독서실(讀書室) reading & writing saloon
독일(獨逸) german
독일선급협회(獨逸船級協會) german lloyd. G.L
돈을 모을 수 있는 능력 earning capacity
돌고래 dolphin
돌기물(突起物) projection
돌기용접(突起鎔接) projection welding, projection weld
돌기점 용접(突起點鎔接) projection spot welding
돌기 제거기(突起除去機) burring machine
돌봉(突棒) picker
돌출(突出)니이 turned knee
돌출된 방파제(突出防波堤) jetty
돌핀 스트라이커 dolphin striker
돗자리 mat
동감합(動嵌合) loose fit, runing fit, working fit
동결(凍結)된 frozen
동결실(凍結室) freezer chamber, freezing room
동결점(凍結點) freezing point
동결제(凍結劑) freezing mixture
동공(銅工) copper smith
동관(銅管) copper tube
동기(同期) synchronism
동기건현(冬期乾舷) winter freeboard
동기검정기(同期檢定器) synchroscope
동기발전기(同期發電機)synchronous generator
동기 북대서양 만재흘수선(冬期北大西洋滿載吃水線) winter north atlantic load line
동기속도(同期速度) synchronous speed
동기전동기(同期電動機)synchronous motor
동단(筒段) drum stage
동등효력의 형재(同等効力桁材) equivalent girder
동력(動力) power
동력계(動力計) dynamometer
동력부(動力部) power out-put station
동력설비(動力設備) power plant
동력실(動力室) power house
동력(動力)펌프 power pump

동륜(動輪) driving wheel
동박판(銅薄板) sheet copper
동반(動盤) movable head
동변장치(動辨裝置) valve gear
동삭(動索) running rigging, running, wire
동서거(東西距) deeparture
동서권(東西圈) prime vertical
동선(銅線) copper wire
동손실(銅損失) copper loss
동심성(同心性) concentricity
동심원(同心圓) concentric
동심원에 꼬인 케이블 concentrically stranded conductor
동압(動壓) dynamical pressure
동역학(動力學) kinetics
동요축(動搖軸) axis of oscillation
동위원소(同位元素) isotope
동으로 피복한 판(銅被覆板) copper sheathing
동응력(動應力) dynamical stress
동일한 것을 확인하는 것 identification
동작계수(動作係數) coefficient of performance
동작위치(動作位置) on-position
동작행정(動作行程) working stroke
동적(動的)드러스트 dynamical thrust
동적 복원력(動的復原力) dynamical stability
동적 시험(動的試驗) dynamic test
동적인 힘에 대한 강도(强度) dynamical strength
동적 추력(動的推力) dynamical thrust
동적 평형법(動的平衡法) dynamical balancing
동적 평형시험(動的平衡試驗) dynamic balance test
동점성(動粘性) kinematic viscosity
동점성 계수(動粘性係數) coefficient of kinematic viscosity
동접속체(銅接續體) bare copper winding
동제(銅製)해머 copper hammer
동조(同調) synchronization
동주(胴周) girth
동차(動車) driving wheel
동판(胴板) shell plate
동포판(銅包板) copper sheathing
동하중(動荷重) dynamical load, live load
동(銅)합금 copper alloy
동(銅)해머 copper hammer
동형(同型) identical
동활차(動滑車) running block
돛(帆) sail
돛을 깁는 실(帆縫糸) twine
돼지기름(豚油) lard oil
되돌림 벤트 return bent pipe
두께 thickness
두께와 폭의 비(比) camber ratio
두다리 크레인 shear, legs
두들겨 끼우는 것 driving fit
두들겨 끼우다 driving fit
두들겨 내는 프레스 embossing press
두들겨 뚫은 판의 접면 faying surface of punched plate
두들긴 못(釘)클린치 clenched bolt

두변 소기(頭辨掃氣) valve in head scavenging
두장(세장, 네장)겹치기 two (three, four) ply
둘러싸다 enclosure
둘러싼 격벽(隔壁) enclosure bulkhead
둥근끝(圓形先)리벳 conical point rivet
둥근나무 log
둥근대패 compass plane
둥근막대(圓形棒) round bar
둥근머리 리벳 snap head rivet
둥근 톱(圓形鋸) circular saw
둥근 홈을 파는 공구(工具) fuller, fullering tool
둥치 coil (rope)
뒤굽힘 root bend
뒤로 굽혀진 날개〔원심압축기(遠心壓縮機)〕 backward curved vane
뒤용접(裏鎔接) root running
뒤지삭(支索) back stay
뒤찌꺼기 제거기(除去器) root bend
뒷면에 붙이는 당금(當金) backing strap, backing strip
뒷면에 붙이는 산형재(山形材) backing angle
뒷면에 붙이는 환(環) backing ring
뒷면 용접(背面鎔接) backing pass
뒷면 자르기 back chip (weld)
뒷면 제지 후크 back hook
듀랄루민 duralumin
듀알 사이클 dual cycle, mixed cycle
듀콜 강(鋼) ducol steel
드라이 분(粉) lathe dust
드라이 카아고(乾燥貨物) dry cargo
드라이 컴퍼스 dry compass
드래그 drag
드러스트 thrust
드러스트 감소계수(減少係數) thrust deduction coefficient, thrust deduction factor
드러스트 계(計) thrust meter
드러스트 구축수(球軸受) ball thrust bearing
드러스트 리세스 thrust block recess
드러스트 마력(馬力) thrust horse power, userful power
드러스트 받침 thrust pad
드러스트 베어링 thrust bearing, thrust block
드러스트 베어링실(室) thrust block recess
드러스트 슈우 thrust shoe
드러스트 정수(定數) thrust coefficient, thrust constant
드러스트 축(軸) thrust shaft
드러스트 축수 thrust bearing, thrust block
드러스트 칼라 thrust collar, thrust shaft
드러스트 하중계수(荷重係數) thrust load coefficient
드럼 drum
드럼 로우터 drum rotor
드레인 drain
드레인 관(管) drain pipe
드레인 구멍(穴) drain hole

드레인 밸브 drain valve, bleeder valve, blow off valve
드레인 빼기 trap
드레인 콕 drain cock
드레인 탱크 drain tank, drain cistern
드레인 트랩 differential drain trap, expansion drain trap, steam trap, water trap, drain trap
드레인 파이프(管) drain pipe
드레인 플러그 drain plug
드롭 해머 drop hammer, drop stamp
들고 다니는 램프 hand lamp
등(燈) lamp
등가 오리피스(等價孔) equivalent orifice
등고선(等高線) contour line
등급(等級) rating
등(藤)나무 부스러기들이 이불 cane shaving mattress
등나무 의자 (藤椅子) rattan chair
등나무 줄기로 피복한 병(藤被覆瓶) demijhon
등대(燈臺) lighthouse
등대순시선(燈臺巡視船) lighthouse tender, light tender
등대표(燈臺表) lighthouse list
등록(登錄) registry
등록 총톤수(登錄總噸數) registered gross tonnage
등반동 날개(等反動翼) constant reaction blade
등방현재(藤防舷材) rattan fender
등부톤수(登簿噸數) registered tonnage
등사원지(騰寫原紙) stencil paper
등사판(謄寫版) mimeograph
등선(燈船) light ship
등시성 조속기(等時性調速器) isochronous governor
등시횡요(等時橫搖) isochronous rolling
등(燈)심지 가위 wick cutting scissors
등압팽창(等壓膨脹) isobaric system, isobaric expansion
등(等)엔트로피 팽창(膨脹) isoentropic expansion
등엔트로피 효율(効率) isoentropic efficiency
등온변화(等溫變化) isothermal change
등온선(等溫線) isothermal line
등온압축(等溫壓縮) isothermal compression
등온팽창(等溫膨脹) isothermal expansion
등측함(燈側函) junction box
등 커버 lamp cover
등표(燈標) wreck light buoy, light beacon
등후날개(等厚翼) straight blade
등흘수(等吃水) even keel
디디는 단(段) step, foot step
디바이더 dividers
디빌스 크라우 devil's claw
디이젤 기관(機關) diesel engine
디이젤 기름 diesel oil

디이젤 발전기(發電機) diesel generator
디이젤 사이클 diesel cycle
디이젤 선(船) diesel boat, motor boat
디이젤 요트 diesel yacht
디이젤 전기추진(電氣推進) diesel electric drive, diesel electric propulsion
디이프 탱크 deep tank
디이프 프레임 deep frame
디이프 플로어 deep floor
디이형 활변(滑辨) D. slide valve, common slide valve
딩기 보우트 dingy boat
땜납 solder
땜납인두 soldering iron, soldering trowel
땜질 braze, brazing
땜질인두 soldering iron
떼어내다 remove
뗏목(筏) raft

(ㄹ)

라도제트 공기펌프 Radojet air pump
라디오 radio
라디오 부이 radio buoy
라디오 컴퍼스 wireless direction finder, radio compass
라안치 launch
라이너 lining piece, liner
라이닝, 뒷쪽 바르기 lining
라이더 키일 rider keel
라이더 키일손 rider keelson
라이더 플레이트 rider plate
라이스 보일러 rice boiler
라이트 부이 light buoy
라임 즙(汁) lime juice
라탄펜더 rattan fender
래깅 lagging
래비린스 더미 labyrinth dummy
래비린스 패킹 labyrinth packing
래슁 lashing
래쳇치차(齒車) ratchet wheel, ratchet
래치 latch
랙 rack
랙과 피니온(小齒車) rack and pinion
랙카 lacquer
랙킹응력(應力) racking stress
랙킹 힘 racking force
랜야아드 lanyard
램 ram
램다 비(比) lamda ratio
램 받침 ramming stay
램 비(比) ram ratio
램스 보텀링 ramsbottom ring
램식 충격시험기(衝擊試驗機) ram impact testing machine
램 제트 ram jet
램 지지강(支持鋼) ramming stay
램프 루움 lamp room, lamp locker
램프 심지용 가위 lamp trimmer's scissors
램프 유리통 lamp chimney

램프의 발광선(發光線) filament of lamp
랩 lap
랭 꼬임 lang's lay
러너 날개바퀴 runner
러더 스톡 rudder stock, rudder head upper stock
러더 쿼드런트 rudder quadrant
러더 트렁크 rudder trunk
러더 트렁크 칼라 rudder trunk collar
러더 틸러 rudder tiller
러더 포스트 rudder post
러더 프레임 rudder frame
러더 핀틀 rudder pintle
러더 헤드 rudder head, rudder stock upper stock
러운지 lounge
러프 태클 luff tackle
럭 세일 lug sail, lug
럭스 리치식 화재경보기(火災警報器) lux rich fire detecting system
런 아웃 run out
럼브 카아드 rhumb card
레미네이션 lamination
레버식 안전(安全)밸브 lever safety valve
레비트 rabbet
레오나드 식(式) ward leonard system
레이놀즈 수(數) reynolds number
레이다 radar (radio detection and ranging)
레이다에 의한 방향지시(方向指示) racon, radar beacon
레이다용 마스트 radar mast
레이다용 해도(海圖) radar chart
레이디얼 더미 radial dummy
레이디얼 더미 링(輪) radial dummy ring
레이디얼 다빗 radial davit
레이디얼 동변장치 radial valve gear
레이디얼 밸브장치 radial valve gear
레이디얼 보올반 radial drilling machine, wall radial drill
레인지 range, cooking
레일 rail
렉 rag, fin
렌즈 Lens
렌즈의 촛점(焦點) focal center of lens
렌치 wrench, spanner
렌킨 사이클 rankine cycle
로비 lobby
로오란 loran
로오란 국(局) loran station
로오란 수신기(受信機) loran receiver, loran indicator, loran receiver indicator
로오란 표(表) loran table
로우록 row lock
로우렛 rollet
로우터 rotor
로우터 권선(捲線) rotor winding
로우터 동(胴) rotor drum
로우터 드럼 rotor drum, drum rotor
로우터 선(船) rotor ship

로우터의 미끄러짐 또는 쇠모(衰耗) creep of rotor, relaxation of rotor
로우프 rope
로우프 결목법(結目法) hitching of rope, knot of rope
로우프류(類) cordage
로우프류 단말고착철물(端末固着鐵物) rigging end fittings
로우프류를 넣는 장소 cordage space
로우프 벨트 rope belt
로우프제 방현재 rope fender
로우프 축(軸) rotor shaft, rotor spindle
로우프 패킹 rope packing
로우프 펜더 rope fender
로울러 roller
로울러가 든 활차(滑車) jewel block
로울러가 있는 페어리이더 roller fair leader
로울러 방현재 roll fender
로울러 베어링 roller bearing
로울러붙이 파이프 누르는 기계 roller tube expander
로울러 비트 roller bitt
로울러 진수(進水) roller launching
로울러 체인 roller chain
로울러 틈 roller clearance
로울러 패스 roller path
로울러형(型) twin roller type
로울링 지주(支柱)보일러 rolling stay
로울링 쵸크 rolling chock, bilge keel
로울링 핀 rolling pin
로울펜더 roll fender
로이드 선급협회(船級協會) L.R. lloyds register of shipping
로커 locker
로케트 rocket
로케트 추진(推進) rocket propulsion
로케트 신호(信號) rocket signal
로코 크레인 locomotive crane
로크 핀틀 lock pintle
로키드 인 스트레스 locked in stress
로킹레버 rocking bar, racking lever
로킹 바아 locking bar
로킹 핀틀 rudder lock pintle, rudder locking pintle, locking pintle
로타미터 rotameter
루우로욱스 밸브 선도(線圖) reuleaux valve gear
루우버 louvre, louver
루우스 접수(遊動接手) loose coupling
루우트 면(面) nose
루우트 반경(半徑) root radius
루우트 사이의 간격(間隔) root opening, gap opening
루우트 송풍기(送風機) root blower
루우트 압축기(壓縮機) root compressor
루우프 소기(掃氣) loop scavenging
리(浬) sea mile, nautical mile
리깅 스크루우 rigging screw, turnbuckle
리넨실(麻織物室) linen locker
리놀륨 linoleum
리미트 게이지 공작법(工作法) gauge system

리버어서 reverser, double arm marker
리베터 riveter, riveting machine
리베팅 해머 riveting hammer
리벳 rivet
리벳공(工) riveter
리벳 구멍 tack hole, rivet hole
리벳 구멍을 절열한다 fairing of rivet holes
리벳 구조(構造) riveted structure
리벳 구조물(構造物) riveted structure
리벳 기계 조임 machine riveting
리벳 끝 rivet point
리벳 로(爐) rivet heater, rivet forge
리벳 머리 rivet head
리벳 및 보울트 두부 성형기(頭部成形機) rivet and bolt header
리벳 불집게 heating tongs, passing tongs
리벳 열(列) row of rivets
리벳의 추타 다듬이질 hammered point
리벳 이음 riveted joint
리벳 잠그기 riveting
리벳 잠그기 당금(當金) hard patch
리벳 잡이 heating tongs
리벳재(材) rivet bar
리벳 접속(接續) rivet connection
리벳 제조기(製造機) rivet machine, rivet making machine
리벳 조임 hard patch
리벳 종연(縱緣) riveted seam
리벳 체부기(締付機) riveting machine, riveter
리벳 타당금(打當金) dolly bar
리세스 recess
리세스 격벽 recess bulkhead
리셉터클 receptacle
리쇼름(비틀림)다엽용적형 압축기(多葉容積型壓縮機) lysholm helical love positive displacement type compressor
리스트 핀 wrist pin
리시이버 receiver
리액턴스 reactance
리이머 rimer, reamer, reaming iron
리이머반(盤) reaming machine
리이머 보울트 rimer bolt, reamer bolt
리이머 타금(打金) reaming iron
리이 보오드 lee board, side board
리일 reel
리일드 리베팅 reeled riveting
리일드 리벳 잠그기 reeled riveting
리터 용적(容積) litre, liter
리프팅 비임 lifting beam
리피이터 repeater
릴랙세이션 relaxation
릴레이 tripping of relay
릴레이 피스톤 relay piston
릴리이즈 release
릴리이즈 선(船) release line
릴리이즈 점(點) point of release
림버어 limber
림버어 보오드 limber board
림버어 호올 limber hole
립 rib

립벤드 ribband
링 ring
링붙이 보울트 ring bolt
링 주유기(注油器) ring lubricator, ring oiler
링 주유(注油)베어링 ring oiled bearing
링크 link
링크를 움직여 증기량(蒸氣量)을 가감(加減)하는 조작(操作) linking down, (up) link in (out)
링크 브라스 link brass
링크 블록 link block
링크 운동(運動) link motion
링크 이금(裏金) link brass
링크인봉(引棒) suspension rod, drag link
링크인봉(引棒)아암 suspension arm
링크장치(裝置) link work
링크 조정장치(調整裝置) link adjusting gear
립 lip (safety valve)

(ㅁ)

마(痲) hemp
마개 spigot
마그네시아 magnesia
마그네토 발전기(發電機) magneto, magneto machine
마노미터 manometer
마닐라 로우프 manila rope
마대(痲袋) gunny bag
마력(馬力) horse power. HP
마력추정(馬力推定) power estimation, powering
마(痲)로우프 hemp rope
마른 양식(乾糧食) dry provision
마모계(摩耗計) defacement
마모방지(摩耗防止)매트 chafing mat
마모시험(摩耗試驗) abrasion test
마스터 로그 master log
마스터 버트 시스템 master butt system
마스터 컴퍼스 master compass
마스트 mast
마스트 구멍 mast hole, mast partner
마스트 근부갑판실(根部甲板室) mast housing
마스트 금구(金具) mast mounting
마스트 등(燈) mast head light, mast lamp
마스트 뚜껑 cap
마스트 램프 mast lamp
마스트 색도료(色塗料) mast color paint
마스트 스텝(깔판) step, mast step
마스트 쐐기 mast wedge
마스트 아래쪽 상갑판(上甲板)의 2중장(二重張) spring plate under mast
마스트의 경사(傾斜) rake
마스트의 정점(頂點) mast truck
마스트 정부의 전망대(頂部展望臺) bird's nest, crow's nest
마스트 정부의 횡형재(頂部橫桁材) cross tree
마스트 종(縱)거어더 trestle tree

마스트 철물(鐵物) mast fitting
마스트 칼라 mast collar
마스트 코오트 mast coat
마스트 테이블 mast table
마스트 하우징 mast housing
마스트 하운드 mast hound
마스트 행목(桁木)걸이 lumber iron
마스트 형재(桁材) lumber iron
마스트 활차(滑車) mast sheave
마스트 후프 mast hoop
마스트 히일 mast heel
마심강(痲心綱) hemp core
마아낸 marnen
마아린 marline
마아린 글루우 marline glue
마아린류를 시임에 유입시킴 pay
마아린 스파이크 marline spike
마아킹 marking
마아킹 침(針) race knife
마이너스 minus
마이너스 나사 minus thread
마이너스 랩 minus lap
마이어형(型) maier form
마이카나이트 micanite
마이크로미터 micrometer
마이크로미터 붙이 캘리퍼어스 micrometer calipers
마이터 치차(齒車) mitre wheel
마일 mile, nautical mile
마일 포스트 mile post
마제편(馬蹄片) horse shoe
마제형(馬蹄形)드러스트 베어링 horse shoe type thrust bearing
마주보는 각 angle encounter
마직물(痲織物) hemp cloth
마찰(摩擦) nip, friction
마찰계수(摩擦係數) coefficient of friction
마찰동(摩擦胴) friction drum
마찰바퀴(摩擦車) frictional wheel
마찰방지(摩擦防止)매트 chafin mat
마찰방지봉(摩擦防止棒) chafing piece, chafing rod
마찰 브레이크 friction brake
마찰손실(摩擦損失) friction loss, frictional loss
마찰 원형톱(摩擦圓形鋸) disc cutter, friction saw
마찰 유효마력(摩擦有効馬力) skin horse power
마찰저항(摩擦抵抗) frictional resistance
마찰접수(摩擦接手) friction coupling
마찰제지판(摩擦制止板) feather edge chafing piece
마찰차(摩擦車) frictional wheel
마찰(摩擦)클러치 friction clutch
마찰톱(摩擦鋸) friction saw
마찰판(摩擦板) rubbing strake, rubbing strip
마포(痲布) gunny cloth, hessian cloth
마포절연(痲布絶緣) camblic insulation
마포제 덮개(痲布製蓋) holland cover
마하 각(角) mach angle
마하 수(數) mach number
마호가니 mahogany

막대(棒) bar, rod
막대 링크 bar link
막대(棒)마스트 pole mast
만곡부(灣曲部) turn of bilge
만곡부 외판(灣曲部外板) bilge plank
만곡선(灣曲線) camber line
만곡선의 각도(灣曲線角度) camber angle
만국신호서(萬國信號書) code book
만능 재료시험기(萬能材料試驗機) universal testing machine
만력대(萬力臺) vice bench
만선식(滿船飾) full dress, full dressing ship
만재(滿載) full load
만재(挽材) lumber
만재 또는 경하배수량(滿載輕荷排水量) full load displacement, light load displacement
만재상태(滿載狀態) full load condition, loaded condition
만재흘수(滿載吃水) full draught, full load draught, load draught
만재흘수선(滿載吃水線) load line
만재흘수선(滿載吃水線)의 지정(指定) load line assignment
만재흘수선 증서(滿載吃水線證書) certificate of load line, load line certificate
만재흘수원표(滿載吃水圓標) load line disc
만조(滿潮) flood tide
말레트 mallet
말리는 방법(方法) seasoning
말텐사이트 martensite
말티코일 급수가열기(給水加熱器) multicoil feed heater
말틴게일 martingale, dolphin striker
맑은 탱크 renovating tank, settling tank
맛무는 것 jaw clutch
맛물고 있는 접수(接手) claw coupling
맛물고 있는 클러치 claw clutch
망간 철(鐵) ferro manganese
망간 청동(青銅) manganese bronze
망원경(望遠鏡) telescope
망치 mallet
망치형 크레인 hammer head crane
맞바람 against wind, head wind
맞추기 받침 판 run off tab
맞추기 판(板) run off plate
맞춘 못(釘) knock pin, dowel pin
매금용접(埋金鎔接) slugging, liner
매니폴드 manifold
매니폴드 밸브 manifold valve
매달린 강(吊綱) fall
매달린 컴퍼스(羅針儀) hanging compass, cabin compass, telltale compass
매달린 의자 boatswain's chair
매달아 흔드는 것 bob weight
매립(埋立)비이드 sealing bead
매립지지 reclaimed land
매분 회전수(每分回轉數) R.P.M. Revolution Per Minute
매(每)센티 배수톤수(排水噸數) tons per centimeter immersion

매스 루움 mess room
매굳 시멘트 solid cement
매크로 사진(寫眞) macro print
매트 mat
매트릭스 matrix
매표소(賣票所) booking counter
매플러스 갑판도료(甲板塗料) maplus deck composition
맥동용접(脈動鎔接) pulsation welding
맨 로우프 man rope
맨 호올 man hole
맨 호울 덮개 man hole door, man hole cover
맷드 rug
맹개(盲蓋) blind cover, dead light, blank flange
맹접수(盲接手) closed joint, blind joint
맹판(盲板) blind patch
머리(頭) head
머리털 정도로 미세한 균열(龜裂) hair crack
먹(墨) chinese black
먼지 제거함(除去函) strainer, rose, strum box
먼츠 메탈 muntz metal
멈추기 stopper
멈추기 나사 set screw
멈추기 너트 lock nut, fam nut
멈추기 로우프 check rope
멈추기 핀 locking pin
멈추는 쇠 staple
멈춤 나사 set screw
멈춤 너트 check nut, jam nut, lock nut
멈춤 쇠(止金) trigger
메가 megger
메가폰 speaking trumpet, megaphone
메이데이 mayday
메인 마스트 main mast
메인 세일 main sail
메인 스테이 main stay
메타센터 metacenter
메타센터 곡선(曲線) curve of metacenter, metacentric diagram
메타센터 높이(高) metacentric height G.M.
메타센터 반지름(半徑) GM metacentric radius
메탈 터치 metal touch
메터파수(波數) V.H.F. very high frequency
면(面) surface, face mask
면봉사(綿縫糸) cotton twine
면(面)붙이 자물쇠 rim lock
면실유(綿實油) cotton seed oil
면을 떼어낸 모서리(緣) chamfer edge
면(綿)이 든 좌석(座席) stuffed seat
면재(面材) face bar
면적(面積) area
면적계수(面積係數) area coefficient
면적비(面積比) surface ratio, area ratio, Dic area ratio
면제증서(免除證書) exemption certificate
면취반(面取盤) chamfering machine

면취연(面取緣) chamfer edge
면(綿)캔버스 cotton canvas
명반(明礬) alum
명음(鳴音)프로펠러 singing propeller
명찰(名札) name plate
명호광(明弧光) visible arc
모넬메탈 monel metal
모래(砂) sand
모래 박스 sand box
모래 반목(砂盤木) sand block
모래 밸러스트 sand ballast
모래 불기 sand blast
모래 불기 기계(機械) sand blower
모래시계(砂時計) log glass, sand glass
모래포대(砂袋) sand bag
모래흡상(吸上)펌프선(船) sand pump dredger
모빌유(油) mobile oil
모사(毛糸) worsted
모선(母線) bus bar, omnibus bar
모선(母船) mother ship
모올드 제작기(製作機) molding machine
모올스 신호(信號) morse signal
모올스 신호등(信號燈) morse lamp
모우다 assemble
모우먼트 moment
모우터 사이렌 motor siren
모울딩 molding, moulding
모울딩 제작기(製作機) molding machine
모의연돌(模疑煙突) dummy stack, dummy funnel
모임 group
모자걸이(帽子掛) hat hook
모자대(帽子台) hat rack
모자선반(帽子棚) hat rack
모자식 관(母子式管) telescopic pipe
모자형 타금(帽子形打金) cross cut chisel
모자형(帽子形)해치 booby hatch
모재(母材) mother material, parent mental, base metal
모지(毛紙) felt
모치차(母齒車) gear wheel
모형(母型) matrix, model
모형시험(模型試驗) model test, model experiment
목갑판(木甲板) wood deck, deck planking
목갑판 단수판(木甲板端受板) deck end plate
목갑판 단판(木甲板端板) jamming plank of deck
목갑판 연판(木甲板緣板) boundary plank, margin plank
목갑판 평삭반(木甲板平削盤) deck planer
목공(木工) carpenter
목공 공사(木工工事) carpenter work
목공사(木工事) wood work
목공 선반(木工旋盤) wood lathe
목공용 창고(木工用倉庫) carpenter store
목공장(木工場) wood worker's shop

목 두께 throat depth
목면(木棉)편조 케이블 braided cable with cotton
목 보울트 throat bolt
목선(木船) wood vessel, wood ship wooden vessel, wooden ship
목선공(木船工) shipwrite
목선구조(木船構造) wood ship construction
목선의 선수역재(木船船首力材) fore foot
목수용품고(木手用品庫) carpenter's store
목재(木材) lumber furniture
목재건현(木材乾舷) lumber freeboard
목재동기 만재흘수선(木材冬期滿載吃水線) winter timber load line
목재 마스트의 유목(留木) toggle
목재 만재흘수선(木材滿載吃水線) timberload line, lumber load line
목재선(木材船) timber carrier
목재연료(木材燃料) fire wood
목재운반선(木材運搬船) lumber carrier, lumber trader
목재의 부후부(木材腐朽部) rot of wood
목재 저장장(木材貯藏場) wood bay
목재 적입구(木材積込口) lumber port raft port
목재 적재구(木材積載口) lumber port, raft port
목재 적취구(木材積取口) raft port, lumber port
목적항(目的港) port of destination
목전(木栓) dowel
목절(木節) knot of wood
목정(木釘) wood nail
목제 가구(木製家具) wood furniture
목제 사절판(木製仕切板) wood screen
목제창구(木製艙口)덮개 boody hatch
목제 페루울 wood ferrule
목제품(木製品) wood work
목제 필라 wood pillar
목철교조선(木鐵交造船) composite vessel
목철선(木鐵船) composite vessel
목침(木枕) wood pad
목탄(木炭) charcoal
목탄선철(木炭銑鐵) charcoal pig iron
목탄철(木炭鐵) charcoal iron
목판(目板) eye plate, butt strap
목판접수(目板接手) butt strap joint
목피복(木被覆) wood sheathing
목형(木型) pattern
목형공(木型工) patterner
몬순 monsoon
몰리에르 선도(線圖) mollier diagram
몹 mop
못걸이 hanger
못대가리 구멍 만드는 공구 countersinking
못 빼기 nail puller
못 뽑는 해머 claw hammer
못의 끝 countersink point, countersunk point
몽키 스테이 monkey stay

몽키 스패너 monkey spanner
묘쇄관(錨鎖管)덮개 hawse buckler
묘쇄(錨鎖)멈추기 deck stopper
묘지(錨地) berth, anchorage
무간앵커(無桿錨) stockless anchor
무갑판선(無甲板船) open boat
무거운 heavy
무게 weight
무계관(無繼管) drawn, soild drawn, seamless tube
무계목관(無繼目管) seamless tube
무계목 인발관(無繼目引拔管) seamless drawn, solid drawn tube
무공기 분사식(無空氣噴射式) solid injection engine
무기분사(無氣噴射) solid injection, airless injection
무기분사기관(無氣噴射機關) airless injection engine, solid injection engine
무늬든 의혁(擬革) pegamoid
무복수기 기관(無復水器機關) non condensing engine
무부하 전압(無負荷電壓) no-load voltage
무상처 부분(無傷處部分) intact part
무선(無線) radio
무선방위 신호소(無線方位信號所) radio beacon and direction finding
무선방위 측정기(無線方位測定機) radio compass, wireless direction finder
무선방향탐지기(無線方向探知機) wireless direction finder, radio compass
무선실(無線室) wireless room
무선일지(無線日誌) radio log
무선장치(無線裝置) wireless installation
무선전신기(無線電信機) radio telegraph, wireless telegraph
무선전화(無線電話) wireless telephone
무선조종(無線操縱) wireless control
무선청취원(無線聽取員) wireless watcher
무선표시국(標示局) radio beacon station
무선표지(無線標識) radio beacon
무손상시 복원성(無損傷時 復原性) intact stability
무수(無水)암모니아 ammonia anhydrite
무어링 파이프 mooring pipe
무어슨식 측도법(測度法) measurement of moorson system
무역풍(貿易風) trade wind
무연탄(無煙炭) anthracite, anthracite coal
무장선(武裝船) armed ship
무저항 횡요(無抵抗橫搖) unresisted rolling
무전국(無電局) wireless office, wireless station
무전방향 탐지기(無電方向探知機) radio compass, wireless direction finder

무전장치(無電裝置) wireless installation
무전지식 전화(無電池式電話) sound powered telephone
무정형 흑연(無定形黑鉛) amorphous graphite
무중(霧中)벨 fog bell
무중신호(霧中信號) fog signal
무중신호소(霧中信號所) fog signal station
무중표적(霧中標的) fog target
무중호각(霧中號角) fog horn
무중호종(霧中號鍾) fog bell
무차원(無次元) dimensionless
무한익열(無限翼列) infinite cascade
무화(霧化) atomization
무회 연료(無灰燃料) ash free fuel
문(門) gate, port
문간(門間)매트 door mat
문을 거는 빗장 dog back, strong back
문잠그기 보울트 slip bolt
문지르다 chafe
문지방 sill, door sill
문헌(文獻) data
문형(門形) arch
문형(門形)기둥 samson post, king post
문형(門形)시어 gate shear, guillotin shear
문형(門形)크레인 portal crane, goliath crane
문형(門形)필러 post portal
물개렵선(獵船) sealer
물결 swell
물결계급(階級) swell scale
물결표(表) swell
물꼭지 이음 spigot joint, faucet joint
물냉벽(冷壁) water screen
물 담는 관(罐) water can
물대야 wash trough
물 도장(塗裝) cement wash
물때 모우기 scum dish, scum pan
물 또는 기름의 증류(蒸溜) distillation of water or oil
물리적 성질(物理的性質) physical property
물리적 시험(物理的試驗) physical test
물리적 연구(物理的硏究) physical research
물방울 받침 save drip pan, drip tray, drip pan
물 밸러스트 water ballast, ballast water
물 밸러스트 흡입(吸込) water ballast suction
물병(水瓶) goglet
물보라 막기 sea screen
물보라 막는 장치(裝置) spray proof
물분사(水噴射) water injection
물부분(部分) water space
물 브레이크 water brake
물 소입(燒入) water quenching
물 시멘트 wash cement
물 실린더 water cylinder
물 여과기(水濾過器) water filter

물 용기(容器) water receiver
물을 차는 판(板) spurn water, weather board
물을 흘리는 것 spilling
물 재킷 water jacket, steam jacket
물 저항기(水抵抗器) water rheostat
물체에 쓸리다 chafing
물 탕붙기(湯沸器) water boiler
물통 breaker
물 퍼내는 사람(보우트) bailer, baler
물표(物標) target
미곡창고(米穀倉庫) rice store
미국석유협회(美國石油協會) API. American Petroleum Institution
미국선경단위(美國線徑單位) AWG. American wire gauge
미국선급협회(美國船級協會) (ABS, AB) American bureau of shipping
미국용접협회(美國鎔接協會) AWS. American welding society
미국재료시험 규격(美國材料試驗規格) ASTM. American Standard for Testing Material
미국 전기공학회에 의한 선박 전기시설에 관한 기준공작법 recommended practice for electrical installation on shipboard by american institute of electrical engineers
미끄럼 고리 slip hook
미끄럼 률(率) slip factor
미끄럼 이음 sliding joint
미끄럼 틀 sliding frame
미는 부선(艀船) push barge
미닫이 문 sliding door
미로(迷路)더미 labyrinth dummy
미링 반(盤) milling machine
미링 커터 milling cutter
미분쇄기(微粉碎機) pulveriser
미분 코르크 dust cork, cork dust
미분탄(微粉炭) dust coal, slack coal, dust coaling, pulverised coal, purverised coal
미세입자(微細粒子) fine grain
미세화부(微細化部) refined zone
미속(微速) slow speed
미송(美松) yellow pine, oregon pine
미연소 손실(未燃燒損失) combustible loss
미장법(迷裝法) dazzle system
미진동계(微振動計) micro-vibrograph
미터 meter, metre
미터 촉광(燭光) meter candle
미터 톤 metric ton
미톤 short ton
밀도(密度) density
밀 스케일 mill scale, mill oxide
밀어 버티는 막대(突張棒) shore
밀어 올리는 펌프 force pump
밀접하다(密接) close
밀폐 급수장치(密閉給水裝置) closed feed system
밀폐 배기(密閉排氣) closed exhaust
밀폐 배기(密閉排氣)밸브 closed exhaust valve
밀폐식(密閉式)드러스트 베어링 closed type thrust bearing

밀폐 연소실(密閉燃燒室) closed stoke hold, closed fire room
밀폐하다(密閉) close
밀폐형 연료(密閉燃料)밸브 closed type fuel valve
밀폐형 축수(密閉型軸受) closed type bearing
밀폐 화연실(密閉火燃室) closed fire room, closed stoke hold
밀폐 회류(密閉灰溜) closed ash pit
밀항자(密航者) stowaway

(ㅂ)

바가지 dipper
바가지식 준설선(浚渫船) dipper dredger
바깥쪽(外側)으로 흐름 outward flow
바나듐 강(鋼) vanadium steel
바니쉬 varnish
바니쉬 칠이 된 마권절연(痲捲絕緣) varnish cambric insulation
바다의 naval
바람넣기 wind scooper, wind shoe
바람손실(損失) wind loss
바람을 받다 by the wind
바람통(風箭) forge and bellow
바로 향(向)한다 facing
바빗트 메탈 babbit metal
바빗트 합금(合金) babit metal, babbit metal
바세린 vaseline
바스 브릭크 bath brick
바아켄친 Barkentine, Barquentine
바아지 barge
바아크 Bark, Barque
바우라인 bow line
바우라인 노트 bowline knot
바우 스피릿트 bowsprit
바우엘 왓하 배기터어빈 Bauer-wach exhaust steam turbine, B.W.
바우쵸크 bow chock
바울 bowl
바이브렉 강(鋼) virbrac steel
바이스(萬力) vice
바이스 대(台) vice bench
바이패스 bypath, bypass
바이패스 계수(係數) bypath factor
바이패스 관(管) bypath pipe
바이패스 밸브 bypath valve
바퀴 테두리(輪緣) rim
바톡크 라인 buttock lines
바프 반(盤) buff grinder, buff machine
박강판(薄鋼板) sheet steel
박금제 변형계(薄金製變形計) foil strain gauge
박동판(薄銅板) sheet copper
박리점(剝離點) separation point
박스 스패너 box spanner, socket spanner
박아연판(薄亞鉛板) sheat zinc
박용기관(舶用機關) marine engine
박용 보일러(舶用汽罐) marine boiler

박용 터어빈 marine turbine
박철판(薄鐵板) sheet iron
박판공(薄板工) sheet metal worker
박판공장(薄板工場) sheet iron shop
박판금(薄板金) sheet metal
반강형 접수(半鋼形接手) semirigid type of joint
반경(半徑) radius
반경류(半徑流)터어빈 radial flow turbine
반경방향 속도(半徑方向速度) radial velocity
반경방향 응력(半徑方向應力) radial stress
반늑근재(半肋根材) half floor
반대를 표시하는 전치사 anti
반동단(反動段) reaction stage
반동도(反動度) degree of reaction
반동식 날개배치(反動式翼配置) reaction blading
반동타(反動舵) reaction rudder
반동 터어빈 reaction turbine
반류(伴流) wake, following wake
반류계수(伴流係數) wake coefficient, wake factor (or fraction)
반류율(伴流率) wake percentage, wake percent
반목(盤木) block
반문형(半門型)크레인 semi-portal crane
반밀폐(半密閉)사이클 semi-closed cycle
반(半)박스 비임 semi-box beam
반복수(反復數) pulse recurrence rate
반복응력(反復應力) repeated stress
반사로(反射爐) reverberatory furnace
반속(半速) half speed
반역청탄(半瀝青炭) semi-bituminous coaling
반원봉(半圓棒) half round bar
반유연탄(半有煙炭)semi-bituminous coal
반응(反應)땜질 chemical dip brazing
반자동용접(半自動鎔接) semi-automatic welding
반전(反轉) backing
반전장치(反轉裝置) hunting gear
반조립(半組立)크랭크 half built up crank shaft, semi built up crank shaft, half built crank, semi built crank
반조립 크랭크 축 half built up crank shaft, semi-built up crank shaft
반죽 교반기(攪伴器) dough mixer
반지름 방향(方向)의 틈 radial blade clearance, radial clearance
반지름의 평형(平衡) radial equilibrium
반진정강(半鎭靜鋼) semi-killed steel, capped steel
반평형타(半平衡舵) semi-balanced rubber
반폭선도(半幅線圖) half breadth plan
반향측심기(反響測深機) echo sounding machine, echo sounder

받침대(受臺) pad
받침 만드는 기계(機械) flanger, flanging machine
발(足) foot, fathom
발걸이 stretcher, foot hold, step, foot step
발꿈치 skeg (keel or stern frame)
발끝 toe
발도(拔道)밸브 impulse valve, pass valve
발동기(發動機) electric motor, motor
발동기 붙임 구명정(發動機付救命艇) motor lifeboat
발동기선(發動機船) motor boat
발동기용 연료(發動機用燃料) motor essence
발동기정(發動機艇) motor launch
발동행정(發動行程) power stroke
발령소(發令所) controlling room, controlling station
발로 누르는 브레이크 foot brake
발묘(拔錨) heave anchor
발묘하다 to weigh anchor
발받침 격자(格子) foot grating
발사 재(材) balsa wood
발산파(發散波) diverging wave
발생(發生) generating
발생기(發生器) generator
발생기 가스 generator gas
발신기(發信機) transmitter whistle
발연기적(發煙汽笛) visible air
발연 부신호(發煙浮信號) buoyancy smoke signal
발열량(發熱量) calorific power, calorific value
발열력(發熱力) calorific power
발을 거는 봉(棒) grab rod
발전기(發電機) electric generator, dynamo generator
발전기실(發電機室) dynamo room
발전기용 기관(發電機用機關) dynamo engine
발전장치(發電裝置) generating set
발정축(發停軸) maneuvering shaft
발출시험(拔出試驗) pick up test
발톱(接手) claw
발판 stage, stage plank, scaflord
발판격자(足場格子) foot grating
발판의 판자(板子) scaffolding scaffold, stage plank
발화점(發火點) firing point, fire point
밤틀 활차(滑車) mortise block
밥 짓는 보일러 rice boiler
밧줄 bridle
밧텐 batten
밧텐 바아 locking bar
밧텐 시이트 batten seat
방공훈련(防空訓練) aerial training
방독면(防毒面) gas mask
방뢰망(防雷網)부움 torpedo net boom
방말(防沫) splash proof
방부제(防腐劑) anti septics, preres-ervatives
방사(放射) radiation
방사광선 투과시험(放射光線透過試驗) radio test, radio inspection

방사 보일러 radial boiler
방사성 동위원소(放射性同位原素) radio active isotope
방사성 사진(放射性寫眞) radio graph
방사손실(放射損失) radiation loss
방사열(放射熱) radial heat
방서(防鼠) rat proof, rat guard
방수(防水) water proof
방수구(防水口) freeing port, wash port
방수 매트 collision mat
방안지(方眼紙) section paper
방어갑판(防禦甲板) protective deck
방연(防煙)헬멧 smoke helmet
방열(防熱) insulate, insulation
방열기(放熱器) radiator
방열면(放熱面) radiating surface
방열선창(防熱船艙) insulated hold
방염(防炎) flame arrester
방염 방패 shield plate
방오(防汚)페인트 anti-fouling paint
방요재(防撓材) stiffener
방요(防搖)탱크 anti-rolling tank
방위(方位) bearing
방위각(方位角) azimuth
방위경(方位鏡) azimuth mirror
방위 기점(方位起點) cardinal point
방위 바람개비 azimuth vane
방위반(方位盤) dump card, pelorus
방위(方位)보기 azimuth vane, sight vane
방위 분해법(方位分解法) bearing resolution
방위 컴퍼스(方位羅針儀) azimuth compass, bearing compass
방위표(方位表) azimuth table
방위환(方位環) azimuth circle
방적형(防滴形) drip proof type
방전(放電) discharge
방지재(防止材) preventer
방청(防銹)페인트 anti corrosive paint, anti corrosive composition
방출량(放出量) discharge current
방치파열(放置破裂) season crack
방파막(防波幕) canvas dodger
방파물(防波物) break water
방패 shield
방풍막(防風幕) wind screen
방향탐지기(方向探知機) radio compass, wireless direction finder, direction detector finder
방현재(防舷材) fender
방형 계수(方形係數) block coefficient, block coefficient of fineness
방형 선수재(方形船首材) bar stem
방형 키일 bar keel
방화문(防火門) fire door, furnace door
방호된 배전반(防護配電盤) dead front switch board
방화격벽(防火隔壁) fire proof bulkhead
방화구획(防火區劃) fire retarding division
방화구획의 격벽(防火區劃隔壁) fire retarding bulkhead
방호하지 않은 배전반(配電盤) live front switchboard

발이랑 직물(畝織物) railway repp, repp
배(船) craft, vessel
배관(配管) piping
배관공사(配管工事) piping work
배관도(配管圖) pipe arrangement, piping plan
배기(排氣)가스 터어빈 exhaust gas turbine
배기공동(排氣空洞) exhaust cavity
배기관(排氣管) exhaust pipe, eduction pipe
배기구(排氣口) exhaust port,exhaust slot
배기 노즐 exhaust nozzle
배기 랩 exhaust lap
배기류(排氣溜) exhaust receiver, thermal receiver
배기 매니폴드 exhaust manifold
배기모음(排氣溜) exhaust receiver, thermal receiver
배기(配氣)박스 manifold box
배기(排氣)밸브 exhaust valve
배기밸브 상승장치(上昇裝置) exhaust valve easing gear, exhaust valve lifting gear
배기밸브 조상장치(吊上裝置) exhaust valve lift gear, exhaust valve easing gear
배기 보일러 regenerator, waste heat boiler, exhaust boiler
배기 선풍기(排氣扇風機) exhaust fan
배기 손실(排氣損失) exhaust loss
배기 송풍기(排氣送風機) exhaust fan
배기식 환기(排氣式換氣) exhaust system ventilation
배기원(排氣圓) exhaust circle
배기 저장기(排氣貯藏器) thermal receiver, exhaust receiver
배기(背氣)캐비테이션 back cavitation
배기(排氣) 캠 exhaust cam(oil engine)
배기 탱크 exhaust tank
배기 터어빈 exhaust turbine
배기 통풍통(排氣通風筒) uptake ventilator
배기 행정(排氣行程) exhaust stroke
배기 환기통(排氣換氣筒) uptake ventilator
배럴 barrel
배분(配分)밸브 director valve
배선(配線) wiring
배선도(配線圖) diagram
배선방식(配線方式) wiring system
배선(配膳)선반 side board
배선실(配膳室) plate rack, pantry
배선실(配膳室)의 식기장(食器藏) plate rack
배선함(配線函) distribution box, distribution cabinet
배수공(排水孔)플랩 port flap, port lid
배수관(排水管) scupper pipe, water service pipe
배수관도(配水管圖) water service plan
배수구(排水口) scupper
배수도(排水道) water course
배수량(排水量) displacement
배수량 계산표(排水量計算表) displacement sheet

배수량 계수(排水量曲線) displacement coefficient
배수량 곡선(排水量係數) curve of displacement
배수량과 길이의 비(排水量長比) displacement length ratio
배수량 등곡선도(排水量等曲線圖) hydrostatic curves
배수량 척도(排水量尺度) displacement scale
배수용적(排水容積) volume of displacement, displaced volume
배수장치(排水裝置) drainage, water service
배수중량(排水重量) displaced weight
배수톤수(排水噸數) displacement tonnage
배수형(排水型)보우트 displacement boat
배압(背壓) back pressure
배압(背壓) 밸브 back pressure valve
배압에 의한 손실(損失) back pressure trip
배압 터어빈 back pressure turbine
배열(配列)나사 coarse pitch thread
배열하다 arrange
배와 안벽사이에 놓은 방현재(防舷材) camel
배와 길이의 등분선(等分線) station, square station
배의 길이 L. length of ship
배의 밧줄 painter
배의 상하동(上下動) heave
배의 전장(全長) length over all
배의 종요(縱搖) pitching
배의 중심선(中心線)을 이탈(離脫) 해서 out board
배의 형심(型深) D. depth moulded
배의 형폭(型幅) breadth moulded, breadth molded
배의 횡경사(横傾斜) heel, list
배의 횡방향으로 athwart ship
배재(背材) back
배전반(配電盤) switch board
배전선(配電線) feeder
배출(排出)밸브 exhaust valve
배출밸브 인상장치(引上裝置) exhaust valve lifting gear, exhaust valve easing gear
배출손(排出損) carry over loss, leaving loss
배출행정(排出行程) exhaust stroke
배치(配置) arrangement
배치도(配置圖) arrangement plan
배판(背板) back board (boat)
백등(白燈) white light
백분(百分)눈금 centigrade
백분율(百分率) percentage
백색(白色)마름모꼴 형상물(形象物) white diamond shape
백선철(白銑鐵) white pig iron
백 스테이(후부지삭 : 後部支索) back stay, back mast
백스텝 용접(後退鎔接) back step welding
백심 가단주철(白心可鍛鑄鐵) white heart malleable iron
백아연(白亞鉛) white zinc

백아연 페인트 white zinc paint
백연(白鉛)페인트 white lead paint
백열등(白熱燈) incandescent lamp
백운석(白雲石) dolomite
백점(白點) white spot, flakes
밸러스트 ballast
밸러스트로서 적재(積載)한 선철(銑鐵) Kentledge
밸러스트 상태(狀態) ballasted condition
밸러스트 탱크 ballast tank
밸러스트 펌프 ballast pump
밸러스트 흡입관(吸込管) ballast suction pipe
밸브 valve
밸브 고착(固着) valve sticking
밸브 눌림 valve guard
밸브 레버 valve lever
밸브 로드 가이드(棒案內) valve rod guide
밸브 루우프 valve loop
밸브 리세스 valve recess
밸브 박스 valve box, chest valve
밸브 선도(線圖) valve diagram
밸브 소기법(掃氣法) valve scavenging
밸브 스프링 valve spring
밸브 스핀들(棒) valve rod, valve spindle
밸브 양정(揚程) valve lift
밸브 양정 조정장치(揚程調整裝置) valve lift adjusting gear
밸브 원(圓) valve circle
밸브의 붙여진 면(取付面) detachable valve face or false face
밸브장치(裝置) valve gear
밸브 조절공 소기(調節孔掃氣) valve controlled port scavenging
밸브조정(調整) valve setting
밸브 측정기(測定器) valve gauge
밸브행정(行程) valve travel
버리는 아궁이 shoot
버섯형(形) mushroom
버섯형 밸브 mushroom valve
버섯형 앵커 mushroom anchor
버섯형 통풍통(通風筒) mushroom ventilator
버섯형 환기통(換氣筒) mushroom ventilator
버어너(燃燒器) burner
버어너 구금(燃燒器口金) burner tip
버어너 막판(燃燒器膜板) burner diaphragm
버어너 주(主)밸브 burner master valve
버어너 탱크(燃燒器筒) burner tank
버어니어 vernier
버어스 오오더 berth order
버어튼식(式) shifting guy system, union purchase system, married fall system
버킷 bucket
버킷대(臺) bucket rack
버킷선(船) bucket dredger, ladder dredger
버킷 준설선(浚渫船) bucket dredger
버터우스식 가열기(加熱器) butterworth heater

버터우스식 청소기(清掃器) butterworth cleaner
버터우스식 펌프 butterworth pump
버터 발(鉢) butter bowl
버트시임 저항용접(抵抗鎔接) butt seam resistance welding
번호(番號) number
벌버스 바우 bulbous bow
벌브 타(舵) bulb rudder
벌어진 화물(貨物) jetsam
벌어짐 opening
벌지 bulge
벌집 정반(定盤) swage block
범(帆) sail
범고(帆庫) sail locker
범선(帆船) sailer, sailing ship, sailor
범장도(帆裝圖) rigging plan
범포(帆布) canvas
범포면적(帆布面積) sail area
범포제 통풍통(帆布製通風筒) wind sail
범포 호오스 canvas hose
범프킨 spider boom, bumpkin, boomkin
법정 갑판선(法定甲板船) statutory deck line
법정 마일 statute mile
벗은(裸) bare
벙어리 장갑 mitten
벙커용 탄(用炭) bunker coal
베개 pillow
베개 덮개 pillow case
베니어 합판(合板) veneer, plying wood
베드 플레이트 bed plate
베란다 veranda, verandah
베벨, 개선(開先) bevel
베벨각도(角度) bevel angle
베벨기(機) bevelling machine
베벨기어 bevel gear
베벨이 있는 프레임 bevel frame
베벨 측정과 축심을 동시에 측정하는 공구 combination bevel
베벨 측정기(測定器) bevelling frame
베벨 치차(齒車) spiral bevel gear, bevel wheel
베벨 톱니바퀴(齒車) bevel wheel
베벨 톱니바퀴 장치(齒車裝置) bevel gear
베벨 판(板) bevel board, bevelling board
베벨 프레임 bevel frame
베시머 전로(轉爐) bessemer converter
베시머 강 bessemer steel
베어링 shaft bearing, bearing
베어링 금속(金屬) bearing metal
베어링 압력(壓力) bearing pressure
베이요네트 모울딩 bayonet moulding
베이요네트 베이스(差込口金) bayonet base
베이요네트 조인트(差込接手) bayonet joint
베이크라이트 bakelite
베이퍼 로크 vapour lock

베이퍼 포켓 vapour pocket
베인붙이 교란기(攪亂器) vaned diffuser
베인 프로펠러 vane propeller
베일 용적(容積) bale capacity
베일 화물(貨物) bale cargo
베케트 becket
벡터 vector
벡터도(圖) vector diagram
벡터선도(線圖) vector diagram
벡터 평균속도(平均速度) vector mean velocity
벤드 접속용 곡관(接續用曲管) connecting bend pipe, cannecting bend piece
벤드 톱(帶鋸) band saw
벤딩 슬래브 beveller, bending slab
벤젠 Benzene, Benzine, Benzol
벨 bell
벨 마우스(吸込口) bell mouth
벨부이 bell buoy
벨 크랭크 bell crank
벨트 구동(驅動) belt driving
벨트 왁스 belt wax
벨트차(車) belt pulley
벨트 콘베이어 belt conveyer, rotary conveyer
벽면에 붙이는 타일 furring tile
벽붙이 크레인 wall crane
벽의 요판(壁腰板) wainscot
벽이 있는 레이디얼 보올반 wall radial drill
벽(壁)크레인 wall crane
변개(辨蓋)를 보울트로서 조여 놓은 밸브 bonnet bolted valve
변경(變更) difference of longitude
변관(變管)피에조미터 또는 기압계(氣壓計) sympiesometer
변기(辨寄) manifold
변동피치 프로펠러 non uniform pitch propeller, varying pitch propeller
변동 하중(變動荷重) variable load
변류기(變流器) current transformer, converter
변반(辨盤) valve plate
변봉(辨棒) valve spindle, valve rod
변상승장치(辨上昇裝置) easing gear (valve)
변상실(辨箱室) valve recess
변성기(變成器) transformer
변소(便所) head, water closet W.C.
변소 청소인 captain head
변속기(變速機) speed exchanger
변속장치(變速裝置) speeder
변압기(變壓器) transformer, electric transformer
변(辨)올리는 장치(裝置) lift gear
변위(變緯) difference of latitude
변위량(變位量) displacement
변좌(辨座) valve seat
변좌 삭정기(辨座削正器) valve reseater
변질부(變質部) affected zone
변함(辨函) direction valve box, communication box
변형(變形) warp, deformation

변형 각도(變形角度) deflection angle
변형 게이지 deformation gauge
변형계(變形計) deflectometer
변형 시험(變形試驗) strain test
변형한 것 modified form
변화(變化) fluctuation
변화가 순조롭고 무리가 없는 것 fair
변화하다 modify
변환기(變換器) changer
변환 스위치 over-changing switch, change over switch
변환장치(變換裝置) converter
변환 콕 switch cock
병기(兵器) arm
병기 제작소(兵器製作所) arsenal
병류형 열교환기(並流形 熱交換器) parallel flow heat exchanger or generator
병실(病室) sick bay, hospital
병열 단속용접(並列斷續鎔接) chain intermittent weld
병열 리벳 잠그기 chain riveting
병열식(並列式) parallel system
병열용접(並列鎔接) chain welding
병열운전(並列運轉) parallel operation, parallel running
병열 이단 팽창기관(並列二段膨脹機關) cross compound engine
병사변소(兵士便所) seaman head
병원선(病院船) hospital ship
보간법(補間法) interpolation
보강(補强) additional strength, strengthing, reinforcement, compensating
보강골재(補强骨材) rudder arm
보강구조(補强構造) additional strengthening, strengthening
보강 링 ring strengthening, compensation ring, compensating ring
보강 봉(補强棒) stirrup
보강쌓기 reinforcement
보강 케이블 jacket reinforced cable
보강(補强) 탱크 compensating tank
보강통풍(補强通風) assisted draught
보강 플라스틱 판(板) FRP (fiber reinforced plastic)
보강 해치 코오밍 reinforced hatchway coaming
보건국 위생규칙(保健局衛生規則) public health service's sanitary requirement
보극(補極) inter pole
보급(補給) supplementary
보급(補給) 밸브 make up valve, supplementary valve, extra feed valve
보급선(補給船) light house tender, tender, supply ship
보급수(補給水) supplementary feed, make up feed
보기(補機) donkey engine, auxiliary engine, auxiliary machine
보기 배기 auxiliary exhaust
보기 배기계(補機排氣系) auxiliary exhaust range
보기 증기(補氣蒸氣) auxiliary steam
보기 증기관(補氣蒸氣管) auxiliary steam pipe

보링반(盤) boring machine
보브 스테이 bob stay
보상공사(補償工事) guarantee work
보상권선(補償捲線) compound wound
보상기(補償器) compensator
보상장치(補償裝置) compensating gear
보스 propeller boss, propeller hub, boss
보스 비(比) hub ratio
보스 외판(外板) boss plate
보스 취부(取付) propeller boss fitting (watertight)
보스 프레임 bossed frame
보염판(保炎板) flame piloting baffle, stabilizing baffle
보오드 메저 B.M., Board measure,
보오메 눈금 Baume's scale
보오슨 Bosun, Boatswain
보오슨 체어 bosun chair
보오크사이트 Bauxite
보온(保溫) insulation
보온재(保溫材) lagging material, heat insulating material
보올 드러스트 베어링 ball thrust bearing
보올반(盤) drilling machine
보올 진수(球進水) ball launching
보올(球)테스트 ball test
보우트, 배(短艇) boat
보우트 갑판(甲板) boat deck, hurricane deck
보우트 그라이프 boat gripe
보우트 다빗 boat davit
보우트 덱크 램프 boat deck lamp
보우트를 조여서 매는 강(綱) gripe lashing
보우트 스키드 boat skid
보우트 스파아 boat spar
보우트 승강용 목판(昇降用木板) hoist pad
보우트 승강장치(昇降裝置) boat handling gear
보우트 양하시험(揚下試驗) boat test
보우트 양하장치(揚下裝置) boat handling gear
보우트 용구(用具) boat fitting, boat gear
보우트용 데릭 boat derrick
보우트용 로우프 boat wire
보우트 적재(積載) boat stowage
보우트 쵸크 boat chock
보우트 컴퍼스 boat compass
보우트 폴 boat fall
보우트 플러그 boat plug
보우트 호이스트 boat hoisting engine
보우트 활차(滑車) boat block
보우트 후크 boat hook
보우트 훈련(訓練) boat drill
보울트 bolt
보울트 끝 bolt point
보울트 끝 제작기(製作機) bolt pointer
보울트 나사 절삭반(切削盤) bolt cutter
보울트 너트 제작기(製作機) bolt and nut machine

보울트 링 facing ring
보울트 머리(頭) bolt head
보울트 머리 제작기(頭製作機) bolt heading machine
보울트 압입기(押込機) bolt forcer, coupling forcer
보울트용 좌금(座金) facing ring
보울트 잠그기 당금(當金) soft patch
보울트 절삭기(切削機) bolt clippers
보울트 조임 당금 soft patch
보이지 않는 해가림 latent defect
보일러(汽罐) boiler
보일러 게이지 boiler gauge
보일러 공장(汽罐工場) boiler shop
보일러 관(汽罐管) boiler tube
보일러 기름(汽罐油) boiler oil
보일러 대(台) boiler saddle, boiler seating, boiler stool
보일러 동(汽罐胴) boiler drum, boiler shell
보일러 동판(汽罐胴板) boiler shell plate
보일러 래깅 boiler lagging, boiler clothing
보일러 마력(汽罐馬力) boiler horse power
보일러 바닥취출(底吹出) bottom off boiler
보일러 받침 boiler support
보일러 발(汽罐足) boiler pedestal
보일러 밸브 boiler valve
보일러 복(汽罐服) boiler suit
보일러 설치(汽罐設置) boiler setting
보일러 수(汽罐水) boiler water
보일러 스케일 boiler scale, boiler incrustation
보일러 스테이 boiler stay
보일러 시험(汽罐試驗) boiler test, boiler trial
보일러실(汽罐室) boiler space, boiler room, boiler grating
보일러실구(汽罐室口) boiler opening
보일러실 상격자(室床格子) fire room grating
보일러실 케이싱 boiler casing
보일러실 통풍구 덮개의 격자(通風口蓋格子) fiddley grating
보일러실 통풍구를 설치하는 갑판(通風口 設置甲板) fiddley deck
보일러실 통풍 케이싱 fiddley casing
보일러압(汽罐壓) boiler pressure
보일러용 강재(鋼材) boiler steel
보일러 용구(用具) boiler fitting
보일러용 흑연(汽罐用黑鉛) boiler graphite
보일러율(汽罐率) boiler efficiency
보일러저 취출(汽罐底吹出) bottom blow off (boiler)
보일러 제조자(汽罐製造者) boiler maker
보일러 주위의 틈사이(汽罐周圍間隙) boiled clearance
보일러 지지(汽罐支持) boiler stay, boiler support
보일러 청정제(汽罐清淨劑) boiler compound
보일러 취부물(汽罐取付物) boiler mounting, boiler fitting

보일러 케이싱 boiler casing
보일러 콕 boiler cock
보일러판(汽罐板) boiler plate
보일러 피복(汽罐被覆) boiler cleading
보일러 피팅 boiler fitting
보조(補助) assistant
보조 검사원(補助檢查員) assistant surveyor
보조공구(補助工具) jig
보조 급수계(補助給水系) auxiliary feed line
보조급수(補助給水)밸브 auxiliary feed check valve
보조 급수 역지(補助給水逆止)밸브 auxiliary feed check valve
보조급수(補助給水)펌프 auxiliary feed pump
보조기관(補助機關) auxiliary engine, donkey engine, auxiliary machinery
보조기관 붙이 범선(補助機關付帆船) sailing
보조 디이젤기(機) auxiliary diesel
보조발전기(補助發電機) auxiliary generator
보조범선(補助帆船) auxiliary vessel
보조보일러(補助汽罐) auxiliary boiler, donkey boiler
보조보일러 화부(補助汽罐火夫) donkey man
보조 복수기(補助復水器) winch condenser, auxiliary condenser
보조 순환(補助循環) 펌프 auxiliary circulating pump
보조 스톱밸브 auxiliary stop valve
보조시동(始動) 밸브 auxiliary starting valve
보조 재료(補助材料) construction store
보조 제지(制止) 밸브 auxiliary stop valve
보조 증기관(補助蒸氣管) auxiliary steam pipe
보조 타(補助舵) auxiliary rudder
보조 통풍(補助通風) assisted draught, assisted draft
보조 펌프 donkey pump
보증기사(保證技士) guarantee engineer
보증내력(保證耐力) proof stress
보증속도(保證速度) guarantee speed
보증시험(保證試驗) proof test
보증응력(保證應力) proof stress
보증하중(保證荷重) proof load
보통(普通) common
보통 강(普通鋼) mild steel
보통(普通)꼬임 ordinary lay
보통 닻(普通錨) admiralty anchor
보통 링크 common link
보통 배기(普通排氣) open exhaust
보통 선객(普通船客) steerage, steerage passenger
보통 시멘트 portland cement
보통 앵커(普通錨) common anchor, admiraly anchor
보통 프로펠러 screw propeller

보통형 활변(普通型滑辨) common slide valve
보통 환(普通環) common link
보판(步板) brow plate
보험업자(保險業者) under writer
보호(保護) guard
보호도장(保護塗裝) protective coating
보호된 프로펠러 shrouded propeller
보호 봉(保護棒) guard bar
보호 안경(保護眼鏡) goggles
보호 유리(保護硝子) cover glass
보호 전호(保護電弧) shield arc
보호판(保護板) guard plate
보호환(保護環) guard ring
복갑판(覆甲板) awning deck
복갑판선(覆甲板船) awning deck vessel
복공기(復空氣)펌프 dual air pump
복광 용접(覆光鎔接) smothered arc welding
복권 전동기(複捲電動機) compound motor
복권 직류 발전기(複捲直流發電機)compound dynamo
복도 balcony
복동기관(複動機關) double acting engine
복동윈치 double purchase winch
복동펌프 double acting pump
복류지선(復流地線) ground return circuit
복반목(腹盤木) bilge block, side block
복사기(複寫機) copying machine
복사 프레스 대(臺) copy press stand
복산형재(覆山形材) bosom piece
복수관(復水管) condenser tube
복수관 페룰(復水管口金) condenser tube ferrule
복수기(復水器) condenser
복수기가 없는 기관(無復水器機關) noncondensing engine
복수기가 있는 기관(復水器付機關) condensing engine
복수기 안전(復水器安全)밸브 condenser relief valve
복수 설비(復水設備) condensing plant
복수온도 강하(復水溫度降下) condensate depression
복수장치(復水裝置)condensing plant
복수펌프 condensate pump (kinetic air pump)
복시압도(複示壓圖) double card
복식(複式)공기펌프 dual air pump
복식 노즐 duplex nozzle
복식 버어너 duplex burner
복식 보올반(盤) multiple drill
복식 분무기(複式噴霧器) duplex atomizer
복식 송곳반(盤) multiple drill
복식 압발기(複式押拔機) multiple punch machine, mutiple punching machine
복식 용접기(複式鎔接機) multiple operator welding machine
복식 인젝터 double injector

복식 저항용접(復式抵抗鎔接) multiple resistance welding
복식 펌프 duplex pump
복열(復熱) reheat factor
복열실(復熱室) recuperator
복열코일 급수가열기(給水加熱器) multi-coil feed heater
복용출점(複湧出點) doublet
복원력(復元力) stability
복원력 곡선 curve of stability
복원력의 최대각도(最大角度) angle of maximum stability
복원성(復元性) stability
복원성 멸실각(復元性滅失角) vanishing point of stability
복원성 범위(復元性範圍) range of stability
복원성의 크로스 커어브 cross curve of stability
복원우력(復元偶力) righting couple
복원정(復元挺) righting arm, righting lever
복정재료 시험기(複挺材料試驗機) multiple lever testing machine
복지주(腹支柱) bilge shore
복축(複軸) double compound
복탄제(復炭劑) recarburizer
복판(覆板) strap, cover plate, butt strap
복판 타(複板舵) double plate rudder
복포(覆布)가 쓸킨다 chafing of tarpaulin
복합 아아크 용접봉(鎔接棒) composite electrode
복효식 냉각기(複效式冷却機) multiple effect refrigerator
복효 증발기(複效蒸發器) dcuble effect evaporator, multiple effect evaporator
본수리(本修理) permanent repair
본쟌 곡선(曲線) bonzean curve
볼라드 bollard
볼라드 밑의 목대판(木臺板) wood sole under bollard
볼라드 시험(試驗) bollard test
볼록 렌즈 convex lens
볼루트 펌프 volute pump
볼반(盤) drilling machine, upright drill, drill press
볼반 호이스트 drill frame hoist
볼스터 bollster
봉(棒) boom, rod
봉강(棒鋼) steel bar, bar steel
봉격자(棒格子) bar grating
봉(縫)리벳 tack rivet, quilt rivet
봉(棒)링크 bar link
봉상 온도계(棒狀溫度計) bar thermometer
봉소정반(蜂巢定盤) swage block
봉입물(封入物) enclosure
부가물(附加物) appendage
부가중량법(附加重量法) added weight method
부가키일 rubbing keel, slab keel
부교(浮橋) pontoon bridge
부늑골재(副肋骨材) reverse frame
부대(附帶)드러스트 idler thrust
부대저항(附帶抵抗) idler resistance

부대추력(附帶推力) idler thrust
부대(附帶)토오크 idle torque
부도성(不導性) non conducting
부도체(不導體) non-conductor
부도체 재료(不導體材料) non-conducting material
부(浮)도크 floating dock
부동광(不動光) fixed light
부동식 적재(浮動式積載) 또는 하역선(荷役船) floating loader, unloader
부동 연성군 섬광(不動連成群閃光) alternating fixed and group flashing light
부동작 위치(不動作位置) off-position
부동 축수(浮動軸受) floating frame bearing
부동항(不凍港) ice free port
부동 혼합제(不凍混合劑) non freezing mixture
부두(埠頭) wharf
부두 관리인(埠頭管理人) wharfinger
부두료(埠頭料) wharfage
부두 크레인 wharf crane
부뚜막 range, cooking, oven
부력(浮力) buoyancy
부력 곡선(浮力曲線) curve of center of buoyancy, buoyancy curve
부력소실법(浮力消失法) loss of buoyancy method, lost buoyancy method
부력실(浮力室) buoyancy chamber
부력 중심(浮力中心) center of buoyancy
부력탱크 buoyancy tank
부망어선(敷網漁船) square netter
부면중심(浮面中心) center of floatation
부문(部門) category
부복원력(負復原力) negative stability
부본(副本) duplicate
부부력(負浮力)탱크 negative buoyancy tank
부분(部分) fraction
부분 감속식(部分減速式) partial gear system
부분 격벽(部分隔壁) partial bulkhead
부분 복갑판선(部分覆甲板船) partial awning vessel, partial awning deck vessel
부분 부하(部分負荷) part load
부분 선루(部分船樓) detached or partial super structure
부분 이중저(部分二重底) partial double bottom
부분적(部分的)바꾸기 part renew
부분적 여탄법(部分的與炭法) case carburization, carburization
부분적으로 보호된 선미루 전단격벽(船尾樓前端隔壁) partially protected poop front bulkhead
부(副)비임 수재(受材) beam clamp, clamp, cramp
부산형재(副山形材) reversed angle bar
부상(浮上)저울 hydrometer

부선(艀船) scow, barge, lighter
부선거(浮船渠) floating dock
부선수재(副船首材) apron
부속장치(附屬裝置) attachment
부속품(附屬品) accessory
부스바아 bus bar
부(負)슬립 negative slip
부시 bush
부시동(副始動) 밸브 advanced starting valve
부식(腐蝕) corrosion
부식 균열(腐蝕龜裂) corrosion crack
부식 시험(腐蝕試驗) etch test, corrosion test
부식약(腐蝕藥) etching solution
부식을 감안한 여유(腐蝕勘案餘裕) corrosion margin
부실각(負失脚) negative slip
부심(浮心) center of buoyancy
부심 곡선(浮心曲線)curve of center of buoyancy
부양상태(浮揚狀態) afloat
부양 압재(副梁壓材) thin water way
부용골(副龍骨) false keel
부우스터 booster
부우스터식 booster system
부우스터 펌프 booster pump, transfer pump, shifting pump
부(副)워터웨이 thin water way
부이 buoy
부이 로우프 buoy rope
부이 앵커 buoy anchor
부인실(婦人室) ladies room
부저(신호 : 信號) buzzer
부절(符節) tally
부정기선(不定期船) tramp boat, tramper
부정형(不整形) unfairness
부족팽창(不足膨脹) under expansion
부착(附着) adhesion
부채꼴 선미(船尾) fantail stern
부(副)키일 lower keel
부키일손 sister keelson
부타(副舵) jury rudder
부패(腐廢) dry rot
부표(浮標) buoy
부(副) 프레임 reverse frame
부하(負荷) load
부하율(負荷率) loadage
부함(浮函) camel
부현측 후판(副舷側厚板) topside streak, strake below, sheer streak
부호 호출법(符號呼出法) code calling system
부환(浮環) life buoy
북빙양선(北氷洋船) actic vessel
분광분석(分光分析) spectral analysis, spectrum analysis
분괴동(分塊銅) bloom
분괴 압연기(分塊壓延機) blooming mill
분권 계자(分捲界磁) shunt field
분권 발전기(分捲發電機) generator, shunt wound generator, shunt generator
분권 조속기(分捲調速機) shunt regulator

분권 조정기(分捲調整器) shunt regulator
분권 직류발전기(分捲直流發電機) shunt, shunt wound dynamo
분권(分捲) 코일 shunt coil
분기관(分岐管) branch pipe
분기상자(分岐箱子) branch box
분기점(分岐點) stagnation point
분기회로(分岐回路) sub-circuit, branch circuit
분동(分銅) weight
분동권(分銅捲) counter weight system
분력(分力) component
분류(分流)터어빈 divided flow turbine, double flow turbine
분리기(分離器) separator
분리식 날개(分離式翼) detachable balade, loose blade
분말절단(粉末切斷) powder cutting
분무기(噴霧器) pulveriser, atomizer
분무상태(噴霧狀態)로 하다 atomize
분배기(分配器) distributor
분배(分配) 밸브 distributing valve
분비작용(噴沸作用) geyser action
분사(噴射) injection
분사공기(噴射空氣) blast air, injection air
분사공기관(噴射空氣管) blast air pipe
분사공기병(噴射空氣甁) blast air bottle
분사공기압력계(噴射空氣壓力計) blast air gauge
분사공기여과(噴射空氣濾過) blast air strainer
분사속도(噴射速度) jet velocity
분사손실(噴射損失) injection loss
분사(噴射)캠 injection cam
분상(粉狀)코르크 brick cork, cork dust, granulated cork
분석(分析) analysis
분쇄강도(粉碎强度) crushing strength
분쇄기(粉碎機) grinder, grinding machine
분쇄시험(粉碎試驗) crushing test
분쇄응력(粉碎應力) crushing stress
분연기(噴燃器) burner
분유기(噴油器) oil sprayer
분전반(分電盤) distributing board
분전함(分電函) distribution box, distribution cabinet
분출구(噴出口) exhaust nozzle
분탄(粉炭) slack coal, dust coal
분할격벽(分割隔壁) screen bulkhead
분할난방(分割暖房) split heating
분해능(分解能) resolution
분해장치(分解裝置) trip gear
분해 조립식(分解組立式)보우트 collapsible boat
분해할 수 있는 물품(分解可能物品) portable fitting
분호(分弧) sector
불(不) non
불가래 pricker, pricker bar
불가압용접(不可壓鎔接) fuse welding
불가항력(不可抗力) act of god
불꽃 flame

불꽃 갭 spark gap
불꽃 점화(點火) high tension ignition, jump spark ignition
불꽃 접합용접법(接合鎔接法) flash butt welding
불담(火堤) fire bridge
불때기 시보장치(燃燒時報裝置) time firing device
불란서의 french
불러진 선수(膨出船首) bluff bow
불룸 bloom
불 막대 poker, slice bar
불 바꿈(交替火) cleaning fire
불변량(不變量) invariant
불변행정(不變行程)펌프 fixed stroke pump
불 쏘시개 slice bar, poker, fire slice
불씨 불 flash back
불안정 평형(不安定平衡) unstable equilibrium
불연속(不連續) discontinuty
불연재료(不燃材料) incombustible motorial, non-combustible material
불워크 bulwark
불워크 배수구(排水口) bulwark freeing port, bulwark port
불워크 스테이 bulwark stay
불워크 선(線) bulwark line
불워크 종통재(縱通材) bulwark strake
불워크 주(柱) bulkhead stanchion, bulkhead stay
불워크 판(板) bulwark plating strake
불을 일으킴 back firing(oil engine)
불젓개 fire rake
불젓는 봉(棒) pricker bar, slice bar, fire slice, poker
불집게 passing tongs
불청강(不錆綱) rustless steel, stainless steel
불침재(不浸材) non absorbent material
불캔 심체전도기(深體傳導器) vulcan gear
불투명(不透明)유리 opaque glass
불평형타(不平衡舵) unbalanced rudder
불합격 재료(不合格材料) rejected material
불환(不還)밸브 non return valve
불활성(不活性)가스 소화장치(消火裝置) inert smothering system
붉은 색깔(赤色) indian red
붐 boom
붐대 boom socket, boom step, boom table, derrick table
붐 받침 boom rest, support
붓셸 bushel
붕사(硼砂) borax
붙이다 fit up
뷰우포오트 풍력계단(風力階段) beaufort scale (wind force)
브라스(裏金) brass
브라우 brow
브라운관 cathode ray tube
브라운관 방위측정기(管方位測定機) cathode ray direction finder

브라인 brine
브라인 관(管) brine pipe
브라인 교반기(攪伴機) brine agitator
브라인 냉각기(冷却器) brine cooler
브라인 식(式) brine system
브라인 탱크 brine tank
브라인 펌프 brine pump
브라인 혼합기(混合機) brine mixer
브래킷 bracket
브래킷 램프 bracket lamp
브래킷 아암 bracket arm
브래킷을 붙인 형재(形材) bracketed girder
브래킷이 붙은 종골식(縱骨式) longitudinal system
브래킷이 없는 이샤우드식 bracketless system (isherwood)
브래킷 취부 bracket attachment
브래킷 취부형(取付形) bracketed girder
브래킷 프레임 bracket frame
브러셀 주단 Brussel's carpet
브러시 brush
브러시 유지기 brush holder
브레스트 로우프 breast rode breast band
브레스트 지지 breast stay(boiler)
브레스트 후크 breast hook
브레이스 brace
브레이크(제동기 : 制動機) brake
브레이크대(制動機帶) brake band
브레이크 동(胴) brake drum
브레이크 마력(馬力) brake horse power BHP
브레이크 반(盤) brake disc
브레이크식 스토퍼 brake stopper
브레이크 판(制動板) brake disc
브레이크 편(制動片) brake shoe
브레이톤 사이클 Brayton cycle
브로큰 스토웨이지 broken stowage
브룸 broom
브리간틴 brigantine
브리그 brig
브리넬 경도지수(硬度指數) brinell number
브리넬식 경도시험기(硬度試驗機) brinell testing machine
브리더반(盤) breather vane
브리지형 게이지 bridge gauge
브이 블록 V-block
브이형 피스톤 V-shape piston
브이형(V形)홈 single bevel groove, single V groove
불개나이트 경화(硬化)고무 vulcanite
불갠 전도장치(傳導裝置) vulcan gear
블로우 램프 blow lamp
블록법 block method, block system
블록조립(組立) subassembly of block
비(非) non
비(比) ratio
비가역(非可逆) non reversible
비가역기관(非可逆機關) irreversible engine, non-reversible engine
비가탈식(非可脫式) non detachable
비감쇠동요(非減衰動搖) undamped oscillation

비감쇠 진동(非減衰振動) undamped oscillation
비감쇠 파(非減衰波) undamped wave
비교법(比較法) law of comparision
비교회전수(比較回轉數) specific speed
비금속 개재물(非金屬介在物) non metalic inclusion
비내항성(非耐航性)unseaworthiness
비누접시 soap tray
비단 내장(內張) tapestry panel
비대선(肥大船) full form, full ship
비동력선(非動力船) non powered vessel
비등점(沸騰點) boiling point
비레이 클리이트 belaying cleat, cleat
비레이 핀 belay pin
비례 컴퍼스(比例製圖器) proportional compasses, proportional divider
비례한도(比例限度) proportional limit, limit of proportionality
비륜(飛輪)펌프 downton pump
비벼 맞추기 lapping, facing
비비법(飛飛法) skip method, wandering method
비산 손실(飛散損失) spattering loss
비산율(飛散率) spattering percentage
비상 공기압축기(非常空氣壓縮機) emergency air compressor
비상 발전기(非常發電機) emergency dynamo
비상(非常)밸브 emergency valve
비상 스위치 emergency switch
비상용 빌지펌프 emergency bilge pump
비상용 조속기(非常用調速器) emergency governor
비상용 직류발전기(非常用直流發電機) emergency dynamo
비상 조타장치(非常操舵裝置) emergency steering gear
비석법(飛石法) skip block method, wandering block method
비수밀(非水密) non watertight
비수밀 개구(非水密開口) weather board
비수밀 격벽(非水密隔壁) non-watertight bulkhead
비어딩 라인 bearding line
비여객선(非旅客船) non passenger ship
비역전기관(非逆轉機關) irreversible engine, non reversible engine
비열(比熱) specific heat
비용(費用) charge
비유류 베리타스(프랑스 선급협회) B. V., Bureau veritas
비이급 구획(B級區劃) "B" class division
비이드 bead
비이드 크랙 under bead crack
비이조 외판(B條外板) B strake
비일체(非一體)라이너 non continuous liner
비임(梁) beam
비임 굽히는 기계 beam bender
비임 그래브 beam grab
비임 기관(機關) beam engine
비임 니이 beam knee, beam bracket

비임 러너 beam runner
비임 브래킷 beam bracket
비임 수재(受材) beam shelf
비임 아암의 길이 length of beam arm
비임 이론(理論) beam theory
비임 층(層) tier of beams
비임 컴퍼스 beam compasses
비임 트롤러 beam trawler
비임형 beam mould, beam mold
비임 형판(型板) beam mould
비자석강(非磁石鋼) non magnetic steel
비자성강(非磁性鋼) non-magnetic steel
비적(比積) specific volume
비점도(比粘度) specific viscosity
비점성(比粘性) specific viscosity
비정기선(非定期船) tramp boat, tramper
비중(比重) specific gravity
비중계(比重計) hydrometer
비중계(比重計) 눈금 hydrometer scale
비철(非鐵) non ferrous
비철금속(非鐵金屬) non-ferrous metal
비청동(砒靑銅) arsenic bronze
비출력(比出力) specific power
비틀어진 날개 warped blade
비틂 torsion
비틂각도 torsional deflection
비틂강성(剛性) tosional rigidity
비틂계(計) torsion meter
비틂날개 twisted blade
비틂 모우먼트 twisting moment
비틂시험(試驗) twisting test
비틂시험기(試驗機) torsion tester
비틂왜곡(歪曲) torsional deflection
비틂왜곡성(歪曲性) torsional flexibility
비틂우력(偶力) torsion couple
비틂진동(振動) torsional vibration
비틂진동 기록계(振動記錄計) torsiograph
비파괴검사(非破壞檢査) non destructive inspection
비파괴 시험(非破壞試驗) non-crustic test
비팽창 기관(非膨脹機關) non-expansive engine
비팽창식(非膨脹式) non expansion
비품(備品) fixture
비품목록(備品目錄) inventory
비피복 갑판(非被覆甲板) unsheathed deck
비행기(飛行機) aerostal, aviator, airplane, aeroplane
비행기 격납고(飛行機格納庫) hanger shed
비행기구(飛行氣球) dirigible baloon
비행기용 연료(飛行機用燃料) aviation spirit
비행사(飛行士) aviator
비행선(飛行船) airship, aerostal
비행정(飛行艇) boat seaplane, flying boat
비형선(肥形船) full ship
비휘발성유(非揮發性油) fixed oil

빅토리아 시멘트 victoria cement
빅토려아 이음 victoric joint
빈 bin
빈나클 binnacle
빈나클등(燈) binnacle lamp
빈도(頻度) frequency
빈자리 void (space)
빌지 bilge
빌레트 billet
빌지 관(管) bilge pipe, bilge suction pipe
빌지 구조(構造) bilge construction
빌지류(溜) bilge hat
빌지 반경(半徑) bilge radius
빌지 보오드 bilge board, limber board
빌지 분사기(噴射器) bilge ejector
빌지 외판(外板) bilge plate
빌지 웰 bilge well
빌지 이젝터 bilge ejector
빌지 종재(縱材) bilge strake, bilge streak, bilge stringer
빌지 코오드 bilge cord
빌지 키일 bilge keel, rolling chock
빌지 키일손 bilge keelson
빌지 파이프 bilge pipe
빌지 펌프 bilge pump
빌지 플러그 bilge plug
빌지 햇 bilge hat
빌지 흡입(吸入) bilge suction
빌지 흡입관(吸込管) bilge suction pipe
빌지 흡입(吸込)밸브 bilge injection valve
빌지 흡입상자(吸入箱子) bilge suction box
빌지 흡입장치(吸込裝置) bilge injection
빗모양 radial fin type
빗장 strong back, dog
빗장접수(接手) doweling, dovetail joint
빗장형(形) dovetail
빗장 홈(溝) devetail mortise
빗트 bit
빙고(氷庫) ice room
빙대(氷帶) ice belt
빙돌쇄빙기(氷突碎氷器) ice pricker
빙(氷)앵커 ice anchor
빙창(氷倉) ice hold
빙형(氷型) ice mold, ice mould
빨아올리기(吸上)펌프 lift pump
빵 굽는 곳 bakery, toaster
빵 굽는 사람 baker
빵 굽는 솥(釜) baker's oven
빵 저장실(貯藏室) bread room
뻰찌 pliers
뿌리 root
뿔형(角形)클리이트 horn cleat

(ㅅ)

사각 마름모꼴(四角菱形) racking force
사각 활차(四角滑車) mortice block
사고(事故) accident

사공(斜控) diagonal stay
사관(士官) officer
사교실(社交室) social hall
사기관(斜機關) diagonal engine
사다리 ladder
사다리꼴 법칙(法則) trapezoidal rule
사다리 단(段) rung
사다리의 디딤쇠 tread
사다리의 발판 ladder cleat, ladder cup, ladder foot hold
4단 팽창기관(四段膨脹機關) quadruple expansion engine
사대(砂袋) sand bag
사대판(斜帶板) diagonal plate, diagonal tie plate
사도(斜道) ramp
사도공(寫圖工) tracer
사도지(寫圖紙) tracing paper
사등 기관사(四等機關士) fourth engineer
사륜 활차(四輪滑車) fourfold block
사면당반(斜面當盤) bevel faced holding
사면 해머 bevel faced hammer
사무부(事務部) purser department
사무실(事務室) clerk office
사무원(事務員) clerk
사무장(事務長) purser
사바테 사이클 sabathe cycle
사반목(砂盤木) sand block
사방향(斜方向)필렛 oblique fillet
사(四)사이클 four cycle, four stroke cycle
사기관(四機關) four cycle, stroke engine
사상 공장(仕上工場)· fitter's shop, fitting shop
사양서(仕樣書) specification
사열(四列)리벳 이음 quadruple riveted joint
사열(四列)치기 quadruple riveting
사염화탄소(4鹽化炭素) carbon tetrachloride
사염화탄소 소화기(4鹽化炭素消火器) carbon tetrachlorite fire extinguisher
사용상태(使用狀態) service condition
사용성능 시험(使用性能試驗) usability test
사용압력(使用壓力) working pressure
사용응력(使用應力) working stress, allowable stress
사용 하중(使用荷重) working load
사이드 거어더 side girder
사이드 벙커 side bunker
사이드 아아크 용접고착(鎔接固着) 나사 cyc-arc welded screw
사이드 아암 side arm
사이드 아암의 길이 length of side arm
사이드 코오밍 side coaming
사이드 키일손 side keelson
사이렌 syren, siren
사이잘 로우프 sisal rope
사이클 cycle

사이클론 cyclone
사이클 선도(線圖) cycle diagram
사이클 순서(順序) cyclical order
사이클 효율(効率) cycle efficiency
사이폰 주유기(注油器) syphon lubricator, siphon lubricator
사입기관(仕入機關) stock engine
사입선(仕入船) stock boat
사절(仕切) invoice
사절격벽(仕切隔壁) screen bulkhead
사절(仕切) 밸브 sluice valve, gate valve
사절판(仕切板) division plate, partition plate, screen board
사점(死點) dead center, dead point
사점 방위법(四點方位法) four point bearing
사주고수(司厨庫手) purser store keeper
사주장(司厨長) chief steward
사지지(斜支持) diagonal stay
사진복사기(寫眞複寫器) photostat
사축선(四軸船) quadruple screw vessel
사치 치차장치(斜齒齒車裝置) helical gear
사토흡입 준설선(砂土吸入浚渫船) sand pump dredger, suction dredger
사통(四通) quadruplicate
사판 박스(斜板箱子) tilting box
사판 운전대(斜板運轉臺) tilting table
사평장(斜平張) diagonal carvel built
사평조립(斜平組立) diagonal carvel built
사(斜)피치 diagonal pitch
사하중(死荷重) dead load, static load
사향봉(斜向棒) obliquity rod
삭(索) rope
삭공구(削工具) bit
삭망(朔望) full and change high water
삭범공사(索帆工事) rigging work, sail work
삭(索)을 조이는 나사 rigging screw
삭제(削除) expunge
산(酸) acid
산도(酸度) acidity
산성법(酸性法) acid process
산성으로 만든 강(鋼) acid steel
산성평로(酸性平爐) acidic open hearth
산세(酸洗)탱크 pickling tank, acid bath
산소(酸素)가우징 oxygen gouging
산소 구멍뚫기 oxygen lance
산소 아세틸렌 용접(鎔接) oxy-acetylene welding
산소 아세틸렌 취관(吹管) oxy-acetylene blow pipe, oxy-acetylene torch
산소 아아크 절단(切斷) oxy-arc cutting
산소 프로판 절단(切斷) oxy-propane cutting
산수소 용접(酸水素鎔接) oxy-hydrogen welding

산수식(撒水式) sprinkler system
산수식 소화장치(撒水式消火裝置) sprinkler fire extinguishing system
산실(產室) laiting room, maternity
산(酸)씻기 pickling
산적유(撒積油) oil in bulk
산적하물(散積荷物) bulk cargo
산적화물선(散積貨物船) bulk freighter
산적화물 용량(散積貨物容量) grain cargo capacity
산타 내장(散打內張) spar ceiling, sparring, cargo batten
산타로서 내장하는 것(散打內張) cargo batten, sparring
산타 의자(散打椅子) sparred seat
산타장(散打張) spar ceiling, sparring
산하(散荷) bulk cargo
산형강(山形鋼) angle steel
산형강 지재(山形鋼支材) angle strut
산형재(山形材) tie angle bar, angle, angle bar
산형재 목판(山形材目板) angle butt strap
산형재 받침 angle collar, collar angle
산형재 스티프너 angle stiffener
산형재 시어 angle shear, shearing machine
산형재 역부용접(山形材逆付鎔接) inerted angle weld
산형재의 각부(山形材角部) heel
산형재의 발 leg of angle
산형재 평삭반(山形材平削盤) angle planing machine
산형재 화조(山形材火造) angle smith
산형철(山形鐵) angle iron
산형표시(山形表示)의 현상 chevron pointing, bone pattern, herring bone pointing
산호 채집선(珊瑚採集船) coral boat
산화금속(酸化金屬)페인트 oxide paint
산화염(酸化炎) oxiding flame
살로그 SAL log
살롱 saloon
살펴보는 것 look out
삼각결선(三角結線) delta connection
삼각 마스트 tripod mast
삼각 목판(三角目板) taper liner
삼각판(三角板) delta plate
삼단 공기압축기(三段空氣壓縮機) three stage air compressor
삼단 팽창기관(3段膨脹機關) triple expansion engine
삼등기관사(三等機關士) third engineer
삼등선 객실(三等船客室) steerage
삼등여객(三等旅客) steerage passenger
삼등항해사(三等航海士) third mate, third officer
삼륜활차(三輪滑車) three fold block, treble block
삼매(枚)겹치기 리벳잡그기 three ply riveting
삼목활차(三目滑車) dead eye
삼방향(三方向)밸브 three way valve
삼방향(三方向)콕 three way cock

삼베어링 치차(齒車) three bearing pinion
삼상(三相) three phase
삼색등(三色燈) tri-colored lantern, tri-colored light
삼선루형선(三船樓型船) three islander
삼선식(三線式) three wire system
삼손 포스트 samson post, king post
삼 실린더 펌프 triplex pump
삼연강(三撚綱) three stranded rope
삼연 로우프 three stranded rope
삼연(三聯)크랭크 축(軸) three throw crank shaft
삼열(列)리벳 이음 treble riveted joint
삼열(三列)리벳 잡그기 treble riveting
삼익(三翼)프로펠러 three bladed propeller
삼중구 활(三重口滑)밸브 treble ported slide valve
삼축기선(三軸汽船) triple screw steamer
삼층 갑판선(三層甲板船) three deck vessel
삼층 안전유리 triplex safety glass
삼통(三通) triplicate
삼판(통선) sampan
삽입접수(挿込接手) spigot joint, faucet joint
삽입 플러그 attachment plug
삽판(挿板) weather board
상(相) phase
상(床) flat, bed
상가(上架) grounding
상갑판(上甲板) upper deck
상갑판하 톤수(上甲板下噸數) under upper deck tonnage
상결접수(相缺接手) halving joint
상공파(上空波) sky wave
상급속원(上級屬員) petty officer
상당(相當)노즐 넓이 equivalent nozzle area
상당 반경(相當半徑) equivalent radius
상당 비틂 모우먼트 equivalent twisting moment
상당 원추각(相當圓錐角) equivalent cone angle
상당 증발량(相當蒸發量) equivalent evaporation
상당 직경(相當直徑) equivalent diameter
상당 편심거리(相當偏心距離) virtual eccentricity
상당형재(相當桁材) equivalent girder
상대방위(相對方位) relative bearing
상대속력(相對速力) relative speed, relative velocity
상대운동(相對運動) relative motion
상대치(相對値) relative value
상대풍(相對風) relative wind
상대횡요(相對橫搖) relative rolling
상륙용 주정(上陸用舟艇) landing ship, landing craft
상륙정(上陸艇) LST landing ship, truck
상(上)마스트 top mast

상면적(床面積) floor space
상방 중갑판(上方中甲板) upper tween deck
상부 갑판간 장소(上部甲板間場所) upper tween deck
상부구조(上部構造) super structure
상부 및 하부흡입(上部·下部吸込) high or low suction
상부 브라스 top brass
상부 틈사이 head room
상부 틈사이를 줄이는 것 curtail head room
상부현측 외판(上部舷側外板) top side plating
상부현측 흑색도료(上部舷側黑色塗料) topside black
상부 흡입구(上部吸込口) high suction
상(하)부 흡입(上下部吸込)밸브 high (low) suction valve
상비 석탄고(常備石炭庫) permanent coal bunker
상비상태(常備狀態) normal condition
상비품고(常備品庫)permanent store
상사모형선(相似模型船) similar model
상사법칙(相似法則) law of similarity
상사성(相似性) similarity, similitude
상사점(上死點) top dead center
상석기관사(上席機關士) senior engineer
상석항해사(上席航海士) senior officer
상선(商船) merchant ship
상선대(商船隊) mercantile fleet, mercantile marine
상선법(商船法) merchant shipping act
상설보도(常設步道) flying passage cat walk flying ganguay
상세(詳細) detail
상세도(詳細圖) detail drawing, detail plan
상세설계(詳細設計) detail design
상수(常數) constant
상수 변환기(相數變換機) phase converter
상승(上昇) heave
상승행정(上昇行程) up stroke
상(相)시이퀀스 phase sequence
상연부(上緣部) rising wood
상온 시동(常溫始動) cold starting (heavy oil engine)
상온유(常溫油)여과기 cold filter
상온 유화(常溫柔化) cold shortness
상용(商用) trade
상용 드러스트 normal thrust
상용 속도(常用速力) normal speed
상용시험(商用試驗) commercial test
상용연료유(常用燃料油)펌프 fuel oil service pump
상용추력(常用推力) normal thrust
상 이금(上裏金) top brass
상자(箱子) crate
상자대(箱子筏) pontoon raft
상자 스패너 box spanner, socket spanner, socket wrench
상자형(箱子型)비임 box beam
상자형 선(箱子型船) pontoon
상자형 키일 duct keel
상자형 형취(箱子形型取) mocking up

상조(上潮) rising tide
상진용접(上進鎔接) upward weld
상처(傷處) flaw
상층선교(上層船橋) upper bridge
상태(狀態) status
상태곡선(狀態曲線) condition curve
상태선(狀態線) state line
상태점(狀態點) state point
상판(床板) floor plate
상판 받침 sleeper
상평답판(常平踏板) feathering step
상표(商標) trade mark, brand
상하동(上下動) dipping and heaving
상하 두 장으로 된 문 halved door
상항(商港) commercial harvours
상향 용접(上向鎔接) over head weld, overhead welding
상향 행정(上向行程) up stroke
상호작용(相互作用) inter action
새기다(刻) engrave
새는 것 leak, leakage
새는 것을 방지하는 용접 sealing bead
새들 해치 sadle hatchway
새라맨더 스토우브 salamander stove
새우리 모양의 전망대(巢形展望臺) crow's nest, bird's nest
새장(鳥籠) cage
새장 마스트 cage mast
새털들이 이불 feather mattress
색류(塞流)코일 choke coil
색상표(色相表) color scale
색채관리(色彩管理) color conditioning, color dynamics
색합표(色合表) color scale
생선식료(生鮮食料) fresh provision
샤슈 sash
샤슈 문(門) sash door
샤프트 브래킷 propeller strut
샤프트 행거 shaft hanger
샤피 충격시험(衝擊試驗) charpy impact test
샨델리어 chandelier
섀클 shackle
섀클 보울트 shackle bolt
서어모 스태트 thermostat
서어모 탱크 thermotank
서어모 탱크용 송풍기(送風機) thermo fan
서어모 플라스틱 아스베스토 절연내염(絕緣耐炎)케이블 thermo plastic asbestos insulated flame-proof cable
서어브 머지드 아아크 용접(鎔接) submerged arc welding
서어비스 탱크 service tank
서어빙 말레트 serving mallet
서어지선(線) surge line
서어지 탱크 surge tank
서어징 surging
서어페이스 게이지 surface gauge
석고내장(石膏內張) plaster panel
석면(石綿) asbestos
석면을 채운 콕(石綿詰) asbestos packed cock
석면절연(石緣絕緣)케이블 asbestos insulated cable
석면 줄(石綿繩) asbestos cord

석면 테이프 asbestos tape
석면판(石綿板) asbestos board, sheet plate
석면 패킹 asbestos packing
석면포(石綿布) asbestos cloth.
석면환(石綿環) asbestos ring
석숀 가스기관(機關) suction gas engine
석유(石油) petroleum, petrol, kerosine, kerosene
석유가스 petroleum vapor, petrol vapor
석유기관(石油機關) paraffin engine, oil engine
석유 표준비중(石油標準比重) API scale
석탄(石炭) coal
석탄 계량기(石炭計量器) coal measure, coal ring
석탄고(石炭庫) coal bunker
석탄대(石炭袋) coal bag
석탄 바아지 coal barge
석탄 버킷 coal bucket
석탄 보자기 coal basket
석탄 분쇄기(石炭粉碎機) coal crusher, coal beater
석탄 분쇄(石炭粉碎) 해머 coal hammer
석탄산으로 처리한 수지(石炭酸處理樹脂) phenolic resin
석탄 삽 coal chovel
석탄 상자(石炭箱子) coal box
석탄선(石炭船) coal carrier, collier,
석탄 소비량(石炭消費量) coal consumption
석탄 손수레(石炭手車) coal barrow
석탄 슈우트(石炭筒) coal shoot, coal chute
석탄 연소통의 위벽(石炭燃燒筒圍壁) coal screen
석탄용 되(石炭用升) coal ring, coal measure
석탄 윈치 coaling winch
석탄을 연료로 하는 보일러(石炭燃料汽罐) coal burning boiler
석탄인부(石炭人夫) coal passer, coal trimmer
석탄해머 coal hammer
석탄 호퍼(石炭開底) coal hopper
석회(石灰) lime
석회유(石灰乳) milk of lime
선(船) vessel
선(線) line
선가(船架) slip way
선개(先開) lead
선거(船渠) dock
선거공(船渠工) dock man
선거길이(船渠長) dock master
선거깔판(敷板) dock sill
선거문(船渠門) dock gate
선곽(船廓) hull
선교(船橋) bridge
선교루(船橋樓) bridge
선교루 갑판(船橋樓甲板) bridge deck
선교루 갑판실(船橋樓甲板室) bridge house
선교루 전단격벽(船橋樓前端隔壁) bridge front bulkhead

선구(船具) ship's fitting
선구고(船具庫) fitting locker
선구점(船具店) ship chandler
선급(船級) class, ship classification
선급부호(船級符號) characteristic, characteristic of class
선급위원회(船級委員會) classification committee
선급증서(船級證書) classification certificate
선급탈퇴(船級脫退) withdrawal of class
선급협회(船級協會) classification society
선급협회의 길이 length in classification rule
선내(船內) aboard, on board, inboard
선내기관(船內機關) inboard engine
선내에 on board
선내 측면도(船內側面圖) inboard profile
선내 통신용(船內通信用)케이블 interior communication cable
선단(先端) anchor bill
선대(船隊) fleet
선대(船臺) stock, building berth, building slip
선대목수(船臺木手) ship write
선대목수(船臺木手)의 일 ship write work
선대번호(船臺番號) berth number
선대사용 예정표(船臺使用豫定表) berth schedule
선대(船臺)의 경사(傾斜) berth declivity
선대조립(船臺組立) erection
선도(線圖) sheer drawing, sheer draught, sheer lines, diagram
선도계수(線圖係數) diagram factor, factor of diagram
선도용 곡선자(線圖用曲線尺) ship curve
선도효율(線圖効率) diagram efficiency
선등(船燈) ship light
선등실(船燈室) lamp locker
선령(船令) age of vessel
선루(船樓) deck erection
선루간(船樓間)의 상갑판(上甲板) well
선루갑판(船樓甲板) break deck, erection deck, super structure deck
선루단(船樓端) erection end, break
선루단 격벽(船樓端隔壁) break bulkhead
선루단(船樓端)레일 breast rail, work rail
선루단(船樓端)비임 breast beam
선루 손잡이 breast rail, breast work
선륜(線輪) coil
선명기(船名旗) signal flag
선명록(船名錄) register book
선미(船尾) stern, designed drag or trim by stern, buttock
선미가 침하(沈下)한다 by the stern
선미갑판(船尾甲板) quarter deck
선미격벽(船尾隔壁) stuffing box bulkhead, after peak bulkhead, stuffing bulkhead

선미골재(船尾骨材) stern frame
선미골재의 프로펠러 구멍의 정부(頂部) arch, bridge, crown piece of stern frame
선미관(船尾管) stern tube
선미관 감륜(船尾管嵌輪) inner case of stern tube
선미관(船尾管)부시 stern bush
선미관(船尾管)패킹 눌림 stern gland, stern tube gland
선미구조(船尾構造) stern construction
선미기관(船尾機關) aft engine
선미깃대 ensign staff
선미늑판(船尾肋板) transom, transom floor
선미단부(船尾端部) run
선미등(船尾燈) stern light
선미(船尾)레일 taff
선미루(船尾樓) taffrail log, poop
선미루 갑판(船尾樓甲板) poop deck
선미루 전단격벽(船尾樓前端隔壁) poop front bulkhead
선미 모울딩 stern moulding
선미복도(船尾複道) stern walk, balcony
선미 부시 stern bush
선미부양(船尾浮揚) lift by the stern
선미 브래킷 crutch
선미비임 transom beam
선미 선교(船尾船橋) docking bridge
선미 손잡이 taffrail
선미수선(船尾垂線) aft perpendicular, after perpendicular
선미수창(船尾水艙) after or aft peak water tank
선미수하(船尾垂下) arching
선미에 aft, after
선미 외차선(船尾外車船) stern wheel steamer
선미의 프레임 counter timber
선미장식(船尾裝飾) stern moulding
선미재(船尾材) stern frame, stern post, body post
선미재(材)가 붙은 외판(外板) after hood plate
선미재에 붙이는 외판(外板) heel plate of shell
선미재의 전방 연장부(前方延長部) keel piece, heel piece
선미재 정재(船尾材頂材) crown of stern frame
선미 종익재(船尾縱翼材) port timber
선미 좌석(船尾座席) cockpit(motor launch)
선미주(船尾柱) body post, stern post
선미창(船尾艙) aft peak, after peak
선미축(船尾軸) tail screw, propeller, stern shaft
선미축 방수법(防水法) tail shaft packing
선미측(船尾側) abaft
선미침하(船尾沈下) tipping
선미침하(船尾沈下)모우먼트 tipping moment
선미 트로올선 stern trawler
선미 트림 by trim stern
선미파(船尾波) stern wave

선미 팽출부(船尾膨出部) bossing
선미(船尾) 포페트 after popet
선미 활차(船尾滑車) stern sheave
선미 횡익재(船尾横翼材) wing transom
선미흘수(船尾吃水) after draft, draught aft
선박(船舶) ship
선박검사증서(船舶検查證書) certificate of ship's survey, ship inspection certificate
선박국적증서(船舶國籍證書) certificate of ship's nationality
선박번호(船舶番號) official number
선박용(船舶用) nautical
선박 통신신호소(船舶通信信號所) shipping traffic control signal station
선박 해체업자(船舶解體業者) ship breaker
선반(旋盤) lathe, shelf
선반에서 나온 찌꺼기 lathe dust
선반의 깁이 chuck lathe
선복량(船腹量) bottoms
선봉(船棒) tail rod
선상(船上)에 on board
선상용접(船上鎔接) ship way weld
선세(先細)노즐 convergent nozzle
선속도(線速度) linear velocity
선수(船首) stem, bow
선수가 침하(沈下)한다 by the head
선수가 파(波)에 부딪혀서 생기는 응력(應力) flogging stress, pounding stress
선수격벽(船首隔壁) collision bulkhead
선수구조(船首構造) bow construction, panting construction
선수기(船首旗) jack
선수 깃대 jack staff
선수 로울러(海底電線布設線) bow sheave
선수루(船首樓) top gallant forecastle, forecastle fcl.
선수루(船首樓)갑판 forecastle deck, Fcl deck
선수 물탱크 fore peak water tank
선수미(船首尾) fore and aft, peak
선수미가 처지는 것(船首尾垂下) cocking down
선수미의 팬팅 구조 panting arrangement
선수미창(船首尾艙) peak tank
선수부(船首部) entrance of vessel
선수부(船首部)밧줄 head line
선수 브래킷 nose plate, breast hook
선수상(船首像) figure head
선수 수선(船首垂線) fore perpendicular, forward perpendicular
선수 수창(船首水艙) fore peak water tank
선수식(船首飾) head figure, fiddle head
선수요(船首搖) yawing
선수(船首)의 몰수(沒水) plowing
선수재(船首材) stem
선수재 이음 철물(船首材連結鐵物) stem shoe

선수재 포판(船首材包板) stem shoe
선수저 충격(船首底衝擊) bump, salmming
선수창(船首艙) fore peak
선수타(船首舵) bow rudder
선수 트림 trim by bow, trim by head, trim by stem
선수파(船首波) bow wave
선수 포피트 fore poppet
선수 프로펠러 bow propeller
선수 협소부(船首狹小部) crevice
선수활차(船首滑車) bow sheave
선수흘수(船首吃水) forward draft, draught forward
선식(船飾) dressing
선식기강(船飾旗綱) dressing line
선식충(船蝕虫) teredo
선실(船室) quarter, cabin
선실배치도(船室配置圖) cabin plan
선실 벽붙이 통풍기(船室壁付着通風機) cabin wall ventilator
선실용품(船室用品) cabin store
선실 용품고(船室用品庫) cabin store
선실 창고(船室倉庫) cabin store
선어운반선(鮮魚運搬船) fresh fish carrier
선외기(船外機) outboard machinery, outboard motor
선외로 over board
선외에 outboard
선용(船用) marine
선용기관(船用機關) marine engine
선용보일러(船用汽罐) marine boiler
선용접(線鎔接) line welding, resistance welding
선용탄(船用炭) marine coal, marine coaling
선용 터어빈 marine turbine
선용 풀(船用糊) marine glue
선용품(船用品) articles for ships
선용항해일지(船用航海日誌) ship log book
선원(船員) seaman, crew
선원 거주구역(船員居住區域) crew quarter
선원실(船員室) crew space
선의(船醫) doctor, surgeon, surgent
선장(船長) master, master marine, captain
선장변소(船長便所) captain's head
선장선교(船橋) captain bridge
선장실 captain cabin, captain room
선장창고(船長倉庫) captain room store
선저(船底) bottom
선저 구배(船底勾配) dead rise, rise of floor
선저 기울기 rise of floor, dead rise
선저 깔판(船底敷板) bottom board, bottom ceiling
선저루 갑판(船底樓甲板) raised deck
선저루미 갑판(船底樓尾甲板) raised quarter deck
선저(船底)를 불로서 태우는 것 breaming
선저 만곡부(船底灣曲部) bilge
선저 복수기(船底復水器) outside condencer, side condencer, submerged condencer

선저부재(船底部材) bottom member
선저 시멘트 bottom cement
선저 외판(船底外板) bottom plank, bottom plate
선저 종재(船底從材) bottom longitudinal
선저 페인트(船底塗料) bottom paint
선저 포판(船底包板) sheathing, bottom sheathing
선저 프레임 bottom frame
선저 플러그 bottom plug
선적(船積) shipping
선적 지도서(船積指圖書) S.O. shipping order
선적 지시서(船積指示書) shipping order
선적항(船籍港) port of registry
선주(船主) ship owner
선주 감독(船主監督) owner's inspector or super-intendent
선주 감독기사(船主監督技師) superintendent engineer
선주기(船主旗) house flag
선주 시운전(船主試運轉) owner's trial
선창(船艙) hold
선창(船窓) dead light
선철(銑鐵) pig iron
선체(船體) hull
선체강력(船體强力) hull strength
선체구조(船體構造) hull structure
선체를 복로(復路)로 한 단선식(單線式) single wire with hull return
선체 부가물(船體附加物) hull appendage
선체 사양서(船體仕樣書) hull specification
선체 선도(船體船圖) lines
선체용 강재(船體用鋼材) ship steel
선체용 강판(船體用鋼板) ship plate
선체 종단면도(船體縱斷面圖) profile
선체 종방향 측면도(船體縱方向側面圖) outboard profile
선체 중량(船體重量) hull weight
선체 중앙부(船體中央部) amidship, midship
선체 평행부(船體平行部) square body, parallel body
선체 효율(船體効率) hull efficiency
선측 거어더 side stringer
선측구(船側口) side opening side port
선측 내장(船側內張) sparring cailing, spar cailing
선측 배수로(船側排水路) side water course
선측 빌지웨이 side water course
선측 외판(船側外板) side plating
선측 종재(船側縱材) side stringer
선측 프레임 side frame
선측 만곡부 상단(船側彎曲部上端) upper turn of bilge
선측 사다리 gangway ladder
선팽창계수(線膨脹係數) coefficient of linear expansion
선폭방향(船幅方向) abeam
선풍기(扇風機) electric fan, fan motor, fan
선풍기 케이싱 fan casing

선하증권(船荷證券) bill of loading, manifest
선형(船型) type of ship
선회경(旋回徑) tactical diameter
선회권(旋回圈) turning circle
선회날개(旋回翼) swirl vane
선회력(旋回力) turning force
선회 부움식 swing out boom system
선회 시운전(旋回試運轉) tactical trial
선회시험(旋回試驗) turning circle, tactical trial
선회종거(旋回縱距) advance turning circle
선회횡거(旋回橫距) transfer
설계(設計) design
설계계(設計係) design staff
설비(設備) appliance, installation, accommodation, plant
설비비(設備費) establishment charge
설탕(雪糖)집게 sugar tongs
설퍼 프린트 sulphur print
설편(舌片) tongue piece
설표선(設標船) buoy tender
섬광(閃光) flash
섬광(閃光)비틂 동력계(動力計) flash light torsion meter
섬광신호(閃光信號) flashing signal, flash light signal
섬세한(纖細) fine
섬유(纖維) grain, fibre
섬유에 따라서 along the fibre, along the grain, with the grain
섬조(纖條) filament
섭씨온도계(攝氏溫度計) celcius thermometer
성금(盛金) deposit metal
성질계수(性質係數) quality factor
성품분석(成品分析) check analysis
성형결선(星形結線) star connection, Y connection
세관(稅關) bureau of custom, custom house
세관 감시선(稅關監視船) revenue cutter
세기(强) strength
세로 오오디네이트(縱線) ordinate
세로의 vertical
세로이음 vertical scarph, vertical coupling
세립조직(細立組織) refined structure
세면기(洗面器) wash basin
세면대(洗面台) wash stand
세면소(洗面所) lavatory
세목(細目) fine thread
세목 나사 fine thread
세목 철망(細目鐵網) wire gauze, gauze wire
세미 디이젤기관(機關) semi-diesel engine
세미 스티일 semi-steel
세산약화(洗酸弱化) acid brittleness
세산탱크(洗酸罐) acid bath, pickling tank
세선(細線) fine line
세이보울트 유니버설 S.S.U saybolt universal
세이보울트 퓨롤 S.S.F. saybolt furol

세장비(細長比) slenderness
세조(洗條) flushing
세척선(細瘠船) fine ship
세탁기(洗濯機) washing machine
세탁실(洗濯室) landry
세탁장(洗濯場) wash place
세탁통(洗濯筒) wash tube
세탄(洗炭) washed coal, washed coaling
세형선(細形船) fine ship
센터 게이지 center gauge
센터 보오드 center board
센터 펀치 center punch
센트럴 페어리이더 central fair leader
센티넬 밸브 sentinel valve
센하우스 슬립 senhouse slip
셀레이션 serration
셀룰로이드 celluloid
셀룰로우스를 채운 것 cellulose filler
셈마포어 신호(信號) semaphore
셑 해머 set hammer
셔터 shutter, venetian door
셔틀 밸브 shuttle valve
소감용접(燒嵌鎔接)크랭크 축 shrunk welded crank shaft
소구(燒球) ignition ball, hot bulb
소구기관(燒球機關) hot bulb engine
소구식 점화법(燒球式點火法) hot bulb ignition
소구점화(燒球點火) hot bulb ignition
소기(掃氣)가이드 step guide
소기공(掃氣孔) scavenging port
소기모음(掃氣溜) scavenge air receiver
소기(掃氣)밸브 scavenging valve
소기송풍기(掃氣送風機) scavenging blower
소기저장기(掃氣貯藏器) scavenging air receiver
소기통로(掃氣通路) scavenge air belt, scavenge passage
소기 펌프 scavenging pump
소기행정(掃氣行程) scavenging stroke
소기효율(掃氣効率) scavenging efficiency
소냉(燒冷) annealing
소냉로(燒冷爐) annealing furnace
소도구 창고(小道具倉庫) cooperage store
소독(消毒) fumigation
소둔(燒鈍) annealing
소둔로(燒鈍爐) annealing furnace
소려(燒戾) tempering
소려색(燒戾色) temper color
소려취성(燒戾脆性) temper brittleness
소류(小溜) hat
소모품(消耗品) running store, consumable stores
소모품 창고 consumable store
소반(燒盤) griddle plate,
소방기(消防機) fire engine
소방 버킷 fire bucket
소방 설비증서(消防設備證書) certificate for fire extinguishing and detecting apparatus

소방정(消防艇) fire boat
소방 펌프 fire pump
소방훈련(消防訓鍊) fire drill
소변기(小便器) urinal
소비량(消費量) consumption
소성변형(塑性變形) plastic deformation
소성상태(塑性狀態) plastic state
소수(小數) decimal
소수성(疎水性) hydrophobic
소수치(小數値) decimal equivalent
소앵커 kedge, kedge anchor
소열(燒裂) quenching crack
소오다 콕 soda cock
소오다 펌프 soda pump
소오스 source
소옥기관(燒玉機關) semi-diesel engine
소용돌이(渦) vortex
소용돌이 분무기(噴霧器) swirl type atomizer
소용돌이실(渦室) volute chamber
소용돌이 펌프 centrifugal pump
소음기(消音器) muffier, silencer
소음 취출(消音吹出) 밸브 silent blow off valve
소입(燒入) quenching. hardening
소입 강(燒入鋼) hardened steel
소입된 유리(燒入硝子) strained glass
소입 때 생긴 금(燒割) quenching crack
소입성(燒入性) hardenability
소입용 액(燒入用液) coolant
소입용 액체(燒入用液體) quenching liquid
소입응력(燒入應力) quenching stress
소자(消磁) demage netization
소자장치(消磁裝置) degaussing system
소재(所在) location
소정(小艇) launch
소조(小潮) neap tide
소조립(小組立) unit assembly, subassembly
소준(燒準) normalizing
소진(燒塡) Fit shrinkage
소집표(召集表) muster list
소축법(燒縮法) flame shrinking
소출(小出)탱크 daily tank, service tank
소치차(小齒車) pinion
소치차 축(小齒車軸) pinion shaft
소케트 lamp holder, lamp socket, socket
소파 sofa
소파 베드 sofa bed
소프트 땜납 soft solder
소프트 패치 soft patch
소프트 패킹 soft packing
소하물실(小荷物室) luggage room, baggage room
소해정(掃海艇) mine sweeper
소형관형(小形管型) small tube type
소형 모우터 보우트 runabout
소형 목재(小形木材) timber
소형선 선장(小形船船長) skipper
소형정용 현등(小形艇用舷燈) tricolored lantern, tricolored light
소화(消化)가스 extinguishing gas

소화기(消火器) fire extinguisher
소화기포(消化氣泡) fire foam
소화 마스크 fire mask
소화설비(消火設備) fire extinguishing appliance
소화수관(消火水管) water main
소화재료(消火材料) fire extinguishing agent
소화전(消火栓) hydrant
소화주관(消火主管) fire main pipe
소화 펌프 fire pump
소화 호오스 fire hose
소활차(小滑車) whip
속구목록(屬具目錄) inventory
속도(速度) velocity, speed
속도계(速度計) speedometer
속도계수(速度係數) velocity coefficient
속도선도(速度線圖) velocity diagram
속력(速力) speed
속력계측(速力計測) official speed trial
속력비(速力比) speed ratio
속력 시운전(速力試運轉) speed trial
속력 장비(速力長比) speed length ratio
속력특성(速力特性) speed characteristic
속력표(速力表) speed cone
속력 표시반(速力表示盤) speed telegraph
속이 빈 날개(翼) hollow blade
속이 빈 축(軸) hollow shaft
속이 빈 필러 hollow pillar
속 장비(速長比) speed length ratio
손걸이 secure hand
손구멍 hand hole
손도끼 (手斧) adze, hatchet
손바닥에 대는 받침 palm
손바닥형 스테이 palm stay
손상(損傷) damage
손상검사 보고서(損傷檢査報告書) damage survey report
손상도면(損傷圖面) damage plan
손수레(手車) cart, barrow
손실(損失) loss
손으로 불을 지피는 것 hand firing, hand stoking
손이 빈 공원(工員) idle labor
손잡이 roughtree, man rail, knob, open rail, rail, hand rail
손잡이 강(綱) grab rope
손잡이 기둥(柱) hand rail stanchion
손잡이 레일 roughtree rail, main rail
손잡이의 계목판 fish plate of rail
손잡이 줄 man rope
손해(損害) damage
손해 감정서(損害鑑定書) damage survey report
솔레노이드 밸브 solenoid valve
솔바이트 sorbite
솔 플레이트 sole plate
송곳 drill
송곳으로 구멍을 크게 한다 ream
송곳잡이 drill chack
송기관(送氣管) blast pipe
송수신기(送受信機) transceiver

송신기(送信機) transmitter
송신장치(送信裝置) sending set
송장(送狀) invoice
송장면 중량(送狀面重量) invoice weight
송출관(送出管) delivery pipe
송출(送出)밸브 head valve, delivery valve
송출밸브상자(送出辨箱子) delivery valve box
송출수두(送出水頭) delivery head
송출압(送出壓) delivery pressure
송출 콕 delivery cock
송탄기(送炭機) coal feeder
송풍 과급기(送風過給機) supercharging blower
송풍관(送風管) blast pipe
송풍기(送風機) blower, air blower, bellows, fan
송풍기관(送風機關) fan engine
송풍저항(送風抵抗) fan resistance, windage fan resistance
송풍 전동기(送風電動機) fan motor
송화구(送話口) mouth piece
쇄(鎖) chain
쇄고(鎖庫) chain locker
쇄관(鎖管) deck pipe, chain cable pipe
쇄모(刷毛) brush
쇄빙기(碎氷機) ice crusher
쇄빙선(碎氷船) ice boat, ice breaker
쇄선(鎖線) chain line
쇄암선(碎岩船) rock cutter
쇄용철(鎖用鐵) chain iron
쇄자(刷子) brush
쇄차(鎖車) gypsy wheel, sprocket wheel
쇠똥 slag
쇠로 채운 것 slug
쇠모(衰耗) wear and tear, wearing, relaxation
쇠부스러기 scrap iron
쇠 톱 hack saw
쇼어 경도계(硬度計) shore scleroscope
쇼트 블라스트 shot blast
수(數) number
수건 접시 towel tray
수격작용(水擊作用) water hammering action
수관벽(水管壁) action wall
수관 보일러(水管汽罐) tubulous boiler, water tube boiler
수금(受金) carrier
수기실(收氣室) receiver
수냉(水冷) water cooling
수대(受臺) bearer
수도(水道) water course
수동(手動) manual handling, hand
수동경보장치(手動警報裝置) manual alarm system
수동기(受動機) receiver
수동(手動)리벳 잡그기 hand riveting
수동만력(手動萬力) hand vice
수동신호(手動信號) hand flag signal
수동 신호염(手動信號炎) hand flare
수동용접(手動鎔接) hand welding, manual weld

수동용접 후진용접법(手動鎔接後進鎔接法) back hand welding
수동장치(手動裝置) hand gear
수동 점용접(手動點鎔接) poke welding
수동 조타장치(手動操舵裝置) hand steering gear
수동차(受動車) driven wheel
수동측연(手動測鉛) hand lead
수동측정기(手動測程器) hand log
수동 타취장치(手動舵取裝置) hand steering gear
수동 톱(鋸) hand saw
수동펌프 manual pump, hand pump
수두(水頭) head of water, water head
수두펌프 head pump
수량계(水量計) water meter
수력(水力) hydraulic
수력계수(水力繼手) hydraulic coupling, transmitter
수력기관(水力機關) hydraulic engine
수력 동력계(水力動力計) hydraulic dynamometer
수력 또는 고압공기로써 조인 리벳 bull riveting
수력 브레이크(水力制動機) hydraulic brake
수력 실린더 hydraulic cylinder
수력장치(水力裝置) hydraulic gear
수력 잭크 hydraulic jack
수력 전도장치(水力傳導裝置) vulcan gear
수력접수(水力接手) hydraulic coupling, transmitter
수력축적기(水力蓄積器) hydraulic accumulator
수력 크레인 hydraulic crane
수력 프레스 hydraulic press
수력학(水力學) hydraulics
수력효율(水力効率) hydraulic efficiency
수로의 폭과 깊이의 영향 blockage effect
수로지(水路誌) pilot
수로측량(水路測量) hydrographic survey
수뢰(水雷) torpedo
수뢰모함(水雷母艦) torpedo depot boat, torpedo boat
수뢰정(水雷艇) torpedo motor boat
수류형(水流形) pear shape
수리(修理)도크 repairing dock
수리 사양서(修理仕様書) specification for repairs
수리주임(修理主任) repairing chief
수립 보일러(竪立汽罐) vertical boiler
수마력(水馬力) water horse power
수밀격벽(水密隔壁) watertight bulkhead, WT bulkhead
수면계(水面計) steady pipe, stand column, stand pipe, standard pillar, glass gauge, water gauge, glass water gauge
수면계 유리(水面計硝子) gauge glass, water gauge glass
수면계 유리 위벽(水面計硝子圍壁) gauge glass protector

수면계(水面計)콕 water gauge cock
수면과강(水面過降) short water
수면에 불어내는 콕 scum cock, surface blow off cock
수면의 지나친 강하(降下) low water
수면취출(水面吹出) 밸브 scum valve, surface blow off valve
수면취출(水面吹出)콕 surface blow off cock, scum cock
수묘(收錨)하다 to fish anchor
수문(水門) flood gate, lock
수밀(水密) watertight
수밀갑판(水密甲板) water tight flat
수밀공사(水密工事) water tight work
수밀구획(水密區劃) water-tight subdivision, water-tight compartment
수밀 구획실(水密區劃室) water-tight compartment
수밀마루 water tight flat
수밀문(水密門) water tight door, bulkhead sluice door
수밀 미끄럼문(水密滑門) water-tight sluice door
수밀시험(水密試驗) hydraulic test, water-tight test
수밀 이음 water-tight joint
수밀전선 관통철물(水密電線貫通鐵物) water-tight cable gland
수밀 플로어 water-tight floor
수밀 피치 water-tight pitch
수밀접수(水密接手) water-tight joint
수반판(水返板) weather board
수봉(水封) water seal
수부(水夫) seaman
수부복 함(水夫服函) slop chest
수부장 창고(水夫長倉庫) boatswain's store, deck store
수상 비행기(水上飛行機) seaplane, hydro-aeroplane, flying boat, aero hydro-plane
수상선(水上船) surface boat
수상용(水上用) nautical
수석 검사원(首席檢査員) principal surveyer
수선(水線) water line
수선 간장(垂線間長) length between perpendiculars
수선기(水先旗) pilot flag
수선길이(水線長) length on water line
수선면적(水線面積) area of water plane
수선면적계수(水線面積係數) water-plane area coefficient
수선부(水線部)페인트 boat topping paint, boottop paint, water line paint
수선선(水先船) pilot boat
수선 선교(水先船橋) pilot bridge
수선(修繕)칠 touch up
수선(水線)페인트 boot top paint, topping paint
수선하 취부물(水線下取付物) under water fittings
수성(水性)가스 발생로(發生爐) gas generator
수세실(手洗室) lavatory

수소시험(水素試驗) hydrogen test
수소 포집기(水素捕集器) hydrogen collecting apparatus
수신기(受信機) receiving set, receiver
수압(水壓) hydraulic pressure, water pressure
수압 감속장치(水壓減速裝置) hydraulic reduction gear, hydraulic transformer
수압 램 hydraulic ram
수압 리벳 잠그기 hydraulic riveting
수압 리벳 체결기(締結機) hydraulic riveter
수압시험(水壓試驗) hydraulic test, water test
수압 실린더 hydraulic cylinder
수압 압상기(水壓押上器) hydraulic jack
수압 윈치 hydraulic winch
수압장치(水壓裝置) hydraulic gear
수압접수(水壓接手) hydraulic transmitter
수압 크레인 hydraulic crane
수압 탱크 hydraulic tank
수압 트리거 hydraulic trigger
수압 펌프 hydraulic pump
수압 플랜트 hydraulic plant
수에즈운하용 탐조등(運河用探照燈) suez canal searchlight
수에즈운하 타(運河舵) suez canal rudder
수에즈운하 톤수(運河噸數) suez canal tonnage
수에즈운하 톤수증서(運河噸數證書) suez canal tonnage certificate
수영(水泳)푸울 swimming pool
수용골(竪龍骨) vertical keel
수용측연(手用測鉛) hand lead
수용 회전계(手用回轉計) hand tachometer
수유(獸油) tallow
수은등(水銀燈) mercury lamp
수은 보일러(水銀汽罐) mercury boiler
수은시험(水銀試驗) mercury test
수은 온도계(水銀溫度計) mercury thermometer
수은 증발장치(水銀蒸發裝置)mercury plant
수은 터어빈 mercury turbine
수전(水栓) bib cock
수절(水切) cutwater, false stem
수절각(水切角) entrance angle, angle of entrance
수절부(水切部) entrance
수절판(水切板) eddy plate
수정(修正) correction
수정계수(修正係數) correction factor
수정곡선(修正曲線) correction curve
수정속력(修正速力) corrected speed
수정유량(修正流量) corrected mass flow
수정 회전수(修正回轉數) corrected revolution per minute
수주형 계수(竪柱形係數) vertical prismatic coefficient of fineness

수중신호(水中信號) submarine signal
수중용접(水中鎔接) under water welding
수중절단(水中切斷) under water cutting
수중진수대(水中進水臺) under water launching way
수중청음기(水中聽音器) detectoscope, hydrophone
수중 측면적(水中側面積) lateral under water area
수지모지(水止毛紙) stop water
수지전(水止栓) stop water
수지포(水止布) stop water
수직(垂直)니이 hanging knee
수직 사다리 vertical ladder
수직용접(垂直鎔接) vertical welding
수직접수(垂直接手) vertical coupling
수직 피치 normal pitch
수직향 용접(垂直向鎔接) vertical welding
수직형 기계(垂直型機械) vertical engine
수직형(垂直型)보일러 vertical boiler
수진 선풍기(首振扇風機) oscillating
수차(受車) driven wheel
수차창고(水車倉庫) mill
수추작용(收槌作用) water hammering action
수축계수(收縮係數) coefficient of contraction
수축량(收縮量) shrinkage allowance
수축응력(收縮應力) shrinkage stress
수축할 때 생기는 금 shrinkage crack
수타(手打)리벳 hand riveting
수평(水平) horizontal level
수평 구석살용접(水平隅肉鎔接) horizontal fillet welding
수평기(水平器) level
수평 스티프너 horizontal stiffener
수평용접(水平鎔接) horizontal welding
수평 자재접수(水平自在接手) gimbal joint
수평접수(水平接手) horizontal coupling, horizontal joint
수평지삭(水平支索) jumper stay, triatic stay
수평타(水平舵) horizontal rudder, diving rudder
수평특성(水平特性) horizontal characteristics
수평형 기관(水平形機關) horizontal engine
수평형재(水平桁材) horizontal girder
수컷 male rotor
수하물실(手荷物室) baggage room, luggage room
숙녀용 변소 ladies
숙련공(熟練工) skilled laborer
숙련수부(熟練水夫) able seaman

숙성(熟成) aging
순간 분해장치(瞬間分解裝置) instantaneous trip
순류(順流) fair current
순마력(純馬力) net horse power
순산소상향취입전로강(純酸素上向吹込轉爐鋼) LD Steel, Linzel Düssenfer Steel
순시선(巡視船) police patrol, patrol boat
순양함형 선미(巡洋艦形船尾) cruiser stern
순정(順整) fairing
순주(順走) scudding
순톤수(純噸數) net tonnage
순항권(巡航圈) cruising circle
순항 속력(巡航速力) cruising speed
순항 터어빈 cruising turbine
순환수(循環水) circulating water
순환수 여과기(循環水濾過器) circulating water strainer
순환이론(循環理論) circulation theory
순환주유(循環注油) circulating lubrication
순환펌프 circulating pump
순환한다 circulating
술 창고(酒類倉庫) spirit room
숫자기(數字旗) numerical·penant
쉘 shale
쉘 기름 shale oil
쉬는 조수(潮水) slack water
쉬머 shearing machine
쉬브(綱車) sheave
쉬어 sheer
쉬어 포올 sheer pole
쉽 젝크 ship jack
슈라우드 shroud
슈라우드 제지판(製止板) chain eye plate, chain plate
슈우트 shoot
슈우 플레이트 shoe plate
슈우 피이스 shoe piece, sole piece
슈트 chute
스내치 블록 snatch block
스냅 게이지 snap gauge
스냅핑 snapping, snipping off
스노켈 snokel
스로트 보울트 throat bolt
스미스 수정법(修正法) smith correction
스미스식 스톡리스 앵커 smith stockless anchor
스웰넥 리벳 swell neck rivet
스위벨 swivel
스위벨 붙임 활차 swivel block
스위벨 이음 swivel joint
스위벨 활차(滑車) swivel block
스위치 switch
스위치 박스 switch box
스위치 장치 switch gear
스카아프 단접(鍛接) scarf weld, tongue weld
스카아프 반(盤) scarphing machine
스카아프 이음 scarf coupling, scarph coupling, scarphed coupling
스카치 보일러 원형(圓形)솥 scotch boiler

스컬 scull
스컴 팬 scum pan, scum dish
스케일 scale
스케일 생성율(生成率) scaling rate
스케치 판(板) sketch plate
스켈롭 scallop, scalloping
스켈프 skelp
스쿠우너 schooner
스퀘어 스테이션 square station
스큐우 백 skew back
스큐우 베벨치차(齒車) skew bevel gear
스크라이브 나이프 scribe knife
스크라이브 보오드 scrive board, scribe board
스크루우 스테이 screw stay, small stay
스크루우 프로펠러선(船) screw ship
스크래치 시험(試驗) scratch test
스크랩 scrap
스크랩 강(屑鋼) scrap steel
스크레이퍼 scraper
스크러버 scrubber
스크리인 screen
스키드 덱크 skid deck
스키드 비임 skid beam
스킾 백 용접법(鎔接法) skip back welding
스킵용접(鎔接) skip method, wandering method
스테비라이저 stabilizer
스탠드바이 stand by
스탠딩 플랜지 standing flange
스터드 stud
스터드 보울트 stud bolt, screw stud
스터드붙이 관벽(管壁) stud tube wall
스터드붙이 체인 stud link chain cable
스터드 용접(鎔接) stud welding
스터드 체인 stud chain
스테디 steady
스테이 stay
스테이 보울트 stay bolt
스테이 세일 stay sail
스테이트 루움 state room
스테인 유리 stained glass
스테인레스 강(鋼) rustless steel, stainless steel
스테펜손 밸브장치 stephenson's valve gear
스텝 step, foot step
스토레이지 탱크 storage tank
스토커(機械燃燒裝置) mechanical stoker
스토커 stoker, fire man
스톡 stock
스톡리스 앵커 stockless anchor
스톡선(船) stock boat
스톡앵커(유간 앵커) stock anchor, common anchor
스톰 레일 storm rail
스톰 밸브 storm valve
스톰 세일 storm sail
스톱 밸브 stop valve
스톱 콕 stop cock
스톱 플러그 stop plug
스튜어디스 stewardess

스튜우 남비 stew pan
스트랩 용접(鎔接) strap joint
스트랜드 꼬임 strand
스트레이트 비이드 beading
스트레이트 비이트 용접(鎔接) parallel welding
스트레인 strain
스트레인 경화(硬化) strain hardening
스트레인 계(計) strain gauge, strain meter
스트레인 에너지 strain energy
스트레인을 허용(許容) stress free
스트롭 strop
스트링거 산형재 stringer angle
스트링거 플레이트 stringer plate
스트링 비이드 string bead, stringer bead
스티어링 틸러 steering tiller
스티이프니스 steepness
스티임 테이블 steam table
스티프너 stiffener
스티프너 끝의 스넵 snipping of stiffener end
스파아크 구속기(拘束器) spark arrester
스파아크 분배기(分配器) spark distributer
스파아크식(式) spark system
스파아 바니스 spar vanish
스파이럴 spiral
스파이럴 프로펠러 spiral propeller
스파이크 spike
스팟타 손실(損失) spattering loss
스패너 spanner, wrench
스패너 멈추기 spanner guard
스팬 span
스팬단 점(端點) span point
스페이드 타(舵) spade rudder
스페이서 spacer
스포우크 spoke
스포트 슈린킹 spot shrinking
스프레이어 〔분무(噴霧)〕 sprayer
스프링 spring
스프링 강(鋼) spring steel
스프링들이 이불 spring mattress
스프링들이 침구(寢具) spring mattress
스프링 안전밸브 spring safety valve
스프링 워셔 spring washer
스프링 완충(緩衝) spring buffer
스프링으로서 평형(平衡)을 잡은 창(窓)유리 spring balanced window glass
스플라이스 splice
스플라인 축(軸) spline shaft
스피이겔 아이젠(경철 : 鏡鐵) spiegeleisen
스핀들 spindle
슬라이드 밸브 slide valve
슬라이드 블록(滑金) slide block, guide block, guide slipper, guide shoe
슬래그 slag
슬래그 벽돌 slag brick
슬래그 시멘트 slag cement
슬래그 우울 slag wool, silicate cotton
슬래밍 slamming, bump

슬래핑 slapping
슬랩 slab
슬랩 키일 slab keel, rubbing, false keel
슬로트 웨브 slot web
슬로팅 기계(機械) slotting machine
슬루우스 문(門) sluice door
슬리이브 sleeve, liner
슬리이브 밸브 sleeve valve
슬리이브 접수(接手) sleeve joint, box coupling, muff coupling
슬리트 slit
슬립 slip
슬립 각(角) slip angle
슬립 링 slip ring, pelican hook
슬립 앵글 slip angle
슬립제지(制止)후크 slip hook
슬링 sling
슬링 체인 sling chain
습기(濕氣) moisture
습기있는 식료품(食料品) wet provision
습도(濕度) humidity
습도계(濕度計) hygrometer
습식(濕式) wet process
습식 공기(濕式空氣)펌프 wet air pump
습식 선대(濕式船臺) semi-submerged shipway
습연실(濕燃室)보일러 wet combustion chamber boiler
습재(摺材) rubbing strake, rubbing strip
습증기(濕蒸氣) moist steam, wet steam
승강구(昇降口) companion way
승강구 사다리 companion ladder
승강구 실(昇降口室) companion
승강구 코오밍(昇降口緣材) hatch coaming
승강기(昇降機) lift, elevator
승강 기울기 up or down grade
승로관(昇路管)헤더 up cast header
승무원 부서표(乘務員部署表) station bill
승압기(昇壓器) booster
승양(乘揚) aground
승인(承認) approval
승인된 approved
승인 제조자(製造者) approved maker
승인형(承認型) approved pattern
승정갑판(乘艇甲板) embarkation deck
승정등(乘艇燈) embarkation lamp
승정입구(乘艇入口) embarkation gangway
승정장치(乘艇裝置) embarkation arrangement
시각대(時刻帶) time zone
시각신호(視覺信號) visual signal
시각표시기(視覺表示器) visible indicator
시간 늦음 time lag
시간임금(時間賃金) time rate wage
시간청부(時間請負) time work
시공도(施工圖) working drawing
시동공기(始動空氣) starting air
시동공기밸브 starting air valve

시동공기 저장기(始動空氣貯藏器) starting air reservoir

시동공기 조절(始動空氣調節)밸브 starting air timing valve

시동기(始動機) servo-motor, starting servo motor

시동기(始動器) starter

시동기관(始動機關) starting engine, reversing engine

시동대(始動臺) starting plat form

시동(始動)밸브 starting valve, auxiliary starting valve, priming valve

시동 보울트 lifting bolt, lifting screw

시동 서어보 모우터 starting servo-motor

시동 연료유(始動燃料油)펌프 fuel oil priming pump

시동 장치(始動裝置) starting gear

시동 축(始動軸) starting shaft

시동펌프 priming pump

시력계수(示力係數) manometric coefficient

시력기(示力器) manometer

시멘타이트 cementite

시멘트 cement

시멘트 공사(工事) cement work

시멘트 모르타르 cement mortar

시멘트 위벽(圍壁) cement box

시멘트의 구석도포(塗布) fillet of cement

시멘트 채우기 solid cement

시반목(矢盤木) marrying wedge

시보구(時報球) time ball

시스터 후크 sister hook

시스턴(水貯藏通) cistern

시어 shear

시어기(機) shearing machine

시운전(試運轉) trial trip

시운전 상태(試運轉狀態) trial condition

시운전 속력(試運轉速力) trial speed

시이 앵커 sea anchor, driving anchor, floating anchor

시일드 아아크 용접(鎔接) shielded arc welding

시장봉재(市場棒材) merchant bar, market bar

시적 주유기(視滴注油器) sight feed lubricator

시종(時鐘) time bell

시진의(時辰儀) chronometer

시차율(時差率) equation of time

시한용선(時限傭船) time charter

시험(試驗) test, testing, experiment

시험기(試驗機) testing machine

시험소(試驗所) proving establishment, proving house

시험수두(試驗水頭) test head

시험압력(試驗壓力) test pressure

시험조작(試驗操作) test run

시험 콕 test cock

시험탱크 experimental tank

시험편(試驗片) test piece, test sample

시험하중(試驗荷重) test load

시효(時效) aging

시효경화(時效硬化) age hardening
식각(息角) angle of repose
식각법(食刻法) etching
식금(植金) caulking piece, packing piece
식기대(食器臺) cup board, buffet
식당(食堂) dining room, dining saloon, saloon
식량 조리소(食糧調理所) commissary
식료고(食料庫) provision store
식부(植付)체인 ground chain
식육 운반선(食肉運搬船) meat carrier
식입(植込)보울트 stud bolt
식입판(喰込板)과 행지판(行止板) stealer and drop strake
식탁제지(食卓制止)틀 storm rack
신발에 의한 찰상(擦傷) rug
신분(身分) status
신선한(新鮮) fresh
신장(靴箱) clog case
신장(伸張) elongation
신장계(伸長計) extensimeter, extensometer
신장성(伸長性)이 있는 재료(材料) ductile material
신장척도(伸張尺度) extension scale
신전(神殿) sanctuary
신조명세서(新造明細書)shipbuilding specification
신조선 사양서(新造船仕樣書) shipbuilding specification
신축(伸縮) flexibility
신축계륜(伸縮繼輪) expansion ring, expansion hoop
신축관(伸縮管) flexible pipe
신축 마스트 telescopic mast
신축 막대 Lazy tong
신축 벤드 expansion bend
신축 연돌(伸縮煙突) telescopic funnel, telescopic joint
신축접수(伸縮接手) flexible coupling, fleible joint, telescopic joint
신축조절용 만곡(伸縮調節用彎曲)벤드 expansion bend
신축 축(伸縮軸) flexible shaft
신축 축수(伸縮軸受) flexible bearing
신축 통기구(伸縮通氣口) telescopic vent
신호(信號) signal
신호기(信號旗) signal flag, signal code book
신호등(信號燈) morse lamp, signal lamp
신호부호(信號符號) code letter
신호서(信號書) signal code book
신호 야아드 signal yard
신호 청염(信號青炎) blue flame, signal blue light
신호 홍염(信號紅炎) red flare, signal red light
실각(失脚) slip
실각비(失脚比) slip ratio
실내 장식품(室內裝飾品) upholstery
실내 컴퍼스(室內羅針儀) cabin compass

실리콘 철(鐵) ferro silicon, silicon steel
실린더 cylinder
실린더 기둥(柱) cylinder column, engine column
실린더 기름(油) cylinder oil
실린더 내경측기(內徑測器) cylindrical plug gauge
실린더 냉각수(冷却水)펌프 cylinder jacket cooling water pump
실린더 다리(脚) cylinder feet
실린더 덮개(蓋) cylinder cover
실린더 동(胴) cylinder barrel
실린더 라이너 cylinder liner
실린더 래깅 cylinder lagging
실린더 발동기(發動機) rotary engine
실린더 벽(壁) cylinder wall
실린더 보강(補强)링 reinforcing steel band, reinforceing steel hoop
실린더 비(比) cylinder ratio
실린더 용적(容積) cylinder volume
실린더 인디케이터 cylinder indicator
실린더 저(底) cylinder bottom
실린더 정수(定數) cylinder constant
실린더 주유(注油)펌프 cylinder lubricating pump
실린더 헤드 cylinder head
실속(失速) stalling
실습(實習) excursion
실습생(實習生) apprentice
실제(實際)드러스트 actual thrust
실제 목의 두께 actual throat
실제의 (實際) actual
실체늑판(實體肋板)plate floor, solid floor
실체 플로어 solid floor
실측(實測)피치 effective pitch, virtual pitch, actual pitch, analysis pitch,
실크 루움 silk room
실험실(實驗室) laboratory
실험실 시험(實驗室試驗) laboratory test
실험실에서의 시험 laboratory test
실험용 기관(實驗用機關) experimental engine
실휘점(失輝點) point of decalescence
심(心) core
심거(心距) spacing pitch
심내기 surface gauge
심늑판(深肋板) deep floor
심도계(深度計) hydroscope
심라규칙(規則) simla rule
심(心)맞추기 게이지 surface gauge
심봉(心棒) mandrel
심블 thimble
심블관(管) thimble tube
심선(心線) core wire
심손실(心損失) core loss
심수조(深水槽) deep tank
심용입 구석살용접(深鎔入隅肉鎔接) deep fillet welding
심(蕊)을 남겨두고 안을 파는 것 trepanning

심을 남기는 것 coring
심재(心材) heart wood
심프슨 법칙(法則) simpson's rule
심플렉스형 타(舵) simplex rudder
심해용 측심기(深海用測深機) deep sounding machine
심해 측연(深海測鉛) deep sea lead
십자형 구조(十字型構造) cruciform construction
십자형(十字形)빗트 cross bitt
싱크 sink
싱크가 있는 조리대 dresser with sink
쌀 창고(米穀倉庫) rice store
쌍곡선 항법(双曲線航法) hyperbolic navigation
쌍동선(双胴船) twin hull boat, cataraman ship
쌍두리 저인망어선(底引網漁船) bull trawler
쌍안경(双眼鏡) binoculars, binoculars glasses, field glasses
쌍좌(雙座)보우트 double banked boat
쌍투(雙投)스위치 double throw switch
썰물 ebb, ebb tide
썸머 탱크 summer tank
쐐기 wedge, key, cotter, gib
쐐기 마개 cotter
쐐기형의 홈 gib
쓰레기 통(筒) refuse shoot, garbage box, rubbish shoot, rubbish chute
씨이 앵커 sea anchor, floating anchor, driving anchor
씨이조 외판(C條外板) C-strake
씻는 곳 wash place

(ㅇ)

아네로이드 기압계(氣壓計) aneroid barometer
아노드식 방식 anodic protection
아동실(兒童室) nursery
아류산(亞硫酸)가스 sulphur dioxide
아르곤 아아크 용접 argon arc welding
아마인 유(亞麻仁油) linseed oil
아마존 패킹 Amazon packing
아벨 밀폐시험(密閉試驗) Abel's close test
아세틸렌 가스용접(鎔接) acetylene gas generator welding
아세틸렌 용접(鎔接) acetylene welding
아스팔트 asphalt
아아치 선미재의 추진기 정재(船尾材推進機頂材) bridge piece, bridge arch
아아치식 구조(構造) arch principle
아아치형 프레임 arch framing
아아크 등(燈) arc lamp
아아크 땜질 arc soldering
아아크 땜질하다 arc brazing
아아크 발생단〔發生端,(鎔接棒)〕 arc end

아아크 안정제(安定劑) arc stabilizer
아아크 용접(鎔接) electric arc welding, arc welding
아아크 전압(電壓) arc voltage, welding arc voltage
아아크 전호용접(電弧鎔接) arc welding
아연(亞鉛) spelter, zinc
아연도금(亞鉛鍍金) galvanizing, zincing
아연도금강(亞鉛鍍金鋼) galvanized steel
아연박판(亞鉛薄板) sheet zinc
아연베스 zinc bath
아연베스 슬래그 slag of galvanizing bath
아연소(亞鉛燒) sheradizing
아연철판(亞鉛鐵板) galvanized iron
아연편(亞鉛片) zinc slab
아우트리거 outrigger
아우트 리이치 out-reach
아이 보울트 eye bolt
아이 브래킷 bracket eye
아이 슬리트 eye slit
아이스크림 제조기(製造機) ice cream machine
아이 플레이트 pad eye
아이형 홈(I型溝)이음 square grooved weld
악대석(樂隊席) band stand
아이형 봉(I型棒) joist bar, I section bar
악어입 시어 alligator shear
악어입 시어기 alligator shearing machine
악어입 압발기(押拔機) alligator punching machine
악출기(鍔出機) flanging machine
안개(霧) fog
안경(眼鏡) glass
안경형(眼鏡形)보스 spectacle bossing
안경형 블랭크 플랜지 spectacle blank flange
안경형 샤프트 브래킷 spectacle type shaft bracket
안경형 선미골재(眼鏡形船尾骨材) spectacle stern frame
안내날개(案內翼) guide blade, guide bucket, guide vane
안내(案內)밸브 pilot valve
안내봉(案內棒) guide bar ,guide plate
안내차(案內車) guide pulley
안락의자(安樂椅子) easy chair
안료(顏料) pigment
안벽(岸壁) quay, quay wall, premises
안벽 크레인 quay crane
안장형 창구(鞍裝形艙口) saddle hatchway
안장형 판(鞍裝形板) saddle stay
안전등(安全燈) safety lamp
안전 멈추기 safety stop
안전무선 전신증서(安全無線電信證書) safety radio telegraphy certificate
안전무선 전화증서(安全無線電話證書) safety radio telephony certificate

안전밸브 safety valve, relief valve
안전밸브 봉쇄(封鎖) safety valve setting
안전밸브 조상장치(吊上裝置) safety valve easing, safety lifting gear
안전설비증서(安全設備證書) safety equipment certificate
안전 스테이 safety stay
안전유리 safety glass
안전율 safety factor, factor of safety
안전장치(安全裝置) safety device
안전제지(安全制止) safety stop
안전증서(安全證書) safety certificate
안전 칼라 safety collar
안전 캡 safe cap
안전하중(安全荷重) safe load
안전한도(安全限度) margin of safety
안정선(安定船) steady vessel
안정성(安定性) stability, stiffeness
안정전호 용접법(安定電弧鎔接法) stable arc welding
안정평형(安定平衡) stable equilibrium
안정 핀 fin stabilizer
안테나 antenna
안티모니 antimony
알람 밸브 alarm valve
알루미늄 aluminium
알루미늄 압출기(押出機) extruding machine
알루미늄 증기도금(蒸氣鍍金) calorizing
알루미늄 청동(青銅) alminium bronze
알루미늄 합금(合金) aluminium alloy, light alloy
알칼리도(度) alkalinity
알칼리 취성(脆性) caustic brittleness
알코올 기관(機關) alcohol engine
알코올등(燈) spirit lamp
알코올온도계(溫度計) alcohol thermometer
알크래드 alclad
암면(岩綿) rock wool
암모니아 ammonia
암모니아 냉동기(冷凍機) ammonia machine
암모니아수(水) aqua ammonia
암모니아 압축 냉각기(壓縮冷却機) ammonia compression machine
암모니아 응축기(凝縮機) ammonia condenser
암모니아 청정기(清淨器) ammonia purifier
암모니아 헬멧 ammonia helmet
암모니아 흡수 냉동기(吸收冷凍機) ammonia absorption machine
암실(暗室) dark room
암적열(暗赤熱) dull red heat, dark red heat
암초(暗礁) sunken rock, bank
압각(壓角) pressure angle
압곡기(押曲器) squeezer
압괴(壓壞)하다 collapse
압금(押金) grid
압력(壓力) pressure
압력각(壓力角) angle of obliquity

압력 게이지 pressure gauge
압력계(壓力計) manometer pressure gauge
압력계수(壓力係數) pressure coefficient
압력곡선(壓力曲線) pressure curve
압력단자(壓力端子) pressure terminal
압력 로그 pressure log
압력면(壓力面) acting surface, driving surface
압력면(壓力面)피치 face pitch, apparent pitch
압력병(壓力甁) bomb, bottle
압력 복식(壓力複式)터어빈 pressure compounded pressure
압력비(壓力比) pressure ratio
압력속도 복식(壓力速度復式)터어빈 pressure velocity compound turbine
압력 손실계수(壓力損失係數) pressure loss coefficient
압력수두(壓力水頭) pressure head
압력수류(壓力水流) hydraulic accumulator
압력시험(壓力試驗) pressure test
압력 여과기(壓力濾過器) pressure filter
압력용기(壓力容器) pressure vessel, pressure container
압력 용적선도(壓力容積線圖) pressure volume diagram
압력을 가하여 끼우다 force fit
압력의 중심(中心) center of pressure
압력저하(壓力低下) pressure drop
압력조절(壓力調節)탱크 pressure stat, pressostat
압력펌프 pressure pump, kinetic air pump
압륜(押輪) junk ring
압발(押拔) punch
압발기(押拔機) punch
압발전단 겸용기(押拔剪斷兼用機) punching and shearing machine
압변(押辨) push valve
압봉(押棒) push rod
압상기(押上機) jack
압연(壓延) roll
압연공장(壓延工場) rolling mill
압연기(壓延機) rolling mill
압연 명세표(壓延明細表) mill sheet
압연번호(壓延番號) mill number, roll number
압연재료(壓延材料) rolled material
압연판용 강편(壓延板用鋼片) slab
압연 흑피 mill scale, mill oxide
압입(押込)push fit, insert
압입 보울트 dump bolt
압입봉(押込棒) push valve
압입시험(押込試驗) indentation test
압입주유기(押込注油器) forced lubricator
압입타(押込舵)핀틀 independent rudder pintle
압입통풍(押込通風) forced draught, forced draft
압입판(押込板) insert plate
압전시험(押展試驗) drifting test

압접(壓接) pressure welding
압축(壓縮) compressor
압축공기(壓縮空氣) compressed air
압축 공기설비(壓縮空氣設備) pneumatic plant
압축공기병 (壓縮空氣瓶) air bottle
압축공기 탱크 air storage tank, air reservoir
압축기(壓縮機) compressor
압축냉동기(壓縮冷凍機). compression machine
압축 메탄가스 액체(液體) LMG Liquid Methane Gas
압축비(壓縮比) compression ratio
압축산소(壓縮酸素) compressed oxygen
압축석유(壓縮石油)가스 액체(液體) LPG liquidized petroleum gas, liquid petroleum gas
압축식 냉각기 (壓縮式 冷却機) compression machine, compression refrigeration
압축 실린더 compressing cylinder (refrigeration)
압축압(壓縮壓) compression pressure
압축온도(壓縮溫度) compression temperature
압축응력(壓縮應力) compressive stress, compression stress
압축 점화기관(壓縮點火機關) compression ignition engine
압축천연(壓縮天然)가스 액체(液體) LNG Liquid Natural Gas
압축 측용재(壓縮側用材) compression member
압축 코르크 compressed cork
압축행정(壓縮行程) compression stroke
압축효율(壓縮効率) compression efficiency
압출기(押出機) extruding machine
압출법(押出法) extrusion process
압출시험(押出試驗) erriccen test
압출 알루미늄 extruded aluminium
압출재(押出材) extruded material
압탕(押湯) gate riser, casting
압판(押板) keep plate
압확시험(押擴試驗) drifting test
압환(押環) junk ring
압환 보울트 junk ring bolt
앙각(仰角) attack angle
앞 굽힘 face bend
앞 날개(前翼) inlet bucket
앞 마스트 fore mast
앞 바다에서 일하는 사람 long shore man
앞 지삭(支索) fore stay
애담슨 링 Adamson's ring
애드맨트 벤드 adamant bend
애드미럴티 계수 admiralty coefficient, admiralty constant
애드미럴티 포금(砲金) admiralty gun-metal
애드워어즈 펌프 edwards pump
액스민스터 융단 axminster carpet
액체(液體) liquid
액체 가감저항기(液體加減抵抗器) liquid rheostat

액체 레벨 spirit level
액체 소화기(液體消火器) fluid fire extinguisher
액체 암모니아 liquid ammonia
액체에 담가서 땜질하는 것 dip brazing
액체 연료(液體燃料) liquid fuel
액체 컴퍼스(液體羅針儀) fluid compass, liquid compass, wet compass, spirit compass
액체 화물(液體貨物) liquid cargo
액화(液化) liquefaction
앤빌 anvil, anvil block
앤빌대(臺) anvil valve
앵글 밸브 angle valve
앵커(닻 : 錨) anchor
앵커가 수직으로 서는 것 anchor apeak
앵커 구멍(錨穴) anchor eye
앵커 끝(선단) anchor bill, fluke
앵커 다빗 anchor davit, cat davit, fish davit
앵커 대(錨臺) anchor chock
앵커 라이닝 anchor lining
앵커 로우프 anchor rope
앵커 로우프 연강(撚綱) cable laid rope
앵커를 감아드리는 것 heave anchor
앵커를 끌다 to drag anchor
앵커를 끌어 올리다 to heave anchor
앵커를 들어 올리다 to cat the anchor
앵커를 매달은 기둥 fish davit
앵커 링 anchor ring
앵커 부이 anchor buoy
앵커 선단수좌(先端受座) bill board
앵커 샤프트 anchor shaft, anchor shank
앵커 섀클 anchor shackle
앵커 생크 anchor shank, anchor shaft
앵커 쇄제지(錨鎖制止) deck stopper
앵커 스위벨 anchor swivel
앵커 스톡 anchor stock
앵커 승강장치(昇降裝置) anchor gear
앵커시험 anchor testing
앵커 아암 anchor arm
앵커 양하장치(揚下裝置) anchor gear
앵커 엇갈림 첨부판(添附板) anchor lining
앵커에 붙은 쇠사슬 lengthening piece
앵커 올리기 weigh anchor
앵커의 파암 palm of anchor, anchor palm
앵커 체인 chain cable
앵커 체인 시험소(試驗所) chain cable proving house
앵커측의 강(綱) cable laid rope
앵커 캡스턴 anchor capstan
앵커 케이블 anchor cable
앵커 케이블의 1연(連) shot of chain, shackle of chain
앵커 크라운 anchor crown
앵커 크레인 anchor crane
앵커 플루크 anchor fluke

야간당직(夜間當直) night watch
야간용 쌍안경(夜間用雙眼鏡) night glasses
야근(夜勤) night shift
야금학(冶金學) metallurgy
야아드 yard
야안 yarn
야안 시험기(試驗機) yarn tester
야자기름(椰子油) cocoa oil
야자매트 cocoa mat
야자수 껍질의 로우프 (椰子樹皮) coir rope
야자수 껍질의 매트 (椰子樹皮) coir mat
야자실(椰子室) palm house
야채고(野菜庫) vegetable chamber
약국(藥局) dispensary
약도(略圖) diagramatic sketch
약상자(藥箱子) medicine chest
약품 소화기(藥品消火器) chemical fire extinguisher
약품함(藥品函) medicine chest
얇은 너트 jam nut, lock nut, check nut
얇은 스패너 skeleton spanner
양(量) capacity
양각기(兩脚器) compasses
양구활변(兩口滑辨) double ported slide valve
양다리 fork end
양단(兩端)시어 double end shear
양단 압발기(兩端押拔機) double end punch
양단펀치 double end punch
양두선(兩頭船) double ender
양력(揚力) lift, elevator
양력계수(揚力係數) lift coefficient
양면(兩面)그루우브 double groove
양면 보일러(兩面汽罐) double ended boiler
양면복판(兩面覆板) double butt strap
양면 시어 double shear
양면 용접접수(兩面鎔接接手) double welded joint
양면 제이형(兩面 J 形)그루우브 double J groove
양면 텔레그래프 double dial telegraph
양면 캘리퍼어스 double callipers
양면 활변(兩面滑辨) double ported slide valve
양묘기(揚錨機) windlass
양변기(洋便器)의 형(型) open pedestal type
양 상측판(梁上側板) stringer plate
양색등(兩色燈) bi colored light
양수재(梁受材) shelf
양시(梁矢) round up beam, camber of beam
양식(糧食) provision
양용(兩用)사이클 mixed cycle, dual cycle
양용 켈리퍼스 double callipers
양(羊)우리 sheep pen
양은(洋銀) german silver
양정(揚程) lift, elevator
양정기(揚艇機) boat hoisting engine

양좌(兩座)밸브 double beat valve, double seat valve
양주판(梁肘板) beam bracket, beam knee
양지갑판(陽地甲板) sun deck
양탄기(揚炭機) coal hoist
양탄자 내장(洋緞子內張) tapestry panel
양탄장치(揚炭裝置) coal hoist
양판(揚板) loose plate
양화기(揚貨機) winch
양화지(揚貨地) port of discharge
얕은 여울 shoal
어구(漁具) fishing gear
어군탐지기(魚群探知機) fish finder
어기다 lead
어드바이스 노우트 advice note
어등(漁燈) fishing light
어떤 항구(港口)의 하역속도(荷役速度) port speed
어로장(漁撈長) chief fisherman, fish chief
어름상자(氷箱子) ice box
어미 컴퍼스 mother compass
어선(漁船) fishing boat
어선대(漁船隊) fishing fleet
어어스 earth, ground
어어스 절연법(絶緣法) ground insulation
어어스 접속(接續) ground connection
어업 감시선(漁業監視船) fishing patrol
어업 시험선(漁業試驗船) fisheries examination boat
어업 연습선(漁業練習船) fisheries training boat
어업 제한(漁業制限) fishing restriction
어업 조사선(漁業調査船) fisheries research boat, fishing research boat
어업 지도선(漁業指導船) fisheries guidance boat
어업 취체선(漁業取締船) fisheries patrol boat, fisheries inspection boat
어큐뮬레이터 accumulator
어항(漁港) fishing harbor, fishing port
어획물 운반선(漁獲物運搬船) fish carrier
억제(抑制) inhibition
억제법(抑制法) restraint method
억제제(抑制劑) inhibitor
얼레이지 ullage
얼레이지표(表) ullage table
엇갈림 stagger
엎세팅기계(機械) upsetting machine
엎셋 버트 용접 upset butt welding
엎셋 용접(鎔接) upset welding
엎테이크 uptake
엎퍼스톡 upper stock, rudder head
에너지 energy
에너지 선도(線圖) energy diagram
에드워드 펌프 edwards pump
에벨 밀폐시험(密閉試驗) Abel's close test

에보나이트 ebonite, vulcanite
에어 갭 air gap
에어 스토레이지 탱크 air storage tank
에어 스페이스 air space
에어 콘 air cone (oil burner)
에이급 구획(A級區劃) "A" class division
에이 비 또는 에이 비 에스(美國船級協會)(AB or ABS) American bureau of shipping
에이조 판 (A條板) A-Strake
에이취형(H形)그루우브 double U groove
에이 피 아이(美國石油協會) A.P.I, American petroleum institute
에이 피 아이 비중계(美國石油協會比重計) A.P.I hydvrometer, American petroleum institute hydrometer
에지 패치 edge patch
엑스광선실(X光線室) X-ray room
엑스선 검사(X線檢査) X-ray inspection
엑스선 경도계(X線硬度計) penetrometer
엑스형(X形)그루우브 double V groove
엔진기름(機關油) engine oil, machine oil
엔진 텔레그래프 engine telegraph
엔탈피(全熱量) enthalpy, total heat
엔탈피 선도(線圖) total heat entropy diagram
엔트로피(熱力學) entropy
엘리오트 사이클 elliot cycle
엘리오트 캡스턴 elliot capstan
엘보우 elbow
엘츠 타(舵) oertz rudder
엘형 (L形)밸브 angle valve
여객(旅客) passenger
여객선(旅客船) passenger boat
여객설비(旅客設備) passenger accommodation
여객정원(旅客定員) preseribed number of passengers
여과기(濾過器) strainer, filter
여과(濾過)밸브 tail valve, snifting valve
여급사(女給仕) stewardess, waitress
여름(夏) summer
여분(餘分)의 extra
여유(餘裕) tolerance, margin
여자기(勵磁機) exciter
여자전류(勵磁電流) exciting current
여탄법(與炭法) carburization, case carburization
역골(力骨) web, rib
역극성 용접(逆極性鎔接) reverse polarity
역나사 타취장치(舵取裝置) reversed screw steering gear
역류(逆流) counter flow
역류복수기(逆流復水器) contra-flow condenser
역류형 열교환기(逆流形熱交換器) counter flow heat exchanger, contra-heat changer, regenerator

역률(力率) moment, power factor
역시한(逆時限) inverse time limit
역와이형 기관주(逆Y型機關柱) inverted Y type column
역재(力材) dead wood
역전감속장치(逆轉減速裝置) reverse and reduction gear
역전기관(逆轉機關) reversing engine, return action engine
역전레버 reversing lever
역전시험(逆轉試驗) reversing test
역전아암 reversing arm
역전장치(逆轉裝置) reversing arrangement, reversing gear
역전축(逆轉軸) reversing shaft, weigh shaft
역전 클러치 reversing clutch
역전 표시판(逆轉標示板) reversing index
역전 프로펠러 feathering propeller, reversing propeller
역전 핸들바퀴 reversing hand wheel
역지(逆止)밸브 check valve, feed check valve, feed valve, non-return valve, stop check valve
역청(瀝靑)시멘트 bitumastic cement, bituminous cement
역청액(瀝靑液) bitumastic solution
역청 에나멜 bitumastic enamel
역청탄(瀝靑炭) bitumastic coal, bituminous coal
역파(逆波) cross sea
역행시험(逆行試驗) reversing test
역화(逆火)보일러 return flame boiler
연(緣) edge
연강(軟鋼) mild steel, soft steel
연결된 균열(龜裂) gohst line
연결산형재(連結山形材) angle tie bar
연곡기(緣曲器) beader
연관(鉛管) lead pipe
연관(煙管) 보일러 fire tube boiler, tubular boiler, smoke tube boiler
연관식 화재경보장치(煙管式火災警報裝置) smoke pipe fire alarm system
연관의 납땜 이음 wiped joint of lead pipe
연관 플랜지 lead pipe flange
연구실(硏究室) laboratory
연규 치차(齒車) mitre wheel
연금(緣金) iron cope, cope iron
연기탐지기(煙氣探知機) smoke detector
연단(鉛丹)페인트 red lead paint
연당금(緣當金) edge patch
연도(煙道) flue
연도가스 flue gas
연도가스 분석(分析) flue gas analysis
연도가스 소화법(消火法) flue gas extinguisher system
연돌(煙突) stack, smoke stack, funnel, chimney
연돌 단면적(煙突斷面積) funnel area
연돌 덮개(煙突蓋) funnel apron, funnel bonnet, funnel cape, funnel hood, funnel umbrella

연돌 마아크 funnel mark
연돌 보울트 funnel bonnet
연돌 스테이 funnel stay, funnel shroud, funnel guy
연돌에서 나오는 가스의 분석 flue gas analysis
연돌지지(煙突支持) funnel guy, funnel shround, funnel stay
연돌 커버 funnel cover
연돌 케이싱(煙突圍壁) funnel casing
연동 안전장치(連動安全裝置) inter locking gear, inter lock arrangement
연동장치(連動裝置) inter lock arrangement, inter locking gear
연락관(連絡管) communicating pipe, levelling pipe
연락교(連絡橋) connecting bridge
연락대(連絡臺) control platform
연락(連絡)밸브 communicating valve, communication valve
연락용(連絡用)부이 junction buoy
연로(煙路) uptake
연료(燃料) fuel
연료가감(燃料加減)핸들 fuel controlling lever, fuel regulating lever, fuel regulating handle, fuel controlling handle
연료가스 fuel gas
연료가 없어지는 것 short bunker
연료경제(燃料經濟) fuel economy
연료고(燃料庫) oil bunker, bunker
연료고 용량(燃料庫容量) bunker capacity
연료(燃料)밸브 fuel inlet valve
연료 분배상자(燃料分配箱子) fuel distributing box
연료 분사(燃料噴射)밸브 fuel valve, fuel injection valve
연료 소비량(燃料消費量)fuel consumption
연료유(燃料油) fuel oil, oil fuel
연료유 배치(燃料油配置) fuel oil system
연료유 분무기(燃料油噴霧器) fuel oil atomizer
연료유 여과기(燃料油濾過器) fuel oil filter
연료유 탱크 oil fuel tank, oil fuel storage tank
연료유 펌프 fuel oil pump, fuel pump
연료 적입지(燃料積込地) bunkering station
연료 펌프실(室) unit room
연륜(年輪) annual ring
연마(硏磨) grind, buffing, burnish
연마기(硏磨機) sharpening machine, laffing machine
연마석(硏磨石) grind stone
연막(煙幕) smoke screen
연맹(聯盟) agreement
연목판(緣目板) edge strip, edge patch
연부강(緣付鋼) rimmed steel
연사(燃糸)패킹 spunyarn packing
연삭반(硏削盤) grinder, grinding machine, edge planer

연색도(煙色圖) smoke chart
연선(鉛線) lead wire
연성(延性) ductility
연성계(連成計) compound gauge
연성 반동(連成反動)터어빈 compound reaction turbine
연성 부동섬광(連成不動閃光) fixed and flashing light, group flashing light
연성 충동(連成衝動)터어빈 compound impulse turbine
연소(燃燒) combustion
연소기(燃燒器) combustor
연소(燃燒)노크 combustion knock
연소 시보기(燃燒時報器) stoking indicator, time fire indicator
연소실(燃燒室) fire combustion chamber, fire box, stoke hold
연소실 배판(燃燒室背板) back plate of combustion chamber
연소실 천정판(燃燒室天井板) combustion chamber crown plate
연소압(燃燒壓) combustion pressure, firing pressure
연소율(燃燒率) combustion rate
연소하고 남은 것 clinker
연소행정(燃燒行程) impulse stroke, combustion stroke, working stroke
연속 경용접(連續輕鎔接) light continuous welding
연속 슬리이브 continuous shaft sleeve
연속용(連續用)섀클 joining shackle
연속용접(連續鎔接) continuous pass, continuous weld, full welding, heavy welding
연속 점용접(連續點鎔接) progressive spot welding
연속정격(連續定格) constant rating
연속 최대마력(連續最大馬力) N.H.P normal horse power
연수(軟水) soft water
연수기(軟水器) water softener
연습생(練習生) cadet
연습선(練習船) training ship
연승권양기(延繩捲揚機) line hauler
연승어선(延繩漁船) long liner
연승차(延繩車) jenny (liner)
연실(煙室) smoke box
연실문(煙室門) smoke box door
연안경비정(沿岸警備艇) coastal motor boat
연안순시정(沿岸巡視艇) coast patrol boat
연안파(沿岸波) ground swell
연안항로선(沿岸航路船) coasting vessel, coaster
연안항법(沿岸航法) coastal navigation
연어 송어 모선(鮭鱒母船) salmon and trout factory ship
연와를 적재(積載)하는 것 brick work
연유고(燃油庫) oil bunker
연접봉(連接棒) connecting rod
연지(鉛紙) metalic paper
연직(鉛直) 비임니이 hanger knee

연직선(鉛直線) plumb line

연직형 기관(鉛直形機關) vertical engine

연질(軟質)의 땜납 soft solder

연차검사(年次檢査) annual survey

연차 선급검사(年次船級檢査) classification annual survey

연철(鍊鐵) puddled iron, wrought iron

연취(緣取)한다 crimp over

연탄(煉炭) artificial coal, briquette

연판(緣板) margin plate, curtain plate

연판 취부산형재(緣板取付山形材) margin angle

연평삭반(緣平削盤) edge planing machine

연피(鉛被) lead alloy sheathing

연피선(鉛被線) lead covered wire

연피 케이블 lead sheathed cable

연해구역(沿海區域) coaster area

연해구역 항행(沿海區域航行) coaster service

연해항로(沿海航路) inland sea service

연해항로선(沿海航路船) coasting vessel, coaster

열(熱) heat

열간(熱間)굽힘시험 hot bend test

열간 기름 여과기(熱間油濾過機) hot filter

열간 너트 압조기(壓造機) hot press nut machine

열간 받침 만드는 기계(機械) hot flanging machine

열간 압연(熱間壓延) hot rolling

열간 인발관(熱間引拔管) hot drawn tube

열 곡선(熱曲線) thermal curve

열 관류계수(熱貫流係數) total heat transfer coefficient

열 관류율(熱貫流率) coefficient overall heat transmission

열 교환기(熱交換機) heat exchanger, regenerator

열 교환율(熱交換率) effectiveness of regenerator

열기(熱氣) hot

열기 고갈법(熱氣枯渴法) hot air seasoning

열기관(熱機關) heat engine

열기로 쪄내는 것 hot air seasoning

열 낙차(熱落差) heat drop

열대류 계수(熱對流係數) coefficient of heat convection

열량(熱量) heat

열량계(熱量計) calorimeter

열 발생(熱發生) heat release

열 부하(熱負荷) heat load

열 소비율(熱消費率) heat rate

열쇠 key

열쇠판(板) key board

열씨 온도계(列氏溫度計) Reaumur thermometer

열에 의한 변질부(變質部) heat affected zone

열역학(熱力學) thermo dynamics
열용량(熱容量) heat content, heat capacity, thermal capacity
열응력(熱應力) thermal stress
열의 일당량(當量) mechanical equivalent of heat
열전대(熱電對) thermo couple
열전도 transmission of heat
열전도율(熱傳導率) heat conductivity, thermal conductivity
열주(列柱) colonnade
열차(列車) train
열 차단(熱遮斷) heat insulation
열 차단시험(熱遮斷試驗) heat insulation test
열차 도선(列車渡線) car ferry, train ferry
열차 연락선(列車連絡船) wagon deck
열차 항송선(列車航送船) train ferry, car ferry
열처리(熱處理) heat treatment
열충격(熱衝擊) thermal shock
열 타금(熱打金) hot chisel
열판(熱板) hot plate
열팽창(熱膨脹) thermal expansion
열평형(熱平衡) heat balance
열학적 시험(熱學的試驗) thermal test
열회수(熱回收) heat recovery
열효율(熱效率) thermal efficiency
염관(炎管) flame tube
염관 보일러(炎管汽罐) tubular boiler, fire tube boiler, smoke tube boiler
염기법(鹽基法) basic method
염기성 강(鹽基性鋼) basic steel
염기성 용제(鹽基性溶劑) basic flux
염기성 평로(鹽基性平爐) basic open hearth
염 분계(鹽分計) salinometer
염분 포트 salinometer pot
염산(鹽酸) hydro-chloric acid
염 소냉(炎燒冷) flame annealing
염심(炎心) flame cone
염욕(鹽浴) salt bath
염장품 운반선(鹽藏品運搬船) salting carrier
염 조정(炎調整) flame adjustment
염 청소(炎清掃) flame cleaning
염판(炎板) flame plate
염화(鹽化)마그네슘 magnesium chloride
염화메틸 methyl-chloride
염화칼슘 calcium chloride
엿보는 구멍 peep hole
영각(迎角) angle of attack
영 계수(係數) young modulus
영구(永久)스트레인 permanent set
영구 자전관(永久磁電管) magnetron
영국 상무원(英國商務院) board of trade
영식 열단위(英式熱單位) B.T.U, B.Th. U (British thermal unit)
영톤(英噸) long ton
영향(影響)하다 affect
옆 굽힘 side bend
옆으로 당겨서 자르는 톱(鋸) cross cut saw

예강(曳綱)을 취부(取付)하는 줄 towing pendant
예냉기(豫冷器) fore cooler, precooler
예방하다 preclude
예비급수(豫備給水) reserve feed
예비 탱크 reserve feed water, boiler water tank, feed water reserve tank
예비 대앵커(豫備大錨) sheet anchor
예비등(豫備燈) relieving lamp
예비보일러 용수탱크(豫備汽罐用水罐) boiler water tank, reserve feed water tank
예비부력(豫備浮力) reserve buoyancy
예비 석탄고(豫備石炭庫) reserve coal bunker, spare coal bunker
예비실(豫備室) spare room
예비 앵커(豫備錨) spare anchor, sheet anchor
예비 연료유고(豫備燃料油庫) spare oil bunker, reserve oil bunker
예비(豫備)자물쇠 pass key
예비타취용(豫備舵取用)태클 relieving tackle
예비품(豫備品) spare gear, spare part, spare
예비품 목록(豫備品目錄) spare list
예삭저항(曳索抵抗) tow rope resistance
예선(曳船) tow boat, tug boat, tug
예선회(豫旋回) prewhirl
예연실(豫燃室) pre-combustion chamber, ante-chamber
예열(豫熱) pre-heating
예열구(豫熱口) heating gate
예항력(曳航力) towing power
예항저항(曳航抵抗) tow resistance tug boat resistance
예항 측정기(曳航測程器) patent log
예항 표시등(曳航表示燈) towing light
예행운전(豫行運轉) preliminary trial, private trial
오두막 shed
오레곤 소나무 oregon pine
오른나사 right handed screw
오른편(右側) right
오리피스 orifice
오목(凹) indentation
오목 구석살 용접(鎔接) concave fillet welding
오목렌즈 concave lens
오목하게 들어가다 indent
오물(汚物) sludge
오물관(汚物管) soil pipe
오물 방지(汚物防止)페인트 anti-fouling paint, anti-fouling compostion
오물선(汚物船) sludge boat, sewage boat
오물 운반선(汚物運搬船) sewage boat, sludge boat
오물 펌프 sewage pump
오븐 oven
오손(汚損) fouling
오수(汚水) bilge water
오수관(汚水管) soil pipe

오수관(汚水管) 엘보우 soil pipe elbow
오수구(汚水口) limber hole
오수도(汚水道) bilge way
오수도(汚水道)덮개 limber board
오수로(汚水路) limber
오수류(汚水溜) bilge well
오수배출(汚水排出) draining bilge
오수 저장기(汚水貯藏器) sump well
오열 리베팅 quintuple riveting
오염(汚染) contamination
오염공기(汚染空氣) foul air
오오크 oak
오오컴 oakum
오올(櫂) oar
오올 걸치는 대(臺) poppet
오우버 랩 over lap
오일 드레인 탱크 oil drain tank
오일 백 oil bag
오일 버어너 oil burner
오일 브레이크 oil brake
오일 클레리파이어 oil clarifier
오일 파이프(油管) oil pipe
오일 페인트 oil paint
오지이 링 ogee ring
오차 수정(誤差修正) sector of calibration
오측(誤測) false stem, cutwater
오터 보오드 otter board
오토 사이클 otto cycle
오프셋 offsets
오픈 레일 open rail
오픈 베벨 open bevel
오픈 이음 open joint
옥스터판 oxter plate
온기난방(溫氣暖房) hot air heating
온도(溫度) temperature, degree of temprature
온도계(溫度計) thermometer, tenperature gauge
온도비(溫度比) thermal ratio
온도 상승계수(溫度上昇係數) temperature rise coefficient
온도상승비(溫度上昇比) temperature rise rate
온도수정(溫度修正) temperature correction
온도 엔트로피선도(線圖) temperature entropy diagram
온도 저감기(溫度低減器) attemperator
온도정격(溫度定格) temperature rating
온수기(溫水器) calorifire, calorifere
온수 다듬이질 hot water process
온수류(溫水溜) hot well
온수식 난방(溫水式暖房) hot water heating
온수 저장기(溫水貯藏器) hot well
온수탱크 hot well tank, hot feed tank
온실(溫室) palm house, hothouse, green house, glasshouse.
온차식(溫差式)드레인 트랩 expansion drain trap
온차식 트랩 expansion trap, differential trap
올림 기울기 up-grade

올츠 타(舵) oertz rudder
옷걸이 coat hook
와동(渦動) eddy
와드로브 wardrobe
와선(渦線)스프링 spiral spring
와 이론(渦理論) vortex theory
와이어 로우프 wire rope, steel wire rope
와이어 로우프의 강도(强度) strength wire of rope
와이어 리일 wire reel
와이어 브러시 wire brush
와이어 블록 wire block
와이어 클립 wire clip
와이형 결선(Y型結線) Y connection, star connection
왁스(石臘) wax
왁스칠된 직포(織布) wax cloth
완성검사(完成檢査) complete survey
완성기일(完成期日) date of completion
완전소냉(完全燒冷) complete annealing
완전연소(完全燃燒) complete combustion
완전히 팽출(膨出)시킨 리벳 full pointed rivet
완충기(緩衝器) shock absorber, buffer
완충기 나사 buffer spring
완충물(緩衝物) cushion
완충(緩衝)밸브 cushion valve
완충 스프링 buffer spring
완충 실린더 assistant cylinder (slide valve)
완충작용(緩衝作用) cushioning
왕복기관 reciprocating engine, reciprocator
왕복기관 원동설비(往復機關原動設備) reciprocator plant
왕복동기관(往復動機關) reciprocating engine, reciprocator
왕복법(往復法) skip, method wandering method
왕항(往航) outward voyage
외경(外徑) outside diameter
외곡(外曲) flare
외곽(外廓) outer hull, shell
외부를 편조하고 절연(絕緣)한 케이블 braided cable
외압(外壓) external pressure
외연(外緣) sight edge
외연기관(外燃機關) external combustion engine
외연보일러(外燃汽罐) external firing boiler
외장(外裝)된 armoured
외장선(外裝線) armoured wire
외장 케이블 armoured cable
외장 호오스 armoured hose
외저(外底) outer bottom
외차(外車) paddle wheel
외차기선(外車汽船) paddle steamer, paddle boat
외차덮개 paddle box
외차익(外車翼) paddle wheel float
외측(外側)랩 outside lap, steam lap

외측류(外側流) outward flow
외측목판(外側目板) outside butt strap
외측선실(外側船室) outside cabin
외측에 outboard
외측 축(外側軸) outer shaft
외측 캘리퍼어스 outside callipers
외측판(外側板) outer plating, outer strake
외층판(外層板) outer strake, outer streak
외판(外板) shell, outside plating, shell plating, skin
외판 발판 outside staging
외판붙이 단산형강(外板付短山形鋼) shell lug
외판붙이 산형재(山形材) shell angle
외판붙이 플랜지 shell flange
외판선(外板線) boundary line
외판 전개도(外板展開圖) shell expansion plan
외항(外港) outer harbor
왼편 left
요구(要求) recommendation, recommend, requirement
요동방지(搖動防止)스테이 rolling stay
요동 실린더 oscillating cylinder
요동축(搖動軸) rocking shaft
요리(料理)레인지 cooking stove, cooking range
요리용품(料理用品) cook's store
요리용품고(料理用品庫) cooking store, cook's store
요리인(料理人) cook
요목(要目) particular
요목표(要目表) particular sheet
요부외판(腰部外板) wales
요오크 yoke
요우 히일 yaw heel
요절(腰折) buckle
요트 yacht
욕실(浴室) bath, bath room
욕실의 탈의장(浴室脫衣場) cloak room
용가재(鎔加材) filler rod
용강(鎔鋼) ingot steel
용골익판(龍骨翼板) garboard strake, garboard streak
용광로(鎔鑛爐) blast furnace
용기(容器) vessel
용단시험(溶斷試驗) rupture test
용도의 표준수 criterion numeral of service
용량(容量) capacity
용선계약서(傭船契約書) charter party
용선로(鎔銑爐) cupola
용선료(用船料) charter base
용선자(傭船者) charter, charter party
용융금속(溶融金屬) molten metal
용융속도(溶融速度) melting rate
용융용접(溶融鎔接) fusion welding
용융점(溶融點) melting point
용융지(溶融池) molten pool
용입(溶入) penetration
용입깊이(溶込深) depth of fusion
용적(溶滴) molten gravel, globule

용적곡선(容積曲線) capacity curve
용적도(容積圖) capacity plan
용적축소(容積縮小) volume contraction
용적톤(容積噸) volume ton, freight ton,
용적톤수(容積噸數) measurement tonnage
용적화물(容積貨物) measurement cargo
용접(鎔接) padding, welding, full welding, heavy welding
용접가압력(鎔接加壓力) welding pressure
용접공(鎔接工) welding operator, welder
용접공장(鎔接工場) welding shop
용접교차(鎔接交叉) intersection of welding
용접구조(鎔接構造) welding construction
용접기(鎔接機) welding machine
용접기술(鎔接技術) welding technique
용접기호(鎔接記號) welding symbols
용접면(鎔接面) hand shield
용접물(鎔接物) weldment
용접법(鎔接法) welding process
용접법 시험(鎔接法試驗) procedure quarlification
용접변압기(鎔接變壓器) welding transformer
용접봉(鎔接棒) arc end, welding rod, electrode
용접봉 자동도장기(鎔接棒自動塗裝機) welding rod extrusion press
용접부의 X광선 투과시험(鎔接部 X光線透過試驗) radiographic search of weld
용접불꽃(鎔接炎) welding flame
용접순서 welding sequence
용접순위(鎔接順位) sequence of welding
용접 시공법(鎔接施工法) welding procedure
용접에 의한 굽힘 warping due to welding
용접열(鎔接熱) welding heat
용접용(鎔接用)지그 welding jig
용접 유효길이(鎔接有效長) effective length of weld
용접응력(鎔接應力) welding stress
용접이음 welded joint
용접자세(鎔接姿勢) position of weld
용접재질(鎔接材質) fuse weld quality
용접전류(鎔接電流) welding current
용접전원(鎔接電源) welding source
용접접수(鎔接接手) welded joint
용접진행방향(鎔接進行方向) direction of progress
용접축(鎔接軸) axis of a weld
용접 케이블 welding lead, welding cable
용접 토오치 welding torch
용접표면(鎔接表面) face of weld
용접 헤드 welding head

용접화구(鎔接火口) welding tip
용제(溶劑) composition
용제강(鎔製鋼) ingot steel
용착 금속(溶着金屬) deposit metal, weld metal
용착 금속부(溶着金屬部) deposit zone
용착방향(溶着方向) direction of deposition
용착부(溶着部) welded part
용착속도(溶着速度) deposition rate, rate of deposition
용착율(溶着率) deposition efficiency
용해(溶解)를 반복한 주물(鑄物) remelted cast iron
용해부족(溶解不足) lack of fusion
용해 아세틸렌 disolved acetylene
우력(偶力) couple
우력 모우먼트 moment of couple
우연(右撚) right hand lay
우우다이트 woodite
우좌연(右左撚) right and left lay
우편(郵便) mail
우편 구분실(郵便區分室) mail sorting office
우편기(郵便旗) mail flag
우편물(郵便物) mail steamer, mail
우편물(郵便物)을 실은 배(船) mail, mail liner
우편선(郵便船) mail steamer, packet boat
우편실(郵便室) mail room
우현(右舷) starboard
우현 대앵커(右舷大錨) first bower, best bower, starboard bower
우현등(右舷燈) green light, green side light, starboard light
우현 부이 starboard hand buoy
우회전(右回轉)나사 right handed screw
우회전 프로펠러 right handed propeller
운동구(運動具) gymnastic apparatus
운동량(運動量) momentum
운동량 이론(運動量理論) momentum theory
운동실(運動室) gymnasium
운동 에너지 kinetic energy
운동학(運動學) kinematics
운동행정(運動行程) impulse stroke, combustion stroke, working stroke
운모(雲母) mica
운반 능력(運搬能力) carrying capacity
운반 능력량(運搬能力量) carrying capacity
운반선(運搬船) carrier vessel
운반자(運搬者) carrier
운봉법(運捧法) electrode trip
운송선(運送船) transport
운용술(運用術) seamanship
운임율(運賃率) freight rate
운전(運轉) running
운전 부자유등(運轉不自由燈) non under command light
운전사(運轉士) mate

운전에 의한 발생열량시험(發生熱量試驗) heat run test
운전 중의 평형시험(運轉中平衡試驗) running balance test
운하(運河) canal
운하 바아지 canal barge
운하 타(運河舵) canal rudder
운하 톤수(運河噸數) conal tonnage
운하 통행료(運河通行料) canal toll
운항비(運航費) running expence, running cost
운형자(雲形尺) french curve
울림(唸) beat
울타리 fencing
움직여서 끼우다 running fit, working fit
움직이다 live
움직이지 않는 하중(荷重) dead load
워더 헬름 weather helm
워딩톤 펌프 worthington pump
워셔 washer
워엄 worm
워엄장치(裝置) worm gear
워엄 축(軸) worm shaft
워엄 치차 worm wheel
워엄 치차장치(齒車裝置) worm gear
워터웨이 water way
워핑 앤드 warping end
워핑 윈치 warping winch
원가(原價) initial cost, first cost
원격제어(遠隔制御) remote control
원격조정(遠隔操整) scanner monitor
원기 컴퍼스(原基羅針儀) standard compass
원동기(原動機) prime mover
원동력(原動力) motive power
원동소(原動所) power plant
원동소 설비(原動所設備) power plant
원료(原料) raw material
원목(原木) log
원반(圓盤) disc, disk
원반 크랭크 disc crank
원반 클러치 disc clutch
원수(原水) raw water
원실(圓室) round house
원심 기름청정기(遠心油淸淨器) centrifugal oil purifier
원심 날개차(遠心翼車) radial impeller
원심력(遠心力) centrifugal force
원심력 주유기(遠心力注油機) centrifugal lubricator
원심분리기(遠心分離器) centrifugal separator, centrifuge
원심송풍기(遠心送風機) centrifugal fan
원심압축기(遠心壓縮機) centrifugal compressor
원심유 청정기(遠心油淸淨機) centrifugal oil purifier
원심응력(遠心應力) centrifugal stress
원심조속기(遠心調速機) centrifugal governor
원심주물(遠心鑄物) centrifugal casting
원심 펌프 centrifugal pump
원양항로(遠洋航路) ocean service

원유(原油) crude oil
원유분리(原油分離) cracking of crude oil
원응력(元應力) initial stress
원자력선(原子力船) atomic powered ship
원자력 추진(原子力推進) nuclear power propulsion
원자로(原子爐) nuclear reactor
원자수소 용접(原子水素鎔接) atomic hydrogen welding
원자(原子)에너지 atomic energy
원재(圓材) spar
원재가(圓材架) lumber iron
원재걸이 lumber iron
원주(圓柱)부이 pillar buoy, spar buoy
원주의 circular
원주피치 circular pitch
원질부(原質部) unaffected zone
원추(圓錐)밸브 mitre valve, conical valve
원추 저항기(圓錐抵抗器) resistance cone
원추 포인트 conical pointed rivet
원추형 벨트 차(車) cone pulley
원추형으로 끊어내다 trepan
원판(圓板) disc cutter
원판동(圓板胴)터어빈 disc and drum turbine
원판(圓板)밸브 disc valve
원판 크랭크 disc crank
원판 회전자(圓板回轉子) disc rotor
원표중심(圓標中心) center of disc (freeboard)
원형(原型) pattern, parent form
원형 건웰 rounded gunwale
원형끌(圓形鑿) gouge
원형등(圓形燈) bull eye lamp
원형 보일러 cylindrical boiler, scotch boiler, round boiler
원형 상태(原形狀態)로서 단조하는 것 solid forging
원형선미(圓形船尾) round stern
원형 셋 해머 fullering tool, fuller
원형 유리(圓形硝子) bull eye
원형 창(圓形窓) side light, side scuttle, air scuttle, air port
원형 창 겉덮개(圓形窓外蓋) side scuttle plug
원형 창 맹개판(圓形窓盲蓋板) side scuttle blind
원형 톱 circular saw
원형 현단(圓形舷端) rounded gunwale
원호형 단면(圓弧形斷面) circular section
웨브 web
웨브 비임 web beam
웨스트 waste
웨어즈 펌프 weir's pump
웰 갑판선(甲板船) well deck vessel
웰백 기선(汽船) whale back steamer
위벽(圍壁) casing
위벽 통풍통(圍壁通風筒) trunk ventilator
위빙 비이드 weaving bead
위상(位相) phase
위상각(位相角) phase angle

위상차(位相差) phase difference
위생(衛生) sanitary
위생관(衛生管) sanitary pipe
위생 드레인 plumbing drain
위생 의장품(衛生艤裝品) sanitary outfit
위생 자기(衛生磁器) plumbing fixture
위생 탱크 sanitary tank
위생 파이프(衛生管) sanitary pipe
위생 펌프 sanitary pump
위성재료 brittle material
위원회(委員會) committee
위장(僞裝) camouflage
위촉(委囑) abandonment
위트워드 나사 whitworth screw thread
위험각도(危險角度) danger angle
위험 비틂진동(振動) critical torsional vibration
위험속도(危險速度) critical velocity, critical speed
위험통보(危險通報) danger message
위험화물(危險貨物) dangerous cargo, dangerous goods
위험 회전수 critical number of critical revolution
윈들러스 windlass
윈들러스 주(柱) carrick bitt, windlass bitt
윈드 세일 wind sail
윈치 winch
윈치대(臺) winch bed
윗칠(上塗)시멘트 wash cement
윙 탱크 wing tank
윙 펌프 wing pump
유독(有毒)가스 또는 액체(液體)가스 lethal gas, lethal liquid
유간 앵커(有桿錨) stock anchor, common anchor
유냉(油冷)피스톤 oil cooled piston
유니온 너트 union nut
유니온 멜트식 용접(鎔接) union melt welding
유니온 이음 union joint
유니플로우 소기(掃氣) uniflow scavenging
유니플로우 엔진 uniflow engine
유도(誘導) induction
유도가열(誘導加熱) induction heating
유도땜질 induction brazing
유도속도(誘導速度) induced velocity
유도수(誘導水)없이 시동하는 펌프 selt-priming pump
유도용 강(誘導用鋼) dip rope
유도전동기 induction motor
유도항력(誘導抗力) induced drag
유독연(有毒煙) toxic fume
유동 강력배재(遊動强力背材) floating strong back
유동 라이너 loose liner
유동(流動)링 float ring
유동수 영향(遊動水影響) free water effect
유동점(流動點) pour point
유동정(遊動綎) floating lever
유동차(遊動車) idler wheel, cock wheel, idle pulley, lider

유동축수(遊動軸受) floating frame bearing
유동치차(遊動齒車) idle gear
유동편심기(遊動偏心器) loose eccentric
유두형 돌기(乳頭形突起) nipple
유람(遊覽)요트 pleasure yacht, excursion yacht
유량(流量) discharge
유량 가감조속(流量加減調速) quantity control governing
유량계(流量計) flow meter
유량계(油量計) oil gauge, oil meter
유량계수(流量係數) flow coefficient
유령(幽靈) ghost
유로(油路) oil groove
유로(流路) passage of turbine
유로폭 날개(流路幅翼) depth of blade
유리 glass
유리 기구(硝子器具) glass ware
유리 뼈대 glass holder
유리 섬유(纖維) span glass
유리 우울 glass wool
유리 직물(硝子織物) fibre glass
유리 직포(硝子織布) glass woven fibric
유리포(硝子布) glass cloth, glass fibre
유막윤활(油膜潤滑) film lubrication
유망(流網) drift net
유망어선(流網漁船) drifter
유면계(油面計) ullage scale
유면 측정공(油面測程孔) ullage port (oil tank)
유밀(油密) oil-tight
유밀격벽(油密隔壁) oil-tight bulkhead
유밀공사 oil-tight work
유밀시험(油密試驗) oil test, oil-tight test
유밀접수(油密接手) oil-tight joint
유밀피치 oil-tight pitch
유보(留保) withhold, suspend
유보갑판(遊步甲板) promenade deck
유선(流線) stream line
유선반류(流線伴流) potential wake
유선형(流線形) stream line shape
유선형 타(流線形舵) stream line rudder
유선흐름 stream line flow
유속계(流速計) current meter
유속수두(流速水頭) velocity head
유수분리기(油水分離器) de-oiler
유심(有心)아아크 용접봉(鎔接棒) core electrode
유압 조타기(油壓操舵機) hydraulic steering gear
유압 타취장치(油壓舵取裝置) hydraulic steering gear
유연 와이어 로우프 flexible steel wire rope
유연전선(柔軟電線) flexible cable, flexible cord
유입각(流入角) fluid inlet angle
유입선(油入線) feeder, oil feeder
유입(油入) 스위치 oil switch
유자관(U字管) U bend
유재(柔材) soft wood

유전체(誘電體) di-electric
유절(油切) comb
유정(流程) drift
유조선(油槽船) bulk oil carrier, oiler, oil carrier, oil tanker
유조항법(流潮航法) current sailing
유차(遊車) cock wheel, idle wheel, idler
유척(遊尺) vernier
유체(流體) fluid
유체 병용(流體併用)사이클 binary fluid cycle
유체압력(流體壓力) fluid pressure
유체역학(流體力學) hydro dynamics
유체 역학적(流體力學的) 피치각(角) hydro dynamic pitch angle
유체이론(流體理論) channel theory
유체화물(流體貨物) fluid cargo
유출각(流出角) fluid outlet angle
유탄(榴彈) shell
유탄신호(榴彈信號) socket signal
유한익열(有限翼列) finite cascade
유화(乳化) emulsification
유활차(遊滑車) idle pulley, idler
유황사진(硫黃寫眞) sulphur print
유황석출(硫黃析出) sulphur segregation
유황증(硫黃蒸) fumigation
유형 개선(U形開先) U-groove bevel
유형관(U形管) U-bend tube
유형관 가열기(U形管加熱器) U-tube heater
유형 보울트 U-bolt
유형 홈 single U groove
유효마력(有效馬力) tow rope horse power, effective horse power, E.H.P
유효 목두께(有效喉厚) effective throat thickness
유효반류(有效伴流) effective wake
유효 슬립 effective slip, virtual slip
유효 실각(有效失脚) effective slip virtual slip
유효 실각비(有效失脚比) effective slip ratio
유효압(有效壓) effective pressure
유효 에너지 available energy
유효 열량(有效熱量) available heat
유효 열효율(有效熱效率) effective thermal efficiency
유효 추력(有效推力) actual thrust
유효치(有效値) effective value
유효 파경사(有效波傾斜) effective wave slope
유효폭(有效幅) effective breadth
유효 피치 virtual, effective, analysis pitch, actual pitch
유효피치 비(比) virtual pitch ratio effective pitch ratio
유효 행정(有效行程) effective stroke
유효효율(有效效率) effective efficiency
육분의(六分儀) sextant
육상(陸上) land
육상 보일러(陸上汽罐) land boiler
육상에 ashore
육상용접(陸上鎔接) field joint
육실(肉室) butchery

육안시험(肉眼試驗) visible examination
육용기관(陸用機關) land engine
육용 보일러(陸用汽罐) land boiler
육절대(肉切臺) carving table
육지와 배를 연결하는 쇄 bond cable
윤곽(輪廓) contour
윤절(輪切)블록 fabricate block, shape assembly
윤활(潤滑) lubrication
윤활 링 lubricating ring
윤활유(潤滑油) lubricating oil
윤활유 냉각기 lubricating oil cooler
윤활유 여과기(潤滑油濾過器) lubricating oil filter
윤활유 탱크 lubricating oil tank
윤활유 펌프 lubricating oil pump, lubricating pump
윤활장치(潤滑裝置) lubricating gear
윤활제(潤滑劑) lubricant
율(率) moment
융기갑판(隆起甲板) raised deck
융단 carpet
융접(融接) non pressure welding
융합부(融合部) fusion zone
은(銀)땜 silver solder, silver alloy brazing
은점(銀點) fish eye, flakes
음극선관(陰極線管) brown tube, cathode ray tube
음료수(飲料水) decanter
음료수병(飲料水瓶) decanter
음료수통(飲料水筒) scuttle butt
음료품 창고(飲料品倉庫) cooper's store
음악실(音樂室) music hall, music room, music saloon
음향신호(音響信號) sound signal
응고점(凝固點) freezing point
응급수리(應急修理) temporary repair
응급타(應急舵)체인 rudder pendant chain
응력(應力) stress
응력 변형도(應力變形圖) stress-strain diagram
응력 스트레인도(圖) stress strain diagram
응력제거(應力除去) stress relieving
응력제거 가열처리법(應力除去加熱處理法) stress relief heating
응력집중(應力集中) stress concentration
응력폐쇄(應力閉鎖) stress lock up
응력피로(應力疲勞) stress fatigue
옹이 gnarl
응접실(應接室) drawing room, reception room
응집(凝集) cohesion
의견(意見) comment
의농(衣籠) chest of drawers
의무국(醫務局) dispensary
의무선(義務船) obliged vessel
의복걸이 coat hook
의복상자(衣服箱子) chest, sailer's chest
의복장(衣服欌) sailer chest
의상(衣裳)선반 bag rack
의용함대(義勇艦隊) volunteer fleet

의자(椅子) chair
의장선거 fitting out basin
의장선반 bag rack
의장수(艤裝數) equipment number
의장안벽(艤裝岸壁) fitting out basin
의장품(艤裝品) equipment, fitting
의장함(衣裝函) wardrobe, outfit
의함(衣函) chest of drawers
이(齒) tooth
이각(二脚)마스트 bipot mast
이캠축형(軸形) twin cam shaft type
이극(二極) double pole
이극 스위치 double pole switch
이금(裏金) brass
이금(耳金) tab
이너트 가스 inert-gas (metal) arc welding
이년(二年)마다의 검사(檢査) binary survey
이단감속장치(二段減速裝置) double reduction gear
이단공기압축기(二段空氣壓縮機) two stage air compressor
이단(3단) 공기압축기 two (three) stage air compressor
이단침상(二段寢床) double bunk
이단팽창기관(二段膨脹機關) compound engine, double expansion engine
이동국(移動局) mobile station
이동식 소화기(移動式消火器) semi-portable fire extinguisher
이동식(移動式)프레임 압곡기(押曲機) portable frame squeezer
이동실린더 복동기관(複動機關) sliding cylinder double acting engine
이동식 윈치 crab winch
이동식 캠축식(軸式) sliding cam shaft type
이등객(二等客) sencond saloon passenger
이등기관사(二等機關士) second engineer
이등선객(二等船客) second saloon, class passenger
이등통신사(二等通信士) second wireless operator
이등항해사(二等航海士) second mate, second officer
이랑직물(畝織物) repp, railway repp
이련(二聯)크랭크 축(軸) double throw crank shaft, two throw crank shaft
이륜활차(二輪滑車) double block
이리듐 원소(元素) iridium
이매날개(二枚翼)프로펠러 two bladed propeller
이매 링크 double bar link
이매 타(二枚舵) twin rudder
이면당금(裏面當金) chill plate, backing strip, chill strip
이면지지(裏面支持)후크 back hook
이민선(移民船)〔나가는 것〕 emigrant ship
이민선〔들어오는 것〕 immigrant ship
이방향(二方向)콕 two way cock
이불 mattress

이불잇 tick
이사이클 기관(機關) two cycle engine stroke engine
이산화질소(二酸化窒素) nitrous oxide, NO_2
이산화탄소(二酸化炭素) carbon dioxide, CO_2
이, 삼심선(二, 三心線) double-three core cable
이상교류(二相交流) two phase A.C.
이상,삼상(二相三相) two, three phase
이상기체(理想氣體) perfect gas
이상유체(理想流體) perfect fluide
이상효율(理想効率) ideal efficiency
이샤우드식(式) isherwood system
이선식(二線式) two wire system
이선 접지식(二線接地式) two conductor earthed system
이송(移送)펌프 transfer pump, booster pump, shifting pump
이실린더 기관(機關) double cylinder engine
이심선(二心線)케이블 duplex cable
이심 케이블 twin core cable
이어링 earing
이열(列)리벳이음 double riveted joint
이열 리벳 잡그기 double riveting
이열 종격벽(二列縱隔壁) twin longitudinal bulkhead
이완(弛緩) relaxation
이용 가능(利用可能)한 에너지 available energy
이은자리 seam
이음의 형(型) type of joint
이젝터 ejector
이젝터 복수기(復水器) ejector condenser
이조(二條)나사 double thread
이중(二重) duplicate
이중곡(二重曲) double curvature
이중관(二重管)브라인 냉각기(冷却器) double pipe brine cooler
이중관 응축기(二重管凝縮器) double pipe condenser
이중 나사 double thread
이중 너트 double nut
이중 산형재(二重山形材) double angle bar
이중산치 치차(二重山齒齒車) double helical gear
이중선곽(二重船廓) double hull
이중선급(二重船級) dual class
이중 스톱밸브 double beat stop valve
이중연돌(二重煙突) double funnel
이중의(二重) dual
이중장(二重張) doubling
이중장판(二重張板) doubling plate
이중저(二重底) double bottom
이중저 외측(二重底外側)브래킷 tank side bracket
이중전단(二重剪斷) double shear
이중전압 직류방식(二重電壓直流方式) dual voltage DC system
이중충돌(二重衝突) double funnel
이중 테이클 two fold purchase
이중판(二重板) dovetail plate
이중풍로(二重風爐) dual duct

이중(二重)필러 double pillar
이증기(二蒸氣) binary vapor
이지관(二枝管) breeches pipe
이지기(二肢旗) burgee
이차 냉각공기(二次冷却空氣) secondary cooling air
이차 소치차(二次小齒車) secondary pinion
이차 손실(二次損失) secondary loss
이차 전지(二水電池) secondary cell, secondary battery
이차 흐름 secondary flow
이착식 날개(離着式翼) loose propeller blade, detachable blade
이축선(二軸船) twin screw vessel
이코너마이저 economizer
이코노 상자 echo box
이탈(離脫) break away flutter
이탈작용 exfoliation
이합재(二合材)프레임 double frame
익격벽(翼隔壁) wing bulkhead
익고비(翼高比) height ratio of blading
익근을 회전부에 별도로 고착시키는 날개 combined blade
익단(翼端) tip of propeller blade, tip
익단간격(翼端間隔) tip clearance
익단면(翼斷面) blade section
익단속도(翼端速度) tip speed, peripheral speed
익단에서 빠짐(翼端離脫) tip leakage
익단의 누설(漏泄) tip leak
익단 틈사이(翼端間隔) tip clearance
익륜(翼輪) blade ring
익 배열(翼配列) blading blade, arrangement
익소이론(翼素理論) blade element theory
익속도 계수(翼速度係數) blade velocity coefficient
익손(翼損) blade loss
익스팬디드 메탈 expanded metal
익열(翼列) blade lattice, cascade
익열영향(翼列影響) cascade effect
익열풍동(翼列風洞) cascade tunnel
익차(翼車) rotor wheel, supporting disc, disc wheel, disc, disk
익차단(翼車段) wheel stage
익차병(翼車柄) arms of rotor wheel
익차형 유속계(翼車形流速計) blade wheel current meter
익현(翼弦) chord of blade
익현장(翼弦長) chord length
익후비(翼厚比) blade thickness ratio
인간공학(人間工學) human engineering, ergonomics
인강(引綱) tow line, tow rope, towing line
인강마력(引綱馬力) tow rope horse power
인강받침 비임 towing beam
인강받침 아아치 towing arch
인강비트(기둥) towing bitt
인강수(引綱受)비임 towing beam
인강 취부삭(引綱取付索) towing pendant
인강 후크 towing hook

인고트 ingot
인공(人孔) man hole
인공건조(人工乾操) artificial seasoning
인공고갈법(人工枯渴法) artificial seasoning
인공적(人工的) artificial
인공통풍, 인공환기(人工通風, 人工換氣) artificial ventilation, mechanical ventilation, artificial draught, artificial draft
인덕턴스 inductance
인도(引導) guide
인도(引渡) delivery
인도선(引導船) pilot vessel, pilot boat
인도하다 lead
인디케이터 관(管) indicator pipe
인디케이터 선도(線圖) indicator card, indicater diagram
인디케이터 선도계수(線圖係數)factor of diagram, diagram factor, factor of indicator diagram
인디케이터 콕 indicator cock
인력(引力) attraction
인명사고(人命事故) fatal accident
인발관(引拔管) drawn, solid drawn, seamless tube
인버어터(逆倒裝置) inverter
인벌류우트 치차(齒車) involute teeth
인상(引上)보울트 lifting bolt, lifting screw
인양강(引揚綱) hauling line
인양능력(引揚能力) lift capacity
인양 모우먼트 lift moment
인양선대(引揚船臺) marine railway, slip way
인양장치(引揚裝置) lifting gear
인장(引張) traction, tension
인장세기(引張强度) tensile strength
인장속도(引張速度) pulling speed
인장시압도(引張示壓圖) displaced card, draw card
인장시험(引張試驗) tear test, tensile test
인장응력(引張應力) tensile stress
인장재(引張材) tension member
인장차(引張車) tractor
인접판(隣接板) abutting plate
인젝터 injector
인조운모(人造雲母) micanite
인청동(燐靑銅) phosphor bronze
인출(引出)펌프 extraction pump
인화점(引火點) flash point, inflamation point
인화점 시험기(引火點試驗機) flash tester
일기예보(日氣豫報) weather forecast
일단 감속장치(一段減速裝置) single reduction gear
일단 감속장치(一段減速裝置)가 있는 터어빈 single reduction geared turbine
일단 소치차(一段小齒車) primary pinion
일단 치차(一段齒車) single gear
일단 치차장치(齒車裝置) single gear
일단 침대(一段寢臺)선반 single bunk

일단 팽창기관(一段膨脹機關) simple engine

일등객(一等客) first saloon passenger, first class passenger

일등기관사(一等機關士) first engineer

일등통신사(一等通信士) first wireless operator

일등항해사(一等航海士) chief mate, chief officer, first officer, first mate

일매(枚)링크 single bar link

일매 판(一枚板)플로어 solid floor

일매 전단(一面剪斷) single shear

일목 활차(一目滑車) bull eye

일반 배치도(一般配置圖) general arrangement

일반적(一般的) general

일반화물(一般貨物) general cargo

일본고착(一本固着) single fastening

일본공업규격(日本工業規格) JIS Japanese industrial standard

일본조 어선(一本釣漁船) pole and line fishing boat

일본해사협회(海事協會) N.K the japanese marine corporation, Nippon Kyokai

일분간 회전수(一分間回轉數) R.P.M revolution per minute

일산화탄소(一酸化炭素) carbon mono-oxide

일열(一列)리벳 이음 single riveted joint

일의 시작(始作) turn to

일·이등객(一,二等客) cabin passenger

일·이등객실(一二等客室) cabin passenger

일인 선실(一人船室) single berth cabin

일정(一定)피치 constant pitch

일정한 constant

일차 공기(一次空氣) primary air

일차 연소권(一次燃燒圈) primary zone

일체 단조(一體鍛造) solid forging

일체 라이너 continuous liner

일체로된 부분 integral part

일체주물(一體鑄物) solid casting

일체 축(一體軸) solid shaft

일체 크랭크 solid crank

일체 프로펠러 solid propeller

일축선(一軸船) single screw vessel

일출관(溢出管) over flow pipe

임계 감쇠정수(臨界減衰定數) critical damping constant

임계 냉각속도(臨界冷却速度) critical cooling velocity

임계 레이놀드수(數) critical reynold

임계 마하수 critical mach number

임계속도(臨界速度) critical velocity, critical speed

임계압(臨界壓) critical pressure

임계온도(臨界溫度) critical temperature

임계점(臨界點) critical point

임계 캐비테이션수 critical cavitation number

임시검사(臨時檢査) contingent survey, occasional survey

임시 붙이기 tacking
임시 선급검사(臨時船級檢査) classification occasional survey
임퍼미터 impermeater
임퍼어비어스 와이어 impervious sheathed wire
임피이던스 impedance
임항시설(臨港施設) terminal facilities
입 opening
입값(어선 : 漁船) bait
입구(入口) inlet, entrance
입구각(入口角) inlet angle
입구(入口) 밸브 inlet valve, foot valve, suction valve
입금(込金) caulking strip
입도(粒度) grain size
입력(入力) input
입매기 mousing
입사각(入射角) incident angle, angle of incidence
입삭반(立削盤) slotting machine
입상관(立上管) riser
입상 소방주관(立上消防主管) rising fire main
입상(粒狀)코르크 granulated cork
입자관(入子管) telescopic pipe
입찰(入札) tender
입체곡선(立體曲線) solid curve
입표(立標) beacon
입항 허가증(入港許可證) pratique
입향용접(立向鎔接) vertical welding
잇달아 만드는 동형의 발전기(同型發電機) subsequent duplicate generator
잇달아 며칠간에 subsequent dates
있는 장소(場所) location
잉여저항(剩餘抵抗) residual resistance, residuary resistance
잉크 지우개 ink eraser

(ㅈ)

자(尺) scale
자갈 밸러스트 shingle ballast
자강(子綱) strand
자격시험(資格試驗) qualification test
자경강(自硬鋼) air hardening steel
자계(磁界) magnetic field
자계조정기(磁界調整器) field regulator
자극(磁極) magnetic pole
자극성(刺戟性) 가스 mustard gas
자기변동(磁氣變動) magnetic variation
자기 스트레인 magnetic strain
자기 시험법(磁氣試驗法) magnetic inspection
자기 역전장치(自己逆轉裝置) direct reversing gear
자기의 부움 magnetic blow
자기저항(磁氣抵抗) reluctance
자기컴퍼스(磁氣羅針儀) magnetic compass
자기컴퍼스식 자동타취장치(自動舵取裝置) magnetic compass pilot
자기탐상검사(磁氣探傷檢査) magnaflux inspection

자기흔들기 방지(防止) magnetic damper
자깅 sagging
자동 경도시험기(自動硬度試驗機) auto-punch (hard tester)
자동경보기(自動警報器) auto-alarm
자동경보 수신기(自動警報受信機) automatic alarm
자동급수 조정기(自動給水調整器) automatic feed water regulator
자동기록계(自動記錄計) logger
자동긴장기(自動緊張機) automatic tension engine
자동 드라이버 automatic driver
자동변환기(自動變換器) auto-converter
자동복원형(自動復原形)selt-righting type
자동산수장치(自動撒水裝置) automatic sprinkler system
자동소기(自動掃氣) 밸브 automatic scavenging valve
자동 스톱(自動停止) 밸브 self closing stop valve
자동 아아크 용접 automatic arc welding
자동역지(自動逆止) 밸브 automatic non-return valve
자동연료유 조절류(自動燃料油調節溜) automatic fuel oil reservoir
자동연소제어(自動燃燒制御) A.C.C, automatic combustion control
자동용접(自動鎔接) automatic welding
자동적(自動的) auto, automatic
자동적으로 고르게하는 석탄선(自動積荷石炭船) self trimming collier
자동제어(自動制御) 밸브 automatic controlling valve
자동조타(自動操舵) automatic steering
자동조타기(自動操舵機) auto pilot
자동조타장치(自動操舵裝置) auto steerer, gyro pilot
자동주파수 제어(自動周波數制御) automatic frequency control
자동차 도선(自動車渡船) automobile ferry
자동차(自動車)크레인 automobile crane, track crane
자동 트리밍 적하석탄선(積荷石炭船) selt-trimming collier
자동 표시등(自動表示燈)telltale lamp
자동 회로차단기(自動回路遮斷器) **ACB**, automatic circuit breaker
자력 기름여과(磁力油濾過) magnetic oil strainer
자력 브레이크(磁力制動機) magnetic brake
자력여과(磁力濾過) magnetic strainer
자료(資料) data
자루(袋) bag
자망어선(刺網漁船) gill netter
자매선(姉妹船) sister ship
자물쇠 padlock, lock
자속(磁束) magnetic flux
자승 역비례 규칙(自乘逆比例規則) inverse square law

자식(磁式) magneto striction type
자연건조(自然乾燥) natural seasoning
자연고갈법(自然枯渴法) natural seasoning
자연 곡재(自然曲材) natural crook timber
자연 대류방열기(自然對流放熱器) natural convector
자연발화(自然發火) spontaneous ignition
자연쇠모(自然衰耗) tear, wear
자연연소(自然燃燒) spontaneous combustion
자연적(自然的) natural
자연진동(自然振動) natural vibration
자연통풍(自然通風) funnel draught, natural draught
자연횡요(自然橫搖) natural rolling
자오선 위도법(子午線緯度法) meridian latitude
자유(自由) free
자유 굽힘 free bend
자유 굽힘시험(自由曲試驗) free bend test
자유도(自由度) degree of freedom
자유면(自由面) free surface
자유면 작용(自由面作用) free surface effect
자유수(自由水) free water
자유와동(自由渦動) free voltex
자유와동운동(自由渦動運動) blade fore voltex flow
자유 이음 universal joint, universal coupling
자유진동(自由振動) free oscillation, free vibration
자유트립식 기중차단기(自由引外式氣中遮斷器) trip free air circuit breaker
자유표면(自由表面) free surface
자유 피스톤 기관(機關) free piston engine
자유 피스톤 압축기(壓縮機) free piston compressor
자유항(自由港) free port
자유형 접수(自由型接手) free type of joint
자재(自在)스패너 universal screw wrench, monkey spanner, screw spanner, screw wrench, shifting spanner
자재접수(自在接手) universal coupling, universal joint
자차(磁差) magnetic deviation, deviation
자침(磁針) compass needle, magnetic needle
자침로(磁針路) magnetic course
자항시험(自航試驗) selt-propulsion test
작동(作動) performance test
작동쇄(作動鎖) messenger chain
작동 실린더 working cylinder
작동 와이어 messenger wire
작동 체인 messenger chain
작동행정(作動行程) working stroke, combustion stroke, impulse stroke

작살 망(鋸網) harpoon line
작살 줄 harpoon line
작업대(作業臺) bench
작업등(作業燈) working light
작업률(作業率) working done factor
작업완료(作業完了) knock off
작업원(作業員) worker
작업행정(作業行程) power stroke
작용(作用) action
작용없이 움직이는 것 lost motion
작용하다 affect
작용행정(作用行程) working combustion, impulse stroke
작은 구멍(小穴) eyelet hole
작은 마개 spile
작은말 분동(分銅) poise weight
작은 물통 hat
작은 선실(小船室) cuddy
작은 콕(밸브) pet cock (valve)
잔교(機橋) pier
잔류응력(殘留應力) residual stress
잔류자기(殘留磁氣) residual magnetism
잔업(殘業) over time
잔유 자기손(殘留磁氣損) hysteresis loss
잔유 소제장치(殘油掃除裝置) stripper
잔유 펌프 stripper pump
잔재(殘材) remainder
잘라 올리다(切上) cut up
잠망경(潛望鏡) periscope
잠수기구(潛水器具) diving apparatus
잠수 벨 diving bell
잠수복(潛水服) diving dress
잠수부(潛水夫) diver
잠수부 보고(潛水夫報告) diver report
잠수정(潛水艇) submarine boat
잠수종(潛水鍾) diving bell
잠열(潛熱) latent heat
잡공사(雜工事) general work
잡는 버킷 grab bucket
잡는 장치(裝置) grab
잡실(雜室) sundry space
잡용 강삭(雜用鋼索) seizing wire rope
잡용 보우트 jolly boat
잡용 펌프 general service pump, service pump, GS pump
잡이(握) hand grip
잡화(雜貨) general cargo
장강(張綱) guy
장국제항해(長國際航海) long international voyage
장기(長旗) pendant, pennant
장늑근재(長肋根材) long floor frame
장단늑근재(長短肋根材) long and short armed floor
장단식 늑골(長短式肋骨) long and short armed frame
장부 tenon
장부구멍 moritise
장부구멍 기계(帳簿孔機械) mortising machine
장비(裝備) install
장삭(張索) wire span (boat davit)
장삭 윈치 tension winch
장선교루(長船橋樓) long bridge

장선만력(張線萬力) draw vice, vice
장선수루(長船首樓) long forecastle, long poop
장소를 정하는 것 emplacement
장수관(張水管) flooding pipe
장수(張水) 밸브 flood valve, flooding valve
장수시험(張水試驗) flooding test
장수판(張水板) flooding board, flooding pipe
장식(裝飾) decoration
장식경판(裝飾鏡板) cartouche panel
장심비(長深比) length depth ratio
장염탄(長炎炭) long flame coaling
장용접(長鎔接) long increment
장재접수(長材接手) longitudinal seam
장출(張出) over hang
장출갑판(張出甲板) sponson deck
장출량(張出量) Out-Reach
장출마루 stern walk, balcony
장출 비임 sponson beam
장치(裝置) installation, apparatus, gear, plant, appliance, arrangement
장치용접법(長置鎔接法) increment welding
장폭비(長幅比) length breadth ratio
장해물(障害物) encumbrance
재(灰) ash
재긁기 mud rake, ash hoe
재난(災難) accident
재떨이(담배) ash tray
재료(材料) material
재료반려전표(材料返戾傳票) material return slip
재료요구전표(材料要求傳票) material order slip
재료의 회전 멈추기 lathe dog
재료치수 scantling
재생(再生)사이클 regenerated cycle
재생식(再生式)엔진 regenerated turbo-prop engine
재연실(再燃室) reheat chamber
재열계수(再熱係數) reheat factor
재열로(再熱爐) reheating furnace
재열 사이클 reheating cycle
재입급(再入級) reclassification
재제(再製) 고무 reclaimed rubber
재제선철(再製銑鐵) reclaimed pig iron
재키트수 냉각기(水冷却器) jacket water cooler
재탄구(載炭口) coal hatch, coal scuttle
재탄문(載炭門) coal port
재통(灰筒) ash shoot
재하상태(載荷狀態) loading condition
재화력(載貨力) burden, burthen
재화문(載貨門) side port, cargo port
재화문 금구(載貨門金具) cargo port fitting
재화용적(載貨容積) cubic capacity, stowage capacity, measurement capacity
재화용적톤수(載貨容積噸數) measurement tonnage

재화중량톤수(載貨重量噸數) dead weight tonnage
재화척도(載貨尺度) dead weight scale
재화톤수(載貨噸數) dead weight tonnage
재휘점(再輝點) point of recalescence
잭 스테이 jack stay
잭 스테이용 브래킷 jack stay bracket
잼 리베터 jam riveter
잼프 소기(掃氣) jamp scavenging
쟈이로 gyro
쟈이로 스코우프 gyro scope
쟈이로 스태비라이저 gyro stabilizer
쟈이로 안정기(安定器) gyro stabilizer
쟈이로 컴퍼스 gyro compass
쟈이로 컴퍼스 리피이터 gyro compass repeater
쟈이로 파일로트 gyro pilot
저(底) base, bottom
저개(底蓋) bottom cover
저개준설선(底開浚渫船) hopper dredger
저목지(貯木池) timber pond
저부의 용입(底部溶込) root penetration
저부횡재(底部橫材) bottom transverse
저선루 갑판(低船樓甲板) raised deck
저선미루(低船尾樓) sunken poop
저선미루 갑판(低船尾樓甲板) raised quarter deck
저선수루(底船首樓) sunken forecastle, monkey forecastle
저수경보기(低水警報器) low water alarm
저압(低壓) low tension, low pressure
저압 가열기(低壓加熱器) low pressure heater
저압 실린더 low pressure cylinder
저압 실린더에 환산한 상당평균압력(相當平均壓力) equivalent mean effective pressure
저압전지방식(低壓電池方式) low voltage battery
저압 터어빈 low pressure turbine
저어널 journal (shaft)
저어크 펌프 jerk pump
저온소둔(低溫燒鈍) low temperature annealing
저울에 다른 물건을 싸는 포대 tare
저원(低圓)보일러 gun boat boiler
저인망어선(底引網漁船) danish trawler, small trawler
저장(貯藏) well
저장기(貯藏器) reservoir
저장소(貯藏所) reservoir
저장장(貯藏場) storage space
저장탱크 storage tank
저조(低潮) low water
저탄소강(低炭素鋼) low carbon steel
저하(底荷) bottom cargo
저합금강(低合金鋼) low alloy steel
저항(抵抗) resistance, drag
저항계수(抵抗係數) resistance coefficient

저항 납땜 resistance brazing
저항 냉각기(抵抗冷却器) electrolyte cooler
저항선(抵抗線)스트레인 게이지 resistance wire strain gauge
저항 스위치 resistance switch
저항시험(抵抗試驗) resistance test
저항용접(抵抗鎔接) resistance welding, line welding
저항 조정기(抵抗調整器) resistance regulator
저항충접용접(抵抗衝接鎔接) resistance butt welding
저항합금(抵抗合金) resistance alloy
저항횡요(抵抗横搖) resisted rolling
저형재(底桁材) bottom girder
적개(滴蓋) drip cover
적량(積量) tonnage capacity, tonnage
적량측정(積量測定) tonnage measurement
적량 측정법(積量測定法) tonnage law
적부(積付) stowage
적부검사(積付檢査) stowage survey, loading survey
적부도(積付圖) stowage plan
적분(積分) integration
적분기(積分器) integrator
적분 묘도기(積分描圖器) integraph
적산 전력계(積算電力計) watt hour meter, integrating watt meter
적산 회전계(積算回轉計) revolution counter
적색재(赤色材) heart wood
적양도(積量圖) capacity plan
적열 유화(赤熱柔化) red shortness, hot shortness
적열취성(赤熱脆性) red shortness, hot shortness
적외광선(赤外光線) infra red ray
적재도(積載圖) stowage plan
적재량(積載量) loadage
적재중량(積載重量) dead weight capacity
적철광(赤鐵鑛) hematite
적층순서(積層順序) built sequence
적하(積荷) stowage
적하 검사증명서(積荷檢查證明書) loading certificate
적하 명세서(積荷明細書) manifest
적하항(積荷港) port of loading
적하 횡압(積荷横壓) lateral load
전강력(全强力) full strength
전개(展開) expansion
전개도(展開圖) expansion plan
전개면적(展開面積) developed area
전개면적비(展開面積比) developed area ratio
전개한다 lay out
전곡날개(前曲翼) forward curved vane
전극(電極) electrode
전극기(轉極器) reversing switch
전극(轉極)스위치 pole changing switch, reversing switch
전극(電極)팁 electrode tip
전기공(電氣工) electrician

전기공사(電氣工事) electric work
전기관계(電氣關係) electrical
전기기구(電氣器具) electric fitting
전기기사(電氣技師) electrical engineer
전기난방(電氣暖房) electric heating
전기남비 electric oven
전기도금(電氣鍍金) electro plating
전기도금한 접시종류 electro plate wares
전기도금(電氣鍍金)탱크 electric bath
전기도체(電氣導體) electric conductor
전기동(電氣銅) electrolyte copper
전기 드릴 electric hand drill
전기땜질 electric brazing
전기로(電氣爐) electric furnace
전기방열기(電氣放熱器) electric radiator
전기분동(電氣分銅) electro deposit copper
전기분해(電氣分解) electrolysis
전기 더어머스탯 electric thermostat
전기선풍기(電氣扇風機) electric fan, motor fan
전기설비(電氣設備) electrical equipment
전기속구(電氣屬具) electric fittings
전기시계(電氣時計) electric watch
전기시험(電氣試驗) electric test
전기식 표시기(電氣式標示器) electric indicator
전기 오븐 electric oven
전기용접(電氣鎔接) electric welding
전기용접방식(電氣鎔接方式) system of electric welding, type of electric welding
전기 윈드러스 electric windlass
전기 윈치 electric winch
전기자(電機子) armature
전기자 권선(電機子捲線) armature winding
전기장치(電氣裝置) electric installation
전기저항선 변형계(電氣抵抗線變形計) electric resistance wire strain gauge
전기저항용접(電氣抵抗鎔接) electric resistance welding
전기적(電氣的) electric
전기 전도율(電氣傳導率) electric conductivity
전기점화(電氣點火) electric ignition
전기점화기관(電氣點火機關) electric ignition engine
전기조타기(電氣操舵機) electric steering engine
전기조타장치(電氣操舵裝置) electrical steering system
전기철심(電機鐵心) armature core
전기추진(電氣推進) electric propulsion
전기측정기(電氣測定機) electric log
전기코일 armature coil
전기회로(電氣回路) electric circuit
전단(剪斷) shear, nose
전단격벽(前端隔壁) front bulkhead
전단기(剪斷機) shear
전단 늦음 shear lag

전단력(剪斷力) shearing force
전단면율(剪斷面率) percent shear
전단응력(剪斷應力) shearing stress
전단 탄성계수(剪斷彈性係數) modulus of rigidity
전달마력(傳達馬力) delivered horse power
전달장치(傳達裝置) transmission gear
전도(傳導) transmission, conduction
전도(轉倒)멈추기 브래킷 tripping bracket
전도방지(轉倒防止) 브래킷 through bracket
전도성(傳導性) conductivity
전도장치(傳導裝置) transmission gear, gearing
전도효율(傳導効率) transmission efficiency
전동기(電動機) motor
전동기 시동장치(電動機始動裝置) motor starter
전동기용 연료(電動機用燃料) motor spirit
전동기의 틈 spider of motor
전동발전기(電動發電機) electric motor generator, motor generator
전동송풍기(電動送風機) motor fan
전동유압 조타기(電動油壓操舵機) electro hydraulic steering system
전동유압 조타장치(電動油壓操舵裝置) hydro electric steering gear
전동 윈드러스 electric windlass
전동 윈치 electric winch
전동 타취기(電動舵取機) ward Leonard system
전등(電燈) electric light
전력(全力) full power
전력계(電力計) watt meter
전력 시운전(全力試運轉) full power trial
전력후퇴(全力後退) crash back
전령(電鈴) trembling bell, electric bell
전령기(傳令器) telegraph
전령(電鈴)코일 trembler coil
전로(轉爐) bessemer converter, converter
전로강(轉爐鋼) converter steel, bessemer steel
전로강(電爐鋼) electric steel
전로개폐점화(電路開閉點火) make and break ignition, hammer spark ignition
전로배선도 electric wiring plan
전로접속함(電路接續函) junction box
전로포설(電路布設) wiring
전류계(電流計) ammeter, amper meter, galvanometer
전류단위(電流單位, 암페어) Ampere
전류의 늦음 lagging current
전류의 흐름 lead current
전면 구석살용접(前面隅肉鎔接) fillet weld in normal shear, front fillet weld
전면면적(前面面積) frontal area
전면을 방위한 배전반(配電盤) dead front switchboard

전면저항(前面抵抗) head resistance
전면 필렛용접 전단시험(鎔接剪斷試驗) transverse shearing test
전방(前方) ahead, fore, front, forward
전범(前帆) fore sail
전복(轉覆)모우먼트 upsetting moment
전봉용접(電縫鎔接) sewing welding
전부관 분지부(前部管分支部) front header
전부관(前部管)헤더 front header
전부 마스트 fore mast
전부 선창(前部船艙) fore hold
전부 선체(前部船體) fore body
전부 스테이 fore stay
전(全)사이클 complete cycle
전상승(全上昇) 밸브 full lift valve
전선도판(電線導板) electric lead
전성관(傳聲管) speaking tube, voice tube
전성기(傳聲器) speaking trumpet, megaphone
전속(全速) full speed
전손실(全損失) total loss
전송(傳送) transmission
전송(轉送)한다 transfer
전식(電蝕) electrolytic corrosion, galvanic corrosion
전식작용(電蝕作用) galvanic action
전신철물(展伸鐵物) expanded metal
전심(轉心) pivoting point
전압(全壓) total pressure, full pressure
전압강하(電壓降下) voltage drop
전압계(電壓計) volt meter
전압력(全壓力) full pressure
전압 변동율(電壓變動率) voltage regulation
전압 조정기(電壓調整器) voltage regulator
전압 회복시간(電壓回復時間) time of recovery
전양정(全揚程) total head
전연(前緣) leading edge
전열기(電熱器) electric heater
전열면(傳熱面) heating surface
전열식 열교환기(傳熱式熱交換器) recuperative heat exchanger
전염병실(傳染病室) infectious hospital, lazaret, lazaretto
전용(專用) appropriation
전용착 금속시험편(全溶着金屬試驗片) all weld metal test specimen
전원면적(全圓面積) disc area
전(栓)으로 제지(制止)된 상부 마스트 fidded top mast
전임검사원(專任檢查員) exclusive surveyer
전자관(電子管)트레이서 electronic tracer
전자 브레이크(電磁制動) electro magnetic brake
전자석(電磁石) electro magnet
전자접수(電子接手) electro magnetic coupling
전자 크레인 magnet crane
전장(全長) extreme length, length over all, over all length

전저항(全抵抗) total resistance
전주(前柱) front column
전주 역전장치(全周逆轉裝置)all round reversing gear
전지(電池) battery, cell
전지의 액체용기(液體容器) tray battery
전진(前進) go ahead, advance, ahead
전진각(前進角) angle of advance
전진계수(前進係數) advance constant
전진단(前進段) ahead stage
전진 더밍 ahead dumming
전진(후진) 배기 캠 ahead (astern) exhaust cam
전진력(前進力) ahead power
전진배기(前進排氣)캠 ahead exhaust cam
전진분사(前進噴射)캠 ahead injection cam
전진 블록법 progressive block method
전진속도(前進速度) advanced speed
전진시기(前進時期) advanced timing
전진용접(前進鎔接)캠 forward welding
전진점화(前進點火)캠 ahead ignition cam
전진 캠 ahead cam
전진 터어빈 ahead turbine
전창(前艙) fore hold
전치차식(全齒車式) all gear system
전통(全通)비임 through beam
전통 선루선(全通船樓船) complete super-structure vessel
전통(全通)하지 않는 비임 half beam
전파발사기지(電波發射基地) transponder racon
전파 방위계(電波方位計) goniometer
전파 방위의(電波方位儀) radio compass, wireless direction finder
전파 오차수정(電波誤差修正) sector of calibration
전파 항법(電波航法) electronic navigation, radio navigation
전평형타(全平衡舵) full balanced rudder
전폭(全幅) extreme breadth, breadth extreme
전표(傳票) slip
전하중(全荷重) full load
전해식 냉각기(電解式冷却器) electrolyte cooler
전해액(電解液) electrolyte
전해질(電解質) electrolyte
전향각도(轉向角度) deflection angle
전화부(電話付)부이 telephone buoy
전환기(轉換機) commutator
전회전(全回轉) hard over
전후 구석살용접(全厚隅肉鎔接) full fillet weld
전후 용입용접(全厚鎔込鎔接) full depth welding
절(節) node
절각(折角) knuckle
절결봉시험(切缺棒試驗) notched bar test
절결활차(切缺滑車) snatch block

절구(折口) fracture
절구동(節驅動) nodal drive
절단방법(切斷方法) cutting process
절단염(切斷炎) cutting flame
절단주변(切斷周邊) cutting edge
절단 토오치 cutting blow pipe, cutting torch
절단한 자국(切斷跡) kerf
절단화구(切斷火口) cutting tip
절대속도(絕對速度) absolute velocity
절대압력(絕對壓力) absolute pressure
절대온도(絕對溫度) absolute temperature, specific humidity
절대적(絕對的) absolute
절발공(切拔孔) trepan plug hole
절발공(切拔孔)을 막는 방법 closing of trepanned hole
절삭기(切削機) chipper
절연(絕緣) insulate, insulation
절연내력(絕緣耐力) dielectric strength of insulation
절연내력시험(絕緣耐力試驗) dielectric test
절연된 계자권선(絕緣界磁捲線) insulated filed winding
절연시험(絕緣試驗) insulation test
절연재료(絕緣材料) insulating material
절연저항(絕緣抵抗) insulation resistance
절연저항시험(絕緣抵抗試驗) insulation resistance test
절입(切込) under cut
절입 거어더 slotted girder
절입 웨브 slotted web
절입탄(切込炭) run of mine coal
절입 현도장(切込現圖場) scrive,scribe board
절입형재(切込桁材) slotted girder
절점(節點) nodal point
절취(切取) snipping off, snapping
절취공구(切取工具) gullet
절혈(切穴) slot, notch
절환(切換)밸브 change over valve
절환 콕 switch cock
점결탄(粘結炭) caking coal
점도(粘度) viscosity
점도계(粘度計) viscosimeter, viscometer
점선(點線) dotted line
점성(粘性) viscosity, plasticity
점성 강도계(粘性强度計) toughness tester
점성계수(粘性係數) coefficient of viscosity
점성의 세기(粘性强度) tenacity, toughness
점식(點蝕) pitting corrosion
점용접(點鎔接) spot welding
점증속력(漸增速力) increasing speed
점증 피치 increasing pitch
점진(漸進)블록법 progressive block method
점진블록 용접(鎔接) progressive block welding
점퍼 로커 jumper locker
점퍼 스테이 jumper stay
점화(點火) ignition

점화기(點火器) igniter
점화성(點火性) ignitability
점화순서(點火順序) firing order
점화조절(點火調節) 밸브 timing valve, timer valve
점화 지연(點火遲延) ignition lag
점화 캠 ignitor cam
점화 플러그 ignition plug, spark plug
접근(接近) access
접근속도(接近速度) approach speed
접근용이(接近容易) accessibility
접근통로(接近通路) access hole
접는 보우트 collapsible boat
접는 의자 folding chair
접면(接面) facing surface, faying surface
접선방향의 응력(接線方向應力) tangential stress
접선응력(接線應力) tangential stress
접선 접속좌(接線接續座) plug and socket
접속(接續) 더미 contact dummy, facial dummy
접속봉(接續棒) connecting rod
접속부가 없는 관(接續部無管) drawn tube, solid drawn tube, seamless tube
접속용(接續用)벤드 connecting bend
접속위치(接續位置) on-position
접수(接手) joint, coupling
접수대(接受臺) counter
접수 보울트 coupling bolt
접수 보울트 압입기(押込機) coupling bolt forcer
접수쇄(接手鎖) joining chain shackle
접수순서(接手順序) joint sequence
접수효율(接手効率) joint efficient
접수 플랜지 coupling flange
접시 table plate, tray
접시 리벳 countersink rivet
접시 선반 plate rack
접시 씻는 기계(皿洗機) dish washing machine
접시 저울 weighing table
접시형 경판(鏡板) bumped head, dished head (boiler), dished end plate
접시형 두(皿形頭)리벳 flush head rivet
접어펴기 세면대(洗面臺) folding lavatory
접점(接點) contact
접지(接地) earth, ground
접지경보기(接地警報器) ground detector alarm, ground indicator
접지의 극성(極性) polarity of ground
접착제(接着劑) glue
접촉각(接觸角) angle of encounter
접촉기(接觸器) contactor
접촉 더미 facial dummy, contact dummy
접촉면(接觸面) contact segment
접촉봉(接觸棒) contact bar
접촉장치(接觸裝置) contact maker
접촉 턱 contact jaw
접촉형(接觸型) contact type
접편(接片) armature

접합(接合) facing up
정(鋌) rivet
정격(定格) rating
정격부하 온도 조정시험(調整試驗) regulation test at operating temperature
정격속도(定格速度) rated speed
정격속력(定格速力) rate speed
정격전류치(定格電流值) neutral rating
정격출력(定格出力) rated out put
정극성(正極性) straight polarity
정기검사(定期檢査) special survey, periodical survey
정기선(定期船) mail steamer, mail, packet boat
정기용선(定期傭船) time charter
정늑골재(正肋骨材) main frame
정량분석(定量分析) quantitative analysis
정류(整流) commutation
정류극(整流極) communicating pole
정류 복수기(整流復水器) uniflux condenser
정류자(整流子) commutator
정류자 전동기(整流子電動機) commutator motor
정류판(整流板) current plate, arrange
정리(整理) lay out
정면도(正面圖) front elevation
정면반(正面盤) face lathe
정면선도(正面線圖) body plan
정면선반(正面旋盤) face lathe
정면저항(正面抵抗) head resistance
정묘한(精妙) fine
정미상판(艇尾床板) stern seat
정밀도(精密度) accuracy
정밀 비중계(精密比重計) sensible hydrometer
정박구(碇泊球) anchor ball
정박등 anchor lamp, anchor light
정박료(碇泊料) anchorage
정박용구(碇泊用具) ground tackle
정박지(停泊地) roadstead
정반(定盤) surface plate, surface table
정부(頂部) crown
정부간격(頂部間隔) top off
정부간 해사협의기관(政府間海事協議機關) I.M.C.O. inter-governmental maritime consulative organization
정부 손잡이 top rail
정부외판(頂部外板) top plating
정부용재(頂部用材) top member
정삭(靜索) standing rigging
정상(正常) normal
정상상태(定常狀態) steady state
정상선회(定常旋回) steady turning
정상파(定常波) stationary wave, standing wave
정선료(停船料) demurrage
정성분석(定性分析) qualitative analysis
정수압(靜水壓) hydrostatic pressure
정수압 시험(靜水壓試驗) hydrostatic test

정수함수(整數函數) rational function
정수항로(靜水航路) still water service
정시검사(定時檢査) periodical survey
정압비열(定壓比熱) specific heat at constant pressure
정압 사이클 constant pressure cycle
정압비(靜壓比) static pressure ratio
정열(整列) abreast
정온(定溫)사이클 constant temperature cycle
정용적(定容積) constant volume cycle
정의(定義) definition
정익(靜翼) guide bucket, guide blade, guide vane
정장(艇長) coxswain
정장력(定張力)윈치 constant tension winch
정장좌석(艇長座席) head seat, fore seat, dicky, dickey
정적(靜的) fix
정적 복원력(靜的復原力) statical stability
정적비열(定積比熱) specific heat at constant volume
정적(靜的) 사이클 constant volume cycle
정적시험(靜的試驗) static test
정적평형(靜的平衡) statical balancing
정적 평형법(靜的平衡法) statical balancing
정전력 용접기(定電力鎔接機) constant energy welding machine
정전류 용접기(靜電流鎔接機) constant current welding machine
정전압(定電壓)용접기 constant voltage welding machine
정점 관측선(定點觀測船) ocean weather ship
정정도(訂正圖) amendment plan
정지(靜止) stop, stopper
정지각(靜止角) loll
정지거리(停止距離) stopping distance
정지(停止) 밸브 stop valve
정지 연료 소비량(靜止燃料消費量) static fuel consumption
정찰정(偵察艇) scout
정치용접기(定置鎔接機) stationary welding machine
정크선(船) junk
정풍기(整風機) air register
정(正)피치 normal pitch
정하중(靜荷重) static load
정형용 압금(整形用押金) fairing strong back
정화(淨化)탱크 settling tank, renovating tank
정활(正滑)밸브 normal slide valve, slide valve box, casing, chest
젖빛 유리(乳色硝子) opaque glass
젖은 식료품(食料品) wet provision
젖힘〔反(프로펠러 날개)〕 set back
제강소(製鋼所) steel works
제거 코온 seger cone
제기계 배치도(諸機械配置圖) seating arrangement
제도(製圖) drawing

제도공(製圖工) draught man
제도대(製圖臺) drawing table
제도실(製圖室) drawing office
제동마력(制動馬力) brake horse power
제동쇄(制動鎖) drag chain
제동 체인 drag chain
제로 중심전류계(中心電流計) zero center ammeter
제범공장(製帆工場) sail loft
제빙기(製氷機) ice making machinery, ice machine, ice engine
제빙능력(製氷能力) ice making capacity
제빙탱크 ice tank
제 3 갑판(第三甲板) third deck
제쇄기(制鎖器) compressor
제수격벽(制水隔壁) swash plate bulkhead, wash plate bulkhead, wash bulkhead
제수판(制水板) swash plate, wash plate
제어기(制御器) controller
제어장치(制御裝置) control equipment
제 2 갑판(第二甲板) main deck, second deck
제이(J)형 그루우브 J groove
제일수(第一數) first framing or transverse number, first number
제 1 중압(第一中壓)실린더 first intermediate cylinder
제작도(製作圖) working drawing
제재공장(製材工場) saw mill
제조검사(製造檢査) inspection after construction
제조기일(製造期日) date of built
제조자 발행증명서(製造者發行證明書) marker's certificate
제조 중 검사(製造中檢査) inspection during construction
제조 중 선급검사(製造中船級檢査) classification survey during (under) construction
제조 후 선급검사(製造後船級檢査) classification survey after construction
제지골재(制止骨材) fiddle
제지 너트 check nut
제지(制止) 로우프 check rope
제지 마개 cotter pin
제지 보울트 check bolt
제지 지주(制止支柱) dagger, dog shore
제지 콕 stop cock
제지판(制止板) check plate
제지 핀 check pin
제진 산형재(制塵山形材) dust collar angle
제출(提出)하다 submit (to)
제트 드러스트 jet thrust
제트 복수기(復水器) jet condenser
제트 분사복수기(噴射復水器) jet condenser
제트 추진(推進) jet propulsion
제트 펌프 jet pump
제트 프로펠러 hydraulic propeller, jet propeller
제트형재(Z形材) Z bar

제한(制限)링 restrained packing ring, limit ring, check ring
제한부 항로(制限付航路) limited service
제한수로(制限水路) restricted water
제형(悌形)나사 trapezoidal thread
조(組) gang
조(條) strake, streak
조각기계(彫刻機械) mincing machine
조각으로 내장한 것 cargo batten, hold batten
조강(吊綱) lift, elevator, topping lift
조개 삿갓 barnacle
조기기사(造機技師) marine engineer
조기수(操機手) oiler
조기점화(早期點火) pre-ignition, premature ignition
조난선(遭難船) ship wreck
조난신호(遭難信號) distress signal, S.O.S
조난통보(遭難通報) distress message
조도(照度) illumination
조류(潮流) tidal current
조류신호(潮流信號) tide signal
조류신호소(潮流信號所) tide signal station
조류표(潮流標)부이 tide indicating buoy
조리개 작용(絞作用) wire drawing
조리대(調理臺) dresser, dressing table, chopping board, galley dresser
조리도구(調理道具) cooking utensil
조리실(調理室) galley
조립(粗粒) coarse grain, built up, assembly
조립골재(組立骨材) built stern frame
조립공(組立工) erection man
조립기관(組立機關) combination machinery
조립늑판(組立肋板) skeleton floor, open floor, bracket floor
조립 마스트 built mast, made mast
조립 비임 compound beam, built beam
조립선(組立船) fabricated ship
조립식 터어빈 combination turbine
조립 크랭크 built crank, built up crank
조립 프레임 built frame
조립 프로어 bracket floor, open floor, skeleton floor
조립 프로펠러 built up propeller, built propeller
조립하다 assemble
조립활차(組立滑車) built block, made block
조명(照明) illumination
조상장치(吊上裝置) lift gear
조석표(潮汐表) tide table
조선(造船) shipbuilding
조선기사(造船技師) constructor
조선기하화법(造船幾何畵法) laying off
조선대(造船臺) building berth, building slip

조선번호(造船番號) hull number, yard number, ship number
조선소(造船所) ship yard, shipbuilding yard, shipbuilder, building yard, dockyard
조선학(造船學) naval architecture
조속기(調速機) governor
조속기붙이 조절축(調節軸) governor controlled shaft, governor controller shaft
조속기용 전동기(調速機用電動機) governor motor
조속기 장치(調速機裝置) governor gear
조수(助手) assistant
조습(調濕) humidistat
조압(調壓)링 relief frame, relief ring
조여서 붙인 내장 close ceiling
조열강(調熱鋼) heat treated steel
조와저항(造渦抵抗) eddy making resistance
조우주기(遭遇周期) period of encounter
조이는 금구(金具) binding strip, binding wire
조인 내장(內張) close ceiling
조임 cut off
조임(絞)과 컷 오프 조속(調速) throttle and cut-off governing
조임(絞) 밸브 cut-off valve, throttle valve
조임상자(箱子) cut out box
조임장치(裝置) cut out gear
조임조속(絞調速) throttle governing
조절벽판(調節壁板) baffle board, baffle plate
조절(調節)플랜저 governing plunger
조점화(早點火) pre-ignition, premature ignition
조정 가능(調整可能) adjustable
조정기(調整器) regulator
조정나사 stretching screw, adjusting screw
조정 드러스트 축수 adjustable thrust block
조정(調整) 밸브 regulating valve, adjusting valve
조정밸브 인양장치(引揚裝置) valve lift adjusting gear
조정 베어링 adjustable bearing
조정선단(調整先端) adjustable toe piece, adjustable cam
조정식(調整式) 발끝 adjustable toe piece
조정장치(調整裝置) link adjusting gear, adjustable gear, adjustable device
조정축수(調整軸受) adjustable bearing, adjusting block
조정편심기(調整偏心器) adjustable eccentric
조종대(操縱臺) maneuvering platform
조종(操縱)밸브 maneuvering valve, controlling valve
조종(操縱)밸브 박스 control valve box

조종상자(操縱箱子) controlling box, manoeuvering box
조종성(操縱性) maneuvability
조종용 공기(操縱用空氣) manoeuvering air
조종용 공기압축기(操縱用空氣壓縮機) maneuvering air compressor
조종용 공기저장기(操縱用空氣貯藏器) maneuvering reservoir
조종용 공기조(操縱用空氣槽) maneuvering air reservoir
조종원(操縱元) 밸브 advanced starting valve
조종장치(操縱裝置) controlling gear, manoeuvering gear
조종하다 check, adjusting
조직(組織) structure
조직도(組織圖) schematic plan
조차(潮差) change of tide
조타각(操舵角) helm, helm angle, rudder angle
조타기(操舵機) steering engine
조타장치(操舵裝置) steering apparatus, steering gear, steering arrangement, rudder gear
조타 컴퍼스(操舵羅針儀) steering compass
조타 호령(操舵號令) helm order
조파장(造波長) wave making length
조파 유효마력(造波有效馬力) wave borse power
조파저항(造波抵抗) wave making resistance
조풍저항(造風抵抗) windage resistance, fan resistance
조합가열기(組合加熱器) combination heater
조합기관(組合機關) combination machinery
조합 보일러 sectional boiler
조합식(組合式) combination system
조합응력(組合應力) combined stress, compound stress
조합 충동(組合衝動)터어빈 combined impulse turbine
조합 파이프 헤더 sectional header
조형기(造型機) molding machine
조화곡선도(調和曲線圖) harmonic diagram
조화운동(調和運動) harmonic motion
졸라매는 장치 battening arrangement
졸리 jolly boat
좀도둑 pilferage
종강력(縱强力) longitudinal strength
종(鐘)걸이 belfry
종격벽(縱隔壁) longitudinal bulkhead
종굴곡(縱屈曲) longitudinal bending
종늑골(縱肋骨) longitudinal framing
종려제(棕櫚製)매트 coir mat
종 메터센터 longitudinal metacenter
종방향 부력중심(縱方向浮力中心) longitudinal center of buoyancy
종방향 종재(縱方向縱材)longitudinal
종범(縱帆) fore and aft sail
종범장치(縱帆裝置) fore and aft rigged

종부재(縱部材) longitudinal member
종식 구조(縱式構造) longitudinal system
종안정성(縱安定性) longitudinal stability
종압(終壓) terminal pressure
종압시험(縱壓試驗) dump test
종연(縱緣) landing edge, longitudinal seam, seam
종연 이음 longitudinal seam, longitudinal joint
종요주기(縱搖周期) period of pitching
종유(種油) colza oil, rape seed oil
종이를 감은 케이블 paper insulated cable
종재(縱材) stringer, fore and aft runner
종접수(縱接手) landing edge, longitudinal seam
종진동(縱振動) longitudinal vibration
종축(縱軸) vertical axis
종타(縱舵) steering rudder
종통재(縱通材) longitudinal stringer
종프레임 조립법(組立法) isherwood system
종합 온도상승(綜合溫度上昇) over all temperature rise
종합특성(綜合特性) over all characteristic
종합효율(綜合効率) over all efficiency, combined efficiency
종형기적(鐘形汽笛) bell whistle
종횡비(縱橫比) aspect ratio
좌금(座金) rove
좌석용(座席用)이불 재료(材料) upholstery
좌석용 횡직(橫織) carriage repp
좌연(左撚) left hand lay
좌절(座折) buckle
좌초(座礁) grounding, aground
좌표(座標) coordinate
좌현(左舷) port
좌현 대앵커(左舷大錨) second bower, small bower, port bower
좌현등(左舷燈) red side light
좌현홍등(左舷紅燈) red side light
좌환(座環) seating ring
좌회전(左回轉)프로펠러 left handed propeller
주간 신호등(晝間信號燈) daylight, signaling light
주갑판(主甲板) main deck
주강(鑄鋼) cast steel
주강품(鑄鋼品) steel casting
주격벽(主隔壁) main bulkhead
주계관(主計官) pay master
주공(主控) main stay
주공재(主控材) main stay
주관(主管) main pipe
주교(舟橋) pontoon bridge
주국(主局) master station
주 급수 역지(主給水逆止)밸브 main feed check valve
주기(主機) main engine
주기(周期) period
주기관(主機關) main engine

주기 배기(主機排氣) main exhaust
주낙 어선(漁船) troller
주대치차(主大齒車) main gear wheel
주된 main
주드레인 파이프 main drain pipe
주란(柱欄) column
주름펴는 기계(機械) plate mangle, plate straightener
주마스트 main mast
주묘(走錨)하다 to drag anchor
주물(鑄物) casting, cast
주물자(鑄物尺) shrinkage rule, shrinkage scale
주물장(鑄物場) foundry
주물형(鑄物型) mould, mold
주방장(厨房長) head steward, chief steward
주배수장치도(注排水裝置圖) pumping plan, drainage plan
주밸브 master valve
주(主)베어링 main bearing
주보일러 main boiler
주복수기(主復水器) main condenser
주분사(主噴射)밸브 main injection valve
주사(注射) injection
주사(走査)안테나 scanner, scanning
주석 도금시험(錫鍍金試驗) tinning test
주속도(周速度) peripheral velocity
주수구(注水具) syringe
주수시험(注水試驗) hose test
주수직 구역(主垂直區域) main vertical zone
주 스위치 main switch
주스톱(主停止)밸브 main stop valve
주시동(主始動)밸브 main starting valve
주역지(主逆止)밸브 main feed check valve
주연(周緣)을 끊어낸 거울 bevelled glass, bevelled mirror
주요(主要)치수 principal dimensions
주요항목(主要項目) principal particulars
수용 측정기(手用測程器) hand log
주위 산형재(周圍山形材) boundary angle
주위(周圍)시임 circumferential seam, circumferential joint
주위온도(周圍溫度) ambient temperature
주위의 틈사이 boiler clearance
주유공(注油工) greaser
주유구(注油具) syringe, oil syringe, oil pan
주유구(注油口) oil feeder, oil filling port
주유기(注油器) lubricator, oil syringe
주유 링 ring lubricator, ring oiler
주응력(主應力) principal stress
주의(注意) advice
주의를 요하는 밸브 alarm valve
주(洲)의 상단(上端)에 있는 부이 upper end buoy
주입관(注入管) filling pipe
주접수(周接手) circumferential joint, circumferential seam

주조공장(鑄造工場) iron foundry
주증기(主蒸氣) main steam
주증기관(主蒸氣管)main steam pipe m.s.p.
주지(主止)밸브 main stop valve
주지주(主支柱) main stay
주창구(主艙口) main hatchway
주철(鑄鐵) cast iron
주철장(鑄鐵場) iron foundry
주축(主軸) main shaft, principal axis
주축수(主軸受) main bearing
주출 시험편(鑄出試驗片) coupon
주치차(主齒車) main wheel
주컴퍼스(主羅針儀) mother compass
주 콕 master cock
주타(主舵) main rudder
주터어빈 main turbine
주파계(周波計) frequency meter
주파수(周波數) frequency
주파수 변조(周波數變調) frequency modulation
주파수 변환기(周波數變換機) frequency changer
주(主)프레임 main frame
주(主)피치 circumferential pitch, circular pitch
주해수(主海水)밸브 sea injection valve, main injection valve
주행(走行)크레인 traveling crane
주형(柱形) pilaster
주형(鑄型) mold, mould
주형계수(柱形係數) longitudinal coefficient, prismatic coefficient
주형공(鑄型工) molder
죽순형(竹荀型) 스프링 volute spring
죽음(死亡) dead
준강(準鋼) semi-steel
준비(準備) stand by
준사관(准士官) warrant officer
준설선(浚渫船) dredger
준추진계수(準推進係數) quasi prapulsive coefficient
줄감기 serve
줄감기 윈치 warping winch
줄감기 판(板) serving board
줄감기 해머 serving mallet
줄 당기는 나사 turnbuckle
줄 멈추기 jack stay
줄 브러시 file brush, file card
줄 사다리 ratline, ratlin, ratling, jacob's ladder, rope ladder, jack ladder
줄어듬 shrinkage
줄을 꼬는 방법(方法) lay
줄임줄 brail
줄자(尺) tape line, measure
줄톱(糸鋸) file, band saw
줄톱 브러시 file brush, file card
줄 패킹 rope yarn packing
중간(中間) intermediate
중간 검사(中間檢査) intermediate inspection, intermediate survey, annual survey
중간 냉각기(中間冷却器) inter cooler
중간 늑골(中間肋骨) futtock
중간 누발(中間漏拔) intermediate leak off

중간 베어링 plumber block
중간 복수기(中間復水器) inter condenser
중간 비임 intermediate beam
중간 스톱(中間停止)밸브 intermediate stop valve
중간이 가는 노즐 convergent divergent nozzle
중간익좌(中間翼座) intermediate back
중간제지(中間制止)밸브 intermediate stop valve
중간차(中間車) cock wheel, idle wheel, idler
중간 축(中間軸) intermediate shaft, intermediate tunnel shaft, intermediate shaft
중간축수(中間軸受) tunnel shaft bearing, plumber block, plumber block, intermediate shaft bearing
중간 축수대(中間軸受台) tunnel stool
중간 프레임 intermediate frame
중갑판(中甲板) tween deck
중갑판선(重甲板船) heavy deck vessel
중개차(仲介車) cock wheel, idle wheel, idler
중개축(仲介軸) counter shaft
중고 구석살 용접(中高隅肉鎔接) convex fillet welding
중고(中高)볼록렌즈 convex lens
중공축(中空軸) hollow shaft
중공 필러 hollow pillar
중공 활차(中孔滑車) heart
중구선(重構船) heavy deck vessel, full scantling vessel
중단(中斷) discontinuity
중두선(重頭船) tender, crank vessel, top heavy vessel
중량곡선(重量曲線) weight curve
중량과 용적 weight and capacity
중량구분(重量區分) itemize of weight
중량물(重量物)데릭 heavy derrick
중량톤(重量噸) weight ton
중량화물(重量貨物) heavy cargo, dead weight cargo
중력(重力) gravity
중력 가속도(重力加速度) gravitational acceleration
중력 다빗 gravity davit
중력 탱크 gravity tank
중력파(重力波) gravity wave
중력형(重力型)다빗 gravity davit
중립 축(中立軸) neutral axis
중(中)마스트 middle mast
중목재(重木材) heavy wood
중부 상갑판(中部上甲板) waist deck
중성(中性) neutral
중성극 과전류계전기(中性極過電流繼電器) neutral over-current relay
중성 불꽃(中性炎) neutral flame
중성 축(中性軸) neutral axis
중성 평형(中性平衡) neutral equilibrium
중세(中細)노즐 divergent nozzle
중실 로우터 solid rotor, solid shaft rotor

중실 축(中實軸) solid shaft
중실 필러 solid pillar
중심(中心) centre, center
중심(重心) center of gravity
중심선 격벽(中心線隔壁) center line bulkhead
중심선 관통판(中心線貫通板) center line through plate
중심선 구획(中心線區劃) center division
중심선 내장판(中心線內張板) center line strake
중심선 키일손 center line keelson
중심선 형재(中心線桁材) center girder
중심선 횡단면(中心線橫斷面) central lateral plane
중심을 내는 것 centering
중심을 내는 정규(定規)center square
중심을 맞추는 것 alignment
중압(中壓)실린더 intermediate cylinder, intermediate pressure cylinder
중압 터어빈 intermediate pressure turbine
중앙(中央) middle
중앙난방식(中央暖房式) central calorifier system, central heating system
중앙단면적(中央斷面積) area midship section
중앙 로(中央爐) center furnace
중앙 마스트 middle mast
중앙부(中央部) middle body
중앙부 갑판실(中央部甲板室) midship house
중앙부 늑골(中央部肋骨) midship frame
중앙부 대갑판실(中央部大甲板室) citadel deck house
중앙부 상갑판 waist deck
중앙 프레임 midship frame
중앙 원동소(中央原動所) central power station
중앙 축(中央軸) center shaft
중앙 횡단면 계수(中央橫斷面係數) midship coefficient
중앙 횡단면도(中央橫斷面圖) midship section
중 앵커(中錨) stream anchor
중용접(重鎔接) heavy welding, full welding
중유(重油) heavy oil
중유기관(重油機關) heavy oil engine
중자사(中子砂) core sand
중자선(中子線) core plug
중재(仲裁) arbitration
중접수(重接手) lap joint
중층법(重層法) multiple layer process
중합횡연(重合橫緣) lapped butt
쥐색 선철(銑鐵) gray pig iron
쥐의 해(害) rodent
증가저항(增加抵抗) augmented resistance
증곡(蒸曲)프레임 bent frame
증기(蒸氣) steam, vapour, vapor
증기 가열관(蒸氣加熱管) steam heating pipe, steam heating tube

증기 가열기(蒸氣加熱器) steam heater
증기 가열(蒸氣加熱)코일 steam heating coil
증기고갈(蒸氣枯渴) steam seasoning
증기관(蒸氣管) steam pipe
증기구(蒸氣口) steam port
증기기관(蒸氣機關) steam engine
증기기관(蒸氣機關)을 갖춘 틸러 steam tiller
증기 난방기(蒸氣暖房器) steam heater
증기 내관(蒸氣內管) internal steam pipe
증기 도옴 steam dome
증기 드럼 steam drum
증기(蒸氣)로서 굽혀놓은 프레임 bent frame
증기 미터 steam meter
증기 밀(蒸氣密) steam tight, vapor tight
증기 발생기(蒸氣發生器) steam generator
증기 발생 방지관(蒸氣發生防止管) anti-priming pipe
증기 방열기(蒸氣放熱器) steam radiator
증기 보일러 steam boiler
증기부하(蒸氣負荷) steam load
증기분사(蒸氣噴射) steam blast
증기 사이렌 steam siren, steam syren
증기 성질(蒸氣性質) quality of steam
증기 세정(蒸氣洗淨) steaming
증기 소냉(蒸氣燒冷) steam annealing
증기 소비량(蒸氣消費量) steam consumption
증기 소비율(蒸氣消費率) water rate
증기 소화장치(蒸氣消火裝置) steam smothering system, smothering arrangement
증기 솥 steam oven
증기 스페이스 steam space
증기시험(蒸氣試驗) steam test
증기실(蒸氣室) steam chest
증기 실린더 steam cylinder
증기압(蒸氣壓) steam pressure
증기 압력계(蒸氣壓力計) steam pressure gauge
증기 어큐물레이터 steam accumulator
증기 열량계(蒸氣熱量計) steam calorimeter
증기 요트 steam yacht
증기 윈드러스 steam windlass
증기 윈치 steam winch
증기 재킷 steam jacket
증기정(蒸氣艇) steam launch
증기집적(蒸氣集積) steam collector
증기찌기 steaming
증기 축적기(蒸氣蓄積器) steam accumulator
증기 케틀 steam kettle
증기 타취장치(蒸氣舵取裝置) steam steering system
증기 터어빈 steam turbine
증기 트랩 steam trap
증기 틸러 steam tiller
증기 패킹 steam gland
증기 패킹 눌림 steam gland
증기 해머 steam hammer

증류기(蒸溜器) distiller
증류 복수기(蒸溜復水器) distilled condenser
증류수(蒸溜水) distilled water
증류수 공급선(蒸溜水供給船) distilling ship
증류장치(蒸溜裝置) distilling plant, distilled plant
증명서(證明書) certificate
증발(蒸發) vaporization, evaporation
증발계수(蒸發係數) evaporative factor, factor of evaporation
증발관(蒸發管) generating tube
증발기(蒸發器) vaporizer, evaporator
증발당량(蒸發當量) equivalent evaporation
증발력(蒸發力) evaporative power
증발실(蒸發室) vaporizer chamber
증발용량(蒸發容量) evaporative capacity
증서(證書) certificate
증폭(增幅) amplitude
증폭기(增幅器) amplifier
지각형 교각(支脚形橋脚) trestle type column
지권(紙捲)케이블 paper insulated cable
지그 jig
지그 마스트 jigger mast
지그재그 배치(配置) staggered arrangement, zigzag arrangement
지그재그 관배치(管配置) staggered tube layout
지그재그 단속용접(斷續鎔接) zigzag weld, intermittent weld
지그재그 단속(斷續)필렛 용접(鎔接) staggered intermittent fillet welding
지그재그 리벳잠그기 staggered riveting, zigzag riveting
지나친 평형(平衡) over balance
지단(止端) toe
지레 lever
지레비(比) lever ratio, leverage
지레식 안전(安全)밸브 lever safety valve
지렛대 dog, crow-bar
지령(指令) recommend, recommendation
지면효과기(地面効果機) G.E.M. ground effect machine
지분항법(地分航法) geo-navigation
지불(支拂) pay
지브 jib
지브 부움 jib boom, flying boom, flying jib boom
지브 스테이 jib stay
지브 지삭(支索) jib stay
지브 크레인 jib crane
지상조립(地上組立) pre-fabrication
지선공사(地線工事) earth connection
지속전파(持續電波) continuous wave, CW
지시기(指示器) indicator
지시 드러스트 indicated thrust, measured thrust
지시마력(指示馬力) indicated horse power, IHP

지시 유효압력(指示有効壓力) indicated mean effective pressure
지시추력(指示推力) indicated thrust, measured thrust
지엠곡선(GM曲線) metacentric diagram
지연발생(遲延發生) after generation
지우개 eraser
지장물(支障物) retarder
지점(支點) fulcrum
지점축(支點軸) rocker fulcrum, rocking lever shaft, fulcrum shaft
지정(指定) designation, assignment
지정항(指定港) designation
지주(支柱) stay, shore
지주관(支柱管) stay tube, tube stay
지지강(支持綱) wire guy
지지량(支持梁) strut beam
지지 보울트 stay bolt
지지봉(支持棒) tie bar, tie rod
지지압(支持壓) bearing pressure
지지재(支持材) strut, stay
지지판(支持板) gusset stay
지지형재(支持桁材) header
지측항법(地測航法) geo-navigation
지판(止板) drop strake
지판(指板) finger piece, finger plate, finger
지휘하(指揮下)에 없는 not under command
지휘하에 있는 under command
직각자(直角尺) square
직각형(直角形) rectangle
직결(直結) direct coupled
직결구동(直結驅動) direct drive
직경(直徑) diameter
직경계수(直徑係數) diameter factor
직경비(直徑比) diameter ratio
직경 피치 diametral pitch
직교류형 열교환기(直交流形熱交換機) cross flow regenerator, cross flow heat exchanger
직권 직류발전기(直捲直流發電機) series wound dynamo
직권 코일 series coil
직동기관(直動機關) direct acting engine
직렬식(直列式) series system
직렬용접(直列鎔接) series welding
직렬 유형(直列流形) 터어빈 series flow turbine
직류(直流) D.C. direct current, continuous current
직류발전기(直流發電機) dynamo
직류변압기(直流變壓器) auto-converter
직류 아아크 용접 D.C arc welding
직류 연소실(直流燃燒室) straight through combustion chamber
직립(直立) 볼반(盤) upright drill, drill press
직립선수(直立船首) upright stem, vertical stem
직립선수재(直立船首材) straight stem
직물류(織物類) textile fibre
직선모선(直線母線) generatrix

직선 비이드 stringer bead
직선속도(直線速度) linear velocity
직선자(直線尺) straight edge
직선정규(直線定規) straight edge
직선형선(直線型船) straight lined vessel
직선형 선수재(直線形船首材) straight stem
직원(職員) officer
직원식당(職員食堂) mess room
직장(職長) foreman
직재(直材) straight timber
직재판(直材板)버릇 수정기(修正機) straightening roller, plate straightener, plate mangle
직접 빌지흡입(吸込) direct bilge suction
직접 팽창식 냉동(直接膨脹式冷凍) direct expansion system' refrigeration
직통 가열기(直通加熱器) straight flow heater
직통연관(直通煙管)보일러 direct fire tube boiler
직통 이음 union piece
직포제 환기통(織布製換氣筒) wind sail
직형 가스터어빈 straight com- pound
진공계(眞空計) vacuum gauge
진공관(眞空管) vacuum tube or bulb
진공 소제기(眞空掃除器) vacuum cleaner
진공주조법(眞空鑄造法) casting in vacuum
진공증진기(眞空增進器) vacuum augmentor
진공 파괴기(眞空破壞器) vacuum breaker
진동(振動) oscillation, vibration
진동대(振動臺) vibrating table
진동량 run out
진동수(振動數) frequency
진동의 중심(振動中心) center of oscillation
진로속력 유지선(進路速力維持船) burdened vessel
진밀(塵密) dust proof, dust tight
진방위(眞方位) true bearing
진상기(進相機) phase advancer
진수(進水) launching
진수계산(進水計算) launching calculation
진수곡선(進水曲線) launching curve
진수기일(進水期日) date of launch
진수대(進水臺) after popet, launching way
진수 드래그 launching drag
진수(振首)밸브 directing valve box, communication box, director valve
진수식(進水式) launching ceremony
진수식 대(進水式臺) launching platform
진수중량(進水重量) launching weight
진수 크레들 launching cradle, launching making-up

진(眞)슬립 real slip
진실각(眞失脚) real slip
진실각비(眞失脚比) real slip ratio
진입(進入) admission
진입계(進入系) admission line
진입공기 소음기(進入空氣消音器) admission air silencer, air inlet silencer
진입구(進入口) admission port
진입(進入)밸브 admission valve
진자 충격시험기(振子衝擊試驗機) pendulum impact testing machine
진재 재료(塡材材料) woodite
진정강(鎭靜鋼) killed steel
진주 채취선(眞珠採取船) pearl boat
진지(塵止) air dust tight
진찰실(診察室) dispensary
진통기관(振筒機關) oscillating engine
진파장치(鎭波裝置) wave subduer
진화성(鎭火性)가스 fire smothering gas
진회전력(眞回轉力) real turning force
진흙 sludge
진흙구멍 sludge hole, mud hole
진흙박스 mud box
진흙용 앵커 mud anchor
진흙탄(泥炭) peat
질량(質量) mass
질량의 중심 center of mass
짐고리표(荷札) label
짐레트 gimlet
짐발 gimbal
짐틈 broken stowage
집 house
집관함(集管函) junction box
집기 너트 thumb nut
집단(集團) group
집전자(集電子) commutator
집전환(集電環) collector ring
집중 주유(集中注油) central lubrication
집중 하중(集中荷重) concentrated load
집합(集合) block
집합(集合)밸브 mitre group valve, group valve
집회(集會) assembly
징 gong
짚들이 이불 straw mattress
짚시바퀴 sprocket wheel, wild cat, chain wheel
집시휘일 sprocket wheel, gypsy wheel, wild cat
짚을 넣은 요 straw mattress
찌꺼기 제거기(除去機) rose box, strum box, strainer

(ㅊ)

차광막(遮光幕) sun screen
차광 방패 face shield
차광순(遮光盾) face shield
차단(遮斷)밸브 shut-off valve
차단위치(遮斷位置) off-position
차단장치(遮斷裝置) damper gear

차단판(遮斷板) damper
차동(差動) differential
차동(差動)밸브 differential valve
차동식(差動式)드레인 트랩 differential water drain trap, water expansion drain trap
차동장치(差動裝置) 또는 치차(齒車) differential gear
차동조속기(差動調速機) differential governor
차동활차(差動滑車) differential block
차랑갑판(遮浪甲板) shelter deck
차랑갑판선(遮浪甲板船) shelter deck vessel
차랑벽(遮浪壁) dodger
차량갑판(車輛甲板) wagon deck
차량도선(車輛渡船) car ferry, train ferry
차륜(車輪) wheel
차석기관사(次席機關士) junior engineer
차석항해사(次席航海士) junior officer
차양(遮陽) hood
차양갑판(遮陽甲板) shade deck
차원(次元) dimension
차월선(差越線) mark line
차일갑판(遮日甲板) shade deck
차입접수(差込接手) bayonet joint
착색관(着色管) color tube
착색 글라스(着色硝子) color screen
착색 스크리인 colored screen
참고선(參考船) referent ship
참치 모선(母船) tuna mothership
참치 연승어선(延繩漁船) skipjack pole and line tuna long line fishing boat, tuna long liner
창(窓) window
창고(倉庫) store, locker
창고수(倉庫手) store keeper, store man
창고품(倉庫品) store
창구(艙口) hatchway, cargo hatchway
창구검사(艙口檢査) hatch survey
창구덮개(窓口蓋) 받침 종재(縱材) fore and after
창구 승강구(艙口昇降口) hatchway, hatch
창구윤금(艙口輪金) hatch ring
창구초과톤수(艙口超過噸數) excess of hatchway
창내 깊이(艙內深) depth of hold
창내(艙內)빌지 웰 hold well
창내(艙內)사다리 hold ladder
창내수류(艙內水溜) hold well
창내용적(艙內容積) hold capacity
창내종재(艙內縱材) hold stringer
창내 키일손 hold keelson
창내 프레임 hold frame
창내 필러 hold pillar, hold stanchion
창닦이 window wiper
창문(窓門)매트 door mat
창연(窓鉛) bismuth
채광(採光)커어튼 blind curtain
채광 통풍장소(採光通風場所) air and light space
채우는 것 packing
채토공(採土孔) arming hole

책상(冊床) table, desk
책상 커버 table cover
책장 book case
챠인 chine
챠아터(用船) charter
처녀항해(處女航海) maiden voyage
처마 weather shed
척도(尺度) scale
척도가 붙은 캘리퍼어스 callipers with scale
척도영향(尺度影響) scale effect
천개(天蓋) canopy
천공시험(穿孔試驗) drill test
천기도(天氣圖) weather chart
천기부호(天氣符號) weather symbol
천막(天幕) awning
천막기둥(天幕柱) awning stanchion
천막용(天幕用)로우프 ridge rope
천막종목(天幕縱木) ridge pole, awning rafter, awining ridge
천막종목지지(天幕縱木支持) ridge support
천막주(天幕柱) awning stanchion
천막 펴는 뼈대 awning stretcher
천막횡목(天幕橫木) awning spar
천막횡목받침(天幕橫木受) awning spar stretcher or rafter
천막형재(天幕桁材) awning boom
천수영향(淺水影響) shallow water effect
천연곡재(天然曲材) crook, natural crook
천(布)을 바른 의자(椅子) upholstered seat
천이온도(遷移溫度) transition temperature
천이점(遷移點) transition point
천재(天災) act of god
천정(天井) ceiling
천정내장(天井內張) top ceiling
천정등(天井燈) ceiling lamp
천정전선 인출기(天井電線引出器) ceiling block
천정 주행(天井走行)크레인 overhead travelling crane
천정창(天井窓) louver, louvre
천정 크레인 over head travelling crane
천창(天窓) skylight
천측(天測) observation
천측용 갑판시계(天測用甲板時計) hack watch, deck watch
천후계수(天候係數) weather intensity coefficient
천후영향(天候影響) weather effect
천후조정(天候調整) weather adjustment
천흘수선(淺吃水船) shallow draught vessel
철(鐵) iron
철강 공작물(鐵鋼工作物) steel work
철강 조직부의 이름 pearlite, sorbite
철골활차(鐵骨滑車) gin block
철공(鐵工) blacksmith
철공소(鐵工所) iron works
철공장(鐵工場) iron worker shop
철관 호칭칫수(鐵管呼稱寸法) iron pipe size, IPS

철근(鐵筋)콘크리이트 reinforced concrete
철근 콘크리이트선(船) ferro-concrete vessel
철도 연락선(鐵道連絡船) railway ferry
철망(鐵網)으로 보호(保護)된 전등(電燈)커버 wire guard glove
철사(鐵糸) wire
철사 게이지 wire gauge
철사 끊는 것 cutting pliers
철사와 박판(薄板)의 표준칫수 wire and sheet metal gauge
철상자형(鐵箱子型)해치 보오드 pontoon hatch cover
철선(鐵線)가위 nippers, pliers
철손(鐵損) iron loss
철(鐵)시멘트 iron cement
철자봉(凸子棒) tappet rod
철제 중실기둥(鐵製中實柱) iron solid pillar
철제침대(鐵製寢臺) iron berth
철판공(鐵板工) plater
철필(鐵筆) stylus
철합금(鐵合金) ferro-alloy
철후판(鐵厚板) sheet iron
첨광신호(尖光信號) flashing signal
첨단(尖端) peak
첨쇄(添鎖) bridle chain
첨판(添板) fish plate
첨판용접 welding of splice
청관제(淸罐劑) anti-incrustation material
청동(青銅) bronze
청동주물(青銅鑄物) bronze casting
청락(錆落) scraper
청부가격(請負價格) contract price
청부계약(請負契約) contract
청부자(請負者) contractor
청부제도(請負制度) contract work system
청사진(青寫眞) blue print
청산(青酸) hydrocyanic acid
청소(青素) cyagen
청소구 상자(淸掃具箱子) broom box
청수(淸水) fresh
청수(聽守) watch
청수여과기(淸水濾過器) fresh water filter
청수탱크 fresh water tank
청수펌프 fresh water pump
청열(青熱) blue heat
청열유화(青熱柔化) blue shortness
청염(青炎) blue light
청음기(聽音器) passive sonar
청음봉(聽音棒) sounding rod, sound bar
청정기(淸淨器) purifier
청정제(淸淨劑) clarifier
청정탱크 renovating tank, settling tank
청징유(淸澄油) clean oil
체감(遞減)하다 taper
체강변압기(遞降變壓器) step down transformer
체비체프 법칙(法則) tchebycheff's rule
체삭(締索) seizing rope

체승변압기(遞昇變壓器) step up transformer
체의 눈 mesh
체이서 chaser, chasing tool
체인 드럼 chain drum
체인 블록 chain block
체인 스토퍼 cable stopper, chain stopper, deck stopper
체인 슬링 chain sling
체인시험기(試驗器) chain testing machine
체인용 강(鋼) chain steel
체인을 끼우는 것 chain tongs
체인 제어장치(制御裝置) chain cable compressor
체인지 밸브 change valve
체인지 스위치 over changing switch
체인 창고(倉庫) chain locker
체인 케이블 chain cable
체인 파이프 chain pipe
체인 플레이트 chafing plate
체인 후크 chain hook
체적효율(體積效率) volumetric efficiency
체적 흐름 volume flow
체증 속력시운전(遞增速力試運轉) progressive speed trial
초(超) super
초과급기(超過給器) super charge
초과속도시험(超過速度試驗) over speed test
초과속도한계(超過速度限界) over speed limit
초과장입(超過裝入) over charge
초기변형(初期變形) initial strain
초기보고(初期報告) preliminary report
초기복원력(初期復原力) initial stability
초기복원성(初期復原性) initial stability
초기설계(初期設計) initial design, preliminary design
초기응력(初期應力) initial stress
초대연(招待宴) reception
초대형 탱커(超大型油槽船) super tanker
초산(硝酸) nitric acid
초속(初速) initial velocity
초시계(秒時計) stop watch-chronograph
초압(効壓) initial pressure
초음파 두께 측정기(超音波厚測定器) ultrasonic thickness indicator
초음파 탐상기(超音波探傷器) ultrasonic (flaw) detector, super sonic flaw detector
초응력(初應力) initial stress
초정밀(超精密)다듬 super finish
초판(礎板) base plate
촉매제(觸媒劑) flux, catalyzer
촉면 복수기(觸面復水器) surface condencer
촉탁검사원(囑託檢查員) non-exclusive surveyer
총가(銃架) arm rack
총계(總計) gross
총탄(銃彈) bullet

총톤수(總噸數) gross tonnage
최대(最大) maximum
최대 사용압력(最大使用壓力) maximum working pressure
최대속력(最大速力) maximum speed
최대 연속정격출력(最大連續定格出力) MCR power, Max. continuous rating power
최대 익폭비(最大翼幅比) maxiınum blade width ratio
최대 익후선(最大翼厚線) maximum thickness line
최대치(最大値) crest value
최대치수 over all dimension
최대 폭(最大幅) breadth maximum
최대 하중(最大荷重) maximum load
최대 횡단 면적계수(最大橫斷面積係數) maximum section coefficient
최상선교(最上船橋) flying bridge
최상층 전통갑판(最上層全通甲板) upper most continuous deck
최소(最小) minimum
최소 건현(最小乾舷) minimum freeboard
최소 두께 minimum thickness
최초 도포 페인트(最初塗布塗料) first coat of paint
최하갑판(最下甲板) orlop deck
최하 타수(最下舵受) heel brace, heel gudgeon
최하 호금(最下壺金) heel gudgeon, heel brace
최후 도장(最後塗裝) final coating
최후 마스트 jigger mast
최후 다듬질용접 final weld
최후 손질 finish
쵸우크 로울러 chock roller
쵸우크 유량 nozzle choking flow
쵸우크 코일 choking coil
추(錘) plumb bob
추가(追加) addendum
추가한 additional
추기(抽氣) steam bleeding
추력(推力) thrust
추력감소계수(推力減小係數) thrust deduction coefficient (factor, fraction)
추력마력(推力馬力) thrust horse power
추 시험기(錘試驗機) dead weight testing machine
추식 안전(錘式安全) 밸브 dead weight safety valve
추식 압력계 시험기(錘式 壓力計試驗機) weight gauge tester
추안전(錘安全) 밸브 dead weight safety valve
추적(追跡) tracing
추정하다(推定) assign
추정항법(推定航法) dead reckoning
추종장치(追從裝置) hunting gear, follow up mechanism, return gear
추진(推進) propulsion
추진계수(推進係數) propulsive coefficient, efficiency coefficient
추진기(推進器) propeller
추진설비(推進設備) propulsion equipment

추진효율(推進効率) propulsive efficiency, propulsive coefficient
추천항로(推薦航路) recommendation route
추타법(鎚打法) peening
추타시험(槌打試驗) hammer test
추파(追波) following sea, following wave
추형(槌形) hammer head-crane
축(軸) axis, shaft
축경사(軸傾斜) shaft rake
축계(軸系) shafting
축관(軸管) shaft tube
축기시험(蓄氣試驗) accumulation
축단(軟端)드러스트 end thrust
축도기(縮圖器) partograph, pantagraph
축로(軸路) shaft tunnel, shaft trunk, shaft passage, shaft alley
축로 단실(軸路端室) tunnel recess
축로 빌지웰 tunnel well
축류 발동기(軸流發動機) axial engine
축류 속도(軸流速度) axial velocity
축류 송풍기(軸流送風機) axial fan
축류 터어빈 axial flow turbine, parallel flow turbine
축류 펌프 axial flow pump
축마력(軸馬力) shaft horse power, S.H.P
축받침(軸受) stern bush, shaft stool
축방향(軸方向) axial
축방향 드러스트 axial thrust
축방향 피치 axial pitch
축(軸)브래킷 shaft bracket
축선(軸線) shaft line
축 설치방법 lead of shafting
축소(縮小) contraction
축수(軸受) journal bearing, bearing
축수 눌름 bearing cap, bearing keep
축수 링 bearing ring
축수 메탈 bearing metal
축수면 소부(軸受面燒付) freezing of bearing surface
축수실(軸受室) thrust block recess
축수압(軸受壓) bearing pressure
축수온도(軸受溫度) bearing temperature
축(軸)슬리이브 shaft sleeve
축식 열교환기(蓄式熱交換機) heat generator
축열식 열교환기(蓄熱式熱交換器) regenerated heat exchanger
축 윤활유(軸潤滑油) spindle oil
축음기(蓄音機) gramophone
축이 되는 보울트 pivoted bolt
축 이음 shaft coupling
축적기(蓄積器) accumulator
축전지(蓄電池) storage battery, condenser
축접수(軸接手) shaft coupling
축차(軸車) rotor
축항(築港) harbor work
축향 송풍기(軸向送風機) axial blower
축향 압축기(軸向壓縮機) axial compressor
축향 틈사이(軸向間隔) axial clearance, axial blade
출거(出渠) undocking

출고중량(出庫重量) invoice weight
출구(出口) delivery, outlet
출구각(出口角) exit anglc
출구면적(出口面積) exit area
출구속도(出口速度) outlet velocity
출력(出力) out put
출력계수(出力係數) power factor
출력밀도(出力密度) out put density
출력비(出力比) power ratio
출력 터어빈 power turbine
출몰 방위각(出沒方位角) amplitude
출범기(出帆旗) blue peter
출사각(出射角) angle of run
출입구(出入口) door way
출입구 광장(出入口廣場) grand entrance, entrance hall
출입구 현관(出入口玄關) hall entrance, grand entrance
출항면장(出港免狀) port clearance
출항허가(出航許可) sailing permit
출항 허가서(出港許可書) clearance certificate
충격(衝擊) impulse
충격 렌치 impact wrench
충격 반동(衝擊反動)터어빈 impulse reaction turbine
충격부식(衝擊腐蝕) impinging corrosion
충격손실(衝擊損失) shock loss
충격시험(衝擊試驗) percussion test. impact test
충격식 경도시험기(衝擊式硬度試驗機) impact handness testing machine
충격식 날개식부(衝擊式翼植付) impulse blading
충격용접(衝擊鎔接) percussion welding
충격 터어빈 impulse turbine
충돌(衝突) collision
충동(衝動)터어빈 Impulse tubine
충만정도(充滿程度) fullness
충방전용 배전반(充放電用配電盤) charging switch board
충합단접(衝合鍛接) butt weld, butt welding
충합용접(衝合鎔接) butt weld, butt welding
충합저항용접(衝合抵抗鎔接) butt resistance welding
충합접수(衝合接手) butt joint
충합횡연(衝合橫緣) butt
취관(吹管) torch, blow pipe
취관 토오치 blow pipe
취반기(炊飯器) rice boiler
취부(取付) attachment
취부공(取付工) ship fitter
취부대(取付臺) lug angle, lug piece
취부 도장기(吹付塗裝器) spray gun
취부된 것 mounting
취부면(取付面) false face
취부 바이스 standing vice
취부 산형강(取付山形鋼) attachment angle
취부식 날개(取付式翼) detachable blade, loose blade
취부야구(取付冶具) fixture
취부철물(取付鐵物) palm
취부품(取付品) fitting

취사장(炊事場)쓰레기통 garbage shcot
취성파괴(脆性破壞) brittle fracture
취성화 특성(脆性化特性) embrittlement characteristic
취송거리(吹送距離) fetch
취출(吹出) source
취출(吹出) 밸브 bleeder valve, blow off valve, drain valve, blow out valve
취출 콕 blow off cock, blow out cock
취타(取舵)체인 steering chain
측각기(測角器) goniometer
측거의(測距儀) range finder
측내용골(側內龍骨) side keelson
측내후판(側內厚板) limber strake, limber streak
측도갑판(測度甲板) tonnage deck
측량기(測量機) transit
측량선(測量船) surveying ship
측로(側爐) wing furnace
측로관(側路管) bypath pipe
측로(側路) 밸브 bypath valve
측로 콕 bypath cock
측막(側幕) side awning
측면 구석살용접(側面隅肉鎔接)fillet weld in parallel shear
측면도(側面圖) side elevation, profile
측면 모서리용접 전단시험(側面緣鎔接剪斷試驗) longitudinal shearing test
측면선도(側面線圖) sheer plan
측사전두장치(側射轉頭裝置) side thruster
측심관(測深管) sounding pipe
측심관 겸용 공기관(測深管 兼用空氣管) air and sounding pipe
측심기(測深機) sounding machine, sounder, depth recorder, depth sounder, fathometer
측심봉(測深棒) sounding rod
측심 연조작대(測深鉛操作臺) lead man platform
측심척(測深尺) sounding scale
측심판(測深板) sounding board
측심표(測深表) sounding table, sounding diagram
측실(側室) side house
측연(測鉛) sounding lead, lead
측연강(測鉛綱) lead line
측완(側腕) side arm
측외차선(側外車船) side wheel steamer
측유봉(測油棒) ullage stick
측정갑판(測定甲板) tonnage deck
측정기(測程器) Log
측정줄(測程繩) log line
측지주(側支柱) dock shore
측축(側軸) wing shaft
측판(側板) wrapper plate
측판 키일 side bar keel
측(側)필라 quarter pillar
측형재(側桁材) side girder
층(層) ply
층류(層流) laminar flow
층류경계층(層流境界層) laminar boundary layer

치근높이(齒根高) deddendum
치근원(齒根圓) deddendum circle
치셀(鑿) chisel
치수비(齒數比) gear ratio
치수 수(數) scantling number numeral
치일주물(鑄物) chill casting
치절공구(齒切工具) gear hopper
치절반(齒切盤) gear cutting machine
치차(齒車) toothed wheel
치차감속(齒車減速) geared turbine
치차감속장치(齒車減速裝置) mechanical reduction gear
치차 비(齒車比) gear ratio
치차 펌프 cog wheel pump, gear pump
치판산반(齒板山盤) rack
치핑 해머 scaling hammer, chipping hammer
친수성(親水性) hydrophilic
침강(沈降)밸브 diving valve
침강탱크 settling tank, renovating tank
침대(寢臺) cot bed, bed stead, berth
침대등(寢臺燈) berth lamp, bed lamp
침대 사다리 berth ladder
침로 기록계(針路記錄計) course recorder, battle tracer
침로 안전성(針路安全性) course stability
침몰선(沈沒船)라이트 부이 wreck light buoy
침수고갈(浸水枯渴) water seasoning
침수고갈법(浸水枯渴法) water seasoning
침수구획(浸水區劃) bilge compartment
침수면(浸水面) wetted surface
침수면적(浸水面積) wetted surface area, area of wetted surface
침수상태(浸水狀態) riddled condition
침수율(浸水率) permeability
침수체(浸水體) submerged body
침식(侵蝕) erosion
침식보호(侵蝕保護) erosion shield
침실(寢室) cabin
침액 도포법(浸液塗布法) dipping process
침입(浸入) flood
침전물(沈澱物)모우기 sediment chamber, box, collector
침전시험(沈澱試驗) precipitation test
침탄(浸炭) cementation
침탄강(浸炭鋼) blister steel, cemented steel
침탄법(浸炭法) cementation process
침하(沈下) sinkage, immersion
침하 쐐기형 immersed wedge
침형(針形) 밸브 needle valve
칫수(寸法) dimension

(ㅋ)

카아고 램프(荷役燈) cargo lamp
카아보닐 글로라이드 Carbonyl chloride

카어린 carling, carlin
카운터 counter, cant
카이네틱 공기(空氣)펌프 kinetic air pump
카이네틱 탱크 kinetic tank
카이네틱 펌프 kinetic pump
카폭 kapok
칸트 프레임 cant frame
칼라(色度) collar
칼라 앵글 stapling angle, collar angle
칼로리 calory
칼붙이(刀物) cutter
칼붙이류(刀物類) cutlery
칼슘 농염수(濃鹽水) calcium brine
칼슘 브라인 calcium brine
캇터 cutter
캐바바이타 kabavita
캐비테이션 cavitation
캐비테이션 계수(係數) cavitation number
캐비테이션 압력면(壓力面) face cavitation
캐비테이션 탱크 cavitation tank
캐소우드방식 cathcde protection
캐스케이드 cascade
캐스케이드법 cascade welding, sequence
캐스케이드 탱크 cascade tank
캐트 블록 cat block
캐트 폴 cat fall
캐트 헤드 cat head
캐프스턴 capstan
캐프스턴 동(胴) capstan barrel
캐프스턴 막대 band spike, capstan bar
캐프스턴 역지봉(逆止棒) pawl
캔버스 canvas
캔버스 공사(工事) canvas work
캔버스 보우트 canvas boat
캔트부(部) cant body
캔트 비임 cant beam
캔트 프레임 cant frame
캔티레버선(船) cantilever framed ship
캔티레버 탱크 cantilever tank
캘리퍼어스 callipers, calipers, inside and out-side callipers
캠 cam
캠 로울러 cam roller
캠버어 camber of beam, round up of beam
캠버어 비임 camber beam
캠선도(線圖) cam diagram
캠의 틈사이 cam clearance
캠 정(挺) cam lever
캠 축(軸) cam shaft
캡 너트 cap nut
카누 canoe
커어튼 막대 curtain rod
커어튼용 고리 curtain ring
커어튼 조립줄 curtain tassel
커어튼 판 curtain plate
커퍼댐(潛函) cofferdam
커피 끓이는 용기(容器) urn
커피 분말기(粉末器) coffee mill
컴퍼스(羅針儀) compass
컴퍼스 갑판(羅針儀甲板) compass deck
컴퍼스 바울 compass bowl

컴퍼스반(羅針儀盤) compass dial, compass card
컴퍼스 선교(羅針儀船橋) compass bridge
컴퍼스 수정(羅針儀修正) compass adjustment
컴퍼스 수정인(羅針儀修正人) compass adjuster
컴퍼스에 의한 방위(羅針儀方位) compass bearing
컴퍼스 오차(羅針儀誤差) compass error
컴퍼스 카아드(羅針儀盤) compass card, compass dial
컴퍼스 코오스(羅針儀航路) compass course
컵대(臺) glass rack
컵 받침 tumbler holder
컵 선반(棚) glass rack
케이블 cable
케이블 감기 풀기 기계 cable picking and paying machine
케이블 권출입기(捲出入機) cable picking & paying machine
케이블 눌름 cable hanger
케이블 도판(道板) cable plate
케이블 드럼(罐) cable drum
케이블 부설선(敷設船) cable ship
케이블 소케트 cable socket
케이블 수구(受口) cable socket
케이블 압축기(壓縮機) cable compressor
케이블의 일연(一連) cable length
케이블이 덜렁덜렁한다 chafing of cable
케이블 인양장치(引揚裝置) cable hauling gear
케이블 1연(連)의 길이 length of chain cable
케이블 잡이 cable gripe, griper
케이블 전선(電線) electric cable
케이블 접속용(接續用)섀클 kenter shackle
케이블 제어장치(制御裝置) chain cable compressor
케이블 제지기(制止器) cable stopper, cable clench, cable holder
케이블 탱크 cable tank
케이손 caisson
케이싱 casing
켑타이어 선(線) cabtyre, captire
코 point
코르크 cork
코르크 매트 cork mat
코르크 방현재(防舷材) cork fender
코르크 벽돌 brick cork, cork brick
코르크 빼는 것 corking fork
코르크 연와(煉瓦) brick cork, cork brick
코르크 카페트 cork carpet
코르크판(板) cork board, slab cork
코르크 페인트(塗料) cork paint
코르크 펜더 cork fender
코모양의 쐐기 홈 nose keyway
코어 플러그(中子栓) core plug
코오밍(緣材) coaming
코오밍 산형재(緣山形材) coaming angle

코오밍 스티프너 coaming stiffener
코오밍판(緣板) coaming plate
코오스 course
코오킹 caulking
코오킹공(工) caulker, calker
코오킹 공구(工具) caulking chisel, caulking tool
코오킹 끌 caulking tool, caulking chisel
코오킹 말레트 caulking mallet
코오킹 망치 caulking mallet
코오킹 타금(打金) caulking chisel, caulking tool, horsing iron
코오킹 해머 caulking hammer
코오킹 홈(溝) caulking groove
코온 게이지 cone gauge, propeller boss
코온 벨트차 cone pulley
코온 정규(圓錐形定規) cone gauge
코울타르 coal tar
코일 coil
코일 보일러 coil boiler
코코아제(製)매트 cocoa mat
코트 노즐 kort nozzle
코터 cotter
콕 cock
콕피트 cockpit
콘덴서 capacitor
콘베이어 conveyer
콘스탄탄선(線) constantan wire
콘크리이트 concrete
콘크리이트 믹서 concrete mixer
콘크리이트선(船) concrete ship, plastered ship
콘트라 타(舵) contra rudder
콘트라 프로펠러 contra propeller
콜로이드상 연료(阿膠狀燃料) colloidal fuel
콤바인드 시스템 combined system
콤퍼레이터(比較測定機) comparator
콤플렉스 complex
쾌속기선(快速汽船) fast steamer
쾌속선(快速船) fast steamer
쾌유기선(快遊汽船) steam yacht
쾌유선 yacht
쿠션 cushion
쿠울런트 coolant
쿼드런트 quadrant
쿼드런트 다빗 quadrant davit
쿼드런트 틸러 quadrant tiller
크라우시우스 사이클 clausius cycle
크랭크 crank
크랭크가 없는 펌프 crankless pump, non-crank pump
크랭크 각도(角度) crank angle
크랭크 구멍 crank pit
크랭크 브라스 crank brass
크랭크사이의 각도(角度)crank angle
크랭크 순위(順位) sequence of crank
크랭크실(室) crank case, crank chamber
크랭크실 밀폐식(密閉式) crank case type
크랭크실 소기(室掃氣) crank case scavenging
크랭크 아암 crank web, crank arm
크랭크 이금(裏金) crank brass
크랭크 저어널 crank journal

크랭크 절삭반(切削盤) crank shaper
크랭크 축(軸) crank journal, crank shaft
크랭크 팔 crank arm, crank web
크랭크 펌프 crank pump
크랭크 핀 crank pin
크랭크핀 메탈 crank pin metal, crank pin brass
크랭크핀 받침 crank pin bearing
크랭크핀 보울트 crank pin bolt
크랭크 회전력(回轉力) crank effort
크랭크 회전력 선도(回轉力線圖) crank effort diagram
크러셔 crusher
크러치 crutch, boat crutch, rowlock boat
크레들 cradle
크레오소트 creosote
크레이터 crater
크레이트 crate
크레인 crane
크레인선(船) floating crane
크레인 조종실 crane-man's house
크레톤식 커어튼 cretonne curtain
크로노미터 chronometer
크로스드 페어리이드 closed fair lead, canal fair lead
크로스 마아크 cross mark
크로스 방위법 cross bearing
크로스 시압도(示壓圖) crossed card, crossed diagram
크로스 커어브 cross curve
크로스 탄고(炭庫) cross bunker
크로스 튜우브 보일러 cross tube boiler
크로스 헤드 cross head
크로스 헤드 슈우 cross head shoe
크로스 헤드식 cross head type
크로스 헤드 주유(注油)펌프 cross head lubricating pump
크로스 헤드 핀 cross head pin
크롬강(鋼) chrome steel
크롬도금(鍍金) chrome plating
크롬 바나듐강(鋼) chrome-vanadium steel
크리이프 creep
크링글 cringle
큰 못(大釘) toggle
큰 컵 tumbler, water tumbler, glass tumbler
클라아크 기관(機關) clark engine
클라아크 사이클 clark cycle
클러치 jaw clutch, row lock
클러치 접수 clutch coupling, clutch
클리노 미터 clinometer
클리이딩 cleading
클리이인 탱커 clean tanker
클리이트 cleat, belaying cleat
클리이퍼 clipper
클리이퍼형 선수(船首) clipper or cut water stem
클린치드 못(釘) clenched bolt
클립 clip
클립 후크 clip hook
키 상태 양호 steerability
키 멈추기 핀틀 rudder lock pintle, lock pintle
키(舵) rudder

키이 feather key, key
키이 홈(溝) key way
키이 홈반(盤) key way cutting machine
키이홈(溝)프라이스반(盤) key seating milling machine
키일 keel
키일 거치기공(据置起工) keel laid
키일 경사(傾斜) keel grade
키일 굽힘기(機) keel bender
키일드 강(鋼) killed steel
키일 반목(盤木) keel block
키일 선(線) keel line
키일손 keelson
키일판(板) keel plate
킬로 톤(噸) kilo ton
킹스턴 밸브 kingston valve
킹크 kink
킹 포스트 king post, seamson post

(ㅌ)

타(舵) rudder
타각(舵角) Helm angle, rudder angle
타격의 중심(打擊中心) center of percussion
타구 spit pot
타금(打金) chisel
타도(舵圖) rudder plan
타두재(舵頭材) upper stock, rudder head
타로우 유(油) tallow
타르 tar
타르 등을 시임(縱線)에 메꾸는 것 pay
타르 로우프 tarred rope
타르 범포(帆布) tarpaulin
타르 시멘트 tar cement
타르 침투 로우프 tarred rope
타(舵)를 빼내는 구멍 rudder pit
타(舵)멈추기 rudder stop, rudder stopper
타(舵)면적 rudder area
타(舵)받침 rudder carrier
타병(舵柄) quadrant tiller, tiller
타병호 (舵柄弧) quadrant
타병호 붙임 타병(舵柄弧付舵柄) quadrant tiller
타부(打付)보울트 clenched bolt, clinched bolt
타심재(舵心材) lower stock, main piece, main stock
타(舵)아암 rudder arm
타아포린 tarpaulin
타완(舵腕) rudder arm
타원(楕圓) ellipse
타원날개(楕圓翼) elliptical blade
타원 밸브선도(楕圓辨線圖) elliptical valve diagram, ellipse valve diagram
타원법칙(楕圓法則) ellipse low
타원선미(楕圓船尾) elliptical stern
타원형 보일러(楕圓型汽罐) oval boiler
타의 우현 전회전(舵右舷全回轉) hard starboard
타의 종류(舵種類) type of rudder
타의 좌현 전회전(舵左舷全回轉) hard port

타이 로드 tie bar, tie rod
타이 보울트 tie bolt
타(舵)이음 rudder frame
타이잭 형재(形材) tyzack section
타이트니스 tightness
타일 tile
타일공사(工事) tile work
타일바름(張) tiling
타입구(打込具) drift
타입정(打込釘) tack, spike
타 접수(舵接手) rudder coupling
타취(舵取) steering
타취강(舵取鋼) steering wire
타취기(舵取機) steering engine
타취대(舵取臺) steering pedestal, steering stand
타취륜(舵取輪) steering wheel
타취명령(舵取命令) steering order
타취봉(舵取棒) steering rod
타취수(舵取手) quarter master
타취실(舵取室) wheel house, pilot house, steering room
타취오올 steering oar
타취장치(舵取裝置) steering apparatus, steering gear
타취장치도(舵取裝置圖) steering arrangement
타취전령기(舵取傳令器) steering telegraph
타취차(舵取車) steering wheel
타취체인 steering chain
타취체인 받침홈 through for steering chain
타취 축(舵取軸) steering shaft
타취 컴퍼스(舵取羅針儀) steering compass
타취 쿼드런트 steering quadrant
타판(舵板) rudder plate, rudder blade
타페트 로드 tappet rod
타형(打型) die
타호금(舵壺金) rudder gudgeon, rudder brace, heel disc
타회전(舵回轉) rudder stopper
타회전 멈추기 rudder stop
타효능력도(舵効能力度) steerage way
탁월풍(卓越風) prevailing wind
탁(濁)해진 공기(空氣) foul air
탄고(炭庫) bunker
탄뎀(從配列機關) tandem engine
탄뎀기계(機械) tandem engine
탄뎀연성(聯成) tandem compound
탄뎀진수(進水) tandem launching
탄뎀타(舵) tandem rudder
탄뎀 프로펠러 tandem propeller
탄산(炭酸)가스 carbonic acid gas
탄산가스기록계(記錄計) combustion recorder, CO_2 recorder
탄산냉동기(炭酸冷凍機) carbonic acid machine, CO_2 machine
탄산(炭酸)봄베 CO_2 bottle, CO_2 cylinder
탄산소화기(炭酸消火器) CO_2 fire extinguisher
탄산압축기(炭酸壓縮機) CO_2 gas compressor, carbonic acid gas compressor
탄성(彈性) elasticity

탄성격벽(彈性隔壁) elastic bulkhead
탄성계수(彈性係數) modulus of elasticity, elastic modulus
탄성안정(彈性安定) elastic stability
탄성응력(彈性應力) elastic stress
탄성배형(彈性杯形)워셔 elastic cup washer
탄성변형(彈性變形) elastic strain, elastic deformation
탄성변형(彈性變形)에너지 elastic resilience, elastic strain energy
탄성 보일러(彈性汽罐) elastic boiler
탄성 슬리이브 축수 elastic sleeve bearing
탄성 에너지 resilience
탄성 여효(彈性餘効) elastic after effect
탄성 역변형(彈性逆變形) prespringing
탄성진동(彈性振動) elastic vibration
탄성한계(彈性限界) elastic limit
탄성한도(彈性限度) limit of elasticity, elastic limit
탄성한도(彈性限度)를 넘는 힘을 고려(考慮)에 두는 설계 plastic design
탄소(炭素) carbon
탄소강(炭素鋼) carbon steel
탄소당량(炭素當量) equivalent carbon
탄소봉 지지기(炭素棒支持器) carbon holder
탄소 브러시 carbon brush
탄소 아아크 용접(鎔接) carbon arc welding
탄소 아아크 절단(切斷) carbon arc cutting
탄소 용접봉(炭素鎔接棒) carbon electrode
탄소 전극(電極) carbon electrode
탄소 패킹 carbon packing
탄소패킹 눌름 carbon gland, carbon ring gland
탄소 패킹 함유량(含有量) carbon content
탄약(彈藥) ammunition
탄약고(彈藥庫) shell room
탄약선(彈藥船) ammunition ship, ammunition boat
탄약통형(彈藥筒形)퓨우즈 cartridge type of fuse
탄재 cinder
탄화(炭化) carbonization
탈기(脫氣) deaeration
탈산제(脫酸劑) deoxidizer
탈수기(脫水機) Hydro-extractor
탈습(脫濕) dehumidification
탈습기(脫濕器) dehumidifier
탈아연(脫亞鉛) dezincification
탐경선(探鯨船) whale scouting vessel
탐상기(探傷器) flaw detector
탐신의(探信儀)소오나 sonar (sound, navigation)
탐조등(探照燈) search light, search light projector
탐지기(探知器) detoctor
탕불기(湯沸器) water boiler
탕오물(湯汚物) incrustation
탕의 녹(湯銹) scale
탕주(湯舟) bath tub
탕출(湯出) tapping

태크 tack
태크 리벳 tack rivet, quilt rivet
태클 tackle
태풍(颱風) typhoon
탭 tap
탭 렌치 tap wrench
탭 리벳 tap riveted
탱커 tank vessel, oil carrier, tanker
탱커 선루간의 보랑(步廊) gang way, gang way bridge
탱크 tank
탱크시험(試驗) tank experiment
탱크 외부형재(外部桁材) deck girder clear of tank
탱크정판(頂板) tank top plate
터그 보우트(曳船) tug boat, tow boat
터널 tunnel
터널 갑판(甲板) tunnel flat
터널 도망구(逃亡口) tunnel escape, escape trunk
터널 리세스 tunnel recess
터널 빌지웰 tunnel well
터널 웰 tunnel well
터릿 갑판(甲板) turret deck
터릿 선(船) turret vessel
터릿 선반(砲塔式旋盤) turret lathe
터어닝 엔진 turning engine
터어미널 terminal
터어보 발전기 turbo generator
터어보 선풍기 turbo-fan, turbo blower
터어보 전기추진(電氣推進) turbo electric drive
터어보 제트 turbo jet
터어빈 turbine
터어빈과 왕복기(往復機)와의 연성기(聯成機) turbine and reciprocating combined
터어빈 기선(汽船) turbine steamer
터어빈 날개차(翼車) turbine wheel
터어빈 로우터 turbine rotor
터어빈 바퀴실(室) turbine cylinder, turbine casing
터어빈 발전기(發電機) turbo-generator
터어빈식 펌프 turbine pump
터어빈 원동소(原動所) turbine pump
터어빈 익차(翼車) turbine disc, turbine wheel
터어빈 전기추진(電氣推進) turboelectric propulsion
터어빈 차실(車室) turbine casing, turbine cylinder
터어빈 효율(効率) turbine efficiency
터언버클 turnbuckle
터언 테이블 turn table
터언 투우 turn to
터크판(板) tuck plate
터틀백 갑판 turtle back deck, whale deck, turret deck
털들이 이불 hair mattress
털이든 매트레스 hair mattress, feather mattress
털이든 벼개 feather pillow
텀블러 스위치 tumbler switch, link switch
텀블 홈 falling home, falling in, tumble home

텅스텐 강(鋼) tungsten steel
테두리 collar
테두리 장식(裝飾) molding, moulding
테레빈 유 turpentine
테르밋 thermit
테르밋 용접(鎔接) thermit welding
테붙이 기계(機械) molding machine
테스트 해머 test hammer
테이퍼 게이지 taper gauge
테이퍼 라이너 taper liner
테이퍼 보울트 taper bolt
테이퍼 붙임 날개 tapered blade
테이퍼 핀 taper pin
테일 활차(滑車) tail block
텔레그래프(傳令器) steering telegraph
텔레그래프 telegraph
텔레모우터 telemotor
토빈 청동(靑銅) tobin bronze
토오치 torch
토오치 램프 torch lamp
토오치 점화기(點火器) torch ignitor
토오크 torque, turning moment,
토오크계(計) torque meter
토오크 계수(係數) torque coefficient, torque constant
토오크 모우먼트 torque moment, turning moment
토우스터 toaster
토우 피이스 toe piece
토지(土地) premises
토출(吐出) discharge
토출관(吐出管) discharge pipe
토출(吐出) 밸브 discharge valve
톤세(噸稅) tonnage dues, tonnage tax
톤수(噸數) ton, tonnage
톤수경감개구(噸數輕減開口)를 가진 차랑갑판선(遮浪甲板船) shelter deck vessel with tonnage opening
톤수증서(噸數證書) tonnage certificate
톰손식 측심기(測深機) thompson's sounding machine
톱(鋸) disc cutter, saw
톱(마스트) top
톱날 세우는 기계(機械) saw sharpener
톱날형 노치 serration
톱니날개(齒翼) fir-tree blade
톱니바퀴(齒車) cog wheel, gear
톱니바퀴 상자(齒車箱子) gear case
톱니바퀴 펌프 gear pump, cog wheel pump
톱니 선단원(齒車先端圓) addendum circle
톱 마스트 top mast
톱밥 saw dust
톱사이드 탱크 top side tank, gunnel tank, cantilever tank, wing tank
톱 세일 top sail
톱 해비(重頭) top heavy
통(桶) tub, cask
통(胴, 筒) barrel
통관항(通關港) port of entry
통기구(通氣口) vent
통로(通路) corridor, alley way, access, passage

통로용(通路用)매트 matting runner
통로 카페트 carpet runner
통보함(通報艦) despatch boat
통선(通船) sampan
통신기(通信機) telegraph
통신사(通信士) wireless operator, radio officer
통신통(通信筒) communication tube
통신함(通信函) communication box, direction valve box
통조림 공선(工船) canning factory ship
통조림 공장(工場) canning plant
통진기관(筒振機關) oscillating engine
통풍(通風) ventilation, draft, draught
통풍관 배치도(通風管配置圖) ventilation plan
통풍계(通風計) draught gauge
통풍날개 덮개(通風翼蓋) ventilating flap
통풍날개 트렁크 ventilation trunk
통풍 채광작업(通風採光作業) ventilation and lighting work
통풍 케이싱(通風圍壁) air casing
통풍 콕 ventilating cock
통형(筒形) trunk
통형 연소실(筒形燃燒室) cam type chamber
통형 접수(筒形接手) box coupling, muff coupling, sleeve coupling
통형 피스톤 trunk piston
통형 피스톤기(機) trunk engine
투강(投綱) heaving line
투광기(投光器) search light, search light projector, projector
투묘(投錨)하다 to cast anchor, at anchor
투사(透寫) trace, tracing
투사도(透寫圖) tracing plan
투시도(透視圖) perspective drawing
투영도(投影圖) projected plan
투영면적(投影面積) projected area
투영면적비(投影面積比) projected area ratio
투입식(投入式)아세틸렌 발생기(發生器) carbite to water gas generator
튀김 냄비 frying pan
튜우브 플러그 tube plug, tube drift
트라니온(筒耳) trunion
트라이애틱 스테이 triatic stay
트람멜 trammel
트래펀 절발시험(切拔試驗) trepan test
트랙터 tractor
트랜솜 플로어(船尾로그板) transom floor, transom
트랜짓 transit
트랩 trap
트럭붙이 크레인 truck crane
트럼프 대(台) whist table
트렁크 갑판(甲板) trunk deck
트렁크 기관(機關) trunk engine
트렁크 선(船) trunk vessel
트렁크 웨이 trunk way
트렁크 피스톤 trunk piston
트렁크 해치 trunk hatchway

트레이서 tracer
트레이스 trace
트레이스 포(布) tracing cloth
트레일러 trailer
트레일러 축(軸) trailing shaft
트로올 밧줄 trawl warp
트로올선(船) trawler
트로올 인강(引綱) trawl warp
트로코이드파(波) trochoidal wave
트롤리 크레인 trolly hoist, trolley hoist
트리거 구멍(止金孔) trigger fit
트리밍 탱크 trimming tank
트리밍 테이블 trimming table
트리밍 해치 trimming hatch, feeder hatch, trimming hatchway
트릭 밸브 trick valve
트림 trim
트림각(角) angle of trim
트립 와이어 trip wire
트립장치(裝置) trip gear
트립 차단시험(遮斷試驗) trip test
특별가족실(特別家族室) cabin en suite
특별검사(特別檢査) special survey
특별 선급검사(特別船級檢査) classification special survey
특별실(特別室) suit rooms, cabin de luxe
특별 유연(特別柔軟) 와이어 로우프 special flexible wire rope
특설강 비임(特設强梁) strength beam, strong beam
특설 늑골(特設肋骨) web frame
특설 비임 strong beam, strength beam, web beam, widely spaced beam
특설 프레임 web frame
특설 필러 widely spaced pillar
특설 홀드비임 widely spaced hold beam
특성(特性) characteristic
특성곡선(特性曲線) characteristic curve
특수강(特殊鋼) special steel
특수선 검사증서(特殊船檢査證書) special vessel inspection certificate
틀 rack
틀리게 나타낸 것 false indication
틀리게 읽는 것 false reading
틀 베개 feather pillow
틀어넣기 리벳 tap rivet
틀어짐(歪曲) distorsion
틈사이(間隙) feeler, filler, clearance, crevice
틈사이 각도(間隙角度) clearance angle
틈사이 게이지 thickness gauge, feeler, searcher
틈사이를 메운다 filling
틈사이 재료(材料) filling chock
틈사이 조정기(間隙調整器) clearance adjuster
틈사이 틈쇠(間隙裏金) lining piece, liner
티이 이음 “T” joint
티이크재(材) teak
티이형 안테나 “T” aerial

티이형재(T形材) "T" bar
티이형재 정점(T形材頂點) stem of T
티핑 모우먼트 tipping moment
틱크니스 게이지 searcher, feler, thickness gauge
틸러 tiller, steering tiller
팁 용접(鎔接) tip welding

(ㅍ)

파(波) wave
파격응력(波擊應力) flogging stress, pounding stress
파경사(波傾斜) wave slope, steepness
파고(波高) wave height
파괴(破壞) bursting
파괴강도(破壞强度) breaking strength
파괴시험(破壞試驗) breaking test, rupture test, destruction test
파나마 운하톤수(運河噸數) panama canal tonnage
파나마 페어리이드 panama fairlead
파넬 panel, paneling
파넬공사(工事) panel work
파넬 브레이커 panel breaker
파다(掘) engrave
파닥파닥 두들기다 fluttering
파단력(破斷力) breaking
파도(波濤)를 꺾는 판(板) dash plate
파도의 겉보기 주기(周期) apparent wave period
파라핀 paraffin
파(波)를 피하는 것 manger boad, break water
파먹기(喰込) nip
파면(波面) wave surface, wave front fracture
파면시험(波面試驗) fracture test
파 모양(波模樣) wave pattern
파반류(波伴流) wave wake
파선(波先) wave front
파속(波速) wave velocity
파손(破損) breakage
파쇄강도(破碎强度) crushing strength
파쇄시험(破碎試驗) crushing test
파수(把守)밸브 sentinel valve
파암 스테이- palm stay
파암판(板) palm plate
파연목판(波緣目板) scalloped boiler strap
파열(破裂) crack
파열압력(破裂壓力) bursting pressure
파열제지(破裂制止) crack arrester, barrier crack
파운딩 응력(應力) pounding stress, flogging stress
파(波)의 겉보기 주기(周期) apparent wave period
파이링 판(板) piling sheet bar
파이버 fibre
파이프 직각접수(直角接手) nipple bent piece
파이프 나사깎기 기계(機械) pipe screw cutting machine, pipe threading machine

파이프 렌치 pipe wrench, pipe spanner
파이프 리세스 pipe recess
파이프 리이머 pipe reamer
파이프 받침 pipe holder, pipe chair
파이프 발판 tube scaffolding
파이프 소제구(掃除具) tube scraper
파이프의 슬리이브 이음 sleeve joint of pipe
파이프 케이싱 pipe casing
파이프 틈 ligament
파일로트 기(旗) pilot flag
파일로트 등(燈) pilot lamp
파일로트 밸브 pilot valve
파일로트 브리지 pilot bridge
파일로트 스테이션 pilot station
파일로트 실(室) pilot room
파일로트 차아트 pilot chart
파장(波長) wave length
파저(波底) wave trough, hollow, wave hollow
파정(波頂) wave creat, crest
파제판(波除板) wood dodger
파조도(波粗度) wave steepness
파주기(波周期) wave period
파지(波止)밸브 storm valve
파지장(波止場) wharf
파편(破片)을 막는 망(網) splinter net
파형(波形) corrugated, wave profile
파형격벽(波形隔壁) fluted bulkhead, corrugated bulkhead
파형관(波形管)헤더 corrugated header
파형 로통(波形爐筒) corrugated furnace
파형외판(波形外板) corrugated shell
파형외판선(波形外板船) corrugated vessel
파형 트렁크판 corrugated sheet iron
파형 해치커버 corrugated hatch cover
판(板) strake, streak, plate
판과 스티프너와의 용접(鎔接) welding of plate and stiffeners
판굽힘기계(板曲機械) plate bending roll
판금가구(板金家具) art metal furniture
판금공(板金工) sheet metal worker
판금공장(板金工場) sheet iron shop
판면을 손상시키다 defacing
판목(板目) quarter grain
판버릇 수정기(修正機) straightening roller, plate straighter, plate mangle
판(板)벤딩 로울 plate bending roll
판벽(板僻)없애는 기계 plate mangl, plate straightener
판빙식(板氷式) plate system
판식 열교환기(板式熱交換器) plate type regenerator
판에 꼭 맞도록 붙이는 것 bed home on plate
판연준비(板緣準備) plate edge preparation
판(板)을 바르는 방법(方法) plating system
판의 단을 굽히다 crimp over

판자(板) plank
판자받침 furring
판재(板材) deal
판주유식 축수(板注油式軸受) disc oiled bearing
판카 루우블식 환기(換氣) punkah-louvre system
팔(腕) arm
팔을 걸치는 의자 arm chair
팔이 있는 컴퍼스(腕付羅針儀) beam compasses
팔자파(八字波) diverging wave, divergent wave
팥색 열(熱) cherry red heat
패러슈우트 신호(信號) parachute singal
패션 플레이트 fashion plate
패스 pass, run
패스너 fastener
패스(拔道)밸브 pass valve, impulse valve
패잉 면(面) faying surface
패잉 플랜지 faying flange
패치 patch
패킹 packing, carbon packing
패킹 눌름 gland, packing gland
패킹 링 packing ring, piston ring
패킹 박스 stuffing box
패킹 박스 눌림 stuffing box gland
패킹 뽑는 것 packing hook screw
패킹 스틱 packing stick
패킹 유지기(維持器) bull ring
패킹 후크 packing hook, packing screw
팬팅 panting
팬팅구조(構造) panting arrangement
팬팅 비임 panting beam
팬팅 스트링거 panting stringer
팬팅 응력(應力) panting stress
팬팅작용(作用) panting action
팬 헤드 리벳 pan head rivet
팽창(膨脹) expansion
팽창계(膨脹計) dilatometer
팽창계륜(膨脹繼輪) expansion hoop, expansion ring
팽창계수(膨脹係數) expansion coefficient
팽창계 특성(膨脹計特性) dilatometer characteristic
팽창기관(膨脹機關) expansion engine
팽창(膨脹)밸브 expansion valve
팽창 실린더 expansion cylinder
팽창접수(膨脹接手) expansion joint
팽창 트렁크 expansion trunk
팽창 트렁크 해치 expansion trunk hatchway
팽창 해치 expansion hatchway
팽창행정(膨脹行程) expansion stroke
팽창형 구명대(膨脹形救命袋) inflatable life raft
팽창효율(膨脹効率) expansion efficiency
팽출된 선수(膨出船首) bluff bow
팽출시험(膨出試驗) bulge test, dishing test, cupping test
팽출연금(膨出緣金) convex moulding
팽출외판(膨出外板) bulging shell

퍼센트 percent
퍼어체이즈 purchase
퍼얼스 반복수 pulse recurrence rate P.R.R.
퍼 올리는 버킷 draw bucket
퍼티 putty
퍼티펌프 putty pump, gunning pump
펀치 punch
펀치 자재대(自在臺) punch table
펀칭기계(機械) punching machine
펀칭 및 시어링 겸용기(兼用機) punching and shearing machine
펀칭 타발시험(打拔試驗) punch test
펌프 pump
펌프 동(胴) pump chamber, pump barrel
펌프 레버 pump lever
펌프 버킷 pump bucket
펌프선(船) suction dredger, pump dredger
펌프실(室) pump room
펌프 압력 증가장치(壓力增加裝置) booster of pump
펌프 준설선(浚渫船) pump dredger
페가모이드 pegamoid
페라이트 ferrite
페라이트 입도(粒度) ferrite grain size
페룰 ferrule
페어라이트 pearlite
페어리이더 fair lead, fair leader, chock
페어리이더 트랙 fair lead truck
페어리이터 warping chock
페어커어브 fair curve
페이턴트 로그 patent log, walker's log
페인트 공(工) painter
페인트 도장(塗裝) coat of painting
페인트 스크래이퍼 paint scraper
페인트 스프레이어 paint sprayer, paint gun
페인트 창고(塗料倉庫) paint store, paint locker
페커 pecker
펜단트 pendant, pennant
펜단트 등(燈) pennant lamp, pendant lamp
펜 담그는 것 pen tray
편각(偏角) drift angle
편면 당금 점용접(片面當金點鎔接) bridge spot welding
편면 보일러(片面汽罐) single ended boiler
편면용접(片面鎔接)이음 single welded joint
편면 텔레그래프 single face telegraph
편석(偏析) segregation
편심거리(偏心距離)eccentric radius, eccentric throw, eccentric arm, eccentricity
편심기(偏心器) eccentric
편심내륜(偏心內輪) eccentric sheave, eccentric pulley
편심배치(偏心配置) off center arrangement
편심봉(偏心棒) eccentric rod

편심 슈라우드 날개차(翼車) single shrouded impeller
편심 슬리이브 eccentric sleeve
편심외륜(偏心外輪) eccentric strap
편심하중(偏心荷重) eccentric load
편심형(偏心形) offet form
편요계(片搖計) yaw meter
편조선(編組線) braided braided wire
편축 제도법(偏縮製圖法) contracted method
편측흡입 날개차(片側吸込翼車) single sided impeller
편침계(偏針計) deflector
편평시험(偏平試驗) flattening test
편향(偏向) deviation
평갑판(平甲板) flush deck
평갑판선(平甲板船) flush decker, deck vessel
평강(平鋼) flat bar
평구석살 용접(平隅肉鎔接) flush fillet weld
평균(平均) mean, average
평균경(平均徑) mean diameter
평균속력(平均速力) mean speed
평균수선면(平均水線面) mean water plane
평균압력(平均壓力) mean pressure
평균유효압력(平均有效壓力) mean effective pressure
평균의 평균(平均) mean of means
평균 익폭비(平均翼幅比) mean blade width ratio
평균직경(平均直徑) mean diameter
평균피치 mean pitch
평균흘수(平均吃水) mean draught
평끌(平鏨) chipping chisel
평동(平胴) flat head
평두(平頭)리벳 flush head rivet
평로(平爐) flat, open hearth
평로강(平爐鋼) open hearth steel
평면도(平面圖) plan
평면 블록구조(構造) panel construction
평면(平面)스카아프 plane scarph
평면 연삭반(平面硏削盤) surface grinder
평면 표시기(平面表示器) PPI, plane position indicator
평방(平方)인치 당(當) 파운드 psi, pound per square inch
평 (平)밸브 flat valve
평(平)브래킷 plain bracket
평삭기(平削機) planing machine
평삭기 프라이스 반(盤) planomiller
평상(平狀)프리보오드 form freeboard, geometrical freeboard
평수구역(平水區域) smooth water area
평시의 수리(平時修理) running repair
평용접(平鎔接) flush weld
평장(平張) carvel built
평장식(平張式) flush system
평장종연(平張縱緣) flat seam
평재탄구(平載炭口) flusher bunker scuttle
평저(平底) flat bottom
평지기름 colza oil

평지씨 기름(菜種油) rape seed oil
평철(平鐵) flat iron
평치차(平齒車) spur wheel
평타금(平打金) flat chisel, hose chipping, chipping chisel
평탄(平坦) flat
평탄선수 선저(平坦船首船底) flat bow
평톱(平鋸) plate saw
평판 덮개 flap
평판 선수선(平板船首船) plate stem
평판쇄(平板鎖) plate chain
평판용골(平板龍骨) plate keel
평판키일 flat plate keel
평판톱(平板鋸) plate saw
평평한 flush
평행부(平行部) parallel body
평행사변형(平行 4 邊形) parllelogram
평행자(平行尺) parallel ruler
평행주형(平行柱形) parallel piped
평형(平衡) equilibrium, balance
평형기계(平衡機械) balanced engine
평형로(平形爐) plane furnace
평형로통(平形爐筒) plain furnace
평형맞춤 counter balancing
평형반(平衡盤)(스탈터어빈) balance disc
평형반동타(平衡反動舵) balanced reaction rudder
평형법(平衡法) balancing
평형(平衡)밸브 equilibrium valve
평형분동(平衡分銅) poise weight
평형시험기(平衡試驗機) balancing machine
평형 실린더 balance cylinder
평형정(平衡挺) balance lever
평형추(平衡錘) balance weight, counter weight
평형타(平衡舵) balanced rudder, full balanced rudder
평형 평활(平衡平滑)밸브 self balanced flat slide valve, matchbox type of flat slide valve
평형 피스톤 dummy piston, balance piston
평활(平滑)밸브 flat slide valve
폐기(廢棄) abandonment
폐기관(廢氣管) waste steam pipe
폐물통(廢物筒) refuse shoot
폐쇄(閉鎖) choking
폐쇄선(閉鎖線) choke line
폐쇄선교(閉鎖船橋) closed superstructure
폐쇄용접(閉鎖鎔接) closing weld, final weld
폐쇄장치(閉鎖裝置) closing appliance
폐쇄접수(閉鎖接手) closing joint closing weld
폐쇄판(閉鎖板) closing plate
폐쇄편(閉鎖片) closing piece
폐수통(廢水筒) slop chute
폐열(廢熱)보일러 waste heat boiler, exhaust boiler
포(砲) gun
포경공선(捕鯨工船) whale factory ship
포경모선(捕鯨母船) whale mother ship, whale boat

포경선(捕鯨船) whale catcher boat, whaler
포경포(捕鯨砲) harpoon gun, whale gun
포금(砲金) gun metal
포발생(泡發生) frothing
포소화기(泡消火器) froth fire extinguisher
포아손 비(比) poisson's rate
포어세일 fore sail
포오터블 등(燈) portable lamp
포오터블 필러 portable pillar
포우커 게이지 poker gauge
포울 앵커 foul anchor
포위 선단각도(包圍先端角度) included angle
포위판(包圍板) shroud
포위형 절입(包圍形切込) girdling
포유리(泡硝子) foam glass
포장화물(包裝貨物) bale cargo
포지셔너 positioner
포켓 탄고(炭庫) pocket bunker
포텐샬 에너지 potential energy
포토 마아킹 potical marking
포팅게르 수력접수(水力接手) Foettinger hydraulic coupling
포피트 poppet
포피트 밸브 poppet valve, puppet valve
포피트 압력(壓力) poppet pressure
포(布)호오스 canvas hose
포화증기(飽和蒸氣) saturated steam
폭(幅) breadth, siding
폭과 깊이의 비(比) breadth depth ratio
폭 넓은 날개 wide blade
폭 넓은 라이너 wide liner
폭로갑판(暴露甲板) exposed deck, weather deck
폭로된 부분(暴露部分) exposed core
폭로 사다리 weather ladder
폭뢰(爆雷) depth charge
폭류(輻流)터어빈 radial flow turbine
폭발(爆發) explosion
폭발기관(爆發機關) explosion engine, explosive engine
폭발방지형 자기급전전지(爆發防止型自己給電電池)붙이 램프 self-contained battery-fed lamp of an exprosion proof type
폭발방지 회중전등(爆發防止懷中電燈) battery fed lamp of explosion proof
폭발시험(爆發試驗) explosive test
폭발실(爆發室) explosion chamber
폭발행정(爆發行程) explosive stroke
폭사(輻射) radiation
폭·장·비(幅長比) beam length ratio
폭풍(暴風) blast
폭풍제지(暴風制止) blast screen
폭 흘수비(幅吃水比) beam draft ratio
폰투운 래프트 pontoon raft
폰투운 크레인 pontoon crane
폴리클로플랜 피복(被覆)케이블 polychroplane sheathed cable
폴리트로픽 효율(効率) polytropic efficiency

표(表) table list
표고(標高) altitude
표곡(表曲) face bend
표류(漂流) drift, adrift
표면(表面) surface
표면검사(表面檢査) surface inspection
표면냉동실(表面冷凍室) chill room, chilling room
표면냉동육(表面冷凍肉) chilled meat
표면류(表面流) wind current, wind drift
표면마찰(表面摩擦) skin friction
표면마찰저항(表面摩擦抵抗) skin friction resistance, skin resistance
표면복수기(表面復水器) surface condenser
표면소입(表面燒入) case hardened, case hardening
표면을 고르게하는 기계 burring machine
표면전열(表面傳熱) surface heat transmission
표면점화(表面點火) surface ignition
표면조도(表面粗度) surface roughness
표면 코오킹 super facial caulking
표면 홈(表面溝) surface defect
표시기(表示器) telltale, indicator
표시등(表示燈) pilot lamp, indicator lamp
표적(標的) target
표적선(標的船) target ship
표점(標點) gauge mark
표점거리(標點距離) gauge length
표주간거리(標柱間距離) measured mile
표주간 시운전(標柱間試運轉) measured mile trial
표주간 코오스 measured mile course
표준(標準) standard, criterion
표준계열(標準系列) standard series
표준높이 standard height
표준모형(標準模型) standard model
표준분쇄 시험재(標準粉碎試驗材) standard crusher test piece
표준선(標準船) type ship, standard ship
표준수(標準數) criterion numeral
표준시험기(標準試驗機) standardization trial
표준전압방식(標準電壓方式) standard voltage system
표준파(標準波) standard wave
표준형(標準型) standard type
표준형재(標準形材) standard shape
표준화(標準化) standardization
표준화재시험(標準火災試驗) standard fire test
표지국(標識局) beacon station
표지신호(標識信號) beacon sign, indentification signal
표찰(標札) label
표피팽출(表皮膨出) blister
푸른 계통(系統)의 페인트 stone color paint
푸트 로우프 foot rope

푸트밸브 foot valve
푸트 캔들 foot candle
푸트 파운드 foot pound
풀(糊) glue
풀리 pulley
풀무(鞴) bellows
풍동(風洞) air channel, wind tunnel
풍랑계급(風浪階級) wave scale
풍력(風力) wind force
풍력계급(風力階級) wind scale
풍로(風路) air trunk, air channel, wind tunnel, air duct
풍상현(風上舷) weather side
풍속(風速) wind velocity
풍속계(風速計) anemometer
풍신기(風信器) dog vane, vane
풍압저항(風壓抵抗) wind resistance
풍압편위(風壓偏位) lee way
풍우밀(風雨密) weather tight
풍위계(風位計) anemoscope
풍하측(風下側) off the wind
풍하현(風下舷) lee side, leeward side
풍향(風向) wind direction
풍향계(風向計) vane, dog vane
풍향 영향계수(風向影響係數) wind direction effect coefficient
풍화작용(風化作用) weathering
퓨우즈 fuse
퓨우즈가 붙어있는 스위치 fuse switch
퓨우즈반(盤) fuse board
퓨우즈 상자(箱子) fuse box
퓨우즈식 화재경보기(火災警報器) fuse metal fire detecting system
퓨우즈 엘레멘트 fuse element
퓨우즈 조임 cut out of fuse
퓨우즈 케이스 fuse case
프라이밍 priming
프라이스 반(盤) milling machine, milling cutter
프라이스 휘일 fly wheel
프랑스 선급협회(船級協會) B.V (Bureau veritas)
프레온 가스 fleon
프레임 frame
프레임 가제지봉(假制止棒) harpin
프레임끝의 스켈롭 scallop at frame edge
프레임 라이너 frame liner
프레임 번호(番號) frame number
프레임 브래킷 frame bracket
프레임 스페이스 F.S frame space,
프레임 격벽(隔壁)측에 붙은 밸브 bulkhead flange of frame
프레임재(材) frame bar
프레임 저항율(抵抗率) frame modulus
프레임 정면도(正面圖) frame body plan
프레임 조립방식(組立方式) framing system
프레임 톱(鋸) frame saw
프레임 플레이너 flame planer
프레임 하나 건너서 on alternate frame
프레임 플로어 floor
프레임 판 floor plate
프로어 falling out or flaring

프로젝터 컴퍼스 projector compass
프로펠러 propeller
프로펠러 공(孔) propeller apperture, screw apperture
프로펠러 날개 propeller blade
프로펠러 날개의 선단(先端) tip of propeller
프로펠러 날개의 전개면적(展開面積) expanded area, develope area
프로펠러 단독시험(單獨試驗) propeller experiment in open
프로펠러 드러스트 propeller thrust
프로펠러 마력(馬力) screw horse power, propeller horse power
프로펠러 보스 propeller boss
프로펠러 선후시험(船後試驗) propeller experiment behind model
프로펠러 송풍기(送風機) propeller fan
프로펠러 포스트 propeller post, inner post
프로펠러형(形)파라메터 propeller form parameter
프로펠러 효율(効率) propeller efficiency
프로펠러 효율비(効率比) relative rotative efficiency
프리게이트선(船) frigate
프루우드수(數) froude number
프리벤터 스테이 preventer stay
프리보오드 freeboard
프리보오드 갑판(甲板) freedoard deck
프리보오드 규칙(規則) freeboard rule
프리보오드 마아크 freeboard mark
프리보오드 비(比) freeobard ratio
프리보오드 증서(證書) certificate of freeboard
프리보오드 지정(指定) freeboard assignment
프리커 fire pricker, pricker
프림졸 표(標) plimsoll's mark
플라이어 pliers
플래니미터 planimeter
플래시 버트 resistance flash butt welding
플레트너 타(舵) flethner's tripple rudder
플랜지드 브래킷 flanged bracket
플랜지 재질(材質) flanging quality material
플랜지 프레스 franging press
플랜지 flange
플랜지 시험(試驗) flanging test
플랜지연 용접(緣鎔接) flanged edge weld
플랜지 접수(接手) flange coupling, flange joint
플랫 밸브 flat valve
플러그 plug
플러그 구멍 plug hole
플러그 용접(栓鎔接) plug welding, slot weld, plug welding
플러스 나사 plus thread
플러스 가스절단기(切斷機) flux injection cutter
플런저 plunger
플런저 가아드 plate guard

플런저 스트레이테너 plate mangle, plate straightener
플런저 펌프 plunger pump
플런저 펌프 램 plunger ram
플레인 포지숀 인디케이터 P.P.I plane position indicator
플로우트 float
플로우트 눈금 float gauge
플로우트 트랩 bucket trap, float trap
플리넘 게이지 plenum gauge
플린더스 바아 Flinder's bar(compass)
피금(被金) sleeve, liner
피난갑판(避難甲板) harbor deck
피난항(避難港) port of distress
피로(疲勞) fatigue
피로부식(疲勞腐蝕) fatigue corrosion
피로시험(疲勞試驗) fatigue test
피로한도(疲勞限度) endurance limit, fatigue limit
피뢰기(避雷器) thunder arrester, lightning
피뢰장치(避雷裝置) lightning conductor
피뢰침(避雷針) light conductor
피보트 회전(回轉)크레인 pivot jib crane
피복(被覆) sheathing
피복갑판(被覆甲板) coated deck, sheathed deck
피복선(被覆船) sheathed vessel
피복 아아크 용접봉(鎔接棒) shielded arc electrode
피복 용접(被覆鎔接) coated electrode
피복 용접봉(被覆鎔接棒) coated electrode
피복제(被覆劑) coating material
피스톤 piston
피스톤 냉각유(冷却油)펌프 piston cooling oil pump
피스톤 냉각(冷却)펌프 piston cooling pump
피스톤 덮개 piston cover
피스톤 로드 piston rod
피스톤 링 piston ring, piston packing ring
피스톤 배제용적(排除容積) piston displacement
피스톤 스커어트 piston skirt
피스톤 스프링 piston spring
피스톤 소부(燒付) piston seiging
피스톤 해드 piston head, piston crown
피스톤형 밸브 piston valve
피이닝 peening
피이닝 해머 peening hammer
피이들 활차(滑車) fiddle block
피이크 peak
피이크 탱크 peak tank
피이크 프레임 peak frame
피이크 하중(荷重) peak load
피치 pitch
피치각(角) pitch angle
피치 게이지 pitch gauge
피치 계(計) pitchometer
피치 비(比) pitch ratio
피치 원(圓) pitch circle

피치형판(型板) pitch template
피클링 pickling
피클탱크 pickling tank, acid bath tank
픽엎 리벳 또는 픽엎 용접(鎔接) pick up rivet, pick up weld
핀 fin
핀 구멍 pin hole
핀네스 pinnace
핀네스 반목(盤木) pin block
핀네스 접수(接手) hinged joint, pin joint
핀틀 pintle
핀틀대금(帶金) rudder pintle strap
필러 stanchion, pillar
필러 배치도(配置圖) pillar plan
필렛 경용접(輕鎔接) light fillet welding
필렛용접(鎔接) fillet welding
필렛용접(鎔接)의 발 leg of fillet weld
필름 냉각(冷却)날개 film cooled blade, film cooling blade
필름렌즈 filter lens

(ㅎ)

하갑판(下甲板) lower deck
하강행정(下降行程) down stroke
하급사관(下級士官) junior officer, petty officer
하급선객(下級船客) steerage passenger, crew
하기대(夏期帶) summer zone
하기목재흘수선(夏期木材吃水線) summer timber load line
하기유조(夏期油槽) summer tank
하기유조관(夏期油槽管) summer pipe
하기흘수표(夏期吃水標) summer draught mark
하물강(荷物綱) bridle rope
하물계(荷物係) tally clerk
하물꼬리 tag
하물 멈춤기둥(荷止柱) shifting board stanchion
하물 멈춤판(荷止板) shifting board
하물사이의 틈 broken space
하물쇄(荷物鎖) bridle chain
하물 제습장치(荷物除濕裝置) cargo caire system (sillca gell)
하물 틈 breakage
하부 라이너 연장부(延長部) bottom liner extension
하부 중갑판(下部中甲板) lower tween deck
하부 흡입(下部吸込)밸브 low suction valve
하사관(下士官) petty officer, subordinate officer
하사점(下死點) bottom dead center
하서(下書) draft, draught
하송인(荷送人) shipper
하수선회(下手旋回) wearing
하아버 덱크 harbor deck
하아베이 강(鋼) harveyed steel
하아트 heart
하아핀 harpin

하역강(荷役綱) cargo sling, cargo fall
하역기구(荷役器具) cargo handing
하역네트 cargo net
하역등(荷役燈) cluster lamp, cargo lamp
하역 램프 cargo cluster
하역 로우프 cargo wire runner
하역 사무소(荷役事務所) tally office
하역삭(荷役索) cargo wire
하역 슬링 cargo sling
하역 와이어 로우프 cargo wire rope
하역윈치 cargo winch
하역장치(荷役裝置) cargo gear
하역체인 cargo chain, chain sling
하역활차(荷役滑車) cargo block
하역후크 cargo hook
하연(下緣) sill
하운드 hound
하의가 붙은 부이 breeches buoy
하이드로키네터 hydrokineter
하이드로포일 hydrofoil
하중(荷重) load
하중계수(荷重係數) load factor
하중곡선(荷重曲線) load curve
하중변화(荷重變化) load fluctuation
하중신장 곡선도(荷重伸張曲線圖) load elongation diagram
하중에 중추(重錘)를 사용하는 시험기 dead weight testing machine
하천선(河川船) river boat, river steamer
하천 항만(河川港灣) roadstead
하청(下請) subcontract
하프 비임 half beam
하프 히치 half hitch
하향용접(下向鎔接) down hill direction welding, flat welding, flat position weld
하향행정(下向行程) down stroke
한계(限界) limit
한계 게이지 limit gauge
한계선(限界線) margin line
한 묶음으로 하다 bulk
한 종류의 적하(積荷) straight cargo
한쪽만 불대기 side firing
할부(割符) tally
할 핀 split pin
함대(艦隊) fleet
함입(嵌入) fit
함프속도(速度) hump speed
합계행정(合計行程) combined stroke
합금(合金) alloy
합금강(合金鋼) alloy steel
합금원소(合金元素) alloying element
합력(合力) resultant
합성 (合成)비임 composite beam
합판(合板) clad material
항(港) port
항공기(航空機) air craft
항공모함(航空母艦) aircraft carrier
항공발동기(航空發動機) aerial motor, aero motor
항공역학(航空力學) aero dynamics
항공우편(航空郵便) aerial post, aero post
항공 터어빈(航空) aero turbine
항공학(航空學) aero nautics

항구(港口) harbour, harbor
항구규칙(港口規則) harbor regulation
항구세금(港口稅金) harbor dues
항구 정박도(港口停泊圖) harbor plan
항력(抗力) drag
항로(航路) track, course
항로입구 부이 fair way buoy
항로 표지(航路標識) navigational aids, beacon
항만노동법(港灣勞動法) dock laborer's act
항만용(港灣用)레이다 harbor radar
항만장(港灣長) harbor master
항복강도(降伏强度) yield strength
항복점(降伏點) yield point
항속 최대마력(航速最大馬力) normal horse power
항양비(抗揚比) drag lift ratio
항양선(航洋船) ocean going vessel, sea going vessel
항장력(抗張力) tension
항적도(航跡圖) track chart
항주(航走) run
항해(航海) navigation
항해계기(航海計器) nautical instrument
항해등(航海燈) under way lamp, navition lamp, ship light
항해등 표시반(航海燈表示盤) navigation light indicator, lamp indicator
항해력(航海曆) nautical almanac
항해법규(航海法規) navigation law
항해사(航海士) mate
항해상태 service condition
항해선교(航海船橋) navigation bridge, flying bridge
항해속력(航海速力) service speed, sea speed
항해용(航海用) nautical
항해용구(航海用具) nautical instrument
항해용어(航海用語) nautical term
항해일지(航海日誌) deck log book, log book
항해 중(航海中) under way
항해 중 일처리(處理) super cargo
항해 천문학(航海天文學) nautical astronomy
항해표(航海表) nautical table
항행구역(航行區域) navigation area, coaster radius
항행구역제한(航行區域制限) plying limit
항행시간(航行時間) hours underway
해군(海軍) navy
해군공창(海軍工廠) naval dockyard, navy yard
해군기관관(海軍機關官) naval engineer
해군(海軍)의 naval
해기면장(海技免狀) seaman competency certificate
해난(海難) casualty
해난구조(海難救助) salvage
해난보고서(海難報告書) protest
해난심판소(海難審判所) maritime disaster inquiry agency

해도(海圖) chart
해도대(海圖台) chart table
해도대등(海圖台燈) chart lamp
해도선반(海圖棚) chart rack
해도실(海圖室) chart house, chart room
해도용(海圖用)웨이트 chart weight
해도책상(海圖冊床) chart table
해동실(解凍室) thawing room
해리(海浬) sea mile, nautical mile
해리 야아드 halliyard, halyard
해마다 annual
해머 hammer
해머 다듬이질 hammer dressing
해면상태(海面狀態) sea condition
해방(解放) release, over hauling, liberation
해방검사(解放檢查) over haul inspection
해방선(海防船) coast defence ship
해방장치(解放裝置) releasing device
해방점(解放點) point of release
해방함(海防艦) coast defence ship
해부원(解剖員) flensing
해빙(解氷) 콕 ice cock
해사법(海事法) maritime law
해사조선기사(海事造船技師) naval constructor
해상 보안청(海上保安廳) maritime safety board
해상수리(海上修理) running repair
해상시운전(海上試運轉) under way trial, sea trial
해상안전조약(海上安全條約) safety of life at sea convention
해상에서의 인명안전을 위한 국제조약 international convention for the safety of life at sea
해상 인명안전 국제조약 (海上人命安全國際條約) SOLAS safety of life at sea
해상 충돌예방법(海上衝突豫防法) rules of the roads
해석법(解析法) analytical method
해손(海損) average
해손청산인(海損請算人) average adjuster
해쇄용(解鎖用)슬립 clear hawse slip
해수(海水) flood
해수 박스 sea chest
해수(海水) 밸브 sea injection valve, sea valve
해수연락(海水連絡) sea connection
해수취입(海水取入)밸브 kingstone valve
해수(海水) 콕 sea cock
해안국(海岸局) coast radio station
해안선(海岸線) sea front
해양 관측선(海洋觀測船) marine research ship
해운(海運) shipping
해운관청(海運官廳) maritime authority, marine office
해운국(海運局) maritime bureau
해원(海員) mariner
해원명부(海員名簿) crew list

해원용어(海員用語) nautical term
해접(解接)스위치 D.S, disconnecting switch
해체장치(解體裝置) disengaging gear
해체하다 dismantle
해치 cargo hatchway, hatch, hatchway
해치격자(格子) hatch grating
해치구(口) hatch opening
해치단의 비임 hatch end beam
해치 바아 hatch bar (batten)
해치 바텐 hatch batten
해치 보오드 hatch, hatch board, hatch cover
해치 보오드 받침 hatch rest
해치 복포(覆布) hatch tarpaulin
해치 비임 hatch web, shifting beam, hatch beam
해치 사이드 코오밍 hatch side coaming
해치 쐐기 hatch wedge
해치 엔드 코오밍 hatch end coaming
해치입구(入口) hatch opening
해치 초과적량(超過積量) excess of hatchway
해치 카아린 hatch carline, hatch carling
해치 코오밍 hatch coaming, head ledge, ledge
해치 클리이트 hatch cleat
해협(海峽) channel
해협연락선(海峽連絡船) cross channel vessel
핸드 드릴 ratchet brace, ratchet drill
핸드레인 줄 man rope
핸드레일 hand rail
핸드 바이스 hand vice
핸드 보올 ratchet drill, ratchet brace, hand bore
핸드 시일드 hand face shield, face shield
핸드 해머 hand hammer
핸들차(車) hand wheel
햄목크 hammock
햄목크 넣는 상자 hammock netting
햇빛막는 막(幕) sun screen
햇빛을 받는 갑판(日照甲板) sun deck
행깅 타(吊舵) hanging rudder
행동반경(行動半徑) radius of action
행잉 컴퍼스 telltale compass, hanging compass
행정(行程) stroke, travel
행정내경비(行程內經比) stroke bore ratio
행정변경기(行程變更器) stroke transformer
행정수(行程數) number of stroke
행정용적(行程容積) stroke volume
행지판(行止板) drop strake, drop streak
향심력(向心力) centripetal force
향파(向波) head sea
허리케인 hurricane
허리케인 갑판 hurricane deck
허리케인 램프 hurricane lamp
허용범위(許容範圍) allowable

허용변형량(許用變形量) fairness limit
허용응력(許用應力) allowable stress, working stress
헝겊으로 싼 단말(端末) parcelled end
헝겊 타금 chinsing iron
헤드 로우프 head rope
헤드 리이치 head reach
헤리 아아크 용접(鎔接) heliarc welding
헤릭용접(鎔接) helic welding
헤링본 관(管) herring bone dipe
헤링본 치차(齒車) herring bone gear, double helical gear
헤비 데릭크 부움 jumbo boom
헤샨포(布) hessian cloth
헬륨가스 helium gas
헬름 helm
헬름각(타각 : 舵角) Helm angle, rudder angle
헬름 인디케이터 helm indicator
헬름 지시기(指示器) helm indicator
헬멧 helmet shield
혀바닥 쇠 tongue
현걸이 톱(弦掛鋸) frame saw
현교(舷橋) shore gangway
현단탱크 cantilever tank, gunnel tank, top side tank, wing tank
현도장(現圖場) mould loft, mold loft, loft
현도장 공원(現圖場 工員) loft man
현도장에서 사용하는 핀 floor pin
현등(舷燈) side lamp, side light
현등격판(舷燈隔板) side light screen
현문(舷門) gang way, gang way port
현미경 시험(顯微鏡試驗) microscopic test
현미경 조직 micro structure
현상(現狀) status
현상(現象) condition
현연재(舷緣材) plank sheer, covering board
현열(顯熱) sensible heat
현(舷)을 가지런히 하여 along side
현장(現場) spot
현장검사(現場檢査) spot inspection
현장도(現場圖) working drawing
현장에서 고치는 것 fair in place
현장표시기(現場表示器) scanner monitor
현장형취(現場型取) lift, elevator
현존선(現存船) existing ship
현창(舷窓) port light, port hole, scuttle
현창외개(舷窓外蓋) plug
현창 창틈 spigot of side scuttle
현창 처마 wringle, brow
현척(現尺) full size
현측 내장판(舷側內張板) side ceiling
현측 사다리 gang way ladder, accommodation ladder, roughtree, man rail
현측 사다리의 핸드 레인 줄 man rope rove (accom, ladder)
현측수도(舷側水道) water way, gutter waterway

현측 수도 산형재(舷側水道山形材) gutter angle
현측에 board side
현측 탱크 wing tank
현측 후판(舷側厚板) sheer plank, sheer strake
현(弦)피치 chordal pitch
현호(玄弧) sheer
형(型) stamp
형강(形鋼) section steel, shape steel
형곡시험(型曲試驗) guided bend test
형광등(螢光燈) flourescent lamp
형(型)굽힘 guided bend
형단조(型鍛造) stamp forging, die forging
형배수량(型排水量) naked displacement, skeleton displacement
형삭기(型削機) shaping machine, shaper
형상저항(形狀抵抗) profile drag, form resistance
형상 프리보오드 form freeboard, geometrical freeboard
형상흘수(形狀吃水) form draught, geometrical draught, form draft
형석(螢石) flourite
형선체(型船體) naked hull
형심(型深) moulded depth, molded depth
형재(桁材) girder
형재(型材) section, shape
형재간격(桁材間隔) girder space
형재구조(桁材構造) girder work
형재구조(形材構造) truss work
형재(形材)로 조립된 거어더 truss girder
형재지지(桁材支持) girder stay
형절단장치(型切斷裝置) guided cutting apparatus
형(型)치수 molded dimension, moulded dimension
형타(型打) stamp forging
형타단조(型打鍛造) die forging
형판(型板) template, templet, mould, mold, set iron
형판금(型板金) set iron
형폭(型幅) B, molded breadth moulded breadth
형 흘수(型吃水) molded draught, molded draft
호(弧), 호광(弧光) arc
호각(號角) pipe, call
호깅 hogging
호도법(弧度法) circular measure
호령(呼鈴) call bell
호령 지시반(呼鈴指示盤) call bell indicator
호마이트 foamite
호버 크래프트 hover craft
호분(胡粉) chinese white
호브 hob
호브반(盤) hobbing machine
호송선단(護送船團) convoy
호수기선(湖水汽船) lake steamer
호어 로크 forelock
호오스 팀버 hawse timber

호오스 파이프 hawse pipe
호오스 파이프 속에서 케이블이 구부러져 움직이지않게 한다 jamming of anchor in hawse pipe
호오스 파이프의 뚜껑 buckler
호오스 플러그 hawse plug
호우스 hose
호우스 걸이(掛) hose rack
호우스 리일 hose reel
호우스 선반(棚) hose rack
호우스 시험(試驗) hose test
호우스 접수(接手) hose connection
호우스 통의 끝 hose director
호울더 holder
호울드 비임 hold beam
호위(護衛)하면서 항해한다 sailing under convoy
호이드 슈나이더 프로펠러 voith schneider propeller
호이스트 hoist
호종(號鍾) signal bell, bell
호출부호(呼出符號) call sign
호칭(呼稱)치수 nominal size
호콩 타금(打金) chinsing iron, horsing
호퍼선(船) hopper barge
호퍼준설선(浚渫船) hopper dredger
호환성(互換性) inter changeability
호흡기구(呼吸器具) breathing apparatus
호흡(呼吸) 밸브 pressure vacuum relief valve
혼소(混燒) mixed firing, mixed fuel burning
혼용접수(混用接手) composite joint
혼재화물(混載貨物) mixed cargo
혼증기(混蒸氣) mixed steam
혼합공(混合孔) mixing hole
혼합단련법(混合鍛鍊法) puddling process
혼합물(混合物) mixture, composition
혼합식(混合式) 터어빈 combined turbine
혼합실(混合室) mixing chamber
혼합연철(混合鍊鐵) puddled iron
혼합증기(混合蒸氣) mixed steam
홀므즈 라이트 구명염(救命炎) holm's light, self-igniting water light, rescue signal light
홈 trench
홈 구멍 slot, notch
홈 너트 grooved head nut
홈붙이 기계(機械) grooving machine
홈붙이 너트 castle nut
홈을 내는 기계 grooving machine
홈이 있는 너트 castle nut
홈 커터 gib and cotter
홍등(紅燈) not under command (or control) light, red light
홍색(紅色)구슬형 형상물(形象物) red globular shape
홍옥등(紅玉燈) red globe lamp
화객선(貨客船) intermediate ship, mixed boat
화객 혼합선(貨客混合船) mixed boat
화격자(火格子) fire grate
화격자 면적(火格子面積) grate area

화격자 받침 fire bar bearer
화격자봉(火格子棒) fire bar, grate bar
화구(火口) nozzle, burner
화구로 (火口爐) furnace door, fire door
화구문(火口門) ıire door, furnace door
화란 경범포(和蘭輕帆布) holland duck
화란제(和蘭製) holland
화료 lounge
화물(貨物) freight, cargo
화물깔판 dunnage, dunnage board, dunnage wood
화물 매트 dunnage mat
화물선(貨物船) freight vessel, cargo boat
화물유(貨物油) cargo oil
화물유 펌프 cargo oil pump
화물을 버리는 것 jettison
화물 자동차(貨物自動車) truck
화물 적부도(貨物積付圖) stowage plan, cargo plan
화물 적재장소 cargo space
화물창(貨物倉) cargo hold
화물 후크 cargo hook
화부(火夫) fireman
화부공구(火夫工具) firing tool
화부 쇼벨 firing shovel
화상(火床) rivet forge, heater, hearth
화상상의 찌꺼기를 청소(淸掃)하는 것 fire cleaning
화실(火室) stoke hold, fire box
화씨 온도계(華氏溫度計) fahrenheit thermometer
화약고(火藥庫) magazine
화염역류(火炎逆流) flare back
화염취부기(火炎吹付器) torch lamp, blower
화이트 메탈 white metal
화이프 레일 fife rail
화인네스 fineness
화입시보기(火入時報器) time firing indicator
화장(化粧)선반 toilet rack
화장실(化粧室) toilet, toilette
화재경보(火災警報) fire alarm
화재에 접하는 재료(材料) fire box quality
화재탐지기(火災探知器) fire detector
화재탐지장치(火災探知裝置) fire detecting device
화전(火箭) rɔcket
화젓가락(火箸) tongs
화조공사(火造工事) smith work
화학분석(化學分析) chemical analysis
화학적 시험(化學的試驗) chemical test
화학적 연구(化學的硏究) chemical research
화학청소(化學淸掃) chemical cleaning
화학 탈수기(化學脫水器) chemical dehydrator
화합탄소(化合炭素) combined carbon

확대(擴大)노즐 divergent nozzle
확대(擴大)링크 enlarged link
확대시험(擴大試驗) expansion test
확대율(擴大率) expansion ratio
확산기(擴散器) diffuser
확산펌프 diffuser pump
확산효율 diffuser efficiency
확성기(擴聲器) loud speaker
확실한 요구(確實要求) integrity requirement
환기(換氣) ventilation
환기통(換氣筒) ventilator
환류식 분무기(環流式噴霧器) spill burner atomizer, control atomizer
환봉(丸棒) round bar
환부목판(環付目板) ring plate, ring bad
환산(換算) conversion
환산표(換算表) conversion table
환상간선(環狀幹線) ring main
환상격벽(環狀隔壁) ring bulkhead
환상도체(環狀導體) annular conductor
환상(環狀)밸브 annular valve
환상연소실(環狀燃燒室) annulus combustion chamber
환상 워셔 seating ring
환수공(換水孔) exchanging water hole
환원염(環元炎) reducing flame
환주손실(環周損失) annulus loss
환주항력계수(環周抗力係數) annulus drag coefficient
환창(丸窓) air scuttle, side light, side scuttle
환형(環形) annular
활금(滑金) guide block, shoe, slipper, slide block
활대(滑臺) sliding way, bilge way
활대 팽출(滑臺膨出) camber of launching way
활대 횡지주(滑臺橫支柱) spread shore
활동환(滑動環) slip ring, pelican hook
활면(滑面) cylinder face, valve face
활모양 단면(弓形斷面) ogival section
활변(滑辨) slide valve
활변면(滑辨面) slide valve face, slide cylinder face
활변봉(滑辨棒) slide valve spindle, slide valve rod
활변함(滑辨函) slide valve box, slide casing valve chest
활어 운반선(活魚運搬船) live fish carrier
활어창(活魚艙) fish hold, fish well, bait tank, bait well
활접수(滑接手) sliding joint
활주속도(滑走速度) planing speed
활차(滑車) pulley, tackle, block
활차장치(滑車裝置) pulley block
활차접수(滑車接手) block connection
활차 취부용 돌출봉(滑車取付用突出棒) bumpkin, boomkin, spider

활판(滑板) skid
활하중(活荷重) live load
황동(黃銅) brass
황동 남비 brass grill
황동 땜질 braze brazing, brass soldering
황동박판(黃銅薄板) sheet brass
황동주물(黃銅鑄物) brass casting
황산(黃酸) sulphuric acid
황산지(硫酸紙) pergament paper, parchment paper
황색합금(黃色合金) yellow metal
황송(黃松) yellow pine
회 갈귀 ash hoe, mud rake
회귀 연접봉(回歸連接棒)기관 return connecting rod engine
회답기(回答旗) answering pennant, code flag
회대(灰袋) ash bag
회람서문(回覽書文) circular
회랑(回廊) corridor
회로(回路) circuit
회로차단기(回路遮斷器) circuit breaker
회로차단장치(回路遮斷裝置) circuit interrupting device
회류(灰溜) ash pit
회류문(灰溜門) ash damper, ash pit door
회 버킷 ash bucket
회 받이(灰受) ash pan, ash tray
회 방사기(灰放射器) ash expeller, ash gun
회방사(灰放射)펌프 ash ejecting pump
회사관(灰捨管) ash chute, ash shoot
회사장치(灰捨裝置) ash discharge gear
회사통(灰捨筒) ash shoot
회사펌프 ash ejector pump
회상기(灰上機) ash hoisting engine
회선(灰船) ash boat
회선철(灰銑鐵) gray pig iron
회양기(灰揚機) ash hoist
회오리 water spout
회유선(回遊船) excursion boat
회유항로 한도(回遊航路限度) excursion limit
회(灰)이젝터 ash ejector
회 인양장치(灰引揚裝置) ash hoist
회전(回轉) rotation, revolution
회전 가능밥솥(回轉可能釜) tilting type rice boiler
회전계(回轉計) revolution counter, hodometer
회전계수(回轉係數) revolution coefficient
회전계자(回轉界磁) revolving field, rotating field
회전고리 후크 swivel hook
회전 공기(回轉空氣)펌프 rotary air pump
회전날개(回轉翼) moving blade, moving vane
회전대(回轉臺) turn table
회전드럼식 열교환기(熱交換機) rotary drum regenerator
회전력(回轉力) turning force

회전 모우먼트 turning moment, turning torque
회전무선표지(回轉無線標識) rotating radio beacon
회전반경(回轉半徑) radius of gyration
회전변환기(回轉變換機) rotary converter
회전부정율(回轉不整率) cycle irreqularity
회전사판(回轉斜板) swash plate, wash plate
회전 소기(回轉掃氣)밸브 rotary scavenging valve
회전 속도계(回轉速度計) tachometer
회전속도 변환기(回轉速度變換機) speed changer
회전속력(回轉速力)turning speed
회전수(回轉數) number of revolution
회전수 도시기(回轉數圖示器) gyro graph
회전수 통신기(回轉數通信器) revolution telegraph
회전 실린더 발동기(發動機) rotary engine
회전용 차륜(回轉用車輪) turning wheel
회전운동(回轉運動) angular motion
회전원판식 열교환기(回轉圓板式熱交換機) rotary disc regenerator
회전율 torque moment, turning moment
회전자(回轉子) male rotor
회전자계(回轉磁界) rotating field, revolving field
회전장치(回轉裝置) turning gear
회전 전령기(回轉傳令器) revolution telegraph
회전접수(回轉接手) swivel joint
회전제지(回轉制止) deck stopper
회전 증폭여자기(回轉增幅勵磁器) rotary amplifier exciter
회전지시기(回轉指示器) revolution indicator
회전질량(回轉質量) rotating mass
회전축두(回轉軸頭) pivot
회전 펌프 rotary pump
회전 후크 swivel hook
회중전등(懷中電燈) torch lamp, flash light
회출문(灰出門) ash door
회(灰) 콕 fireman's cock, ash cock, fire cock
회항 인가서(回航認可書) seaworthy certificate
회화 보일러(回火汽罐) return tube boiler, return flame boiler
횡(橫) transverse
횡강도(橫强度) transverse strength
횡강력(橫强力) transverse strength
횡격벽(橫隔壁) transverse bulkhead
횡경사(橫傾斜) (선체(船體)의) list, heel
횡경사각(橫傾斜角) angle of heel
횡곡시험(橫曲試驗) side bend test
횡 그루우브 용접(鎔接) horizontal groove welding

횡 니이 lodging knee
횡단하여 cross
횡류(橫流) lee way, drift sway, flowing
횡 메타센터 transverse metacenter
횡목(橫木) yoke
횡방향(橫方向) lateral
횡방향진수(橫方向進水) side way launching
횡범(橫帆) square sail
횡범선(橫帆船) square rigged vessel
횡병열 고저압(橫並列高低壓)터어빈 cross compound turbine
횡복원력(橫復原力) transverse stability
횡봉(橫棒) cross bar
횡부재(橫部材) transverse member
횡 비임 cross beam
횡소기(橫掃氣) cross scavenging
횡 스티프너 horizontal stiffener
횡식 조립법(橫式組立法) transverse system
횡압력(橫壓力) lateral pressure
횡연(橫緣)의 피거(避距) shift of butts
횡연피거(橫緣避距) shift of butt
횡요(橫搖) rolling
횡요각(橫搖角) angle of roll, rolling angle
횡요 기록기(橫搖記錄器) rolling recorder
횡요방지 탱크 anti-rolling tank
횡요 비이드 weaving bead
횡요시험(橫搖試驗) rolling experiment
횡요주기(橫搖周期) rolling period, period of rolling
횡요 지시기(橫搖指示器) rolling indicator
횡으로 athwart
횡이동(橫移動) flowing
횡잔교(橫棧橋) shore bridge
횡재면(橫截面) cross section
횡저항(橫抵抗)의 중심 center of lateral resistance
횡절선(橫切船) crossing vessel
횡 조립식법(橫組立式法) transverse framing system
횡좌표(橫座標) abscissa
횡주재(橫肘材) lodging knee
횡진(橫振)비이드 weaving bead
횡진수(橫進水) side way launching, side launching
횡축(橫軸) horizontal axis
횡치기관(橫置機關) horizontal engine
횡치탄고(橫置炭庫) cross bunker
횡 틸러 rudder yoke
횡파(橫波) beam sea
횡풍(橫風) beam wind
횡프레임 transverse frame
횡피치 back pitch of rivets
횡향 개선용접(橫向開先鎔接) horizontal groove welding
횡향용접(橫向鎔接) horizontal welding, horizontal position welding
효율(効率) efficiency
후갑판(後甲板) quarter deck

후거(後去)멈추기 붙이 축(軸)tailing shaft
후마스트 mizzen mast, main mast
후방에 astern, abaft, aft, after
후벼서 빼낸 링크 slot link
후부경판(後部鏡板) back end plate
후부관 분지부(後部管分支部) back header
후부관 판(後部管板) back tube plate
후부 마스트 램프 range light range lamp
후부선창(後部船艙) aft hold, after hold
후부선체(後部船體) aft body
후부 헤더(수관 보일러) back header
후비차단기(後備遮斷器) back-up circuit breaker
후(厚)시멘트 thick cement
후연(後緣) following edge, trailing edge
후연(後燃) after burning after ignition
후열(後熱) post heating
후주(後柱) back column
후진(後進) backing, go stern
후진 노즐 astern nozzle
후진단(後進段) astern stage
후진 더미 astern dummy
후진력(後進力) backing power, astern power
후진배기(後進排氣) 캠 astern exhaust cam
후진법(後進法) back step method
후진점화(後進點火)캠 astern ignition cam
후진 캠 astern cam
후진 터어빈 reversing turbine, astern turbine
후창(後倉) after hold, aft hold
후크 hook
후크 보울트 hook bolt
후크형(形)스카아프 hook scarf
후퇴법(後退法) back step sequence
후현비(厚弦比) thickness chord
훈증(燻蒸) fumigation
휘드 fid
휘드 구멍 fid hole
휘들 활차(滑車) fiddle block
휘발도(揮發度) volatility
휘발성 물질(揮發性物質) volatile matter
휘발유(揮發油) volatile oil, benzine
휘슬 call, pipe
휘여진 차 deflector wheel
휘일 로우터 wheel rotor
휘임 왜곡(歪曲) deflection
휴대용 경도계(携帶用硬度計) duroscope
휴대용 전등(携帶用電燈) electric portable lamp
휴대용품 예치소(携帶用品預置所) cloak room
휴대용 필러 portable pillar
흉공(胸控) breast stay
흉대(胸帶) breast band, breast rope
흉재(胸材) bosom piece
흐름 flow
흐름작업(作業) block system

흐름 지시기(流指示器) flow indicator
흑구(黑球) black ball
흑색 원추형상물(黑色圓錐形象物) black conical shape
흑심 가단주철(黑心可鍛鑄鐵) black heart iron
흑연(黑鉛) black lead, graphite
흑연 패킹 graphite packing
흑연 페인트 black lead paint, graphite paint
흑청(黑錆) scale
흑탄(黑炭) black coal
흔드는 봉(棒) rocking bar, rocking lever
흔들리지 않고 빨리 정지하는 장치 dead beat
흔들림 각(角) angle of deviation
흔들며 도는 것 whirling
흘리는 것을 막는 것 spill strip
흘린 손실(損失) spill loss
흘수(吃水) draft, draught
흘수가 지정(指定)된 배 vessel with freeboard
흘수계(吃水計) draught gauge
흘수선 규정(吃水線規程)의 길이 length in freeboard rule
흘수척도(吃水尺度) draught scale
흠(溝) scar
흡기(吸氣) bleed
흡상주유기(吸上注油器) syphon lubricator, siphon lubricator
흡상(吸上)펌프 suction pump, lift pump
흡수(吸收) absorb
흡수식 냉동기(吸收式冷凍機) absorption machine, refrigeration
흘수 제한선(吃水制限線)vessel with freeboard
흘수표(吃水標) draught mark
흡입(吸込) suction, sink
흡입가스기관 suction gas engine
흡입가스 발생기 suction gas producer
흡입관(吸込管)suction pipe, tail pipe
흡입구(吸入口) inlet port, bell mouth
흡입(吸入)매니폴드 intake manifold
흡입배기 겸용(吸込排氣兼用)밸브 combined inlet and exhaust valve
흡입(吸入)밸브 suction valve, foot valve, inlet valve
흡입작용(吸込作用) suction
흡입행정(吸込行程) suction stroke
흡출(吸出)밸브 bleeder valve, blow off valve, drain valve
흡출통풍(吸出通風) induced draught
흰 결재(材) sap wood
흰 붉은 색열(色熱) cherry red heat
히일 니이 heel knee
히일의 전방연장부(前方延長部) keel piece, heel piece
히일 피이스 heel bar, heel piece
힌지 hinge
힌지가 있는 덮개 hinged cover
힌지가 있는 문 hinged door
힌지가 있는 타(舵) hinge rudder
힘 force, power
힘의 모우먼트 moment of force

附　録

상용단위환산표

尺度 (길이)

밀리미터	센티미터	미터	킬로미터	인치	피트	英야드	체인	마일	分	寸	尺	間	町	里
1	0.1	0.001	……	0.03937	0.00328	0.00109	0.00005	……	0.33	0.033	0.0033	0.00055	……	……
10	1	0.01	0.00001	0.39370	0.03281	0.01094	0.00050	……	3.3	0.33	0.033	0.0055	0.00009	……
1000	100	1	0.001	39.3701	3.28084	1.09361	0.04971	0.00062	330	33	3.3	0.55	0.00917	0.00025
1000000	100000	1000	1	39370.1	3280.84	1093.61	49.7097	0.62137	330000	33000	3300	550	9.16667	0.25463
25.40	2.540	0.02540	0.00003	1	0.08333	0.02778	0.00126	0.00002	8.3820	0.83820	0.08382	0.01397	0.00023	0.00001
304.79	30.479	0.30479	0.00030	12	1	0.33333	0.01515	0.00019	100.584	10.0584	1.00584	0.16764	0.00279	0.00008
914.38	91.438	0.91438	0.00091	36	3	1	0.04545	0.00057	301.752	30.1752	3.01752	0.50292	0.00838	0.00023
20116.8	2011.68	20.1168	0.02012	792	66	22	1	0.01250	6638.54	663.854	66.3854	11.0642	0.18440	0.00512
1609340	160934	1609.34	1.60934	63360	5280	1760	80	1	531084	53108.4	5310.84	885.139	14.7523	0.40979
3.03030	0.30303	0.00303	……	0.11930	0.00994	0.00331	0.00015	……	1	0.1	0.01	0.00167	0.00003	……
30.3030	3.03030	0.03030	0.00003	1.19303	0.09942	0.03314	0.00151	0.00002	10	1	0.1	0.01667	0.00028	0.00001
303.030	30.3030	0.30303	0.00030	11.9303	0.99419	0.33140	0.01506	0.00019	100	10	1	0.16667	0.00278	0.00008
1818.18	181.818	1.81818	0.00182	71.5820	5.96516	1.98839	0.09038	0.00113	600	60	6	1	0.01667	0.00046
109091	10909.1	109.091	0.10909	4294.92	357.910	119.303	0.42288	0.06779	36000	3600	360	60	1	0.02778
3927270	392727	3927.27	3.92727	……	12884.8	4294.92	195.224	2.44029	1296000	129600	12960	2160	36	1

面度 (넓이)

平方 센티미터	平方 미터	平方 킬로미터	아르	平方 인치	平方 피트	平方 야드	平方 마일	에이커	平方尺	步	畝 묘	反	町	平方 里
1	0.0001	……	……	0.15500	0.00108	0.00012	……	……	0.00109	0.00003	……	……	……	……
10000	1	……	0.01	1550.00	10.7639	1.19599	……	0.00025	10.8900	0.30250	0.01010	0.00101	0.00010	……
……	1000000	1	10000	……	……	……	0.38610	247.106	……	302500	10083.3	1008.33	100.833	0.06484
1000000	100	0.0001	1	155000	1076.39	119.599	0.00004	0.02471	1089	30.2500	1.00833	0.10083	0.01008	……
6.4516	0.00065	……	……	1	0.00694	0.00077	……	……	0.00703	0.00020	0.00001	……	……	……
929.030	0.09290	……	0.00093	144	1	0.11111	……	0.00002	1.01171	0.02810	0.00094	0.00009	0.00001	……
8361.27	0.83613	……	0.00836	1296	9	1	……	0.00021	9.10543	0.25293	0.00843	0.00084	0.00008	……
……	……	2.58999	25899.9	……	……	……	1	640	……	783471	26115.7	2611.57	261.157	0.16972
……	4046.85	0.00405	40.4685	……	43560	4840	0.00156	1	44070.0	1224.17	40.8056	4.08056	0.40806	0.00026
918.274	0.09183	……	0.00092	142.333	0.98842	0.10983	……	0.00002	1	0.02778	0.00093	0.00009	0.00001	……
33057.9	3.30579	……	0.03306	5123.98	35.5832	3.95372	……	0.00082	36	1	0.03333	0.00333	0.00033	……
991735	99.1735	0.00010	0.99174	153719	1067.50	118.612	……	0.02451	1080	30	1	0.1	0.01	……
……	991.735	0.00099	9.91735	……	10675.0	1186.12	0.00038	0.24507	10800	300	10	1	0.1	0.00006
……	9917.35	0.00992	99.1735	……	106750	11861.2	0.00383	2.45066	108000	3000	100	10	1	0.00064
……	……	15.4235	154235	……	……	……	5.95504	3811.22	……	4665600	155520	15552	1555.2	1

容 積 (부피)

立方 센티미터	立方 미터	리터	갤론 (미국)	쿼트 (미국)	파인트 (미국)	立方 인치	立方 피트	立方 야드	갤론 (영국)	배럴	合	丹
1	0.000001	0.001	0.00026	0.00106	0.00212	0.06102	0.00004	……	0.00022	……	0.00554	0.00055
1000000	1	1000	264.171	1056.7	2113.4	61023.7	35.3147	1.30795	219.963	6.28978	5543.52	554.352
1000	0.001	1	0.26417	1.0567	2.1134	61.0237	0.03532	0.00131	0.21996	0.00629	5.54352	0.55435
3785.43	0.00379	3.78543	1	4.0000	8.0001	231.001	0.13368	0.00495	0.83263	0.238095	20.9847	2.09847
946.30	0.00094	0.9463	0.25000	1	2	……	0.03342	……	0.20816	0.0059524	……	……
473.20	0.00047	0.4732	0.12500	0.5	1	……	0.01671	……	0.10408	0.0029762	……	……
16.3871	0.00002	0.01639	0.00433	……	……	1	0.00058	0.00002	0.00361	0.000103	0.09084	0.00908
28316.9	0.02832	28.3169	7.48051	29.922	59.844	1728	1	0.03704	6.22883	0.178107	156.975	15.6975
764556	0.76455	764.556	201.973	807.89	1615.78	46656	27	1	168.179	4.80884	4238.35	423.835
4545.96	0.00455	4.54596	1.20091	4.8036	9.6073	277.413	0.16054	0.00595	1	0.285938	25.2014	2.52014
158938	0.158938	158.938	42	168	336	9702.00	5.61460	0.207950	34.9726	1	881.3227	88.13227
180.391	0.00018	0.18039	0.04765	0.19060	0.3812	11.0081	0.00637	0.00024	0.039725	0.00113	1	0.1
1803.91	0.00180	1.80391	0.47654	1.9060	3.8120	110.081	0.06370	0.00236	0.397251	0.01134	10	1

重 量 (무게)

캐러트	밀리그램	그램	킬로그램	톤 (metric ton)	그레인	온스	파운드	英톤 (long ton)	U.S톤 (short ton)	分	돈	관	근
1	200	0.2	0.0002	……	3.08642	0.00705	0.00044	……	……	0.53333	0.05333	0.00005	0.00033
0.005	1	0.001	……	……	0.01543	0.00004	……	……	……	0.00267	0.00027	……	……
5	1000	1	0.001	……	15.4321	0.03527	0.00220	……	……	2.66667	0.26667	0.00027	0.00167
5000	1000000	1000	1	0.001	15432.1	35.2734	2.20459	0.00098	0.00110	2666.67	266.667	0.26667	1.66667
5000000	……	1000000	1000	1	……	35273.4	2204.59	0.98419	1.10229	……	266667	266.667	1666.67
0.32425	64.8	0.0648	0.00007	……	1	0.00229	0.00014	……	……	0.17280	0.01728	0.00002	0.00011
141.750	28350	28.3495	0.02835	0.00003	437.5	1	0.0625	0.000027	0.000031	75.6000	7.56000	0.00756	0.04725
2268	453592	453.592	0.45359	0.00045	7000	16	1	0.00045	0.00050	1209.63	120.963	0.12096	0.75559
……	……	……	1016.06	1.01606	……	35840	2240	1	1.12	……	270946	270.946	1693.44
……	……	……	907.185	0.90719	……	32000	2000	0.89286	1	……	241920	241.920	1511.97
1.875	375	0.375	0.00038	……	5.78704	0.01323	0.00083	……	……	1	0.1	0.0001	0.00063
18.75	3750	3.75	0.00375	……	57.8704	0.13228	0.00827	……	……	10	1	0.001	0.00625
18750	……	3750	3.75	0.00375	57870.4	132.275	8.26720	0.00369	0.00413	10000	1000	1	6.25
3000	600000	600	0.6	0.0006	9259.26	21.1640	1.32275	0.00059	0.00066	1600	160	0.16	1

일 및 熱量 (열량)

Joub (絶 對)	Kg · m	Ft · lb	Kw · hr	HP · hr (HP = 746 watt)	Kcal.	B. t.u .
1	0.1020	0.7376	0.00000028	0.00000038	0.0002389	0.000948
9.807	1	7.233	0.0000027	0.0000035	0.002343	0.009297
1.356	0.1383	1	0.00000038	0.00000050	0.0003239	0.001285
3600000	367100	2655000	1	1.3405	860.0	3413
2686000	273900	1981000	0.746	1	641.6	2546
4186	426.9	3087	0.001163	0.001559	1	3.968
1055	107.6	778.0	0.000293	0.0003928	0.2520	1

Kcal 및 B.t.u는 온도지정에 따라 다르나 모두 평균치(0~100 °C)를 채용했다.

1HP = 746와트(한국 · 일본) = 745.7와트(영 · 미) = 735.5와트(프)

1절대주율 = 10^7에르그, 1국제주율 = 1,00032절대주율

壓 力 (압력)

바 르	Kg / cm²	lb / in²	atm. (氣 壓)	水 銀 柱 (0℃)		水 柱 (4℃)	
				미 터	인 치	미 터	인 치
1	1.01971	14.50	0.9869	0.7501	29.53	10.197	401.52
0.9807	1	14.22	0.9678	0.7356	28.96	10.000	393.72
0.06895	0.07031	1	0.06805	0.05171	2.036	0.7031	27.684
1.0133	1.0332	14.70	1	0.760	29.92	10.33	406.8
1.3332	1.3595	19.34	1.3158	1	39.37	13.60	535.2
0.03386	0.03453	0.4912	0.03342	0.02540	1	0.3453	13.596
0.09806	0.10000	1.422	0.09678	0.07355	2.896	1	39.372
0.00249	0.00254	0.0361	0.00246	0.00187	0.0735	0.0254	1

動　力(工率) (동력)

PS(佛마력)	HP(英마력)	Kw	Kg·m/s	Ft·lb/s	Kcal/s	B.t.u/s
1	0.9859	0.7355	75	542.5	0.1757	0.6973
1.0143	1	0.746	76.07	550.2	0.1782	0.7072
1.3596	1.3405	1	101.97	737.6	0.2389	0.9480
0.01333	0.01315	0.009807	1	7.233	0.002343	0.009297
0.001843	0.001817	0.001356	0.1383	1	0.000324	0.001285
5.691	5.611	4.186	426.9	3087	1	3.968
1.434	1.414	1.055	107.6	778.0	0.2520	1

Kcal, B.t.u. 양쪽은 0℃~100℃, 32°~212 °F의 평균치를 사용했다.
1절대주율 / 초(absolute joule / sec)를 1와트(watt, W.)로 정한다.

한글영문표기

한 글	가	갸	거	겨	고	교	구	규	그	기
로마자	ga	gya	geo	gyeo	go	gyo	gu	gyu	geu	gi
한 글	나	냐	너	녀	노	뇨	누	뉴	느	니
로마자	na	nya	neo	nyeo	no	nyo	nu	nyu	neu	ni
한 글	다	댜	더	뎌	도	됴	두	듀	드	디
로마자	da	dya	deo	dyeo	do	dyo	du	dyu	deu	di
한 글	라	랴	러	려	로	료	루	류	르	리
로마자	ra	rya	reo	ryeo	ro	ryo	ru	ryu	reu	ri
한 글	마	먀	머	며	모	묘	무	뮤	므	미
로마자	ma	mya	meo	myeo	mo	myo	mu	myu	meu	mi
한 글	바	뱌	버	벼	보	뵤	부	뷰	브	비
로마자	ba	bya	beo	byeo	bo	byo	bu	byu	beu	bi
한 글	사	샤	서	셔	소	쇼	수	슈	스	시
로마자	sa	sya	seo	syeo	so	syo	su	syu	seu	si
한 글	아	야	어	여	오	요	우	유	으	이
로마자	a	ya	eo	yeo	o	yo	u	yu	eu	i
한 글	자	쟈	저	져	조	죠	주	쥬	즈	지
로마자	ja	jya	jeo	jyeo	jo	jyo	ju	jyu	jeu	ji
한 글	차	챠	처	쳐	초	쵸	추	츄	츠	치
로마자	cha	chya	cheo	chyeo	cho	chyo	chu	chyu	cheu	chi
한 글	카	캬	커	켜	코	쿄	쿠	큐	크	키
로마자	ka	kya	keo	kyeo	ko	kyo	ku	kyu	keu	ki
한 글	타	탸	터	텨	토	툐	투	튜	트	티
로마자	ta	tya	teo	tyeo	to	tyo	tu	tyu	teu	ti
한 글	파	퍄	퍼	펴	포	표	푸	퓨	프	피
로마자	pa	pya	peo	pyeo	po	pyo	pu	pyu	peu	pi
한 글	하	햐	허	혀	호	효	후	휴	흐	히
로마자	ha	hya	heo	hyeo	ho	hyo	hu	hyu	heu	hi

영문 발음 기호 표기

모 음			
기 호		보 기	
단 모 음			
i:	이:	see	[si: 씨:]
i	이	city	[siti 씨티]
e	에	pencil	[pensl 펜슬]
æ	애	hat	[hæt 햇]
ɑ:	아:	calm	[kɑ:m 캄:]
ɑ	아	box	[bɑks 박스]
ɔ:	오:	call	[kɔ:l 콜:]
ɔ	오	dog	[dɔg 도그]
u:	우:	too	[tu: 투:]
u	우	full	[ful 풀]
ʌ	어	hug	[hʌg 허그]
ə	어	about	[əbaut 어바웃]
ɑ:r	아:	car	[kɑ:r 카:]
ɔ:r	오:	form	[fɔ:rm 폼:]
중 모 음			
ei	에이	hey	[hei 헤이]
ou	오우	rope	[roup 로프]
ai	아이	hi	[hai 하이]
au	아우	now	[nau 나우]
ɔi	오이	boy	[bɔi 보이]
ɛər	에어	hair	[hɛər 헤어]
iər	이어	near	[niər 니어]
uər	우어	hour	[auər 아우어]

자 음			
기 호		보 기	
p	ㅍ	pine	[pain 파인]
b	ㅂ	belt	[belt 벨트]
t	ㅌ	tie	[tai 타이]
d	ㄷ	desk	[desk 데스크]
k	ㅋ	kill	[kil 킬]
g	ㄱ	get	[get 겟]
m	ㅁ	mom	[mam 맘]
n	ㄴ	nice	[nais 나이스]
ŋ	ㅇ	sing	[siŋ 씽]
l	ㄹ	lake	[leik 레이크]
r	ㄹ	ring	[riŋ 링]
f	ㅍ	food	[fu:d 푸:드]
v	ㅂ	vase	[veis 베이스]
θ	ㅆ	thin	[θin 씬]
ð	ㄷ	them	[ðem 뎀]
s	ㅅ	spy	[spai 스파이]
z	ㅈ	zoo	[zu: 주:]
ʃ	쉬	push	[puʃ 푸쉬]
ʒ	지	vision	[viʒən 비전]
h	ㅎ	home	[houm 호움]
w	우	wool	[wul 울]
j	이	young	[jʌŋ 영]
tʃ	취	choice	[tʃɔis 초이스]
dʒ	쥐	orange	[ɔ:rindʒ 오:린쥐]

영어 알파벳 통신 용어

알파벳	통신 용어
A	알파(alpa)
B	브라보(bravo)
C	찰리(charlie)
D	델타(delta)
E	에코(echo)
F	폭스트롯(foxtrot)
G	골프(golf)
H	호텔(hotel)
I	인디아(india)
J	줄리엣(juliett)
K	킬로(kilo)
L	리마(lima)
M	마이크(mike)
N	노벰버(november)
O	오스카(oscar)
P	파파(papa)
Q	퀘백(quebec)
R	로미오(romeo)
S	씨에라(sierra)
T	탱고(tango)
U	유니폼(uniform)
V	빅터(victor)
W	위스키(whiskey)
X	엑스레이(x-ray)
Y	양키(yangkee)
Z	줄루(zulu)

해광
출판
해기

최신 조선용어사전
영한・한영

2014년 10월 15일 인쇄 값 30,000원
2014년 10월 15일 발행

저 자 해광도서편찬회
편 집 이 지 희
발행인 조 준 형
발행처 해 광 출 판 사
주 소 부산광역시 중구 구덕로 38(남포동 4가 2-4)
전화번호 (051) 253-0001 팩스 (051) 245-1187
등 록 제 2012-000005호

이 도서의 국립중앙도서관 출판예정도서목록(CIP)은 서지정보유통지원시스템 홈페이지(http://seoji.nl.go.kr)와 국가자료공동목록시스템(http://www.nl.go.kr/kolisnet)에서 이용하실 수 있습니다.
(CIP제어번호 : CIP2014025873)